高等学校酿酒工程专业教材
中国轻工业"十四五"规划立项教材

蒸馏酒工艺学

范文来　徐　岩　主编

中国轻工业出版社

图书在版编目（CIP）数据

蒸馏酒工艺学／范文来，徐岩主编. — 北京：中国轻
工业出版社，2023.3
高等学校酿酒工程专业教材
ISBN 978-7-5184-3709-2

Ⅰ．①蒸…　Ⅱ．①范…　②徐…　Ⅲ．①蒸馏酒—工艺
学—高等学校—教材　Ⅳ．①TS262.3

中国版本图书馆 CIP 数据核字（2021）第 218177 号

责任编辑：江　娟　王　韧　李　蕊　　责任终审：李建华　　整体设计：锋尚设计
策划编辑：江　娟　　　　　　　　　　　责任校对：吴大朋　　责任监印：张　可

出版发行：中国轻工业出版社（北京东长安街 6 号，邮编：100740）
印　　刷：三河市国英印务有限公司
经　　销：各地新华书店
版　　次：2023 年 3 月第 1 版第 1 次印刷
开　　本：787×1092　1/16　印张：48
字　　数：1016 千字
书　　号：ISBN 978-7-5184-3709-2　定价：98.00 元
邮购电话：010-65241695
发行电话：010-85119835　传真：85113293
网　　址：http://www.chlip.com.cn
Email：club@ chlip.com.cn
如发现图书残缺请与我社邮购联系调换
151150J1X101ZBW

罗惠波（四川轻化工大学）

毛　健（江南大学）

邱树毅（贵州大学）

单春会（石河子大学）

孙厚权（湖北工业大学）

孙西玉（河南牧业经济学院）

王　栋（江南大学）

王　君（山西农业大学）

文连奎（吉林农业大学）

贠建民（甘肃农业大学）

赵金松（四川轻化工大学）

张　超（宜宾学院）

张军翔（宁夏大学）

张惟广（西南大学）

周裔彬（安徽农业大学）

朱明军（华南理工大学）

顾　问　王延才（中国酒业协会）

宋书玉（中国酒业协会）

金征宇（江南大学）

顾国贤（江南大学）

章克昌（江南大学）

赵光鳌（江南大学）

夏文水（江南大学）

本书编写人员

主　编　范文来（江南大学）

　　　　徐　岩（江南大学）

参　编　（按姓氏笔画排序）

　　　　张文学（四川大学锦江学院）

　　　　张春林（茅台学院）

　　　　陈叶福（天津科技大学）

　　　　陈茂彬（湖北工业大学）

　　　　罗惠波（四川轻化工大学）

　　　　赵金松（四川轻化工大学）

　　　　黄永光（贵州大学）

前　言

蒸馏酒俗称烈性酒，主要包括白酒、威士忌、白兰地等酒种。目前，介绍白酒生产的书籍较多，而介绍威士忌、白兰地生产的中文书籍并不多见。威士忌、白兰地等蒸馏酒已经成为国际化的酒种，而白酒目前的主要消费市场在中国。白酒的国际化首先是人才的国际化、知识的国际化和视野的国际化。因此，需要一本既介绍白酒工艺又介绍国际蒸馏酒工艺的本科教材来开拓学生的视野，提升他们对整个蒸馏酒中各品类酒的认识。

中华人民共和国成立后，白酒生产技术获得极大发展，生产方式逐渐从手工生产方式向机械化、自动化生产方式转变，同时，面对国外葡萄酒、啤酒、威士忌、白兰地以及日本的清酒与烧酎在 2000 年前后几乎全部实现了机械化、自动化改造这一现状，本教材在撰写时将白酒机械化作为单独一章列出，虽然资料并不十分全面，或在本教材完成时，一些白酒厂已经实现了更先进的生产方式，但此新的章节，希望能给读者提供一个视角，即白酒向机械化、自动化、数字化与智能化生产方式的转变是大势所趋。

随着人们对环境保护、低碳减排以及饮酒健康的关注，本教材将"副产物综合利用""烈性酒与健康"独立写成两章，以全面介绍目前国内外副产物综合利用的现状与技术、蒸馏酒对人体健康的益处与可能造成的危害。

随着消费者口味的多元化，人们更加关注白酒的风味，更加关注白酒的个性化特征；21 世纪初中国实施了"中国白酒 169 计划"，科研工作者利用现代科技手段，进一步认识了白酒的风味，对白酒异嗅的产生机理与消减有了新的认识，结合国外烈性酒"微量成分研究"与"风味研究"的成果，编者撰写了"蒸馏酒风味化合物"一章。

本教材由江南大学范文来研究员和徐岩教授主编，四川大学锦江学院张文学教授，茅台学院张春林教授，天津科技大学陈叶福教授，湖北工业大学陈茂彬教授，四川轻化工大学罗惠波教授、赵金松教授级高级工程师，贵州大学黄永光教授参与编写，编者集白酒生产、技术和科研 30 多年的经验，并广泛参阅国外威士忌、白兰地等酒种生产工艺与技术的专著与文章，按生产方式不同进行蒸馏酒工艺介绍，共分十七章，分别为绪论、酿酒原料、小曲与麦芽生产工艺、大曲制作工艺、发酵原理与高温美拉德反应、小曲与麸曲白酒生产工艺、大曲酒酿造工艺、己酸菌与人工窖泥生产技术、固态法白酒机械化酿造工艺、液态法蒸馏酒生产工艺、蒸馏工艺、老熟工艺、勾调技术、烈性酒感官品评、蒸馏酒风味化合物、副产物综合利用以及烈性酒与健康，将蒸馏酒生产的科学、技术与实践统一到一本书中，在读者了解白酒生产技术的同时，也可以了解国际蒸馏酒的生产，以期对改进白酒生产工艺，实施白酒自动化、数字化、信息化和智能化方面有所借鉴，最终达到我国白酒的"优质、低碳、智能"生产。

编者虽然尽力收集最新的资料，但限于能力与水平，书中一定存在许多遗漏及不当之处，恳请读者批评指正。

本教材在撰写时得到"中国白酒169计划"和"中国白酒3C计划"组织单位中国酒业协会时任领导王延才、赵建华，以及现任领导宋书玉的大力支持，得到企业专家贵州茅台酒股份有限公司王莉、宜宾五粮液股份有限公司赵东、江苏洋河酒厂股份有限公司周新虎、山西杏花村汾杏酒厂股份有限公司杜晓威（时任）、四川剑南春（集团）股份有限责任公司徐占成、陕西西凤酒股份有限公司贾智勇、安徽口子酒业股份有限公司张国强、四川郎酒集团有限责任公司沈毅、江苏今世缘酒业股份有限公司吴建峰、河北衡水老白干酒业股份有限公司张煜行、北京顺鑫农业股份有限公司牛栏山酒厂魏兴旺、劲牌有限公司杨强等专家的大力支持，在此一并感谢！

编者

2022年10月于无锡

目 录

第六章　小曲与麸曲白酒生产工艺

第七章　大曲酒酿造工艺

第八章　己酸菌与人工窖泥生产技术

第十二章　老熟工艺

第十三章　勾调技术

第十四章　烈性酒感官品评

第十五章　蒸馏酒风味化合物

第十六章　副产物综合利用

第一章

绪 论

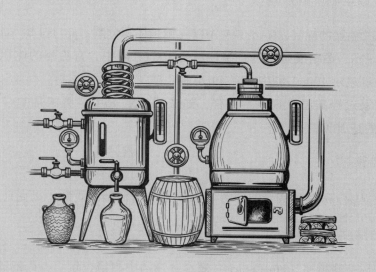

蒸馏酒，又称烈性酒，是一种酒精度较高的酒，深受各国人民喜爱，无论是在蓬勃发展的中国的餐馆，还是价格昂贵的英国乡村酒吧（country pub），抑或是阳光明媚的德国啤酒屋（Biergarten），到处都有蒸馏酒的踪迹。

蒸馏酒是用含糖或含淀粉质原料发酵后，经蒸馏而得的较高酒精浓度的饮料。世界上著名的蒸馏酒有中国白酒（Chinese liquor，*baijiu*）、英国威士忌（whiskey 或 whisky）、法国白兰地（brandy）、俄罗斯伏特加（俄得克，водка，vodka）、牙买加朗姆酒（rum）、英国金酒（gin）、日本烧酎（shochu）、亚洲阿拉克烧酒（arrack）、墨西哥特基拉酒（tequila）等。

第一节　饮料酒定义与分类

一、 什么是饮料酒

中国国家标准规定[1-2]，凡含有酒精（乙醇）在 0.5% ~ 65%vol 的饮料，称为酒，即饮料酒（alcoholic beverage，alcoholic drink）。

二、 酒精度表示方式

（一）体积分数及温度的规定

体积分数及温度的规定以%vol 或%ABV（酒精体积分数，alcohol by volume）表示，曾经用%*V/V* 表示，酒精度是指特定温度下每 100mL 酒中含有乙醇的体积（以毫升表示），如 40%vol 表示 100mL 酒中含有 40mL 纯乙醇。

不同的国家对标准温度规定不一样，如法国规定 15℃，美国是 60℉，比较通用（包括中国）的是 20℃。

（二）质量分数

质量分数以%（*m/m*）表示，即每 100g 酒中含有酒精的质量 [以克（g）表示]。

（三）标准酒精度

欧美常用标准酒精度（proof spirit）表示蒸馏酒中酒精含量。古代把蒸馏酒泼在火药上，能点燃此火药的最低酒精度为标准酒精度 100°（100 proof）。英国威士忌标准酒精度 100°，按现在测量方法表示含有 57.07%vol 或 49.24%（质量分数）的酒精。目前大多数西方国家把体积分数 50%作为标准酒精度 100 proof。

三、 常用酒精度测定方法

蒸馏酒在标准温度 20℃，直接用盖·吕萨克比重计（俗称"酒精比重计"）测量，直接读出酒精度（%vol）；其他酒需先蒸馏出酒精，用比重瓶在 20℃ 下测出相对密度，再查盖·吕萨克相对密度换算表，得到%vol 或%（质量分数）的酒精度。有些酒的酒精度常以%GL 表示[3]，它表示此酒精度是盖·吕萨克（GL）相对密度换算表换算得到的酒精度（%vol）。

四、 饮料酒分类

（一）按原料性质分类

1. 谷物酒

谷物酒是指以粮谷为主要原料生产的酒。

粮谷类原料主要如下所示：

高粱：发酵酒如尼日利亚布鲁库图酒（burukutu，一种发酵高粱酒）、加纳皮托酒（pito）、喀麦隆哔哩哔哩酒（bilibili）、苏丹梅丽莎酒（merisa）等；蒸馏酒如中国白酒。

大米：发酵酒如中国黄酒（huangjiu）、日本清酒（sake）、韩国马格利酒（makgeolli）、巴厘岛的博瑞酒（brem）、越南欧高酒（ruou gao）、印度松蒂酒（sonti）、婆罗洲群岛的米椰花酒（tuak）等；蒸馏酒如中国米香型白酒（sweet and honey aroma type *baijiu*）、尼泊尔艾拉米烧酒（aila）、日本泡盛酒（awamori）、韩国米烧酒、印度尼西亚阿拉克酒（arrack）等。

小米：发酵酒如非洲小米啤酒（millet beer）、中国西藏地区的东巴酒（tongba）、土耳其的波扎（moza）等。

玉米：蒸馏酒如中国小曲清香型苞谷酒、美国波旁威士忌等。

大麦或发芽大麦：发酵酒如啤酒；蒸馏酒如威士忌、啤酒蒸馏酒、日本麦烧酎（烧酒）、韩国麦烧酒（soju）等。

燕麦：蒸馏酒如燕麦威士忌等。

黑麦：发酵酒如黑麦啤酒、俄罗斯格瓦斯（kvass）；蒸馏酒如黑麦威士忌、俄罗斯伏特加（曾译俄得克，vodka）、德国卡恩酒（korn）等。

小麦：发酵酒如小麦啤酒；蒸馏酒如乌克兰好瑞克（horilka）、俄罗斯伏特加、小麦威士忌、德国韦岑科恩酒（weizenkorn）、韩国烧酒等。

荞麦：蒸馏酒如荞麦威士忌、荞麦烧酎等。

2. 水果酒或果酒

以水果类为原料生产的酒称为水果酒。通常情况下，只有葡萄酒可用"wine"表达，其他水果生产的发酵酒须在"wine"前加上水果名称。

主要原料如下所示：

葡萄：发酵酒如葡萄酒；蒸馏酒如白兰地、法国科涅克白兰地（cognac）和阿尔马涅克白兰地（armagnac）、德国布兰特温白兰地（branntwein）、南美的皮斯科白兰地（pisco）、土耳其拉基亚白兰地（rakia）、玻利维亚辛加尼白兰地（singani）、叙利亚亚力酒（arak，葡萄白兰地）、葡萄蒸馏酒、水果烈性酒等。

苹果：发酵酒如苹果酒［cider, hard cider（美国）］；蒸馏酒如苹果蒸馏酒（cider spirit）、苹果白兰地［apple brandy, applejack（美国），jabukovača【塞尔维亚语】］、卡尔瓦多斯（calvados，苹果白兰地）等。

梨子酒：发酵酒如派瑞酒（perry）、梨酒（pear cider）、法国梨酒（poiré）、威廉斯梨（*Pyrus communis* L. cv 'Williams'）酒；蒸馏酒如派瑞蒸馏酒（perry spirit）、梨白兰地（pear brandy）、法国梨白兰地（eau de vie）、韦利加莫夫卡酒（viljamovka）、威廉斯梨酒（Poire Williams）、匈牙利梨帕林卡白兰地（pálinka）、保加利亚梨白兰地（krushova rakia）等。

香蕉：发酵酒如香蕉酒、南美卡伊姆酒（cauim，香蕉酒）、乌干达乌尔瓦格瓦酒（urgwagwa，香蕉酒）、坦桑尼亚姆贝格酒（mbege，由小米麦芽与香蕉发酵的酒）；蒸馏酒如塞尔维亚香蕉蒸馏酒（majmunovača【塞尔维亚语】）等。

杏子：发酵酒如杏子酒（apricot wine）；蒸馏酒如杏子白兰地、帕林卡杏子白兰地等。

桑葚：发酵酒如桑葚酒（mulberry wine）；蒸馏酒如美国欧吉酒（oghi，桑葚蒸馏酒）等。

樱桃：发酵酒如樱桃酒（cherry wine）；蒸馏酒如克希酒（樱桃白兰地）等。

菠萝：发酵酒如菠萝酒（pineapple wine）、墨西哥特帕切酒（tepache）等。

李子酒：发酵酒如李子酒（plum wine）；蒸馏酒如布拉斯李子酒（mirabelle）、斯力伏维茨酒（slivovitz）、塞尔维亚斯利沃维采酒（šljivovica）、日本梅酒（umeshu）等。

覆盆子：发酵酒如覆盆子酒（raspberry wine）；蒸馏酒如德国的覆盆子烈酒（himbeergeist）等。

其他水果发酵酒还有中国枸杞酒（gouqi jiu）、中国杨梅（*Myrica rubra*）酒、石榴酒（pomegranate wine）、印度托迪酒（toddy，棕榈酒）、草莓酒、桃子酒、无花果酒

（fig wine）、红醋栗酒（redcurrant wine）、黑醋栗酒（blackcurrant wine）、柑橘酒等。

其他水果蒸馏酒还有如印度芬尼酒（feni，腰果蒸馏酒）、印度和菲律宾的楠榜酒（lambanog，椰子蒸馏酒）等。

3. 其他原料酒

用粮食和水果类以外的原料生产的酒。在中国用野生植物淀粉原料或含糖原料生产的酒历史上习惯称为"代粮酒"或"代用品酒"。

这些原料如下所示：

葡萄或水果皮渣：发酵酒如皮渣发酵酒（pomace wine）；蒸馏酒如葡萄皮渣（葡萄皮渣蒸馏酒，grape marc spirit）、葡萄酒泥（糟烧酒，hefebrand，或酒泥烧酒，lees spirit）、水果皮渣蒸馏酒（fruit marc spirit）、土耳其拉基（raki）皮渣酒、希腊乌佐（ouzo）皮渣酒、法国帕蒂斯皮渣酒（pastis）和马克酒（marc）、意大利杉布卡酒（sambuca）和格拉巴酒（grappa）、希腊齐普罗酒（tsipouros）和齐库迪（tsikoudia）酒、德国特斯特酒（trester）、奥鲁约酒（orujo）、塞浦路斯日瓦娜酒（zivania）、葡萄牙巴拉科酒（bagaço）、罗马尼亚泰斯科维拉酒（tescovină）等。

蔬菜类原料如下所示：

龙舌兰汁：发酵酒如普逵酒（pulque）；蒸馏酒如特基拉酒（tequila）、麦思卡尔酒（mezcal）、拉伊西亚（raicilla）等。

木薯：发酵酒如卡伊姆酒（cauim）、南美奇查酒（chicha）、非洲卡谢利酒（kasiri）、南美立哈曼奇酒（nihamanchi）、秘鲁利纪曼切酒（nijimanche）、巴西樱花酒（sakurá）等；蒸馏酒如巴西蒂基拉（tiquira）等。

土豆：发酵酒如土豆啤酒；蒸馏酒如乌克兰好瑞克酒（horilka）、伏特加、德国卡瑞特菲尔烈酒（kartoffelschnaps）、斯堪的纳维亚地区的阿瓜维特酒（akvavit）等。

甘蔗汁或糖蜜：发酵酒如倍西（basi）；蒸馏酒如朗姆酒、海地朗姆阿格里科利酒（rhum agricole）、巴西卡莎萨酒（cachaça，甘蔗朗姆酒）、印度代思达茹酒（desi daru）、委内瑞拉甘蔗烧酒（aguardiente）、阿根廷加纳酒（caña）、乌拉圭加纳布兰卡酒（caña blanca）等。

其他原料：薯干（薯干酒）或鲜薯，如中国早期的瓜干酒、日本芋烧酒（sweet potato shochu）；蜂蜜，如蜂蜜酒（mead）、蜂蜜蒸馏酒（honey spirit，distilled mead）；葡萄干，如葡萄干蒸馏酒（raisin spirit）、葡萄干白兰地（raisin brandy）；黄酒糟（糟烧酒）；棕榈汁（科约尔酒，coyol wine，发酵酒）；牛奶，如发酵酒类的科蜜思（kumis）、克菲尔（kefir）、布兰得（bland），蒸馏奶酒如阿尔基（arkhi）；糖，如日本的黑糖烧酎（kokuto shochu）等。

（二）按生产工艺分类

1. 发酵酒

发酵酒（fermented alcoholic beverages），俗称酿造酒，是以粮谷、水果、乳类、蜂蜜等为原料，主要经酵母发酵等工艺制成的、酒精含量小于 24%vol 的饮料酒，主要包括啤酒、葡萄酒、果酒、黄酒、日本清酒、韩国真露等。

2. 蒸馏酒

蒸馏酒（liquor，hard liquor*），俗称烈性酒（spirit），是以淀粉质原料（如谷物、薯类）、糖质原料（如水果、糖蜜）、植物汁液等为主要原料，经发酵、蒸馏、陈酿、勾调制成的酒精度在 15%~60%vol 的饮料酒[2, 4-5]，这类酒主要包括白酒（烧酒）、白兰地、威士忌、伏特加、金酒、朗姆酒、特基拉酒、日本烧酒、韩国烧酒等。美国的苹果白兰地和亚洲某些蒸馏酒则是通过冷冻蒸馏获得，该法也用于生产高酒精度的啤酒[5]。

西方的蒸馏酒酒精度通常在 30%~40%vol；白酒酒精度早先在 50%vol 以上，称为高度白酒；从 20 世纪 80 年代后，酒精度逐渐下降，目前在 40%~50%vol，称为降度白酒；而 40%vol 以下的称为低度白酒；日本和韩国的蒸馏酒通常在 20%~30%vol。

西方特别是欧盟关于蒸馏酒的定义已经兼顾到地理保护标志和酒精度原则，即酒精度高于 15%vol 的酒（包括露酒）均列入烈性酒行列，并规定所有蒸馏酒中除了可以添加水和焦糖色素外，不得添加调香物或调味剂蒸馏或蒸馏允许添加酒精时，酒精须为农业酒精**；允许一种或更多种烈性酒的混合。在欧盟的现有标准中，其实包含了部分酒精度高于 15%vol 的露酒[4]。本书中为叙述方便，仍将这类酒归入"露酒"类。

地理标志是指一种烈性酒原产于某一国家的领土或该领土内某一区域或地方的辨识标志，而烈性酒的特定质量、名誉或其他特征根本上归因于它的地理起源[4]。

关于蒸馏酒的酒龄，欧盟的管理非常严格，"只有在烈性酒的描述、展示或标签中注明老熟期或酒龄时，酒龄是指其最年轻的酒类成分"，即以贮存期最短的酒作为酒龄标识[4]。

酒精度高于 15%vol 的强化葡萄酒（fortified wine）如波特酒（port）、雪莉酒（sherry）、马德拉酒（madeira）、马沙拉酒（marsala）、卡曼达蕾雅酒（commandaria）和味美思（vermouth）等属于烈性酒，但不在蒸馏酒的分类中。

3. 露酒

露酒（lujiu）是以黄酒、白酒为酒基，加入按照传统标准既是食品又是中药材或特

注：* hard liquor，北美常用以区分不蒸馏的酒精饮料，英文表述还有 hard alcohol，distilled drink，distillate，distilled spirit，distilled liquor，spirit drink（https：//en. wikipedia. org/wiki/Alcoholic_ drink#Beer）。

＊＊农业酒精即用农产品生产的酒精，与工业酒精相对。

定食品原辅料或符合相关规定的物质，经浸提和/或复蒸馏等工艺或直接加入从食品中提取的特定成分，制成的具有特定风格的饮料酒[2]。

4. 配制酒

配制酒（integrated alcoholic beverages），亦称再制酒、调香酒（flavoured spirits）、药酒（cordial，tincture）、利口酒（liqueur），是以发酵酒、蒸馏酒或食用酒精为酒基，加入可食用辅料或食品添加剂，进行调配和/或再加工制成的饮料酒。

按照再造标准，传统药酒并没有归入任何一类，从概念完整性上讲，药酒归入配制酒一类。在中国，无论是露酒还是配制酒的概念强调的是酒中是否添加了非发酵性物质，如果添加了，则纳入露酒管理。但欧盟的利口酒或调香酒管理更强调"酒精度"的概念，超过15% vol 的通常纳入烈性酒管理范畴。另外，不少调香酒通常需要再次蒸馏[4]。

配制酒和露酒按使用原料又可分为以下四类。

第一类是植物类配制酒，是指利用食用植物的花、叶、根、茎、果为香源及营养源，经再加工制成的、具有明显植物香及功能成分的配制酒，这些材料包括但不限于枸杞、黑莓、草莓、杨梅、越橘、覆盆子、红醋栗、黑醋栗、黑刺李、花楸浆果、冬青果、接骨木莓、蔷薇果、香蕉、百香果、沙梨、南酸枣、樱桃［如马拉斯基诺酒（maraschino，marrasquino，maraskino)］、青核桃［如诺奇诺酒（nocino)］、香菜［如香菜调香蒸馏酒（caraway-flavoured spirit drinks)］、香菜与莳萝种子［混合的调香酒（称为阿瓜维特酒，akvavit 或 aquavit)］、大茴香（俗称八角）、杜松子［如杜松调香蒸馏酒（juniper-flavoured spirit)］、金酒、蒸馏金酒、伦敦金酒[4]等。

第二类是动物类配制酒，是指利用食用动物（包括皮、角、骨、脏器等）及其制品为香源及营养源，经再加工制成的、具有明显动物功能成分的配制酒。

第三类是指动植物类配制酒，是指同时利用动物、植物有用成分制成的配制酒。

第四类是其他类配制酒，是指以不同酒种直接混合、调配，或加入果汁、食品添加剂、充 CO_2 再制成的酒。如中国的五加皮酒、杉布卡酒（sambuca，含有茴香、八角或其他芳香草的蒸馏物）、鸡蛋利口酒［egg liqueur，亦称艾德沃卡特酒（advocaat，avocat，advokat）一种含有优质蛋黄、蛋清和糖或蜂蜜的酒］、米思特拉酒（väkevä glögi，spritglögg，一种含有丁香和肉桂的酒）等。纯酒精勾调的"调香白酒"属于此列。

此类酒在国外多以利口酒的形式出现（单一原料的可归入第一类），欧盟对利口酒有着严格的规定：利口酒是一种烈性酒，其最小糖度樱桃利口酒是 70g 葡萄糖/L，用龙胆或类似植物作为唯一芳香物质制作的龙胆或类似的利口酒糖度为 80g 葡萄糖/L，其他所有利口酒糖度为 100g 葡萄糖/L；通过调香与农用乙醇或农业来源的蒸馏物或一种或多种烈性饮料或其混合物而产生，加糖，并添加农产品或食品如奶油、牛奶或其他奶产品、水果、葡萄酒或加香葡萄酒，添加物符合 1991 年 6 月 10 日欧盟理事会（EEC）第 1601/91 号条例的界定；规定了芳香葡萄酒、芳香葡萄酒基饮料酒和芳香葡萄酒基鸡尾酒的定义、描述和展示的一般条例；最小酒精度为 15%vol[4]。

（三）按发酵模式分类

按发酵模式可以分为：液态法酒、半固态法酒和固态法酒。

液态法酒是指采用酒精工艺、葡萄酒或啤酒工艺生产的酒，整个发酵过程在液态中进行，先液态糖化、再液态发酵或直接用水果或蜂蜜或糖蜜不经糖化直接发酵和/或蒸馏而成，如葡萄酒、啤酒、威士忌、白兰地、伏特加、墨西哥特基拉酒等。

半固态法酒是指采用固态或半固态糖化、液态发酵生产的酒，如黄酒、中国两广一带的米烧酒（如米香型白酒、豉香型白酒）。

固态法酒是指采用固态法发酵工艺酿制酒，通常发酵过程中采用固态边糖化边发酵工艺。在中国主要是用来生产大曲白酒、小曲白酒和/或麸曲白酒。

第二节   蒸馏酒定义与分类

一、 白酒

白酒，俗称烧酒*、烧刀子、老刀子、（老）白干，是以粮谷为主要原料，以大曲、小曲、麸曲、酶制剂及酵母等为糖化发酵剂，经蒸煮、糖化、发酵、蒸馏、陈酿、勾调而制成的蒸馏酒[2]。

白酒在分类上通常是按香型分类为主导，曾经一度强行要求在标签上必须标注香型。

（一）按生产工艺分类

1. 固态法白酒

固态法白酒（solid fermentation liquor）是指采用固态糖化、固态发酵及固态蒸馏的传统工艺酿制而成的白酒[2]。按其用曲种类又分为：

（1）大曲酒（daqu liquor）   以大曲为糖化发酵剂酿制而成的白酒。

注：* 至 20 世纪 50 年代还称为烧酒，见金培松和周元懿合著，中华书局股份有限公司 1950 年出版的《做黄酒和烧酒》。

（2）小曲酒（xiaoqu liquor）　以小曲为糖化发酵剂酿制而成的白酒。

（3）麸曲酒（moldy bran liquor）　以麸曲为糖化剂，加酒母发酵酿制而成的白酒。

（4）混合曲酒　以大曲、小曲或麸曲等为糖化发酵剂酿制而成的白酒。

（5）其他糖化剂酒　以糖化酶为糖化剂，加酿酒酵母（或活性干酵母、生香酵母）发酵酿制而成的白酒。

2. 半固态法白酒

半固态法白酒（semi-solid fermentation liquor）是指采用固态培菌、糖化，加水后，于液态下发酵、蒸馏的传统工艺酿制而成的白酒[2]。半固态法白酒通常以大米、糖蜜等为原料，在固态下加入糖化剂糖化，先培菌，再加入小曲发酵，采用边糖化边发酵，液态蒸馏酿制而成的白酒，如中国的米香型和豉香型白酒。

3. 液态法白酒

液态法白酒（liquid fermentation liquor）是以粮谷为原料，采用液态发酵法工艺所得的基酒，可添加谷物食用酿造酒精，不直接或间接添加非自身发酵产生的呈色、呈香、呈味物质，精制而成的白酒[2]。

4. 固液法白酒

固液法白酒是以液态法白酒或以谷物食用酿造酒精为基酒，利用固态发酵酒醅或特制香醅串蒸或浸蒸，或直接与固态法白酒按一定比例调配而成，不直接或间接添加非自身发酵产生的呈色、呈香、呈味物质，具有本品固有风格的白酒[2]。

香醅串蒸技术最早为董酒使用，采用小曲白酒串蒸大曲香醅，后由红星二锅头改进后用酒精串蒸酒醅。直接勾调技术曾经规定固态白酒的比例应大于等于50%。

5. 调香白酒

调香白酒是以固态法白酒、液态法白酒、固液法白酒或食用酒精为酒基，添加食品添加剂调配而成，具有白酒风格的配制酒[2]。在2021版标准中，已经将调香白酒划归为配制酒类[2]。

（二）按香型分类

在20世纪50~60年代茅台试点、汾酒试点以及气相色谱在白酒中应用的基础上，逐步形成香型的概念，并于1979年正式在全国第三届评酒会上提出"香型学说"。当时香型分为五种，即酱香型、浓香型、清香型、米香型和其他香型。其后，随着研究不断深入，一些白酒纷纷独立成为香型，扩展成目前的十二大香型，即酱香型（soy sauce aroma and flavor type）、浓香型（strong aroma and flavor type）、清香型（light aroma and flavor type）、米香型（sweet honey aroma and flavor type）、药香型（herb-like aroma and flavor type）、凤香型（fengxiang aroma and flavor type）、兼香型（complex aroma and flavor type）、豉香型（chixiang aroma and flavor type）、老白干香型（laobaiganxiang aroma and flavor type）、芝麻香型（roasted-sesame-like aroma and flavor type）、特香型（texiang aroma and flavor type）和馥郁香型（fuyuxiang aroma and flavor type）。

二、 威士忌和啤酒蒸馏酒

中国国家标准规定，威士忌是以麦芽和谷物为原料，经糖化、发酵、蒸馏、贮存、调配而成的蒸馏酒，酒精度要求不得低于40%vol[6]。

欧盟标准规定，威士忌是用发芽谷物或整粒谷物用麦芽作淀粉糖化酶糖化，经酵母发酵生产发酵醪，经一次或多次蒸馏而成的、酒精度小于94.8%vol的蒸馏液，经橡木桶（体积不大于700L）老熟3年，销售酒精度不小于40%vol的烈性酒[4]。

但在欧盟标准中，另有一类谷物蒸馏酒，其定义为"谷物蒸馏酒仅是全谷物发酵醪蒸馏生产的一种烈性酒饮料，并具有来源于原料的感官特性"[4]。通常情况下，销售酒精度不得小于35%vol。如果该类酒欲标为"谷物白兰地"，它必须是通过蒸馏全谷物发酵醪，酒精度小于95%vol，呈现的感官特征源自所使用的原料[4]。

啤酒蒸馏酒是全部由新鲜啤酒常压蒸馏获得的一种烈性酒，38%vol≤酒精度<86%vol，以使馏出物获得啤酒香气的感官特征[4]。

各主要生产国的威士忌分类基本类似，即按原料的不同，可以分为麦芽威士忌、谷物威士忌和调配威士忌（亦称兑和威士忌）。

麦芽威士忌是全部以大麦麦芽为原料，经糖化、发酵、蒸馏，在橡木桶贮存陈酿至少2年的威士忌[6]，具有来自原料和加工工艺的香气与味道的威士忌[2]。这是最早出现的威士忌，也是传统所说的威士忌[7]，以苏格兰单一麦芽威士忌最为出名，采用传统工艺生产。

谷物威士忌是以各种谷物如黑麦、小麦、玉米、青稞和燕麦[2, 6]为原料，经糊化、糖化、发酵、蒸馏，在橡木桶中陈酿至少2年的各类谷物威士忌[6]。谷物威士忌通常采用科菲蒸馏器蒸馏[8]。

调配威士忌是用各种单体威士忌（如麦芽威士忌和谷物威士忌）按一定比例混合、调配而成的威士忌[2]。大约在1863年，法国葡萄园被葡萄根瘤蚜虫瘟疫摧毁，到1879年，欧洲大部分地区也受到影响，造成英国中上阶层的主要饮料酒克拉雷（Claret）和科涅克白兰地短缺。于是调配苏格兰威士忌就抓住了占领白兰地市场的机会，并从而一并占领世界市场[9]。

世界上比较著名的威士忌有苏格兰威士忌、爱尔兰威士忌、北美的波旁威士忌、日本的威士忌等。

三、白兰地与葡萄蒸馏酒

中国国家标准规定，以葡萄为原料，经发酵、蒸馏、橡木桶贮存陈酿、调配而成的蒸馏酒称为白兰地[10]。同时规定了其等级为 XO（最低酒龄 6 年，特级）、VSOP（最低酒龄 4 年，优级）、VO（最低酒龄 3 年，一级）和三星（包括 VS 级，二级，最低酒龄 2 年）。

但 2021 年新标准[2]的定义修改为：以水果或果汁（浆）为原料，经发酵、蒸馏、陈酿、调配而成的蒸馏酒，而将原标准的定义作为"葡萄原汁白兰地"的定义。按新标准，将白兰地分为以下几类：葡萄原汁白兰地、葡萄皮渣白兰地、调配白兰地三类。国标中的"风味白兰地"应归属配制酒范畴。

欧盟对白兰地有着严格的定义。白兰地是用葡萄蒸馏酒（wine spirit）生产，无论是否添加葡萄酒蒸馏物（wine distillate），蒸馏酒精度小于 94.8%vol 的、在橡木容器中老熟至少 1 年或橡木桶（体积不超过 1000L）中至少 6 个月的、酒精度不得低于 36%vol 的烈性酒，挥发性成分含量不得低于 1.25g/L（abs. alc.），甲醇含量不得超过 2.00g/L（abs. alc.）；不得调香与调味，只可以加入焦糖调色[4]。

葡萄蒸馏酒是指仅由葡萄酒蒸馏或强化葡萄酒蒸馏，酒精度小于 86%vol 或葡萄酒馏出物再蒸馏，酒精度小于 86%vol 的烈性酒，但酒精度不得低于 37.5%vol，挥发性成分含量不得低于 1.25g/L（以 100%vol 酒精计，abs. alc.），甲醇含量不得超过 2.00g/L（abs. alc.）；不得调香与调味，只可以加入焦糖调色[4]。

葡萄皮渣蒸馏酒（grape marc spirit），俗称葡萄皮渣白兰地，是仅来源于葡萄皮渣发酵和蒸馏，或使用直接式水蒸气蒸馏或后续添加水；蒸馏皮渣的酒精度小于 86%vol，不得低于 37.5%vol；葡萄皮渣中可以添加酒泥（lees），但不得超过 25kg/100kg 葡萄皮渣；来源于酒泥的乙醇不得超过终产品乙醇总量的 35%；在产品质量上，含有不少于 1.40g/L（abs. alc.）的挥发性成分，甲醇浓度最高不超过 10g/L（abs. alc.）；不得调香与调味，只可以加入焦糖调色[4]。

目前世界上产量最大、声誉最高的白兰地是科涅克白兰地（cognac，又译为"干邑"或"可雅白兰地"）。该酒产生于法国夏朗德省的科涅克地区，使用该地区种植的葡萄，并在当地采摘、发酵、蒸馏和贮存[11-12]。法国另外一个著名的白兰地是阿尔马涅克白兰地（armagnac，又译为"雅文邑"），产于法国热尔省的阿尔马涅克地区[11]。据学者考证，阿尔马涅克是已知的最古老的葡萄蒸馏酒，从 15 世纪起生产，到现在没有中断过[13]。

白兰地主要产地有奥地利、比利时、挪威、荷兰、日本和中国等国家。

四、 水果蒸馏酒与水果皮渣蒸馏酒

水果蒸馏酒（fruit spirit），亦称水果白兰地（fruit brandy），完全由水果酒精发酵和蒸馏而成，这类水果包括肉质水果或这类水果、浆果或蔬菜的汁，含有或没有果核；蒸馏酒精度小于86%vol，蒸馏物有从原料蒸馏的香气和味道，成品酒精度不得低于37.5%vol；含有不少于2.00g/L（abs. alc.）的挥发性物质；使用石果时，氢氰酸含量不超过700mg/L（abs. alc.）；水果蒸馏酒甲醇最大含量10.00g/L（abs. alc.，法规另有规定的除外）；不得调香与调味，只可以加入焦糖调色[4]。

水果皮渣蒸馏酒仅仅由水果皮渣（不包括葡萄皮渣）发酵和蒸馏而成，酒精度小于86%vol，不得低于37.5%vol；含有不少于2.00g/L（abs. alc.）的挥发性成分；甲醇浓度最高不超过15.00g/L（abs. alc.）；在石果皮渣蒸馏酒中，氢氰酸含量不超过700mg/L（abs. alc.）；不得调香与调味，只可以加入焦糖调色[4]。

五、 伏特加

伏特加是一种由农业乙醇制成的烈性饮料酒，由酵母发酵而成，原料来源于土豆、谷物或其他农业原料；经过蒸馏和精馏，选择性地降低发酵过程中使用的原料和副产物的感官特性；可以用适当的加工助剂进行重蒸馏和处理，包括用活性炭处理，使其具有特殊的感官特性；其最终产品酒精度不得低于37.5%vol。农业酒精甲醇含量不得超过0.10g/L（abs. alc.）[4]。

中国国家标准[2]规定，伏特加又称俄得克，是以谷物、薯类、糖蜜及其他可食用农作物等为原料，经发酵、蒸馏制成的食用酒精，再经过特殊工艺精制而成的蒸馏酒。国家标准中的"风味伏特加"应归入配制酒类。

伏特加酒起源于北欧斯堪的纳维亚和波罗的海国家以及俄罗斯。伏特加酒是世界上广泛消费的酒。在美国占烈性酒消费的25%以上[14]，在英国占约40%[15]。

伏特加通常是无色的，广泛用于调制鸡尾酒如血腥玛丽（bloody Mary）、马提尼（martini）和螺丝刀（screwdriver），近期成为"随时饮用（ready to drink，RTD）"饮料［俗称波普饮料（alcopop），一种泡泡甜酒］的基酒。调香伏特加在北欧和俄罗斯十分流行[5]。

六、 朗姆酒

朗姆酒是指用甘蔗糖的糖蜜或糖浆或甘蔗汁经酒精发酵和蒸馏生产的，酒精度为

37.5%~96%vol（不含 37.5%vol 和 96%vol）的烈性酒。规定挥发性物质含量≥2.25g/L（abs. alc.）[4]。

中国国家标准[2]定义：以甘蔗汁、甘蔗糖蜜、甘蔗糖浆或其他甘蔗加工产物为原料，经发酵、蒸馏、陈酿、调配而成的蒸馏酒。国标中的"风味朗姆酒"应归属配制酒类。

七、 金酒与杜松子类酒

杜松调香蒸馏酒（juniper-flavoured spirit drink）是一种烈性酒，使用杜松浆果调整农业乙醇和/或谷物蒸馏酒和/或谷物蒸馏物的香与味，最小酒精度 30%vol。天然和/或天然等同的调味物质和/或法规限定的调味制剂以及芳香植物或芳香植物的一部分，可以被例外使用，但杜松子酒的感官特性必须是可辨的，即使它们有时被减弱[4]。

金酒（gin）是一种杜松调香蒸馏酒，是用杜松浆果调整适合的农业酒精香味而产生的；最小酒精度 37.5%vol。天然和/或天然等同的调味物以及法规限定的调味制剂能应用于生产金酒，但杜松子的香与味占主导地位[4]。

蒸馏金酒（distilled gin）是一种杜松调香蒸馏酒，通过重蒸馏适宜农业来源的、品质适宜的、初始酒精浓度至少 96%vol 的酒精而生产，重蒸馏器是金酒蒸馏传统使用的，酒精中存在杜松浆果和其他天然植物，但杜松子的香与味占主导地位；最小酒精度 37.5%vol；天然/或天然等同的调味物和/或法规规定的调味制剂也可用于调味蒸馏金酒。简单地通过添加精油或调香物质到农业酒精而获得的金酒不是蒸馏金酒[4]。

伦敦金酒（London gin），俗称伦敦干金（London dry gin），它是一种蒸馏金酒，全部用农业酒精生产，甲醇最高含量 500mg/L（abs. alc.），它的风味完全来源于酒精中的所有天然植物材料，通过传统蒸馏方式获得；蒸馏后酒的酒精度至少 70%vol；不含添加的甜味剂或着色剂，最终产品中糖度不得超过 0.1g/L；除了水，不得含有其他任何添加的成分；最小酒精度 37.5%vol[4]。

金酒是一种调香酒，不在本书叙述范围。

八、 日本烧酎

日本烧酎是以大米、大麦、荞麦、玉米、土豆、甜甘薯、甜菜糖、板栗等作原料，用米曲糖化淀粉或块茎淀粉，酵母作发酵剂生产米酒，然后蒸馏而成，稀释到约 30%vol 出售。

日本烧酎，俗称日本烧酒，分为两大类，即甲类烧酎和乙类烧酎。

甲类烧酎（class A shochu），又称复式蒸馏烧酎，是指把含酒精的材料（通常是发酵后的糖蜜）用特殊蒸馏器进行超过一次蒸馏（即复式蒸馏）所得到的酒（液态发酵法白酒），类似于高纯度酒精，无臭，用水稀释到酒精度36%vol以下出售；发芽的水果或谷物部分用作原料（防止白兰地和麦芽威士忌被认为是烧酒）；不用活性炭过滤；假如糖用作原料，无论是全部或部分，蒸馏物的酒精度至少95%vol；在蒸馏时不能添加其他成分强化，明确允许的成分除外（排除利口酒）。

甲类烧酎通常是由红薯、马铃薯和玉米制成的，一般是在现代大型工厂生产的，使用专业蒸馏设备即专利蒸馏器，低成本批量生产。

乙类烧酎（class B shochu），俗称本格烧酎、单式蒸馏烧酎（singly distilled shochu），是指把含酒精的原料用单式蒸馏器进行蒸馏的酒，酒精度在45%vol以下；谷物或土豆和它们制作的曲（即米曲或甘薯曲等）作主要原料发酵而成或谷物曲作主要原料发酵而成；谷物或土豆和其他原料共同发酵而成，其他原料不超过它们质量的50%[16]；其他规定的原料发酵而成。如用大米生产的称为米烧酎，用大麦生产的称为麦烧酎，用甘薯生产的称为芋烧酎等。

清酒糟作为主要原料发酵而成的（清酒的原料可能是大米及米曲），称为清酒糟烧酎，日语为"粕取り烧酎"[16]；糖即黑糖作主要原料发酵而成的，称为黑糖烧酎（brown sugar shochu）。

在日本冲绳，将蒸馏酒称为泡盛酒*，是以黑糖作原料，添加米曲生产的蒸馏酒。这是一种特别许可，这种许可在地理上仅限于鹿儿岛县的奄美群岛（县），并以使用米曲为条件。这一区域限制至今仍然存在。

将单一蒸馏烧酒和多重蒸馏烧酒混合在一起，形成混合烧酎。早期它经常被贴上本格烧酎的错误标签，或者不说是混合的或混合酒的名称。从2005年开始，行业自律，创建了混合烧酎这一术语，并根据所使用的相对体积进行了分类。

单一蒸馏烧酒占单蒸馏混合烧酒（singly distilled blended shochu）总体积的50%~95%。这类是针对那些认为纯单一蒸馏的烧酒有太强的气味或味道，旨在更柔软，更容易饮用。

在多重蒸馏混合烧酒（multiply distilled blended shochu）中，单一蒸馏烧酒占总量的5%~50%。以价格为重点，试图结合多重蒸馏烧酒廉价批量生产的优点，同时引入单一蒸馏烧酒的某些特征风味。

注：* 日本1949年酒税法，酒精没有被归类为"烧酒"。

第三节　固态法白酒与国外蒸馏酒比较

一、工艺

与西方淀粉质原料蒸馏酒相比，固态法白酒主要采用固态双边发酵和固态蒸馏的发酵模式。其主要特点如下：

（一）固态双边发酵

淀粉产生酒须经过糖化与发酵过程。固态法白酒发酵过程中糖化和发酵同时进行，即边糖化边发酵或称为双边发酵[17-19]；而西方蒸馏酒是先糖化后，再进行液态发酵[9]，这一点与我国米香型白酒和豉香型斋酒生产模式类似[20]。固态法白酒生产时常采用"低温入窖、缓慢发酵"的操作工艺。糖化酶作用最适温度50~60℃。当采用20~30℃低温入窖时，糖化作用缓慢，故糖化时间要长一些，但酶的破坏也减弱。采用较低的糖化温度，只要保证一定的糖化时间，仍可达到糖化目的。酵母酒精发酵最适温度是28~30℃，在固态发酵法生产白酒时，入窖开始糖化温度比较低（12~22℃），糖化进行缓慢。因此，发酵也是缓慢的，窖内升温也缓慢，酵母不易衰老。在边糖化边发酵过程中，被酵母利用的可发酵性糖是在整个发酵过程中逐步产生和供给的，酵母不会过早地处于高浓度底物和代谢产物的抑制环境中。当然，双边发酵必然带来发酵周期要长。

（二）敞口多菌种发酵

固态发酵是多菌种混合发酵[21]。在整个生产过程中，固态发酵法白酒生产都是开放式操作，除原料蒸煮过程起到灭菌作用外，空气、水、窖池和场地等各种渠道能把大量的、多种多样的微生物带入料醅中，与曲中的有益微生物协同作用，产生丰富的香味物质[22]。这与西方纯种、密闭发酵是完全不一样的[23]。多菌种带来丰富的风味物质，但也使得发酵控制困难。

（三）续糟发酵

除了清香型传统工艺清蒸二遍清和小曲非续糟发酵外，固态法白酒多采用续糟发酵方式，半固态法和液态法白酒通常是一次发酵[20]。续糟发酵其实是对双边发酵不能充分利用原料淀粉的一种纠偏措施。采用续糟发酵的优点：第一，新原料加入，可以调整入窖淀粉和酸度，利于发酵；第二，酒醅经过长期反复发酵，积累了大量可供微生物营养和产生香味物质的前体物质，有利于白酒风味物质的丰富。第三，反复发酵过程中，酒醅中残余淀粉被充分利用，有利于提高出酒率。

（四）独特的发酵容器

固态发酵白酒使用陶缸、泥窖或半泥窖［泥-条石（或砖）］作为发酵容器。所有的饮料酒早期可能均是使用陶坛（或陶缸）或木桶作为发酵容器，近代开始使用水泥池及现代的不锈钢容器，但固态法白酒到目前为止，除部分香型机械化生产使用不锈钢槽外，其他均采用陶缸、泥窖或半泥窖作为发酵容器，前者主要是清香类型（清香型和老白干香型）白酒在使用，后者主要是酱香型、芝麻香型和特香型白酒在使用（包括现流行的馥郁香型和馥合香型白酒）。泥窖是浓香型白酒产香的根本，决定了浓香型白酒的风格[24-25]。近80%的白酒与泥窖相关，与泥中栖息的芽孢杆菌相关。西方蒸馏酒全部采用不锈钢发酵容器[23]。

（五）甑桶固态蒸馏

固态发酵蒸馏是将发酵后酒醅装入传统甑桶中，蒸出的白酒微量成分丰富[20]。这种蒸馏方式与西方壶式间隙蒸馏[26]或柱式连续蒸馏[27]类似，既可以浓缩分离酒精，又可以同时提取风味物质[28]，但又有着显著的区别。甑桶类似矮胖的填充塔（高径比小于1），酒醅既是蒸馏对象又是填充物料。酒醅中挥发性物质由于受热而不断蒸发、上升、凝缩、再蒸发，最后离开酒醅进入冷凝器，这与蒸馏塔相似，但白酒甑桶一次蒸馏可获得高酒精浓度原酒，且甑桶高度远低于西方蒸馏器。白酒通常采用间歇蒸馏，在蒸馏过程中随着酒精的蒸出，酒醅的酒精含量下降，酒醅温度逐渐升高，挥发性强的物质大多集中在酒头，如短链酯、醛、高级醇等；挥发性低的组分多集中在酒尾，如有机酸、长链酯等。甑桶气液分离空间小，增加了雾沫夹带现象，不挥发性物质能被拖带入酒中[29]，如乳酸，这些成分构成了白酒的独特风味。同时，在蒸馏过程中，一些香气成分会发生反应，产生一些新的香气成分，如乙醛与乙醇在蒸馏时会发生缩醛化反应，产生乙缩醛等。与西方二次蒸馏取酒不同，白酒只有一次蒸馏。

（六）界面作用

液态发酵基本是均一体系，即使是醪发酵，顶多也是二相体系。固态法白酒发酵时，窖内的气相、液相、固相三种状态同时存在（气相比例极少），界面关系复杂且不稳定[17]。这个环境条件支配着微生物的繁殖与代谢，形成白酒特有的芳香。

（七）高粱为主的酿酒原料，小麦或大麦为主的制曲原料

西方淀粉质原料蒸馏酒主要使用大麦作原料，采用大麦制麦芽，作糖化剂，培养酵

母作发酵剂。白酒使用的是以小麦为主，经粉碎与加水固态培养的大曲。曲既是糖化剂，又是发酵剂[20, 22, 30]。同时，高温制曲时的曲香带到酒中，使得酒香气更加丰满。高粱富含单宁等成分，在发酵过程中，单宁水解后的产物是白酒芳香成分前体物质[20]。

（八）陶坛贮存

虽然目前白酒的贮存容器已经多样化，如水泥池、不锈钢罐[31-33]等，但好酒还是贮存于陶坛中，少部分贮存于酒海中。到目前为止，陶坛老熟的机理并不清楚，但老熟效果优于其他容器[32, 34]。西方蒸馏酒贮存容器主要是橡木桶或不锈钢罐，传统的还是以橡木桶为主[35]。

二、 成分

由于工艺独特，从而造成固态法白酒具有独特风格。与国外蒸馏酒相比，固态法白酒的微量成分具有如下特征：

（一）酒精度高，总酸、总酯、总醛含量高，高级醇含量低[36]

白酒总酯含量最多，超过其他蒸馏酒几十倍甚至百倍以上。白酒总酯含量大于总酸与高级醇，大于总醛。国外其他蒸馏酒（威士忌、白兰地、朗姆酒、伏特加、烧酎等）高级醇含量高，酸、酯依不同酒类互有交替，总醛最少[20]。

（二）白酒酸类中以六个碳以下的短链到中链脂肪酸为主， 主要是乙酸和乳酸[37]

在与泥接触的白酒如酱香型和浓香型酒中还含有大量的己酸与丁酸[37]。国外蒸馏酒除乙酸外，辛酸、癸酸、月桂酸较多，朗姆酒中含有较多的丙酸及丁酸[38]。

（三）乳酸乙酯和乙酸乙酯显著高于国外蒸馏酒[39]

乳酸乙酯和乙酸乙酯是几乎所有白酒中含量最多的酯类，在浓香型酒中还含有更高含量的己酸乙酯（有时是高于乙酸乙酯和乳酸乙酯的），这些均是国外蒸馏酒中含量较低的物质。与国外蒸馏酒相比，白酒中辛酸乙酯、癸酸乙酯、月桂酸乙酯及乙酸异戊酯含量极少。

（四）在高级醇中异戊醇占首位

传统固态发酵白酒按浓度高低排列依次为异戊醇、正丙醇、异丁醇三大醇[39]。在酱香型和浓香型白酒中还含有一定量的正丁醇。在特型酒中正丙醇含量出众。国外蒸馏酒高级醇组成依浓度高低大体为异戊醇、异丁醇、活性戊醇和正丙醇；重型朗姆酒是以正丙醇为首，而后为异戊醇、异丁醇、活性戊醇。2-苯乙醇在豉香型白酒中含量最多[40]，比其他蒸馏酒都多。

（五）羰基化合物含量较高

白酒中乙缩醛、乙醛、3-羟基-2-丁酮、2,3-丁二酮含量显著地高[41]，乙缩醛含量占总醛量的55%~73%，其次是乙醛；与西方蒸馏酒相比，白酒乙醛含量较多[42]；在酱香型酒中还含有较多量糠醛[20, 41]。

（六）在高度白酒中，棕榈酸乙酯、油酸乙酯、亚油酸乙酯含量多[20]

棕榈酸乙酯、油酸乙酯、亚油酸乙酯是可引起高度白酒低度化的浑浊物质。

第四节　酒的起源与发展史

一、酒的自然起源

中国酒类以谷物酿造酒为主，因此，讲酿酒的起源问题，主要是谷物酿酒的起源。大量的文献记载了酿酒起源的传说。如《蓬拢夜话》所载："黄山多猿猴，春夏采集花果于石洼中，酝酿成酒，香气溢发，闻数百步……"另外，《紫桃轩又缀》《粤东笔记》《清稗类钞·粤西偶记》等书中均有类似记载。

2014年，美国科学院院刊（PANS）报道[43]，美国人卡里根（Carrigan）等人使用古遗传学的方法，探究了人类代谢乙醇能力的演化过程。人类祖先摄入酒精的历史远早于人类开始主动发酵的历史。通过对乙醇脱氢酶Ⅳ基因的演化进行分析，研究者发现，大约1000万年前，这个酶上的一个单氨基酸突变，增强了人类祖先的酒精代谢能力，这一改变可以让人类祖先在食物短缺时，能够从过熟果实中获得营养。

虽然人类祖先的醇脱氢酶Ⅳ在1000万年前就适应了乙醇，但是随着科技的进步，人类摄入酒精的形式和含量都发生了很大变化——人类在约1万年前才开始自主发酵糖类，而酒精的可获得性和浓度是随着生产和蒸馏技术的进步而逐渐提高的，可能就是因为出现这种大量的、高浓度的酒精，人们才开始大量摄入酒精，进而产生了酒瘾[43]。

二、人工酿酒起源

晋代江统《酒诰》云："酒之所兴，乃自上皇，或云仪狄，一曰杜康，有饭不尽，委余空桑，本出于此，不由奇方。历代悠远，经口弥长，稽古五帝，上迈三皇，虽曰贤圣，亦咸斯尝。"[44]

中国人往往将酿酒起源归于某人的发明，如曹操在诗《短歌行》中云"何以解忧，唯有杜康"。杜康即民间认为的酿酒祖师爷，但宋代《酒谱》曾提出过质疑。作为一种文化现象，不妨罗列于下。一是仪狄酿酒。相传夏禹时期（约公元前 2100 年）的仪狄发明了酿酒。《世本》曰："仪狄始作酒醪，变五味，少康作秫酒。"公元前 2 世纪史书《吕氏春秋》云："仪狄作酒"。汉代刘向编辑的《战国策·魏策三》"鲁共公择言"中记载：梁王魏婴觞诸侯于范台。酒酣，请鲁君举觞。鲁君兴，避席择言曰："昔者，帝女令仪狄作酒而美，进之禹，禹饮而甘之，遂疏仪狄，绝旨酒，曰：'后世必有以酒亡其国者'"。梁王酒后之言，可信乎？二是杜康酿酒。人们认为酿酒始于杜康（夏朝人，约公元前 2100 年）。东汉《说文解字》中解释"酒"字的条目中有："杜康作秫酒""古者少康初作箕帚，秫酒，少康，杜康也"。三是酿酒始于黄帝时代。在黄帝时代（公元前 2717 年至公元前 2599 年）人们就已开始酿酒。汉代成书的《黄帝内经·素问》中记载了黄帝与岐伯讨论酿酒的情景。《黄帝内经》中还提到一种古老的酒——醴酪，即用动物的乳汁酿成的甜酒[18]。更有神话色彩的说法是"天有酒星，酒之作也，其与天地并矣"。考古研究发现，石器时代晚期陶罐的发现表明，人类有意识的酿酒至少起源于新石器时代[45]。

白酒是从米酒演变过来的，最新的考古研究结果表明，中国酿酒起源于公元前 7000 年的河南省境内。通过对河南贾湖遗址中残存的陶坛等文物进行气相色谱-质谱（GC-MS）、液相色谱-质谱（LC-MS）以及核磁共振（NMR）的鉴定，发现在距今约 9000 年的中原地区，中国先民已经使用大米、山楂以及一些草药混合在一起发酵，获得含有酒精的饮料[46]。这可能是中国人有意识生产的最早的酒——米酒。

白兰地可以简单地认为是葡萄酒的蒸馏酒。传说在珀塞波利斯王朝时代，一位妃子失宠，想喝药自尽。在皇宫地下室中找到一瓶标有"毒药"的陶罐，饮后不仅没有死亡，还发现其美味无比。原来，在那个陶罐中装有国王最爱吃的葡萄，为防止别人偷食，故意标上"毒药"二字。长期存放的葡萄，在葡萄皮酵母的作用下，可能发酵产生了酒精[47-48]。

在考古学早期研究中，通过湿法化学分析、红外光谱、高效液相色谱分析陶片中的酒石酸与酒石酸钙以及栗树树脂，发现葡萄酒起源于公元前 5400 至公元前 5000 年的伊朗北部扎格罗斯山脉[5,48]。2017 年的最新考古研究发现，葡萄酒起源于公元前 6000 至公元前 5800 年的南高加索地区的格鲁吉亚，主要是依据对出土陶片中葡萄花粉、淀粉等的现代仪器如 LC-MS-MS 分析结果[49]。

威士忌是啤酒的蒸馏酒。早期考古学证据表明，人类有意识地酿造啤酒起源于土耳其边境的哥贝克力山地（Göbekli Tepe）的陶前新石器时代（pre-pottery neolithic），约公元前8500至公元前5500年[5, 48]。最新的考古学研究表明，啤酒最早起源于公元前11000年。在以色列海法（Haifa）附近的卡梅尔山脉（Carmel mountains）的拉克费特卡夫洞穴（Raqefet cave）中，发现了公元前11000年的啤酒和燕麦粥残糟，这是半游牧民族的纳图菲安人（semi-nomadic Natufians）祭祀时使用的。

日本清酒和韩国的马科立（makkoli，一种麦酒）是从中国传入的。据记载，日本清酒于公元前300年从中国传入日本[50]。

三、 蒸馏酒起源与发展史

蒸馏酒大约在公元元年出现，但直到18世纪仍然是手工作坊式生产。从19世纪始，西方开始蒸馏酒工业化生产[5]，而我国则是1949年后开始的。

（一）蒸馏器与蒸馏技术

要了解蒸馏酒的起源，得先从蒸馏器的出现开始。西方人研究认为，大约公元前3000年中国人知道蒸馏，公元前2000年埃及人使用蒸馏技术[51]。公元前2000年，巴比伦人在美索不达米亚首先用蒸馏器来蒸馏香精和芳香物质，但目前仍有争议[5, 52]。

公元前8世纪，远东首次出现蒸馏；公元前4世纪，中国人已经制造出蒸馏器（海昏侯墓出土，图1-1），希腊人知道了蒸馏。大约在公元前400年，德谟克利特（Democritus）发明了一种蒸馏器（图1-2）。第一次出现文字记载的精油蒸馏是希罗多德（Herodotus），记录了公元前425年松节油的蒸馏方法。

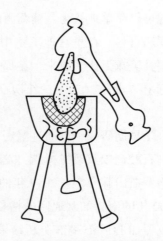

图1-1　海昏侯墓出土蒸馏器　　　　图1-2　德谟克利特发明的蒸馏器[55]

犹太妇女玛丽（Mary Prophetissa）在公元 1 世纪发明了双层蒸锅（图 1-3），是第一个真正的蒸馏器，她称其为"tribokos"。该双层蒸馏器由铜管、陶器和金属架组成。当加热时，蒸汽通过植物材料，被壶旁边的冷凝器所冷却，然后滴下来，用瓶收集。她设计的双层蒸馏器以及后来改进的蒸馏器（图 1-4）一直被用于蒸馏精油，但大部分专家认为这不是用来蒸馏酒精的[52, 53]。第一张蒸馏器的草图于公元 2 世纪出现在炼金术士希腊学院（Hellenistic school of alchemists）[5]。

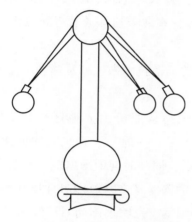

图 1-3　犹太妇女发明的双层蒸锅

图 1-4　改进后的双层蒸馏器

最新研究发现"烧酒"一词最早出现于秦汉时期[54]，即公元 1 世纪左右。约成书于秦汉时期（公元前 221 年至公元 25 年）的《神农本草》2 次提到烧酒（燒酒），"……若得酒及烧酒服，则肠胃腐烂""亦可以汁熬烧酒，藏之经年，味愈佳"[54]。

1990 年《文汇报》刊载了以《东汉蒸馏器，今朝制美酒》为标题的文章，证实中国用蒸馏器生产烧酒始于东汉（公元 25—220 年）[18, 55, 56]，但目前不少专家提出质疑。另据中国四川省博物馆介绍，四川彭县、新都先后两次出土的东汉"酿酒"画像砖上的图为酒作坊的画像，该图与四川传统蒸馏酒的设备"天锅小甑"极为相似，此为白酒东汉起源说[18, 56]。据《本草纲目》记载，魏文帝（公元 187—226 年）所谓葡萄酒，"烧者取葡萄数十斤，同大曲酿酢，取入甑蒸之，以器承其滴露"[57]，李约瑟认为最早发明白兰地的是中国人[11]。国外一些文章、书籍也认为酒的蒸馏可能起源于中国[3]。

公元 6 世纪苏格兰出现"蒸馏"一词，8 世纪中国唐朝出现"烧酒"的描述。唐开元年间（713—755），陈藏器《本草拾遗》中有"甄（蒸）气水""以气乘取"的记载。近几年来出土的隋唐文物中，还出现了只有 15～20mL 的小酒杯。正如朱宝镛教授指出的那样："西南地区可能先有烧酒，所以雍陶喝到了成都烧酒，连长安都不想去了。"[18] 从已发现的文献记载来看，贵州少数民族彝族文献《西南彝志》第十五卷《播勒土司·论雄伟的十重宫殿》在论述隋末唐初的这件事时曾说："酿成纯米酒，如露水下降"。这就是简单的蒸馏酒工艺记载。《西南彝志》的记载,与唐太宗破高昌时的"用器承取滴露",《本草拾遗》和元代《饮膳正要》的"用好酒蒸熬取露"等记载,恰相呼应。因此,唐代可能已经出现了蒸馏酒[18, 56],此为白酒的"唐代起源说"。唐朝诗人白居易(公元772—846年)的"烧酒初开琥珀香"、雍陶(公元789—873年以前)的"自到成都烧酒熟"、皮日休(公元834—902年)"坏叶重烧酒暖迟"中大量描写了烧酒。唐贞观年间(公元627—649年),王绩写出了《酒经》和《酒谱》,可惜失传。成书于公元1086—1093年北宋年间的《北山酒经》大量记载了酿酒工艺技术(米酒或黄酒等),并未提到烧酒,说明烧酒(即蒸馏酒)在北宋前抑或没有规模化生产,抑或没有出现流通[54]。

公元9世纪,阿拉伯人使用了亚历山大希腊人的蒸馏技术来生产蒸馏酒[45],但另外的观点认为,并没有用来蒸馏酒精[52]。

12世纪出现威士忌。蒸馏技术大约在12世纪初从亚历山大地区转移到拉丁(Latin),并首次在苏格兰出现"威士忌(uisgebaugh)"一词[58],但更大的可能则是第一瓶威士忌并不是在苏格兰而是在爱尔兰生产的[3];同一时期中国出现了蒸馏烧锅。中国河北省出土的金代(公元1115—1234年)铜烧酒锅(《文物》1976年第9期"文博简讯"),以及南宋的《丹房须知》上的蒸馏器图案,说明中国当时已经出现蒸馏器,或许是用来生产蒸馏酒的[55]。此为白酒的"金代起源说"。

到公元13~14世纪,蒸馏酒的生产可能已经遍布全球。此时意大利首次出现葡萄蒸馏酒的最早记录[52],中国出现"烧酒"生产工艺记录[18, 56]。公元1285年丹麦出现葡萄酒蒸馏的文字记载[11]。约在1310年,法国化学家阿诺德·德·维尔纳夫(Arnold de Villeneuve)写作了关于蒸馏酒的论文[3],开始完善蒸馏器。第一瓶葡萄蒸馏酒出现在意大利的萨勒诺(Salerno),可能与药有关。中世纪早期的萨勒诺学院(Salerno school)的药物手册中曾经提到"燃烧的水(aqua ardens, burning water)"[5]。后来,蒸馏技术得以改进,出现水冷却器,但仍然由医生和药剂师(apothecary)生产蒸馏酒。李时珍在《本草纲目》*中曾云"烧酒非古法也。自元时始创其法,用浓酒和糟入甑,蒸令气上……"[18, 56, 57];元朝朱德润在《轧赖机酒赋》(公元1343年)记录了蒸馏酒的生产工艺[59];著于1331年的《饮膳正要》**上记载了"阿剌吉酒""用好酒蒸熬,取露成阿剌吉"(卷第三·米谷品),这是白酒的元朝(公元1271—1368年)起源说。公元1256年,蒙古人将从波斯(Persian)学到的亚力酒(arak)蒸馏技术通过战争传到

注:*《本草纲目·谷部·烧酒》中释名:火酒、阿剌吉酒。气味辛、甘、大热、有大毒。主治消冷积寒气,燥湿痰,开郁结,止水泻;治霍乱疟疾噎膈、心腹冷痛、阴毒欲死;杀虫辟瘴,利小便,坚大便,洗赤目肿痛,有效(http://zhongyibaodian.com/bcgm/shaojiu.html)。

注:**《饮膳正要》的作者忽思慧是蒙古人,"阿剌吉"是蒙语,无法确认当时的汉语"烧酒"所译,还是外来词的蒙语翻译。

中亚和西亚，包括韩国、朝鲜等国家[5]，在韩国的开城地区，有时仍然将蒸馏酒称为"亚力烧酒（arak-ju）"。李时珍在《本草纲目》[57]中记录的元时米烧酒的生产原理与工艺，到目前仍然被中国南方的米香型和豉香型白酒生产所采用。

在 15 世纪，蒸馏技术从中国传到琉球群岛（Ryukyu islands），用来蒸馏米酒，生产泡盛酒（awamori）[5]。

公元 1411 年，法国上加龙（Haute-Garonne）地区档案记录蒸馏酒商人安托万（M. Antoine）在图卢兹（Toulouse）生产葡萄蒸馏酒。1461 年，出现了对阿尔马涅克征收税款的记载。1489 年，档案中提到蒸馏器。到 1550 年，法国波尔多（Bordeaux）和巴永纳（Bayonne）地区已经将阿尔马涅克卖到了北欧[13]。

公元 1440 年，出现第一个铜质蒸馏器的描述，并使用盘管浸入水中进行冷凝[9, 13]。此蒸馏技术一直使用到 18 世纪。

公元 1494 年，第一次出现了威士忌（sic. aqua vitae）的商业交易记录，发生于位于菲菲（Fife）地区林多雷斯修道院（Lindores abbey）的本笃修道院（Benedictine monastery）和位于爱丁堡（Edinburgh）霍利鲁德（Holyrood）地区的詹姆斯 IV 国王（King James IV）法院之间的交易[3, 9]。当时，喝威士忌可能是作为一种补品，以药用为目的。爱丁堡市于 1505 年授予同业公会威士忌蒸馏专营（whiskey distilling monopoly）[9]。

比较公认的是 16 世纪开始大规模出现蒸馏酒。欧洲人早期使用"燃烧的水（the water that burns）"或"生命之水（the water of life）"来讲烈性酒（spirit）[3]，直到 16 世纪才使用"酒精（alcohol）"一词。该词来源于阿拉伯语"al koh'l"[5]。后来，alcohol 不仅仅指酒精，亦泛指含有 OH 官能团的所有化合物。

固态法白酒生产工艺出现。成书于 1504 年的宋诩《宋氏养生部·第一卷》记载"用腊酒糟或清酒糟，每五斗杂砻谷糠二斗半，内甑中，以锡锅密覆，炀者举火，聚其气，从口滴下，即烧酒也。锡锅储以冰水，太热必耗酒，遂宜泻去，而复得之，视酒薄止"。这一记录清楚地描述了固态法蒸馏酒生产工艺，即在酒糟中拌入"砻谷糠"，加糠（现称稻壳）蒸馏是固态蒸馏与液态蒸馏区别的标志[54]。

16 世纪法国出现大规模葡萄酒蒸馏酒；斯堪的纳维亚国家（Scandinavian countries）出现了一种用土豆或谷物发酵并添加了茴香的烈性酒，称为阿瓜维特酒（akvavit）；公元 16 世纪中期，法国北部本笃会修道院（Benedictine abbey）的僧侣首先生产出了利口酒；16 世纪晚期出现了伏特加酒[5]。

16 世纪出现的葡萄蒸馏酒应该是最原始的白兰地，当时主要是解决长途运输中的葡萄酒变质问题；到 17 世纪，在法国科涅克地区出现了"二步蒸馏法"，如此生产出来的蒸馏酒酒精度更高[11]，即科涅克白兰地。因该蒸馏器首先由荷兰人在法国夏朗德（Charentes）地区使用，故此蒸馏器名为"夏朗德壶式蒸馏器（Charentais pot still）"，经改进后，一直沿用至今[11]。

1640 年左右的《沈氏农书》记载了中国大麦烧酒；大约 1650 年在荷兰出现了金酒，用谷物酒精与植物香料共蒸馏，当时主要作为药物使用；1655 年，在牙买加开始生产朗姆酒[5]。1672 年南非开始生产白兰地。

18 世纪新型连续蒸馏装置出现。此前，一直使用简单的蒸馏设备，通过重复蒸馏（或称再次蒸馏，二次蒸馏，法国科涅克地区现在仍然使用）获得白兰地[11]。公元 1761 年，在化学家夏普塔尔（Chaptal）的帮助和建议下，美尼尔（Menier）发明了一个新的蒸馏工艺，即连续蒸馏，并于 1801 年获得专利授权[13]。此连续蒸馏设备后来在白兰地与威士忌企业获得广泛应用[9, 11]。

从 1821 年始，埃涅阿斯·科菲（Aeneas Coffey）开始设计新型蒸馏装置，直到 1830 年取得成功，该蒸馏器可将酒分馏成几个馏分，故可称为馏分蒸馏。与传统蒸馏器比，效率更高，成本更低[5, 9, 13]。于是在纯麦芽威士忌基础上出现了使用谷物酿造的威士忌和调配威士忌。后来这一技术也用于蒸馏朗姆酒的生产，称为轻朗姆。这一时期，法国利口酒的生产盛行使用水果和植物（草药）原料，并进行重蒸馏，然后增甜。

随着淡味谷物威士忌产量增大，间隙蒸馏已经限制了产量的提高。1828—1829 年，在爱丁堡郊外的柯克利斯顿酒厂（Kirkliston distillery）安装了第一台由罗伯特·斯坦（Robert Stein）设计的连续蒸馏装置。后来，菲菲地区的酒厂也使用了类似的设备，大大提高了产能。蒸馏器的材质虽然可以用不锈钢制作，但更多的设计倾向于全铜设计[9]。

在 19 世纪，不少厂家通过改变蒸馏器上方的鹅颈管（蒸馏器上方的弯头部分）和林奈臂（类似于甑桶上方的横笼）的几何形状或安装一个鹅颈净化器来区分自己的产品与邻近竞争对手的产品[9]。

从 20 世纪 60 年代起，几乎所有的麦芽蒸馏器都改装了由燃油锅炉提供的内部蒸汽加热盘管。20 世纪末，集中式锅炉已经实现了自动化，并越来越多地转向使用天然气燃料。这一改进伴随着制醪和发酵的自动化，意味着比旧的蒸馏方式有着更低的劳动强度和更高的能源效率[9]。

（二）酿酒原料

中国古代文献中记载的酿酒原料品种十分繁多，但用于生产蒸馏酒的原料记载不详。较早的记载是大麦烧酒和米烧酒（《沈氏农书》）。在四川宜宾地区杂粮酒（明代隆庆至万历年间即公元 1567—1619 年）秘方中，则涉及多种原料，如高粱、大米、糯米、荞麦、玉米，后来将荞麦改为小麦。

早期生产威士忌时，人们并没有重视大麦的质量。公元 1678 年，罗伯特·莫雷爵士（Sir Robert Moray）在谈到"苏格兰制造麦芽方式"时强调，应如何保持大麦的温暖和干燥，以打破自然休眠，并保持萌发。他还认识到大麦品种的重要性，坚信苏格兰各地种植的四棱大麦"毕欧（Bere）"不如两棱大麦。在 18 世纪和 19 世纪，大麦品种有所改善。在 20 世纪，杂交品种的开发，不断地提高了酒的产量，大约提高 20%[9]。如 20 世纪 50 年代使用斯普拉特（Spratt）和普诺密阿切 [*Plumage archer*，产量 360~370L（abs. alc.）/t]，1950—1968 年，使用微风 [*Zephyr*，产量 370~380L（abs. alc.）/t]，1968—1980 年使用高登普密思 [*Golden promise*，产量 385~395L（abs. alc.）/t]，1980—1985 年使用特赖姆夫 [*Triumph*，产量 395—405L（abs. alc.）/t]，1985—1990 年使用卡马格 [*Camargue*，从特赖姆夫杂交而来，产量 405~410L（abs. alc.）/t]，1990—2000 年使用查里厄特 [*Chariot*，产量 410~420L（abs. alc.）/t][9]。

（三）微生物技术

最早利用微生物的文字记载应该是中国周朝（公元前 1046 年至公元前 256 年）《书经·说命篇》中的"若作酒醴，尔惟曲蘖"，是说若要生产酒，必须制曲（发霉的谷物）；若生产醴，必须先生产蘖（发芽的谷物）[60]。曲的生产技术在中国北魏时代的《齐民要术》（成书于公元 533—544 年）中第一次得到全面总结，在宋朝（公元 960—1279 年）达到极高水平。从初期的散曲，到东汉时（公元 25—220 年）的"饼曲"，再到北魏时期（公元 386—534 年）的"曲模"曲[61]，再经后期不断改进，曲一直到现在仍然是白酒、黄酒生产用的糖化发酵剂。

公元 11 世纪的《北山酒经》已经提到成品酒加热处理，如煮酒或火迫酒，即通过加热灭菌，延长酒的保质期，说明中国古代已经知道通过高温处理可以控制酒的品质。

法国著名化学家安托尼·劳伦特·拉瓦锡（Antoine-Laurent de Lavoisier，公元 1743—1894 年）研究了酒精发酵过程，发现酒精发酵过程中糖的消耗和酒精与 CO_2 的产生是相等的，这是物质守恒定律的第一个实验，在 1789 年，拉瓦锡写到："……在所有的艺术和自然的操作中，没有任何东西被创造出来；在实验之前和之后都存在着相等数量的物质……"[5]

19 世纪 30 年代后期，发现发酵过程中存在活的酵母细胞，在发酵过程中不断增殖；那时也已经知道，假如通过加热杀死酵母菌，则发酵终止。然而在化学过程中活的生物起着关键作用的理论与当时流行的化学理论是相反的，并于 1839 年受到德国著名化学家贾斯特斯·冯·李比希（Justus von Liebig，公元 1803—1873 年）的嘲弄[5]。

法国科学家路易斯·巴斯德（Louis Pasteur，公元 1822—1895 年）解决了这一问题，于 1857 年证实了发酵是酵母代谢活动的结果。通过研究酒精发酵中存在的大量乳酸，发现了产酒精、乳酸、乙酸和丁酸等物质的不同微生物。随后，解决了葡萄酒厂遭遇的许多问题，如发酵过程中外来微生物引起的污染问题，发明了巴斯德灭菌法，即通过快速加热和冷却液体来杀灭微生物。在伦敦惠特布雷德啤酒厂（Whitbread brewery）研究其间，他认为啤酒的腐败是由外来微生物引起的，或者来源于酵母，或者是由空气带入的。从此，啤酒厂开始使用显微镜检查酵母和啤酒[5]。

1883 年，埃米尔·克里斯蒂安·汉森（Emil Christian Hansen）分离获得卡尔斯伯酵母（*Saccharomyces carlsbergensis*），淡味拉格啤酒（lager beer）在欧洲、美国和澳大利亚受到巨大欢迎[5]。

日本于 1904 年开办了清酒酿造研究所（Sake Brewing Research Institute），聚焦于清酒酿造的发展。分离酵母和霉菌，并对酿造过程中最有利的菌株进行鉴定和培养。

（四）检测分析

1760 年开始使用温度计测量醪桶中热水的温度。几年后，糖度计被引入，它是一种液体比重计，用来测量麦汁糖度。这两台仪器一直是唯一使用的监测装置。直到 19 世纪啤酒厂才开始使用显微镜[5]。

1802 年，威士忌酒厂开始使用液体比重计和赛克斯湿度计（Sikes hygrometer）来测定酒精度以使得蒸馏酒质量一致，改变了以前刚刚蒸馏出来就出售，且质量十分不稳定的状况[9]。

从 1831 年始，科学家进入酒厂实验室做研究[62]。1876 年，伯顿（Burton）地区酒厂工作的科学家甚至成立了一个"细菌俱乐部"[63]。酿酒科学家们开始研究水的质量，利用仪器监测（如重力和体积分析方法）酿造过程的各个方面，争论腐败与感染的问题。

1876 年，酿酒史上最著名的实验室在哥本哈根由卡尔斯伯（Carlsberg）建立，从一开始就关注酿酒的过程控制[5]。第一个实验室主任是约翰·凯耶达尔（Johan Kjeldahl，公元 1849—1900 年），他设计了一个方法来测量麦芽工人用的谷物的蛋白质质量；从此以后，该方法一直被生物化学家和食品科学家使用[5]。

丹麦生物化学家瑟伦·索任生（Søren Peder Lauritz Sørensen，公元 1868—1939 年）发明了 pH 计用来测定溶液的酸度和碱度。19 世纪末期新任命的化学家进入企业时，会出现这样的欢迎标语"化学家先生，你知道任何事情。我只知道一件事情——我知道你是错的*"[5]。

几乎所有用于分析啤酒、葡萄酒和烈性酒的技术都是在其他领域中开发的，然后在酒精饮料行业中得到了应用。然而一个非常重要的方法是由一位业内人士开发的，他是约瑟夫·威廉·洛维邦德（Joseph William Lovibond，1833—1918 年），伦敦一家酿酒商的儿子。1869 年，他开始设计一种客观的方法来测量麦汁和啤酒的颜色。以前记录啤酒的外观是通过目视检查来完成的，使用的术语是"非常苍白""相当黑"等。洛维邦德发明了一种称为"色调计"的仪器。该仪器配备了 450 个不同强度的红黄色和蓝色标

注：* 英文原文：Mr Chemist, you know everything. I only know one thing—I know you are wrong.

准镜片。从 1863 年开始，人们允许在啤酒中添加焦糖等着色剂，在着色剂制剂的评价中应用了这项技术，它也可以用来测量葡萄酒的颜色。后来，人们普遍使用分光光度计[5]。

1900 年所谓的曼彻斯特啤酒疫情（Manchester beer epidemic）证明了周密分析控制在啤酒生产中的重要性。当时约有 7000 人患病，其中 70 人死亡。人们发现所有人都一直在喝来自两家啤酒厂的啤酒，两家啤酒厂又从博斯托克（Bostock）和利物浦公司（Liverpool Co.）获得了糖。该糖含有砷，来源于糖制造过程中使用的硫酸，而硫酸又是使用含有砷化合物的黄铁矿制成的。两年后，在哈利法克斯一家啤酒厂的啤酒中发现了砷，污染源是麦芽干燥用的焦炭。1903 年，英国皇家委员会建议液体食品中的砷含量不应超过百万分之零点一四。通过当时掌握的方法可以对这种浓度下的砷进行定量[5]。

1903 年，俄罗斯植物学家米歇尔·塞门诺维奇·茨韦特（Michel Semenovich Tswett）首次展示了色谱分离技术，并在此基础上，开发出薄层色谱（TLC）、纸色谱、气相色谱（GC）和液相色谱（LC）技术。这些方法已经在酿酒业得到广泛应用。

尽管索伦森在 20 世纪初引入了 pH 概念，但直到第二次世界大战后不久才开发了直接读取式 pH 计。后来，又开发了一系列对其他离子敏感的电极，这些离子选择性电极提供了一种快速和无损的分析方法[64]。

在 20 世纪 20 年代，为了测定金属离子，开发了火焰光度法。该法对钠、钾、钙等离子敏感，但对铜离子不敏感。20 世纪 50 年代，其替代技术原子吸收光谱被开发出来。这种技术可以测量更多的金属，达到可接受的精度。最近，由于等离子体源的发展，较高比例的金属原子被激发，然后发出光，并测量发射强度。这种技术称为电感耦合等离子体光谱，现在是许多实验室的首选方法。

20 世纪的后半叶，相继开发出了一些革命性的技术，如 IR、GC-MS 和 NMR 技术。

（五）工艺沿革

中国西周王朝时代，已经出现了针对酿酒的严格的工艺管理技术，包括酿酒方法、质量标准、人员配备及管理方式（《周礼·天官》），而《礼记·月令》中的"秫稻必齐，曲糵必时，湛炽必洁，水泉必香，陶器必良，火齐必得"的"六必"则是酿酒技术关键工序的精辟总结，对中国现代酿酒技术仍然具有指导意义。

东汉末期，"九酝春酒法"记载了历史上第一次补料发酵法（《齐民要术》中常见的酿酒方法），现代酿酒业称为"喂饭法"，发酵工程专业称为"补料发酵法"。

《齐民要术》中大量记载了中国古代酿酒的创新方法：①两种加曲工艺即"浸曲法工艺"和"曲粉拌入法工艺"，前者选用于液态发酵，此法目前在日本清酒生产中仍然使用；而后者是目前中国固态法白酒和半固态-半液态法黄酒酿造的主要做法。②"酸浆"的使用，开创了发酵过程中"以酸抑菌""以酸制酸"的先河，此法仍然在续糟法固态白酒生产中广泛应用。③生小麦制曲、熟小麦制曲（蒸和炒）以及生、蒸、炒小麦原料混合制曲工艺。但至宋后，中国酒的生产则以生麦曲为主，而少用熟麦曲[61,65]。

公元 1769 年，瓦特（Watt）的第一台蒸汽机专利获得授权，英国开始了工业革命。1776 年，伯顿（Boulton）和瓦特制造了第一台蒸汽机。1784 年第一台蒸汽机被安装到伦敦的啤酒厂，用来粉碎麦芽，用于各种泵的工作[5]。

1750—1900 年，酒厂的发展得益于许多技术创新，有两个十分杰出的事例。一个是冷藏技术，另一个技术创新是铁路的出现[5]。始创于 19 世纪 60 年代的冷藏技术使得全年均可生产啤酒。传统煮沸后开口冷却方式被冷藏技术取代；夏天易于腐败的问题也得以解决。冷藏技术来源于热力学的发展，其创始人詹姆斯·普雷斯科特·焦耳（James Prescott Joule，公元 1818—1889 年）出身于酿酒世家，他工作的实验室靠近曼彻斯特啤酒厂。1876 年，冷藏技术在啤酒厂得到广泛应用。

1801 年，让-安托万·沙普塔（Jean-Antoine Chaptal，公元 1756—1832 年）出版了一本葡萄酒酿造的书，认为一些传统的方法应该被抛弃。他推荐，应该在葡萄汁中加糖，如果不加糖产出的葡萄酒酸高、醇低，口感不好。此工艺后称为"葡萄酒加糖发酵"[5]。

为了解决葡萄酒的腐败问题，罗马人在 18 世纪前开始使用 SO_2 作为消毒剂。直到今天，SO_2 仍然被葡萄酒业使用。另外一个方法是加铅化合物阻止葡萄酒腐败。铅能抑制微生物生长。将氧化铅添加到葡萄酒中，能与乙酸反应生成乙酸铅，降酸增甜（乙酸铅呈甜味）。但铅对人体有害，直到 18 世纪才停止使用[5]。

第二次世界大战期间，纯酒精和葡萄糖被添加到相对少量的清酒米醪中，能大大增加清酒产量。如今尽管更传统的方法仍在使用，但日本不少清酒是用此方法生产的[5]。

早期的麦芽生产是地板式发芽，浸泡 7d，发芽 7~10d，然后用泥炭火烤，这是高地和岛屿麦芽的特点。但在低地，泥炭资料枯竭，使用燃煤窑干燥麦芽。直到 20 世纪 60 年代，蒸馏酒厂试验了机械通气制麦，如斯佩波恩-格兰利威蒸馏酒厂（Speyburn-Glenlivet Distillery Ltd.）在 1905 年安装了第一台加兰德鼓式发芽（galland drum malting）装置，并由蒸馏商有限公司（Distillers Company Limited，DCL）运行了 60 多年。麦肯齐兄弟公司（Mackenzie Bros Ltd.）于 1956 年在达尔莫酒厂（Dalmore Distillery）首次开发了萨拉丁箱式制麦芽（Saladin Box maltings）技术，使用了新型机械涡轮装置。1979—1980 年，DCL 公司在英国开发了一套全电子自动发芽装备[9]。

在 20 世纪后半叶，许多啤酒厂用更大的圆锥形罐取代原有发酵容器。发酵结束后，酵母沉入容器的锥形底部，易于取出。在 20 世纪 60 年代最初有一项创新是固定化酵母的连续发酵，麦汁连续通过固定化酵母，导致啤酒生产时间更短，清洁操作时间少于批处理过程。然而，尽管一些啤酒厂使用了这一工艺，但这一工艺没有得到普遍采用[5]。

（六）无酒精啤酒或低度化烈性酒

20 世纪后半叶，人们对健康问题日益关注，无酒精啤酒或低度白酒获得大量生产。在英国，无酒精啤酒是指含有不超过 0.05%vol 的酒精，而欧盟其他国家允许使用酒精高达 0.5%vol。在英国，低酒精度啤酒的酒精含量不得超过 1.2%vol[5]。

韩国政府要求烧酒酒精含量要稀释到不到 35%vol，实际上通常在 20%~25%vol。20 世纪 90 年代以来，一些地区通过蒸馏谷物（特别是大米）醪或葡萄酒，恢复了传统的烧酒生产。来自安东市（Andong）和周边地区的烧酒是最著名的，ABV 约 45%vol，具有浓烈的麦芽特征。2009 年后有一个趋势，生产更淡雅、绵柔的传统版烧酒，酒精含量约 20%vol[5]。这种趋势也发生在日本。

（七）酒的贮存和包装技术

早在 17 世纪，啤酒就在英国以瓶装形式出售，但密封是个问题。用铜线按住传统软木塞并不总是成功的。皇冠软木塞或皇冠盖于 1891 年发明，这不仅提供了一个可靠的密封，还意味着装瓶过程可以自动化[5]。

1701 年，法国卷入西班牙的一场战争，使得白兰地出口受阻，于是不得不贮存于橡木桶中。后发现长期贮存在橡木桶中的白兰地由无色变成金黄色，原白兰地的辛辣与刺激性消失，芳香浓郁，醇厚柔和。于是出现了橡木桶贮存白兰地的技术[11]。

20 世纪初，用橡木桶贮存老熟威士忌是由法律规定的，早先只规定老熟必须在木制的桶中老熟[9]。对威士忌酒龄的限制最初目的并不是为了提高质量，而是限制威士忌的面市数量。后来发现，不同威士忌的最佳老熟时间不同。谷物威士忌通常比麦芽威士忌更易成熟。传统的堆高一层最多二层的低温（10~18℃）贮存老熟方式酒精损失最小，但老熟缓慢[9]。

早期瓶装啤酒易出现浑浊，这是由于在瓶中发生了二次发酵产生酵母悬浮液。采用多种技术包括巴氏杀菌、冷藏和过滤，可以消除二次发酵。但由于在瓶子里不产生 CO_2，不能使产品起泡，所以啤酒需要人工添加 CO_2。这些技术是在 19 世纪末为瓶装啤酒开发的，但在 1935 年引进罐装啤酒时也得到了应用。最初，这些罐子是用马口铁做的，铝罐从 1959 年开始使用[5]。

20 世纪，日本将清酒贮存的木桶更换为搪瓷涂层钢罐。这些储罐不仅被认为比木桶更卫生，而且还防止了木桶蒸发造成的 30% 的损失，增加了政府税收[5]。

（八）酿酒管理与法规

中国古代对酒的管理主要是实行禁酒、榷酒（即酒类专卖）和税酒制度，清朝以后，实行酒类公卖制度，1949 年后实行专卖制度，1979 年取消了专卖。20 世纪 90 年代曾经出台"中华人民共和国酒类管理条例",其时,台湾省仍然实行酒类公卖制度(2002年台湾省取消酒类公卖制度)。

1608年,托马斯·菲利普斯爵士(Sir Thomas Phillipps)获得了在布什米尔(Bushmills)制作威士忌的许可证,这是一个爱尔兰的壶式蒸馏麦芽蒸馏酒厂,目前仍然存在[9]。

18世纪初始开始了葡萄酒的管理与法规建设。1730年,英国葡萄酒消费上升,生产不能满足需要,于是开始将劣质葡萄酒与来自杜罗河(Douro)的正宗葡萄酒勾调在一起,或添加糖作为甜味剂,或添加接骨木莓汁以改进颜色,或用胡椒、豆蔻和姜来调香与调味。消费者觉察到了质量下降,于是出口到英国的葡萄酒数量下降达50%,价格下跌超过80%后,葡萄牙政府指令只有在杜罗河地区生产的葡萄酒才能称为杜罗河葡萄酒,从此世界上第一个官方控制葡萄酒产区的政策出炉,葡萄酒生产过程也被管制[5]。1784年,苏格兰通过"发酵醪法",放宽了对合法贸易的某些限制,鼓励非法酒厂获得许可证[5]。1785年,对该法的修正案通过,允许一个乡村行政小区拥有2个蒸馏器,最多180L[5]。1823年,英国首次将威士忌生产许可证与税收纳入"消费税法"[5, 9],促进了威士忌的发展。

早期的苏格兰威士忌是蒸馏后直接销售的,后来在得到海关和消费税的批准后,才出现了单一麦芽威士忌批次勾调,以保证产品品质的一致性。谷物威士忌与麦芽威士忌的混合直到1860年才得到批准[9]。

现代饮料酒特别是烈性酒的管理,大部分国家是以税收作为管理的主线,这源于西方早期的烈性酒生产主要与税收有关[7, 9]。如美国的酒类管理机构原先是财政部的烟酒枪械管理局(Bureau of Alcohol, Tobacco and Firearms, BATF或ATF),2003年将其拆分,ATF原有的执法职能从财政部移交司法部,但涉及税收和合法贸易的部分仍然保留在财政部,但更名为"酒烟税收与贸易局(Alcohol and Tobacco Tax and Trade Bureau, TTB)";日本酒的管理主要由国税厅负责;英国有两个酒类主管机构,一个是关税与货物税局,另一个是许可证局;加拿大的酒类税收可能是全世界最高的[66]。

对酒类进行立法管理,且立法体系全面,涉及酒类生产、批发、零售、消费、质量技术标准、原产地标志、监管机构、税收等。如美国有专门的《联邦酒类管理法》;俄罗斯有《关于酒精、酒类产品及含酒精产品的生产与流通国家调控联邦法》;瑞典制定了专门的"酒法";荷兰有"酒类法"等[66]。

日本的酒类专卖法规定,酒的酿造者必须将其每个制造厂从当年4月1日到翌年3月31日一年内酿酒的数量、酿造方法和酒的度数定下来,事先得到政府的许可。

酒类制造者酿酒所用的酒母,其转让、抵押或作为饮料消费不经主管官吏的许可不得从酒厂移出。酒类制造者所造的酒,必须全部交纳给政府,在销售时政府定出销售酒的价格并加以公布。

从事酒类的销售业或销售代理业或者中介业者必须按政令规定的手续，每个销售场所必须获得其销售场所所在地的主管税务署长的许可。税务署长在予以酒类制造或者酒类销售许可时，认为有必要保证酒税，或是维持酒类产需均衡时，可以附加制造酒类的数量或销售范围、销售方法等条件。

美国有一部《联邦酒类管理法》，还有一个《美国酒类标签法规》（Alcohol Labelling Regulations of the United States），在这个法规里，除了引用《联邦酒类管理法》节选内容外，更多的是为 TTB 及此前的 ATF 制定的部门规章，包括葡萄酒、蒸馏酒和麦芽酒饮料的标签以及广告宣传的规定，关于酒类食品的标签办理规程，酒精饮料的健康警示声明，以及蒸馏酒、葡萄酒和啤酒进口规定等。这些严厉的规章是在 20 世纪 30 年代解除禁酒令之后，为防止"完全放开酒类饮料的生产、销售与消费将会造成一系列的社会问题，并导致税收大量流失"，制定了联邦酒法，建立了一套严格的管理体制。至今，美国北部大部分州酒类饮料的生产、销售仍由政府严格控制。

美国《联邦酒类管理法》主要调整州与州之间的关系，如规定酒类饮料从一州运输到另一州所应遵循的有关条款，而具体的酒类生产、销售与消费则由各州的酒法加以调整。

根据加拿大联邦政府的规定，酒精含量为 5%vol 以下的饮料不属于酒类；酒精含量为 5%vol 以上的酒类产品均须由加拿大各省酒类主管。加拿大各省对酒类的销售均实行许可证管理制度。

在加拿大，省一级政府监管酒类销售的部门有两个，一个是酒类管制与许可证处（LCLB），另一个是酒类分销处（LDB），它们都隶属于 BC 省公共安全厅。酒类管制与许可证处主要负责发放许可证，发放的对象包括以杯为单位销售酒类的酒馆、酒吧、宾馆休息室、体育场、夜总会、餐馆和以瓶为单位销售酒类的私人酒类商店，生产酒类的酿酒厂、蒸馏所和葡萄酒厂，向客户销售自酿啤酒、葡萄酒、苹果酒或白葡萄酒与果汁混合冷饮所需原料、设备和咨询服务的企业。

俄罗斯联邦政府于 1995 年出台了一部《关于酒精及酒类产品的生产与流通国家调控联邦法》。1999 年该法经过修改补充，更名为《关于酒精、酒类产品及含酒精产品的生产与流通国家调控联邦法》，全文共分 4 章 26 条，是目前俄联邦政府对其酒类市场进行监督管理的基础文件。

德国实行烈酒专卖，规定烈酒酿造厂在专卖地区生产的烈酒、进口烈酒、烈酒利用和烈酒贸易都必须按照专卖规定执行。

德国对烈性酒厂的建设、生产、流通、管理非常严格，都有明确的限制指标，对烈酒售价也都有严格规定。如生产企业酿酒设备都有产品流量表，就好像现在居民使用的水表，政府能掌握企业每年生产产品量的详细数字，这样便于管理与征税。

法国制定了酒类产销法规。1936 年出台了《1936 年酒法》，即原产地保护法。该法对白兰地酒生产中的葡萄产区、葡萄品种、产量、生产工艺、质量标准、贮存时间等方面做出了严格规定。

法国商业部根据法规对酒类零售商发放四种资格的零售牌照，也称为酒牌。第一类只能出售不含酒精的饮料；第二类可以出售啤酒及饮料；第三类可以出售葡萄酒等，但只限在酒店饭馆当时开饮；第四类可以出售包括干邑酒、啤酒在内的所有酒类。法国目前严格控制零售酒牌的发放，已发的数量不再增加。新增酒类零售点，只有通过相互转让或买卖得到牌照。

（九）禁酒运动

早期酿酒是使用剩余的谷物。到 19 世纪时，因蒸馏技术的发展，人们发现大麦麦芽生产威士忌可以创造更高的附加值。当时苏格兰出台了禁止麦芽生产的规定[9]。

20 世纪初，饮料酒工业面临困境。各种禁酒组织和社会组织反对饮酒。它们宣称酒精是万恶之源，整天沉醉会造成家庭贫穷、家庭暴力、犯罪、精神失常、道德败坏和自杀，且不仅仅限于此。几乎所有西方国家均面临这个问题。这场反酗酒运动最弱的是法国，因葡萄酒在法国的经济上的重要性，以及法国声誉的原因。法国主要反对烈性酒，来源于酗酒的高犯罪记录以及人们相信葡萄酒与烈性酒中毒后的伤害不同。反酗酒运动开展最强烈的是英国和美国。争论的焦点是彻底禁酒还是仅仅禁烈性酒的销售，抑或限制饮料酒的销售时间与场所。

1904—1905 年日俄战争期间，日本政府禁止在家酿造清酒。在第二次世界大战即将结束时，由于大米短缺，对使用大米酿造酒施加了限制。

在美国，个别州在 19 世纪的不同时期曾禁止饮酒，但 1920 年戒酒运动取得了决定性的胜利。1920 年 1 月 17 日凌晨 0 时，美国宪法第 18 号修正案——禁酒法案 [又称"伏尔斯泰得法案 Volstead Act（Prohibition）"] 正式生效。根据这项法律规定，凡是制造、售卖乃至于运输酒精含量超过 0.5%vol 以上的饮料皆属违法。自己在家里喝酒不算犯法，但与朋友共饮或举行酒宴则属违法，最高可被罚款 1000 美元及监禁半年。在此之前，美国已经有 25 个州拥有自己的禁酒令。由于禁酒法无视执法上的困难，最终产生了适得其反的后果：酿造私酒和走私泛滥。啤酒厂生产的饮料作为"谷物饮料"销售，符合这一标准，它们被公众称为"近啤酒"。一种非法的做法是用注射器在"近啤酒"中添加酒精，这种产品被称为"刺（spiked）"或"针头（needle）"啤酒。一些葡萄园出售葡萄汁或干葡萄砖。这些产品的销售通常都是在警告的情况下进行的，即如果与糖、水和酵母混合，它们可以生产含酒精的饮料——这正是人们在后面厨房秘密操作所需要知道的。不出意外，通过非法商店和酒吧（"小吃店"）继续可以获得酒精饮料。这项禁令无疑助长了犯罪，芝加哥歹徒阿尔·卡蓬（Al Capone）和他的对手布格斯·马龙（Bugs Malone）通过出售非法酒精饮料赚了数百万美元。1933 年 12 月 4 日禁令被废除，全国性的长期禁酒运动结束。自 1980 年后，美国对酒类消费采取限制政策。1984 年 8 月进一步规定不满 21 周岁不许在公共场所饮酒；同时把烈性酒的税率提高一倍，做电视和广播广告，宣传饮酒有害，取得显著效果。据报道，现美国各州已经将酒的消费年龄提高到 23 周岁。

大约在同一时间，加拿大也实行了禁令，但这些法律是在各省的基础上，以宽松得多和更不明确的方式颁布（和废除）的。

苏联间断开展禁酒运动。20 世纪初叶，鉴于粮食短缺，1914—1924 年，开展为期十年的禁酒运动。如彼得格勒革命军事委员会于 1917 年 11 月 8 日发出新的指令："在另行通知前禁止生产各种酒类饮品"，但政策执行 6 年后，1923 年 8 月 26 日苏联中央执行委员会和苏联人民委员会公布决议，宣布恢复酒类饮品生产和买卖。

1928 年《戒酒与文化》开始实行，1929 年出台《劳动者规章》，宣布禁止酗酒，导致大量酒馆关门，酒厂倒闭。其后，1958 年、1972 年又出台一系列反酗酒的管理办法。

反酗酒的结果是苏联人均饮酒量从禁酒前的 5L 到 1984 年达到了人均饮酒量 10.5L。

1984 年 4 月 17 日，苏联决定，自 1986 年起，大幅度减少烈性酒生产。并从 1986 年 8 月 1 日起，将烈性酒的零售价提高 20%～25%。1988 年停止生产以果类为原料的烈性酒。规定了卖酒时间，违者触及刑法。1987 年全苏联有 1300 多万人加入"戒酒协会"。

两年后，国家同酗酒的斗争默默终止，虽然决议和指令没有被公开废除。

在英国，1914 年一战爆发，刺激了第一部立法的颁布。对公共场所的开放时间进行了限制，啤酒厂被迫减少啤酒酒精度，消费税大幅调增。

除丹麦外，北欧国家也有禁止期，它们仍然严格控制酒的销售。

我国历史上曾经多次出现禁酒令，主要可以归纳为以下几个原因：

第一，为强国而禁。周公戒之曰："群饮，汝勿佚，执拘以归周，予其杀而禹恶旨酒。"周公颁诰，严厉禁酒，唯恐民众败德伤性，损害元气，此为强国而禁酒。

第二，为节约谷物而禁。酿酒需要大量谷物，东晋之时，一郡禁酒一年，就省米百万斛（《晋书》卷九十一）。刘备在益州任官时，曾因天旱而禁酒（《三国志》卷三十八《简雍传》）。节约谷物，历代禁酒，一般在灾荒之年实施俱多，史籍累见不鲜，但均为短期。因嗜酒自古成习，长期禁之，断难实行。

第三，为专卖而禁。《汉书·武帝传》韦喧注云："禁民酒酿，独官酒置，如道路投术为权，独取利也。"似此非真禁酒，乃官府独自酿卖，以获其利，独占专利，可谓假禁。此前之禁，为民而禁；然武帝之禁，为利而禁，两者泾渭分明。后来，两晋时朝廷实行的权酤，与汉武帝的酒酿专卖制度同为一丘之貉。可见，饮酒日盛，习俗日普，国家制度随机应变，官利本位优先，古今皆然，又岂独酒俗为然欤？但民好饮酒，禁之不绝，史籍昭然。

第四，因酗酒肇事而禁。北魏文成帝太安四年，农民丰收后酗酒闹事，文成帝为此下令禁酒，诏令明言："酿、沽饮皆斩之。"（《魏书》卷一百一十一《刑罚志》）。实则民禁官不禁，明禁暗难禁。

我国 1949 年以后，实行专卖制度；1958 年，部分取消酒类专卖；1961 年，又恢复酒类专卖制度；1966 年，取消酒类专卖制度；1977 年，恢复酒类专卖制度；1990 年 12 月 18 日，召开了第 129 次总理办公会议，再次取消酒类专卖；1998 年左右，开始实施酒类生产许可证制度。2005 年，商务部颁布《酒类流通管理办法》。

第五节　中国近现代蒸馏酒工业发展进程

中国古代蒸馏酒发展应该说是与世界同步甚至在某些领域是领先于其他国家的。但自从 18 世纪 60 年代瓦特发明蒸汽机，西方各国陆续开展"工业革命"时，中国正处于清乾隆年间。之后的 100 多年，西方不少新兴技术被应用于传统酿酒业的改造，如冷藏技术[9]。

一、白酒

清朝杨万树的《六必酒经》（1822 年）中有较全面的蒸馏酒记载，但制曲技术水平与《北山酒经》记载类似。到 20 世纪 50 年代，白酒生产仍然是手工作坊式生产模式，白酒科学研究甚少[67]。

1910—1926 年，大连科学研究所发表了 14 篇文章及 1 个专利，主要集中于理论研究。与工艺改良相关的研究一是关于改用糟曲，二是关于提取乳酸[68]。

方心芳先生从 1931 年开始研究高粱酒。1934 年，方心芳先生到杏花村"义泉涌"酒家考察，发表了《汾酒酿造情况报告》《汾酒用水及其发酵秕之分析》等文章，把汾酒酿造的工艺秘诀归结为"人必得其精，曲必得其时，器必得其洁，火必得其缓，水必得其甘，粮必得其实，缸必得其湿，料必得其准，工必得其细，管必得其严"[69]。1935 年魏嵒寿和何正礼出版《高粱酒》专著[60]，1951 年方心芳在《黄海》杂志第 12 卷第 4 期发表了《高粱酒曲改造论》[68]。

1949 年后，白酒进入了一个新的发展阶段，其间十年"文化大革命"中断了白酒研究，直到改革开放后，才迎来白酒业发展的春天。在这个发展历程中，20 世纪 50 年代的"三次试点"与 21 世纪 10 年代的"白酒 169 计划"推动了企业的科技进步和行业科技发展。

一是传统工艺的查定与三次试点。1956 年，中科院微生物所乐爱华、方心芳先生从全国各地收集了 137 个大曲和小曲样品，从中分离筛选出 5 株优良的根霉菌株，为小曲的纯种化做出了贡献[20,70]。1957 年 3 月中央食品工业部组织了四川永川酒厂试点，总结出"匀、透、适"操作法及"闷水操作法"，编写了《四川糯高粱小曲酒操作法》，对提高小曲酒的生产技术和出酒率起到了重要作用[70-72]。

三次试点是茅台试点、汾酒试点和泸州试点。第一次茅台试点（1959—1960 年），主要是茅台酒工艺的查定与总结[73]。第二次茅台试点（1964—1965 年）的主要贡献是发现了窖底香——己酸乙酯，并由此开展了直到目前仍然在研究的梭状菌产己酸以及己酸的乙酯化问题[20,69,72]。这一发现直接推动了浓香型白酒人工老窖技术的发展。这次试点还首次进行了较全面的微生物研究；开展了重要香气成分分析；将传统的蒸馏冷却器"天锅"改为直管式水浸式冷却器等。汾酒试点和泸州老窖试点主要是传统工艺的查定、微生物分析以及工艺的改进。

二是白酒品质提升技术。在生产技术上先后出现了五粮液的跑窖法、泸州老窖的原窖法和洋河的老五甑法[74]、"双轮底"工艺[74-78]、翻沙/回沙技术[79]、夹泥与加泥发酵[74,80-82]。后出现不同香型工艺技术的融合，如续糟法清香型白酒工艺[83]、浓香型白酒的高温堆积工艺[84-86]、清香型白酒以及后来多数香型采用的串香法[87-89]、薯干酒品质改进技术[70]等。

早先生产的白酒是不分等级的，1956 年泸州老窖酒厂开始分级。由于当时并没有勾兑（现称为"勾调"）技术，生产的特曲酒批次差异较大[89]。后逐渐加大原酒品评力度，入库前分级，分为合格酒、基础酒、精华酒和陈年酒，初步提出勾兑（现称为"勾调"）的概念，并于 1980 年首次在四川省举办品酒培训班[74,89]。至 2013 年，初步建立了白酒的风味轮[90]。

三是提高出酒率技术。1955 年 11 月，工业部、轻工业部、商务部联合在北京召开"全国第一届酿酒工业会议"，明确提出："在保证质量前提下，以提高出酒率为主"。此后，提高出酒率技术不断出现，如烟台酿酒操作法[70,89]、部分解决夏季掉排即出酒率下降的技术[91-97]、提高杂交高粱酒质及出酒率的报告[98-100]、提高四川小曲酒出酒率技术[72]、麸曲法白酒提高出酒率技术[20,70,72]等。

四是传统工艺创新。1963 年的《1963—1972 年国家科委关于酿酒工业级装备技术改造政策的若干规定（草案）》明确提出："今后十年内，白酒的生产工艺，应以液态和固态发酵结合为发展方向"，出现了液态法或固液结合法白酒生产技术[74,89,101]，其中曾经命名为"新工艺白酒"，1965 年的烟台全国白酒专业会议给了明确定义："新工艺白酒是一项重要的技术革新，用酒精经串香或浸香生产的新工艺白酒综合了液态法白酒出酒率高和固态发酵产香的优点。所以认为酒的质量较好"。后来，在大曲白酒和新工艺白酒的基础上，先后研制出无药糠曲技术[70,72]、麸曲浓香型白酒生产技术[76,102]、麸曲酱香型白酒生产技术[102-110]、麸曲清香型白酒生产技术[102,111-115]、芝麻香型白酒生产技术[116-119]等，并应用于生产。

五是过程与品质控制的分析检测技术，并将检测技术提升至风味分析水平。白酒首次采用常规分析法对酒醅进行分析始于 1955 年[120]，而微量成分的检测则始于 1963 年[73]（亦说 1964 年[120]），茅台试点时首次使用了纸色谱技术；1965 年应用气相色谱（GC）技术分析白酒微量成分[89]。1976 年在无锡轻工业学院举办了白酒化验人员专业学习班，在《酿酒》杂志发表了《白酒化验操作法》[121-123]。

常量检测技术。20 世纪 80 年代起对大曲的糖化力、液化力、发酵力、酸性蛋白酶活力、酯化力、酯分解率、氨基酸组成等进行了全面的测定与分析，并相继制定了各企业自己的标准[30, 102, 124-128]。20 世纪 90 年代报道了大曲酒发酵过程中淀粉消耗的动力学以及酒精生成的动力学研究结果[129]。

微量检测技术。1980 年、1981 年、1982 年在轻工业部组织下（亦说始于 1979 年[120]）连续三年在洋河酒厂举办 GC 培训班，从此，GC 技术在全国白酒厂全面应用[74, 89, 120]。1984 年，五粮液发表了各微量成分变化对酒质感官特性影响的研究论文[130]。

现代仪器应用。2006 年，首次应用 GC×GC-TOF-MS（气相色谱-飞行时间-质谱）技术检测茅台酒的微量成分[131,132]。至 2013 年，从清香型汾酒与酱香型郎酒中共检测到 1500 个峰，鉴定出 698 种挥发性成分[133,134]。后更多的检测新技术用于白酒的研究，如（近）红外光谱技术（IR）[135-141]、荧光光谱技术[142-146]、ICP-MS 技术[147-149]、电子舌[150]、可视化阵列传感器[146]、质谱技术[151-154]、核磁共振技术[146]等。

风味分析技术。2005 年始，开始应用 GC-闻香（GC-O）技术研究白酒的风味[19,155-159]，并由此开展浓香型[160-169]、清香型[170-179]、酱香型[161, 188,189, 180-184]、豉香型[185-187]、兼香型[160]、老白干香型[188]、药香型[189-192]等白酒的香气研究。

六是微生物技术应用于酿酒、制曲和窖泥培养。从 20 世纪 50 年代始的微生物查定，包括大曲及其发酵过程[193]、酒醅堆积发酵过程[70]、酒醅发酵过程；曲纯种微生物分离及应用，如纯种米曲霉、黄曲霉和黑曲霉菌种制曲[70, 72]；窖泥微生物的分离与人工窖泥强化[70, 76, 194-205]；酒精活性干酵母的应用[206-211]，直到 21 世纪初群体微生物与基因组学研究[212-217]。

对制曲与酿酒过程中的酶进行较全面的研究，如糖化酶[218-220]、淀粉酶[220-223]、酸性蛋白酶[220, 224]与碱性蛋白酶[225]、纤维素酶[220]、液化酶[220]、酯酶[220,223]等，并进行了生产应用试验，如纤维素酶[226-227]、酸性蛋白酶[228-230]、复合酶制剂[218, 231-233]等。

七是低度白酒生产技术的发明。1974 年之前，白酒除小曲白酒和广东豉香型白酒外，都是高度酒。1971—1974 年河南张弓酒厂解决了白酒降度（40%vol 以下）后的失光浑浊、酒味寡淡等问题[234]，于 1975 年率先研制成功 38%vol 张弓酒[234,235]，开创了白酒低度化的历程[22, 234, 236,237]。从 1987 年贵阳会议[20, 74]至 2007 年左右中国绝大部分白酒的酒精度已经降至 45%vol 左右，20 年时间，酒精度下降了 10%vol。

八是白酒机械化改造及全机械化白酒生产技术。

制曲机械化。20 世纪 50 年代末麸曲生产出现通风制曲设备[74]。20 世纪 70 年代大规模推广应用液体曲和酶制剂[74]。

20 世纪 50 年代固态制曲开始使用制曲机[74]。20 世纪 80 年代末至 90 年代初，进行了大规模架式制曲工艺研究[22, 238-242]。但至目前为止，因各种原因，制曲在房发酵仍然处于原来的人工制曲状态，仅台湾省金门高粱酒厂使用部分架式制曲用于清香型白酒生产。

酿酒机械化。中国对蒸馏用甑桶的改革始于 20 世纪 30 年代，针对的是天锅，目的是提高冷却效果。真正动手推行改良是在抗日战争时期进行的。首先是增大了甑容。由于传统的天锅无法匹配，于是普遍将天锅改成了冷凝器，为增产白酒创造了条件，从而使中国传统蒸馏、冷却由合二为一的一元化系统改变成二元化的"蒸馏加冷却"（但目前台湾省金门高粱酒的蒸馏仍然采用一元化的蒸馏系统）。

20 世纪 50 年代将直火式蒸馏改为蒸汽蒸馏[74]，试验固态连续蒸馏设备、转盘甑、机械手装甑等[74]；1964 年集中全国力量进行了白酒机械化和改进炉灶节煤试点[89]；20 世纪 80 年代，辽宁鞍山市白酒厂创造性地应用了隧道发酵窖和活底蒸馏甑[89]。台湾省金门高粱酒厂首先实现清香型白酒的机械化生产，劲酒在此基础上进一步提升机械化生产的层次与水平，完成了清香型白酒的全机械化生产，做到了原料和酒醅不与地接触。

贮存老熟。1962 年洋河酒厂率先在全国使用大容器贮酒[22]，中档以下的白酒用 50t 大容器贮酒罐替代传统的小陶坛贮酒可减少损耗 6%[89, 120]。2010 年茅台研制大容器贮酒及自动化控制勾调技术[31]。

从 1973 年始，先后使用了以下技术进行白酒老熟研究，如微波技术[89,243]、超声波[243]、紫外照射[243]、臭氧处理[244]、高压脉冲电场[245]、超高压技术[246]、磁处理[247]、陶瓷粒[243]等，以及一些复合处理方式，如超声波+陶瓷粒[243]等，但并均没有获得生产应用。

九是创立了香型学说，并在 20 世纪 90 年代后的中国得到广泛应用。此学说于 1979 年第三届评酒会提出，共五个香型，即浓香型、酱香型、清香型、米香型和其他香型[20, 74]。目前，白酒共有 12 种香型，即浓香型、酱香型、清香型、米香型、芝麻香型、凤香型、豉香型、兼香型、老白干香型、特香型、药香型、馥郁香型（2021 年新增）。

十是建立了较为完善的品质安全体系。1981 年，制定了《蒸馏酒与配制酒卫生标准》（GB2757），1986 年和 2006 年修改过两次，现在执行的是 2012 年标准。2005 年以来，人们对饮料酒安全问题日益关注[248,249]，先后对白酒中内源性产生的氨基甲酸乙酯（EC）[28, 146, 250-256]、生物胺[251, 257,258]、甲醛和乙醛[259,260]，以及外源性的塑化剂[261-264]、农药残留[261, 265-267]、重金属[263]等进行了研究，取得了一些成果。

二、其他蒸馏酒

我国最早的白兰地生产始于 1892 年的烟台张裕公司，并于 1915 年在旧金山万国博览会上获得巴拿马金奖*[268]。1928—1948 年，由意大利人担任酒师，负责生产。20 世纪 50 年代，当时主要用红糖或糖蜜为原料，使用风干葡萄干上的野生酵母发酵。

20 世纪 70 年代后，组织攻关，摆脱了配制酒型的白兰地，开始按科涅克工艺生产白兰地[11]。攻关主要围绕葡萄酒原料发酵、白兰地蒸馏、白兰地贮藏老熟、白兰地技术标准等方面，并取得成果。1997 年，中国规范了白兰地的生产，规定白兰地是以葡萄为原料，经发酵、蒸馏、橡木桶贮存陈酿、调配而成的葡萄蒸馏酒。

第六节　世界蒸馏酒市场

20 世纪的酿造行业开始出现国际公司。其中一家公司是法国企业保乐力加（Pernod Ricard），成立于 1975 年，由竞争对手潘落（Pernod）和里卡德（Ricard）公司合并。另一个值得关注的是日本生产啤酒和烈性酒的三得利公司（Suntory）。1987 年，苏格兰威士忌行业很大一部分归联合蒸馏商公司（United Distillers）所有，这是由蒸馏商有限公司（DCL）与亚瑟·贝尔和宋斯公司（Arthur Bell & Sons）合并而成的。它现在是帝亚吉欧集团（Diageo Group）的一部分。该集团拥有许多世界知名品牌的啤酒、葡萄酒和烈性酒，生产的苏格兰威士忌占所有苏格兰威士忌的三分之一。

20 世纪下半叶，威士忌消费模式发生了变化。20 世纪 50 年代，单一麦芽的消费主要局限于苏格兰，出口贸易主要由调配威士忌（即麦芽威士忌与谷物威士忌混合）组成。单一麦芽一词指的是单一酒厂的麦芽威士忌的混合物。大多数情况下，将来自不同木桶和不同蒸馏批次（来自不同年份）的麦芽威士忌并入大桶中，以保持一致性。瓶子标签上的年龄声明（例如 15 年陈）必须反映木桶老熟的最年轻的组分，现在已经成为全球单一麦芽的旗舰产品。但在一些欧洲国家（如法国和意大利）以及印度和韩国等亚洲国家对调配威士忌的需求仍然很高，包括"豪华（de luxe）"混合。

注：* 万国博览会设甲等大奖章、乙等荣誉奖章、丙等奖词、丁等金牌奖章和戊等银牌奖章（见刘景元."巴拿马"太平洋万国博览会实况重述（二）——中国参加"马拿马赛会"始末 [J]. 中国食品, 1988（10）：30-32.）

一、 世界蒸馏酒消费

世界卫生组织（WHO）会不定期发布全球酒精消费的统计。最近一次是 2014 年，当年统计了 191 个国家和地区的酒精消费量，其饮料酒消费前 20 位的国家见表 1-1。

表 1-1 　　　　　　2014 年人均饮料酒消费前 20 位国家[269]a

排序	国家		总量/ [L/（人·年）]	啤酒/ %	葡萄酒/ %	烈性酒/ %	其他酒/ %
1	白俄罗斯	Belarus	17.6	17.3	5.2	46.6	30.9
2	摩尔多瓦	Moldova	16.8	30.4	5.1	64.5	0.0
3	立陶宛	Lithuania	15.5	46.5	7.8	34.1	11.6
4	俄罗斯	Russia	15.1	37.6	11.4	51.0	0.0
5	罗马尼亚	Romania	14.4	50.0	28.9	21.1	0.0
6	乌克兰	Ukraine	13.9	40.5	9.0	48.0	2.6
7	安道尔	Andorra	13.8	34.6	45.3	20.1	0.0
8	匈牙利	Hungary	13.3	36.3	29.4	34.3	0.0
9	捷克	Czech Republic	13.0	53.5	20.5	26.0	0.0
10	斯洛伐克	Slovakia	13.0	30.1	18.3	46.2	5.5
11	葡萄牙	Portugal	12.9	30.8	55.5	10.9	2.8
12	塞尔维亚	Serbia	12.6	51.5	23.9	24.6	0.0
13	格林纳达	Grenada	12.5	29.3	4.3	66.2	0.2
14	波兰	Poland	12.5	55.1	9.3	35.5	0.0
15	拉脱维亚	Latvia	12.3	46.9	10.7	37.0	5.4
16	芬兰	Finland	12.3	46.0	17.5	24.0	12.6
17	韩国	South Korea	12.3	25.0	1.6	2.9	70.5
18	法国	France	12.2	18.8	56.4	23.1	1.7
19	澳大利亚	Australia	12.2	44.0	36.7	12.5	6.8
20	克罗地亚	Croatia	12.2	39.5	44.8	15.4	0.2

注：a：按 15 岁以上人口计算的平均值；消费的酒精是所有酒全部折算为纯酒精计算。

从表中可以清楚地看出：

（1）饮料酒人均消费超过 15L 的国家共 4 个，分别为白俄罗斯［17.6L/（人·年）］、摩尔多瓦［16.8L/（人·年）］、立陶宛［15.5L/（人·年）］和俄罗斯［15.1L/（人·年）］[269]；

人均消费 10~15L 的国家共 37 个，排在前面的是罗马尼亚［14.4L/（人·年）］、乌克兰［13.9L/（人·年）］、安道尔［13.8L/（人·年）］、匈牙利［13.3L/（人·年）］、捷克［13.0L/（人·年）］和塞尔维亚［13.0L/（人·年）］[269]。主要消费葡萄酒的法国人均 12.2L/（人·年），排名 18 位，主要消费啤酒的德国人均 11.8L/（人·年），排名 23 位；新世界葡萄酒生产国澳大利亚人均消费 12.2L/（人·年），排名 19 位，新西兰人均消费 10.9L/（人·年），排名 31 位。

人均消费 5~10L 的国家有 70 个，美国人均消费量 9.2L/（人·年），排在 48 位；中国人均消费量 6.7L/（人·年），排在 89 位[269]，比 2004 年的 90 位上升了一位[270]。中国虽然蒸馏酒产量占到世界蒸馏酒产量的三分之一以上，但人均消费量并不高。

（2）在统计的 191 个国家中，烈性酒消费比重超过 50% 的国家 48 个，包括印度（93.1%）、中国（69.2%）、俄罗斯（51%）、日本（52%）等国；啤酒消费比重超过 50% 的国家 63 个，即大部分国家以消费啤酒为主；葡萄酒消费比重超过 50% 的国家有 8 个，包括葡萄牙（55.5%）、法国（56.4%）、乌拉圭（59.9%）、意大利（65.6%）等。

（4）以烈性酒与啤酒为主要消费（占消费比重的 90% 以上）的国家有 72 个国家，包括中国（占 97%），美国消费比重为 82.7%，俄罗斯消费比重为 88.6%；以啤酒与葡萄酒为主要消费（占消费比重的 90% 以上）的国家有 13 个；以烈性酒和葡萄酒（占消费比重的 90% 以上）为主要消费的国家仅有 10 个。说明烈性酒与啤酒的消费是国际上的主流。

二、 白酒产量

1949 年，全国白酒产量仅有 10.8 万 t，占饮料酒总产量的 67.5%，经过 20 多年的发展，至 1975 年，产量仅有 127.1 万 t。1975 年后，白酒行业的产量经历了一个典型的波峰—波谷发展历程（图 1-5）。从 1975 年开始，白酒产量持续走高，1996 年达到了最高峰 801.3 万 t，其后开始大幅度滑坡。当然这种大幅度滑坡与计算口径调整不无关系（实物量与折算量）。2001 年白酒产量 420 万 t，至峰谷的 2004 年，其产量仅有 312 万 t（相当于 1984 年的产量水平 317 万 t），其后白酒产量开始增长。

白酒生产可以分为三个阶段：

一是产业发展初期，为中华人民共和国成立初期及计划经济时期，时间为 1949—1978 年。29 年的时间里，白酒的税收占国家税收的比例相当大，白酒产业是国民经济

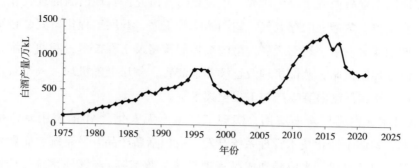

图 1-5　白酒产量变化

的重要支柱。这一阶段白酒的技术改造取得许多突破性的进展，茅台试点、汾酒试点、周口试点等项目的开展，为白酒的快速发展奠定了坚实的基础。"五五"期间白酒产量增长了 69%，"六五"期间增长了 57%。

　　二是 20 世纪 80 年代快速发展阶段。80 年代初的改革开放以及后期中国经济体制开始由计划经济向社会主义市场经济转变，促进了白酒的发展。这期间，农村包产到户，农业快速发展，粮食过剩，加之酿酒行业进入门槛低，白酒产业得到空前高速发展。"七五"期间白酒产量增长了 52%，"八五"期间增长了 50.6%。"九五"初期，白酒产量达到历史高峰，总产量达到 801.3 万 t。

　　三是 20 世纪 90 年代至今的调整发展阶段。"九五"以来，为适应国民经济建设的总体要求，国家对白酒行业制定了以调控和调整为基础的产业政策。"九五"期间白酒产量下降了 23%，"十五"期间白酒产量下降了 31.53%。刚刚改革开放的 1984 年白酒产量占饮料酒产量的 45%，至 2021 年白酒产量占饮料酒总产量下降至 13.90%，烈性酒在整个饮料酒中的比例日趋合理。

　　目前，我国白酒产量约占世界蒸馏酒产量的 40%，但 99.9% 被国人自己消费掉，出口量非常低。

第七节　白酒技术发展方向

　　一是进一步解析固态白酒发酵机理，最终实现可控发酵。应用微生物组学、基因组学、转录组学、蛋白质组学、代谢组学、风味组学等技术，进一步明晰白酒发酵机理，促进发酵过程中原酒品质提升。重点围绕酱香型白酒关键和特征风味及其产生机理，芝麻香型关键和特征风味及其产生机理，多种风味物质互作机制，多种微生物互作机制等方面开展研究，完善白酒固态发酵理论体系。

二是开展固态发酵白酒工程化研究、现代化装备研究，实现白酒的现代化。重点围绕制曲、酒醅发酵、蒸馏、贮存老熟、勾调调味等工序，开展工程化研究，特别是制曲好气发酵、堆积兼氧发酵、酒醅厌氧发酵的氧控制策略及工程技术，制曲、堆积和酒醅发酵过程的温度控制策略，蒸馏机理及连续蒸馏装置，陶坛老熟机理，人工智能勾调系统，10%～30%vol超低度白酒生产与工程化技术等。

三是AI技术在白酒厂全面应用，实现工厂生产无人化。AI的应用既包括酿酒生产、贮存老熟、勾调个性化技术管理系统开发，也包括新产品开发系统，企业物流管理系统，原辅料、包装材料、半成品和成品管理系统，营销-生产管理系统，分销商管理系统，消费者潜在需求预测系统，网上销售系统和企业决策支持系统等。

四是加强品质安全研究，生产出人民满意的产品、安全放心的产品。这些研究应该包括氨基甲酸乙酯（EC）、重金属、真菌毒素等，尽快形成国家标准以及生产控制技术。

五是白酒产品国际化。产品的国际化需要产品口味国际化、产品包装国际化、产品营销国际化、产品标准国际化，同时要将白酒作为中华文化传播的重要载体。

六是加大白酒副产物应用研究。我国每年大约产生千万吨级的酒糟，内含大量有益功能成分，但目前利用水平低，有待于深入开发。

参考文献

［1］ GB/T 15091—1994，食品工业基本术语［S］．

［2］ GB/T 17204—2021，饮料酒术语和分类［S］．

［3］ Lyons T P. Production of Scotch and Irish whiskies：their history and evolution. In The alcohol textbook［M］．Nottingham：Nottingham University Press，1995.

［4］ EU. Regulation（EC）No 110/2008 of the European parliament and of the council of 15 January 2008 on the definition，description，presentation，labelling and the protection of geographical indications of spirit drinks and repealing Council Regulation（EEC）No 1576/89. In *Regulation（EC）No 110/2008*［C］．2008：L39/16-L39/54.

［5］ Buglass A J. Handbook of alcoholic beverages：Technical，analytical and nutritional aspects［M］．Chichester：John Wiley & Sons，2011.

［6］ GB/T 11857—2008，威士忌［S］．

［7］ Piggott J R，Conner J M. Whiskies. In fermented beverage production［M］．New York：Kluwer Academic/Plenum Publishers，2003.

［8］ Pyke M. The manufacture of scotch grain whisky［J］．J Inst Brew，1965，71（3）：209-218.

［9］ Bathgate G N. History of the development of whiskey distillation. In Whisky：technology，production and marketing ［M］. London：Elsevier，2003.

［10］ GB/T 11856—2008，白兰地 ［S］.

［11］ 王恭堂. 白兰地工艺学 ［M］. 北京：中国轻工业出版社，2019.

［12］ Cantagrel R，Lurton L，Vidal J P，et al. From vine to cognac. In fermented beverage production ［M］. New York：Kluwer Academic/Plenum Publishers，2003.

［13］ Bertrand A. Armagnac and wine – spirits. in fermented beverage production ［M］. New York：Kluwer Academic/Plenum Publishers，2003.

［14］ Corrigan J. The distilled spirits industry：where now? In distilled spirits：tradition and innovation ［M］. Nottingham：Nottingham University Press，2004.

［15］ Atkinson E. Gin and vodka：problems and prospects. In distilled spirits：tradition and innovation ［M］. Nottingham：Nottingham University Press，2004.

［16］ Endo A，Okada S. Monitoring the lactic acid bacterial diversity during shochu fermentation by PCR–denaturing gradient gel electrophoresis ［J］. J Biosci Bioeng，2005，99（3）：216-221.

［17］ 章克昌. 酒精与蒸馏酒工艺学 ［M］. 北京：中国轻工业出版社，1995.

［18］ 朱宝镛，章克昌. 中国酒经 ［M］. 上海：上海文化出版社，2000.

［19］ Xu Y，Wang，D，Fan W，et al. Traditional Chinese biotechnology. In biotechnology in China II：chemicals，energy and enviroment ［M］. Heidelberg：Springer，2010.

［20］ 沈怡方. 白酒生产技术全书 ［M］. 北京：中国轻工业出版社，1998.

［21］ Jin G，Zhu Y，Xu Y. Mystery behind Chinese liquor fermentation ［J］. Trends Food Sci Tech，2017，63：18-28.

［22］ 范文来，滕抗. 洋河大曲酿造工艺的沿革 ［J］. 酿酒，2001，28（5）：36-37.

［23］ Campbell I. Yeast and fermentation. In Whisky. Technology，production and marketing ［M］. London：Elsevier，2003.

［24］ 范文来，浓香型大曲酒窖池设计初探 ［J］. 酿酒，1994，102（3）：26-30.

［25］ 范文来，徐岩. 白酒窖泥挥发性成分研究 ［J］. 酿酒，2010，37（3）：24-31.

［26］ Nicol D. Batch Distillation. In the Science and Technology of Whiskies ［M］. Harlow：Longman，1989.

［27］ Campbell I. Grain whisky distillation. In Whisky. Technology，production and marketing ［M］. Loudou：Elsevier，2003.

［28］ 吴晨岑，范文来，徐岩. 不同二次蒸馏方式对浓香型白酒品质影响的研究 ［J］. 食品与发酵工业，2015，41（3）：14-19.

［29］ 郎方. 白酒蒸馏 ［J］. 黑龙江发酵，1980（3）：1-10.

［30］ 王耀，范文来，徐岩，等. 浓香型大曲中酯化酶测定方法的研究 ［J］. 酿酒，2003，30（2）：18-21.

［31］ 谭绍利，吕云怀. 茅台酒大容器自动化控制勾兑技术应用研究 ［J］. 酿酒科技，2010，191（5）：65-68.

［32］ 杜小威，雷振河，翟旭龙，等. 汾酒老熟研究阶段报告（二）［J］. 酿酒科技，2002，114

（6）：38-41.

[33] 熊子书. 中国白酒贮存老熟的研究 ［J］. 酿酒科技, 2000, 99 （3）：27-29.

[34] 翟旭龙, 史静霞, 王普向, 等. 汾酒老熟阶段报告 （一） ［J］. 酿酒科技, 2001, 108 （6）：51-52.

[35] Conner J, Reid K, Jack F. Maturation and blending. In Whisky. Technology, production and market-ing ［M］. London：Elsevier, 2003.

[36] 沈怡方. 中国白酒感官品质及品评技术历史与发展 ［J］. 酿酒, 2006, 33 （4）：3-4.

[37] 范文来, 龚舒蓓, 徐岩. 白酒有机酸谱 ［J］. 酿酒, 2019, 46 （1）：37-42.

[38] Sampaio O M, Reche R V, Franco D W. Chemical profile of rums as a function of their origin. The use of chemometric techniques for their identification ［J］. J Agri Food Chem, 2008, 56 （5）：1661-1668.

[39] 范文来, 徐岩. 清香类型原酒共性与个性成分 ［J］. 酿酒, 2012, 39 （2）：14-22.

[40] 范海燕, 范文来, 徐岩. 豉香型白酒关键香气的研究现状与进展. 2014 第二届中国白酒学术研讨会论文集 ［M］. 北京：中国轻工业出版社, 2014.

[41] 范文来, 徐岩. 酱香型白酒中呈酱香物质研究的回顾与展望 ［J］. 酿酒, 2012, 39 （3）：8-16.

[42] 朱梦旭, 范文来, 徐岩. 我国白酒蒸馏过程及原酒、成品酒中乙醛的研究 ［J］. 食品与发酵工业, 2016, 42 （4）：6-11.

[43] Carrigan M A, Uryasev O, Frye C B, et al. Hominids adapted to metabolize ethanol long before hu-man-directed fermentation ［J］. PNAS, 2015, 112 （2）：458-463.

[44] 朱宝镛, 章克昌. 中国酒经 ［M］. 上海：上海文化出版社, 2000.

[45] Patrick C H. Alcohol, Culture, and Society ［M］. Durham：Duke University Press （reprint edition by AMS Press, New York, 1970）：1952.

[46] McGovern P E, Zhang J, Tang J, et al. Fermented beverages of pre-and proto-historic China ［J］. PNAS, 2004, 101 （51）：17593-17598.

[47] Pellechia T. Wine, the 8000 Year Old Story of the Wine Trade ［M］. New York：Thunder's Mouth, 2006.

[48] A Brief History of Wine ［EB/OL］. http：//www. winepros. org/wine101/history. htm

[49] McGovern P, Jalabadze M, Batiuk S, et al. Early neolithic wine of georgia in the south Caucasus ［J］. PNAS, 2017, 114 （48）：E10309-E10318.

[50] Akiyama H, Inoue T. Sake ［M］. Tokyo：Iwanami Shoten, 1994.

[51] Amerine M A, Singleton V A. Distillation and Brandy. In Wine：An Introduction （2nd） ［M］. Lon-don：University of California Press, 1977.

[52] Koenig, F O. A short history of the art of distillation from the beginnings up to the death of cellier blumenthal ［J］. Isis, 1948, 100 （14）：844-851.

[53] Kening F O. Short history of the art of distillation from the beginnings up to the death of cellier blu-menthalby R. J. Forbes ［J］. Isis, 1950, 41 （1）：131-133.

［54］范文来．我国古代烧酒（白酒）起源与技术演变［J］．酿酒，2020，47（4）：121-125.

［55］Haw S G. Wine, women and poison. In Marco Polo in China［M］．New York：Routledge, 2006.

［56］李大和，李国红．民族传统工艺白酒特点与发展思考［J］．酿酒科技，2005，135（9）：109-113.

［57］李时珍．本草纲目［M］．北京：人民卫生出版社，2005.

［58］Nicol D A. Batch distillation. In Whisky. Technology, Production and Marketing［M］．London：Elsevier, 2003.

［59］朱宝铺．古人笔下的蒸馏酒——从朱德润的《轧赖机酒赋》看元代的蒸馏设备与工艺［J］．黑龙江发酵，1982，9（2）：42-43.

［60］魏岩涛，何正礼．高粱酒［M］．上海：商务印书馆，1935.

［61］范文来．中国古代制曲技术［J］．酿酒，2020，47（5）：111-114.

［62］Russell C A, Coley N G, Roberts G K. Chemists by profession：the origins and rise of the royal institute of chemistry［J］．Med Hist. 1978, 22（2）：228-229.

［63］Hornsey I S. A History of Beer and Brewing［M］．Cambridge：Royal Society of Chemistry, 2003.

［64］Situmorang M, Hibbert D B, Gooding J J, et al. A sulfite biosensor fabricated using electrodeposited polytyramine：Application to wine analysis［J］．Analyst, 1999, 124（12）：1775-1779.

［65］范文来．《齐民要术》中的中国古代酿酒技术［J］．酿酒，2020，47（6）：111-113.

［66］阎章荣．发达国家酒类管理制度的比较与借鉴［J］．中国市场，2012（6）：111-113.

［67］金培松，周元懿．做黄酒和烧酒［M］．上海：中华书局，1950.

［68］方心芳．高粱酒曲改造论［J］．酿酒，1993，96（4）：47-53.

［69］熊子书．中国三大香型白酒的研究（三）清香·杏花村篇［J］．酿酒科技，2005，133（7）：17.

［70］周恒刚，沈怡方，高月明．回顾三十年来白酒生产技术的成就（上）［J］．酿酒，1981，8（4）：1-8.

［71］曾祖训．川法小曲白酒的发展与创新［J］．酿酒，2006，33（1）：3-4.

［72］李大和．建国五十年来白酒生产技术的伟大成就［J］．酿酒，1999，130（1）：13-20.

［73］熊子书．中国三大香型白酒的研究（二）酱香·茅台篇［J］．酿酒科技，2005，130（4）：25-30.

［74］李大和．建国五十年来白酒生产技术的伟大成就（六）［J］．酿酒，1999，135（6）：19-31.

［75］刘沛龙．试谈五粮液优质品率的稳定与提高［J］．酿酒，1982（2）：14-17.

［76］周恒刚．80年代前己酸菌及窖泥培养的回顾［J］．酿酒科技，1997（4）：17-22.

［77］廖正宣．"提高中国玉泉酒质量的研究"技术鉴定会［J］．酿酒，1984（1）：45.

［78］龚士选．提高凤型白酒优质品比率的技术措施［J］．酿酒科技，1994（1）：87.

［79］范文来．应用二次发酵技术提高浓香型大曲酒质量［J］．酿酒科技，2001，108（6）：40-42.

［80］戴自鸣，汪俊英．人工发酵泥板与双轮底工艺的浅见［J］．江苏食品与发酵，1986（2）：15-17.

［81］范文来，陈翔．应用夹泥发酵技术提高浓香型大曲酒名酒率的研究［J］．酿酒，2001，28（2）：71-73.

［82］余有贵，黄大川．夹泥多甑双轮发酵的研究［J］．酿酒，2001，28（6）：83-84.

［83］张志民．衡水老白干香型的初步研究［J］．酿酒，1998，125（2）：14-17.

［84］唐现洪，钟雨，谢旭，等．高温堆积发酵工艺在浓香型双沟大曲酒生产中的应用［J］．酿酒科技，2006，146（8）：59-62.

［85］左勇，刘达玉，吴华昌．浓香型大曲酒的堆积发酵研究［J］．酿酒，2004，31（4）：22-24.

［86］张绍东，马加军．"堆积发酵"在浓香型长酵糟恢复生产中的应用［J］．酿酒科技，2001，107（5）：42-43.

［87］贾翘彦．董酒串香工艺的探讨［J］．酿酒科技，1981（4）：11-14.

［88］龚文昌．话说董酒与新工艺白酒［J］．酿酒，1991（2）：3-5.

［89］周恒刚，沈怡方，高月明．回顾三十年来白酒生产技术的成就（下）［J］．酿酒，1982，9（1）：1-8.

［90］周维军，左文霞，吴建峰，等．浓香型白酒风味轮的建立及其对感官评价的研究［J］．酿酒，2013，40（6）：31-36.

［91］周恒刚．降温控酸是防止"夏季掉排"的重要措施［J］．酿酒，1996，115（4）：7-10.

［92］黄正兴．大曲白酒生产安全度夏的探讨［J］．黑龙江发酵，1982（2）：23+17.

［93］宋宝华．浅谈浓香型大曲酒生产安全度夏［J］．江苏食品与发酵，2001（3）：32-33.

［94］张目．大曲酒夏季掉排防治的现状与动态（综述）［J］．酿酒科技，1992（3）．：23-28

［95］王忠臣．喷雾吸热降温法是防止夏季掉排、提高经济效益的好措施［J］．酿酒，1984（3）：39-40.

［96］王效金，刘从艾，邢贤森，等．"夏季掉排"的探讨与防治［J］．酿酒科技，1989（4）：14-18.

［97］徐利民．大曲酒夏季糖分酸度升高的因素及对策［J］．酿酒科技，1994，61（1）：87.

［98］江苏泗阳县洋河酒厂．提高杂交高粱的酒质和出酒率及新酒人工老熟［J］．食品与发酵工业，1978（4）：32-34.

［99］泸州市酿酒研究所．粳高粱酿造泸型酒配套工艺研究简报［J］．酿酒，1989（5）：34-37.

［100］廖建民，曾庆曦，唐玉明．杂交高粱酿酒配套特性配套技术及效益分析［J］．酿酒科技，1992，49（1）：6-9.

［101］范文来，黄永光，徐岩．酒精勾兑白酒与非谷物白酒应该淡出历史舞台［J］．酿酒科技，2012，218（8）：17-20.

［102］李大和．建国五十年来白酒生产技术的伟大成就（四）［J］．酿酒，1999，133（4）：16-20.

［103］王民俊．贵州麸曲酱香酒采用菌种及工艺特点［J］．酿酒科技，1989（3）：15-18.

［104］傅金庚．酱香型白酒风格与工艺关系的研究［J］．酿酒科技，1991（1）：8-11.

［105］吴广黔．贵州麸曲酱香型白酒的酿造工艺特点［J］．酿酒科技，2008，164（2）：65-66.

［106］时卫平．新型酱香型白酒的生产［J］．酿酒科技，2005，134（8）：54-55.

［107］曹述舜. 酱香型酒概述［J］. 贵州酿酒, 1981（2）: 28-31.

［108］魏晓琨, 刘建华, 朱剑宏, 等. 应用麸曲和大曲相结合生产酱香型白酒［J］. 齐齐哈尔轻工业学院学报, 1995, 11（2）: 65-69.

［109］栗永清, 赵玉培. 大曲, 麸曲相结合生产酱香型白酒［J］. 酿酒, 1993（21）: 38-39.

［110］周喜春, 李廷刚. 浅谈麸曲酱香型白酒工艺要点与主体香气的形成［J］. 辽宁食品与发酵, 1993（3）: 16-21.

［111］钟国辉, 邹海晏. 麸曲制造技术发展回顾与展望［J］. 酿酒科技, 2011, 203（5）: 74-75.

［112］印廷敏, 邓可炎, 曲兆富. 提高麸曲清香型玉兰酒质量的技术报告［J］. 酿酒, 1987（4）: 53-55+23.

［113］吴鸣, 宋玉华, 安雅君. 凌塔白酒新菌种选育及应用研究技术报告［J］. 酿酒, 1993（5）: 18-24.

［114］随增树, 陈明亮. 应用多微麸曲提高白酒质量的研究［J］. 酿酒, 1997（1）: 32-34.

［115］胡建华, 魏金旺, 孙海波, 等. 多微麸曲清香型调味酒的研制［J］. 酿酒科技, 2013, 224（2）: 75-77.

［116］沈怡方. 关于芝麻香型优质白酒的生产技术［J］. 酿酒科技, 1993, 57（3）: 43-46.

［117］王海平, 于振法. 景芝白乾酒的典型性——"芝麻香"研究工作的回顾与展望［J］. 酿酒, 1992（4）: 61-70.

［118］王海平. 芝麻香型白酒的发展［J］. 酿酒科技, 2006, 147（9）: 104-107.

［119］胡国栋. 景芝白干特征香味组份的研究［J］. 酿酒, 1992, 19（1）: 83-88.

［120］沈怡方. 我国名优白酒的技术进步（综述）［J］. 酿酒科技, 1992, 50（2）: 55-58.

［121］白酒化验操作法（一）［J］. 酿酒, 1976（1）: 49-64.

［122］白酒化验操作法（二）［J］. 酿酒, 1976（2）: 39-49.

［123］白酒化验操作法（三）［J］. 酿酒, 1976（3）: 67-81.

［124］沈才洪, 应鸿, 许德富, 等. 大曲质量标准的研究（第二报）: 大曲"酯化力"的探讨［J］. 酿酒科技, 2005, 129（3）: 17-20.

［125］沈才洪, 应鸿, 许德富, 等. 大曲质量标准的研究（第三报）: 大曲生香力的特征指标探讨［J］. 酿酒科技, 2005, 134（8）: 20-22.

［126］沈才洪, 许德富, 沈才萍, 等. 大曲质量标准的研究（第一报）: 大曲"酒化力"的探讨［J］. 酿酒, 2004, 31（2）: 29-30.

［127］范文来, 徐岩, 陆红珍, 等. 浓香型大曲的酯化力与酯分解率研究［J］. 酿酒, 2003, 30（1）: 10-12.

［128］陈靖余, 周应朝. 泸型大曲标准及鉴曲方法的探索［J］. 酿酒, 1996, 114（2）: 6-7.

［129］范文来. 大曲酒发酵过程中淀粉消耗的动力学［J］. 酿酒科技, 1996, 74（2）: 56-57.

［130］刘沛龙. 五粮液"各味谐调"探［J］. 大自然探索, 1984（2）: 74-78.

［131］季克良, 郭坤亮. 剖读茅台酒的微量成分［J］. 酿酒科技, 2006, 148（10）: 98-100.

［132］季克良, 郭坤亮, 朱书奎, 等. 全二维气相色谱/飞行时间质谱用于白酒微量成分的分析［J］. 酿酒科技, 2007, 153（3）: 100-102.

［133］范文来，徐岩．应用液液萃取结合正相色谱技术鉴定汾酒与郎酒挥发性成分（上）［J］．酿酒科技，2013，224（2）：17-26.

［134］范文来，徐岩．应用液液萃取结合正相色谱技术鉴定汾酒与郎酒挥发性成分（下）［J］．酿酒科技，2013，225（3）：17-27.

［135］彭帮柱，龙明华，岳田利，等．傅立叶变换近红外光谱法检测白酒总酸和总酯［J］．农业工程学报，2006，22（12）：216-219.

［136］彭帮柱，龙明华，岳田利，等．用偏最小二乘法及傅立叶变换近红外光谱快速检测白酒酒精度［J］．农业工程学报，2007，23（4）：233-237.

［137］李继光，张根生，毛迪锐．近红外分光光度法在白酒检测中的应用［J］．食品与机械，2004，20（1）：22-24.

［138］李长文，魏纪平，孙素琴，等．运用红外光谱技术鉴别酱香型白酒［J］．酿酒科技，2006，149（11）：56-58.

［139］王莉，汪地强，汪华，等．近红外光谱法和气相色谱法结合建立茅台酒指纹模型［J］．酿酒，2005，32（4）：18-19.

［140］赵东，李扬华，兰世蓉，等．近红外光谱仪在酒醅分析中的应用研究［J］．酿酒科技，2004，121（1）：72-73.

［141］赵东，李扬华，周学秋，等．傅里叶变换近红外光谱仪在酒醅分析中的应用［J］．光谱实验室，2003，20（4）：614-616.

［142］杨建磊，朱拓，徐岩，等．基于最小二乘支持向量机算法的三维荧光光谱技术在中国白酒分类中的应用［J］．光谱学与光谱分析，2010，30（1）：243-246.

［143］杨建磊，朱拓，武浩．基于三维荧光光谱特性的白酒聚类分析研究［J］．光电子激光，2009，20（4）：495-498.

［144］江南大学．"白酒年份酒荧光光谱检测技术及鉴别系统"鉴定材料［D］．无锡：江南大学，2009.

［145］陈国庆，朱拓，吴亚敏，等．用荧光光谱鉴别白酒［J］．光谱学报，2008，18（S2）：139-142.

［146］霍丹群，尹猛猛，候长军，等．可视化阵列传感器技术鉴别不同香型白酒［J］．分析化学，2011，39（4）：516-520.

［147］汪地强，赵振宇，杨红霞，等．ICP-MS测定茅台酒中32种微量元素［J］．酿酒科技，2008，174（12）：104-105.

［148］汪强，郭坤亮，熊正河，等．茅台地区酱香白酒硼同位素比较研究［J］．酿酒科技，2009，178（4）：43-45.

［149］程和勇，徐子刚，黄旭，等．电感耦合等离子体质谱测定不同酒类中铬、砷、镉、汞、铅含量［J］．浙江大学学报（理学版），2009，36（6）：679-682.

［150］王永维，王俊，朱晴虹．基于电子舌的白酒检测与区分研究［J］．包装与食品机械，2009，27（5）：57-61.

［151］程平言，范文来，徐岩．基于质谱与化学计量学的浓香型白酒等级鉴别［J］．食品与发酵

工业, 2013, 39 (6): 169-173.

[152] Cheng P, Fan W, Xu Y. Quality grade discrimination of Chinese strong aroma type liquors using mass spectrometry and multivariate analysis [J]. Food Res Int, 2013, 54 (2): 1753-1760.

[153] 程平言, 范文来, 徐岩. 基于质谱与化学计量学的白酒原产地鉴定 [J]. 质谱学报, 2014, 35 (1): 32-37.

[154] Cheng P, Fan W, Xu Y. Determination of Chinese liquors from different geographic origins by combination of mass spectrometry and chemometric technique [J]. Food Control, 2014, 35 (1): 153-158.

[155] 江南大学. "气相色谱-闻香法 (GC-O) 在中国白酒风味物质研究中的应用" 鉴定材料 [D]. 无锡: 江南大学, 2006.

[156] 范文来, 徐岩. 白酒风味物质研究方法的回顾与展望 [J]. 食品安全质量检测学报, 2014, 5 (10): 3073-3078.

[157] Fan W, Qian M C. Headspace solid phase microextraction (HS-SPME) and gas chromatography-olfactometry dilution analysis of young and aged Chinese "Yanghe Daqu" liquors [J]. J Agri Food Chem, 2005, 53 (20): 7931-7938.

[158] Fan W, Qian M C. Characterization of aroma compounds of Chinese "Wuliangye" and "Jiannanchun" liquors by aroma extraction dilution analysis [J]. J Agri Food Chem, 2006, 54 (7): 2695-2704.

[159] Fan W, Xu Y. Progresses of aroma compounds in Chinese liquors (*Baijiu*). In The 7th International Alcoholic Beverages Culture & Technology Symposium [M]. Beijing: China's Textile Press, 2010.

[160] 柳军, 范文来, 徐岩, 等. 应用 GC-O 分析比较兼香型和浓香型白酒中的香气化合物 [J]. 酿酒, 2008, 35 (3): 103-107.

[161] 王晓欣. 酱香型和浓香型白酒中香气物质及其差异研究 [D]. 无锡: 江南大学, 2014.

[162] 王晓欣, 徐岩, 范文来, 等. 浓香型习酒挥发性香气成分研究 [J]. 酿酒科技, 2013, 223 (1): 31-38.

[163] 聂庆庆. 洋河绵柔型白酒风味研究 [D]. 无锡: 江南大学, 2012.

[164] 聂庆庆, 范文来, 徐岩, 等. 洋河系列绵柔型白酒香气成分研究 [J]. 食品工业科技, 2012, 33 (12): 68-74.

[165] 范文来, 徐岩, 杨廷栋, 等. 应用液液萃取与分馏技术定性绵柔型蓝色经典微量挥发性成分 [J]. 酿酒, 2012, 39 (1): 21-29.

[166] 范文来, 聂庆庆, 徐岩. 洋河绵柔型白酒关键风味成分 [J]. 食品科学, 2013, 34 (4): 135-139.

[167] 曹长江. 孔府家白酒风味物质研究 [D]. 无锡: 江南大学, 2014.

[168] Qian M, Fan W, Xu Y. Aroma characterization of Chinese liquor: Yanghe Daqu, Wuliangye, Jiannanchun and Maotai [C]. Boston: In 240th ACS National Meeting & Exposition, 2010.

[169] Wang X, Fan W, Xu Y. Comparison on aroma compounds in Chinese soy sauce and strong aroma type liquors by gas chromatography-olfactometry, chemical quantitative and odor activity values analysis [J]. Eur Food Res Technol, 2014, 239 (5): 813-825.

[170] 江南大学, 北京顺鑫农业股份有限公司牛栏山酒厂. "牛栏山二锅头酒特征风味物质及二

种生产工艺对原酒品质影响"鉴定材料 [D]. 无锡：江南大学，北京顺鑫农业股份有限公司牛栏山酒厂，2011.

[171] 江南大学，山西杏花村汾酒厂股份有限公司. "中国清香型汾酒风味物质剖析技术体系及其关键风味物质研究"鉴定材料 [D]. 无锡：江南大学，山西杏花村汾酒厂股份有限公司，2009.

[172] 王勇，徐岩，范文来，等. 应用 GC-O 技术分析牛栏山二锅头白酒中的香气化合物 [J]. 酿酒科技，2010，200 (2)：74-75.

[173] 王勇，范文来，徐岩，等. 液液萃取和顶空固相微萃取结合气相色谱-质谱联用技术分析牛栏山二锅头酒中的挥发性物质 [J]. 酿酒科技，2008，170 (8)：99-103.

[174] 郭俊花. 大曲清香型宝丰糟次酒及其大曲香气物质 [D]. 无锡：江南大学，2010.

[175] 郭俊花，徐岩，范文来. 清香型不同糟次原酒香气成分析 [J]. 食品工业科技，2012，33 (13)：52-59.

[176] 高文俊. 青稞酒重要风味成分及其酒醅中香气物质研究 [D]. 无锡：江南大学，2014.

[177] 高文俊，范文来，徐岩. 西北高原青稞酒重要挥发性香气成分 [J]. 食品工业科技，2013，34 (22)：49-53.

[178] 劲牌公司，江南大学. "小曲清香型白酒关键风味物质及质量评价方法研究与建立"鉴定材料 [D]. 无锡：劲牌公司，江南大学，2009.

[179] Gao W，Fan W，Xu Y. Characterization of the key odorants in light aroma type Chinese liquor by gas chromatography – olfactometry，quantitative measurements，aroma recombination，and omission studies [J]. J Agri Food Chem，2014，62 (25)：5796-5804.

[180] 沈海月. 酱香型白酒香气物质研究 [D]. 无锡：江南大学，2010.

[181] 王晓欣，范文来，徐岩. 应用 GC-O 和 GC-MS 分析酱香型习酒中挥发性香气成分 [J]. 食品与发酵工业，2013，39 (5)：154-160.

[182] 贵州茅台酒股份有限公司，江南大学. "酱香型白酒茅台酒风味物质剖析技术体系建设及风味研究平台的建立"鉴定材料 [D]. 无锡/茅台镇：贵州茅台酒股份有限公司，江南大学，2009.

[183] Fan W，Shen H，Xu Y. Quantification of volatile compounds in Chinese soy sauce aroma type liquor by stir bar sorptive extraction (SBSE) and gas chromatography-mass spectrometry (GC-MS) [J]. J Sci Food Agric，2011，91 (7)：1187-1198.

[184] Fan W，Xu Y，Qian M C. Identification of aroma compounds in Chinese "Moutai" and "Langjiu" liquors by normal phase liquid chromatography fractionation followed by gas chromatography/olfactometry. In Flavor Chemistry of Wine and Other Alcoholic Beverages [M]. Washingtou DC：American Chemical Society，2012.

[185] 范海燕，范文来，徐岩. 液液微萃取结合气相色谱-质谱分析豉香型白酒微量成分. 2013 国际酒文化学术研讨会论文集 [M]. 北京：中国轻工业出版社，2013.

[186] 范海燕，范文来，徐岩. 应用 GC-O 和 GC-MS 研究豉香型白酒挥发性香气成分 [J]. 食品与发酵工业，2015，41 (4)：147-152.

[187] Fan H，Fan W，Xu Y. Characterization of key odorants in Chinese chixiang aroma-type liquor by gas chromatography – olfactometry，quantitative measurements，aroma recombination，and omission studies

［J］. J Agri Food Chem, 2015, 63（14）: 3660-3668.

［188］江南大学，河北衡水老白干酿酒（集团）有限公司．"中国老白干香型白酒风味物质剖析技术及其关键风味物质微生物研究"鉴定材料［D］．无锡：江南大学，河北衡水老白干酿酒（集团）有限公司，2010.

［189］胡光源．药香型董酒香气物质研究［D］．无锡：江南大学，2013.

［190］胡光源，范文来，徐岩，等．董酒中萜烯类物质的研究［J］．酿酒科技，2011，205（7）: 29-33.

［191］范文来，胡光源，徐岩，等．药香型董酒的香气成分分析［J］．食品与生物技术学报，2012，31（8）: 810-819.

［192］范文来，胡光源，徐岩．顶空固相微萃取-气相色谱-质谱法测定药香型白酒中萜烯类化合物［J］．食品科学，2012，33（14）: 110-116.

［193］李大和．建国五十年来白酒生产技术的伟大成就（三）［J］．酿酒，1999，132（3）: 13-19.

［194］吴衍庸．中国传统酿造泸型酒微生物学研究［J］．酿酒科技，1993（5）: 30-35.

［195］周恒刚．关于窖泥微生物（上）［J］．酿酒科技，1987，14（1）: 2-6.

［196］沈怡方．关于己酸菌的培养及其应用［J］．酿酒科技，1998（4）: 15-23.

［197］刘复今，朱世瑛，张显科，等．己酸菌 L-Ⅱ菌株及其应用的研究［J］．黑龙江发酵，1979（3）: 15-19.

［198］吴衍庸，易伟庆．泸酒老窖己酸菌分离特性及产酸条件的研究［J］．食品与发酵工业，1986（5）: 1-6.

［199］刘光烨，赵一章，吴衍庸．泸酒老窖泥中布氏甲烷杆菌的分离和特性［J］．微生物学通报，1987（4）: 156-159.

［200］薛堂荣，陈昭蓉，卢世衍，等．己酸菌 W1 的分离特性及产酸条件的研究［J］．食品与发酵工业，1988（4）: 1-6.

［201］梁家骥，苏京军，程光胜，等．产己酸细菌的研究（Ⅰ）: 富集和培养［J］．酿酒科技，1994（4）: 67-68.

［202］梁家骥，苏京军，程光胜，等．产己酸细菌的研究（Ⅱ）: 克氏梭菌菌株 M2 的分离和特性［J］．酿酒科技，1994，65（5）: 26-28.

［203］梁家骥，苏京军，程光胜，等．产己酸细菌的研究（Ⅲ）: 用于提高固态发酵白酒窖泥中的己酸含量［J］．酿酒科技，1994（6）: 24-25.

［204］梁家骥，苏京军，程光胜．产己酸细菌的研究（Ⅳ）: 产己酸细菌与产甲烷菌的混合培养［J］．微生物学通报，1996，23（5）: 262-263.

［205］陈翔，范文来，戴群，等．己酸菌的选育及其应用于生产的研究［J］．酿酒，2001，28（4）: 43-46.

［206］沈怡方．在第二届全国安琪酒用酵母技术交流会上的讲话：积极开展酿酒活性干酵母的应用［J］．酿酒科技，1994（3）: 32-35.

［207］沈怡方．科学而又有效地推广应用酒用活性干酵母进一步提高酿酒行业的经济效益［J］.

酿酒科技, 1994, 61 (1): 53-55.

[208] 曾佐益, 蔡江. 应用 TH-AADY 生产麸曲酱香型酒的研究 [J]. 酿酒科技, 1993, 57 (3): 50-53.

[209] 陈宗敬, 范文来. AADY 在洋河大曲丢糟中应用的研究 [J]. 酿酒, 1995, 71 (4): 70-73.

[210] 陈宗敬, 范文来. 洋河大曲丢糟中加粮, 推广应用 AADY 的研究 [J]. 酿酒科技, 1998, 86 (2): 36-38.

[211] 范有明. 酒用活性干酵母的应用研究 [J]. 酿酒科技, 1994 (3): 29-30.

[212] 张文学, 乔宗伟, 向文良, 等. 中国浓香型白酒窖池微生态研究进展 [J]. 酿酒, 2004, 31 (2): 31-35.

[213] 向文良. 中国浓香型白酒窖池微生物生态研究 [D]. 成都: 四川大学, 2004.

[214] Zhang W X, Qiao Z W, Tang Y Q, et al. Analysis of the fungal community in Zaopei during the production of Chinese Luzhou-flavour liquor [J]. J Inst Brew, 2007, 113 (1): 21-27.

[215] 胡承, 应鸿, 许德富, 等. 窖泥微生物群落的研究及其应用 [J]. 酿酒科技, 2005, 129 (3): 34-38.

[216] 王海燕, 张晓君, 徐岩, 等. 浓香型和芝麻香型白酒酒醅中微生物菌群的研究 [J]. 酿酒科技, 2008, 164 (2): 86-89.

[217] 高亦豹, 王海燕, 徐岩. 利用 PCR-DGGE 未培养技术对中国白酒高温和中温大曲细菌群落结构的分析 [J]. 微生物学通报, 2010, 37 (7): 999-1004.

[218] 王述荣, 陈翔, 许乃义. YH-AM 复合酶制剂在洋河大曲生产中的研究与应用 [J]. 酿酒, 2004, 125 (2): 36-41.

[219] 牛景禄. 贵州鸭溪窖酒风味与生产工艺特征的研究第 3 报: 鸭溪窖大曲酶系中糖化酶的分离及性质初探 [J]. 酿酒科技, 1995 (1): 53-55.

[220] 范文来, 徐岩, 刁亚琴. 浓香型大曲水解酶系及测定方法的研究 [J]. 酿酒, 2002, 29 (5): 25-31.

[221] 李佑红, 吴衍庸. 地衣芽孢杆菌 JS-5a 淀粉酶的研究 [J]. 微生物学报, 1989 (4): 314-316.

[222] 邓小晨, 王忠彦, 胡永松, 等. 大曲发酵过程中微生物淀粉酶同工酶的研究 [J]. 微生物学通报, 1995, 22 (3): 143-146.

[223] 程丽君, 康健, 王凤仙, 等. 汾酒大曲酯酶和淀粉同工酶的分析 [J]. 食品与发酵工业, 2008, 34 (11): 33-37.

[224] 周恒刚. 白酒生产与酸性蛋白酶 [J]. 酿酒, 1991 (6): 5-8.

[225] 袁铸, 王忠彦, 胡承, 等. 地衣芽孢杆菌 JF-UN122 碱性蛋白酶的分离纯化与性质 [J]. 工业微生物, 2003, 33 (3): 25-29.

[226] 尚维, 杨福祺, 刘群. 纤维素酶在清香型优质白酒中的应用研究初探 [J]. 酿酒, 1996 (2): 20-21.

[227] 邢晓晰, 温亚丽, 王晓江. 纤维素酶在白酒生产中的应用研究 [J]. 酿酒科技, 1998, 89 (5): 32-33.

[228] 王彦荣, 孟祥春, 任连彬, 等. 酸性蛋白酶生产与应用的研究 [J]. 酿酒, 2003, 30 (3): 16-18.

[229] 阎致远, 王祥河, 程志娟, 等. 酸性蛋白酶的性质及其在白酒生产中的应用研究 [J]. 酿酒科技, 1995, 72 (6): 16-17.

[230] 魏炜, 张洪渊, 戴森, 等. 酸性蛋白酶的性质及其在白酒酿造中的应用 [J]. 酿酒科技, 1997, 84 (6): 18-20.

[231] 范文来, 陈翔, 吴家杰. 阿米诺酶应用于洋河大曲生产试验的研究 [J]. 酿酒, 2000, 27 (5): 45-47.

[232] 董友新. 阿米诺酶在浓酱兼香型白酒酿造中的应用 [J]. 酿酒, 2004, 121 (1): 42-43.

[233] 陈家健. 阿米诺酶在酿酒生产中的应用 [J]. 酿酒科技, 2000 (4): 53-54.

[234] 孙西玉, 梁邦昌. 中国低度白酒的历史沿革与白酒发展趋势 [J]. 酿酒科技, 2007, 156 (6): 73-76.

[235] 沈怡方, 李大和. 低度白酒生产技术 [M]. 北京: 中国轻工业出版社, 1996.

[236] 冯海虹. 低度西凤酒的研制 [J]. 酿酒, 1986 (6): 34-36.

[237] 张跃廷, 刘琼, 孙波. 超低度白酒的研究 [J]. 酿酒, 2003, 30 (4): 16-17.

[238] 邓小晨, 胡永松, 王忠彦, 等. 微机控制架式大曲发酵过程中微生物及酶变化 [J]. 酿酒科技, 1995, 68 (2): 72-74.

[239] 陈其松, 马光喜. 白酒厂制曲车间的温湿度监控系统的设计 [J]. 酿酒科技, 2006, 143 (5): 36-38.

[240] 陈德兴, 陶兴华, 熊壮, 等. 架式大曲发酵的微机监控系统及制曲工艺 [J]. 酿酒科技, 1994, 65 (5): 11-16.

[241] 杜永贵, 京晓军, 张元义, 等. 微机在汾酒大曲发酵过程中的应用 [J]. 山西食品工业, 1994 (2): 11-15.

[242] 杜永贵, 张元义. 大曲发酵过程中的自动控制系统 [J]. 食品与发酵工业, 1997, 23 (4): 76-80.

[243] 邱重晏, 王万能, 王东, 等. 清香型白酒快速陈酿化的初步研究 [J]. 酿酒, 2011, 38 (6): 26-29.

[244] 李宏涛, 王冰, 李次力. 臭氧对蒸馏白酒的催陈、除浊效果的影响 [J]. 酿酒, 2004, 31 (2): 75-77.

[245] 殷涌光, 赫桂丹, 石晶. 高电压脉冲电场催陈白酒的试验研究 [J]. 酿酒科技, 2005, 138 (12): 47-50.

[246] 王杨, 何红, 马格丽. 白酒陈味及超高压老熟技术研究 [J]. 酿酒科技, 2009, 185 (11): 94-96.

[247] 赵志昌. 磁处理优质白酒加速老熟初探 [J]. 酿酒, 1984 (2): 17-18.

[248] 范文来, 徐岩. 饮料酒质量与品质安全研究回顾与展望 [J]. 食品安全质量检测学报, 2015, 6 (7): 2620-2625.

[249] 范文来, 王栋. 近10年我国传统饮料酒白酒和黄酒品质安全研究现状与展望 [J]. 食品

安全质量检测学报，2019，10（15）：4811-4829.

[250] 史斌斌. 白酒中氨基甲酸乙酯及其成因研究［D］. 无锡：江南大学，2012.

[251] 范文来，徐岩. 国内外蒸馏酒内源性有毒有害物研究进展. 2014 第二届中国白酒学术研讨会论文集［M］. 2014：26-44.

[252] 袁东，李艳清，付大友，等. 高效液相色谱-质谱法测定白酒中的氨基甲酸甲酯［J］. 酿酒科技，2007，154（4）：121-123.

[253] 陈小萍，林国斌，林升清，等. 蒸馏酒和发酵酒中氨基甲酸乙酯的监测与危害控制［J］. 海峡预防医学杂志，2009，15（6）：54-55.

[254] 史斌斌，徐岩，范文来. 顶空固相微萃取（HS-SPME）和气相色谱-质谱（GC-MS）联用定量蒸馏酒中氨基甲酸乙酯［J］. 食品工业科技，2012，33（14）：60-63.

[255] 张庄英. 白酒蒸馏和贮存过程中氨基甲酸乙酯的研究［D］. 无锡：江南大学，2014.

[256] 张庄英，范文来，徐岩. 不同香型白酒中游离氨基酸比较分析［J］. 食品与发酵工业，2014，35（17）：280-284.

[257] 温永柱，范文来，徐岩. GC-MS 法定性白酒中的多种生物胺［J］. 酿酒，2013，40（1）：38-41.

[258] 范文来，徐岩，温永柱. 白酒发酵与蒸馏过程中 5 种生物胺变化［J］. 食品工业科技，2015，36（9）：144-146.

[259] 朱梦旭，范文来，徐岩. 我国白酒蒸馏过程以及不同年份产原酒和成品酒中甲醛的研究［J］. 食品与发酵工业，2015，41（9）：153-158.

[260] 朱梦旭，范文来，徐岩. 我国白酒蒸馏过程及原酒、成品酒中乙醛的研究［J］. 食品与发酵工业，2016，42（4）：6-11.

[261] 李俊，郭晓关，杜楠. 白酒中邻苯二甲酸酯类物质三重四极杆气相色谱法测定［J］. 酿酒科技，2012，222（12）：93-102.

[262] 杨玉芳，穆强，鄢德利. 气相色谱法测定邻苯二甲酸酯［J］. 化学研究，2010，21（5）：48-50.

[263] 范文来，徐岩. 国内外蒸馏酒外源性有毒有害物研究进展. 2014 第二届中国白酒学术研讨会论文集［M］. 北京：中国轻工业出版社，2014.

[264] 荣维广，阮华，马永健，等. 气相色谱-质谱法检测白酒和黄酒中 18 种邻苯二甲酸酯类塑化剂［J］. 分析试验室，2013，32（9）：40-45.

[265] 王蓉，付大友，李艳清，等. 液相色谱-电喷雾质谱法测定白酒中 5 种有机磷农药残留［J］. 酿酒科技，2008，168（6）：103-105.

[266] 王蓉，袁东，付大友，等. 气相色谱/质谱法测定白酒中的有机氯农药残留［J］. 酿酒科技，2007，12（162）：102-104.

[267] 谭文渊，袁东，付大友，等. HPLC-MS 测定白酒中氨基甲酸酯类农药残留［J］. 食品科技，2012，37（6）：308-311.

[268] 刘景元. "巴拿马"太平洋万国博览会实况重述（三）——中国获奖食品名单（上）［J］. 中国食品，1988（11）：34-36.

［269］ WHO. Global status report on alcohol and health 2018 ［M］. Geneva: World Health Organization, 2018.

［270］ WHO. Global status report on alcohol 2004 ［R］. Geneva: World Health Organization. Department of Mental Health and Substance Abuse, 2004.

第二章

酿酒原料

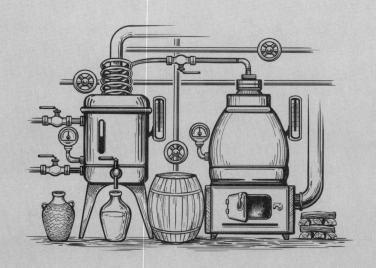

我国古代对酿酒原料及工序有严格的要求,《礼记·月令》记载"乃命大酋,秫稻必齐,曲蘖必时,湛炽必洁,水泉必香,陶器必良,火齐必得。"说明从酿酒原料到曲到水以及容器和火候对酒的品质有重要影响。本章首先讲原料的影响。

白酒制曲常用原料有小麦、大麦和豌豆,酿酒原料有高粱、大米、糯米、玉米、小麦、绿豆等[1];白酒界一直有一个说法,即"高粱酿酒香,玉米酿酒甜,大麦酿酒冲,大米酿酒净,糯米产酒绵,豌豆酿酒鲜,薯干酿酒苦"[2-3]。威士忌制麦原料是大麦,酿酒原料是纯麦芽或麦芽、小麦、玉米、大麦、黑小麦、黑麦等[4-6];日本烧酎通常采用大麦或红薯生产[7]。这些原料都含有丰富的淀粉、蛋白质及其他营养成分,可供微生物生长繁殖,获得蒸馏酒发酵所需的酶系,以及产生蒸馏酒芳香和口感成分的前体物质。另外,有些蒸馏酒是直接使用糖质原料生产的,如葡萄是白兰地的生产原料,甘蔗糖是朗姆酒的生产原料等。水也是酿酒的重要原料。

第一节　粮谷类原料

一、高粱

(一)高粱简介

高粱(Sorghum, great millet, gaoliang, *Sorghum bicolor*),古名稷,亦称蜀黍(小蜀黍)、木稷、秫谷、蜀秫(《农政全书》)、芦穄、红粱、荻子、秫秫、红粮、红棒子、芦粟等[8],禾本科高粱属、一年生草本作物,其籽粒为谷物类粮食。高粱是白酒生产的主要原料。

高粱起源于我国西南部和非洲中部的干旱地区。我国、印度和埃及是世界上栽培高粱最早的国家,有文字记载于《齐民要术》。高粱是我国重要的杂粮作物,全国各地均有种植,其产量低于水稻、小麦、玉米、甘薯,居第五位。美国、尼日利亚、印度和墨西哥也是高粱主要生产国[9]。

高粱的籽粒通常呈圆形、椭圆形、卵圆形、梨形等。种皮颜色有多种,常见的有红、黄、黑、褐、白等五种颜色。高粱的籽粒为颖果,其外包着两片坚硬而光滑的护颖,护颖厚而隆起,有的尖端有茸毛。高粱的籽粒由皮层、胚芽、胚乳组成(图2-1和图2-2)。皮层由外果皮、下皮层、中果皮、叶绿层及纵细胞层等构成,外果皮层角质化,因而比较坚硬,起着保护作用,有利于贮藏。在种皮及胚乳中还含有单宁,所以,高粱的贮藏稳定性比较高。叶绿层则随着籽粒的成熟而绿色逐渐消去。整个皮层占

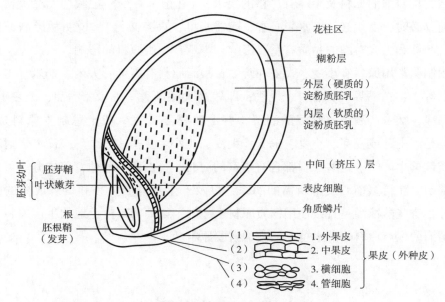

图 2-1　高粱颗粒纵断面剖面图[10]

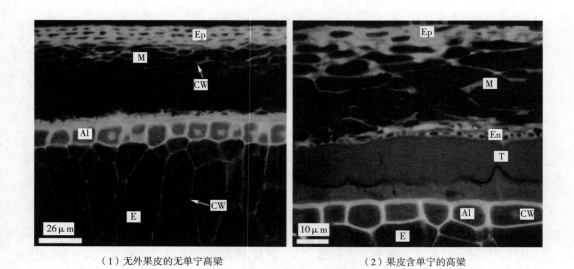

（1）无外果皮的无单宁高粱　　　（2）果皮含单宁的高粱

图 2-2　高粱横断面荧光显微照片[11]

Al：糊粉层；CW：细胞壁；E：胚乳；En：内果皮；Ep：外果皮；M：中果皮；T：有色种皮

籽粒质量的12%左右。高粱籽粒的胚乳位于种皮的内部，占种子质量的80%左右，由糊粉层和淀粉层组成。高粱的淀粉有粳、糯两种，糯种含糊精较多，粳种含糊精较少。高粱的胚乳因其组织不同还可分为角质、蜡质、粉质和黄色胚乳等型。角质胚乳结构紧密，断面呈透明状，含蛋白质较多；蜡质胚乳呈糯性；粉质胚乳结构疏松，呈石膏状，含淀粉较多，蛋白质较少；黄色胚乳含有丰富的胡萝卜素。根据各种胚乳在高粱中所占的比例来评价该种高粱品质的优劣。

（二）杂交高粱与糯高粱

我国白酒多以高粱为主要原料，因此也称为"高粱白酒"。高粱含水分13%~14%，粗淀粉65%~70%，粗蛋白8%~11%，粗脂肪3%，粗纤维2%~3%。蛋白质在籽粒中的含量一般是9%~11%（主要成分见表2-1）[12-14]，还含有一定量的游离氨基酸。

表2-1　　　　　　　　　　杂交高粱与四川糯高粱成分比较

组分	杂交高粱[13]		粳高粱 a[14]	糯高粱（红褐粒种）[13]	泸糯八号[14]	青壳洋[14]
	红粒种	白粒种				
总淀粉/%	63.18	62.80	80.75	62.64	72.5	64.10
直链淀粉/%	24.21	28.52	19.50	5.58	9.02	0
支链淀粉/%	75.79	71.48	80.50	94.42	90.98	100
单宁/%	0.50	0.08		1.44		
粗脂肪/%			3.92		4.40	4.01
粗蛋白/%	8.77	9.764	8.96	8.92	10.50	7.53
干粒重/g	21.13	25.30		14.59		
角质率	++	+++		+		

注：　a：晋杂12号；　+表示检测到的含量较低；　+++表示检测到的含量较高，但没有进行定量。

此外，高粱中含五碳糖约2.8%，高粱糠皮含五碳糖高达7.6%。这些五碳糖，在常规化验粗淀粉时，表现为粗淀粉，但在实际生产中，很难被酵母发酵而产生酒精。高粱糠皮也可用来酿酒，但由于在磨面时出粉率不同，高粱糠的粗淀粉含量差异很大（33%~56%）。

高粱经酸或酶水解后，会产生大量的风味物质[15-16]，这些风味物质可能会在酿酒生产时带入酒中。

大曲酒生产传统使用高粱为原料，含有的少量单宁（0.5%~2.0%）是白酒中芳香族物质的主要来源。高粱所含单宁大部分集中在种皮和果皮上，经蒸煮和发酵后，其中部分单宁可转变成芳香物质，赋予高粱酒以特殊的芳香。高粱单宁的分解物主要是丁香酸等物质。在生产工艺上高粱经蒸煮后，疏松适度，黏而不糊，适于固体发酵。

高粱淀粉开始糊化的温度为62℃，糊化完结的温度为72℃。粳型高粱含直链淀粉较多，糯型高粱含支链淀粉较多。糯型高粱比粳型高粱更容易蒸煮糊化。通常高粱籽粒中含3%左右的单宁和色素，其衍生物酚类化合物可赋予白酒特有的香气。过量的单宁对白酒糖化发酵有阻碍作用，成品酒有苦涩感。用温水浸泡，可除去其中水溶性单宁。

酿酒用高粱以糯高粱为佳，出酒率高，酒质好。试验表明，糯高粱产酒浓香纯正、醇甜、干净，而杂交高粱产酒虽然浓香较好，但可能涩味重[14]。随着农业的发展，杂交高粱种植面积大幅度增加（亩产高），酿酒用粮转向杂交高粱。杂交高粱和糯高粱相比，具有直链淀粉含量高（粳性）、粒大、角质率含量高等特点（表 2-1）[13-14, 17-19]。

角质率是角质（玻璃质）在胚乳中所占的比率，含量低的高粱酿酒效果好。糯高粱角质率较低，而北方杂交高粱角质率高，普遍在 50% 以上，有些白粒种角质率高达 90%。

针对杂交高粱的特点，生产上应采取如下措施[13, 17-19]：

（1）增加粉碎细度，以粉碎成 6~8 瓣为宜，即增加了高粱的比表面积，便于高粱颗粒吸水、蒸煮、糊化。

（2）润料。提前 0.5~1h 润料，增加生淀粉的吸水膨胀时间，有利于蒸煮糊化。

（3）适当延长蒸煮时间。

（4）提高浆水温度，适当加大施浆水量。以保证高粱颗粒充分吸水，保证发酵过程的正常，产酒更加绵甜爽净。

（5）适当增加稻壳使用数量。由于施浆水量增大，高粱粉碎较细，蒸煮时间延长，下场酒醅较腻，有时还发黏，可适当增加 1%~2% 的用糠量，调节酒醅疏松度。

（三）白酒原料

高粱酒在清朝时已经被公认为最好的酒，流行于我国北方和部分南方地区[20]。

根据使用原料的种类，白酒可以分为单粮型白酒和多粮型白酒。顾名思义，单粮型白酒是使用单一高粱作为原料，通常用于生产清香型、酱香型、浓香型、兼香型、芝麻香型等白酒；而多粮型白酒是使用几种粮食作为原料，如浓香型五粮液与剑南春白酒最早使用多种粮食酿造[21-23]。五粮液早期用高粱、大米、糯米、荞麦、玉米五种原料搭配酿制，其配比为 40%、20%、20%、15% 和 5%。1960 年以前，使用的配比为 24%、28%、7%、31%、10%。1960 年以后，取消荞麦，改为小麦，其配方也相应地改为高粱 36%、大米 22%、糯米 18%、小麦 16%、玉米 8%[24]。目前较多的企业使用多种谷物混合生产白酒，甚至使用多种谷物混合生产清香型白酒（高粱、大米、小麦、玉米、糯米）[2, 25-26]、特香型白酒（高粱和大米）[3]。

二、 小麦

小麦是白酒大曲生产的主要原料，部分厂也作为酿酒原料[1]；小麦是谷物威士忌生产的重要原料[27-28]。

（一）简介

小麦（wheat，*Triticum aestivum* L 或 *T. vulgare*），属于禾本目禾本科小麦属，一年或两年生草本植物，茎直立，中空，叶子宽条形，穗状花序直立，穗轴延续而不折断；小穗单生，含 3~9 朵花，上部花不育；颖革质，卵圆形至长圆形，具 5~9 个脉；背部具脊；外稃船形，基部不具基盘，其形状、色泽、毛茸和芒的长短随品种而异。颖果大，长圆形，顶端有毛，腹面具深纵沟，不与稃片粘合而易脱落。子实供制面粉，是主要粮食作物之一。

小麦是全球三大农作物（小麦、水稻和玉米）之一，世界年产量约 6 亿 t。小麦栽培源于 10000 年前的新石器时代[29]。这些早期栽培的小麦是二倍体（染色体 AA，单粒小麦）和四倍体小麦（染色体 AABB，双粒小麦）。约在 900 年前在近东（Near East）开始出现六倍体面包小麦（图 2-3）。

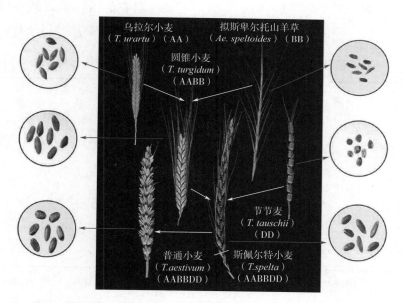

图 2-3　栽培面包小麦和硬质小麦与相关野生二倍体草的染色体关系[29]

单粒小麦和双粒小麦来源于天然种群的驯化，面包小麦仅仅存在于栽培品种中，它来源于双粒小麦与没有亲缘关系的野草节节麦 [*T. tauschii*，也称为山羊草（*Aegilops tauschii*）] 的杂交。这种杂交可能发生了几次，出现了新的六倍体（染色体 AABBDD），且因其优良性能被农民选择。

根据面筋质（即谷蛋白）含量，可以将小麦分为硬质与软质两种[30]。硬质小麦含有更多的面筋质，通常用来制作面包。核仁最硬的小麦称为硬质小麦（durum，*T. durum*），通常用于生产意大利通心粉、通心面条等。软质小麦（如 *T. aestivum* L.）

的核仁中含有更多的淀粉，即粉状的胚乳，含相对较少的谷蛋白，主要用来制作馅饼皮、饼干等，是生产威士忌的良好原料[27]。

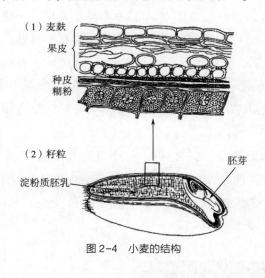

（1）麦麸
果皮
种皮
糊粉

（2）籽粒
淀粉质胚乳
胚芽

图2-4　小麦的结构

小麦籽粒从微观上看，分为果皮、种皮、胚乳（总重的83%）和胚芽（占3%）（图2-4，表2-2）；果皮、种皮和糊粉层称为小麦麸（占14%）[31]。典型的白小麦出面率约75%或更少，全麦粉的出面率是100%。麦麸的主要成分是高浓度的金属离子、维生素和蛋白质[30]。从蒸馏酒角度讲，胚乳是小麦核仁最重要的部分，其中80%是碳水化合物（大部分为淀粉），12%左右的蛋白质，2%左右的脂肪，以及1%的矿物质，以及其他物质[31]。

表2-2　　　果仁各部分的质量及蛋白质和淀粉在小麦果仁中的分布[9]

果仁组成部分	小麦			玉米	大米
	占果仁/%	淀粉/%	总蛋白/%	占果仁/%	占果仁/%
壳、果皮、种皮[a]	8.0	0	4.5	5~6	1~2
糊粉层	7.0	0	15.5	2~3	5
胚乳	82.5	100	72.0	80~85	89~91
盾片	1.5	0	4.5	10~12	2~3
胚芽	1.0	0	3.5		

注：a：小麦加工时这部分成为麦麸，主要成分为膳食纤维、K、P、Mg、Fe 和 Zn 等矿物质；糊粉层主要成分为尼克酸、维生素 B_1、叶酸，P（主要是植酸）、K、Mg、Fe 和 Zn 等矿物质；胚乳主要成分为淀粉、蛋白质和矿物质；盾片主要成分是 B 族维生素特别是维生素 B_1 和 P；胚芽主要成分是脂肪和脂，蛋白质和糖类。

小麦因富含面筋质（主要为醇溶蛋白与谷蛋白），黏着力强，营养丰富，最适于霉菌生长。采用小麦制曲，保留了小麦中的酶（如 β-葡萄糖苷酶、麸皮里的 β-淀粉酶）。小麦因含淀粉高，微生物生长繁殖快，放出热量多，有益升温。浓香型、酱香型白酒，多用小麦曲，如茅台酒、泸州老窖特曲酒、五粮液等。用小麦作曲料，粉碎程度要掌握得当。如果粉碎细，面粉就多，曲坯的热量和水分都不易散失，加之本身淀粉含量很高，所以纯小麦曲培养时间较其他原料要长，有的培养期长达40d以上。纯小麦曲的粉碎度，以茅台酒大曲为例，要求粉碎前加 5%~10% 水润料 3~4h，再用锤式粉碎机或辊式粉碎机粉碎，把麦皮压成薄片，俗称"梅花瓣"，麦心要成细粉，通过 20 目筛的细粉占 40%~50%；未通过 20 目筛的粗粒及麦皮占 50%~60%。

（二）酿酒用小麦

酿酒生产中通常将小麦分为软质和硬质小麦；冬小麦和春小麦。其质量评价的常规指标涉及品种、茬口（软质或硬质）、相对密度或千粒重、夹杂物、筛分、有无发过芽、水分、面团性能以及其他影响质量的指标[5, 31]。更高的千粒重会含有更多的淀粉和蛋白质，威士忌要求千粒重不小于 72kg/hL。

白酒目前没有研究制曲或酿酒用的小麦品种，但传统生产中，制曲和酿酒用小麦是红皮软质冬小麦（*T. aestivum*）。大约从 20 世纪 80 年代始，苏格兰谷物威士忌开始使用小麦作主要原料[32]，要求低氮的软质小麦，软质小麦因含有粉状胚乳，更容易释放淀粉；高氮小麦的主要问题是黏度高，酒精产量低，以及加工过程中的各种问题。要求淀粉含量高，出酒率高，以及低的氰苷含量。高粱、玉米、小米和低氮小麦具有类似的性能，出酒率高[5, 27]。

对比研究发现，使用小麦酿造的威士忌酒比玉米酒的口味轻一些[5]，小麦的出酒率比玉米高一些[27]。但由于小麦比玉米黏度高，故小麦酒糟的处理比玉米酒糟的处理难。这可能与小麦面筋质和多缩戊糖聚合物如阿拉伯糖基木聚糖类含量高有关，小麦胚乳中含有 75% 的阿拉伯糖基木聚糖，而玉米仅仅含有 25%。

普遍认为软质小麦即软质白冬小麦或软质红冬小麦如缎带（Riband）、康索尔特（Consort）、克莱尔（Claire）等更适合生产威士忌[5]。最硬质小麦和硬质红春小麦通常不适合生产威士忌酒，因其淀粉含量低，相对出酒率低。

威士忌生产常用的冬小麦品种有：炼金术（Alchemy）、伊斯塔巴（Istabraq）、罗比顾斯（Robigus）、康索尔特（Consort）等[27]。

三、　大麦

目前，大麦* 在白酒生产中，通常是制曲原料，但早期大麦是白酒的酿酒原料，现在已经很少使用[1]。大麦是威士忌生产的主要原料。单一麦芽威士忌生产仅仅使用一种原料，即麦芽；谷物威士忌的生产除麦芽外，还使用玉米（早期主要原料）、小麦作

注：＊ 大麦和燕麦含有大量的可溶性与不溶性的纤维，这些物质可预防与调节与膳食相关的疾病，如糖尿病、心血管疾病和结直肠癌症；含有的抗氧化剂类物质也可以预防癌症；整粒谷物中麸皮部分含有的 β-葡聚糖具有降低胆固醇的作用；同时 β-葡聚糖能降低血糖，减缓餐后胰岛素的响应。美国 FDA 已经核准大麦含有的高浓度可溶性纤维（β-葡聚糖）可预防冠心病，刺激抗肿瘤和抗菌性能。

原料[27-28]。

(一) 大麦简介

大麦（barley, *Hordeum polystichum*）属禾本科（*Gramineae*）大麦属（*Hordeum*）。大麦是重要的谷物，是除小麦以外人类在欧洲和亚洲最早培植的谷物。

大麦分为春播大麦和冬播大麦两类。与春播大麦相比，冬播大麦蛋白质和粗纤维含量较低，但脂肪酸含量较高[33]。

按大麦基因型又可以将大麦分为无壳大麦和有壳大麦。无壳大麦也称为裸大麦，覆盖在果颖上的壳比较松，在联合脱粒时容易去除。有壳大麦因其纤维素浓度高，故饲用价值和能量价值低；而裸大麦却接近小麦与玉米。如玉米的平均淀粉含量约72%，有壳大麦的淀粉含量在50%~55%，但裸大麦含61%的淀粉。裸大麦比有壳大麦具有更高的营养价值，高8%~14%的可消化能量[33]。

栽培大麦有3个种：大麦（*H. vulgare*）六列型，也称为六棱大麦，其花穗有两个相对的凹槽，每个凹槽着生3个小穗，每个小穗着生1朵小花，结籽1粒。由于穗轴上的三联小穗着生的密度不同，又分稀（4cm内着生7~14个）、密（4cm内着生15~19个）、极密（4cm内超过19个）三种类型。其中三联小穗着生稀的类型，穗的横截面有4个角，人们称其为四棱大麦，实际是稀六棱大麦。二行大麦（*H. distichum*）为两列型，也称为二棱大麦，小穗中有一中心小花，可结籽，侧生小花通常不育。不规则型大麦（*H. irregulare*）或称阿比西尼亚中间型，很少栽培，中心花能育，侧生小花能育或不育。

大麦栽培可能在史前始于埃塞俄比亚高地和东南亚。据信在埃及可追溯到公元前5000年，在美索不达米亚、西北欧和中国分别始于公元前3500年、公元前3000年、公元前2000年。大麦为16世纪犹太人、希腊人、罗马人和大部分欧洲人的主要粮食作物。

在大麦的纵切面上，有两个明显不同的组成部分：较小的胚芽和较大的淀粉胚乳（图2-5）。大麦胚乳细胞壁与其他谷物的不同是其含有阿拉伯糖基聚木糖葡萄糖醛内酯，且带有酯键阿魏酸残基和（1-3,1-4）-β-D-葡聚糖，作为非纤维素多糖的主体，以及低浓度的果胶多糖[9]。盾片将胚芽和胚乳分开。糊粉层包围着胚乳，果皮-外种皮和外壳包裹着整个籽粒。胚轴和盾片占籽粒干重的3%[34]。这些组织富含脂类（15%）、蛋白质（34%）和可溶性碳水化合物（23%）。

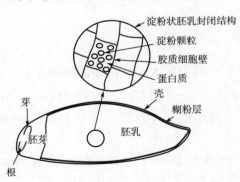

图2-5　大麦籽粒结构[34]

干物质是由矿物质和不溶性细胞壁材料组成的。籽粒干重的75%是胚乳组织，含有淀粉（85%）、蛋白质（10%）和细胞壁物质（β-葡聚糖约占80%，阿拉伯糖基木聚糖占20%）。糊粉层仅占籽粒质量的12%，其中40%以上由细胞壁物质（主要是戊聚糖）和20%的蛋白质和甘油三酯组成，其余部分是矿物质成分[34]。外壳和果皮占干重的10%~13%，即110~130g/kg，主要是纤维素、半纤维素（木糖类）、木质素和少量蛋白质[9]。外壳材料来源于死细胞壁，含有高浓度二氧化硅[34]，主要成分是阿拉伯糖基木聚糖[9]。

大麦种子呈蜡状时，含有较高支链淀粉，97%~100%，且含有较高β-葡聚糖（6%~11%）；非蜡状种子或普通大麦含15%~25%的直链淀粉，75%~85%的支链淀粉，较低的β-葡聚糖（3%~7%）[33]。

大麦营养丰富，适合多种微生物生长。但其黏结性较差，本身带有较多的皮壳，纤维素含量高，用于白酒制曲时曲坯质地过于疏松，有"上火快、退火快"的缺点，所以不宜单独使用。使用时必须添加豆类，一般用豌豆或赤豆（小豆）等，以增加黏着力；其他豆类含油脂太多，会给白酒带来邪杂味。

日本大麦尼稀诺荷稀（Nishinohoshi）和澳大利亚大麦斯库纳（Schooner）适合酿造日本传统大麦烧酎[35]。

（二）威士忌大麦

考虑大麦在制麦、酿酒和蒸馏中的特性，按照表型，威士忌用大麦应该考虑以下几点[27-28, 34, 36]：一是高的脆性，在90%左右；二是软质、粉状的胚乳，不是硬质的；三是快速吸水，及良好的发芽性能；四是高淀粉含量；五是热水的浸出性大约78%，主要是考虑制麦时形成的可溶性淀粉；六是高的淀粉酶活性，即高的糖化力（diastatic power，DP，β-淀粉酶）和α-淀粉酶活性；七是麦芽汁的高发酵度，即产生更多的酒精，早期只能产约300L/t麦芽（干重），自1997年以来可达460L/t麦芽（干重）；八是高的β-淀粉酶热稳定性；九是低的表大麦氰苷含量；十是低的β-葡聚糖和多缩戊糖含量；十一是低的氮含量。前五个是优先考虑的指标；其他指标还有：籽粒饱满，大小一致；良好的谷壳外观；低的冬眠性能等[34]；更大的大麦籽粒能产生更高的发酵度[37]。

另外，还要考虑农业方面的一些特征，如高产（>72kg/hm²），高的抗病能力，以及壮的、短的茎秆（便于机械化收割）[27]。

未发芽的大麦通常并不用于生产威士忌，因为过高的果胶包括β-葡聚糖含量，会给蒸煮以及副产物的回收等带来更多的加工问题[5, 36]。

目前，酿造威士忌常用的春大麦品种有：阿巴鲁萨（Appaloose）、老板（Publican）、牛津剑桥（Oxbridge）、鸡尾酒（Cocktail）、特仑（Troon）、迪卡特（Decanter）、奥普蒂克（Optic）、特赖姆夫（Triumph）、查力士（Chalice）、查里厄特（Chariot）、爱特莫（Atem）、高登普密思（Golden Promise）、普锐思马（Prisma）、布兰

尼姆（Blenheim）、迪卡多（Derkado）、玛瑞思（Maresi）等；冬大麦品种有：珀尔（Pearl）、叶戈瑞（Igri）、牧歌（Pastoral）、玛林卡（Marinka）、熊猫（Panda）、哈尔西恩（Halcyon）、女王（Regina）、斗士（Fighter）、海鹦（Puffin）等[5, 27, 34]。

四、大米

稻谷（*Oryza sativa* L）最早种植于中国南方[9]，禾本科植物，由谷壳、果皮、种皮、外胚乳、糊粉层、胚乳和胚等各部分构成。糙米是指脱去谷壳，保留其他各部分的制品；精制大米（即通常所说的大米）是指仅保留胚乳，而将其余部分全部脱去的制品。从物种分布来看，大约在 5 万年前，在云南地区已经出现了早期的稻属植物。故推测亚洲最早种植稻谷的地区应该是云南地区。

我国南方各省生产的小曲酒，多用大米为原料制曲和酿酒，如用大米生产米曲[38]，并以此作糖化发酵剂，糖化发酵大米生产米香型白酒[39]和豉香型斋酒[40-41]；大米也是生产特香型白酒的主要原料[3]。

白酒生产过程中，影响大米发酵的主要因素有：酒饼（曲）、温度、米种、辅料等。在相同储藏环境下，粳米易糖化和氧化，粳米的霉变及老化比籼米快。糯米、早粳米的糖化速度比越南碎米、早籼米的糖化速度快。在相同发酵条件下，粳米的酒精度均比籼米高，酸度低；在添加糖化酶后，两种米种的酒精度均有所提高，而酸度降低[41]。

（一）大米分类

大米的分类与稻谷的分类有密切关系。我国和国际市场通常根据粒形和粒质分为籼米、粳米和糯米三类。大米的主要成分见表 2-7，游离氨基酸含量见表 2-11。

1. 籼米

籼米系用籼型非糯性稻谷制成的米。米粒粒形呈细长或长圆形，长者长度在 7mm 以上。籼米蒸煮后出饭率高，黏性较小，米质较脆，加工时易破碎，横断面呈扁圆形，颜色白色透明的较多，也有半透明和不透明的。根据稻谷收获季节，分为早籼米和晚籼米。早籼米米粒宽厚而较短，呈粉白色，腹白大，粉质多，质地脆弱易碎，黏性小于晚籼米，质量较差。晚籼米米粒细长而稍扁平，组织细密，一般是透明或半透明，腹白较小，硬质粒多，油性较大，质量较好。

2. 粳米

粳米是用粳型非糯性稻谷碾制成的米。米粒一般呈椭圆形或圆形。米粒丰满肥厚，横断面近于圆形，长与宽之比小于 2，颜色蜡白，呈透明或半透明，质地硬而有韧性，煮后黏性、油性均大，柔软可口，但出饭率低。

粳米根据收获季节，分为早粳米和晚粳米。早粳米呈半透明状，腹白较大，硬质粒少，米质较差。晚粳米呈白色或蜡白色，腹白小，硬质粒多，品质优。粳米主要产于我国华北、东北和苏南等地。著名的小站米、上海白粳米等都是优良的粳米。粳米产量远较籼米为低。

3. 糯米

糯米又称江米，呈乳白色，不透明，煮后透明，黏性大，胀性小，一般不作主食，多用制作糕点、粽子、元宵等，以及作酿酒的原料。古人酿造黄酒时云"糯米为上尊，稷为中尊，粟为下尊"（宋朝窦革《酒谱》）。

糯米也有籼粳之分。籼糯米粒形一般呈长椭圆形或细长形，乳白不透明，也有呈半透明的，黏性大，粳糯米一般为椭圆形，乳白色不透明，也有呈半透明的，黏性大，米质优于籼粳米。

（二）大米陈化

大米经过长时间的贮藏后，由于温度、水分等的影响，大米中的淀粉、脂肪和蛋白质等会发生各种变化，使大米失去原有的色、香、味，营养成分和食用品质下降，甚至产生有毒有害物质（如黄曲霉素等），这种米称为陈化米。贮存时间、温度、水分和氧气是影响大米陈化的主要因素。大米品种、加工精度、糠粉含量以及虫霉危害也与大米陈化有密切关系。大米陈化速度与贮存时间成正比，贮存时间越长，陈化越重。水分大，温度高，加工精度差，糠粉多，大米陈化速度就快。不同类型的大米中糯米陈化最快，粳米次之，籼米较慢。目前，我国已经取消陈化大米这一说法。

五、青稞

青稞（*Hordeum vulgare var. nudum*），英文名 hullessbarley，俗称裸大麦、裸麦、元麦、米大麦和米麦，是禾本科大麦属的一种禾谷类作物，1~2 年生草本植物，因其内外颖壳分离，籽粒裸露。青稞在青藏高原具有悠久的栽培历史，距今已有 3500 年。青稞主要分布在我国西藏、青海、四川的甘孜州和阿坝州、云南的迪庆、甘肃的甘南等地海拔 4200~4500m 的青藏高寒地区。青稞是西藏四宝之首糌粑的主要原料。

目前，我国主要青稞品种有福 8-4、白浪散、白六棱、黑青稞、门源亮蓝等[42]。其主要成分见表 2-3。

表 2-3　　　　　　　　我国几种常见青稞成分[42]　　　　　　单位:%

品种	粗淀粉	粗蛋白	粗脂肪	粗纤维	灰分	水分
福 8-4	61.77	13.00	3.86	3.32	1.72	16.33
白浪散	59.67	16.99	3.78	1.76	2.23	15.57

续表

品种	粗淀粉	粗蛋白	粗脂肪	粗纤维	灰分	水分
白六棱	61.57	15.75	2.52	2.75	2.17	15.24
黑青稞	59.08	15.93	4.49	2.01	2.17	16.32
门源亮蓝	60.56	15.70	4.42	2.47	2.20	14.65

青稞含丰富的 β-葡聚糖。青稞是世界上麦类作物中 β-葡聚糖含量最高的作物。青稞 β-葡聚糖平均含量 6.57%，优良品种可达 8.6%，是小麦平均含量的 50 倍。

青稞含有较多的蛋白质，约 14%，比其他酿酒用谷物高 3%左右[42]。

青稞淀粉成分独特，含有 74%~78%的支链淀粉。近年来西藏自治区农牧科学院培育的新品种青稞 25 支链淀粉达到或接近 100%。

每 100g 青稞面粉中含硫胺素（维生素 B_1）0.32mg，核黄素（维生素 B_2）0.21mg，尼克酸 3.6mg，维生素 E 0.25mg。

青稞含有多种有益人体健康的无机元素钙、磷、锰、镁、钠、钾、铁、铜、钼、铬、锌和微量元素硒等 12 种矿物质元素[42]。

青稞既能用来生产大曲白酒，也能用于生产小曲白酒[42]。

六、 玉米

玉米（*Zea mays*），俗称苞谷、苞芦、玉蜀黍、大蜀黍、棒子、苞米、玉菱、玉麦、稀麦、玉豆、六谷、芦黍、珍珠米、红颜麦、薏米包等，属禾本目禾本科玉米属。一年生谷类植物，起源于 5000~6000 年前的墨西哥中部[5]。植株高大，茎强壮，挺直。叶窄而大，边缘波状，于茎的两侧互生。雄花花序穗状顶生。雌花花穗腋生，成熟后成谷穗，具粗大中轴，小穗成对纵列后发育成两排籽粒。谷穗外被多层变态叶，籽粒可食。

玉米是世界上分布最广泛的粮食作物之一，种植面积仅次于小麦和水稻。种植范围从北纬 58°（加拿大和俄罗斯）至南纬 40°（南美）。世界上每个月都有玉米成熟。玉米是美国最重要的粮食作物，产量约占世界产量的一半，其中约 2/5 供外销。中国年产玉米占世界第二位，其次是巴西、墨西哥、阿根廷。

玉米是美国生产威士忌的主要原料[28]，1984 年前还是生产苏格兰威士忌的主要原料[5, 28]（后来出于经济性原因改用小麦[27]），是白酒生产的次要原料，多粮型白酒通常会使用玉米作原料[1]。

（一） 玉米分类

按照籽粒形态与结构分为马齿型、燧石型（或称硬质型）、粉质型、甜质型、甜粉型、爆裂型、蜡质型、有稃型、半马齿型共9个类型。美国产量最大的是马齿型；工业上最重要的是蜡质型，几乎所有的淀粉均是支链淀粉；燧石型曾经是欧洲南部等国家最重要的[5]。

根据玉米的粒色和粒质分为黄玉米、白玉米、黑玉米等。

（二）玉米成分与结构

玉米含有71%~72%的淀粉和10%左右的蛋白质，主要成分见表2-7。玉米中对酿酒最重要的部分是胚乳（图2-6），大约占整个籽粒的82%，占总淀粉的98%和总蛋白质的74%[5]。

玉米的粗淀粉含量与高粱接近，某些品种可高达65%以上，通常黄玉米比白玉米淀粉含量稍高。玉米含粗蛋白9%~11%，含脂肪4.2%~4.3%。

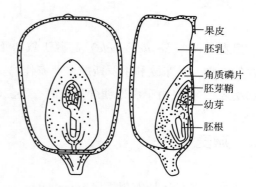

图2-6　玉米粒剖面结构

玉米胚芽占种子质量的5%~14%，含油率可达15%~40%（最高达85%[9]），因此，用玉米酿酒时，可先分离出胚芽榨油，因为过量的油脂会给白酒带来邪杂味。

玉米的碳水化合物中，除含有淀粉以外，尚有少量的葡萄糖、蔗糖、糊精、五碳糖及树胶等。其中的五碳糖有甲基戊糖、戊糖及甲基戊糖胶，约占无氮抽出物的7%。戊糖是生成白酒中糠醛的主要物质。由于五碳糖的存在，常规化验玉米淀粉含量不比高粱低，而出酒率反而不如高粱高。影响玉米原料出酒率的另一个重要原因是玉米的淀粉结构堆积紧密，质地坚硬，较难蒸煮糊化，所以在酿酒时，要特别注意保证蒸煮时间。

玉米最适合生产美国威士忌，它的淀粉含量比小麦高[32, 43]，出酒率高，生产过程问题少。与小麦比，玉米含有较少的产生黏稠的物质如多缩戊糖和葡聚糖；与小麦淀粉相比，玉米淀粉具有较高的糊化温度[36]。

七、荞麦

荞麦（buckwheat，*Fagopyrum esculentum* Moench.），俗称净肠草、乌麦、三角麦，属蓼科（*Polygonaceae*），荞麦属（Fagopyrum）。其种子壳似山毛榉壳，去壳磨成面，似小麦面。荞麦成熟期75d，北方可两季，一年生草本植物。茎直立，高30~90cm，上部分枝，绿色或红色，具纵棱，无毛或于一侧沿纵棱具乳头状突起。叶三角形或卵状三角形，长2.5~7cm，宽2~5cm，顶端渐尖，基部心形，两面沿叶脉具乳头状突起。

荞麦可能起源于中国南部或西藏地区，大约公元前5000年沿着贸易路线传播到日本。现主要种植在中国、俄罗斯、乌克兰和波兰，全球年产量约 320 万 t[9]。

荞麦含有高浓度的芦丁和单宁类化合物[9]。芦丁是一种槲皮素的糖苷，具有独特的抗氧化作用。

八、黑麦

黑麦（rye，*Secale cereale*）起源于叙利亚北部和土耳其[9]，在美国和加拿大并不是主要的作物，是东欧和俄罗斯的主要农作物。常用于生产威士忌，但其淀粉含量不如玉米和小麦[28]，且由于戊聚糖含量较高，黑麦麦芽汁黏度较高，过滤极为困难。

九、燕麦

燕麦可能是从野生燕麦（*Avena fatua*）进化而来的。在中欧的首次发现可以追溯到青铜时代。燕麦属于二级栽培植物，在原始栽培植物中以杂草的形式存在。虽然燕麦在中世纪是主要的酿酒谷物，后来很长时间内被用来酿造劣质啤酒[9]。今天，燕麦在世界粮食生产中只起了很小的作用。在气候潮湿和温和的地区可以种植。

燕麦富含蛋白质、脂肪和 β-葡聚糖。与大麦相比，燕麦的水解活性显著降低。β-葡聚糖含量降低的特殊燕麦品种［如达菲（Duffy）］非常适合酿造[9]。

纯燕麦麦芽汁的理化性质与大麦麦芽汁相当。由于壳含量高，可以进行非常快速的洗涤。啤酒的感官特性不同，表现出独特的燕麦风味和良好的还原特性。

第二节　薯类原料

红薯、马铃薯、木薯等淀粉含量极为丰富，是我国白酒和酒精生产的重要原料。这些原料经过一定的工艺处理，也能得到质量较好的白酒。

一、甘薯

甘薯学名 *Ipomoea batatas*（L.）Lam.，旋花科，甘薯属，一年生或多年生蔓生草本植物，俗称山芋、红芋、番薯、红薯、白薯、地瓜、红苕等。块根可作粮食、饲料和工业原料。日本芋烧酒是用鲜甘薯生产的（图 2-7）。

甘薯起源于墨西哥以及从哥伦比亚、厄瓜多尔到秘鲁一带的热带美洲。16 世纪初，西班牙人已普遍种植甘薯。西班牙水手把甘薯携带至菲律宾的马尼拉和摩鹿加岛，再传

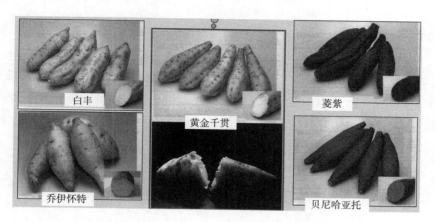

图 2-7 日本用于生产芋烧酒的甘薯[44]

至亚洲各地。甘薯传入中国通过多条渠道，时间约在 16 世纪末叶，明代的《闽书》《农政全书》、清代的《闽政全书》《福州府志》等均有记载。

鲜红薯含粗淀粉约 24.6%，其中葡萄糖占 4.17%。红薯干含粗淀粉 70% 左右，其中葡萄糖占 10%。红薯干含粗蛋白 5%~6%，其中纯蛋白占 2/3，其余为酰氨类甜菜碱等。薯干中约含 3.6% 的果胶质，是白酒中甲醇的主要来源。红薯的淀粉含量较高，淀粉结构疏松，有利于蒸煮糊化，所以用红薯酿酒，一段出酒率较高，但白酒中常带"薯干味"。固态法生产的白酒比液态法配制的白酒，薯干味更浓。生黑斑病的鲜薯，在贮放或晒制薯片过程中发生霉变产生的番薯酮，发酵时不能被分解，蒸馏时会带入成品酒中，有很重的苦辣味，常称"瓜干苦"。所以用红薯生产固态法白酒，要注意清蒸，生产液态法白酒要注意排杂。

二、木薯

木薯（cassava，manioc，mandioc 或 yuca）学名 *Manihot esculenta* Crantz 或 *M. utilissima* Pohl.，又名木番薯、树薯。大戟科（*Euphorbiaceae*）木薯属（*Manihot*）植物。

木薯原产于美洲热带，其块根可食，可磨木薯粉，做面包，提供木薯淀粉和浆洗用淀粉乃至酒精饮料。木薯可能为墨西哥犹加敦的玛雅人首先栽培，大多数品种含有能产生氰化物的糖类衍生物。木薯为多年生，叶片掌状分裂，裂片 5 枚或 9 枚，似蓖麻叶，但裂更深。块根肉质，似大丽花。木薯属约有 160 种。

我国南方各省盛产的野生或栽培木薯淀粉含量丰富，可作为酿酒原料。木薯含果胶质和氰化物较高，因此，在用木薯酿酒时，原料要先经过热水浸泡处理，同时应注意蒸煮排杂，防止酒中甲醇、氰化物等有害成分的含量超过国家食品卫生标准。

三、　马铃薯

马铃薯是富含淀粉的酿酒原料，鲜薯含粗淀粉 25% ~ 28%，薯干片含粗淀粉 70%。马铃薯的淀粉颗粒大，结构疏松，容易蒸煮糊化。用马铃薯酿酒，无红薯酿酒所特有的薯干气味。但发芽的马铃薯产生龙葵素，影响发酵，因此要注意保藏。

第三节　豆科原料

豌豆学名 *Pisum sativum* Linn. ，也称为麦豌豆、寒豆、麦豆、毕豆、麻累、国豆等，属豆目豆科蝶形花亚科蚕豆族豌豆属，一年生缠绕草本植物，高 90 ~ 180cm，全体无毛。小叶长圆形至卵圆形，长 3 ~ 5cm，宽 1 ~ 2cm，全缘；托叶叶状，卵形，基部耳状包围叶柄。花单生或 1 ~ 3 朵排列成总状而腋生；花冠白色或紫红色；花柱扁，内侧有须毛。荚果长椭圆形，长 5 ~ 10cm，内有坚纸质衬皮；种子圆形，2 ~ 10 颗，青绿色，干后变为黄色。花果期 4 ~ 5 月。

豌豆种子的形状因品种不同而有所不同，大多为圆球形，还有椭圆、扁圆、凹圆、皱缩等形状。颜色有黄白、绿、红、玫瑰、褐、黑等颜色。豌豆可按株形分为软荚、谷实、矮生豌豆 3 个变种，或按豆荚壳内层革质膜的有无和厚薄分为软荚和硬荚豌豆，也可按花色分为白色和紫（红）色豌豆。

作为制作大曲原料的豆类以豌豆为主，赤豆、绿豆等成本太高。绿豆大曲能产生特异的清香，常在清香型白酒中独具一格。豌豆是豆类中的廉价产品，蛋白质含量高，淀粉含量少，黏稠性大，易黏结成块，与大麦配合使用，可克服因使用大麦而使曲坯疏松，产生"上火快、退火快、成熟快"的缺点。在清香型白酒生产中，一般大麦与豌豆的配比为 6∶4 或 7∶3。

第四节　水果原料

葡萄、甘蔗或制糖后的糖蜜、伊拉克枣及其他果实，含有丰富的糖分，都可作为酿酒的原料。

一、　葡萄

生产白兰地常用的葡萄主要是白葡萄，常见品种有白玉霓（Ugni blanc）、白诗南

（Chenin blanc）、鸽笼白（Colombard）、神索（Cinsaut）、苏丹娜（Sultana）、白福尔（Folle blanche）、汤姆逊无核（Thompson seedless）、托卡衣（Tokay）、使命（Mission）、帝王（Emperor）、白羽（Rkatsiteli）、龙眼（Long Yan）、红玫瑰（Hong Meigui，又译米斯凯特）、佳丽酿（Carignan，又译佳利酿）等[45-46]。

　　用于生产白兰地的葡萄应该具有下列特征：一是糖度较低；二是酸度要高；三是具有弱香或中性香，如玫瑰香葡萄因香气过于浓郁，生产的白兰地像"花露水"，不适合饮用；四是葡萄品种高产、抗病，颜色应该是白色或蔷薇色[46]。葡萄的具体性能等请参见葡萄酒相关书籍[45]。

　　科涅克产于法国的海滨夏朗德（Charente-Maritime），在这个产区又细分为六个亚区，按质量高低顺序列出：大香槟区（Grande Champagne，格兰德香槟区，但不要与香槟酒的"香槟区"混淆），占该地区约12%；小香槟区（Petite Champagne），面积也约占12%；边林区（Borderies，又译小农庄区，3.9%）；上林区（Fins Bois，又译芬斯博伊斯区、优木区，33%）；美林区（Bons Bois，又译邦斯博伊斯区、良木区，28%）和常林区（Bois Ordinaires，又译博伊斯奥迪内尔区、普木区，11%）[27, 47]。

　　科涅克地区用于生产白兰地的主要葡萄品种是白玉霓、鸽笼白、白福尔，其他品种有圣埃美隆（St. Emillion）、白朱朗松（Jurançon blanc）、蒙帝勒（Montils）、赛来雄（Sémillon）、长相思（Sauvignon blanc）、白兰姆（Blanc ramé），其中白玉霓的种植面积占94%～95%[27, 47]。

　　白玉霓，又译圣爱米利翁，也称为特雷比奥罗（Trebbiano），1957年首次从保加利亚引入中国，1974年再从法国引进[46]，属于晚熟品种，产量高，在山东、北京、辽宁、陕西等省、直辖市种植[46]。在科涅克地区的白玉霓生产的葡萄酒原酒酸度高，醇含量低，适合做蒸馏酒，其酒的口感优良，气味芬芳，呈花香、辛香、糖果香，有点"干"的感觉[47]。

　　鸽笼白，又译哥伦巴，是晚熟葡萄，但对白粉病和灰霉病比较敏感。制成的葡萄酒质量上乘，酒气芬芳，有"燧石"气味，口味重，细腻感略欠缺[47]。目前中国种植不多，是酿造科涅克白兰地的辅助品种[46]。

　　白福尔是酿造白兰地的优良品种[46]，对黑霉病和灰霉病敏感。该葡萄可以赋予白兰地圆润感与丰满感，呈酸橙树香和紫罗兰香，老熟后陈酿香明显，香气持久，适合长期老熟[47]。

　　蒙帝勒是一款推荐使用的葡萄，所产白兰地口感优良，花香四溢，呈水果香、热带水果香和甘草香[47]。研究发现，这些区别与己醇、cis-3-己烯醇和α-萜品醇含量有关。白福尔是杂交品种，富含α-萜品醇；鸽笼白己醇含量最高，而白玉霓cis-3-己烯醇含量最高[48]。

　　科涅克地区生产葡萄酒基酒的葡萄生长在白垩质土壤中（富含石灰），人们认识到土壤中高比例的白垩可生产最香和最微妙的白兰地。在法国指定区域中土壤白垩百分比不同,大香槟区白垩含量最高,美林区是沙土和白垩混合。由于干邑地区的气候和纬度不同,在 10 月初收获葡萄时白玉霓(意大利称为特雷比奥罗)尚未成熟,含糖量在 14~18°Bx。如果葡萄在葡萄藤上的停留时间比这长,则在天气变冷和潮湿时会发生腐烂,酸度通常很高,pH 通常较低(2.5~2.8)[27]。

阿尔马涅克(Armagnac)产于法国西南部的加斯科尼省(Gascony),分为三个区域,即下雅文邑 [Bas Armagnac,下阿尔马涅克,或称黑阿尔马涅克(Armagnac noir)]、上雅文邑 [Haut Armagnac,上阿尔马涅克,或称白阿尔马涅克(Armagnac blanc)] 和特纳雷泽(Ténarèze)。该省位于法国西南部,通常科涅克地区温暖,葡萄成熟得更早,更完整。法国西海岸下雅文邑地区是沙质土壤,被誉为能生产最具柔软度和细腻感的土壤;而黏土土壤(在更内陆的特纳雷泽地区发现)则生产口味较轻的白兰地,意味着老熟更快。一些批评家认为,白垩和石灰石质土壤,如上阿尔马尼亚克的土壤,被认为具有平庸的品质。用于生产阿玛尼亚克的栽培葡萄包括白福尔(约占总种植量的 7%)、白巴科(Baco blanc)或"巴科 22(Baco 22)"(占总种植量的 47%)、白玉霓 [占总种植量的 40%——主要在圣埃美隆(St. Emilion)]、鸽笼白(占总种植量的 4%),以及格雷斯(Graisse),朱朗松和克莱雷特·德·加斯科(Clairette de Gascogne)。

阿尔马涅克地区大约 12000hm² 的葡萄园,被分成三个亚产区,即下雅文邑、特纳雷泽和上雅文邑。下雅文邑是最大的产区,约占 60% 左右,拥有微酸性的硅质黏土,含有铁氧化物,赋予它比较深的颜色,因此名为"黄色沙土"。该区年平均气温 13℃,冬季 7.5℃,夏季 3 个月 20℃ 左右,平均降雨量 892mm,并全年分布。上雅文邑土壤主要是石灰质的黏土。特纳雷泽是丘陵地带,土壤类型多,有沙土,岩石露出地面的部分是硅质黏土,山谷是泥沙质土(一种混合了黏土和细沙的土壤)。因远离海洋,年平均降雨量 804mm,与下雅文邑最大的不同是十月份有更多的雷雨;冬季平均温度 7.2℃,夏季平均温度 26℃[49]。

阿尔马涅克地区的土壤和气候适合白玉霓、巴科 22A、白福尔和鸽笼白等葡萄的生长。葡萄园实行网格化管理,4000~5000 株/hm²。阿尔马涅克地区大部分葡萄农使用葡萄收割机收获葡萄。

二、 水果

大部分水果均可以用来生产水果蒸馏酒或水果白兰地,这些水果包括苹果、梨、樱桃、李子。在法国,通常使用一些特色的苹果如酸型的、苦酸型的、苦甜型的和甜型苹果生产苹果白兰地。大部分品种是古老的品种,很少在世界上其他国家种植。巴特莱特梨（Bartlett pear）和威廉斯梨（Williams pear）生产的蒸馏酒最受欢迎。

第五节　植物汁液原料

一、糖蜜

糖厂的糖蜜含糖量很高，甘蔗糖蜜含总糖49%~53%，其中蔗糖占32%~33%，还原糖占17%~19%；甜菜糖蜜含总糖45%左右，其中主要是蔗糖，还有少量棉籽糖。

糖蜜的质量与甘蔗质量（成熟度）有关，也与熟石灰和水的质量有关。生产朗姆酒的糖蜜通常含60%左右的糖，具有高的糖灰比（糖与灰分的比，大于7），低的胶与糖的比例（小于0.05），低的乙酸含量[50]。灰分、胶与乙酸会阻碍酵母发酵。

二、龙舌兰

龙舌兰（Agave）属即 Agavaceae 属植物是高的肉质植物，该属植物具有相当大的生物多样性。多种龙舌兰生长在墨西哥和其他中美洲和南美洲。狐尾龙舌兰（Agave tequilana）变种阿祖尔（Azul，俗称蓝龙舌兰）绝大部分生长在墨西哥中西部，特基拉（Tequila）市的周围，法律规定用于生产特基拉酒（tequila）。其他龙舌兰品种用于生产麦斯卡尔酒（mezcal），如萨尔马泰尼亚龙舌兰（A. salmania）、狭叶龙舌兰（A. angustifolia）与棱叶龙舌兰（A. potatorum Zucc.）[51-52]。

龙舌兰植物在农场中种植，在7~9年时收获，然后农民从根部切下植物，剥去叶子，露出芯，每棵重达50kg。

龙舌兰含有高浓度的果聚糖[52]，其汁中成分见表2-4。

表2-4　　　　　　　　　　墨西哥龙舌兰汁成分[52]

参数	龙舌兰汁 1		龙舌兰汁 2
	最小值	最大值	不少于
pH	6.6	7.5	4.5
波美度/°Bé	5	7	4.5
折光率（20℃）	59	100	27
总固形物/（g/L）	130	170	70

续表

参数	龙舌兰汁 1		龙舌兰汁 2
	最小值	最大值	不少于
总还原糖（以葡萄糖计）/（g/L）	80	120	60
直接还原糖（以葡萄糖计）/（g/L）	20	30	30
树胶（以葡萄糖计）/（g/L）	20	60	2
蛋白质/（g/L）	3	6	1
灰分/（g/L）	3	4.3	1.8

第六节　其他原料

酿酒常用的代用原料，包括农副产品的下脚料、野生植物或野生植物的果实等，如高粱糠、玉米皮、淀粉渣、柿子、金刚头、蕨根、葛根等。用代用原料酿酒应注意原料的处理，除去过量的单宁、果胶、氰化物等有害物质。温水可除去水溶性单宁；高温可消除大部分的氢氰酸。一切代用原料都应注意蒸煮排杂，保证成品酒的卫生指标合格。凡产甲醇、氰化物等超过规定指标的代用原料，应谨慎作饮料酒原料[53]。

第七节　酿酒辅料

辅料是酿酒生产的填充料。在固态法白酒生产中，为了调整发酵材料的淀粉、酸度、水分，以及疏松酒醅，须使用一定量的辅料。质地良好的辅料，疏松度好，有一定的吸水性，含杂质较少，新鲜，无霉变。常用酿酒辅料的性质如表 2-5 所示。

表 2-5　　　　　　　　　　常用酿酒辅料理化性质[1]

品种	水分/%	淀粉含量/%		单宁/%	果胶/%	多缩戊糖/%	疏松度/（g/100mL）	吸水量/（g/100g）
		粗淀粉	纯淀粉					
高粱壳	12.7	29.8	1.3	1.2~2.8	—	15.8	13.8	135
玉米芯	12.4	31.4	2.3	—	1.68	23.5	16.7	360
谷糠	10.3	33.5	3.8	—	1.07	12.3	14.8	230
稻壳	12.7	—	—	—	0.46	16.9	12.9	120
花生皮	11.9	—	—	—	2.10	17.0	14.5	250

续表

品种	水分/%	淀粉含量/%		单宁/%	果胶/%	多缩戊糖/%	疏松度/（g/100mL）	吸水量/（g/100g）
		粗淀粉	纯淀粉					
麸皮	12.8	44~54	20	—	—	—	—	—
鲜酒糟	63	8~10	0.2~1.5	—	1.83	6.0	—	—
玉米皮	12.2	40~48	8~28	—	—	—	15.6	320
高粱糠	12.4	38~62	20~35	—	—	—	13.2	350

一、稻壳

稻壳又称砻糠，是稻谷在加工大米时脱下的外壳。稻壳是由外颖、内颖、护颖和小穗轴等几部分组成。外颖顶部之外长有鬓毛状的毛。稻壳则是由一些粗糙的厚壁细胞组成，其厚度 $24~30\mu m$，稻壳富含纤维素、木质素、二氧化硅，其中脂肪、蛋白质的含量较低。基于稻谷品种、地区、气候等差异，其化学组成会有差异。稻壳的成分见表2-6。

表2-6　　　　　　　　　　　　稻壳成分

成分	水分	纤维素	木质素	粗蛋白	脂类	多缩戊糖
含量/%	7.5~15.0	35.5~45.0	21~26	2.5~5.0	0.7~1.3	16~21

稻壳的饲用营养成分含量很低，再加上稻壳表面木质素排列整齐密实，将粗纤维紧紧包围住，所以动物吃了不易消化，总消化率只能达到5%~8%。

稻壳疏松度较好，但吸水性差，适于疏松酒醅。其次，稻壳质地坚硬，含大量硅酸盐，如用稻壳作辅料酿酒，剩下的酒糟作饲料，质量不好。但稻壳是一种廉价的辅料，被广泛地用作白酒蒸馏和发酵的填充料。

稻壳在酿酒生产中有以下几个作用。

1. 疏松作用

稻壳的容重小，体积大，是各种香型大曲酒很好的填充料。疏松的酒醅，便于装甑，有利于甑中的气、液交换；便于发酵前期酒醅中微生物的生长、繁殖。

2. 稀释作用

配料时加入稻壳，可以调整料醅的比例，客观上起到降低入池酸度的作用。

3. 界面作用

稻壳可以调整固态发酵中固-液-气三相的状态，以此来促进酒醅的发酵升温、升酸。

二、麸皮

麸皮为小麦最外层的表皮。小麦被磨面机加工后，变成面粉和麸皮两部分。麸皮就是小麦的外皮，多数当作饲料使用，但也可掺在高筋白面粉中制作高纤维麸皮面包。麸皮可以用作酿酒的辅料，也是制作麸曲的原料。

三、 高粱壳

高粱壳的疏松性和吸水性都较好，用作辅料，优于稻壳，但不如谷糠。用新鲜的高粱壳作白酒的辅料，成本较低，效果亦好。著名的陕西西凤酒和山西六曲香，都曾用高粱壳为辅料。

四、 玉米芯

玉米芯是玉米轴的粉碎物，粉碎得稍细，疏松度和吸水性较大，使用效果也较好。但是玉米芯含有大量的多缩戊糖，在蒸馏过程中可能产生较多的糠醛，给成品酒带来一定的焦苦味。

五、 泥炭

泥炭是植物腐烂后产生的，形成于上千年前，存在于湿地地区。泥炭的类型与形成的植物种类（如青草或帚石楠）和地区有关，如苏格兰大陆、艾拉岛（Islay）、奥克尼（Orkney）群岛[34]。

泥炭主要在烘干麦芽时用，但并不是作为热源，而是赋予麦芽烟熏香气，最终影响威士忌酒的风味[27, 34]。泥炭燃烧时不产生明火，产生烟味，称为泥炭烟味。

六、 空气

麦芽生产时，需要通风；麦芽干燥时，需要热空气。空气质量要保持安全与洁净，以防止生产过程中产生异嗅或异味[34]。

七、 其他辅料

高粱糠、玉米皮等，既是酿酒原料，又可兼作辅料。花生皮、禾谷类秸秆的粉碎料、干酒糟等，也都可作为代用辅料。使用这些辅料时，要注意清蒸排杂，以保证白酒的卫生指标达标。

不论使用哪一种辅料，不论采用哪一种工艺，减少辅料用量，注意清蒸排杂，都是提高白酒质量的重要措施，这些措施对清香型白酒尤为重要。如果辅料用量大，又不清蒸，很容易给成品酒带入糠腥臭或邪杂味。

第八节 谷物原料与辅料主要成分

酿酒原料的化学组成对酒的质量有影响。一般来讲，原料中蛋白质含量高则生成的杂醇油多，而杂醇油过高的酒遇冷容易生成乳白色沉淀。原料中如果脂肪含量高（如用玉米制酒），则生成高级脂肪酸酯的量多，在低温下容易呈白色浑浊。五碳糖含量多则生成糠醛量多会使酒带焦苦味。甘薯干中果胶质含量高，故所产酒中甲醇含量亦高。单宁含量过高的原料（如用橡子制酒），则会使酒带苦涩味。

原料成本约占麦芽威士忌和谷物威士忌成本的三分之二，故原料质量十分重要。通常情况下，需要检测含水量、相对密度、筛分和含氮量，有时还需要测定产酒精能力，并进行小型实验室试验[28]。

酿酒常用制曲与酿酒原料的主要成分见表2-7。

表2-7　　　　　　　　　　制曲与酿酒主要原料成分[1, 42]　　　　　　　　单位:%

名称	干物质	无氮浸出物	粗脂肪	粗蛋白质	粗纤维	单宁	粗灰分	备注
高粱1	89.3	72.9	3.3	8.7	2.2	—	2.2	17省、直辖市、自治区38个样品
高粱2	—	56~60[a]	1~2	11~12	1~2	0.11	1.5~2.0	贵州
高粱3	—	61~63[a]	4~5	8~9	1~2	0.16	1.0~1.5	四川
高粱4	—	62~64[a]	—	10~11	—	—	—	东北
高粱5	—	62~68.2[a]	3.6~5.0	10.3~15.6	1.5~2.7	—	1.6~3.1	中国20世纪30年代[8]
糯高粱	—	60~63[a]	4~5	6~7	1~2	0.29	1~2	四川永川
灿稻	90.6	67.5	1.5	8.3	8.5	—	4.8	9省、直辖市、自治区34种样品

续表

名称	干物质	无氮浸出物	粗脂肪	粗蛋白质	粗纤维	单宁	粗灰分	备注
大米	37.5	75.4	1.6	8.5	0.8	—	1.2	9 省、直辖市、自治区 16 个样品
糯米 1	86.9	73.0[a]	1.4~2.5	5.0~8.0	0.4~0.6	—	0.8~0.9	
糯米 2	—	72~72.3[a]	1.2~3.4	8.0~8.4	1.3~2.3	—	1.5~1.7	中国 20 世纪 30 年代[8]
粳米	—	72.5~74.5[a]	0~1.3	7.1~9.4	1.5~1.8	—	—	中国 20 世纪 30 年代[8]
粟	—	58.4~71.7[a]	3.1~5.9	9.9~15.4	2.0~5.7	—	1.8~3.2	中国 20 世纪 30 年代[8]
玉米 1	88.1	72.9	3.5	8.9	2.0		1.4	23 省、直辖市、自治区 20 个样品
玉米 2	72.0[a]	69.2	3.9	8.0	2.0		1.2	国外品种[28]
小麦 1	91.8	73.2	1.8	12.1	2.4		2.3	15 省、直辖市、自治区 28 个样品
小麦 2	69.0[a]	69.9	1.9	13.2	2.6		1.9	国外品种[28]
小麦 3	—	60.8~73.5[a]	1.7~3.9	9~17	1.2~2.7		0.4~2.1	中国 20 世纪 30 年代[8]
大麦 1	88.3	68.1	2.0	10.8	4.7		3.2	20 省、直辖市、自治区 49 个样品
大麦 2	—	56.4~66.8[a]	1.92~2.86	7.4~11.4	2.33~6.13[b]	—	1.39~2.19	美国冬大麦[33]
大麦 3	63~65[a]	66.6	1.9	12.0	5.4	—	2.0	国外品种[28]
大麦 4	—	62~68.9[a]	1.8~3.7	11.5~18	1.8~8.5	—	1.6~4.8	中国 20 世纪 30 年代[8]
青稞	—	60.77[a]	3.65	14.54	2.15	—	2.02	西北 16 种青稞样品
荞麦	87.1	60.7	2.3	9.9	11.5		2.7	11 省、直辖市、自治区 14 个样品
黑麦	68.0[a]	70.9	1.7	12.6	2.4		1.1	国外品种[28]
豌豆 1	88.0	55.1	1.5	22.5	5.9		2.9	19 省、直辖市、自治区 30 个样品

续表

名称	干物质	无氮浸出物	粗脂肪	粗蛋白质	粗纤维	单宁	粗灰分	备注
豌豆2	—	50.7~52.2ᵃ	3.9~4.0	27.1~28.9	1.3~1.6		3.0~3.1	
小豆	—	54.2~54.7ᵃ	0.7~1.2	23.15~23.8	3.8~4.4	—	3.3~3.4	中国20世纪30年代[8]
绿豆	—	50.4~50.6ᵃ	1.5	24.8~28.6	3.8~3.9	—	—	中国20世纪30年代[8]
红薯干	90.0	70.9	1.6	3.9	2.3	—	2.6	8省、直辖市、自治区40个样品

注：a：指粗淀粉；b：β-葡聚糖。

一、 淀粉

淀粉转化为糖再发酵产生酒精是酿酒工业的主要目标。

淀粉是植物体中排在纤维素后最重要的化合物，是葡萄糖的缩合聚合物，是最主要的贮藏糖类。谷物淀粉主要存在于籽粒粉状胚乳中，淀粉"颗粒"被蛋白质包裹着（图2-8、图2-9、图2-10），其直径2~200μm，聚集在胚乳细胞中称作淀粉形成体的细胞器上[54-56]。

不同谷物的淀粉结构是不同的，淀粉结构的差异预示着它们在转化为可发酵糖方面的不同，预示着加工工艺的不同。小麦主要有两类淀粉颗粒，一类是大扁豆的A型颗粒（直径20~35μm）（图2-9）；另一类是小球形的B形颗粒（直径2~10μm），通

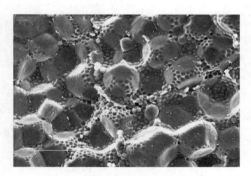

图2-8 高粱胚乳淀粉颗粒电镜照片
（形状较大的不规则体为淀粉颗粒，中间成线的、环绕淀粉颗粒的小粒状体是蛋白质）

常B形颗粒*比A型颗粒多，A型只占12%~13%，但其颗粒含有超过90%的淀粉[54-55]。玉米则相反，玉米淀粉颗粒呈不规则的和多面体的形状，通常比较小，平均直径约15μm（3~26μm）[57-58]，呈单一尺寸分布，不同于小麦的双峰分布。红缨子高粱淀粉颗粒直径5~20μm；淀粉颗粒晶体结构为A型，结晶度为31.0%，淀粉颗粒表面

注：* 淀粉按其晶型分为A型、B型和C型。

结构的有序性比水稻、马铃薯等其他淀粉高；支链淀粉含有较高的 fb3 长链组分；拥有较高的糊化温度和糊化吸收热焓，具备高崩解值和低回生值等特征[59]。

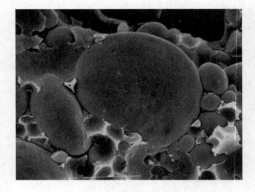

图2-9　小麦淀粉颗粒电镜照片

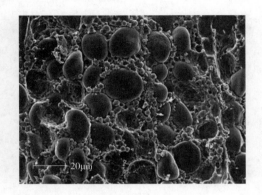

图2-10　大麦淀粉颗粒电镜照片

（淀粉颗粒镶嵌在蛋白质中）

不同原料淀粉颗粒性质见表2-8。

表2-8　　　　　　　不同原料淀粉颗粒性质[9]

淀粉种类	颗粒类型数	颗粒大小/μm	直链淀粉含量/%	糊化温度/℃
黑小麦	2	—	0	—
高直链淀粉玉米	—	4~22	70	—
玉米	—	5~25	28	70~75
高粱	—	3~27	0	70~75
小麦	2	<10 或 20~45	26	52~54
大麦	2	<6 或 10~30	28	61~62
大米	—	—	—	68~75
土豆	—	10~70	20	56~69

淀粉颗粒大小与构型的不同，影响着糊化温度。如小麦的 B 型淀粉颗粒比较密致，则需要较高的糊化温度[5]。

（一）直链淀粉与支链淀粉

淀粉按分子结构的不同，可分为直链淀粉与支链淀粉。直链淀粉分子呈直链状，由 α-1,4-糖苷键组成的长链 [图2-11（1），表2-9]，其聚合度（degree of polymerization, DP）为 1000~1500 个葡萄糖单元[9]，通常占总淀粉的 15%~37%。支链淀粉分子具有高度的支链结构，由大量的相对短的 α-1,4-糖苷键并连接上 α-1,6-糖苷键作支链而构成的，DP 通常为 105~106 个葡萄糖单元[9]。直链淀粉具有规则的左旋结构，而支链淀粉则有大量的晶体形式[60-61]。直链淀粉与碘作用，生成一种深蓝色的复合物，而支链淀粉遇碘则呈浅红紫色，并不形成复合结构。

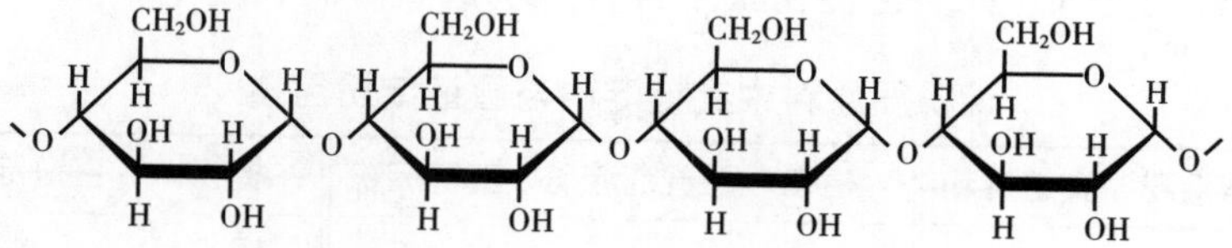

（1）

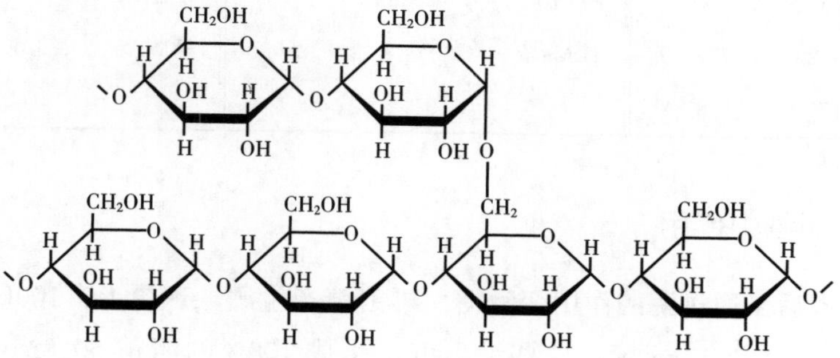

（2）

图2-11　直链淀粉（1）与支链淀粉（2）的化学组成

表2-9　　　　　　　　　　　　　直链淀粉与支链淀粉性质对照

性质	直链淀粉	支链淀粉
分子形状	基本直链形	高度分支
葡萄糖残基结合方式	α-1,4-糖苷键	α-1,4及α-1,6-糖苷键
水溶性	温水中可溶，黏度不大	需加热后才溶解，黏度大
水溶液的稳定性	不稳定，长期静置有沉淀产生	稳定
碘反应	深蓝色	紫红色
吸附碘量	19%~20%	小于1%
纤维吸附性	易被纤维吸附	不容易被纤维吸附
一般植物淀粉中含量	含有20%	含有80%
糯类植物淀粉中含量	几乎不含或只含1%~2%	几乎全部是支链淀粉

小麦直链淀粉分子质量为 10^5~10^6 u，DP 值约为 2000 个葡萄糖单元；支链淀粉具有更高的分子质量，最高可达 10^8 u，是直链淀粉的 100 倍[62]。支链淀粉有大量相对短的葡萄糖链（DP 值为 10~60 个葡萄糖单元），平均 20~25 个葡萄糖单元；但链的总长度可达 $2×10^7$ 个葡萄糖单元，每 20~25 个残基有一个支链[63]。

绝大部分淀粉含有 20%~30% 的直链，70%~80% 的支链。不同来源的淀粉其直链与支链的比例是不同的（表 2-10）。与块茎或根类的如土豆、木薯和竹芋比，小麦、玉米和高粱有相对高的直链淀粉，约 28%。另外一些植物可能不含有直链淀粉，如蜡质型玉米、糯米、糯大麦等；而直链淀粉玉米含有 80% 的直链淀粉[57]。

表 2-10　　　　　　　　淀粉质原料中支链淀粉与直链淀粉含量　　　　　　　　单位：%

植物	直链淀粉	支链淀粉	植物	直链淀粉	支链淀粉	植物	直链淀粉	支链淀粉
马铃薯	19~22	78~81	大麦	20	80	糯米	0	100
小麦	24	76	粳高粱	28	72	糯玉米	0	100
玉米	21~23	77~79	糯高粱	6	94	糯大麦	0	100
大米	17	83						

（二）淀粉在酿酒中作用

淀粉经蒸煮后，通过酶的作用变为糖，再由糖产生酒。理论上，100kg 淀粉要吸收 11.12kg 水，生成 111.12kg 糖，这些糖，可以生成 100% 的酒精 56.825kg，同时产生 54.32kg CO_2，其化学反应式为：

$$(C_6H_{10}O_5)_n + nH_2O \longrightarrow nC_6H_{12}O_6 \longrightarrow 2nC_2H_5OH + 2nCO_2 \uparrow$$

因此，原料淀粉含量越高，出酒率就越高。

二、 蛋白质及氨基酸

蛋白质是一类复杂的高分子含氮有机化合物。至少 10 种分子质量在 5~149ku 的主要蛋白质与淀粉有关，包括淀粉合成酶。这些蛋白质大多位于淀粉颗粒表面，它们与其他小颗粒组分如脂肪等显著影响着淀粉颗粒和淀粉产品的性质[9]。

谷物蛋白按照它们的物理与化学性质不同，分为清蛋白（俗称白蛋白）、球蛋白和醇溶蛋白。按照它们功能分为催化蛋白（酶）、结构蛋白、贮藏蛋白和防御蛋白。

蛋白质分布在胚乳和胚芽中。发芽时，胚芽提供氨基酸和含硫化合物。胚芽蛋白质占蛋白质总量的 50%~80%[9]。

一些谷物的胚芽和胚乳的外糊粉层含有贮藏蛋白——球蛋白和清蛋白。在燕麦和大米中，球蛋白是胚乳贮藏的主要蛋白质，占总蛋白质的 70%~80%[9]。小麦和大麦成熟籽料胚乳中的大多数清蛋白属于 α-淀粉酶/胰蛋白酶抑制剂家族[64]。除具有贮藏功能外，还能抑制某些酶，从而具有保护作用，如防止过早发芽或种子病原体生长[65]。谷物胚乳中另外一类蛋白酶抑制剂属于丝氨酸蛋白酶抑制剂超家族。大麦胚乳 Z 蛋白抑制胰凝乳蛋白酶[65]。丝氨酸蛋白酶抑制剂也存在于小麦和燕麦中[66]。

除燕麦和大米外，所有谷物胚乳贮藏蛋白是醇溶蛋白，相对分子质量从 1 万至 10

万不等，富含脯氨酸和谷氨酰胺。醇溶蛋白通常占成熟谷物中蛋白质的50%左右，但在大米和燕麦中仅占10%左右；在不同植物中其通俗名称不同，在小麦中，称为小麦醇溶蛋白，在玉米中称为玉米醇溶蛋白，在大麦中称为大麦醇溶蛋白，在黑麦中称为黑麦醇溶蛋白，在高粱中称为高粱醇溶蛋白[67]。

醇溶蛋白在不同植物中分类与相对分子质量均不相同。玉米醇溶蛋白根据其氨基酸组成又可以分为三种类型，包括α-玉米醇溶蛋白（相对分子质量19000和22000）、β-玉米醇溶蛋白（相对分子质量14000和16000）、γ-玉米醇溶蛋白（相对分子质量28000）和δ-玉米醇溶蛋白（相对分子质量10000）。所有的这些蛋白中均富含谷氨酰胺和脯氨酸，而赖氨酸和色氨酸含量低；其区别主要在蛋氨酸（β-和γ-型含量高）、半胱氨酸和丝氨酸（γ-型含量高）[67]。小麦、大麦和黑麦中的醇溶蛋白相对分子质量在30000~100000，可以依据其氨基酸组成将醇溶蛋白分为富硫型、贫硫型和高分子质量型，如小麦醇溶蛋白可分为高分子质量谷蛋白、ω-小麦醇溶蛋白（贫硫型）、α-小麦醇溶蛋白（富硫型）、γ-小麦醇溶蛋白（富硫型）和聚集富硫醇溶蛋白（富硫型）；大麦醇溶蛋白分为D-大麦醇溶蛋白（高分子质量型）、C-大麦醇溶蛋白（贫硫型）、B-大麦醇溶蛋白（富硫型）和γ-大麦醇溶蛋白（富硫型）；黑麦醇溶蛋白分为高分子质量黑麦醇溶蛋白、ω-黑麦醇溶蛋白（贫硫型）和γ-黑麦醇溶蛋白（富硫型，相对分子质量75000和40000）[68-70]。

在制曲、制醪和发酵过程中，蛋白质水解，产生氨基酸和其他低分子质量蛋白质片段，这些氮源很容易被酵母等微生物利用。制醪时，蛋白质水解酶特别是热稳定性（直到65℃）的内肽酶与羧肽酶在麦汁中共同作用于蛋白质产生可溶性含氮化合物[71]。

蛋白质水解酶是内切蛋白质酶和外切肽酶的混合物。内切蛋白质酶即内切肽酶以随机方式打断多肽的内肽键，产生小分子化合物，再依次被羧肽酶（一种外切酶）从链的羧基末端移去氨基酸。

然而，许多蛋白质水解酶如氨基肽酶和一些内切蛋白质酶不耐热，超过55℃会失活，故可能在制醪时失活。

在发酵过程中，酵母利用氨基酸中的氨，并经脱羧后而生成高级醇，所以，含蛋白质高的原料，发酵后生成的高级醇较多。

原料中含有一定量的游离氨基酸，具体见表2-11。

表2-11　　　　　　　　　　　　谷物中的氨基酸含量　　　　　　　　　　单位：g/100g

氨基酸	小麦1[72]	小麦2[9]	大麦[67]	玉米[9]	小米[9]	燕麦[9]	糙米[72]	高粱	青稞[42]
天冬氨酸（Asp）	7.30	—	—	—	—	—	9.62	—	5.8
谷氨酸（Glu）	43.77	33.0	26.0	15.5	13.5	27.0~35.0	18.19	—	16.0
丝氨酸（Ser）	6.67	—	—	—	—	—	5.26	—	4.3

续表

氨基酸	小麦 1 [72]	小麦 2 [9]	大麦 [67]	玉米 [9]	小米 [9]	燕麦 [9]	糙米 [72]	高粱	青稞 [42]
组氨酸（His）	2.70	—	—	—	—	—	2.54	2.40	3.2
甘氨酸（Gly）	4.90	—	—	—	—	—	5.22	—	3.7
苏氨酸（Thr）	4.13	2.5	3.5	2.0	2.0	2.5~3.0	3.97	3.00	3.6
丙氨酸（Ala）	4.40	—	—	—	—	—	6.36	—	3.7
精氨酸（Arg）	6.34	—	—	—	—	—	8.38	3.70	4.1
酪氨酸（Tyr）	2.60	2.5	3.0	3.0	2.0	2.0~3.0	3.75	—	1.4
半胱氨酸（Cys）	1.60	—	—	—	—	—	2.27	1.80[a]	0.66[a]
缬氨酸（Val）	5.47	4.0	5.0	3.5	1.5	4.0~4.5	6.02	5.80	3.9
甲硫氨酸（Met）	1.99	2.0	2.5	0.5	2.5	2.0~2.5	2.33	1.10	0.96
苯丙氨酸（Phe）	6.38	5.0	5.0	4.0	3.0	4.5~6.0	4.74	4.80	3.1
异亮氨酸（Ile）	4.47	3.5	3.5	3.0	2.5	3.5~6.0	4.10	5.60	3.5
亮氨酸（Leu）	9.11	6.5	6.5	14.0	7.5	5.5~6.0	8.00	14.2	4.5
赖氨酸（Lys）	4.42	2.5	3.0	0.0	0.10	3.0~3.5	4.82	2.80	3.6
脯氨酸（Pro）	12.34	11.5	14.5	8.0	6.5	10.0~13.0	4.20	—	7.8
色氨酸（Trp）	—	—	—	—	—	—	—	1.00	0.34

注：a：指胱氨酸含量。

三、 单宁

单宁是水溶性的酚类化合物，其分子质量在 500~3000，具有能和蛋白质或其他聚合体（如多糖）结合的特性，称为单宁的收敛性。单宁对酶有钝化作用。高粱中的单宁属邻苯二酚单宁，含量的多少，依穗的褐、赤、黄、白而逐渐减少，单宁主要存在于高粱的皮壳中。一般地，高粱中单宁含量在 0.2%~0.5%。单宁遇铁生成单宁酸铁黑色沉淀，含有单宁多的发酵糟，颜色发黑。单宁分解后，产生没食子酸和丁香酸等物质。少量的单宁，发酵后可赋予酒独特的香味。单宁含量高时，酿出的酒带有苦涩味。

四、 灰分

灰分是无机成分，主要为钾、钠、镁、钙、铁、硅、磷等。据分析，每 100g 高粱中的无机物为氧化钾（K_2O）0.35g，氧化钙（CaO）0.12g，氧化镁（MgO）0.26g，五氧化二磷（P_2O_5）0.81g，二氧化硅（SiO_2）0.1g。

五、　粗脂肪

粗脂肪在发酵过程中主要分解为甘油和脂肪酸。

六、　半纤维素

半纤维素的主要成分是多缩戊糖。在酸性条件下蒸煮，极易脱水生成糠醛，影响大曲酒的品质。多缩戊糖不能被酵母利用。

第九节　原料预处理

一、　收割与干燥

早期的酿酒原料如高粱、小麦、大麦、稻谷等均是采用镰刀或收割机收割。收割后的原料脱粒，人工晒干，后采用烘干方式，保持水分在 15%～17% 或 12%～14%。

20 世纪 50 年代前后，白酒通常使用当地糯高粱酿造，但糯高粱产量低；从 20 世纪 80 年始，逐步使用杂交高粱酿酒，杂交高粱的主要产地是东北三省和内蒙古等地，探索出一套提高杂交高粱酿酒的技术措施[13, 18]。从 2000 年开始，一些名酒厂开始关注原料基地建设，并在当地选育糯高粱品种，用于酿酒[73]。

在 1945 年前，苏格兰威士忌均使用本地人工收割的大麦作原料；1945—1965 年期间，苏格兰麦芽威士忌产量增长超过了当地麦芽供应量。所需的额外麦芽使用进口的英国或苏格兰南部大麦，或直接从英国或欧洲麦芽公司购买。这一趋势一直持续到 20 世纪 60 年代中期。后来，在收获时利用麦芽厂干燥设施，将大麦水分降低到 12% 左右。2001 年，苏格兰最大的联合干燥和麦芽厂每天可接收和干燥 2000t 以上的湿大麦。随着大型联合收割机的引进，刚脱粒的谷物在收获时就可以得到干燥。通常使用的干燥温度 40～45℃，将收割时的水分 20% 一次性降低到 12%[34]，而不是高温且分两步干燥。

二、　除杂与贮存

原料入仓时，需要进行除杂，即去除夹杂物，主要包括如铁器、碎石、碎砖块、尘土、麻袋片及绳头、稻草残渣和麦芒等。除铁采用磁铁，其他夹杂物通常使用筛子。威士忌大麦在入仓前或发芽前，需要清洗[34]。

物料的运输系统通常采用风送系统、斗式提升机、螺旋输送机、埋刮板输送机、皮带输送机等。

采用负压风力方式将贮仓的高粱和稻壳分别输送至原料暂存仓，再输送到指定的配料计量斗进行称重。计量后的高粱和稻壳输送至指定的配料斗。自动称重系统自动记录参与配料的发酵糟醅有效质量并将信息分享到配料控制系统而完成单槽的配料。每单槽的成型混合料全部落入指定的盛料槽后，感应装置向控制系统发送完成信号，控制系统按设定程序自动启动下一组糟醅的配料运行。

粮食贮存可以采用水泥仓或钢板仓，带有螺旋扫掠清理和地下通风；仓底可以是平底，也可以是漏斗底。威士忌大麦被干燥到12%的水分时，被直接转移到储藏室，而不需要冷却，以便于打破休眠。此阶段贮藏温度通常在18~25℃，主要与大麦的休眠程度有关。在贮存期间，定期采集样本以测定发芽势。研究发现大麦短期贮存的水分可达14.8%，而长期贮存的水分在13.6%以下[34]；大麦在贮存期间的持续发芽力与其初始发芽力、贮存温度和水分含量有函数关系[74]。

三、 发芽力与发芽势

发芽力是一批样品中活谷物的数量百分比，该数字是根据谷物在过氧化氢稀释溶液中浸泡3d后发芽的百分比计算的。一种更快的检测方法是将半个谷物浸入四唑盐即三苯基三氯化唑溶液中，几分钟后进行目测检查，有胚胎染色的果仁被认为是好的。该法的缺点是，它可以显示热损伤谷物的发芽力，这些谷物已经没有生命，但仍然具有残留的过氧化氢酶活性。

发芽势是一种衡量谷物发芽率的指标。大麦在试验时正常浸泡，这些谷物应该能够完全发芽。这项试验是通过在培养皿中的滤纸上用4mL水使100粒谷物发芽来进行的[34]。

发芽力和发芽势之间的差异表明了受试大麦的休眠程度。在发芽势试验中，用8mL水代替4mL水。用4mL水测定的发芽势百分数中减去8mL水测定的发芽势百分数得到的值称为水敏性，通常与休眠有关。休眠程度是品种特征。当在20℃左右收割时，田间大麦含水量降至10%~14%时，休眠期相当短，为4~6周。苏格兰环境温度在13℃左右，很少出现田间水分含量低于15%的大麦品种，因此，易感品种有时会遭遇休眠[34]。

预发芽是指谷物已经长成，但还在穗上阶段，因收获时遭遇温暖潮湿的气候而发芽。含有预发芽谷粒的大麦发育不均匀，预发芽谷物易受到烘干损伤，易感染微生物。当预发芽大麦超过5%时，此批大麦不可用于苏格兰威士忌的麦芽生产[34]。

预发芽的检查可以通过用菲得拜试剂（连接支链淀粉染料）染色磨碎的大麦样品。

预发芽谷物标记物是 α-淀粉酶，可以很容易地通过可溶性蓝色染料来判断[75-76]。

一定数量的半个谷物籽粒用二丁酸荧光素染色，然后用紫外光检测种子（包括大麦、小麦、黑麦和高粱）发芽率。预发芽的谷物具有一种酶活性（可能是脂肪酶），它水解非荧光酯生成荧光素，这在半个玉米的切面上很容易检测到。这种方法比使用琼脂凝胶的 EBC 方法简单[77]。

四、 分级

威士忌生产用大麦在入仓前进行分级，根据大麦粒径分级。大麦最初是在 2.2mm 的筛网上筛分，所有直径小于 2.2mm 的材料作为动物饲料。然后，根据所需的最终麦芽质量，在 2.5mm 筛子上对原料进行分类。直径在 2.2～2.5mm 的大麦占总产量的 10%～20%。这与作物年份相关，小粒大麦可能比大粒大麦的 TN 含量稍高一些，因此蛋白质含量（等于 TN×6.25）也高。当单独发芽时，小粒大麦抽提物比大粒大麦少 4%～5%，吸水和改性速度更快，比小于 2.5mm 的部分快 1d 左右。由于浸泡和发芽要求不同，将小粒大麦分开发芽是很常见的[34]。

通常还要测定千粒重等指标。

五、 制曲原料粉碎

古时曲料粉碎用石磨[8, 78]，从 1949 年后，开始改造，现常用粉碎机取代[79]。

制曲与酿酒原料的粉碎工艺及要求分布在制曲、酿酒工艺中，见相关章节，在此不再重复。

制曲原料粉碎有两种方式，一种是使用锤式粉碎机进行粉碎（图 2-12）；另一种是使用对辊式粉碎机粉碎（图 2-13）。前一种通常用于干料粉碎，后一种用于湿料粉碎。

图 2-12　锤式粉碎机

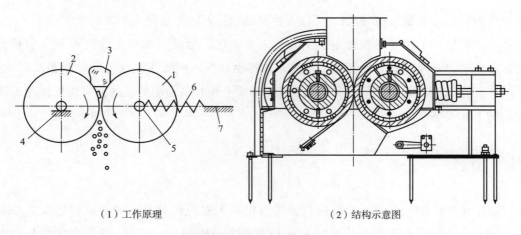

（1）工作原理　　　　　　　　　　　　（2）结构示意图

图 2-13　对辊式粉碎机

1,2—辊子　3—物料　4—固定轴承　5—可动轴承　6—弹簧　7—机架

六、　大曲粉碎系统

大曲粉碎工艺及要求见相关章节。

大曲粉碎的设备主要有两种。一种是将大曲块进行粗粉碎，通常使用砸曲机（图2-14）；然后，再使用锤式粉碎机粉碎到工艺要求的粉碎度（图2-12）。

图 2-14　砸曲机示意图

七、　酿酒原料粉碎

酿酒原料高粱的粉碎通常使用对辊式粉碎机进行粉碎（图2-13）。其粉碎工艺及粉

碎度要求参见酿酒工艺的相关章节。

八、 稻壳清蒸

稻壳在使用前，必须清蒸后才能使用。这样可以驱除稻壳中的霉味和生糠味，又可以降低稻壳中的多缩戊糖含量。多缩戊糖的减少，能使成品酒中糠醛等杂质的含量相应降低。稻壳中含有果胶质和多缩戊糖等物质，在蒸煮过程中能生成甲醇和糠醛等有害物质。

曾经有酒厂对不同清蒸时间的稻壳进行过多缩戊糖含量测定。结果表明，稻壳的清蒸时间为30min时，多缩戊糖的含量大幅度下降。因此，正常情况下，稻壳清蒸时间以30min为佳。

稻壳清蒸不彻底，会给白酒带来稻壳味，即辅料味，推测该气味主要由1-辛烯-3-醇或1-辛烯-3-酮等化合物产生。但稻壳清蒸完全后，有些白酒仍然存在类似稻壳的气味，此气味是由土味素产生的[80]，该化合物主要是由制曲过程中污染了的链球菌产生。

传统的清蒸稻壳方法是在大糟酒醅蒸煮时，将稻壳置于大糟酒醅上方，边蒸煮大糟酒醅，边进行稻壳清蒸，最大的好处是节能。目前，不少企业已经将稻壳清蒸单独进行。

九、 麦芽粉碎

纯麦芽威士忌的麦芽粉碎与谷物威士忌的原料粉碎将在第十章介绍。

十、 葡萄破碎

葡萄在收获后，首先去梗、分拣和破碎。葡萄破碎前去梗是使用机械将茎、叶子和梗（统称为MOG）杂物去除，仅仅保留葡萄浆果。

去梗机虽然能去除MOG，但一些较小的杂物却去不掉，如格架夹子、钉子、蜗牛或昆虫，也不能去除未成熟的（青色的）、氧化的（褐色的）、葡萄干状的或其他形式的次等浆果。这些浆果会影响葡萄酒的品质。通常采用人工方式进行分拣。分拣通常用于生产高端产品中[45]。

去梗后的葡萄需要立即破碎。去梗时，葡萄浆果难免破皮，故需立即破碎，以防止氧化褐变和微生物污染。一般来说，破碎方法包括将水果压在开孔的壁上或将水果通过一组滚压机。在前者中，浆果被打开，果汁、果肉、种子和果皮通过开口被收集起来，然后被泵送到一个贮槽或大桶里。在后一个过程中，浆果被碾碎在一对反向转动的滚筒之间。滚筒通常有螺旋罗纹或包含有相互连接轮廓的凹槽，以将葡萄向下拉并穿过滚筒。滚筒之间的间距是可调的，以适应不同品种或年份间浆果大小变化，避免压碎种子。否则，种子油的污染最终会导致腐臭气味产生[45]。

用于葡萄破碎榨汁的机器有两种，一种是双板压榨机，使用较为广泛；另外一种是气囊式压榨机，生产效率高，榨汁质量好。使用气囊压榨时产生的异嗅化合物如己醇、顺-3-己烯醇和 TDN 要少[46]。通常小型生产使用双板压榨机，而投料大于 5t/次的企业使用气囊式压榨机。

不同品种葡萄出汁率不同。如白玉霓葡萄，生产优质白兰地时，其榨汁率约 80.1%，最高榨汁率可达 82.1%[46]。

更详细的介绍请参见葡萄酒工艺学相关书籍。

第十节　酿造与勾调水及其处理

国人云"水是酒之血"，中外皆云"名酒产地必有佳泉"[34, 78]，说明水对酿酒十分重要。中国古代酿酒强调水质，要求偏酸，不能偏碱。《齐民要术》上讲"淘米及炊釜中水、为酒之具有所洗浣者，悉用河水佳也""收水法，河水第一好，远河者取极甘井水，小咸者则不佳""一切悉用河水。无手力之家，乃用甘井水耳"[81]。

一、酿酒厂水分类

按照水在酿酒过程中的作用，可将水分为两大类，即生产水和产品水。生产水如参与威士忌制麦、白酒制曲、淀粉糖化、威士忌制醪、白酒发酵、蒸馏过程（蒸汽）的用水及冷却用水、清洁生产场地与设备清洗用水等过程；冷却用水称为工艺水；卫生清洁用水即清洗生产场地与设备水、锅炉产生蒸汽用水、冷却塔冷冻循环用水称为工厂辅助用水[34]；产品水主要用于产品的降度。

制曲时加水，利用微生物的生长繁殖，使得制曲过程温度升高，温度升高又造成水分挥发；制麦时加水，大麦吸收水分用于发芽，麦芽制作完成后，最后需要烘干，则是去除水分。

原料蒸煮前有的需要加水润料，清楂法单独蒸煮清蒸原料，或续楂法将粉碎后原料与出窖酒醅混合蒸馏蒸煮后，需要加水（俗称浆水或焖浆水），饭醅才能正常发酵。威士忌生产时，粉碎后的麦芽需要与水混合制醪。

淀粉质原料生产酒时，淀粉水解生成糖的过程需要水的参与。

蒸馏原酒经贮存后装瓶前，需要加水降低酒精度，即降度，需要加水。

二、　水源

蒸馏酒厂建设地的水资源应丰富，通常将酒厂建设在有井水或深井水的地方。不同水源水的特性见表 2-12。

表 2-12　　　　　　　　　　　　　不同水源水的特性[34]

水源	矿物盐浓度	微生物含量	污染	供水稳定性
深井水	含有较多可溶性矿物质，因水贮藏在岩石层中	因水通过岩石层过滤，微生物含量很低	除了水被地表水污染，否则，污染少	可以长期稳定供水
地表水	矿物质含量较低，除非农业化学品污染了土壤	较高，因农业产业污染	除非农业产业偶然漏油，否则，污染少	干旱时会短缺
自来水	可能来源于深井水，也可能来源于地表水	因经过供水当局处理，故较低	因水经过处理，污染少	因供水当局受法规约束，故供水非常稳定

三、　水质

水质优劣、用水数量多少直接影响酒的产量和质量。酿酒用水的总体要求是：有利于酿酒微生物的正常活动，清亮，无色，没有异、杂、臭味的未污染的水，矿物质含量满足糖化、发酵要求，降度水符合生活饮用水卫生标准。

酿酒用水的无机元素（包括矿物质）对发酵过程中微生物生长繁殖十分重要。如 P 是构成核酸、磷酸和辅酶的成分；S 是含硫氨基酸和维生素的成分；K 是酶的辅因子，维持电位差和渗透压；Na 维持渗透压；Ca 是胞外酶稳定剂、蛋白质辅因子，促进细菌芽孢和真菌孢子形成；Mn 是超氧化物歧化酶、氨肽酶、L-阿拉伯糖异构酶等的辅因子；Cu 是氧化酶、酪氨酸酶的辅因子；Co 是维生素 B_{12} 的成分，肽酶的辅因子；Zn 是碱性磷酸酶、脱氢酶、肽酶、脱羧酶的辅因子。

白酒酿造用水应符合生活饮用水卫生标准，如 GB 5749—2022。勾调用水除应符合生活饮用水标准外，还应符合以下要求[82]：一是总硬度应小于 1.783mmol/L；低矿化度，总盐量少于 100mg/L，因微量无机离子也是白酒组分，不宜用蒸馏水作为降度用水；二是 NH_3 含量低于 0.1mg/L；三是铁含量低于 0.1mg/L；四是铝含量低于 0.1mg/L；五是不应有腐殖质的分解产物。将 10mg 高锰酸钾溶解在 1L 水中，若在

20min 内完全褪色，则这种水不能作为降度用水；六是电导率≤20μS/cm。

　　威士忌酒厂的用水主要是河水、湖水、泥炭水*、水库水、井水、自流井水和深井水等[27, 34]，纯净的软质泉水是最好的[37]。要求外观清亮透明，无色；无污染；矿物质和金属离子能满足制醪、降度和工艺用水需求；降度用水中的微生物等指标符合饮用水标准；在任何时间能满足生产需要[34]。水中细菌污染通常使用膜过滤技术进行日常检测[37]。水的质量检测主要关注微生物与化学的指标。化学分析包括水的硬度、铁含量的氨氮等。

　　威士忌生产用水即制醪用水质量影响着醪液质量。水中可溶性盐影响着麦芽汁的风味和 pH，并影响最终产品质量。硫酸盐能降低 pH；必需的微量元素如钙、镁、锌等会促进酵母生长，影响酶活性；碳酸盐会引起 pH 上升，并会在加热表面形成垢；硝酸盐含量高，表明使用的地下水或其他水受到污水污染。酵母培养用水不得含有微生物[34]。藻类可能会造成冷却系统特别是冷凝器的堵塞[83]。

　　产品水即勾调降度用水过高的硬度与铁浓度会使酒变色或失光浑浊[83]。

　　工厂辅助用水中的锅炉用水应满足锅炉用水需要。

四、 水处理

　　我国大型白酒企业生产用水现在基本上是以深井水为主，勾调用水需要进行水处理，或反渗透水，或电渗析水。

　　如果水源水不能满足要求时，需要进行水处理，通常采用沙滤（去除固体物）、活性炭过滤（去除异嗅）、膜过滤（去除污染物如细菌等）、离子交换法（去除金属离子如钙、镁离子等和碱性离子）、RO 法（去除金属离子如铁离子、细菌等）、电渗析法（去除金属离子）、蒸馏法（可结合臭氧、紫外线等杀菌）等方法[1, 34, 84]。

　　水源水选择何种预处理方法，依据水污染程度确定。通常的预处理方法见表 2-13。

表 2-13　　　　　　　　　　　　水预处理方法[34]

质量标准	处理
外观清亮无色透明	过滤，常用沙滤
卫生安全可饮用，无污染	过滤，常用活性炭
矿物质和金属含量满足酿造、产品和过程要求	不需要的金属离子通过去离子化去除
无微生物	通过紫外线或过滤灭菌
持久供应	双水源供水

注：* 流经泥炭层的水，通常有烟熏气味。

参考文献

［1］沈怡方．白酒生产技术全书［M］．北京：中国轻工业出版社，1998．

［2］寇晨光．多粮发酵在清香型白酒生产中的应用［J］．酿酒科技，2012，221（11）：72-75．

［3］肖美兰，吴生文，刘建文．不同酿酒原料在特香型白酒生产中的应用［J］．酿酒科技，2015，257（11）：108-111．

［4］Dolan T C S. Scotch malt whisky distillater's malted barley specifications the concept of fermentable extract—Ten year on［J］. J Inst Brew，1991，97：27-31．

［5］Bringhurst T A，Broadhead A L，Brosnan J. Grain whisky：raw materials and processing. In Whisky. Technology，Production and Marketing［M］. London：Elsevier Ltd.，2003；75-112．

［6］Lyons T P，Rose A H. Whiskey. In Economic Microbiology［M］. London：Academic Press，1997．

［7］Pellegrini C. The Shochu Handbook - An Introduction to Japan's Indigenous Distilled Drink［M］. London：Telemachus Press，2014．

［8］金培松，周元懿．做黄酒和烧酒［M］．上海：中华书局，1950．

［9］Meussdoerffer F，Zarnkow M. Starchy raw materials. In Handbook of Brewing. Processes，Technology，Markets［M］. Weinheim：Wiley-VCH Verlag GmbH & Co. KGaA，2009．

［10］Etokakpan O U. Biochemical studies of the malting of sorghum and barley［M］. Edinburgh：Heriot Watt University Press，1988．

［11］Awika J M，Rooney L W. Sorghum phytochemicals and their potential impact on human health［J］. Phytochemistry，2004，65（9）：1199-1221．

［12］沈怡方．试论浓香型白酒的流派［J］．酿酒，1992，19（5）：10-13．

［13］廖建民，曾庆曦，唐玉明．杂交高粱酿酒配套特性配套技术及效益分析［J］．酿酒科技，1992，49（1）：6-9．

［14］田殿梅，霍丹群，张良，等．3种不同品种高粱发酵酒糟及基酒品质的差异［J］．食品与发酵工业，2013，39（7）：74-78．

［15］吕佳慧，范文来，徐岩．基于酶水解法酿酒高粱的结合态风味研究［J］．食品与发酵工业，2017，43（8）：224-228．

［16］吕佳慧，范文来，徐岩．基于酸水解法酿酒糯高粱与粳高粱结合态香气研究［J］．食品与机械，2017，33（3）：13-16．

［17］泸州市酿酒研究所．粳高粱酿造泸型酒配套工艺研究简报［J］．酿酒，1989（5）：34-37．

［18］江苏泗阳县洋河酒厂．提高杂交高粱的酒质和出酒率及新酒人工老熟［J］．食品与发酵工业，1978（4）：32-34．

［19］曾庆曦，廖建民，唐玉明．杂交粳高粱的特性与酿酒工艺参数的研究［J］．酿酒科技，1983（3）：18-19．

［20］ 杨万树．六必酒经［M］．上海：上海古籍出版社，1996.

［21］ 庄名扬，陈卉娇．多粮浓郁型中国名酒——五粮液与饮者健康［J］．酿酒科技，2004（5）：116-117.

［22］ 庄名扬，陈卉娇．多粮浓郁型——中国名酒剑南春与饮酒健康［J］．酿酒，2004，31（4）：120-122.

［23］ 徐占成，张新兰，徐姿静，等．浓郁型（多粮）风味特征形成的因素［J］．酿酒科技，2003，118（4）：46-49.

［24］ 彭智辅．"五粮液流派"研究第1报——五粮液工艺特点与"五粮液流派"浅析［J］．酿酒科技，1993，57（3）：47-49.

［25］ 李艳敏，寇晨光．多粮型二锅头白酒生产技术初探［J］．中国酿造，2009，210（9）：131-133.

［26］ 李净，张明．多粮小曲白酒工艺技术的初步研究［J］．酿酒科技，2006，146（8）：66-68.

［27］ Buglass A J. Handbook of Alcoholic Beverages：Technical，Analytical and Nutritional Aspects［M］．Hoboken：John Wiley & Sons，2011.

［28］ Piggott J R，Conner J M. Whiskies. In Fermented Beverage Production［M］．New York：Kluwer Academic/Plenum Publishers，2003.

［29］ Shewry P R. Wheat［J］．J Exp Bot，2009，60（6）：1537-1553.

［30］ Liu L. Phytochemical and pharmacological perspectives of wheat grain and lupin seed［M］．Lismore：Southern Cross University Press，2009.

［31］ Bushuk W. Wheat：Chemistry and uses［J］．Cereal Foods World，1986，31（3）：218-226.

［32］ Agu R C，Bringhurst T A，Brosnan J M. Production of grain whisky and ethanol from wheat，maize and other cereals［J］．J Inst Brew，2006，112（4）：314-323.

［33］ Griffey C，Brooks W，Kurantz M，et al. Grain composition of Virginia winter barley and implications for use in feed，food，and biofuels production［J］．J Cereal Sci，2010，51：41-49.

［34］ Dolan T C S. Malt whiskies：raw materials and processing. In Whisky：Technology，Production and Marketing［M］．London：Elsevier，2003.

［35］ Iwami A，Kajiwara Y，Takashita H，et al. Effect of the variety of barley and pearling rate on the quality of shochu koji［J］．J Inst Brew，2005，111（3）：309-315.

［36］ Bathgate G N，Cook R. Malting of barley for Scotch whiskies. In The Science and Technology of Whiskies［M］．Harlow：Longman，1989.

［37］ Dolan T C S. Some aspects of the impact of brewing science on Scotch malt whisky production［J］．J Inst Brew，1976，82（3）：177-181.

［38］ 曾祖训．小曲清香型白酒的工艺特征与香型风格［J］．酿酒科技，1995，110（5）：37-41.

［39］ 黄名扬，曾钧，郭庆东，等．传统小曲米香型白酒生产的工艺技术探讨［J］．现代食品科技，2013（4）：845-847.

［40］ 何张兰．豉香型白酒制曲原料大青叶与肉桂叶游离态香气成分研究［D］．无锡：江南大学，2019.

［41］何松贵. 豉香型白酒发酵与米种的关系［J］. 酿酒科技, 2005, 138（12）: 45-50.

［42］刘义刚, 李兰. 青稞小曲白酒生产方法初论［J］. 酿酒科技, 2002, 112（4）: 57-59.

［43］Swanston J S, Newton A C, Brosnan J M, et al. Determining the spirit yield of wheat varieties and variety mixtures［J］. J Cereal Sci, 2005, 42（1）: 127-134.

［44］Samesima Y. History of the development of shochu as seen from the production methods. In 2018 *International Alcoholic Beverage Culture & Technology Symposium*［M］. Kagoshima: Brewing Society of Japan, 2018.

［45］Jackson R S. Wine Science. Principles and Applications（3rd）［M］. Burlington: Academic Press, 2008.

［46］王恭堂. 白兰地工艺学［M］. 北京: 中国轻工业出版社, 2019.

［47］Cantagrel R, Lurton L, Vidal J P, et al. From vine to Cognac. In Fermented Beverage Production ［M］. New York: Kluwer Academic/Plenum Publishers, 2003.

［48］Galy B, Desache F, Cantagrel R, et al. Comparaison de différents cépages aptes à la production d'eaux-de-vie de Cognac: aspects analytiques et organoleptiques［C］. Paris: Ier Symposium Scientifique International de Cognac, 1992: 62-66.

［49］Bertrand A. Armagnac and Wine-Spirits. In Fermented Beverage Production［M］New York: Kluwer Academic/Plenum Publishers, 2003.

［50］Delevante M P. Rum-the commercial and technical aspects. In Distilled Spirits: tradition and Innovation［M］. Nottingham: Nottingham University Press, 2004.

［51］De León-Rodríguez A, González-Hernández L, Barba de la Rosa A P, et al. Characterization of volatile compounds of mezcal, an ethnic alcoholic beverage obtained from *Agave salmiana*［J］. J Agri Food Chem, 2006, 54（4）: 1337-1341.

［52］Lappe-Oliveras P, Moreno-Terrazas R, Arrizón-Gaviño J, et al. Yeasts associated with the production of Mexican alcoholic nondistilled and distilled Agave beverages［J］. FEMS Yeast Res, 2008（7）: 1037-1052.

［53］范文来, 黄永光, 徐岩. 酒精勾兑白酒与非谷物白酒应该淡出历史舞台［J］. 酿酒科技, 2012, 218（8）: 17-20.

［54］Bathgate G N, Palmer G H. The *in vivo* and *in vitro* degradation of barley and malt starch granules ［J］. J Inst Brew, 1973, 79（5）: 402-406.

［55］Shannon J C, Garwood D L, Boyer C D. Chapter 3-Genetics and physiology of starch development. In Starch（3rd）［M］. San Diego: Academic Press, 2009.

［56］Whistler R L, Daniel J R. Molecular structure of starch. In Starch: Chemistry and Technology （2nd）［M］. San Diego: Academic Press, 1984.

［57］Swinkels J J M. Sources of starch, its chemistry and physics. In Starch Conversion Technology ［M］. New York: Marcel Dekker, 1985.

［58］Otey F H, Doane W M. Chemicals from starch. In Starch: Chemistry and Technology（2nd） ［M］. San Diego: Academic Press, 1984.

［59］倪德让, 孔祥礼, 孙崇德, 等. 红缨子高粱淀粉分子结构及糊化特性研究［J］. 中国酿造, 2019, 38（12）: 75-79.

［60］French D. Organization of starch granules. In Starch: Chemistry and Technology（2nd）［M］. San Diego: Academic Press, 1984.

［61］Cornell H J. 3-the chemistry and biochemistry of wheat. In Breadmaking（2nd）［M］. Woodhead Publishing, 2012.

［62］Barnes P J. Wheat in milling and baking. In Cereal Science and Technology［M］. Aberdeen: Aberdeen University Press, 1989.

［63］Hoover R. Starch retrogradation［J］. Food Rev Int, 1995, 11（2）: 331-346.

［64］Triboï E, Pierre M, Triboï-Blondel A M. Environmentally-induced changes in protein composition in developing grains of wheat are related to changes in total protein content［J］. J Exp Bot, 2003, 54（388）: 1731-1742.

［65］Nielsen P K, Bønsager B C, Fukuda K, et al. Barley α-amylase/subtilisin inhibitor: structure, biophysics and protein engineering［J］. Biochim Biophys Acta, 2004, 1696（2）: 157-164.

［66］Roberts T H, Marttila S, Rasmussen S K, et al. Differential gene expression for suicide-substrate serine proteinase inhibitors（serpins）in vegetative and grain tissues of barley［J］. J Exp Bot, 2003, 54（391）: 2251-2263.

［67］Shewry P R, Tatham A S. The prolamin storage proteins of cereal seeds: structure and evolution［J］. Biochem J, 1990, 267（1）: 1-12.

［68］Shewry P R, Parmar S, Miflin B J. Extraction, separation, and polymorphism of the prolamin storage proteins（secalins）of rye［J］. Cereal Chem, 1983, 60（1）: 1-6.

［69］Shewry P R, Saroj P, Julian F, et al. Mapping and biochemical analysis of Hor 4（Hrd G）, a second locus encoding B hordein seed proteins in barley（Hordeum vulgare L.）［J］. Genet Res, 1988, 51（1）: 5-12.

［70］Shewry P R, Parmar S, Pappin D J C. Characterization and genetic control of the prolamins of Haynaldia villosa: Relationship to cultivated species of the Triticeae（rye, wheat, and barley）［J］. Biochem Genet, 1987, 25（3）: 309-325.

［71］Hough J S, Briggs D E, Stevens R, et al. Malting and Brewing Science. Volume 1: Malt and Sweet Wort［M］. Boston: Springer, 1982.

［72］陈华萍, 陈黎, 魏育明, 等. 柱前衍生反相高效液相色谱法测定小麦中氨基酸含量［J］. 分析化学, 2005, 33（12）: 1689-1692.

［73］唐玉明. 粳糯高粱的酿酒工艺参数研究［J］. 酿酒科技, 2000（6）: 44-46.

［74］Barclay A H P. Malting technology and the uses of malt. In Barley Chemistry and Technology［M］. St. Paul: American Association of Cereal Chemists, 1993.

［75］Mathewson P R, Pomeranz Y. Modified chromogenic alpha-amylase assay for sprouted wheat［J］. J Asso Off Anal Chem, 1979, 60（1）: 198-200.

［76］Mathewson P R, Pomeranz Y. Detection of sprouted wheat by a rapid colorimetric determination of alpha-amylase［J］. J Asso Off Anal Chem, 1977, 60（1）: 16-20.

［77］ Jensen S A, Heltved F. Visualization of enzyme activity in germinating cereal seeds using a lipase sensitive fluorochrome ［J］. Carls Res Commun, 1982, 47（5）: 297-303.

［78］ 魏岩涛，何正礼. 高粱酒 ［M］. 上海：商务印书馆，1935.

［79］ 宋书玉，赵建华. 中国白酒机械化酿造之路 ［J］. 酿酒科技，2010（11）: 99-104.

［80］ Du H, Fan W, Xu Y. Characterization of geosmin as source of earthy odor in different aroma type Chinese liquors ［J］. J Agri Food Chem, 2011, 59: 8331-8337.

［81］ 贾思勰. 齐民要术 ［M］. 北京：中华书局，2009.

［82］ 李大和. 大曲酒生产问答 ［M］. 北京：中国轻工业出版社，1990.

［83］ Hardy P J, Brown J H. Process control. In The Science and Technology of Whiskies ［M］. Harlow: Longman Scientific and Technical, 1989.

［84］ 沈怡方，李大和. 低度白酒生产技术 ［M］. 北京：中国轻工业出版社，1996.

第三章

小曲与麦芽生产工艺

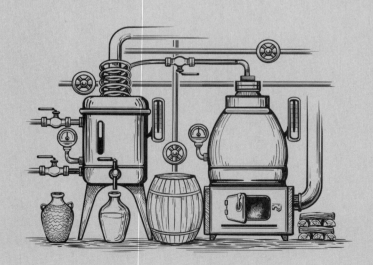

小曲与小曲酒的生产是我国古代酿酒技术之一；而麸曲与麸曲白酒生产是 20 世纪 50 年代后发展起来的一种生产技术。

第一节　曲的简史

小曲的生产最早可追溯到公元前 7000 年，即贾湖文化的米-水果酒[1]，要发酵米，必须有糖化剂（小曲），可惜当时没有文字记载。最早记录曲的是公元前 10 世纪左右的《尚书·商书·说命》，曰"若作酒醴，尔惟曲糵。"春秋战国时期（公元前 770 年至公元前 221 年）的《礼记·月令》最早论述酿酒全过程的工艺要求，书中云"乃命大酋，秫稻必齐，曲糵必时，湛炽必洁，水泉必香，陶器必良，火齐必得"。我国最早系统性记载制曲方法的文献是北魏末年（公元 533—544 年）《齐民要术》。该书共记载了 8 种曲（表 3-1），包括麦曲（麥麴）、神曲、河东神曲、白醪曲、春酒曲、颐曲；并将曲分为三种类型，神曲（或曰女曲）、白醪曲和笨曲[2]。神曲是指糖化发酵效率快的曲，或许类似于现代的小曲；笨曲是指糖化发酵效率慢的曲；而白醪曲的糖化发酵能力介于二者之间[3]。

表 3-1　　　　　　　　　　　　　《齐民要术》记载曲汇总

曲名	原料	生/熟料	辛香料和/或草药辅料[a]	辅助物料	形状	培养时间	类型
三斛麦曲法	小麦	蒸:炒:生 1:1:1		（男童子踏）	曲饼，手团二寸半[b]，厚九分	28d	神曲/女曲
神曲 1	小麦	蒸:炒:生 1:1:1		（壮士踏）	圆铁作范，径五寸，厚一寸五分	21d	神曲/女曲
神曲 2	小麦	蒸:炒:生 1:1:1.5		（男童子踏）	曲饼，广三寸，厚二寸	21d	神曲/女曲
神曲 3	小麦	蒸:炒:生 1:1:1			曲饼，挂	21d	神曲/女曲
河东神曲	小麦	蒸:炒:生 3:6:1	桑叶、苍耳、艾、茱萸（或野蓼）		曲饼	28d	神曲/女曲
家法白醪曲	小麦	蒸:炒:生 1:1:1	胡叶	煮饼置桑薪灰中	圆铁作范，径五寸，厚一寸余	21d	白醪曲

续表

曲名	原料	生/熟料	辛香料和/或草药辅料[a]	辅助物料	形状	培养时间	类型
春酒曲	小麦	炒	艾	（7月[c]作，壮士踏）	木范之，方一尺，厚二寸	21d	笨曲
颐曲	小麦	炒	艾	（9月[c]作，壮士踏）	木范之，方一尺，厚二寸		笨曲

注：a：草药通常煮成汤，然后和面；b：此年代 1 尺 = 10 寸，1 寸 = 10 分，1 尺 = 24.5cm；c：指农历。

《齐民要术》共记载了 5 种神曲，分别为三斛麦曲 1 种、神曲 3 种、河东神曲 1 种。从记载中可以看出，此时的小曲是不添加草药的[3]。小曲添加草药始于晋朝[4]，到《北山酒经》中已经有大量添加草药的记载[3]。在该书中还首次出现了类似现代大曲的记载（表 3-1）。

制曲原料主要是小麦，但与现在生料制曲不同的是，当时的原料通常是蒸熟的、炒熟的和生的三种加工方式，并混合后制曲。曲中要添加多种植物香源[2]；培养时间在 3~4 周（表 3-1）。

《齐民要术》中最为关键的是出现了类似现代的"大曲"记载，即笨曲中的春酒曲和颐曲的体积与现代制曲相似；正方形，长宽约 24.5cm，厚约 5cm（表 3-1）。从笨曲形状、制曲周期 21d 以及产酒时糖化发酵慢的角度看，这是现代大曲的雏形。

成书于宋朝（1086—1127 年）的《北山酒经》是我国历史上留存的最早的酿酒专著（唐朝王绩的《酒谱》和《酒经》失传了），该书共记载了 13 种曲的生产工艺（表 3-2），包括顿遞祠祭曲、香泉曲、香桂曲、杏仁曲、瑶泉曲、金波曲、滑台曲、豆花曲、玉友曲、白醪曲、小酒曲、真一曲和莲子曲[3,5]。

《北山酒经》将曲分为三类，罨曲、风曲和醲曲（或称小曲、醒曲）（表 3-2）。与《齐民要术》相比，制曲原料已经从小麦一种原料，增加为小麦（包括白面或面）、大米（包括糯米和粳米）、赤豆（表 3-2）；原料处理方式仍然与《齐民要术》类似，即生料、炒熟的或蒸熟的，但这三种方式处理过的原料是单独制曲，并不混合。添加的植物香源的原料更加丰富，但培养方式以饼曲、丸曲和散曲为主[3,5]。

表 3-2　　　　　　　　　　　　　《北山酒经》记载曲汇总

曲名	原料	处理方式	辛香料和/或草药辅料	辅助物料	形状	培养时间	类型
顿遞祠祭曲	小麦	生	白术、川芎、白附子、瓜蒂、木香	麦余子、草人子、黄蒿	饼曲	十余日	罨曲

续表

曲名	原料	处理方式	辛香料和/或草药辅料	辅助物料	形状	培养时间	类型
香泉曲	白面	生	川芎、白附子、白术、瓜蒂	（未述）	饼曲	（未述）	罨曲
香桂曲	面	生	木香、官桂、防风、道人头、白术、杏仁、苍耳、蚍麻	（未述）	饼曲	（未述）	罨曲
杏仁曲	面	生	杏仁	（未述）	饼曲	（未述）	罨曲
瑶泉曲	白面：糯米粉 6：4	蒸面	白术、防风、白附子、官桂、瓜蒂、槟榔、胡椒、桂花、丁香、人参、天南星、茯苓、香白芷、川芎、肉豆蔻	桑叶+纸袋	饼曲	14d+2个月	风曲
金波曲	糯米粉、白曲	生	木香、川芎、白术、白附子、官桂、防风、黑附子、瓜蒂、杏仁、道人头、蚍麻	穀叶+纸袋	饼曲	15d+2个月	风曲
滑台曲	白面：糯米粉 1：1	生	白术、官桂、胡椒、川芎、白芷、天南星、瓜蒂、杏仁	纸袋	饼曲	49d	风曲
豆花曲1	白曲：赤豆 50：7	煮豆	杏仁、川乌头、官桂、麦蘖、苍耳、辣蓼、勒母藤（后三个浸豆）	纸袋	饼曲	7~8个月	风曲
豆花曲2	米、白面、赤豆	煮豆	苍耳、辣蓼、勒母藤（浸米后煮赤豆）	桑叶+纸袋	饼曲	（未述）	风曲
玉友曲	糯米	生	辣蓼、勒母藤、苍耳、青蒿、桑叶	旧曲末，干草，青蒿	饼曲	1个月	醿曲
白醪曲	粳米：糯米 3：1	生	川芎、峡椒、蓼叶、桑叶、苍耳叶	曲母，穀叶	曲丸	5~7d	醿曲
小酒曲	糯米	生	肉桂、甘草、杏仁、川乌头、川芎、生姜	穰草	饼曲	1个月	醿曲
真一曲	白面	生	生姜		饼曲	1个月	醿曲
莲子曲	糯米：白曲 2：3	炒	生姜（与白曲一起微炒令黄）	芦蓆、蒿草+纸袋	散曲	2d	醿曲

到 19 世纪，法国卡尔迈特（Calmette）在研究我国小曲的基础上，分离出糖化力强的毛霉，并用来生产酒精，称为"阿米诺法"，突破了西方只能用麦芽生产酒和酒精的历史。此后，柯赫使用固态法培养微生物，用以生产糖化发酵剂。

第二节　曲的分类与特点

目前，我国酿酒用曲主要有大曲、小曲、麸曲三种[6]。

大曲（*daqu*）是酿酒用的糖化剂和发酵剂，多为一种砖形粗酶制剂，酱香型大曲最大，长 37cm×宽 23cm×高 6.5cm；浓香型大曲尺寸次之，长（~30cm）×宽（18~23）cm×高（6~6.5cm）[7]；清香型曲最小，长（28cm）×宽（19cm）×高（5cm）。其微生物区系为霉菌、酵母菌和细菌，并有一定数量的放线菌。

小曲（*xiaoqu*），俗称小酒药、药小曲，是酿酒用的糖化剂和发酵剂的一种，有方块、圆球等形状。因传统制造时加入了各种中草药，故又称药曲、酒药、曲药。其主要微生物区系为根霉、毛霉和酵母菌等。

麸曲（bran *koji*）是以麦麸为原料，采用纯种微生物接种制备的一类糖化剂。麸曲是散曲。

第三节　小曲生产技术

近代（20 世纪 30 年代）小曲制作与黄酒所用酒药相似，但所用原料并不仅限于大米[8]。将稻连壳磨碎，混合一部分麦粉，添加母曲（亦称陈酒药）2%左右，杂以粉碎后的药材，常用辣蓼、肉桂、甘草、木香、川芎、乌头、生姜、杏仁等，加水揉成长条，切块，置于竹笋中滚之，近似圆球形，放入稻草上，盖以草蒿。一昼夜后，揭去盖草。检测温度变化，温度过高，将其散开；过冷，则聚集之。数日后，放阴凉通风处干燥即可。

现代小曲以米粉为原料，或添加中药，接入母曲经培养而成。其制法与黄酒所用小曲类似[8]。小曲是以根霉为主的酒曲，主要用于米香型、豉香型和小曲白酒等的生产。其主要产地是粤、桂、鄂、湘、闽、云、贵、川等省、直辖市、自治区，著名的小曲有邛崃米曲和糠曲、广东酒饼曲、厦门白曲、桂林酒曲丸等。在酿酒生产中小曲用量少，一般在 0.5%~1%。传统小曲是用米粉加数十味中药制成，如桂林三花酒的酒曲丸要添加十多种中草药。1957 年四川永川试点，在查定传统小曲操作基础上，总结出一套"两准、一匀、三不可"的无药糠曲操作法，打破了无药不成曲的传统观念。"两准"是温度准、水分准；"一匀"是拌和均匀；"三不可"是不可用馊酸原料、不可用粗糠粉、不可在起烧前窝潮。高粱原料用有药与无药糠曲酿酒对比试验，出酒率分别为 56.5% 与 60.95%。玉米为原料的有药米曲与无药糠曲出酒率分别为 53.23% 及 54.43%[9-10]。

小曲的品种较多，按是否添加中草药可分为药小曲与无药白曲；按用途可分为甜酒曲与白酒曲；按生产原料可分为米曲（全部大米粉）与糠曲（全部米糠或大量米糠，少量米粉）；按地区可分为四川药曲、汕头糠曲、厦门白曲与绍兴酒药等；按形状可分为酒曲丸、酒曲饼及散曲等。

第四节　小曲中的主要微生物

小曲主要含霉菌。小曲中的霉菌一般包括根霉、毛霉、黄曲酶、黑曲霉等，主要是根霉。小曲中常见的根霉有河内根霉、米根霉、爪哇根霉、白曲根酶、华根霉、黑根霉等（表3-3）。

表 3-3　　　　　　　　　　　　小曲中常见根霉的特性

菌名	生长适温/℃	作用适温/℃	最适pH	一般特征
河内根霉	25~40	45~50	5.0~5.5	菌丛白色，孢子囊较少，糖化力较强，具有液化力，产酸能力较强，特别是能生成乳酸等有机酸
白曲根酶	30~40	45~50	4.5~5.0	菌丛白色，呈棉絮状，有极少的黑色孢子囊孢子，糖化力强，有微弱发酵能力，产酸能力强，但适应能力差
米根霉	30~40	50~55	4.5~5.0	菌丝灰白色呈黑褐色，孢子囊柄2~3cm，孢子囊褐色至黑褐色，球形，50~200μm，孢子灰白色，长球形，8.5~10μm，糖化力强，能生成乳酸，使小曲酒中含乳酸乙酯
华根霉	37~40	45~50	5.0~5.5	菌丝纯白色至灰褐色，孢子囊柄长（100~450）μm×（7~10）μm，假根短小，孢子囊细小，孢子鲜灰色，卵圆形，8μm×10μm，糖化力强，产乳酸等有机酸能力强
黑根霉（Rh. nigricans）	30~37	45~50	5.0~5.5	菌丛疏松，粗壮，孢子囊大，黑色，能生成反丁烯二酸
爪哇根霉（Rh. javanicus）	37	50~55	4.5~5.5	菌丛黑色，孢子囊较多，糖化力强

根霉含有丰富的淀粉酶，包括液化型和糖化型淀粉酶，两者的比例约为 1：3.3，而米曲霉则为 1：1，黑曲霉为 1：2.8。根霉还含有酒化酶，具有一定的产酒能力，能边糖化边发酵，这一特性是其他霉菌所没有的。

第五节　各种小曲生产技术

现将我国主要小曲的生产介绍如下。

一、　药小曲制造

药小曲又名酒药或酒曲丸。它的特点是用生米粉作培养基，添加中草药及种曲（曲母），有的还添加白土泥作填充料。添加中草药的品种和数量各地有所不同，有的只用一种药，称为单一药小曲，如桂林酒曲丸；有的用十多种药，称为多药小曲，如广东五华长乐烧的药小曲；还有的接种纯种根霉和酵母，用药多种，混合培养而成，称为纯种药小曲，如广东澄海的药小曲。

（一）单一药小曲生产工艺

桂林酒曲丸是一种单一药小曲，它是用生米粉作原料，只添加一种香药草粉，接种曲母培养而成。

1. 原料

大米粉总用量 20kg，其中酒药坯用米粉 15kg，裹粉用细米粉 5kg。香药草粉用量 13%（对酒药坯的米粉质量计）。香药草是桂林特产的草药，茎细小，稍有色，香味好，干燥后磨粉即成香药草粉。

曲母是指上次制药小曲时保留下来的一小部分酒药种，用量为酒药坯的 2%，为裹粉的 4%（以米粉的质量计）。

2. 原料预处理

大米加水浸泡，夏天为 2~3h，冬天约为 6h，浸后滤干备用。浸米滤干后，先用石臼捣碎，再用粉碎机粉碎为米粉，其中取出 1/4，用 180 目细筛筛出约 5kg 细米粉作为裹粉用。

3. 制坯

每批用米粉 15kg，添加草药粉 13%，曲母 2%，水 60% 左右，混合均匀，制成饼团，然后在制饼架上压平，用刀切成约 2cm 大小的粒状，以竹筛筛圆成酒药坯。

4. 裹粉

将约 5kg 细米粉加入 0.2kg 曲母粉，混合均匀，作为裹粉。然后先撒小部分裹粉于簸箕中，并洒第一次水于酒药坯中。倒入簸箕中，用振动筛筛圆成型后再裹一层粉。再洒水，再裹，直到裹完裹粉为止。洒水量共约 0.5kg。裹粉完毕即为圆型的酒药坯。分装于小竹筛内扒平，即可入曲房培养。入曲房前酒药坯含水量为 46%。

5. 培曲

根据小曲中微生物的生长过程，大致可分三个阶段进行管理。

前期：酒药坯入曲房后，室温宜保持 28~31℃。培养经 20h 左右，霉菌繁殖旺盛，观察到霉菌丝倒下，酒药坯表面起白泡时，可将盖在药小曲上面的空簸箕掀开。这时的品温一般为 33~34℃，最高不得超过 37℃。

中期：24h 后，酵母开始大量繁殖，室温应控制在 28~30℃，品温不得超过 35℃，保持 24h。

后期：48h，品温逐步下降，曲子成熟，即可出曲。

6. 出曲

曲子成熟即出房，并于烘房烘干或晒干，贮藏备用。药小曲由入房培养至成品烘干共需 5d 时间。

7. 质量要求

感官鉴定：外观带白色或淡黄色，要求无黑色，质松，具有酒药特殊芳香。

理化指标：水分 12%~14%，总酸 ≤0.6g/100g。发酵力用小型试验测定得 58%vol 桂林三花酒在 30kg 以上。

（二）多药纯种药小曲

多药纯种药小曲是采用十几种中草药和纯种根霉菌及酵母菌制成的。其工艺如下：

将大米浸渍 2~3h，淘洗干净后，磨成米浆。然后用布袋滤干水分，至可用手捏成颗粒状酒药坯为度。

加入的中草药配方（以大米用量计）：桂皮 0.3%，香菇 0.1%，小茴香 0.1%，细辛 0.2%，三利 0.1%，荜拨 0.1%，红豆蔻 0.1%，元茴 0.2%，苏荷 0.3%，川椒 0.2%，皂角 0.1%，排香草 0.2%，胡椒 0.05%，香加皮 0.6%，甘草 0.2%，甘松 0.3%，良姜 0.2%，九本 0.05%，丁香 0.05%。上述 19 种中草药需先干燥后，再经磨碎、过滤，混匀为中草药粉。

制曲坯时，在压干的米粉浆中，按原料大米用量加入 4%~5% 以面盆米粉培养的根霉菌种子和 2.6%~3% 米曲汁三角瓶培养的酵母菌种子液，1.5% 中草药粉，掺拌均匀，捏成酒药坯，其直径为 3~3.5cm，厚 1.5cm。将成型的坯摆放于底部预先垫以新鲜草的木格内。将装格后的酒药坯移入培曲室内保温保湿培养 58~60h 后，即可出房。经干燥后，贮存备用。贮存期雨季和夏季为 1 个月，冬季可适当延长。

（三）董酒药小曲制作

1. 原料及粉碎

将小麦（制麦曲*）或大米（制小曲）粉碎成粉状，必要时米粉可粉碎成细粉，小麦粉碎较粗[11]。

2. 中药

将制麦小曲用的 40 种中药材（表3-4），制米小曲用的 95 种中药材（表3-5），分别粉碎后备用。

表 3-4　　　　　　　　　　董酒麦小曲中药材用量[12]

编号	药名	用量/kg	编号	药名	用量/kg	编号	药名	用量/kg
1	黄氏	10	15	柴胡	10	29	杜仲	10
2	砂仁	10	16	白芍	10	30	破故纸	10
3	波扣	10	17	川芎	10	31	丹皮	10
4	龟胶	10	18	当归	10	32	大茴香	10
5	鹿胶	10	19	生地	10	33	小茴香	10
6	虎胶	10	20	熟地	10	34	麻黄	10
7	益智仁	10	21	防风	10	35	桂皮	10
8	枣仁	10	22	贝母	10	36	安桂	10
9	志肉	10	23	广香	10	37	丹砂	10
10	元肉	10	24	贡术	10	38	茯神	10
11	百合	10	25	虫草	10	39	荜拨	10
12	北辛	10	26	红花	10	40	尖具	10
13	山奈	10	27	枸杞	10			
14	甘松	10	28	犀角	10			

注：计 40 味中药 400g。

表 3-5　　　　　　　　　　董酒米小曲中药材及用量[12]

编号	药名	用量/kg	编号	药名	用量/kg	编号	药名	用量/kg
1	姜壳	2.5	3	苍术	2.5	5	天冬	2.5
2	白术	1.5	4	远志	2.0	6	桔梗	1.5

注：* 董酒的大曲不同于其他大曲，体积比普通大曲要小，若遵从四川邛崃的说法，应该称为大曲母。本书回归本真，将董酒"大曲"称为"麦曲"或"麦小曲"，将董酒"小曲"称作"小曲"或"米小曲"。

续表

编号	药名	用量/kg	编号	药名	用量/kg	编号	药名	用量/kg
7	半夏	1.5	37	破故纸	2.5	67	朱苓	2.0
8	南星	1.5	38	香薷	2.5	68	茵陈	2.0
9	大具	2.0	39	淮通	2.5	69	川马	2.0
10	花粉	2.5	40	香附	2.5	70	厚朴	2.5
11	独活	2.5	41	瞿麦	2.0	71	牙皂	3.0
12	羌活	2.0	42	大茴香	2.5	72	杜仲	2.0
13	防风	2.5	43	小茴香	2.5	73	木瓜	2.5
14	藁本	2.5	44	藿香	2.0	74	桂子	2.5
15	粉葛	1.0	45	甘松	2.5	75	蜈蚣	500 条
16	升麻	3.0	46	良姜	2.0	76	绿蚕	1.0
17	白芷	3.0	47	山奈	2.5	77	自然铜	1.0
18	麻黄	3.0	48	前仁	1.5	78	泡参	2.5
19	芥末	3.0	49	茯苓	2.5	79	甘草	2.5
20	紫苿	3.0	50	黄柏	3.0	80	雷丸	1.5
21	小荷	2.5	51	桂枝	2.5	81	马蔺	1.5
22	木贼	2.5	52	牛膝	2.5	82	枸杞	2.0
23	黄精	2.5	53	柴胡	3.0	83	吴茱萸	2.0
24	玄参	2.5	54	前胡	3.0	84	栀子	2.5
25	益智	1.5	55	大腹皮	2.5	85	化红	2.0
26	白芍	2.5	56	五加皮	2.5	86	川椒	2.0
27	生地	2.0	57	枳实	1.5	87	陈皮	2.5
28	丹皮	2.0	58	青皮	2.5	88	山楂	2.5
29	红花	1.5	59	肉桂	2.5	89	红娘	1.5
30	大黄	3.0	60	官桂	2.5	90	百合	2.5
31	黄芩	3.0	61	斑蝥	1.0	91	穿甲	2.0
32	知母	2.5	62	石膏	1.0	92	干姜	2.5
33	防己	2.0	63	菊花	2.0	93	白芥子	1.5
34	泽泻	1.5	64	蝉蜕	1.5	94	神曲	2.5
35	草乌	2.0	65	大枣	2.0	95	大鳖子	1.5
36	蛇条子	1.5	66	马鞭草	2.5			

注：计 95 味中药。

3. 拌料成型

取小麦粉（或米粉），加入5%中药粉，麦小曲料接种大块曲粉2%，米小曲料接种小块曲粉1%，加原料量50%~55%的新水，用拌料机拌匀。

将拌好的料在板框上踩紧，厚约3cm。然后用刀切成块状，麦小曲为大块曲坯，11cm见方；米小曲为小块曲坯，小块曲坯3.5cm见方[12]。

4. 入箱培养

将切好的曲坯放在垫有稻草的木箱中，并把箱堆成柱形。然后保温培养，开始时室温保持28℃左右，以后视情况进行调节。

5. 揭汗

曲块培养1d左右，即可达到揭汗温度。米小曲揭汗温度为37℃，如采用低温揭汗，则为35~36℃；麦小曲揭汗温度为44℃，低温揭汗时为38℃。

翻箱揭汗后将曲箱错开，每隔2~3h上下翻箱1次，以调节品温，使曲子生长均匀。

6. 反烧

反烧揭汗后曲子品温下降。米小曲经24h，麦小曲经7d左右，曲子品温又回升，称为"反烧"。此时米小曲升温比麦小曲升温幅度大。但米小曲品温也不宜超过40℃，如果品温太高，可勤翻箱，必要时可打开门窗通风降温；麦小曲反烧时若温度稍高，则问题不大。

7. 成曲

经过7d左右，麦小曲与米小曲基本成熟。培养好的曲子应及时在45℃下烘干。总培曲时间约2星期。

8. 中药作用

药香成分在董酒中含量极微，通过对药材和药材提香液的感官检查，可做如下分类[12]。

（1）呈浓郁药香　有肉桂、官桂、八角（大茴香）、桂皮、小茴、花椒、藿香7种。

（2）呈清沁药香　有羌活、良姜、前胡、淮通、合香、半夏、荆芥、大腹皮、茵陈、前仁、香菇、山楂、干姜、干松、木贼、藁本、知母、麻黄，共计18种，其中最后2种为清雅带麻者。

（3）呈舒适药香　有独活、元参、白术、黄柏、白芷、枳实、甘叶、厚朴、茯苓、白芥子、柴胡、泽泻、天冬、木瓜、黑固子、苍术、升麻、姜壳、栀子、香附、牛匀、雷丸、远志、羌活、黄精、化红、生地、朱苓、杜仲、五加皮、山奈、丹皮、吴茱萸，共计33种，其中后4种香味尤为舒适。

（4）呈淡雅药香　有元参、马鞭草、防风、防己、桔梗、瞿麦、红花、白附子、牙皂、白芍、枸杞、花粉、僵蚕、附片，共计14种。

根据每种药材的呈香和董酒香气的对照，选用了26种被认为比较重要的药材。它们是：肉桂、八角、小茴香、花椒、藿香、荆芥、升麻、麻黄、藁本、知母、山奈、甘草、独活、橘皮、五加皮、天冬、香菇、黑固子、厚朴、木瓜、木贼、丹皮、香附、当归、良姜、白芍。

为了摸清药香在酒中的重要性，采用上列26种中药材提取液，做对照试验，证明有明显效果，一方面说明了药香对构成董酒风格的重要作用，也是对生香工艺的重要改进。上述药材香气的感官分类，对生产新型白酒可能有一定的参考价值。

（四）邛崃米曲生产工艺

川法小曲白酒生产中，传统上使用邛崃米曲，该曲早在17世纪的明末清初就已发展极盛。据记载，邛崃米曲使用了72种中药，经烘干碾碎与曲母共同拌入经浸泡的大米中，一起碾压制成曲坯入箱培养。

邛崃米曲中加入的数十味中药材，经试验证明，部分药材在促进益菌繁殖、抑制杂菌生长等方面起了一定作用，但也有部分药材作用并不明显，有的还对制曲生产有妨碍。其中独活、川芎、白芍、砂头、北辛等药材可促进小曲中根霉的生长，起到清糊、绒子的作用；苓皮、硫磺、桂皮、玉桂等对醋酸菌的生长有抑制作用；薄荷、牙皂、木香等又能抑制念珠霉的生长。草药对酿酒微生物的影响有待深入研究。

邛崃米曲分为大曲母和小曲母两种。小曲母一般为3cm见方，重约20g；大曲母为圆形，直径约8cm，厚3cm，重约110g。因小曲母是培养大曲母的种子，故对小曲母的质量要求较高。除精碾大米、配足用药外，一般选择湿度较低、气候温和的季节制作，如农历三、四月或重阳前后进行生产。其成品除供四季生产大曲母使用外，还选留最优质的小曲母作为下季生产小曲母的种子使用。制曲时，小曲母和大曲母的工艺要求是一致的，由于曲坯大小不同，制坯、曲箱管理略有差异[13]。

1. 生产工艺流程

邛崃米曲的生产工艺流程见图3-1。

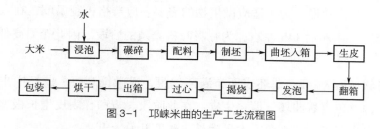

图3-1　邛崃米曲的生产工艺流程图

2. 原料

原料配比是大米80kg，中药材2.75kg，曲母粉0.25kg。中药材烘烤、碾碎后用于配料。

3. 原料浸泡

浸泡一般用冷水。浸泡时间视大米精熟程度、水温高低而定，一般为 20~30min，随即滴干水分。泡米至手捻易碎、微带硬心为宜。泡米时间过长，则米粒含水多，碾后易发烧，孳生杂菌，米带酸馊味；泡米时间短，米质硬，不易碾碎，黏结性差，制曲成型困难。一般要求浸泡后大米含水分 30%~32%。

4. 碾碎

将滴干余水的大米倒入碾槽，碾碎至手捏成片、无半截米时加入曲母粉，再碾 1~2min，再加入中药粉，碾匀。碾后的物料要求粗细适度，太粗黏性差，不易成型；过细曲坯透气性差，影响微生物生长繁殖。经测定，大米的碾细度为：不能通过孔径为 $\Phi1mm$ 筛孔的占 30%，通过 $\Phi1mm$ 筛孔而不能通过 $\Phi0.5mm$ 者占 40% 左右。

5. 拌料与制坯

碾碎的原料不能放置过久，应立即倒入木盆中，加水拌和，加水量为 22%~25%；要求拌匀、揉和。

6. 制坯

小曲母多制成 3cm 见方的曲块，大曲母多制成直径为 8~9cm，厚约 3cm 的圆形曲坯，制曲时将曲面和匀揉紧，以免碎烂。曲坯大小要求均匀一致，便于控制温度和水分变化。

7. 曲箱管理

曲箱管理是制曲的中心环节。小曲中微生物发育生长时，经过生皮、干皮、过心 3 个阶段。根据不同阶段，掌握好温度、湿度，是做好曲子的关键。

（1）入箱 制坯完毕，将曲坯逐行错综排列于箱内。要求摆放均匀，稀密一致，不得重叠。

（2）生皮阶段 入箱后着重控制温度、湿度，在 14h 左右品温达到 32~33℃，软坯；18h 左右达到 34~35℃，生皮。

所谓软坯，是微生物在适宜的培养基质和温度、湿度下生长繁殖，而产生水分增多，曲坯变软，甚至变形。为了适应微生物的需要，应严格控制温度，在入箱后 2h 内，箱温不低于 25℃，入箱后 14h 左右，为呼吸旺盛繁殖的阶段。因此箱温高低是控制软坯的关键。

生皮是在软坯后 3~4h，曲坯表面布满菌丝膜，显微镜观察，曲坯中主要微生物根霉大量繁殖，菌丝包裹着曲坯，谓之生皮。在此阶段。霉菌在表皮生长极盛，曲心部酵母尚未生长，但皮多于心；细菌亦大量生长，酸度开始上升。

（3）翻箱 入箱后 24~26h，当品温达到 37~38℃时，即可进行翻箱。翻箱操作是将曲坯的位置调换，边换中，中换边。其目的是调节箱内的水分、温度和品温，并排出

因发酵而积聚的 CO_2。判断翻箱条件：一般曲坯水分从 43% 降到约 38%，此时已培养出大量微生物，霉菌在外表达到健壮优势，并产生皱纹，翻曲时曲块能保持原有状态。

（4）发泡　在翻箱后 14~16h，曲坯水分继续挥发，体积不变，质量减轻，曲坯内部形成很多空隙，该现象谓之发泡。达到发泡的主要控制条件是水分。在翻箱后 14h 左右，曲块水分从 38% 降到 33% 左右，此时酸度约为 0.8。从翻箱到发泡，不必供给过多氧气，控制温度不过度升高，并使水分适当蒸发。从发泡时的镜检发现，霉菌已从表面向曲心发展。酵母菌数目增多（约为翻箱时的 1.5 倍），细菌较前健壮，生酸量增多，达到高峰。

（5）揭烧　主要目的是降低品温。从发泡阶段开始，是霉菌繁殖旺盛阶段，要供给足够的空气，利用揭烧来调节品温。

揭烧是将箱上所盖的草帘全部揭去，使曲块裸露于空气中，待品温降至 28~30℃，再用草帘保温，直至出箱。

（6）过心　揭烧后检查曲心。霉菌已在曲心布满白色菌丝，此时曲块水分降至 28% 左右，酸度稍有下降。过心时镜检，霉菌繁殖很快，全部过心；酵母大量增殖，达到足够数量；细菌已基本受到抑制。

（7）出箱烘干　当曲块内部菌丝布满后，即可出箱。此时镜检，曲块内部除有较多数量的霉菌、酵母外，仍保留着大量的细菌。细菌中主要是醋酸菌、乳酸菌、丁酸菌、枯草杆菌等，这些菌代谢产生白酒中的有机酸，形成特有的风味。

将出箱的曲块倒入烘烤灶内，盖上稻草。用木炭在灶内生火，以 40~50℃ 最高不超过 60℃ 温度烘烤 24h，翻动 1 次，取出，将上部换置于下部，再烘烤 24h。待曲块含水量降至 10% 左右，即可包装（表 3-6）。

表 3-6　　　　　　　　　邛崃米曲培养记录[13]

时间/h	室温/℃	品温/℃	箱温/℃	箱底温/℃	水分/%	酸度*	备注
0	22	22	21	25	42.6	0.13	进箱
4	20	25	25	36	42.6	0.14	
8	18.5	26	26.5	35	42.7	0.18	
12	17	29.5	30	53	43.2	0.34	
16	19	33	32	50	44.2	0.53	
20	20	35.5	34	48	43.0	0.68	
24	20	37.5	31	46	41.2	0.73	翻箱
28	19	30	29.5	45	40.0	0.80	
32	18	30.5	29	34	38.6	0.81	

续表

时间/h	室温/℃	品温/℃	箱温/℃	箱底温/℃	水分/%	酸度*	备注
36	17	33	27	32	36.4	0.79	
40	17.5	38	20	29	34.8	0.74	揭烧
44	20	30	21	26	33.7	0.13	
48	20	29	25	25	32.0	0.61	
52	18.5	28	29	29	32.1	0.58	
56	18	29	23	23	31.4	0.56	
60	16.5	30	24	24	31.0	0.54	
64	17.5	29	22.5	22.5	30.6	0.53	
68	23	20	21	21	30.2	0.52	
72	24	21.5	21	21	29.9	0.51	
76	24	21	21	21	29.6	0.49	
80	21	21	22	22	29.3	0.48	
84	20	20	22	22	29.0	0.47	
88	19	19	23	23	28.8	0.46	
92	19	19	22	22	28.6	0.46	

注：* 本书未注明酸度单位的时候，酸度是指 10g 样品消耗 0.1mol/L NaOH 的毫升数。

（8）小曲的感官鉴定

发张：检查曲药表皮皱纹多少、厚薄，可以判断微生物的繁殖情况。

颜色：表皮、底部、曲心的颜色应一致，为白色。若保温培养期间操作不慎，会产生不正常的颜色。

泡度：微生物在曲中繁殖，产生大量 CO_2 并消耗部分碳水化合物，当水分蒸发后即造成空隙，使曲块发泡。从发泡程度可判断曲药的好坏。

菌丝：曲药内部应布满白色菌丝，油润发光。若颜色灰暗，则表示不够健壮。更不应有黄色、黑色等异色。

闻香：应有独特的曲香，若有酸、馊味，是细菌大量繁殖所致，不能使用。

（五）纯种药小曲

纯种药小曲的特点是原料采用米粉，添加十几种中草药，接种纯种根霉和酵母，混合培养而制成。它的生产过程如下：

大米预先浸渍 2~3h，淘洗干净，磨成米浆，用布袋压干水分，至可捏成粒状酒药坯为度。

中草药配方（以大米用量计）如下：桂皮 0.3%、香菇 0.1%、小茴 0.1%、细辛 0.2%、苾发 0.1%、红豆蔻 0.1%、元茴 0.2%、苏荷 0.3%、川椒 0.2%、皂角 0.1%、排草 0.2%、胡椒 0.05%、香加皮 0.6%、甘草 0.2%、甘松 0.3%、良姜 0.2%、丁香 0.05%。中草药预先干燥后，经粉碎、过筛、混合，即为中草药粉。压干的粉浆，按大米的用量加入 4%～5% 面盆米粉培养的根霉菌种，2.6%～3% 米曲汁三角瓶培养的酵母菌种，中草药粉 1.5%，拌掺均匀，捏成酒药坯。坯粒直径为 3～3.5cm，厚约 1.5cm，整齐放于木格内。木格的底垫以新鲜稻草。装格后，即移入保温房进行培养，培养过程要注意温度和湿度的控制。培养 58～60h，即可出房干燥，贮存备用。贮存时间雨季和夏季以一个月为宜，秋、冬季可适当延长。

（六）酒曲饼制造

酒曲饼又称大酒饼，它是用大米和大豆为原料，添加中草药与白癣土泥，接种曲种培养制成。酒曲饼呈方块状，规格为 20cm×20cm×3cm，每块质量为 0.5kg 左右。它主要含有根霉和酵母等微生物。例如广东米酒和“豉味玉冰烧”的酒曲饼。它的生产过程如下：

原料配比为大米 100kg，大豆 20kg，曲种 1kg，草药 10kg（其中串珠叶或小橘叶 9kg，桂皮 1kg），填充料白癣土泥 40kg。大米宜采用低压蒸煮或常压蒸煮。加水量为 80%～85%（按大米用量计），大豆采用常压蒸煮 16～20h，务须熟透。大米蒸熟即出饭，摊于曲床上，冷却至 36℃ 左右，加入经冷却的黄豆，并撒加曲种、曲药及填充料等。拌匀即可送入成型机，压制成正方形的酒曲饼。成型后的品温为 29～30℃，即入曲房保温培养 7d。培养过程中要根据天气变化和原料质量的情况适当调节温度和湿度。酒曲饼培养成熟，即可出曲，转入 60℃ 以下低温的焙房，干燥 3d，至含水分达到 10% 以下，即为成品。

豉香型白酒大小酒饼的微生物研究结果表明，大酒饼中的细菌含量较小酒饼中的明显升高，为大酒饼制作过程中带入的，制作结束需烘干以减少细菌含量，从而防止发酵过程中过量细菌产生酸败；小酒饼提供的根霉和酵母等微生物在大酒饼中得到扩大培养，而大小酒饼中放线菌含量变化则不大[14]。

二、 无药糠曲生产工艺

（一）无药白曲生产工艺

无药白曲是采用纯种根霉和酵母菌种，用大米糠和少量大米粉为原料，不添加中草药所制成的一种糠曲，俗称颗粒白曲。它的优点是不需添加中草药和节约粮食，降低了成本。由于纯种培养，杂菌不易感染，小曲的质量较稳定。

生产工艺：原料配比为新鲜米糠（通过 40 目筛）80%，新鲜米粉（通过 40 目筛）20%，原料需经 100℃灭菌 1h。晾冷的曲料，按原料的质量加入 4% 的面盆米粉培养的根霉菌种，2%~3% 米曲汁酒饼培养的酵母菌种，充分拌匀，捏成直径 4cm 的球形颗粒，分装于已灭菌的竹筛上，入曲房保温培养。培养过程中要注意调节温度和湿度。培养 30~90h，菌体已基本停止繁殖，即出房进行低温干燥，烘干温度不宜超过 40℃，干燥至水分 10% 以下，便可保藏备用。如果保藏得好，半年以后的颗粒白曲仍可使用。

（二）浓缩甜酒药生产工艺

固体培养法生产甜酒药的传统工艺，耗用粮食多，劳动强度大。利用纯种根霉采用液体深层通风培养法生产浓缩甜酒药，或称浓缩小曲。它比传统法节约用粮 80% 以上，产量增加近 1 倍，效率提高了 3 倍，大大节省了占地面积，减轻了劳动强度，降低了成本。生产过程如下：

菌种是从安徽野草中分离而得的根霉。种子罐与发酵罐培养基的配方为粗玉米粉 7%，黄豆饼水解物 3%。

黄豆饼粉水解的工艺条件：黄豆饼粉加水，含量为 30%，加入盐酸调节 pH 为 3.0，通蒸汽使温度在 90~100℃，水解 1h；或加压 245kPa，保压水解 15min。水解后不中和。

种子罐容积为 400L，装填系数为 60%。发酵罐容积为 2.3t，装填系数为 70%。种子罐与发酵罐培养的工艺条件：培养基 98~128kPa 蒸汽灭菌 35~40min，冷却到 33℃接种，接种量为 16% 左右，于（33±1）℃通风培养 18~20h。种子罐培养 18h，pH 降至 3.8 便可接种。种子罐内搅拌转速为 210r/min，通风量为 1:0.35。发酵罐内搅拌转速为 210r/min，通风量为 1:（0.35~0.4）。发酵罐培养成熟后，通过 70 目孔振动筛，弃去醪液，水洗，收集菌体，离心机（1000r/min）脱水，并以清水冲洗数次。取出菌体，按质量加入 2 倍米粉作为填充料，充分搅拌，加模压成小方块，分散放在筛子上，即可送入二次培养室，进行低温培养。二次培养室温度为 35~37℃，培养 10~15h。待根霉菌体生长，品温达到 40℃，即翻动几次，使其停止生长，并同时转入低温干燥室。低温干燥室温度为 48~50℃，继续干燥直到含水分达到 10% 为止，即可出室。经粉碎包装即为成品。

三、绿衣观音土曲生产工艺

绿衣观音土曲又名绿衣小曲、绿曲、南曲，湖北、湖南等地常用于生产小曲白酒[15-16]。湖南观音土曲又称为常山神曲、常山土曲，以大米、油糠、观音土为原料[17]。湖北绿衣观音土曲包括引曲（曲母、种曲）和土曲两种。以大米为原料，成品曲引曲圆饼形，直径 5～7cm，厚 1.5～3cm，表面淡黄色，多皱纹，有酒香。土曲以观音土、大米、米糠等为原料，圆球形，直径 5.5～6.5cm，重 9～13g，有深裂缝，曲表面被菌丝和绿色分生孢子覆盖，表面为绿色。现以湖北观音土曲为例介绍其生产[15-16]。

（一）引曲生产工艺

1. 工艺流程
绿衣观音土曲制曲工艺流程图见图 3-2。

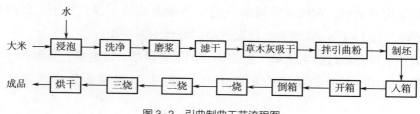

图 3-2 引曲制曲工艺流程图

2. 工艺要求
（1）原料及配比 大米与引曲粉比例为 30：25。取新鲜早稻 30kg，以清水浸泡 10～16h，洗去白浊后，和水磨浆，滤水后用草木灰吸干，拌入 2.5kg 引曲粉，制坯。

（2）培菌 保温培养分两步进行，即曲箱培养和曲架培养。

曲箱培养：先在曲箱底铺一层蒸煮过的稻壳，然后将曲坯单层置于稻壳上。曲坯先为圆球形，放置后自然下塌成圆饼状。于 28～30℃室温中培养，当箱内温度达 34～36℃时，开箱（一般曲箱内培养 12～18h）。

曲架培养：装载入箱后将曲饼倒盘，置于竹匾上，第 1 天先单匾置于曲架上培养，称之为"一烧"。经 22～24h 后，将二匾叠放，继续于曲架上培养，称之为"二烧"（以下类推）。再经 22～24h 进入"三烧"。三烧结束后，将曲饼晒干即得引曲。

（二）土曲生产工艺

1. 工艺流程
土曲制曲工艺流程图见图 3-3。

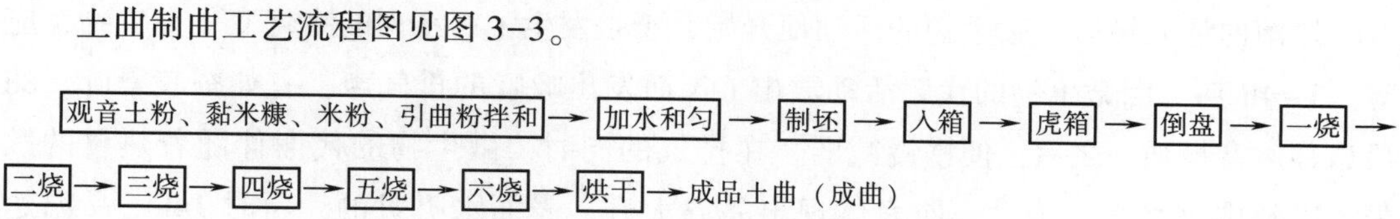

观音土粉、黏米糠、米粉、引曲粉拌和 → 加水和匀 → 制坯 → 入箱 → 虎箱 → 倒盘 → 一烧 →
二烧 → 三烧 → 四烧 → 五烧 → 六烧 → 烘干 → 成品土曲（成曲）

图 3-3 土曲制曲工艺流程图

2. 工艺要求
（1）原料配比及质量要求 主要原料为观音土、米粉、米糠等。原料配比因季节而异。春秋时节，观音土：米糠：米粉：种曲：水为 35：16：4：1.2：22。夏季时，观音土：米糠：米粉：种曲：水为 40：16：16：1.2：24[16]。

观音土晒成半干，以减小粉碎时灰尘对人体健康的影响。杀死观音土中部分有害微生物。粉碎后过 1.2~1.5mm 细筛，以除去土中的粗粒及其他杂质。

米粉应用早稻加工成的新鲜的无虫害、药害、腐烂霉变、碎石、杂质等污染的米粉最好，粉碎后用 1~1.5mm 细筛过筛。

米糠用新鲜、松散、不结块、无病虫、无药害、无腐烂霉变、无碎石杂质等污染的早谷皮糠，过 1~1.5mm 细筛。

种曲最好用手捻细，在碾槽中碾前一定要将碾槽清洗干净，烘干，以减少杂菌污染，碾好的种曲过 1~1.5mm 细筛，现碾现用，最好不要过夜。

铺箱底用的糠壳经过筛后清蒸，糠壳均应用无腐烂结块霉变的、新鲜的。过筛后的粗糠壳可作接火用，打火后的糠壳灰应集中起来，以备种曲磨浆后米浆沥干时吸水之用。

（2）拌料制坯　先将米糠、米粉倒入拌料盆（或料池）中充分混匀，再加种曲与之拌匀，直至见不到米粉颜色，再将称好的观音土倒入料盆中与之拌匀，直到无明显的米糠颜色。

加水量按原料配比加。春秋夏季可直接加自来水，冬季加温水，水温 28℃ 左右。翻动拌匀，直至同一盆中无干湿差异，手捏不松散，制成后不变形。

按传统的方法，用手捏成曲球，曲球大小因季节不同而有差异。冬季气温低，曲球应稍大，直径 6~7cm，以利保温。春季气温适中，湿度大，杂菌感染重，应做小些，直径 5.5~6.5cm。夏季气温高，品温上升快，曲球也相应制小，直径 5~6cm。秋季大小适中，直径 5.5cm 左右，制成的曲球应形状相似，大小一致，松紧程度一致。

（3）入箱培菌　入箱在干燥清洁的箱垫上，撒一层经过筛清蒸灭菌后的谷壳，约厚 1cm，将制成的曲球依次排列于箱垫谷壳之上，互相靠拢，但不应有挤压。在制成的两批曲水分湿度等条件不一致的情况下，两批应放入不同的箱笼之中，以利及时掌握来香情况，适时开箱。曲坯摆放完成后，每箱中各选两块曲插上温度计，盖好竹垫子，调节曲房温度 25~28℃，湿度 90%，关好房门及缓冲间的门。

培菌曲坯入箱后，微生物的活动便开始，于是发生了一系列的物化变化、生物反应等。3~4h 后，因微生物的代谢活动放出 CO_2 而发出嗞嗞的排气声，有如蚕咬桑叶。8h 后这种声音最强。之后，便慢慢减弱。在排气的同时，微生物的代谢伴随着热量的散失，以及排放水汽，于是，曲表体现出品温上升，表面水叽叽的，历时 14h，品温达 28℃。之后，随着品温的不断上升，曲表可见随风飘动的很稀的气生菌丝，此时品温 31~34℃。打开箱盖垫子，箱笼中香气优雅、浓郁，手摸曲坯不黏不滑，此时即可开箱。

（4）单烧　单烧即培菌的第 1 天。开箱后，待箱内温度回复到室温即可捡箱。捡箱前，应将竹折子准备好，计算好每个箱笼所需竹折子的数量，清洗干净后烘干。捡曲时，应尽量少与曲球接触，以免损伤刚长好的气生菌丝，同时，应保证曲球的完整，摆放时互相靠拢但不能挤压，曲球之间松紧空隙基本一致，以利透气保温保湿。捡好一折后，依次放在曲架上面两层。单烧过程是好氧菌继续好氧生长的过程，品温逐渐上升到32℃，曲表水分仍然充足且光滑，曲面随菌丝生长而逐渐变成白霜状，抹平闻之为浓郁的食用平菇菌香味，此时显微镜检活跃最旺盛的是根霉、棒曲霉的气生菌丝和裂殖的酒精酵母以及芽殖的假丝酵母等。单烧培菌一般历时22h。

（5）二烧　二烧又称夹烧，为培菌的第2天。将单烧的曲球两个竹折相叠放入第三层曲架，二烧过程中，菌丝继续生长，表面开始出现酵母菌突起菌落，品温上升到31℃左右，曲表白霜逐渐浓厚，二烧历时24h。

（6）三烧　三烧时将二烧曲球翻动，使各曲球长势均匀，以及同一曲球各面长势均匀。在同一折子的曲球，应将受风曲捡到背风处，受风面翻至背面，向火曲翻至背火处，背火曲翻至近火处。捡好后，近火的折子移动换方向后移至远火的曲架，相反，远火二烧的折子经翻曲换面后移至近火的曲架，且将二烧的折子3个一叠放入第四层曲架，二烧中上折翻至三烧的中折或下折，二烧的下折变为三烧的上折或中折继续培菌，三烧历时24h。三烧曲球表面出现不同颜色和不同层次的孢子梗，有白色、淡黄色的米曲霉、棒曲霉的孢子梗，有不同颜色的孢子囊（白色、淡黄色、嫩绿色、蓝绿色的孢子囊），上面着生孢子。

（7）四烧　四烧翻曲也是根据三烧曲球菌丝的培养情况，以菌丝以及曲球微生物长势均匀为原则，同一折子的前后内外翻动，同一架子的上下翻动，同一曲房中不同曲架的内外、远火近火相互交换位置翻动。放入曲架子的第五层。四烧过程水分损失较大，温度上升也较高，一般可达35~37℃，中间折子温度高处可达40℃以上。到四烧为止，曲球表面多为绿色孢子灰盖满，曲表面开始出现细小裂缝，曲球开裂。

（8）五烧　五烧、四烧历时24h，四烧过程是培菌后期，进入五烧即为烘干过程，也是曲球进入成熟期的过程。此时将四烧曲球略为散开，曲球之间间隙比四烧曲球间隙大，以利透气散水散热，将四烧土曲五折一叠放入曲架最低层，均移到近火曲架，近火曲架更有利于曲子的排潮干燥。五烧历时24h，此时曲球表面已出现自然的纹路（较深的不规则的裂口），掰开后曲球闻之有近似熟豆腐渣的香味。

（9）烘干　将五烧土曲直接倒入箩筐中或抬入烘房中烘干，烘房温度控制在35~40℃，天窗应敞开，五烧土曲进入烘房后，应上下常翻动以便水分充分散失。烘干的成品曲应是孢子灰嫩绿色或墨绿色，外观孢子梗整齐一致，曲球裂口自然，掰开后截面颜色一致，曲香浓郁，无邪杂味，落地时跌碎能显示良好的泡度。

（10）贮存老熟　入库后的成品曲一般贮存2周后，经质检其糖化力、发酵力达内控标准方可出库使用。成品曲最适使用期应在15~100d。

3. 绿衣观音土曲与小曲的比较

绿衣观音土曲与传统小曲从制曲原料、工艺等方面有着较大的不同，详细见表3-7。

表 3-7 　　　　　　　　　　绿衣观音土曲与小曲比较

项目	绿衣观音土曲	小曲
外观	引曲为淡黄色，曲表层多皱纹；土曲表面绿色，有深裂缝	表面白色，光滑
原料	引曲原料为大米，土曲以观音土（70%）、大米、米糠为原料	大米为原料，少数添加少量米糠
留种方式	引曲用作引曲与土曲的种子，土曲只用于酿酒	上一次成品曲为下一次种子
培菌方式	土曲培菌分曲箱培菌与曲架培菌两步，出箱后用竹匾保持曲的品温，蒸发水分	先用缸或其他容器培养，待收汗后，堆积于箩筐内保持温度，不断翻曲，以防止品温过高
接种方式	将引曲粉与原料拌匀，制坯	先踩曲、切曲、制坯，再裹粉接种
微生物组成不同	主要糖化菌为棒曲霉（*Asp. clavatus*）	主要糖化菌为根霉（*Rhizopus* sp.）和毛霉（*Mucor* sp.）

第六节　日本米曲生产技术

一、 Koji

日本汉字为"麹菌"，中文译文"曲菌"或"米曲"，是一种曲霉，通常以大米为原料，培养米曲霉，称为米曲。米曲对烧酒的最终味道有着深远的影响。按酿酒特征可分为3种，具有明显的各自特点。

（一）白曲

在大正时代早期发现一些黑曲自然突变，并分离到白曲。白曲易于培养，其酶促进快速糖化，因此，它被用来生产今天的大多数烧酒。它产生了清爽、温柔、甜的味道。

（二）黑曲

黑曲主要用于冲绳地区生产的泡盛烧酒。它能产生大量的柠檬酸，这有助于防止酸败。在所有三个米曲中，它最有效地产生烧酒基本成分味道和特性，使其具有浓郁的香气，略带甜、醇厚的味道。它的孢子很容易散去，覆盖在生产设施和工人的衣服上，形成一层黑色。这些问题导致它失宠，但由于 20 世纪 80 年代中期新酷乐曲（New Kuro-koji，NK-koji）的发展，由于其产生的味道深度和味觉质量，人们重新产生了对黑色曲菌生产本格烧酒的兴趣。现在几个流行的品牌明确在标签上标示使用黑曲。

（三）黄曲

黄曲用于生产清酒，并在某一时期生产所有的本格烧酒。然而黄曲对温度极为敏感；它的一次醪（moromi）在发酵过程中很容易变酸。这使得在九州等较温暖的地区难以使用，逐渐出现黑白相间的米曲。它的优点是，它产生了丰富的、果味清爽的味道，所以尽管培养困难，需要高超的技能，但仍然被一些制造商使用。它在年轻人和妇女中很受欢迎，他们以前对典型的浓烈的土豆烧酒不感兴趣，但对现在的复兴发挥了作用。

二、 生产工艺流程

大米精米进行水洗，然后浸泡，淋干水分，蒸煮，冷却，接种米曲霉（Aspergillus oryzae）（图 3-4）。其培养方式目前有两种，一种是人工培养 ［图 3-5（1）］，一种是使用圆盘制曲机培养 ［图 3-5（2）］。

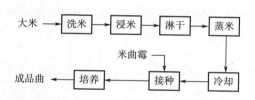

图 3-4 日本米曲制作工艺流程图

（1）传统工艺方法

（2）圆盘制曲机生产方式

图 3-5 日本米曲制作方式

随着不同的原料均可酿造烧酒，此时出现了大麦为原料的曲，称为麦曲菌（barley

koji）；甘薯为原料的曲，其生产方式与米曲类似。

麦曲菌以用大麦仁（出仁率 70%）作原料生产，浸泡在水中，蒸煮；冷却后，培养河内白曲霉（*Aspergillus kawachii*），30~40℃培养 48h[18]。发酵与米曲生产方式类似。日本大麦尼稀诺荷稀（Nishinohoshi）和澳大利亚大麦斯库纳（Schooner）制麦曲菌时产酸好，产更高的 α-淀粉酶、葡萄糖淀粉酶，产更多的葡萄糖和麦芽糖[18]。

第七节　麸曲生产技术

传统的麸曲生产是采用手工生产，现在通常采用圆盘制曲机制曲，这些曲包括河内白曲、根霉曲、细菌麸曲等[19~22]。

一、糖化麸曲制作方法

麸曲的生产与大曲不同，大曲是利用自然界中的微生物，而麸曲必须人工加入某一种微生物来培养曲。大曲既是白酒生产的糖化剂，又是白酒生产的发酵剂；麸曲在麸曲白酒生产中只作糖化剂。目前，麸曲生产中常用的微生物有邬沙米曲霉（*As*. 3758）、黑曲霉、白曲霉、黄曲霉（*As*. 3380）、米曲霉（*As*. 3384）等曲霉。现将麸曲培养一般工艺简述如下。

（一）工艺流程

麸曲生产的工艺流程如图 3-6 所示。该流程为烟台酿酒操作法的经典流程。

（二）菌种

在麸曲白酒的生产中，使用黑曲或白曲作糖化剂出酒率较高，因为黑曲的糖化力强，持续性好并耐酸（pH4. 5~5. 5 最好）。而黄曲液化快，不耐酸（最适 pH5. 5~6. 0），糖化持续性差。因此在麸曲法生产白酒时选用黑曲作糖化剂有利于出酒率的提高。但黑曲和白曲中含果胶酶较多，致使成品白酒中的甲醇含量较高。黑曲霉所含的酶系较复杂，因此成品白酒的口味较差。米曲霉蛋白质分解酶较多，使成品酒产香好，酒的质量比黑曲霉作糖化剂的高。为了兼顾两者的特点，最好把黑曲和黄曲混合使用，但黑曲的用量不得低于 70%。

（三）试管培养

在试管中装入杀菌后的察氏培养基（成分为蔗糖 2g，硝酸钠 0. 3g，氯化钾 0. 05g，

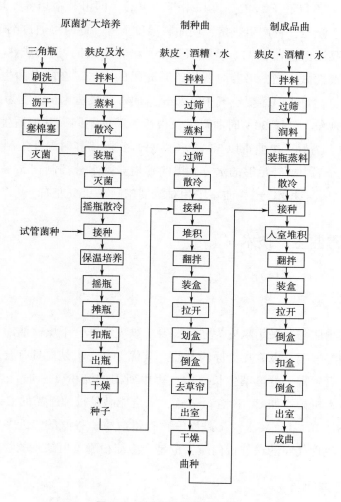

图 3-6　麸曲制作工艺流程[9]

磷酸氢二钾 0.1g，硫酸镁 0.05g，硫酸亚铁 0.001g，琼脂 2g，蒸馏水 100mL）。接入菌种，于 32℃保温培养 4~6d。

（四）三角瓶培养

将试管培养好的菌种接入灭菌后的三角瓶培养基（成分为麸皮加水，其比例为各占 50%）中，于 32℃保温培养 4d 左右。培养过程中要按规定进行摇瓶等操作。

（五）帘子种曲培养

培养基配方：麸皮 75%~85%，鲜酒糟 15%~25%，加入麸皮质量 90%~110%的水。
蒸煮：曲料拌匀后，装锅蒸煮。常压蒸煮 1h，冷却至 32~35℃。
入帘培养：曲料冷却后，接入种曲 0.3%~0.5%，入室堆积 8h，堆温以 30℃为宜，不得超过35℃，也不得低于28℃。堆积培养结束后，即可装帘培养。培养过程中，由于微生物的生长、繁殖，将产生热量，使曲料温度上升，此时可通过倒帘的办法调节曲室内温度，使曲品温保持在32℃。从堆积开始，培养约35h，曲即成熟。

曲霉菌是好气性微生物，培养时要供给它充足的空气。在曲霉菌生长最旺盛时期，以每千克麸皮计算，每小时需要空气18~20m³。曲霉菌最适生长温度为30~40℃，高过45℃要发生烧曲现象，低于30℃时曲霉生长很慢。菌种不同，其最适生长温度也不同，黄曲霉以37℃左右为好，黑曲霉以38~39℃为好。实际培养时温度控制在30~32℃。曲霉菌喜潮湿，培养基中要有足够的水分，黑曲霉培养基水分控制在53%~54%，黄曲霉在50%~52%（均指堆积水分），曲室中相对湿度控制在95%左右。

二、 纯种根霉曲生产技术

（一）制曲原料

生产纯种根霉曲普遍采用麸皮为原料。要求麸皮新鲜、干燥、洁净、无污染、无虫蛀、无霉变或潮湿酸败。以麸皮为原料制曲。其优点有：①麸皮具有合适的密度和松散性。②麸皮内含有根霉、酵母菌生长繁殖过程中所需的淀粉（一般含42%~44%）、蛋白质和各种微量无机盐。如C、N含量适宜，完全能满足霉菌所需的C/N（5:1）和酵母菌所需的C/N（10:1）要求。③麸皮中含有蛋白质、谷氨酸、天冬氨酸等成分，这些物质又是菌种生理代谢的最佳蛋白质，也是产生淀粉酶不可缺少的物质[23]。

（二）菌种及扩大培养

1. 试管菌种

目前根霉曲生产中常用的菌种如下所示。

根霉：3.866（中科院微生物所），Q303（贵州省轻工研究所），C-24、LZ-24（泸州酿酒科研所）。

酵母：2.109，2.541，K氏酵母及南洋混合酵母。

2. 三角瓶扩大培养

（1）润料、装瓶、接种　称取麸皮倒入容器内，加水70%~80%，充分拌匀。用大口径漏斗将湿料分装入经洗净烘干的500mL三角瓶内，每瓶装料40~50g，塞好棉塞，用牛皮纸包扎瓶口，在0.1MPa压力下灭菌30min。取出三角瓶，趁热将瓶壁部分附着的冷凝水回入培养基内。待冷却到30~35℃，在无菌条件下接入培养成熟的根霉试管菌种，摇匀，使菌体分散。

（2）培养、烘干　三角瓶接种完毕，置于恒温箱内保温（28~30℃），培养2~3d,

待菌丝布满培养基，麸皮连结成饼状时，进行扣瓶。扣瓶时将瓶轻轻振动放倒，使麸饼脱离瓶底，悬于瓶的中间，以增加与空气的接触面积，促进根霉在培养基内生长繁殖。扣瓶后继续培养 1d，即可出瓶烘干。

三角瓶种子的烘干一般在培养箱内进行，烘干温度为 35~40℃，使之迅速除去水分，菌体停止生长，以利保存。烘干后在无菌条件下研磨成粉状，装入无菌干燥的纸袋中，置于干燥器内保存。

3. 浅盘曲种的培养

（1）润料、灭菌　称取麸皮，加水 70%~80%，充分拌匀，打散团块，用纱布包裹或装入竹笋中，在高压锅内 0.1MPa 压力下灭菌 30min。

（2）接种、培养　麸皮灭菌后。置于无菌室内冷至 30℃ 左右，接入三角瓶根霉种子 0.3%，充分拌匀，即进行装盘，装盘要厚薄均匀。放入保温箱（室）内，叠成柱形，保温 28~30℃ 培养 8h 左右，孢子萌发。约 12h 品温开始上升，至 18h 左右品温升至 35~37℃，将曲盒摆成 X 形或品字形，使品温稍有下降。培养 24h 左右，根霉菌丝已将麸皮连结成块状，即进行扣盘。再继续培养至品温接近 30℃ 左右便可出曲烘干。

（3）烘干　烘干最好分两个阶段进行，前期烘干时因曲中含水量较多，微生物对热抵抗力较差，温度不宜过高，一般控制在 35~40℃。随着水分的逐渐蒸发减少，根霉对热抵抗力逐渐增加，故后期烘干温度可提高到 40~45℃。

（三）根霉曲生产

纯种根霉曲的生产有曲盘制曲、帘子曲、机械通风制曲和圆盘制曲机制曲四种。曲盘制曲用于小规模生产，操作基本上与“浅盘曲种”相同。通风制曲具有节省厂房面积、节省劳力、设备利用率高等特点。

1. 帘子曲

（1）拌料　将拌料场地打扫干净，倒出生产需要量的麸皮，加水拌和，加水量为 60%~70%（质量分数），先人工初步拌和，再用扬麸机打散拌匀。润料加水量视气候、季节、原料粗细而定。

三角瓶种子的烘干一般在培养箱内进行，烘干温度、生产方式、设备条件等灵活掌握。拌料时，还可适量加入稻壳，以利疏松。

（2）蒸料　蒸料是使麸皮中的淀粉糊化，并杀死料内杂菌。生料与熟料要分开，工具也要杀菌后才用。采用常压蒸料，用一般的甑子即可。将拌匀的麸皮轻松地装入甑内，圆汽后蒸 1.3~2.0h。

（3）接种、培养　麸皮蒸好后，用扬麸机或人工扬冷，待品温下降至 35~37℃（冬季）、夏季接近室温时，即可进行接种。接种量一般为 0.3%~0.5%（冬多夏少）。接种方法：先将浅盘种曲搓碎混入部分曲料，拌和均匀，再撒于整个曲料上，充分拌和；或用扬麸机再拌和一次（注意温度），迅速装入通风培养池内，厚度一般为 25～30cm。先进行静置培养。使孢子尽快发芽，品温控制在 30～31℃。装池后 4～6h，菌体开始生长，品温逐渐上升，待品温升至 36℃ 左右。自动间断通风，使曲料降温。培养约 15h，根霉开始旺盛生长。由于根霉的呼吸作用，品温上升较快，可连续进行通风培养。使品温维持在 35～37℃。一般入池后 24h，曲料内即布满菌丝，连结成块的麸皮养分逐渐被消耗，水分不断减少，菌丝已缓慢生长，即可进行干燥。

（4）烘干　操作和要求与浅盘种曲相同。

2. 机械通风制曲

通风池：一般容积为 10m×12m×0.5m，装干料曲约为 800kg，曲层厚度不超过 30cm。

配料、蒸料、接种：麸皮约 80%，鲜糟约 15%，稻壳约 5%，加水约占麸皮量的 80%，将各种原料拌匀，常压蒸 1h，冷却至 33℃ 左右，接种量约 0.5%，入房堆积。

堆积、装池、培养：堆积的起始品温不低于 28℃，每 4h 倒堆 1 次，总堆积时间约 10h，堆积温度达到 32℃ 左右时，降低堆积温度至 28℃ 左右。开始入池，入池后温度升至 32℃ 时开始通风，通过通风次数控制品温在 33℃ 左右，培养约 35h 出曲干燥[21]。

三、　河内白曲麸曲生产

河内白曲是麸曲酱香型和芝麻香型白酒生产用的糖化剂，通常采用机械通风制曲生产白曲。以麸皮为原料，加水量在 60%～70% 为宜，冬季少加，夏季多加，品温控制在 38℃ 以下，培养时间控制在 30～33h 为好。此时的糖化力、液化力、酸性蛋白酶分解力都比较好，对酱香的形成有利[24]。

目前河内白曲已经使用圆盘制曲机生产[20, 22]。

四、　细菌麸曲生产

嗜热芽孢杆菌是制作细菌曲酿制麸曲酱香型白酒和芝麻香型白酒的重要微生物之一[20, 25]。以麸皮为培养基，加入 6% 纯碱，加压蒸料灭菌 2h，接种培养 48h，品温 35～45℃，后期品温 55～58℃，中途翻料两次，使细菌均匀生长。通风培养时注意品温的控制，过高（超过 60℃）易出现氨气味；过低（低于 50℃）酱香香气不足，影响前体物质积累，且易感染杂菌。既要体现酱香型白酒的高温制曲，又要提供适量的温度，这样生产的细菌曲，深黄褐色，有较明显的酱香气[26-27]。该细菌麸曲目前使用圆盘制曲机生产[20]。

五、 酯化红曲

种曲的培养分 3 代进行，即固体试管培养、原菌种扩大培养、曲种培养[28-29]。

（一）试管菌种

培养基制备：将马铃薯洗净去皮，称取 200g 切成小块，加 1000mL 水煮沸 1h，用双层纱布滤成清液。加水补充因蒸发而减少的水分，加 2% 琼脂，熔化后分装于中号试管中，98kPa 灭菌 30min，制斜面。

培养：接种生产用红曲霉菌，置 35℃ 培养 7~10d，挑选生长正常的菌株备用。

（二）三角瓶菌种

培养基制备：按麸皮∶水∶蔗糖∶乙酸为 5∶3∶0.05∶0.006 的比例进行配料，每瓶约装 50g 料，塞上棉塞或以牛皮纸封口，98kPa 灭菌 30min。取出降温至 36℃ 左右，将料摇匀，使之吸附三角瓶内壁的冷凝水。

培养：每个三角瓶接种试管菌液 3~4mL（一支斜面菌种扩接 5 瓶左右），移出接种箱后摇匀。将料堆积在瓶的一角，置 35℃ 左右培养。经 15~18h，待大部分料上可见到菌丝生长时，扣瓶一次，吸附瓶壁冷凝水，并将物料摊平，培养温度降到 30~32℃，再经 8~10h 后，麸料上长满菌丝体。待菌丝由白转为红色时，每瓶加入无菌水 2mL 左右，将料扣散摊平，以后每天扣瓶 3~4 次，并视曲料的干湿状况可酌情加入无菌水调湿。一般 7~10d 在培菌室内进行，在入料前，培菌室地面用 5% 漂白粉溶液杀菌，再用硫磺对空间熏蒸。

（三）配料、蒸料

麸皮 75%~85%，鲜酒糟以风干量计为 15%~25%，加水 80%~85%，拌匀后用乙酸调节 pH 至 4.5~5.0，用 50cm×25cm 规格的耐热塑料袋装料，常压蒸 1h，然后冷至 35℃，送入培菌室。

（四）接种

将帘子在架子上铺开，再在其上铺上 1~2 层细纱布（须经事先灭菌），将塑料袋内熟料倒出，均匀地铺在帘子上，厚度 3~4cm。倾出三角瓶种曲与物料充分混匀、铺平，接种比例为 1∶10。注意接种过程中应尽量避免手与物料直接接触。

（五）培养条件及管理

接种后，保证品温在 30℃左右，培养 12h，品温上升缓慢，以后品温逐渐上升。此时应降低室温，控制品温 34℃，最高不超过 35℃，上帘 20h 左右，菌丝开始长成时，可划帘。划帘后，曲中水分降低，品温下降，可适当提高室温，并进行排潮等工作。培养 72h 后，即可出房，烘干，粉碎。

（六）成熟曲检验

成熟曲外观颜色呈白色或微红色，有特有的曲香味，无杂菌污染，红曲菌丝在料中基本长透，其子囊孢子较多，酯化力 220mg/（g·100h）以上。

第八节 麦芽制作工艺

与白酒大曲的作用类似，生产威士忌用的麦芽具有以下功能：一是贡献威士忌的风味，即麦芽风味，某些麦芽会贡献特殊的风味，如烟熏麦芽；二是提供酶，将淀粉转化为可发酵性糖[30]。

一、 制麦工艺

蒸馏酒厂的制麦类似于啤酒厂的制麦，但有两点不同，一是威士忌生产商仅仅需要轻微的烘干麦芽，而啤酒厂通常对深色和焙烤麦芽感兴趣；二是一些威士忌生产商需要泥炭火烘干的麦芽，能赋予他们某些产品或所有产品烟熏气味。一些啤酒商也需要烟熏气味，以生产特种啤酒，但绝大部分啤酒麦芽是用热空气烘干[31-32]。

麦芽现在通常由专业的公司生产，部分仍然由蒸馏酒厂自己生产。其传统生产方式是地板式发芽，如图 3-7 所示。与酒厂传统地板式制麦相比，专业公司生产的麦芽通常质量稳定，效率更高，成本更低。20 世纪早期，大部分苏格兰威士忌酒厂均有自己的麦芽车间，大部分是地板式制麦，有些厂使用萨拉丁箱式制麦，还有一些使用鼓筒式制麦[31]。

滚筒洗麦时（图 3-8），30min 内大麦约吸收自身质量 25% 的水。洗麦时，会除去大麦表面的霉菌孢子。然后，大麦转移到平底浸麦装置或圆锥浸麦装置中，前者可装 500t 大麦，通过旋转绞龙提供浸麦水，排除废麦水，强力通风。圆锥浸麦装置大约可装 50t 大麦，几个一排，平行排列，强力通风[31]。

一些大型麦芽生产厂已经使用全自动的发芽和烘干系统（germinating and kilning

图 3-7　传统地板式发芽[31]

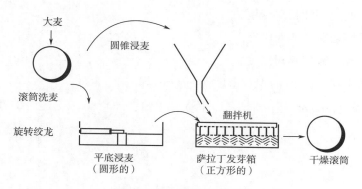

图 3-8　箱式制麦示意图[31]

vessels，GKVs），洗、浸、发芽和烘干所有的程序均在一个容器中精确控制。与传统地板制麦相比，投资高，但产量增加，节约水资源，节能，节约劳动力成本，产生巨大的经济效益[32]。

　　苏格兰威士忌通常使用烟熏麦芽，这主要是来源于原先烘干麦芽时常用泥炭火或木材火，使用泥炭火时，赋予麦芽烟熏气味[31-32]。现代大型麦芽厂使用热空气烘干麦芽。或者，使用含有 30%～35% 水分的发芽大麦，从制麦车间转移到窑炉中，泥炭火先烘 8h，麦芽在开孔的垫板上，泥炭火在垫板下。当泥炭火耗尽后，再用热空气烘干 30h，此时的麦芽水分 4%～5%，酚类化合物含量 18～23mg/L[31]。现代化麦芽厂使用转筒式窑炉，麦芽与烟的接触时间延长，效果更好，还保护了环境。

二、　麦芽指标评价

　　用于谷物威士忌生产的麦芽主要考察其淀粉酶活性，包括 α-淀粉酶、β-淀粉酶

（DP 值即糖化力值）；而用于麦芽威士忌生产的麦芽主要考察其热水浸出率。如果麦芽冷水浸出物含量高，则其发酵度低[34]。

α-淀粉酶和 β-淀粉酶采用（英国）酿造协会（Institute of Brewing，IOB）方法测定。

麦芽总可溶性氮含量高，会抑制发酵度[34]。

评价麦芽质量的一个重要指标是发酵度（fermentability，F）[34]，其计算公式见公式（3-1）和公式（3-2）：

$$F = \frac{OG - FG}{OG - 1000} \times 0.819 \times 100 \tag{3-1}$$

$$F = \frac{OG - RG}{OG - 1000} \times 100 \tag{3-2}$$

式中　F——发酵度,%

　　OG——初始麦芽汁相对密度

　　FG——最终麦芽汁相对密度

　　RG——麦芽汁残留相对密度

　1000——指水在 20℃时的相对密度（specific gravity，SG）

预测出酒率（predicted spirit yield，PSY，单位：加仑/t，1 加仑 =3.7854L）见公式（3-3）[34]：

$$PSY = SE \times F \times \alpha \tag{3-3}$$

式中　PSY——预测出酒率

　　SE——麦芽标准热水浸出物

　　F——指 RG 法测定的麦芽汁发酵度

　　α——实验因子，取值 0.1784

麦芽泥炭风味的评价通常采用文献 [35] 的方法。

典型蒸馏酒麦芽性能如表 3-8 所示。

表 3-8　　　　　　　　　　典型蒸馏酒麦芽性能[32]

参数	大麦品种
	查里厄特（Chariot）、迪卡特（Decanter）、奥普蒂克（Optic）
水分/%	4.5~5.0
可溶性浸出物（筛网尺寸 0.2mm，干重)/（%）	>76
可溶性浸出物（筛网尺寸 0.7mm，干重)/（%）	>75
细粉/粗粉可溶性浸出物差异/%	<1.0

续表

参数	大麦品种
	查里厄特（Chariot）、迪卡特（Decanter）、奥普蒂克（Optic）
发酵度/%	>88
脆性/%	>96
均一性/%	>98
酚含量/（mg/kg）	0~50
SO_2 含量/（mg/kg）	<15
亚硝胺含量/（mg/L）	<1.0

第九节　酒母制作方法

酒母即纯种酵母培养液。酒母是麸曲酒生产的发酵剂，它的作用是发酵葡萄糖，生产酒精。目前常用的酵母菌株有拉斯 12 号酵母（又称德国酵母 12 号）、K 氏酵母、南阳混合酵母、台湾 396 号酵母、古巴 2 号酵母等。另有一类酵母，它在发酵中的作用主要是产生白酒的香味物质，这类酵母称作"产酯酵母"。常用的产酯酵母有汉逊酵母、毕赤酵母、圆酵母、假丝酵母等。酒母培养的工艺如下。

一、　液体试管培养

将购买的或工厂自己选育的优良菌种接入灭菌后的试管培养基（米曲汁培养基）中，于 25~30℃保温培养 24h，备用。

二、　三角瓶培养

种子培养液接入三角瓶培养基（米曲汁培养基）中，在恒温箱中 25~30℃培养 12~15h。培养后的酵母液要求无菌，酵母的出芽率在 25% 以上，酵母细胞数在 0.7 亿~1.2 亿个/mL，死亡率在 1% 以下。三角瓶培养一般为二代，第一代采用小三角瓶，第二代采用 1000mL 的大三角瓶。

三、 卡氏罐培养

卡氏罐培养基为玉米粉或薯干粉，加入 5~5.5 倍的水，用糖化酶糖化为糖化醪；灭菌 1h。冷却后接入三角瓶种子液，于 25~30℃ 条件下培养 12~15h。要求培养好的酵母液糖分消耗在 50% 左右，升酸幅度在 0.1 以下，酵母出芽率在 25% 以上，死亡率在 2% 以下，酵母数为 0.7 亿~1.2 亿个/mL，无杂菌。

四、 酒母培养

酒母的培养方法有大缸培养法、固体培养法、罐式培养法。不管采用什么方法培养酒母，都是酒厂培养酒母的最后一道工艺。

培养时，用玉米面糖化液作培养基，灭菌后接入卡氏酵母液，接种量 4%~5%，然后在 27~28℃ 培养 8~10h。培养后的酒母液中，酵母的芽生率 20%~30%，死亡率在 4% 以下。

生香酵母的培养工艺与酒母的培养工艺类似。

酱香型麸曲白酒生产时用酒母。酵母菌的培养，经过多次试验确定，前四代采用液体米曲汁糖度 13~14°Bx，温度 28~32℃ 培养。固体深层培养温度在 34~37℃，培养时间 48h，原料麸皮加入适量的鲜酒糟，同时控制水分保潮，避免水分大，呼吸旺盛，品温难控制，通风量过大，香气损失，更要避免水分过小，培养出的孢子较小影响质量[26]。

五、 大罐酒母质量

（一） 酸度

成熟的酒母醪酸度为 0.3~0.4。正常情况下，酒母培养过程中酸度应该基本不变，如果在不调酸时，酸度超过 0.5 或上升幅度在 0.3 以上，说明酒母已被杂菌所污染。

（二） 出芽率

一般用出芽率来衡量酵母的老嫩。老酵母出芽率低，对外界适应能力差，发酵前期迟缓，后期容易衰老。嫩酵母适应性强，进入发酵池易出芽繁殖，发酵力强，但幼嫩的酵母比较脆弱，一般要求出芽率为 20%~30% 最适宜。

（三）酵母细胞数和死亡率

一般要求每毫升培养液为 1 亿~1.2 亿个细胞，但有 0.8 亿个左右也足够了。要求酵母死亡率小于 4%，一般为 1%~3%，如果超过 4%，应分析研究其原因。

成熟的大缸酒母，酵母细胞应大小整齐、丰满，细胞中没有空泡。如果发现异常酵母，如瘦小、大小不整齐，卵形细胞拉长变形、产生空泡等，均是由于营养不良（缺乏氮源或生长素）或是培养基含有抑制酵母生长的毒素（如霉烂薯干或含单宁过高的原料），酸度过大，培养温度过高等原因所造成的。还原糖低于 2% 也会促使酵母变形。成熟酒母应立即使用，不可久存。酒母容器应经常刷洗，保持清洁，以免带入杂菌。

（四）杂菌

要求杂菌极少，应该没有杆菌。

六、 酿酒活性干酵母

目前，绝大部分酒厂已经采用酿酒活性干酵母用于麸曲白酒的生产。如此，可以省去酒母的培养工段。酿酒活性干酵母的培养方法可参考相关说明书操作。

参考文献

[1] McGovern P E, Zhang J, Tang J, et al. Fermented beverages of pre – and proto – historic China [J]. PNAS, 2004, 101 (51): 17593-17598.

[2] 贾思勰. 齐民要术 [M]. 北京：中华书局，2009.

[3] 范文来. 中国古代制曲技术 [J]. 酿酒，2020，47 (5)：111-114.

[4] 李大和，李国红. 川法小曲白酒生产技术（一）[J]. 酿酒科技，2006，139 (1)：117-121.

[5] 朱翼中. 北山酒经 [M]. 北京：中华书局，2021.

[6] GB/T 15109—2021，白酒工业术语 [S].

[7] 陈宗敬，范文来. 简析九种浓香型国家名酒的制曲 [J]. 酿酒科技，1995，67 (1)：56-57.

[8] 魏岩涛，何正礼. 高粱酒 [M]. 上海：商务印书馆，1935.

[9] 李大和. 建国五十年来白酒生产技术的伟大成就 [J]. 酿酒，1999，130 (1)：13-20.

[10] 傅金泉，黄建平. 我国酿酒微生物研究与应用技术的发展（下）[J]. 酿酒科技，1996，77 (5)：17-20.

[11] 冉晓鸿. 董酒香醅生产控制因素的探讨 [J]. 酿酒科技，2008 (12)：62-64.

[12] 沈怡方. 白酒生产技术全书 [M]. 北京，中国轻工业出版社，1998.

［13］李大和，李国红．川法小曲白酒生产技术（四）［J］．酿酒科技，2006，142（4）：115-119.

［14］徐成勇，刘泉勇，郭波，等．豉香型白酒酒饼微生物的分离［J］．酿酒科技，2002，114（6）：32-33.

［15］廖美德，陈华癸，许耀才．绿衣观音土曲的特征与制作工艺［J］．湖北农学院学报，1994，14（2）：61-63.

［16］田焕章，冯春．绿衣观音土曲工艺的优化探讨［J］．酿酒科技，1999，91（1）：24-28.

［17］童本仁．湖南观音土曲的制作方法［J］．酿酒科技，1997，83（5）：25.

［18］Iwami A, Kajiwara Y, Takashita H, et al. Effect of the variety of barley and pearling rate on the quality of shochu koji［J］. J Inst Brew, 2005, 111（3）：309-315.

［19］刘建波，赵德义，薛德峰．麸曲自动化培养工艺探讨［J］．酿酒，2015，42（4）：28-30.

［20］刘建波，赵德义，薛德峰．芝麻香专用麸曲自动化生产技术［J］．酿酒科技，2019（2）：89-95.

［21］王喆，贺友安，汪陈平，等．圆盘制曲机在根霉曲生产上的应用研究［J］．酿酒科技，2016（2）：77-79.

［22］刘建波，薛德峰．芝麻香型白酒河内白曲机械化生产工艺探索［J］．酿酒，2017，44（2）：94-96.

［23］李大和，李国红．川法小曲白酒生产技术（五）［J］．酿酒科技，2006，143（5）：116-121.

［24］株秀珍，张伟．应用纯种微生物和自然微生物生产麸曲酱香型白酒工艺探讨［J］．酿酒，2001，28（3）：42-43.

［25］连宾．嗜热芽孢杆菌在高温发酵中的作用［J］．酿酒科技，1995，71（5）：15-16.

［26］朱秀珍，张伟．应用纯种微生物和自然微生物生产麸曲酱香型白酒工艺探讨［J］．酿酒，2001，28（3）：42-43.

［27］彭金枝，洪静菲．提高麸曲酱香型酒的几项措施［J］．酿酒，2001（28）：3.

［28］程江红，何汝良，程江浩，等．酯化红曲工艺研究及在酿酒上的应用［J］．酿酒科技，2005，135（9）：36-37.

［29］钟怀利．提高酯化酶制作质量及其应用效率的措施［J］．酿酒科技，2005，130（4）：54-57.

［30］Pyke M. The manufacture of scotch grain whisky［J］. J Inst Brew, 1965, 71（3）：209-218.

［31］Buglass A J. Handbook of Alcoholic Beverages：Technical, Analytical and Nutritional Aspects［M］. Chichester：John Wiley & Sons, 2011.

［32］Dolan T C S. Malt whiskies：raw materials and processing［M］. London：Elsevier, 2003.

［33］Piggott J R, Conner J M. Whiskies［M］. New York：Kluwer Academic/Plenum Publishers, 2003.

［34］Dolan T C S. Some aspects of the impact of brewing science on Scotch malt whisky production［J］. J Inst Brew, 1976, 82（3）：177-181.

［35］Macfarlane C, Lee J B, Evans M B. The qualitative composition of peat smoke［J］. J Inst Brew, 1973, 79（3）：203-209.

第四章

大曲制作工艺

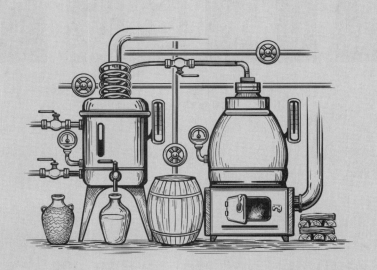

"曲为酒之魂"，制曲的目的是培养酿酒生产用微生物。通过自然富集空气和环境中的微生物，使得微生物在制曲原料上良好生长繁殖至最大限度，以便于曲为酿酒过程提供优良的微生物和酶。

微生物在曲料上良好生长需满足：一是营养丰富；二是水分适量；三是温度适宜。以上三点为制曲工艺控制的核心要素。

第一节　大曲的分类与特点

一、大曲分类

大曲按其制造原料一般分为纯小麦曲、小麦-大麦-豌豆曲、大麦-豌豆曲三大类。制纯小麦曲时，有时还加入一些高粱粉、大米等，不同的企业有不同的配比。大麦-豌豆曲一般用于清香型白酒的生产。

按制曲温度的高低，一般又分为低温大曲（制曲最高温度45~50℃）、中温大曲（50~55℃）、中偏高温大曲（55~60℃）、高温大曲（60~70℃）四大类（图4-1）。生产浓香型大曲酒，一般以中温大曲和中偏高温大曲为主。短期发酵的，多使用中温大曲；长期发酵的，往往使用中偏高温大曲。生产清香型白酒一般使用中温大曲，而生产酱香型和兼香型白酒一般使用高温大曲。

低温大曲　　　　中温大曲　　　　中偏高温大曲　　　　高温大曲

图4-1　不同制曲温度下的成品大曲形状

二、大曲特点

（一）生料制曲

制曲原料不经加热灭菌，淀粉为生淀粉，充分利用粮食、环境与空气微生物。一般地，制曲原料含细菌较多，霉菌和酵母次之。由于原料不经加热灭菌，有利于保存原料中丰富的水解酶类。如小麦中含有丰富的 β-淀粉酶，有利于大曲在培养过程早期淀粉的糖化。

（二）自然接种

大曲的整个生产过程是开放式的。在生产过程中，各类野生菌大量存在于曲坯中，在一定的条件下，人工自然培养，保持有益菌的生长、产酶，并为生香积累前体物质。

（三）糖化发酵作用

大曲含有丰富的微生物和酶，它们在酿酒生产中起糖化和发酵作用。大曲中的霉菌产生大量的淀粉酶类，在酿酒过程中将淀粉水解为糖；曲中的酵母是产香、产酒的重要微生物，酵母利用葡萄糖生成酒精；而大曲中的其他酶类，促进了酒中丰富的微量成分形成，赋予酒特别的风味。

（四）生香作用

大曲具有曲香。古人云"曲是酒之魂"。事实上，大曲的糖化与发酵作用完全可以应用糖化酶与酵母来实现，但曲香味却不能用其他物质替代，具有不同替代性。另外，大曲中含有大量的风味前体物质，如香豆素等，这些物质在发酵过程中，将转化为风味物质。

第二节　20世纪初制曲简介

20世纪初的酒厂称为"烧锅"或"糟坊"。酒厂或自己制曲，或由专门制曲厂制曲。据记载当时比较出名是河北唐山和江苏赣县[1]。

制曲主要原料是小麦，用石磨进行粉碎。制曲过程全部为人工，其工序分类：磨粉、和粉、接团、端曲、量料（量曲）、量水、装箱、推模、踏曲、接板头、摆板、磕曲（开曲）、修曲、下曲等[1]，20世纪初制曲现场模拟图见图4-2。

一、 北方制曲工艺[1]

曲室即曲发酵房，没有特别要求，普通房屋即可，但以矮小、门窗整齐、便于开启为佳。曲室地铺高粱叶 3~4cm，上铺生曲（即刚刚踏好的曲），间距 2~3cm。其上放高粱秆 6 根，再加一层生曲。计两层，全室放满，以芦苇席围其四周。天冷时，可再加盖高粱叶及席。关闭门窗。20~30h 后，见曲上生白色斑点，谓之"生衣"（又称挂衣）。

图 4-2　20 世纪初制曲现场模拟图[1]

打开门窗，流通空气，揭去盖席，蒸发曲表面水分。曲表面逐渐变硬，谓之"放僵"。当日翻曲 1 次，叠为 3 层。放冷一昼夜，待曲表面已僵，再关闭门窗。曲入室后第 4 天上火，温度升高，翻曲 1 次，增为 4 层。后日再翻 1 次，再增高 1 层，最高可达 7~8 层。至于曲的间距，通常翻曲 1 次，间距增加一点。7~10d 后，曲面发生黄黑色菌丝，毛绒状，即可开窗，是谓"凉上"。以手检测温度，开窗调节。每天下午 6 点闭窗，使曲上火 8~12h，再开窗调节温度，此为制曲之关键。十数天后，曲成熟，夜间不再上火。再数日，移入贮藏室，干燥。此法，曲品温最高可达 52℃。

二、黄淮流域制曲工艺

黄淮流域制曲工艺为江苏赣榆工艺，分为火曲、凉曲和蚕豆曲三种[1]。

（一）火曲工艺

火曲工艺与唐山工艺类似。曲室铺湿麦穰，入曲，间距一指宽，中间塞入湿麦穰，可叠 2~3 层，上盖湿麦穰，称为卧曲。48h 后，曲表面出现白色斑点，谓之"挂衣"。衣白色者为佳，黑色者劣，黄色者乃温度过高之迹象。此时，大开门窗，除去麦穰，拉大曲间距至 30cm 左右。关闭门窗，每日翻曲 1 次，至第 4 次时，打开门窗，谓之"大凉"。此后，每日晚间将曲间距调小，次日晨间距拉开。每隔数日，复将门窗关闭。使得温度升高，谓之"上火"。18 天后，将曲堆于一处，曰"挤火"[1]，干燥后即可使用。

（二）凉曲工艺

凉曲主要工艺过程与前面类似。不同点在于生曲入室后第 3 天，表面长出白色斑点后，即大开门窗，以后不再关闭。曲温保持 37℃[1]。35d 后，收堆挤火。该曲 1kg 可抵上火曲 2kg，即该曲的糖化与发酵能力强。

（三）蚕豆曲工艺

将蚕豆煮熟，和少量小麦面粉，团成似馒头状。置于地屋（掘地数尺，以墙围之，上盖草屋）发酵。曲表面多为黄色[1]。

其他地方制曲工艺与以上类似，但各有特色。山东、河南用纯小麦制曲；济南一带则将小麦炒熟后粉碎制曲；鲁东一带将踏好的曲用树叶包裹，以草绳串之，悬在梁间，不用翻曲。

第三节　制曲一般工艺过程

大曲生产一般的工艺过程包括原料配比、原料粉碎、踩制成型、入房培养、出房贮存等几个主要过程。

自古以来，传统的名优白酒都强调踩曲季节，不同季节踩的曲有不同的特点。如"桃花曲"在清明前后踩曲；"桑落曲"在新谷收割、落桑之时踩曲；"端阳曲"在端阳节前后踩制。多数制曲强调踩"伏曲"即伏天踩曲。自然界的微生物种类和数量随季节、气温而变化，而炎热的夏季，各种微生物孳生，工具、用具以及空气里所带的微生物数量和种类繁多，有利于曲中微生物的生长繁殖。

由于生产规模的扩大，不少企业一年四季生产大曲。冬季太冷时，可以使用暖气保温。

一、原料配比

主要根据白酒产品的质量和风格特点，选择适宜的配料。例如茅台酒、五粮液用纯小麦曲；泸州老窖特曲、全兴大曲基本用小麦曲，外加有 3%～5% 的高粱粉[2]；古井酒、洋河大曲、双沟大曲、口子酒等，用小麦、大麦、豌豆曲；汾酒、西凤酒多用大麦、豌豆曲。

配料比例由各厂根据产品质量要求选择决定。用三种粮食时，通常小麦：大麦：豌豆的比例为 5：4：1 或 6：3：1 或 7：2：1。用两种粮食制曲时，通常大麦：豌豆为 6：4 或 7：3[2]。全兴曲和沱牌曲有时会加 0.5%～1% 的大曲粉[2]。

二、　原料粉碎

原料粉碎度粗细主要与大曲发酵温度、大曲质量有关。

制纯小麦曲时，要求粉碎后有皮有面。粉碎前要先润料，粉碎时将麦皮压成片状，麦心要碎成细面。小麦润料后应达到麦粒表面收汗，内心带硬，口咬不粘牙，尚有干脆之声。如润麦时间过长、润麦水过量或翻拌不匀，易造成部分小麦泡耙而不易粉出细料，反之则可能出现皮心同烂，导致拌料时吸水大，曲坯易踩得过紧而微生物不易长透或导致曲块后期窝水等不良情况。

制曲原料粉碎一般使用（对）辊式或锤式粉碎机。使用辊式粉碎机，可保证原料皮壳较完好，籽粒碎，无粗粒。此时，曲坯细粉多、皮壳多、黏性好，不松不紧，有一定的疏松度或透气性，有利于制曲操作和按工艺要求调整制曲品温。

除纯小麦通过调整粉碎度可单独制曲外，许多酒厂多取三种（小麦、大麦和豌豆）或两种原料配合使用。要求曲料或曲坯，既要有一定的黏度，又要有一定的疏松度，也要有充足的营养成分，压制的曲坯要成型良好，不松不紧，不黏不散，不软不硬，有利于微生物繁殖。

当制曲原料配比选定以后，曲面粗细、水分大小，就成为制曲生产的主要影响因素。如果原料粉碎较粗，制出的曲坯疏松，黏性小，吃水少，微生物生长快，热量和水分蒸发也快；同时，曲坯表面粗糙，上霉不好，会使曲坯过早干燥，形成裂缝；曲坯上火快，成熟快（即所谓曲干自然成），会出现断面生心。反之，如果曲面过细，曲坯紧密，黏性大，吃水多，微生物生长缓慢，热量和水分蒸发也慢，使曲皮上霉过多，犹如穿了厚厚的一层霉衣。同时，曲坯上火慢，成熟晚，成曲出房后水分排不尽，会出现断面"沤心"和"鼓肚"。凡发生以上情况，在制曲工艺上都应做相应的调整。当曲面粉碎粗，曲料水分小，看曲用火就要小，当曲面粉碎细，曲料水分大时，看曲用火就要大。这也是大曲温度管理应该掌握的一条重要原则，目的是既要保持后火期曲心内有一点残余水分，又要保证在养曲期，能将曲心仅有的一点残余水分用温火挤出，使出房成曲的化验水分至少控制在15%以下。

三、　踩制成型

踩曲，也称踏曲、踺曲[1]。传统踩制大曲时，将粉碎的制大曲原料加水拌匀后，放入曲模中以人工踩压、脱模成型的操作，称为踩曲、踏曲（类似于早期葡萄酒生产时人工用脚踩碎葡萄）。

大曲形状主要有两种，一种是平板曲（图4-1），一种是"包包曲"，即五面为平的，另一面鼓起，像一个"包"。不同的生产企业使用的大曲形状是不同的。如大部分企业使用平板曲，五粮液等企业使用包包曲。即便都是平板曲，其曲块大小也不一样，如茅台酒大曲的曲模规格为长 37cm、宽 23cm、厚 6.5cm。

大曲踩制成型有人工踩制［图4-3（1）］和机械化压制［图4-3（2）和（3）］两种方式。机械化压制机通常采用液压制曲机和气动压制曲机两种方式[3]。

（1）人工踩曲模式　　　　（2）国内常见的压曲机　　　　（3）台湾省某酒厂用压曲机

图4-3　不同踩曲方式

（一）加水

原料粉碎完成后，要加水，以便于粉状原料的成型。加水量视曲料性质、粉碎度粗细而调整。如粉碎度细，适当多加水；粉碎度粗，适当少加水。如不按曲面粗细酌情加减水分，粗面则因加水量过大而不利曲坯成型，在卧曲时容易破碎发软变形。

加水量多少在制曲上是个关键。加水量过多，曲坯不容易成型，入房后会变形，也不利于有益微生物向曲坯内部生长，而且表面容易生长毛霉、黑曲霉等。同时曲坯升温过快，容易引起酸败，降低成品曲的质量。如若水分过小，曲块不易黏结，疏松易碎，抛撒多，造成浪费，并且还会因水分缺乏导致阻碍微生物生长繁殖，使曲皮不好。一般来说，水分多，培养过程升温高而快，延续时间长，降温慢。水分少，则相反。一般纯小麦曲加水量在 37%~40%；小麦、大麦、豌豆曲加水量为 40%~43%；汾酒大曲的成型曲坯化验水分一般为 36%~38%。

（二）加母曲

有些企业在制曲时加入已经成熟的、经过贮存的成品大曲，如茅台大曲的传统操作，在拌和曲料时要加入一定量的母曲。母曲使用量随踩曲季节而异：夏季用量为麦粉的 4%~5%；冬季用量为 5%~8%。如母曲使用过多，则曲坯升温过猛，曲块变色发黑；使用过少，升温缓慢。母曲要选用前一年生产的含菌数量和种类较多的白色曲。凡霉烂、虫蛀的曲都不可使用，以免产生不良气味。曲坯的软硬松紧和成曲质量有关，松而不散的曲坯最好。用这样的曲坯培养的成曲，黄色曲块多，曲香味浓。如曲坯过硬，制成的曲块颜色不正，曲心有异味，曲坯过软，容易松散，操作也很困难。

（三）踩曲方式与曲硬度

1. 平板曲

装入曲盒的料多少要一致，曲坯大小、厚薄应一致。踩曲时先用脚在曲盒中间踩一遍，然后用脚跟沿曲盒四周踩两遍，要踩紧、踩平、踩光，踩完面后翻过来踩背面，同样照此踩法。四角要踩紧，不要塌边吊角。曲坯踩好后，堆放整齐，待其收汗后即可入室。

踩曲时曲坯的硬度对成品曲的质量有着很大的影响。如曲坯过硬，则制成的曲块颜色不正，曲心还有异味。这主要因为过硬的曲块往往会有裂纹，引起杂菌生长。另外，由于曲块过硬，水分减少，在后期培菌过程中会发生水分不足的现象。如若太松了，曲块容易松散抛撒，造成浪费，操作也带来困难，容易断裂。总的来说，曲块硬度不同，制成曲的质量不一样，这主要是因为曲坯中所含空气量的不同而引起微生物种类和数量上的变化及代谢产物的不同。硬度的大小是以手拿曲块不裂不散为准。

2. 包包曲

曲料装入曲模后，用足踩紧，一边踩，一边将多余的曲料拨出曲模四周，以免曲料黏附曲模引起曲坯在出模时破裂。采用单面踩曲法，曲坯底面是平的，上面稍凸起，要求将曲坯均匀踩紧，先踩曲模中心，后踩四周边，其松紧程度应恰好松而不散，避免四周紧而中间松散，中心凸起部分高度不超过1cm，以减少曲坯搬运时断裂。曲坯踩后要经过修整，要求平整光滑。出模时先将曲模在水平方向左右移动，再用双手将曲模提起，顺势向地下冲击一下，使曲坯稍离曲模，随即将曲坯侧立晾干。

踩出的曲坯要求紧光，要提浆于表，不掉边缺角，无飞边。踩不紧提不出浆，易造成曲坯表面裂口，或保持不住水分导致皮厚、温度中挺时间短，无曲香。踩得过紧则会使微生物生长困难，造成生心、带酱味或窝水现象。

（四）晾曲

晾曲是指曲坯成型后、入房发酵前，将曲坯放置在生产现场晾干的过程，主要是收干曲坯表面多余水分。晾曲时间太短，曲坯太湿，不便搬动，且易使曲坯变形，影响微生物向曲内生长；晾曲时间太长，曲坯表面水分蒸发太多，曲坯入房后迟迟不来温，没有菌丝生长，形成所谓的"光面曲"。出现这种现象可及时补加量水进行补救，但得到的曲表皮较厚，必将降低曲粮利用率。

四、 入房培养

入房培养（图4-4）包括卧曲、翻曲直至成曲的一系列操作。卧曲要有利于通气和散热，清香型大曲以散热放潮为主，着重于"排列"；浓香型、酱香型大曲，以保潮为主，着重于"堆"。个别企业已经使用架子曲模式培养大曲。

（1）曲培养房，平房　　　　　　　　　　（2）曲在房培养

（3）曲培养房，楼房　　　　　　　　　　（4）架子曲

图4-4　制曲房外观与曲在房培养

大曲在房培养时一般要经历上霉、晾霉、翻曲等几个阶段保湿保潮及其造就的微氧环境是大曲内在品质保障的核心[4]。

（一）上霉

上霉又称长霉、挂衣，系制曲培养过程中，在曲坯的外表生长出菌斑（霉菌菌丝体）的现象[5]。这些白色斑点有：①星状斑点：曲坯上出现白色斑点似满天星状；②针尖斑点：曲坯上隐约可以看见针尖大小的白色斑点；③白蛾斑点：曲坯表面厚厚覆盖的一层像蛾子一样的白色斑点，用手压之能出现手印，属挂衣过厚。曲坯上霉较好的标准是曲坯表面分布的星状斑点覆盖表面65%~70%。

曲坯上霉多少与曲坯原料的粗细、用浆多少、曲块的坚硬和松散程度以及天气情况、室内温湿度有关。上霉多（起皱）说明料细、浆多、曲坯松软、室内环境湿度大，这样的曲坯由于在表面有一层厚厚的保护层，阻碍了曲皮与曲心间的透气性，并且曲皮表面的温度也不易进入曲心，曲心水分又不易向外扩散挥发，表现为曲坯不热，来火迟缓，造成曲心水分向外散不出去而出现曲坯空心鼓肚。

上霉良好对曲块在培养全过程中具有充足的水分至关重要，因为品温升降的高低和培曲期的长短，在很大程度均取决于曲块的水分是否适当。品温是指大曲块曲心的温度。夏季因为气温较高，可开窗上霉。北方有的厂制伏曲难以上霉，其主要原因就在于关窗，致使曲坯入室不久，室温就超过了上霉的适温。结果，品温越升越快、曲块表面水分急剧大量蒸发，造成无霉烤皮现象，影响成曲外观及内在质量。因此，该阶段应该尽量使室温保持在 28℃ 以下。若因自然气温很高，即使开窗也难以控制，则可往苇席上喷洒适量洁净的冷水，以利于曲室降温、保潮。

（二）晾霉

晾霉，也称放门排潮，是指在制曲培养中，当霉菌菌丝体已长出，打开门窗，降低曲室和曲坯表面的温度和水分的操作[5]。

仔细观察温度、上霉度、曲坯的软硬程度等，来决定晾霉时间。开门窗早，无霉或霉少，水分挥发快，曲坯发松发轻，理化指标低，成熟早，皮厚，残余淀粉多；开门窗晚，霉子厚，起皱，但水分挥发慢，后火管理不当出现氨味，延期成熟，茬口难看，异味大，曲香味小，制出来的酒发冲，不绵甜，烧舌头，味不正。

晾霉以渐晾为主，并在一定时间内晾透，否则曲块表面微生物继续大量繁殖、产热，形成厚皮曲。晾霉阶段也不应有较大的对流风，以免曲皮干裂。待曲块表面已经基本干燥不粘手、曲块定型时，可继续晾霉 1~3d。

（三）翻曲

翻曲是将堆积的曲坯上下层调位，每块曲坯的上下面对调，以增加通风供氧，排除 CO_2，调节温度和湿度，使其培养均匀的操作[5]。

曲在房培养各个阶段中，操作要轻拿轻放，摆平放正，上下对齐，横竖成行，做到里转外，外转里，底调上，上调底，里外转块数每层不得低于 5 块，块距、行距要一致。靠近门窗的曲块往往受外界空气的影响较大，为了求得曲在培养中温度的均衡，翻曲时必须特别强调将曲块里外相转，底上对调，并在开门、开窗时采取适当的防护措施。在最后挤火阶段，如门窗封闭也不能保住温度，可在曲坯的上面和周围加盖柴席或稻草保温。

在制曲中要适时开闭门窗，掌握温度上的均衡和稳定，严防前期品温过高，而后期品温过低，外壳坚硬，曲内水分挥发不出来，出现断面黑圈、生心等现象。曲室温度的变化有专人负责抽查记录，每批抽 8~10 房，以便研究参考。

五、 出房贮存

成品曲出房［图4-5（1）］后，进入贮存阶段，一般贮存3~6个月后使用。大曲出房后，在阴凉通风处贮存［图4-5（2）］，不使阳光直接照射。

（1）正在出房的曲　　　　　　　　　　（2）正在入贮存库的曲

图4-5　正在出房的曲与曲入贮存库

第四节　大曲中的微生物

一、 大曲发酵房中的微生物

曲块入房前的空发酵房下层空气的霉菌数量低于中上层，上层的放线菌数量显著低于中下层，各层均以酵母菌和霉菌占优势，放线菌数量较少。大曲发酵前期发酵房下层空气的细菌和酵母菌数量显著高于中层，中层又显著高于上层，霉菌数量差异不明显，空气微生物以酵母菌略占优势。大曲发酵后期各层空气微生物数量差异均不显著。发酵房上中下层大曲微生物及理化分析表明，只有酵母菌、细菌数量和酸度为显著性状，上层的酵母菌和细菌数量显著低于中层和下层，而酸度则显著高于中下层。大曲培菌期间，环境微生物对大曲质量的影响可能主要受酵母菌和细菌的影响[6]。

二、 大曲发酵过程中微生物变化

大曲入房后，微生物自然生长繁殖。在整个培曲过程中，曲皮好气性微生物先生长，然后由表及里。曲表先热，曲心后热。霉菌主要为根霉和曲霉先行繁殖，生成淀粉酶，分解淀粉为糖，接着酵母开始繁殖。随着时间的推移，品温上升，细菌变得活跃。经过高温和几次翻曲，霉菌和酵母菌的孢子逐渐形成，耐高温细菌大量存在于曲中。制曲温度越高，微生物的种类数量越少。在此过程中，微生物的生长繁殖可以分为以下几个阶段：①适应期：入房 1~3d，微生物恢复生长，释放大量热量使曲品温上升。②增殖期：在培菌 3~15d，微生物仍在繁殖，且以最快速度繁殖，曲的品温进一步升高。③平衡期：在培曲 15d 左右，微生物总数达最高，不再增加。这是因为营养物质逐渐消耗尽，同时由于代谢产物的形成和积累，及曲块品温的上升，水分逐渐减少，大大抑制了微生物的生长，繁殖率下降，并与死亡达到平衡。此时微生物逐渐形成芽孢。④衰退期：15d 后至出房。微生物死亡率大于繁殖率，死亡多，增殖少，曲品温逐渐下降。

在伏曲研究中发现，在培养各个阶段中微生物及理化指标的变化呈现一定规律，温度对微生物生长影响较大，与乳酸菌、酵母菌、霉菌和细菌的变化有较强的相关性；湿度影响程度较弱；微生物数量变化和部分理化指标呈一定的相关性，一定程度上微生物的数量变化对理化指标的影响是显著的[7]。

酱香型大曲发酵过程中，从堆曲后 6~7d（即第 1 次翻曲前）霉菌开始慢慢往曲心繁殖，经第一次翻曲后到第二次翻曲时，曲块内部几乎长满霉菌，主要是念珠霉，其次是根霉。再经相当长的高温（50~60℃）培菌阶段，念珠霉大量减少，曲霉增多。以后，细菌逐渐占优势，酵母菌数量极少[8]。

在浓香型大曲发酵过程中，从入房开始，细菌数量大幅度上升，至发酵 10d 时，达最高峰。此时，也是浓香型大曲发酵的最高温度期。此后，细菌数量逐渐下降，直至大曲出房。球菌、杆菌、芽孢杆菌的变化类似。但从数量上看，一开始占优势的细菌至出房时并不占优势。出房时占优势的细菌是芽孢杆菌。

酵母菌的变化与细菌的变化类似，但酵母菌在大曲发酵第 18d 时达最高峰。至出房时，酵母菌数量在总量上并没有细菌多，为细菌总数的 1/4~1/3，推测是高温阶段酵母逐渐死亡而造成出房时酵母数量急骤下降。

大曲发酵过程中霉菌的变化与细菌和酵母菌的变化基本相同。入房开始时，霉菌数量急骤上升，到第 18 天时，达到最大值，然后逐渐下降。但至出房时，霉菌占优势，即出房时霉菌的数量是细菌数量的 2~3 倍。

汾酒大曲中主要微生物的消长总体趋势与酱香型和浓香型大曲微生物变化类似[9]。如霉菌在翻曲前一直处于增长的趋势，翻曲后开始下降。温度、湿度和水分含量是影响霉菌生长繁殖和酶活性的重要因素，但温度、湿度与霉菌菌落消长之间不显著。霉菌中的曲霉和根霉可以产生淀粉酶，其菌落的消长对淀粉含量有非常显著的相关性；经分析霉菌菌落的消长对糖化力有显著影响，糖化力和液化力的酶活性有显著的正相关性[10]。具体地说，拟内孢霉在成曲期更多，假丝酵母主要在潮火前期量多，经过"大火阶段"高温淘汰后，则明显减少。白地霉在制曲前期（踩曲至潮火阶段）较多。"潮火"前期乳酸杆菌属和乳球菌群约等量，潮火后期是乳球菌群多于乳酸杆菌属。

三、大曲贮存过程中微生物变化

曲块在贮存过程中，随贮存期的延长，其微生物数量及酶活性均有下降趋势，特别是酵母菌数量及发酵力下降明显（表4-1）。

表 4-1　　　　　　四川某酒厂大曲贮存期微生物变化[11]

贮存期	细菌/ （10^5个/g 干曲）	酵母/ （10^5个/g 干曲）	霉菌/ （10^5个/g 干曲）	总菌数/ （10^5个/g 干曲）
3 个月	3.49	4.45	4.01	11.95
6 个月	0.78	7.75	3.03	11.56
9 个月	0.45	0.89	3.97	5.31
12 个月	0.38	0.43	2.52	3.33
24 个月	0.52	0.17	0.37	1.06

四、成品大曲中的微生物

方心芳先生曾对81种东北大曲中的微生物进行分离培养，其结果是霉菌占绝大多数，酵母菌与细菌比较少。霉菌中以毛霉、根霉、念珠霉为主，曲霉比较少。差不多所有的大曲，都含犁头霉，其次是念珠霉，而酵母菌占末位[12]。

1962—1963年曾对辽宁省老龙口大曲与丹东大曲中的发酵微生物做了初步探讨[12]。根据微生物分离结果，发现这两种大曲中酵母菌种类较多，既有具发酵力的酵母，又有产酯酵母，但发酵力和产酯力均不太高。以大曲中分离得的优良根霉与日本根霉进行对比试验，其糖化力与发酵力的数值均不及日本根霉（*R. japanicus*），糖化力达日本根霉的82%左右，发酵力达62%左右。

（一）清香型成品大曲中的微生物

酵母菌主要有酵母属酵母、汉逊酵母、假丝酵母属和拟内孢霉属、白地霉等。酵母菌属酵母在汾酒发酵中起主要作用，酒精发酵力强，在大曲中含量较小，通常在大曲中心比较多。汉逊酵母在汾酒大曲中具有较强的发酵力，仅次于或接近于酒精酵母，多数种类产生香味，同样在曲块中心较多。假丝酵母属和拟内孢霉属是大曲中数量最多的，曲皮多于曲心。白地霉是一种近似酵母的霉菌。在制曲前期（踩曲至潮火阶段）较多。汉逊酵母属具有产酯能力，兼有一定的酒精发酵能力。

汾酒大曲中霉菌主要有根霉、犁头霉、毛霉、黄曲霉、米曲霉、黑曲霉、红曲霉等。根霉在制曲期生长在曲的表面，后期则以营养菌丝形式深入基质中去。犁头霉在大曲中含量最多，但糖化力不高。毛霉有一定的糖化力，蛋白质分解力较强。黄曲霉、米曲霉群是汾酒大曲主要的糖化菌，糖化力和蛋白分解力都很高。黑曲霉作用与黄曲霉相似。红曲霉有较强的糖化力，一般在清茬曲的红心部分最多。在汾酒大曲中，黄曲霉、米曲霉有较强的糖化力、液化力和蛋白质分解力。

汾酒大曲中的细菌主要有乳酸菌、醋酸菌、芽孢杆菌和产气杆菌。汾酒大曲中含有丰富的乳酸菌。乳球菌群中主要是足球菌和乳链球菌。汾酒大曲和酒醅的乳酸菌以同型发酵为主。醋酸菌在大曲中含量较少，但生酸能力很强。芽孢杆菌大曲中含量虽然不多，但它繁殖迅速，特别在高温、高水分、曲块发软的区域常有芽孢杆菌繁殖，其中枯草杆菌有水解淀粉及蛋白质的能力，是大曲所含细菌中最多的一种。有的芽孢杆菌能形成白酒芳香成分双乙酰等。大肠杆菌科中的产气杆菌等在大曲中存在较少，它们都有较强的 V. P. 反应[12]。最近，应用 PCR-DGGE 技术研究发现，汾酒大曲中的细菌组成包括肠球菌属（Enterococcus）、芽孢杆菌属（Bacillus）、乳酸杆菌属（Lactobacillus）、不动杆菌属（Acinetobacter）、土壤球菌属（Agrococcus），其中 Enterococcus 和 Bacillus 为优势菌群[13]。

从汾酒大曲和酒醅中分离出来的优良菌种黄曲霉、米曲霉、根霉、毛霉、犁头霉、拟内孢霉、红曲霉、酒精酵母、生香酵母和白地霉等 11 株制成了优质清香型"六曲香酒"[14]。

（二）浓香型成品大曲中的微生物

对浓香型大曲而言，伏曲的微生物数量大于四季曲，曲皮大于曲心，伏曲大于劣曲，新曲大于隔年曲。

大曲中的细菌总量在 $10^7 \sim 10^8$ 个/g 干曲[15]，其中芽孢杆菌在 $10^6 \sim 10^7$ 个/g 干曲，约为总菌数的十分之一，产酸菌与芽孢杆菌数量相当。在产酸菌中，以乳酸菌为最多，醋酸菌、丁酸菌较少。

细菌中，以常温细菌数高于好热细菌数，常温细菌约为好热细菌数的 10 倍[15]。

（三）酱香型成品大曲中的微生物

酱香型成品大曲中微生物以细菌为主，霉菌次之，酵母菌极少。1960 年分离的结果确实是芽孢杆菌最多，鉴定的 17 株枯草芽孢杆菌，其中有 5 株产生黑色素（As 11286、As 11433），这几株菌用于制曲也生成类似茅台曲的香味。20 世纪 80 年代初从茅台曲中共分离得菌株 95 株，其中细菌 47 株，霉菌 29 株，酵母菌 19 株，并选择有代表性的菌株进行纯种及混种制曲试验。19 株酵母分别属于拟内孢霉属、地霉属、汉逊酵母属、假丝酵母、毕赤酵母属、酵母属等。47 株细菌中多数是芽孢杆菌属、微球菌属、气杆菌属。29 株霉菌分属于曲霉属、毛霉属、犁头霉属、红曲霉属、青霉属等。认为嗜热芽孢杆菌是茅台酒生产有益菌类，它与其他菌起着重要而复杂的作用。利用茅台酒厂样品中分离出的芽孢杆菌，再混入河内白曲、拟内孢霉、红曲霉、根霉、异常汉逊酵母、球拟酵母、假丝酵母等制曲，生产出酱香型麸曲白酒[11]。

第五节　大曲中的酶

大曲中的酶主要有糖化酶、酒化酶、蛋白酶、酯酶与脂肪酶、纤维素与半纤维素酶、木聚糖酶等，其中，酯酶和淀粉酶已经发现同工酶[16]。

一、大曲中酶的种类

（一）糖化酶

大曲中的糖化酶类表现为曲的糖化力和液化力。制曲原料中的淀粉水解酶是大曲发酵的启动因子[4]。

大曲中液化酶的主要作用是将酒醅中的淀粉水解为小分子糊精。大曲中 α-淀粉酶活性受酒醅酸度影响较大。试验表明，酒醅中添加乳酸后，大曲液化力随 pH 下降而降低。液化力降低，必然影响淀粉液化，削弱糖化酶效力。大曲中 α-淀粉酶可被糊化后的淀粉吸附，但该吸附作用可被酸性蛋白酶解脱[17]。

大曲液化力高低与培曲温度有关。酱香型曲因培曲温度高液化力最低，清香型曲因培曲温度低而液化力最高。大曲在曲房发酵过程中，液化力是逐渐上升的[18]。

糖化型淀粉酶俗称糖化酶，淀粉-1,4-葡萄糖苷酶和淀粉-1,6-葡萄糖苷酶。该酶从淀粉的非还原性末端开始作用，顺次水解 α-D-1,4-葡萄糖苷键。将葡萄糖一个一个地水解下来。遇到支点时，先将 α-D-1,6-葡萄糖苷键断开，再继续水解。该酶不能水解异麦芽糖，但能水解 β-界限糊精。

糖化酶的产生菌主要是根霉、黑曲霉、米曲霉及红曲霉等[14]。大曲的糖化力主要来源于根霉，大曲糖化力的高低与培曲温度密切相关（表 4-2）。培曲温度高的酱香型曲糖化力低，培曲温度低的清香型曲的糖化力最高。兼香型的中、高温曲的糖化力也证明了这一结论。

表4-2 不同香型曲的糖化力[14] 单位：mg 葡萄糖/(g 干曲·h)

香型	酱香	浓香	清香	兼香（中温）	兼香（高温）
曲的糖化力	270	1045	1480	870	330

金属离子对大曲中的糖化酶有抑制作用[19]。研究发现，铁离子、锰离子、钴离子对大曲糖化酶几乎没有抑制作用，锌离子有轻微的抑制作用。汞离子、银离子在极低浓度下有极强的抑制作用。铜离子的抑制作用属竞争性抑制，可被增多的底物解除。氯、汞、苯甲酸抑制 β-淀粉酶的活性，不影响葡萄糖淀粉酶的活性。

（二）酒化酶

酒化酶是大曲在酒醅发酵过程中表现出的产酒的酶类的总称。该类酶能将可发酵性糖转化为酒精，这类酶用测定大曲发酵力的方法度量。大曲中主要的发酵菌种是酵母。

大曲发酵力常用测定方法是失重法。但此方法实际上是测量了细菌、酵母、霉菌三种菌有氧呼吸和无氧代谢产生的 CO_2 总量，不能真实反映出大曲发酵能力的大小，因此采用测定发酵终了的酒精含量来衡量较为合理[18]。

大曲发酵力的高低与培曲温度成反比。高温酱香型曲的发酵力最低，培曲温度偏低的凤香型曲的发酵力最高[14]。

（三）酯酶

酯酶也称羧基酯酶，不同于脂肪酶（甘油酯水解酶），它催化合成低级脂肪酸酯。该酯酶既能催化酯的合成，也能催化酯的分解。因此，白酒业习惯分别称为酯化酶和酯分解酶。酵母、霉菌、细菌中均含有酯酶。目前已经发现，红曲霉、根霉中许多菌株有较强的己酸乙酯合成能力。

浓香型、清香型、凤香型等香型酒的香味成分与酒中的己酸乙酯、乙酸乙酯、乳酸乙酯等酯类的含量有关。这些酯的产生与酯酶密不可分。特别是对浓香型大曲酒的主体香——己酸乙酯的研究表明，在大曲中添加酯化酶菌株或人工生产的酯化酶用于发酵，可极大地提高酒中己酸乙酯的含量。脂肪酶对脂肪的分解，为白酒中油酸乙酯、亚油酸乙酯、棕榈酸乙酯等的形成提供了前体物质。

大曲中酯化酶的测定主要是检测其酯化力和酯分解率[14]。大曲酯化力的高低，与大曲的发酵温度成反比，即发酵温度越高，曲的酯化力越低（表4-3）。

表 4-3 不同香型曲的酯化力[14]

香型	酱香	浓香	清香	凤香	兼香（中温）	兼香（高温）
曲的酯化力/ [mg 总酯/（g 曲·96h）]	0.42	0.56	0.63	0.58	0.49	0.36
酯分解率/%	40.72	30.06	31.3	34.0	27.6	27.8

（四）酸性蛋白酶

蛋白酶是水解蛋白质肽键的酶的总称。根据酶作用的 pH 的不同，将其分为酸性蛋白酶（pH2.5~3）、中性蛋白酶（pH7 左右）和碱性蛋白酶（pH8 以上）[20]。白酒生产中酒醅酸度较高，曲在培养过程中亦要生酸，因此白酒生产中存在的蛋白酶主要是酸性蛋白酶。酸性蛋白酶为端肽酶，一般为菌的胞内酶。

曲霉及其他霉菌如青霉、根霉都产生酸性蛋白酶。酸性蛋白酶的适宜 pH 为 3，在酸性下其活性旺盛。pH7 则活性减退，pH8 则完全失去作用。河内白曲霉的酸性蛋白酶相当高，它与米曲霉相比，制米曲时高出 13 倍，制麸曲时高出 6 倍。细菌也有酸性蛋白酶，它在长期发酵的后期中起到重要作用[20]。

酸性蛋白酶作用的最适 pH 一般在 2~4，但不同微生物的酶稍有差异。根霉属一般 pH3.0 左右，曲霉属一般在 pH3.0 以下，而黑曲霉大孢子变种（*Asp. niger* var. *macrosporus*）产生的 A 型和 B 型酸性蛋白酶，其最适 pH 都为 3.0。青霉属产酶的 pH3~4，如紫青霉（*P. purpurogenum*）pH 为 3.0，灰绿青霉为 pH3.5，而青霉分泌的天冬氨酸蛋白酶为 pH3.4。酵母菌产的胞内酸性蛋白酶，可通过酵母细胞自溶而释放到外环境中，其性质与黑曲霉产的 A 型蛋白酶性质相近，最适 pH 也在 3.0[21]。

目前生产酸性蛋白酶的菌种主要是黑曲霉（*Asp. niger* 3.350）和宇佐美曲霉[22]，发酵酶活性在 6000~7000U/mL[23]。大曲中的放线菌不产淀粉酶，却有较高的酸性蛋白酶活性，最高达 70~80U[20, 24]。从老窖泥中也分离到一株蛋白酶活性高产菌株，证实了放线菌可以产生酸性蛋白酶，酶活性可达 100~200U[25]。

酸性蛋白酶在大曲中的含量与大曲的发酵温度密切相关。酱香型曲的酸性蛋白酶含量最高，清香型曲的酸性蛋白酶含量最低。兼香型的中温曲其酸性蛋白酶含量低于兼香型高温曲的酸性蛋白酶含量（表 4-4）。

酸性蛋白酶在酿酒中的作用主要是促进原料颗粒溶解。酸性蛋白酶对颗粒物质的溶解性很强，对清酒、酱油的颗粒物质的溶解起到重要作用：有利于微生物繁殖；促进酒精发酵；提供生香凝胶物质和风味物质；降解酵母蛋白菌体；提高酿酒原料利用率等[21-22, 26]。

表 4-4　　　　　　　　　　不同香型曲酸性蛋白酶活性[18, 20]

香型	糖化力/ [mg 葡萄糖/（g 干曲·h）]	酸性蛋白酶活性/ （U/g）	备注
酱香	270	111	2 样平均
浓香	1045	61.23	4 样平均
清香	1480	38.74	3 样平均
兼香（中温）	870	61.5	2 样平均
兼香（高温）	330	82.28	2 样平均

（五）纤维素酶

纤维素酶是水解纤维素的一类酶的总称。它包括三种类型：即破坏天然纤维素晶状结构的 C_1 酶，水解游离（直链）纤维素分子的 C_x 酶和水解纤维二糖的 β-葡萄糖苷酶。

纤维素酶的主要产生菌是里氏木霉、尖孢镰刀霉、粗糙脉胞霉等霉菌。编号为 EC 3.2.1.4 的纤维素酶，系统名是 1,4-（1,3/1,4）-β-D-葡聚糖-4-葡萄糖水解酶。它内切纤维素或由 1,3 和 1,4 键组成的多聚糖中的 1,4 键，将纤维素分解。纤维素酶应用于白酒生产中，可提高白酒的出酒率，最高可提高 9.05%[18]。

（六）木聚糖酶类

木聚糖酶类主要是由内切型木聚糖酶（endo-1,4-β-D-xylan xylanohydrolase，EC 3.2.1.8）和外切型 β-木糖苷酶（exo-1,4-β-D-xylan xylanohydrolase，EC 3.2.1.37）组成。酶解时，木聚糖酶以内切方式从主链内部作用于长链木聚糖的糖苷键上，将木聚糖随机地切为不同链长的低聚木糖后，再由 β-木糖苷酶作用于低聚木糖的末端，将这些短链低聚糖降解为木糖[18]。

二、 大曲发酵过程中酶变化

（一）糖化酶

在大曲发酵过程中，糖化力的变化有两种情况，一种情况是测定的糖化力从入房后一直上升，在库存时也上升。如兼香型大曲在发酵过程中，糖化力从入房至出房一直呈上升趋势。第一次翻曲的糖化力为 60mg/（g 曲·h）（下同），第二次翻曲的糖化力为 105.6mg/（g 曲·h），拆草时 144.0mg/（g 曲·h），出房时 206mg/（g 曲·h），库存后 390.0mg/

（g 曲·h）[27]。一种情况是大曲入房时糖化力高，随着发酵的进行，糖化力逐渐下降[9, 28-29]。

　　随着大曲发酵时间的延长，其淀粉酶活性呈下降趋势。研究人员曾经对川酒大曲发酵过程中的淀粉酶活性变化进行研究，发现大曲入房时的淀粉酶活性最高（图 4-6）[9]。液化酶活性随着大曲发酵时间延长，先上升，再逐渐下降，到发酵后期，又略有回升。总体上讲，曲皮的糖化酶、液化酶活性均高于曲心。曲皮的糖化酶活性在 1200 ~ 1400U/mL，曲心在 400~600U/mL[30]。

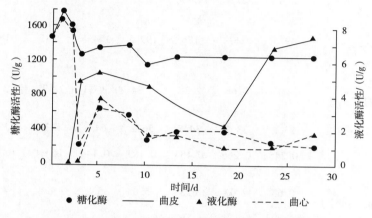

图 4-6　浓香型大曲发酵过程中淀粉酶活性的变化[30]

　　酱香型大曲发酵过程中糖化力的变化比较特殊。在前 20 天，糖化力随发酵时间的延长而逐渐下降。从第 25 天开始，大曲糖化力开始上升。到 30 天时，再下降，出房时，糖化力约在 200mg 葡萄糖/（g 干曲·h）[18]。

（二）酒化酶

　　在大曲培养过程中，前 15 天发酵力是上升的，至 15 天后，发酵力开始下降[18]。

（三）酯酶

　　大曲培养过程中，酯化力是先升高，至第 5 天时达最大值，后开始下降。培养至 20 天时，又达最大值，后再下降。变化比较复杂。而酯分解率的变化不大，基本上是逐渐上升的[18]。

（四）酸性蛋白酶

　　大曲发酵过程中酸性蛋白酶活性是逐渐上升的。前 5 天、第 15 天至 20 天是急剧上升的，其他时间的变化比较平稳[18]。

　　江苏某浓香型企业曾经对大曲发酵过程中的糖化力、液化力、蛋白酶活性、发酵力等进行研究，如表4-5所示。大曲糖化力、液化力、蛋白酶活性、发酵力随发酵时间的延长而逐渐上升。酯分解率随发酵时间延长而下降，而酯化力则是先上升，再下降。

表4-5 　　江苏某名酒厂浓香型大曲发酵过程中各种酶的变化

大曲发酵时间/d	5	10	15	20	25	30	35	40
水分/%	36.5	32.3	28.5	19.5	16.8	15.7	14.5	13.5
酸度	2.85	2.1	1.45	1.35	1.35	1.23	1.48	1.22
糖化力/ [mg 葡萄糖/(g 干曲·h)]	49.5	117	186	199.5	154.5	141	183	177
液化力/ [g 淀粉/(g 曲·h)]	20	0.66	2.31	3.34	3.33	2.95	2.9	2.83
蛋白酶/(U/g)	23.2	23.7	34.8	56.2	64.8	153.4	138.8	113.9
氨基氮/%	0.245	0.266	0.454	0.189	0.144	0.160	0.172	0.196
发酵力/ [mLCO$_2$/(g 曲·48h)]	0.63	2.05	4.3	5.0	5.2	4.4	4.0	3.7
升酸幅度	0.44	0.2	0.33	0.39	0.43	0.45	0.47	0.49
酯化酶/(U/g)	0.12	0.38	0.33	0.32	0.27	0.2	0.18	0.17
酯分解率/%	56.78	64.88	57.04	54.13	48.73	46.29	45.10	44.63

三、 大曲贮存过程中酶变化

（一）糖化力

刚出房时，大曲糖化力较高，出房后逐渐下降。贮存两个月时，有的可能上升[18]。

（二）液化力

在贮存过程中，随贮存时间的延长，大曲液化力逐渐下降[18]。

（三）发酵力

从发酵度看，刚出房时，发酵力较强，贮存1个月时有所减弱，到2个月时又有所回升，3个月后基本持平稳定。不同香型白酒大曲的贮存变化见表4-6、表4-7。

表4-6　　　　　　　　　　浓香型大曲贮存过程中各项指标变化

贮存期	细菌	酵母菌	霉菌	总菌数	糖化力/[mg葡萄糖/(g干曲·h)]	液化力/[g淀粉/(g曲·h)]	发酵力/[mLCO₂/(g曲·48h)]	水分/%	酸度	淀粉含量/%
3个月	34.9	44.5	40.1	119.5	940	1.32	2.1078	14.22	0.70	68.10
6个月	7.82	77.5	30.3	115.6	660	1.37	2.0707	12.87	0.86	67.04
9个月	4.45	8.94	39.7	53.1	663	1.24	1.3589	12.09	0.71	67.47
12个月	3.75	4.29	25.2	33.2	868	1.03	0.9379	12.09	0.82	67.26
24个月	5.20	1.73	37.2	44.13	240	0.53	0.4312	12.1	0.80	60.63

表4-7　　　　　　　　　　凤香型大曲贮存变化[31]

项目	刚出房	贮存期				
		1个月	2个月	3个月	4个月	5个月
水分/%	13.5	12	11	12	10	12
酸度	0.74	0.74	0.69	0.59	0.59	0.59
糖化力/[mg/(g曲·h)]	758.4	652.8	729.6	537	518.4	422.4
液化力/[g淀粉/(g曲·h)]	0.200	0.256	0.276	0.190	0.188	0.138
发酵度/%	47.1	38.0	42.8	36.4	33.4	34.6

（四）酯化力与酯分解率

在大曲贮存时，曲的酯化力是随贮存时间的延长，前6个月处于上升阶段；6个月后，逐渐下降。酯分解率是随曲块贮存时间的延长而不断降低。因此，若仅考虑曲的酯化力和酯分解率，对浓香型曲酒而言，大曲贮存6个月使用最好（表4-8）。

表4-8　　　　　　浓香型大曲贮存时酯化力与酯分解率的变化[31]

贮存时间	出曲	1个月	3个月	6个月	12个月
酯化力/[mg总酯/(g曲·96h)]	0.17	0.21	0.35	0.37	0.33
酯分解率/%	44.68	42.21	40.91	38.56	25.90

（五）酸性蛋白酶

大曲在贮存期间，前6个月酸性蛋白酶的活性基本不变；6个月后，酸性蛋白酶活性逐渐下降[18]。

四、 成品大曲中酶

（一）酱香型大曲中酶

酱香型大曲中的酶活性见表 4-9。

表 4-9		酱香型大曲中酶活性[32]			单位：U/g
类型	液化型淀粉酶	糖化酶	蛋白酶	果胶酶	聚半乳糖醛酸酶	纤维素酶
白沙	244.7	11.7	12.8	12.8	21.9	0.67
武陵	322.0	55.2	11.7	12.4	20.2	0.47

（二）浓香型大曲不同部位酶

大曲不同部位的液化力与整块曲相比相差很大。曲外层的液化力比整块曲高 194.3%，四角曲比整块曲高 53.20%，曲心比整块曲低 32.56%。表明液化型淀粉酶在大曲表层含量最高，曲心含量最低，曲外层的液化力是曲心的 4.36 倍[33]。

大曲不同部位的糖化力明显不同，糖化酶主要存在于曲的外层，四角曲与整块曲相比糖化力相差很大。曲外层的糖化力比整块曲高 83.40%，四角曲糖化力比整块曲高 63.64%，曲心糖化力比整块曲低 39.48%，曲外层的糖化力是曲心的 3.03 倍[33]。

酸性蛋白酶主要存在于曲的外层。曲外层的酸性蛋白酶活性是曲心的 1.99 倍，曲外层酶活性比四角曲高 24.39%，比整块曲高 64.12%[33]。

酯化酶活性在曲坯中的分布规律为曲心显著大于曲皮[33-34]。

纤维素酶主要存在于曲外层。曲外层纤维素酶活性比整块曲高 71.13%，四角曲酶活性比整块曲高 14.00%，曲外层的纤维素酶活性是曲心的 1.91 倍[33]。

木聚糖酶在曲外层较多，曲心较少。曲外层与曲心的差距不大。曲外层木聚糖酶活性比整块曲高 40.33%，四角曲酶活性比整块曲高 13.39%，曲外层的木聚糖酶是曲心的 1.50 倍[33]。

（三）清香型大曲中的酶

清香型 3 种大曲各有优点，以清茬曲的液化、糖化、蛋白分解酶活性高，后火曲的发酵率最高。汾酒大曲曲皮与曲心的测定结果，通常以曲皮比曲心的糖化酶活性高，而曲心比曲皮的发酵率高[35]。

清香型贮存 3 个月大曲中的酶见表 4-10。

表 4-10　　　　　　　　　　　清香型贮存 3 个月大曲中的酶[35-36]

项目	清茬曲	红心曲	后火曲	红星曲	牛栏山曲
液化酶/（U/g）	1.94	1.34	1.31	5.0	10.9
糖化酶/（U/g）	797.0	974.5	795.5	—	—
蛋白分解酶/（U/g）	16.33	16.60	16.07	34.6	15.6
脂肪酶/（U/g）	—	—	—	6.5	3.8
酯化力/（mg/g）	—	—	—	15.5	18.8
发酵力/［g/（100g曲·15d）］	—	—	—	218.2	229.7
发酵率/%	76.0	84.3	87.0		

第六节　大曲发酵及贮存过程中温度及物质变化

大曲发酵过程中，目前主要考察温度、湿度、水分、酸度或 pH、淀粉等物质的变化。

一、 大曲发酵过程的温度与湿度的变化

大曲发酵为自然发酵，因此，在生产过程中通过控制发酵温度的变化来调节发酵过程中微生物的生长繁殖。

（一）酱香型大曲在曲房发酵时温度变化

酱香型大曲入房后前 4 天温度上升至 40~50℃；第 10 天至第 15 天，温度维持在60~62℃；20 天后，温度开始逐渐下降。中上层曲块的温度最高，其次为中下层，温度最低的是上层曲块（表 4-11）[28, 37]。

表 4-11　　　　　　酱香型大曲在曲房发酵时不同曲层温度变化[37]　　　　　单位：℃

翻曲日期	上层曲块	中上层曲块	中下层曲块	底层曲块	备注
入房 4 天	40~42	45~50	40~42	40	
入房 10 天	52~54	60~62	54~55	45	首次翻曲
入房 15 天	51~52	59~60	52~53	45	二次翻曲
入房 20 天	42~45	50~55	40~50	40	三次翻曲
入房 40 天	30~35	40~45	30~35	30	

（二）浓香型大曲在曲房发酵时温度变化

在浓香型白酒大曲生产中，大曲入房后，在前 3~4 天，温度处于上升阶段。然后，略有下降。从第 5 天开始，温度继续上升，直至顶火温度。20~25 天时，温度开始下降，至出房时的 20~22℃。

二、 大曲发酵过程中物质变化

（一）水分变化

大曲发酵过程中，水分变化的总体趋势是下降的[9, 27]。入房发酵时水分一般在 35%~40%，出房时水分在 12%~16%。不同的香型、不同的企业、不同季节大曲出、入房时水分要求不同。

（二）酸度变化

大曲发酵过程中，酸度总体是上升的，一般在顶火温度时，酸度达到最高。后酸度略有下降，至出房时酸度在 0.6~1.0[9, 27]。

（三）淀粉变化

入房时淀粉含量在 65~70%，至出房时淀粉含量在 55%~57%，发酵过程中淀粉消耗约 10%。

（四）氨态氮变化

制曲原料小麦的氨态氮为 100mg/kg 曲左右，通过制曲培菌发酵过程，曲坯氨态氮逐渐增加并在 14 天左右稳定在 3000mg/kg 曲左右。说明制曲原料小麦中的蛋白质在曲坯发酵培菌过程中，在制曲微生物酶的作用下，将蛋白质逐渐降解为氨基酸，并进一步降解为游离的氨态氮[38]。

三、 大曲贮存过程中物质变化

大曲在贮存过程中，仍然会发生一系列的变化，如水分下降等。刚出房时，大曲的水分较大，贮存后，水分逐渐下降，至贮存 3 个月时，水分趋于稳定。随着贮存时间的延长，酸度呈下降趋势。一般贮存 3 个月后趋于稳定。

四、成品大曲化学成分

（一）大曲中的化学成分

清香型大曲的化学成分见表4-12。其他清香型大曲的成分也已经有研究[36]。

表4-12　　　　　　　　　清香型大曲的化学成分[35-36]

组分	清茬曲	红心曲	后火曲	红星曲	牛栏山曲
水分/%	13.20	13.45	13.00	12.5	10.9
总酸度/（mg/100g）	5.25	5.52	5.24	10.6	7.4
还原糖/%	0.14	0.40	0.38		
粗淀粉/%	53.28	53.10	53.00		
总酯/（mg/100g）				2.6	1.2
总氮/%	3.26	3.22	3.20		
蛋白态氮/%	2.79	2.64	2.82		
氨基酸态氮/%	0.17	0.15	0.18		
氨态氮/%	0.16	0.11	0.14	0.12	0.13

各种香型大曲的化学成分如表4-13所示。采用纯小麦原料制大曲如茅台大曲、五粮液大曲等成品曲淀粉含量高而蛋白质含量低，加豌豆的大曲如汾酒大曲和西凤大曲则相反，但相差并不太悬殊[12]。

表4-13　　　　　　　　　各种香型大曲的化学成分[12]

分类名称	水分/%	淀粉/%	可溶性糖/%	粗蛋白/%	粗脂肪/%	灰分/%	酸度[a]
五粮液（浓香型）	17.91	55.64		14.18	0.97	2.38	
古井贡（浓香型）	16.51	50.80		16.91	1.00	3.79	
全兴（浓香型）	15.07	57.62		13.70	1.12	2.16	
茅台（酱香型）	14.75	57.43	1.78	13.49	1.16	2.24	
西凤（凤香型）	16.95	42.30		18.87	0.85	4.27	
董酒（药香型）	14.66	54.93		16.85	1.25	2.58	
上海某厂	15.3	56.12					0.58
南昌某厂	14.7	41.02					1.20
老龙口	13.31	47.1	2.01	17.54	1.44	3.97	0.975
丹东	15.74	59.34	2.40	13.05	1.14	1.86	0.607

注：a：酸度以乳酸计。

（二）大曲中有机酸

20 世纪 90 年代中期，研究人员曾经对浓香型中温大曲中的有机酸做分析检测，发现大曲中的有机酸主要为乙酸和乳酸。

（三）大曲有生化性能

大曲的生化性能见表 4-14。

表 4-14　　　　　　　　　　大曲的生化性能[12]

分类	糖化力[a]	液化力[b]	蛋白质分解力[c]	pH	发酵力[d]/%
五粮液（浓香型）	270	174	0.57		
古井贡（浓香型）	596.3	67	0.67		
全兴（浓香型）	383.8	146	0.68		
茅台（酱香型）	232.9	>240	0.61		
西凤（凤香型）	506.1	119	0.59		
汾酒（清香型）	506.1	119	0.59		
董酒（药香型）	523.7	145	0.48		
上海某厂	550	45		6.6	
南昌某厂	405	82		6.5	
老龙口	352.3	0.470[e]	25.0[f]	6.62	6.34
丹东	472.9	0.510[e]	0.510[f]	5.88	10.28
麸曲（黄曲）	~1000	9~10	1.69		

注：a：糖化力单位为 mg 葡萄糖/（g 曲·h）；b：碘液退色时间，min；c：pH 3.1~3.5 用 0.1mol/L NaOH 的体积（mL）；d：发酵力是以每克大曲 48h 从发酵栓中能逸出 1.75g CO_2 或从发酵管中能产生 885mL CO_2 定为 100，以%表示；e：老龙口大曲及丹东大曲的液化力测定温度为 30℃，以 g 淀粉/（h·100g 曲）表示；f：蛋白酶分解力以 g 酪素/（h·100g 曲）表示，测定温度为 40℃。

（四）大曲微量成分

在酱香型大曲中共检测到 112 种微量挥发性成分，其中烷烃 3 种，硫化物 3 种，呋喃类化合物 9 种，醛类 6 种，酯类 8 种，酮类 7 种，醇类 12 种，芳香族化合物 21 种，吡嗪类化合物 23 种，酸类 11 种，酚类 4 种，其他杂环化合物 5 种[39]。

从含量上看，酱香型大曲中含量最高的化合物是酸类和吡嗪类化合物，含量均超过

17%，其次是芳香族化合物和醇类化合物，含量在 11%~15%，再次是醛类化合物和呋喃类化合物，含量在 8%~10%。这样的一种检测结果，与酱香型酒中芳香族化合物、呋喃类化合物及吡嗪类化合物含量高是基本对应的。检测到的痕量化合物有二甲基三硫、呋喃、二氢-2-甲基-3（2H）-呋喃酮、2-甲基丁醛、2-丁酮、1-辛烯-3-醇、1-辛醇、1-甲基萘、2-苯基-1-丙醇、5-甲基-2-苯基-2-己烯醛、戊酸-3-苯丙酯、2-异丙基吡嗪、2,6-二乙基吡嗪、2-乙酰基-3-甲基吡嗪、1,2,4,5-四嗪、2,4,5-三甲基-1,3-二氧环戊烷和2-乙酰基吡咯。这些化合物都是白酒中的风味化合物。

第七节　大曲的生产工艺

一、酱香型大曲生产工艺

酱香型大曲酒生产，选择五月端午踩曲，6 个月以上陈曲，九月重阳下沙，2 次投料，9 次蒸馏，8 次堆积发酵，7 次蒸馏取酒，30 天窖内发酵，一年一个生产周期，其工艺特点："四高，三低，三多，一少"，即高温制曲，高温润粮，高温馏酒，高温堆积发酵；曲糖化力低，水分低，出酒率低；用曲量多，轮次多，耗粮多；辅料少，一年一个周期。基础酒分三种典型体（酱香、窖底、醇甜），经过长期贮酿，精心勾调而成[40]。

（一）酱香型大曲制曲工艺要求

1. 茅台酒厂早期制曲工艺

茅台酒厂用小麦制曲，称为麦曲，一般认为"伏曲"质量最好。小麦原料粉碎适当，粗细粉各占 50%，有时粗粉为 65%，细粉 35%。拌曲用水要清洁，其用水量为小麦粉量的 37%~40%。踩制的曲块大（370mm×230mm×65mm），中部凸起，称为"包包曲"，培养温度高，多在 60℃以上[41]。

曲坯配料的曲母粉量原为 4.5%~8%，后减少至 3%~5%，有利于提高麦曲的质量。曲坯"收汗"后，入室培养 6~7d，品温上升至 61~64℃，立即第一次翻曲，此时可闻到轻微的曲香与酱香。再经 8~10d 培养，品温又复上升，进行第二次翻曲。此时曲坯香气要比第一次翻曲时浓些，并有酱香。大约经 40d 出房。干曲放置 8~10d，待水分降至 15% 左右，再贮存 2~3 个月为成品曲。

成品曲外观可分为黄褐色、白色和黑色等，以前者质量最好。经检测，好曲为黄褐色，具有浓厚的酱香和曲香；曲块干、表皮薄、无霉臭等气味。以细菌为主的传统大曲，制曲过程中芽孢杆菌最多，属高温酒曲，有氨态氮含量高和糖化力低等特点。

2. 酱香型大曲生产工艺流程

酱香型白酒制曲工艺流程图见图4-7。

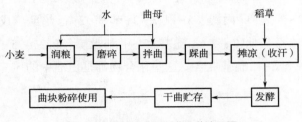

图4-7　酱香型白酒制曲工艺流程图

3. 制曲时间选择

选择五月端午踩曲。这时气候湿热，雨量充沛，水质优良，加之土壤偏酸，风向变化不大，风力很小，自然形成了水、土、大气中相对平衡的微生物菌种。在制曲过程中自然接种微生物，通过微生物的消长代谢，高温筛选，黑曲霉类和红曲霉数量增多，多数是嗜热芽孢杆菌和乳酸菌，而酵母较少。

4. 制曲原料与粉碎

以纯小麦为原料，产地不限，要求颗粒整齐，饱满，无虫蛀，无霉变，无夹杂物，断面呈玻璃状，含水分不大于12%，淀粉含量60%以上。

小麦在粉碎前加入1%左右的水润料，用滚筒式磨粉机破碎，粉碎成"梅花瓣"，不通过20目铜筛的粗粒和麦皮占20%±10%，通过100目筛的细粉占20%±10%，感官鉴定要求不腻手为宜。

5. 曲料配比及加水

母曲选用当年发酵正常的黄褐色曲块，磨细，用量为4.5%~8%，夏季少用（4%~5%），冬季多用（6%~8%）。母曲用量不够，会影响麦曲的成熟。

制曲加水量：以原料计算加入清洁水37%~40%，原则上夏季多用，冬季少用，用搅拌机搅匀，感官要求以手捏成团，放下即松为宜。

6. 踩曲

人工踩曲前，先将场地打扫干净，检查工具是否清洁。和面锅、注水桶、曲料糟斗和曲母容器要分别定容和定量。和面锅为普通大铁锅。曲模由木料制成，大小为370m×230m×65mm。踩曲工人12~14位，其中提麦粉、加水、加曲母各1位，踩曲9~11位。踩曲时将麦粉、水和曲母粉按比例混合，1人用曲料糟斗将麦粉定量倒入和面锅，1人加入定量的曲母粉，再一人往和面锅注入定量的水，两人和面，相对站着翻拌4~5转，翻拌24~28次，至无干粉为止。将拌和均匀的曲料堆到锅旁的空地上，由踩曲工人进行制坯。

曲坯踩制好后，晾干 1.5~2h，曲坯外面水分挥发，一部分水分被麦粉吸收。当表面呈半干状态时，俗称"收汗"，即可搬进曲房。

7. 曲坯培养

曲坯入仓（入房）前先将地面清扫干净，将稻草铺在靠墙的一侧地上压紧，厚度 15~20cm，稻草必须干净无霉质，新老草并用，以 10t 计，每仓新草不得超过 350~400kg。然后开始将曲块排在稻草上，排列方法是将曲块侧立，横三竖三，交错进行（面上一层全部横放），堆得要紧，曲坯离墙 3~4cm，曲坯间距 1.5cm。每间发酵仓堆六行（即六根埂子），每行 4~5 层，行与行，块与块之间必须用稻草隔开，称为"卡草"。卡草的目的是避免曲块相互黏结，并使曲块能通气，利于曲块的干燥，同时也有接种枯草芽孢杆菌的作用，曲块堆放好后，面上盖 10~15cm 稻草，起保温作用，使曲里外温度比较均匀，利于微生物生长。为了增加开始培菌时曲仓里的湿度，减少曲块干皮的现象，每仓堆草洒清洁水 1% 左右，70~100kg。洒水时，原则上是四周多，中间少，必须洒均匀，不流湿曲坯为准，然后关闭门窗，进行保温保湿，使微生物在曲坯上生长繁殖。为了利于通气，曲堆应堆直，曲排不能斜靠，以免妨碍空气流通，妨碍 CO_2 和水汽的散发，减少曲块变黑，促使微生物生长。

8. 翻曲

曲坯入仓后，由于微生物生长繁殖旺盛，曲堆温度逐步上升，夏季 6~7d，冬季 7~8d，曲块内部温度（品温）达 60~68℃，闻有黄粑香、酱香，尝有酸甜味，至最下层曲块无生麦粉味时，即可翻第一次曲，称之为"翻头道仓"。如翻仓过早，下层曲块有生麦气味；翻仓太迟会引起大量曲块变黑。由于曲坯入仓后经高温培养，伴随糖化发酵和蛋白质分解作用，使曲坯软化，相互挤紧，影响空气流通以及热量和水蒸气的散发。翻曲主要是将曲坯的上下层位置调换，以保证曲坯的温度、湿度均匀。翻曲操作方法同堆曲操作的排列方式，同时将碎曲收集一处，放在曲堆上面、盖草下面保温培养。第一次翻曲时，曲间距可适当拉大，使空气更易流通，以促进曲的成熟。翻曲时，应将湿草取出，更换新草，地面也应更换新草。翻仓时必须关好门窗，防止温度突然下降，影响曲的质量。

9. 第二次翻曲

第一次翻曲后，经 8~9d，曲堆温度又逐渐回升，但比第一次翻曲时间略短，温度稍低，如曲堆品温上升至 55~60℃，室温 38~40℃，即可进行第二次翻曲。此时曲坯表面较为干燥，可将曲间稻草全部除去。为使曲坯成熟并干燥，可将曲间行距增大，或将曲坯长的一边竖直堆积排列，以促使微生物生长深入曲心。此时如果曲坯水分过大，则会延缓曲坯的成熟过程。

10. 拆曲出仓

第二次翻仓后，曲坯品温下降 7~12℃，经 7~9d 曲坯品温又逐渐回升至 55℃ 左右，同时曲心水分逐渐蒸发，以后温度逐渐降低，约在第二次翻曲后 15d，可稍开门窗，以利于曲块干燥。当曲块堆积温度接近或等于室温时，曲块水分降至15%以下。曲块入仓14~16d，即第二次翻仓时，除部分高温曲块外，大部分曲块均可闻到曲香，但香味不够浓厚，此时仍是细菌占绝对优势。在整个高温阶段，嗜热芽孢杆菌对制曲原料中蛋白质的分解能力很强，为曲的酱香形成起着积极的作用。二次翻仓后，曲块逐渐干燥过程中，继续形成曲的酱香味。因此，制曲的水分、踩曲的松紧度和二次翻仓，对曲块酱香前体物质的形成十分重要。

11. 入库贮存

从入仓开始40d可除去覆盖曲堆的稻草，进行拆曲，将出仓的曲块堆放在有楼板的干曲仓里贮藏 6 个月后即为成品曲，可投入生产使用。成品曲贮仓应阴凉、通风、干燥。

（二）高温大曲的病害及其防治措施

酱香型大曲分为三种曲，即黄曲、白曲和黑曲三种[14, 40, 42]。黄曲为正常大曲，而白曲和黑曲为异常大曲。黄曲，大部分为堆中下层曲块，有曲香气和酱味，曲块出仓时断面干燥过心，糖化力、液化力、发酵力、生酒精力低。

1. 黑曲

黑曲在堆中层较多，在高温、高湿条件下，氨基酸与糖发生氨羰基反应（美拉德反应），形成褐（黑）色素，给曲块增添了颜色。培曲温度越多，水分越重，曲色越深，黑曲有烟香味和枯味。黑曲的产生主要是由于工艺控制中高温、高湿，曲块带枯臭气味，糖化力很低。在制曲工艺过程中应注意适时翻曲，避免长时间高温、高湿，可用干草隔离曲块，防止使用霉烂稻草，避免延长曲晾干时间等。

2. 白曲

白曲通常在堆积上层和边上，因表皮水分蒸发过量，有干皮，表面菌丝较少。曲糖化力、液化力、发酵力、生酒精力高。微生物种类比黄曲和黑曲多。由于曲表面水分蒸发，干燥得较快，可将新踩的曲坯堆在上层，堆后及时盖草，避免长时间暴露空气，堆仓后的头 3d 禁闭门窗，保持较高的温度。

3. 红心曲

曲块中常发现红心，称为"红心曲"，是曲块内部或表层生长红曲霉所致。红心曲多产于白曲中，在黑曲和黄曲中为数极少，红心曲松散，手提即成粉末，没有香气，有时还带有霉味。

早期认为有红心的曲是好曲。但观察和调查结果表明，红心曲并没有给曲块带来好的香气。红心曲多产于白曲中。白曲一般位于曲堆最上层和最下层的曲块中，这部分曲块在制曲过程中温度较低，曲块干燥慢，在这部分曲块中，就比较容易形成红心曲[41]。

红心曲经微生物分离，主要是一类红曲霉类。菌落开始白色，逐渐转红。二次翻曲时，可以分离到较多的红曲霉类。它们生长速度较一般曲霉要慢些，只有生长条件对它很适宜时，才能较大量地生长。以红心曲作母曲制成的曲块，放在大生产曲房中一起培养，在高温制曲条件下，这些曲块几乎都不形成红心曲，说明仅接种了曲母还不行，工艺条件是主要的。

曲块出房时，如发现红心曲过多，说明这房曲前期升温不够高，后期干燥又不好，应予以重视。

4. 曲块不过心

如曲块出仓时，曲心断面水分仍未干燥，其原因多为曲堆通气不良，保温不够，或因部分曲块露出堆外，其防止方法应使曲堆的保温良好，通气良好，在曲坯间多加隔草。

（三）提高酱香型大曲质量的工艺措施

1. 高温制曲与加水量

麦曲质量主要与制曲温度有关，又直接受到加水量的影响。一般制曲升温幅度与制曲加水量有密切关系。如大曲水分高，升温幅度大；反之，则升温幅度小。掌握制曲水分的高低，可有效地控制升温幅度，以利提高麦曲质量，制曲温度如达到 60℃ 以上，麦曲的酱香、曲香均较好，产酒具有酱香风味。这是提高酱香型白酒风格质量的基础[14, 42]。

高温多水，适合耐高温细菌的生长繁殖，特别是耐高温的嗜热芽孢杆菌。这些细菌在整个制曲过程中占绝对优势，尤其在制曲高温阶段，即酱香形成期。这些细菌具有较强的蛋白质分解力和水解淀粉的能力，并能利用葡萄糖产酸等，它们的代谢产物与酱香物质有密切关系（表 4-15）。

表 4-15　　　　　　　　高温大曲水分与大曲质量的关系[40-41, 43]

曲样	温度	成曲外观	成曲香味	糖化力/[mg 葡萄糖/(g 曲·h)]
重水分曲	第一次翻曲 52~55℃ 第二次翻曲 65~70℃ 第三次翻曲 55℃左右	黑色和深褐色，几乎没有白曲	酱香好，带焦煳香	159.4
轻水分曲	第一次翻曲 50~55℃ 第二次翻曲 48~52℃ 第三次翻曲 45℃左右	白曲较多，黑黄曲很少	曲色不匀，曲香淡，大部分无酱香，部分带霉酸臭	300 以上
对照曲	第一次翻曲 62~65℃ 第二次翻曲 58~62℃ 第三次翻曲 50℃左右	黑色、黑褐色和黄曲较多，白曲很少	酱香、曲香均较好	230~280

高水分曲中黑曲多，酱香好，带焦煳香，但糖化力低，在生产中必然要加大用曲量。这种曲用量少，可使酒产生愉快的焦香；若用量大，成品酒煳味重，带"橘苦"味，影响酒的风格。

低水分曲品温不会超过60℃，实际是中偏高温曲，没有酱香或酱香很弱，但糖化力高。这种曲在生产中不好掌握，按工艺标准用曲，出窖糟残糖高，酸度高，产酒很少，甚至不产酒，其酒带甜、涩味大，酱香味较淡。要使产酒正常，就要减少用曲量，减曲的结果是酒的酱香不突出，带浓香型酒香味。所以，低水分曲比高水分曲对酱香型白酒风格影响更大。

2. 高温制曲与翻曲次数

1959年在茅台酒现场总结时，对翻曲次数曾有过争论，并做过翻曲1或2次的对比试验。通过试验认识到，翻曲次数以两次较好。因翻曲时影响到制曲温度的因素很多，如气温高低、曲房大小、是否通风、堆积方式等。如制曲时加水分过高或过低，且只翻一次曲，对成品曲质量都不好。

3. 高温曲中微生物与大曲质量

制曲过程中微生物主要来自麦粉、水、场地、工具、曲母和稻草等。添加曲母可促进制曲前期酱香味的形成，并带进了对制曲有益的微生物。

当第二次翻曲时，曲坯内部生长出的菌落，是来自曲坯内部，而不是稻草带来的。但旧稻草可带来很浓的曲香。如用旧稻草浸泡的水拌料制曲，香味较好，说明旧稻草上有益微生物较多。制曲中只要稻草不烂，可适当搭配继续使用。

成品曲中，中温曲与高温曲的微生物与发酵力如表4-16所示。从表中可以看出，高温曲中含有大量的高温芽孢杆菌，极少的酵母；而中温曲中，酵母较多。

表4-16　　　　　　　　中温曲与高温曲的微生物与发酵力[44]

样品	细菌总数/个	芽孢菌/个	酵母菌/个	霉菌/个	发酵力/[mLCO$_2$/（ g曲·48h ）]
高温成品曲皮	4×10^7	10^7	<10	4.2×10^4	0.1
高温成品曲心	4×10^5	2×10^5	<10	8×10^5	0.1
中温成品曲皮	3.2×10^4	5.6×10^3	8×10^2	3×10^3	0.39
中温成品曲心	6.2×10^2	5.6×10^2	1.1×10^2	8×10	0.34

注：样品来源于郎酒，泸州老窖。

4. 高温制曲中酱香味形成

高温制曲是采用纯小麦粉经特殊高温培养的工艺。曲坯进曲房2~3d后，品温可升到50~55℃，曲坯变软，颜色变深，可闻到似甜酒并带酸的气味，并逐渐形成浓厚的酱香味。第7天开始第一次翻曲时，品温可达62℃以上，曲坯颜色变深，酱香味变浓，少数曲坯黄白交界处可闻到轻微的曲香,这一时期称为高温曲酱香形成期。这一时期生长的微生物,以细菌占绝对优势,霉菌受到抑制,酵母菌很少。

自第二次翻曲后,曲坯逐渐进入干燥期,继续形成香气。整个高温阶段,有一种蛋白质分解能力很强的嗜热芽孢杆菌,对形成酱香起着重要作用。制曲水分和松紧程度对曲坯生成酱香也十分重要。高温曲糖化力一般很低,采用这种特殊工艺制曲,主要是增加曲香和酱香,使生产的酒具有独特的风格。

因此,选择优质原料,粉碎的粗细、曲坯的松紧、水分的高低都要适当;挑选好的曲母,使用曲母多少要恰当,拌和制曲原料要均匀;制曲中稻草的用量,"卡草"的方法和新旧稻草搭配的比例,要根据需要掌握;入房堆曲方法、翻曲时间与次数、室内温湿度要控制好;曲块入仓堆放要通风,贮存时间宜长,投产时将不同贮存期的大曲搭配使用,可稳定生产质量。

二、 浓香型大曲生产工艺

浓香型大曲酒分为两个流派,一个是四川流派,一个是江淮流派。四川流派的大部分酒厂采用"包包曲"生产浓香型白酒,江淮流派则大部分采用平板曲。现分别介绍如下。

(一) 浓香型白酒包包曲制曲工艺

1. 工艺操作流程

浓香型白酒包包曲制曲工艺流程图见图 4-8。

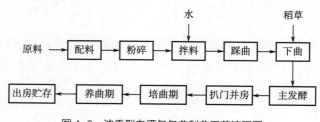

图 4-8 浓香型白酒包包曲制曲工艺流程图

2. 原料配比和粉碎

使用纯小麦作原料。按原料的质量要求接收原料。先泡粮,再用辊式粉碎机粉碎。粉碎时,做到"心烂皮不烂"。

3. 踩曲前的准备

清扫工作场地;准备踩曲用具,检查拌料、压曲等设备的完好情况;检查踩曲的生曲粉是否准备好,粉碎度是否合格。

4. 拌料

开机拌面同时加水，调节好水分。拌面机将生曲粉搅拌均匀，无疙瘩、水眼、白眼。加水量多少按原料的性质、气候、曲室条件决定。一般保持化验水分36%~40%（质量分数），并始终保持水分的稳定。

5. 踩曲方式

机械化踩曲时采用机械装箱，保持箱满箱平，四角要压紧。平箱时要注意安全，保证压曲质量，确保每块曲四角整齐，鼓肚大小均匀。块差不超过±200g，厚度要求：凸出部分3~5cm，四边厚6~7cm。

6. 接曲

检查感官是否合格，不合格曲不得上曲板。每块曲要摆平放整齐，保证无毛边、水眼。

7. 生曲块运输

确保拉车平稳，不抢跑、不倒车。曲车入房后，端板平稳轻放，保持前后无挤裂现象。遇特殊气候要用麻袋等物件盖好曲坯。

8. 下曲

下曲前，先在曲室地面铺4~5cm厚的一层稻壳，摊平，上铺柴席，下曲前洒上适量水和撒一些稻壳。下曲方式采取一层或二层，视制曲季节调整曲间距，但曲间距、行间距要保持均匀。行间距2~4cm，距墙15~20cm。层与层之间架5~8根柴，要放平，避免歪斜。

打浆盖草：视季节、气候及曲房条件而定，每层曲放好打少许明浆，必要时在第二层曲坯上依次盖上湿草或席子，两边及两头空隙塞上湿草，盖好席子，并适当多打些清水，曲坯全部入房，湿草塞紧，席子盖好后，立即封闭门窗，促使微生物繁殖。

9. 主发酵

曲坯入室后，酵母、霉菌、细菌等微生物自然繁殖促进升温。该过程要求主发酵结束前品温达45℃以上。质量要求发酵透，外皮呈棕色，有少量白色斑点，断面呈棕黄色，无生心，略带微酸味。此阶段一般控制在3~6d。

10. 扒门并房

主发酵结束后，立即扒门排潮，揭去草席，清除湿草，然后同时将三房曲并入指定的曲房内，并房速度要快，确保曲品温下降幅度在10℃以内。曲坯在保温培养过程中，应特别注意调节好曲坯的曲心温度。

11. 培养期

从并房开始，大曲曲心温度逐渐升至50℃以上。大曲曲心温度在55℃以上要保持5d以上，根据曲的发酵情况适时调节门窗，调节曲坯品温。培养期一般控制在12~18d。

12. 养曲期

一般保持在 8~14d，控制曲心温度逐渐下降，最低温度平室温，曲坯间距根据温度变化逐步紧缩。养曲期曲心尚有余水，应保持曲心温热，注意多热少晾。

13. 出房入库贮存

一般曲在房培养 30~35d 后即成熟，应及时出房进库。为保证性能稳定，各房成熟曲应掺合入库贮存，入库堆放不宜过紧，应留有空隙和风洞，以免发热。曲库要求通风干燥，做到先制曲先用，标明进库时间、数量等。在曲的培养及贮存过程中，应按要求做好曲虫治理工作。

（二）浓香型白酒北方包包曲制曲工艺

北方酿酒使用传统平板曲，且制曲温度不高。目前，不少企业已经开始使用川酒常用的中偏高温包包曲生产浓香型大曲酒。下面介绍北方中偏高温包包曲的生产技术[45]。

1. 原料要求

制包包曲用 100%纯小麦，要求颗粒饱满、无杂质、无虫蛀、无霉烂变质。

2. 润麦

用 70℃以上热水 3%~5%润料 30~60min，冬长夏短。如硬质麦较多，润料时间应适当延长。润料时要求水洒均匀，料拌匀。

3. 粉碎

原料要求粉碎成"心烂皮不烂"的"梅花瓣"，即麦皮成片状，麦心成粉状，粉料细度冬粗夏细，春秋介于两者之间。夏季制曲要求通过 20 目筛的占到 39%~40%。

4. 加水拌料

北方气候干燥，拌料时加水 38%~40%。夏季用冷水，其余季节用 40~60℃热水。拌料时 150kg 麦粉为一轮，四人拌面，两人在前用钉耙挖，两人在后用锨往中前方收，翻拌 3~5 次，要求拌和均匀，无灰包、疙瘩，手捏成团不粘手，分开有粘连。如用机器拌面，则加水量应适当减少。

5. 装模、踩曲、晾汗

曲模大小为 300mm×200mm×50mm。踩出的曲坯要求中间有 5cm 的凸起。装模时，两脚站在曲模边沿，用双手抱紧拌好的面，使劲往曲模中心反手压紧垒高，要一次装够，装好后在中部适当洒点水，然后双脚并拢站在曲模中部面上，使劲踩压数下，再使脚掌心成弧形往两边挤踩，踩好一边再踩另一边，四面踩紧，不能先踩四边再踩中心，否则"包包"小且不紧，包包要求圆润、丰满，否则曲坯排列时间隙小，影响曲块的排潮及温度控制。踩好的曲坯排列在踩曲场上，刚一收汗即运入曲房，不能晾汗过久，否则曲坯表面水分蒸发过多，同样可能会导致表面裂口，入房后起厚皮或不挂衣。

6. 入房安曲

安曲前先在曲房地面撒一层新鲜稻壳（厚3~5cm），并用竹片刮平，否则曲发软后易断裂。安置方法是将曲坯竖起，两边靠墙处纵排，中间横排，包包顶平面，并向曲坯平面倾斜约15°。目的是防止曲块向包包面倾斜而造成倒伏变形。两排曲坯间相距2~3cm。根据不同季节，在曲坯上面盖稻草保温，不能用潮湿霉烂的稻草，否则污染杂菌，曲成灰黑色。稻草用竹竿拍平拍紧，边排曲边盖稻草，入满后插上温度计，关闭门窗，保持室内温度和湿度。温度表的插法应注意是插在整个曲坯的中心处，即包包和侧面的交界处，深10cm，而非曲坯长方体侧面的中部，因曲坯逐渐向里干燥，包包和侧面联接的中部处会最后干燥。

7. 前期培养

曲坯入房后，由于条件适宜，微生物大量繁殖，曲坯温度逐渐上升。一般5~7d，品温可升至55~60℃。夏季一般3~4h即有温度变化，随着温度上升，曲房内将形成较大潮气，根据温度和湿度情况，应及时开启门窗排潮控温。为促进微生物繁殖，前期适当注意保潮。排潮应做到"勤排短时"，以免品温下降，只要控制升温速度，达到"前缓"即可。夏季一般早上7:00，中午1:30，下午6:00左右各开门窗一次，前后通风，每次半小时左右，根据曲房情况灵活掌握。

8. 翻曲

曲坯入房5~7d，品温升至55~60℃，视曲坯软硬情况开始翻曲。翻曲过早，曲坯温度和硬度达不到，过迟，曲块升温过高，曲块（尤其是包包接触处产生褐变反应）变黑，而且曲表霉衣过重影响曲心水分排出。翻曲要求是底翻面、面翻底（指曲坯侧面），四周的放中间，硬度大的放下层，包包对包包，翻成井字架。翻3~4层高，曲四周视气温和季节围上2~3层草帘，上盖1~2层，翻曲时间一般控制在30~40min，注意曲坯品温下降不能超过4℃。翻曲后的培养过程属于"潮火阶段"，要注意排潮、控温，温度以控制在58~60℃为宜。

9. 堆烧

翻曲后5~7d，曲块断面已有一半以上的水分区已消除，曲室湿度下降，此时应翻曲进行堆烧。翻曲方法同前，只是要上层翻到下层，下层翻到上层，并视曲块的温度及水分情况增高为4~5层，温度在55~58℃堆烧为宜。堆烧期属于"干火阶段"。北方气候高温干燥，注意开启门窗控制温度，既要使中挺温度挺上去，又要控制温度不能过高过久，否则因曲水分减小，易使干曲部位烧成暗色或炭化变黑。同时，堆烧阶段也要控制不能使中挺温度过低过短，从而导致曲心余水排出困难或曲香淡薄。堆烧阶段在北方如能达5~7d温度不降则较为理想，堆烧中后期曲香已经较为明显。

10. 收拢

堆烧5~7d，待曲心水分已大部分排出，断面仅余1cm左右水分线，品温逐渐下降时，即要进行最后一次翻曲，同时 3~4 间合为一间，增至 6 层高，盖草、围草稍微加厚。收拢后品温稍有回升后又逐渐下降，要注意保温，以免品温下降过快，后火太小而产生红心、窝水，或低温菌繁殖产气导致曲心裂缝等不良现象。

11. 成曲

曲坯从入房到成熟干透，需 26~30d，新曲贮存 3 个月后方可使用。贮曲室应干燥通风，前 20d 每隔 3d 开一次门窗，每次 4h，20d 以后每周开一次门窗，每次 4h。

（三）浓香型白酒平板曲制曲工艺

1. 泸州传统温永盛工艺

温永盛工艺是泸州地区典型的传统制曲工艺，其工艺流程见图 4-9。

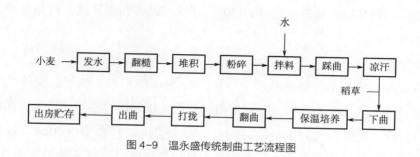

图 4-9 温永盛传统制曲工艺流程图

主要工艺参数：小麦发水加水 10%，水温 80℃，堆积 3~4h。磨碎要求"心烂皮不烂"，呈"梅花瓣"。未通过 20 目筛的占 77.71%。加水拌和时，加水量为 26%~31%，水温 40~60℃拌匀。曲模规格长 33cm、宽 20cm、高 5cm，每块装曲料 3.2~3.5kg[46]。

2. 平板曲制曲工艺

平板曲制作工艺流程图如图 4-10 所示。

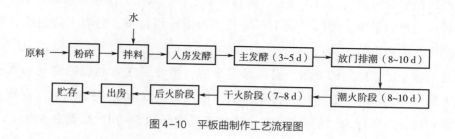

图 4-10 平板曲制作工艺流程图

3. 制曲原料

江淮流域大曲的制曲原料常用小麦、大麦、豌豆，其配比为 50%、40%、10% 或 70%、20%、10% 或 60%、30%、10%。有的企业生产配方为小麦、豌豆曲，小麦 90%，豌豆 10%，或纯小麦曲，或小麦大麦曲。

4. 原料粉碎

小麦、大麦、豌豆按 50%、40%、10% 配好后，经锤式粉碎机粉碎。用筛孔为 φ2.5mm 或 φ3.5mm 的筛片。粉碎后，要求过 40 目筛的细粉占 50%。

5. 拌料加水

生产前将踩曲厂、拌料锅、曲盒等一切工厂用具必须打扫干净，以减少杂菌侵染。手工拌料时，要求用料准确：块差不超过 150g。将原料抄拌均匀，无疙瘩、水眼、面眼。

拌料用水必须新鲜、干净，无任何臭味、怪味。加水量根据原料性质、气候、曲室条件决定。一般化验水分 38%～40%（质量分数）。冬季水温在 40℃ 左右。

6. 踩曲

踩曲要求用料准确，块差不超过 ± 150g。在成型时要四面见线，四角饱满，面平光滑，软硬厚薄一致。

7. 入室管理

曲坯入室前，先在室内撒新鲜糠壳一层，4～5cm 厚稻壳，推平，上铺柴席。下曲前洒上适量的水和撒一些稻壳。入室时，曲卧两层，堆放成"三川三"形。曲间距下层紧（3mm 空隙），上层松（5～6mm 空隙），行间距 2cm，坯距 20～30cm，近坯处塞湿草；视季节曲坯上盖湿草和席子，并在曲坯上打一些明浆。入室完毕后加盖 0.5～0.6m 稻草，量准品温，洒适当热水后，立即关闭门窗。

主发酵：曲坯入室后，酵母、霉菌等自然繁殖，促进升温，品温最高时可达 55～58℃。主发酵时，要发酵透，外皮棕色，有白色斑点。断面成棕黄色，无生心，略带微酸味。此阶段一般春冬季 5～6d，夏秋季 3～4d。

放门排潮：主发酵结束后，立即放门排潮，揭去席草，二层改为三层，目的是去除部分水汽，换取新鲜空气，利于霉菌、酵母菌的生长、繁殖。操作要轻拿轻放，黏滞的稻壳和稻草要打扫干净。放门时间不可太长。否则放得过头，品温下降过大，外皮干硬，影响中、后期发酵。

曲的培养：已繁殖好的麦曲，仍需保温培养，要特别注意品温的变化和水分的挥发。由入房之日起 15d 左右，每天称重一次，每次失重以 100g 左右为宜，温度变化有以下要求：第一阶段称为"潮火阶段"，从放门排潮开始 5～7d，品温在 50℃ 以上，室温比品温低 2～3℃，玻璃窗上有水珠，室内比较闷。在放门后的第三天，三层改为四层。第二个阶段称为"大火阶段"，一般可维持 10d 左右，品温在 55℃ 以上，室温比品温低 2～3℃，架高 5～6 层调节品温。第三阶段为"后火阶段"，一般只有 10d 左右，曲品温保持在 45℃ 以上，曲间距离逐步紧缩，直至下柴、码曲。当曲中水分含量降至原 16%～20% 时，即可堆积挤火。

8. 出房入库贮存

出房曲贮存在专门的曲库中。曲库要求通风、干燥，码曲前，地面垫一层稻壳，码放整齐，离四周墙 50cm 以上，曲堆中留有风洞，以利通风、排湿；堆积操作也不宜过紧，以防返热。出房曲水分以 15%~16%（夏）或 16%~17%（春）为宜。一般来说，曲贮存 3~6 个月后，才能使用。

三、　清香型大曲生产工艺

清香型大曲是低温大曲的典型代表，采用大麦和豌豆制作而成，是我国古老的曲种之一。早期的汾酒大曲，是从当地购买，有清茬、红心、单耳、双耳、二道眉、金黄一条线和菊花心等断面。投入生产时，并不区分花色，而是混合使用。1954 年，为了提高汾酒的风味，要求改进大曲的质量，开始生产单一的清茬曲；1954 年 1 月又开始生产后火曲。汾酒大曲大体上可分为清茬曲、后火曲和红心曲 3 种，其中以生产后火曲为最多，清茬曲生产得最少，其他花色是生产这 3 种大曲过程同时产生的[35]。

清茬曲发酵力强、出酒率高，但所产酒清香的典型性较差；后火曲较清茬曲酿出的酒味浓、醇厚；红心曲所产酒醇甜，呈水果香味。

（一）早期汾酒制曲工艺概述

原料为大麦与豌豆，配比 6：4。粉碎程度的粗细与大曲质量有密切的关系，通过 0.3mm 筛孔的占 35%~40%，其体积如小米粒大小。

一般每 100kg 原料加水 48~50kg。因大曲品种而略有区别，清茬曲宜少，后火曲宜多。踩曲用水应为清洁井水，夏季用凉水，水温 15~18℃；冬季用温水（30~35℃）。加水和面时，应充分拌匀，使其无干面，无疙瘩，松散，手握能成团。拌和的制曲原料，应立即踩制成曲坯。踩制的曲坯，饱满坚实，四角整齐，表面光滑，颜色一致[35]。

曲坯入房排列后，可分上霉、晾霉、潮火、干火和后火 5 个阶段，因大曲品种不同控制条件也不同，其中以清茬曲和后火曲相似，红心曲操作较特殊。制造每种大曲的花色与好坏，以掌握"潮火"与"后火"两个阶段最为重要。

踩制的大曲出房后，要求贮存半年左右才能使用。可通风自然干燥，贮存时间越长而菌落死亡越多，可避免在发酵过程中"前火"猛，减少酒醅中的总酸度。但经测定 3 种贮存大曲中糖化酶、液化酶的酶活性和发酵率等都有所降低，因此贮存时间不宜过长，并且易遭虫蛀，故伏曲贮存以 3 个月左右较好。

(二) 清香型白酒制曲工艺

1. 制曲原料

清香型白酒的制曲原料为大麦和豌豆，其配比为 6 : 4。发酵温度在 44~46℃。

2. 原料粉碎

制曲原料粉碎后用筛孔直径为 φ1mm 的筛子过筛，要求筛上部分占 20%，筛下部分占 80%。

3. 加水

加水量为原料的 40%~50%，原料加水量以控制入室化验水分为准，一般情况下，要求化验水分为 36%~38%。夏季用凉水，水温 15~18℃；冬季用热水，水温 30~35℃。

4. 踩曲

踩曲时曲模规格为长×宽×高约为 28cm×19cm×5cm。曲块质量 3.5~3.8kg。

5. 入房发酵

曲入室时，摆放层高为 2~3 层，曲间距 3~4cm，行间距约 1.5cm。曲层之间用芦苇秆或高粱秆隔开，上层盖以芦席或稻草，洒少量的水。曲码放好后，关闭门窗发酵。

（1）上霉 入房后的曲坯 1~2d 后，表面开始生长霉菌，出现白色斑点。此时应放门排潮，即开门窗，排出潮气。进行第一次翻曲，翻曲时，曲上、下翻转，里外调换位置，曲间距增大到 6~7cm。

（2）晾霉 开大门窗，使曲醅表面水分挥发，称为"晾霉"。晾霉时温度保持在 24~28℃，晾霉期间，隔天翻一次曲。

（3）起潮火 晾霉 5~6d 后，曲的品温进一步上升，最高时可达 44~46℃。起潮火阶段要控制曲的品温在 40℃以上，隔天翻一次曲。起潮火阶段控制在 4~6d。

（4）大火阶段 曲入房 10~11d 后，微生物的生长从曲坯的表面已深入曲的内部，这一阶段为"大火阶段"。此时，保持曲的品温在 36~45℃，大火后期温度控制在 30~33℃，隔天翻一次曲，持续 7~8d。

（5）后火阶段 大火阶段结束后的时间为"后火阶段"。此时，曲品温保持在 30~33℃，隔天翻一次曲。总共经过 23~25d 的培养。

（6）出房贮曲 新曲贮存 3~6 个月后使用。

（7）后火曲、红心曲生产 后火曲、红心曲的生产工艺与清茬曲基本相同，所不同的是在入房培养过程中，控制曲的品温不同[47]。

清茬曲，控温是"小热大凉"，即在大火等阶段，曲的品温控制在 44~46℃，在晾霉阶段，温度控制在 28~30℃，甚至可低至 24~28℃。

后火曲，控温是"大热中凉"。即在起潮火、大火等阶段，曲品温控制在 47~

48℃，晾曲时，温度控制在 30~32℃。

红心曲，控制是"中热小凉"。即边晾霉，边起潮火。起潮火、大火阶段曲品温控制在 45~47℃，晾曲温度控制在 34~38℃。

（三）三种大曲酿酒试验比较

单一品种大曲的出酒率远远不如混合大曲高（表 4-17），其中以红心曲出酒率最低，清茬曲的出酒率又低于后火曲；两种混合大曲的出酒率又略低于 3 种混合大曲，即 3 种大曲混合使用出酒率最好。在成品酒质量上无显著差别，发酵过程的变化亦很正常，但其中红心曲"前火"略快些，清茬曲和后火曲的"后火"劲大些。3 种大曲分别制造、混合使用最好，与单一品种大曲对比，平均提高出酒率为 4.62%，且不影响质量。

表 4-17 三种大曲酿酒试验比较[35]

大曲	试验时间/d	原料出酒率/%
清茬曲	3	41.67
红心曲	3	39.38
后火曲	3	42.23
红心曲与后火曲各 1/2	2	45.68
清茬曲、红心曲与后火曲各 1/3	3	45.71

使用清茬曲、后火曲和红心曲单品种与 3 种单品种按 3：4：3 混合进行酿酒对比，从产量及质量看，以混合曲最好，红心曲最差；若单从质量看，以混合曲最佳，后火曲次之，清茬曲和红心曲较差。4 种用曲的原料出酒率为 43.37%（两轮平均），比对照 11 个生产小组同期原料出酒率高 0.8%，比对照上一年同期提高 2.67%；优质酒率达 44.19%，比对照同期优质酒率提高 8.25%；产品合格率比对照上一年同期提高 2.14%。据此，汾酒酿造采用分别制曲、混合使用的原则[35]。

四、芝麻香型大曲生产工艺

芝麻香型白酒生产有麸曲法、大曲法和麸曲-大曲结合法三种。本节主要讲述大曲法与麸曲-大曲结合法芝麻香型白酒。一般地，芝麻香型白酒生产采用麦曲与细菌曲结合的工艺[48-49]。

（一）麦曲

采用纯小麦为原料，粉碎要求为"烂心不烂皮"的"梅花瓣"，曲坯入房水分

37%~39%，应用架式大曲发酵新工艺，高温曲最高发酵温度60℃，中温曲50~55℃，发酵期30d。

（二）强化菌曲

强化菌种包括白曲、生香酵母和细菌，扩大培养采用麸皮为原料。

1. 白曲

采用河内白曲菌种。培养流程为：固体试管→固体三角瓶→曲种→扩大培养。

2. 酵母

采用五株菌种，在三角瓶之前为单独培养，扩大培养为混合培养，28℃培养72h，菌数达（8~9）×10^{7}个/mL，以10%的接种量扩大培养。流程为：试管→1000mL三角瓶→扩大培养。酒醅中的使用量按原料质量的0.2%接种。

3. 细菌

采用景芝酒厂自行分离的产芝麻香微生物中筛选的21株细菌，每3株一起分组培养，扩大培养为混合培养。37℃培养72h，测菌数为4×10^{9}个/mL，以10%的接种量扩大培养。流程为：试管→500mL三角瓶→5000mL三角瓶。酒醅中的使用量按原料质量的0.1%接种。

五、 兼香型大曲生产工艺

以兼香型白云边酒为例，其制曲工艺如下。

（一）原料选择与处理

白云边酒曲以小麦为主要原料。选用的小麦必须干燥新鲜、颗粒饱满、大小均匀，无杂质、无虫蛀、无霉烂，无农药气味。加入的母曲必须选用优良曲块粉碎而成。

所用的小麦必须粉碎。其粉碎度直接影响曲质的优劣。粉碎过粗，水分吃不透，曲块缝隙大，升温发酵时水分挥发快，热量散失大，以致出现起壳和干枯现象；粉碎过细，吸水过多，水分不易挥发，曲块容易变形，形成异常发酵，影响曲的质量。所以控制小麦的粉碎度以通过20目标准筛、细粒占整体的40%为宜，粗粒要求不能有整粒小麦，用手握无刺手感为好。母曲和高粱的粉碎度，越细越好。

（二）配料与拌料

在踩曲前必须将操作场地打扫干净，清理好操作工具和用具，然后进行配料。配料比是：一定量小麦粉加入7%~8%精选曲母和3%~4%高粱粉。

配好料后加水拌和。在拌和时，加水是关键的问题，必须从水质、水温、水量三方面把好关。水质要求新鲜干净、可以饮用的水，不能用脏水。特别是热天，如果用前一天洗曲盒和工具的水拌料，易使大量生酸菌带入曲坯内，引起酸败，使曲坯内生成青霉、灰霉，严重影响曲的质量。水温要求：热天用冷水，冬天用30~40℃的温水，有利初期来温。水量更要严格控制，水量过多过少都会对培曲管理和曲质产生不良影响。水分过多，曲坯不易成型，不利于有益微生物向曲坯内生长，且表面易长毛霉；同时，在培曲管理过程中，曲温升得过快，易引起酸败，影响成品曲质量。水分过少，会妨碍微生物的生长繁殖，使曲质下降。控制曲坯水分在37%~42%较为适宜。

拌和的要求是：均匀透彻，无灰包，无疙瘩，用手握成团不散且不粘手。同时要一边拌料一边踩曲。

（三）踩曲

踩曲即将拌和好的坯料装在曲盒内，先用双脚掌在曲盒中心踩一遍，再用脚跟在四角和周边踩两遍。一面踩好后，翻转过来再踩另一面。对踩好的曲块要求松紧适度，四边见线，四角饱满，平面光滑，软硬厚薄均匀一致。

（四）晾曲

踩好的曲块在场地上放15~30min（冬天可适当延长），使其表面收汗后再入房，称这段时间为晾曲。晾曲时间要掌握好。晾曲时间太短，曲坯太湿，不便搬动，且易使曲坯变形，影响微生物向内生长；晾曲时间太长，曲坯表面水分蒸发太多，使之入房后迟迟不来温，没有菌丝生长，形成所谓的光面曲。出现这种现象可及时补加量水进行补救，但得到的曲表皮较厚，必将降低曲粮利用率。

（五）入房安曲

曲坯晾干后搬到曲室内按照一定的顺序和规定进行安放，称为入房安曲。

曲坯进房前，首先将曲房打扫干净，并在地面上铺上一层新鲜稻草。安放曲块时，将曲块横立着放好，曲块与曲块之间斜插一稻草把，使其间隙约为两指宽。一层安放完后，在上面平铺3cm左右厚的稻草，再在上面安放第二层。为了不使曲坯变形引起异常发酵，一般来说，曲坯只安放4~5层。为了不使堆积中心温度太高，排列也不能太多，一般为4~6列。曲堆的靠墙面也应隔上稻草。曲坯安放好后，将曲堆上面和不靠墙面铺上稻草和草袋。曲堆上面的稻草视季节铺9~15cm厚，然后在上面均匀地洒上量水。量水的比例，一般为2%左右，但要根据季节、天气、空气中湿度及曲坯中水分的多少等具体情况灵活掌握。量水的温度要求热天用冷水，冬天用热水。洒完量水后，关闭门窗，保持室内的温度和湿度，开始培曲管理。

（六）培曲管理

在制曲过程中，网罗的微生物群主要来源于小麦、母曲、水、场地和空气等外界环境。这些微生物群中的各种微生物，有着不同的生活习性。进行培曲管理就是在客观上创造一定的条件来满足所需要的有益微生物的要求，使之加快增殖，而不利的杂菌被淘汰。所以，培曲管理是整个制曲过程中的关键，直接关系着曲质量。白云边酒曲属于高温曲，要求曲坯入房后即开始升温，7d 左右品温可达 65℃，但最高不得超过 70℃。此时，要进行第一次翻曲。经过第一次翻曲后，品温会有下降现象。要求翻曲尽量快一点，使品温下降幅度尽量小一些。翻完曲后，温度逐渐回升。再经过 7d 左右品温达到 55~60℃，此时进行第 2 次翻曲。对两次翻曲的要求均一样，使曲块变换位置，即每块上、下层调换，四周和中间调换，目的是使品温均匀一致，菌丝生长均匀。第 2 次翻曲后，等半个月可拆草并拢，40d 后即可出房。

（七）成品曲的分类

成品曲在感官上大致可以分为三种：

1. 白色曲约占 30%

这样的曲块来自发酵堆的四周和通风的地方，相对来说，品温升得并不太高，有大量的白霉存在。这样的曲糖化力比较高，但香味物质缺乏。

2. 黑色曲约占 10%

这部分主要是小麦本身的氨基酸以及在高温下细菌、霉菌分解蛋白质产生大量的氨基酸与曲中的糖，发生美拉德反应，形成褐（黑）色素，温度越高，水分越大，曲色越深。它具有焙炒香，但带有煳苦味。这样的曲块产生于曲堆的中心部位，是由于品温升得较高，一般在 65℃ 以上，甚至超过 70℃ 而产生的。

3. 黄色曲约占 60%

这部分曲块在前期升温适中，后期干燥良好，是三种曲中香气最好的一种，糖化力也兼而有之。

六、 凤香型大曲生产工艺

（一）工艺流程

大麦 60%、豌豆 40%→ 混合 → 粉碎 → 加水拌匀 → 制坯 → 入房 → 上霉 → 晾霉 → 潮火 →

大火 → 后火 → 晾架 → 出房 → 贮存 → 使用

（二）工艺要求

西凤大曲制曲时控制的主要措施有：保温排潮、增湿降温、通风供氧、堆积、排放、开关门窗等。

1. 曲坯入房

曲坯入房前，先将曲室打扫干净，调节曲室温度（20℃左右）、湿度，地面撒一层稻壳，润湿席子。

入房时曲坯平行排列。一般入3层。第2层以上，按品字形排列。层与层之间铺7~8根竹竿，并撒上谷壳。每房曲坯数量4000~4500块。曲坯排列完，曲顶用湿润席子覆盖，周围用麻袋或芦席围上，关闭门窗，进行发酵上霉。

2. 上霉

曲坯入房后1~3d为上霉期。上霉温度不得超过40℃。曲坯霉上好后，及时揭房，进行第1次翻曲。

3. 晾霉

揭房后，3d内连续翻曲3次，充分开窗排潮，降低曲室和曲坯的水分和温度。此阶段称为晾霉期。晾霉期温度控制在28~36℃。此时，曲坯层数控制在4层，曲坯排列呈品字形。

4. 潮火

第3次翻曲后，将曲室的门窗关闭，起温保火。此阶段因培养温度高，曲坯水分大量蒸发，致使曲室内温度、湿度增高，此阶段称为潮火阶段。潮火阶段为4~5d，中间经过第4、第5次翻曲，在第5次翻曲的同时，进行清糠扫霉工作，即清除地面和黏附在曲坯表面的谷糠和浮霉，并将曲坯增至5层。拉开曲间距离，以利于进一步排潮。

5. 大火

大火阶段，是制曲温度的最高阶段，是西凤大曲培养的关键阶段。此时大曲曲心温度达58~60℃，维持3d以上。

6. 后火

经8次翻曲后，曲坯品温、室温开始下降，发酵进入后火期。后火是大火的延续，是曲坯的成熟阶段。此时，要逐步缩小曲间距，注意保持曲的品温缓慢下降。凤型大曲的收火方法有两种，一种是分次收，即二次收火；一种是一次收火。

7. 晾架

待曲品温降至室温，即可全部打开门窗，排出室内潮汽，将曲坯堆高至9~10层，进行通风晾曲。经4~5d后，曲出房入库。

8. 贮存

凤型大曲贮存3个月即可使用。贮存时，要求通风良好、防潮、防雨、避晒。入库曲底层应与地面隔离，铺上油毡、竹竿等防潮物。曲块之间要留空隙。

9. 三种凤香型大曲的不同点

凤香型大曲分为三种，即槐瓤曲、青茬曲和红心曲。这三种曲的生产工艺参数略有不同。槐瓤曲入房水分41%~43%，曲面细度25%~30%，发酵顶火温度58~60℃；青茬曲入房水分39%~41%，曲面细度24%~26%，发酵顶火温度53~55℃；红心曲入房水分38%~40%，曲面细度26%~28%，顶火温度55~58℃。

10. 西凤大曲工艺的改进

工艺改进前采用大麦∶豌豆以6∶4原料配比，采用偏高温制曲（顶温58~60℃），工艺改进后，采用大麦∶小麦∶豌豆以55∶35∶10的比例混合制曲，减少了豌豆用量后，新产酒中的乙醛、糠醛、高级醇含量明显降低，从而减轻新产酒的暴辣味，很好地突出了醇厚感。

七、 老白干香型大曲生产工艺

（一）原料及粉碎

小麦外观上要求无霉变、无虫蛀、无杂质、颗粒饱满，水分检测要求在13.5%以下，最好是当年产的小麦。

小麦的粉碎度与曲质有密切关系，过粗或过细都会影响微生物的生长繁殖，降低大曲质量。采用锤式粉碎机一次性粉碎，粉碎后的面料通过孔径2.8~3.2mm的筛底。夏秋季稍粗，过孔径为3.2mm的筛底；春冬季过孔径为2.8mm的筛底，要求粗细比例为7∶3，这样有利于水分的吸收和保持。若曲面过粗，压制曲坯时，造成曲坯干裂，表面粗糙，不易长霉，断面易生心；若曲面过细，制成曲坯时，由于小麦的黏性大，颗粒间空隙小，透气性差，产生热量不易散发，水分不易跑出，延长了曲块成熟时间，曲心水分过大易出现"沤心""鼓肚""水圈"。

（二）曲料加水

一般情况下，曲坯水分含量在32%左右，低于其他制曲厂。夏秋季节降水多，曲坯含水量在30%左右。

（三）曲坯成型

曲坯成型采用两种形式，一为人工踩制，二为机械制曲。制曲机能力800块/h，曲块尺寸为206mm×126mm×55mm，曲块质量在1.7kg，误差不超过0.10kg。工作中要求制曲机锤底不粘料，曲模不挂料，要求在保质保量的同时做到曲块薄厚一致，六面光平、坚硬、不掉角掉渣、不粘手。踩好的曲坯要 5 块一组，放在车上，上面再盖一层布，防止水分挥发太快。每次踩曲后要打扫卫生，保持踩曲室的清洁，防止杂菌的侵入繁殖。

（四）曲房准备——地面曲

曲坯入房前，先将曲室打扫干净，消毒，检查窗户有无损坏，若有损坏及时报修，然后在地面上撒一层麦秸，厚度在 1cm 左右，冬季为 2~3cm，并打开曲室门窗，通风换气。曲室内挂有温度计和干湿温度表，以测量培曲过程中的室温和湿度，并选两块插入温度计直到曲心，以便观察记录培曲过程中的曲心温度。曲室坐北朝南，长 12m、宽 7.5m、高 3.3m。地面为压实的黄土；四壁以粗泥抹面；设有顶棚；没有设天窗；南北墙上各设有 6 扇对开的玻璃窗，窗的上端靠近顶棚，为增强保温保潮效果，窗内另覆 1 层可以启落的塑料窗。每个窗户分三扇，每扇均可调节开启度，曲室门外设有防风帘。每室在夏天可容纳曲坯 6500 块，冬、春季为 8400 块左右。因曲室较大，故入满一室曲坯约需 8h。

（五）卧曲

卧曲即将压制成的曲坯入房排列。卧曲前，将曲室窗户关闭，冬季要提前两天关窗，保持室内温度在 20~30℃，以防止曲坯中水分的挥发，便于上霉。排列时将砖形曲坯的长边端竖放在地面上，在曲室由里向外依次排列，彼此看齐，排好一层后，放上 2~3 根竹竿，再放第二层，上下对齐，呈"吕"字形排列，竹竿起平衡作用，防止上下粘连。曲间距 2~2.5cm，行间距 2.5~3cm，曲室两头各留 1m 空间，两边中一边留有 0.5m，另一边留 1m 以便翻曲及盖席掀席、堆放杂物所用。曲坯排好后，检查曲坯有无歪斜、粘连现象，并观察曲坯的浆的多少、渣子（面料）的粗细，然后用麦秸将曲堆四周围好，盖上湿的麻袋，再在曲坯上面撒一些湿麦秸，盖上湿席，上面洒些水，洒水量以湿席不滴水为度，夏季不用洒湿麦秸，直接盖席。这样有利于保温保湿，同时竹竿麦秸席与曲坯接触，起到接种作用。一切就绪后，关闭门窗，使曲坯上霉。

（六）上霉（挂衣）期

曲坯表面上长霉即为挂衣，长霉时间一般为夏季 1~3d，冬季为 3~5d，温度在 25~38℃为上霉温度。曲坯入房后一般情况下第 1 天不升温，第 2 天起缓慢升温，有利于上霉。当曲心温度上升到 38~40℃时，曲坯表面长满白色斑点，这些白色斑点为：（1）星状斑点：曲坯上出现白色斑点似满天星状；（2）针尖斑点：曲坯上隐约可以看见针尖大小的白色斑点；（3）白蛾斑点：曲坯表面厚厚地覆盖一层像蛾子一样的白色斑点，用手压之能出现手印，这属挂衣过厚。一般要求曲坯上霉标准是以曲坯表面分布的星状斑点覆盖表面占 65%~70%，曲坯上霉多少与曲坯原料的粗细、用浆多少、曲块的坚硬和松散程度以及天气情况、室内温湿度有关系。上霉多（起皱）说明料细、浆多、曲坯松软、室内环境湿度大，这样的曲坯由于在表面有一层厚厚的保护层，阻碍了曲皮与曲心间的透气性，并且曲皮表面的温度也不易进入曲心，曲心水分又不易向外扩散挥发，表现为曲坯不热，来火迟缓，造成曲心水分向外散不出去，而出现曲坯空心鼓肚。

上霉良好对曲块在培养全过程中具有充足的水分至关重要，因为品温升降的高低和培曲期的长短，在很大程度均取决于曲块的水分是否适当。夏季因为气温较高，应开窗上霉。北方有的厂制伏曲难以上霉，其主要原因就在于关窗，致使曲坯入室不久，室温就超过了上霉的适温。结果，品温越升越快、曲块表面水分急剧大量蒸发，造成无霉烤皮现象，影响成曲外观及内在质量。因此，该阶段应该尽量使室温保持在 28℃ 以下。若因自然气温很高，即使开窗也难以控制，则可往苇席上喷洒适量洁净的冷水，以利于曲室降温、保潮。

（七）晾霉

晾霉是长霉后的最后一个阶段，长霉阶段是由原料淀粉、水分、野生微生物混合在一起，待遇到合适的温度、湿度和营养丰富的条件下，微生物菌种活跃旺盛，曲坯温度逐渐由低至高，这个阶段也称为糊化阶段。温度升高时因室内门窗关闭，空气不流通，曲坯内放出 CO_2 和氨基酸，在放风之前使人难以进入室内，因为温度高，CO_2 浓度大，使人呼吸困难，这是重要阶段。仔细观察温度、糊化度、霉度、曲坯的硬结程度等，来决定放风的晾霉时间，放风时间由霉子的多少、糊化程度、曲的后火的管理质量决定的。放风早，无霉或霉少，水分挥发快，曲坯发松发轻，理化指标低，成熟早，皮厚，残余淀粉多。晚放风，霉子厚，起皱，但水分挥发慢，后火管理不当出现 NH_3 味，延期成熟，茬口难看，异味大，曲香味小，制出来的酒发冲，不绵甜烧舌头，味不正。

放风晾霉待曲坯表面长满白色菌丝，大部分曲坯糊化透以后（这样的曲坯在以后的管理中不易出问题）。窗子要渐渐开大。经 10~20h，可根据曲块的软硬程度，上下进行第 1 次翻曲；以后每天翻曲 1 次，并将厚薄不等的个别曲块位置进行内外调整，以利于中、后期的管理。根据曲块的承压能力，该阶段的曲块高度以不超过 5 层为宜，曲间距也随层数增多而加大。该阶段要求室温控制为 22~26℃，曲间品温为 25~30℃，与曲心温度基本相等，呈同步上升趋势。若品温较高，则会使曲块表皮菌丛长得过厚而起皱，或致使曲皮酸败、淹皮，在培曲的中、后期水分难以挥发，曲块承压后容易变形。晾霉以渐晾为原则，并在一定时间内晾透，否则曲块表面微生物继续大量繁殖、产热，形成厚皮曲。晾霉阶段也不应有较大的对流风，以免曲皮干裂。待曲块表面已经基本干燥不粘手、曲块定型时，可继续晾霉 1~3d。晾霉标准的感官检查指标，以曲块干皮厚度达 0.2~0.3cm 为宜，这样既能保持曲块内部适度的水分，又不易产生"风火圈"，也称水圈或黑圈。

注意放风时不要忽高忽低，风天注意风流的猛击，否则会造成曲坯表皮裂纹，放风早皮薄，放风晚皮厚。霉子长到约70%，可以小开窗晾一下，让外界新鲜空气入室内进行通风，这样外表面的霉立刻停止不再生长。

(八) 潮火

潮火是指放风后2~3d，曲块表面不粘手，手摸发硬。曲块已定型，一次又一次通风换气，温度一次又一次起落，微生物和各种霉菌由表面向内部侵入，霉菌繁殖活跃。温度起落越快，水分和热由里向外散发越快。该阶段主要以开闭窗户和翻曲来控制室温、调节曲间温度和曲心温度同时上升，至曲心高于曲间1℃时，再渐渐关严窗户升温。升温的过程好像爬台阶，每天窗户两启两封，品温两起两落，每天控制升温幅度以2~3℃为宜，故品温升至41~43℃需要5~6d。所以还须每天翻曲1次，曲块由品字形改为井字形，当增高至6层时，即可不用苇秆相隔。

(九) 干火阶段

干火是指曲坯入房10~18d，这一阶段微生物由曲皮蔓延到曲坯内部，微生物生长繁殖旺盛，来火快，产热高。由于热量产生在内部，向外散布困难，升温容易，降温难，注意曲温不要超过53℃。

在管理方面应注意：（1）冬季降温快，时间必然短，为了延长时间必须少开窗、开小窗，目的是除去室内的CO_2，更新室内空气，有利于曲的糖化；（2）夏季降温困难，要选择早、晚降温（每天气温最低时降温）。"晾"是指采用大晾大热的方法，晾要注意温度高低和时间长短，干火阶段温差在10~16℃，注意最低不低于28℃，最高不超过53℃。地面曲降温可通过拉大曲间距和行间距来实现。

曲块高度由6层增至7层、进入曲室时有灼热感，并能闻到主要由美拉德反应生成的曲香，这表明已进入大火期，又称干火期，即品温可达培养全过程的最高值，而且室内相对湿度较小。该期需经7~8d，仍为微生物的旺盛生长期，并进行各类微生物的盛衰交替，一些耐高温的细菌和霉菌生长速度较快。每天翻曲一次，为使翻曲时间短、降温幅度小，应少开门窗，曲块仍码为井字形。翻曲时室温保持在37~42℃，翻曲后品温下降幅度不超过2~3℃；曲间品温保持在47~49℃。大火期不强调品温的升降幅度和晾霉极限，只需随时注意变更开窗的位置，以利于曲间品温的一致和功能菌的生长。在大火前期，只要品温达到49℃，就应开窗予以控制。在进入大火期的第2天，品温就应保持47~49℃；在大火期的最后1~2d，可使品温提高至49~50℃，以利于散发掉曲心多余的水分，避免曲心窝水变黑或生心。

(十) 后火

整个培曲期为 23~26d，其中后 10d 左右为后期。即在曲坯入室 15~16d 后，品温开始下降，这时已有 70% 的曲块接近成熟，曲心水分较少，产热极微，若保温操作不当，则品温会很快下降。但实践证明，该阶段品温下降速度越慢，成曲质量越高。因此，要严格开闭门窗，在翻曲时应少开窗或不开窗；翻曲次数要减少；曲块码置可由井字形改为人字形；高度不限于 7 层，可增至 8~10 层；曲间距可逐步缩短至 3~6cm；翻曲后，若品温在 35℃ 以下，则可在曲块四周和上方加盖苇席保温。由于曲块尚有残余水分，故可在每天中午前后，适度小开窗子排潮 30min。

在最后的 3~4d，翻曲次数更少，曲间距以缩至 2~3cm 为宜，并继续盖席保温。待品温降至接近于室温，即夏季为 30~33℃、其他季节为 20~29℃ 时，因个别较厚的曲块内部尚存残留水分，故可将曲室的所有门窗打开，自然风干 2~3d 后，曲块即可出室，这样可预防曲块在贮存期间因反火而影响成曲质量。

(十一) 出房贮曲

曲坯熟透时间约为 1 个月，此时曲心水分大部分已排出，可以出房入库。出房进库要堆成垛，排起 15~18 块曲高，块距 2cm，行距 5cm，要阴凉干燥，以防受潮返火。

曲库条件要求：阴凉干燥，通风条件好，少见光，房顶不漏水，地面高出四周40cm 左右。

八、 特香型大曲生产工艺

以江西四特和李渡大曲生产工艺为例。

(一) 工艺流程

原料、水 → 拌料 → 下料装盒 → 曲坯成型 → 运曲 → 曲坯入房 → 翻曲（2次）→ 积房（打拢）→ 出房 → 入库贮存 →成品曲

(二) 生产工艺

1. 原料

采用的原料为面粉、麦麸和酒糟，这在我国是独一无二的，具有明显的特色。这种配料方式延续了白酒制曲的传统生产工艺，以小麦为基质，同时适量添加酒糟。此外，酒糟的加入可以调节曲坯 pH，适合酵母菌、霉菌的生长。

2. 拌料

制曲拌料采用拌料机进行机械搅拌，拌料用水为地下水，拌料标准为"手捏成团不粘手"，曲料含水量一般控制在38%。由于地下水常年恒温，因此，夏季或冬季制曲可降低或提高曲坯温度，使培养初期曲坯温度接近酵母菌、霉菌的最适生长温度，利于后期培养温度的提升。

3. 曲坯成型

曲块成型样为长方体，规格为210mm×80mm×120mm。其特点是：曲表面积大，适合微生物大面积生长，曲块厚度适中，便于水分蒸发，从而控制曲块的培养顶点温度始终在55℃左右。

4. 曲坯入房

采用传统地面摆曲方式。夏季摆单坯，洒凉水；冬季摆双坯，洒热水，盖稻草。

5. 翻曲、打拢

采用2次翻曲工序。通过翻曲，可以调节曲坯培养温度，还可补充曲房氧的浓度，控制微生物繁殖。此外，通过翻曲，可调节曲坯水分均匀挥发，有益曲坯成型。待曲坯达到顶点温度，曲水分含量下降至一定水平，即可打拢。

6. 贮存

曲坯入房后经过约28d的培养后，曲坯温度降低至室温，曲坯水分降低至14%以内即可出房，曲坯经过3个月的贮存后，可以使用。

第八节　成品大曲质量标准

目前成品大曲的质量主要是感官指标结合理化指标来判断其质量标准。

一、 成品大曲感官质量标准

（一）香味

具有特殊的香味。

（二）色泽

表面色泽呈淡黄色夹带白色斑点［图4-11（1）］。

（三）断面色泽

断面要求均匀致密，菌丝生长良好，为淡黄色夹带白色斑点，无生心、霉心，无黑色火圈和其他杂色［图4-11（2）］。

（1）大曲外观

（2）大曲断面

图4-11　大曲外观质量

（四）曲皮

曲皮要薄。

（五）综合评价

某企业在感官判断质量时，采用扣分制，最后计算大曲的合格率来进行感官评价。如严重霉心2.0分/块，生心2.0分/块，色泽不正1.0分/块，水圈1.0分/块，严重火圈2.0分/块，干壳1.0分/块，裂缝0.5分/块，霉点0.5分/块，每次取样100块，从中取10块，每块考核8次，共100分。

$$合格率（\%）=100\%-被扣分\%$$

事实上，大曲的容重是衡量大曲质量的一个重要指标。在经验上，大曲发酵好、发酵透，大曲块显得轻。目前，已经开发出大曲容重测定仪用于大曲容重的测定[50]。对四川某大曲的测定结果表明，大曲容重高于0.74的占10%左右，0.72~0.74的占30%左右，容重低于0.72的占60%左右。

二、　成品大曲质量标准

成品大曲质量标准分为感官指标与理化指标两部分[44, 51-54]。感官指标包括外观和断面。理化指标包括水分、酸度、淀粉、糖化力、发酵力。有的企业在此基础上，增加了微生物指标，如细菌总数、霉菌总数和酵母总数等指标。但至目前为止，没有反映大曲香气的指标。

大曲感官评价常用术语有：（1）描述外观的词有上霉均匀、上霉较好、上霉差、光滑无衣、粗糙无衣、无裂缝、无裂口、裂口轻微、有青霉菌斑、青霉感染、青霉感染严重、灰白色带微黄、灰白色、灰白色带褐色、水毛等；（2）描述曲香味的词：曲香扑鼻、曲香纯正、异香、馊味等；（3）描述断面的词有泡气、欠泡气、不泡气、生心、皮张薄、皮张偏厚、皮张厚、水眼、面眼、红心、黑心、黄心、裂缝、窝水、火圈、水圈、有光泽、暗淡等[14, 51]。

（一）酱香型大曲质量标准

成品曲的质量标准没有国家标准，因此使用企业标准。茅台酒厂使用的大曲标准如表 4-18 所示，郎酒大曲的质量标准见表 4-19。

表 4-18　　　　　　　　　　酱香型茅台大曲质量标准[44]

项目	优级	一级	二级
色泽	金黄色	棕黄色	麦粉本色或黄褐色
香气	曲香浓郁	曲香明显	有曲香
风格	典型茅台酒风格	茅台风格	有茅台酒风格
皮张/cm	<0.4	<0.4	<0.4
糖化力/[mg 葡萄糖/(g 曲·h)(30℃)]	150~300	150~300	150~300
水分/%	<12	<12	<12
淀粉含量/%	52~55	52~55	52~55
酸度	1.3~1.6	1.3~1.6	1.3~1.6

表 4-19　　　　　　　　　　酱香型郎酒大曲质量标准[44]

项目	一级	二级	三级
外观	曲坯表面金黄色或黄褐色	大多数黄褐色或黑褐色，少量灰白色	灰白色较多
香气	酱香，曲香突出	酱香，曲香较突出	有曲香，少部分有其他香
断面色泽	断面色泽一致，灰褐色，少量黄褐色	断面颜色基本一致，大部分为灰褐色，少量灰白色	断面颜色不一致
皮张厚度	≤0.1cm	≤0.1cm	≤0.1cm
水分/%	≤13	≤13	≤13
酸度a	≤1.5	≤1.5	≤1.5
糖化力/[mg 葡萄糖/(g 曲·h)(30℃)]	80~300	80~300	80~300

注：a：酸度指 10g 样品消耗 0.1mol/L NaOH 的毫升数，没有单位，余同。

（二）浓香型大曲质量标准

1. 包包曲质量标准

（1）川酒包包曲质量标准　包括感官标准、理化标准以及微生物标准。对大曲等级的判定不同的企业均制定了不同的评分体系[53]。

①感官标准：川酒包包曲感官质量等级及标准如表 4-20 所示。

表 4-20　　　　　　　　　川酒包包曲感官质量等级及标准[53]

等级	外观	断面	香味	皮张/mm
一级	灰白色或灰黄色，穿衣好（80%），无裂口，无杂色，无青霉感染	整齐，灰白色，菌丛生长良好，泡气，无裂口、水圈及其他杂色	具有浓而厚的特殊曲香味，无怪味	≤ 2
二级	灰白色或灰黄色，穿衣好（达 50%），无裂口，无杂色，无青霉感染	较整齐，80%以上为灰白色，菌丛生长较好，泡气，无裂口，有轻微水圈，无黑色菌丛和水毛	具有特殊曲香味，无怪味	≤ 4
三级	大部分为灰白色，或微黄色（黑褐色菌杂色占 30%以下）有轻微裂口，或有较多的完整麦粒，穿衣一般（30%以上）	不整齐，有水圈和少量黑色菌丛和水毛	有曲香或有轻微的怪杂味	≤ 6
等外曲	黑褐色占 30%以上，有裂口，穿衣差（小于 30%），有青霉菌感染	不整齐，水圈重，有黑色菌丛或水毛，或有生心、大裂缝等	无曲香有怪杂味	>6

②理化标准：成品曲理化质量等级及标准见表 4-21。

表 4-21　　　　　　　　　成品曲理化质量等级及标准[53]

项目	一级曲	二级曲	三级曲	等外曲
水分/%	<14.0	<15.0	<15.0	>15.0
酸度	0.5~1.3	0.5~1.8	0.5~1.8	>1.8
糖化力/[mg 葡萄糖/(g 曲·h)]（30℃）	700~1100	500~770 或 >1100	300~500	>300
液化力/[g 淀粉/(g 曲·h)]	>1.0	>0.8	>0.6	>0.6
发酵力/[mLCO₂/(g 曲·48h)]	>2.0	1.5	>1.0	>1.0

③微生物标准：成品曲微生物质量等级及标准见表 4-22。

表 4-22　　　　　　　成品曲微生物质量等级及标准[53]　　　　　单位:×10⁴ 个/g 干曲

项目	一级曲	二级曲	三级曲	等外曲
霉菌	>100	>10	>1	<1
酵母菌	>10	>1	>0.1	<0.1
细菌	>50	>5	>0.5	<0.5

（2）北方成品包包曲质量标准　包括感官指标与理化指标两部分。

①感官指标

曲表面：表面应有均匀的白斑或菌丝，不应有裂口、灰黑色菌丛或光滑无衣。

曲断面：应布满白色菌丝，不应有明显的裂口、生心，不应出现过多的灰黑色或黑褐色，无青霉，皮张要薄。

香味：断面应香味浓郁、曲香纯正，不应有明显的酸味、霉味、豆豉味。

②理化指标：水分小于 15%，酸度小于 1.0mmol/100g 曲，糖化力 400~600mg 葡萄糖/（g 曲·h），发酵力 200mL CO_2/（g 曲·72h）以上，液化力 1.0g 淀粉/（g 曲·h）以上。

2. 平板曲质量标准

江苏某浓香型酒厂采用如表 4-23、表 4-24 所示的理化指标。

表 4-23　　　　　　　　　浓香型成熟曲出曲房时理化指标

品名	水分/%	糖化力/ [mg 葡萄糖/（g 曲·h）]	发酵力/ [g CO_2/（g 曲·48h）]	酸度
高温曲	12~17	100~180	0.15~0.30	0.7~1.3
中温曲	12~17	110~190	0.20~0.30	0.7~1.2

表 4-24　　　　　　　　　　浓香型现用曲理化指标

品名	水分/%	糖化力/ [mg 葡萄糖/（g 曲·h）]	发酵力/ [g CO_2/（g 曲·48h）]	酸度
高温曲	10~15	200~300	0.40~0.60	0.5~0.9
中温曲	10~15	210~350	0.50~0.70	0.4~0.8

3. 成品大曲感官、理化质量指标的综合评价

不少企业仍然以大曲感官指标为主，理化指标为辅对曲质进行综合评判。近期，有提出将大曲指标分为主体指标和辅助指标的评价方法[51, 55]。

大曲的主体指标，即"生化指标"，包括酒化力、酯化力、生香力，权重分别占 30%、20%、15%，共 65%[55]。大曲辅助指标包括理化指标和感官指标。理化指标包括曲块容重、水分、酸度，权重分别占 15%、5%、5%，共 25%。感官指标是指香味、外观、断面、皮张，权重分别占 4%、2%、2%、2%，共 10%。应用这个标准，根据评

定，综合得分 81 分以上为优级曲；71～80 分为一级曲；60～70 分为二级曲；59 分以下
为不合格曲。也有将大曲感官标准定为 60% 权重，理化指标占 40% 权重。

（三）清香型大曲外观标准

清茬曲：外观光滑、断面青白且稍带黄色、气味清香者为正品。成曲中的正品率应
占 60%～80%；其他花色如单耳、双耳和金黄一条线曲占 20%～30%；曲心黑褐、味臭
或酸辣者应在 10% 以下。

红心曲：断面周边青白，中心红色者为正品。成曲的正品率应占 85%～95%；其他
花色如二道眉、烧心曲占 5%～15%。

后火曲：断面内外呈浅青黄色，带酱香或炒豌豆香味者为正品。成曲的正品率应占
80%～90%；其他花色如单耳、双耳和红心曲占 10%～20%。

第九节　大曲病害及其产生原因、处理方法

一、不生霉或不挂衣

生曲入房 2～3d 后，未见表面长出白色斑点或白色菌丝，即俗称的"不生霉"或
"不挂衣"。其主要原因是培曲前期，曲室温度过低，品温上升过于缓慢，达不到微生
物生长、繁殖的适宜温度；曲坯提浆太差，表面含水量小；曲表面水分蒸发过多、过
快。解决办法为加盖草或麻袋，喷洒 40℃ 以上热水，至曲块表面湿润，然后关好门窗，
使其发热上霉；或人为加温，使其发酵；或在入房时洒上一定的水。

二、裂口

产生裂口的原因有：原料粉碎过粗，拌料时加水过少；曲坯前期升温过猛，水分蒸
发过早，出现裂口。此时应加大拌料用水，严格控制粉碎度，前期升温缓慢。

另一种是曲坯鼓肚裂口。其主要原因是原料粉碎过细，水分大，干皮太厚，使曲心
散热和水分蒸发受阻，兼性微生物在曲块内发酵产生气体，气体膨胀，冲破曲坯干皮，
使曲内外气路相通，造成曲霉变，曲质下降，给曲带来生粮味和霉苦味[54]。

三、颜色不正

合格曲表面应为灰白色夹带白色斑点，或微黄色。但有些曲表面呈现较多的黑色或

黄褐色斑点。原因如下所示。

一是制曲原料的质量问题。使用已发芽的原料，轻者曲表面出现黑色斑点，重者整块发黑。发芽的小麦或收割后发芽的小麦，胚乳中各种酶、糖以及分解生成的氨基酸都残存了一定数量，用这种麦踩制曲块，随培菌温度的升高，氨基酸与糖发生美拉德反应生成类黑素（褐色素），使曲呈色重。温度越高，水分越重，曲色越深，分布越广。这种曲酶活性是正常曲酶活性低 1/4~1/2，霉菌数量及发酵力偏低，生产使用后，出酒率下降。

二是制曲水分过大，湿度过高。高温多水，有利于蛋白质和淀粉的分解，产生大量的氨基酸、糖，发生褐变反应，生成类黑精。温度越高，颜色越深。这种曲酱香味好，带焦煳香，但糖化力低，在生产中要加大用曲量。但量过大时，酒的煳味重，并带枯苦味，影响酒的风格质量。

若曲表面有絮状灰黑色菌丝，是放曲时曲坯靠得太紧，水分不易蒸发而出现过湿，翻曲又不及时造成的。

四、　曲坯染青霉

青霉对白酒生产有害无益，青霉产生青霉素，不利于有益菌体的生长、繁殖，同时还会给酒带来苦味。要在制曲生产中消除青霉主要是搞好环境卫生，保持曲房及曲库的干燥和清洁。曲库若湿度过大，曲块易受潮而感染青霉。不管是在曲房还是在曲库感染了青霉，应将该曲块立即隔离，防止其他曲块受到感染。

五、　曲坯变形

一是酸败变形。曲坯入房后，品温低、水分大，升温太慢，又未及时通风排潮，造成杂菌侵染，曲坯酸败而变形。

二是前期发酵不良引起的。前期曲房排潮不畅，曲间距太小，造成曲坯层湿度大，温度低；翻曲不及时，造成发酵不良而产生曲坯变形。

如果底层曲坯变形，一般是入房时码曲不当形成。

六、　曲坯长水毛

在培菌前期，曲坯长水毛是由于曲坯靠得太紧，排潮不当；或排潮时间未掌握好；或曲房连续 5d 湿度过大而产生。其实质是曲坯表面水分太大而引起的。

七、 受风

曲坯表面干燥（皮），不生长，内生红心。因曲对着门、窗受风吹，失去表面水分，红心为红曲霉繁殖所造成的。最易在春秋季形成。解决办法是在门窗直对处，用柴席、草帘等挡风，翻曲时变换曲的位置。

八、 受火（火圈）

大火和干火阶段，温度调节过高，曲的内部炭化，形成火圈。注意调节温度不可太高，适当拉开曲间距。

九、 皮厚

晾霉时间过长，曲体表面干燥，而此时曲心温度高。解决办法：晾霉时间不可太长。

十、 窝水

后火太小，曲心水分未排尽，造成曲心水大。在温度大的情况下，曲心长灰黑毛，呈灰黑色或黑褐色。

十一、 生心

如果前期温度过高，失水太多，后期因缺水温度升不起来，影响微生物繁殖，则会产生生心现象。如果早期发现可用喷水覆盖厚草来处理，如过迟，内部已经干燥则无法挽救，故制曲有"前火不可过大，后火不可过小"的经验。

十二、 受潮

曲块在贮存过程中，因曲库温度过低，湿度过大，堆放时间过长；或出房曲的水分过大，贮存时通风条件不良而造成。此时毛霉生长，断面可见有灰黑色毛，鼻闻有轻微的霉味。

十三、　缺香味

曲坯进入中挺温度后，若温度挺不上去，造成生香物质未转化，曲坯缺少应有的香味。中挺温度的高低是影响曲块香味及风格的重要因素。因此在培曲过程中，后火不可太小，中挺温度一定要上去。

十四、　霉味

受潮及返潮生霉的曲块均不同程度地带有霉臭味。在培曲及贮存过程中，要防止曲块生霉、受潮。

第十节　现代制曲工艺

传统的制曲工艺，是历史的产物。随着科学技术的不断发展，传统制曲方法弊端日显。制曲为手工拌曲面，粉尘到处飞扬，严重污染环境，有碍工人身心健康；脚踩方法虽好，但劳动生产率低，工人劳动强度大；入房发酵时，曲最初为两层，最高时为六层左右，单位曲占地面积大；曲发酵过程中，以开闭门窗，调节曲的间距、高度等方法来控制温度、湿度，成品曲的质量波动大。为解决以上问题，逐渐出现了机械化制曲、强化曲、楼房制曲、立式发酵和微机控制制曲等新技术。

一、　强化大曲

强化大曲是在传统大曲的基础上加入人工纯种培养的有益微生物，在淀粉质原料中进行扩大培养，再经贮存、风干的大曲。强化大曲的糖化力、发酵力较传统大曲高。制强化大曲应根据各地大曲的品质情况区别对待。

（一）单菌种强化大曲

某厂制强化大曲的工艺方法如下。

1. 红曲帘子曲的制作工艺

帘子曲培养时，在35℃接入三角瓶菌种，待品温升至40℃时，将曲粉摊开，厚度10~20cm，控制室温在38℃，湿度在90%~95%。经4~5d即可成熟（图4-12）。

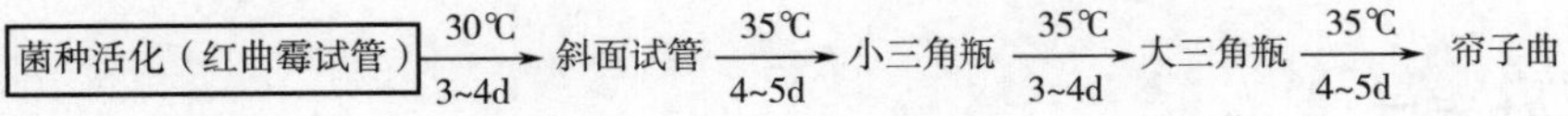

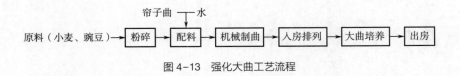

图 4-12　红曲帘子曲工艺流程

2. 强化大曲的制曲工艺

某企业强化大曲工艺流程如图 4-13 所示。在原料配料时，加入帘子曲，强化制曲。

原料（小麦、豌豆）→ 粉碎 → 配料 → 机械制曲 → 入房排列 → 大曲培养 → 出房

（帘子曲、水 → 配料）

图 4-13　强化大曲工艺流程

（二）多菌种强化曲

1. 制强化种曲

将糖化型和发酵型两类菌株，经三角瓶扩大培养或等量的曲盘固体麸曲培养后，进行混匀，即为强化种曲。其中糖化剂中黄曲占 70%，根霉曲占 20%，红曲占 10%。发酵剂中产酸酵母和产酯酵母各占 50%。

2. 制强化大曲

在拌料时，麦粉中加入 0.5% 的强化种曲，按常法制曲。成品曲香味比普通的大曲浓，断面色泽好，菌丝密，并呈现黄红色斑点。

3. 强化菌种

红曲霉和固体酵母。

4. 强化大曲质量标准

表 4-25 是强化大曲的理化指标，与传统大曲的对比，强化大曲的糖化力等指标明显高于传统大曲[14]。

表 4-25　　　　　　　　　　　　强化大曲理化指标[14]

项目	强化大曲 1	强化大曲 2	强化大曲 3	普通大曲 1	普通大曲 2
霉菌/（×10^4个/g）	342.3	213.6	160.2	167.1	152.9
酵母菌/（×10^4个/g）	101.4	129.8	132.2	92.7	37.2
细菌/（×10^4个/g）	741.4	802.9	887.4	632.7	566.5
糖化力/[mg 葡萄糖/（g 干曲·h）]	887	904	815	720	680
酸度	1.35	1.30	1.36	1.34	1.32
水分/%	13.89	14.33	14.31	15.50	15.10

（三）强化大曲使用效果

将从麦曲和晾堂上分离的 32 株菌株，其中糖化菌 17 株，酵母菌 15 株，分别制成麸曲和液体酵母，投入生产试验。麸曲与麦曲混合使用，其中麦曲用量为 11%，麸曲用量为 3.5%~3.8%，液体酵母为每甑 4000~4800mL（每毫升含细胞数 $7.2×10^7$~$1.32×10^8$ 个）。试验窖的酒，通过理化分析和尝评，保持了该大曲酒特有的风味，说明使用了有效菌株，可以减少麦曲用量，而不会影响产酒和质量（表 4-26）。

表 4-26　　　　　　　四川某企业强化大曲使用效果[11]

排次	试验	用曲量/ kg	用粮/ kg	耗粮/ kg	曲耗/ kg	原料出酒率/%	原料淀粉出酒率/%
第一排	实验	147.4	1200	218.87	26.89	45.69	72.15
	对照	262.5	1200	221.90	48.56	45.04	71.14
第二排	实验	126.0	1100	255.07	29.22	39.20	61.07
	对照	235.0	1100	278.04	59.30	35.79	56.01

二、　大曲立式发酵

大曲立式发酵，即所谓的架子曲，亦称不用人工翻曲法。将曲块按要求放在特制的架子上，架子一层层叠放。大曲发酵过程中，不需要像传统工艺那样翻曲，可以大大降低工人的劳动强度。其制作工艺如下：

原料→ 粉碎 → 配料 → 机械制曲或人工制曲 → 入房排列 → 大曲培养 → 出房

以某厂为例，用圆钢和角铁焊接而成。每层曲架上放竹竿，间距 50cm。该铁制曲架长 200cm，宽 50cm，共 7 层，总高度为 170cm。一般曲架有七层，则每架曲块可放1200 块。

使用风机鼓风，通循环风来调节曲室内的空气及温度。室内设有进气管和循环排气管，新鲜风和循环风可适当调节比例。

入房 1~2d 如发现曲块倒伏，及时处理，防止霉烂。入房 5d 后，品温上升至 40℃，为防止失水太快，升温过猛，可适当向地面洒水 1~2 次/d。入房 5~10d，曲坯微生物大量繁殖，品温可达 52~55℃，为保温、保湿可关闭门窗。入房 15~25d，曲进入后期培养阶段，曲块品温下降到 30℃。

整个培曲期间的特点是保湿用喷洒水于地面，保温以调节循环风和关闭门窗来控制。

架子曲无论是糖化力、液化力均比地面曲要高，但架子曲的酸度比地面曲要低。

参考文献

［1］魏岩涛，何正礼．高粱酒［M］．上海：商务印书馆，1935.

［2］陈宗敬，范文来．简析九种浓香型国家名酒的制曲［J］．酿酒科技，1995，67（1）：56-57.

［3］汪江波，王炫，黄达刚，等．我国白酒机械化酿造技术回顾与展望［J］．湖北工业大学学报，2011，26（5）：52-56.

［4］许德富，倪斌，沈才萍．试述大曲的内在品质［J］．酿酒科技，2003，119（5）：19-20.

［5］GB/T 15109—2021，白酒工业术语［S］．

［6］唐玉明，廖建民，姚万春，等．大曲发酵房上中下层空气微生物及曲药质量差异研究［J］．酿酒科技，1999，93（3）：23-25.

［7］王世宽，侯华，张强，等．伏曲培养过程中微生物及理化指标的研究［J］．酿酒科技，2009，178（4）：39-42.

［8］李大和．建国五十年来白酒生产技术的伟大成就（三）［J］．酿酒，1999，132（3）：13-19.

［9］任道群，唐玉明，姚万春，等．泸型大曲发酵过程理化指标的变化研究［J］．酿酒科技，1998，88（4）：27.

［10］王世宽，潘明，徐艳丽，等．浓香型大曲发酵过程中霉菌消长情况的研究［J］．中国酿造，2010，214（1）：42-45.

［11］李大和．建国五十年来白酒生产技术的伟大成就（四）［J］．酿酒，1999，133（4）：16-20.

［12］肖熙佩．大曲生产工艺（下）［J］．黑龙江发酵，1979，1（3）：74-81.

［13］潘勤春，孟镇，钟其顶，等．汾酒大曲细菌群落结构的 PCR-DGGE 分析［J］．酿酒科技，2011，204（6）：95-99.

［14］沈怡方．白酒生产技术全书［M］．北京：中国轻工业出版社，1998.

［15］吴衍庸．中国传统酿造泸型酒微生物学研究［J］．酿酒科技，1993（5）：30-35.

［16］程丽君，康健，王凤仙，等．汾酒大曲酯酶和淀粉同工酶的分析［J］．食品与发酵工业，2008，34（11）：33-37.

［17］周恒刚．谈谈液化型淀粉酶［J］．酿酒科技，1996（6）：13-15.

［18］范文来，徐岩．大曲酶系研究的回顾与展望［J］．酿酒，2000，138（3）：35-40.

［19］牛景禄．贵州鸭溪窖酒风味与生产工艺特征的研究第 3 报：鸭溪窖大曲酶系中糖化酶的分离及性质初探［J］．酿酒科技，1995（1）：53-55.

［20］周恒刚．白酒生产与酸性蛋白酶［J］．酿酒，1991（6）：5-8.

［21］魏炜，张洪渊，戴森，等．酸性蛋白酶的性质及其在白酒酿造中的应用［J］．酿酒科技，1997，84（6）：18-20.

［22］唐胜球，董小英，许梓荣．酒用酸性蛋白酶的研究进展［J］．酿酒科技，2005，127（1）：

41-44.

　　[23] 王彦荣，孟祥春，任连彬，等．酸性蛋白酶生产与应用的研究 [J]．酿酒，2003，30 (3)：16-18.

　　[24] 周恒刚．高温大曲酸性蛋白酶高的原因何在 [J]．酿酒科技，1996 (3)：14-17.

　　[25] 任玉茂，戴森，樊林，等．放线菌的分离研究及在泸型酒生产中的应用 [J]．酿酒科技，1997，81 (3)：13-15.

　　[26] 阎致远，王祥河，程志娟，等．酸性蛋白酶的性质及其在白酒生产中的应用研究 [J]．酿酒科技，1995，72 (6)：16-17.

　　[27] 易华玉．白云边酒的制曲 [J]．酿酒，1992 (5)：17-25.

　　[28] 杨代永，范光先，汪地强，等．高温大曲中的微生物研究 [J]．酿酒科技，2007，155 (5)：37-38.

　　[29] 唐玉明，张正英，任道群，等．大曲几个理化指标的变化分析 [J]．酿酒，1997，125 (5)：27-30.

　　[30] 邓小晨，王忠彦，胡永松，等．大曲发酵过程中微生物淀粉酶同工酶的研究 [J]．微生物学通报，1995，22 (3)：143-146.

　　[31] 李金宝，兰明科，冯雅芳．西凤大曲的科学搭配在西凤酒生产中的应用 [J]．酿酒，1999，130 (1)：44-46.

　　[32] 李明远，张洪运，黄淦，等．不同酱香型酒曲成分和性能的比较研究 [J]．中国酿造，2010，215 (2)：77-79.

　　[33] 范文来，徐岩，刁亚琴．浓香型大曲水解酶系及测定方法的研究 [J]．酿酒，2002，29 (5)：25-31.

　　[34] 沈才洪，应鸿，许德富，等．大曲质量标准的研究 (第二报)：大曲 "酯化力" 的探讨 [J]．酿酒科技，2005，129 (3)：17-20.

　　[35] 熊子书．中国三大香型白酒的研究 (三) 清香·杏花村篇 [J]．酿酒科技，2005，133 (7)：17.

　　[36] 李祖名，王德良，马美荣，等．红星酒曲与牛栏山酒曲的比较研究 [J]．中国酿造，2009，203 (2)：50-52.

　　[37] 傅金庚．酱香型白酒风格与工艺关系的研究 [J]．酿酒科技，1991 (1)：8-11.

　　[38] 沈才洪，应鸿，许德富，等．大曲质量标准的研究 (第三报)：大曲生香力的特征指标探讨 [J]．酿酒科技，2005，134 (8)：20-22.

　　[39] 范文来，张艳红，徐岩．应用 HS-SPME 和 GC-MS 分析白酒大曲中微量挥发性成分 [J]．酿酒科技，2007，162 (12)：74-78.

　　[40] 李大和．建国五十年来白酒生产技术的伟大成就 (二) [J]．酿酒，1999，131 (2)：22-29.

　　[41] 丁祥庆．茅台酒工艺剖析-制曲部分 [J]．酿酒科技，1982 (1)：19-22.

　　[42] 熊子书．酱香型白酒酿造 [M]．北京：中国轻工业出版社，1994.

　　[43] 崔利，杨大金．提高酱香型大曲酒风格质量几个关键环节的探讨 (上) [J]．酿酒，1988

（1）：37-41.

［44］崔利，彭追远，郑朝喜，等．高温大曲在酱香型酒酿造中的作用及标准浅说［J］．酿酒，1995，109（4）：8-13.

［45］唐瑞．北方中高温包包曲制作要点分析［J］．酿酒，2005，32（1）：30-31.

［46］李大和．建国五十年来白酒生产技术的伟大成就［J］．酿酒，1999，130（1）：13-20.

［47］肖熙佩．大曲生产工艺（上）［J］．黑龙江发酵，1979，1（1）：120-131.

［48］王海平，于振法．景芝白乾酒的典型性-"芝麻香"研究工作的回顾与展望［J］．酿酒，1992（4）：61-70.

［49］王凤丽．谈芝麻香型白酒［J］．酿酒，2006，33（4）：32.

［50］彭奎，刘念．大曲容重测量仪的研制［J］．四川食品与发酵，2008，44（2）：12-13.

［51］陈靖余，周应朝．泸型大曲标准及鉴曲方法的探索［J］．酿酒，1996，114（2）：6-7.

［52］敖宗华，陕小虎，沈才洪，等．国内主要大曲相关标准及研究进展［J］．酿酒科技，2010，188（2）：104-108.

［53］胡承，邬捷锋，沈才洪，等．浓香型（泸型）大曲的研究及其应用［J］．酿酒科技，2004，121（1）：33-36.

［54］张立新．大曲裂缝之管见［J］．酿酒科技，2006，143（5）：122-123.

［55］李大和，李国红．"辩证施治"在浓香型白酒生产中应用［J］．食品与发酵科技，2009，45（2）：1-7.

第五章
发酵原理与高温美拉德反应

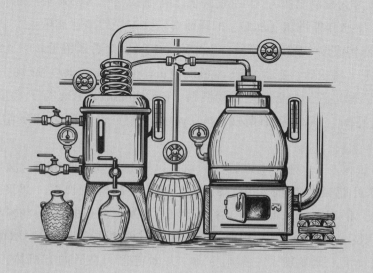

　　蒸馏酒生产采用先糖化后发酵或边糖化边发酵的双边发酵模式。在发酵过程中，淀粉在酶的作用下，变为糖，糖在酵母的作用下，生成酒精。蛋白质在蛋白酶的作用下，生产氨基酸，氨基酸可以进一步转化为高级醇等物质。脂肪在脂肪酶的作用下，生成脂肪酸和甘油。果胶在果胶酶的作用下，生成果胶酸和甲醇。单宁在单宁酶的作用下，生成丁香酸等物质。纤维素、半纤维素在纤维素酶和半纤维素酶的作用下，分别生成六碳糖和五碳糖。

　　饮料酒生产既有常温下的微生物发酵即酶反应，也有高温或较高温度时的化学反应，故本章主要介绍酶反应以及美拉德反应。至于更多的微生物知识，请参阅相关专著。

第一节　酒类发酵科学简史

　　我国古代虽然早就利用发酵来生产酒以及酱、醋等产品，然而并没有认识发酵的本质。《礼记·月令》叙述的"秫稻必齐，曲蘖必时，湛炽必洁，水泉必香，陶器必良，火齐必得"的"六必"，是酿酒技术关键工序的精辟总结，但并没有阐明发酵本质。至清朝《六必酒经》有云："金木间隔，以土为媒，自酸至甘，自甘至辛，而酒成焉。所谓以土之甘，合水作酸；以木之酸，合土作辛，此其大略相同也。"[1]对发酵现象的解释停留在阴阳学说上，没有上升到科学层面。

　　在中世纪，德国最好的啤酒厂就在面包店旁边[2]。

　　15世纪德国炼金家巴西利乌斯·瓦伦提努斯（Basilius Valentinus，旧译完仑蒂那氏），认为"发酵为澄清之法""其沉淀为酒之排泄物"[3]。1659年韦利斯（Willis，旧译维丽氏）和1697年斯塔尔（Stahl，旧译斯泰尔氏）先后用"腐败说"解释发酵，是物质微粒的内部构成该物质的成分失去一部分（CO_2），余者残留于其中（酒精）。1789年法国人安托尼·劳伦特·拉瓦锡（Antoine-Laurent de Lavoisier）应用"物质不灭原理"分析酒精发酵过程，分析其生成物酒精、CO_2和醋酸，且进行了定量分析。但至1841年，贾斯特斯·冯·利别斯（Justus von Liebig）仍坚持斯塔尔学说即"腐败说"[3]。

　　1813年，法国人查尔斯·本诺特·阿斯特（Charles Benort Aster，旧译亚斯泰氏）推测酒精发酵可能是酵母的作用，但并没有使用显微镜观察。1833年，培燕尔（Payer）及佩尔索（Persoz，旧译毕尔素）于麦芽中发现淀粉糖化酶[3]；1837年，西奥多·施沃恩（Theodor Schwan，旧译庶万氏）通过对灭菌葡萄汁试验，取得了一些重要进展，在显微镜下，他发现了一些小生命，并断定它们是活的有机体，称为糖真菌（sugar fungus）[2]。1838年，法国人沙莱斯·卡尼亚尔·拉图尔（Chaeles Cagniard Latour，旧译拉都尔氏）应用显微镜观察发现，酵母作用于糖产生 CO_2，而糖液变为酒精溶液。同年，西奥多·施沃恩（Theodor Schwann）研究啤酒酵母发芽状态，将其划归植物类；但植物学家迈恩（Meyen，旧译曼仁氏）认为啤酒酵母属于微生物类，发酵确实是由酵母引起的。考蒂静（Kutzing）和巴斯德（Pasteur）认为，物质分解发生于细胞内，微生物在培养基（物）中汲取营养物质如糖，而排出其排泄物，如酒精[3]。

1855—1876 年，路易·巴斯德（Louis Pasteur）出版了他的发酵原理，区分了酵母利用糖的好气发酵与厌气发酵，并于 1860 年发现了发酵副产物甘油[2]。

1883 年，汉森（Hansen）应用罗伯特·科赫（Robert Köch）平板分离单细胞的方法，在嘉士伯啤酒实验室（Carlsberg Brewery Laboratories）首次实现酿酒酵母的纯培养，并将此酵母命名为嘉士伯 1 号和嘉士伯 2 号。后来，林德纳（Lindner）在 1930 年分离出两个不同的下面发酵酵母，强发酵的弗罗贝格（Frohberg）和弱发酵的萨茨（Saatz）酵母[2]。

1889 年，米克尔（Miquel，旧译米宽尔）发现尿素分解酶——脲酶[3]；1897 年，爱德华·比希纳（Eduard Büchner，旧译布希诺氏）于酵母中抽提出酒精发酵的酶——酒化酶（也译为酿酶），实现了无细胞浸出物发酵[2-3]。亚瑟·哈登（Arthur Harden）和威廉·杨（William Young）阐明葡萄糖发酵需要磷酸盐参与[2]。

1910—1940 年，更多的科学家参与到发酵途径与机理的研究中，如埃姆登（Embden）、迈耶霍夫（Meyerhof）、帕那斯（Parnas，此三人发现了 EMP 途径）等，他们发现了重要的反应、辅酶影响，并最终构建了整个发酵途径。1929 年，发现反巴士德效应（Crabtree effect）[2]。

第二节　蒸馏酒发酵模式

根据蒸馏酒发酵是否续糟（加料），可以将蒸馏酒的发酵模式分为以下几种。

一、甲型发酵

甲型发酵是指一次投料，一次糖化（糖直接发酵时，无须糖化），一次发酵完成，这类酒包括威士忌、白兰地、朗姆酒、伏特加、龙舌兰、烧酎、米香型白酒、豉香型白酒、药香型白酒、小曲白酒、麸曲白酒等[4-7]。除小曲和麸曲固态白酒外，这类酒通常使用液态发酵模式，发酵时间短，通常 3d 左右（先糖化后发酵的单边发酵）或 15~20d（边糖化边发酵的双边发酵）。

此类发酵还可以细分为四个亚型：单边液态发酵、单边固态发酵、双边液态–半固态发酵和双边固态发酵模式。

（一）单边液态发酵

单边液态发酵模式主要为西方蒸馏酒如威士忌、伏特加等蒸馏酒采用，先进行糖化，再添加酵母发酵，发酵彻底，残余糖分低。威士忌采用麦芽自身产生的酶进行糖化，添加酵母发酵[4, 7]。白兰地、朗姆酒、龙舌兰、麦斯卡尔酒和特基拉酒等酒，不需要糖化，直接添加酵母发酵即可[7]。

（二）单边固态发酵

单边固态发酵模式主要用来生产小曲和麸曲白酒。采用小曲或麸曲进行固态糖化，添加酵母进行固态发酵[5]。

（三）双边液态–半固态发酵

双边液态–半固态发酵主要用来生产东方蒸馏酒。日本烧酎采用双边液态发酵模式，米曲作糖化剂，酵母作发酵剂，液态发酵生产；韩国烧酒也是这个方式生产[7]；中国米香型白酒、豉香型白酒、传统米烧酒（以大米为原料，采用传统黄酒生产工艺生产经蒸馏而成的蒸馏酒）采用小曲如饼曲进行双边半固态发酵[5]。

（四）双边固态发酵

双边固态发酵模式主要为四川、湖北等地小曲白酒生产所采用。

二、乙型发酵

乙型发酵是指一次投料、二次发酵的"清糟法"工艺。清糟法是指单独蒸煮原料，冷却后加大曲进行发酵，然后蒸馏取酒，取酒后的酒醅中不加入新粮，再加曲发酵一次，再蒸馏取酒的工艺。此工艺在清香型白酒中称为"清蒸二遍清"工艺（20世纪30年代称为"二遍净"工艺[3]）。此型发酵通常采用大曲作糖化发酵剂，边糖化边发酵的"双边发酵"，发酵周期28~30d，短的2周即可。

三、丙型发酵

丙型发酵是指一年一个生产大周期，二次（酱香型白酒）或三次（兼香型白酒）或多次投料（凤香型白酒），大曲作糖化发酵剂，双边发酵，发酵周期约30d。生产1年后，酒醅作扔糟处理。来年的时候，再重新投料。此发酵模式介于"清糟法"和

"续糟法"之间，类似于 20 世纪 30 年代的"三遍净"工艺（二次投料，三次发酵，三次蒸馏），亦称"有限继续发酵"[3]。近代还有一种"五遍净"工艺，即四次投料，五次发酵，五次蒸馏工艺[3]，似乎已经失传。

四、 丁型发酵

丁型发酵是指每次取出酒醅后，均添加新的粮食，加曲进行发酵的工艺，称为"续糟法"工艺，近代称为"无限继续发酵"[3]。此发酵模式被多个香型大曲固态发酵蒸馏酒所采用，如浓香型、芝麻香型、老白干香型、特型白酒等[5]。浓香型和老白干香型采用大曲作糖化发酵剂，边糖化边发酵的双边发酵；浓香型白酒泥窖发酵周期较长，约为60d；老白干香型白酒缸发酵周期约 30d。芝麻香型白酒砖-泥窖发酵使用大曲与麸曲作糖化发酵与生香剂，双边发酵，发酵周期约 30d。

固态白酒发酵为什么要使用"清糟法"和"续糟法"工艺，推测与高粱籽粒组织致密，糖化较为困难，且发酵为固态方式有关。早期白酒应该是采用黄酒生产工艺生产的发酵酒，进行蒸馏，然后得之（见李时珍《本草纲目》），如现在的米烧酒、米香型白酒以及蒸馏后用熟猪肉浸泡的豉香型白酒（甲型发酵）。这些酒，用整粒米蒸煮后生产。当原料更换为高粱后，古人仍然采用整粒生产，如现代小曲白酒。推测后来将高粱破碎，但由于将小曲换成了糖化力和发酵力低的大曲，造成糖化困难，淀粉不能被充分利用。故在一次糖化发酵后，不添加新粮食，只加曲再发酵一次，此为"清糟法"工艺（乙型发酵）。再后来，或许演变为二次加入新粮食，多次发酵，使得残余淀粉被充分利用（丙型发酵）。而后，出现连续"续糟法"工艺（丁型发酵）。从甲型发酵演变为丁型发酵，加曲量从低用曲量到高用曲量（近代小曲用量为原料量 0.5%[3]，大曲用量 15% 以上），原料出酒率和淀粉出酒率顺次下降，固态蒸馏过程的酒精损失较大，酒糟中残余淀粉升高，但酒的风味复杂程度提高，品质优良。以上缺点正是目前改良固态发酵法白酒之方向。

第三节　酶

白酒发酵过程中大分子化合物如淀粉、蛋白质、脂肪等变成小分子化合物，主要是酶的作用，这些酶来源于制曲过程，因此有曲是粗酶制剂之说法。

大曲中的酶主要有糖化酶、酒化酶、蛋白酶、酯酶与脂肪酶、纤维素与半纤维素酶、木聚糖酶等，其中，酯酶和淀粉酶已经发现同工酶[8]。

一、淀粉糊化

淀粉颗粒部分呈晶状，大部分不溶于水；为了利用淀粉，必须打破淀粉颗粒结构，使得其能够吸水。糊化是淀粉颗粒吸水膨胀和水合作用，从而促进淀粉溶于水的过程[9-10]。通常情况下，在水中先形成淀粉浆，然后加热，直到淀粉开始溶解，最终形成含有直链和支链淀粉片段的悬浮液，这样便于淀粉水解酶将可溶性淀粉转化为可发酵性糖。

淀粉糊化是分阶段进行的（图5-1）。最初，干淀粉颗粒暴露于低温（0~40℃）、过量的水中；然后，经历有限的可逆的吸水膨胀即无定型相阶段。当温度进一步上升时，完整的淀粉晶体开始消失（溶解阶段），在与非晶相组分结合后，经历不可逆的吸水膨胀和水合作用[11]，此时，黏度大幅度增加，归因于颗粒直链淀粉的浸出。吸水膨胀过程伴随着淀粉颗粒内部分子顺序的打乱，双折射现象消失[12]，在偏振光下可以测量淀粉颗粒有序度即结晶度[13]。吸水膨胀程度极大地受到支链淀粉的影响[14]。

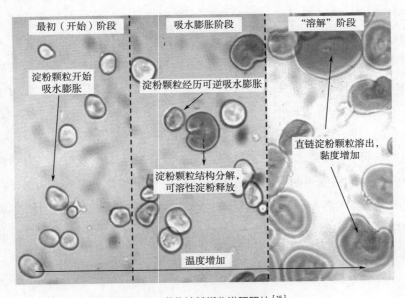

图5-1　谷物淀粉糊化进程照片[15]

淀粉分子间结合越紧，则分离这些分子所需的外能越大，即糊化越难。直链淀粉分子之间的结合比较强，含直链淀粉量高的淀粉粒就难以糊化[16]。玉米糊化温度70~80℃，显著高于小麦糊化温度52~54℃，这意味着生产玉米威士忌时需要更高的温度和能量[15]。中国高粱如东三省高粱的糊化温度通常在67.5~69℃，低于糯高粱的70.5~77℃[17]。

二、　淀粉水解酶

淀粉水解酶主要是 α-淀粉酶和 β-淀粉酶，它们能降解淀粉链上 α-葡萄糖苷链的 α-1,4-键（图 5-2）。α-淀粉酶是最重要的淀粉降解酶，能将淀粉降解为低分子质量的糊精和糖[18]。此酶热稳定性好，可达 70℃，pH 6.0，存在钙离子时，67℃ 时活力下降[19]。α-淀粉酶是内切酶，能快速随机降解淀粉分子中的 α-1,4-键，产生大量低分子质量寡糖和糊精；也能分解没有糊化的淀粉颗粒，但速度很慢。

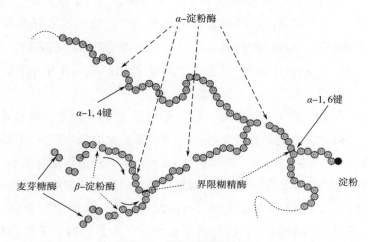

图 5-2　淀粉的酶水解[15]

第二重要的酶是 β-淀粉酶，将不可发酵的糊精和寡糖分解为可发酵性糖，主要是麦芽糖至麦芽三糖，它的热稳定性比 α-淀粉酶略差点[19]。该酶是外切酶，从链的非还原末端一步一步释放出麦芽糖（图 5-2）。

α-淀粉酶和 β-淀粉酶不能降解支链淀粉的 α-1,6-键。残留在醪中的界限糊精被第三个酶即界限糊精酶降解。它专一性地攻击 α-1,6-键，产生更小的、直链的分子，然后被 α-淀粉酶和 β-淀粉酶进一步降解。

第四个酶是 α-葡萄糖苷酶，与发芽时淀粉的代谢有关，但在制醪时可能有次要作用[20]。

三、　发酵过程中的酶

无论是小曲、大曲糖化发酵，还是先糖化，再用酵母发酵或不糖化用酵母直接发酵，发酵过程涉及的酶有以下几类[21]。

一类是细胞溶解酶，包括：（1）β-葡聚糖溶解酶，最适作用温度 62~65℃，最适作用 pH 6.8，底物是结合态 β-葡聚糖，产物是可溶性高分子质量的 β-葡聚糖；（2）内切-1,3-β-葡聚糖酶，最适作用温度< 60℃，最适作用 pH 4.6，底物是可溶性高分子质量 β-葡聚糖，产物是低分子质量 β-葡聚糖、纤维二糖（cellobiose）和昆布二糖（laminaribiose）；（3）内切-1,4-β-葡聚糖酶（endo-1,4-β-glucanase），最适作用温度 40~45℃，最适作用 pH 4.5~4.8，底物是可溶性高分子质量的 β-葡聚糖，产物是低分子质量的 β-葡聚糖、纤维二糖和昆布二糖；（4）外切-β-葡聚糖酶（exo-β-glucanase），最适作用温度 < 40℃，最适作用 pH 4.5，底物是纤维二糖和昆布二糖，产物是葡萄糖。

二类是蛋白质水解酶，包括：（1）内肽酶，最适作用温度 45~50℃，最适作用 pH 3.9~5.5，底物是蛋白质，产物是多肽和游离氨基酸；（2）羧肽酶，最适作用温度 50℃，最适作用 pH 4.6~4.8，底物是蛋白质和多肽，产物是游离氨基酸；（3）氨肽酶，最适作用温度 45℃，最适作用 pH 7.0~7.2，底物是蛋白质和多肽，产物是游离氨基酸；（4）二肽酶（dipeptidase），最适作用温度 45℃，最适作用 pH 8.8，底物为二肽，产物是游离氨基酸。

三类是淀粉分解酶，即 α-淀粉酶，最适作用温度 65~75℃，最适作用 pH 5.6~5.8，底物是 α-葡聚糖，产物是麦拉戈糖（分子质量更大的低聚糖）和寡糖。

四类是其他酶类，包括：①β-淀粉酶（β-amylase），最适作用温度 60~65℃，最适作用 pH 5.4~5.6，底物为 α-葡聚糖，产物为麦芽糖；②麦芽糖酶，最适作用温度 35~40℃，最适作用 pH 6.0，底物为麦芽糖，产物为葡萄糖；③界限糊精酶，最适作用温度 55~65℃，最适作用 pH 5.1，底物为界限糊精，产物是糊精；④脂肪酶，最适作用温度 55~65℃，最适作用 pH 6.8~7.0，底物为脂肪和过氧化氢脂质，产物是甘油和游离长链脂肪酸、氢过氧化物；⑤脂肪氧化酶，最适作用温度 45~55℃，最适作用 pH 6.5~7.0，底物为游离长链脂肪酸，产物为氢过氧化物、脂肪酸；⑥多酚氧化酶，最适作用温度 60~65℃，最适作用 pH 6.5~7.0，底物为多酚，产物为氧化多酚；⑦过氧化物酶，最适作用温度> 60℃，最适作用 pH 6.2，底物是有机和无机物质，产物是游离自由基；⑧磷酸酯酶，最适作用温度 50~53℃，最适作用 pH 5.0，底物是有机结合态磷酸，产物是无机磷酸盐。

第四节　酿酒微生物

重要酿酒微生物有酵母、霉菌和细菌。本书仅介绍酵母相关知识。

一、　酿酒酵母

酿酒酵母（*Saccharomyces cerevisiae*）是所有蒸馏酒发酵最重要的微生物，是产酒的基础。

"*Saccharomyces*" 一词于 1838 年出现，拉丁文意思是糖真菌（sugar fungus），但酿酒工业用酵母（yeast）是现代分类学概念，由在丹麦嘉士伯实验室工作的汉森（Hansen）于 19 世纪 80 年代提出[22]。早先的酿酒酵母、卡尔斯伯酵母（*S. carlsbergensis*）和葡萄酒酵母（*S. ellipsoideus*）现在均称为酿酒酵母（*S. cerevisiae*）；能发酵淀粉的淀粉酵母（*S. diastaticus*）也归类于酿酒酵母。

酿酒酵母属于真菌界（Fungi）真菌门（Eumycota）子囊真菌亚门（Ascomycotina）半子囊菌纲（Hemiascomycetes）内孢霉目（Endomycetales）酵母科（Saccharomycetaceae）酵母属（*Saccharomyces*）。

酵母菌是一类是以单细胞为主的通过芽殖再生的真菌。产子囊酵母（ascosporogenous yeasts）大约有 40 种，酵母属（*Saccharomyces*）是其中一种。酵母属目前约有 10 种，分别为贝酵母（*S. bayanus*）、卡斯特利酵母（*S. castelli*）、酿酒酵母、乳品酵母（*S. dairensis*）、啤酒酵母（*S. exiguus*）、克鲁弗酵母（*S. kluyveri*）、奇异酵母（*S. paradoxus*）、巴斯德酵母（*S. pastorianus*）、瑟氏酵母（*S. servazii*）和单孢酵母（*S. unisporus*）[2]。通常情况下，威士忌、白兰地、烧酎、白酒生产用的酵母均属于酿酒酵母。

现在已经出现一类蒸馏酒专用酵母，它具有如下特性：一是产生良好的风味；二是麦汁中糖的完全、快速发酵；三是耐最初麦汁中糖的渗透压，耐糖浓度至少 16%，最好达 20%；四是完全发酵后发酵醪中酒精度达 8% ~ 10%vol；五是缺乏絮凝性和最小的起泡性；六是 30℃以上的良好生长能力[23]。

二、　酵母营养与环境

发酵醪或酒醅中富含酵母营养，含有可发酵性糖、可同化的氮、矿物质和维生素，以及微量生长因子。当酵母增殖时，还需要氧。

在酒醅或发酵醪中存在各种糖，如葡萄糖、果糖、蔗糖、麦芽糖、麦芽三糖和糊精等[23-24]。在发酵过程中，酵母利用可发酵性糖（糊精不能被利用）产生能量与酒精和 CO_2，产生的酒精约为糖浓度的一半。在厌氧条件下，酿酒酵母会代谢产生各种有机物，也需要消耗糖。由于酵母生长繁殖需要糖，故随着酵母的生长，其出酒率下降。

在酿酒酵母生长繁殖过程中，还需要氮源，消耗麦汁或酒醅中的氨基酸和简单的肽作氮源。当然，酿酒酵母可以使用铵盐作唯一碳源[22, 25]。

　　酵母生长发酵需要合适的 pH、温度和营养。与霉菌类似，酵母喜酸性环境，酿酒酵母最适 pH 是 5.0~5.2，但蒸馏酒酵母 pH 在 3.5~6.0。苏格兰威士忌用酵母最适生长和发酵温度 30~33℃，生长温度范围 5~35℃，但在 25℃ 以下生长缓慢。

　　酵母生长需要矿物质，它们能维持细胞结构完整性、絮凝作用、基因表达、细胞分裂、营养摄入、酶活性等[2]，特别是磷酸盐、硫酸盐和许多痕量金属离子作为酶的辅因子，其中铁、钾、镁、锌、钙是最重要的[2, 26]。钾是渗透调节的必需电解质，同时也是氧化磷酸化、蛋白质和碳水化合物代谢酶的辅因子。镁对酵母的生长是必不可少的。它是 300 多种酶（如 DNA 合成、糖酵解酶系）的重要辅因子。缺镁细胞不能完成分裂，能维持细胞的发芽力和生命力。镁也参与细胞的应激反应，在浓醪酿造中，离子参与了对乙醇胁迫的保护。钙在酿造过程中的主要作用是絮凝作用。它与酵母细胞壁结合，并稳定其他酵母细胞的凝集素结合中心。另一方面，钙可以通过抑制镁依赖性酶而影响酵母生理。锌在酵母发酵代谢中起着重要作用，它对乙醇脱氢酶（AHD）活性至关重要，同时也刺激麦芽糖和麦芽三糖的摄入。此外，它促进酵母絮凝和维持蛋白质结构。酵母缺乏锌会导致发酵速度减慢，效果不佳[2]。

　　维生素、嘌呤、嘧啶和脂肪酸是酵母必需的。生物素是酿酒酵母仅需的有机生长因子，泛酸和肌醇有时是必需的[27-28]，维生素如泛酸、核黄素、硫胺素酵母自身可以合成。嘌呤和嘧啶用于 DNA 和 RNA 的合成；脂肪酸被吸收后形成脂质。厌氧发酵时，啤酒酵母和蒸馏酒酵母不能合成细胞膜的组成成分——不饱和脂肪酸和麦角甾醇。

　　硫和磷是无机化合物。硫参与含硫氨基酸的合成。蛋氨酸和无机硫是酵母的主要来源。磷对于磷脂、核酸的磷键和酵母代谢中的许多磷酸化酶都是必不可少的[29]。

　　氧可以被看作是酵母的营养物质。发酵过程中，酵母长时间处于无氧阶段，由于反巴斯德效应（crabtree effect），呼吸通路被阻断，但酵母需要氧气才能充分生长。氧气似乎是酵母在繁殖和发酵过程中的限制因素。7~9mg/L 溶解氧足以满足发酵要求。酵母对氧的需要与菌株相关。氧通过促进扩散进入细胞内。酵母菌利用氧气进行某些维持生长的羟基化作用，参与麦角甾醇和不饱和脂肪酸的合成[2]，而麦芽汁中几乎不含有这两种对酵母生长必不可少的成分。研究发现，向麦芽汁中添加这两种物质可以取代通气[2,26]。

三、 酵母主要代谢物

　　发酵过程产生的风味成分本质上是酵母发酵糖产生酒精时的副产物（图 5-3），主要包括丙醇、丁醇类（正丁醇和异丁醇）、戊醇类（正戊醇和异戊醇）、甘油、2-苯乙醇、乙酸、己酸、辛酸、丙酮酸、丁二酸、乙醛、双乙酰、硫化氢，以及乙酸乙酯等酸和醇反应产生的酯类，超过 400 种（包括啤酒、苹果酒、葡萄酒和蒸馏酒）。这些化合物对最终产品质量影响极大。

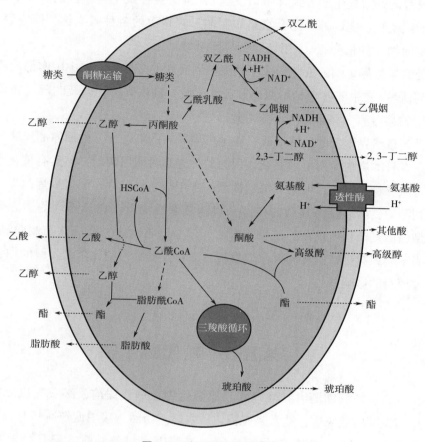

图 5-3 酿酒酵母副产物[30]

四、 发酵微生物来源

甲型发酵模式中，液态单边发酵、液态双边发酵的烧酎和固态单边发酵的麸曲白酒，大多采用纯种发酵模式，不论是用麦芽酶糖化（如威士忌），还是用米曲霉糖化（如日本烧酎），抑或用糖质原料直接发酵（如白兰地、朗姆酒、龙舌兰、麦斯卡尔酒和特基拉酒等），均采用酿酒酵母为主体菌种的发酵。甲型发酵中的半固态双边发酵（小曲白酒）、乙型至丁型的固态白酒均采用多菌种混合发酵模式，使用小曲或大曲作糖化发酵剂。

小曲与大曲是白酒生产的糖化发酵剂，其微生物来源于自然界，为自然接种。微生物可能来源于空气、原料、水、制曲辅助物（如稻草、草席或芦席）、工用具、生产场地、曲室等。这些微生物种类繁多，包括细菌、酵母和霉菌；受地域、季节、气候影响大。一些菌可能是有益的，而另外一些可能是有害的。

白酒发酵的开放式生产方式（敞口发酵），再次接种微生物，特别是堆积发酵，除了具有扩增微生物功能以外，还会富集如制曲过程来源的各种微生物，即空气、原料、水、酿酒辅助物（如稻壳）、工用具、生产场地等。

这种受到自然界影响的发酵形成了我国白酒品质的多样性，如中国南部的酱香型白酒（赤水河流域）、中部（包括中西部和黄淮流域）的浓香型，以及北部（黄酒流域中上游）的清香型白酒，分布特征十分明显。

这种受到自然界影响的发酵形成了我国白酒风味的复杂性。白酒原酒风味较西方蒸馏原酒和东方日本烧酎原酒更加复杂。白酒贮存老熟时使用陶坛，虽然有催化老熟之功能，但没有风味物质溶出；而西方的烈性酒，常用橡木桶贮存，经过烘烤的橡木成分被大量浸出到酒中，给酒带来复杂的口感，口味复杂性上升。白酒不同香型之间比较发现，酱香型白酒复杂程度最高，浓香型次之，清香型再次之，或许这与制曲温度有关。浓香型白酒不同原料生产的酒相互比较发现，多粮发酵的白酒比单糖发酵的白酒口味复杂，受粮食原料的影响。

第五节　糖代谢

淀粉质原料生产蒸馏酒时，酵母或其他微生物在糖代谢前，必须先将淀粉水解为糖。对于甲型发酵的酒来讲，通常是先糖化后发酵。当然直接用糖作原料时，不需要糖化过程。生产威士忌时，淀粉糖化酶来源于麦芽生产过程，而发酵是外添加酵母进行的。

甲型发酵中使用小曲作糖化发酵剂的进行"双边发酵"；乙型至丁型发酵进行"双边发酵"模式。双边发酵时，淀粉糖化酶来源于小曲或大曲，而发酵酵母也来源于小曲、大曲或环境。

不论是采用何种糖化模式，糖化后的醪或酒醅中会含有多种糖，包括葡萄糖、果糖、蔗糖、麦芽糖、麦芽三糖和糊精[23-24]。威士忌生产糖化醪中含有单糖葡萄糖（占总固形物的10%）、果糖（1%），二糖麦芽糖（46%），蔗糖（5%），多糖如麦芽三糖（15%）、麦芽四糖（10%），甚至还含有麦芽五糖和分子质量更大的糊精（约占13%）等[23]。白酒酒醅中已经检测到葡萄糖[24, 31-33]、鼠李糖[33]、阿拉伯糖、木糖、松二糖、海藻糖、核糖[24, 34]。如芝麻香型酒醅中含鼠李糖 0.71~2.84g/kg[24]，葡萄糖 4.58~50.61g/kg[33] 或 1.70~9.38g/kg[24, 34]，阿拉伯糖 0.50~1.15g/kg，核糖 0.28~0.51g/kg，木糖 0.12~0.61g/kg，松二糖 0.15~0.20g/kg，海藻糖 0.054~0.38g/kg[34]。

加曲或接种后，单糖经促进扩散首先通过细胞膜进入胞内[35]。蔗糖的吸收同步进行，它被周质中的转化酶分解，产生单糖，如前所述进入细胞中[36]。继单糖之后，麦芽糖和麦芽三糖通过主动运输进入胞内。

发酵醪中初始葡萄糖浓度对糖的消耗顺序起着关键作用。只要葡萄糖存在于培养基中，酵母就不会吸收其他糖。这是由于葡萄糖抑制作用，即酶编码基因（如麦芽糖酶）转录受到抑制[37]。威士忌酵母研究发现，酵母并不同时利用可发酵性糖，而是先利用葡萄糖和果糖，然后再利用二糖，最后利用三糖和四糖，五糖以上的糊精并不能被酵母利用[23]；

酵母另一个重要碳水化合物来源是糖原。它是在厌氧发酵阶段酵母储备的一种碳水化合物。在将酵母重新接种到通气培养基如麦芽汁中时，糖原被用来激活酶活性和酵母代谢[2]。

在制醪或酒醅发酵过程中，首先要考虑糖化后可发酵糖的数量。其次考虑微生物如酵母细胞内乙醇和风味物质的产生；再次考虑代谢物的胞外分泌，这些成分会影响醪或酒醅的品质，影响最终成品蒸馏酒的质量[23]。

酒醅或发酵醪发酵过程中酿酒酵母的主要代谢途径是消耗碳水化合物形成乙醇。一般来说，酒精发酵是在厌氧条件下产生能量的过程，葡萄糖被代谢成乙醇和 CO_2（图 5-4 和图 5-5）。能量平衡为 2mol ATP/mol 葡萄糖。乙醛是氢的受体。具体地说葡萄糖通过糖酵解转化为丙酮酸，丙酮酸脱羧酶释放出 CO_2，留下乙醛，然后在酒精脱氢酶作用下将乙醛转化为乙醇（图 5-5）。

在严格的好氧条件下，同样的途径产生丙酮酸，但是丙酮酸脱氢酶会将丙酮酸转化为乙酰辅酶 A。在下面的三羧酸循环中，乙酰辅酶 A 用于产生能量。这时的氢受体是氧，可以得到 38mol ATP/mol 葡萄糖（图 5-4）。

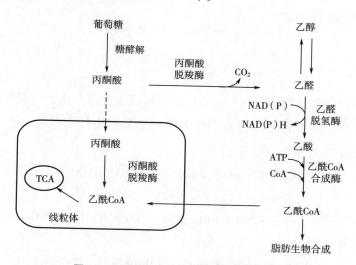

图 5-4　有氧与无氧环境中葡萄糖的代谢[38]

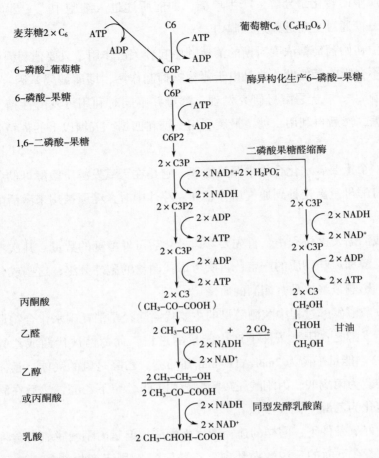

图5-5   EMP 途径

乳酸可以由同型乳酸发酵产生，也可以由异型乳酸发酵产生。异型乳酸发酵是指发酵产物中除乳酸外，还有乙醇等物质。在大曲白酒生产中较为普遍。有 3 条途径（式5-1、式 5-2 和式 5-3），如下所示。

$$C_6H_{12}O_6 \longrightarrow CH_3CHOHCOOH + C_2H_5OH + CO_2 \tag{5-1}$$

葡萄糖　　　　　　乳酸

$$2C_6H_{12}O_6 + H_2O \longrightarrow 2CH_3CHOHCOOH + CH_3COOH + C_2H_5OH + 2CO_2 + 2H_2 \tag{5-2}$$

葡萄糖　　　　　　乳酸

$$3C_6H_{12}O_6 + H_2O \longrightarrow 2C_6H_{14}O_6 + 2CH_3CHOHCOOH + CH_3COOH + CO_2 \tag{5-3}$$

葡萄糖　　　　甘露醇　　　　乳酸

另外霉菌如毛霉、根霉产生乳酸。

乳酸发酵与乙酸发酵不同，前者为嫌气发酵，后者为好气发酵。在大曲白酒生产中，即使管理十分严格，仍有乳酸产生。

第六节　氮代谢

发酵过程中，微生物生长繁殖需要氮源，这些氮来源于原料中蛋白质水解。大麦在发芽时会产生蛋白酶，水解蛋白质变成 α-氨基氮[23]；大曲与小曲在培养过程中，会产生酸性蛋白酶[39]，在制曲过程中会水解制曲原料中的蛋白质生成 α-氨基氮；酸性蛋白酶在酒醅发酵过程中会继续水解高粱等原料中的蛋白质，生成氨基酸。

根据麦汁发酵过程中氨基酸的吸收速度，可以将 20 种氨基酸分为四组：第一组是从发酵开始时吸收就快的氨基酸，包括天冬氨酸和天冬酰胺、谷氨酸和谷氨酰胺、赖氨酸、精氨酸、丝氨酸和苏氨酸；第二组是发酵开始吸收慢后来吸收快的氨基酸，即在第一组后利用的氨基酸，包括组氨酸、异亮氨酸、亮氨酸、蛋氨酸和缬氨酸；第三组是吸收慢的氨基酸，包括丙氨酸、甘氨酸、苯丙氨酸、色氨酸和酪氨酸；第四组是整个发酵过程中缓慢吸收或几乎不吸收的氨基酸，包括脯氨酸的羟脯氨酸[40-41]。第一组和第二组氨基酸通过特定渗透酶进入细胞，第三组氨基酸一般通过氨基酸渗透酶进入细胞[2]。

在发酵过程中，氨基酸摄取顺序是瞬时的。缬氨酸是酵母生长所必需的，但只有在第一组氨基酸被消耗后才能被代谢。因此，细胞会合成它。在合成过程中，会产生一种副产物乙酰乳酸，它在细胞外转化为双乙酰。因此，双乙酰浓度不会下降，直到酵母开始吸收缬氨酸[2]。因此，氨基酸代谢直接影响饮料酒品质。

α-酮酸是氨基酸合成与代谢的中间体（图 5-6）[42]。氨基酸脱氨基后，再脱羧基产生高级醇。高级醇是指碳原子数 3 个以上的醇类，蒸馏酒中主要包括正丙醇、异丁醇、异戊醇、2-苯乙醇和酪醇，通常主发酵结束时，90%以上的高级醇已经形成[2]。高级醇的形成与酵母代谢有关。

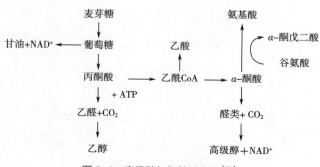

图 5-6　高级醇与氨基酸代谢[23]

高级醇生成途径有以下两条：

（1）由氨基酸在酶的作用下脱氨基，产物酮酸即 2-酮酸接着脱羧基生成醛，最终被还原为相应的醇，此过程被称为埃尔利希途径（Ehrlich pathway）。

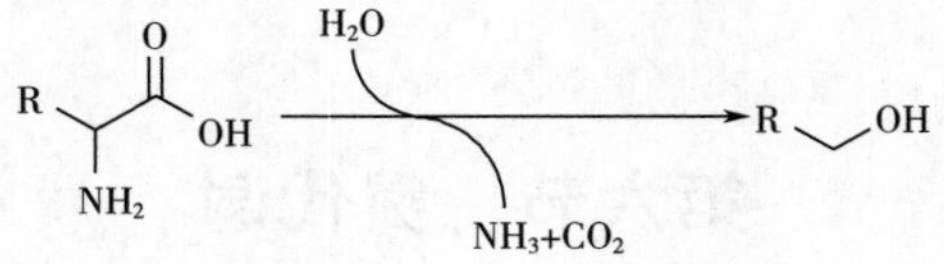

$$(5-4)$$

例如，亮氨酸脱氨基、脱羧基生成异戊醇 [3-甲基丁醇，式（5-5）]，缬氨酸脱氨基、脱羧基生成异丁醇 [式（5-6）]，异亮氨酸生成活性戊醇 [2-甲基丁醇，式（5-7）]。

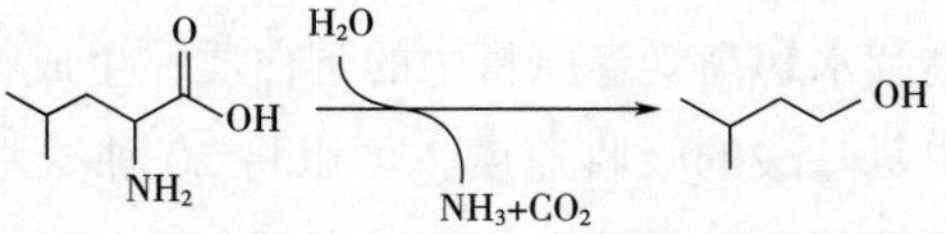

$$(5-5)$$

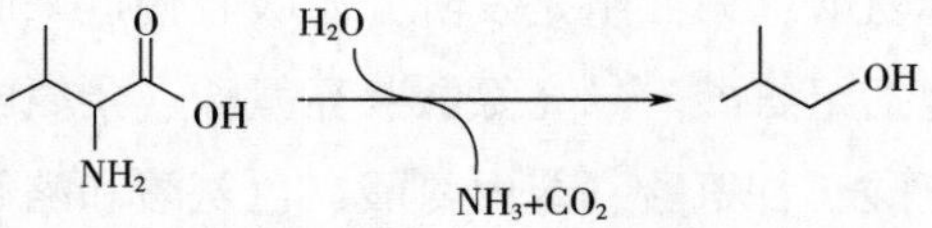

$$(5-6)$$

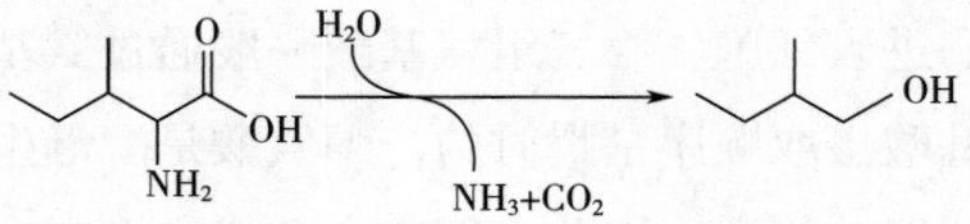

$$(5-7)$$

苯丙氨酸生成 2-苯乙醇 [式（5-8）]，酪氨酸生成酪醇 [式（5-9）]，色氨酸生成色醇 [式（5-10）]。

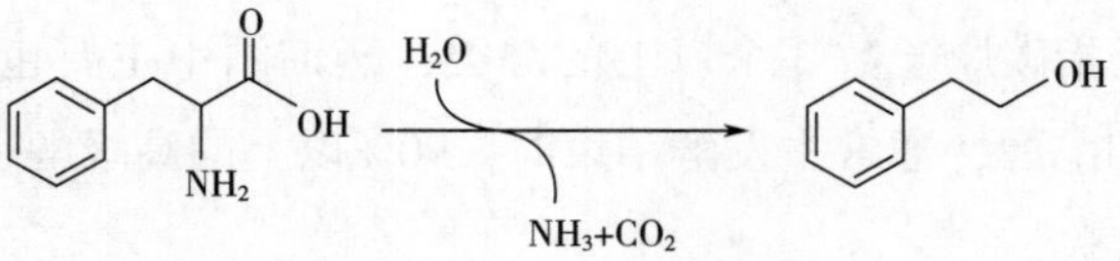

$$(5-8)$$

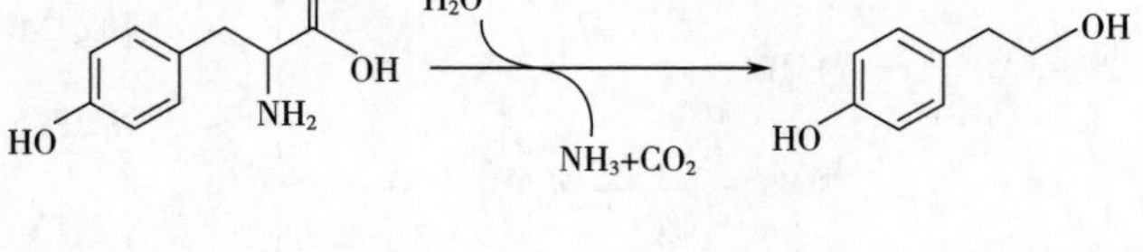

$$(5-9)$$

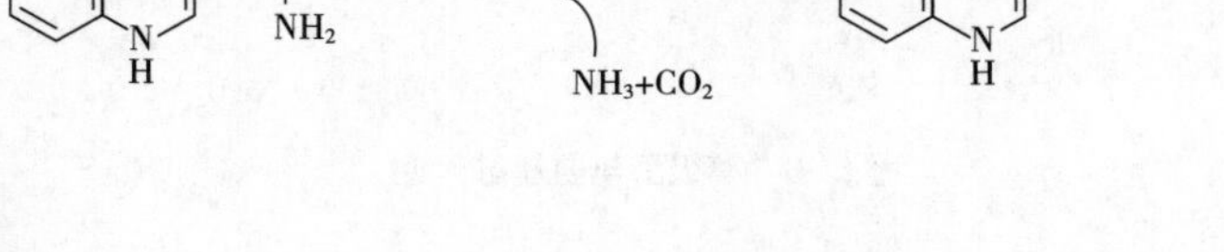

$$(5-10)$$

（2）来源于氨基酸的合成。必需的酮酸（如2-酮酸）与谷氨酸在转氨酶作用下，生成2-酮戊二酸和另外一种α-氨基酸。此反应为可逆反应。必需的酮酸（如2-酮酸）是糖代谢的产物。

高级醇生成的种类及数量与原料、大曲、酒醅的成分及发酵条件有关。第一，原料的蛋白质含量高，则高级醇生成量多；原料中蛋白质含量太少时，酵母在通过转氨基作用合成氨基酸时，也使高级醇的形成量增多。第二，下曲时，酒醅中酵母越少，则在发酵过程中形成的高级醇越多。第三，酵母有较多的乙醇脱氢酶时，则形成高级醇的能力强。第四，发酵温度高，酒醅含氧量多，会促进高级醇的形成。

2,3-丁二酮（双乙酰）和2,3-戊二酮是酵母发酵过程中产生的α-邻二酮类物质，它们是氨基酸生物合成的中间代谢产物。高级醇异丁醇与缬氨酸的生物合成有关（图5-7）。缬氨酸生物合成中间体α-乙酰乳酸脱羧基还原为乙偶姻（3-羟基-2-丁酮）和2,3-丁二醇。乙酰乳酸、乙偶姻和2,3-丁二醇在麦汁中会被非酶氧化为双乙酰[23]。2,3-戊二酮与异亮氨酸有关，异亮氨酸合成中间体是α-乙酰羟基丁酸。在胞外，被氧化脱羧基作用生成2,3-戊二酮[2]。酵母再次吸收双乙酰和2,3-戊二酮时，可将它们分别还原为2,3-丁二醇和2,3-戊二醇。

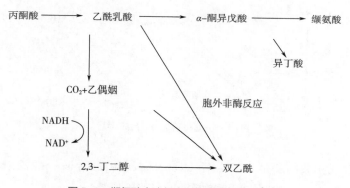

图5-7　缬氨酸合成与双乙酰生成的关系[23]

双乙酰、乙偶姻（3-羟基-2-丁酮）和2,3-丁二醇国内白酒界俗称其为α-联酮类物质，它们可能是构成名优白酒中进口喷香、醇甜、后味绵长的重要成分[43]。

在生产上，可采取如下措施，提高其含量。

（1）堆积发酵　经试验，堆积48h以上，双乙酰生成量可增加1倍，2,3-丁二醇数量可增加2~10倍，这是增加醇甜物质的极好措施。

（2）老窖泥中发酵　窖泥中存在的多黏杆菌，进行厌氧发酵可以产生2,3-丁二醇。

（3）缓慢发酵，缓汽蒸馏　低温缓慢发酵，有利于醇甜物质的生成。缓汽蒸酒，有利于醇甜物质的提取。

第七节　脂肪酸与酯生成途径

酯是蒸馏酒的重要风味化合物，特别是白酒，尤其是浓香型白酒。酯主要形成于发酵过程，单独用酿酒酵母发酵时，酯是酵母的次级代谢产物[44]。其次是贮存老熟时酸与醇的非酶酯化，但这一反应非常缓慢[45]。酯的产生与辅酶 A（CoA）有关[42, 44-45]。乙酸和长链脂肪酸是生物合成活动中的重要中间产物，但这些化合物的一部分会流失到醪液或酒醅中，成为蒸馏酒的风味物质。乙酰 CoA 及其高级同系物脂肪酸 CoA，是酶蛋白、核酸和脂类生物合成的重要中间体。

由于醋酸和乙醇是发酵过程中生成量最大的酸和醇，因此乙酸乙酯浓度最高。尽管其他香气阈值较低的酯类对威士忌、白酒等蒸馏酒最终产品影响更大。图 5-8 显示了 CoA 的循环，显示了乙醇、高级醇和酯生产中涉及的各种酸基团的来源。

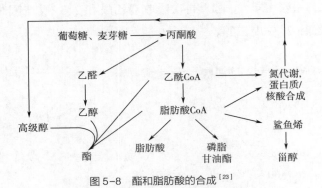

图 5-8　酯和脂肪酸的合成[23]

与乙酸酯合成相关的酶是 AATase（alcohol acetyltransferase，醇乙酰基转移酶），作用于底物醇和乙酰 CoA；酯还可以由酯酶合成[2, 44]。

白酒生产中更多的酸如丁酸、己酸等，可能来源于细菌发酵。如丁酸菌将葡萄糖或含氮化合物转变成丁酸；丁酸菌能将乳酸发酵为丁酸；己酸来源于己酸菌，应用同位素标记的乙醇作底物研究己酸生成，发现己酸中碳来源于乙醇和乙酸，丁酸是中间产物[46]。

酒醅中乙酯类的合成与细胞内的酯酰 CoA 的量有关，也与乙醇的量有关。当酒醅中乙醇供应充足时，任何增加细胞内酯酰 CoA 含量水平的因素都将导致乙酯类合成的增加。一般地，当细胞的生长受到限制时，酯酰 CoA 较少被利用，则含量水平上升，有利于乙酯类的合成。如发酵后期，氧的供应明显减少（厌氧环境），细胞不能充分合成不饱和脂肪酸和类固醇，酵母生长减慢或停止，在这种情况下，若乙醇含量充分，则酯的生成便会增加，此乃酒醅发酵后期产酯的根源所在。

酯合成的另外一个影响因素是温度，温度升高，会增加酯的合成。

由葡萄糖与氨基酸产生的蒸馏酒风味物质，其更详细的代谢路径见图 5-9。

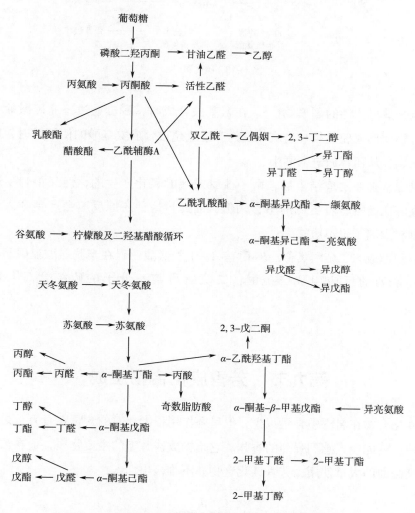

图 5-9 白酒发酵过程中醇、醛、酸、酯类化合物的产生

第八节　硫代谢

啤酒和葡萄酒生产时，含硫氨基酸的生物合成和硫酸盐的还原对发酵产生的硫气味物影响极大（图 5-10）。虽然在蒸馏过程中，铜会与硫化物反应，但不可能完全去除蒸馏酒中的硫化物。另外，半胱氨酸和蛋氨酸的生物合成也会产生硫化物。由于硫化物的风味阈值极低，故会极大地影响产品质量。

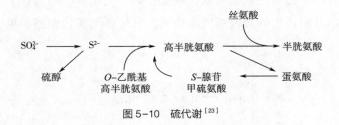

图 5-10 硫代谢[23]

硫化氢是酵母代谢的副产物[47]。在氨基酸合成时，酵母通过还原硫酸盐、硫醚等含硫的化合物而形成硫化氢。当硫化氢的产生量超过合成氨基酸的使用量时，就会造成硫化氢的积累，从而释放进入酒中。

二硫醚通常是在发酵结束后，由一硫醚或硫醇氧化产生的，但又很容易还原成硫醇。由于硫醇比硫醚有着更低的感官阈值，因此，这种还原反应会产生令人讨厌的异嗅。二硫醚对铜离子也不敏感[48]。

三硫醚的形成与二硫醚类似。S-甲基-L-半胱氨酸亚砜在半胱氨酸亚砜裂解酶的作用下，经一系列的反应生成二硫醚，二硫醚再与一分子的硫结合，从而生成三硫醚[30, 49]。

第九节 芳香族化合物生成

芳香族化合物在名酒中含量很少，但呈香作用很大，它的含量在百万分之一，甚至千万分之一，就能使人感到强烈的香味。它是构成酱香型的主要物质，但在浓香型曲酒中，随着高温曲的大量使用，芳香族化合物亦不难检出。

一、 阿魏酸、4-乙基愈创木酚、香草醛

阿魏酸、4-乙基愈创木酚、香草醛、4-乙烯基愈创木酚、4-乙烯基苯酚都是白酒的重要香味物质或异嗅物质[30, 49-50]，这些化合物可以使酒体香味浓稠、柔厚、回味悠长；它们来源于阿魏酸分解，而阿魏酸来源于原料如小麦、大米细胞壁中阿魏酸酯与阿拉伯糖木聚糖上的阿拉伯糖残基键的水解[51]。阿魏酸经微生物作用而生成大量的香草酸及少量的香草醛（图 5-11）。酵母发酵后，香草酸的量会大量增加，但有部分变成 4-乙基愈创木酚。阿魏酸经酵母和细菌发酵后，也会转化为 4-乙基愈创木酚。反应受到酚酸脱羧酶基因调控，该基因存在于酿酒酵母和野生酵母中[2]。

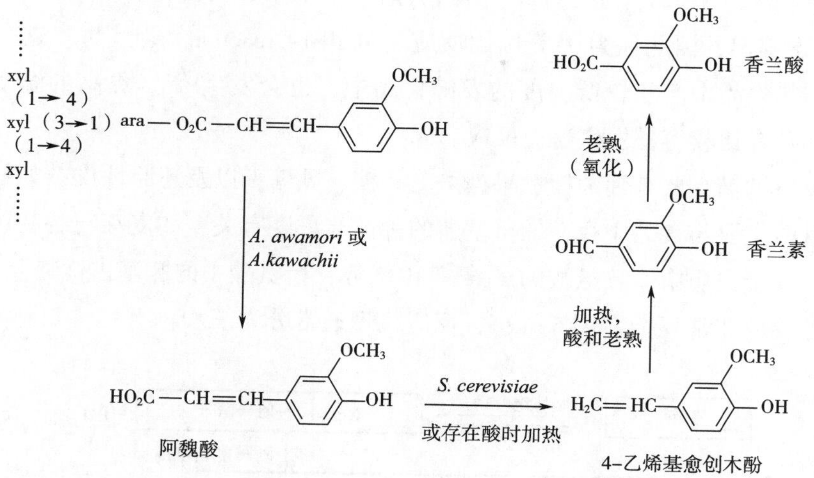

图 5-11 阿魏酸转化机理[51]

二、 丁香酸

丁香类物质来自单宁 [式 (5-11)]。

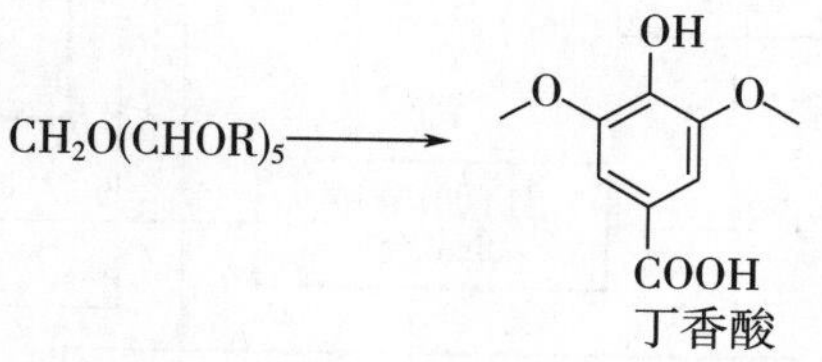

(5-11)

第十节 美拉德反应与非酶褐变

一、 美拉德反应

白酒的制曲过程需要经历高温 (最高达 70℃), 白酒的蒸馏 (蒸煮) 过程温度可达100℃, 而谷物威士忌的原料蒸煮过程温度最高可达 150℃[7, 15]。在大曲、酒醅、淀粉浆、发酵醪中含有大量的糖和氨基酸, 且介质大部分为酸性, 此时, 极易发生美拉德反应。

糖与氨基酸在加热情况下, 会发生褐变反应, 这种非酶褐变反应 (non-enzymatic

browning reaction，NEBR）于 1912 年由路易斯·卡米尔·美拉德*（Louis Camille Maillard）第一次提出，因此称为"美拉德反应（Maillard reaction）"[52-54]。这一反应，主要存在于加热食品中。在较低温度的发酵食品中，也会发生[55]。更高的温度、低水分活度、长期贮存比较容易发生这类反应。

参与反应的糖主要有葡萄糖、果糖、麦芽糖、乳糖，以及还原性戊糖如核糖。参与反应的氨基酸主要与食品中存在的氨基酸的种类与浓度有关，如麦芽与谷物中含有更多的脯氨酸。在蛋白质中，赖氨酸的 ε-氨基占优势，精氨酸中的胍基占优势[56]。

美拉德反应非常复杂（图 5-12），反应机理通常分为三步：

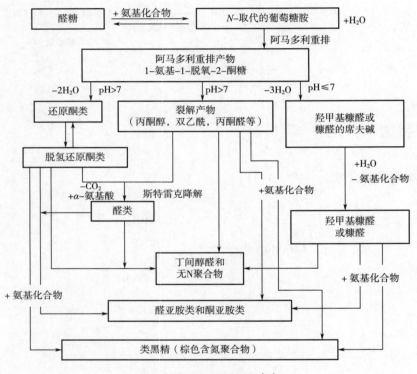

图 5-12　美拉德反应图解[53]

第一步，由缩合反应开始，含有游离氨基的化合物与还原糖的 α-羟基羰基缩合，醛糖如葡萄糖与游离氨基反应时释放出一个 N-取代的醛糖基胺。缩合产物快速失去水，转化为席夫碱，席夫碱环化为醛糖基胺。接着是阿马多利重排，形成酮胺。酮糖如果与游离氨基反应时，形成胺基醛糖，此反应称为亨利反应。胺基醛糖是不稳定的中间体，很容易反应，形成阿马多利化合物。此过程没有褐变反应发生[57]。

注：* 路易斯·卡米尔·美拉德，法国人，南希大学（University of Nancy）科学家，16 岁时开始研究糖和氨基酸的加热反应。

第二步，阿马多利化合物的后续降解，与 pH 有关。在 pH7 以上时，其降解主要包括 2,3-烯醇化作用，形成还原酮和一系列裂解产物[58]。这些产物均是高度活泼的，会参与进一步的缩合反应中，导致与氮结合，产生类黑精的骨架化合物。二羰基化合物与氨基酸反应，形成醛和 α-氨基酮类，该反应称为斯特雷克降解，其特征是释放出 CO_2。

第三步，高度活泼的中间体会产生聚合反应，形成类黑精等大分子化合物，这些反应包括环化作用、脱水作用、逆醇醛化作用、分子重排、异构化作用以及进一步的缩合反应，产生棕色含氮聚合物和共聚合物，这些化合物称为类黑精。随着褐变过程的进行，呈色化合物分子质量会增加。

美拉德反应关键中间体已经鉴定出来[58]。色素类化合物形成的中间体是 3-脱氧酮糖类和 3,4-二脱氧酮糖-3-烯类。葡萄糖形成 3-脱氧酮糖和 3,4-二脱氧酮糖-3-烯[59]。进一步研究发现，3-脱氧-2-己酮糖，1-脱氧-2,3-己二酮糖和其他的 α-二羰基中间体与氨基酸经历亲核加成反应，接着经脱羧基产生"所谓"斯特雷克降解[60]。

这类反应发生后，通常会有以下结果：一是产生棕色色素类黑精，即蛋白黑素；二是产生挥发性的香气物质，这类物质对蒸煮、焙烤、烘焙和油炸食品十分重要，但同时也产生异味，特别易发生在脱水贮存状态、巴氏德灭菌、消毒灭菌和焙烤时；三是产生苦味物质；四是产生一些还原性的物质，具有抗氧化作用；五是造成氨基酸的流失；六是产生蛋白质的交联作用[56]。

二、 非酶褐变

非酶褐变是十分复杂的反应，而美拉德反应只是其中重要的部分[54, 56]。

在有胺类化合物存在的情况下，单糖在 pH3~7 的情况下是稳定的。除了 pH 的限制外，依据外界条件的不同，单糖会发生或多或少的转化反应。在酸性介质中，烯醇化作用以及后续的碳链失水作用占主导地位。在碱性介质中，烯醇化以及后续的分子分裂（逆-丁间醇醛缩合反应）、分裂后碎片的继发反应（丁间醇醛加成反应）占主导地位。

（一）在强酸介质中的反应

在无机酸存在的情况下，葡萄糖发生聚合，生成二糖、低聚糖，特别是异麦芽糖和龙胆二糖。这种类型的反应主要发生在淀粉酸水解中。

在酸性条件下，加热单糖（如果汁的灭菌、面包的焙烤等）会释放出大量的呋喃和吡喃类化合物，这些产物主要有：糠醛、5-羟甲基糠醛、5-甲基糠醛、3,5-二羟基-2-甲基-5,6-二氢吡喃-4-酮、2-乙酰基呋喃、异麦芽酚、2-羟基乙酰基呋喃等。但当有游离氨基酸存在时，很容易发生糖与氨基酸的反应。

如糠醛由多缩戊糖生成。半纤维素经半纤维素酶分解为五碳糖，在蒸馏过程中分解生成糠醛［式（5-12）］。

$$(C_5H_8O_4)_n \longrightarrow C_4H_3OCHO + 2H_2O \tag{5-12}$$

　　多缩戊糖　　　　糠醛

（二）在强碱介质中的反应

由于此情况在白酒生产中不存在，故不予叙述。

焦糖化作用。该反应发生的条件是熔融的糖或者在酸或碱的催化下加热糖浆时发生。其主要产物是二氢呋喃酮类、环戊烯醇酮类、环己烯醇酮类和吡喃酮类。但当有氨基酸存在时，主要生成有色的聚合物。

当然，在酿酒过程中存在酶法褐变，但鲜见酶法褐变的报道[61]。酶法褐变是由多酚的氧化反应引起的[54]，经常发生在如土豆、苹果、蘑菇中。酪氨酸酶类、儿茶酚酶类、酚酶类或甲酚酶类催化单酚类和二酚类化合物与氧反应，产生色素。其催化机理详见相关文献[54]。

第十一节　其他重要的化学反应

一、甲醇生成

原料中的果胶质（半乳糖醛酸甲酯的缩合物），在微生物（尤其是黑曲霉）的果胶酯酶或酸热作用下，分解成果胶酸和甲醇［式（5-13）］。

$$(RCOOCH_3)_n + nH_2O \longrightarrow (RCOOH)_n + nCH_3OH \tag{5-13}$$

　　果胶质　　　　　　　　果胶酸

各种不同的原料中或多或少含有一定量的果胶物质，其量随植物品种、部位、种植条件、地区、收获季节、贮藏期长短等因素的不同而不同。如薯干中含果胶 3.36%，薯蔓中含果胶 5.81%；马铃薯皮层含果胶 4.15%，除皮层外则仅含果胶 0.58%；麸皮中含果胶 1.22%，谷糠含果胶 1.07%。野生植物橡子、苦楝子（楝树果）等原料中果胶含量较多。一般说来，用薯类原料所制得的酒精或白酒中甲醇含量远比谷物原料者要高[62]。

二、缩醛由醇和醛缩合而成

醇醛缩合反应的通式见式（5-14）。

$$RCHO+2R_1OH \longrightarrow RCH（OR_1）_2+H_2O \tag{5-14}$$

如：　　$$CH_3CHO+2C_2H_5OH \longrightarrow CH_3CH（OC_2H_5）_2+H_2O$$

　　　　乙醛　　　乙醇　　　　乙缩醛（乙醛缩二乙醇）

三、 丙烯醛生成

　　酒精饮料中的丙烯醛是由甘油发酵产物 3-羟基丙醛（3-hydroxy propionaldehyde，3-HPA）脱水生成的[63-65]（图 5-13）。克雷伯克杆菌、柠檬酸杆菌、肠杆菌、梭菌和乳杆菌等[66]微生物内，辅酶 B_{12} 和甘油脱水酶将甘油催化为 3-HPA，但只有乳杆菌能在细胞外积累 3-HPA。丙烯醛前体 3-HPA 极不稳定，在水溶液中发生二聚反应和水合反应，形成复杂的 HPA 系统[67]，主要包括 3-HPA、HPA 水合物和 HPA 环状二聚体。Ax-elsson 等[68]首先发现，罗伊乳杆菌发酵产生的 3-HPA 具有广谱抗菌活性，能抑制革兰染色阴性菌、革兰染色阳性菌、霉菌和酵母菌等的生长。3-HPA 常作为生物防腐剂，用于延长食品的货架期[69]，也可作为生物灭菌剂，用于不能高温灭菌的食品和生物材料的灭菌[70]。3-HPA 易在低 pH 和加热条件下脱水生成丙烯醛，故白兰地中丙烯醛含量相对较高[71]。

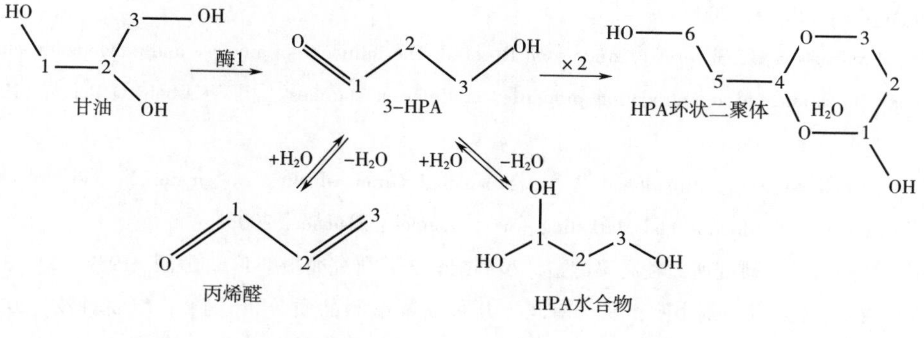

图 5-13　酒精饮料中丙烯醛生成机制[65]

图注：酶 1：甘油脱水酶和辅酶 B_{12}

参考文献

［1］杨万树. 六必酒经［M］. 上海：上海古籍出版社，1996.

［2］Tenge C. Yeast. In Handbook of Brewing. Processes, Technology, Markets［M］. Weinheim：Wiley-VCH Verlag GmbH & Co. KGaA，2009.

［3］魏岩涛，何正礼. 高粱酒［M］. 上海：商务印书馆，1935.

［4］ Russell I, Stewart G. Chapter 7 – Distilling yeast and fermentation. In Whisky: Technology, Production and Marketing （2nd） ［M］. Oxford: Academic Press, 2015.

［5］ 沈怡方. 白酒生产技术全书 ［M］. 北京: 中国轻工业出版社, 1998.

［6］ Pellegrini C. The Shochu Handbook – An Introduction to Japan's Indigenous Distilled Drink ［M］. Dublin: Telemachus Press, 2014.

［7］ Buglass A J. Handbook of Alcoholic Beverages: Technical, Analytical and Nutritional Aspects ［M］. Chichester: John Wiley & Sons, 2011.

［8］ 程丽君, 康健, 王凤仙, 等. 汾酒大曲酯酶和淀粉同工酶的分析 ［J］. 食品与发酵工业, 2008, 34 （11）: 33-37.

［9］ Zobel H F. Gelatinization of starch and mechanical properties of starch pastes. In Starch: Chemistry and Technology 2nd ［M］. San Diego: Academic Press, 1984.

［10］ Zobel H F, Young S N, Rocca L A. Starch gelatinization: An X-ray diffraction study ［J］. Cereal Chem, 1988, 65 （6）: 647-666.

［11］ French D. Organization of starch granules. In Starch: Chemistry and Technology （2nd） ［M］. San Diego: Academic Press, 1984.

［12］ Atwell W A, Hood L F, Lineback D R, et al. The terminology and methodology associated and basic starch phenomena ［J］. Cereal Foods World, 1988, 33 （3）: 306-311.

［13］ Cochrane M P. Seed carbohydrates. In Seed Technology and its Biological Basis ［M］. Sheffield: Sheffield Academic Press, 2000.

［14］ Fredriksson H, Silverio J, Andersson R, et al. The influence of amylose and amylopectin characteristics on gelatinization and retrogradation properties of different starches ［J］. Carbohydr Polym, 1998, 35 （3）: 119-134.

［15］ Bringhurst T A, Broadhead A L, Brosnan J. Grain whisky: raw materials and processing. In Whisky. Technology, Production and Marketing ［M］. London: Elsevier, 2003.

［16］ 泸州市酿酒研究所. 粳高粱酿造泸型酒配套工艺研究简报 ［J］. 酿酒, 1989 （5）: 34-37.

［17］ 袁蕊, 敖宗华, 刘小刚, 等. 南北方几种高粱酿酒品质分析 ［J］. 酿酒科技, 2011, 210 （12）: 24-27.

［18］ Muller R. The effects of mashing temperature and mash thickness on wort carbohydrate composition ［J］. J Inst Brew, 1991, 97 （2）: 85-92.

［19］ Hough J S, Briggs D E, Stevens R, et al. Malting and Brewing Science. Volume 1: Malt and Sweet Wort ［M］. Boston: Springer, 1982.

［20］ Agu R C, Palmer G H. α-Glucosidase activity of sorghum and barley malts ［J］. J Inst Brew, 1997, 103 （1）: 25-29.

［21］ Krottenthaler M, Back W, Zarnkow M. Wort Production. In Handbook of Brewing. Processes, Technology, Markets ［M］. Weinheim: Wiley-VCH Verlag GmbH & Co, KGaA, 2009.

［22］ Barnett J A, Payne R W, Yarrow D. Yeasts: Characteristics and Identification ［M］. Cambridge and New York: Cambridge University Press, 1990.

［23］Campbell I. Yeast and fermentation. In Whisky. Technology, Production and Marketing ［M］. London：Elsevier Ltd.，2003.

［24］江流，范文来，徐岩. 芝麻香型机械化和手工工艺酒醅发酵过程中的糖与糖苷 ［J］. 食品与发酵工业，2017，43（9）：184-188.

［25］Slaughter J C. Biochemistry and physiology of yeast growth. In Brewing Microbiology ［M］. Boston：Springer US，2003.

［26］Walker G M. Yeast Physiology and Biotechnology ［M］. Weinheim：Wiley，1998.

［27］Reed G，Nagodawithana T W. Brewer's Yeast. In Yeast Technology ［M］. Dordrecht：Springer，1991.

［28］Kunkee R E，Bisson L F. Brewer's yeast. In The Yeasts，Yeast Technology（2nd）［M］. London：Academic Press，2012.

［29］Stewart G G. Yeast Nutrition. In Brewing and Distilling Yeasts. The Yeast Handbook ［M］. Cham：Springer，2017.

［30］范文来，徐岩. 酒类风味化学 ［M］. 北京：中国轻工业出版社，2020.

［31］唐洁. 清香型小曲酒微生物群落结构及功能的研究 ［D］. 无锡：江南大学，2012.

［32］孙洁，李好转，孙立臻，等. 芝麻香型白酒酒醅中多元醇分析方法探讨 ［J］. 酿酒科技：2015（6）：51-53.

［33］孙洁，李好转，孙立臻，等. 芝麻香型白酒酒醅中多元醇分析方法探讨 ［J］. 酿酒科技，2015，252（6）：51-53.

［34］江流. 芝麻香型酒醅中游离态不挥发物质的研究 ［D］. 无锡：江南大学，2017.

［35］Reifenberger E，Boles E，Ciriacy M. Kinetic characterization of individual hexose transporters of Saccharomyces cerevisiae and their relation to the triggering mechanisms of glucose repression ［J］. Eur J Biochem，1997，245（2）：324-333.

［36］Meneses F J，Jiranek V. Expression patterns of genes and enzymes involved in sugar metabolism in industrial Saccharomyces cerevisiae strains displaying novel fermentation characteristics ［J］. J Inst Brew，2002，108（3）：322-335.

［37］Klein C J L，Olsson L，Nielsen J. Glucose control in Saccharomyces cerevisiae：the role of MIG1 in metabolic functions ［J］. Microbiology，1998，144（1）：13-24.

［38］Remize F，Andrieu E，Dequin S. Engineering of the pyruvate dehydrogenase bypass in Saccharomyces cerevisiae：Role of the cytosolic Mg^{2+} and mitochondrial K^+ acetaldehyde dehydrogenases Ald6p and Ald4p in acetate formation during alcoholic fermentation ［J］. Appl Environ Microbiol，2000，66（8）：3151-3159.

［39］周恒刚. 白酒生产与酸性蛋白酶 ［J］. 酿酒，1991（6）：5-8.

［40］Jones M，Pierce J S. Absorption of amino acids from wort by yeasts ［J］. J Inst Brew，1964，70（4）：307-315.

［41］Pierce J S. Horace brown memorial lecture the role of nitrogen in brewing ［J］. J Inst Brew，2013，93（5）：378-381.

［42］Quain D E. Cambridge prize lecture: studies on yeast physiology – impact on fermentation performance and product quality ［J］. J Inst Brew, 1988, 94（5）: 315-323.

［43］沈怡方. 我国名优白酒的技术进步（综述）［J］. 酿酒科技, 1992, 50（2）: 55-58.

［44］Peddie H A B. Ester formation in brewery fermentations ［J］. J Inst Brew, 1990, 96（5）: 327-331.

［45］Nordström K. Formation of ethyl acetate in fermentation with brewer's yeast. Effect of some vitamins and mineral nutrients ［J］. J Inst Brew, 1964, 70（4）: 328-336.

［46］祁庆生, 刘复今, 肖敏. 己酸菌 L II 己酸发酵过程中生理及代谢特点 ［J］. 微生物学通报, 1996, 23（2）: 77-81.

［47］Spinnler H E, Martin N, Bonnarme P. Generation of sulfur flavor compounds by microbial pathway. In Heteroatomic Aroma Compounds ［M］. Washington D C: American Chemical Society, 2002.

［48］Laboratories E. Sulfides in wine ［EB/OL］. ［2021-10-2］. http: //www. etslabs. com/scripts/ets/pagetemplate/blank. asp? pageid=350.

［49］范文来, 徐岩. 酒类风味化学 ［M］. 北京: 中国轻工业出版社, 2014.

［50］Fan W, Wang D. Current practice and future trends of alcoholic beverages safety of China traditional Baijiu and Huangjiu in recent decades ［J］. J Food Saf Qual, 2019, 10（15）: 4811-4829.

［51］Koseki T, Ito Y, Furuse S, et al. Conversion of ferulic acid into 4-vinylguaiacol, vanillin and vanillic acid in model solutions of shochu ［J］. J Ferment Bioeng, 1996, 82（1）: 46-50.

［52］Scarpellino R, Soukup R J. Key flavors from heat reactions of food ingredients. In Flavor Science: sensible principles and techniques ［M］. Washington DC: American Chemical Society, 1993.

［53］Hodge J E. Dehydrated foods, chemistry of browning reactions in model systems ［J］. J Agri Food Chem, 1953, 1（15）: 928-943.

［54］Belitz H D, Grosch W, Schieberle P. Food Chemistry ［M］. Verlag Berlin Heidelberg: Springer, 2009.

［55］Wong K H, Abdul Aziz S, Mohamed S. Sensory aroma from Maillard reaction of individual and combinations of amino acids with glucose in acidic conditions ［J］. Int J Food Sci Technol, 2008, 43（9）: 1512-1519.

［56］范文来, 徐岩. 酱香型白酒中呈酱香物质研究的回顾与展望 ［J］. 酿酒, 2012, 39（3）: 8-16.

［57］Coca M, Teresa G, González G, et al. Study of coloured components formed in sugar beet processing ［J］. Food Chem, 2004, 86（3）: 421-433.

［58］Martins S I F S, Jongen W M F, van Boekel M A J S. A review of Maillard reaction in food and implications to kinetic modelling ［J］. Trends Food Sci Tech, 2001, 11（9-10）: 364-373.

［59］Mcweeny D J, Knowles M E, Hearne J F. The chemistry of non-enzymic browning in foods and its control by sulphites ［J］. J Sci Food Agric, 1974, 25（6）: 735-746.

［60］Ghiron A F, Quack B, Mawhinney T P, et al. Studies on the role of 3-deoxy-D-erythro-glucosulose（3-deoxyglucosone）in nonenzymic browning. Evidence for involvement in a Strecker degradation ［J］. J

Agri Food Chem, 1988, 36 (4): 677-680.

[61] 崔利. 褐变反应与酱香型白酒（上）[J]. 酿酒科技, 2007, 157 (7): 54-56.

[62] 陈季雅. 试谈蒸馏白酒的卫生标准 [J]. 酿酒, 1983 (3): 7-13.

[63] Smiley K L, Sobolov M. A cobamide-requiring glycerol dehydrase from an acrolein-forming *Lactobacillus* [J]. Archives of Biochemistry and Biophysics, 1962, 97: 538-543.

[64] Toraya T, Shirakashi T, Kosuga T, et al. Substrate specificity of coenzyme B_{12}-dependent diol dehydrase: glycerol as both a good substrate and a potent inactivator [J]. Biochemical and Biophysical Research Communications, 1976, 69 (2): 475-480.

[65] Bauer R, Cowan D A, Crouch A. Acrolein in wine: importance of 3-hydroxypropionaldehyde and derivatives in production and detection [J]. Journal of Agricultural and Food Chemistry, 2010, 58 (6): 3243-3250.

[66] Vollenweider S, Lacroix C. 3-Hydroxypropionaldehyde: applications and perspectives of biotechnological production [J]. Applied Microbiology and Biotechnology, 2004, 64 (1): 16-27.

[67] Vollenweider S, Grassi G, Konig I, et al. Purification and structural characterization of 3-hydroxypropionaldehyde and its derivatives [J]. Journal of Agricultural and Food Chemistry, 2003, 51 (11): 3287-3293.

[68] Axelsson L, Chung T, Dobrogosz W, et al. Discovery of a new antimicrobial substance produced by *Lactobacillus reuteri* [J]. FEMS Microbiology Reviews, 1987, 46: 60-65.

[69] Arqués J L, Fernández J, Gaya P, et al. Antimicrobial activity of reuterin in combination with nisin against food-borne pathogens [J]. International Journal of Food Microbiology, 2004, 95 (2): 225-229.

[70] Sung H W, Chen C N, Liang H F, et al. A natural compound (reuterin) produced by *Lactobacillus reuteri* for biological-tissue fixation [J]. Biomaterials, 2003, 24 (8): 1335-1347.

[71] Bauer R, du Toit M, Kossmann J. Influence of environmental parameters on production of the acrolein precursor 3-hydroxypropionaldehyde by *Lactobacillus reuteri* DSMZ 20016 and its accumulation by wine lactobacilli [J]. International Journal of Food Microbiology, 2010, 137 (1): 28-31.

第六章

小曲与麸曲白酒生产工艺

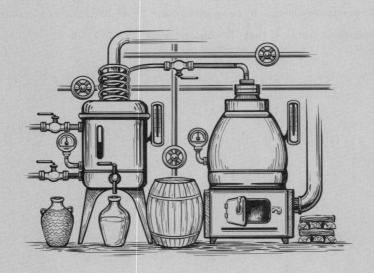

小曲白酒是我国传统白酒生产中一种重要的白酒。小曲白酒与大曲白酒是东方蒸馏酒生产的重要特征。小曲白酒年产量约占白酒总产量的30%[1]。在我国南方特别是西南地区比较普及。以地产高粱、玉米、小麦、荞麦、大麦、青稞、稗子、大米（或稻谷）、薯类（鲜或干）等为原料，以小曲或麦曲作糖化发酵剂，经整粒原料泡粮、蒸煮、糖化、发酵、蒸馏、贮存、老熟而成的蒸馏酒，广泛分布在四川、云南、贵州、江西、湖南、湖北等省。

第一节　小曲白酒简史

小曲白酒可能是由小曲黄酒演变而来。酒最初是用曲、蘖生产，后来就只用曲而不用蘖了[1]。虽然现在没有明确的证据可考，但可以认为小曲白酒是我国最早的烧酒（蒸馏酒），可能出现于秦汉时期[2]，历经了元、明、清朝的发展，特别是清朝《六必酒经》明确记载了糯米烧、粳米烧、小麦烧、米麦烧、大麦烧、包芦烧、粟米烧、高粱烧、荞麦烧、乌禾烧、甘薯烧、莲子烧、薏苡烧、芡实烧和葡萄烧，以及黄酒糟烧共16种烧酒，除黄酒糟外，其他烧酒均加入小曲糖化发酵，然后蒸馏而得[3]。

1930—1949年，曾经对小曲中微生物进行分离；1953—1954年，着力提高小曲白酒的出酒率，高粱出酒率达46.99%（以65%vol计算），淀粉利用率达73.43%；1959年，试验成功无药糠曲生产技术；20世纪60~70年代主要进行高产微生物菌种的分离与应用，传统操作工艺的查定与总结；80年代主要是酿酒的机械化改造、风味成分研究，1981年建成年产600t机械化生产线，采用蒸汽供热、行车搬运，将蒸煮、培菌、发酵、蒸馏四道工序合并为三道工序；90年代，进行了一系列综合试验，原料出酒率从48%~53%提高到60%（以57.5%vol计算），淀粉出酒率达92%[1]。

小曲白酒发酵完全不同于大曲白酒生产，具有如下五个特征：一是通常使用整粒原料，不需要粉碎；二是使用低温生产的小曲作为糖化发酵剂，不使用发酵温度较高或很高的大曲；三是通常先糖化再发酵；四是或采用液态发酵，或采用半固态发酵，即固态糖化半固态发酵；或固态糖化固态发酵；五是通常不采用续糟法。

第二节　小曲白酒一般酿造工艺

小曲白酒生产工艺可分为两种：一种工艺是先培菌糖化后发酵（图6-1），即将整粒原料（大米、高粱、玉米、小麦、青稞[4]等）浸泡蒸煮，熟粮以固态培菌糖化20~24h，再加水或不加水转入半固态或固态发酵，用曲量在3%以下，发酵期5~7d，固态甑桶蒸馏[5]。另一种工艺是用曲量为 18%~22%，加水使其成半固态，边糖化边发酵，发酵期 15~20d，如豉香型白酒就采用后一种工艺。

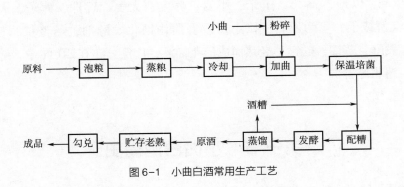

图 6-1　小曲白酒常用生产工艺

一、泡粮

　　泡粮，即在蒸煮前将原料用水浸泡，使原料充分吸水，有点类似于大曲酒生产时的润料；使用大米作原料时，称作浸米。泡粮在泡粮桶中进行，通常是木制或水泥池，大小根据投料量设计。

　　小曲白酒泡粮通常是使用整粒原料，开水泡粮。先在桶中加入水，然后，加入原料，并保持上下水温一致。通常泡粮时间 12~14h。

二、蒸粮（饭）

　　将泡好的原料放入甑桶中进行蒸馏的过程，称作蒸粮。使用大米作原料时，称为蒸饭。现在通常使用高压锅蒸粮或蒸饭机蒸粮。

　　手工生产时，通常将谷物原料进行初蒸，初蒸时可以拌入少量稻壳；初蒸一段时间后，在原料上面泼上 40~45℃热水，俗称"泼烟水"，目的是使得粮食在温差下产生裂口；当原料蒸煮到一定程度后，再用 30~40℃热水焖粮 5~12min（通常由桶下面进入较好），此时加入的水俗称"焖水"。加入焖水后，整粒原料的裂口达到 95%以上[6]。通常水温较低时，整粒原料裂口会加大。焖水后继续蒸煮一段时间，称为复蒸。

　　原料裂口会使整粒谷物内的淀粉、蛋白质等营养物质暴露，便于下一步的糖化培菌。

　　蒸煮过程中，高粱原料会由黄红色变成乌红色，这可能是美拉德反应即非酶褐变的结果。

　　米作原料时，通常采用蒸饭的方式，将米先煮，再蒸。其出饭率 125%~130%[7]。

三、 冷却加曲

冷却，俗称摊凉，其目的是降温，便于加曲糖化。此过程要求降温要快，以减少杂菌感染。米饭摊凉温度：夏天平室温；冬天 32℃ [7]。

加曲或撒曲的温度视季节而定。加曲温度过高，对培菌不利，易造成升温快，糖化不彻底；加曲温度过低，造成收箱温度过低，箱温上升慢 [8]。米饭摊凉后的接种温度即加曲温度是夏天平室温，冬天 32℃ [7]。

小曲加曲量通常为 0.4%~0.7% [8]；大米原料的加曲量夏天 1.5%，其中白曲（根霉曲）1%，药小曲（饼曲）0.5%；冬天 1.8%，其中白曲 1.1%，药小曲 0.7% [7]。若用曲量偏大，则易造成发酵过猛，酒会带苦味。

四、 保温培菌

保温培菌，亦称保温糖化，在培菌箱（糖化箱）中进行，为木制箱，带有竹编席作为底箅 [8]。后期用糖化缸（200L）进行糖化 [7]，现代化生产时，已经可以在控温状态下进行培菌糖化。

保温糖化前，培菌箱要彻底洗净，开水消毒。

冬天时，收箱温度要高些，保温糖化料层要厚些；热季时，则相反。在冬季，还要注意箱体的保温工作。

在培菌糖化过程中，微生物大量繁殖，并产酶。此过程中，淀粉被糖化为可发酵性糖。酵母菌生长繁殖，同时，生酸菌如乳酸菌、醋酸菌等也同时生长繁殖。

培菌温度上升。通常熟粮入箱 12h 内应保持较低品温，以后每隔 2h 约升温 1℃，至27h 时温度升高至 33~34℃，出箱 [8]。

大米作原料时，其糖化过程类似于黄酒，需要"搭窝"或"打井"，即将缸中间的米饭掏空；糖化时间在 16~20h，糖化温度夏天控制在不超过 36℃，冬天 32℃ [7]。

五、 发酵

小曲白酒的发酵有两种方式，即固态发酵和半固态发酵。

（一）固态发酵

在保温培菌后，迅速摊凉，配入蒸馏后的酒糟，此称为配糟。以糯高粱为例，室温在 5~23℃时，除底糟和面糟外，原料与糟的配比为 1∶（3.5）；室温在 23~27℃时，比例为 1 : (3.5~4.5)；室温在 27℃ 以上时，比例为 1 : (4.5~5)[8]。配糟类似于大曲酒生产时的配料，主要是调节入桶发酵的酸度、淀粉、酒精含量等，以使酒醅发酵。

　　发酵在发酵桶、发酵池[8] 或发酵缸（500L）[7] 中进行。入桶前先在桶底铺上一层 10~15cm 的酒糟，称为底糟；入桶结束后，再在上面盖一层 5~10cm 的酒糟，称为面糟。底糟和面糟温度比入桶糟高 2~3℃[8]。入桶完成后，可以踩桶，以减缓发酵速度；最后，用塑料布封桶。

　　入桶温度：在室温 22~24℃ 时，入桶温度 24℃ 左右。桶内酒醅最高温度不得超过 40℃[8]。

　　入桶参数：通常入桶淀粉含量 11%~14%，入桶糖分含量 1.5%~3.5%，入桶水分 63%~64%[8]。

　　有的工艺配糟量少，在发酵过程中待发酵品温升高至 38~39℃ 时，需洒入一定量的水来降温，此桶称为水桶；不洒水的，称为旱桶[6]。

　　发酵容器为木制或水泥池，也有使用塑料桶的（因会溶出塑化剂，不建议使用），现代化生产使用不锈钢槽。发酵桶旁边可设一个黄水坑，便于提前放出黄水。

（二）半固态发酵

　　以大米为原料的，通常采用半固态发酵，如桂林三花酒以及豉香型白酒的斋酒生产[7] 等。

　　当糖化到一定程度时，加水。加水时饭醅温度 28~30℃，加水量夏天为饭醅质量的 125%，冬天为饭醅质量的 135%。冬天时加温水，水温在 20℃ 为宜[7]。

　　发酵温度夏天控制在 28℃ 以下，冬天控制在 30~31℃。自加水 96h 后，发酵基本结束。整个发酵周期夏天在 13d，冬天在 15d。醪液酒精度在 10%vol 以上，酸度 0.5~0.7g/L（液态发酵时），残余糖浓度 0.1g/L，残余淀粉 0.04g/L[7]。

六、 蒸馏

　　蒸馏，俗称烤酒。小曲白酒的蒸馏也有两种方式，固态发酵采用固态蒸馏，即甑桶蒸馏；半固态发酵或液态发酵采用蒸馏釜蒸馏，具体见蒸馏章节。

　　装甑操作与大曲酒生产类似，蒸馏时通常要掐头去尾或称截头去尾，酒身混合酒精度在 63%vol[9]；流酒温度控制在 30℃。

　　与大曲酒生产类似，甑桶通常是木制、石头砌、水泥或不锈钢制成，并与冷却器联通。

七、 贮存老熟

酒通常用陶坛分级贮存。

第三节 各种小曲白酒酿造工艺

现将我国著名的小曲白酒生产工艺介绍如下。

一、 米香型小曲白酒生产工艺

米香型白酒具有"蜜香清雅、入口绵柔、落口爽净、口味怡畅"的风味特征，以桂林三花酒为代表。其酿酒工艺特点为：以大米为原料，小曲固态堆积，先进行培菌糖化，后加水液态发酵，液态釜式蒸馏，为典型的半固态半液态发酵方式[10-11]。

（一）工艺流程

米香型白酒生产工艺流程见图6-2。

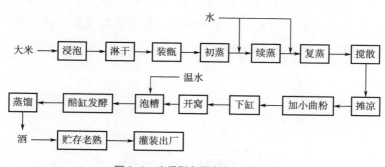

图6-2 米香型白酒生产工艺流程

（二）工艺操作

蒸饭方法有三种，即传统法、焖饭法、焖蒸法、蒸饭转甑法和煮饭蒸饭法。传统法是原料大米用50~60℃的温水浸泡约1h，淋干后入甑蒸煮，待原料变色后泼入第一次水，再蒸至米熟。泼入第二次水，继续蒸至米熟透，此时米的含水量为62%~63%。焖饭法是将洗净的大米加入沸水（米与水比例1:1.2）中，慢火焖，水干，焖饭20min，将锅中间饭与周边饭调换位置；添加少量水，再焖焖20min。焖蒸法是将洗净的大米加入沸水（米与水比例1∶1.2）中，慢火焖，水干后，取出，在木甑中蒸60min。蒸饭转甑法是将大米用清水浸泡16~20h，洗净，木甑中蒸30min，加水（原料量的40%）；再蒸30min，加水（原料量的40%）；取出倒入木甑，再蒸60min。煮饭蒸饭法是使用蒸饭机将煮和蒸在一个设备内完成，大米洗净，加水［原料与水比例为1∶（1.1~1.15)］，用蒸汽蒸干，将锅内饭上下调换，再蒸30min[7]。

将蒸熟的饭团搅散，鼓风冷却，加入原料量0.75%小曲粉，拌匀入缸堆积。在饭缸中间留一个空洞供应空气。饭层厚度12~15cm，糖化20~22h。随着根霉的繁殖，糖化不断进行，品温不断上升至37℃。此时，加入原料量1.2~1.4倍的水，温度在34~37℃，拌匀，品温保持在36℃左右。此时，含糖量为9%~10%，总酸低于0.7，酒精度2%~3%vol。分装两个醅缸发酵，依气温进行保温或冷却。发酵5~6d，发酵液酒精含量11%~12%vol，总酸不超过1.5，残糖几乎为0。此时倒入发酵醪贮池，并缸后用泵打入蒸馏釜中，用蒸汽加热蒸馏。截去酒头与酒尾，中馏酒控制酒精含量在58%~60%vol，入库贮存1年，勾调成型。

传统的米香型白酒全部为手工操作，现在已经改为连续蒸饭机蒸饭、糖化槽糖化，以及大罐发酵和不锈钢蒸馏锅蒸馏。

二、 豉香型白酒生产工艺

生产豉香型白酒使用的糖化发酵剂是酒饼，它是由米饭、黄豆、酒饼叶、饼丸、饼泥等原料制成。豉香型大曲酒生产以大米为原料，加酒饼曲液态发酵、液态蒸馏至含酒精32%vol的酒，再经肥猪肉浸泡贮存而得[10, 12]。

（一）工艺流程

豉香型白酒生产工艺流程见图6-3。

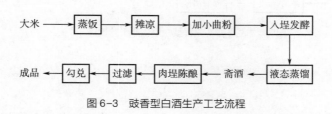

图6-3 豉香型白酒生产工艺流程

（二）工艺操作

原料大米倒入沸水中蒸饭至熟，打散后摊凉，冷却至35~40℃，加入原料18%~22%小曲饼粉，拌匀装入瓦埕中，入发酵室发酵，室温26~30℃，冬季发酵20d，夏季发酵 15d 后，将发酵醪装入蒸馏釜中蒸馏。馏酒酒精度在 32%vol。发酵蒸馏后的酒称为斋酒。采用釜式蒸馏设备进行蒸馏，控制最终酒精度 30%～32%vol。豉香型白酒具有与其他香型白酒显著不同的风味特征。斋酒经 10d 左右的沉淀（斋酒期），去除表面油质，将酒流入浸肉池，酝浸 20～30d，然后抽出酒液、陈酿、掺兑、过滤。

新蒸馏出来的酒浑浊不清，且辛辣味重、刺喉，与米香型白酒相似，但饼叶味重，"米酿香"不如米香型白酒。经肥肉酝浸后，酒体逐步达到清亮透明，且由于吸附了斋酒中的辛辣异味，使酒体陈化和醇化。斋酒若不经浸肉处理，即使贮存半年以上，仍然浑浊不清，新酒味和斋酒味变化不大。浸肉 20d 左右，酒体便可变清，且斋酒味和新酒味消失，酒体醇化[12]。

近几十年来，为提高大米利用率（即出酒率），扩大生产规模，发酵容器从小埕、大埕、小罐到大罐，容积从 20kg 到 50t；投料量从每埕 5kg 到每罐 10t；发酵加水量从 130%～140% 到 200%～220%。运用现代生物技术使出酒率从 110%～120% 提高到 150%～160%；操作从人工到半机械化[12]。有研究表明，以小陶埕（20kg）浸肉 10～15d 为优；大陶埕（400kg）浸肉 20d 为佳；铝罐（50m³）浸肉容器浸肉 25d 为好[13]。

影响豉香型白酒质量的主要因素有酒饼（曲）、发酵温度、米的品种和辅料。研究表明糯米、早粳米的糖化速度比越南碎米、早籼米的糖化速度快。在相同发酵条件下，粳米的酒精度均比籼米高，酸度低；在添加糖化酶后，两种米种酿的酒分均有所提高，而酸度降低[14]。其高浓度高级脂肪酸乙酯的生成与原料大米和制曲中的黄豆有关[15]。

三、 小曲清香型白酒生产工艺

小曲清香型白酒是我国白酒的重要酒种之一，主要分布在我国南方与西南地区。以高粱、玉米、小麦、荞麦、大麦、青稞、稗子、稻谷、薯类（鲜或干）等为原料或采用优质糯高粱、小麦、玉米、大米、糯米混合原料，整粒原料（薯类切片）蒸煮，根霉为主的小曲箱式固态培菌糖化，配醅发酵，固态蒸馏的固态法小曲白酒[16]。小曲酒以四川产量大、历史悠久，常称"川法小曲酒"，主要产地是四川资阳、重庆江津和永川等地。20 世纪 50 年代中期，食品工业部曾组织专家对川法小曲酒进行查定与总结。推广其先进经验。至今"四川糯高粱小曲酒操作法"的许多工艺操作，仍为企业所遵循，极具实用价值[5, 17]。

小曲酒风格独特，清香纯正、糟香怡人、醇和爽口，是生产传统滋补酒、保健酒的优良基酒。小曲酒也可作为不同香型、不同档次新型白酒的基酒。

（一）高粱小曲白酒生产工艺

1. 浸粮

温水泡粮、先水后粮、定时保温、泡匀透心。浸粮时，高粱冬季水温 68~75℃、夏季 65~75℃。粮食倒入甑内拌匀，水面高出粮食面 5~20cm。

2. 洗粮

洗去高粱单宁、色素及杂质。冬季高粱浸粮 10~12h，夏季 8~10h，拌动、除去上面水泡味、放去污水。再用清水清洗、拌动、放水，并注入清水浸粮。

3. 蒸粮

一汽、二水、三时间，掌握焖水最关键，汽大均匀蒸到底，柔熟裂口又收汗。

初蒸：待圆汽后，放去甑底积水，盖上甑盖进行初蒸，班长必须掌握蒸粮时间，蒸甑四周卫生打扫干净，初蒸 50~60min，原料此时应有 90% 透心、70% 裂口。在进行焖水后将粮和谷壳一起翻动，谷壳必须清蒸后使用，用量为两袋，把粮和谷壳翻动，把甑底的粮翻动到面上来，使粮食和谷壳混合均匀。

续蒸：根据各班蒸粮情况、汽压的大小和粮食程度，一般待粮蒸到 3~10min 后进行焖水。

复蒸：第二次焖粮水放后，待圆汽后，必须把甑边四周粮食铲到甑中再把清蒸的谷壳在甑边撒上一层。待圆汽后，再把谷壳在粮食上面撒上一层，盖上盖进行复蒸。蒸到 20min 时，拉开甑盖，再蒸 40min 方可出甑，出甑的粮食裂口 90% 以上，透心 100%，柔熟不泥，爽而无硬心。

4. 糖化培菌

适时吹凉，品温匀，掌握温度曲撒匀，箱场内外须清洁，箱要松，面要平。

出甑摊凉：出甑前将通风晾场、箱场打扫干净。出甑员工必须认真地把粮食出在板车上，不准乱甩、乱撒，撒曲温度按室温自行掌握，翻粮时，应该把粮团打碎，翻到头拢堆时，必须把粮食拢成两个堆，使温度保持一致，方可入箱。

入箱前箱场必须干净，用清蒸的谷壳撒一层垫底，粮食整平后，箱四周盖上一层谷壳，粮食上面撒少许谷壳，铺上竹盖席。

盖草垫：根据室温，打堆温度及厚度，各班自行掌握，盖箱必须整洁、美观。

开箱要点：曲香浓度、甜味正常、配糟适宜、入池低温，酸度、水分适宜，汗露好。

开箱前，必须检查来箱的情况，时间不到，不准开箱。

5. 配糟入池

配糟要用新鲜糟（原则上是各班用各班的糟），糟倒在通风晾场扇到 30℃ 时，把糟和谷壳翻匀、糟团打碎、整平，再把配糟温度控制在 20~25℃。然后把粮食倒在通风晾场两侧。再把粮食甩在糟上面，不准板车上晾场，箱吹到适当温度入池。入池前池底用一车糟垫底，池面用一车糟作为面糟。起池子员工必须打扫好池内卫生。薄膜用清水先洗干净晾干，然后盖上薄膜扎紧封口，再用彩条布加在上面用力扎紧。

发酵要点：头吹有力，二吹正旺，初温缓升，终温缓降。

在酒糟入池前将发酵池内及过道清扫干净。每天检查发酵池的发酵情况，并做好记录。发酵池每天都要扎紧，保持池面四周卫生。每年定期对各发酵池消毒一次（时间在夏季停产后）。

6. 蒸馏

蒸馏要点：汽均匀，见汽压汽，装得要松，缓汽蒸馏，中温流满，大汽迫尾。

做好吊甑四周卫生。上甑时必须轻轻地撒上酒糟，见汽压汽，装得要松，上汽要平。上甑完毕后，必须打扫甑边四周卫生。

7. 接酒

馏酒温度不能超过30℃，开汽不能太大，不能抢时间，接酒按规定每班每吊先接头酒适量，再接57%~67%vol优质酒20~25kg，每班每天累计接80~100kg。再用头酒和尾酒兑成50%vol以上白酒。每吊接2~3kg头酒，其余接55%vol以上白酒。

做好卫生及交接班记录。在上班或下班前生产场地不能到处是糟、谷壳、麻袋、车、杂物，工具要摆放整齐、美观，卫生要打扫干净。

为保证酒质，谷壳严格控制在8%~12%。谷壳需清蒸后使用。

8. 酿酒设备

烤酒设备如冷凝器、尖盏、过汽筒、甑篦要用铝材制成（甑可以用白木、杉木制成）。酒厂场地应适合晾堂、发酵池等使用，煮粮300kg需厂房面积130m²。发酵池四方形，高100cm，长宽170cm，池地面高80cm，地下深20cm，池底10%的斜面，便于黄水流入发酵池中的黄水坑[18]。

（二）玉米小曲白酒生产工艺

1. 工艺流程

以玉米为原料的小曲法白酒生产工艺如图6-4所示。

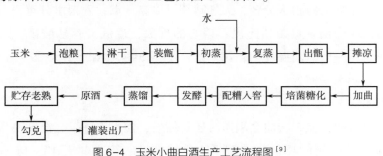

图6-4　玉米小曲白酒生产工艺流程图[9]

2. 泡粮

泡粮时，先放入 90℃以上热水，粮水比约 1∶2，加粮搅转后泡水温度为 73~74℃。泡粮时间冬季 3~4h，夏季 1~1.5h。放泡水后至入甑的干发时间要力求缩短，有条件的可缩短至 10h 以内。泡粮后让其滴干，次日早晨上甑前以冷水漂洗，除去酸水，滴干后装甑。

3. 初蒸

初蒸，又名干蒸，撮粮入甑至圆汽的时间宜短，一般不超过 50min，从圆汽起到加焖水止的初蒸时间，保持 17~18min。初蒸的目的是促使苞谷颗粒受热膨胀，吸水性强，缩短煮粮时间，减少淀粉流失。

4. 焖水

焖水，又称焖粮，分两次加入，第一次从甑面掺入，时间 6~10min，不要过慢，使掺水后甑面水温达 72~73℃，水量到距第二次需要加到的水位线 15~20cm 为宜；第二次用 70℃冷却器水从甑底掺入，加水时甑面水温约 85℃，比底层高，加水时间 20~30min。焖水升温在 80℃以前要快。要求在 2~2.5h 内烧至最高温度 95~96℃，也可掌握在 99~100℃。前者用于热季或吸水较易的粮籽，其他季节和吸水较慢的粮籽多用后者，使熟粮泡胀些。注意避免在 96.5~98.5℃压火。压火后应搅匀盖严。水温高的可敞蒸 15~20min，低的可敞蒸 5~10min，至白心 1~2 成时放水。100kg 干粮的出甑粮重：热天 275kg，冬天 285kg（原料含水 13%，并扣除糠壳计）。当配糟酸度过大时，熟粮水分可适当偏少。放水后冷吊至次日复蒸。

5. 复蒸

从圆汽起至开始出甑时间为 140~150min，火力大的可以缩短到 130~140min。出甑熟粮要求柔熟、泡气、干爽、漂色，化验含水分约 69%，淀粉粒裂口 85%以上。

6. 出甑、摊凉、加曲

出甑熟粮必须用囤撮摊凉（也可参照高粱小曲酒操作方法摊凉）。每 100kg 干粮热天用囤撮 12~14 个，冬天 10~11 个。出甑时要分排拉通倒匀，使散热一致。出甑后及时摊开，避免表面及边角过冷。用曲量要结合培菌、发酵情况认真调节使用，以便下排配糟酸度正常，一般为干粮重的 0.4%~0.7%，并注意撒匀。撒曲温度结合熟粮水分、季节、气温灵活掌握。熟粮水分轻，天气晴朗可以高一点；熟粮水分重，天气潮湿可以低一点。但过高将会出现培菌糟跑皮不杀心的现象，过低又容易酸箱，因此应注意调节，使箱口正常。一般撒曲温度为：第一次，冬天 39~41℃，热天 29~31℃；第二次，冬天 34~35℃，热天平室温。

7. 培菌糖化

会囤撮时要抖散，撒二次曲会囤撮时还要簸匀，使水汽挥发，温度一致，但要尽量减少抛撒在地上。收箱时要倒通、倒平、头尾交叉。箱厚冬天 13~14cm，热天薄至

8cm。盖箱用糟子，盖糟在出甑时倒在箱的周围，以减少翻动。热天可隔箱边远点，切忌在地上翻。盖箱不能过迟，迟了箱面有硬壳。当室温高于品温时，如还未盖箱，箱温上升反而加快。箱内最低温度一般保持在 26~26.5℃，如曲药中酵母多，可适当高些。培菌时间：冬天 25~26h，热天 21~22h。出箱温度：冬天 33℃，一般 35~36℃。绒籽约50%，化箱时化验原糖为 5%~6%，总糖为 10%~11%，酵母数为（1.7~1.9）×10^{7}个/g较为适宜[9]。

8. 发酵

出箱不要老，配糟温度要合适，摊凉要短，发酵升温先缓后稳。配糟冬天 1:（4~4.5），夏天 1:（4.5~5）。入桶温度冬天约 23℃，夏天平室温。控制发酵温度，冬天最高不超过 35~36℃，热天不超过 39℃。配糟温度一般随室温，冬天不低于 18℃，夏天平室温。出箱时，在箱内翻动 1 次，同时扩大摊凉面积，缩短摊凉时间，迅速入桶。配糟水分 70%~70.5%，混合糟酸度 0.7 左右。铺好底糟和面糟，注意踩桶。

发酵前期配糟的酸向红糟移动，红糟的糖向配糟移动，配糟含酒量高于红糟。当红糟酸度增大、糖量减少，酵母死亡率增高，引起红糟内酸度猛烈上升。一般经验是在配糟酸度大时，熟粮水分少的产酒较好。

9. 蒸馏工序

与高粱小曲白酒操作法相同。

（三）多粮小曲白酒生产工艺

小曲白酒一般采用单粮生产，目前，已经有用多粮生产小曲白酒[16]。

1. 配料

选用优质糯高粱、小麦、玉米、大米、糯米为原料。不同的企业配料比例不同，如选用高粱、黑糯米、大米、糯米、玉米为原料，配比为 1:（0.6~0.7）:（0.6~0.7）:（0.5~0.6）:（0.3~0.4）[19]。

将各种原料先单独粉碎，粉碎度以大于 20 目筛的占 70% 以上，小于 20 目筛的占25%~30% 为宜，按一定的粮食配比混合，加入一定量已清蒸好的糠壳（糠壳量一定要适中，糠少，熟粮易成团；糠多，产酒有杂味），拌和均匀，收拢成堆。

2. 润粮

按原料量的 60% 左右，取 70~80℃（按季节调整）的热水，分次加入已拌和均匀的粮食中。以高温快翻的原则，经多次加热水翻拌均匀后收拢加盖麻袋堆积 24h，其间每隔 5~6h 翻料一次，若发现粮食较干，及时补加原料量 2%~3% 的热水。堆积过程中，冬季品温可高达 42~45℃，夏季可达 47~50℃。润料后物料要求不淋浆，手捻成粉，无硬心，无疙瘩，无异味。

3. 蒸粮

当天蒸酒结束后，将锅内甑脚水冲洗干净，用井水渗足底锅水，安好甑箅，撒层谷壳（铺满甑箅，不漏粮为佳），将已翻拌好的湿料装入甑内一层。打开蒸汽阀门，待蒸汽冒出料面时，将粮食薄而均匀地撒入甑内。待圆汽后，将原粮量3%的井水泼于粮食表面，盖甑蒸粮80min左右出甑。要求物料熟而不黏，内无生心。

4. 出甑

将熟料出甑，在晾床上摊成长方形，泼入原料量30%～40% 20℃左右的井水，并翻拌均匀，降温撒曲。春季加水量35%～38%，夏季34%～40%，秋冬季30%～35%。

5. 撒曲做箱

将打好量水的粮食开动鼓风机，吹凉至一定的温度后，翻动粮食，撒2次曲后（总用曲量为原料的0.5%），收拢进箱，加上新鲜盖糟，培菌22～26h。不同室温下做箱要求见表6-1。

表6-1　　　　　　　　　不同室温下做箱要求[16]

参数	室温/℃					
	0～5	5～11	11～15	16～20	21～25	26～28
撒曲温/℃	39～42	38～40	36～38	34～36	32～35	29～30
进箱温/℃	32～33	31～32	30～31	29～30	27～29	27～28
最低品温/℃	31	31	29～30	27～28	26～27	—
箱厚/cm	20	20	27～28	19	18	18

6. 吹凉配糟

将所需一定量的配糟在晾床上吹凉至20～22℃，摊平，将培菌糟出箱，均匀摊在配糟上，吹凉，翻拌均匀，入池发酵。表6-2为不同室温下的入池工艺参数。

表6-2　　　　　　　　　不同室温下的入池工艺参数[16]

品温	室温/℃									
	5～7	7～9	9～11	11～13	13～15	15～17	17～19	19～21	19～21	23～25
配糟品温/℃	27	26	25	25	24.5	23	22	21	21	23
进池品温/℃	25	24	23.5	23	22.5	22	20	19	19	23

不同季节的配糟比：春秋两季按1:4，夏季按1:（4～5），冬季按1:（3.5）。

7. 蒸酒

蒸酒主要通过物理、化学变化过程来实现，控制不同阶段的操作，从而可得到不同质量的酒。

蒸酒前放甑底水,逐层轻倒匀撒,探汽装甑,待圆汽后,盖甑流酒。盖甑 5min 内流酒,流酒时保持汽压均匀一致,截头去尾。缓汽蒸酒,大汽追尾酒,蒸尽糟醅里的残酒,又可冲去糟醅中的部分酸水,以利于为下排池留好糟醅。

根据糟醅情况,留下配糟,其余为丢糟。

8. 多粮小曲酒质量

多粮小曲酒感官与理化指标见表 6-3、表 6-4。与单粮小曲酒比较,多粮小曲酒增加了香气的复合感和醇厚感。

表 6-3   多粮小曲酒感官指标[16]

酒种	感官
多粮小曲白酒	清亮透明,粮香复合较好,入口绵甜,丰满醇厚,回味怡畅
单粮小曲白酒	清亮透明,清香纯正,入口较绵,较醇厚,回味爽净

表 6-4   多粮小曲酒理化指标[16]   单位:g/L

项目	多粮小曲白酒	单粮小曲白酒	项目	多粮小曲白酒	单粮小曲白酒
总酸	1.05	1.01	乳酸乙酯	0.67	0.87
总酯	2.35	1.69	甲醇	0.045	0.041
乙酸乙酯	2.02	1.09	杂醇油	0.78	0.97

(四) 夏季停产后的复产工艺

夏季因温度高,少数小曲白酒厂被迫停产 40~50d,在秋季才能恢复生产。在停产前将最后一排酒的酒糟趁天晴晒干保存,在秋季复产时使用,第一排酒质好,出酒率高达 48%~50%（以 57%vol 计）。

工艺操作[18]:一次投粮 200kg,用干母糟 200~250kg,先将干母糟放在晾堂一角处用 50~60℃的热水 100~120kg 分几次边洒水边翻拌均匀,使干糟吸足水分,第二天早上熟粮出甑后,将洒水后的母糟撮入甑内扣盖,上汽后扣尖盖蒸 30~35min,后敞尖盖用手捏,手指缝有水泡子为宜,无水泡子则再向甑内糟面洒水 3kg,再蒸 5~10min,将蒸好的母糟部分作为盖箱糟,一部分撮入囤撮内,作为桶内底面糟,其余作为次日的箱上甜糟与母糟混合入池发酵。由于酒母糟有调节淀粉的密度、温度、酸度、水分的作用,所以酒质好、出酒率高。

(五) 固态法小曲酒异常现象及解决办法

1. 糖化工艺的异常现象与处理

（1）烧箱不糖化 箱上温度上升过高过快,出箱无糖化现象,有异味。主要是收箱温度过高，配糟加盖过急，配糟温度过高，加盖草垫过急、过早、过多，使有害菌繁殖加速，抑制了根霉菌与酵母菌的繁殖生长。

补救方法：对箱及时降温，刮去箱上的盖糟，散发热气，入池时加曲药（视箱上的情况确定加量），入池后加一定量的尾酒（15～20kg）[16]。

（2）酸箱 酸箱原因：摊凉时间过长，熟粮水分较小，工具不清洁等，杂菌感染过多。由于杂菌的严重危害，酸箱在热季常发生。补救方法：日常做好清洁卫生，采用高温薄箱的经验，缩短摊凉时间，减少杂菌感染，对酸箱提前出嫩箱，进池发酵前，加曲药传堆进池，装池完毕加尾酒[16]。

（3）箱面底面冷边、冷角、冷醅 这是根霉与酵母菌繁殖不良、糖化不好的反映，以上情况由于收箱温度过高、摊凉过久、箱上水分蒸发过多，箱底谷壳太潮湿、粮食未糊化好、不透心、不均匀，箱盖得不恰当等造成的。补救方法：加强蒸粮和箱上管理，将糖化不好的培菌糟集中起来，加曲药，拌均匀装入池心。装池完毕，再将尾酒与热水（冷凝器水）调成35～37℃加入池内，促进池内升温发酵[16]。

（4）发酵不正常情况的分析 池内升温慢或升温不够，导致熟粮糊化不好，糖化发酵力弱。由于曲药质量不好，糖化发酵力弱，配糟品温低。

池内只升温没有吹，是由于配糟摊凉时间过长，染上杂菌，应采取灌入热水补救，同时改进下排池配糟的摊凉办法。

头吹猛，升温快；二吹弱；三吹降度；由于出箱过老、发酵快，发酵期提前结束，如发现此种现象，应提前蒸酒[16]。

2. 异味酒及处理措施

（1）酒苦味产生的原因及解决方法 主要产生原因：一是入箱温度过高，盖糟温度过高、过急，出箱温度过老（38～40℃），均易使酒产生苦味。二是曲大酒苦。如果是用麸皮为原料生产的根霉酒曲，以玉米、高粱为原料生产时，冷季用曲0.7%，热季用曲0.6%；以黏高粱、小麦、稻谷为原料生产时，冷季用曲0.65%，热季用曲0.55%[18, 20]。三是熟粮和配糟水分过多，易使酒带苦味。最适宜的用水量：如干粮100kg，经蒸煮后称重在215～225kg为合适。四是加浆用水如为含钙、镁、磷等物质的硬水，易使酒带苦味，不清亮，浑浊带白色。

（2）酒涩麻味产生的原因及解决方法 在箱上培菌糖化过程中，箱温过高、盖箱糟温度过高、盖箱过快过急，就会为杂菌生长制造条件，箱上污染杂菌，培菌糖化不好，易引起酒的涩麻味。

甜糟与配糟混合转堆温度差距要合适，正常甜糟比配糟高2～4℃时，转堆入池，混合进池后，用一节竹筒，插入池心，筒内吊一只温度表，隔2h后，检查发酵池内团烧温度在22～25℃为合适，反之易使酒带涩味。晾堂每天下班时应打扫干净，端撮要每天洗一次，要求盖箱糟与发酵池面糟不发霉，发现盖池薄膜漏洞多要更换，阻止发酵池面糟发霉，否则烤出来的酒怪味重。曲药烤酒时，做好探汽装甑，不踏汽。如果踏汽，会使出酒率降低，产生的尾酒多，酒精度低，怪味多。中火烤酒才能将酒中的有效成分蒸馏出来，反之，用大火烤酒，易把一些不必要的成分蒸馏到酒中。

（3）酒霉味产生的原因及解决方法　晾堂要做好清洁卫生，酒厂边的垃圾应清除，要将饲养场隔离好。新酒厂开始生产和老酒厂秋季恢复生产时，晾堂及发酵池要撒上生石灰水灭杂菌后再清扫干净，端撮、掀等工具放入甑内扣尖盖，蒸 30min 灭杂菌后再使用。霉变的粮食、霉稻谷壳，不能用来生产酒，如用霉变粮食或霉稻谷壳生产酒，酒的霉味重，且无法去除。烤酒时应做到看花接酒，截头去尾，才能克服酒中的怪味。

四、 药香型白酒生产工艺

以董酒为代表的药香型白酒主要产于云南、贵州等省区。产品风味质量特征是融植物药香和浓香为一体。

董酒酿造工艺特点是麦小曲、米小曲作糖化发酵剂，制曲时添加中药材，用高粱在小窖中固态发酵生产小曲白酒。发酵 12d 蒸馏得到的小曲酒柔、绵、醇和、回甜[21-22]；酒糟加麦小曲在特殊窖泥制成的大窖中发酵半年，制成香醅；采用独特的串香工艺[10, 22-24]，或用小曲酒醅串蒸大曲香醅；或用小曲酒串蒸大曲香醅，后者工艺流程见图6-5。

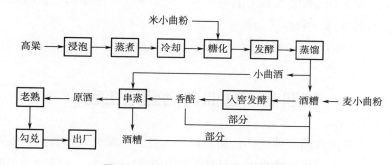

图6-5　药香型白酒生产串蒸工艺流程图

（一）小曲白酒生产

原料高粱加90℃热水浸泡 8h，再放水滴干，装甑蒸粮 40min，用 50℃热水焖粮，放去热水，再蒸 2h，开甑盖冲阳水再蒸 20min，达到透心。熟粮出甑摊凉，撒小曲粉0.5%拌匀，入箱培菌。箱底及四周放一层小曲酒糟，约 3cm 厚，保温糖化，用量约为投粮量的 2.4 倍。经24h，品温不超过 40℃为宜。再和配糟混匀，鼓风冷却至 28℃左右入窖，加适量热水。封窖密闭发酵 6~7d，蒸得小曲白酒。小曲白酒生产用小窖，小窖窖壁是白泥泥窖。

（二）麦小曲香醅生产

取隔天蒸酒后的高粱小曲酒糟（也称"红糟"）750kg、董酒糟350kg、香醅350kg（俗称"三糟"），加麦曲粉（加95味中药制成）75kg，拌匀入窖。夏天将当天的入窖糟耙平踩紧。冬天将发酵糟在窖内或晾堂堆积1d，堆积升温至35~40℃，次日将入窖糟耙平踩紧。入窖糟水分在66%~70%。入窖后，每2~3d向窖内洒酒一次，每窖约加酒精含量为60%vol的小曲酒550kg左右，至12~14d结束。用拌黄泥的煤粉封窖。发酵10~12个月，即为香醅。

生产董酒的窖泥材料很特殊，采用当地的白泥和石灰为主要材料，并用当地产的洋桃藤泡汁拌和搭好窖壁，使窖池偏碱性[24]。

在生产董酒香醅的过程中，以红糟比例稍大的三糟配比的香醅质量最好，因为在堆积升温培养的作用下，红糟来源于小窖，小窖酒醅主要产乙酸乙酯、乙酸和部分醇类等成分，红糟中剩余的乙酸通过培养与醇类发生酯化反应生成部分乙酸乙酯等酯类物质[22]。

（三）串蒸工艺

取出香醅350~400kg，加1%稻壳，拌匀。底锅加入一定量的小曲酒，加热装香醅于甑箅上串蒸。或将小曲香醅先装于甑的下方，然后再装香醅串蒸。截取酒精含量61%vol的中馏酒，分等入库、贮存、勾调。

第四节　麸曲白酒酿造工艺

所谓麸曲白酒是用麸曲作糖化剂，用酵母作发酵剂，糖化发酵高粱、玉米或薯干而生产的一种白酒。由于使用的糖化剂为糖化力较强的糖化菌株，发酵剂为发酵力强的酵母，且菌种单一，因而出酒率高，发酵周期短，成本低，但酒的口感单一，其质量与大曲酒相比较差。

麸曲白酒的生产技术是中华人民共和国成立后总结烟台酿酒操作而形成的。烟台酿酒操作法即酿制麸曲白酒的关键是"麸曲酒母，合理配料，低温入窖，定温蒸烧"。其含义是："麸曲酒母"是指要选择培养好、适应性强、繁殖力强、代谢能力强的优良曲霉菌和酵母菌；"合理配料"是指酿酒的原料之间的配比要合理，使得酒醅中的水分、酸度、糖分、淀粉的浓度合理，为糖化发酵提供最佳条件；"低温入窖"是指酒醅的入池温度要低，这样有利于有益微生物的生长、繁殖，有利于提高酒质，提高出酒率；

"定温蒸烧"就是要确定合理的发酵期及发酵温度，掌握发酵的最佳时机进行蒸馏，确保丰产丰收。

麸曲白酒的生产工艺因酒的香型不同，其生产方法也不相同。目前麸曲法可以生产麸曲酱香型白酒、麸曲清香型白酒、麸曲浓香型白酒和麸曲芝麻香型白酒。它们生产的主要工艺流程与同香型的大曲白酒相类似。不同的是它们用麸曲作糖化剂，用酒母作发酵剂，发酵时间一般在 3~6d。

一、 传统麸曲白酒生产工艺

（一）原料的粉碎

薯干、高粱或玉米原料经过粉碎应能通过 $\phi 1.5 \sim 2.5 mm$ 的筛孔。薯干原料可用锤式粉碎机粉碎，高粱等粒状原料可用辊式粉碎机破碎。粉碎系统采用气流输送设备。

（二）配料

配料时要根据原料品种和性质、气温条件来进行安排，并考虑生产设备、工艺条件、糖化发酵剂的种类和质量等因素，合理配科。

麸曲白酒的发酵容器一般用水泥池、石窖或大缸，发酵过程中无法调节温度，只有适当控制入池淀粉浓度和入池温度，才能保证整个发酵过程在适宜的温度下进行。

温度与淀粉浓度。根据酵母的生理特性，要求发酵温度最高不超过 36℃，若入池温度控制在 18~20℃，也就是在发酵过程中允许的升温范围在 16~18℃，根据每消耗 1%淀粉浓度醅温升高约 2℃计算，那么在发酵过程中可以消耗淀粉浓度 9%左右，而一般酒醅的残余淀粉浓度为 5%左右，说明入池淀粉浓度应控制在 14%～15%。如果采用续糟法生产，因为酒醅反复发酵，入池淀粉浓度可以适当提高一些，可控制在 15%～16%。

一般薯类原料和粮谷类原料，配料时淀粉浓度应在 14%～16%为宜。辅料用量占原料量的 20%～30%。粮醅比一般为 1∶（4~6）。以薯干粉为原料（以含淀粉为 65%计），采用清蒸一次发酵法生产，原料配比冬季为薯干粉∶鲜酒糟∶稻壳 = 1∶5∶（0.25~0.35），夏季 1∶（6~7）∶（0.25~0.35）。

（三）蒸煮

一般采用常压蒸煮。薯类原料由于组织松软，容易糊化，若用间歇混蒸法，需要蒸煮 35~40min。粮谷原料及野生原料由于其组织坚硬，蒸煮时间应在 45~55min。若薯干原料采用连续常压蒸煮只需 15min 即可。各种原料经过蒸煮都应达到"熟而不黏、内无生心"的要求。薯干原料利用新鲜酒糟的余热润料 2~4h，控制润料温度 50℃，润料水分为 50%~54%，则连续蒸煮时间可缩短为 7~8min，既节约了蒸汽，又利于排杂。

（四）冷却

利用带式晾糙机进行连续通风冷却，调节风温在 10~18℃。冷却带上的料层不宜太厚，可在 25cm 以下。冷风应成 3°~4° 的倾斜角度吹入热料层中。风速不宜过高，以防止淀粉颗粒表面水分迅速蒸发，而内部水分来不及向外扩散，致使颗粒表面结成干皮，影响水分和热量的散发。晾糙时要保持料层疏松、均匀，上下部的温差不能过大，防止下层料产生干皮，影响吸浆和排杂。

考虑到不同气温对散热快慢的影响以及保证能在适当的温度范围内进行发酵，晾糙后，料温要求降低到下列范围：气温在 5~10℃ 时，料温降到 30~32℃；气温在 10~15℃ 时，料温降到 25~28℃；气温高时，要求料温降低到降不下为止。

（五）加曲

酒醅冷却到适宜温度即可加入麸曲，搅拌均匀，入池发酵。

加曲温度一般在 25~35℃，可比入池温度高 2~3℃，加曲温度过高，会使入池糖分过多，为杂菌繁殖提供条件，易引起酒醅发黏结块，影响吸浆，并使发酵前期升温过猛，对出酒不利。

曲的糖化酶活性高，淀粉容易被糖化，可少用曲，反之则多用曲。一般用曲量为原料量的 6%~10%，薯干原料用曲量为 6%~8%，粮谷原料用曲量为 8%~10%，代用原料用曲量为 9%~11%。

应尽量使用培养到 32~34h 的新鲜曲，少用陈曲。加曲时为了增大曲和料的接触面，麸曲可预先进行粉碎。

（六）加酒母、加水

可把酒母醪和水混合在一起，边搅拌边加入。酒母用量一般为投料量的 4%~7%，每千克酒母醪可以加入 30~32kg 水，拌匀后泼入酒醅进行发酵。加浆量应根据入池水分来决定。

（七）入池条件

一般入池温度应在 15~25℃，根据气温、淀粉浓度、操作方法的不同而异。

（八）发酵

发酵期仅 3~5d。发酵时，发酵温度前期上升稍慢，中期平稳，后期不再上升，符合"前缓、中挺、后缓落"的趋势。

（九）蒸馏

使用甑桶蒸馏，缓汽蒸酒，大汽追尾，流酒速度 3~4kg/min，流酒温度控制在 25~35℃，并根据酒的质量掐头去尾。

罐式连续蒸酒机目前没有标准化，由于在蒸馏时整个操作是连续进行的，因此在操作时应注意进料和出料的平衡，以及热量的均衡性，保证料封，防止跑酒。

（十）贮存老熟

刚生产出来的新酒，口味欠佳，一般都需要贮存一定时间，让其自然老熟，可以减少新酒的辛辣味，使酒体绵软适口，醇厚香浓。

二、 麸曲酱香型白酒生产工艺

最早的麸曲酱香型白酒是凌川白酒，原先是麸曲加生香酵母的工艺，可能偏重清香型。1965 年茅台试点后，吸取了堆积工艺，选用汉逊酵母与原来的生香酵母分别发酵产酒，勾调为成品，改变了酒的风味，创造了麸曲酱香型白酒。麸曲法酱香型白酒发酵期短，出酒率高[25]。至 20 世纪 80 年代初，贵州省轻工科研所选用细菌 6 株、酵母菌 7 株、河内白曲 1 株，采用分别制曲，混合使用，清蒸续糟，加曲堆积等工艺，酿制出优质酱香型白酒[26]。

（一）麸曲酱香型白酒生产工艺

麸曲酱香型白酒生产工艺流程见图 6-6。

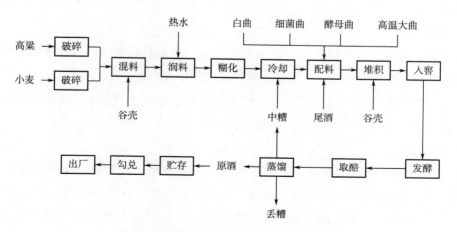

图 6-6　麸曲酱香型白酒生产工艺流程[27]

1. 生产原料

高粱无霉烂变质，粉碎成4~6瓣；小麦无霉烂变质，粉碎成2~3瓣；粮食粉碎时应尽量避免产生细粉；谷壳应未受潮霉变，无邪杂味。加入小麦能使麸曲酱香型白酒的酱香更为明显，用量10%~25%，用量过大时，对出酒率有影响[28]。北方一般采用85%的高粱，15%的小麦[29-30]。

2. 润粮

采用两次润粮，第一次将高粱全部置于晾堂上，加入占原料总量25%的80~85℃的热水（或常温水），拌匀，将小麦盖在上面，堆积30min。第二次再加入占原料总量30%的80~85℃的热水（或常温水），拌匀后盖上谷壳，继续堆积1h。谷壳的用量以保证熟粮不结团为度。

3. 蒸料

装甑前先将甑箅扫干净，再于甑箅上撒谷壳5cm厚。将原料拌匀，见汽装甑。装甑蒸粮要求糊化彻底，无硬心，一般要求上大汽蒸粮3h。如非连续操作，则用大汽蒸料1h，关汽焖粮过夜，次晨圆汽复蒸1h即可出甑。蒸粮时可不加盖，而盖上将用于蒸馏操作的谷壳，节省谷壳单独清蒸的工序。出甑时，用扬麸机将熟粮扬在晾堂上摊凉。

4. 配料堆积

熟粮摊凉至35~40℃（冬高夏低）。加入曲子总量的一半左右，拌匀一次，收堆。

以麸皮占酿酒原料的质量计，白曲20%，细菌曲3%，酵母3%。白曲采用机械通风制曲，糖化力要求≥500mg葡萄糖/（g曲·h）（于40℃时测定）。细菌曲和酵母可采用帘子培养或机械通风培养。

取蒸酒后的中糟［粮糟比1：(4~4.5)，冬少夏多]，在晾堂摊凉至35~40℃，加入另一半的曲子，拌匀做成配糟，留下部分不加粮另堆，用作盖糟。将上述熟粮与配糟、曲子拌匀起堆，堆高1.2~1.5m。起堆温度夏季应接近室温，冬季在35~38℃为宜。堆顶品温46℃左右即下窖。

5. 入窖发酵

入窖时，每窖泼入原料质量20%左右的尾酒，中糟入窖条件：水分50%~54%，淀粉12%~18%，酸度1.4~2.3，尾酒要求分层均匀泼入。

中糟与盖糟之间用少量谷壳隔开，糟子装完后，必须当天踩窖封窖，用黄泥封窖，盖上塑料薄膜，避免漏气、烧包。发酵期在21d左右。

6. 开窖蒸馏

开窖时应注意将霉糟取出，蒸酒时，甑子甑底必须冲洗干净，以避免混入杂物影响酒质。蒸酒时盖糟与中糟应分开蒸馏，盖糟酒与中糟酒应分开贮存。如盖糟酒质量较差，作为次品酒处理。盖糟蒸馏后即为丢糟。出窖时，中糟水分一般在58%左右，酸度≤3.5，淀粉在10%左右。

蒸酒时，酒醅应拌入经清蒸除杂过的谷壳 8% 左右（按原料质量计），顶汽装甑，缓慢蒸馏；接酒时断花酒精度 56%vol，接足尾酒，接近窖底的一甑酒通常窖香较好，宜分开入库。

7. 入库贮存

入库酒精度规定为 56%vol。每坛酒应标编号、入库时间、酒精度、净重，香型分为酱香、窖香、醇甜 3 类，陶坛贮存。勾调时应突出酱香风格，并力求做到醇和协调，尾净味长。

8. 成品酒质量要求

酒精度可定在 53%~54.0%vol，总酸（以乙酸计）≥ 1.2g/L，总酯（以乙酸乙酯计）≥ 2.5g/L。

感官要求为无色（或微黄），清澈透明，无沉淀，无悬浮物，酱香显著，较幽雅细腻，入口醇和，香味协调，回味较长，有空杯香。

（二）大曲麸曲结合法酱香型白酒生产工艺

由于北方用于生产的高粱为粳高粱，含直链淀粉高达 27%，且角质率高，吸水量大，吸水率低，糊化温度高。二、八破粮，高温大曲发酵六轮以后，醅子含淀粉及糖分仍较高，材料发黏，如再继续发酵，酒精生成量很低，这是由于高温大曲的糖化力、发酵力均很低。而以黑曲霉为菌种制得的麸曲的糖化力较高，为了提高出酒率及酒质，高温大曲发酵六轮以后采用大曲、麸曲相结合的方法生产酱香型白酒[31]。

高温大曲六轮出酒以后，转入大曲、麸曲相结合的工艺，再发酵三个轮次即七、八、九轮。每轮共投入细高粱面 1000kg，加入大曲 5%、麸曲 20%、酒母 8%，填充稻壳 10%，回醅量根据六轮醅子的酸度、黏度及入窖条件而定，一般 1:（4.0~4.5）。

大曲麸曲相结合三轮发酵的平均出酒率为 54.76%（65%vol 计算），明显高于大曲酱香型白酒的出酒率 35.38%（表 6-5）。大曲麸曲新酒酱香味不明显，口味和细腻感也较差，但经过 1 年的贮存，酒的酱香明显增加，特别是大曲麸曲七排酒，酱香增加程度较大，与大曲六排新酒的香味接近（表 6-6）。

表 6-5　　　　大曲 1~6 轮及大曲麸曲结合三轮发酵结果[31]

参数	大曲 1~6 轮	大曲-麸曲 7 轮	大曲-麸曲 8 轮	大曲-麸曲 9 轮	大曲-麸曲 7~9 轮
残余淀粉/%	10.9	9.5	8.9	8.5	
投料量/kg	2500	1000	1000	1000	3000
产酒量/kg	884.5	588.5	556.0	498.2	1643
主料出酒率/%	35.38	58.85	55.60	49.82	54.76

表 6-6　　　　　　　　　　　　酒质感官品评结果 [31]

分类		评语
大曲六排	新酒	酱香较明显，香气协调，口味较醇厚，较细腻，后味较长
	陈酒	酱香突出，香气协调，口味醇厚，较细腻，后味长
大曲麸曲七排	新酒	酱香不明显，香气较大，口味醇和，尚细腻，后味较长
	陈酒	酱香较明显，香气协调，较醇厚，较细腻，后味长
大曲麸曲八排	新酒	酱香不明显，香气较大，尚醇和，欠细腻，后味较长
	陈酒	酱香明显，香气较协调，较醇厚，尚细腻，后味较长
大曲麸曲九排	新酒	酱香不明显，香气尚大，欠醇厚，不细腻，后味不长
	陈酒	酱香不明显，香气较大，尚醇厚，不细腻，后味不长

注：陈酒指贮存 1 年的酒。

三、 麸曲清香型白酒生产工艺

麸曲清香型白酒以山西祁县六曲香酒最为著名。

（一）主要生产菌种

系采用 As 3384 米曲霉、10009 根霉、10075 犁头霉、10005 红曲霉、30124 拟内孢霉、R12 酿酒酵母、汾 II、3077 及 3001 生香酵母、30124 白地霉等 11 株菌种，分别培养后，混合使用于酿酒生产。除米曲霉和酿酒酵母外，其余菌种均由汾酒大曲及酒醅中分离得到 [10]。

由于各菌种和用曲量不同，米曲霉、根霉、毛霉及犁头霉采用通风制曲；拟内孢霉培养用帘子曲；红曲霉用曲匣培养。这 6 株霉菌分别培养成麸曲，因此称为六曲香。3 株生香酵母和白地霉以玉米糖化液培养于卡氏罐中备用。

酿酒采用高粱为原料，使用"清蒸混烧清六甑操作法"，发酵 8~10d。

（二）工艺流程

麸曲清香型白酒生产工艺流程如图 6-7 所示。

（三）工艺要求

高粱经粉碎成细粉粒，过 10~20 目筛占 50%，过 40 目筛占 20%~40%，粮醅比 1：（5.5~6），粮水比 1：0.4，辅料为投料量 30%，用曲量 12%，其中米曲霉麸曲 6%，根霉麸曲 2%，拟内孢霉麸曲 1%、红曲霉麸曲 1%，毛霉、犁头霉混合麸曲 2%。菌液量

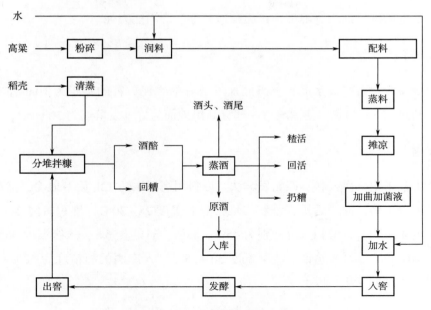

图6-7　麸曲清香型白酒生产流程

为原料的8%，其中酿酒酵母3%、生香酵母3%、白地霉2%。曲及酵母菌液总量的80%用于粮醅，20%用于回糟。

　　正常生产时，发酵窖内有4甑酒醅，即粮醅3甑，回糟1甑。发酵结束后，蒸酒4甑，蒸料2甑，蒸酒后扔糟1甑。第1甑出窖酒醅蒸酒后，冷却，加曲及酵母液，拌匀入窖发酵为回糟。第2甑是出窖酒醅蒸酒后，出甑趁热拌入新投高粱，焖蒸不少于60min。配料不足的酒醅，待第4、5甑蒸料后入窖前再补足。第3甑出窖酒醅蒸酒后，冷却，加曲及酵母液，分成2堆作为第4、5甑入窖前配料用。第4、5甑分别蒸第2甑焖的新粮，不少于30min，出甑冷却，加曲、酵母液及水。与第3甑的一半酒醅混合后入窖发酵。第6甑蒸出窖的回糟酒，蒸馏后作扔糟处理。入窖完毕后，封窖发酵8~10d，出窖蒸馏，按质接酒，分级入库，贮存半年后勾调。

四、 麸曲芝麻香型白酒生产工艺

（一）原料与预处理

　　原料采用颗粒饱满、品质优良的高粱，加5%麸皮。高粱粉碎度以4~6瓣为主体，辅料用稻壳，清蒸后使用。

（二）麸曲

　　制曲菌种是河内白曲。该菌种特点是酸性蛋白酶高而酒精性强、产酸高、耐酸性强。酵母是南阳酵母加生香酵母，该类酵母产酯、产酒能力强。

（三）发酵窖

发酵设备为条石窖或水泥窖。窖底加发酵好的香泥。窖的容积为 10m³ 左右，窖的深度以不超过 1.5m 为宜，使酒醅有一部分高出地面为好，发酵期为 30d。

（四）发酵

发酵工艺采用一次投料，四轮发酵法。原料用高温水润 12h 后，散冷，然后加入上排备用的酒醅 1 倍，混合后进行堆积，堆积起始温度 28~30℃，堆积时间 24~48h，堆积终了温度 44~50℃，堆积水分分别为 45%、49%、53%、56%，入窖温度 36℃，窖内升温幅度 10~12℃。缓慢蒸馏，流酒温度 30~35℃，入库酒的酒精度为 58%~62%vol，陶瓷缸贮存，存期 1 年半以上。

（五）工艺中应注意的问题

山东景芝酒厂总结出生产中应该注意的问题如下[32]。

1. 原料中增加麸皮

配料中加部分麸皮，增加了蛋白质含量，也就是提高了各种氨基酸含量及品种，为杂环化合物的形成提供了物质基础。有对照试验证明，采用麸曲生产芝麻香型白酒，其香气优于大曲法生产的白酒。

2. 强化堆积控制

实现"三高一低"，即高淀粉浓度、高温堆积、高温入窖、低水分。

堆积过程是水分、酸度、淀粉含量的下降，糖分、总酯的上升过程。堆积过程中，淀粉分解为糖，蛋白质分解为氨基酸，为美拉德反应提供了前体物质。堆积过程是网罗空气中各类酵母菌并使其增殖的过程。

3. 使用生香酵母

生香酵母采用固态法培养，使细胞数增加，菌体蛋白增加，有助于芝麻香的形成。

4. 窖底加发酵好的香泥

使酒中有一定量的己酸乙酯，对芝麻香有烘托作用。

五、 大曲麸曲结合法芝麻香型白酒生产工艺

大曲麸曲结合法芝麻香型白酒生产工艺采用麸曲占 90%，大曲占 10%，一同参与发酵，产出的酒芝麻香更浓，酒体更丰满[32]。

第五节　糖化酶与活性干酵母应用于固态法白酒生产

一、酶在不同香型白酒生产上的应用

糖化酶、蛋白酶、纤维素酶等酶制剂已经在白酒生产中得到应用，如表6-7所示。

表6-7　　　　　　　　　　　　酶制剂在白酒生产中的应用

酶制剂	应用范围	白酒香型	参考文献
糖化酶	酒醅	浓香型、清香型大曲酒、小曲米香型白酒	[33-36]
	回缸、丢糟	酱香型、浓香型、清香型大曲酒	[36-37]
耐高温淀粉酶	酒醅	浓香型大曲酒	[36]
中温淀粉酶	生料酿酒	米香型小曲白酒	[36, 38]
酸性蛋白酶	酒醅	米香型小曲白酒	[36, 39-43]
纤维素酶	酒醅	清香型大曲酒、清香型麸曲酒	[36, 44-45]
酯化酶	酒醅	浓香型大曲白酒	[36]
	酒尾黄水综合利用	浓香型大曲白酒	[36, 46-47]
复合酶	酒醅	浓香型大曲白酒、浓香型麸曲白酒、米香型小曲酒	[34, 36, 48-53]
	丢糟	酱香型大曲白酒	[34, 36, 49, 53-54]
	后轮次发酵	兼香型大曲白酒	[34, 36, 49]

将淀粉酶、糖化酶、蛋白酶、脂肪酶、纤维素酶等进行复配，开发出一种复合增香酶，充分利用酶的水解、酯化功能，促使香味组分的合成，大幅度增加香味成分的含量，以提高浓香型白酒品质。在润粮水中加入原料量0.01%的复合增香酶，使原料变软，缩短蒸煮时间；在粮糟中，再添加原料量1.5‰~20‰的复合酶，可提升优质酒品率30%以上。在丢糟中添加复合酶，可提高原料出酒率6%以上[50]。

浓香型白酒生产时使用一种混合酶时，可减曲6%，酶用量2‰，同时在大糙、小糙和回缸中使用，使用后出酒率提高6.9%，优质品率提高27.77%（表6-8）[48]。

表 6-8 试验与对照产量、质量对比[48]

项目	试验汇总				对照汇总			
	产量/kg	一级酒/kg	优质酒/kg	出酒率/%	产量/kg	一级酒/kg	优质酒/kg	出酒率/%
第一排	7355.54	1581.1	774.44	42.06	1706.6	1208.9	497.7	30.40
第二排	2119.9	1303.5	816.4	37.86	1807.3	1060.2	747.1	32.28
第三排	2236.7	1235.9	1000.8	40.02	2048.1	955.9	1092.2	36.57
平均	2237.8	1373.5	863.88	39.98	1854	1075	779	33.08

二、 活性干酵母与糖化酶在不同香型白酒上的应用

20 世纪 90 年代开始，曾经大面积推广应用酒精活性干酵母（alcohol activity dry yeast，AADY），麸曲酱香型白酒、清香型白酒、浓香型白酒等均有应用[55-57]。

AADY 的活化主要有两种方法，一种是直接用水活化。如将 AADY 溶于 20 倍 35～40℃热水中，复水活化 1h，待料温降至 30℃时，加入酒醅中。另一种是在蔗糖溶液中活化。将 AADY 加入 40℃添加 1%砂糖的自来水中，40℃保温活化 80min，然后与曲粉一起加入酒醅中。

在使用 AADY 时，一般要加入糖化酶，否则 AADY 很难发挥作用。添加糖化酶的同时，要减曲。减曲的计算依据是每 1g 原料按需糖化力 110U 计算。根据香型不同，一般减曲量为原料用曲量的 5%～10%。

AADY 使用后，普遍可以提高出酒率 5%～15%。如应用 TH-AADY（耐高温AADY）、糖化酶和高温大曲替代麸曲酿制麸曲酱香型酒，使原粮出酒率由 25.11%（65%vol）提高到 34.79%，酒质保持了原有风格[58]。在浓香型白酒中，出酒率提高过多时，往往伴随着原酒质量的下降。

参 考 文 献

［1］李大和，李国红 . 川法小曲白酒生产技术（一）［J］. 酿酒科技，2006，139（1）：117-121.

［2］范文来 . 我国古代烧酒（白酒）起源与技术演变［J］. 酿酒，2020，47（4）：121-125.

［3］范文来 . 从清朝《六必酒经》看中国蒸馏酒与国外蒸馏酒生产技术的差距［J］. 酿酒，2021，48（1）：134-138.

［4］刘义刚，李兰．青稞小曲白酒生产方法初论［J］．酿酒科技，2002，112（4）：57-59.

［5］李大和．不同原料川法小曲酒生产技术评述［J］．酿酒，2006，33（1）：5-8.

［6］李大和，李国红．川法小曲白酒生产技术（二）［J］．酿酒科技，2006，140（2）：105-108.

［7］黄名扬，曾钧，郭庆东，等．传统小曲米香型白酒生产的工艺技术探讨［J］．现代食品科技，2013（4）：845-847.

［8］李大和，李国红．川法小曲白酒生产技术（三）［J］．酿酒科技，2006，141（3）：117-120.

［9］李大和，李国红．川法小曲白酒生产技术（七）［J］．酿酒科技，2006，145（7）：111-119.

［10］沈怡方，李大和．低度白酒生产技术［M］．北京：中国轻工业出版社，1996.

［11］沈怡方．白酒生产技术全书［M］．北京：中国轻工业出版社，1998.

［12］李大和．试论豉香型白酒独特风格的成因［J］．酿酒科技，2004，121（1）：24-27.

［13］郭波，谢敏，金佩璋，等．豉香型斋酒浸肉试验报告［J］．酿酒科技，2002，110（2）：39-41.

［14］何松贵．豉香型白酒发酵与米种的关系［J］．酿酒科技，2005，138（12）：45-50.

［15］张湛锋．豉香型白酒中的高级脂肪酸乙酯的形成机理和影响其生成的因素［J］．酿酒，2005，32（5）：39-40.

［16］李净，张明．多粮小曲白酒工艺技术的初步研究［J］．酿酒科技，2006，146（8）：66-68.

［17］曾祖训．川法小曲白酒的发展与创新［J］．酿酒，2006，33（1）：3-4.

［18］凌生才．提高小曲白酒酒质酒率的关键［J］．酿酒科技，2005，137（11）：53-54.

［19］李大和，李国红．川法小曲白酒生产技术（九）［J］．酿酒科技，2006，147（9）：114-118.

［20］凌生才．固态法小曲白酒出现怪味的解决方法［J］．酿酒科技，2006，139（1）：124-125.

［21］冉晓鸿，邱树毅，范怀熠，等．董酒小窖发酵工艺参数变化分析［J］．酿酒科技，2012（7）：76-78.

［22］冉晓鸿．董酒香醅生产控制因素的探讨［J］．酿酒科技，2008（12）：62-64.

［23］沈怡方．我国名优白酒的技术进步（综述）［J］．酿酒科技，1992，60（2）：55-57.

［24］李大和．建国五十年来白酒生产技术的伟大成就（二）［J］．酿酒，1999，131（2）：22-29.

［25］曹述舜．酱香型酒概述［J］．贵州酿酒，1981（2）：28-31.

［26］熊子书．贵州茅台酒调查回眸［J］．酿酒科技，2000，100（4）：26-29.

［27］时卫平．新型酱香型白酒的生产［J］．酿酒科技，2005，134（8）：54-55.

［28］吴广黔．贵州麸曲酱香型白酒的酿造工艺特点［J］．酿酒科技，2008，164（2）：65-66.

［29］朱秀珍，张伟．应用纯种微生物和自然微生物生产麸曲酱香型白酒工艺探讨［J］．酿酒，2001，28（3）：42-43.

［30］彭金枝，洪静菲．提高麸曲酱香型酒的几项措施［J］．酿酒，2001（28）：3.

［31］魏晓琨，刘建华，朱剑宏，等．应用麸曲和大曲相结合生产酱香型白酒［J］．齐齐哈尔轻工业学院学报，1995，11（2）：65-69.

［32］王凤丽．谈芝麻香型白酒［J］．酿酒，2006，33（4）：32.

［33］纪志军，李家运．耐高温活性干酵母及糖化酶在浓香型大曲酒生产中的运用［J］．酿酒，

1999（6）：59-60.

[34] 刘和荣. 森普林阿米诺酶在大曲酒生产中的应用 [J]. 酿酒科技, 1999（5）：71-72.

[35] 王传荣, 王吾红. 生香 ADY 和 TH-AADY 在小曲米香型白酒中的应用试验 [J]. 酿酒科技, 1999（6）：50-51.

[36] 余有贵, 杨志龙, 罗俊, 等. 中国传统白酒生产用酶的动态研究 [J]. 酿酒科技, 2006, 147（9）：74-77.

[37] 邹立贵, 范光先. 产酒酵母 AS 2109 在茅台酒丢糟中的应用 [J]. 酿酒科技, 2002（5）：44-45.

[38] 王涛. 米香型白酒生料酿酒 [J]. 酿酒科技, 2000（4）：43-44.

[39] 王彦云, 孟祥春, 任连兵. 酸性蛋白酶的生产与应用的研究 [J]. 酿酒, 2003（3）：16-18.

[40] 周恒刚. 白酒生产与酸性蛋白酶 [J]. 酿酒, 1991（6）：5-8.

[41] 唐胜球, 董小英, 许梓荣. 酒用酸性蛋白酶的研究进展 [J]. 酿酒科技, 2005, 127（1）：41-44.

[42] 魏炜, 张洪渊, 戴森, 等. 酸性蛋白酶的性质及其在白酒酿造中的应用 [J]. 酿酒科技, 1997, 84（6）：18-20.

[43] 阎致远, 王祥河, 程志娟, 等. 酸性蛋白酶的性质及其在白酒生产中的应用研究 [J]. 酿酒科技, 1995, 72（6）：16-17.

[44] 尚维, 杨福祺, 刘群. 纤维素酶在清香型优质白酒中的应用研究初探 [J]. 酿酒, 1996（2）：20-21.

[45] 邢晓晰, 温亚丽, 王晓江. 纤维素酶在白酒生产中的应用研究 [J]. 酿酒科技, 1998, 89（5）：32-33.

[46] 庄名扬, 孙达孟, 侯明贞, 等. 酯化酶粗酶制剂生产及在浓香型酒的应用 [J]. 酿酒科技, 1993, 56（2）：22-26.

[47] 吴衍庸. 红曲酯化新技术及在中国白酒上的应用 [J]. 酿酒科技, 2004（6）：29-32.

[48] 范文来, 陈翔, 吴家杰. 阿米诺酶应用于洋河大曲生产试验的研究 [J]. 酿酒, 2000, 27（5）：45-47.

[49] 陈家健. 阿米诺酶在酿酒生产中的应用 [J]. 酿酒科技, 2000（4）：53-54.

[50] 杜明松, 张清辉, 王剑英, 等. 绿微康复合增香酶在浓香型白酒中的应用 [J]. 酿酒科技, 2006, 140（2）：63-64.

[51] 崔如生. 阿米诺酶在大曲酒生产中的应用 [J]. 江苏食品与发酵, 2001（3）：25-27.

[52] 王述荣, 陈翔, 许乃义. YH-AM 复合酶制剂在洋河大曲生产中的研究与应用 [J]. 酿酒, 2004, 125（2）：36-41.

[53] 董友新. 阿米诺酶在浓酱兼香型白酒酿造中的应用 [J]. 酿酒, 2004, 121（1）：42-43.

[54] 周建平, 张义. 阿米诺酶在武陵酒回糟生产中的应用 [J]. 酿酒科技, 2000（6）：57.

[55] 康明官. 白酒工业新技术 [M]. 北京：中国轻工业出版社, 1996.

[56] 沈怡方. 科学而又有效地推广应用酒用活性干酵母进一步提高酿酒行业的经济效益 [J]. 酿酒科技, 1994, 61（1）：53-55.

［57］沈怡方.在第二届全国安琪酒用酵母技术交流会上的讲话：积极开展酿酒活性干酵母的应用［J］.酿酒科技,1994（3）：32-35.

［58］曾佐益,蔡江.应用TH-AADY生产麸曲酱香型酒的研究［J］.酿酒科技,1993,57（3）：50-53.

第七章

大曲酒酿造工艺

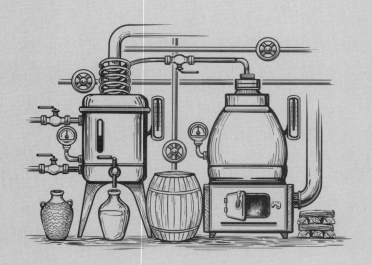

第一节　大曲酒生产工艺概述

酿酒生产上有一个说法，即"水是酒之血，粮是酒之肉，曲是酒之魂"，说明了水、粮食和大曲对酒的质量的影响。现代科技研究表明，发酵的微生物区系、发酵工艺、发酵容器是影响白酒产量、质量的主要因素（表7-1）。

表 7-1　　　　　　　　　　　不同香型酒酿造工艺与产品风格

香型	糖化发酵剂	酿酒原料	酿酒工艺	发酵方式	发酵容器	产品风格
酱香型	小麦高温大曲	高粱	二次投料，多次发酵，大用曲量，发酵周期1个月	双边固态发酵	窖池，石壁，泥底老窖	主体香不明确
浓香型	小麦、大麦、豌豆，中偏高温大曲	单粮型：高粱　多粮型：高粱、小麦、大米、糯米、玉米	续糟法，混蒸混烧，1~3月发酵	双边固态发酵	泥窖，老窖	己酸乙酯为主体香
清香型	小麦与豌豆，次中温大曲	高粱	清蒸二遍清，约1个月发酵	双边固态发酵	地缸	传统认为乙酸乙酯和乳酸乙酯为主体香，但 β-大马酮和一些硫化物十分重要[7]
米香型	小曲	大米	先培菌糖化，再发酵，发酵期短	单边发酵，固态糖化液态发酵	陶缸或不锈钢罐	传统认为乳酸乙酯、2-苯乙醇为主体香
凤香型	小麦与豌豆，中温大曲	高粱	续糟法，混蒸混烧，约1月发酵	双边固态发酵	泥窖，1年换一次泥	主体香不明确
兼香型	小麦高温大曲	高粱	前6轮酱香型工艺，后2轮浓香型工艺	双边固态发酵	窖池，石壁，泥底老窖	主体香不明确

续表

香型	糖化发酵剂	酿酒原料	酿酒工艺	发酵方式	发酵容器	产品风格
老白干香型	小麦中高温大曲	高粱	续糟法，混蒸混烧，约1月发酵	双边固态发酵	地缸	土味素[8]
芝麻香型	小麦中温曲，加细菌麸曲	高粱	续糟法，混蒸混烧，约1月发酵	双边固态发酵	水泥池	主体香不明确
特型	面粉、麸皮和新酒糟，中高温大曲	整粒大米	续糟法，混蒸混烧4甑操作，1月发酵	双边固态发酵	红赭条石砌窖壁，水泥勾缝，泥底	主体香不明确
董香型	小曲、大（块）曲，全部加入中药	高粱	小曲法酿酒，大曲制香醅，串蒸工艺	固态糖化液态发酵与双边固态发酵结合工艺	小曲酒用缸，大曲酒用泥窖，老窖	主体香不明确
豉香型	小曲，有时加入中药	大米	先培菌糖化，再发酵，发酵期短。酒中浸泡肥肉	单边发酵，固态糖化液态发酵	陶缸或不锈钢罐	反-2-烯醛类，主要是反-2-壬烯醛[9]

古人云"冷水浆酒暴辣，热水浆酒绵柔；曲大酒苦暴辣，曲小酒甜绵柔；曲过细酒暴辣，曲过粗酒淡薄；入温高酒暴辣，入温低甜绵柔；糠量大酒暴辣，用糠少酒绵柔；水太大酒淡薄，水太小酒无味；发酵猛酒暴辣，发酵缓酒绵柔"，这就详细说出了酿酒工艺对酒品质的影响。

在白酒风味的影响上，有"生香靠发酵、提香靠蒸馏、成型靠勾调"的说法。

我国白酒生产工艺按原料与酒醅的混合方式不同，可以分为清糟法与续糟法。酒醅，俗称糟醅、秕子（1950年前）[1-2]、醅子[1]，是指发酵成熟或正在发酵的材料；已经发酵成熟的材料也称为母糟。配入新原料即新粮食后的酒醅称为糟。配入粮食蒸馏蒸煮后的酒醅或糟称为饭醅或粮糟。

续糟法又分为清蒸清吊与混蒸混吊两种工艺。所谓清蒸清吊工艺是指蒸煮原料与酒蒸馏单独进行，在蒸馏取酒后的酒醅中，拌入蒸煮好的粮食。混蒸混吊工艺是指在酒醅中添加新的原料，同时进行蒸馏取酒与原料蒸煮的工艺。混蒸混吊工艺能增加原酒中粮食加热后的香气。

我国白酒生产的主流操作仍然是手工和半机械化为主的模式，但不少企业进行了机械化、自动化和智能化的实践，已经取得成功[3-4]。在大曲白酒生产方面，主要体现在芝麻香型白酒生产上，已经全面应用自动化生产[5-6]，浓香型、清香型等香型白酒部分工段如装甑等已经实现机械化操作[6]。

　　无论是何种香型大曲酒，其生产工艺流程是类似的，主要包括原料粉碎、出窖（缸）、配料、装甑、量质接酒、原料蒸煮、出甑冷却、加水加曲、入窖（缸）发酵、贮存老熟等。现分述如下：

一、　酿酒原料

　　传统的酿酒经验认为"高粱酿酒香，玉米酿酒甜，大麦酿酒冲，大米酿酒净，糯米产酒绵，豌豆酿酒鲜，薯干酿酒苦"[10-11]。绝大部分香型白酒的酿酒原料是高粱，特香型、米香型和豉香型白酒用大米。除了高粱以外，不少企业还使用大米、糯米、小麦、玉米等作为原料，是为多粮型白酒。如五粮液、剑南春采用五种粮食酿酒[12-14]。

二、　原料粉碎与润料

　　原料在配料前必须粉碎。粉碎后的高粱称为糙子、渣子[1]、糁。原料颗粒太粗，蒸煮糊化不透，曲的作用不彻底，将许多可利用的淀粉残留在酒糟里，造成出酒率低；原料过细，虽然易蒸熟，但蒸馏时易压汽，酒醅发腻（黏），易起疙瘩，这样就要加大填充料用量，给成品质量带来不良影响。由于浓香型大曲酒均采用续糟法，母糟都经过多次发酵，因此，原料不需要粉碎过细。

　　原料在拌料前有的需要润料。润料一般使用80℃以上热水，如果水温低，水很难吸收，从原料表皮大量流失造成原料吸水不均匀，达不到工艺要求润粮的目的，蒸粮时糊化不够，原料发"生"率大，不利于微生物生长繁殖，对发酵和各轮次取酒都不利。

（1）润料　　　　　　　　　　　（2）拌料

图7-1　润料与拌料

在清香型白酒生产中，高温润料也称为高温润糁。高温润糁时，水分不仅附着于原料淀粉颗粒的表面，而且易渗入淀粉颗粒内部。曾进行过高温润糁、蒸糁分次加水和在蒸糁后一次加冷水的对比试验，当采用同样的粮水比，其测定结果是前者入缸时，发酵材料不淋浆，发酵升温较缓慢，而后者淋浆，采用高温润糁所产成品酒比较绵、甜。另外，高粱中含有少量果胶，高温润糁会促进果胶酶分解果胶形成甲醇，在蒸糁时即可排除，降低成品酒中甲醇含量，这些说明高温润糁是提高产品质量的一项措施。

三、 出窖

浓香型大曲酒生产使用泥窖（池），俗称老窖［图7-2（1）］；如果发酵泥是人工生产的，则称为人工老窖；酱香型大曲酒使用条石与泥窖结合的发酵容器［图7-2（2）］；清香型大曲酒使用地缸发酵［图7-2（3）］。

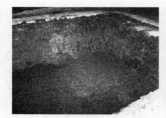

（1）浓香型窖池　　　　　　　（2）酱香型发酵窖　　　　　　　（3）清香型地缸

图7-2　发酵容器

出窖，俗称起窖、出池、出缸（清香型白酒），即使用人工（图7-3）或机械化方式如行车抓斗（也称抱斗）[15-16]，将酒醅从发酵容器中挖出的过程。有的企业为了保护窖池，采用人工出窖，酒醅置于料斗中，但采用行车或电动葫芦辅助运输，而不是使用人工手推车或背篓[16]。

图7-3　出窖

四、配料

固态法白酒生产时，清香型传统工艺即"清蒸二遍清"是不需要配料的。

将出甑后酒醅与粮食混合的过程称为拌料（图7-4），拌料有人工拌料、抓斗辅助拌料和机械化拌料[17]三种。

（1）人工拌料　　　　　　　　　　（2）半机械化行车抓斗拌料

图7-4　配料与拌料

老五甑工艺中，糟又分为大糟、二糟、小糟。大糟，也称为粮糟、粮糙，是指配入粮食较多的物料；二糟与大糟配料一样，或称第二个大糟。小糟，亦称红糟，是配入原料较少的物料，有时也称为三糟，此时配入的原料量与大糟相同。回缸，也称为回糟、回糙，是指酒醅不加入新原料蒸酒后，只加糖化发酵剂，再次入窖发酵的醅子。扔糟又称丢糟，是指回缸出窖蒸酒后不再发酵利用的物料。

在白酒生产时，要使霉菌、酵母菌和细菌在整个发酵中充分发挥作用，必须给它们创造适宜的条件。合理配料是重要基础，投料过多，往往使淀粉浓度超过限度，淀粉得不到充分利用，反而造成多投料而少出酒；而入窖淀粉过低，出酒率提高不多，浪费劳动力。因此准确掌握入池淀粉浓度是配料是否合理、出酒率能否提高的关键。入窖水分的高低，也会影响到出酒率的提高，为了多产酒，应当在不淋浆的前提下，增加用水量，以利于出酒率的提高。

五、装甑

将配料或不配料的酒醅装入甑桶的过程称为装甑（图7-5），也称上甑。酒醅与原料混合在一起，同时装甑蒸馏蒸煮的，称为"混蒸法"或"混蒸混吊法"；而将酒醅单独蒸酒，原料单独蒸煮，然后混合或不混合发酵的，称为"清蒸法"或"清蒸清吊法"。

（1）带冷却装置的甑桶　　　　　　　　　（2）人工装甑

图7-5　带冷却装置的甑桶与人工装甑

甑，亦称甑桶、甑锅，呈花盆形，上口略大于下口，用木材、水泥或金属材料制成，是蒸粮和蒸酒的主要设备，有活动甑和翻动甑等类型。在甑桶的底部有一层用竹或金属材料制成，以托住酒醅或粮醅的材料称为甑篦或底篦（sieve tray）。甑桶的盖称为甑盖（still lid），又名云盘、迫盖、天盘，系用木质或金属材料制成，中心有导气孔。甑桶与冷却器连接的过汽导管，称为锅龙（vapour guide），又名过汽筒、云龙、横龙。将蒸出的酒气冷却成酒液的设备称为冷却器（condenser），一般用高锡、铝或不锈钢等金属材料制成。

装甑的工具早期通常是木锨、簸箕（或称端撮、撮箕），后改为铁锨和马口铁簸箕。

按一个酿酒机组上甑的多少分类，有单甑桶（图7-5）、双甑桶和三甑旋转间歇蒸酒机（俗称三转盘甑）三种主要方式[15]，短时间内出现过四转盘甑。

按甑桶与地面固定方式分为固定甑与活动甑。活动甑通常是不锈钢制作的，用行车或电动葫芦可以吊起，从底部抽出插销即可完成酒醅出甑（图7-8）；而固定甑需要人工出甑。

更详细的蒸馏工艺请参见第九章。

六、接酒

接酒，又称掐酒、摘酒[18]。接酒时［图7-6（1）］，要做到"掐头去尾、量质接酒"。掐头去尾是指在蒸酒时，截去酒头和酒尾的工艺。量质接酒是指在断花前，将酒头摘除，酒身部分边接边尝，根据馏分的质量特点，分别接取，取其质量较好的馏分。

早期白酒酒精度由于无酒精计测量，更无统一标准。在甑桶蒸馏过程中，馏分酒精度的高低，主要凭经验观察，即所谓"看花接酒"。看花接酒是指通过看酒花的形状和大小来判断蒸出的酒液酒精度的高低。所谓"花"，亦称"泡"，是指酒液倒在器具内溅起来的泡沫［图7-6（2）］。

（1）人工接酒

（2）酒花

图7-6　人工接酒与酒花

看花具体做法是酒师用镦子（现大部分企业改为不锈钢茶杯）接酒，再用看花杯舀一杯酒液，倒在镦子里，看溅起的泡沫，确定酒精度。花分两种，一种为酒花，泡沫持久不散。另一种为"水花"，泡沫很快消失，这表示酒精度很低或没有酒。酒花大致分这几类：满花，花约玉米粒大，这时酒精度在70%vol以上；三分花，花有高粱粒大，这时酒精度在60%vol以上；平花，花小，消失较快，这时酒精度在48%vol左右；边花，中心花消失快，四周花消失较慢，酒精度低。目前接酒的酒花介于"三分花"和"四分花"之间，即酒精度53%~55%vol[19]。四川将"酒花"分为：大清花（大如黄豆，酒精度约75%vol），小清花（大如绿豆，酒精度58%~63%vol），花酒（酒花满面不散，酒精度57%vol），断花（无酒花出现），云花（断花后，酒花大小如小碎米，酒精度约40%vol），二花（酒花大小不一，酒精度约20%vol），油花（在酒的上面有一层似油状的薄膜）[20]。小曲白酒蒸馏开始流酒时，用玻璃瓶截去酒头后，这时将基酒接入酒缸，用酒匙接酒看花[20]。

成品酒的"三花"和"五花"之分。所谓某酒有几个花是指该酒可加十分之几水而成为"花酒"。"花酒"是指原酒加水，使酒泡达小米粒大小，连接若串珠，历1~2min不灭，为准则，所含酒精度约42%（质量分数），即50%vol左右。

七、原料蒸煮

原料蒸煮是在蒸馏后，在同一甑桶上进行原料蒸煮。

清香型白酒的清蒸二次清工艺原料是单独蒸煮；米香型和豉香型白酒的原料单独蒸煮（第六章）。单独蒸煮可以使用常压或加压蒸煮设备，可以是立式，也可以是卧式（图7-7）。

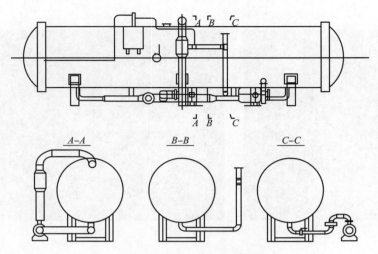

图 7-7　卧式蒸煮锅立面图及部分剖面图[21]

八、 出甑

将蒸馏后的酒醅（俗称饭醅或粮糟）从甑桶中取出的过程称为出甑（图 7-8），俗称挖锅[22]。

（1）人工出甑　　　　　　　　　　　（2）半机械化活动甑桶出甑

图 7-8　人工出甑与半机械化出甑

九、 冷却

出甑后的酒醅不能立即加曲发酵，要进行冷却处理。一般冷却翻拌用人工扬凉［图 7-9（1）］、鼓风机辅助扬凉［图 7-9（2）和（3）］和扬凉机（cooler，亦称凉糟机、晾糟机）通风扬凉等，凉糟机为电机与风翼联体，外形如图 7-10 所示，剖面图如图 7-11 所示，上部有料斗器具，使出甑的物料扬冷、打散、疏松。

图7-9　酒醅人工冷却

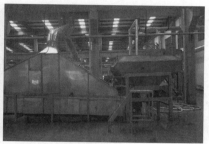

（1）半机械化冷却装置　　　　　　　（2）自动化流水线冷却装置

图7-10　半机械化冷却与自动化流水线冷却

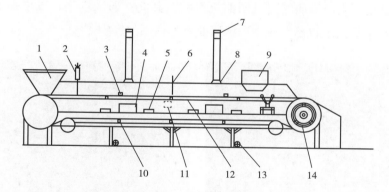

图7-11　凉糟机立面图[21]

1—进料斗　2—调节板　3—搅拌杆　4—风机接口　5—水温空调接口　6—自动测温表　7—排汽筒
8—加曲箱　9—墙面抽风机　10—托辊　11—观察口　12—不锈钢网带　13—风机　14—传动辊

十、　加水加曲

酒醅出甑后冷却前要加热水，此称为打量水、加浆（水）、泼量、焖头，主要是使出甑后的物料充分吸水膨胀。

加曲是在饭醅中加入糖化发酵剂的过程，如使用糖化酶、干酵母也在此时与曲一起拌匀后加入。

十一、　堆积发酵

　　有些香型白酒在酒醅加水、加曲后并不立即入窖发酵，特别是酱香型、兼香型和某些浓香型、清香型白酒，而是将准备入窖发酵的酒醅在生产现场先堆积，自然发酵1~5d（通常夏季2~3d，冬季3~5d），此工艺称为堆积发酵［图7-12（1）］。有时在酒醅堆积前，要加入一定量的酒尾（也称为尾酒）。

　　堆积可以让曲粉中产酒产香的微生物充分与已糊化好的淀粉和尾酒接触，便于生长繁殖。又由于堆积暴露在空气中，一可网罗空气中有益微生物，二可供给氧气，有利于好氧与兼性好氧微生物生长繁殖，进行糖化发酵。目前，一些企业为了有利于好气微生物繁殖，通常在堆积1d后，翻堆，此操作可以缩短堆积时间。

　　尾酒的作用：（1）一定数量的尾酒可以抑制部分有害微生物的生长。（2）尾酒中的酒精和酸等成分可以促进淀粉酶和酒化酶以及各种酶的活化。（3）尾酒能带来一部分香味前体物质。（4）能供给一部分微生物营养。

　　芝麻香型白酒生产已经使用机械化堆积，通常有两种，一种是卧式堆积［图7-12（2）］，一种是使用生产麸曲的圆盘制曲机堆积，其间，通入空气，以增加好气微生物生长[23]。圆盘堆积技术也已经应用到浓酱兼香型白酒生产中[24]。

（1）人工自然堆积　　　　　　　　　（2）机械化通风堆积

图7-12　堆积发酵

十二、　入窖发酵

（一）入窖温度

　　入窖温度的高低是影响出酒率的重要参数。低温入窖可以控制适宜的发酵温度，醅母不易衰老，杂菌也不易繁殖，糖化发酵彻底，使淀粉得以充分利用。因此采用低温入窖，可以保证生产的均衡性，多产酒。但低温入窖受外界气温条件的限制，在高温季节宜采用人工调温和使用冰镇水来降低入窖温度，并采取调整配料比例，降低淀粉浓度，减少麸曲和酒母用量，以缩短发酵期、调整工作时间等措施，尽量达到低温入窖的要求。

不同香型白酒在入窖时主要控制入窖（或缸或池）温度、入窖（或缸）水分、入窖（或缸）酸度、入窖（或缸）淀粉以及投料量与用曲量等工艺参数，但不同香型白酒工艺参数是不一样的。如泸州老窖认为入窖温度是"热平地温、冷13（℃）"，入窖酸度1.2～1.7（pH3.8～4.0），入窖水分53%～54%，入窖淀粉17%～19%（冬）、14%～15%（夏），用曲量为18%～20%，对产品质量和粮耗都有好处。大曲酒生产时，如发酵温度控制适宜，发酵时间适当延长，则产品酯的含量较高而味浓郁；如发酵温度偏低，时间短，酒味就淡薄。所以各种名酒、优质酒的发酵周期都比较长。

（二）入窖水分

入窖水分少的己酸乙酯生成量多，入窖水分大的己酸乙酯生成量少。水分适当可增加浓香型白酒中己酸乙酯含量100～300mg/L[25]。

（三）入窖酸度

酒醅中适当的酸可以抑制部分有害菌的生长繁殖，有利于糖化和糊化作用，保证发酵正常进行。如果酒醅酸度过大，首先，它会抑制有益微生物的生长与繁殖，使糖化、发酵不能正常进行，导致出酒率下降，产酒少，酒的总酸高，酸味严重。其次，酸度过大时，酵母菌的发酵能力减弱，而糖化作用反而增大，酒醅中的糖化作用导致糖分大量增加，给耐酸的乙酸菌等有害杂菌提供营养，浪费粮食。第三，酸本身也是由淀粉、糖分转化来的。从理论上计算，每升高一个酸度，每500kg酒醅要损失8.3kg 60%vol的酒，相当于损失酒醅中淀粉的1.5%[26]。

在浓香型白酒研究中发现，适当的酸度还能提高己酸乙酯生成量。四川酒适宜的入窖酸度为1.7左右，若酸度超过2，影响正常发酵，己酸乙酯生成量也受到影响而减少。经验证明，入窖酸度在1.8左右比1.0左右的可增加己酸乙酯含量300～500mg/L。

在发酵过程中升酸幅度亦影响着己酸乙酯的生成。出窖糟与入窖糟比较，升酸1度*左右，己酸乙酯生成量在1000mg/L左右；升酸1.5左右，己酸乙酯生成量在1500mg/L，以后每上升0.1度可增加己酸乙酯200mg/L左右。也就是说，泸酒发酵过程中，在正常发酵的情况下，升酸越高，己酸乙酯生成量就越多。

注：＊酸度是指10g酒醅消耗0.1mol/L氢氧化钠溶液的体积（mL），没有单位，余同，除特殊标注。

为了保证合理的酒醅酸度，应注意以下几点[26]：（1）注意控制酒醅水分。（2）堆积时，收温不要过高。（3）控制糠壳用量。稻壳含量高，酒醅中空气含量大，发酵温度高，酸度升高幅度大。（4）适时下窖，否则酒醅易发烧霉变，酸度随之增高。（5）尽量不用新曲。新曲本来酸度不高，但制曲时潜入的大量产酸菌会使酒醅酸度猛增。在比较干燥的条件下，这些细菌会大部分死掉或失去繁殖能力，所以经过贮存的陈曲，酿酒时酸度会比较低。（6）保持生产场地的清洁卫生，防止杂菌感染。认真管理窖池，防止窖皮裂口，空气侵入，引起好气性杂菌大量生长繁殖，导致酒醅酸度增高。（7）注意尾酒的质量和用量，如酸度过高，可抬盘冲酸。

（四）入窖淀粉

淀粉含量高，生成己酸乙酯多。一般说来淀粉含量在 10%～20% 生成己酸乙酯多。有的厂为了提高出酒率，控制入窖淀粉在 15% 左右，这种情况不利于己酸乙酯的生成。经验证明，入窖淀粉在 18% 左右时比在 15% 左右时能增加己酸乙酯含量 100～300mg/L。因此粮糟比一般控制在 1：（4.5～5）。目前不少企业将入窖淀粉浓度控制在 18%～22%。

（五）入池糟醅含氧量

入池糟醅含氧量对糟醅发酵很重要，其含氧量主要受踩池松紧和辅料谷壳的添加量影响。通过 5 轮实验研究表明：添加 20% 的辅料谷壳和进行 100% 的踩池较适宜，可提高白酒产量 3%～5%，提高酒质 2%～5%；无论冬、夏都可 100% 踩池，糟醅水分中所溶解的氧足够酵母繁殖所需[27]。

（六）掌握收堆温度与时间

收堆温度约为 30℃，可按不同季节而调整堆的高度。若收堆温度过低，则物料升温缓慢，最终品温偏低，其结果虽产量有所增加，但酒香较差，酒体较软；若收堆温度和最终堆温偏高，则酒香较好，但产量减少，还易产生焦煳香和苦味及氨味，并使生成的部分酯分解。堆积最高品温控制在 45～50℃[25]。

（七）封窖

酒醅全部入窖后要封窖。同时要进行踩窖等日常管理。封窖是以专用的黏土或塑料布盖在窖面的发酵物料上，将窖面密封，隔绝空气以进行发酵的操作。踩窖是待发酵物料入窖后，人工适当踩压，以免发酵物料间存留过多的空气，并防止过分塌陷的一道工序。

封窖的目的是杜绝空气与杂菌的侵入，造成窖内厌氧环境，以抑制大部分好气菌的生酸作用；同时酵母在空气充足时，繁殖迅速，大量消耗糖分，发酵不良，在空气缺乏时，才能起到正常的缓慢发酵作用，因此严密封窖、清窖是十分必要的。

（八）窖池管理

在发酵过程中，卫生管理不善，侵入大量杂菌也能影响酒味。如由于细菌作用的结果，酒味发臭、发苦；或生成丙烯醛（CH_2=CHCHO），辣眼流泪（白酒中检测到1,1,3-三乙氧基乙烷即是证明[28]）；或使酒的酸度增高。麸曲白酒生产是利用纯种微生物，因此在制备麸曲和酒母时，特别要做好各项灭菌工作，以防止感染大量杂菌，否则往往会严重影响出酒率。经验证明，凡是曲、酒醅、材料上感染青霉菌时，酒就必然发苦，且苦味的延续性也强。窖子管理不善，透入空气而烧包（上层发干或长了大量霉菌。其中包括青霉菌）的酒醅，在蒸馏时，邪杂味会移入酒内，不但酒具苦味，并且有霉味。因此，搞好环境卫生和生产卫生，是保证产品质量和提高出酒率的重要措施。

发酵过程温度监测可以采用手工监测和仪器监测。仪器监测现在通常采用无线传感网络的温度感知装置[29-30]。

（九）黄水

在发酵完成后一般要抽黄水或滴窖黄水。黄水是发酵过程中逐渐渗入窖底部的棕黄色液体。滴窖是发酵过程中窖底部酒醅中含水量较高，在起窖时让窖内的酒醅沥去部分黄水的工艺。

十三、 传统"老五甑" 工艺简介

酿造浓香型大曲酒采用固态混蒸续糟发酵工艺操作，大致有跑窖法、原窖法、老五甑法或老六甑法等几类。

（一）"老五甑"工艺及其特点

浓香型大曲酒一般采用传统的"老五甑"工艺生产。其工艺特点为：人工老窖，中高温曲，清（混）蒸混吊，续糟法老五甑，中长期发酵，长期贮存，精心勾调。

老五甑是续糟配料典型操作方法之一。续糟是指原料与发酵好的酒醅混蒸（即蒸料糊化与蒸酒在甑内同时进行）或清蒸（蒸酒与蒸原料分开进行），然后混合在一起发酵的模式。其酿酒操作方法是将上一轮发酵好的大糟全部挖出，分别取两个1/3以上的酒醅（俗称底醅），配入原料总量各35%左右糁子，得两个"大糟"（早期称大量[2]）。其余不足1/3的底醅，加入约30%的新粮，得一个"小糟"（早期称小量[2]）。将上次发酵好的小糟，挖出蒸酒，为一甑"回缸"（早期称灰[2]）。上次发酵完的回缸，挖出蒸酒，为一甑"扔糟"。这样的五甑操作法，称为"老五甑"。有些地区为提高淀粉利用率和出酒率，常增加一甑活，故又称"老六甑"。

1. "混蒸混吊"与"清蒸混吊"续糟法老五甑工艺

"混蒸混吊续糟法老五甑工艺"是指将粮食与酒醅混在一起蒸馏（吊酒）的操作。"清蒸混吊续糟法老五甑工艺"是指将原料单独清蒸（一般圆汽 5min），再与酒醅混在一起蒸馏的操作。"老五甑"工艺具有如下的优点：一是粮食本身含有的香味物质，如含少量的酯类或可能含有的芳香族酚类、香兰素等，在蒸馏的同时，会随蒸汽进入酒中，起增香作用，这种香称为"粮香"。二是原料和酒醅混合后，原料能吸收酒醅中的有机酸和水，有利于原料的蒸煮、糊化。三是酒醅与粮食混合后，再蒸馏，可以减少蒸酒时加入填充料的用量。四是原料在窖内经多次发酵后，才成为扔糟，可以提高原料淀粉的利用率，扔糟的残余淀粉含量低。五是原料和酒醅混合后，多次发酵，有利于积累和形成大量的香味前体物质，有利于浓香型大曲酒形成以己酸乙酯为主体的香味物质。

2. 老五甑工艺立糟和圆排

立糟，也称为升缸，是指新投产时，原料经拌料、蒸煮糊化、加糖化发酵剂，第一次酿酒发酵。从原料投料开始至蒸酒、入窖发酵结束的一次生产周期称为排（cycle）或轮。掉排，又称垮窖，是一排或连续几排的生产结果与正常相比，少出酒或不出酒的现象。老五甑工艺生产流程示意图见图 7-13。

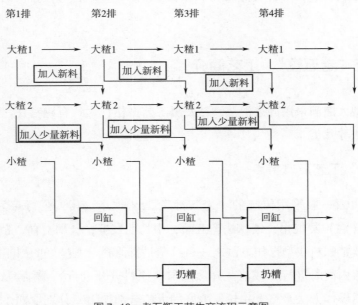

图 7-13 老五甑工艺生产流程示意图

注：最右侧箭头指重复操作。

（1）第一排 新窖投产时，必须使用部分糟。一般地，投料量与正常生产时一样，用曲量比正常生产时偏低，而用壳量则较大。

工艺参数例一：投料量750kg，底子300kg，总投料量1050kg。配成两个大糙，一个小糙，大糙配料分别为400kg，小糙配料250kg。用曲量：大、小糙用曲量均为60～65kg，另加10～15kg撒窖底盖窖头，总用曲量为200～210kg，用壳量为160～180kg。

工艺参数例二：投料量及配比不变，用壳量不变。用曲量：大糙用曲为65～70kg，小糙用曲为55～60kg，另加10～15kg撒窖底盖窖头，总用曲量为200～210kg。

（2）第二排 小糙经发酵后，配成回缸，其余配成两个大糙和一个小糙。此时，投料量、用曲量与正常生产时相同，用壳量为140～160kg。

（3）第三排 此排为圆排，出现五甑活，有扔糟，工艺参数及操作与正常生产时一样。第三排以后的生产与第三排生产时一样。

（二）原窖操作法与跑窖操作法

所谓"原窖法"，是指发酵酒醅在生产过程中，每一窖的糟醅经过配料、蒸馏取酒后仍返回到本窖池。传统的原窖法生产，窖内的酒醅分为两个层次，即母糟层和红糟层，每甑母糟统一投粮，投与投粮量成相应比例的糠、水、曲。每窖母糟配料后增长出来的糟醅不投粮，蒸馏后覆盖在母糟上面，谓之"红糟"。红糟、母糟均入窖。发酵出窖时，每窖糟醅发酵后要全部从窖内取出，堆置在堆糟坝上，以便配料蒸馏后重新将糟醅返回原窖。传统的"原窖法"工艺重视了原窖发酵，避免了糟醅在窖池间互相串换。在此基础上，泸州老窖酒厂创造了"原窖分层酿制工艺"。原窖分层酿制工艺的基本特点就是对发酵和蒸馏的差异扬长避短，分别对待。这个方法可概括为：分层投粮、分期发酵、分层堆糟、分层蒸馏、分段摘酒、分质并坛，简称"六分法"。"六分法"吸取了"老五甑法"的"分层投粮""养糙挤回"的特点，充分利用酒醅淀粉，提高母糟风格和酒质[31]。

跑窖操作以五粮液最为著名，操作时需开2～3口窖才能使发酵糟正常循环。例如，2#窖或3#窖的发酵糟经加粮蒸煮后，入窖时却投入1#窖或2#窖，故称之为"跑窖"。与酒醅原入原出的原窖法、老五甑法相比，跑窖法的突出优势在于有足够优良的条件滴窖降酸（一是直接在池子里控黄水，可减少酒损；二是滴窖时间长，一般在20h以上），酒醅中的黄水充分滴出，减轻了原酒的黄水味及杂味，同时也降低了出窖酒醅的含水量，进而减少了用糠量，使酒质更加纯净，具有原窖法等无可比拟的优点。目前，五粮液的跑窖工艺已经在北方酒厂得到应用[32]。

（三）季节影响——夏季掉排及防治

白酒特别是浓香型大曲酒在夏季生产时，经常出现出酒率不高、质量下降的情况，这一现象称为"掉排"[33-36]。长期以来，掉排问题一直没有得到解决，虽然采取了很多措施，并进行了大量的生产技术研究。目前，不少企业干脆在夏季压窖停产，避开高温季节的生产，但压窖停产后的生产恢复仍然不太理想。

夏季生产掉排的现象有：出酒率下降，酒质量下降；出窖酒醅呈现"三高"即出窖糖分高，酸度高，淀粉含量高。主要原因有：夏季温度高，酿酒酵母发酵激烈，主发酵期缩短，产酒率下降；同时，乳酸菌快速繁殖，酒醅酸度相应上升[33]。研究发现，乙酸与乳酸酸度大于1.7，己酸和丁酸酸度大于0.3，己酸、丁酸、乙酸和乳酸酸度大于0.9，老窖黄水酸度大于1.65，新窖黄水酸度大于2.0时，就会抑制大曲的发酵[37]。

解决夏季掉排的措施有：适当增加辅料、发酵房控温发酵、入池酒醅降酸、改变投料量、大汽追尾、加强卫生工作、应用FAD降酸等[34-36, 38-40]。

(四)"稳、准、细、净"的工艺原则

"稳、准、细、净"是河北涿县酒厂在全国举办白酒试点时总结的经验，这个经验与烟台酿酒操作法一样，具有普遍意义[41]。

"稳"是指工艺管理掌握要稳，控制酿酒操作条件也要稳，特别是控制酒醅的入池温度和入池酸度更加要稳。稳定了的工艺条件一般不要随便变动。例如，在一定季节条件下，各种配料比（包括粮醅比、粮糠比、粮曲比、粮水比、加酒母量等）和入池条件（包括入池温度、入池水分、入池淀粉和入池酸度）要保持相对稳定，不要忽大忽小，忽高忽低。有些酒厂反其道而行之，特别在出酒率不高时，心中无数，掌握入池温度、水分、配醅量等忽高忽低，甚至猛增猛减，盲目乱干，结果使酒醅波动很大，出酒率仍没有好转。类似这些情况，属于不稳。"稳"的首要一点，就是要做到入池酸度稳定，应以入池酸度为基准，调整配料比例和各种入池条件。但在调整工艺条件时，切记稳增稳减，不可忽高忽低。

"准"是指工艺操作条件掌握得准，要求严格按照工艺操作规程进行操作。包括原材料消耗准确，入池温度准确，掌握水分准确，曲和酵母用量准确，配醅准确，配粮准确，糊化蒸馏时间准确，总之，要做到科学合理，处处心中有数。可是，有的班组配料无准数，辅料随便拉，用曲不过秤，上班不定时，酵母发过头，装甑满的冒尖，浅的半甑，不管糊化时间够不够，流完酒，抢拉盖。类似这些情况，属于不"准"。

"细"主要是指操作过细。包括原材料粉碎要细，材料搅拌要细，装甑操作要细，发酵管理要细，不论场上、甑上、窖子管理都要细。反之，有些班组操作粗放，抢时间赶下班，材料的疙瘩灭不净，冷散的胎气放不尽，曲子酵母搅拌不均匀，装甑操作不认真，流完酒的稍子拉不尽。类似上述情况，属于不细。

"净"是指酿酒操作要讲究清洁卫生。即糟场要清扫，辅料要清蒸，窖子、工用具和操作场地要清洁。有些班组操作马虎，不讲卫生，糟场内外污水满地，酒糟满场。类似这些情况，属于不净。白酒酿造必须控制杂菌污染，因此，讲究卫生是稳产高产的重要保证。

实践证明：凡坚持"稳、准、细、净"操作，出酒率也一定相对稳定；凡不坚持"稳、准、细、净"操作，出酒率也一定摇摆不定。

第二节 大曲酒发酵过程中微生物与酶

一、 窖外酒醅堆积发酵过程温度变化

（一）酱香型酒醅堆积温度变化

起堆温度根据季节气温变化予以调整，一般控制在25~28℃；堆积时间受季节及班次场地的限制，一般为48~72h。温度变化总体趋势是随堆积时间延长，温度逐渐上升。前期升温缓慢，后期升温快，堆心升温缓慢，表层升温快。更具体的变化见图7-14、图7-15。

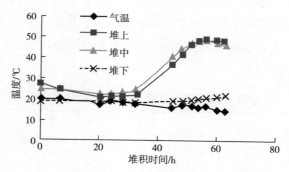

图7-14 酱香型酒醅堆积过程表层温度变化[42]

（指堆表层20cm处温度，堆上：堆上部表层，以下类推）

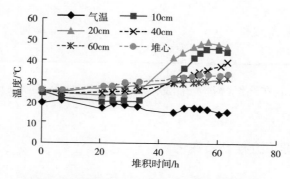

图7-15 酱香型酒醅堆积过程中堆表至堆心不同深度温度变化[42]

（指堆表层中间部位朝向堆心的距离）

（二）浓香型酒醅堆积温度变化

江苏浓香型白酒堆积温度变化：温度从堆积时的 22℃开始，前 3 天属于升温阶段，至第 3 天，达最高温度 45~50℃，最后 2 天，温度逐渐下降[43]。

在四川浓香型白酒堆积过程中，温度是上层酒醅温度最高，中层酒醅次之，下层酒醅温度最低。堆积时温度为 22℃，堆积 48h 后，最高温度可达 36℃左右[44]。

（三）兼香型酒醅堆积温度变化

将细菌麸曲混入白云边曲粉中，用于高温堆积。在堆积发酵过程中，酒醅温度逐渐上升，至第 4 天，堆积酒醅温度达 50℃以上。

二、 窖外酒醅堆积发酵过程物质变化

（一）酱香型酒醅堆积过程物质变化

在堆积中，水分、酸度、淀粉含量、总酸等下降，糖分、总酯含量上升，表明微生物生长繁殖旺盛，生化反应强烈。随着堆积时间增长，堆积温度也逐渐升高，到入窖时达到最高 50℃左右。这时堆积糟醅发出明显而怡人的复杂香气，但还闻不到成品酒或曲药中那种酱香味（表 7-2）。

表 7-2　　　　　　　　酱香型酒醅堆积过程理化指标变化[45-46]

时间/d	感官鉴定	水分/%	酸度	糖分/%	淀粉含量/%	总酸含量/（mg/100mL）	总酯含量/（mg/100mL）	酒精度/%vol
1	变化不大	53	2.17	1.5	19.56	0.0403	0.0659	
2	有微弱醪糟味	52	1.94	2.24	18.44	0.0387	0.0619	
3	有明显香味	51	1.82	2.92	17.07	0.0376	0.0746	微量
入窖	有似苹果香、玫瑰香、桃香的复杂香气，但没有酱香或者酱香微弱	49.5	1.75	3.68	16.81	0.0354	0.0814	微量

堆积与未堆积酒醅在高级醇、乙缩醛、双乙酰、2,3-丁二醇以及有机酸和酯类化合物的含量上有显著差异[45]。

（二）浓香型酒醅堆积过程物质变化

1. 水分变化

酒醅在堆积发酵过程中，前 2 天粮醅水分几乎没有变化。第 3 天以后水分逐渐下

降，且变化速率是相近的。一是由于堆积温度的迅速上升，加快了水分的挥发；二是微生物生长繁殖消耗水分。在 5 天的堆积发酵过程中，水分的含量总趋势是逐渐下降。在整个堆积过程中，粮醅的水分下降了 1% 左右[43]。

2. 淀粉浓度变化

浓香型酒醅的淀粉浓度在堆积发酵过程中总体变化趋势是逐渐下降的，而且淀粉含量的下降速率相近，在整个 5 天的堆积发酵过程中，酒醅的淀粉含量下降了 1% 左右[43]。

3. 还原糖浓度变化

酒醅在堆积发酵过程中还原糖浓度是上升的。前 3 天糖分增加较快，第 3 天以后变化速率很小。从整个堆积过程来看，酒醅的糖分变化规律与霉菌的生长规律一致，推测霉菌是堆积发酵的主要糖化菌[43]。

4. 滴定酸度变化

酒醅在堆积发酵过程的酸度平均值总趋势的变化是在逐渐增加的，其增加的数值很小，仅 0.02~0.03，酸度都在 1.2~1.5[43]。

5. 酒精度变化

酒精含量在堆积发酵过程中是逐渐增加的，其增加的速率变化比较小，在 5 天的堆积发酵过程中，酒醅酒精含量增加 0.3%vol 左右[43]。

三、　窖外酒醅堆积发酵过程中微生物变化

（一）酱香型酒醅堆积发酵过程中微生物变化

堆积相当于二次制曲。堆积糟中的微生物主要来自麦曲和晾堂，其微生物绝大多数是酵母，且多数是产酒的圆形酵母，产膜酵母次之。此外，还有黄曲霉、念珠霉和少量的细菌、根霉、毛霉等。堆积糟中酵母数量的变化与季节相关，冬季和初春气候冷，糟中酵母占 90% 以上，细菌数少；热季细菌数明显增加。

1. 微生物总数变化

酱香型酒糟醅的堆积过程实质上就是网罗和富集微生物的过程。堆积过程中微生物数量增长较快，特别是堆积 1 天后，增长幅度最大，其中堆上、堆中和堆心均在第 2 天时达到高峰，此后堆上和堆中随着温度的进一步升高，不耐高温的微生物开始部分衰亡，导致微生物呈下降趋势。堆下在 2 天后因其温度相对较低，适合微生物生长，氧含量较堆心相对充足，因而菌体数量仍呈上升趋势（图 7-16）。微生物数量从堆积初期的 10^5 个/g 酒醅上升至堆积终了时的 10^8 个/g 酒醅至 10^9 个/g 酒醅。从不同空间位置的微生物数量差异看，堆积 1 天时堆心约为堆表的 3 倍，2d 后堆表层远高于堆心，堆积终了时

平均约为堆心的 7 倍。堆表不同高度的微生物数量差异随堆积时间而异，第 2 天时堆中 > 堆上 > 堆下，堆积终了时堆下 > 堆中 > 堆上。

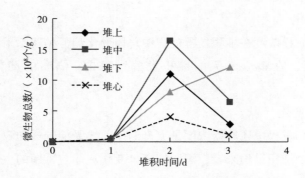

图 7-16　酱香型酒醅堆积过程中微生物总数变化[42]

（指堆表层 20cm 处微生物总数，堆上：堆上部表层，以下类推）

2. 酵母总数变化

糟醅堆积过程中酵母菌类的数量变化趋势与微生物总数变化趋势一致。酵母菌类数量从堆积初期的 10^3 个/g 糟上升至堆积终了时的 10^8 个/g 糟。不同空间位置的酵母菌数量差异亦与微生物总数差异相近。

3. 霉菌总数变化

霉菌类数量在堆积初期比酵母菌类高 1~2 个数量级。但随着堆积时间延长，除堆下可能因温度较低、氧含量相对较多而使霉菌略有增长外，其余各点均呈下降趋势，特别是堆心，可能因为含氧量相对较少，中后期几乎检测不到霉菌类。霉菌类群以黄曲霉类和根霉类为主。

4. 细菌总数变化

堆积过程细菌总数的变化趋势亦与微生物总数和酵母菌类的变化趋势相同。堆表层细菌总数远高于堆心，表层从堆积初期的 10^5 个/g 糟增长至 10^8 个/g 糟，堆积中后期堆表层比堆心高 1~2 个数量级。芽孢细菌的数量在堆积过程中仅略有增长，变化不大，数量保持在 10^5 个/g 糟。

5. 各轮次堆积过程中微生物变化

堆积终了时，酵母和细菌数量占总数的 99% 左右，表层酵母菌占总数的 73% 以上，细菌占总数的 10%~26%（表 7-3）。堆心酵母菌和细菌各占总数的比例因轮次间差异较大。以酒质最优的第四轮次为例，表层酵母和细菌数达到 10^8 个/g 糟，堆心酵母和细菌亦分别达到 10^8 个/g 糟和 10^6 个/g 糟，细菌类中芽孢细菌所占比例较低。

表 7-3 堆积终了时各轮次酒醅微生物数量[42] 单位:万个/g 糟

轮次	部位	霉菌	酵母菌		细菌		芽孢细菌		微生物总数
			数量	占总数/%	数量	占总数/%	数量	占总数/%	
生沙	表层	0.05	7329	72.73	2702	26.81	45.57	0.45	10077
	堆心	0.01	720	22.92	2412	76.78	9.50	0.30	3141
	表层/堆心	5.00	10.18	—	1.12	—	4.80	—	3.21
四轮	表层	37.83	57122	78.91	15183	20.97	47.30	0.07	72390
	堆心	0.01	10600	98.61	124	1.15	25.00	0.23	10749
	表层/堆心	3783	5.39	—	122.4	—	1.89	—	6.73
丢糟	表层	1.06	414.5	84.67	44.50	9.09	29.50	6.03	489.6
	堆心	0.10	22.00	35.14	28.50	45.53	12.00	19.17	62.6
	表层/堆心	10.6	18.84	—	1.56	—	2.46	—	7.82

(二) 浓香型酒醅堆积发酵过程中微生物变化

江苏某浓香型酒厂曾经进行堆积发酵研究。现表述如下[43]。

1. 细菌总数变化

酒醅在堆积过程中的细菌数量变化的总趋势是不断增加的。前 3 天的增加较均衡，第 4 天到第 5 天增加较快。说明前几天酒醅温度开始上升，细菌的生长繁殖不是太快，到第 3 天、第 4 天，堆积酒醅的温度上升到最高，嗜热细菌的生长繁殖开始加快，细菌的生长速率达到最大。

2. 酵母总数变化

在堆积过程的前期，酵母菌的生长、繁殖数量的总体趋势是逐渐增加的，第 1 天到第 3 天增长较快，第 3 天以后开始下降；说明前期由于温度较低，很适合酵母菌的生长繁殖，酵母菌数量增加较快，酵母菌的繁殖加快，到第 3 天，酵母菌的数量达到最多；到了第 3 天以后，随着酒醅的发酵温度上升到最高，由于酒醅的发酵温度较高，影响了酵母菌的生长、繁殖，使酵母菌的数量开始下降。

3. 霉菌总数变化

第 1 天到第 2 天粮醅的堆积发酵温度在 20~38℃，比较适合霉菌的生长繁殖，所以前期增加较快；第 2 天以后，霉菌的数量便开始迅速下降，且下降幅度较大，第 3 天以后，数量也比较小，但是数量下降比较平缓。从整个堆积过程看，霉菌数量出现两快一少（升快、降快、数量少）的生长繁殖规律。其主要原因是第 2 天以后堆积温度的升高，当温度达到 40℃左右时，环境温度已不再适应霉菌的生长，导致堆积后期霉菌数量较少。

（三）兼香型酒醅堆积发酵过程中微生物变化

在堆积过程中，随着堆积天数的增加，堆积温度在上升，但微生物总量也在上升。到第4天时，微生物总量达最高点，此时，堆积酒醅的发酵温度也达最高点（50℃）[47]。

四、 大曲酒窖内发酵过程中微生物变化

（一）酱香型酒醅微生物

茅台试点时曾对茅台酒窖内发酵糟的微生物进行了研究，发现窖内发酵糟微生物的变化相当复杂。开始酵母很多，以后慢慢减少。但发酵糟在堆积期间，若感染了大量细菌，则入窖后，细菌显著增加（表7-4）。

表7-4　　　　　　　　　茅台酒酒醅发酵过程中的微生物[48]

日期	酵母	细菌	念珠霉	黄曲霉	毛霉	根霉	其他	备注
19590608	95		5					发酵第2天，酵母绝大部分是产酒酵母
19590610	90		6	4				发酵第5天，酵母绝大部分是产膜酵母
19590615	20	45			20	10		发酵第10天
19590626	60					40		发酵第21天
19590629	90				5	5		发酵第24天
19590711	100							发酵第34天
19590720	6	90				4		发酵第6天
19590722	30	18			2	45		发酵第8天
19590724	40	40				30		发酵第10天
19590727		70						发酵第13天
19590730		70				30		发酵第16天
19590803		80	10			10		发酵第19天
19590807		40	40	10				发酵第23天
19590811		70			20	10		发酵第27天
19591030	80		10					发酵第1天，酵母多为膜状
19591102	85		4	10			1	发酵第3天，酵母多为产酒酵母
19591116	95		5					发酵第17天
19591113		90	5					开窖糟

注：原文献无单位。

微生物的变化随季节相差很大。热季入窖 13 天后，酵母渐渐死亡或受抑制，与此同时，细菌逐日渐渐增加，冬季和初春时节，窖内温度较低，若酒醅在堆积期没有受到细菌感染，下窖发酵糟初期酵母仍然很多，一直到开窖亦可发现酵母。细菌从下窖发酵开始到开窖，都是普遍存在，且后期越来越多。

近期研究人员对四川酱香型白酒的窖内发酵微生物进行了研究，其变化与茅台酒类似。好氧细菌数量从入窖到发酵 2 天，基本上都有一个迅速增加的过程，含量最高时可达 10^7 个/g 糟，随后又逐渐减少，到发酵 11 天时降低到 10^5 个/g 糟，以后又略有回升。好氧芽孢杆菌在发酵过程中未出现大幅度增长，基本维持在 $10^4 \sim 10^5$ 个/g 糟的数量级（表 7-5）。

表 7-5　　　　发酵过程糟醅中好氧细菌及其芽孢杆菌的变化[49]　　单位:万个/g 糟

发酵时间/d	好氧细菌			好氧芽孢杆菌		
	上层糟	中层糟	下层糟	上层糟	中层糟	下层糟
入窖	113.00	113.00	113.00	30.00	30.00	30.00
2	1953.50	1207.00	1571.00	11.45	6.95	10.40
4	166.00	87.50	57.50	9.60	16.25	6.80
6	253.50	74.50	69.00	13.65	10.25	8.50
11	25.70	14.50	15.90	12.75	8.35	9.70
17	108.00	20.70	17.30	50.00	12.60	7.70
23	553.00	47.50	40.00	51.00	20.00	15.00
32（出窖）	110.00	39.50	25.00	11.10	26.10	7.55

兼性厌氧菌及其芽孢杆菌在入窖后数量略有降低趋势，上层糟在 11 天，中下层糟在 17 天时呈现低谷，此后又略有回升，整个发酵过程基本维持在 10^4 个/g 糟的数量级（表 7-6）。

表 7-6　　　　发酵过程糟醅中兼性厌氧细菌及其芽孢杆菌的变化[49] 单位:万个/g 糟

发酵时间/d	好氧细菌			好氧芽孢杆菌		
	上层糟	中层糟	下层糟	上层糟	中层糟	下层糟
入窖 2	15.45	14.95	8.10	8.20	6.65	3.40
4	9.95	11.35	10.35	6.30	10.55	5.40
6	10.75	13.40	15.25	8.95	4.75	4.85
11	8.95	4.75	6.75	8.36	3.87	5.53
17	17.70	3.50	2.60	7.00	6.40	1.80
23	21.00	13.00	7.05	12.55	11.70	10.30
32（出窖）	17.60	8.50	11.87	8.65	6.65	7.30

　　酵母菌类数量在发酵过程中呈下降趋势，17 天后数量又略有回升，23 天后又继续下降；下层糟醅中的酵母菌类数量在入窖后有明显上升，但 2 天后迅速下降，11 天后下降幅度虽有明显降低，但直到出窖均一直保持缓慢下降趋势（表 7-7）[49]。

表 7-7　　　　　　　　　发酵过程糟醅中酵母和霉菌的变化[49]　　　　　　单位：个/g 糟

发酵时间/d	酵母			霉菌		
	上层糟	中层糟	下层糟	上层糟	中层糟	下层糟
入窖	37950.00	37950.00	37950.00	2.0×10^3	2.0×10^3	2.0×10^3
2	6550.25	10900.65	121501.70	0.5×10^3	0.5×10^3	1.0×10^3
4	11250.50	1591.00	485.00	0.5×10^3	0.1×10^3	0.1×10^3
6	3900.00	305.00	240.50	0.0×10^3	0.0×10^3	0.2×10^3
11	730.00	121.00	58.50	0.5×10^3	0.0×10^3	0.0×10^3
17	73.30	9.45	13.10	0.2×10^2	0.0×10^2	0.0×10^2
23	700.00	51.50	10.55	2.0×10^2	1.0×10^2	1.0×10^2
32（出窖）	8.02	2.65	3.65	14.0×10^2	4.0×10^2	4.0×10^2

　　霉菌含量呈下降趋势，数量维持在 $10^2 \sim 10^3$ 个/g 糟，到发酵中后期又出现回升，并逐渐趋于稳定，数量稳定在 10^2 个/g 糟数量级（表 7-7）。糟醅上中下层不同层面的各类微生物区系在数量上存在一定差异，总的分布趋势是上层高于中下层。兼性厌氧细菌及其芽孢杆菌的数量分布亦是上层略高于中下层，表明中下层并不比上层有更多的厌氧度[49]。

（二）浓香型酒醅的微生物

　　酒醅入窖后的第 3 天，酵母数量达到最高，以后逐渐下降；霉菌则在入窖、封窖后骤减，发酵中期又复回升；细菌则在整个发酵期内存在，各时期变化较小[48]。数量最大为酵母，其中以酵母属占绝对优势，霉菌主要为曲霉，其中多数为黄曲霉，也有红曲霉出现，犁头霉、根霉和毛霉在两排窖中均较少出现，而白地霉有一定数量存在（表 7-8、表 7-9）。

表 7-8　　　　　　　　泸酒发酵过程微生物数量变化动态[48]　　　　　单位：万个/g 糟

发酵阶段 及时间	第一排窖			第二排窖		
	酵母	霉菌	细菌	酵母	霉菌	细菌
入窖	10.55	37.94	5.03	84.45	17.40	31.97
封窖	230.7	4.05	16.37	105.02	13.66	53.63
发酵 3 天	5054	0	32.41	1423	2.48	9.02

续表

发酵阶段及时间	第一排窖			第二排窖		
	酵母	霉菌	细菌	酵母	霉菌	细菌
发酵 8 天	710. 3	3. 95	15. 80	95. 85	10. 38	5. 19
发酵 15 天	110. 9	17. 47	22. 13	3. 43	18. 21	13. 98
发酵 20 天	13. 92	61. 29	9. 19	18. 67	26. 67	8. 10
发酵 30 天	11. 92	110. 0	33. 26	0. 822	8. 27	14. 70
发酵 40 天	0	13. 91	20. 33	0. 52	0	11. 70

注：＊化验时间为 5~9 月。 0 表示在 1：10000 稀释度平板上未出现菌落。

　　泸酒发酵过程霉菌以曲霉、青霉数量较大[48]。曲霉在入窖、封窖后在平板上消失，但发酵中期又复出现，并超过入窖封窖时的数量，以后随发酵时间增加而数量增大，发酵到 40 天时骤降。青霉则在封窖后增加，发酵中期明显减少，平板上偶尔出现。毛霉仅在第 8 天才出现。白地霉有一定数量。

表 7-9　　　　　　　　　　发酵过程霉菌结构与数量变化[48]　　　　　　　单位：万个/g 糟

发酵过程	第一排窖					第二排窖		
	曲霉	犁头霉	毛霉	青霉	其他霉类[a]	曲霉	犁头霉	其他霉类[a]
入窖	0. 66	36. 32	0	0	0. 66	12. 12	5. 28	0
封窖	1. 35	1. 35	0	5. 16	1. 35	9. 18	1. 59	2. 29
发酵 3 天	0	0	0	89. 52	0	1. 70	0	0. 75
发酵 8 天	0	0. 79	1. 58	22. 10	1. 58	5. 19	5. 19	0
发酵 15 天	14. 8	0	0	1. 60	2. 67	11. 35	0	3. 45
发酵 20 天	61. 29	0	0	14. 77	0	8. 00	0	16. 80
发酵 30 天	103. 80	0	0	306. 20	6. 23	4. 69	3. 58	0
发酵 40 天	10. 30	0	0	161. 56	3. 61	0	0	0

注：a：主要为白地霉菌。

（三）清香型酒醅的微生物

　　酒醅中酵母菌类以酵母菌属为主，产酒精能力最强；其次是有一定产香和产酒精能力的汉逊酵母和假丝酵母及产酒精能力不强的拟内孢霉，此外还有极少量的毕氏酵母和产膜酵母[50]。霉菌主要有犁头霉、黄曲霉、米曲霉、根霉、毛霉、红曲霉等。汾酒酒醅中主要细菌有乳酸菌、醋酸菌、芽孢杆菌和革兰阴性无孢子杆菌。

　　老白干香型酒醅母数量在发酵前期不断增加，在发酵 6 天数量为最大（10^7 个/g），然后进入一个相对平稳阶段，14 天后酵母数量开始减少。细菌数在前 2 天迅速减少（约 10^4 个/g），4~14 天时开始波动增加（约 10^5 个/g），之后开始不断减少，出池时为 5000 个/g。霉菌总数在 0~4 天时，稳中有降（约 10^4 个/g），4~11 天时相对稳定，11 天后，迅速减少，17 天之后已经无法检测到霉菌数[51]。

（四）凤香型酒醅的微生物

在西凤酒 12 天发酵的 3 个窖中，共分离到酵母 101 株，它们分别隶属于酵母属、假丝酵母属、毕赤酵母属、汉逊酵母属、裂殖酵母属、酒香酵母属、类酵母属、固囊酵母属、卵孢酵母属、瓶型酵母属、裂芽酵母属、克勒克酵母属、掷孢酵母属等 13 个属以及扣囊拟内孢霉和果香地霉等 2 种。发酵过程中酵母数量及其变化趋势的统计分析结果表明前 7 个属及扣囊拟内孢霉等始终在窖中数量较多，占主导地位，构成了窖中酵母菌的优势菌种。酵母属、汉逊酵母属、裂殖酵母属、类酵母属发酵力最强[52]。

五、大曲酒酒醅发酵过程中酶变化

（一）浓香型酒醅淀粉酶变化

窖内发酵最旺盛时期，第 3 天表现为糖化型淀粉酶活性最强，以后酶活性下降，发酵第 15 天为最低值（表 7-10）。液化型淀粉酶活性在封窖时最强，发酵 15 天时为最低值，与糖化型淀粉酶表现一致，以后又有回升。

表 7-10　　　　　　　　泸酒发酵过程淀粉酶活性变化　　　　　　单位：U/g

发酵阶段及时间	入窖	封窖	3 天	8 天	15 天	20 天	30 天	40 天
糖化型淀粉酶活性	ND[a]	17.19	22.25	17.48	6.07	8.96	12.03	21.28
液化型淀粉酶活性	ND	0.5	<0.55	<0.55	0.33	0.42	0.42	0.45

注：a：ND，未检测到。

（二）清香型酒醅发酵过程酶变化

老白干酒醅发酵过程中，糖化酶在前 2 天迅速增加，达 19.32U/g，之后开始下降，至第 5 天时，降至最低，在第 8 天有小幅回升，达 10.92U/g，然后变化趋于平稳。酸性蛋白酶在发酵前 8 天呈波动上升，至第 8 天时达 10.27U/g，然后迅速回落。酒醅入池时纤维素酶活性最高，然后迅速下降，在第 6 天时酶活性降至最低点，为 0.45U/g；之后酶活性迅速上升，在第 8 天时出现峰值，为 1.27U/g。之后逐渐下降，在第 17 天降为 0.27U/g。在 17~28 天酶活性变化趋于稳定[51]。

第三节　大曲酒发酵过程中温度和物质变化

一、窖内酒醅发酵过程温度变化

酒醅入池后，由于糖化的作用，淀粉变成了糖，微生物利用糖进行有氧和无氧降解，并很快进入发酵产酒阶段。糖酵解过程为放热反应过程，促使酒醅温度升高。一般地，1 摩尔葡萄糖发酵生成酒精时，释放的自由能为 226kJ，其中有 96kJ 被贮存在 2 个 ATP 中，其余的释放到酒醅中。

释放到酒醅中的热量为：

226−96＝130（kJ），即 1mol 葡萄糖或 180g 淀粉发酵生成酒精时，有 130kJ 的热量被释放到酒醅中。

c_p 为酒醅的比热容（设酒醅含水量平均在 60%），$c_水$ 为水的比热容，$c_干$ 为干物质的比热容，则：

$$c_p = w_水（\%）\times c_水 + w_{干物质}（\%）\times c_干 = 60\% \times 1 + 40\% \times 0.3$$
$$= 0.72\ [cal/(g \cdot ℃)] = 3.01 \times 10^{-3}\ [kJ/(g \cdot ℃)]$$

设有 x（g）酒醅，当其淀粉含量降低 1% 时，消耗的淀粉为 $0.01x$（g），可以生成的热量为 Q。

$$(C_6H_{10}O_5)_n \longrightarrow nC_6H_{12}O_6 \longrightarrow n130kJ$$
$$Q = (n \times 130 \times 0.01x)\ /162n = 8.02x \times 10^{-3}\ (kJ)$$

又 $$Q = c_p \cdot x \cdot \Delta t$$

$$\Delta t = Q/(c_p \cdot x) = 8.02x \times 10^{-3}/(3.01x \times 10^{-3}),\ \Delta t = 2.66（℃）$$

即含水量为 60% 的酒醅每消耗 1% 的淀粉，酒醅温度将上升 2.66℃。考虑到热量散失和发酵过程中产生其他成分的影响，发酵过程中当淀粉浓度下降 1% 时，酒醅温度实际约升高 2℃左右。

(一) 酱香型酒醅温度变化

浓香型、清香型等白酒强调低温发酵，发酵温度最高不超过 32℃，这是由酵母菌生理要求决定的。酱香型白酒发酵温度恰恰相反，是高温发酵，发酵温度在 40℃左右（图 7-17），最高达 48℃左右。窖内发酵温度达不到 40℃，出酒率低，甚至不产酒，酒质、风格都不好。窖内温度达 42~45℃，产酒多，酱香突出，风格典型。发酵温度 46℃以上，出酒率不高，酱香好，但味杂、味冲、味酸[45]。

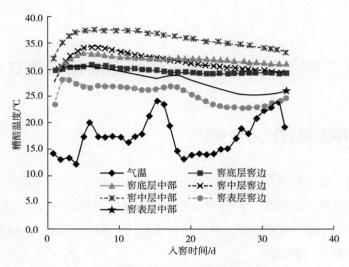

图 7-17 酱香型糟醅窖内发酵过程中温度变化[49]

酱香型酒糟醅经高温堆积后，经适当冷却降温后入窖发酵。入窖后温度会迅速上升。4~7天达到高峰，以后呈缓慢下降趋势。在整个发酵过程中。纵向以窖中层温度最高，最高达37.3℃；下层次之，上层最低，仅30.7℃。同一层面则以窖中部温度最高，窖边温度最低；入窖后的升温和降温幅度随窖内不同空间位置略有差异，窖中层中心点升幅和降幅分别为4.7℃和3.8℃。

（二）浓香型酒醅温度变化

酒醅入池（入窖）后，随着发酵时间的延长，温度逐渐升高，达到顶火温度（发酵窖内最高温度）后维持一段时间，然后又逐步下降。但由于一年四季中入池温度变化较大，故旺季与淡季窖内发酵温度变化不同。旺季生产时一般入池温度低，此时窖内温度遵循"前缓、中挺、后缓落"的规律（图7-18）[53]。

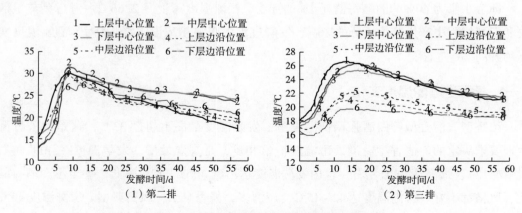

图 7-18 夏季停产复工后酒醅发酵温度变化曲线[53]

前缓阶段：为入池后的发酵初期阶段，时间持续 8~10 天。在此阶段时，温度缓慢上升。寒冷的冬天，酒醅入池后的第 1 天，温度基本不上升或上升很少。然后，以每天 1.5~2.0℃ 的幅度升温。整个前缓阶段升温为 12~16℃。

中挺阶段：为发酵的最旺盛阶段。时间持续 10~15 天。前挺阶段结束后，发酵温度达到顶火温度，酒醅温度一般维持在 26~28℃。

入池温度的高低与产酒品质有关。多年的经验表明，在相同条件下，入窖温度在 15℃ 以下时产酒比较醇甜，而香味稍淡。入窖温度在 15~20℃ 时香味增浓而醇甜尚好。在 20~25℃ 时香味较大，醇甜尚可。入窖温度在 25℃ 以上时香味不很稳定，醇甜欠缺而带杂味。

生产工艺参数中的投料量、用壳量、用糠量、酒醅加水量（入池水分）等均对发酵温度变化产生影响[54]。一般地，稻壳用量大、入池淀粉浓度高、入池水分大、用曲量大，均会加速升温，且顶火温度要高。

（三）清香型酒醅温度变化

清香型白酒厂曾总结出大糙入窖温度的经验公式：

$$T_N = 17 - (T_1 + T_2)/8$$

式中　T_N——大糙入池温度，℃

　　　T_1——发酵室温度，℃

　　　T_2——发酵室内发酵缸的土壤温度，℃

正常发酵情况下，大糙的顶火温度经验公式：

$$T_顶 = (4T_1 + 3T_2 + T_N)/12 + 21 = (136 + 31T_1 + 23T_2)/96 + 21$$

式中　T_N——大糙入池温度，℃

　　　T_1——发酵室温度，℃

　　　T_2——发酵室内发酵缸的土壤温度，℃

二、 窖内酒醅发酵过程物质变化

窖内酒醅发酵过程中的物质变化十分复杂，目前研究得较多的是水分、淀粉含量、糖分、酸度或 pH、酒精等。

（一）酒醅微量成分

从浓香型固态发酵酒醅中共检测出 106 种挥发性化合物，其中醇类 9 种，醛类 6 种，酮类 2 种，酸类 10 种，酯类 47 种，芳香族化合物 12 种，硫化物 3 种，呋喃类化合物 4 种，酚类化合物 8 种，以及其他化合物 5 种[55]。

1. 酯类化合物

酯类是浓香型固态发酵酒醅中最重要的微量成分，占整个微量成分的62.01%。在检测到的这些酯中，大部分是在酒醅中第一次检测到。在酯类中，含量最高的是己酸乙酯，其次是辛酸乙酯、乙酸乙酯、乳酸乙酯、丁酸乙酯、庚酸乙酯、己酸己酯和丁二酸二乙酯（琥珀酸乙酯），这些酯的浓度均在1%以上。从分类上看，检测到的酯有直链的和支链的，有饱和的和不饱和的，有二元酸的二元酯，有羟基酸的酯等。直链饱和的乙酯有乙酸乙酯、丙酸乙酯、丁酸乙酯、戊酸乙酯、己酸乙酯、庚酸乙酯、辛酸乙酯、壬酸乙酯、癸酸乙酯、十四酸乙酯（肉豆蔻酸乙酯）、十六酸乙酯（棕榈酸乙酯）等。重要的支链饱和酯类有2-甲基丁酸乙酯和乙酸-3-甲基丁酯（乙酸异戊酯）。共检测到三个羟基酸，乳酸乙酯、乳酸己酯和2-羟基己酸乙酯。不饱和的酯类检测到三个，即9-十六碳烯酸乙酯、油酸乙酯和亚油酸乙酯。检测到三个二元酸二乙酯，它们是丁二酸二乙酯、丁二酸二乙基-3-甲基丁酯和戊二酸二乙酯。由于检测条件的限制，部分酯类在出峰时是重叠的，如戊酸丁酯与己酸丙酯、己酸丁酯与丁酸己酯、己酸戊酯与戊酸己酯，另外，己酸-2-甲基丁酯与糠醛是重叠的峰。

2. 酸类化合物

酸类化合物在整个微量成分中占第二位，占总量的29.44%。检测到的直链酸有乙酸、丙酸、丁酸、戊酸、己酸、庚酸和辛酸，支链的酸有异丁酸（2-甲基丙酸）、异戊酸（3-甲基丁酸）和异己酸（4-甲基戊酸）。这些白酒中常见的酸均能检测到。酸是构成白酒口感的重要化合物。没有酸，白酒显得寡淡。酸也是白酒中酯的重要来源。微生物在发酵过程中，首先产生酸类，酸类与醇在酯化酶的作用下产生酯，而酯则是白酒香气的重要组成部分。由于该固态酒醅是浓香型酒醅，因此，其己酸含量最高，达22.87%，其次是丁酸，达4.21%。己酸的含量约是丁酸的5倍。

3. 醇类化合物

在醇类化合物中，除乙醇以外，检测到酒醅中常见的醇如1-丁醇（正丁醇）、异丁醇（2-甲基丙醇）、异戊醇（3-甲基丁醇）、1-戊醇（正戊醇）、1-己醇等化合物。同时，也检测到了一些原来并没有检测到的如2-乙基己醇等化合物。按峰面积计算，醇类仅占酒醅微量成分总量的2.23%。醇类中含量高的是1-己醇、异戊醇。

4. 羰基类化合物

在醛类化合物中，检测到了乙醛、丁醛、己醛、壬醛、异戊醛等。醛类仅占整个微量成分总量的0.88%，以乙醛和异戊醛的含量最高。乙醛主要是发酵过程中产生的，是酵母糖代谢的产物。酒醅中含有大量的乙醛，这或许是在蒸馏过程中要掐去酒头的主要原因。

酮类化合物使用顶空固相微萃取（HS-SPME）方法只检测到两个，一个是2-戊酮，一个是1-辛烯-3-酮。酮类占整个微量成分总量的0.49%，而2-戊酮占0.48%。

5. 芳香族化合物

芳香族化合物是酒醅中另一类重要的化合物，占总量的 1.35%。该方法共检测到芳香族化合物 12 种，其中最重要的芳香族化合物有 2-苯乙醇（β-苯乙醇）、3-苯丙酸乙酯、2-羟基-3-苯丙酸乙酯、苯甲醛等。芳香族化合物一般来源于原料中氨基酸如苯丙氨酸类化合物的降解。有研究认为，2-苯乙醇是米香型酒的重要风味物质[19]。但从检测结果来看，在浓香型、酱香型和清香型白酒中也已经发现了大量的 2-苯乙醇。

6. 硫化物

硫化物在白酒中虽然浓度很低，仪器难以检测到，但硫化物却有着极低的阈值，对风味影响大。白酒中检测到三种硫化物——蛋氨醇（3-甲硫基-1-丙醇）、丁酸甲硫酯和 3-甲硫基丙酸乙酯。该类化合物推测主要来源于原料中的含硫氨基酸的微生物降解。

7. 呋喃类化合物

呋喃类是另一类重要的风味化合物。曾经在中国白酒中检测到一批呋喃类化合物，如糠酸乙酯、乙酸糠酯、丁酸糠酯、己酸糠酯等[56-57]。此次在酒醅中也检测到了呋喃类化合物。因此，可以说，呋喃类化合物并不完全是加热而产生的一类化合物，它或许与微生物的发酵有着密切的关系，共检测到 2-乙酰基呋喃、糠醛、糠醇和糠基乙基醚，占挥发性化合物总量的 1.65%，其中，糠醛（与己酸-2-甲基丁酯的峰重叠）的含量最高，浓度约 1.54%。

8. 酚类化合物

酚类是酒醅中另一类比较重要的化合物，共检测到 8 个酚类化合物。比较重要的酚类化合物是 4-甲基苯酚、4-乙基苯酚、4-乙烯基苯酚、4-甲基愈创木酚、4-乙基愈创木酚、4-乙烯基愈创木酚。这几个酚类虽然含量不高，但它们的呈香阈值低。国外的研究表明，该类化合物是葡萄酒中产生异味的主要原因之一，但该类化合物在白酒中的作用却没有清晰的结论。推测该类化合物可能是酒稍味的主要来源[58]。推测酚类化合物可能来源于稻壳的酸水解或酶的降解。

9. 其他化合物

在其他类化合物中，α-蒎烯可能是一个重要的风味化合物和具保健功能的化合物。该化合物首次在酒醅中检测到。另一个重要的风味化合物是 2-乙基-6-甲基吡嗪。吡嗪类化合物已经在白酒中大量检测到，有文章报道[57, 59]在白酒中共检测到 26 个吡嗪类化合物，以酱香型白酒中最多，浓香型次之。已经有研究报道，在大曲中检测出 23 种吡嗪类化合物[60]，这是在酒醅中首次检测到吡嗪类化合物，到底是曲中带入的，还是酒醅发酵过程中产生的有待于进一步的研究。

在成分分析时，并没有发现缩醛类化合物。按照有机化学的观点，缩醛类化合物是醛和醇在加热时，在酸性条件下的反应产物。推测缩醛类化合物是在蒸馏过程中产生的一类风味化合物。

（二）水分变化

酒醅中水分的主要来源是配料时的"量水"。入窖时上层和中层的水分基本相当，约58.7%，下层为双轮底发酵酒醅，水分高出上层近10%。随着原料的消耗和发酵的进行，微生物大量繁殖和生长，呼吸代谢形成大量的游离水，窖池糟醅中的水分含量逐渐升高并达到饱和。多余的水分向下层移动并集聚成黄水的主要成分。上层酒醅的水分含量在达到饱和后保持在63%左右。中下层随着发酵的进行逐渐集聚水分成为水、糟混合物，表现为水分含量的持续升高[61]。

（三）pH 和总酸度变化

酒醅入窖后，由于微生物的大量繁殖和旺盛活动，糖类物质供应不足，有机酸作为碳源及能源物质被消耗，在最初的2~3周表现为显著的 pH 上升和酸度下降（图7-19）。随着发酵进入产酸期，以及各种有机酸的不断产生，pH 缓慢下降，总酸稳步上升（图7-20）。三层酒醅的变化趋势逐渐趋于一致[61]。

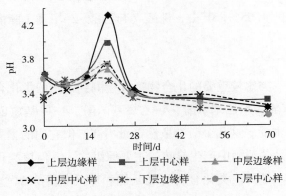

图7-19　川酒发酵过程中酒醅 pH 的变化[61]

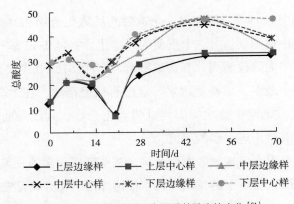

图7-20　川酒发酵过程中酒醅总酸度的变化[61]

（四）粗淀粉变化

粗淀粉含量在发酵过程中呈整体下降后趋于平稳的态势，出窖时上层 8%~10%，中下层 6%~8%[61]。

（五）还原糖变化

还原糖含量取决于粗淀粉的降解、流动扩散、发酵消耗几个因素，发酵过程呈波动式下降至 0.5% 左右[61]。

（六）酒精变化

酒醅中酒精的含量随着发酵时间的推移而不断增加。3 周后，发酵进入以产酸和产酯为主的阶段，酒精发酵力趋于变弱，由于酯化作用以及呼吸作用都会消耗酒精，酒精含量趋于稳定并微微下降，基本保持在 5%~6%[61]。

（七）酯类变化

发酵成熟的酒醅成分十分复杂。早期曾经用乙醇和 50% 的乙醇水溶液分别萃取酒醅，检测出乙酸乙酯（包括乙缩醛）、丁酸乙酯、戊酸乙酯、己酸乙酯、乳酸乙酯、异丁醇、丁醇、异戊醇、2,3-丁二醇（左旋）、2,3-丁二醇（右旋）、3-羟基-2-丁酮、乙酸、丁酸、戊酸和己酸[62]。糟醅中乙酸、丁酸、己酸和乳酸的变化趋势与对应的乙酯生成趋势大体一致。但各类香气成分的含量比例及其变化趋势，在糟醅中与在白酒产品中却存在一定的差异性[63]。

发酵酒醅中酯类的变化总体表现为主发酵期呈上升趋势，发酵后期呈下降趋势。一般认为，微生物酯合成主要发生在发酵后期，酒醅中大量总酯的存在（0.4~1.5g/100g 酒醅）屏蔽了微生物酯合成的代谢变化，而酒中的酯主要来源于微生物的酯合成[61]。

（八）醛类变化

醛类的变化总体表现为发酵 1 周内，窖池酒醅各空间位点均呈急速下降的趋势。随后逐渐上升，2 周后基本趋于平衡。各空间位点基本维持在 0.01~0.02g/100g 酒醅，无较大差异。入窖酒醅上中下层总醛含量分别为 0.0547g/100g 酒醅、0.0527g/100g 酒醅、0.0252g/100g 酒醅[61]。

（九）有效磷变化

窖池不同空间位置酒醅中有效磷的含量总体呈下降趋势。发酵第 1 周下降平缓或略有上升，随后逐渐下降，2~3 周基本稳定并维持 8~9μg/100g，直到发酵结束。有效磷与菌体生长、合成辅酶有关。主发酵期的缓慢下降以及第 49 天上层含量至 4.5μg/100g 的较大降低，估计是因为菌体的大量生长造成的[61]。

（十）氨态氮及蛋白质变化

酒醅中氨态氮随发酵时间的变化总体表现为发酵第 1 周持续上升，第 2 周持续下降，第 3 周稳中有升，出窖时又回落到接近发酵 2 周后的水平，达 10~14mg/100g 酒醅。而空间位置上表现为下层高于中层，中层高于上层的变化趋势，特别在主发酵结束后的整个发酵后期表现最为明显。氨态氮的升高在前期主要是原料蛋白质降解成游离氨基酸，后期主要是菌体自溶，而微生物的生长和黄水的移去又会降低氨态氮的含量[61]。

随发酵时间的变化，窖池中各空间位点酒醅的蛋白质含量变化几乎一致。

第四节　酱香型白酒生产工艺

酱香型大曲酒以茅台酒为代表性酒。茅台酒产于贵州省仁怀县茅台镇，以产地命名。相传始于 1704 年，迄今已有 300 年的悠久历史。1939 年，在茅台镇杨柳湾侧，发现建于清嘉庆八年（1803 年）的化字炉，其捐款姓名中，有"大和烧房"字样，这是至今惟一可考证的较早酿制茅台酒的烧坊。1949 年前，茅台酒仅有成义（1851 年）、荣和（1862 年）、恒兴（1929 年先命名为衡昌，后改为恒兴）3 家私营酒坊生产，分别称为华茅、王茅和赖茅，据 1948—1949 年统计，华茅和王茅年产量为 5~10t，赖茅 20~25t，总计年产量不超过 40t，最高年产量为 60t。1951 年，3 家酒坊合并成立国营贵州省茅台酒厂[64]。

酱香型茅台酒具有以下质量特征：酱香突出、幽雅细腻、柔绵醇厚、回味悠长，空杯留香。其工艺特点为"高温制曲、高温堆积、高温发酵、高温流酒和贮存期长"，称为茅台酒的"四高一长"的操作法。后来，又发展为"四高两长，一大一多"工艺特点，即"高温制曲、高温堆积、高温发酵、高温馏酒、生产周期长、贮存时间长、大用曲量、多轮次（发酵）取酒"[65]。近期，提出"四高，三低，三多，一少"工艺特点，即高温制曲、高温润粮、高温馏酒、高温堆积发酵；曲糖化力低、水分低、出酒率低；用曲量多、轮次多、耗粮多；辅料少。基础酒分为三种典型体（酱香、窖底、醇甜），经过长期贮酿，精心勾调（盘勾）而成。

为总结推广茅台酒的酿造工艺，1956 年，国家科委将"总结提高我国民族传统特产食品的贵州茅台酒"等项目列入 12 年长远科学技术发展规划中。同年，轻工业部将贵州茅台酒列为"中苏合作"重大科研课题。1959 年 4 月至 1960 年 3 月，轻工业科学研究设计院发酵所（现为中国食品发酵研究院有限公司）、贵州省轻工厅技术研究所、中国科学院贵州分院化工研究所、贵州农学院和贵州省茅台酒厂组成"贵州茅台酒总结工作组"进行总结，历时整整一年，采用现场跟踪、生产记录、取样分析、微生物检测和综合研究等方法，发掘其生产特点，完善了传统操作法，保证了产品质量，提高原料出酒率在 10% 以上[64]。

茅台工艺的改进，如采用"高温大曲，整粒高粱浸泡冲洗，加曲量由高到低，降低收堆温度，小堆堆积，减少轮次，中温大曲追尾"等工艺，用水泥窖做出了酱香型优质酒。也有采用"原料清蒸，二、四续料，三、五倒烧，二、三堆积，五轮发酵，窖底调香，高温增香"的新工艺[66]。

一、早期酱香型白酒生产工艺

早期的酱香型大曲生产是指 20 世纪中期的生产工艺，当时的生产工艺大都是手工操作，设备十分原始与传统。

（一）早期原料粉碎设备

早期的原料粉碎设备为石磨，后改用滚筒磨粉机和排牙滚碎机，提高粉碎效率在 10 倍以上。天锅蒸酒对产品质量有直接影响，必须选用纯锡蒸锅。

（二）酿酒原料与辅料

小麦制曲，高粱酿酒，水和稻壳为辅料。

（三）酿酒工艺要点

每年农历五月端午踩曲，九月重阳下沙（投料）酿酒，一年为一个大生产周期，发酵一个月为小生产周期，常说"重阳酿酒满缸香"。现采用一年四季投料。高粱经粉碎后称为沙，第一次粉碎的为生沙，粉碎度是二、八成（整粒和碎粒的质量比，余同）；第二次粉碎的为糙沙，粉碎度达三、七成。加水量包括二次润粮及量水，总量不超过高粱质量的 56%。润粮时间保持在 18h 以上，润粮时加母糟（酒醅），用量为主原料量的 10% 左右，在蒸粮前和蒸粮后（洒酒尾前）各加 5%，蒸粮时间在 2h 以上，以熟烂无白心为宜。熟粮出甑，摊凉撒曲，用曲量依轮次而不同，总用曲量为粮重的 84%~87%。然后洒酒尾，堆积发酵，主要起培菌增香的作用。

堆积时，注意堆积的位置、高矮和温度，使酒醅疏松，含空气要多，均匀一致，堆积 2~3d，品温达 32℃ 时，闻带有甜的酒香，即可入窖发酵。入窖前使用 100kg 左右木柴烧窖，烧窖时间为 1~2.5h，消灭杂菌，提高窖温，扫净后撒曲。入窖时，将堆积酒醅拌匀，每隔 2~3 甑洒酒尾一次，边入边洒，窖底宜少，由下而上逐渐增加酒尾用量。

入窖完毕，撒一层稻壳，加盖二甑桶盖糟，用泥封，严禁踩窖。

发酵设备称为酒窖。用大小不等的方块石与黏土砌成，容积为 14m³。新建酒窖用长砂石砌成，容积为 25.3m³。当时在新老车间各选 8 个酒窖，经不同季节在新老酒窖投料试验，酒的质量差别不大，以小窖质量较好。

生沙操作经发水（润料）、糙母糟（配料）、泼量水、摊凉、洒酒尾、撒曲、堆积、烧窖、下窖、发酵等工序，以烧窖和堆积工序最为独特，与产品质量有密切关系。糙沙操作是新原料与生沙糟（醅）各半，经润粮、开窖、蒸酒、蒸粮、堆积、发酵等工序。堆积温度高，最高为 45℃，发酵温度也高，一般为 41~44℃。熟糟（醅）操作为开窖蒸酒、摊凉撒曲、堆积、发酵等工序，连续不断地（不再投料）进行 6 次蒸酒，发酵期均为 1 个月，堆积和发酵温度均较高，前者温度为 36℃，后者温度达 39℃。

蒸酒操作对产酒最关键，缓慢蒸酒，流酒温度宜高。以流酒的香味与酒精度相结合进行接酒，按不同轮次与单型酒分别接酒、贮存。蒸酒效率，最低为 61.5%，最高为 85%，其中大回酒蒸酒效率在 65% 左右。

每年酿酒操作经过 8 个轮次的发酵蒸酒，一轮酒称为生沙酒，二轮为糙沙酒，三至五轮为大回酒（产量多，质量好），六轮小回酒，七轮枯糟酒，八轮丢糟酒，仅取其中二至七轮酒为入库酒，贮存 3 年后再进行精心勾调。

贮存容器为酒坛，一般容积在 200~250kg，经过严格检查，如无渗漏等现象即可入库盛酒，专职人员进行管理。该酒操作独特，历来讲究勾调，称为勾酒。将各轮次酒按适当比例混合，使其酒精度一致，香味协调，但调整酒精度是严禁加浆的。新酒贮存一年后按不同轮次和单型酒进行并坛，称为"盘勾"，再继续贮存。勾酒是由成品车间主任负责，其对库存酒有全面的了解，又有一定的实践经验。取酒时，尚在酒坛里留有 5%~10% 陈酒，可起接种老熟的作用。

接酒时，酒精度大小是用"看花"来决定的。"花"可分鱼眼花、堆花、满花、碎米花和圈花 5 种，以"满花"为出厂标准。经检测"满花"酒精度相当于 48%~49%vol。

糙沙酒：第二轮生产的酒，是糙沙酒醅发酵成熟后蒸出的酒，该酒甜味好，但味冲、生涩、酸。

大回酒：第三轮至第五轮的酒，称为大回酒，酒香浓，味醇厚，丰满。

小回酒：第六轮的酒，称为小回酒。酒醇和，糊香味好，味长。

枯糟酒：第七轮次蒸得的酒，酒有焦苦味、糊香味。

丢糟酒：第八轮次的酒，该酒一般作为尾酒，经稀释后回窖发酵。

酒厂成立尝评委员会，对入库酒和出厂酒进行感官质量检查。按照色、香、味的优劣，拟订了感官质量指标。要求入库酒无色透明，芳香醇和，有回甜味，糙辣轻，无怪味。出厂酒：无色（或微黄）透明，特殊芳香，醇和浓郁，味长回甜。同时，制定了理化检测指标（见表 7-11）。

表 7-11   茅台酒理化指标

成分	入库酒	出厂酒
酒精度/%vol	51~67	53~55
总酸含量（以醋酸计）/（g/100mL）	0.08~0.16	0.12~0.17
总酯含量（以醋酸乙酯计）/（g/100mL）	>0.23	>0.31
总醛含量（以乙醛计）/（g/100mL）	0.03~0.07	0.03~0.06
杂醇油含量（以戊醇计）/（g/100mL）	0.13~0.25	0.16~0.20
糠醛含量/（g/L）	<0.05	<0.04
甲醇含量/（g/L）	<0.03	<0.025
固形物含量/（g/L）	<0.02	<0.02
铅含量/（mg/L）	<1.00	<1.00

二、 酱香型白酒酿造工艺

酱香型白酒酿造工艺流程见图 7-21。

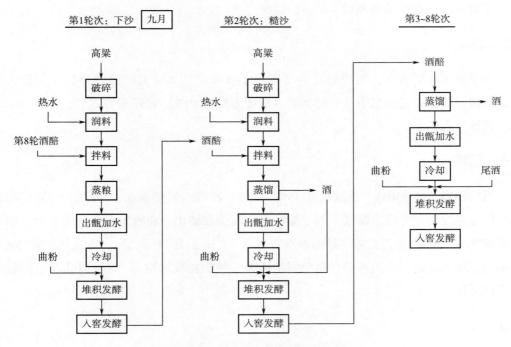

图 7-21 酱香型白酒酿造工艺流程图

酱香型白酒具有以下工艺特色：选择五月端午踩曲，6 个月以上陈曲，九月重阳下沙，两次投料，九次蒸馏，八次堆积发酵，七次蒸馏取酒，30 天窖内发酵，一年一个生产周期，即时下俗称的"12987"工艺。酱香型白酒生产之所以选择重阳下沙有以下理由：九月秋高气爽，温度平缓，赤水河上游山土、阴暗死角的有害物质、农业生产喷洒的农药化肥都被春夏暴雨冲洗干净，秋天的河水在四季中处于最清洁的时期。酱香型大曲酒生产投料是一次性投入，用水主要是投料用水，占原料（高粱）的 55%~60%，从烤一次酒起至七次酒止都不再往酒醅里加水，水只作为冷却用水，投料用水质的好坏，直接影响酒的质量。有了优良的水质和特殊的气候、土壤等自然环境条件，加上具有标准酱香风格的端午曲，又通过制酒过程中晾堂操作的摊凉和堆积发酵（二次制曲之称），再次利用用具、场地、空气中微生物自然接种曲药中缺少的产酒产香的有益微生物，达到堆积发酵中微生物品种自然调节平衡。

酱香型白酒的十一个工艺特点："四高，三低，三多，一少"，即高温制曲，高温润粮，高温馏酒，高温堆积发酵；曲糖化力低，水分低，出酒率低；用曲量多，轮次多，耗粮多；辅料少，一年一个周期。基础酒分为三种典型体（酱香、窖底、醇甜），经过长期贮酿，精心勾调而成。

（一）生产原料

酱香型大曲酒生产原料选用当地或四川生产的种皮薄、成熟、饱满、颗粒大、无杂味、无虫蛀、不霉烂的糯高粱。

（二）高粱粉碎

为了破坏高粱表皮，使淀粉粒容易吸水蒸煮糊化，高粱要经过磨碎后才能投入生产，磨粮时根据工艺要求下沙。高粱磨碎程度为整粒 80%，破碎率为 20%，即下沙二八成，糙沙三七成。

（三）润粮

下沙润粮每甑 750kg，总润粮水 55%~60%。润粮水温要求在 90℃以上，润粮的目的是使原料淀粉充分吸水膨胀，利于淀粉颗粒破裂和糊化。润粮加水分两次来润，第一次用 90℃以上的热水，占总水量的 60%，隔 2.5~3h 后再润第二次，占总用量的 40%，润粮时，用木锹边倒水边翻糙，避免润粮流失，使粮粒吸水均匀，堆积 16h，粮粒收汗后进行蒸粮。

（四）蒸粮

上甑前用未烤过酒的酒醅作母糟，用量为粮食的 7%~10%，润 16h。已收汗生粮翻糙搅拌后才开始上甑，蒸粮每甑750kg，要求见汽上甑，蒸粮时间以冷凝器来水之时开始计算，汽压控制在0.08~0.15MPa，蒸2h，保证高粱蒸熟、蒸透、蒸匀。母糟中含淀粉12%左右，糖分0.7%~2.6%，酸度3~4，氨基酸含量0.0264%~0.0322%，酒精度4.8%~7.0%vol。

母糟的作用是调节生沙香味；增加生沙的酸度，以利于糊化和发酵；供给微生物各种微量元素。要是酸度不够，不仅影响正常糊化和发酵，而且产酒会酸涩，有时酒色还带青，发酵后酒醅有冲鼻辣眼等现象。

（五）摊凉

把蒸煮后的熟沙下在晾堂上，加5%~8%的90℃以上热水翻搅均匀，然后根据晾堂大小均匀地摊凉。摊凉时勤翻勤踢，打糙，同时杜绝生粮糙在熟沙和堆子里，温度降至30℃左右时将熟沙收成埂子，晾堂全部打扫干净，用酒精度低于10%vol的低度酒15~22kg（原料的2%~3%），洒在埂子上边，要求边洒边翻糙，温度掌握在26~29℃时加曲，加曲粉为原料10%，即75kg，翻糙3次以上，翻糙均匀为止，上堆温度控制在25~27℃。

（六）堆积发酵

将熟沙、尾酒、曲药拌匀后，温度控制在23~26℃收成堆。每天下沙上堆不超过6甑，让曲粉中产酒产香的微生物充分与已糊化好的淀粉和尾酒接触，便于生长繁殖。又由于堆积暴露在空气中，一可网罗空气中有益微生物，二可供给氧气，有利于好氧与兼性好氧微生物生长繁殖，进行糖化发酵。顶温达45~50℃，闻有香甜味、微酒味，即可下窖。

（七）入窖发酵

入窖前先把窖打扫干净，做好窖底，窖底用堆积发酵的酒醅0.5甑，和半甑老窖底，加曲粉、尾酒、窖底水等，拌和均匀摊平，再撒曲粉20kg，布满窖底面，这样就做好窖底。下窖时，将堆积发酵好的酒醅搬运到窖边，疏松、均匀铲入窖池，边下窖边用尾酒壶洒尾酒（占投料量的1%~2%）。下窖时间宜短，避免酒精和香味物质的挥发，又可以防止空气中杂菌的感染，还可以尽量保持发酵温度的正常进行。下完后，撒一层稻壳，将拌柔的窖泥均匀封盖在上面，厚度6cm左右，保持窖面湿润，不让其窖泥干裂，使其整洁美观。

（八）糙沙

糙沙时高粱粉碎度为三七成，生粮是下沙的一半，375kg，润粮要求和操作与下沙相同。润粮 16h 以上，粮食收汗后，将下沙入窖发酵 30 天的酒醅，与生粮以 1∶1 的比例拌匀，上甑蒸酒，蒸的酒为生沙酒。蒸酒后，关掉冷却水，气压升到 0.08～0.10MPa，蒸煮 2.5h，出甑，加量水，摊凉，收成埂子，加尾酒，加曲，翻拌均匀，收上堆，曲粉用量增加到 14%，其余操作与下沙相同。

糙沙的目的：通过两次投料来保证后几轮次产酒产香微生物所需营养物质的供给。

（九）酒醅出窖

将封窖泥铲除，运往泥池内，用清水和好。酒醅分窖面、窖中、窖底出窖，根据酒醅的水分状况，加入适量的谷壳，用打糟机打细，待上甑用。

茅台酒的发酵窖池有两种：一种是小窖，一种是大窖。小窖用方块石和黏土砌成，窖池的容积约 14m³。大窖的容积约 24m³，其长约 4m，宽 2m，深 3m，用沙石砌成。茅台酒每年投产前要用木柴烘窖。其目的是杀灭窖内的微生物，去除窖内的枯糟味，提高窖内温度。

（十）上甑（装甑）

上甑前，先检查甑子、地（底）锅水、冷却器等各种设备是否完善，蒸汽压力、冷却水是否正常。检查完毕后，蒸汽压力控制在 0.05～0.1MPa，一人掏糟一人上甑，二人轮换。保证酒醅疏松、均匀，探汽上甑，窖底、中、面酒醅分别上甑。

（十一）蒸馏接酒

甑上满后，适当收小汽压，接酒温度控制在 36～45℃。接酒采用"看花接酒"，边接边尝，把好质量关。同时要分型接酒，分型、分轮次入库。接酒后，视其酒醅糊化程度适当延长吊水时间。

（十二）摊凉

将蒸酒后酒醅下到晾堂上，根据晾堂的大小，均匀摊凉，勤翻勤打糙。冬春季温度掌握在 30～32℃ 拌曲，28～30℃ 上堆，夏季掌握在 26℃ 或与室温平上堆，一至七次酒摊凉拌曲，除冬夏季温度控制和曲药有变动外，其余操作相同。

（十三）丢糟

七次酒取酒后的酒醅全部丢掉，称为丢糟，九月重阳新投料，下糙沙再生产。酱香型白酒酿造主要工艺、参数如表 7-12 所示。

表 7-12　　　　　　　　　酱香型白酒酿造主要工艺参数

酿造过程	水分/%	淀粉/%	酸度	糖分/%	加曲量/%
下沙	37~40	41±1	≤ 1.0		5
糙沙	40~43	39	＜1.0		14
一次酒	43~46	34	1.0~1.5		15
二次酒	45~48	30	2.0~2.5		14
三次酒	47~50	26	2.0~2.5	入窖：3.0%~5.0%	12
四次酒	49~51	22	2.5~3.0	出窖：0.5%~1.5%	11
五次酒	50~52	18	2.4~3.5		8
六次酒	51~53	14	2.4~3.5		6
七次酒		11	2.4~3.5		8.5

三、 影响酱香型白酒产量、质量的主要因素

（一）高温制曲

　　高温制曲是提高酱香型白酒风格质量的基础。酱香型白酒主体香成分究竟是什么目前尚无定论，但来源于曲药却是公认的。正因为如此，生产酱香型白酒，曲药质量对形成酒的风格和提高酒质起着决定性的作用。对酱香型酒来说"好曲产好酒"与浓香型白酒"百年老窖产好酒"是一个道理[45, 65, 67-69]。

　　影响酱香型白酒曲药质量的因素很多，主要是制曲温度高低。制曲温度高低适当，曲药质量好。反之，曲药质量差[45, 70]。曲药升温幅度高低与制曲加水量有密切关系，制曲水分重，升温幅度大。升温还与气候有关。要根据各地地理条件和气候决定制曲水分轻重，以便有效地控制制曲升温幅度，以提高曲药质量。制曲温度达不到60℃以上，曲药酱香、曲香均不好。曲药质量好，产酒酱香突出，风格典型，质量好。曲药质量差，产酒风格不典型，酒质不好。因此，高温制曲是提高酱香型白酒风格质量的基础。

（二）润料与蒸煮

　　酱香型大曲酒的生产要求原料粉碎度不可太细。下沙时，要求整粒与碎粒为 8∶2，糙沙时比为 7∶3（均为质量比）。粉碎要求烂瓣不烂心，严格控制细粉量。如细粉过多，酒醅易起疙瘩，透气不好，易生酸。

　　酱香型大曲酒生产中历来有"一发、二蒸、三发酵"之说。规定润料的水温在 90℃以上，润粮时间 18~24h。蒸粮时间 2h 以上，要求无生心。

不同润粮时间、不同润粮水温润粮效果并不相同。同一水温，润粮时间越长，润粮效果越好[71]。润粮水温控制在 40~55℃，润粮时间控制在 8~10h 即可达到下沙和糙沙投料高粱所要求的吸水量[71]。

在润粮操作中，要注意避免水分流失和水温低。水温偏低，造成红粮（高粱）吸水不足，使红粮中淀粉达不到膨胀破裂和糊化的目的，入窖后产生异常发酵，影响出酒率，并给酒带来生涩和糙辣味。出现此情况，应该延长吊酒尾时间，出甑泼入 90℃ 以上热浆水。如水分流失而造成润粮不足，会影响蒸煮糊化，造成入窖后发酵不良，产酒量少，酒生涩味重，甚至产生冲鼻现象。碰上天气干燥，情况更为严重。应该在出甑时补充适量热水。如润粮水分过重，会使堆积发酵升温过猛，造成细菌大量繁殖，使酒醅酸败，蒸了的酒酸味重，酒淡，且影响下几轮发酵。此时，应增加辅料用量，酸味过重，则应适当延长吊酒尾时间，以加强排酸。

采用特殊的润粮工艺，既能达到发酵所需的水分，又能除去高粱中大部分单宁，以减少单宁对酒质的影响，使前 3 轮次产酒的生涩味大幅度下降[71]。

（三）下沙、糙沙的水分

与其他香型白酒相比，大曲酱香型酒的生产要求轻水分操作。只要能使原料糊化，糖化发酵正常进行就行了。因为投粮后共有八轮次发酵，七次取酒，并不要求一开始就强调发酵完全。

酒醅的水分来源主要是润粮水、量水、酒尾、甑边水、蒸汽水等[26]。水分太大会出现很多问题，使酒的产量、质量都受到很大影响。水多酸大。因为酱香型酒糖化发酵是半开放的，水分大时，微生物生长繁殖快，糟醅升温、升酸幅度大，最终造成温度、酸度高。水分大的酒醅堆积流水，不疏松，升温困难，容易产生包心，操作时困难，不易处理。下沙、糙沙的工艺参数见表 7-13。

表 7-13　　　　　　　　　　下沙、糙沙的工艺参数[72]

项目	下沙	糙沙
用曲量/%（以高粱计）	8~10	13~14
尾酒浓度/%vol	15~20	20~25
窖底用曲量/kg	>15	>15
发酵时间/d	30	30

（四）大曲用量

酱香型大曲药既有接种作用，又有原料作用，并为酱香型大曲酒提供呈香物质和呈香前体物质。所以，曲药的用量比较大。曾经试验大曲用量对原酒质量的影响[26]，见

表7-14。

表7-14　　　　　　　　　　大曲用量对原酒产质量的影响[26]

高粱用量/kg	曲药用量/kg	产酒/kg	质量分析			
			酱香/%	窖底香/%	醇甜/%	次品/%
100	65.0	29.30	3.1	0.1	84.5	12.3
100	72.3	37.27	4.7	0.3	88	7
100	75.8	39.04	6.23	0.28	88.2	5.29
100	82	43	9.51	1.27	86.5	4.72
100	90	43.8	14.7	3.1	78.2	4
100	97.4	44	14.8	2.1	80.2	2.9
100	103.4	33.2	22.5	3.0	72.4	2.1

试验的结果表明：

（1）大曲用量占高粱的75%以下时，原酒质量很差。由于加曲少，糟醅水分、酸度随轮次升幅较大，生产不正常，出酒率也低。

（2）曲用量占原料量的75%~85%时，出酒率最高，但酱香和窖底香酒较少，质量一般。

（3）用曲量达到95%以上后，出酒率并未因用曲量增加而明显增加，甚至相对降低，质量也无明显提高。用曲量过大，还使酒醅发腻结块，操作困难，水分难以掌握，产量难以稳定。

因此，大曲的用量占高粱的86%~90%为宜。一般情况下，每50kg小麦一般能生产42kg曲块（扣除曲母、水分14%），贮存半年加上粉碎损耗4%左右，能得曲粉40kg，照此计算，每50kg高粱需用小麦55kg左右，其比例为高粱：小麦=1：1.1。

（五）酒醅酸度

控制酒醅酸度。正常情况下，下沙、糙沙的酒醅酸度为0.5~1.0，一、二轮次酒醅的入窖酸度1.5左右，三、四轮次酒醅的入窖酸度2.0左右，五、六轮次的入窖酸度2.4~2.6。出窖酒醅的酸度一般比入窖酒醅酸度高0.3~0.6。

（六）堆积发酵

在其他操作完全相同，又在同一窖内发酵的情况下，堆积后入窖酒醅的酵母菌比不堆积的高出13.8倍[46]。然而不堆积的细菌却非常多。产酒后验收时，堆积者全部合格，未经堆积的产酒不合格。经多次品尝鉴定都是堆积的质量好（表7-15）。

表 7-15　　　　　　　　　　　　堆积与不堆积发酵产酒比较

操作	消耗淀粉/%	上升酸度	产酒量/kg	质量
糙沙堆积	4.05	1.5	371.5	醇甜及酱香
糙沙不堆积	4.87	1.8	335	杂味重,酱香淡

堆积与不堆积酒醅,在高级醇、乙缩醛、双乙酰、2,3-丁二醇以及有机酸和酯类化合物的含量上都有明显差别(表 7-16)。这就是不堆积或堆积时间短,温度低的酒醅发酵后酱香不突出、风格不典型的根本原因[46]。

表 7-16　　　　　　　堆积与不堆积发酵酒醅微量成分对比[46]　　　　　单位:mg/100mL

项目	正丙醇	仲丁醇	异戊醇	乙缩醛	双乙酰	2,3-丁二醇	乙酸乙酯	乳酸乙酯	甲酸	乙酸	乳酸	丙酸	戊酸
堆积	125.7	19.77	65.2	110.5	17.7	0.89	182.6	255.2	5.9	84.8	89.2	8.5	5.1
不堆积	53.62	9.69	38.7	57.6	5.3	0.50	127.6	180.3	2.7	46.9	54.6	2.8	2.9

(七)酒醅堆积温度与窖内发酵温度

影响发酵的温度主要有晾堂下曲、收堆温度,堆积升温幅度、入窖温度、窖内发酵温度。

(1)下曲收堆温度　由于生产周期长,各轮次自然温差大,轮次酒醅的升温情况也不同。下沙、糙沙升温快,熟糟升温慢,所以温度要求也不同。下沙、糙沙收堆 23~26℃,熟糟收堆 25~28℃。下曲温度在冬季比收堆温度高 2~3℃,夏季下曲温度和收堆温度一样。

(2)堆积温度和升温幅度　较高温度的堆积是产生酱香物质的重要条件,由于大曲中没有酵母,发酵所需酵母要靠在晾堂上堆积网罗。堆积不仅是扩大微生物数量,为入窖发酵创造条件的过程,也是产生酒香的过程。酒醅在堆积过程中,微生物活动频繁,酶促反应速度加快,淀粉由糖化作用生成糖,同时还产生部分酒精和其他物质,温度也逐渐升高。所以,通过温度测试可以反映出堆积的情况。各轮次的堆积升温情况是不同的。如果在重阳节期间投粮下沙、糙沙,因为粮食糙,水分低,比较疏松,空气含量大,升温特别快,温度高,即使在冬天也只需 24~28h 就可下窖。一、二次酒的酒醅相对不够疏松,水分增加,残余酒分子含量少。一般在 1~2 月份,气温低,所以升温缓慢,温度低,容易有包心现象,一般要 3~6d 甚至更长的时间才能入窖。三次酒后,气温升高,酒醅的残余酒分等增加,淀粉糊化彻底,升温就不太困难,一般在 2~4d 就可入窖。表 7-17 是糙沙和三次酒的堆积参数。

表 7-17　　　　　　　　　　　　糙沙与三次酒的堆积参数[26]

类别	时间/d	品温/℃	水分/%	淀粉含量/%	糖分/%	酸度	酒精度/%vol
糙沙堆积	完堆	24	44.3	38.19	2.24	0.9	2.02
	第1	33	44.3	38.11	2.26	0.9	2.30
	第2	49	44.25	37.83	2.41	1.2	3.39
三次酒堆积	完堆	26					
	第1	32.5	49.40	26.23	4.80	2.10	1.13
	第2	39	49.90	24.85	5.64	2.15	1.35
	第3	47	50.35	24.00	5.67	2.15	2.55

一般以堆积温度不穿皮，有甜香味为宜。堆积入窖温度太低，酒的典型性差，香型不突出。温度太高则发酵过老，糟醅烧霉变成块，淀粉损失大，出酒率低，酒甜味差，有怪味。

（3）窖内温度变化　入窖后，品温逐渐上升，到 15d 后缓慢下降。到开窖时，熟糟一般在 34~37℃。如果温度过高，冲鼻，酒味大，但产酒不多，这就是所谓"好酒不出缸"。

（八）生产工艺影响产酒质量

不同酱香型白酒生产工艺所产酒质是不一样的，见表 7-18。

表 7-18　　　　　　　　不同酱香型白酒工艺产酒质量对比[65, 73]

工艺路线	贮存期	工艺操作	酒质感官评语
仿茅工艺	三年	完全按茅台工艺生产	酱香突出，醇和丰满，回味悠长
续糟工艺	一年	原料四、六瓣，清蒸、清烧，堆积发酵，发酵期30d，粮糟比1:4，粮曲比1:0.4	酱香长，酒体丰满，口感味短
四轮清糟工艺	一年	原料为二、八瓣，清蒸清烧，堆积发酵，生产周期四轮（每轮次30d），一次投料，第二轮取酒，粮糟比1:2，粮曲比1:0.4	酱香较好，酒体较粗糙，味稍平淡

第五节　浓香型大曲酒生产工艺

我国的浓香型大曲酒的生产区域主要分布在四川以及江淮流域（苏、鲁、皖、豫)。这两个地区白酒生产工艺不同，原料不同，产品质量也有差异。有学者认为浓香型白酒中存在着两种风格有所差别的流派，即以苏、鲁、皖、豫等地区为代表的俗称"纯或淡浓香型"和以四川为代表的"浓中带陈味"。陈味不等于酱味，又存在着某些联系，它是川酒流派在传统生产工艺基础上生产的浓香型白酒经贮存一定时间后的香气成分平衡的结果，适当的陈味可使香气细腻、酒体丰满。实践证明，要掌握得好，则制曲温度不宜过高，贮存时间不宜过长，以免导致产品陈味过重，类似酱味的出现[74]。两种浓香型白酒的不同主要表现在：

（1）原料不同　四川除用五种粮食配比的五粮液、剑南春外，以本省产的糯高粱为主。在苏、鲁、皖、豫则以东北、华北地区产的粳高粱为主。粮食的不同品种、不同产地，新粮与陈粮之间的差异较大。

（2）大曲不同　四川以小麦为原料制曲，苏、鲁、皖、豫地区以小麦、大麦、豌豆制曲者居多。大曲是网罗自然界的微生物经培养而成的糖化发酵剂，由于各地自然气候条件不一，微生物生长也就不尽一致。可见培养大曲的两个基础物质就存在着差异，再在曲块成型、培养工艺参数掌握上有所不同，其制成品也必然有区别。

（3）酿酒发酵期不同　四川为 60~90d，苏、鲁、皖、豫地区为 45~60d。即在以产香为主的后酵期，四川时间长，这不仅影响当排酒的风味，而且续糟配料的工艺决定了酿酒全过程差别。

（4）蒸馏工序操作不同　四川出窖酒醅滴黄水，大窖小甑桶，一窖酒醅从开窖到封窖需要 6~8d。五粮液更有跑窖的特点，在苏、鲁、皖、豫地区为当天开窖蒸酒，一般不滴黄水，入窖当天封窖[74]。

一、 泸州试点时浓香型白酒生产工艺

泸州老窖大曲酒分为特曲、头曲、二曲和三曲酒共 4 个级别，以感官尝评为主，二曲酒以上为名酒，三曲酒为一般曲酒，除特曲酒外，其余三者产量各占 1/3。

泸州试点时，主要总结温永盛传统操作法（抗日战争以前），窖老且小，配料适当，操作细致，窖帽装得低，发酵周期长，天锅蒸酒，杂质除去较多，酒质优异[75]。当时，共 8 人生产，分两班，一班 4 人，分别掌握看甑、量水、检查温度和安全工作。每班蒸粮蒸酒 7 甑，工作时间在 9h 左右。

主要生产特点：清蒸辅料、分层堆积、熟糠拌料、降低窖帽、低温发酵、回酒发酵、延长发酵期、滴窖减糠、量质摘酒、分级贮存、精心勾调等。

（一）原料及预处理

酿酒原料为高粱。高粱成熟饱满、干净，淀粉含量高。麦曲白洁质硬，内部干燥和有浓厚曲香气。稻壳新鲜干燥，呈金黄色，不带霉气和水湿等现象。酿造用水是龙井泉水，透明爽口带甜。

高粱和麦曲均须先粉碎备用。高粱的粉碎，粗细要均匀，其粗细程度一般以过 20 目筛，粗的占 28% 为佳。麦曲用木槌打碎，再经石辊碾细，用竹筛筛之，粗粒再碾，其粉碎程度以细粉较多为宜。

（二）配料蒸粮

在蒸上排发酵糟（醅）时，按下列比例配料，同时进行蒸粮蒸酒。每甑发酵糟用量为 248~270kg，加入高粱粉 70kg 和稻壳 17~19kg，拌和 3 次，使三者拌和均匀，堆放 30~42min，然后进行装甑。装甑前须加够清洁的底锅水，安放甑桥、甑箅，撒稻壳 1~1.25kg。装甑时，端撮糟子要均匀，做到轻倒旋撒，穿汽一致，避免夹花掉尾，共计时间约 30min。在蒸粮过程中须防止塌甑、溢甑、漏汽等现象，每甑粮糟共蒸 45min。从断酒尾到出甑时，约 24min，火力宜大。

（三）打量水

出甑粮糟按每 100kg 高粱粉，加入蒸酒时冷却水 95kg，称为"打量水"，水温保持在 55℃左右。靠近窖的下层粮糟，每甑打量水约 50kg；中间每甑约 75kg；最上层的约 100kg；量水与粮糟必须充分拌和均匀。

（四）摊凉撒曲

出甑粮糟摊凉要快，用木锨将粮糟摊铺晾堂后，即用竹扇扇凉。当品温降至比"地温"高 6~12℃时（地温在 10℃以下时，撒曲粉温度高 9~12℃；在 15℃以下时，撒曲粉温度高 6~7℃），即撒曲粉。麦曲粉的用量为高粱粉的 20%，即每甑撒曲粉为 14kg。曲块必须先进行打碎、碾细。撒曲粉的方法为"撒埂子曲"，力求避免曲粉损失，并需充分拌和均匀，撒曲完毕，即可入窖。

（五）入窖发酵

每窖底糟 2~3 甑，根据窖的大小来决定。严格掌握入窖的温度，底糟品温 20~21℃，粮糟品温在 18~19℃，红糟每甑撒曲粉 7kg，其品温较粮糟高出 5~8℃。每装入两甑粮糟踩窖一次，装完粮糟须不超出窖坎 15cm。红糟完全装在粮糟表面发酵，窖帽要低。

（六）发酵管理

入窖完毕，即用黄泥封窖。每天定时检查窖温及"吹口"变化，做好"清吹"，防止窖泥开裂、陷塌，并适时加盖稻壳保温，以保持发酵正常进行。发酵周期为40d，平均一年9排。

"吹口"是指入窖发酵对时（24h）后，每日检查窖的同时清吹一次，即将窖泥抹严以后，用竹签向窖内穿小孔1~2个，以排除 CO_2 气体。从吹出气体的强弱、高矮和气味等，可以了解发酵是否正常。连续清吹4~6次，可判断本窖发酵的好坏。

（七）出窖蒸酒

揭去窖泥，起出面糟、发酵糟（又称母糟），堆在规定地点，以备蒸酒。应特别做到防止酒精挥发，即拍紧薄撒一层稻壳。在起发酵糟过程中，严格控制滴窖时间，一般须保持在6~12h。采取勤舀，尽可能滴干黄水，及时舀尽黄水。按先蒸丢糟，继蒸粮糟，后蒸红糟顺序进行蒸酒。火力要大，且要均匀，并须防止塌汽、掉尾、漏汽等现象。经常检查天锅冷却水，保持流酒温度在25℃左右，防止流酒温度过高，出酒酒精度保持在62%~64%vol。

黄水酒另做处理，丢糟酒分开装坛，并分别评级。每甑酒尾掺入下甑底锅水蒸酒，蒸酒时间为15~20min，不包括追酒尾与蒸粮时间。

二、 江淮流域典型单粮型白酒生产工艺

（一）工艺流程

江淮流域单粮型典型白酒老五甑酿造工艺流程见图7-22。

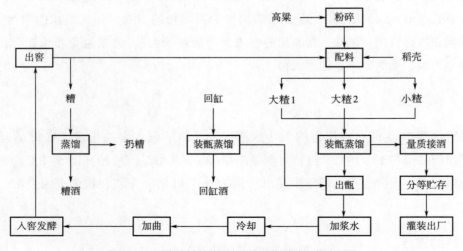

图7-22 江淮流域单粮型白酒老五甑酿造工艺流程图

（二）原料的预处理

1. 高粱粉碎

目的：破碎的高粱易于蒸煮熟烂。

要求：粉碎成 4~8 瓣。夏季宜粗，冬季宜细。原料的粉碎度影响着成品白酒的质量[76]。

操作：使用对辊式粉碎机。

2. 熟曲粉碎

目的：将曲块砸碎，成小粒状或粉末状，增加曲与酒醅接触的比表面积，便于与淀粉充分接触，将淀粉转化为可发酵性糖。

要求：通过 $\phi2.5~3mm$ 筛的筛下部分。要求用 40 目筛过筛后，粗细各半。夏季宜粗，冬季宜细。

操作：先用砸曲机砸成粒状，再使用锤粉碎机粉碎。

（三）高粱预蒸

目的：粉碎后的高粱，称为糙子[1]。预蒸糙子是为了部分杀灭粮食微生物，并蒸出其饭香味，增加酒的香味。

要求：预蒸时间为圆汽后 3~5min，糙子的饭香味扑鼻。

操作：关闭进稍管、出稍管。将糙子装入甑桶中，摊平。打开蒸汽阀门，0.05~0.1MPa 气压。圆汽后，计时。3~5min 后，关闭蒸汽阀门。用人工或机械的方法取出糙子。用人工方法将糙子扬凉。夏季平场温，冬季可在 20~30℃。

（四）出窖

揭去窖皮泥，鉴定酒醅风格，观察颜色、黄水情况，检查窖壁。

要求：分层出窖。严禁大、小糙醅混合。出窖时间不超过 100min。

具体操作：打扫干净窖头。冬季要揭去保温稻草。检查抓斗完好情况。人工揭去窖头泥（缸头泥），不得带糟，用抓斗抓到指定地点。抓斗先抓回缸醅，再抓小糙醅，然后是大糙醅，分层出窖，桶桶分清。旺季时最后出双轮底。当酒醅离窖底 25~30cm 时，用人工出窖，抓斗抓醅。出清后，人工把窖底、窖壁打扫干净，刮出小坛中的黄水。

（五）润粮

提前 1h 润粮，待粮食完全吸水后，根据要求配料。原料、辅料及其配比为：高粱粉∶酒醅 [100∶(450~500)]。高粱要求水分≤13%，淀粉≥62%。高粱粉碎度要求过 100 目筛子占 20%以上。酒醅的酸度 1.8~2.5，淀粉含量 7%~8%，水分 63%~64%，酒精度 7%~10% vol。高粱：稻壳 ［100：（18~22）］。稻壳水分 ≤ 12%，松紧度 ≥ 13g/100mL。高粱：大曲粉为 100：（18~22）。大曲粉碎度为 1mm 过筛 78%~82%。要求大曲的糖化力 700~1000/［mg 葡萄糖/（g 干曲·h）］，液化力 1.6~2.5/［g 淀粉/（g 曲·h）］。

（六）配料

配料要求一次配足，矮铲低翻，时间要短，减少酒精挥发，拌好后无灰包、疙瘩，撒上一层热糠。

具体操作：将原料按规定数量分成三堆（目测）。按出窖顺序分别配成小糙、大糙、二糙（大糙 2），分层出醅，分层配醅。双轮底单独配在一边。用人工或机械的方法抄拌 2~3 遍，并注意用扫帚消灭蛋团。抄拌速度要快，不可把醅扬得太高。拌原料的同时，可以拌入稻壳。拌匀后，按桶次打成堆。并撒 5~10kg 稻壳覆盖其上。装甑前，要混合酒醅。要混合透，不准翻醅。

（七）装甑

检查底锅水，保持底锅清洁。调整火力，撒上一层热糠。上甑保持疏松平坦，来汽一致，火力均匀，上甑时间 2h 以内（土灶），保持疏松泡汽，探汽上甑。

要求：装甑动作要"轻、松、匀、准、薄、平"。做到"三不冒汽"即装甑时不冒汽、落盘时不冒汽、流酒时不冒汽。装甑时间大、小糙每桶不少于 25min，回缸不少于 20min。不得出现"打炮"、坠甑、压汽等事故。

操作：蒸馏为间歇式操作，每一甑装满并馏出酒，至出甑后，这一过程结束，然后装下一甑。装甑顺序为：糟、大糙、二糙、小糙、回缸。夏季生产时糟可以放在回缸后装甑。装甑前，先检查接酒容器的完好与清洁情况。再检查底锅、底箅是否完好。关闭进出稍管。打底子。打开进稍管，注入酒尾（酒稍）。如无酒稍，可加入一定量的水。然后关闭进稍管。打开蒸汽闭门，气压约在 0.1MPa。当甑桶装至一半时，可再加大气压至 0.15MPa；当装至八分桶时，再关小气压至 0.08~0.1MPa。见汽或见潮时，用木锨或铁锨或机械方法将酒醅撒入甑桶内，轻撒均匀，直至甑桶装满。落下天盘，接通横箅。关小气阀门，使压力在 0.01~0.02MPa。

（八）接酒

中温蒸馏，量质接酒，掐头去尾，吊尽尾酒，抬盘冲酸，打好量水。

要求：量质接酒，使好酒尽量选出。

酒精度：单坛酒精度夏季 ≥ 61% vol，冬季 ≥ 62% vol，混合酒精度 ≥ 63% vol，冬季 ≥ 64% vol。接酒容器清洁，使用过滤布，酒坛上加盖或帽。

操作：刚馏出的为酒头，去掉 1~2kg，待下甑倒入底锅重蒸，接下来为质量较好的原酒。每隔 3min 左右品尝一次，边接边尝。此时注意调整馏酒汽压，保证馏酒速度为每分钟 2~2.5kg。当质量发生变化时接入另一坛中。当酒精度降为 50%~53%vol 时断花，接酒尾。此时，开大汽压，至 0.02~0.06MPa，大汽追尾。酒尾接至油花满面时，结束馏酒的过程。打开底锅出稍口，排出底锅水。揭去天盘，开大汽阀门，至 0.1~0.2MPa。

（九）蒸粮（蒸煮）

要求：熟而不黏，内无生心。

操作：在保证"不穿甑"的情况下，尽量开大汽压在 0.1~0.2MPa。掌握好蒸煮时间。杂交高粱蒸煮时间宜长；底醅水分低宜长；汽压低时，蒸煮时间宜长；大糟蒸煮时间宜长。一般蒸煮时间大糟在 90~120min，二糟在 80~110min，小糟在 70~90min。

（十）出甑

操作：关闭汽阀门。检查甑桶挂钩完好情况。套上挂钩。吊起甑桶，并移至鼓风镰上方。拉开插销，移动甑桶，使酒醅均匀撒在鼓风镰上。

（十一）打量水（加浆）

目的：饭醅吸收足够水分，便于入池后糖化发酵。

要求：浆水温度在 90℃以上，严禁使用冷水浆。泼洒均匀，一次性加足。保持酒醅入池化验水分，夏秋季 55%~56%，春冬季 56%~57%。

操作：用水桶提一定量的水（经验判定），均匀泼洒在酒醅上。回缸不加水。

（十二）鼓风冷却

饭醅出甑后，打足量水，翻拌均匀。开鼓风机和穿堆机，要求一人翻拌一人操作，撒满铺齐，甩散、无疙瘩，厚薄均匀，根据甑别、糟别，控制温度。

（十三）入窖发酵

入窖前必须先量窖内温度，然后入窖，将酒醅拉平，踩紧，量准温度，记原始记录，控制好入池（窖）温度。记录稻壳、水分、温度、酸度、淀粉浓度、糊化情况。一般地，控制入窖酸度 1.4~1.6，淀粉含量 15%~17%，水分 55%~58%。发酵期 60~120d。

操作：入池前，将窖子内壁打扫干净，撒 1.5~2.5kg 的曲粉，10%以下的低度酒 10~15kg，保养池口。酒醅入池前查看入池温度和入池水分。

大糟入池温度要求：场温在 26℃以上，入池温度比自然温低 2~3℃；场温在 18~

25℃以上，入池温度比自然温低1℃；场温在15~17℃以上，入池温度平自然温；场温在15℃以上，入池温度为12~14℃，定温入池。

小糙、回缸入池温度要求：小糙入池温度冬春季18~22℃，其他季节比大糙高1~2℃。回缸入池温度冬春季30~32℃，其他季节25~30℃。

入池要快，时间不超过15min。每桶醅入池后，要平好窖子，每桶醅之间用少量的稻壳隔开。做到桶桶清，场面马路残醅要打扫干净。

（十四）封窖

盖糟须踩紧踏平、拍光。撒上一层薄糠，管窖人员需及时封窖，封窖后再检查一次温度，如实记准封窖时间。

操作：回缸入池结束后，用挤子将醅推平。均匀撒上少量稻壳。将黄黏土和好后，腻在酒醅上，厚10~15cm，推平，保证不透风。盖上塑料布。

（十五）发酵管理

保持表面清洁，前15d每天检查温度一次，观察吹口，分析窖内发酵情况。发酵温度要求做到"前缓、中挺、后缓落"，画出图表，建好窖池档案。

要求：无裂边、发倒热现象；无霉变。做好酒醅发酵温度记录。

操作：每周踩池口边子一次，踩边时套住脚印，紧贴窖边踩好踩平。保持不裂边、不透气，无倒热、霉变。每天检查池口发酵温度，并记录。出池前，提前3~5d抽黄水。

三、 四川地区典型多粮型白酒生产工艺

四川地区采用多粮工艺生产浓香型大曲酒，目前，江淮流域也有不少企业采用多粮型生产工艺。这些酒厂生产工艺仍然有些微的区别。如浓郁型酒剑南春采用的是"一长、二高、三适当"的工艺路线[14]。"一长"是指发酵时间长。其实质是使母糟与窖泥有更多的接触时间，这样有机酸及醇类再经较长时间缓慢地发酵、富集和酯化，使主体香己酸乙酯含量增多。采用双轮底发酵140~150d酿出来的酒味道比正常生产的酒好得多，因此常把双轮底酒用作调味酒。"二高"是指酸高、淀粉高。发酵时间长，产生的酸就多，出窖糟酸度达3.5~4.0，入窖酸度控制在2.0~2.4。稍偏高的入窖酸度，使产出酒的己酸乙酯含量平均增加了0.5~0.8g/L。入窖淀粉含量控制在19%左右进行发酵。"三适当"是指水分、温度、谷壳适当。入窖水分控制在53%~54%，出窖水分一般在58%~60%。入窖温度按照"热平地温冷13℃"的原则。谷壳用量控制在20%以内。如此，产出的酒芳香浓郁典雅，味道绵柔甘洌，回味悠长爽净，酒体醇厚丰满，风格典雅独特。

（一）工艺流程

四川地区典型多粮型白酒生产工艺流程见图 7-23。

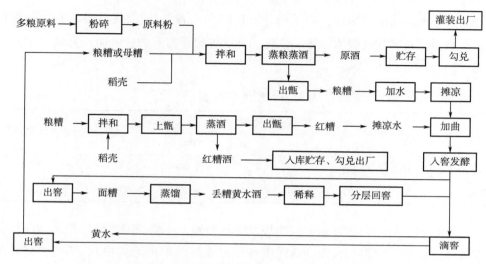

图 7-23　四川地区典型多粮型白酒生产工艺流程图

（二）出窖

出窖时，先将窖上的一层黄泥揭去，然后起上层面糟。窖帽母糟（即上层粮糟）出窖后单独堆放，该糟蒸酒后只加曲，不加新料，入窖发酵后即得回糟。在蒸酒时称为蒸红糟。蒸酒后的红糟在窖子内入于窖的上层，因此又称"红糟盖顶"。其余母糟在滴尽黄水后，全部出清至生产场地。

浓香型大曲酒生产，开窖后在滴窖期间要进行"开窖鉴定"，就是对该窖的母糟、黄浆水，用"一看、二闻（嗅）、三尝"的感官方法进行技术鉴定。车间主任、班组长召集当班人员对黄水、母糟，结合化验数据进行开窖鉴定，总结上排配料和入窖条件的优缺点，根据母糟（酒醅）发酵情况和黄水的色、味，确定下排配料和入窖条件。

开窖鉴定，要查看当排发酵温度记录，升温快慢，最高温升到多少，升到最高温要几天，温度挺住的时间长短，窖温下降情况，"窖跌"情况等；然后是看"排泄物"，即看母糟和黄水。最后判断是否有病，有什么病，才能"对症下药"（确定下排配料和入窖条件），并"药到病除"（使母糟保持活力，产质量稳定）。

（三）原料

高粱中淀粉含量较高，淀粉越高产酒越多。从淀粉的结构来看，粳型高粱的直链淀粉与支链淀粉之比近于1:3，糯型高粱则为1:17，差异极大。从实践中得知，支链淀粉高的原料，除出酒率高外，与酒质密切相关。

原料配比为高粱：小麦：玉米：糯米：大米为40:15:5:20:20。剑南春酒厂的原料配比为高粱60%、玉米5%、大米10%、糯米15%、小麦10%。

酿制浓香型大曲酒的原料，必须粉碎，粉碎度见表7-19。其目的是要增加原料受热面，有利于淀粉颗粒的吸水膨胀、糊化，并增加粮粉与酶的接触面，为糖化发酵创造良好条件。

表7-19			高粱及曲粉的粉碎度[77]				单位:%
原料	未通过筛孔/目						通过120目筛孔
	20	40	60	80	100	120	
高粱粉	35.10	29.00	14.23	12.33	7.36	1.23	0.75
曲粉	51.03	22.60	9.51	5.23	9.23	2.40	2.48

为了增加曲子与粮粉的接触面，曲块要进行粉碎，一般控制曲粉热季适当放粗，冬季适当加细。当然，原料与大曲的粉碎度各厂因原料（单粮与多粮）、工艺，其要求也不尽相同。

（四）辅料

为了驱除稻壳中的霉味、生糠味及减少上述杂质，各厂都使用熟糠。稻壳清蒸一般要求圆汽后蒸30min，嗅其蒸汽没有怪味、霉味、生糠味后，即可出甑，然后摊开、晾干备用。

（五）润料、拌料

将高粱与母糟混合、拌匀、堆积。堆积时，粮粉从母糟中吸收水分和酸度，此为润料。润料时间约1h。必要时可以采用蒸水润粮、酒尾润粮、温水润粮和打顶浆（打烟水）等方法，以加速高粱粉吸水糊化，缩短蒸煮时间。

在蒸酒蒸粮前，用钉耙在堆糟坝挖出约够一甑的母糟，或从窖内取出约够一甑的母糟，堆于靠近甑边的晾堂上，倒入粮粉，随即拌和两次。要求拌散、和匀，消灭疙瘩、灰包。和毕，撒上已过秤的熟糠，将糟子盖好。此操作、堆积过程称为"润料"。上甑前10~15min进行第二次拌和，把稻壳、粮粉、母糟三者拌匀，收堆，准备上甑。

（六）蒸馏

将面糟、粮糟、红糟分别装甑、蒸酒、蒸煮。面糟（又称为糟）是上排生产只加曲未加新粮的入窖发酵材料。本排蒸酒后作扔糟处理。粮糟（又称为大糙或小糙）指配入高粱粉的发酵材料，是白酒的主要生产材料。红糟（又称为回缸）是指本排粮糟出甑后不加新料的香醅。

蒸馏操作的要求：拌料均匀，轻撒匀铺，探汽上甑，边高中低，缓火蒸酒，大火蒸粮。蒸馏操作好的，可将酒醅中80%的香味物质转移到酒中；蒸酒操作粗糙，酒和芳香成分的提取损失就大，严重时损失近一半。装甑要做到"轻、松、匀、薄、准、平"。

上甑时间（甑容为1.5~1.9m）35~40min，比上甑时间20min或50min以上的己酸乙酯高20%左右。而且大火快蒸，因酒精浓度迅速下降，乳酸乙酯却大量馏出，使香味成分失调，酒质下降。

量质摘酒，就是根据不同馏分微量成分含量的差异，用感官品评进行鉴定，根据酒质不同来分段接酒。通过认真的上甑操作和流酒过程中细致的品评，上层糟有时亦会摘到优质的"合格酒"。

（七）蒸煮

"缓火蒸酒，大火蒸粮"是传统操作中蒸馏工序的经验总结。蒸煮的作用是利用高温使淀粉颗粒吸水、膨胀、破裂，并使淀粉成为溶解状态，给曲的糖化发酵作用创造条件。蒸煮还能把原料上附着的野生菌杀死，并驱除不良气味。浓香型大曲酒系用混蒸法，即蒸酒蒸粮同时进行，因此，蒸煮（馏）除起上述作用外，还可使熟粮中的"饭香"带入酒中，形成特有的风格。

（八）打量水

在出甑后的饭醅中加入水，称为"打量水""施浆水""施水"，其目的是使蒸煮后的高粱粉进一步糊化。"打量水"是浓香型大曲酒酿造中重要操作。粮糟经蒸酒蒸粮过程虽然吸收了一定的水分，但尚不能达到入窖最适水分，因此必须进行打量水操作，以增加其水分含量，有利于正常发酵。量水温度要求不低于80℃，才能使水中杂菌钝化，同时促进淀粉细胞粒迅速吸收水分，使其进一步糊化。所以，量水温度越高越好。

量水的用量视季节不同而异。一般出甑粮糟的含水量为50%左右，打量水后，入窖粮糟的含水量应在53%左右（扣除摊凉撒曲水分损失）。老酒师的经验是夏季多用，冬季少用。一般每100kg粮粉打量水80~90kg，便可达到粮糟入窖水分的要求。量水用量要根据温度、窖池、酒醅的具体情况，灵活掌握。若量水用量不足，发酵不良；用量过大，酒味淡薄。量水用量是指全窖平均数，有的厂是打平水，即上下一样；有的是底层较少，逐层增加，上层最多，即所谓"梯梯水"。

（九）冷却、加曲

冷却采用机械化的方法，鼓风冷却。用曲量一般为投料量的20%~25%，夏季用曲量少，冬季用曲量大。

（十）入窖发酵

将已拌好曲粉的饭醅，放入窖中。在入窖过程中必须坚持分层入窖，即粮糟、红糟在入窖时应分层。入窖后，要用泥封口。发酵周期 60 天。

入窖温度，传统操作都以地温为标准，但地温的高低又随气温的变化而异。所谓地温系指靠近窖池阴凉干燥的地面温度。由于地温与窖池温度接近，比较稳定，当粮糟入窖后，其温度基本上与窖池温度接近，因此便于掌握，而气温则差异较大。

装完面糟后，即将已踩柔熟的窖皮泥抬至面糟上，一面用泥掌（或铁铲）刮平抹光，厚 8~10cm。以后每天清窖一次，直到窖泥表面不粘手，即可在窖皮面上盖上塑料薄膜（传统是盖稻壳），以防窖面干裂，用塑料薄膜覆盖，每天应揭开清窖一次，直至出窖，以防窖皮干裂、发霉、生虫。

四、 提高浓香型大曲酒质量的主要措施

提高浓香型大曲酒质量的主要措施有：高温制曲、清蒸原辅料、低温缓慢发酵、延长发酵期、双轮底、二次发酵、夹泥发酵、堆积发酵、添加人工窖泥以及生物增香等措施。

（一）高温制曲

人们常说"曲是酒之骨"。这句话在一定程度上反映了曲香和酒香的关系。我国浓香型、酱香型名优白酒，为提高酒香，多采用高温制曲，即提高大曲发酵的顶点温度。一般清香型白酒的制曲升温顶点不超过 50℃；浓香型白酒的制曲升温顶点不超过 60℃；酱香型白酒的制曲升温顶点不超过 65℃，个别者可达 70℃。高温制曲是提高酒香的一条重要措施，但是不很经济。因为制曲温度越高，大曲的糖化力、液化力、发酵力都相应地降低，用曲量必然增加。另外，曲量大也可能导致酒苦。例如用曲量过大时，酒醅将发生蛋白质过剩，在酒醅中产生多肽、曲酸、异戊醇、干酪醇等苦味物质；霉菌的孢子也可能产生霉苦物质。因此，高温制曲不等于制曲温度越高越好，更不是用曲量越大酒的质量越高。

（二）清蒸原辅料

清蒸原辅料，是排除由原辅料带入白酒中邪杂味的主要手段。辅料味、糠腥味是固态发酵法白酒中的主要邪杂味之一。因此，不论何种香型和风格的名优白酒和普通白酒，都应采取清蒸辅料的措施。

（三）低温缓慢发酵

多数名优白酒采取低温缓慢发酵的措施，以赋予酒质醇和、绵软和回甜的感觉。因为大曲的糖化发酵速度缓慢，酒醅发酵周期较长，只有控制低温缓慢发酵，才能使发酵温度达到"前缓、中挺、后缓落"。如酒醅的发酵温度前火猛，中火急，则后期生酸迅猛，不仅影响出酒率，而且会因为酒醅升温过高，生成许多异常发酵产物，使成品酒产生热味，具暴辣或刺激感。低温缓慢发酵有利于酒中醇甜物质的形成；有利于控制高级醇的生成和缩小醇酯比；有利于控酸产酯；有利于加速新窖老熟，保证老窖稳定生香。

（四）延长发酵周期

延长发酵周期，可起到以醅养酒、酯化老熟等协调酒体的作用。名优白酒的发酵周期越长，成品酒的总酯、总酸含量越高，各种微生物所产生的微量代谢产物越多，酒体也越趋向协调。例如，对白酒风味具有重要协调作用的琥珀酸，则是酵母衰老发酵的产物。一般大曲白酒的发酵周期不少于15d，名优白酒的发酵周期30~40d，有的长达60d以上。延长发酵期，可赋予酒质浓香、绵柔、爽口、味长等感觉。但发酵周期并不是越长越好。采取延长发酵周期的措施，应特别注意封窖严密，不可漏气。如封窖不严，酒醅会迅猛生酸，对成品酒的质量和出酒率都有很大影响。实践证明，延长发酵周期，只要封窖严密，酒精损失一般不大，酒醅酸度不会很高。

实践证明，发酵期在30d左右时，出酒率一般在50%左右（按60%vol计算的原料出酒率）；发酵期在45d左右时，出酒率一般在45%左右；发酵期在60d左右时，出酒率在40%左右（表7-20）。

发酵期的确定方法应根据经济效益来计算得出，即多长发酵期时，产生的经济效益最大。

表7-20　　　　　　　　泸州酒厂不同发酵期所产酒的成分分析　　　　　单位:g/L

窖号	发酵期/d	乙酸乙酯	丁酸乙酯	乳酸乙酯	己酸乙酯	己酯：乳酯：乙酯：丁酯	出酒率[a]/%
A	12	1.261	0.281	1.208	0.254	1：4.8：5.0：1.1	41.1
	30	1.960	0.401	2.312	0.436	1：5.3：4.5：0.9	42.5
	60	2.125	0.575	2.986	0.867	1：3.4：2.5：0.7	38.4
B	20	1.557	0.299	1.572	0.336	1：4.7：4.6：0.9	43.2
	40	2.523	0.476	2.582	0.679	1：3.8：3.7：0.7	41.5
	130	2.627	0.596	4.358	1.962	1：2.2：1.3：0.3	35.6
C	18	0.863	0.087	1.541	0.768	1：2.0：1.1：0.1	38.2
	32	1.322	0.165	1.986	1.205	1：1.6：1.1：0.1	38.7
	110	1.564	0.462	2.876	2.929	1：1.0：0.5：0.2	32.1

续表

窖号	发酵期/d	乙酸乙酯	丁酸乙酯	乳酸乙酯	己酸乙酯	己酯:乳酯:乙酯:丁酯	出酒率[a]/%
D	21	0.725	0.236	1.476	0.996	1:1.5:0.7:0.2	37.2
	42	1.264	0.325	2.526	1.436	1:1.7:0.9:0.2	36.9
	124	1.625	0.466	3.276	3.543	1:0.9:0.5:0.1	30.2

注：a：以60%vol计。

（五）双轮底发酵

双轮底发酵是提高产品质量极其有效的措施（表7-21）。所谓"双轮底"发酵，就是将已发酵成熟的酒醅起到黄水能浸没到的酒醅位置为止，再从此位置开始在窖的一角留约一甑（或两甑）的酒醅不起，在另一角打黄浆水坑，将黄浆水舀完、滴净，然后将这部分酒醅全部铺平于窖底，在面上隔好篾块（或撒一层熟糠），再将入窖粮糟（大糙）依次盖在上面，装满后封窖发酵。隔醅篾以下的底醅经两轮以上发酵，称为"双轮底"糟。在发酵期满蒸馏时，将这一部分底醅单独进行蒸馏，产的酒称为"双轮底"酒。隔排双轮底是指第二排时双轮底醅不出池，仍留在窖内发酵，至第三排时，取出蒸馏、蒸酒。多轮底是指三轮底、四轮底、五轮底等。

表7-21　　　　窖中不同部位酒醅蒸馏后的品质　　　　单位：g/L

不同部位酒	酸类				酯类			
	乙酸	己酸	不挥发酸[a]	总酸	己酸乙酯	乙酸乙酯	不挥发酯[b]	总酯
双轮底酒	1.050	2.652	0.394	2.685	4.406	2.059	2.730	6.791
边醅酒	0.915	2.146	0.236	2.182	3.185	1.292	1.313	4.532
中间醅酒	0.600	0.325	0.117	0.906	1.037	1.179	0.342	2.297

注：a：以乳酸计；b：以乳酸乙酯计；总酸和总酯的测定方法与单独测定不同。

双轮底醅能单独蒸馏时，应单独蒸馏，否则的话，应装于甑桶的上半部分蒸馏。试验表明（表7-22），装在甑桶的上半部分时，流出酒的总酯、己酸乙酯分别比装在其他部位提高了0.84g/L、0.75g/L，而乳酸乙酯则下降0.2g/L。

表7-22　　　　双轮底醅在甑桶中不同部位串蒸结果　　　　单位：g/L

班组	指标	酒样			
		上层串蒸	中层串蒸	下层串蒸	空白样
A组	总酸	0.64	0.58	0.64	0.63
	总酯	6.34	6.06	5.87	5.51
	己酸乙酯	3.96	3.75	3.66	3.41
	乳酸乙酯	1.37	1.51	1.53	1.82

续表

班组	指标	酒样			
		上层串蒸	中层串蒸	下层串蒸	空白样
B组	总酸	0.64	0.57	0.78	0.61
	总酯	6.06	5.69	5.39	5.21
	己酸乙酯	4.05	3.42	3.37	3.11
	乳酸乙酯	1.77	1.71	2.01	2.04

注：所有试验为 5 个池口的平均值，空白除外。双轮底醅使用 100kg 左右，装甑时的厚度为 15cm。

（六）二次发酵

"二次发酵"，又称翻沙，是利用酒醅发酵产酒结束后的产香阶段，人为添加大曲粉、黄水、酒等物质，强化窖内酒醅的产香，使酒质更香、更甜、更浓稠的一种工艺技术。如果只添加酒，称为回酒发酵，又称为中途回沙。这一技术不仅可以产生大量的特香、特甜、特绵等调味酒，还可以极大地提高基础酒的质量水平。

洋河酒厂对二次发酵技术做了全面的研究与分析[78]，认为在发酵至 22~26d 时，回酒较好。试验酒中己酸乙酯最高达 6.6g/L，平均达 3.0g/L 以上，并且己酸乙酯与乳酸乙酯的比例更加协调，平均低于 1:0.4。与未试验的原酒比，己酸乙酯提高近 1.0g/L 以上，且酒的等级提高了一个档次（加入池口中的优质酒全部转化成了一级酒）。试验中，特级酒的数量明显增加，一级酒的数量也有较大幅度的上升（表 7-23）。理化指标更加合理，口感更好（表 7-24）。

表 7-23　　　　　　　　　二次发酵出酒率及质量[78]

分组	出酒率/%	一级酒率/%	特级酒率/%
试验平均	34.40	85.21	16.73
对照平均	38.71	60.35	0.82

表 7-24　　　　　　　　　二次发酵酒气相色谱数据[78]　　　　　　单位：mg/100mL

化合物	双轮底	大糙头段	大糙二段	二糙头段	二糙二段	回缸酒	混合样酒
乙醛	50.50	61.06	31.10	49.81	30.21	21.64	18.31
正丙醇	203.86	262.37	13.3	210.50	32.05	31.98	39.74
仲丁醇	76.07	156.96	183.17	82.65	8.60	10.84	12.41
乙缩醛	93.13	114.42	98.39	97.51	21.60	18.57	14.70

续表

化合物	双轮底	大糟头段	大糟二段	二糟头段	二糟二段	回缸酒	混合样酒
正丁醇	43.51	43.55	46.38	41.78	17.34	18.01	15.93
丁酸乙酯	62.27	89.52	55.34	71.86	28.72	16.06	17.32
异戊醇	79.78	35.87	45.10	45.18	25.34	15.71	20.29
乳酸乙酯	162.26	125.95	163.08	139.22	166.87	406.68	307.14
己酸乙酯	839.69	662.61	443.97	673.64	506.96	312.52	318.06
正己醇	19.44	11.35	18.81	18.34	18.12	21.20	18.44

泸州老窖酒厂二次发酵的方式：酒醅入窖后 30 天，加入配料，然后再发酵 60d。翻沙的配料方案是（按投料量计算）：方案一：大曲 2%，65%vol 酒 1.5%，黄水 5%。方案二：大曲 2%，65%vol 酒 1.5%，己酸发酵液 5%。方案三：分段用曲。最终以方案二的结果较好。因为方案二中使用了己酸发酵液，使得酒醅中己酸含量大幅度提高（表 7-25）。

表 7-25　　　　　泸州酒厂 3 种翻沙工艺的产量与消耗对照数据

工艺类型	发酵期/月	产量/t	实际吨酒消耗/t		特曲产量/t	优质比	混合样己酸乙酯/（g/L）	口感评价
			红粮	曲药				
分段用曲	4	2.530	2.944	0.915	2.050	81%	2.5~3.1	浓香醇甜、协调、干净
单翻沙	4	2.300	3.300	0.921	0.920	40%	2.5 以下	浓香醇甜、干净
双翻沙	12	2.150	4.644	1.556	2.000	93%	4.0 以上	酯香突出，陈味好

（七）夹泥发酵

窖泥是产香的基础。单位酒醅与窖泥接触面积越大，产香越好，酒质越好。夹泥技术的采用，能显著增加酒醅与窖泥的接触面积，提高酒中己酸乙酯含量，抑制乳酸乙酯的生成，提高己酸乙酯与乳酸乙酯的比例，使浓香更加突出，酒体更加丰满（表 7-26）[79-80]。

表 7-26　　　　第一、第二排夹泥试验出酒率、名酒率、特级酒率[80]

	参数	一层夹泥	二层夹泥	三层夹泥	对照
	出酒率/%	31.73	27.2	24.67	36.40
第一排	名酒率/%	81.93	100	100	44.69
	特级酒率/%	0	25.98	21.62	0

续表

	参数	一层夹泥	二层夹泥	三层夹泥	对照
第二排	出酒率/%	26.40	20.40	17.07	35.60
	名酒率/%	100	100	100	46.07
	特级酒率/%	0	31.37	27.34	1.12
平均	出酒率/%	29.07	23.80	20.87	36.00
	名酒率/%	90.14	100	100	45.37
	特级酒率/%	0	28.29	23.96	0.56

使用一层夹泥平均名酒率上升 44.77%，二层及三层夹泥平均名酒率上升 54.63%。特级酒率以二层夹泥上升最为显著，上升 27.73%（表 7-27）。

表 7-27　　　应用夹泥发酵技术产酒样的气相色谱数据[80]　　　单位：g/100mL

化合物	夹泥 1	夹泥 2	夹泥 3	夹泥 4	夹泥 5	对照
乙醛	61.3	40.64	96	46.39	35.68	25.27
乙缩醛	118.12	84.48	99.25	89.15	103.57	11.505
异丁醇	13.23	12.3	13.12	12.18	—	—
异戊醇	20.21	18.1	16.46	14.95	19.43	19.28
仲丁醇	47.83	58.08	77.49	69.05	101.25	10.504
乙酸乙酯	161.98	175.87	201.78	171.96	159.48	116.225
丁酸乙酯	44.72	54.53	49.74	43.4	62.25	15.037
乳酸乙酯	61.91	72.29	85.32	75.24	232.242	195.02
己酸乙酯	609.13	545.67	475.42	435.6	402.389	233.179
乳酸乙酯/己酸乙酯	1:0.100	1:0.132	1:0.179	1:0.173	1:0.577	1:0.836

（八）堆积发酵

堆积发酵是酱香型白酒生产的一个重要工艺，现已经应用于浓香型大曲酒的生产中。将浓香型白酒待入池的酒醅不入池，按酱香型白酒生产的方式进入堆积。目前，一些企业采用部分酒醅堆积的方式。在堆积过程改变了母糟中的微生物生存环境，富集了大量有益微生物，并繁殖代谢，对产香有所改善，总酸、总酯、己酸乙酯、乳酸乙酯、乙酸乙酯、丁酸乙酯等指标均有不同程度提高，产酒量也有提高，酒香较好（表 7-28）[43-44, 81]。

表 7-28   出窖母糟及产酒的感官特征与产品产量[44]

窖别	出窖母糟的感官特征	酒样的感官特征	产酒量/kg	出酒率/%
对照池	褐色，糟香较重	香气一般，欠雅，酒体淡薄，较醇甜，后味干净	207	41.3
实验窖 1	深褐色，母糟柔软，闻有酒香，但酱香不明显	香气一般，酒体较淡薄，有醇甜感，后味较干净	213	42.7
实验窖 2	深褐色，母糟柔软，有黏结现象，闻有酒香，略有酱香	香气较好，略有酱味，酒体较丰满，醇甜感差，后味略有涩味	215	42.9
实验窖 3	深褐色，母糟柔软，母糟起团块，闻有酒香，有酱香味	香气正，有酱味，较幽雅，酒体丰满，醇甜感差，后味有涩味	209	41.9

（九）生物增香技术

1. 影响己酸乙酯产生的因素

己酸与乙醇在常温下会发生化学反应，生成己酸乙酯。曲霉和酵母对乙酸都有不同程度的酯化能力，但以酵母为主[82]。当酵母与曲霉两者共同作用时，使己酸乙酯量大增。凡有酵母液的培养基，均生成己酸乙酯、丁酸乙酯，但在巴克尔、乙酸钠、牛肉汁培养基中则生成丁酸乙酯和己酸乙酯。

2. 黄水酯化液的应用

酵母、麸曲、大曲、黄水等对己酸乙酯生成的影响主要表现为这些物质均具有酯化能力（表 7-29）。为此，开发了利用黄水、大曲及窖泥的窖外酯化技术，并应用于生产。

表 7-29   几种不同酯化方法的比较   单位：mg/L

化合物	直接酯化法	加曲酯化法	加曲加泥酯化法	加窖泥酯化法
己酸乙酯	—	348.0	704.0	356.0
乳酸乙酯	1307	778.0	1059	630.0
戊酯	—	7.30	3.00	—
丁酸乙酯	9.50	47.90	32.6	10.8
乙丙醇	28.8	37.0	46.6	16.7
仲丁醇	9.3	9.9	13.3	2.7
异丁醇	2.8	4.8	10.8	1.7

续表

化合物	直接酯化法	加曲酯化法	加曲加泥酯化法	加窖泥酯化法
乙丁醇	28.8	27.6	39.4	2.3
异戊醇	4.5	3.5	4.8	11.0
乙醛	22.1	134	192.0	70.9
乙缩醛	1.2	7.8	8.8	—
品评	有明显泥臭及黄水味	有明显黄水味	有微菌臭，带明显酱香味	有菌臭味

3. 曲粉直接酯化法

曲粉直接酯化法有几种配方，见表7-30。如用己酸菌12%，己酸菌培养基8kg，用黄水调pH4.6，酒尾调酒精度8%vol，温度36℃，发酵30d，酸化液中己酸乙酯的含量可达到10.706g/L[83]。黄水10%，酒尾30%，老窖泥5%，酒糟5%，优质食用酒精45%，大曲粉5%，装入坛，坛内温度保持在28~32℃，pH调至6~8，密封发酵30~45d。酯化液进底锅串蒸，原酒中己酸乙酯平均增长480.4mg/L，增长19.87%。总酯平均提高2.88g/L，上升46.08%。总酸平均提高0.235g/L，增长23.64%[84]。

表7-30 制作黄水酯化液的配方参数

配方参数	配方1[85]	配方2[86]	配方3[87]	配方4[19]
黄浆水/%	25	25~30	25~30	8.8
酒尾/%	70a	65~70b	65~70c	85d
曲粉/%	2	2	2	1.2
窖泥培养液/%	1.5	1.5	1.5	2.5
香醅/%	2	1.5	1.5	2.5
pH	3.5~5.5	3.5~5.5	3.5~5.5	—
温度/℃	30~35	30~35	30~35	26~30
时间/d	30~35	30	30	60

注：a：酒尾酒精度10%~25%vol；b：酒尾酒精度10%~20%vol；c：酒尾酒精度10%~20%vol；d：酒尾酒精度40%vol以下。

4. 添加HUT酯化

首先配制HUT溶液。配方为25%赤霉素（酸）、35%生物素，用乙醇溶解；取40%泛酸用蒸馏水溶解，混匀，稀释至3%~7%[88]。

将35%黄水、55%酒尾、5%大曲粉、2.5%酒醅和2.5%窖泥混合。加入黄水量0.01%~0.05%的HUT溶液，28~30℃密闭发酵30d[88]。添加HUT后，酯化液的己酸乙酯含量显著增加。

5. 红曲或根霉酯化技术

红曲和根霉具有酯化能力，表7-31列出了几种纯种微生物酯化效果。为此，应用红曲或根霉生产酯化液。

表7-31 红曲与根霉酯化能力比较[89]

菌株	脂肪酶活性/（U/mL）	己酸乙酯/（mg/L）	菌株	脂肪酶活性/（U/mL）	己酸乙酯/（mg/L）
红曲霉 M-108	2.40	492.15	曲霉 A-3	0.25	411.43
红曲霉 M-109	2.50	762.35	曲霉 A-4	0.25	0
根霉 H-1	14.50	263.72	白地霉 As-2361	112.50	0
根霉 H-2	20.00	792.80	白地霉 Mu-14	16.00	0
根霉 H-3	15.00	759.90	毛霉 Mu-14	0.38	344.99
根霉 H-5	11.50	359.69	酵母 Y-1	1.75	0
			酵母 Y-3	1.25	0

6. 红曲酯化液

酯化液配制及条件：优质黄水55%，次品酒15%~20%vol，酯化酶5%~7%，曲粉1%~2%，己酸0.5%，pH 3.5~4.0，酯化温度35℃，酯化时间7d。

筛选红曲作酯化菌，三级扩大培养。培养温度控制在28~35℃[90]。

7. 红曲酯化菌 RM-1860 的酯化

酯化条件为容器10L，取酒精发酵液7000mL（酒精度为6.3%~8.0%vol），己酸发酵液700mL，乳酸发酵液500mL，RM-1860菌（曲）700g，调pH5~6，温度32~34℃，静置酯化发酵10d[85]。

8. 红曲霉 5035 的酯化

筛选出的红曲霉（*Monascus fulginosus*）5035，以此为出发菌株，通过紫外诱变，选育出一株以己酸和酒精为底物高效合成己酸乙酯的己酸乙酯高产菌 M5035-13。采用麸皮培养基培养麸曲。酯化培养基的配方为95%vol酒精10mL，己酸0.8mL，水90mL或95%vol酒精10mL，己酸菌培养液90mL。加5%的麸曲于酯化培养基中，34℃培养7d。或按3%~8%添加到含1%己酸和10%~15%酒精的酯化培养基中，34℃培养7d，己酸乙酯可达2.2g/L[85]。

9. 华根霉酯化

以根霉 CS825 为酯化菌，采用不同培养基，就常规方法和固定化方法对其己酸乙酯的酯化条件进行了研究，结果表明，固定化细胞的酯化效果不理想；用有机溶剂处理菌体细胞，有机相酯化2d，己酸乙酯酯化率可达98%，在无溶剂相系统中酯化30d，酯化率可达70%以上。后者酯化速率虽慢，但后处理工艺简单，不会将有机溶剂的敏感气味带入酒中，特别适合白酒生产[91]。

10. 麸曲酒母与多种微生物结合

采用多种纯种微生物，生产麸曲酒母，代替大曲，酿制优质麸曲白酒，能使产品质量和出酒率两者兼顾，获得优质、高产、低消耗的白酒。

多种微生物增香，要注意菌种配比协调，根据大曲微生物特点，加入曲霉、根霉、拟内孢霉、红曲霉、汉逊酵母，初步可得清香型白酒；另加己酸菌、丁酸菌、初步可得浓香型白酒，再加某些耐热性芽孢杆菌，与上述清香型白酒有关的微生物混合一起，高温制曲，通过适宜的酿酒工艺条件，初步可得酱香型白酒。浓香型白酒中增加己酸乙酯等香味物质含量可以单独培养红曲霉、根霉等，然后添加到酒醅中或生产酯化液后串香。

11. 强化窖底糟发酵

采用在窖底糟中加入己酸菌发酵液和一些促进发酵物质，使窖底醅水分控制在65%以上，酒精度控制在7%~12%vol，总量为整窖酒醅的5%~10%，发酵期60d，强化窖底糟的发酵，然后进行蒸馏。

12. 乳酸降解菌的选育及应用

丙酸菌在无氧条件下，利用碳水化合物生产CO_2、丙酸、乙酸等，也可直接用乳酸生产丙酸。丙酸菌也可以葡萄糖为碳源，生成丙酸、乙酸、CO_2和水。在一定条件下，还可以进一步生成戊酸、庚酸及酯类。在60d发酵的池口中，喷洒种子液（丙酸菌液、己酸菌液、生香酵母菌液）10L，可以提高己酸乙酯浓度。

（十）次酒脱硫降乳新技术

在生产中的次酒，如生产的三级原酒，酒精度在58%~71%vol，大部分为63%~65%vol，该酒中乳酸乙酯含量远高于己酸乙酯，且口感较差，味杂。应用脱硫降乳技术用蒸馏塔复馏，蒸汽加热，连续匀速进料，无需回流，浓缩酒精分，部分乳酸乙酯将随蒸汽凝结水从塔底分离；含量较少的己酸乙酯馏分将随酒蒸气上升，凝结进入新的酒体；部分不挥发性酸亦有丢失的危险，这是复馏的缺陷；获得的复馏酒（可称为准二级酒）用于勾调用酒。

（十一）其他工艺措施

其他提高质量的措施还有如缓火蒸馏、量质接酒、贮存老熟、分级勾调等，将在相关章节介绍。

第六节　清香型白酒生产工艺

汾酒生产工艺精湛，用大麦与豌豆制曲，高粱酿酒，清蒸清烧，地缸发酵，发酵期长，经贮存勾调而成，成品具有"入口绵，落口甜，清香不冲鼻，饮后有余香"的固有风格，以清香著称。

早在 1934 年，我国著名微生物学家和酿酒专家方心芳先生就对汾酒酿造进行过调查研究，发表有《汾酒酿造情况报告》《汾酒用水及其发酵秕之分析》等文章，认为汾酒的酿造秘诀："人必得其精，曲必得其时，器必得其洁，火必得其缓，水必得其甘，粮必得其实，缸必得其湿，料必得其准，工必得其细，管必得其严"[92]。

清香型白酒的工艺路线主要有两种：一种是清蒸清楂工艺，即清蒸二次清工艺，一种是清蒸续楂工艺。清蒸，即清蒸高粱和辅料稻壳，去除邪杂味。清楂与续楂是相对的，"清楂"是指高粱经发酵蒸过一次酒后，不配料，直接进行发酵，再取酒，然后作扔糟处理。"续楂"是指高粱经发酵蒸过一次酒后，进行配料（类似于浓香型大曲酒生产中的"老五甑工艺"），再入缸发酵的过程。清香型白酒一般以单一高粱为原料，但目前有试验用多粮生产清香型白酒，如用高粱 85%、大米 10%和小麦 5%的配方，生产的清香型二锅头酒，与单粮生产的品质相当[93]。

一、　清蒸清楂工艺

现以汾酒为例，介绍清蒸清楂工艺。

（一）工艺流程

清蒸清楂工艺如图 7-24 所示。

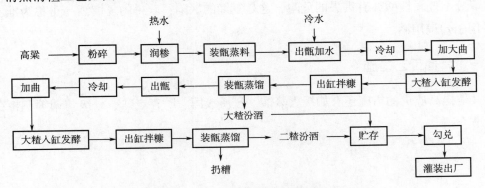

图 7-24　典型清香型清蒸清楂工艺流程图

（二）工艺操作与要求

1. 原料及粉碎

高粱粉碎为 4~8 瓣，通过 1.2mm 筛孔的细粉占 25%~35%，整粒不超过 0.3%。曲的粉碎较粗。大的颗粒如豌豆，小的颗粒如绿豆，通过 1.2mm 筛孔的细粉不超过 55%~75%。

2. 高温堆积润料

汾酒称润料为"润糁"。糁是指粉碎后的高粱。即粉碎后的高粱加入原料质量 55%~60% 的 90℃ 热水，拌匀，让高粱充分吸水，又称为"高温润糁"。拌好的高粱堆积 20~24h，粮堆上盖以苇席或麻袋，每隔 5~6h 翻拌一次。堆积时，料温可升到 42~45℃，夏季时可达 47~52℃。润糁后的质量要求：润透、不淋浆、无异味、无疙瘩、手搓成面。

3. 蒸料

蒸料，又称为蒸糁。其目的是杀死高粱中的微生物，使高粱淀粉充分吸水、糊化。蒸料时，将高粱放入甑桶内，上面可放稻壳，用蒸汽蒸煮。蒸好后的高粱要求"熟而不黏，内无生心，闻有糁香，无邪杂味"。

在装入红糁前先将底锅水煮沸，然后将 500kg 润料后的红糁均匀撒入，待蒸汽上匀后，再用 60℃ 的热水 15kg（所加热水量为原料的 26%~30%）泼在表面上以促进糊化（称加焖头量）。在蒸煮初期，料温在 98~99℃，加盖芦席，加大蒸汽，温度逐渐上升到出甑时料温可达 105℃。整个蒸料时间从装完甑算起需蒸足 80min。

4. 蒸稻壳

在蒸粮的同时蒸稻壳，是去除壳的邪杂味，节约蒸汽。

5. 加水扬凉加曲

蒸好的高粱，从甑桶中挖出，加入 30%~40% 的热水，放到通风凉糁机上冷却。冷却到一定温度时（春季 20~22℃，夏季 20~25℃，秋季 23~25℃，冬季 25~30℃），加入曲粉（加曲量 9%~11%，其中清糁曲、红心曲、后火曲的用量分别为 30%、30%、40%），然后入缸发酵。

6. 入缸发酵

清香型白酒发酵用缸作发酵容器。缸埋在地下，口与地面平。缸的容量有 255kg 或 127kg 两种规格。每酿造 1100kg 原料需 8 只或 16 只陶瓷缸。缸间距离为 10~24cm。酒醅入缸前，先用清水将缸内、缸盖洗净，再用 0.4% 花椒水（1L 开水中加入 60g 花椒混合浸泡、冷却）洗刷缸内，使缸内充满愉悦的香气。

大糁入缸的温度一般为 10~16℃，夏季越低越好，应做到比自然气温低 1~2℃。大糁入缸水分控制在 52%~53%。控制入缸水分是发酵好的首要条件，入缸水分过低，糖化发酵不完全，相反水分过高，发酵不正常，酒味寡谈不醇厚。入缸后，缸顶用石板盖子盖严，使用清蒸后的小米壳封缸口，盖上还可用稻壳保温。大糁入缸发酵21~28d，发酵温度变化范围在16~30℃。

7. 出缸蒸酒

大糁发酵结束后，出缸，拌入辅料稻壳（22%~25%），用人工或机械的方法将酒醅装入桶内进行蒸酒。蒸酒时，蒸汽压力控制要低，每分钟馏酒量3~4kg。

蒸馏开始时流出的称为"酒头"。酒头中含有大量的低沸点物质，较香，但冲辣，数量约取2.5kg左右。接着流出的酒为大糁汾酒。当馏出的酒精度降到48.5%vol时，再流出的酒，称为"酒尾"。酒尾中含有大量高沸点的物质，味苦涩，酒精度低，一般回锅重蒸。

8. 二糁汾酒的生产

大糁汾酒蒸完后，酒醅出甑加水冷却、加曲、入缸发酵的过程为二糁汾酒的生产过程。其工艺操作过程与大糁汾酒的生产相似，但工艺参数有所不同。

首先将蒸完酒的醅视干湿情况泼加25~30kg 35℃温水，即所谓"蒙头浆"。然后出甑，迅速扬冷到30~38℃时，加入大糁投料量10%的大曲，翻拌均匀，待品温降到规定温度，即可入缸发酵。二糁入缸温度，春、秋、冬三季为22~28℃，夏季为18~23℃，二糁入缸水分控制在59%~61%。

由于二糁淀粉含量比大糁低，糠含量大（蒸酒时拌入），所以比较疏松，入缸时会带入大量空气，对发酵不利。因此二糁入缸发酵必须适当地将醅子压紧，喷洒少量酒尾，称为回酒发酵。二糁发酵期亦为28d。

二糁酒醅出缸后，加少量的稻壳，按大糁酒醅一样操作进行蒸馏，蒸出来的酒称为二糁汾酒。二糁酒糟则作饲料用。

二、 清蒸续糁工艺

清蒸续糁工艺与"老五甑"工艺类似，但工艺参数不同，发酵用设备为地缸，而非泥窖。清香型酒的生产一般以清蒸清糁工艺为主，工艺流程如图7-25所示。

三、 提高清香型大曲酒质量的工艺措施

（一）高温润糁

润糁的目的，是使高粱吸收一定量的水分以利于糊化。而原料吸收水分的速度和能力，与原料的粉碎度和水温有关。红糁浸泡0.5h，水温40℃，吸水率78%；水温70℃，

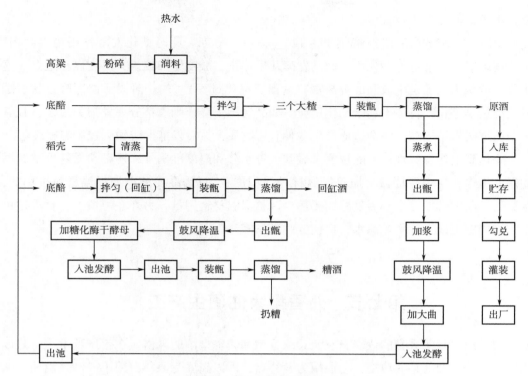

图 7-25 清蒸续糟工艺流程图

吸水率 100%；水温 90℃，吸水率 170%。采用高温润糁吸水量大，易于糊化。

高温润糁是将粉碎后的高梁，加入原料质量 55%～62% 热水。夏季水温为 75～80℃，冬季为 80～90℃。拌匀后，进行堆积润料 18～20h，这时料堆品温上升，冬季能达 42～45℃，夏季 47～52℃。料堆上应加盖覆盖物，中间翻动 2～3 次。如糁皮干燥，应补加水 2%～3%（相对原料比）。在这过程中，原料中的野生菌（好气性微生物）能进行繁殖和发酵，使某些芳香和口味成分在堆积过程中积累，对增进酒质的回甜起一定效果。润糁后质量要求：润透、不淋浆、无干糁、无异味、无疙瘩，手搓成面。

（二）低温入缸

低温入缸是保证发酵"前缓、中挺、后缓落"的重要一环。入缸温度高，前期发酵升温迅猛；入缸温度过低，前期发酵会过长。发酵前缓期为 6～7d，在这阶段应控制发酵温度，使品温缓慢上升到 20～30℃，这时微生物生长繁殖、霉菌糖化较迅速，淀粉含量急剧下降，还原糖含量迅速增加，酒精分开始形成，酸度也增加较快。

入缸后第 7～8 天至 17～18 天是中期发酵，为主发酵阶段，共 10d 左右。微生物生长繁殖以及发酵作用均极旺盛，淀粉含量急剧下降，酒精度显著增加，酒精度最高可达 12%vol 左右。由于酵母菌旺盛发酵抑制了产酸菌的活动，所以酸度增加缓慢。这时期温度一定要挺足，即保持一定的高温阶段。若发酵品温过早、过快下降则会使发酵不完全，出酒率低而酒质较次。

出缸前发酵的最后阶段持续 11~12d，称后发酵期。此时糖化发酵作用均很微弱，霉菌逐渐减少，酵母逐渐死亡，酒精发酵几乎停止，酸度增加较快，温度停止上升。这阶段一般认为主要是生成酒的香味物质过程（酯化过程）。如这阶段品温下降过快，酵母发酵过早停止，将会不利于酯化反应。如品温不下降，则酒精分挥发损失过多，且有害杂菌继续繁殖生酸，便会造成产生各种有害物质，故后发酵期应做到控制温度缓落。

要达到上述发酵规律，除按要求做到入缸水分和温度准确外，还必须做好发酵容器的保温工作，冬季在缸盖上加盖保温材料（稻皮），夏季在发酵前期保温材料少用些，尽量延长前发酵期。中、后发酵期要适当调整保温材料用量。另外在习惯上，夏季还可以在缸周围土地上扎眼灌凉水，促使缸中酒醅降温。

第七节　兼香型大曲酒生产工艺

白云边酒是兼香型的代表，它兼具浓香型和酱香型酒的风格。在生产技术上，是以浓香型及酱香型的某些典型工艺混用为其特点，即以高粱为原料，用小麦制高温曲。从投料开始至第七轮次大多采用茅台酒的操作法，即投料分为两次，高温堆积，高温、七轮次发酵。然后采用中温大曲，续粮低温发酵两轮次，各轮次酒分轮次、分型蒸馏，量质接酒，贮存、勾调[85, 94-95]。

一、酱香工艺

次年 9 月初第一次投料时，原料粉碎成二八开，即碎粒 20%，整粒 80%。投料量为总量的 45.5%，用 80℃ 以上热水焖粮，加水量为原料量的 45%，焖堆 7~8h，配加 5% 第 8 轮次未蒸酒的母糟，和原料拌匀后装甑蒸粮，出甑加 80℃ 的热水 15% 拌匀，再加 2% 的酒尾，冷却至 38℃ 左右，加上 12% 大曲粉，混匀在晾堂上堆积发酵 4~5d。入窖发酵。窖壁上半部分为水泥面，下半部分为泥面。入窖前先洒酒尾及大曲粉 50kg 左右。醅料边入窖边淋尾酒 150kg。入窖后用泥封窖，发酵 1 个月左右。

第二次原料粉碎成三七开，即碎粒 30%，整粒 70%。投料量为原料的 45%，加热焖堆同第一次投料的操作。将第一排发酵出窖的酒醅与焖堆后的原料混合装甑蒸馏。所得酒全部泼回入窖醅中。加大曲、尾酒、堆积等与上排操作相同，封池发酵 1 个月。

其后 3~7 轮次醅料发酵操作为每轮次蒸酒后，出甑醅加水 15% 冷却，再加尾酒 2%，晾至 38~40℃，加大曲粉 8%~12%，拌匀堆积发酵 3d 后，入窖发酵 1 个月蒸酒。出窖时分层蒸馏，量质接酒，分级分轮次贮存，得 5 个轮次酒。各轮次具体工艺参数见表 7-32。

表7-32　　　　　　　　　　　　白云边酒酿造工艺参数[94]

轮次	项目	水分/%	酸度	糖分/%	淀粉/%	下曲/kg
一次酒	二轮入池	43.0	0.56	1.41	27.41	
	三轮出池	43.0	1.43	1.21	26.70	600（12%）*
	变化值	0.0	+0.87	-0.20	-0.71	
二次酒	三轮入池	43.2	0.80	2.52	25.62	
	四轮出池	46.0	1.10	3.43	23.70	700（14%）
	变化值	+2.8	+0.30	+0.91	-1.91	
三次酒	四轮入池	44.3	0.92	3.54	24.40	
	五轮出池	47.7	1.30	3.19	22.66	700（14%）
	变化值	+3.4	+0.38	-0.35	-1.74	
四次酒	五轮入池	47.8	1.20	3.84	21.89	
	六轮出池	54.4	1.52	1.27	19.97	600（12%）
	变化值	+6.4	+0.32	-2.57	-1.92	
五次酒	六轮入池	54.3	1.57	2.59	19.05	
	七轮出池	58.3	2.40	1.10	15.90	550（11%）
	变化值	+4.0	+0.83	-1.49	-3.15	
六次酒	七轮入池	58.0	2.00	1.50	17.10	
	八轮出池	59.0	2.70	1.00	14.50	400（8%）
	变化值	+1.0	+0.70	-0.50	-2.60	

注：表中"+"和"-"是指出池-入池的差异值，为出池值-入池值。

*：括号里的数据指用曲量百分比。

二、　浓香工艺

到第8轮次时，改用仿浓香型大曲酒的工艺，即再将占总投料量9%的高粱粉与第7轮次的出窖酒醅混蒸，出甑后的醅加15%的水、20%中温曲，拌匀，再低温入窖发酵1个月。蒸馏，得原酒。

除第1轮次的酒全部回入酒醅进行再次发酵外，其余各轮次酒则分层、分型摘取、贮存，尾酒也单独贮存。

在白云边酒生产工艺中，也使用双轮底、以酒串醅，甚至目前也使用外加酶法工艺[95]。

第八节　凤香型大曲酒生产工艺

西凤酒的独特工艺系采用续糟老六甑发酵法，开水施量，偏高温入池；土窖池发酵，每年更换一次窖皮和窖底；发酵期短；中高温制曲；独特的酒海贮存[19, 85, 96-97]。西凤酒工艺流程见图7-26。

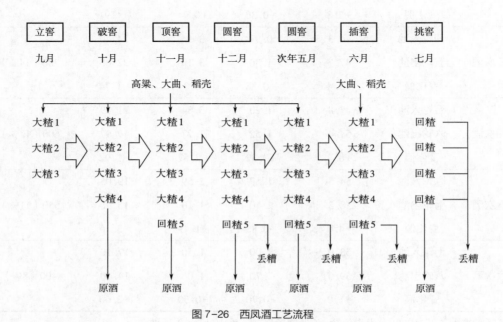

图7-26　西凤酒工艺流程

一、立窖

原料为高粱，粉碎成4、6、8瓣，投料量1100kg，加入清蒸后的稻壳360kg，加50℃温水880~990kg润料，拌匀堆积10~15h，分三甑蒸煮，蒸煮时间每甑不少于1.5h，使粮糟达到熟而不黏。出甑加适量热水，冷却，加大曲粉入窖发酵。三甑大糟出甑加水量依次为170~235kg、205~275kg、230~315kg，加曲量依次为68.5kg、65kg、61.5kg。窖底撒曲粉4.5kg。酒醅入窖发酵14d，泥封窖。

二、破窖

将立窖的发酵酒醅出窖后，拌入粉碎后的高粱900kg，高粱壳240kg，分四甑蒸馏。

蒸酒后，饭醅出甑加入适量井水泼量，冷却，加入大曲粉拌匀入窖发酵，分为三个粮糟和一个回糟。泥封窖，发酵周期14d。

三、顶窖

将破窖发酵成熟的酒醅出窖，在三个粮糟中加入高粱900kg，高粱壳165~240kg，分成四甑，另加一个入窖时的回糟，分五甑蒸酒。第一甑为上排的回糟，蒸酒后冷却，加大曲粉入窖量，再次发酵，称为糟醅。第二甑蒸酒后加水冷却，加曲拌匀，入窖发酵，此为回糟。其余三甑粮糟操作方法及入窖条件同破窖一样。所有酒入窖后用泥封窖发酵14d。

四、圆窖

将顶窖入窖发酵成熟的酒醅，分层出窖，在上中层入窖时的3个粮糟中，继续投入粉碎后的高粱900kg，高粱壳175kg，又分成三个粮糟和一个回糟，其蒸馏等操作与顶窖时相同。顶窖入窖时的回糟蒸馏后成为糟醅。而顶窖入窖时的糟醅经蒸馏后作为扔糟出售，用作饲料。此后转入正常的入窖发酵，为五甑，发酵14d，蒸酒操作六甑运转。至每年夏天停产时，将泥窖表面泥层铲除，重新换上新泥筑窖。

蒸馏后得原酒，按质分级贮存于酒海中。酒海是用当地荆条编成大笼，内壁涂上猪血等物，糊麻纸，然后用蛋清、蜂蜡、熟菜籽油等，按一定比例配成涂料，擦糊、晾干[96-97]。

西凤酒在生产过程中，大曲搭配使用。不同季节生产的曲搭配比例为冬曲按10%~20%、伏曲50%左右、春秋曲按30%~40%。不同曲种的搭配比例是槐瓤曲80%、青茬曲15%、红心曲5%[98]。

传统的西凤酒生产工艺，发酵期为14d，主醇时间一般在3.5d，后醇时间仅有9d。没有充足的生香时间。适当延长发酵周期至28~30d，延长其后醇产香时间，同时调整大曲、红粮的粉碎粒度，低温入池、适温发酵、低温流酒，延长发酵期后，酒中总酸、总酯、单酯含量显著提高，新产酒中风味物质总量增加[99-100]。

第九节　老白干香型大曲酒生产工艺

一、工艺流程

老白干香型白酒生产工艺流程见图7-27。

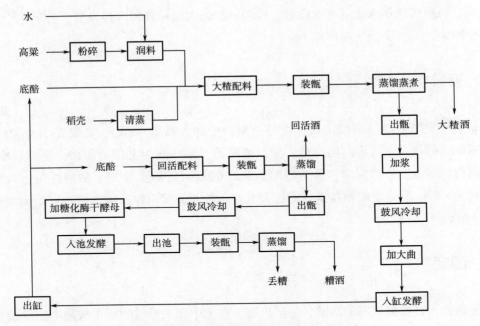

图 7-27　老白干香型白酒生产工艺流程

二、　工艺要点

（一）原料

以颗粒饱满、无霉变、杂质少，水分 13% 以下的高粱为原料，粉碎 6~8 瓣，整粒 1% 以下，粉面不超过 20%。

（二）辅料

用稻皮作为辅料，用量为原料的 20% 左右，所用稻皮要求不霉、不烂、干净、无杂质，使用前要清蒸摊凉。

（三）润料

出缸配醅前适量加浆润料，有利于糌子糊化，加水量应以在规定蒸馏时间内能保证原料蒸透的最低量为宜，多了则不利于装甑蒸馏，润料要均匀一致。

（四）配醅

将发酵好的酒醅挖出与原料、稻皮混合拌匀。避免出现"五花三层"现象，以防局部淀粉浓度过高。

（五）装甑

首先在篦子上薄撒一层稻皮，严格按照"两干一湿、两小一大，压边养心"的操作法操作，要做到"轻、松、匀、薄、准、平"，不压汽、不亮汽、装甑时间为30min左右。

（六）蒸馏糊化

扣盘前要检查上汽是否均匀，有压汽现象应马上进行处理，随后盖盘连接过汽筒。打开冷却水阀门，盖盘后应在1~2min下酒，要掌握缓汽蒸酒、大汽追尾、断花摘酒的原则，流酒温度不得超过32℃，流酒速度控制在5kg/min左右。酒流完后，加大汽门流尽稍子，大气排酸。入库酒精度不低于67.5%vol。老五甑工艺的特点是蒸酒蒸料同时进行，原料糊化标准为"熟而不黏，内无生心"。

（七）出甑加浆

出甑后视粮醅干湿状况确定加浆量，泼洒之后翻倒均匀。

（八）降温入缸

加浆均匀的粮醅上晾床吹风降至入缸温度，撒匀已拌好的大曲，搅拌均匀后入缸发酵。

（九）踩缸

入缸后的粮醅做到快踩快做，要求踩实、抹平、拍紧，缸帽适中，缸边收净，用塑料布封严。

第十节　芝麻香型白酒生产工艺

一、大曲酒生产工艺

（一）工艺特点

工艺特点：高粱为原料，干皮中温曲为糖化发酵剂，热浆泼料，中温低水分入池、砖池发酵、长期贮存[101]。

芝麻香型白酒工艺流程见图7-28。

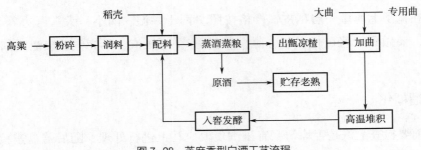

图7-28　芝麻香型白酒工艺流程

（二）原辅料处理

高粱粉碎成4~6瓣，无整粒，通过20目筛者不超过20%，配料前用原料量20%~30%的水润料、拌匀。麦曲粉碎通过20目筛者占60%以上。辅料为稻壳，用量10%，用前清蒸半小时。

（三）出池配料

分层出池，分糟配料，料醅比为1：（4~4.5），三甑糟，一甑酒醅不加新料，只加曲作为下排的回糟（也有部分池子采用双轮底工艺生产丰满醇厚的调味酒）。配料要求均匀一致。

（四）蒸馏糊化

缓汽装甑，时间不少于25min。缓汽蒸馏，流酒速度不大于4kg/min，流酒温度25~30℃，掐头去尾，量质摘酒，分级入库。流完酒在甑的上部蒸麸皮，数量为原料的10%。原料要蒸透，要求熟而不黏，内无生心。

（五）加浆出甑

加浆水温70~80℃，边出甑边加浆，使加浆均匀。

（六）通风晾糙、补浆、降温、加曲

将糟摊平，补充所需的水分，开动风机、打糟机，通风降温，达到温度要求后加曲，拌匀。用曲量：高、中温曲分别为10%、5%，白曲10%，酵母5%，细菌适量。

（七）堆积

要求方正平坦，高40~50cm，堆积始温20~25℃，堆积最高温度为50℃，中间翻堆一次，堆积时间 24h。

（八）入池

堆积到一定温度，扬凉到 25~30℃入池发酵，时间 1 个月。

（九）贮存勾调

分级贮存，贮存时间 1~5 年，勾调选用贮存 1~2 年酒体醇厚、香气协调、后尾爽净的基础酒，调以贮存时间较长（3~5 年）的陈酒及芝麻香典型性突出的调味酒，先勾小样，品评合格，再勾大样。口味要求：芝麻香纯正，绵柔醇和，甘爽谐调，余味舒畅，具芝麻香白酒的特有风格。

二、 提高芝麻香型白酒质量的措施

芝麻香型白酒的工艺在不同的企业有些微的区别，主要表现如下所示[102,103]。

（一）合理配料

与其他香型白酒生产相比，芝麻香型白酒配料时碳氮比要小。芝麻香型白酒的含氮化合物虽不如酱香型白酒的含量高，但与浓香、清香型白酒相比相当丰富，这与生产工艺中增加麸皮原料，补充适当氮源有关。适当的麸皮用量，有助于提高芝麻香型白酒的典型香气[101-102]。

（二）高温堆积与高温发酵

高温曲与高温堆积有助于提高芝麻香型酒的典型性。芝麻香型白酒具有一定程度的焦香（经过长时间贮存发微黄色），具有轻微的酱香，这与其工艺上采用部分高温曲及高温堆积，但又不同于酱香型白酒工艺的做法是相符合的[101, 104]。堆积升温要求达到50℃，入窖的发酵温度在 35℃以上，入窖后的头 3 天升温到 40℃以上，一直维持约 7d，然后逐步平稳下降[102]。

（三）专用细菌曲

专用细菌曲的使用是提高芝麻香型白酒质量的关键。采用高温曲、中温曲配合使用以及适量的白曲、酵母、细菌强化发酵。河内白曲的酸性蛋白酶相当高，它与米曲霉比，制米曲时高出 13 倍，制麸曲时高出 6 倍，细菌也有酸性蛋白酶，它在长期发酵的后期起到了重要作用[101-102, 104]。酱香型曲的酸性蛋白酶高于浓香型曲近 1 倍，高于清香型曲近 3 倍[105]。芝麻香微量成分中含氮化合物含量比较高，与工艺中使用高温曲、白曲及细菌充分利用原料中的氮源是密切相关的。而采用高温曲、中温曲混合使用，增加生香酵母对增加乙酸乙酯和琥珀酸乙酯以及酒体丰满也起到了重要作用。

（四）砖窖发酵

芝麻香型白酒的发酵容器以砖窖为好。砖窖既不像泥窖那样栖息有大量的窖泥微生物，又不像水泥窖、石头窖那样微生物难以栖息。在发酵过程中，砖窖中栖息的部分微生物对形成酒体自然和谐的风味是有益的。用泥窖则浓香味突出，冲淡芝麻香。用石头窖则香味成分嫌少，不够丰满[104]。

（五）缓慢蒸馏与贮存成型

量质接酒可保证产品质量及出酒率。蒸馏得到的新酒芝麻香气不浓，随着贮存期的延长，芝麻香才逐渐形成，酒色变黄，一般以 1 年为佳，不能无限期地延长。贮存时间过长，酒香有向酱香转化靠拢的倾向[102]。

第十一节　特型白酒生产工艺

以四特酒为代表的特型酒，是我国白酒的又一种独特香型。该酒曾以"亮似钻石透如晶，芳香扑鼻迷逗人，柔和醇甘无杂味，滋身精神类灵芝"为人们称颂。酿酒专家们总结其香型风格："整粒大米为原料，大�''面麸加酒糟，红褚条石垒酒窖，三香俱备犹不靠"。

一、工艺特点

四特酒的工艺特点，以整粒大米为原料，不经粉碎和浸泡；大曲为面粉、麸皮和新酒糟配合踩成曲坯，制曲温度为 52~55℃，顶温达 58~60℃，属中高温曲，带酱香味；采用传统续糟混蒸 4 甑操作，发酵池为红赭条石砌窖底，水泥勾缝底垫泥，发酵周期为 1 个月，然后经蒸酒、存放和调度而成[106, 108]。

二、原料

以整粒大米为原料。使用中碎米作原料时，稻壳用量高时达 65% 左右[106]。

独特的大曲原料配比：小麦 35%~40%、麦麸 40%~50%、酒糟 15%~20%[25, 106]。大曲原料配比中选用酒糟作为大曲原料，作用有三：一是改善大曲酸碱度；二是改善大曲疏松状况，有利于酿酒有益微生物的生长；三是发酵酒糟的掺入，人为地接种了酿造四特酒的特有微生物，提高了大曲的质量。

三、 出窖配料

起窖时，先剥开窖泥和塑料布，依次将酒醅起出。每甑装酒醅 4750~5130kg。

由老五甑演变为现今的混蒸续糟四甑操作法。窖内有三甑活，即两甑糟活，一甑回活。其配料方法为：第一甑不加新料，称为"头糟"，该甑酒醅约 1300kg，拌入熟稻壳59kg 左右待蒸。第二甑和第三甑都加入新料，称为大糙和二糙，将约 1200kg 大米均匀地拌入大、二糙酒醅中，大、二糙配入酒醅计 2400kg 左右，再配熟稻壳 180kg 左右，拌匀待蒸。第四甑蒸上排回糟（称丢糟），此糟从窖内挖出后约 1200kg，配入熟稻壳约150kg，拌匀待蒸[108]。大、二糙配料随季节气温变化而有所调整[106]。

四、 蒸料蒸酒

蒸酒前，应先将甑内冲洗干净，然后在甑箅上撒少量熟壳，铺撒一层酒醅时再开汽，采用见汽上甑法，轻撒薄铺，使上汽均匀，以利蒸酒。

五、 摊凉和加曲

头糟出甑后，开动风机，边通风边翻拌，使品温降到 30℃ 左右，开始撒糙曲粉。加曲量头糟（回活）约 35kg，翻拌均匀，当品温下降到 24℃ 左右时，就可收拢成堆，入窖发酵。大糙和二糙蒸煮后，料醅应无生心，出甑后先泼入 80℃ 左右热水 360kg 左右，控制料醅入窖水分在 57%~60%，加入热水的作用是让料醅很好地吸水，从而保证入窖水分被吸附在料中，而不至于产生浮水存在于料醅表面。加入热水后，即可撒开料醅，通风凉糙，降低品温，待糙活品温降到 30℃ 左右后，加入大曲粉 100kg 左右，拌匀，待品温降到入窖温度后，即可入窖发酵。最后一甑蒸尾糟（即上排回活），蒸酒后为扔糟，作饲料出售[108]。

六、 入窖发酵

（一）发酵窖池的制备

四特酒的发酵窖池用江西特产红褚条石砌成，水泥勾缝，仅在窖底及封窖用泥。发酵窖容量为 7m³/个。红褚条石质地疏松，空隙极多，吸水性强。这种亦泥亦石、非泥非石的窖壁，为有益微生物的繁衍创造了独特的环境，这也是形成四特酒典型风格的原因之一[25, 108]。

（二）下窖发酵

加入大曲粉后的料醅入窖时，要在大、二糟中加入 1~2 桶酒水和酒尾，其浓度为 25%~30%vol，目的是促进醅子产酯生香。大糟二糟下窖时，应用竹片隔开，以便分清活别。入窖的料醅要扒平踩紧，造成厌氧发酵，有利于酒精生成，防止醅子产酸过大。入窖完毕后，盖好塑料布，再用封窖泥封窖，发酵时间为 1 个月。发酵温度不能超过 40℃。发酵温度应符合"前缓、中挺、后缓落"的规律，才能保证产酒生香的顺利进行。

第十二节　白酒生产核算

一、 淀粉理论出酒率

淀粉经糖化而生成葡萄糖，再发酵产生酒精和二氧化碳，其反应式如下所示。

糖化：$(C_6H_{10}O_5)_n + nH_2O \longrightarrow nC_6H_{12}O_6$
　　　淀粉　　　　水　　　　葡萄糖
　　　162.14　　　18　　　　180

发酵：$C_6H_{12}O_6 \longrightarrow 2C_2H_5OH + 2CO_2 + Q$
　　　180　　　　2×46.068　　2×44

即 $(C_6H_{10}O_5)_n \longrightarrow 2nC_2H_5OH + 2nCO_2$
　　162.14n　　　2×46.068n　　2×44n
　　100　　　　　　　　x

100kg 淀粉经糖化生成糖，再经发酵产生无水酒精的理论值为 56.825kg。

查附录三，65%vol 白酒的重量百分比浓度是 57.16%（w/w），故有：56.825kg× 100/57.16＝99.41kg，100kg 淀粉可产 65%vol 白酒 99.41kg，亦即淀粉的理论出酒率为 99.41%。酿酒原料平均含淀粉为 65%，则 100kg 原料的 65%vol 白酒理论出酒率为 64.62%。

二、 酒精度换算

设：$V/\%$ 表示容量百分比（mL 酒精/100mL 酒），$W/\%$ 表示质量百分比（g 酒精/

100g 酒），则有：

$$W/\% = \frac{V/\% \times 0.78934}{d_4^{20}}$$ 或

$$V/\% = \frac{W/\% \times d_4^{20}}{0.78934}$$

其中 d_4^{20} 表示相对密度，即 20℃/4℃。

三、 入库原酒折算

入库酒一般以 65%vol（20℃）为标准，不足或高于 65%vol 的酒应折算为 65%vol。目前有的企业按 60%vol 计算。

（一）标准温度

原酒的标准温度为 20℃。原酒的温度高于或低于 20℃时，均应折算成 20℃。

（二）精确折算

1. 计算法

65%vol 白酒的相对密度为 0.89766，质量分数为 57.16%，纯酒精的相对密度为 0.78934。

设原酒酒精度为 $V_1/\%$，相应的相对密度为 $(d_4^{20})_1$，相应的质量分数为 $W_1/\%$，原酒质量为 M_1，折算成 65%vol 白酒的质量为 M_{65}。则有：

$$M_{65} = \frac{M_1 \times W_1/\%}{57.16\%} = \frac{M_1 \times \dfrac{V_1/\% \times 0.78934}{(d_4^{20})_1}}{\dfrac{65\% \times 0.78934}{0.89766}} = M_1 \times \frac{V_1/\% \times 0.89766}{65\% \times (d_4^{20})_1}$$

上式中，设 $K = \dfrac{W_1/\%}{57.16\%} = \dfrac{V_1/\% \times 0.89766}{65\% \times (d_4^{20})_1}$，则有

$$M_{65} = M_1 \times K$$

K 即为查表法中的折算因子。

2. 查表法

查"附录一　酒精度与温度校正表（20℃）"进行折算。

例 1：有原酒 200kg，酒精度 68.5%vol，酒温 24℃，问折成标准温度 20℃时，酒精度为多少？

查表，得 20℃时酒精度为 67.2%vol。

表中查不到的酒精度，可将相邻两个酒精度的数值用内插法计算。

（三）粗略计算法

近似地可以认为，温度比 20℃ 每高 3℃，酒精度加 1%vol；反之，酒精度减 1%vol。

仍以例 1 为例，温度 24℃，高出标准温度 4℃，酒精度应减去 1.3%vol，则折算后酒精度为：68.5%−1.3%＝67.2%vol。与查表法近似，但在酒精度高于 65%vol 太多时误差较大。

四、 65%vol 标准酒计算

（一）精确计算

查"附录二　各种酒精度折算成 65%vol 酒的折算因子"即可。

仍以例 1 为例，折算后酒精度为 67.2%，查"附录二　各种酒精度折算成 65%vol 酒的折算因子"得折算因子 K 为 1.0399，则标准酒质量为：

$$1.0399×200＝207.98 （kg）$$

（二）粗略计算

近似地，酒精度超过 65%vol，100kg 酒可增加质量 1.8kg，反之，则减重 1.8kg。以例 1 为例，折算后酒精度为 67.2%vol，则标准酒质量为：

$$\frac{(67.2－65)×1.8×200}{100}＋200＝207.92(kg)$$

五、 原料出酒率计算

（一）高粱出酒率

高粱出酒率简称出酒率，是指 100kg 高粱出酒的质量数（kg）（折算成标准温度和酒精度）。其公式为：

$$高粱出酒率＝\frac{标准酒质量}{投料量}×100\%$$

例 1 中，若投料量为 600kg，则出酒率＝207.92/600×100%＝34.65%。

（二）淀粉出酒率

淀粉出酒率是指 100kg 淀粉所产标准酒的数量。计算淀粉出酒率时，其淀粉量是高粱淀粉与曲粮淀粉之和，其公式如下所示。

$$65\%vol\,白酒淀粉出酒率 = \frac{产\,65\%vol\,白酒质量}{原料投入量 \times 原料淀粉含量/\% + 曲粉用量 \times 曲粉淀粉含量/\%} \times 100\%$$

在例 1 中若高粱淀粉的含量为 63%，曲的淀粉含量为 56%，用曲量为 150kg。则：

$$淀粉出酒率 = 207.98/(63\% \times 600 + 56\% \times 150) \times 100\% = 45.02\%$$

（三）淀粉利用率

$$淀粉利用率 = \frac{淀粉实际出酒率}{淀粉理论出酒率} \times 100\%$$

例 1 的淀粉利用率为：

$$45.02\% \times 100\%/99.41\% = 45.29\%$$

（四）出曲率

出曲率是指 100kg 曲料（包括填充物、酒糟等，称为曲料总投料量）生产出的标准水分曲的重量。通常标准水分规定为 12%，其公式如下所示。

$$出曲率 = \frac{标曲成曲量}{曲料总投料量} \times 100\%$$

成曲量是指大曲出房时的实际重量。标曲成曲量是指总投料量的曲料制成成品曲的重量（成曲量）折算为标准水分含量的大曲重量，其公式如下所示。

$$标曲成曲量 = \frac{成曲量 \times (1 - 成曲水分/\%)}{1 - 标准水分/\%}$$

（五）吨酒耗粮

$$吨酒耗粮/(t/t) = \frac{投料量/t}{标准酒数量/t}$$

（六）吨酒耗曲

$$吨酒耗曲/(t/t) = \frac{用曲量/t}{标准酒数量/t}$$

参 考 文 献

[1] 魏岩涛，何正礼．高粱酒［M］．上海：商务印书馆，1935．

[2] 金培松，周元懿．做黄酒和烧酒［M］．上海：中华书局，1950．

[3] 王延才．走新型工业化和机械化道路是传统白酒发展的必由之路［J］．酿酒科技，2010，208（10）：106-109．

[4] 宋书玉，赵建华．中国白酒机械化酿造之路［J］．酿酒科技，2010（11）：99-104．

［5］刘选成，张东跃，赵德义，等．数字化酿造工艺管理系统在浓香型白酒机械化、自动化和智能化酿造生产中的应用［J］．酿酒科技，2018，293（11）：70-74.

［6］江苏今世缘酒业股份有限公司，常州铭赛机器人科技股份有限公司，江南大学，江苏聚缘机械设备有限公司．固态发酵浓香型白酒智能酿造关键技术的研发与应用［R］．2017.

［7］Gao W, Fan W, Xu Y. Characterization of the key odorants in light aroma type Chinese liquor by gas chromatography-olfactometry, quantitative measurements, aroma recombination, and omission studies［J］.J Agri Food Chem, 2014, 62（25）：5796-5804.

［8］Du H, Fan W, Xu Y. Characterization of geosmin as source of earthy odor in different aroma type Chinese liquors［J］.J Agri Food Chem, 2011, 59：8331-8337.

［9］Fan H, Fan W, Xu Y. Characterization of key odorants in Chinese chixiang aroma-type liquor by gas chromatography-olfactometry, quantitative measurements, aroma recombination, and omission studies［J］.J Agri Food Chem, 2015, 63（14）：3660-3668.

［10］寇晨光．多粮发酵在清香型白酒生产中的应用［J］．酿酒科技，2012，221（11）：72-75.

［11］肖美兰，吴生文，刘建文．不同酿酒原料在特香型白酒生产中的应用［J］．酿酒科技，2015，257（11）：108-111.

［12］庄名扬，陈卉娇．多粮浓郁型中国名酒——五粮液与饮者健康［J］．酿酒科技，2004，125（5）：116-117.

［13］庄名扬，陈卉娇．多粮浓郁型——中国名酒剑南春与饮酒健康［J］．酿酒，2004，31（4）：120-122.

［14］徐占成，张新兰，徐姿静，等．浓郁型（多粮）风味特征形成的因素［J］．酿酒科技，2003，118（4）：46-49.

［15］固态法白酒机械化座谈会概况［J］．食品与发酵工业，1977（2）：82-85.

［16］李大和．中国白酒机械化的思考［J］．酿酒科技，2011，202（4）：79-80.

［17］吕静，林洋，沈剑，等．自动拌料机在半机械化白酒生产中的应用研究［J］．酿酒，2019，46（2）：90-93.

［18］张志民，吕浩，张煜行．衡水老白干酿酒机械化、自动化的设想和初步试验［J］．酿酒，2011，38（1）：25-29.

［19］沈怡方．白酒生产技术全书［M］．北京：中国轻工业出版社，1998.

［20］凌生才．提高小曲白酒酒质酒率的关键［J］．酿酒科技，2005，137（11）：53-54.

［21］汪江波，王炫，黄达刚，等．我国白酒机械化酿造技术回顾与展望［J］．湖北工业大学学报，2011，26（5）：52-56.

［22］任宏伟，任国军，杨玉珍．白酒机械化生产运行效果和体会［J］．酿酒科技，2012，212（2）：80-82.

［23］曹敬华，周金虎，陈茂彬．一种利用圆盘制曲机进行白酒酒醅高温堆积的方法［P］．中国专利：106754098A，2017.03.23.

［24］曹敬华，张明春，朱正军，等．圆盘制曲机在浓酱兼香型白酒生产中的应用［J］．中国酿造，2017，36（1）：70-74.

［25］李大和．建国五十年来白酒生产技术的伟大成就（三）［J］．酿酒，1999，132（3）：13-19．

［26］钟方达．大曲酱香型白酒发酵条件的探讨［J］．酿酒科技，1992，50（2）：27-32．

［27］彭燕，向宗府．入池糟醅含氧量对发酵的影响［J］．酿酒科技，2006，142（4）：63-64．

［28］朱梦旭．白酒中易挥发的有毒有害小分子醛及其结合态化合物研究［D］．无锡：江南大学，2016．

［29］高祥，蔡乐才，居锦武，等．白酒固态发酵的温度感知装置设计［J］．四川理工学院学报（自科版），2014，27（6）：55-58．

［30］谢玉球，时晓，周二干，等．基于物联网技术的窖池智能监测系统在浓香型白酒固态发酵中的应用［J］．酿酒科技，2016，263（5）：75-79．

［31］李大和．建国五十年来白酒生产技术的伟大成就（六）［J］．酿酒，1999，135（6）：19-31．

［32］唐瑞．五粮液跑窖工艺在北方浓香型白酒中的应用［J］．酿酒科技，2005，136（10）：29-32．

［33］杨文，诸葛健．洋河大曲酒醅微生物的消长规律——夏季"掉排"现象的析因［J］．无锡轻工业学院学报，1991，10（4）：36-41．

［34］王效金，刘从艾，邢贤森，等．"夏季掉排"的探讨与防止［J］．酿酒科技，1989（4）：14-18．

［35］张目．大曲酒夏季掉排防治的现状与动态（综述）［J］．酿酒科技，1992，51（3）：23-28．

［36］周恒刚．降温控酸是防止"夏季掉排"的重要措施［J］．酿酒，1996，115（4）：7-10．

［37］沈才洪，许德富，张良．有机酸对大曲发酵影响的试验（第二报）［J］．酿酒科技，1994，64（4）：32-35．

［38］王忠臣．喷雾吸热降温法是防止夏季掉排、提高经济效益的好措施［J］．酿酒，1984（3）：39-40．

［39］黄正兴．大曲白酒生产安全度夏的探讨［J］．黑龙江发酵，1982（2）：23．

［40］宋保华．浅谈浓香型大曲酒生产安全度夏［J］．江苏食品与发酵，2001，106（3）：32-33．

［41］李大和．建国五十年来白酒生产技术的伟大成就［J］．酿酒，1999，130（1）：13-20．

［42］唐玉明，任道群，姚万春，等．酱香型酒糟醅堆积过程温度和微生物区系变化及其规律［J］．酿酒科技，2007，155（5）：54-58．

［43］唐现洪，钟雨，谢旭，等．高温堆积发酵工艺在浓香型双沟大曲酒生产中的应用［J］．酿酒科技，2006，146（8）：59-62．

［44］左勇，刘达玉，吴华昌．浓香型大曲酒的堆积发酵研究［J］．酿酒，2004，31（4）：22-24．

［45］崔利，杨大金．提高酱香型大曲酒风格质量几个关键环节的探讨（上）［J］．酿酒，1988（1）：37-41．

［46］周恒刚．酱香型白酒生产工艺的堆积［J］．酿酒科技，1999，91（1）：15-17．

［47］熊小毛，王佳堂，吴忠亚，等．兼香型白云边酒高温堆积过程中细菌筛选及其应用研究——"白云边酒微生物研究"报告之二［J］．酿酒，1992（5）：20-22．

[48] 李大和. 建国五十年来白酒生产技术的伟大成就（四）[J]. 酿酒, 1999, 133（4）: 16-20.

[49] 唐玉明, 姚万春, 任道群, 等. 酱香型白酒窖内发酵过程中糟醅的微生物分析 [J]. 酿酒科技, 2007, 162（12）: 50-53.

[50] 李增胜, 任润斌. 清香型白酒发酵过程中酒醅中的主要微生物 [J]. 酿酒, 2005, 32（5）: 33-34.

[51] 张煜行, 黄建华, 王明远, 等. 衡水老白干酒醅发酵主要酶活与微生物变化 [J]. 酿酒科技, 2007, 153（3）: 32-34.

[52] 张兴群, 段康民, 颜日祥. 西凤酒发酵窖中酵母菌种群分析 [J]. 西北大学学报, 1993, 23（2）: 133-140.

[53] 周新虎, 陈翔, 杨勇, 等. 浓香型白酒窖内参数变化规律及相关性研究（Ⅱ）: 温度及其数学模型 [J]. 酿酒科技, 2012, 215（5）: 44-46.

[54] 吴建军, 张江雄. 浓香型白酒的配料与窖内升温 [J]. 食品与机械, 2004, 20（4）: 12-15.

[55] 范文来, 徐岩. 应用 HS-SPME 技术测定固态发酵浓香型酒醅微量成分 [J]. 酿酒, 2008, 35（5）: 94-98.

[56] Fan W, Qian M C. Headspace solid phase microextraction（HS-SPME）and gas chromatography-olfactometry dilution analysis of young and aged Chinese "Yanghe Daqu" liquors [J]. J Agri Food Chem, 2005, 53（20）: 7931-7938.

[57] Fan W, Qian M C. Characterization of aroma compounds of Chinese "Wuliangye" and "Jiannan-chun" liquors by aroma extraction dilution analysis [J]. J Agri Food Chem, 2006, 54（7）: 2695-2704.

[58] Fan W, Qian M C. Identification of aroma compounds in Chinese 'Yanghe Daqu' liquor by normal phase chromatography fractionation followed by gas chromatography/olfactometry [J]. Flav Fragr J, 2006, 21（2）: 333-342.

[59] Fan W, Xu Y, Zhang Y. Characterization of pyrazines in some Chinese liquors and their approximate concentrations [J]. J Agri Food Chem, 2007, 55（24）: 9956-9962.

[60] 范文来, 张艳红, 徐岩. 应用 HS-SPME 和 GC-MS 分析白酒大曲中微量挥发性成分 [J]. 酿酒科技, 2007, 162（12）: 74-78.

[61] 张文学, 岳元媛, 向文良, 等. 浓香型白酒酒醅中化学物质的变化及其规律 [J]. 四川大学学报（工程科学版）, 2005, 37（4）: 44-48.

[62] 沈怡方. 白酒中四大乙酯在酿造发酵中形成的探讨 [J]. 酿酒科技, 2003, 119（5）: 28-31.

[63] 舒代兰, 张丽莺, 张文学, 等. 浓香型白酒糟醅发酵过程中香气成分的变化趋势 [J]. 食品科学, 2007, 28（6）: 89-92.

[64] 熊子书. 中国三大香型白酒的研究（二）酱香·茅台篇 [J]. 酿酒科技, 2005, 130（4）: 25-30.

[65] 崔利. 形成酱香型酒风格质量的关键工艺是"四高两长, 一大一多" [J]. 酿酒, 2007, 34（3）: 24-35.

［66］曹述舜.酱香型酒概述［J］.贵州酿酒，1981（2）：28-31.

［67］崔利.酱香型高温大曲的高温多水微氧或缺氧与曲药质量的关系［J］.酿酒科技，2007，154（4）：76-79.

［68］崔利，彭追远，郑朝喜，等.高温大曲在酱香型酒酿造中的作用及标准浅说［J］.酿酒，1995，109（4）：8-13.

［69］熊子书.酱香型白酒酿造［M］.北京：中国轻工业出版社，1994.

［70］丁祥庆.茅台酒工艺剖析-制曲部分［J］.酿酒科技，1982（1）：19-22.

［71］李长江，沈才洪，张宿义，等.武陵酱香型白酒工艺创新——特殊润粮工艺的研究（第一报）［J］.酿酒科技，2009，181（7）：40-42.

［72］王东魁.浅谈大曲酱香型白酒的下糙沙技术［J］.酿酒科技，1994，64（4）：16-18.

［73］傅金庚.酱香型白酒风格与工艺关系的研究［J］.酿酒科技，1991（1）：8-11.

［74］沈怡方.试论浓香型白酒的流派［J］.酿酒，1992，19（5）：10-13.

［75］熊子书.中国三大香型白酒的研究（一）浓香·泸州篇［J］.酿酒科技，2005，128（2）：22-25.

［76］刘永贵，胡杰.泸型酒酿造原料的粉碎度探讨［J］.酿酒，2005，32（4）：29-30.

［77］肖熙佩.大曲生产工艺（下）［J］.黑龙江发酵，1979，1（3）：74-81.

［78］范文来.应用二次发酵技术提高浓香型大曲酒质量［J］.酿酒科技，2001，108（6）：40-42.

［79］付小庆，杜礼泉，唐聪，等.夹泥发酵改进的研究［J］.酿酒科技，2006，146（8）：63-64.

［80］范文来，陈翔.应用夹泥发酵技术提高浓香型大曲酒名酒率的研究［J］.酿酒，2001，28（2）：71-73.

［81］张锋国.提高扳倒井酒质量的技术措施［J］.酿酒科技，2006，140（2）：102-104.

［82］王瑞明，王渤.浓香型白酒生产中酯类生成规律初探［J］.山东轻工业学院学报，1994，8（3）：57-61.

［83］费国华，刘虎年.关于酯化液串蒸提高酒质的试验报告［J］.酿酒科技，1991（5）：41-42.

［84］崔如生，范文来，周兴虎.利用黄浆水酯化液提高洋河名酒率［J］.酿酒，2003，29（3）：29-31.

［85］沈怡方，李大和.低度白酒生产技术［M］.北京：中国轻工业出版社，1996.

［86］王宏卫.黄浆水酯化技术在白酒勾兑中应用的探讨［J］.酿酒科技，1994（4）：19-20.

［87］孙前聚.黄浆水酯化技术提高浓香型曲酒质量的研究［J］.酿酒，1991（6）：18-20.

［88］陈建民，张保卫.黄浆水酯化液与HUT［J］.酿酒科技，1993，60（6）：22-23.

［89］吴衍庸，郭世则，卢世珩，等.己酸乙酯酯化菌及酶学研究新进展［J］.酿酒科技，1996，74（2）：16-18.

［90］钟怀利.提高酯化酶制作质量及其应用效率的措施［J］.酿酒科技，2005，130（4）：54-57.

［91］赖登燡，范鏖，刘光烨，等.根霉酯化菌CS825己酸乙酯酯化条件的研究［J］.酿酒科技，

2002, 111（3）：36-37.

[92] 熊子书. 中国三大香型白酒的研究（三）清香·杏花村篇 [J]. 酿酒科技, 2005, 133 (7)：17.

[93] 李艳敏, 寇晨光. 多粮型二锅头白酒生产技术初探 [J]. 中国酿造, 2009, 210（9）：131-133.

[94] 董友新, 郭成林, 熊小毛. 影响"白云边"半成品酒正丙醇含量的原因初控 [J]. 酿酒, 2002, 29（1）：30-31.

[95] 杜秋平. 浅谈提高白云边曲酒质量的几点体会 [J]. 酿酒科技, 1994, 66（6）：31-33.

[96] 李大和. 建国五十年来白酒生产技术的伟大成就（二）[J]. 酿酒, 1999, 131（2）：22-29.

[97] 冯晓山, 闫宗科. 传统工艺和特殊的地域环境铸就西凤酒独特的品质 [J]. 酿酒科技, 2006, 144（6）：102-103.

[98] 李金宝, 兰明科, 冯雅芳. 西凤大曲的科学搭配在西凤酒生产中的应用 [J]. 酿酒, 1999, 130（1）：44-46.

[99] 冯晓山, 徐政仓, 高洁. 凤香型白酒的现状及发展 [J]. 酿酒科技, 2006, 140（2）：99-104.

[100] 邓启宝, 张立新. 西凤酒的工艺改进和技术创新 [J]. 酿酒, 2005, 32（1）：85-86.

[101] 王海平, 于振法. 景芝白乾酒的典型性——"芝麻香"研究工作的回顾与展望 [J]. 酿酒, 1992（4）：61-70.

[102] 沈怡方. 关于芝麻香型优质白酒的生产技术 [J]. 酿酒科技, 1993, 57（3）：43-46.

[103] 王洪芹, 刘治波, 林海燕. 从梅拉德反应谈芝麻香型酒的生产 [J]. 酿酒科技, 1994, 64 (4)：78-79.

[104] 信春晖. 芝麻香酒典型风格的形成 [J]. 酿酒科技, 2006, 144（6）：104-105.

[105] 周恒刚. 白酒生产与酸性蛋白酶 [J]. 酿酒, 1991（6）：5-8.

[106] 熊子书. 中国特型酒的产生—提高江西四特酒质量研究的纪实 [J]. 酿酒科技, 2006, 139（1）：102-104.

[107] 曾伟. 浅谈特型白酒风格及成因 [J]. 酿酒科技, 1994, 66（6）：71-72.

[108] 谢小兰, 朱力红. "特"型酒制曲及酿造工艺浅析 [J]. 四川食品与发酵, 2005（2）：51-52.

第八章
己酸菌与人工窖泥生产技术

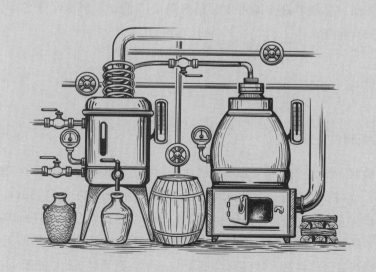

20世纪50~60年代的茅台试点，揭示了老窖产好酒的秘密。随着20世纪60~70年代己酸菌的研究，以及应用人工方法生产老窖泥后，我国的浓香型白酒得到了极大的发展，从原来产量占全国白酒产量的20%~30%，上升到最高时占全国白酒产量的70%。

第一节　己酸菌简介

己酸菌发酵最早是贝强普（Bé Champ）进行的研究，他在1868年将土块与CaCO₃投入106g酒精中，放置一段时间得到75g不纯的己酸[1-2]。1936年巴克（Barker）发现用已纯化分离命名的奥氏甲烷杆菌可从酒精与碳酸中生成醋酸与甲烷。次年，重复此实验，生成了许多挥发酸，其中醋酸33%、丁酸26%、己酸37%。经研究发现其中混有甲烷菌类"鼓槌型"嫌气芽孢杆菌，由乙醇及乙酸生成丁酸（酪酸），进而合成己酸[1-2]。生成己酸的梭状芽孢杆菌1942年被命名为克拉瓦氏梭菌（或译克卢维尔梭菌），简称克氏梭菌（*Clostridium kluyveri*）。当己酸菌与甲烷菌共栖并在培养基中加入酵母自溶液，则己酸生成量显著增加。添加磷酸盐、酵母自溶液和生长素及 *p*-氨基安息香酸时，发酵极为良好。生成己酸过程中，放出发酵气体（如甲烷、硫化氢和氢等）。20世纪40年代，日本北原氏分离得到己酸菌，命名为巴氏梭菌（*C. barkeri*）。该菌为偏嫌气性细菌，形成鼓槌状[1]。

窖泥中的己酸菌经酒糟和黄水的长期驯养，利用酒精和乙酸大量合成己酸。1964年茅台试点时，为探讨茅台酒主体香（酱香、醇香和窖底香），用纸上层析法发现己酸乙酯，并通过酒中添加得以确认。从此开始了己酸菌的分离与培养研究。但受当时条件与认识限制，茅台试点时，并未进行窖泥培养[1]。

己酸菌筛选时，在培养液中加入20%硫酸铜4~5滴，发酵液呈绿色即证明有己酸，绿色越深，己酸含量越高[1]。

一、形态特征

（一）茅台试点时的己酸菌

营养细胞梭状，短杆菌长4~5μm，宽0.8~1μm。杆菌长5~8μm，宽0.8~1μm。营养细胞单个，成对，通常呈链状。末端一头有椭圆形孢子，1.2~1.5μm。菌体中有颗粒小体，可被碘染色，革兰阴性。菌种经热处理继代培养后，在507mmHg（1mmHg=0.133kPa）下35℃固态培养7d，菌落呈椭圆形，表面有波纹凸凹，微溶钙盐。

己酸菌的端孢是耐热性的，从茅台窖底泥分离种，孢子经100℃处理10min后，仍然保持旺盛发酵。从其他处的分离菌种，有的95℃处理10min即停止发育；也有的90℃即死灭。值得注意的是孢子热处理次数不宜过多，容易导致产酸能力明显下降[1-2]。

（二）己酸菌

从泸州老窖中分离出的己酸菌（Lc 菌），该菌为杆菌，大小（2~5）μm×0.6μm，单独成对或成串长链，芽孢端生，引起杆菌末端轻度膨大而呈鼓槌状。在琼脂固体（巴氏合成）培养基上培养 2~3d 镜检可见芽孢，生荚膜，异染粒阴性，周生鞭毛，革兰染色阴性[3]。

（三）克氏梭菌 M2

菌落呈灰白色，圆形，边缘整齐，表面光滑，不透明，微突，稍黏，直径 1~3mm。细胞呈杆状，大小为（0.9~1.0）μm×（4.0~9.0）μm，单个或成短链；芽孢椭圆形膨大，端生或亚端生，芽孢在 80℃加热 10min 仍能存活，有抗热性；革兰染色阳性，但易变为阴性；运动，鞭毛周生。生长温度是 20~46℃，最适生长温度 35~36℃，生长pH5.4~7.9，最适生长 pH6.5~7.0[4]。

（四）黑轻 80 号己酸菌

为黑龙江轻工所在玉泉酒厂分离得到[5]。该菌为杆状菌，带鞭毛时期的营养细胞较粗大。大小为（1.93~3.36）μm×（0.52~0.76）μm。没有鞭毛时期的营养细胞较细长，大小为（3.61~3.84）μm×（0.23~0.36）μm。游离细胞圆形，长 0.15~0.19μm，周生鞭毛 4~8 根，鞭毛基部有三角形疣状物隆起在体表。鞭毛长为体长的 2~3 倍，一般为8~12μm，宽 0.5μm，鞭毛顶端膨大为球形体，直径 0.1μm。芽孢侧生在菌体顶端，上宽下窄成为梨形，长 0.95μm，宽 0.68μm。

菌落：在巴氏液麦芽培养基上 35℃厌氧培养 3d，菌落圆形似针头状，直径为 0.5~0.8mm，透明，边缘光滑。培养时间长，菌落长老时，色泽转为淡黄色。

（五）L-Ⅱ和 L-Ⅴ己酸菌

该菌为辽宁大学在老龙口酒厂分离得到[5]。该菌为直杆菌，两端钝圆，单生，细胞大小为（0.8~1.0）μm×（3.0~5.0）μm。L-Ⅱ菌长达 10~30μm，芽孢偏生或近偏生。L-Ⅴ 芽孢（1.2~1.3）μm×1.8μm，柱状，L-Ⅱ运动，周生鞭毛，革兰染色阴性。L-Ⅱ菌体内有蓝紫色颗粒。L-Ⅱ菌株深层菌落灰白色，半透明；L-Ⅴ为灰黄色，不透明。能在 22~48℃生长并产酸，最适生长温度为 32~34℃，生长 pH 为 6.0~9.0，最适生长 pH7.0。与氧的关系为兼性。

（六）己酸菌 W1

从宜宾五粮液酒厂的 500 年老窖泥中分离得到的高产己酸的菌株。直杆状，（0.6~

0.7）μm×（3.48~4.64）μm，芽孢椭圆，端生，芽孢囊膨大成鼓槌状，游离孢子0.93μm×1.2μm，以周生鞭毛运动，革兰染色阴性，淀粉粒检测为阳性。菌落圆形，边缘有缘毛，乳脂色，不透明，在简单合成培养基上培养36h，菌落1.5~2mm[6-7]。

二、 生理生化特征

几种不同来源的己酸菌生理生化性能比较见表8-1。

表8-1　　　　　　　　　　不同来源的己酸菌生理生化性能[1]

年代	菌名	来源	巴克尔培养基	乙醇	乙酸钠	葡萄糖	淀粉	豆饼粉	酵母自溶液	碳酸钙	厌氧	溶胶	革兰染色	碘染色
1937	Kluyveri	巴克尔	+	+	+	-	-	-	+	±	+	-	-	
1943	Barkeri	北原				+			+	+	±		-	
1964	己酸菌	茅台	+	+					+	±	±		-	+
1977	己酸菌	内蒙古所	+	+	+				+	±	±		-	+
1979	己酸菌 L-Ⅱ	辽宁大学	+							±	±		-	+
1986	己酸菌 Lc	成都所	+	+		+			+	+	±	+	-	+
1986	己酸菌	廊坊所	+	+	+	+		+	+	±	±	+	-	+
1986	丁酸菌	廊坊所	-	+	+	+	+	+	-	±	±	+	+	+
1993	己酸菌 L-Ⅱ	华南理工大学	+	+	+	+						+	-	+

三、 己酸菌生活史

己酸菌孢子有耐热性，而其营养细胞是不耐热的。所以为了菌种纯化，多采取热处理。但孢子是保存生命的器官而不是繁殖器官，它是在营养细胞旺盛期发芽繁殖的，一个孢子只能生成一个菌体。当条件适宜时，孢子又开始发芽繁殖，梭菌生活环见图8-1。

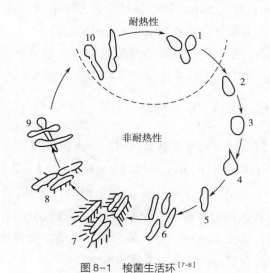

图8-1　梭菌生活环[7-8]

1—孢子　2—孢子萌发　3~4—孢子发芽　5~6—幼菌体
7—旺盛期营养细胞　8—衰老期细胞
9—内生孢子形成　10—成熟孢子（耐热）

四、 影响己酸菌产酸的因素

(一) 厌氧条件对己酸菌产酸的影响

抽真空和深层培养有利于己酸的生成，但好氧时也能产生少量的己酸，说明有些菌株并不严格厌氧 (表8-2)。

表 8-2　　　　　　　　厌氧环境对 Lc 菌产己酸的影响[3]　　　　　单位：mg/L

工艺	Lc-1	Lc-2	Lc-3	Lc-4	Lc-5	Lc-6	Lc-7	Lc-8
好氧培养 (摇床振荡)	1500	3500	2000	3000	1000	3000	3000	3000
绝对厌氧 (洪格特技术)	3650	3700	1830	3500	3232	3600	3465	1800
深层方法 (不隔氧条件)				4000~15000				
厌氧方法 (抽真空培养)				10000~20000				

(二) pH 对己酸菌株产酸的影响

己酸菌产酸的 pH 为 6~7 较适宜。如菌株 W1 的产酸最适 pH 为 6.5~7.5[6]。中性偏碱的环境有利于 Lc 菌产酸，其最佳产酸 pH 为 7~8。黑轻 80 号 pH 3 以下和 pH 9 以上不产酸；pH 4~8 均能产己酸；当 pH 6~7 时，产酸量最高，又以 pH 6.6~7.0 为最佳产酸 pH。

(三) 温度对己酸菌株产酸的影响

温度是影响产酸的重要因素，低温和过高的温度均对产酸不利。W1 菌产酸温度是 20~45℃，最适产己酸温度 34℃[6]。Lc 菌最佳产酸的温度是 30℃，产酸温度可控制在 25~35℃。黑轻 80 号菌在 28~40℃均可产较大量的己酸，其中 33~34℃时产酸量最大。

(四) 乙醇浓度对己酸菌产酸的影响

乙醇试验表明，在 2%vol 的酒精水溶液中发酵旺盛，6%vol 时，发酵大大减弱，最好控制在 4%vol 以下。在 2% 酒精水溶液中发酵，酒精消耗为 64%~70%[1]。

不同的菌种可能对酒精的耐受略有不同，如 Lc、黑轻 80 号菌株可耐高浓度酒精。一般地，酒精浓度控制在 2%~4%vol 为佳[3]。

（五）乙酸对己酸菌产酸的影响

己酸菌 Lc 用乙酸合成己酸，在 1.5%~3% 乙酸浓度时产酸较高。在无乙酸时不产己酸，说明乙酸或乙酸盐是合成己酸不可少的底物[3]。

（六）不同钠盐对己酸菌产酸的影响

钠盐中，乙酸钠对己酸的生成有较大的促进作用（表 8-3）。

表 8-3　　　　　　　　　　几种不同钠盐对产己酸的影响　　　　　　　　　单位：mg/L

钠盐种类	浓度/%	试验 I	试验 II
丙酸钠	1	3475.51	2090.82
丁酸钠	1	8028.47	9666.60
丁二酸钠	1	5139.11	6605.80
乙酸钠	1	10328.66	10443.92

（七）添加丁酸、己酸对己酸菌 Lc 产酸的影响

添加丁酸、己酸对己酸菌生成己酸表现出明显的抑制作用，特别是丁酸对己酸的抑制作用更强烈[3]。

（八）热处理对己酸菌 Lc 产酸的影响

80℃、10min 对己酸菌进行处理，结果表明，经热处理的前一周发酵产酸不如对照，因为热处理后营养细胞被杀死，只存在芽孢。芽孢萌发要一段时间，因而产酸少。而 2 周时，经热处理的产酸量则明显高于对照。热处理有利于己酸菌产己酸[3, 8]。

（九）接种量与培养时间

接种量大，己酸生成快，产酸量高；反之，产酸时间延长、产酸量也低。当接种量为 10% 时，产酸量最高时间在 7d 左右，但时间过长，己酸积累反而下降。单个菌落培养 20d 左右方可测出己酸。黑轻 80 号菌培养 7~8d 时产己酸量最高，接种后 3d 开始产微量的己酸；后产己酸量逐渐增加，至第 7 天达最高峰，到第 10 天后略有下降。

（十）促进剂与己酸合成

1. 甲烷

液体深层培养，通入 CO_2，己酸量不增加；通入 CH_4，明显提高己酸产量。当己酸菌

与甲烷菌混合培养时，用溴代磺酸乙烷抑制甲烷的产生，发现己酸的产量并没有增加[9]。

2. 甲酰四氢叶酸

在含酵母膏的己酸菌培养基质中，添加甲酰四氢叶酸钙有利于己酸的合成[3]。

甲烷、甲酰四氢叶酸钙能有效提高乙酸合成己酸，机理尚不清楚。经试验，甲烷不能成为己酸的直接前体物质，不能参加己酸的合成。甲酰四氢叶酸钙的生理功能有促—CH_3转化，它的效应可能是—CH_3起着某种重要作用。

3. 其他促进剂

培养基中分别添加维生素 B_{12}、ATP、CoA、DNA 都对己酸菌生长与代谢有明显促进作用[10]。

（十一）生物素和还原剂

生物素和还原剂有利于己酸菌 M2 积累己酸[4]。

（十二）碳酸钙对己酸菌产酸的影响

在培养基中，$CaCO_3$ 含量在 0.5%~2%都能产酸；其中 1%的含量产己酸最高；当含量在 0.5%~2%时产酸相差不大。该菌种对 $CaCO_3$ 含量的选择性要求不严格。

（十三）泥土对己酸菌黑轻 80 号产酸的影响

试验表明[11]，一是泥土对己酸菌有一定的吸附力，己酸菌对泥土有一定的亲和力。表现为 OD 值随泥土添加量的增加而下降。二是 OD 值与活菌数的测定结果是一致的。5%的陶土与空白比较，液内活菌数降低 3 倍，依此类推，泥中己酸菌大于液体的菌数 62 倍。三是己酸的上升表明，栖息在陶土上的己酸菌因量的关系，促使己酸含量随着泥土的增加而上升。

（十四）氮源的影响

用（NH_4）$_2SO_4$、NH_4Cl、NH_4NO_3、尿素四种氮源和 0.05%、0.1%、0.5%的 3 种不同浓度试验。结果表明菌株 W_1 对四种氮源都能利用。NH_4Cl 和尿素以低浓度 0.05%~0.1%为宜，其他两种三个浓度均有利于产酸[6]。

五、 己酸菌培养基（%未注明均为质量分数，有些培养基使用终浓度表示）

（一）细菌培养基

1. 肉汤培养基（多数细菌适用）

牛肉膏 0.5%，氯化钠 0.5%，蛋白胨 1%。pH7.6~7.8，灭菌后降至 7.2~7.4。

2. 肉汁培养基（用于菌种保藏）

新鲜牛肉 1kg（去筋腱、脂肪切碎），加 200mL 水，冷浸一夜，煮沸 2h，凉后用纱布过滤，调节 pH 至中性，再煮 15min，静置过夜。取上层清液稀释至原来体积。

3. 半固体肉汁培养基（适用于细菌穿刺培养保存）

取上述肉汁培养基加 0.6% 的琼脂。

（二）己酸菌培养基

1. 通用培养基一

磷酸氢二钾 0.5%，硫酸镁 0.01%，硫酸铵 0.03%，硫酸亚铁 0.02%，酵母膏 0.5%，碳酸钙 5%。

2. 通用培养基二

乙酸钠 5g，碳酸钙 10g，酵母膏 1g，乙醇 25mL，磷酸氢二钾 0.4g，硫酸镁 0.2g，硫酸铵 0.5g，加自来水溶解至总体积 1000mL，调整 pH 为 7。

3. 巴克尔培养基（单位为 g/100mL）

醋酸钠 5g/L，$CaCO_3$ 1%（灭菌后加），$(NH_4)_2SO_4$ 0.05%，酵母粉 0.1%，$MgSO_4 \cdot 7H_2O$ 0.02%，CH_3CH_2OH 2%（灭菌后加）；K_2HPO_4 0.04%，pH6.8~7.0。

4. 己酸富集培养基

乙酸钠 2.5g，冰乙酸 2.5mL，磷酸氢二钾 0.3g，磷酸二氢钾 0.2g，氯化铵 0.25g，二水氯化钙 0.1g，七水硫酸亚铁 50mg，四水硫酸锰 20mg，二水钼酸钠 20mg，对氨基苯甲酸 2mg，指示剂刃天青 1mg。加蒸馏水溶解成 1000mL，调整 pH 为 7。

以下成分分别单独配成溶液后，用细菌过滤膜除菌，容器中充氮气：

50% 乙醇溶液，2%一水硫化钠（$Na_2S \cdot H_2O$），10% 碳酸氢钠，10% 酵母膏溶液，每 100mL 含 50mg 硫代硫酸钠溶液，每 100mL 含 20μg 生物素的溶液（克氏梭菌 M2 用）。

5. 一种富集培养基（单位为 g/100mL）

CH_3CH_2OH 2%（质量分数），醋酸钠 0.8%，$MgCl_2 \cdot 7H_2O$ 0.02%，NH_4Cl 0.05%；$MnSO_4$ 0.00025%，$FeSO_4$ 0.0005%，$CaSO_4$ 0.001%，钼酸钠 0.00025%，对氨基苯甲酸 100μg，生物素 5μg。加入 1mol/L pH7.0 $KH_2PO_4 - Na_2HPO_4$ 缓冲液 25mL，0.05% Na_2CO_3（含 1% 的硫化钠）20mL。

6. 己酸菌分离和保藏培养基

乙酸钠 5g，冰乙酸 2mL，磷酸氢二钾 0.3g，磷酸二氢钾 0.2g，氯化铵 0.25g，七水硫酸镁 0.2g，二水氯化钙 10mg，七水硫酸亚铁 0.5mg，四水硫酸锰 2mg，二水钼酸钠 2mg，对氨基苯甲酸 200μg，指示剂刃天青 1mg。加蒸馏水溶解成 1000mL，调整 pH 为 7。

以下成分分别单独配成溶液后，用细菌过滤膜除菌，容器中充氮气：

50%乙醇溶液，2%一水硫化钠（$Na_2S \cdot H_2O$），10%碳酸氢钠，10%酵母膏溶液，每100mL含50mg硫代硫酸钠溶液，每100mL含20μg生物素的溶液，固体培养基加入2%的琼脂（克氏梭菌M2用）。

7. 己酸菌分离和保藏培养基（单位为g/100mL）

CH_3CH_2OH 2%（质量分数），醋酸钠0.8%，$MgCl_2 \cdot 7H_2O$ 0.02%，NH_4Cl 0.05%，$MnSO_4$ 0.00025%，$FeSO_4$ 0.0005%，$CaSO_4$ 0.001%，钼酸钠0.00025%，对氨基苯甲酸100μg，生物素5μg。加入1mol/L pH7.0 $KH_2PO_4-Na_2HPO_4$缓冲液25mL，0.05% Na_2CO_3（含1%的硫化钠）20mL。在此培养基中，加1%的酵母自溶液、2%的琼脂。

8. 己酸菌分离和保藏培养基（单位为g/100mL）

KAc 0.6%，$(NH_4)_2SO_4$ 0.05%，$MgSO_4$ 0.02%，K_2HPO_4 0.05%，酵母膏0.1%，污泥适量，琼脂2%，CH_3CH_2OH 2.5%，pH6.8~7.2；121℃灭菌30min。

（三）丁酸菌培养基

1. 试管培养基（单位为g/100mL）

蛋白胨1%，氯化钠0.05%，牛肉膏0.5%~0.7%，葡萄糖3%，硫酸铵0.09%，碳酸钙3%，硫酸铁0.01%，硫酸镁0.03%。

2. 发酵培养基（单位为g/100mL）

葡萄糖30g/L，蛋白胨0.015%，氯化钠0.5%，$MgSO_4$ 0.01%，牛肉膏0.8%，$FeCl_3$ 0.05%，$CaCO_3$ 0.5%，K_2HPO_4 0.1%。

3. 发酵培养基（单位为g/100mL）

蛋白胨1%，氯化钠0.05%，牛肉膏0.5%~0.7%，葡萄糖3%，$(NH_4)_2SO_4$ 0.09%，$Fe_2(SO_4)_3 \cdot 7H_2O$ 0.01%，$MgSO_4 \cdot 7H_2O$ 0.03%，$CaCO_3$ 3%。

六、 己酸菌分离培养技术

（一）己酸菌分离方法一

老窖泥富集液20mL，在温度为80℃的水浴中，加热5min，再用蒸馏水稀释5~7倍。吸取不同浓度的稀释液各1mL于灭菌的培养皿中，倒入培养基，凝固后用塑料袋封口，在32℃的条件下，培养24h，挑取单个菌落，接种于富集培养基中，培养4d，选择产酸能力强的，进行革兰染色，镜检菌体细胞为梭状芽孢杆菌，即可用于生产。

（二）己酸菌分离方法二

取样（老窖）→ 1g/10mL 无菌水逐级稀释至 10^{-4} → 10^{-4} 稀释液 80℃、10min 或 90℃、2min 水浴处理→用巴克尔培养基培养→增殖的己酸菌液→稀释平板划线→培养 24h（< 24h）→纯种己酸菌→液体深层培养。

（三）以老窖泥做试验的一般分离法

1. 富集培养

C_2H_5OH 25mL，乙酸钠 8g，$MgCl_2$ 200mg，NH_4Cl 500mg，$CaSO_4$ 10mg，$FeSO_4$ 5mg，硝酸锰 2.5mg，钼酸钠 2.5mg，生物素 5μg，对氨基丙甲酸 100μg，pH 为 7.0 的 1mol/L 磷酸二氢钾–磷酸氢二钠 25mL。

含 1% Na_2S、0.05% Na_2CO_3 的溶液 20mL、蒸馏水 1000mL。

简化培养基（单位为 g/100mL）：乙醇 2%、乙酸钠 0.5%、酵母膏 0.1%、$MgSO_4$ 0.02%、K_2HPO_4 0.04%、$(NH_4)_2SO_4$ 0.05%、$CaCO_3$1%，pH7。

2. 培养

在盛有上述培养基的试管中加入老窖泥土样 1g。在 80℃的热水浴中处理 10min，冷却后置于真空干燥器中，抽真空至 80kPa（600mmHg）左右，保温 30~35℃，培养 7d，或延长至产气为止。然后，选取产气的试管，转接于上述新的培养基中，在同上条件下培养 7d，根据培养液己酸定性分析结果，选出试样。

3. 分离

在富集培养基中，加入 10%的酵母自溶液，以及 2%的琼脂即可。

分离操作：选取富集培养的试样，先经 80℃热处理 3min，并用无菌水稀释 5 次（10^{-5}）。吸取少量不同稀释度的菌液，接种于熔化并冷却到 50℃的试管培养基中，趁热在两手掌中搓匀。凝固后，置于真空干燥器中抽真空到 80kPa，保温 30~35℃，培养 5d。挑选菌落清晰的试管，打破试管下部，用毛细管吸取单个菌落接种于液体培养基中。在真空条件下，培养 7d 后，选取产气的试管，其培养液定性分析确定有己酸，并用显微镜观察菌体为梭状芽孢杆菌，则可选为分离所得的己酸菌株。

七、 己酸菌株保藏方法

（一）沙土管保藏法

取河沙用 60 目筛除去大粒砂，加 10%的盐酸浸泡 2~4h，用清水洗净至 pH 试纸呈中性后，放入 160~180℃干燥箱内烘干。在细颈的安瓿管中装入上述处理好的细沙

0.5~1cm 高，塞上棉塞并外包牛皮纸，放入灭菌锅内在 98kPa 下灭菌半小时后冷却。

在 500mL 三角瓶中，装入培养基 450mL。培养基配方（单位：g/100mL）：C_2H_5OH 2%，NaAc 0.5%，酵母膏 0.1%，$MgSO_4$ 0.02%，KH_2PO_4 0.04%，$(NH_4)_2SO_4$ 0.05%，$CaCO_3$ 1%，pH7。除乙醇和 $CaCO_3$ 外，其余在 98kPa 压力下灭菌 30min。

接入菌种，30℃培养 7d。若己酸培养液发酵正常，液面干净，无白膜，显微镜镜检杆状己酸菌体粗壮并有一定数量的芽孢，经分析己酸产量高，则倾去上清液。无菌条件下，将其注入上述无菌沙土管内，注入量每支 10 滴。塞上棉塞，放入真空干燥器中抽真空，直至沙粒松散，管内无水珠为止。最后用熔化的石蜡封固管口棉塞。或取出安瓿管，接于抽真空的管上，并用酒精喷灯将安瓿管的细颈抽丝封固。沙土管保藏的菌种其性能基本稳定。

（二）冷冻干燥保藏法

将上述 500mL 三角瓶中质量优良的 $CaCO_3$ 己酸菌泥，在无菌条件下注入安瓿管中，经冷冻真空干燥为白色粉末菌种。

八、 影响己酸菌大生产培养的因素

（一）不同营养因子

不加 $CaCO_3$ 也能产己酸，多加 $CaCO_3$ 不能提高产酸量；增加酵母膏能提高己酸菌产己酸的量[12]。

（二）培养基影响

己酸发酵利用酒厂下脚料作种子发酵培养基能得到产量较高的己酸，可能因酒糟中有大量的酵母菌体所致[12]。

九、 影响己酸菌大缸生产的因素

己酸菌生长发育大致分为五个阶段（表 8-4）。

表 8-4　　　　　　　　己酸菌生长不同阶段镜检情况

时间	1d	2d	3d	4~5d	6~8d
菌种的排列	零乱，开始生成丝状	连续和分裂的长丝状	零乱，有少数 2 个对角相连	零乱，有少数 2 个对角相连	零乱，不规则

续表

时间	1d	2d	3d	4~5d	6~8d
杆菌的形状	长度不等	长度不等	均匀	基本均匀	极不均匀
移动性	不全移动	移动性良好，但不全移动	全部移动，移动性中等	移动性弱	不动
自溶	无	无	无	约20%	约50%
孢子	无	无	无	约20%	多

种子旺盛程度、接种量、温度、厌氧条件、酸度以及杂菌感染等均影响到己酸菌生长发育。

第二节　人工发酵泥制作物料的选择

人工窖的制作物料主要有黄泥、黄水、曲粉、酒糟等。

一、优质黄黏土

选黏性强的黄黏土，黄黏土颜色以偏浅为宜，以免铁离子偏多。也有选择窖皮泥代替黄黏土，窖皮泥长期与母糟、窖边接触，含有大量酿酒功能菌，起到接种的作用。

（一）不同土质富集己酸菌时产挥发性脂肪酸的比较

酒厂窖泥产酸最好，其次为菜田黑土和稻田泥（表8-5）。菜田黑土和稻田泥的产酸效果与酒厂窖泥接近。

表8-5　　　　不同土质对己酸菌产挥发性脂肪酸的影响　　　　单位：g/L

样品号	乙酸	丙酸	丁酸	异戊酸	戊酸	己酸	总挥发酸
塘泥	4.50			0.08		3.35	7.53
稻田泥	3.90	0.14	4.69	0.07	0.18	5.44	14.43
菜田黑土	5.04		4.45	0.14		5.36	15.00
豆制品厂废水污泥	1.46	0.97	9.46		0.50	0.28	12.23
啤酒厂处理废水的污泥	1.46	0.65	2.81		0.72	2.86	8.58
植物残体	5.20	1.22	0.22			0.34	6.97

续表

样品号	乙酸	丙酸	丁酸	异戊酸	戊酸	己酸	总挥发酸
盐湖淤泥	5.35		0.26				5.61
酸性废水	8.00	0.51	0.07				8.58
埋深200m泥岩	6.67		0.09	0.07			6.57
酒厂窖泥1	0.61		19.0	0.13		0.57	16.2
酒厂窖泥2	2.14	0.15	9.66	0.10	0.81	3.22	15.4
酒厂窖泥3	2.86		7019	0.06	0.05	5.93	16.1
酒厂窖泥4	8.44		7.50			0.23	15.1
克氏梭菌培养液			1.01			9.09	10.1

（二）土壤的感官鉴别方法

在泥土的选择上应选用黏土，因黏土持水性能好，同时可以吸附己酸菌，作为固定化己酸菌的载体，有利于建窖等。因此应首选黏土。黏土最好是菜田黑土或稻田土。对黏土的验收应按表8-6实施。

表8-6　　　　　　　　　不同土质的感官性能

项目		黏土	亚黏土	轻亚黏土	沙土
湿润时间		切面光滑，有粘刀阻力	稍有光滑面，切面平整	无光滑面，切面稍粗糙	无光滑面，切面粗糙
湿土用手捻摸时的感觉		有滑腻感，感觉不到有砂粒，水分较大时很粘手	稍有滑腻感，有黏滞感，感觉到有少量沙粒	有轻微黏滞感或无黏滞感，感觉到沙粒较多、粗糙	无黏感，感觉到全是沙粒，粗糙
土的状态	干土	土块坚硬，用锤能打碎	土块用力可压碎	土块用手捏或抛扔时易碎	松散
	湿土	易粘着物体，干燥后不易剥去	能粘着物体，干燥后较易剥去	不易粘着物体，干燥后一碰就坏	不能粘着物体
湿土搓条情况		有塑性，能搓成直径小于0.5mm的长条（长条不短于手掌），手持一般不易断裂	有塑性，能搓成直径为0.5~2mm的土条	塑性小，能搓成直径为2~3mm的短条	无塑性，不能搓成土条

（三）泥土的有效成分分析

表 8-7 列出了泥土与老窖泥的主要成分。从表中可以看出，这三种土与窖泥的成分有较大的差异，但又比较接近。因此选择好合适的泥土后，还得加入一定的物质，以利微生物的生长，同时使得泥土经培养后在化学成分上更接近老窖泥。

表 8-7   几种建窖土壤成分分析[13]

土壤名称	有机质/%	全N/%	全P/%	全K/%	碱解N/（mg/kg）	速效P/（mg/kg）	速效K/（mg/kg）	pH	碳酸钙/%
水稻土类	2.06	0.121	0.027	1.294	104	2.8	78	6.10	2.69
紫色土类	1.45	0.084	0.038	1.280	75	2.9	80	6.60	3.32
黄壤土类	2.21	0.138	0.046	1.254	98	2.4	76	6.40	
新积土类	1.31	0.078	0.055	0.765	51	6.4	66	7.70	7.00
封窖泥	12.10	0.857	0.309	1.227	617	561.9	4919	6.46	
430 年窖泥	19.47	1.959	1.682	1.754	2514	4001	6543	5.59	
100 年窖泥	10.96	2.187	2.003	1.741	2511	3755	7344	5.55	
40 年窖泥	14.18	1.660	1.266	1.907	2385	4048	7815	5.54	
20 年窖泥	14.87	2.053	1.147	1.270	2586	3798	6873	5.52	

（四）窖皮泥

窖皮泥是制作人工老窖泥的主要基质，对其要求应特别严格。因窖皮泥长期与母糟、面糟接触，从糟醅和空气中富集了较多的有益微生物，有一定的腐殖质和窖泥功能菌存在，同时也对环境有了一定的适应时间，更能适用于窖泥培养。

如果培养人工窖泥需求较大，窖皮泥量不够时，可采取每轮取换窖皮泥 1/3~1/2，不宜全部更换（夏季除外）。全新的窖皮泥至少要经过半年的时间才能达到使用要求，否则跟鲜泥没有什么区别。北方厂家所用封皮泥黏性较差，可适当加快更换速度，同时注意保持封皮泥的水分，此举一可增加窖皮泥量，二可增加窖池的密闭性。另外，也可采用单独培养窖皮泥的办法，其具体操作是用鲜黄泥加丢糟（或粮糟）10%、大曲粉2%、黄水、酒头、酒尾、己酸菌培养液、酯化液等适量，老窖泥 2%~5%，拌和均匀，控制水分在 32%~35%，堆积保温发酵 1 个月，其中每隔 10d 翻造一次，目的是加快泥质的氧化速度和增加酵母菌数，这种方法同样可以作为培养优质窖泥的预培[14]。

二、 种源

老窖泥中含有大量驯化的梭状芽孢杆菌，这些梭状芽孢杆菌是生产窖泥的重要菌种。目前，也有用纯种己酸菌生产窖泥的，或用老窖泥生产窖泥，用己酸菌作强化。

三、 优质黄水

优质黄水中含有丰富的微生物种群及营养物质，有利于窖泥中的有益微生物生长和利于新窖泥老熟。

四、 大曲粉

大曲含有酵母菌、霉菌、细菌，提供了酿酒所需的多种微生物混合体系和微生物生长繁殖的营养物质。

五、 优质酒糟

以正常发酵的底糟或双轮底糟为宜，对微生物适应窖内生长起引导作用和引入酿酒优势功能种群的作用。

六、 泥炭

四川不少企业使用泥炭作原料。泥炭提供窖泥微生物群落生存环境及保持水分[15]。泥炭含有丰富的腐殖质，含量一般在30%以上，可分为草原泥炭和高山泥炭两种。草原泥炭是以腐烂草根和干草经长年在地下腐败厌氧演变而形成的黑色泥层，它是以松散根基为主，疏松、泡气，易于粉碎和贮存，吸水和保水性能好，一般吸水在900%～2500%，最高可达2500%。高山泥炭是由烂木、野草等演变而来，以木质为主，干燥失水后如同煤一样坚硬，只能用机器粉碎。而且不易保存，遇潮易结块，吸水力不如草原泥炭。其最大的缺点是在培窖泥中使用后，经几轮以后，易发生板结现象，需加强对窖池养护的责任心。因此，在窖泥中使用得最好的是草原泥炭[14]。

第三节　人工窖泥的制作方法

一、 制作方法

培养时窖泥水分控制在 40% 左右，温度控制在 30~37℃。一般在夏季生产，冬季不生产。如冬季生产，需增加保温措施。pH 6.5~7.0。营造和维护厌气微生物生长的厌气环境。培养时间 30d 左右。制作容器一般为水泥池，20~40t。为保证密封，可以用水封或用塑料布封口。

（一）大坛人工老窖培养液配方

五粮液酒厂传统制作窖泥的配料及培养：风干黄土→麻坛→加 85℃ 以上热水搅匀→封坛→盖糠保温 1d（灭菌）→补加热水，达 42~45℃ →加入粉状老窖泥、黄水、曲粉、母糟、酒尾→搅匀→内衬塑料布，外涂泥封坛（坛内温度 38~42℃）→保温培养 7~8d。

结果：发酵液呈浅黄色，气味与老窖泥相似。镜检杆菌多、健壮，有极少数酵母（表 8-8）。

表 8-8　　　　　　　　　　　五粮液人工窖泥配方

原料名称	每坛用量/kg	质量要求	原料名称	每坛用量/kg	质量要求
老窖泥	6	—	母糟	6	新鲜、无霉味
大曲粉	2	—	新黄土	5	新鲜、无杂物
酒尾	5	—	热水	50	80℃以上
黄水	15.5	发酵正常的池底			

（二）三级扩培

原成都全兴酒厂的老窖泥制作采用如下工艺。

1. 一级培养（单位为 g/100mL）

NaAc 0.5%，K_2HPO_4 0.04%，酵母膏 0.1%，$CaCO_3$ 1%（接种时添加，正常灭菌），$MgSO_4$ 0.02%，$(NH_4)_2SO_4$ 0.05%，C_2H_5OH 2%，pH6.8~7.0。配制成 500mL，接入 50g 老窖泥，30~37℃ 培养 70d。

2. 二级培养（单位为 g/100mL）

小麦粉 1%，高粱粉 0.5%，（NH₄）₂SO₄ 0.5%，酒糟浸液 25%，pH6.8~7.0，接种时添加 C₂H₅OH 2%（体积分数），黄水 1.5%~2%。灭菌后，装入 1000mL 玻璃瓶内，接种量 5%~10%，30~37℃培养 70d。

3. 三级培养

培养基同二级培养基。灭菌，装入 400kg 陶罐内，接种量 5%~10%，用灭菌纱布，油纸密封，30~37℃培养 150d。

4. 人工培养窖泥

黄土泥 9000kg，窖皮泥 1000kg，粮糟 125kg，酒糟 125kg，黄水 142kg，曲药 50kg，酒尾 100kg，己酸菌培养液 100~150kg，塑料布密封，34℃培养 70d。

（三）泸州老窖酒厂培养方法

1966 年前后，泸州老窖酒厂采用以下方式生产人工窖泥。

1. 己酸菌、丁酸菌培养（单位：g/100mL）

培养基：酵母膏 0.5%，K₂HPO₄ 0.5%，C₂H₅OH 1%，CaCO₃ 5%，MgSO₄ 0.02%，（NH₄）₂SO₄ 0.3%，1% Na₂S 溶液 1%；5% Na₂CO₃ 液 2%；FeSO₄ 0.005%；0.1MPa 灭菌 20~30min，加入 3%~5% 老窖泥（经 80℃处理 10min），最后加入乙醇、Na₂S 液、CaCO₃，调 pH6.8~7.0，31~33℃培养 4~70d。

2. 扩大培养

10kg 泥，加入曲粉 3%，烂梨或苹果 10%，酒尾 1%，黄水适量（渗透为准），过磷酸钙 1.5%，尿素 1.2%，接种液 5%，保温培养 50d。

3. 人工窖泥

生黄泥 77.53%，腐殖质 1.5%~3%，麦曲 0.89%，热黄水 17%~18%，老窖泥培养液 1.49%，酒尾 0.44%，堆积或窖内发酵 15d。

（四）泸州老窖酒厂窖泥老熟配方

按表 8-9 配制好，拌匀，装入池口盖好，用黄泥封面，在窖内发酵 1 个月。温度可增高 7~13℃。人工培养窖泥具有臭鸡蛋的硫化氢气味越浓越好。发酵成熟的香泥加入适量黄水及微量酒尾，抹于窖壁 15~20cm，窖底不少于 20cm。

表 8-9　　　　　　　　　　窖泥老熟配方 [16]

配料	质量/kg	占泥质量比/%	搭窖前补充/kg
老窖泥	1600	50	—
新窖泥	1600	50	—

续表

配料	质量/kg	占泥质量比/%	搭窖前补充/kg
黄水	200	6.25	250
曲粉	50	1.56	—
尿素	6	0.19	—
过磷酸钙	30	0.9	—
酒尾	—	—	15

（五）封窖泥制作人工窖泥

1. 封窖泥的培养

窖池满后，按原操作方法封窖。将原来新鲜的封窖泥加50%的黄泥，加入黄水踩制而成。

2. 培养泥的制备

（1）配料 干黄泥30%~40%，窖皮泥60%~70%，曲2.0%，尿素0.4%，过磷酸钙2.0%，黄水20%~30%，外加部分肠衣水。

（2）操作 过磷酸钙用60~70℃热水或大曲底锅水浸泡，泡后的浸液与上述原料混合，踩制发黏，用铁锨铲到已装好发酵糟窖泥上面作为封窖泥。封窖高度10~15cm。两三天后再用塑料布盖好、压平。下排，将此泥剥下，再加曲药5~7.5kg（大窖）、尿素1.5~3.5kg、过磷酸钙5~10kg，以及部分肠衣水。

用黄水或酒尾调节适当为止，以后照样反复培养1~3轮，到建窖时，就可全部用来搭新窖。

（3）己酸菌液的培养（共分四级） 一级配料成分：酵母膏0.5%，磷酸氢二钾0.4%，乙醇2%，碳酸钙0.5%，硫酸镁0.2%，硫酸铵0.05%，乙酸钠0.5%，调pH7，用自来水配制。装入500mL三角瓶中，0.15MPa杀菌30min，冷却至30~35℃，接入老窖泥2%，塞上排气管胶塞，密封培养5~6d备用，培养温度32~36℃。

二级培养基成分：丢糟浸出液30%，乙酸钠0.4%，磷酸氢二钾0.4%，酵母膏0.5%，碳酸钙0.3%，乙醇2%。调pH7，装入1000mL三角瓶内杀菌，接入一级种子，接种量10%~15%。密封，32~36℃培养5~6d。

三级培养基成分：丢糟浸出液30%，乙酸钠0.3%，酒尾5%，黄水10%，酵母膏0.3%，碳酸钙0.3%，乙醇2%。调pH7，杀菌后装入卡氏罐内，接种量15%。塞上带塞排气胶管封平，32~35℃培养5~6d。

四级扩大培养：丢糟浸出液30%，黄水3%，酒尾3%，乙醇2%，培养泥5%，曲药3%，黄泥5%。调pH7，杀菌后，装入陶罐内密封，接种量20%，35~37℃培养

6~10d。

（4）建新窖　将上述培养好的培养泥，按每一个新窖 3m³ 计算，加入尿素 3.5kg，过磷酸钙 5%~7.5%，曲药 15kg，再加入培养好的己酸菌液，用酒尾或黄水调节干湿合适为止，反复踩揉，涂在新窖窖壁上。窖壁采用楠竹钉钉好，厚度 7~9cm。

二、 人工窖泥培养过程中的物质变化

（一）培养过程中温度变化

人工窖泥在大池中发酵时，温度在前期处于上升阶段，从 15d 以后基本恒定，最高温度在 32~36℃。

（二）培养过程中代谢情况

以乙醇和乙酸为底物，梭菌 K-Ⅱ 的代谢见图 8-2。乙醇在发酵第 2 天即开始下降，而乙酸第 4 天开始下降。第 3 天开始己酸直线上升，说明已开始进行己酸合成阶段。丁酸前 4 天微有上升，为己酸合成奠定了基础，因其系中间产物，边生成边消耗，以至 4~10d 基本上维持平衡。从乙醇、乙酸与丁酸、己酸所形成的剪刀差，可以看出乙醇、乙酸是形成丁酸，尤其是己酸的物质基础[17]。

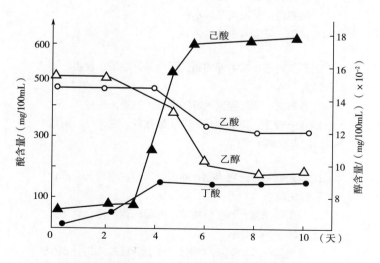

图 8-2　梭菌 L-Ⅱ 以乙醇和乙酸为底物的代谢过程[17]

（三）人工培养窖泥发酵前后的变化

人工窖泥发酵后，pH 下降，氨态氮、有效磷上升，细菌数上升（表 8-10）。

表8-10　　　　　　　　　　人工培养窖泥发酵前后的变化　　　　　　　　单位：mg/100g

阶段		pH	氨态氮	有效磷	细菌数/（个/g）
试验Ⅰ	发酵前	7.15	21.79	100.12	14×10^7
	发酵后	6.70	163.21	363.72	1166×10^7
试验Ⅱ	发酵前	6.21	43.52	153.67	9×10^7
	发酵后	4.90	193.68	539.24	914×10^7

三、 人工窖泥的质量标准

（一）感官评分标准

感官评分标准一般检查其色泽、气味以及手感。不少企业已经制定了人工窖泥标准（表8-11）。

表8-11　　　　　　　　　　人工窖泥感官标准[18]

项目	等级指标要求	分值
色泽（总分15分）	1. 灰褐、灰黑色，无投入原料本色	11~15
	2. 黄褐色，无投入原料本色	6~10
	3. 黄色，无投入原料本色	1~5
气味（总分55分）	1. 香气纯正，有浓郁的老窖泥气味，酯香、窖香、酒香混为一体	46~55
	2. 香气正，有老窖泥气味和酯香、酒香，较持久	36~45
	3. 香气较正，无其他异杂味（酸败味、生泥味、腐败味、腥臭味等）	20~35
手感（总分30分）	1. 柔熟细腻，无刺手感，断面无气泡、均匀无杂质、明显有黏稠感	21~30
	2. 较柔熟细腻，刺手感微弱，断面稍有气泡，均匀无杂质，有一定黏稠感	11~20
	3. 柔熟感一般，刺手感明显，断面死板较均匀，有少许杂质，微带黏稠性	5~10

（二）理化微生物评分标准

除了感官标准外，尚需进行理化与微生物指标的检测，并进行综合判断（表8-12）。

表 8-12　　　　　　　　　　人工窖泥理化微生物评分标准[18]

项目	指标范围	分值	项目	指标范围	分值
水分/%	38~42	0	有效磷/	>180	1
	>42 或 <38 时	-4	(mg/100g 干土)	100~180	0
				<100	-3
氨态氮/	>140	2	细菌/	≥2.0	0
(mg/100g 干土)	110~140	0	(×10⁹个/g)	<2.0	-2
	<110	-4~-2			
腐殖质/%	>14	3~5	芽孢杆菌数/	>50	7~10
	11~14	0	(×10⁴个/g)	35~50	2
	9~11（不含11）	-4		25~35（不含35）	0
	<9	-7		<25	-5~-8

（三）判定标准

取理化和感官得分之和（综合得分）。综合得分 ≥ 80，为一等；65~80，为二等；< 65，为三等，不得投入使用。

第四节　老窖泥的主要成分与微生物

一、老窖泥与一般泥土的区别

老窖泥与一般泥土的区别主要有感官与理化分析两个方面，无论是感官还是理化指标，这两种泥有巨大的区别（表8-13）。

表 8-13　　　　　　　　　老窖泥与一般泥土感官与理化的区别

取样	色泽	手感	嗅觉	全氮/%	速效磷/%	速效钾/%	pH	腐殖质	脂肪
老窖泥	黑褐色	柔软细腻	特殊香气	0.309	0.275	0.24	5.9	4.009	1.09
一般泥土	黄灰色	粗糙刿手	土腥气	0.044	0.0065	0.0126	8.4	0.81	0

二、 不同等级与窖龄老窖窖泥成分

（一）不同等级老窖窖泥成分

不同等级老窖泥的成分是不同的。等级好的窖泥其总酸、总酯、有效磷、气态氮、腐殖质、水分含量均较高，其细菌总数也高（表8-14）。

表8-14　　　　　　　　泸州老窖不同窖池的窖泥成分分析　　　　单位：mg/100mL

项目	总酸	总酯	有效磷	氨态氮	腐殖质	水分/%	细菌数（×10^7个/g）
特曲窖泥	1.44~2.0	0.79~1.2	310~340	150~300	10~18	53~70	1630
二曲窖泥	1.10~1.0	0.54~0.9	112~138	140~250	7~13	49~56	1450
人工窖泥	0.29~0.85	0.36~0.50	120~220	70~120	4.6~6.4	29~40	960

（二）不同窖龄的老窖窖泥成分

老窖泥与新窖泥的成分具有明显的不同。老窖泥中含有更多的速效磷、铵态氮、腐殖质以及总酸和总酯（表8-15）。

表8-15　　　　　　　　　　不同窖龄老窖窖泥成分

取样	总酸[a]	总酯[a]	速效磷[b]	铵态氮[b]	腐殖质[a]	细菌数[c]
百年特曲窖泥	1~1.35	0.29~1.32	881~1421	274~376	7.5~15.2	1050~1070
近百年特曲窖泥	0.96~1.35	0.26~1.23	512~909	122~366	7.5~13.4	400~1150
时间长的头曲窖泥	0.61~1.06	0.25~0.88	288~880	174~270	7.5~10.6	980~485
较长时间的头曲窖泥	0.41~0.95	0.29~0.45	273~550	62.8~270	5.5~10.3	300~880
人工窖泥	0.2~0.95	0.09~0.30	172~664	60.8~324	5.5~10.1	99~990
发酵泥	0.085~0.49	0.015~0.187	93.4~257	43.2~244	2.24~3.39	885~54
生黄泥			0.98~2.60	4.6~11.9	0.35~1.2	
白黏土泥			0~1.33	1.57~7.9	0.23~0.85	

注：a，b：单位：g/100g 干土；c：单位：10^8/g 干土。

百年老窖和使用仅数年的人工老窖泥中各种氨基酸含量一般在2%~10%，比土壤中氨基酸含量高数倍至数十倍。同一配方的人工培养窖泥与百年老窖泥一样，其氨基酸含量随上层、中层、下层的次序增加，酒中总酯和己酸己酯含量亦随上、中、下层顺序而增加。

百年老窖比一般曲酒窖和人工老窖含有较多的锌、锰、钙、镁、钼、钛等元素，铁、铝、钙、镁、锰、铜、锌、钛、硼、速效磷等元素在不同窖泥中差异较大。硅、镍、钴、铬、镓、铜、矾、铅、镉等，可视为非主要影响元素。

三、　老窖不同部位窖泥的成分

（一）腐殖质

浓香型白酒的主体香是己酸乙酯，己酸是己酸细菌的代谢产物，己酸菌的发育繁殖需要多种化合物、矿物质养分、生物素等。腐殖质是土壤微生物分解有机物质的产物，在窖泥中起着重要作用，能改善窖泥的物理性状，缓慢地提供养分与能源，能促进己酸菌等持续发育，并能起到增强作用。

就腐殖质分析结果可以看出，含量：表层＞中层＞深层，池底＞池壁。两壁各层腐殖质数量变化大，比例差大，池底表层与中层变化小，而深层变化大（表8-16）。

表8-16　　　　　　　　　同一老窖不同部位窖泥成分分析

编号	深度/ cm	部位	有机碳/%	腐殖质/%	全氮/%	全磷/%	速效磷/ (mg/100g)	碱解氮/ (mg/100g)	水分/%	pH	原水分/%
111	0～3	东壁	2.771	4.766	0.5626	3.22	413.19	106.0	4.14	7.14	21.2
112	3～10	东壁	1.615	2.778	0.2819	0.465	304.10	53.6	3.32	8.10	18.15
113	10～20	东壁	1.042	1.792	0.2111	0.417	122.53	59.6	4.02	8.49	18.26
121	0～3	西壁	2.897	4.987	0.5678	2.95	322.09	124.0	3.40	6.72	26.36
122	3～10	西壁	1.577	2.714	0.3195	0.508	101.62	59.3	3.56	7.90	21.58
123	10～20	西壁	1.212	2.085	0.2496	0.247	10.29	55.4	2.86	8.51	17.73
131	0～3	底部	3.798	6.533	0.7384	2.72	520.70	106.2	4.36	6.80	34.94
132	3～10	底部	3.592	6.178	0.7308	3.72	468.75	127.1	4.64	7.06	30.85
133	10～20	底部	1.073	1.846	0.4207	3.28	384.62	112.2	4.04	8.26	28.26
封窖泥	—	—	4.834	8.218	0.5621	0.342	39.60	81.38	4.06	6.90	42.99

（二）氮和磷

氮和磷都是微生物繁殖发酵必不可少的物质，它的含量高低在一定程度上标志着微生物繁殖发酵和代谢的旺盛程度。

从测定的结果可以看出，变化规律性鲜明：表层＞中层＞深层，池底＞池壁。

（三）速效磷与碱解氮

速效磷与碱解氮可以直接被微生物利用。细菌干物质中蛋白质占 50%～80%，核酸占 10%～20%，它们都是氮磷的化合物。分析结果表明，基本上还是表层＞中层＞深层，池底＞池壁。

（四）窖泥原水分

窖泥原水分系采集样品时当即测出的水分，也有相同的规律性，池底有淋浆水，并明显高于池壁。

（五）黄黏土与窖泥对比

原黄黏土各项分析数据均低于窖泥很多。

四、窖泥酶活性分析

窖泥酶活性见表 8-17。

表 8-17 　　　　　　　　　窖泥酶活性分析

编号	深度/cm	部位	酸性磷酸酶[a]	中性磷酸酶[a]	碱性磷酸酶[a]	蔗糖酶[b]	脲酶[c]	蛋白酶[d]	过氧化氢酶[e]
111	0～3	南厂	0.99	0.44	1.52	12.5	1.41	19.19	4.06
112	3～10	南厂	0.83	0.53	0.66	9.9	0.57	16.74	4.45
113	10～20	南厂	0.41	0.40	0.56	13.5	0.41	8.84	4.54
121	0～3	南厂	1.18	0.31	1.47	17.4	1.09	18.65	3.84
122	3～10	南厂	0.56	0.21	0.60	15.0	0.65	16.91	4.42
123	10～20	南厂	0.39	0.10	0.66	13.0	0.46	11.88	4.49
131	0～3	南厂	0.88	0.31	1.14	17.0	1.45	19.76	4.09
132	3～10	南厂	0.92	0.10	1.24	14.0	1.55	18.62	4.11
133	10～20	南厂	0.54	0.00	0.90	14.25	0.73	16.91	3.93
140	封窖泥	南厂	1.89	0.63	1.62	15.6	1.13	19.19	4.45
211	0～3	北厂	1.17	0.55	1.19	9.0	0.94	21.28	4.45
212	3～10	北厂	0.45	0.40	2.18	9.9	0.56	11.21	4.56
213	10～20	北厂	0.59	0.40	0.87	9.0	0.45	10.45	4.58
221	0～3	北厂	1.09	0.75	1.59	9.0	0.44	18.29	9.47

续表

编号	深度/cm	部位	酸性磷酸酶[a]	中性磷酸酶[a]	碱性磷酸酶[a]	蔗糖酶[b]	脲酶[c]	蛋白酶[d]	过氧化氢酶[e]
222	3~10	北厂	0.68	0.26	1.76	9.0	0.60	11.21	4.58
223	10~20	北厂	0.49	0.33	0.60	9.0	0.40	9.69	4.58
231	0~3	北厂	1.34	0.26	1.71	9.0	1.21	17.29	4.18
232	3~10	北厂	0.82	0.21	1.18	14.3	0.88	15.96	4.48
233	10~20	北厂	0.74	0.10	0.75	13.0	0.90	15.96	4.47
240	封窖泥	北厂	2.19	0.92	3.66	55.0	0.69	23.75	4.42
250	黄黏土	北厂	0.24	0.20	0.31	9.0	0.29	3.80	4.65

注：a：酚 mg/g；b：葡萄糖 mg/g；c：氨态氮 mg/g；d：氨态氮 mg/10g；e：0.1mol/L KMnO$_4$ mg/g。

（一）磷酸酶

从各种磷酸酶活性分析的结果可以看出，酸性磷酸酶与碱性磷酸酶的酶活性变化明显，变化规律与现在分析结果是相符的，表层＞中层＞深层，池层＞两壁。中性磷酸酶活性变化规律相同，但明显偏低；这可能是表层速效磷含量高，所以引起反馈作用，致使中性磷酸酶不甚活跃的结果。窖泥表层速效磷含量高，主要来源不是中性磷酸酶的酶解作用，而是酒醅中的磷渗透到窖泥表层，它提供了窖泥微生物繁殖发酵的磷源。

（二）蛋白酶

蛋白酶活性可以表明蛋白质分解能力的强弱，对微生物的氮源供应有直接关系。一般是表层＞中层＞深层，池底＞池壁。

（三）脲酶

脲酶活性的变化规律性同前述是一致的，人工老熟窖泥发酵过程中虽未加入尿素，但在一定条件下，能（生物）合成尿素，故脲酶有一定的酶活性。

（四）过氧化氢酶

过氧化氢酶活性与前者所述的规律相反：表层＜中层＜深层。若在有氧条件下可以产生过氧化氢，它对微生物繁殖代谢是不利的。所以诱导产生过氧化氢酶以分解过氧化氢。己酸细菌是在嫌气条件下繁殖发酵的，生成过氧化氢的可能性很小，因之呈现相反的规律性。

（五）蔗糖酶

蔗糖酶活性不高，规律不太明显。己酸菌的碳源是乙醇与醋酸，在窖泥中蔗糖含量极少，蔗糖酶活性低。

从以上总的情况看来，用测定窖泥酶活性的方法，可以用来评定窖泥质量的优劣。三种磷酸酶活性、蛋白酶活性、脲酶活性与理化分析的规律性是一致的，酶活性高表明窖泥质量好，能够生产出好的浓香型酒。过氧化氢酶活性与己酸细菌发酵旺盛程度呈负相关性。己酸细菌发酵越旺盛则酶活性越低。

五、　窖泥中微生物

（一）窖泥中微生物群落

窖泥微生态系统是由厌氧异养菌、甲烷菌、己酸菌、乳酸菌、硫酸盐还原菌和硝酸盐还原菌等多种微生物组成的微生物共生群落系统。在该微生物群落中随窖池层次分布顺序的不同和窖泥化学生态的不同，菌类菌种呈现明显的区别。浓香型白酒的固态发酵过程就是一个典型的微生态群落的演替过程和各菌种间的共生、共酵、代谢调控过程。该过程不但对微生态群落中的菌种演替具有反馈抑制作用，而且直接影响白酒的产量和质量[15]。

不同窖龄窖泥厌氧微生物数量分布存在以下特点：

1. 厌氧异养菌

老窖泥中的厌氧异养菌数量明显多于新窖泥，一般随窖池上、中、下层顺序而递增。

2. 甲烷菌

老窖泥中的甲烷菌数量随窖池上、中、下层顺序而递增，而新窖泥中未测出甲烷菌。

窖泥中观察到多种甲烷菌，其形态有长杆菌、小球菌、八叠球菌。产甲烷菌以CO_2、乙醇、乙酸、甲醇、甲酸为直接原料，生成甲烷。其中以CO_2为直接原料生成甲烷时，CO_2逐步被还原，在此过程中，辅酶 M 起着重要作用。甲烷菌缺乏铁氧还原蛋白，含有辅酶 F420 物质，此物质在电子传递中起一定作用，在紫外线下发出荧光，不存在其他厌氧细菌所具备的细胞色素 b、c 系统。甲烷菌和硝酸盐还原菌在窖泥中均具有解除产酸菌的氢抑制现象[19]。

3. 己酸菌

老窖泥中的己酸菌明显多于新窖，并随窖池上、中、下层顺序而递增。从浓香型白酒厂中分离出的己酸菌，发酵乙醇和乙酸盐，产生己酸、丁酸及少量乙酸；发酵葡萄糖产微量己酸，与巴克己酸菌不同。但是，不管哪一类己酸菌，窖泥中的多种有机酸代谢过程中产生氢，存在着微生物代谢控制的底物抑制现象。

4. 乳酸菌

新、老窖泥中的乳酸菌数量分布无明显规律性。

5. 硫酸盐还原菌

除4号窖外，老窖泥中硫酸盐还原菌数量多于新窖泥。硫酸盐还原菌在代谢过程中，只消耗乳酸，而窖泥在老化过程中出现白色晶体物质，经分析为乳酸亚铁及乳酸钙。硫酸盐还原菌能减少窖泥中微生物产生的乳酸以及营养物质——黄浆水中的乳酸，防止窖泥中乳酸积累，减缓乳酸亚铁及乳酸钙的产生。故此窖泥中硫酸盐还原菌的种类及数量是衡量窖泥是否老化的重要指标。

6. 硝酸盐还原菌

新老窖泥中存在一定数量的硝酸盐还原菌。硝酸盐还原菌如大肠杆菌，只能将硝酸盐还原为亚硝酸盐；而另外一些菌，如地衣芽孢杆菌还能进一步将亚硝酸盐还原为一氧化氮、一氧化二氮和氮气。有机物氧化时产生的 NADH 和 $FADH_2$ 中的氢，通过硝酸盐还原菌的电子呼吸链，将电子传递给硝酸根、亚硝酸根、一氧化氮和氮气，使相应的化学物质还原，最后都还原为氮。这就是窖池中氮气的来源。

表 8–18　　五粮液不同窖龄老窖厌氧菌群分布特征[15, 19-20]　　单位：个/g 干土

窖龄	层次	厌氧异养菌	甲烷菌	己酸菌	乳酸菌	硫酸盐还原菌	硝酸盐还原菌
100 年	上层	2.76×10^4	3.40×10^2	4.00×10^4	2.10×10^5	8.10×10^5	9.30×10^2
	中层	1.33×10^4	1.60×10^3	1.90×10^4	（混样）	8.90×10^5	6.10×10
	下层	7.57×10^4	3.80×10^3	1.90×10^4	—	2.00×10^4	5.20×10
200 年	上层	1.10×10^4	0.00×10	0.00×10^4	1.24×10^4	9.30×10^2	2.10×10^2
	中层	1.70×10^6	6.19×10^2	4.50×10^4	6.00×10^6	4.40×10^2	6.20×10^2
	下层	6.19×10^6	—	6.50×10^4	1.30×10^5	3.90×10^4	3.80×10^3
300 年	上层	1.38×10^6	0.00×10	6.41×10^4	2.00×10^8	2.00×10^5	8.60×10
	中层	3.62×10^5	1.30×10^2	7.24×10^4	8.90×10^7	8.00×10^4	8.60×10^3
	下层	3.97×10^5	2.50×10^5	7.94×10^4	1.40×10^7	3.40×10^4	3.30×10^3
400 年	上层	4.48×10^4	1.30×10	1.20×10^2	8.70×10^5	7.90×10^6	7.20×10^3
	中层	8.59×10^6	8.35×10^3	1.88×10^4	2.00×10^4	1.90×10^6	7.60×10^4
	下层	4.88×10^6	1.71×10^4	8.10×10^4	3.00×10	2.30×10^5	9.00×10^4

续表

窖龄	层次	厌氧异养菌	甲烷菌	己酸菌	乳酸菌	硫酸盐还原菌	硝酸盐还原菌
500年	上层	3.67×10^3	0.30×10	1.30×10	5.13×10^5	2.30×10^3	1.80×10^6
	中层	1.14×10^6	2.03×10^3	4.50×10^2	1.02×10^6	3.18×10^5	1.00×10^7
	下层	2.64×10^6	5.74×10^4	9.88×10^5	3.17×10^9	5.80×10^5	1.20×10^3
2年（新窖）	上层	4.40×10^3	0.00×10	6.20×10	2.00×10^8	6.50×10^5	2.01×10^4
	中层	3.90×10^3	0.00×10	1.10×10^2	1.10×10^5	1.44×10^3	7.50×10^2
	下层	4.38×10^3	0.00×10	2.00×10^3	1.30×10^7	1.20×10^3	1.49×10^3

（二）酒醅入窖后窖泥中微生物的构成及数量变化

1. 好氧性细菌

好氧性细菌是上层窖泥多于中层窖泥，中层窖泥多于下层窖泥（表8-19）。

表8-19　　　　　　　　酒醅入窖后好氧性细菌数量变化　　　　　　单位：个/g 酒醅

发酵时间	上层/（×10⁴）	中层/（×10⁴）	下层/（×10⁴）
入窖	18.20	8.47	5.78
发酵3d	21.36	10.35	7.85
发酵8d	6.47	3.21	1.98
发酵15d	4.88	2.02	1.02
发酵30d	2.98	0.88	0.04
发酵50d	2.35	0.86	0.05

注：上层：距窖帽20cm；下层高于窖底20~30cm；中层在上层和下层的中点；取窖壁1cm内的窖泥，稀释平板计数。

2. 厌氧性细菌

窖泥中厌氧性细菌是下层多于中层，中层多于上层（表8-20）。

表8-20　　　　　　　　酒醅入窖后厌氧性细菌变化　　　　　　单位：个/g 酒醅

发酵时间	上层/（×10⁴）	中层/（×10⁴）	下层/（×10⁴）
入窖	3.21	7.28	15.67
发酵3d	11.49	15.36	21.02
发酵8d	12.37	19.88	20.34
发酵15d	24.66	31.02	31.49

续表

发酵时间	上层/（×10^4）	中层/（×10^4）	下层/（×10^4）
发酵 30d	18.74	28.77	40.76
发酵 50d	30.68	38.62	41.32

六、 浓香型大曲酒窖池设计与建设

窖泥中栖息着众多的微生物群落，经过它们之间物理的、化学的和生化的作用，赋予了浓香型白酒香味——己酸乙酯为主体的香味物质。长期的生产实践证明，靠近窖底的酒醅馏出的酒优于中层醅，中层醅馏出的酒又优于上层醅；窖边醅馏出的酒与窖底醅质量相似。所以窖泥是产香的源地。因此，在设计窖池时，应使酒醅与窖泥以最大面积接触（尤其是与窖底泥），使产出的酒的质量更臻完美。

七、 人工老窖设计

（一）窖容与窖表面积

一般的泥窖为长方体，设长为 x，深为 y，宽为 z，则窖容：

$$V = xyz \tag{8-1}$$

窖池表面积：

$$S = 2xy + 2yz + xz \tag{8-2}$$

（$x > 0$，$y > 0$，$z > 0$，且 x、y、z 为正实数，单位：m）

传统理论认为，窖容 V 一定时，以立方体窖池的表面积最小（此时 $x = y = z$，$V = x^3$，$S = 5x^2$）。然而，运用高等数学工具得出的结论是：当窖池的长与宽相等，而深度为长（或宽）的一半时，窖池的表面积最小，即酒醅与窖泥的接触面积为最少。

在窖容 V 一定时，由式（8-1）、（8-2）得：

$$f(y, z) = S = 2\frac{V}{z} + 2yz + \frac{V}{y} \tag{8-3}$$

偏导数：

$$f_y = 2z - \frac{V}{y^2}，令 f_y = 0，则 2y^2z = V \tag{8-4}$$

$$f_z = -2\frac{V}{z^2} + 2y，令 f_z = 0，则 yz^2 = V \tag{8-5}$$

由上二式得：

$$z = \sqrt[3]{2V}；y = \frac{1}{2}\sqrt[3]{2V} \tag{8-6}$$

$$x = \sqrt[3]{2V} \tag{8-7}$$

由式（8-1）得：

又二阶偏导数：

$$f_{yy} = \frac{2V}{y^3} = A > 0, \quad f_{yz} = 2 = B, \quad f_{zz} = \frac{4V}{z^3}, \quad 则 \tag{8-8}$$

$$B^2 - 4AC = 4 - 2\frac{V}{y^3} \cdot \frac{4V}{z^3} = 4 - 16 = -12 < 0 \tag{8-9}$$

故 $f(y, z)$ 在点 $(\frac{1}{2}\sqrt[3]{2V}, \sqrt[3]{2V})$ 处有极小值。即当窖池长 $x = (2V)^{1/3}$，深 $y = (2V)^{1/3}/2$，宽 $z = (2V)^{1/3}$ 时，窖池表面积 S 有极小值，此时 $S = 3(3V^2)^{1/3}$。

现列出窖池的 V 和 S 的关系，见表 8-21。

表 8-21　　　　　　　　窖池体积 V 和窖池表面积 S 之间的关系

V/m^3	1	2	3	4	5	6	7	8	9	10
$x = z/\text{m}$	1.26	1.59	1.82	2.00	2.15	2.29	2.41	2.52	2.62	2.71
y/m	0.63	0.79	0.91	1.00	1.08	1.14	1.20	1.26	1.31	1.36
S/m^2	4.76	7.60	9.91	12.00	13.92	15.72	17.38	19.05	20.60	22.10
V/m^3	11	12	13	14	15	16	17	18	19	20
$x = z/\text{m}$	2.80	2.88	2.96	3.04	3.11	3.17	3.24	3.30	3.36	3.42
y/m	1.40	1.44	1.48	1.52	1.55	1.59	1.62	1.65	1.68	1.71
S/m^2	23.55	24.96	26.33	27.72	28.96	30.24	31.48	32.71	33.91	35.09

在新窖设计时，应避免应用上表中的数据。

目前，普遍用 A 值表示窖容与窖表面积的关系。A 值越大，产酒越好；反之，酒质越差。

$$A = \frac{S}{V} \tag{8-10}$$

式中　A——单位体积酒醅占有的窖池表面积，m^2/m^3

　　　S——窖池表面积，$2xy + 2yz + xz$，m^2

　　　V——窖泥总容积，m^3

将式（8-1）、（8-2）代入上式得：

$$A = \frac{2}{z} + \frac{2}{x} + \frac{1}{y} \tag{8-11}$$

该式说明 A 值与窖池的形状及大小有关。

当窖池为正方形时，$x = y = z$，则有：

$$V = x^3; \quad S = 5x^2; \quad A = 5/x \tag{8-12}$$

由上述式（8-10）、式（8-11）、式（8-12）列出 V-S-A 关系表，见表8-22。

表 8-22　　　　　　　窖容 V、窖表面积 S 及 A 值关系表

V/m^3	1	2	3	4	5	6	7	8	9	10
S/m^2	5.000	7.94	10.40	12.60	14.62	16.51	18.30	20.00	21.63	23.21
$A/(m^2/m^3)$	5.00	3.97	3.47	3.15	2.92	2.75	2.61	2.50	2.40	2.32
V/m^3	11	12	13	14	15	16	17	18	19	20
S/m^2	24.73	26.21	27.64	29.04	30.41	31.75	33.06	34.34	35.60	36.84
$A/(m^2/m^3)$	2.25	2.18	2.13	2.07	2.03	1.98	1.94	1.91	1.87	1.84

从表8-22可以看出，窖容越小，A 值越大，产酒越好。但在生产实践中，窖容 V 不能太小。

（二）窖容确定

窖容越小，A 值越大，产酒越好。在生产中，窖容与甑桶容积，与每组在一个班次中的甑数有关。传统的老五甑工艺是蒸馏五甑，有四甑入窖池内发酵。因此，窖容为甑容的 3~4 倍。

甑桶容积的大小，与每甑投料量和工艺相关。续糟发酵时（包括粮醅与回醅），每吨投粮所占的窖池容积为 10~12m^3。

（三）窖深确定

窖池深度与发酵池内的嫌气性、窖底面积以及生产方式等因素有关。

1. 发酵池内嫌气性

白酒发酵为厌氧发酵。窖池太浅，窖内过多氧气的存在对发酵产酯不利，因此，窖池不能过浅。发酵窖内的嫌气性与酒醅及稻壳用量有关，但酒醅与稻壳的比例与窖池大小无关。一般酒醅的密度为 $0.5 \times 10^3 \sim 0.8 \times 10^5 kg/m^3$，稻壳的密度为 $0.13 \times 10^3 kg/m^3$[21]。用壳量越大，酒醅越疏松，酒醅中氧气含量越多。但在装甑时，甑桶的体积不变。

2. 窖底面积

窖底醅产酒最好，因而窖底面积越大，产酒越好。在窖容一定时，窖底面积越大，窖池越浅；反之，窖池越深（但不成反比关系）。

3. 生产方式

目前，绝大部分浓香型大曲酒厂为手工生产。过深的窖池，势必给工人出池操作带来困难。机械化或半机械化生产的车间，窖池可以深一点。

综上三点，选取窖深为 1.6~2.0m 较为合适。既能满足嫌气性等一系列条件，亦有利于工人操作。一般地，手工操作的窖池，其实深为 1.6~1.8m 最佳；机械化或半机械

化操作的，窖深可为 2.0m。

（四）窖形确定

以窖容为 V（m^3，已知值），窖深为 1.8m 为例，确定窖形：$y = 1.8m$，则式（8-1）、式（8-2）可合为：

$$x = \frac{5V}{9z} \tag{8-13}$$

$$S = 3.6x + 3.6z + xz \tag{8-14}$$

由式（8-13），式（8-14）得：

$$f(z) = S = \frac{2V}{z} + 3.6z + \frac{5V}{9} \tag{8-15}$$

$$f(z)' = -\frac{2V}{z^2} + 3.6 = 0, \quad z = \frac{1}{3}\sqrt{5V}\ (m) \tag{8-16}$$

$$f(z)'' = \frac{4V}{z^3} \tag{8-17}$$

$$f''_{(z=\frac{1}{3}\sqrt{5V})} = \frac{108}{5\sqrt{5V}} > 0 \tag{8-18}$$

故当 $z = (5V)^{1/2}/3$ 时，S 有极小值。

此时，

$$x = \frac{\sqrt{5V}}{3}, \quad S_{min} = \frac{5V}{9} + 2.4\sqrt{5V} \tag{8-19}$$

下面以 $V = 8m^3$ 为例，对 $f(z)$ 式讨论（$x \neq z$），见表 8-23：

$$V = 8m^3, \quad x = z = 2.11m, \quad y = 1.8m, \quad 则 S_{min} = 19.62m^2$$

表 8-23　　　　　　　　　　x、y、z 和 S 之间的关系

z	x	z/x	S	$[(S - S_{min})/S_{min}] \times 100\%$
$z \to 0$	—	—	$S \to \infty$	—
0.1	44.4	1 : 444	160.8	720%
1.0	4.44	1 : 4.44	24.04	22.5%
1.2	3.70	1 : 3.08	22.09	12.6%
1.4	3.17	1 : 2.26	20.91	6.6%
1.6	2.78	1 : 1.74	20.20	3.0%
1.8	2.47	1 : 1.37	19.81	0.96%
2.0	2.22	1 : 1.11	19.64	0.10%
2.11	2.11	1 : 1.00	19.62	0

从表 8-23 可以看出，一边无限长，其窖表面积可以无限增大，但实际上，在生产上是不行的。宽度太小，不利于工人操作。一般地，取长宽比为 1 :（2.0~2.2）较合适。此时，既有利于操作，又能适当提高窖表面积。洋河酒厂，窖池的长、宽、深为 3.2m、1.6m、1.8m，窖容为 9.2m³，窖表面积为 22.4m²。实践证明，这样的窖形是切实可行的，能取得满意的效果（表 8-24）。

表 8-24　　　　　　窄长型窖池与宽型窖池产酒质量对比[22]

类型	一级酒			二级酒			综合出酒率/%
	总酸	总酯	己酸乙酯	总酸	总酯	己酸乙酯	
长窄型窖池	0.61	6.89	473	0.83	5.33	367	31.78%
宽型窖池	0.57	6.61	451	0.67	4.91	354	31.60%

注：己酸乙酯单位 mg/100mL，其他单位 g/L。

八、　人工老窖建设

（一）生产工艺及工艺参数的确定

在进行窖池设计之前，首先要确定所选用的生产工艺及工艺参数，即先工艺设计，后窖池设计[23]。

1. 生产工艺的选定

浓香型大曲酒的生产工艺有两大流派。一是川、贵一带流行的"本窖循环"和"跑窖循环"工艺；一是苏、鲁、皖、豫一带流行的传统"老五甑"工艺。选择工艺路线应结合当地的地理条件。一般说来，北方以"老五甑"工艺为主，以一个班次封一窖为佳。而南方或与川酒所在地气候相当的地方，以川酒工艺为最好。

2. 工艺参数的确定

确定工艺路线之后，要明确投料量、粮醅比、甑桶容积、发酵周期、生产班次等主要工艺参数。根据这些具体的工艺参数来确定窖池的净容积和窖池数量。比如，可以选定传统"老五甑"工艺，每一班次封一只池口，每组投料量，旺季为 750kg，淡季为 600kg，粮醅比旺季为 1 :（5~5.5），淡季为 1 :（5.5~6），甑桶容积为 2.4m，发酵周期为 40d，生产班次为三班次生产。

（二）窖池设计

1. 窖池净容积的确定

以"老五甑"工艺为例，窖池净容积为甑桶容积×4。

2. 窖形的确定

一般选择窖池净深为 1.6~1.8m，窖池净长与净宽的比例为 1：（2.0~22）。机械化或半机械化窖池净深度可取 2m，净长与净宽的比取 1：（1.8~2.0）。

3. 其他因素的影响

窖池建好后，窖底垫 20cm 左右发酵泥，则建窖时，实际深度应为净深加上 20cm；窖壁抹发酵泥的厚度一般为 5~10cm，则此时窖长应增加 10cm，宽相应增加 10cm。

为使窖壁的窖泥不易脱落，实际建窖时，一般是窖的上口稍大，底口稍小。一般地，上口的长与宽是在底口尺寸的基础上各加 20cm。

4. 窖池尺寸

考虑到以上多方面因素，窖池设计的尺寸应为（单位：cm）：上口长 = 净长+30；上口宽 = 净宽+30；底口长 = 净长+10；底口宽 = 净宽+10；深度 = 净深+20。

5. 窖池个数

$$每甑窖池数 = 发酵周期×生产班次×每班次每甑封池口数$$

（三）窖池尺寸

池口设计的参考数据：上口长 350cm，宽 190cm；下口长 330cm，宽 170cm；窖深 190cm。两池口之间的小埂宽 40cm；若为手工班生产，考虑到手推车的宽度，则应设大埂，大埂宽度为 120cm。

（四）建窖泥土的选择

不少工厂不注意建窖泥土的选择，从而造成窖池老熟慢；垫、涂的人工窖泥极易老化；日常生产中，产酒质量不高，或经过较长的时间才能产优质酒。不少厂家纷纷从人工窖泥上查找原因，或从工艺上查找原因，往往忽视开始建窖泥土的选择。

建窖选择泥土时必须考虑以下几个方面。

1. 土质应是黏性土壤

若黏性土壤中混合沙性土壤，是不行的。单单使用沙性土壤则根本不能筑窖。

2. 营养丰富

黏土中应含有丰富的有益微生物和大量的腐殖质，营养丰富，土质肥沃。土中应含有一定量的磷、钾，如磷、钾贫乏，则会影响到以后窖池产酒质量；而钙的过分丰富，可能会加速窖泥的老化。

一般说来，选择什么样的土质生产人工窖泥，那么这样的土质就可以用来建窖。

（五）合适的建窖地点

在建窖地点的选择上，应考虑以下因素：

1. 地下水位

若地下水位过低，往往造成窖中酒醅水分极易失去，不利发酵。窖泥极易干燥，易使窖泥板结，不利于产酒，不利于产量、质量的稳定提高。若地下水位过高，又使得窖泥的含水量过大，有可能造成土壤中的水大量进入酒醅中，从而使得发酵出现异常。因此，在建窖时，若地下水位过低，可将窖泥筑得深一点，避免窖泥失水；若地下水位过高时，应考虑半地下、半地上建窖，且在建窖之前，必须先建防水层，以防止土壤中的水进入窖池中。

2. 远离河道与排水沟

在经常发大水的地区应避免在发大水时水进入窖池，因此在地势高、洼，以及池口房墙壁的处理上应十分慎重。

远离排水沟。窖池周围不应有排污水的沟；如窖池周围有排水沟，应保持畅通，窖池周围的墙基内外均应加防水层，避免外部水进入窖池。

（六）投产前的工作

新窖建设的时间，最好安排在夏秋季。若过早建窖，夏季升缸，会造成种种不利。若冬季建窖，则窖池易受冻，往往升缸之后，窖池极易倒塌。夏秋季建窖，建好后立即投产，此时，正好进入生产的旺季，对窖池养护、产酒均有利。新窖建好后，必须立即投产（即升缸），不应长时间将窖池搁置不用。

传统老窖是自然形成的。在窖壁上钉入楠竹头制成的竹钉，钉长约 30cm，宽约 3cm，竹节向上，竹头缠苎麻丝，钉入发酵窖壁约 20cm，钉与钉间的距离约 20cm，上下行要串空钉，以形成角尖向上的三角形。另用发酵窖酒醅中的黄水，加在细腻、绵软、无夹沙的黄土里，踩柔后涂布在窖壁，厚约 10cm，窖底用净黄土夯实，厚约 30cm。新建的发酵窖经过七、八轮次后，黄土就由黄色变为乌黑色，约再经过一年半时间的发酵，又逐渐转变为乌白色，并由绵软变为脆硬。产品质量也随着时间的增长和泥质的转变而逐渐提高。这样再经过 20 余年，泥质又由脆硬而逐渐变得又碎（无黏性）又软，泥色由乌白转变为乌黑，并出现红绿等彩色，产生一种浓郁的香味，这就初步达到发酵老窖的标准。现在，新窖投产前，在窖池的内壁垫人工发酵泥。一般窖底垫 20cm，窖壁 5~10cm。值得注意的是，当天使用的池口应于当天垫涂人工发酵泥。绝不允许垫过人工发酵泥的窖池长时间不用，以免人工老窖泥置于空气中生霉。

九、 老窖与新窖酒质对比

老窖与新窖产酒品质是不同的。通过对新窖和老窖代表性酒样的色谱分析，可以发现：一是原酒质量一般随上、中、下层顺序递增，老窖酒质明显优于新窖。二是老窖酒体中四大酯（己酸乙酯、乙酸乙酯、丁酸乙酯和乳酸乙酯）含量协调。新窖酒的乳酸乙酯含量则大于己酸乙酯2~3倍，不满足浓香型优质酒主体成分比例的一般要求。

表8-25 老窖与新窖酒质分析 单位:mg/100mL

老窖窖号	层次	己酸乙酯	乳酸乙酯	异戊醇	丁酸乙酯	正丁醇	异丁醇	乙缩醛	正丙醇	乙酸乙酯	乙醛
18和26	上	103.2	196.8	53.17	18.94	9.74	14.16	30.96	24.29	142.9	26.13
	中	207.3	227.2	116.2	22.18	5.11	3.93	22.24	7.27	106.5	18.29
	下	374.7	244.0	66.36	23.58	7.70	15.06	36.97	14.56	106.0	17.90
	平均	224.3	222.6	56.22	21.57	7.58	11.75	24.34	14.88	118.5	20.99
20和22	上	140.0	113.1	35.74	16.26	25.52	3.88	22.32	9.58	76.91	44.11
	中	187.3	129.0	37.13	43.79	5.24	6.22	43.66	8.52	157.3	57.14
	下	359.3	222.9	45.08	22.66	4.83	19.55	35.56	13.38	128.1	27.29
	平均	246.3	155.0	43.07	27.57	16.24	9.40	36.12	11.32	120.5	45.44
21	上	187.0	117.7	33.15	28.35	3.51	3.94	13.41	8.89	116.8	57.09
	中	191.3	142.4	22.09	34.19	7.05	2.81	10.58	5.84	66.47	54.78
	下	299.1	248.4	10.47	61.99	42.14	1.80	41.83	12.78	154.6	18.16
	平均	216.5	159.3	33.44	38.86	14.39	2.98	15.75	6.59	107.1	46.60
新窖1	混样	93.83	296.9	63.41	7.23	4.43	2.84	20.31	9.95	81.53	15.62
新窖2	混样	97.29	215.4	29.64	25.67	20.49	4.95	32.67	20.41	105.4	15.91

十、 人工老窖保养

老窖建成后，应辅以良好的酒醅发酵工艺，还应采用正确的保养办法。

（1）出窖后，把窖底、窖壁打扫干净；若窖壁上段因封窖不严而长霉，要彻底清除刷去。

（2）用30%vol以下的酒尾均匀地喷洒于窖壁和窖底。

（3）撒上适量的大曲粉于窖底、窖壁。

对老熟较慢、产酒质量不够理想的人工老窖，可采用以下方法。

（1）窖底和窖壁下段的窖泥较干，出窖后可往窖内泼入适量热水（40~50℃），因为较好的老窖泥水分在40%以上。

（2）出窖后，往窖壁淋洒己酸培养液或黄水，以增加窖泥中己酸菌的数量。

（3）新建窖，如投产不久即发生龟裂或板结，是先天不足的表现。原因：窖泥没有培养成熟而急于投产，发酵期短，没有进行很好的保养，没有连续加入营养物质，培养窖泥时加入的有机物质投产后消耗多，补充少，出现产品质量开始好，后来差，而且逐排下降的现象。此时，最好的方法是把窖壁和窖底的培养泥全部剥下，重新贴上培养成熟的优质香泥，此为解决问题的根本方法。

第五节 人工窖泥退化及更新

人工退化的主要原因有：①窖泥配料不当，使己酸菌生长所需碳氮比例失调或环境不适而逐渐减少，以致退化。②窖池防渗效果差，以及操作不当，造成水分及部分营养成分流失，不利于己酸菌生长繁殖。③工艺条件控制不合理，造成酒醅酸度过高或酒醅水分偏小，发酵不正常，窖池底部淋浆少，窖泥缺水。④窖池管理不善，造成池边裂口，感染大量杂菌，造成大量的酸生成，破坏窖池内酸碱平衡状态。

一、优质老窖泥与退化窖泥

几个酒厂优质窖泥与退化窖泥的感官指标见表8-26。

表8-26　　　　　　　　　　　　退化窖泥感官指标

	优质老窖泥	退化窖泥	一般土壤
色泽	黑褐色，或乌黑，在阳光照射下五光十色	浅灰黄，有白色盐层，有白色晶状物	黄灰色
手感	湿润，柔软，润滑，油滑	干燥、沙粒、板结、坚硬	粗糙刿手
嗅觉	特殊的浓郁香味	有甜丝气味，缺少香味	土腥气
镜检	杆菌、梭菌多，健壮	杆菌、梭菌少，瘦弱	几乎无杆菌

由于没有统一的窖泥检测标准，因此各企业测定窖泥理化指标时，没有统一的指标。现列出几个酒厂优质窖泥与退化窖泥理化指标，如表8-27所示。从指标与经验来看，如出现下列现象就可能会出现老化或老化的前兆。

表8-27　　　　　　　某企业优质窖泥与退化窖泥理化指标[24]

泥别	水分/%	pH	氮/(mg/100g)	磷/(mg/L)	钾/%	腐殖质/%	己酸菌/(×10⁴个/g 酒醅)	放线菌/(×10⁴个/g 酒醅)	酵母/(×10⁴个/g 酒醅)
旺盛窖泥1	42	6.7	276	1900	0.40	11.25	633	139.5	7.5
旺盛窖泥2	47	6.5	196.2	800	0.96	11.9	705	51.5	7.5
旺盛窖泥3	44	6.7	140.7	480	0.59	9.38	965	41.6	600

续表

泥别	水分/%	pH	氮/（mg/100g）	磷/（mg/L）	钾/%	腐殖质/%	己酸菌/（×10⁴个/g酒醅）	放线菌/（×10⁴个/g酒醅）	酵母/（×10⁴个/g酒醅）
老化窖泥1	36	5.1	89.4	150	0.02	5.6	270	7.6	251
老化窖泥2	31	3.5	61	2000	0.04	1.88	56	7.1	0.53
老化窖泥3	36	5.6	114.8	5000	0.48	4.6	50	12.4	29.85

一是水分严重不足，可能是由于窖泥老化变硬，不能保住水分所致；二是窖泥的 pH 偏低；三是营养成分枯竭，窖泥功能菌数量不足。

二、 窖泥退化前后产品质量情况

窖泥退化后，所产酒质感官和理化质量均下降，见表 8-28。

表 8-28　　　　　优质窖泥与退化窖泥产酒质量对比[24]　　　　　单位：g/L

分组	窖泥感官质量	成分		
		总酸	总酯	己酸乙酯
优质池	浓郁芳香、味甘、纯正	0.1894	0.5137	1.60
退化池	香淡味薄	0.1072	0.3721	0.55

三、 窖泥中白色团块和白色晶体研究

1978 年，黑龙江省轻工研究所对窖泥中的结晶物质进行了定性试验。结晶物质在显微镜下呈不规则长方形，有光泽，遇空气氧化后变成灰黄色。溶解于水呈微酸性，易溶于无机酸并呈黄色，几乎不溶于有机溶剂。测定了硫酸根、磷酸根及乳酸，其中主要是乳酸。结晶物质经过红外光谱法测定，据其特征吸收峰，判定为乳酸铁和乳酸钙盐的混合物，其中大部分为乳酸亚铁。此结果得到 1978 年茅台试点的验证[1, 24]。

经对四川某些酒厂的白色团块及白色结晶进行分析（熔点、显微照相、X 光能谱仪、红外分光光度计、高压液相色谱仪和化学分析），证明白色团块和白色晶体并非一类化合物，白色团块为乳酸钙，白色晶体为乳酸铁。凡压窖久、养窖不良、酒质低劣的窖均有白色团块和白色晶体[20]。

白色团块：钙占无机元素的 86.6%，乳酸占有机酸的 65.6%，其乳酸钙含量为 73.4%。

白色晶体：铁占无机元素的 64.3%~83.1%，乳酸占有机酸的 75.11%，其乳酸铁

含量为 67.6%。

四、 乳酸钙、乳酸铁对己酸菌的繁殖及代谢产物的影响

培养基中只要有微量乳酸铁及乳酸钙，则活菌数有明显下降，且乳酸钙的危害性比乳酸铁要大。当乳酸铁及乳酸钙在 0.025% 极微量情况下，其己酸产量反而高于空白。这一结果与巴克尔培养基中添加微量铁、钙的结果一致。当乳酸铁、乳酸钙增加到 0.05%~0.10% 时，与空白产生的己酸量无多大出入。当乳酸铁、乳酸钙超过 0.5%~1.0% 时，则活菌数、己酸产量明显下降。

表 8-29　　不同添加量乳酸钙与乳酸铁对窖泥产酸及活菌数影响[25]

添加量/%	0	0.025	0.05	0.1	0.5	1.0
加乳酸铁产己酸量/（mg/L）	2780	3274	3066	2576	2471	2412
加乳酸钙产己酸量/（mg/L）	2508	2736	2526	2219	1736	1491
加乳酸铁活菌数/（×10⁸）	19.7	15.5	14	8.25	10	9.5
加乳酸钙活菌数/（×10⁸）	19.7	13	12.7	12	10	6.3

注：原文献没有标注菌数单位。

五、 退化窖复壮处理

（一）除窖泥法

出完酒醅，扫干净窖，窖的壁及底均铲除表面退化窖泥一层，泼入 20%vol 左右的酒尾 10kg，使其充分渗入窖泥；再将发酵后的窖泥掺入鲜糟少许，和拌成胶状，涂窖四壁 1~2cm，窖底重新垫入新发酵的香泥 10cm 以上，抹平磨光，即可投入生产。

（二）喷淋菌液法

将窖壁及底部铲干净，去掉表层退化窖泥，泼酒尾 10kg，每平方米淋己酸菌培养液 1000mL，窖底可预先挖松，每平方米加大曲粉 1kg，拌匀，踩平即可使用。

（三）糟水浸泡法

退化严重的窖，将窖底涂翻 30cm。开始有小气泡，3d 后有大气泡。要继续保持水位，7d 后达到发酵旺盛期，液面上下翻动，到 30d 用铁锹把窖底翻动一遍，使池内余

水吸收干净，再用培养好的香泥把窖池抹平，表面撒上曲粉 2kg，即可恢复生产。此法在夏季使用最好。

参考文献

［1］周恒刚.80 年代前己酸菌及窖泥培养的回顾［J］.酿酒科技，1997（4）：17-22.

［2］周恒刚.关于窖泥微生物（上）［J］.酿酒科技，1987（1）：2-6.

［3］吴衍庸，易伟庆.泸酒老窖己酸菌分离特性及产酸条件的研究［J］.食品与发酵工业，1986（5）：1-6.

［4］梁家骠，苏京军，程光胜，等.产己酸细菌的研究（Ⅱ）：克氏梭菌菌株 M2 的分离和特性［J］.酿酒科技，1994，65（5）：26-28.

［5］沈怡方.关于己酸菌的培养及其应用［J］.酿酒科技，1998（4）：15-23.

［6］薛堂荣，陈昭蓉，卢世衍，等.己酸菌 W1 的分离特性及产酸条件的研究［J］.食品与发酵工业，1988（4）：1-6.

［7］吴衍庸，薛堂荣，陈昭蓉，等.五粮液老窖厌氧菌群的分布及其作用的研究［J］.微生物学报，1991，31（4）：299-307.

［8］周恒刚.己酸菌孢子热处理［J］.酿酒科技，1997（5）：13-14.

［9］梁家骠，苏京军，程光胜.产己酸细菌的研究（Ⅳ）：产己酸细菌与产甲烷菌的混合培养［J］.微生物学通报，1996，23（5）：262-263.

［10］周恒刚.漫谈己酸菌与窖泥（上）［J］.酿酒，1998，126（3）：1-5.

［11］周恒刚.老窖泥讲座（四）第四节 泥对己酸菌的影响［J］.酿酒，1988（5）：59-63.

［12］刘复今，朱世瑛，张显科，等.己酸菌 L-Ⅱ菌株及其应用的研究［J］.黑龙江发酵，1979（3）：15-19.

［13］唐玉明，任道群，姚万春，等.泸州老窖窖泥化学成分差异的研究［J］.酿酒科技，2005，127（1）：45-49.

［14］李国红.浓香型大曲酒窖泥生产的研究（下）［J］.酿酒科技，1998，85（1）：32-36.

［15］胡承，应鸿，许德富，等.窖泥微生物群落的研究及其应用［J］.酿酒科技，2005，129（3）：34-38.

［16］沈怡方.白酒生产技术全书［M］.北京：中国轻工业出版社，1998.

［17］吴水清.梭状芽孢杆菌 L-Ⅱ基质范围的代谢研究［J］.酿酒科技，1993，58（4）：9-12.

［18］李家明，李家顺，何福金，等.人工窖泥质量标准的研究与应用［J］.酿酒科技，1994（4）：28-31.

［19］吴衍庸.中国传统酿造泸型酒微生物学研究［J］.酿酒科技，1993（5）：30-35.

［20］李大和.建国五十年来白酒生产技术的伟大成就（五）［J］.酿酒，1999，134（5）：24-27.

［21］吴建军，张江雄．浓香型白酒的配料与窖内升温［J］．食品与机械，2004，20（4）：12-15.

［22］李强．浅析北方浓香型白酒生产管理［J］．酿酒，2005，32（3）：33-34.

［23］吴家杰，范文来．浓香型大曲酒窖池的建设［J］．酿酒，1995，108（3）：6-9.

［24］李大和．窖泥的老化与保养［J］．酿酒科技，1993，59（5）：36-39.

［25］周恒刚．老窖泥讲座（六）第六节 窖泥的老化与防治（养窖）［J］．酿酒，1989（1）：47-31.

第九章

固态法白酒机械化酿造工艺

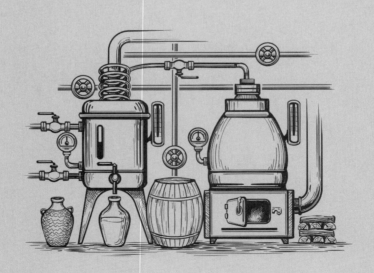

小曲清香型白酒[1]、大曲清香型白酒[2-3]和芝麻香型白酒已经全面实现机械化生产模式,浓香型大曲酒、酱香型大曲酒等香型白酒部分实现机械化[4]。目前,装甑、馏酒也已经实现机械化和自动化,并使用装甑机械装甑,自动接酒[5]。

第一节　固态法白酒机械化生产简史

白酒机械化是1949年以后开始实践的[6],在这之前,白酒生产全部是手工的,烧酒工人中间流传着"火烤胸前热,风吹背后寒。只知饮酒乐,哪知烧酒难。"[7]20世纪60~70年代,轻工部就把酿酒工种列为四级重体力劳动。酿酒工业虽属于轻工行业,但却是重体力劳动,有"轻工不轻"的说法。

20世纪50年代,第一个国家五年计划中,就提出"固态法白酒要走机械化的道路",机械设备开始应用到白酒酿造的多个环节,如粉碎机代替牲畜拉磨,鼓风机代替人工扬锨冷却,直火式蒸馏改为蒸汽蒸馏,锡质列管式冷却器代替了天锅等[7-9]。这些创新和改进得到一定的应用和推广,实现了手工作坊酿酒向工厂化酿酒的转变。

20世纪60年代,白酒酿造机械化进行了大量的探索,如大曲成型机、麸曲白酒机械化生产线、通风凉糟机、皮带输送机、行车抓斗用于出池和入池,吉林市酒厂开始试验固态连续蒸馏设备等[4, 7-8]。由于受到设备加工水平的制约,一些设备并不能满足工艺条件的要求[8, 10]。

20世纪70年代,唐山等地白酒连续蒸馏设备,因造成酒质下降而停止研制,转向研究转盘甑和机械手装甑的间隙蒸馏模式[8]。

20世纪80年代是以行车应用为依托的多工位旋转甑桶、行车(天车)抓斗、活动链板、通风式凉糟机等机械化装置在部分酒厂得到推广应用,标志着白酒酿造机械化的新阶段[6],标志性事件是1980年在洋河酒厂召开的全国白酒机械化设备选型会议[7-9]。此时期,日本实现了烧酎的全机械化生产。

20世纪90年代,白酒机械化处于停滞阶段,仅活动甑桶、行车得到推广应用。

白酒酿造机械化最大的难题是模拟人工操作,以满足蒸煮、出入池、上甑蒸馏等工艺参数要求[6]。

第二节　麸曲制曲机械化生产系统

白酒生产用小曲目前仍然以人工生产为主,但麸曲的生产已经全面实现机械化。麸曲主要用作生产芝麻香型白酒,通常要培养霉菌、酵母和细菌。霉菌主要产糖化酶和蛋白酶，酵母主要产酒精和酯类，而细菌通常认为能够产多种蛋白酶，并促进复杂香味成分的形成。

现将麸曲制作的一般工艺介绍如下。

一、 麸曲生产的一般工艺

（一）工艺流程

圆盘制曲机用于生产麸曲的生产工艺流程见图9-1，设备布置示意图见图9-2。

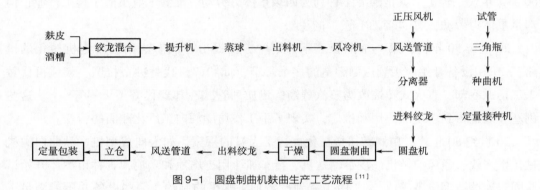

图9-1　圆盘制曲机麸曲生产工艺流程[11]

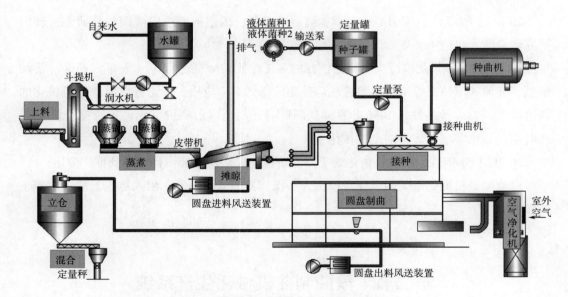

图9-2　圆盘制曲机麸曲生产装备布置示意图[11]

（二）种子曲培养系统

1. 固体培养方式

固体培养方式适合霉菌类的培养，通常采用种曲机培养（图9-3）。培养罐体为压力容器，主要由培养箱、托盘、风扇、温度传感器、喷雾调湿装置、供氧装置等组成。投料后，直接在罐内通入高压蒸汽，对培养基进行灭菌。灭菌后抽真空接种，接种后向培养罐输送无菌的水分和空气，充分补给湿度和氧气培养。循环水泵、蒸汽、风扇、空气管路等在培养时用于调温、调湿、调气，使罐内各指标控制在设定的范围内。

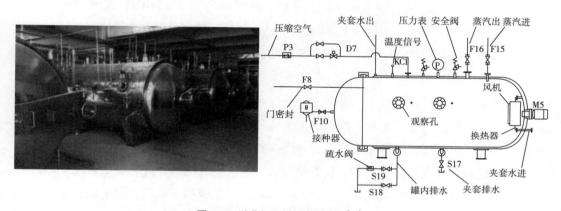

图9-3　种曲机及其结构示意图[12]

种曲培养机具有以下优点：①能保证无菌，从原料投放到种曲培育完成，均处在一个密闭的环境中，不易染菌。②自动化程度高，培养过程不需专人管理。③成熟种子杂菌少、孢子数多、酶活性高。④比常规方法大幅提高产品质量，提高生产效率，减轻劳动强度，改善劳动环境。

常用工艺参数：根据麸皮投料量，按90%比例加水润料30min，料层厚度≤20mm。蒸料灭菌时压力约0.15MPa，保压时间20~25min。接种风机频率40Hz，曲料温度35~38℃，气压表-0.04MPa。根据培养要求，设定自控培养参数。一般按时间段进行设置，培养温度30~33℃，最高不能超过33℃[12]。

操作要求：投料前先检查水管路、空气管路阀门是否畅通，进出汽、气、水的电磁阀是否正常，喷雾罐及蒸汽压力等生产设备、设施正常。按装料参数进行配料，蒸料灭菌。确认风机频率、曲料温度、气压表达到接种条件时进行接种。接种完毕后，调节喷雾水和喷雾汽使喷雾开启，按工艺在设置窗口设置好参数，再按"自动培养"进入全自动培养。培养过程中系统会对培养环境进行监测，依据设定值对空气压力、风机频率和培养温度、氧气含量进行调控[12]。

2. 液体培养方式

液态种子培养罐由三级种子罐组成，培养罐体为压力容器，可以直接灭菌。控温系统由循环水泵、热水罐、冷水罐、罐体夹套、蒸汽电控阀等冷、热水循环系统组成。运行时，开启搅拌电机和蒸汽阀门，先将培养基灭菌后再接种。种子接好后开启空气阀门，保持空气压力培养。一级罐培养结束后，加大空气压力，开启管道输送阀门，将一级种子罐的物料输送至二级种子罐中，继续培养。二级种子罐培养结束后，输送至三级种子罐中继续培养，直至培养结束。

工艺参数：压缩空气压力 0.2MPa，培养基的配方量不超过罐体全容积的 70%，罐内物料混合时转速保持 50~100r/min，蒸料灭菌时罐压为 0.15MPa，灭菌 20~30min。冷却时罐压为 0.03~0.06MPa。培养时空气压力 0.02~0.06MPa，搅拌机频率在 15~20Hz，细菌曲保持在 37℃，培养 48h；酵母曲保持在 30℃保温培养 24h，出料时罐压控制在 0.15~0.2MPa。

操作要求：投料前检查空气源、蒸汽源、水源、电源是否正常，发酵罐、过滤器、管路阀门等电器设施是否正常。按不同菌种所需的配比参数进行投料，投料结束后进行灭菌，灭菌结束后接种。种子接好后，封闭接种口。开启空气阀门，启动搅拌机，按工艺在设定好的参数进行保温培养。培养结束后，加大空气压力，开启管道输送阀门，将一级种子罐的物料输送至二级种子罐中，继续培养。二级种子罐培养结束后，输送至三级种子罐中继续培养，直至培养结束。

（三）蒸煮灭菌系统

物料蒸煮灭菌主要设备是蒸球、定量机、风冷机等。通过一组 4 个蒸球顺序进出料实现连续蒸煮灭菌功能（图 9-4）。在灭菌过程中，系统会对蒸球内的压力、温度进行调控。蒸料结束后，出料时风冷机对料温进行控制，确保料温达到要求的温度，同时定量机也会控制出料速度，物料在蒸煮灭菌后，运送到圆盘。

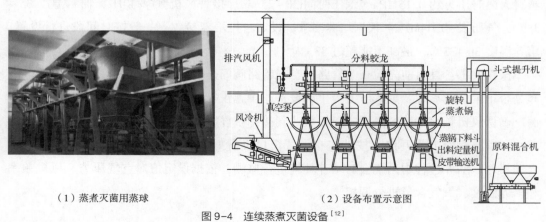

（1）蒸煮灭菌用蒸球　　　　　　　　　　（2）设备布置示意图

图 9-4　连续蒸煮灭菌设备[12]

　　工艺参数：麸皮用量根据蒸球容积确定，润料加水比例 80%，按不同季节适当调整，压力为 0.2MPa，时间 25~30min。

　　操作要求：蒸煮灭菌前先检查安全阀和压力表等设备是否正常，然后按所投菌种的种类进行投料，投料过程中，混料绞龙会对物料进行充分的混合，投料完毕后，盖上蒸球盖，按需再转动转锅润料，打开进汽阀，进行蒸料灭菌。通过 4 个圆盘的组合工作，保持蒸料灭菌的连续性。蒸煮结束后，物料输送至圆盘。

（四）圆盘培养系统

　　圆盘制曲机采用转动式圆盘（图 9-5），使用绞龙进出料。蒸煮灭菌后的物料经接种机接种后，通过进料绞龙进入圆盘，在圆盘转动和绞龙推动的共同作用下，把物料均匀地分层平铺在圆盘上。投料结束后，设定自动培养参数并开启"自控"模式进入自动制曲培养程序。

　　圆盘制曲机已经成为目前制作麸曲的首选装置。

（1）制曲机外形　　　　　　　　　　　　　　　（2）制曲机内部结构

图 9-5　圆盘制曲机[13]

　　培养时系统根据工艺要求对圆盘频率、风机频率、喷雾喷水开关、风阀开度、蒸汽加热等众多参数进行调控，实现对温度、水分、供氧等培养工艺的控制，实现自动化智能化培养。圆盘制曲机盘体采用不锈钢材料制作；制作精度高，回转圆盘平面度、圆度精确，漏料少；采用特殊结构的搅拌叶片，翻曲均匀、彻底；排料系统采用 45°浮动式挡板，出曲干净，剩料少。整个培育过程中，始终处于一个密闭的环境里，为微生物生长、发育过程提供优良的温度、湿度、供氧环境，更有利于微生物的培育，杂菌感染少。与传统曲房相比，培养环境质量大幅提高。再加上自动控制、报警系统自动化程度高，实现无人化管理，生产率提高，劳动强度降低，工作环境改善等，更是人工生产无法比拟的。

　　工艺参数：灭菌温度 60~65℃，时间 30min，接种温度 28~30℃。白曲接种量为

0.3%、酵母、细菌曲接种量 5%，进料时圆盘转速可控制在 25~50Hz，风机 20~35Hz，料层厚度一般在 300~350mm。投料结束后，设定各阶段培养参数，白曲、酵母培养温度 30~35℃，最高不能超过 38℃，细菌培养温度 35~40℃[12]。

操作要求：使用前先检查圆盘水、电、汽阀门等设施正常，圆盘控制面板正常，调取预先设定的培养参数。在制曲前对圆盘进行干燥灭菌，打开自动灭菌设定页面，点击自动灭菌，系统会根据设定的参数实现自动灭菌。灭菌结束后，物料通过进料绞龙、平料绞龙平铺在圆盘上。进料结束后调温使品温符合工艺控温要求，开启"自控"模式进入自动制曲培养程序。圆盘培养结束后，开启风机，进行干燥。

（五）控制系统

麸曲控制系统采用触摸屏（下位机操作控制）与电脑软件（上位机数据分析存储）同步方式。系统具有多通道数据采集和远程操控功能，能够实现远程无人控制管理；还具有实时数据显示、历史数据存储、实时曲线显示、历史曲线记录显示、同页曲线分析显示反馈等功能[12]。

有远程控制和现场控制两种方式，远程控制通过总控电脑操作，现场控制采用触摸屏，操作时择优选其一。按是否自动又分为自动控制和手动控制两种方式，本地和远程均可实现两种操作。各部分通过自控系统实现连锁控制和保护。自动控制采用 PLC 程序控制，自投入原料之后，直至菌种培育成功，灭菌、降温、接种、调温、调湿、调节氧气等操作均根据工艺要求实现自动化、智能化[12]。

二、 生产根霉曲

圆盘制曲机能用于生产根霉曲[13]和复合根霉曲[14]。物料 5000kg，加水 1600L，加种曲 150kg，拌匀，入圆盘制曲机。入圆盘时物料品温 28~31℃，静置培养 14~18h，室温维持在 28~32℃，湿度维持在 70%~90%，待菌丝结块后翻曲，继续通风培养 18~20h，品温维持在 32~34℃，室内湿度维持在 60%~80%，待品温降至 30℃左右时结束培养，制得成品曲。其糖化力 33.2g/100g，比浅盘培养根霉曲糖化力高 1.4g/100g[13]。

三、 生产河内白曲

景芝酒厂的河内白曲生产工艺介绍如下[11]。

（一）种曲生产工艺

1. 配料

麸皮、稻壳比例分别为 90%∶10%，装盘厚度 20mm。

2. 灭菌

（1）确认设备电器正常，尤其是自控系统运转正常后，排出种曲机内残水，并放空夹套水，保持夹套水放水阀门打开状态。

（2）灭菌压力 0.10MPa，灭菌时间 20~25min。

（3）灭菌结束后排汽和排水，开启真空泵，使罐内真空度达到 -0.06MPa。

（4）向罐内输送无菌空气，待罐内压力达到 -0.04MPa，料温 33~35℃时接种。

3. 接种与培养

确认风机频率 40Hz，曲料温度 33~35℃，气压表 -0.04MPa，接种。

接种完毕后，设置温度、供养、喷雾等自动培养参数，进入全自动培养。

（二）蒸煮工艺

1. 投料

按比例投料，麸皮 90%、稻壳 10%。每 4 个蒸球一组，合理调配做到连续进出料。根据季节和天气情况设定加浆罐参数，投料时开启自动加水系统。

2. 蒸料

控制蒸汽压力 0.10~0.15MPa，保持 25~30min。蒸煮结束后排汽排水，开启真空泵抽出残余蒸汽，使蒸锅压力为 0MPa。

（三）进料接种工艺

1. 灭菌

在制曲前对圆盘进行干燥灭菌。打开自动灭菌设定页面，设置灭菌参数（温度 60~65℃，时间 30min），开启自动灭菌。

2. 进料

（1）检查圆盘制曲机、风送系统、蒸料系统等是否就位，开启进料控制开关，自动顺序开启"风送进料""圆盘转动""平料绞龙""圆盘进料""风冷机""定量机电机"等，开始进料。

（2）及时调控熟料下料速度，经风冷机冷却到 33~35℃，通过风送管道输送至圆盘进料绞龙。

3. 接种

曲种放入接种机曲斗内，调节下料速度，开启接种定量机接种，接种温度 ≤33℃。

4. 入盘

（1）曲料接种后入盘，进料时可开启风机 20~35Hz，减少漏料。合理控制平料绞龙高度和圆盘转速，使物料均匀地平铺在圆盘上。

（2）进料结束后，如果圆盘表面有起伏，先将物料用平料绞龙整平。

（四）培养工艺

1. 初始温度调节

料层厚度一般在 300~350mm，保持疏松、厚度一致。投料完毕后开启品温测控探头，进行品温调节。开启风机，开启通风阀门调节风温，调节曲料品温一致后，关闭风机。

2. 培养

（1）设定培养参数，开启"自控"模式进入自动制曲培养程序。

（2）培养分几个阶段：静置期、缓慢升温期、快速升温期、平稳期，每一段时间的温度、湿度、通风根据不同天气和不同季节设定。一般要求品温控制在 35℃ 以下，防止高温损伤白曲，及时调控供氧量，确保白曲生长需求。

（3）白曲培养过程中视生长结果和温度情况适时翻曲，避免料层结块失水开裂造成的风道短路，引起温度上升、生长不均匀及烧曲等问题。

（五）干燥与出曲工艺

制曲完成后曲料进行干燥。干燥温度不能高于培养温度，干燥结束要求曲料水分 ≤14%。

出曲时，把相应管道接好。检查管路各处控制开关和立仓控制开关，确保管路正确、畅通。确定罗茨风机正常后开机，将风机设定到合适频率 25~35Hz，启动自动出曲程序。

第三节　大曲制曲机械化生产系统

机械化与自动化制曲是传统制曲工艺的现代微生物、电子计算机、自动控制等多学科交叉结合的产物，可以改变酒厂传统制曲生产方式，提高曲房的利用率，缩短生产周期，提高单位面积产量和年产量。可以避免季节变化对大曲质量的影响，减轻劳动强度。但目前这一技术仍然处于探索中，且仅仅使用于入房前的部分，这些技术已经在酱香型大曲生产[15]、浓香型大曲生产[16-23]、清香型大曲生产[24]等中得到应用。

机械化曲块制作流程见图 9-6，机械化曲块制作计算机控制主操作界面如图 9-7 所示。

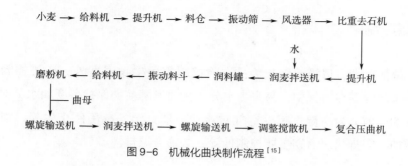

图9-6　机械化曲块制作流程[15]

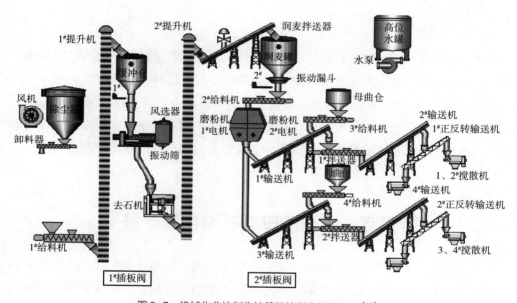

图9-7　机械化曲块制作计算机控制主操作界面[15]

对入房后的发酵培养，曾经使用微机控制架式制曲进行试验，目前仍然在研究中，主要是模拟和控制工艺参数如温度、湿度、气流等[16-21]。

一、温度控制

不同时期，曲的发酵温度不同，利用通热风、排潮、加温等方法控制环境的温度，以此调节控制曲的品温[21, 25]。

在曲的培养过程中，发酵前期必须保持温度、水分，以供霉菌生长所需；发酵中期应保持干燥，使霉菌停止生长而使细菌生长，特别是高温芽孢杆菌的生长；发酵后期，必须保持相对干燥，因而不能加水，要增加排潮、排风时间以抽去湿热空气，使大曲干燥，但为了不使微生物死亡，还应保持一定水分。温度与湿度已经实现了自动控制[26]。

二、湿度控制

大曲发酵的前期，以霉菌生长为主，除控制霉菌生长温度外，还要控制空气的湿度。因气生菌丝暴露在空气中，易失去水分。大曲发酵前期保持湿度和水分对菌丝生长是必不可少的。前期为高湿，减少空气对流；中期升温，霉菌停止生长，细菌大量繁殖，放热增加，需排热。后期主要控制低湿，必须升温排潮。

三、气流控制

排风、透风既可满足微生物生长所需的氧气，以带走热量进行热交换，同时也可将水汽排出减少湿度。根据大曲发酵的规律，前期应增湿、送风，并使空气、水分分布均匀（搅拌风机），后期应排风。因此，大曲发酵整个过程中，应加强气流控制[21]。

基于以上三点，系统设计时，应具有升温、降温、增氧、增湿、对流搅拌等功能的自动监控系统，采用温度闭环控制，湿度、温度差及空气交换的开环控制方案。

第四节　固态法白酒机械化生产系统

我国白酒共有十一个香型，除米香型和豉香型白酒是液态法发酵外，其他香型白酒均是固态法发酵。固态法白酒生产的固有特性如酒醅黏度较高，不能受挤压；固态甑桶蒸馏，上甑需要均匀；大部分白酒需要与窖泥接触等，决定了白酒的机械化系统十分复杂[7, 27]。

通常情况下，固态法白酒由以下几个系统组成：原料处理系统、出窖及拌料系统（续糟法）、原料加压蒸煮系统（清糟法）、摊凉加曲系统、堆积与糖化系统、槽车恒温发酵系统、蒸馏系统、物料输送及拌料系统、物料定量给料系统、自动控制系统等[2, 27]。

一、固态法白酒机械化工艺

根据香型不同，在机械化工艺设计时，其工艺流程略有不同，目前主要工艺共包括清香型机械化白酒清糟法（清蒸二遍清）大糟工艺（图9-14和图9-15）、机械化白酒清糟法二糟工艺（图9-16）、清香型机械化白酒续糟法工艺（图9-15）、小曲清香型机械化白酒清糟法工艺（图9-12）、浓香型机械化白酒工艺（图9-18）、芝麻香型机械化白酒工艺（图9-17）。

二、　原料处理系统

主要是原料与辅料的预处理、贮存、原料粉碎、稻壳清蒸等工序实现自动化作业[图9-8（1）]。

（1）输送系统　　　　　　　　　　　　　　　（2）高压蒸煮系统

图9-8　原料处理系统[2]

三、　出窖系统（续糟法）

因白酒发酵容器不一，出窖系统分为两类：一类是地下缸发酵模式的，采用人工出缸或出缸机出缸[7]，手推移动式涡杆输送机械装置，两人操作，在缸上自由移动，对准地缸口，开机操作，使发酵好的酒醅旋出并传送到小车上；一类是地下窖池发酵的，通常是人工出缸，将酒醅出至料斗中，用行车运输，或直接用抓斗出窖。

四、　原料加压蒸煮系统（清糟法）

原料高压蒸煮系统［图9-8（2）］主要是清糟法白酒生产工艺使用，包括清蒸二次清的传统小曲和清香型白酒在使用。通常用于处理整粒原料[27]。

原料蒸煮可采用低压（0.11~0.15MPa）蒸粮桶、蒸球或蒸煮锅蒸煮，工作压力一般在0.11~0.15MPa，压力的选择主要是控制整粒原料蒸煮后的开口率[2]。自动控制蒸汽进汽、排汽、排水、

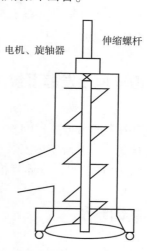

电机、旋轴器　　伸缩螺杆

图9-9　出缸机示意图[7]

压力恒定，具有三级安全保护装置，采用机械翻转方式，解决物料进出甑，实现机械化[1-2, 27]。

五、 摊凉加曲系统

采用机械进行鼓风和抽风（根据生产工艺必要时制冷通风，见图9-10），注意醅料层厚度以及冷却速度对酒醅物化性能的影响。采用非接触式温度传感器自动控制调整风量，采用合适翻拌的机构，热气集中排放[3, 27-28]。

通过合理调节加曲机、晾糟机、风机的变频器，改变输送带速度、风机鼓风量等，实现加曲机输送量与晾糟机上粮糟输送量的协调，满足冷却、加曲、加水（酵母、糖化酶等）均匀的工艺要求[7, 28]。

图9-10　摊凉加曲系统[2]

通过调节加曲机转速，可以将大曲粉均匀撒在饭醅表面，经搅拌器搅拌使大曲粉和饭醅混合均匀，通过网带输送到发酵车[2]。

六、 堆积与糖化系统

实现自动进料和出料，分区控制，温度、湿度、含氧量自动调整，构建一个有利于酿造工艺要求的环境，并设有摊平起堆装置，出物料时翻拌冷却；一般分为固定床式、流动床式、圆盆式等[27]。

七、 槽车恒温发酵系统

小曲与大曲清香型白酒生产时，使用不锈钢槽车作为发酵容器，采用立体货柜式全封闭发酵室[7]。发酵室内安装中央空调，调节发酵室温度。一般情况下，发酵室室温控制在22℃为宜[2-3, 7]。立体货柜式发酵可以节省发酵室占地面积，仅为原来的1/5。

八、 蒸馏系统

蒸馏系统详见蒸馏章节。

九、　物料输送及拌料系统

白酒酿造过程中物料输送量大、距离较远，其物料酒醅、粮糟等黏度大，在混合输送过程必须保持其表面物理结构和状态，因此应根据不同物料、不同时段选择不同结构形式的混合（图 9-11）和输送设备，如螺带式、齿条式、犁条式等混合搅拌机构和叉车、行车运送设备以及斗提、刮板、网带、螺旋等输送设备[7, 27]。

混合机，亦称多功能搅拌料槽（图 9-11），容积为甑桶 1.5 倍，锥底圆柱形料槽，锥底有出料口。底部电机带动中间搅拌叶片，完成拌料。原料直接倒入料槽，加水润料搅拌好后，倒出备用。料槽重新就位，出缸（窖、池）酒醅按糟次倒入槽内（按配料比倒入一甑的酒醅），按配料量加入润好的高粱，开机搅拌，搅拌好后吊起卸于甑桶旁准备装甑[7]。

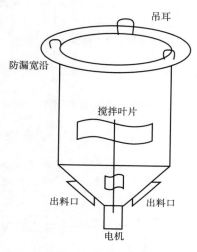

图 9-11　混合机示意图[7]

十、　物料定量给料系统

白酒酿造过程中不同物料要按一定的比例进行配料，如加曲、稻壳、粮粉、功能菌液、打浆水等，可采用网带、滚筒、螺旋以及计量等形式通过变频调速实现定量加料，也可采用自动称重系统提高配料精度，实现精细化生产[27]。

十一、　自动控制系统

白酒机械化/自动化生产时，通常采用自动控制和现场手动控制相结合的方式，备有采集水表、蒸气表、电表接口，有完备的配方生产流程历史记录、实时记录、操作记录、报警记录、记录信息修改情况（设定值的变动记录）、操作人员、操作时间等[27]。

使用传感器技术。如称重传感器在配料工艺（酒醅、粉碎后原料、稻壳、麸皮、曲粉等）上做到精细化生产；温度传感器可以在酒醅冷却摊凉、酒汽冷却时酒温控制、堆积培养箱温度控制调整上实现自动化；湿度传感器可以在酒醅堆积培养设备上实现湿度控制调整自动化；流量计可以在液体配料工艺上做到精细化生产，在打量水时实现精确定量，工艺技术得到有效控制；压力传感器，在蒸粮、蒸酒时通过压力传感器控制调整蒸汽的开关，实现生产自动化[7, 27, 29-30]。

第五节　小曲清香型白酒机械化生产系统

小曲清香型白酒目前已经实现机械化生产，其工艺流程图和车间设备布置流程图分别如图9-12和图9-13所示。

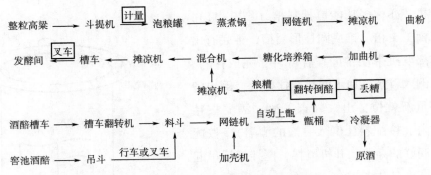

图9-12　小曲清香型白酒续糟法工艺流程图[27]

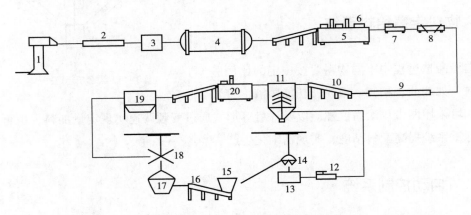

图9-13　小曲清香型白酒酿酒车间设备流程图[1]

1—斗式提升机　2—刮板输送机　3—泡粮池　4—蒸粮锅　5—摊凉机　6—加曲机　7—糖化地行
8—出料刮板机　9—糖化料地面输送机　10—糖化料摊凉机　11—搅拌机　12—发酵地行　13—窖池
14—抓斗　15—料斗　16—发酵料输送带　17—甑桶　18—行车　19—酒醅池　20—酒醅摊凉机

通过斗式提升机再经刮板将原料从粮库直接输送到酿造车间泡粮池中。泡粮时可按需投料，淘汰了传统的人工输送方式，泡粮水、放焖水及泡好的粮食均采用阀门排放。

浸粮结束，打开阀门将浸泡好的粮食放到泡粮池下的杀菌篮里，用杀菌篮将浸泡好的粮食通过轨道输送到热水循环式蒸粮锅中进行低压蒸煮。将初蒸、焖水合为一道工序，此过程粮食一直处于热水循环之中，初蒸后的粮食可直接实现焖水的目的，复蒸结束后通过减速机带动链条及链轮，从而带动蒸料篮实现自动出篮。

低压蒸粮实现了大汽蒸粮，而且锅内圆汽快，提高了裂口率，又保证了粮食破裂程度的一致性，这样蒸出来的粮食在满足水分要求的同时，粮粒的匀透性也更好。

糖化阶段，熟粮通过轨道运送到摊粮输送机，采用鼓风、抽风的办法，在完成熟粮输送的同时，对熟粮进行降温，保证了粮食不落地，控制了杂菌污染对培菌的影响；通过控制风机的风速及传送带速度和长度，使熟粮到达下曲位置时品温降到预定温度。

下曲，在熟粮输送的过程中添置加曲机进行自动下曲，此装置通过调节变频器使定量的曲面正好撒完定量的粮糟，做到下曲均匀一致。

收箱时，采用地行可在糖化间的任一场地做箱；出箱时，由刮板将两边的粮糟刮到中间的输送带上进行输送，工人只需操作地行车及刮板车即可。

发酵阶段，使用摊晾机输送冷却粮糟及醅糟（醅糟二次发酵，提高了粮食利用率），已降温的粮糟与醅糟进入搅拌混合机混合均匀，通过调节二者输送带的速度来实现二者的比例。混合好的物料由搅拌混合机的出料口到达传送带，再由地行运到指定的窖池上方，从底部出料进入窖池发酵。出窖时，直接由抓斗抓入料斗里，再由传送带输出，这样实现了醅糟的机械化出入池的同时，减少了酒精的挥发。

蒸馏，出池前一天放黄水，利用气压原理，通过管道直接在地面操作实现黄水的排放，代替了过去人工入窖池排放黄水。蒸汽供应使用大锅炉集体供汽。采用不锈钢酒甑及分体式水冷却器，便于分段摘酒及保证酒体质量。上甑这一环节仍需人工完成。出甑时，通过天行直接将甑桶吊入醅糟池上方，从底部出料，达到了循环连续生产。每个分体式水冷却器的冷凝水最终通过一个总的管道进入热水池，用于粮食浸泡，节约了水资源。

第六节　清香型白酒机械化生产系统

清香型白酒目前已经可以全部机械化生产，包括清糟法（清蒸二遍清）大糙工艺（图 9-14 和图 9-15）、清糟法二糙工艺（图 9-16）和续糙法工艺（图 9-15）。

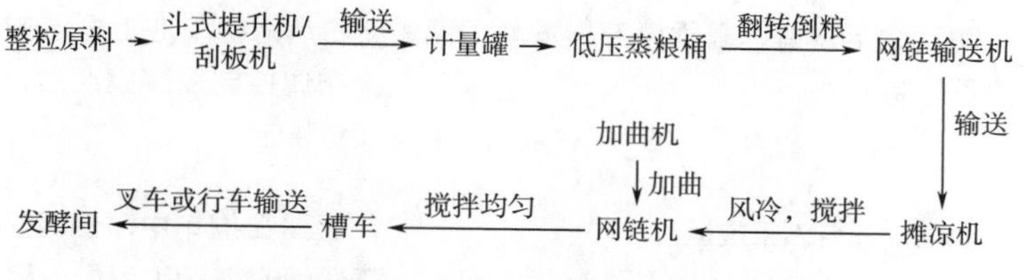

图 9-14　清香型白酒清糟法大糙蒸粮工艺流程图[27]

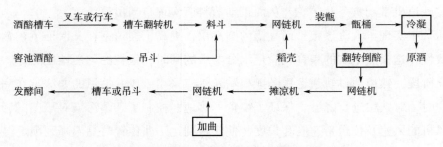

图9-15　清香型白酒续糟法大糙工艺流程图[27]

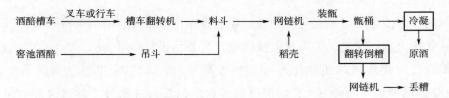

图9-16　清香型白酒续糟法二糙工艺流程图[27]

以清蒸二次清工艺为例，叙述清香型白酒机械化工艺。整个酿酒生产设备包括粮食自动输送系统、高压蒸煮系统、摊凉加曲系统、槽车恒温发酵系统、蒸酒系统、稻壳清蒸系统共6个部分[2-3]，这些部分与手工生产的差异见表9-1。

表9-1　　清香型大曲酒传统手工与机械化工艺生产模式对比[2]

工艺	传统手工工艺	机械化工艺
蒸煮糊化	原料粉碎，高温润粮，常压蒸煮	高压蒸煮糊化，设定温度、压力，自动开关汽，每吨酒消耗蒸汽为人工的50%
摊凉	人工出甑，地面式人工冷却	高压锅翻转出料，摊凉机自动翻拌冷却
加工	人工加曲	加曲机自动加曲
入池	人工控制入池温度	通过调节加曲机速度，控制入池温度
入池发酵	陶缸地下发酵，夏季停产；发酵房温度不控制	不锈钢槽车地上恒温或变温发酵，中央空调控制发酵室温度，全年生产，产质量稳定
物料输送	酒醅、辅料人工拉运	酒醅在槽车中，使用叉车运输；两个工段间的物料（酒醅、稻壳等）使用输送带运输

续表

工艺	传统手工工艺	机械化工艺
清蒸稻壳	人工清蒸	振动筛除尘，精选，皮带输送机输送，集中清蒸
清洁生产	酒醅与地面接触	酒醅全过程与地面无接触
生产管理	人工管理，困难	机械化或自动化记录，管理难度小
产能	每班次 8 人，投料量 1100kg，人均投料量 137.5kg，人均产量 54kg	每班 14 人，投料量 8000kg，人均投料量 572kg，人均产量 212kg
劳动强度	劳动强度大	除手工装甑外，其余均实现机械化、自动化，操作控制按钮

一、 粮食自动输送系统

原料高粱经去杂除尘后用筒仓储存［图 9-8（1）］，每个仓容量为 2000t[2]，2 个仓联通由螺旋输送机及刮板机输送，直接输送至车间的高位计量暂存仓。原料在车间内由高向低输送至蒸煮锅。

二、 高压蒸煮系统

传统手工生产时，原料需要粉碎。机械化后，使用整粒原料酿酒。高粱不经粉碎，直接进入蒸煮锅进行高压蒸煮、糊化［图 9-8（2）］，提高了糊化效率，减少了蒸汽用量，降低了生产成本。

在高粱蒸煮前增加了一道洗粮工序，去除了原料中的异杂味，使原酒酒体更加干净[2]。

通常设置 3 个可以 360°翻转的高压蒸煮锅。蒸煮锅压力可自动控制，当锅内压力达到设定的标准时，可自动关闭蒸汽，安全可靠。高粱蒸熟后，打开排气阀降压、排汽，此时的废汽通过储水罐可以把蒸粮用水加热，达到废汽利用、节能降耗的目的。

三、 摊凉加曲系统

摊凉加曲系统由输送网带、搅拌器、轴流风机（降温）、加曲机及控制柜组成（图 9-10）。

翻转蒸煮锅将蒸熟的高粱倒于不锈钢网带上，经刮板将材料均匀分布在摊晾机网带上，料层厚度约 2cm，可根据气温高低调节网带输送速度，使物料的入车温度控制在 20℃左右，同时调节加曲机的转速，将大曲粉均匀撒在材料表面，经搅拌器搅拌使大曲粉和材料混合均匀，通过网带输送到发酵车。加曲量控制在 12%（按原料质量计算）[2]。

四、 槽车恒温发酵系统

机械化生产时，通常使用不锈钢槽车作为发酵容器。发酵车装满材料后用塑料布盖好、封严，用叉车运送到发酵室，按要求摆放整齐，恒温发酵 12~14d[2-3]。

发酵室内安装中央空调，在不同季节可以使发酵室温度控制在一个相对恒定的状态，一般情况下，发酵室室温控制在 22℃为宜[2-3]，可保证酒醅恒温发酵，稳定原酒的产品质量。

五、 蒸酒系统

酒醅发酵结束后，由叉车运送到操作间并放到翻转机上，通过翻转机、网带输送机把加入稻壳的酒醅送到甑桶旁（图 9-10），装甑、蒸酒。

甑桶可以旋转倒料，蒸过酒的材料倒入甑桶下面的网带上，再进入摊凉机，翻拌、摊凉、加曲，进入发酵车进行二糙发酵。

六、 稻壳清蒸系统

稻壳经振动筛除尘精选后，通过刮板式皮带输送机自动送入可以活动的稻壳锅，清蒸 45min 后出锅散冷，备用。

第七节 芝麻香型白酒机械化生产系统

芝麻香型白酒生产的机械化系统通常采用如图 9-17 所示的工艺流程。

在严格遵循芝麻香型白酒酿造工艺的基础上，使用人工装甑或半机械化装甑、窖池发酵，其余过程实现机械化，特别是酒醅堆积培养箱通过温度、湿度、含氧量的调控，构建一个有利于芝麻香工艺要求的环境，提高芝麻香型白酒的质量和出酒率。芝麻香型白酒生产时的堆积通常有两种方式，一种是卧式堆积，一种是使用生产麸曲的圆盘制曲机堆积[31]。

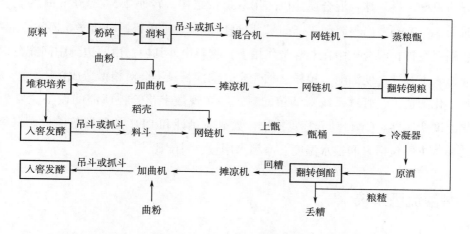

图 9-17　芝麻香型白酒续糟法工艺流程图

第八节　浓香型白酒机械化生产系统

浓香型白酒生产除仍然使用泥窖，以及一些企业仍然是人工装甑外，其余工段已经全部实现机械化，其工艺流程图如图 9-18 所示。这套系统包括出窖及拌料系统、摊凉加曲系统、物料输送系统以及原有的蒸馏系统等[27-28]。

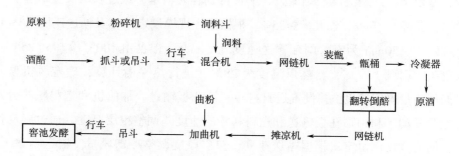

图 9-18　浓香型白酒续糟法工艺流程图[27]

一、　出窖及拌料系统

出窖采用行车抓斗的方式，或人工出窖，行车和不锈钢吊斗或吊篮运输酒醅[32]。

上甑前的拌料采用拌料混合机[3, 32]。工作容量：2m³[3]，要求拌料均匀，材料不发软。拌料混合机既要对酒醅、粮粉、稻壳充分搅拌，又不能对粮糟造成挤压，也可用于搅拌好的粮糟出料。拌料混合搅拌机采用双螺带结构，转速 2.5~3.5r/min 为宜，拌料混合时间 5~10min，出料时间 3~5min，通过皮带输送机送料，总功率 6.7kW[3]。酒醅、粮粉、稻壳在拌料混合机中在双螺带作用下，物料由外到内、由两边到中间充分混合搅拌，模拟人工翻拌，使酒醅、粮粉、稻壳充分搅拌，又不会对粮糟造成挤压。

数字化酿造工艺管理系统对润粮配料工序实现数字化管控所需的设备主要由 JWB 一体化温度变送器、CWC 动载称重模块、数显流量计和 PLC 控制器等组成。采集的关键工艺参数主要包括：润粮水温度、润粮水用量、料配比[29]。

二、 装甑流酒系统

数字化酿造工艺管理系统对装甑流酒工序实现数字化管控所需的设备主要由无线传输蒸汽压力表、数显流量计和 PLC 控制器等组成。采集的关键工艺参数主要包括：装甑气压、装甑时间、装甑过程控制、流酒压力、流酒温度和流酒速度[29]。

三、 摊凉加曲系统

出甑后的摊凉采用粮糟摊凉加曲机[3,32]。工作能力：3~4m³/h，输送速度、加曲量可调。

浓香型粮糟特点是湿度、黏度大，网带特别容易堵塞，经过多次反复试验，采用筛孔板输送，孔径 5~7mm，通孔率≥25%。根据生产规模设定摊凉及输送速度：3~4m³/h，粮层厚度以 30~50mm 为宜，网带输送速度 0.24m/s，粮食由 100℃ 冷却到 25℃，采用自然风送风、引风、冷却，自然风温度为 28℃，进行热平衡计算，确定风机型号。加曲机根据加曲量确定速度，并设置送料料斗，筛孔板输送、加曲机和送料料斗分别采用变频调速并联动。利用筛孔板输送和送料料斗的速度差调整粮层厚度，通过联动保持粮层厚度、加曲量比例恒定，根据输送速度、粮层厚度调整冷却风量。输送功率 1.5kW，搅拌功率 1.5kW，冷却功率 4.5kW[3]。

数字化酿造工艺管理系统对出甑晾糟工序实现数字化管控所需的设备主要由 JWB 一体化温度变送器、CWC 动载称重模块、数显流量计和 PLC 控制器等组成。采集的关键工艺参数主要包括：加浆水温度、晾糟加浆量、下曲速度、入池温度、摊凉时间[29]。

四、 物料输送系统

整个物料输送系统全部使用皮带式输送机或网带式输送机。

第九节 酱香型白酒机械化生产系统

酱香型白酒生产机械化设备系统主要包括润粮系统、装甑系统、摊凉堆积系统、物料输送系统 4 个部分[33]，但目前仍然为试验阶段。

润粮系统：搅拌斗容积 $2m^3$，工艺要求润粮达到 800kg/甑，可实现全自动加水、拌和润粮。

装甑系统：按 $1.75m^3$/甑条件，摆臂 360°旋转，能够实现自动拌料、探汽上甑，满足上甑轻、松、薄、准、匀、平的工艺要求。

摊凉堆积系统：也称摊凉起堆系统，摊凉机的摊凉处理量 $4～5m^3$/h，实现自动摊凉、加曲、拌和、收料的全部过程。起堆机处理量与摊凉机匹配，可实现机械化自动起堆。

物料输送系统：也称行车抱斗系统，实现粮食、糟醅出窖及入窖的机械化转运。

参 考 文 献

［1］汪江波，王炫，黄达刚，等. 我国白酒机械化酿造技术回顾与展望［J］. 湖北工业大学学报，2011，26（5）：52-56.

［2］任宏伟，任国军，杨玉珍. 白酒机械化生产运行效果和体会［J］. 酿酒科技，2012，212（2）：80-82.

［3］任国军. 河套酒业白酒机械化生产的尝试［J］. 酿酒科技，2010，198（12）：73-75.

［4］栗永清. 固态法白酒机械化的总结探索［J］. 酿酒科技，2010，198（12）：70-72.

［5］江苏今世缘酒业股份有限公司，常州铭赛机器人科技股份有限公司，江南大学，等. 固态发酵浓香型白酒智能酿造关键技术的研发与应用［D］. 无锡：江南大学，2017.

［6］宋书玉，赵建华. 中国白酒机械化酿造之路［J］. 酿酒科技，2010（11）：99-104.

［7］张志民，吕浩，张煜行. 衡水老白干酿酒机械化、自动化的设想和初步试验［J］. 酿酒，2011，38（1）：25-29.

［8］李大和. 建国五十年来白酒生产技术的伟大成就（六）［J］. 酿酒，1999，135（6）：19-31.

［9］李大和. 中国白酒机械化的思考［J］. 酿酒科技，2011，202（4）：79-80.

［10］华东区第一次大曲酒技术协作会议在泗阳县洋河酒厂召开［J］. 江苏发酵，1974（1）：24-26.

［11］刘建波，薛德峰. 芝麻香型白酒河内白曲机械化生产工艺探索［J］. 酿酒，2017，44（2）：94-96.

［12］刘建波，赵德义，薛德峰．芝麻香专用麸曲自动化生产技术［J］．酿酒科技，2019（2）：89-95.

［13］王喆，贺友安，汪陈平，等．圆盘制曲机在根霉曲生产上的应用研究［J］．酿酒科技，2016（2）：77-79.

［14］沈晓波，严启梅，胡风光，等．多菌种根霉菌圆盘制曲的生产研究［J］．酿酒，2019，46（4）：36-38.

［15］门延会，蒋世应，杜伟．大曲酱香型白酒制曲机械化的研究［J］．酿酒科技，2016，270（12）：83-86.

［16］杜永贵，京晓军，张元义，等．微机在汾酒大曲发酵过程中的应用［J］．山西食品工业，1994（2）：11-15.

［17］邓小晨，胡永松，王忠彦，等．微机控制架式大曲发酵过程中微生物及酶变化［J］．酿酒科技，1995，68（2）：72-74.

［18］王忠彦，胡永松，门芸，等．微机对大曲分析数据的统计分析［J］．酿酒科技，1995，68（2）：78-80.

［19］杜永贵，张元义．大曲发酵过程中的自动控制系统［J］．食品与发酵工业，1997，23（4）：76-80.

［20］敖宗华，陕小虎，沈才洪，等．我国浓香型大曲产业发展概况［J］．酿酒科技，2011，199（1）：78-81.

［21］陈德兴，陶兴华，熊壮，等．架式大曲发酵的微机监控系统及制曲工艺［J］．酿酒科技，1994，65（5）：11-16.

［22］门延会，程艳奎，王强．一种浓香型白酒制曲控制系统的实现［J］．机电工程技术，2019，48（3）：48-50+85.

［23］葛向阳，徐岩，周新虎，等．应用现代生物技术实现大曲自动化生产的研究［J］．酿酒科技，2014，237（3）：1-3.

［24］田定奎．清香型酒曲制曲机设计及其性能研究［D］．太原：太原理工大学，2017.

［25］陈力．白酒制曲工艺微机温度检测系统［J］．计算技术与自动化，1988（1）：52-55.

［26］陈其松，马光喜．白酒厂制曲车间的温湿度监控系统的设计［J］．酿酒科技，2006，143（5）：36-38.

［27］谢齐鸣．白酒酿造机械化新工艺设备系统的实践［J］．酿酒，2012，39（2）：43-49.

［28］丁鹏飞，彭兵，谢国排，等．浓香型白酒酿造机械化研究与生产实践［J］．酿酒，2014，41（3）：28-31.

［29］刘选成，张东跃，赵德义，等．数字化酿造工艺管理系统在浓香型白酒机械化、自动化和智能化酿造生产中的应用［J］．酿酒科技，2018，293（11）：70-74.

［30］高祥，蔡乐才，居锦武，等．白酒固态发酵的温度感知装置设计［J］．四川理工学院学报（自科版），2014，27（6）：55-58.

［31］曹敬华，周金虎，陈茂彬．一种利用圆盘制曲机进行白酒酒醅高温堆积的方法［P］．中国专利：1067540.98A，2017.

［32］谢永文，秦道禄，肖曙光，等．浓香型白酒酿造向机械化发展要效益［J］．酿酒科技，2014，241（7）：85-87.

［33］张健，李波，程平言，等．酱香型白酒制酒机械化生产试验的研究［J］．中国酿造，2018，37（12）：148-153.

第十章
液态法蒸馏酒生产工艺

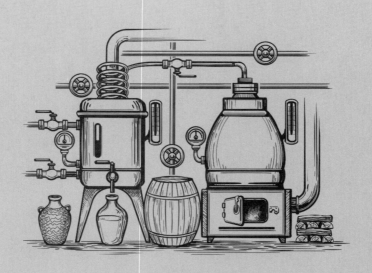

本章主要讲述液态法非曲蒸馏酒的生产工艺，包括淀粉质原料的威士忌、伏特加，糖质原料的白兰地、朗姆酒等的生产工艺。

第一节 威士忌生产工艺

威士忌通常分为两个类型，即单一麦芽威士忌和谷物威士忌。单一麦芽威士忌仅使用麦芽为原料，其生产工艺流程见图 10-1；谷物威士忌通常使用玉米和/或小麦或其他粮谷为原料，经过蒸煮、糖化、发酵、蒸馏而成，其生产工艺流程见图 10-2。

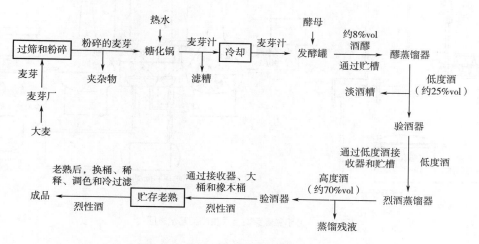

图 10-1 单一麦芽威士忌生产工艺流程[3]

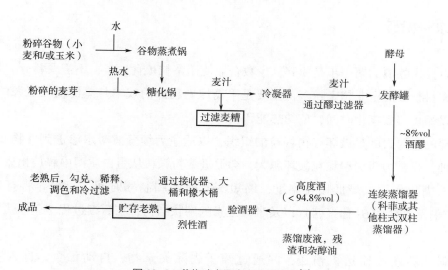

图 10-2 谷物威士忌生产工艺流程[3]

苏格兰麦芽威士忌（生产工艺见图10-3）是指仅仅使用苏格兰的发芽大麦和水在苏格兰的酒厂生产，使用麦芽的内源性酶转化可发酵性糖，发酵时仅仅添加酵母，勾调时仅可以加水和焦糖色素[1-2]。在20世纪20~30年代时，玉米是苏格兰谷物威士忌的主要原料。

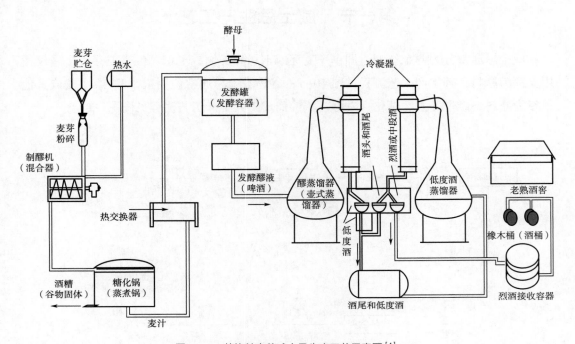

图10-3　苏格兰麦芽威士忌生产工艺示意图[4]

一、原料粉碎

原料投入酿酒的第一步是粉碎，少数企业使用整粒粮食生产，不需要粉碎，但近年来进行原料粉碎的企业越来越多，主要是平衡原料粉碎的成本与蒸馏消耗能源的成本。粉碎可以缩短蒸煮糊化时间，节约热能[5]。

粉碎的主要目的是破坏谷物籽粒的组织，以适应后续蒸煮时水渗透到谷物胚乳中。粉碎越细，机械力对淀粉颗粒破坏越大，会促进淀粉颗粒从蛋白质网中释放出来，有利于淀粉的糊化作用，降低糊化温度，缩短蒸煮时间和制醪时间[2]。粉碎将打破果胶（如阿拉伯基木糖和β-葡聚糖）以及半纤维素的网状结构，在后续过程中刺激蛋白质的溶解[2, 5]。

原料从料仓经输送机输送，并通过筛子去除夹杂物，自动称重，进入粉碎系统[2]。原料粉碎有两种粉碎机——锤式粉碎机和辊式粉碎机。球磨机即破碎机也已经获得应用。

原料粉碎的方式有湿法粉碎和干法粉碎两种，湿法粉碎通常用于麦芽的粉碎。

辊式粉碎机通常用于麦芽威士忌的生产中，也可以用于谷物威士忌的生产中，特别是粉碎小籽粒谷物，如麦芽和小麦。将谷物籽粒通过相对的两个辊子（三个辊子中的两个）时，谷粒被挤压、剪切。调整辊子转速，可以调整剪切力，达到不同的粉碎效果。辊式粉碎可以获得糁，而留下较完整的谷物皮，这样，有利于后期的麦汁过滤。谷物皮可以作为滤床[6]。

锤式粉碎机通常用于谷物威士忌厂，因原料粉碎较细，均相面粉易于处理，有利于缩短蒸煮和制醪时间，特别适合于连续生产的过程[7]。粉碎时，谷物如玉米或小麦进入粉碎腔，使用一组旋转的锤片将原料粉碎成均一的面粉。通过安装不同孔径的筛子（典型的是0.3cm或0.5cm）来控制糁的粒径。大的颗粒在筛子上面，继续被打碎，直到达到一定的粒径通过筛子。但不能粉碎太细，否则加水后会形成"白眼（balling）"。另外，太细会对蒸馏后操作有副作用，即蒸馏残液不易排出，需要额外的蒸汽压力压出。粉碎过细，不会影响出酒率，如粉碎细度在0.2cm，则出酒率会减少7.5%[6]。假如粉碎太粗，会造成淀粉不完全糊化。

现在的玉米在粉碎前并不去除胚芽，因此胚芽会带入发酵醪中，玉米胚芽油会促进发酵。

二、　蒸煮

单一麦芽威士忌不需要此工序，但这是谷物威士忌生产的重要工序。

蒸煮的主要作用是打断淀粉分子间连接的氢键；使淀粉从蛋白质网状结构中游离出来；破坏淀粉的颗粒结构，并将它转化为胶体悬浮液[6]。

蒸煮的程度依赖于所用的谷物，通常由它们的糊化温度决定。玉米的糊化温度明显高于酶将淀粉转化为糖的温度，达62~67℃[8]，高于小麦的糊化温度，真正的糊化温度可能需要100~160℃[9]。小麦含有大量的细胞壁成分——阿拉伯木聚糖，会给后续的蒸馏以及蒸馏后酒糟即蒸馏残液的处理带来大量问题，而通过蒸煮可以减轻这些问题。

蒸煮的方式很多，如分批蒸煮和连续蒸煮；加压蒸煮和常压蒸煮；锤式粉碎后的蒸煮和不粉碎蒸煮；而原料则又有多样性，如玉米和小麦，因此，工艺各有特色，互有优劣。批次间隙蒸煮需要能量大，蒸煮时间相对比较长，物料灭菌充分，但导致过度的褐变反应，造成出酒率下降[10]。

谷物粉或未粉碎的谷物在（粉）浆桶中与加工用液体混合（图10-4），典型的粉浆含有2.5L液体/t谷物[5]。加工用的液体通常是水，但也有用循环的蒸馏废液，或稀麦汁，或回收的醪过滤或分离时的洗糟水。

循环蒸馏废液是将部分蒸馏废液回用，用离心法或过筛法去除蒸馏废液中固形物，

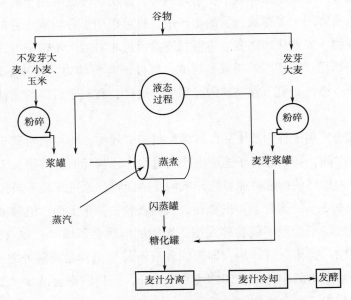

图 10-4　威士忌生产时的蒸煮与糖化流程图 [10]

在某些特定情况下作为过程液体的补充。循环蒸馏废液酸度高，合理使用有利于发酵；不能提供酵母生长必需的营养物质，但用量太大，会因金属离子（如钠离子）和某些离子（如乳酸根）量增加而抑制发酵 [6]。

粉浆桶使用机械搅拌，以避免"白眼"，出现"白眼"会造成淀粉萃取量下降，淀粉转化率下降，最终造成出酒率下降。粉浆制作通常在常温下操作，但也可以利用废热将其加热到 40℃ 或更高温度。高温有助于水合作用，降低蒸煮时的能耗。但过热时，会造成淀粉焦糖化，并产生戊糖，降低出酒率 [2]。在连续蒸煮时，会加入少量的麦芽，进行预糖化。其目的是利用麦芽中的酶如淀粉酶、蛋白质酶和 β-葡聚糖酶水解淀粉、蛋白质和果胶（如 β-葡聚糖），降低醪液黏度，利于加工过程中的泵运行。

三、　糖化醪制作

糖化醪制作的目的：一是粉碎后的麦芽释放糖化酶；二是麦芽酶作用于煮熟的谷物淀粉；三是可发酵浸出物即糖和小分子糊精从原料颗粒中释放出来，同时蛋白质降解为氨基酸和肽；四是粗的颗粒在释放出可溶性物质后，作为糟分离出来 [2,5]。

在制醪时，粉碎后的麦芽与温水混合，悬浮液进入糖化桶。谷物威士忌生产时，粉碎后的玉米等谷物使用蒸汽蒸煮，煮熟后热的醪直接进入糖化桶。用冷水调节温度。老熟的玉米等谷物立即进入糖化桶是为防止淀粉返生 [2]。

依据使用麦芽还是不发芽谷物的异同，制醪有两条途径。前者类似于啤酒麦芽汁的生产，需要清亮的或过滤后的浸出物，以防止间隙壶式蒸馏时"烧焦"。后者是采用现代连续蒸馏方式，固态物的分离可以简化，发酵与蒸馏时通常会保留粉碎后的整个谷物[5]。

另外，对单一麦芽威士忌而言，仅需进行糖化；对谷物威士忌而言，则包括蒸煮[3]。糖化时，淀粉酶与界限糊精酶水解大部分可溶性淀粉分子（来源于粉碎后的谷物的热水浸出物）生成可发酵性糖。

糖化时，醪中的反应十分复杂。长链的淀粉分子在麦芽 α-淀粉酶作用下断裂，在 β-淀粉酶的作用下，麦芽糖被释放出来。事实上，苏格兰谷物威士忌在考虑糖化能力的情况下，会增加麦芽用量，其目的不仅仅是增加麦芽的风味，还会增加淀粉的转化[2]。

谷物糖化醪的成分主要是总可溶性碳水化合物（以葡萄糖计）9.00%，不溶解性固体2.20%；其中果糖0.13%，葡萄糖0.29%，蔗糖0.28%，麦芽糖4.65%，麦芽三糖0.96%，麦芽四糖0.15%，糊精2.54%；氨基氮（以亮氨酸计）0.09%；灰分0.27%，其中 P_2O_5 0.09%，K_2O 0.09%，MgO 0.02%；硫胺素（维生素 B_1）0.46mg/L，吡哆醇（维生素 B_6）0.61mg/L，生物素（维生素 H）0.01mg/L，肌醇236mg/L，尼克酸11.1mg/L，泛酸盐0.71mg/L[2]。

糖化结束后，并不像啤酒生产，通过煮沸麦汁，终止所有麦芽中酶的活性。威士忌生产时允许残留的麦芽酶在糖化后延续到发酵过程中，即在发酵时，会同时存在糖化反应。此时，可溶性糊精会进一步分解，此过程增加的可发酵性糖占整个酒精产量的30%左右[2]。

（一）麦芽威士忌

在分批制醪（通常小规模的典型的苏格兰威士忌酒厂仍然在使用）时，首先是谷物粗粉碎，以便于麦芽中的酶发挥作用。苏格兰麦芽威士忌生产时通常不允许外添加酶，糖化醪中仅仅含有粉碎的麦芽和水[3, 5]。

现在的麦芽通常是商品性的麦芽，酶活性很高，富含 α-淀粉酶和 β-淀粉酶。一些绿麦芽即未烘烤的麦芽也在使用。但绿麦芽货架期短，运输成本比干麦芽高。

麦芽粉碎可以获得可发酵性糖的最大浸出，通常用锤式粉碎机粉碎成细面。如果粉碎太粗，会造成浸出物损失；如果粉碎太细，则会影响后道的过滤。

麦芽威士忌酒厂的制醪过程包括麦芽的多步浸出[7, 11]。一批麦芽装入糖化锅，接着第一次保温糖化，加入64~68℃的水4~4.5t/t麦芽，65℃保温，通常30min，排出麦芽汁。第一次保温糖化的温度主要考虑对酶的破坏要少，因此，温度要进行控制。

在麦芽粉中第二次加水1.5~2t/t麦芽，水温比第一次略高，第二次75℃保温糖化。第二次保温糖化的目的是破坏残留的麦芽酶系，抑制酶特别是 α-淀粉酶的作用。此过程需要8~12h[5]。

再进行第三次加水甚至第四次加水，进行保温糖化，从 85℃ 直到 95℃ 保温糖化[3, 5]。不同糖化温度的麦芽汁混合，冷却，调整到需要的麦芽汁相对密度进行发酵；最后一次保温糖化的麦芽汁因其可发酵性糖含量低，通常用来开始下一次的糖化程序。

大部分单一麦芽威士忌和谷物威士忌酒厂采用单一温度糖化，即 65℃ 糖化 90min，然后加水，此时温度约 75℃[3]。

为了获得清亮的麦汁，需要使用麦汁过滤槽[7, 11]。但一些小厂还在使用铸铁的带有开孔的底箅和弯头耙的容器；另外一些酒厂使用水夹套不锈钢糖化锅[3]。

(二) 谷物威士忌

谷物威士忌制醪主要有两种方式：一种是分批制醪模式；另外一种是连续制醪模式。

分批制醪时，通常使用锤式粉碎机粉碎，高压蒸煮，生产的醪不需要过滤，直接进入发酵；连续制醪通常使用粗粉碎，常压蒸煮，产生的糖需要过滤后进入发酵阶段。还有一种比较少见的是整粒谷物，采用连续蒸煮方式，麦汁过滤后再发酵[10]。

谷物威士忌生产时，分批制醪过程仍然在传统苏格兰谷物威士忌厂使用，通常使用玉米或小麦作原料。谷物粉碎或整粒；粉碎的费用要与粉碎后谷物快速蒸煮节约的能量成本相当。谷物进入分批压力蒸煮锅，加水 2.5t/t 谷物（大约 3：8，质量比），通入蒸汽，缓慢加热到 85℃，然后在一定压力下加热到 140℃（130~150℃），保温约 15min。典型的是约 200kPa 带压蒸煮 2h[11]。

传统的谷物蒸煮锅是卧式的、圆柱体的、带压力的蒸煮锅，内带搅拌装置[2]，连续批蒸煮。搅拌的目的是避免黏锅以及后续的烧焦即焦糖化。碎麦芽提供部分可溶性淀粉和所有的淀粉酶，大部分可溶性淀粉来源于蒸煮后的谷物。蒸煮时，因细胞壁破裂，谷物粉中的淀粉被糊化、液化，使得其易于被淀粉酶水解[3, 10]。

蒸煮条件因原料而异。不同的酒厂、不同的原料、不同的工艺，其蒸煮的温度与时间是不同的。玉米需要 140℃ 糊化，但小麦使用 140℃ 糊化后，出酒率不高，而使用较低的温度 85℃ 糊化，可以提高出酒率，但与小麦的含氮量无关[12]。

蒸煮完成的粉浆进入闪冷罐或蒸发器快速降压（图 10-4），此过程称为卸料。此时，紧密结合的淀粉被释放，类似于爆米花的效果。整粒的谷物在此过程会碎裂。卸料是蒸煮过程的关键步骤，需要快速且控制好冷却的温度，否则会造成淀粉返生。

淀粉返生是淀粉从分散的非晶态状态回到不溶性晶体态的过程[9]。返生，会形成凝胶，增加黏度，不易被 α-淀粉酶降解，阻碍后续酶的水解，造成出酒率下降[9, 13]。直链淀粉的返生被认为是不可逆的，即使再采用超过 100℃ 的高温处理。支链淀粉对返生不太敏感，玉米支链淀粉比大麦和小麦支链淀粉更易返生，且返生较快；小麦支链淀粉相比大麦，又不太易返生[14]。

闪蒸后的醪转移到糖化锅中，并冷却到 62.5℃。加入粉碎的麦芽，进行预糖化，以实现淀粉转化。麦芽可以是烘干后的麦芽，也可以使用绿麦芽（以节约烘干的能量）。重要的是，麦芽需要较高的酶活性，以降低其用量。通常糖化醪含有 10%～20%（爱尔兰有些酒厂可能使用 40%）的粉碎麦芽。美国波旁威士忌生产时，通常使用不少于 51% 的玉米，其余的原料是燕麦和大麦；燕麦威士忌燕麦用量不少于 51%[3, 10]。

预糖化几分钟后，带开孔底箄的糖化桶的控制阀门打开，麦汁流出，冷却后被泵入发酵罐（fermenting vessel，苏格兰称作 washback），酵母悬液同时加入发酵罐的一次麦汁中。当清液流出后，谷物残渣再次被搅拌，用水充满容器的一半；搅拌均匀后，过滤，清液即二次麦汁冷却后泵入发酵罐，与一次麦汁混合。然后，直至发酵结束后蒸馏[2]。

二次麦汁产生后，在麦芽残渣中加入水，生产三次麦汁，带热贮存在贮存罐中，是下一次生产时的二次水；此时的谷壳称为麦糟。麦糟再次加水浸出，此次的水为沸水，获得四次麦汁，此麦汁用作下次玉米糁蒸煮时的蒸煮水[2]。

20 世纪 80 年代后，连续制醪获得应用[11]。连续制醪过程（图 10-5）中，粉碎的细谷物浆预先与部分麦芽混合，并预加热至 90℃。此阶段，会发生一些化合物转化，混合物黏度下降。接着，进入主蒸煮阶段，约 165℃[15] 或 130℃ 维持 5min[10]，然后冷却到 60℃[15] 或 68℃[10]。添加麦芽，实施转化。麦芽汁进一步冷却，转移到发酵阶段。

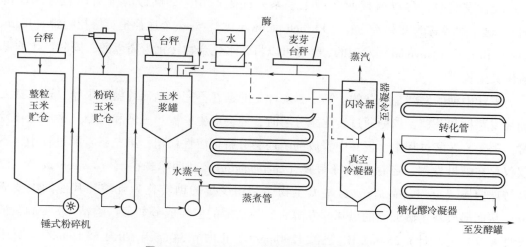

图 10-5　玉米威士忌生产时的连续糖化流程图[15]

连续蒸煮的优点是蒸煮时间短，在淀粉充分糊化的同时，热降解反应少，减少了焦糖化的褐变反应。但由于蒸煮时间过短，物料灭菌可能不充分，易造成后期染菌。

四、　发酵

糖化结束后，大部分威士忌酒厂是将麦芽汁输送并喷射至发酵罐中，同时过滤掉来源于粉碎较粗麦芽的废谷壳和酒糟；也有酒厂并不使用热交换器（冷却器）和喷射法冷却到合适的发酵温度，而使用开口式冷却装置，如冷却盘。

谷物生产威士忌时，谷物使用锤式粉碎机粉碎，保证了最大的转化率，但仍然需要在发酵添加酵母前对糖化醪进行过滤以去除悬浮固形物[3]。不少企业已经将过滤省略，糖化醪直接进入发酵罐，冷却，接种酵母发酵。但未过滤的麦汁易造成蒸馏时蒸馏器结垢，故在蒸馏前再去除固形物[10]。

当麦汁从糖化桶经冷却进入发酵罐，酵母发酵就开始了。在小规模的威士忌生产企业，发酵罐是密闭的，传统的仍然使用木桶，没有温度控制，也不收集 CO_2，不是经济的模式。大规模的企业，如使用连续生产方式的谷物威士忌企业，发酵罐是不锈钢的，带有冷却装置，有时还带有 CO_2 回收装置。典型的发酵时间是 40~48h，少于传统的发酵时间。过长的发酵期会出现细菌发酵，造成酒精得率下降和风味缺陷[16-18]。

发酵过程的反应是复杂的，主要的反应是 EMP 途径。经过约 12 步反应，葡萄糖或果糖被酵母转化为酒精，并释放出 CO_2。一些其他的反应同时发生，如产生甘油，也包括酵母生长繁殖时的三羧酸循环。

麦汁发酵时，酵母氮代谢会产生一系列的副产物，如高级醇（有时也称为杂醇油），这个途径称为艾利希途径（Ehrlich pathway）。另外一个途径是英格拉哈姆（Ingra-ham）和盖蒙（Guymon）发现的，酵母可以将碳水化合物转化为高级醇，同时产生氨基酸供其生长[19]。

麦汁中糖的发酵是复杂的：第一，麦汁中的糖并不完全是葡萄糖和果糖，还包括二糖如麦芽糖和蔗糖，二糖通过转化酶分解时，还会产生三糖。三糖和寡糖几乎不能被发酵。第二，发酵过程中，麦芽中释放的酶还会分解可溶性糊精；第三，发酵过程中，不仅仅存在酵母发酵，还存在乳杆菌属（*Lactobacillus*）和明串珠菌属（*Leuconostoc*），以及链球菌属（*Streptococcus*），这些微生物会利用少量的糖转化为乳酸和其他的次要成分，从而形成谷物蒸馏酒的风味。发酵后，谷物醪的主要成分如下：酒精 4.8%vol，挥发性酸（以乙酸计）259mg/L，乳酸 1290mg/L，正丙醇 34mg/L，正丁醇 16mg/L，异丁醇 50mg/L，异戊醇 135mg/L，甘油 2500mg/L，挥发性酯（以乙酸乙酯计）52.8mg/L，总醛（以乙醛计）7.8mg/L[2]。

麦汁中糖的利用不是同步的，但是是有顺序的。葡萄糖、果糖和蔗糖非常快速地被利用。主要的糖——麦芽糖接着被发酵，而发酵的后半程是缓慢利用麦芽三糖、麦芽四糖和可溶性糊精的分解产物（图10-6）。在此过程中，细菌群落逐渐增长，并产生乳酸和其他的酸，以及低浓度的其他成分，这些成分影响着威士忌的风味[2]。

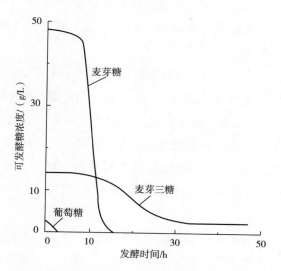

图 10-6　谷物威士忌麦汁发酵中糖的利用[2]

其他成分或参数如相对密度（SG）、pH、总酸、旋光度（α_D）在发酵过程中的变化如图 10-7 所示。发酵初始时，其 SG 约为 1.050，pH 5.0，总酸 0.10%，α_D＋30°，可检测的细菌浓度 0~10000 个/mL，污染的细菌通常是革兰染色阴性（G^-）的杆菌和 G^+ 的乳酸菌。细菌的含量跟工厂清洁程度有关。发酵的第一个 30h，酵母增殖，污染的好气细菌死亡，产乳酸的细菌逐渐占有优势，造成 pH 和旋光度下降，总酸上升。在发酵的第一个 24~30h，因糖的消耗，SG 快速下降，产生酒精[16]。

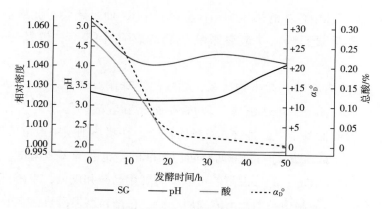

图 10-7　苏格兰麦芽威士忌发酵过程重要参数变化[16]

发酵的主要微生物是酿酒酵母（*Saccharomyces cerevisiae*）。麦芽和谷物会污染各种微生物，如酵母和细菌，故需要接种酵母培养，通常使用优良的专用蒸馏酒酵母和啤酒酵母[2, 16, 20-21]。不少酒厂用两种酵母或三种酵母，如蒸馏酒酵母、啤酒酵母和面包酵母来平衡出酒率和风味。用于蒸馏酒厂发酵的酵母需要考虑以下几个因素：一是发酵力；二是发芽力；三是含水量；四是细菌污染；五是质量稳定性[16]。另外，还要考虑其洗涤、处理与贮存的方式。压榨酵母可以用，但含水量不得超过24%，酵母出芽率至少85%（亚甲基蓝试验）[16]。

酿酒酵母的接种温度21~22℃，发酵温度最高可达35~37℃。种子酵母中污染细菌数不得超过1500个细菌/10^6个酵母和50个革兰染色阳性菌/10^6个酵母，产乳酸细菌不超过10个/10^6个酵母[16]。因生产威士忌时，采用非灭菌系统，故需要将细菌污染降到最低。酵母的发酵力十分重要，通常通过试验进行验证。

大部分发酵的起始温度是20℃，然后增加到超过30℃，一些厂并不控制发酵温度[3]。酵母发酵糖的能力是不同的。不同的菌种其作用的温度、pH、糖浓度和糖以外其他成分多少是不同的[2]。

威士忌酵母通常会影响麦芽威士忌的感官性能，产生更广泛的风味活性代谢物和产物，同时间接影响着其他微生物，特别是乳酸菌（LAB）。与蒸馏酒酵母相比，面包酵母发酵麦芽的蒸馏物中含有高浓度的果香酯、具脂肪气味的蛋氨醛和甜香的（2H）-呋喃酮类化合物[22]。这些是直接对风味有贡献的化合物。另外，还会在醪中产生更多的9-癸烯酸乙酯和2-甲基丁酸乙酯。与蒸馏酒酵母和LAB共酵相比，啤酒酵母和LAB共发酵时会在醪中产生较高浓度的10-羟基棕榈酸和10-羟基硬脂酸[22]。这些羟基酸来源于油酸，是γ-内酯（如γ-十二内酯）的前体物质，它们在麦芽威士忌中呈甜香和脂肪气味。

糖化醪发酵前不灭菌，造成糖化过程的微生物随糖化醪一起进入发酵罐，并存在于整个发酵过程中，对发酵产生显著的影响。麦芽汁中的糖化酶以及其他酶类，在发酵时仍然在起作用。麦芽汁中存在的微生物不仅会降低pH，而且还会对淀粉水解酶系特别是界限糊精酶产生重要影响，并最终影响新酒的感官性能[23]，以及麦芽汁的酒精产率[23-24]。

另外，麦芽汁中含有嗜热微生物区系，如嗜热链球菌（*Streptococcus thermophilus*）、明串珠菌属（*Leuconostoc*）、足球菌属（*Pediococcus*）和乳酸菌等[18, 25-26]，它们会降低糖化醪的pH，一直到制醪结束，且进入发酵阶段[3]。在嗜热细菌中最重要的是乳酸菌，特别是乳杆菌属（*Lactobacillus*）。乳酸菌有同型发酵的，也有异型发酵的。同型发酵的只利用己糖，发酵产生乳酸；异形发酵的可以同时利用己糖和戊糖，发酵产生乳酸、乙酸和CO_2。酿酒酵母只能利用己糖，不能利用戊糖，它是异型发酵乳酸菌在发酵早期和中期生长的现成碳源[25]。这两个阶段的菌主要有短乳杆菌（*Lactobacillus brevis*）、发酵乳杆菌（*L. fermentum*）和费伦托什乳杆菌（*L. ferintoshensis*），但酿酒酵母仍然是优势菌。在发酵过程中，酿酒酵母死亡，pH下降，温度上升再下降，LAB也在变化；至发酵结束时，同型LAB特别是副干酪乳杆菌（*L. paracasei*）、嗜酸乳酸杆菌（*L. acidophilus*）和德氏乳杆菌（*L. delbrueckii*）占优势地位。如 120h 发酵后，啤酒酵母大约 10^4 个/mL，而 LAB 则大约是 10^8 个/mL[22]。日本单一麦芽威士忌生产时发现，麦芽汁转移到发酵罐开始时的乳酸菌浓度是发酵起泡时乳酸菌浓度（250μg/L）的一半，乙酸浓度从 15μg/L 上升至 185μg/L[23]。这些结果均表明，如果延长发酵期，LAB 对威士忌感官特征的影响更显著。因此，短发酵期对威士忌质量有着决定性的影响。

乳酸菌对麦芽威士忌感官质量的影响体现在几个方面：一是产生一些特殊的代谢物；二是这些代谢物可能是老熟阶段的风味前体物质；三是可能会改变蒸馏时的化学反应；四是增强发酵醪中乙酸盐和乳酸盐的浓度。如在新酒中产生较高浓度的一些酯和酚类化合物，如乙烯基愈创木酚和 4-乙烯基苯酚，分别来源于阿魏酸和香豆酸的脱羧基产物[25]；增加 β-大马酮的含量，特别是在 LAB 污染的发酵中[27]。另外，LAB 存在时产生的羟基烷酸是 γ-内酯的前体物质[22]。

麦芽汁的可发酵性对威士忌的生产十分重要。麦芽汁中可发酵性糖略微上升，可增加出酒率。寡糖因含有 α-（1→6）-葡萄糖苷键，不容易被酵母代谢，因此是非发酵性的。这些糖以支链 α-葡聚糖或支链界限糊精最为著名，是在糖化时通过 α-和 β-淀粉酶作用于支链淀粉而产生的。在淀粉酶系中，仅仅界限糊精酶能水解 α-（1→6）-葡萄糖苷键。因此，保持该酶活性，可能获得麦芽汁最大的可发酵性和最大的出酒率。研究发现，在 pH 从 5.5 下降至 4.0 时，该酶活性下降[24]。界限糊精酶最大可能是与蛋白质结合而失活[28]。这些发现在实践中已经得到验证。一些酒厂在糖化前添加"回流物（蒸馏废液或稀酒糟）"代替 40% 的水用来蒸煮小麦，还有一些厂添加"回流物"至发酵罐中。实验室试验证明 9：1 的小麦与麦芽糖化，发酵前添加 40% 的回流物会增加界限糊精酶活性[29]。

酒精的得率，节能与节约原料以及废弃物的排放是人们长期关心的问题。酒精的得率与酵母活力和蒸煮、糖化时淀粉转化为可发酵性糖的转化率有关。通过使用热交换系统，实现了节能，但很多耗能的过程如谷物蒸煮、糖化和蒸馏是无法避免的，这在 20 世纪中期前是无法解决的。后来，人们研究开发能产淀粉酶的酵母菌，能同时水解淀粉并发酵产酒精，且不需要高温。表明可以不需要糖化这一过程，但仍然需要淀粉糊化过程。酿酒酵母没有淀粉糊化作用，但酿酒酵母的变种糖化酵母（*S. diastaticus*）可以。另外，不允许用外添加酶来生产苏格兰威士忌。

早期人们想在威士忌行业中应用酿酒酵母与糖化酵母杂交的菌株，来实现淀粉的水解与发酵一步法，但仅取得有限成功，主要是由于释放的淀粉酶水平较低[30]。橘林油脂酵母（*Lipomyces kononenkoae*）是真菌，能有效降解生淀粉，4 株酿酒酵母克隆来源于橘林油脂酵母的 α-淀粉酶基因 *LKA*1 和 *LKA*2。发酵试验表明，基因改造菌株 GMOs 能产生约 66% 的理论酒精得率[31]。

第二节　伏特加生产工艺

伏特加是北欧地区和俄罗斯的重要饮料酒，通常以大麦、小麦、黑麦、土豆为原料[32-33]，并辅以其他谷物原料，如荞麦、玉米或小米，还可以使用糖蜜和水解土豆淀粉作原料[32]。

伏特加的生产类似于生产高纯度酒精，需要精馏，通常是连续柱式蒸馏或壶式多次蒸馏；多次活性炭过滤（通常是 3 次过滤）或通过装有活性炭的一级或多级柱子，以降低香气成分含量[33]，确保了总的香气成分在 3g/L 以下[32]，故几乎没有基于原料的特征气味。

第三节　日本烧酒生产工艺

日本烧酒（shochu）即烧酎是用米、大麦、荞麦、玉米、土豆、甜甘薯、甜菜糖、板栗等作原料，用米曲（koji）糖化淀粉或块茎淀粉，酵母作发酵剂生产米酒，然后蒸馏而成，稀释到约 30%vol。传统口味的日本烧酒比较浓烈。

烧酎（shochu）最早被日本人称为阿拉基（araki）或阿兰比基（arambiki）。shochu 一词起源于波斯（Persia，现为伊朗）；大约在 16 世纪中期，蒸馏技术从中国传到鹿儿岛（Kagoshima，此地的记录是 1559 年[3]），于是出现了 shochu。烧酎从 1975 年开始发展壮大，现在已经成为日本排名第一的饮料酒（换算成纯酒精）。日本烧酒的主产地在九州[34]。

一、 传统烧酎生产工艺

传统烧酎属于本格烧酒或乙类烧酒，通常由单一原料生产。使用米曲和酵母，米曲的制作原料与酿酒原料相同，如米烧酎（生产流程见图 10-8）用米曲 [含有米曲霉（Asp. oryzae）] 和大米生产；芋烧酒（生产流程见图 10-9）用芋制曲，用芋作发酵原料；大麦烧酎用大麦制麦曲菌 [含有河内白曲霉（Asp. kawachii）]，大麦作发酵原料生产。

米烧酎发酵过程总体上包括四个生产阶段：米曲生产阶段、酵母种子醪生产阶段、发酵醪生产阶段和蒸馏阶段。

米曲生产（2d）时，添加泡盛曲霉（Asp. awamori）或河内白曲霉到蒸熟的米饭上，

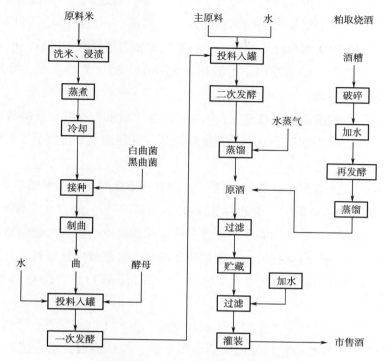

图 10-8　日本米烧酒生产流程[35]

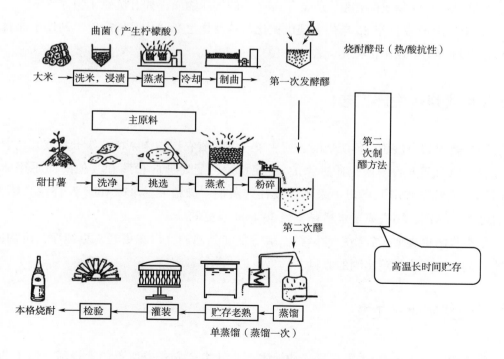

图 10-9　日本芋烧酒生产流程[34]

生长到足够密度；在酵母种子醪生产过程（5~8d）中，通过加水，由曲霉菌菌株糖化，并由酵母种子醪生产开始时加入的酿酒酵母发酵产酒精；在发酵醪生产过程（7~12d）中，蒸熟的原料和水加入酵母种子醪中，进一步糖化和酒精发酵；最后，用壶式蒸馏器蒸馏发酵醪，获得烧酎。刚蒸馏出来的酒超过 45%vol。通常老熟 3 年，后加水稀释到 25%~30%vol 过滤、装瓶。

在酵母种子醪和发酵醪发酵过程中，因曲霉产生大量的柠檬酸，发酵醪液保持在低 pH（3.0~4.0）。低 pH 对于防止这两个发酵阶段孳生变质细菌很重要。发酵醪中存在乳酸菌（LAB）很少。

大麦曲菌生产大麦烧酎时，发酵方式与米曲生产米烧酎类似。但酒中香气不一样。假如发酵醪中氨基酸含量高时，会产生更多的高级醇[36]。另外，在蒸馏时，丙氨酸、甘氨酸和苯丙氨酸将会与糖在高温下产生更多的美拉德反应产物。大麦曲菌中氨基酸的量与大麦品种以及大麦仁得率有关。大麦仁得率越高，氨基酸含量越高。日本大麦尼稀诺荷稀（Nishinohoshi）和澳大利亚大麦斯库纳（Schooner）适合酿造日本传统大麦烧酎[36]。

由于人们饮酒口味偏淡，于是酒厂不断改进生产工艺，以减少不必要的风味，降低风味物质强度[37]。这些改进包括使用高质量的原料、减压蒸馏，均会使得风味物含量下降，酒体变轻快。另外，装瓶前的各种过滤过程，如活性炭处理、离子交换和冷冻过滤，也降低了风味物质的含量，去除了不必要的气味物质，如有机硫化物等[37]。

日本烧酎于 20 世纪 80 年代实现机械化与自动化生产，从原料粉碎、制作米曲直到灌装的全过程均实现了机械化（图 10-10）。

二、甲类烧酎生产工艺

甲类烧酎的产量超过传统烧酎，使用单一淀粉质农作物作原料，如玉米或几个混合的原料。原料蒸煮后的糖化通过添加 α-淀粉酶、葡萄糖淀粉酶和其他酶而不用曲菌（米曲），发酵添加酿酒酵母，采用连续柱式蒸馏，酒精度达 95%vol，贮存在大罐中，在过滤和装瓶前，用去离子水稀释至约 30%vol 或更低。

甲类烧酎更类似于谷物中性酒精、伏特加和其他酒，口味更轻，更纯净，可加冰、加水饮用，也可作为鸡尾酒的原料。

三、泡盛酒生产工艺

泡盛酒（awamori）主要在日本冲绳生产。其生产方式类似于传统烧酎，但米曲中主要微生物是泡盛曲霉，能产生高浓度柠檬酸，防止制曲和发酵过程中细菌污染。

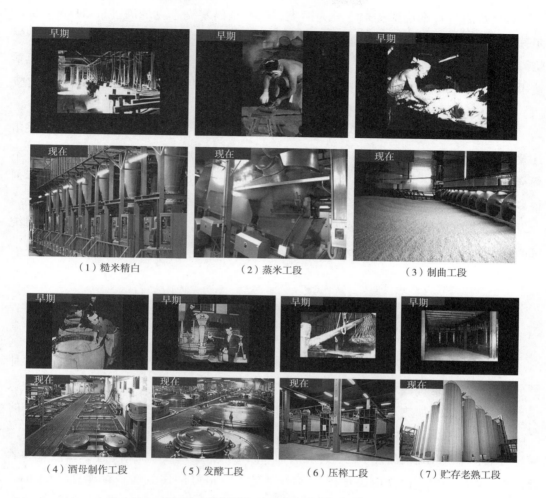

（1）糙米精白　　　　　（2）蒸米工段　　　　　（3）制曲工段

（4）酒母制作工段　　（5）发酵工段　　（6）压榨工段　　（7）贮存老熟工段

图 10-10　烧酎手工与机械化生产对比图[34]

　　酿酒原料大米是来源于泰国和西亚的长粒米，而不是日本本土产的短粒粳米。使用米曲发酵后，采用一次壶式蒸馏，原酒酒精度 45%~50%vol，在装瓶前用纯净水稀释到 25%~30%vol。由于使用米曲和一次蒸馏，故泡盛酒的风味物质含量较高，通常会产生土腥、刺激性气味，甚至带有药香。

第四节　韩国烧酒生产工艺

　　韩国烧酒（soju）用米作原料，或与小麦、大麦、甜甘薯混合作原料，先生产米酒，再蒸馏生产中性酒精，然后稀释到 20%~30%vol，并增甜。传统的韩国烧酒口感浓烈，味道丰满，但不甜。

韩国烧酒与日本烧酎类似，分为两类，一类是黑塞克思克烧酒（hiseoksik soju），是韩国人每天喝的、稀的精馏酒；另一类是戈瑞思克烧酒（jeungryusik soju），此为传统烧酒，通常用米酒单蒸馏获得。这两类酒的酒精度通常在20%~25%vol。传统烧酒通常使用瓷器装，并带有中国图案与文字；有比较浓郁的似麦芽的香气；另外酒精度比较高，达45%vol以上。

黑塞克思克烧酒用大麦、玉米、土豆、大米、甜甘薯、木薯和小麦发酵而成，采用连续蒸馏装置，原酒酒精度高，香气平和，然后稀释到20%~25%vol，过滤，增甜。未稀释的酒是精馏的，香气不多，类似于伏特加和金酒，故没有必要老熟。增甜用甜味剂很多，天然的如蜂蜜和枫糖浆，非糖甜味剂如阿斯巴甜、甜叶菊苷和木糖醇。

韩国传统烧酒是用传统的诺如克（nuruk）曲和酵母，单壶式蒸馏。最著名的传统烧酒产生于韩国安东市（Andong）。

第五节　白兰地与葡萄蒸馏酒生产工艺

最新的欧盟标准已经将白兰地与葡萄蒸馏酒分列（见第一章），故本书亦将此两种酒分开叙述，但这种区别主要在蒸馏部分（见第十一章）。

白兰地是通过加热葡萄酒，蒸馏出酒精和挥发性化合物，并需在小橡木桶中老熟的产品。现代白兰地通常使用欧洲葡萄（*Vitis vinifera* L.）汁发酵生产。

土壤、气候和葡萄品种不同，产生的葡萄酒不同，但这些影响远小于蒸馏过程和老熟过程。即使如此，白兰地还是按产区来分类[38]。最好的白兰地是科涅克（Cognac，又译为干邑）白兰地和阿尔马涅克（Armagnac，又译为雅文邑）白兰地。按照欧盟法律规定，科涅克白兰地只能用法国科涅克地区*生长的葡萄来生产，阿尔马涅克白兰地只能用法国加斯科尼（Gascony）地区生长的葡萄来生产，且采用传统工艺生产。假如美国加利福尼亚州用同样的方式生产，且通过品尝也非常像科涅克白兰地，但它在欧洲不能称为科涅克白兰地。

一、　葡萄品种

好的白兰地必须要有好的葡萄酒基酒［base wine，亦称返利葡萄酒（rebate wine）、白兰地原料葡萄酒、白兰地原料酒[39]、白兰地基酒］。早期将发酵不好的（如污染微生

注：＊位于波尔多（Bordeaux）北边的夏朗德省（Charente），现在这个地区有200个厂生产科涅克白兰地，包括建厂于18世纪早期的马爹利（Martell）和人头马（Rémy Martin）、御鹿（Hine）、轩尼诗（Hennessy）、拉攸–萨布兰（Ragnaud-Sabourin）、德拉曼（Delamain）和拿破仑（Courvoisier）。

物）或质量差的（如口味淡薄或过酸）或有缺陷风味的（如氧化气味、还原气味、过度硫化味）葡萄酒用来蒸馏生产白兰地的做法已经不复存在，这些酒，只能蒸馏生产工业酒精。好的葡萄酒基酒通常酒精度适中，酸度爽脆，很少或没有添加二氧化硫。

葡萄品种选择、风土、收获时间和酿酒工艺要特别明确，以生产出最佳的蒸馏原料。使用的葡萄通常来自白色健康品种，其性质是中性的，例如在南非，白诗南（Chenin blanc）和鸽笼白（Colombard）占产量的90%，也会使用神索（Cinsaut）和苏丹娜（Sultana）。葡萄收获比较早，以避免最初高浓度的风味化合物质影响最终产品风格。在法国，常用于白兰地基酒生产的是白玉霓［Ugni Blanc，也称为特雷比奥罗（Trebbiano）］，但其他葡萄如鸽笼白和白福尔（Folle blanche）也在使用。在凉爽的夏朗德省（Charente），这些品种的葡萄在大多数年份自然产生8%～9%vol的酒精[38]。在美国加利福尼亚州通常会使用鸽笼白和汤姆逊无核（Thompson seedless），也使用其他淡色品种如托卡依（Tokay）、使命（Mission）、帝王（Emperor）[40]。

不同品种葡萄其采收时间不同，浆果成熟指标也不同。如中国山东地区白羽葡萄糖度15～20°Bx，滴定酸度5.2～8.6g/L即达到生理成熟期；而龙眼葡萄达到生理成熟期的糖度15～17°Bx，滴定酸度6g/L左右[39]。

研究发现生产高品质白兰地葡萄的糖度17～18°Bx，总酸在7～9g/L[41]。葡萄酒基酒中总酚和挥发酸含量越低，则白兰地质量越好。因此，葡萄酒基酒生产时，葡萄皮的接触时间越短越好，故常使用自流汁，此时多酚浓度很低。这与强化葡萄酒如雪莉酒（Sherry）和波特（Port）酒的生产相反，它们需要多酚催化氧化反应。

二、发酵工艺

在葡萄酒生产前，需要对加工厂房、发酵设备等进行清洗、消毒杀菌，用硫黄熏蒸。

采收后的葡萄最好在3～5h内破碎加工（图10-11）。葡萄在液压机压力下以中等压力直接破碎，以避免酚类萃取。用泵将葡萄浆泵入果汁分离压榨机。压榨后，压榨葡萄汁和自流葡萄汁需要澄清，或静置沉淀或离心，以除去残留的葡萄皮、不需要的微生物和酶。因葡萄汁需要尽快冷冻，故通常使用离心方式。没有 SO_2 保护的静置是不行

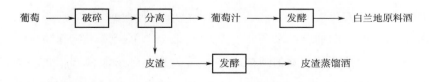

图10-11　白兰地生产工艺流程

的，因此通常添加非常少量的 SO_2，浓度小于 20mg/L[41]，对抑制杂菌十分重要。假如果胶被浸出了，则需要添加果胶酶，此时，会形成甲醇随蒸馏进入酒中。

发酵可以采用自然发酵和接种发酵两种方式[39]。自然发酵是指葡萄破碎以后，不经杀菌，也不接种任何菌种，葡萄皮上微生物随破碎而进入葡萄汁中，利用该类微生物直接发酵。研究发现，天然酵母超过 650 株，可以分为三类[42]，不同的酵母间存在精细的天然的平衡，这种平衡随着葡萄、地窖和发酵桶的变化而变化，但酿酒酵母占优势地位[42-44]。

接种发酵时，接种 2%酿酒酵母培养物到葡萄汁中，有时还接种较少的"野生"菌株（野生酵母天然存在于葡萄上，几乎都是酿酒酵母）[41]。酵母显著影响着最终产品质量。通过对 107 株白兰地生产的酵母菌研究发现，它们产挥发性酸、酯、高级醇显著不同，脂肪酸酯和乙酸酯也有区别[45]。

在正常发酵条件下，商业活性干酵母所产蒸馏酒质量不如天然酵母。众多研究关注区域微生物群落以及它们对品质形成的影响，包括发酵过程中酵母的控制。终极目标是选择一些酿酒酵母菌株，能最具代表性，最可能适合该地区葡萄酒的生产。

生产白兰地基酒发酵温度通常为 15~18℃[3]或 20~25℃[39]，高于白葡萄酒发酵温度。提高温度的目的主要是保证发酵正常，避免发酵迟缓和产生异嗅。当温度超过 30℃时，发酵就不能正常进行，必须冷却[39]。通过添加磷酸二氢铵将游离氨基氮调整到 600~700mg/L，这不仅可以抑制硫化氢的形成，还可以防止发酵迟缓，增加酯的产生，抑制高级醇形成。

葡萄酒基酒生产时，要发酵至"干"，即酒精产率最大，糖含量最少。这主要是因为在蒸馏时，因加热会导致五碳糖形成糠醛（焦煳气味），六碳糖形成羟甲基糠醛（焦煳或烟熏气味）。

基酒生产中天然存在的苹果酸-乳酸发酵（malolactic fermentation，MLF）显著影响白兰地品质。乳酸菌已经在葡萄汁与葡萄酒基酒中分离到，MLF 在葡萄酒发酵一半时出现，会造成果香下降，香气强度下降。经历 MLF 发酵后，乙酸异戊酯、乙酸乙酯、己酸乙酯、乙酸-2-苯乙酯和乙酸己酯浓度下降，而乳酸乙酯、乙酸和琥珀酸二乙酯含量上升[46]。

在葡萄汁中添加尿素发酵会减少杂醇油的产生。当尿素添加量在 200~300μg/L 时，白兰地原酒中杂醇油含量下降 5%~10%，总酯含量提高 69%~90%，原酒香气浓郁[39]。推测认为，添加尿素或硫酸铵后，酵母优先利用无机氮，而不去利用氨基酸脱氨基的氮，从而减少杂醇油的产生。

发酵结束后，部分倒桶分离酵母泥，立即蒸馏[41]。刚刚蒸馏获得的葡萄酒蒸馏酒称为原白兰地、白兰地原酒、葡萄酒精[39]。研究发现，酵母泥含有脂肪酸和脂肪酸酯，与蒸馏后的白兰地中偶碳数脂肪酸酯高度相关，对蒸馏后酒的高级醇和酯有重要影响[45]，且影响到相应的甲基酮类化合物[47]。在南非，刚刚发酵好的新葡萄酒原酒 10℃

冷冻 14d，即可将酵母泥分离。

白兰地原酒经过橡木桶贮存老熟、勾调和调配后，成为白兰地。

三、 科涅克白兰地生产工艺

科涅克和阿尔马涅克白兰地均产于法国，是国际知名的白兰地。

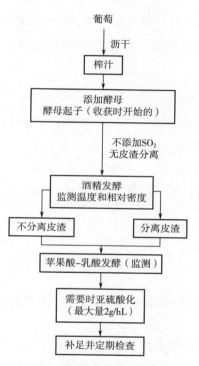

图 10-12　科涅克白兰地生产工艺流程图 [48]

科涅克白兰地的生产不同于佐餐葡萄酒的生产，其生产工艺如图 10-12 所示。

葡萄处理的第一个 5min 变化：收获后的葡萄在第一个 5min 的变化见图 10-13。其变化的强度与收获后葡萄的处理条件有关。

从收获至发酵桶：20 世纪 70 年代出现的葡萄采收机已经获得普遍应用，现在约 80% 的葡萄园采用机械化采收方式。但应该注意的是：（1）如果破碎太多，会产生缺陷风味。如己醇，会产生青香，在白兰地中含量不得超过 20mg/L；cis - 3 - 己烯醇，呈青香，在白兰地中含量不得超过 3.5mg/L；1，1，6-三甲基-1，2-二氢萘（TDN），呈煤油气味，在白兰地中含量不得超过 1mg/L；高级醇通常在白兰地新酒中含量不得超过 3500mg/L；（2）葡萄汁中固形物的产生和释放应该受到限制。过多的固形物在夏朗德地区酒厂是不受欢迎的，会引起高级醇升高的风险；（3）尽量缩短从葡萄采收到破碎前的时间。

图 10-13　葡萄处理时第一个 5min 变化 [48]

发酵：榨汁去除皮渣后，葡萄汁在桶中发酵，直到蒸馏。天然存在于葡萄汁中的酵母会在发酵时增殖，达 $10^7 \sim 10^8$ 个/mL 葡萄汁。研究发现，这些酵母主要是野生的葡萄酒酵母（*Saccharomyces ellipsoideus*），酒精发酵力强，有的酒精发酵能力可达 14% vol，但产酯少[39]。另外一些酵母产酯能力强，如尖顶酵母（*Saccharomyces apiculatus*）、发酵毕赤酵母（*Pichia fermentans*）、克柔假丝酵母（*Candida krusei*）等。

发酵时，糖转化为酒精和 CO_2 的同时，会发生很多次级反应，形成一系列的化合物，如酯类、高级醇、甘油、丙酮酸、琥珀酸、丁二醇等。各成分的多少和浓度与酵母菌合成香气成分的能力有关，还与葡萄汁的酸度、pH、糖浓度有关，也与发酵条件如温度、氧含量相关。酵母品种与数量则由土壤和产区决定。发酵结束后科涅克白兰地葡萄酒基酒成分如表 10-1 所示。

表 10-1　　　　　　　　　科涅克白兰地葡萄酒基酒成分[39]

葡萄品种	酒精含量/%	干浸出物含量/（g/L）	总酸含量/（g/L）
白福尔	8.7	17.75	6.37
鸽笼白	11.1	17.5	5.04
白玉霓	9.5	16.75	6.02

四、 阿尔马涅克白兰地生产工艺

从更多的文献记载来看，阿尔马涅克是最早的葡萄酒蒸馏酒，且从 15 世纪初至现在一直没有停止过生产[3, 49-50]。

机械化收获葡萄，榨汁，然后发酵。发酵过程禁止添加 SO_2（1936 年 8 月 6 日规定，1956 年 5 月 24 日修改）。发酵后的酒精度 8% ~ 11.5% vol 或更高，酸度平均 4 ~ 6.5g/L（以 H_2SO_4 计）。酒精发酵后，自然进行苹果酸-乳酸发酵（MLF）。是否含有 SO_2 需要指定的实验室检测[50]。

五、 皮渣白兰地生产工艺

发酵后的葡萄皮渣蒸馏所得的白兰地，称为皮渣白兰地。

皮渣白兰地最早可追溯到 1617 年，当时法国教会的农学家们就已经描述用葡萄皮渣蒸馏，最早的蒸馏厂于 1779 年建于意大利北部委内蒂（Vmetie）[39]。

目前世界上大部分国家均建立了皮渣蒸馏的装置与设备，生产皮渣白兰地。

第六节 水果蒸馏酒和水果白兰地生产工艺

苹果蒸馏酒（apple spirit）是西打酒*（cider）或苹果酒（apple wine）的蒸馏酒；梨蒸馏酒（pear spirit）是用派瑞酒**（perry）或梨酒（pear wine）蒸馏而成的。苹果蒸馏酒和梨蒸馏酒（用派瑞酒生产）的主产地是法国北部以及欧洲。

卡尔瓦多斯（calvados）是著名的苹果白兰地，它要求使用指定地区生长的西打苹果（cider apple）生产；西打汁（cider must）应按传统工艺制作，至少发酵6周；发酵后，采用壶式蒸馏，二次蒸馏，原酒酒精度约72%vol；老熟至少2年；稀释到40%～50%vol装瓶出售。

通常情况下，欧盟规定水果蒸馏酒的原酒酒精度不得超过86%vol，此时，可以保留来源于原料水果的香气。与此对应，欧盟对饮料酒中的挥发性成分含量与甲醇含量的最大与最小值也做了相应规定。

第七节 甘蔗蒸馏酒生产工艺

朗姆酒（rum）和巴西卡莎萨酒（cachaça）是甘蔗蒸馏酒（sugar cane spirits），主要在美洲生产。而印度尼西亚和南亚的这类酒称为阿拉克（arrack）。

阿拉克和亚力酒（arak）的名称均来源于阿拉伯语 araq（也译为亚力酒），本意是"汗"，即蒸馏器中滴出来的蒸馏物，现在用来表示酒。阿拉克通常通过发酵以下材料蒸馏而得，包括甘蔗、棕榈汁、枣、无花果和李子。另外，亚力酒倾向于保留了来源于中东葡萄酒或皮渣白兰地和茴香酒的意思，即茴香调香白兰地或皮渣白兰地。这些酒通常在东欧和西亚生产，如保加利亚、希腊、以色列、约旦、黎巴嫩、巴勒斯坦和叙利亚，在欧洲的非阿拉伯语名，如乌佐酒（ouzo）和马斯卡酒（mastika）。在西方，类似的饮料酒如法国的帕蒂斯（pastis）大茴香酒、意大利的茴香利口酒（anesone）和西班牙的奥亨（ojén）茴香利口酒[3]。亚力酒属于调香酒，本书不述及；阿拉克中印度尼西亚的糖蜜酒在此论述，其他阿拉克酒本书不论述。

朗姆酒主要是发酵甘蔗糖的产品，即发酵糖蜜生产的产品，但部分朗姆酒是发酵甘蔗汁生产的。主要在加勒比海地区生产，其他国家有澳大利亚、斐济、印度、印度尼西

注：* 西打酒，是一种特称的苹果酒。所有用苹果生产的酒均可以称为苹果酒，但只有在指定地区生产的苹果酒才可以称为西打酒。

 ** 派瑞酒，是一种梨酒，但只有特定区域生产的梨酒，才可以称为派瑞酒。

亚、毛里求斯、斯里兰卡等国家及留尼汪岛。卡莎萨酒产生于巴西，是发酵甘蔗汁生产的。类似的饮料酒在中美洲也有生产，如墨西哥的阿瓜迪特佳娜（aguadiente de caña）和查桑达（chasanda），巴拿马的塞科（seco），加勒比岛屿的塔菲亚（tafia）。另外知名的捷克共和国图泽马克（tuzemák）酒和图泽姆斯克（tuzemský）酒是甜菜蒸馏酒（sugar beet spirit）。

　　朗姆酒生产最简单、最基本的工艺见图 10-14。成熟的甘蔗收获，粉碎，榨出的汁直接发酵。有时需要稀释或先浓缩再稀释。发酵结束后酒精度 7%~8%vol，称为"啤酒"。大部分的卡莎萨酒和某些朗姆酒用此方法生产。但绝大部分朗姆酒是用糖蜜生产，甘蔗汁精炼后的黑色、黏稠的固态物。

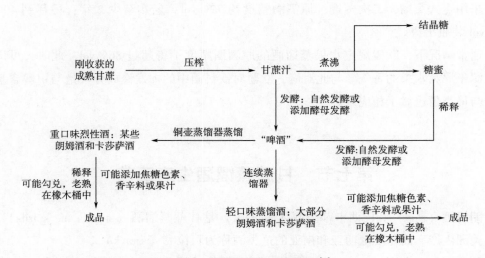

图 10-14　朗姆酒生产工艺流程图[3]

　　新鲜的甘蔗汁添加熟石灰（氢氧化钙），澄清后泵入贮槽，加压煮沸，冷却，形成糖结晶，分离后残余的糖蜜含 50%~60%（质量分数）的总糖[51]。糖蜜的稀释用蒸汽或雨水，主要目的是使用特种酵母保证发酵后的"啤酒"酒精度约在 7%vol。依据发酵类型不同，发酵时间 24h 至 12d。

　　朗姆酒生产时要求原糖糖度 50~60°Oe*（12.5~15.9°Bx），故甘蔗汁或糖蜜需要用纯的干净的水，如雨水［如美国的圣克罗伊朗姆酒（Cruzan rum）］、山涧泉水（牙买加的酒厂）或蒸馏水等稀释。甘蔗汁和稀释后的糖蜜在发酵前需加热煮沸或巴斯德灭菌。

　　大的朗姆酒厂和卡莎萨酒厂使用自己的特种酵母来发酵，但小厂使用面包酵母（如巴西）或野生酵母或先前发酵传代的酵母，如海地的朗姆芭班库酒（rhum barbancourt）[3]。一些酒厂发酵时还会加入先前发酵的酵母泥，也称为甘蔗酵母渣（dunder）

注：　* °Oeschele scale，欧谢勒糖度。

或乡巴佬酵母（fermento-caipira）。使用野生酵母和酵母泥时发酵比较缓慢，而使用面包酵母的发酵比较快。为提高卡莎萨酒质量，优良酵母选育工作一直在进行[52]。这些优良酵母具有优良的凝聚性能、高衰减能力和不产硫化氢的特点。

发酵罐通常是碳钢或不锈钢圆柱形容器，其高径比是 2∶1。其他材料如木材（早期使用）、玻璃或塑料均可以制作发酵罐，特别是小型发酵罐。发酵时控制温度。

朗姆酒的蒸馏使用壶式蒸馏器，类似于麦芽威士忌和科涅克白兰地蒸馏器或科菲蒸馏器或柱式连续蒸馏器。首次蒸馏的低度酒与上轮蒸馏的酒头和酒尾混合，进行二次蒸馏，中段接收，为朗姆酒，酒精度约 65%vol（双蒸），微量风味成分丰富；柱式连续蒸馏器蒸馏时，酒精度接近 95%vol，酒更纯净，风味物质少。

发酵时间长短与蒸馏方式会影响最终朗姆酒的风格。使用糖蜜发酵 12d 的"啤酒"富含酯和高级醇类，此酒如果用壶式蒸馏，则产生"芳香朗姆酒（aromatic rum）"或"重口味朗姆酒（heavy rum）"，如圭亚那、牙买加等国，这些酒在橡木桶中老熟，用焦糖色素调整颜色；更多的是采用快速发酵即不到 2d 的发酵时间，此时的"啤酒"香气化合物少，通常采用连续蒸馏即科菲蒸馏，产生中性的或轻口味朗姆酒，如巴西、哥伦比亚和古巴等国。

第八节　植物汁液蒸馏酒生产工艺

一、麦斯卡尔酒和特基拉酒生产工艺

麦斯卡尔酒（mezcal）和特基拉酒（tequila）是煮熟的龙舌兰属（Agave）植物的松针的糖浆渗出物发酵后蒸馏而成。特基拉酒是用指定地域的蓝龙舌兰生产的，包括墨西哥瓜巴华托州（Guanbajuato）和哈利斯科州（Jalisco）等。麦斯卡尔酒是用其他蓝色龙舌兰生产的。所有的麦斯卡尔酒和特基拉酒均受到国际原产地保护。2006 年特基拉年产量约 24.26 万 kL，麦斯卡尔酒年产量 600 万 L[53]。

墨西哥麦斯卡尔酒，用狐尾龙舌兰（Agave tequilana）汁作原料，采用自然发酵的方式，通常酿酒酵母与非酿酒酵母如假丝酵母（Candida spp.）、木兰假丝酵母（C. magnolia）、季也蒙有孢汉逊酵母（Hanseniaspora guilliermondii）、有孢汉逊酵母（H. uvarum）、葡萄汁有孢汉逊酵母（H. vinae）、马克思克鲁维酵母（K. marxianus）、膜醭毕赤酵母（P. membranifaciens）、德尔布有孢圆酵母（T. delbrueckii）一起发酵；工业化生产时，只使用酿酒酵母[53]。酒的主要成分有有机酸、高级醇、酯类、萜烯类、醛类、呋喃类、酮类和含氮化合物[53]。不同产区使用的原料以及工艺略有区别。特基拉酒是用刺芽龙舌兰（*A. salmiana*）汁生产的，主要是酿酒酵母与非酿酒酵母如葡萄念珠菌（*C. lusitaniae*）、马克思克鲁维酵母、发酵毕赤酵母（*P. fermentans*）共同发酵完成[53]。不同产区使用的原料以及工艺略有区别。拉伊西亚（raicilla）酒采用狭叶龙舌兰（*A. angustifolia*）、伊内奎德斯龙舌兰（*A. inaequidens*）和马克西米利亚纳龙舌兰（*A. maximiliana*）汁生产，酿酒酵母与非酿酒酵母葡萄念珠菌（*C. lusitaniae*）、马克思克鲁维酵母共同发酵而成[53]。巴卡诺拉（bacanora）酒采用狭叶龙舌兰汁发酵而成[53]。

传统的麦斯卡尔酒和特基拉酒生产工艺流程如图 10-15 所示。龙舌兰的芯或称松针用凹炉加热到约 100℃，持续 36h。现代生产时，用带压蒸煮锅或类似于高压锅的装置。蒸煮过程是水解聚合果聚糖生成可发酵性糖[54]，软化龙舌兰的芯以利于粉碎和可发酵性糖的提取，并通过美拉德反应产生风味化合物。

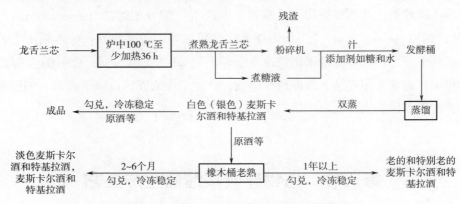

图 10-15　麦斯卡尔酒和特基拉酒生产工艺流程[3]

接着，煮后的龙舌兰芯与黏的煮糖液分离，粉碎，称为龙舌兰汁，与煮糖液混合发酵。某些添加剂如甘蔗糖和玉米糖浆在此过程添加。有些厂采用粉碎后的全部原料（包括汁、肉和纤维）一起发酵，但大部分厂是用汁发酵和蒸馏。发酵在 500~10000L 的大桶或罐中进行，材质是木材、不锈钢或石头。发酵持续约几天时间，与糖浓度和当地气候有关[53]。发酵结束后，发酵液在金属或陶的壶式蒸馏器中二次蒸馏。与其他蒸馏酒一样，首次蒸馏获得的是粗的酒，酒精度约 30%vol；再回到蒸馏器中进行二次蒸馏，产生 60%~65%vol 原酒。

工业化生产的麦斯卡尔酒和特基拉酒的流程与图 10-16 类似。但有些变动，如发酵罐体积 2000~12000L，使用蒸汽喷射炉或自动灭菌锅蒸煮；将水萃取与粉碎过程结合；使用活性干酵母或接种种子酵母（5%~10%接种量）；使用柱式蒸馏器，增加了蒸馏效率，并对最终产品的感官质量进行了控制[55]，特别是监测酒精度的变化，包括酒头和最后一个馏分是否满足特基拉的化合物特征，如乙醇、高级醇、甲醇、乙醛、乙酸乙酯和糠醛。

（1）龙舌兰植物的芯　　　　　　　　（2）生锈的地面烤箱

（3）石磨或达霍纳（tahona）　　　　　（4）黏土壶式蒸馏器

（5）狐尾龙舌兰芯　　　　　　　　（6）工业磨坊的龙舌兰汁提取

（7）不锈钢工业发酵容器　　　　　　（8）正在发酵的龙舌兰汁

图 10-16　麦斯卡尔酒和特基拉酒传统与工业生产工艺[53]

与其他饮料酒一样，微生物在风味的产生方面起着巨大作用。自然发酵或使用起子（上一轮发酵的酵母）仍然在蒸馏酒广泛应用。自然发酵与龙舌兰汁和酒厂装备中存在的微生物特别是酵母和细菌有关。在用狐尾龙舌兰生产特基拉的发酵早期，布鲁塞尔德克酵母（*D. bruxellensis*）、汉生酵母属（*Hanseniaspora* spp.）、马克思克鲁维酵母、膜醭毕赤酵母（*P. membranifaciens*）、德尔布有孢圆酵母（*T. delbrueckii*）活性强，但酿酒酵母是优势酵母；当发酵接近结束时，上面提到的微生物总体上还是占优势地位[56]。在另外一些特基拉酒中，也检测到一些不同的微生物群落，如 LAB 和运动发酵单孢菌（*Z. mobilis*）在某些酒中占优势地位；酿酒酵母在其他酒中占优势地位[53, 57]。

不同的龙舌兰品种、生长地点以及酿造工艺条件将产生不同的微生物群落，从而使麦斯卡尔酒、特基拉酒和相关烈性酒如拉伊西亚酒（raicilla）产生不同的风味剖面。同样地，假如将在某一汁中优势菌种（如麦斯卡尔酒）转移到另外一个陌生的汁中（如特基拉酒或拉伊西亚酒），此时微生物活性和形成的风味物质通常是不同的[58]。

来源于龙舌兰发酵液中的酿酒酵母能产 β-葡萄糖苷酶，而次要的非酿酒酵母如假丝酵母属、克鲁维酵母属和汉生酵母属，同时产 β-葡萄糖苷酶和 β-木糖苷酶，而木兰假丝酵母（*C. magnoliae*）有巨大的产 β-葡萄糖苷酶活性[59]。这些次要的酵母可能对植物中结合态萜烯类风味物质发酵时的释放起着重要作用，这些萜烯对蒸馏酒风味有重要贡献。类似的结果在自然发酵与单接种酵母发酵的葡萄酒、啤酒和苹果酒中也已经观察到。

高地生长的龙舌兰其芯更大，汁更多，蒸馏后酒的果香更好；而低地的龙舌兰芯小些，故产生的酒土腥气味更强烈。

二、 阿拉克酒生产工艺

南亚和东南亚的阿拉克（arrack）烧酒是用椰花汁（coconut palm sap）生产的，用发酵后的汁液即汁液酒（palm wine）蒸馏而得，汁液 [palm sap，印度南部称为妮蕊（neera）]，来源于椰子树（coconut palm trees，*Cocos nucifera* L.）未开的花朵。阿拉克酒的酒精度约 33%vol 或超过 50%vol。

汁液过滤澄清，发酵，蒸馏，即可得阿拉克酒。酒精发酵和乳酸发酵会产生风味物质，发酵的妮蕊 [在印度南部称为托迪酒（toddy）]，含有大量挥发性成分。有些成分来源于新鲜的妮蕊，包括乳酸乙酯、法尼醇和 2-苯乙醇[60]。乳酸乙酯可能是商业性椰子阿拉克的特征成分[61]。

参考文献

［1］Dolan T C S. Malt whiskies：raw materials and processing. In Whisky：Technology, Production and Marketing ［M］. London：Elsevier, 2003.

［2］Pyke M. The manufacture of scotch grain whisky ［J］. J Inst Brew, 1965, 71（3）：209-218.

［3］Buglass A J. Handbook of Alcoholic Beverages：Technical, Analytical and Nutritional Aspects ［M］. West Sussex：John Wiley & Sons, 2011.

［4］Lyons T P. Production of Scotch and Irish whiskies：their history and evolution. In The Alcohol Textbook ［M］. Nottingham：Nottingham University Press, 1995.

［5］Piggott J R, Conner J M. Whiskies. In Fermented Beverage Production ［M］. New York：Kluwer Academic/Plenum Publishers, 2003.

［6］Kelsall D R, Lyons T P. Grain dry milling and cooking for alcohol production. In The Alcohol Textbook（3rd）［M］. Nottingham：Nottingham University Press, 1999.

［7］Wilkin G D. Raw materials—milling, mashing and extract recovery. In Current Developments in Malting, Brewing and Distilling ［M］. London：Institute of Brewing, 1983.

［8］Palmer G H. Cereals in malting and brewing. In Cereal Science and Technology ［M］. Aberdeen：Aberdeen University Press, 1989.

［9］Swinkels J J M. Sources of starch, its chemistry and physics. In Starch Conversion Technology ［M］. New York：Marcel Dekker, 1985.

［10］Bringhurst T A, Broadhead A L, Brosnan J. Grain whisky：raw materials and processing. In Whisky. Technology, Production and Marketing ［M］. London：Elsevier, 2003.

［11］Wilkin G D. Milling, cooking and mashing. In The Science and Technology of Whiskies ［M］. Harlow：Longman, 1989.

［12］Agu R C, Bringhurst T A, Brosnan J M. Production of grain whisky and ethanol from wheat, maize and other cereals ［J］. J Inst Brew, 2006, 112（4）：314-323.

［13］Atwell W A, Hood L F, Lineback D R, et al. The terminology and methodology associated and basic starch phenomena ［J］. Cereal Foods World, 1988, 33（3）：306-311.

［14］Hoover R. Starch retrogradation ［J］. Food Rev Int, 1995, 11（2）：331-346.

［15］Simpson A C. Advances in the spirits industry. In Alcoholic Beverages ［M］. London：Elsevier Applied Science, 1985.

［16］Dolan T C S. Some aspects of the impact of brewing science on Scotch malt whisky production ［J］. J Inst Brew, 1976, 82（3）：177-181.

［17］Barbour E A, Priest F G. Some effects of *Lactobacillus* contamination in Scotch whisky fermentations ［J］. J Inst Brew, 1988, 94（2）：89-92.

［18］Makanjuola D B, Springham D G. Identification of lactic acid bacteria isolated from different stages of malt whisky distillery fermentation ［J］. J Inst Brew, 1984, 90 （1）: 13-19.

［19］Ingraham J L, Guymon J F. The formation of higher aliphatic alcohols by mutant strains of *Saccharomyces cerevisiae* ［J］. Arch Biochem Biophys, 1960, 88 （1）: 157-166.

［20］Watson D C. The development of specialized yeast strains for use in Scotch malt whisky fermentations. In Current Developments in Yeast Research ［M］. Oxford: Pergamon, 1981.

［21］Watson D C. Distilling yeast. In Developments in Industrial Microbiology. Proceedings of the Fortieth General Meeting of the Society for Industrial Microbiology ［M］. Sarasota: Society for Industrial Microbiology, 1984.

［22］Wanikawa A, Yamamoto N, Hosoi K. The influence of brewers' yeast on the quality of malt whisky. In Distilled Spirits: Tradition and Innovation ［M］. Nottingham: Nottingham University Press, 2004.

［23］Takatani T, Ikemoto H, Bryce J H, et al. Contribution of bacterial microflora in malt whisky quality. In Distilled Spirits: Tradition and Innovation ［M］. Nottingham: Nottingham University Press, 2004.

［24］Bryce J H, McCaffery C A, Cooper C S, et al. Optimising the fermentability of wort in a distillery-the role of limit dextrinase. In Distilled Spirits: Tradition and Innovation ［M］. Nottingham: Nottingham University Press, 2004.

［25］Priest F G, Beek S V, Cachat E. Lactic acid bacteria and the Scotch whisky fermentation. In Distilled Spirits: Tradition and Innovation ［M］. Nottingham: Nottingham University Press, 2004.

［26］Priest F G, Pleasants J G. Numerical taxonomy of some leuconostocs and related bacteria isolated from Scotch whisky distilleries ［J］. J App Microbiol, 1988, 64 （5）: 379-387.

［27］Van Beek S, Priest F G. Decarboxylation of substituted cinnamic acids by lactic acid bacteria isolated during malt whisky fermentation ［J］. Appl Environ Microbiol, 2000, 66 （12）: 5322-5328.

［28］MacGregor A W, Macri L J, Schroeder S W, et al. Limit dextrinase from malted barley: extraction, purification, and characterization ［J］. Cereal Chemistry, 1994, 71 （6）: 610-617.

［29］Cooper C S, Spouge J W, Stewart G G, et al. The effect of distillery backset on hydrolytic enzymes in mashing and fermentation. In Distilled Spirits: Tradition and Innovation ［M］. Nottingham: Nottingham University Press, 2004.

［30］Pretorius I S. Utilization of polysaccharides by *Saccharomyces cerevisiae*. In Yeast Sugar Metabolism ［M］. Lancaster: Technomic, 1997.

［31］la Grange-Nel K, Smit A, Otero R R C, et al. Expression of 2 *Lipomyces kononenkoae* α-amylase genes in selected whisky yeast strains ［J］. J Food Sci, 2004, 69 （7）: 175-181.

［32］Zach G. Alcoholic beverages. In Flavourings: Production, Composition, Applications, Regulations （2nd） ［M］. Weinheim: Wiley-VCH, 2007.

［33］Aylott R I. Flavoured spirits. In Fermented Beverage Production ［M］. New York: Kluwer Academic/Plenum Publishers, 2003.

［34］Samesima Y. History of the development of shochu as seen from the production methods. In 2018 *International Alcoholic Beverage Culture & Technology Symposium* ［M］. Japan: Brewing Society of Japan: Kagoshima, 2018.

[35] Yoshizaki Y, Takamine K, Shimada S, et al. The formation of β-damascenone in sweet potato *shochu* [J]. J Inst Brew, 2011, 117 (2): 217-223.

[36] Iwami A, Kajiwara Y, Takashita H, et al. Effect of the variety of barley and pearling rate on the quality of shochu koji [J]. J Inst Brew, 2005, 111 (3): 309-315.

[37] Minabe M. The development of spirits produced in Japan and other East Asian countries. In Distilled Spirits: Tradition and Innovation [M]. Nottingham: Nottingham University Press, 2004.

[38] Amerine M A, Singleton V A. Distillation and Brandy. In Wine: An Introduction (2nd) [M]. London: University of California Press, 1977.

[39] 王恭堂. 白兰地工艺学 [M]. 北京: 中国轻工业出版社, 2019.

[40] Jackson R S. Wine Science. Principles and Applications (3rd) [M]. MA: Academic Press, 2008.

[41] Léauté R. Distillation in Alambic [J]. Am J Enol Vitic, 1990, 41 (1): 90-103.

[42] Park Y H. Contribution à l'étude des levures de Cognac. University Bordeaux [D]. 1974.

[43] Ribes P. Identification de la flore levurienne du mout de deux chais de la region de cognac: etude des propietes biochimiques de quelques souches en vue de leur selection [D]. Toulouse: Universite P. Sabatier de Toulouse, 1986.

[44] Versavaud A, Foulard A, Roulland C, et al. Etude de la microflore fermentaire spontanée des vins de distillation de la région de Cognac [C]. Paris: Lavoisier-Tec & DOC, 1992.

[45] Steger C L C, Lambrechts M G. The selection of yeast strains for the production of premium quality South African brandy base products [J]. J Ind Microbiol Biotech, 2000, 24: 431-440.

[46] Du Plessis H W, Steger C L C, Du Toit M, et al. The occurrence of malolactic fermentation in brandy base wine and its influence on brandy quality [J]. J App Microbiol, 2002, 92 (5): 1005-1013.

[47] Watts V A, Butzke C E. Analysis of microvolatiles in brandy: Relationship between methylketone concentration and Cognac age [J]. J Sci Food Agric, 2003, 83 (11): 1143-1149.

[48] Cantagrel R, Lurton L, Vidal J P, et al. From vine to Cognac. In Fermented Beverage Production [M]. New York: Kluwer Academic/Plenum Publishers, 2003.

[49] Cousteaux F, Casamayor P. Le guide de l'amateur d'Armagnac [M]. Toulouse: R. Laffont, 1985.

[50] Bertrand A. Armagnac and Wine-Spirits. In Fermented Beverage Production [M]. New York: Kluwer Academic/Plenum Publishers, 2003.

[51] Nicol D A Rum. In Fermented Beverage Production (2nd) [M]. New York: Kluwer Academid-Plenum Publishers, 2003.

[52] Silva C L C, Vianna C R, Cadete R M, et al. Selection, growth, and chemo-sensory evaluation of flocculent starter culture strains of *Saccharomyces cerevisiae* in the large-scale production of traditional Brazilian cachaça [J]. Int J Food Microbiol, 2009, 131 (2): 203-210.

[53] Lappe-Oliveras P, Moreno-Terrazas R, Arrizón-Gaviño J, et al. A. Yeasts associated with the pro-

duction of Mexican alcoholic nondistilled and distilled Agave beverages ［J］. FEMS Yeast Res, 2008 （7）: 1037-1052.

［54］ Waleckx E, Gschaedler A, Colonna-Ceccaldi B, et al. Hydrolysis of fructans from *Agave tequilana* Weber var. azul during the cooking step in a traditional tequila elaboration process ［J］. Food Chem, 2008, 108 （1）: 40-48.

［55］ Prado-Ramírez R, Gonzáles-Alvarez V, Pelayo-Ortiz C, et al. The role of distillation on the quality of tequila ［J］. Int J Food Sci Technol, 2005, 40 （7）: 701-708.

［56］ Lachance M -A. Yeast communities in a natural tequila fermentation ［J］. Antonie van Leeuwenhoek, 1995, 68: 151-160.

［57］ Escalante-Minakata P, Blaschek H P, Rosa A P B, et al. Identification of yeast and bacteria involved in the mezcal fermentation of *Agave salmiana* ［J］. Lett App Microbiol, 2008, 46 （6）: 629-638.

［58］ Arrizón J, Arizaga J J, Hernandez R E, et al. Production of volatile compounds in tequila and raicilla musts by different yeasts isolated from Mexican *Agave* beverages. In Hispanic Foods ［M］. Washington DC: American Chemical Society, 2006.

［59］ Fiore C, Arrizon J, Gschaedler A, et al. Comparison between yeasts from grape and agave musts for traits of technological interest ［J］. World J Microbiol Biotechnol, 2005, 21 （6）: 1141-1147.

［60］ Borse B B, Rao L J M, Ramalakshmi K, et al. Chemical composition of volatiles from coconut sap （neera） and effect of processing ［J］. Food Chem, 2007, 101 （3）: 877-880.

［61］ Samarajeewa U, Adams M R, Robinson J M. Major volatiles in Sri Lankan arrack, a palm wine distillate ［J］. Int J Food Sci Technol, 1981, 16 （4）: 437-444.

第十一章
蒸馏工艺

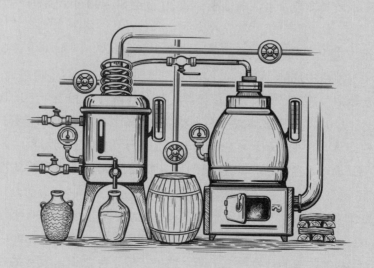

早期的蒸馏主要是炼丹术士和医学家的事，目的是生产药物；后来用于生产草药与酒的混合物，主要用于治疗小病，配方保密；随着蜂蜜或糖加入酒中，越来越受到人们喜爱，这类酒称为露酒或利口酒。纯乙醇可能出现在公元 9 世纪[1]。公元 13～15 世纪酒的蒸馏技术在亚洲与欧洲逐渐盛行，包括白酒（烧酒）、威士忌、白兰地等蒸馏酒。

第一节　蒸馏简史

中国最早的蒸馏器是汉代出土的，陶土制作，用空气冷却。但这蒸馏器是不是蒸酒器尚有争议[2]。河北省出土的金代（公元 11～12 世纪）以前的铜制蒸馏器，上部是冷凝器（通常似锅形），下部是蒸馏的甑，冷却器注满水用于冷却。这种蒸馏器已经由早期利用空气冷却演变为水冷却。蒸馏与冷却一体化的模式并不同于现在的分体式蒸馏-冷却模式，前者目前在台湾省仍然使用；20 世纪后，普遍改成了分体式冷却模式，通常采用壳管式冷却器。21 世纪初，一些酒厂因节水，又开始使用新型空气冷却器。

西方最早规模化的蒸馏可能出现于 12 世纪，当时人们改造了用黏土和稻草填充的原始蒸馏器，使用密闭安装的壶身、壶头和过汽管，即壶式蒸馏器，以便于蒸馏劣质的、难喝的啤酒和葡萄酒[1, 3]。1790 年的"苏格兰第一统计台账"记载当时苏格兰中部克拉克曼南郡有一个蒸馏酒厂，其生产规模已经达到年产 3000t 烈性酒，雇佣工人 300 人[4]。至 19 世纪，蒸馏酒生产变得十分流行[1]。

液态蒸馏最早是用壶式蒸馏方式，其材质是陶瓷或玻璃，最后是铜[5]。现在西方液态蒸馏器仍然用铜作材质；中国最早的蒸馏器也是黏土制作，似壶式，后来演变成甑桶，甑桶经历了木质蒸馏甑、水泥蒸馏甑，从 20 世纪 80～90 年代逐渐改为不锈钢材质蒸馏甑。

最早的加热方式均是用炉子或灶的明火的直火式加热[2-3]，如果火太猛的话，则将蒸馏器放在水中或沙浴中加热[3]。

酒蒸气最初用空气冷却[2-3]，空气冷却器安装在林奈臂（相当于中国现代蒸馏的过汽笼或称横笼）上，冷却液用玻璃或黏土容器接收。蛇管式冷却器和壳管式冷却器是蒸馏冷却的革命性变革[3]。据记载，蛇管式冷却器出现于 13 世纪晚期或 14 世纪早期，将蛇管浸入冷水中，出现水冷系统。20 世纪酒厂开始使用壳管式或列管式冷却器，这使得温度得到控制[1]。

由于壶式蒸馏在原材料、劳动力以及能源消费上成本高，在 1830 年埃涅阿斯·科菲（Aeneas Coffey）开发了连续蒸馏的设备，即科菲蒸馏器（Coffey Still），亦称柱式蒸馏[6-8]。这一连续蒸馏装置的开发产生了两个结果，一是可以用未发芽的谷物生产威士忌，即谷物威士忌；二是谷物威士忌与麦芽威士忌相互勾调，产生了混合威士忌。更为重要的是蒸馏酒产量的增加不再需要更多的土地和劳动力，得到广泛应用，并一起应用到现在。

第二节　蒸馏机理

用蒸馏来分离化合物是基于其挥发性。蒸馏过程是一个复杂的物理和化学过程。中国白酒采用固态蒸馏装置即甑桶。甑桶蒸馏的过程是一个多组分的同时蒸馏萃取过程。西方蒸馏酒采用液态蒸馏方式，大多采用壶式蒸馏或柱式连续蒸馏。麦芽威士忌蒸馏是双间隙蒸馏[3]，谷物威士忌常用科菲蒸馏[7, 9]。

一、拉乌尔定律

理想溶液的气液平衡遵循拉乌尔定律［Ranonlt's Law，见式（11-1）］，溶液上方某挥发物的平衡分压 p（MPa）与该挥发物同温度下纯组分的饱和蒸汽压 p_0（MPa）、溶液中该挥发物的摩尔分数 x 成正比。

$$p = p_0 x \tag{11-1}$$

饱和蒸气压是指在一定温度下，当液体的蒸发速度与蒸气的凝聚速度相等时，液体和它的蒸气处于平衡状态，此平衡状态下的蒸气压。

饱和蒸气压越高，说明该物质越容易挥发，从图 11-1 可以看出酒精比水易挥发。在 1atm 下，水的沸点是 100℃，酒精的沸点是 78.2℃，利用这个特点，将酒精-水溶液加热至沸腾，产生蒸气，蒸气中乙醇含量比原来液体中的乙醇含量高。

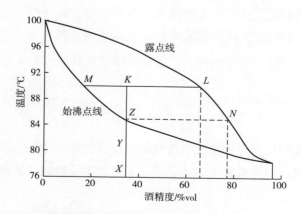

图 11-1　蒸馏温度与纯酒精-水溶液在 101.3kPa 恒压相图[9]

在始沸点以下的温度（液体蒸发的温度）下，双组分混合物仅作为液体存在，在露点以上的温度（蒸气凝结）时，混合物仅作为蒸气存在。蒸馏过程取决于始沸点和露点之间的区域，这是酒精与水的混合物液体相和蒸气相共存的两相状态。对于乙醇的特定浓度 X，如任意选择 35%vol 位置，在 Y 点混合物仍然完全处于液相，但随着温度升高到 Z 点以上，形成的蒸气量在增加。因此，在与 K 点相对应的温度上，存在两相平衡混合物：组分 L 的蒸气和组分 M 的液体。混合物中液体和蒸气的相对含量与 KL（液体）和 KM（蒸气）长度成比例，冷凝蒸气中乙醇的浓度由 L 在组分尺度上的位置表示。在间歇蒸馏的非平衡状态下，组分 X 的混合物将在略高于 Z 的温度下蒸馏，蒸汽被转移到冷凝器中，在冷凝器中产生约 N% 的酒精浓度。然而，在间歇蒸馏中，乙醇被蒸馏出，同时液体中的乙醇浓度下降，馏出液的酒精度也相应下降。连续蒸馏的稳态条件的一个重要优点是馏出液的成分恒定，因为气化的酒精会不断地从醪中得到补充。

假如乙醇水溶液最初酒精度是 8%vol 左右，蒸馏一次后，蒸气冷凝为液体时，其酒精度为 30%vol 左右；而如果初始酒精度为 12.5%vol 时，一次蒸馏获得的酒精度为 40%vol 左右。假如它们被再次蒸馏时，将分别获得 65%vol 和 70%vol 左右的酒精度。如果三重蒸馏，将分别获得 80%vol 和 85%vol 左右的酒精度[1]。

将这些蒸气冷却，再加热沸腾、气化，又可得到乙醇浓度更高的蒸气，如此反复进行，就可得到酒精浓度很高的溶液。

从图 11-1 中可以看出，曲线的酒精度取值是 0~97.2%vol［即 95.6%（质量分数）］，这是酒精-水溶液的共沸点。在此共沸点下，在大气压蒸馏时气相中乙醇的百分比与液相中乙醇的百分比是相等的。

二、 挥发系数

在一定温度下两相溶液中易挥发物质在气相中的含量 m（摩尔分数）与其在液相中含量 x（摩尔分数）的比值，称为挥发系数，也称浓缩系数、蒸发系数、加强系数[10]，用 K 表示，见式（11-2）。通常情况下，酒精的挥发系数表示为 K_a，风味化合物的挥发系数表示为 K_n。

$$K = \frac{m}{x} \tag{11-2}$$

挥发系数是指在简单蒸馏的情况下的酒精或化合物浓缩情况。对酒精-水溶液而言，溶液中酒精浓度越低，挥发系数 K 越大；反之，K 越小。酒精及其风味化合物的挥发系数见表 11-1 和表 11-2。

当 $K=1$ 时，表示溶液中乙醇浓度与蒸气中乙醇浓度相等，此时的沸点称为恒沸点。酒精-水溶液的恒沸点是 78.15℃，气相和液相中的乙醇浓度相等，为 95.57%（质量分数）或 97.60%vol（表 11-1）。

表 11-1　　　　　　　乙醇-水溶液沸腾时蒸气与溶液中乙醇含量[11]

沸腾溶液中乙醇含量/%vol	沸点/℃	蒸气中乙醇含量/%vol	挥发系数（K_a）	沸腾溶液中乙醇含量/%vol	沸点/℃	蒸气中乙醇含量/%vol	挥发系数（K_a）
0	100	0	—	55	82.30	76.54	1.39
5	95.90	37.75	7.15	60	81.70	78.17	1.30
10	92.60	51.00	5.10	65	81.20	79.92	1.23
15	90.20	61.50	4.10	70	80.80	81.85	1.17
20	88.30	66.20	3.30	75	80.40	84.10	1.12
25	86.90	67.95	2.70	80	79.29	86.49	1.08
30	85.50	69.20	2.40	85	79.50	89.05	1.05
35	84.80	70.60	2.02	90	79.12	91.80	1.02
40	84.08	71.95	1.80	95	78.75	95.50	1.0037
45	83.40	73.45	1.63	97.6	78.15	97.60	1.00
50	82.82	74.95	1.50				

表 11-2　　　　　　　酒精及其风味化合物挥发系数[12]

乙醇含量/%vol	K_a	香味成分挥发系数（K_n）								
		iP[a]	iPiP	iPA	EiP	EiB	EA	ACE	MA	MF
10	5.10						29.0			
15	4.10						21.5			
20	3.31	5.63					18.0			
25	2.68	5.55					15.2			
30	2.31	3.00					12.6			
35	2.02	2.45					10.5		12.5	
40	1.80	1.92					8.6		10.5	
45	1.63	1.50		3.5			7.1	4.5	9.0	
50	1.50	1.20		2.8			5.8	4.3	7.9	
55	1.39	0.98	1.80	2.2			4..9	4.15	7.0	12.0
60	1.30	0.80	1.30	1.7	2.3	4.2	4.3	4.0	6.4	10.4
65	1.23	0.65	1.05	1.4	1.9	2.9	3.9	3.9	5.6	9.4
70	1.17	0.54	1.82	1.1	1.7	2.3	3.6	3.8	5.4	8.5

续表

乙醇含量/%vol	K_a	香味成分挥发系数（K_n）								
		iP[a]	iPiP	iPA	EiP	EiB	EA	ACE	MA	MF
75	1.12	0.44	1.65	0.9	1.5	1.8	3.2	3.7	5.0	7.8
80	1.08	0.34	1.50	0.8	1.3	1.4	2.9	3.6	4.6	7.2
85	1.05	0.32	1.40	0.7	1.1	1.2	2.7	3.5	4.3	6.5
90	1.02	0.30	1.35	0.6	0.9	1.1	2.4	3.4	4.1	5.8
95	1.004	0.23	1.30	0.55	0.8	0.95	2.1	3.3	3.8	5.1

注：iP—异戊醇；iPiP—异戊酸异戊酯；iPA—乙酸异戊酯；EiP—异戊酸乙酯；EiB—异丁酸乙酯；EA—乙酸乙酯；ACE—甲醛；MA—乙酸甲酯；MF—甲酸甲酯。

从图 11-2 可以看出：（1）不同风味化合物与酒精的挥发系数是不同的；（2）同一风味化合物在不同酒精浓度时，挥发系数也不同；（3）化合物的挥发性与其沸点相关，但也受到乙醇浓度的影响。B 型化合物（图 11-2）在高乙醇浓度时比乙醇难挥发，但当乙醇浓度下降时，变得更易挥发；（4）在间隙蒸馏过程，酒精度逐渐下降，因此相对挥发的 B 型化合物含量逐渐增加；（5）在连续蒸馏中，在某一节点后，乙醇浓度是恒定的，但随着在蒸馏柱中位置不同而变化，从精馏柱底部的 10%vol 到顶部的 94%vol。

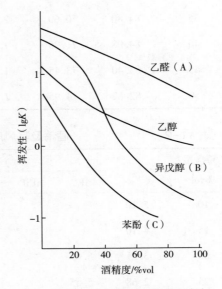

图 11-2　香气化合物的相对挥发性[13]

三、 比挥发系数

比挥发系数（K'）俗称蒸馏系数，是指风味化合物的挥发系数 K_n 与乙醇挥发系数 K_a 的比值，见式（11-3）。部分风味化合物的比挥发系数见表 11-3。

$$K' = \frac{K_n}{K_a} \tag{11-3}$$

当 $K' < 1$，则香气成分在液体中积聚，蒸气中香气成分的含量比液体中的含量少。因为它们比酒精更难挥发。

根据比挥发系数的定义，可以将蒸馏酒中挥发性成分分为三类：一是 $K' > 1$ 的化合物，它们比乙醇易挥发，蒸气中的香味成分增多，而存在于醪液或待蒸馏酒液中的更少，更多的进入酒头中；二是 $K' \approx 1$ 的化合物，它们与乙醇挥发性类似，此时通过蒸馏并不能将酒精与这些化合物分开，这些化合物在蒸气与醅或待蒸馏酒中的浓度类似；三是 $K' < 1$ 的化合物，即比乙醇难挥发的化合物，蒸气中含量低于醅液或待蒸馏酒中，更多的进入酒尾部分。

表 11-3　　　　　　　　白兰地中部分风味化合物的比挥发系数[10]

乙醇含量/%vol	iP[a]	iPiP	iPA	EiP	EiB	EA	MA	MF	ACE
1	3.26	—	—	—	—	—	—	—	—
10	—	—	—	—	—	5.67	—	—	—
25	2.02	—	—	—	—	5.43	—	—	—
30	1.30	—	—	—	—	5.43	—	—	—
40	1.05	—	—	—	—	4.77	5.83	—	—
50	0.80	—	1.866	—	—	3.86	5.26	—	2.86
60	0.615	1.0	1.307	1.76	3.23	3.3	4.92	8.0	3.08
70	0.44	0.7	0.94	1.45	1.96	3.07	4.61	7.26	3.25
80	0.36	0.463	0.74	1.20	1.30	2.77	4.25	6.6	3.34
90	0.26	0.343	0.688	0.882	1.07	2.37	4.01	5.68	3.34
95	0.22	0.299	0.548	0.797	0.897	2.09	3.78	5.08	3.29

注：iP—异戊醇；iPiP—异戊酸异戊酯；iPA—乙酸异戊酯；EiP—异戊酸乙酯；EiB—异丁酸乙酯；EA—乙酸乙酯；MA—乙酸甲酯；MF—甲酸甲酯；ACE—甲醛。

第三节　蒸馏过程中化学反应

蒸馏和蒸煮（续糟白酒同时有蒸煮作用）过程中，因高温、低 pH，可能存在下列许多反应[14-17]，在此过程中，蒸馏器的材质铜和铁起了催化作用[10, 18]，还与加热介质的成分有关，如糖、酸（pH）、蛋白质、脂肪含量；蒸馏器的体积和蒸馏条件；加热温度，以及蒸馏的时间[1]。如果蒸馏液中含有皮糟，则蒸馏液中含有更多的脂肪酸以及它们的酯（如辛醇乙酯、癸酸乙酯和十二烷酸乙酯），含有更多的含氮化合物（如氨基酸）。

（1）挥发作用　有些物质在蒸馏时，挥发掉或有损失，如硫化氢、甲硫醇、甲醛、乙醛等。

（2）发生化合反应或加成反应，生成一类新的化合物　如蒸馏过程中酒精和酒醅或发酵醅中的有机酸在高温下会发生酯化作用，如表 11-4 所示，蒸馏前后总酯含量增加 17.4%[10]；蒸馏过程中，乙醇与氧发生氧化反应，生成乙醛，如白兰地蒸馏时，醛含量增加 74.0% (表 11-4),主要是因为乙醇氧化成乙醛,因乙醛大量增加而造成醛含量增加;蒸馏时醛类与醇类发生缩醛化反应生成缩醛类化合物,如乙缩醛和 1,1,3-三乙氧基丙烷[19];乙醛和醋酸与胱氨酸和半胱氨酸反应,产生硫化氢;氰化物产生的氢氰酸在铜或铁离子催化下与乙醇反应生成 2A 类致癌物质——氨基甲酸乙酯(EC)[16,18];发酵醪中的 CO_2 促进了碳酸铜的形成,以铜绿形式存在[3];铜与发酵醪中的挥发性硫化物反应,产生硫化铜或复合物,减少了挥发性硫化物的异嗅(味)[5];铜与氰化物反应生成氰化铜类化合物或铜氰复合物,减少酒中氰化物含量[20]。

表 11-4　　　　　　　　　　　　白兰地蒸馏前后化合物变化[10]

名称	蒸馏前后物质量/g				差异	
	原料酒 A	粗馏原白兰地 B	蒸馏残液 C	B + C	含量变化	变化比/%
挥发酸	2066.58	230.40	1899.52	2129.92	+63.34	+3.0
醛	14.10	35.28	3.36	38.64	+24.54	+174.0
总酯	760.95	403.20	490.34	893.54	+132.59	+17.4
戊糖	0.39	—	—	—	—	—
糠醛	0.04	0.00	0.04	+0.04	—
甲醇	160.00	79.20	79.51	158.71	-1.29	-0.8

(3)有些热不稳定性物质,加热后分解或热裂解生成另一种或几种物质　如在蒸煮过程中,纤维素与半纤维素首先吸水膨胀(物理过程),在酸性、高温条件下半纤维素(多缩戊糖)部分地分解,生成木糖和阿拉伯糖,且能进一步分解为糠醛[21],如在白兰地蒸馏前后,糠醛含量增加了 0.04mg/L(表 11-4);有些维生素因高温被破坏分解;含硫化合物如蛋氨酸会产生热分解,产生甲硫醇和硫醚类化合物;半胱氨酸斯特雷克降解(Strecker Degradation)产生甲硫基乙醛和烯胺醇,这两个产物又互相反应生成硫化氢、乙醛和酮基-亚胺。硫化氢易与羰基化合物和碳—碳双键类化合物反应,形成一些香味前体物质。酮基-亚胺易形成氨。氨是另一个重要的香味反应物,也可以由加热氨基酸和氨基羰基类化合物产生。原料和辅料中的少量单宁,在蒸馏和蒸煮过程中可形成香草醛、丁香酸等芳香成分的前体物质等。

(4)水解反应　因各种萜烯类化合物的断裂和重排产生单萜(如里那醇和 α-萜品醇)、萜烯酮(α-紫罗兰酮和 β-紫罗兰酮)、葡萄螺烷和三甲基二氢萘[1]。一些酯也会因高温发生水解反应[10];果胶质(半乳糖醛酸甲酯的缩合物)发生水解,在微生物(尤其是黑曲霉)的果胶酯酶或热能作用下甲氨基从果胶质中分解出来,生成甲醇;脂肪会产生热分解,产生甘油与脂肪酸[10]。

（5）美拉德反应　蒸馏和蒸煮过程中，糖与氨基酸会发生美拉德反应，产生吡嗪类、呋喃类风味化合物。己糖或戊糖在高温下可与氨基酸等低分子含氮化合物反应生成类黑精等[22]。美拉德反应的详细内容请参阅《酒类风味化学》（范文来，徐岩．中国轻工业出版社，2020）相关章节。

（6）蛋白质变性　蒸煮温度达100℃时，可溶性蛋白质减少，蛋白质凝固、变性。

第四节　白酒甑桶蒸馏

"生香靠发酵，提香靠蒸馏"，说明甑桶蒸馏是白酒工艺过程的重要工序，它与出酒率及酒的质量密切相关。

一、甑桶蒸馏作用

白酒的蒸馏不同于其他蒸馏酒的蒸馏方式。白酒采用甑桶（一种似花盆状的容器）进行蒸馏。这种蒸馏方式具有几个特点：一是固态物料蒸馏，固态物料本身含有酒精和风味物质，但同时也是一种填料，类似于填料塔，因而可以蒸馏出风味复杂的产品；曾经研究同一酒醅或发酵醪采用固态或液态蒸馏方式蒸馏，其感官品质与微量成分并不一样（表11-5）；只有固态发酵固态蒸馏才是白酒味，液态发酵液态蒸馏是典型的粗馏酒精味（表11-6）。二是没有稳定的回流比，从酒醅中蒸发出的蒸气在甑桶盖上会产生冷凝，少量蒸气变成液态，回流进入酒醅中。三是进料、蒸馏和原料蒸煮同步，装甑时，物料是一层一层撒入甑桶中，从下面一层上来的蒸气加热这一层物料，产生酒蒸气；再撒一层物料，被下一层上升的酒蒸气加热，蒸馏、香气物质提取、蒸煮同步进行。四是蒸馏时，醅料层的酒精浓度和各种微量成分的组成比例多变。五是甑桶排盖空间的压力降和水蒸气拖带蒸馏。

表11-5　　　　　　　　　　不同蒸馏方式馏液的感官品评[14]

醅（醪）别	蒸馏方法	评语	名次
固态醅	固态蒸馏	闻香及口味都具有传统白酒的典型性	1
	液态蒸馏	闻之有固态白酒味，饮之有较浓的液态法酒味	2
液态醪	固态蒸馏	闻之有液态法酒味，饮之有较淡的液态法酒味，并稍有白酒风味	3
	液态蒸馏	口味及闻香是典型的不快的液态法酒味	4

表 11-6　　　　　　　　　　不同蒸馏方式馏液微量成分比较[14]　　　　　　　单位:mg/100mL

化合物含量	固态酒醅		液态醪液	
	固态蒸馏	液态蒸馏	固态蒸馏	液态蒸馏
含酸总量	29.18	6.65	25.14	9.28
乙酸	23.09	6.65	22.32	4.73
丙酸	0.24	ND	ND	ND
丁酸	2.96	ND	0.9	1.11
戊酸	ND	ND	ND	0.1
未知酸	2.89	ND	ND	ND
己酸	ND	ND	1.92	3.34
总酯含量	58.68	24.54	19.38	17.93
乙酸乙酯	50.26	19.20	13.82	14.93
乳酸乙酯	8.42	5.34	5.56	3.00
总醇含量	96.09	110.37	312.22	292.68
仲丁醇	ND	ND	ND	2.16
正丙醇	36.82	32.17	35.15	33.15
异丁醇	26.73	42.48	80.60	77.37
异戊醇	32.54	35.72	196.47	180
A/B 比值	1.22	0.83	2.4	2.3
酯/醇比值	0.61	0.22	0.062	0.061

注：ND 表示未检出。

甑桶蒸馏具有如下作用：

第一，分离和浓缩作用。发酵结束后，酒醅含酒精浓度在 4%～8%vol。通过蒸馏，提取出浓度高达 50%～75%vol 的酒精及大量的呈香呈味物质，将酒精和酒醅完全分开[14-15]。

第二，杀菌及糊化作用。续糟发酵用酒糟是循环使用的。在蒸馏过程中，甑桶内酒醅温度不断上升，最高时达 105℃，此时酒醅中微生物大量死亡，给下排发酵创造了有利条件。同时被杀死的微生物菌体又是下排微生物生长和香味的前体物质[14-15]。

老五甑工艺混蒸法，在蒸馏之后为蒸煮过程，粮食中淀粉在蒸煮过程中糊化[14-15]。淀粉在蒸煮过程中，继续吸水膨胀、糊化，由生淀粉（或称 β-淀粉）变成熟淀粉（或称 α-淀粉）。随着温度升高，水和淀粉分子运动加剧，当温度上升到 60℃ 以上时，淀粉颗粒会吸收大量水分，三维网状组织迅速膨胀，体积扩大，淀粉黏度增加，呈海绵状糊，这种现象称为糊化。这时淀粉分子间的氢键被破坏，淀粉分子呈疏松状态，因与水分子形成氢键而溶于水。在原料或酒醅中含有的 α（或 β）-淀粉酶的作用下，部分生成麦芽糖及葡萄糖。部分的葡萄糖等醛糖又会生成果糖等酮糖。

原料不同，淀粉颗粒的大小、形状、松紧程度也不同，蒸煮糊化的难易程度也有差异。一般地，蒸煮温度都在 100℃ 以上。

第三，加热反应作用。发酵成熟的酒醅具有浓郁的香气，经蒸馏后，白酒与酒醅的香味则完全不同。试验表明，未经加热的酒醅用脱臭酒精溶出或低温真空蒸馏的酒，不具备白酒的风格[14-15]。

二、 白酒蒸馏设备演变

（一）古老的蒸馏设备

中国最早出土的汉代蒸馏器如图 11-3（左）。它是用空气冷凝酒液的。由蒸酒的釜及冷凝蒸气的甑两大部分组成。但这蒸馏器是不是蒸酒器尚有争议[2]。

图 11-3　汉代（左）和金代（右）蒸馏器[2]

1975 年河北省青龙县土门子乡西山嘴村发现一套金代以前铜制蒸馏器，如图 11-3 所示。上部是冷凝器，下部是蒸馏的甑，呈半球形，在甑中腰有双层凹槽称为汇酒槽，从汇酒槽通出一个酒流。这种蒸馏器是目前公认的蒸酒器，广泛存在于今日的东北及华北一带。此蒸馏器已经由早期利用空气冷却演变为水冷却。

（二）天锅蒸馏器

天锅蒸酒器的下部是装水的底锅（或称地锅），底锅上有一个花盆形的甑桶（图 11-4 和图 11-5），采用直火式加热，用木柴作为燃料。甑桶下部是带孔的假底篦，甑桶内装酒糟。当底锅水沸腾后，蒸汽通过甑桶的假底篦进入甑桶，将酒醅加热，产生酒蒸气，上升至甑桶上部空间。天锅中装冷水，当酒蒸气上升到天锅底部时，遇冷结成液体，流出至外部酒容器内，这种液体就是酒液。

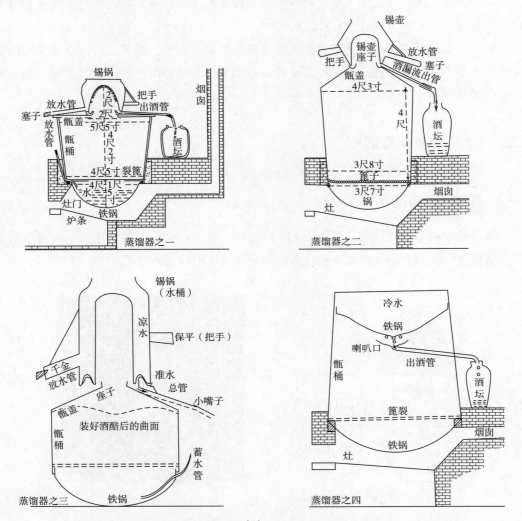

图 11-4 20 世纪 30 年代天锅式蒸馏器[23]（1 尺 =0.333 米，1 寸 =0.033 米，余同）

蒸馏继续进行，天锅中的水不足以冷却时，去掉天锅中的热水，换成冷水，即第二锅水。第二锅水冷却的头段，称为"二锅头"。

天锅甑内料层高度大约 0.7m。试验表明，料层高度小于 0.5m，提香不充分，酒质较低劣；料层高度升高到 0.7~0.8m 时，在通常条件下（锅底无回酒的蒸馏）酒质都能达到合格。四川某天锅甑容量在 0.2~0.26m³ 范围内，每甑能装糟子 100~150kg。铁锅口径约为 0.8m，锅深约为 0.4m，天锅可装冷却水 120~130kg。水温从 15℃ 升至 35℃，它可以冷凝出 7.6kg 酒液[25]。

采用天锅小甑蒸酒，除去挥发性的物质较多，味道醇厚，进口爽快；而列管冷凝器

图 11-5　天锅式蒸馏器模拟图（左）和现代天锅（右）[23-24]

蒸出的酒，新酒味重。据测定，天锅蒸馏效率 88.66%，锡质列管冷凝器为 92.25%，蒸馏效率比天锅高 3.59%。近年来，有人认为传统的天锅冷却器虽有缺点，但却有利于产品风味质量的提高[26]。

天锅式蒸馏器在少数民族也有使用，如云南哀牢山彝族人的蒸馏器和蒙古族马奶酒蒸馏器。目前，台湾省仍然使用类似的蒸馏设备（图 11-6）。

（三）现代分体式蒸馏设备

现代蒸馏设备是将天锅的蒸馏与冷却部分分开，即分体式蒸馏系统（图 11-7 和图 11-8），其冷却方式有两种，一种是水冷却方式 [图 11-8（1）]，一种是现在部分企业用的空气冷却方式 [图 11-8（2）]。

现代分体式甑桶-冷却系统，在甑桶（图 11-8 不锈钢的）下边是底锅，用于装上一次蒸馏的酒头与酒尾。早期甑底篦为铸铁制，开长条形的孔；现使用不锈钢底篦，上面开圆孔，孔径 0.6~1cm，便于蒸气上升。采用由燃煤或煤气或重油锅炉产生的蒸汽，直接蒸汽加热。

甑桶呈花盆状，20 世纪 80 年代末以后用不锈钢制成 [图 11-8（1）]。有固定甑桶（手工生产用或机械化生产用）和活动甑桶（半机械化行车用）之分；有大甑和小甑之分。小甑桶上口直径 1.7m，下口直径 1.6m，高约 1m，体积在 1.6m³左右。大的甑桶体积在 2.5m³左右，甑桶高 0.9~1.05m，下口直径与上口直径之比约为 0.85。甑桶壁通常是双层的，中间有隔热填料。

甑桶上有盖，由不锈钢制作。不同的厂甑桶盖的高度不一样，有的高达 100cm。一些厂的甑盖是双层的，中间填充隔热材料；有些厂是单层的，便于酒蒸气冷却，增加回流比。

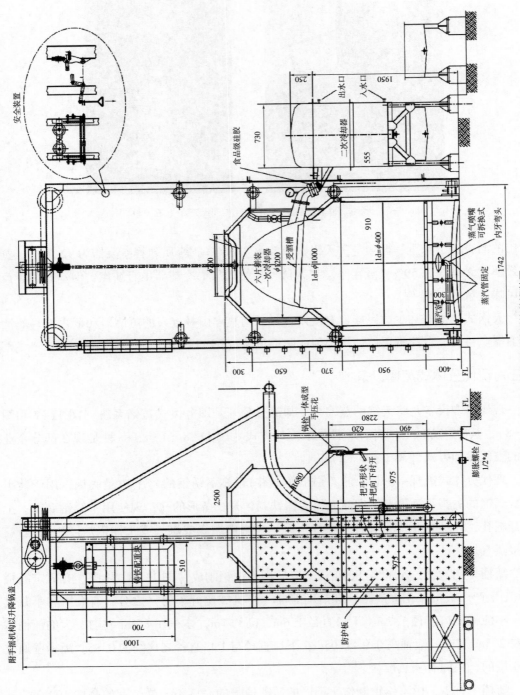

图11-6 中国台湾省省酒厂使用的蒸馏装置

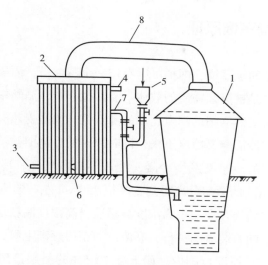

图 11-7　现代分体式蒸馏系统示意图[11]

1—甑桶和甑桶盖　2—冷却器　3—冷水进口　4—热水出口　5—酒尾注入口
6—流酒出口　7—热水注入甑桶底锅管　8—过汽管（横笼或过汽笼）

（1）甑桶与水冷凝器

（2）甑桶与空气冷却装置

图 11-8　现代分体式蒸馏系统实物图

　　甑桶盖上方与冷凝器相连的称为过汽笼或横笼，通常是从与甑桶连接处向下倾斜，并与冷凝器连接。

　　早期冷凝器用锡制成，列管式，置于大桶或水泥池中，桶中加入冷水或底部进冷水，上部出水。后冷凝器改为铝或不锈钢作冷却器，并采用封闭的列管式。至 20 世纪初，一些酒厂开始使用空气式冷凝器。

　　20 世纪 70~80 年代，曾经开发出三甑旋转间歇蒸酒机，即在旋转圆盘上安装三个甑桶，其中一个装甑时，一个在蒸酒，另外一个在出甑。装料时，使用机械手辅助装甑[27]。

三、 固态酒醅甑桶蒸馏原理

　　白酒蒸馏属于固态间歇蒸馏，甑桶可以看作一个蒸馏塔，酒醅可以看作一种特殊的散装填料，酒醅本身也是被蒸馏物质的载体。装甑过程中，酒醅中的酒精发生多次气化和冷凝，得到浓缩、富集。酒精的沸点比水的沸点低，酒醅受热时酒精先于水从酒醅中挥发出来，遇到上层的冷酒醅又冷凝下来，同时原来的冷酒醅被蒸气不断加热又使得酒精挥发出来，遇到上层的冷醅又发生冷凝，经过不断的气化，冷凝酒醅得到浓缩。最后，由含酒精4%~8%vol的酒醅分离得到含酒精75%vol左右的原酒[28]。

　　实际上，在甑桶内始终存在一个高浓度酒精层，高浓度酒精层随着装甑的进行不断向上移动。也就是说，随着装甑的进行，高浓度酒精层逐渐上移，至装甑结束时酒精主要集中于醅层上部27.5%厚度范围内，而下部72.5%的醅层已经基本不含酒精，如图11-9所示。当装甑结束时，酒精主要集中在甑桶的上部。

　　由于生产中酒醅的混合均匀性以及装甑均匀性难以达到理想状态，薄的醅料层平面上各点的上汽速度存在一定差异，因此，实际生产中高浓度酒精层的厚度一般会大于醅料层总厚度的27.5%。实验测定了装甑结束时某甑桶各醅层的酒精浓度，每个醅层取中心和边沿两个样品等量混合。实验平行三次，实验结果见表11-7。表11-7显示，装甑结束

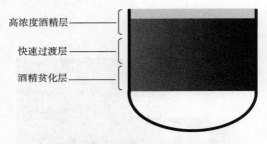

图11-9　甑桶中酒精的分布示意图[28]

时酒精主要集中于70~90cm醅层高度范围内，40cm以下几乎不含酒精。装甑时不同高度醅层的物质浓度见表11-8。从表中可以看出，在高度接近1m时，酒精度、乙酸乙酯、丁酸乙酯、乳酸乙酯和己酸乙酯均达到最高值，而酸度却降至最低值。

表11-7　　　　　　　　　　　装甑时不同醅层的酒精含量[28]　　　　　　　　　　单位:%vol

醅层高度/cm	实验1	实验2	实验3	平均
80~90	12.7	12.4	12.2	12.3
70~80	12.3	12.6	12.1	12.3
55~70	4.03	3.31	3.92	3.75
40~55	0.78	0.94	1.06	0.93
25~40	0.23	0.30	0.32	0.28
10~25	0.01	0.07	0.15	0.08
0~10	0.01	0.01	0.02	0.01

表 11-8　　　　　　　　　　　装甑时不同高度醅层的物质浓度[11]

醅层高度/m	酒醅水分/%	酒精度/%vol[a]	酸度[b]	乙酸乙酯[b]	丁酸乙酯[b]	乳酸乙酯[b]	己酸乙酯[b]
0	61.5	53.0	3.15	34.21	1.88	123.2	32.97
0.2	60.5	62.8	3.91	35.18	1.44	144.2	35.83
0.4	63.0	67.7	3.80	38.14	1.55	177.0	39.63
0.6	64.5	71.4	3.60	37.70	3.22	170.4	51.49
0.8	66.0	74.6	3.50	67.40	3.94	176.4	63.41
1.0	64.5	75.6	2.85	75.00	7.67	183.4	65.10

注：a：酒精度是不同高度醅层气-液平衡时的气相浓度；b：是指不同高度醅层气-液平衡时的醅中浓度。酸度单位是滴定酸度，即10g酒醅消耗0.1mol/L氢氧化钠的毫升数，其他单位为mg/100g酒醅。

四、 蒸馏设备对白酒蒸馏的影响

至目前为止，鲜有研究蒸馏设备的形状、具体设计参数对白酒蒸馏影响的报道，一般均沿用历史上使用的形状及参数。

（一）材质

甑桶制作材料影响馏酒的品质。在木质甑中，热在糟子和甑壁中的传播速度很相近。若用石头作甑壁，两者的热传导速度差别也不是很大，上甑时感觉到甑壁稍烫一点，会出现轻微的甑边热得快的现象。如果用金属材料作甑壁，例如不锈钢，因热传导速度快，因而盖盘后，甑内侧的不锈钢板将热量大量传上来，甑边沿一带的酒醅先被加热即甑边先上气现象，酒气先流出，接着甑边的尾级杂质便混入中心部位正常流出的优质酒中，使酒质降低等级，这种现象称为甑边效应。可以设想，甑桶若能改用木质材料作甑壁，就可以避免由甑壁带来的这部分热干扰[25]。

（二）甑桶有效高度

甑桶有效高度即醅料层高度，它影响甑桶蒸馏酒的品质。曾有报道甑桶高度对蒸馏的影响，验证了传统甑桶高0.9~1.05m的合理性，此时，蒸馏效率最高，蒸馏出的酒品质最好[29]。

（三）甑桶直径

甑桶的直径影响甑桶蒸馏酒的品质。对不同口径、不同材质的甑子分别进行测试。在小口径甑中，其温度场变化如图 11-10 所示。摘酒时，甑中心与甑边温差仅为 2~3℃，甑边先上气现象不明显，此时整个甑面上的瞬时酒精度为 70%vol 以上。因此，尾级杂质（低酒精浓度下馏出的高沸点物质）在摘酒时间内因甑料温度不够而无法大量馏出。

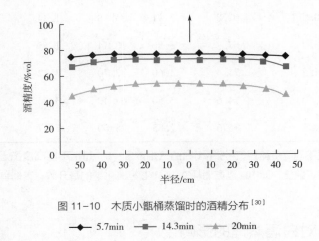

图 11-10　木质小甑桶蒸馏时的酒精分布 [30]

◆ 5.7min　■ 14.3min　▲ 20min

如果甑径扩大到 1.8m 以上，随着半径的增大和不锈钢材质的使用，甑边区的酒醅同时受到两个热源的作用，出酒速度远远大于中心的出酒速度。图 11-11 所示的是一个不锈钢大甑的典型蒸馏工况，在图中标出了从盖盘起到一段酒（5.7min）、二段酒（14.3min）、三段酒（20min）断酒时的瞬时分界点以及各个时间段内酒精度的分布情况。图中横坐标表示甑子的半径位置，纵坐标表示酒精度。这是一个典型的甑边热力干扰所引发的产酒质量分布图（酒精度的高低能大致体现酒中对应所含组分）。由于不锈钢甑壁导热迅速，引起该区热量过多，使甑边区出现了馏出组分在馏出时间上的前移现象，导致了尾级杂质（特别是甑壁附近的酒醅）提前馏出，通过甑盖腔室混入主汽流对酒质造成污染。

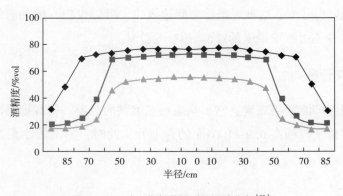

图 11-11　大口甑桶蒸馏时的酒精分布 [30]

◆ 5.7min　■ 14.3min　▲ 20min

五、 装甑操作

（一）人工装甑操作要求

装甑前应将发酵酒醅和辅料充分搅拌均匀，灭净疙瘩，使材料松散；底锅水要清换；检查水位，使淹没蒸汽盘管；铺好底锅帘子，撒一薄层谷糠；接上流酒管，安放酒桶；将冷却水调整到一定温度。待上述准备工作做好后，方可装甑。用木锨或簸箕装甑都可以，操作顺序要求做到六个字，即"轻、松、匀、薄、准、平"，也就是说装甑材料要疏松，装甑动作要轻快，上汽要均匀，醅料不宜太厚，盖料要准确，甑内材料要平整。

手工装甑主要有两种操作方式，一种是用簸箕装甑［图11-12（1）］，早期是用植物材料做的；一种是用铁锨（或木锨）装甑［图11-12（2）］，极少数企业用叉子装甑。

（1）簸箕装甑 　　　　　　　　　　（2）铁锨装甑

图11-12　固态甑桶蒸馏手工装甑

目前，不少酒厂已经使用自动装甑系统，如皮带输送式装甑系统［图11-13（1）］、直接卸料式装甑系统［图11-13（2）］、装甑机械人（图11-14）等。

（1）皮带输送式装甑系统 　　　　　　（2）直接卸料式装甑系统

图11-13　固态甑桶蒸馏装甑机械

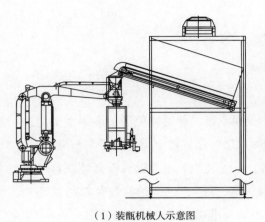

（1）装甑机械人示意图

（2）装甑机械人工作

图11-14　固态甑桶蒸馏装甑机械人

（二）人工装甑技术对蒸馏的影响

人工装甑时，因工人个体技术水平差异，上甑技术好的工人出的酒多，酒质量好，即出酒率高，优质品率高，蒸馏效率高（见表11-9）。

表11-9　　　　　装甑技术对出酒及质量（常规化验）的影响[31]

操作者	酒醅		成品酒质量/kg	尾酒		成品酒成分/（mg/L）			
	质量/kg	酒精度/%vol		质量/kg	折合酒精量/kg	总酯	总酸	总醛	挥发酸
甲	1125	3.8	55.0	16	9.2	3.98	1.07	0.42	0.82
乙	1125	3.8	43.5	19	11.4	3.73	1.06	0.44	0.74

（三）蒸汽工艺参数对蒸馏的影响

白酒蒸馏时采用同样甑桶，但由于蒸馏时蒸汽汽压、流酒温度和流酒速度不同，酒的品质差别较大。

大火（或称快火）、缓火（或称慢火）蒸出来的酒的呈香物质含量大不相同（表11-10、表11-11）。慢火蒸馏产品己酸乙酯含量高于快火20.8%，而且蒸馏效率也高于快火10%左右。根据各名酒厂的经验，认为采用缓火蒸馏、大汽追尾可以提高产品质量，流酒温度一般均控制在25~35℃。流酒温度过高，对排醛及排出一些低沸点臭味物质——含硫化合物，是有好处的，流酒温度16~21℃比30~40℃所接酒中含硫化氢量高2~6倍。但这样也会挥发损失一部分低沸点香味物质，如乙酸乙酯等。

表 11-10　　　　　　缓火蒸馏与大火蒸馏原酒品质对照表[31]　　　　　　　　单位:g/L

呈香物质	大火蒸馏	缓火蒸馏	呈香物质	大火蒸馏	缓火蒸馏
乙醛	0.575	0.685	正丁醇	0.720	0.586
丁酸乙酯	0.683	0.610	甲醇	ND	ND
乙酸乙酯	3.271	3.089	异戊醇	0.649	0.524
乳酯乙酯	3.107	2.138	正丙醇	0.542	0.482
仲丁醇	0.304	0.111	正己醇	0.062	0.070
乙缩醛	2.163	1.902	异丁醇	0.367	0.544
己酸乙酯	2.664	3.217			

注：料醅比 1:4.9，即高粱料 225kg，酒醅 1100kg。　①大火蒸馏：流酒速度 5.6~8.6kg/min，每甑接酒 30kg。　缓火蒸馏：流酒速度 2.5~3.0kg/min，每甑接酒 30kg。　②采用同样的酒醅。　③酒精度均折算成 60%vol。　ND：未检测到。

表 11-11　　　　缓火蒸馏与大火蒸馏对三种高级脂肪酸乙酯的影响[31]

蒸馏方式	组分/ (mg/L)	流酒时间/min							合计
		0	5	10	15	20	25	30	
大火蒸馏	棕榈酸乙酯	142	14.4	21.3	35.4	845	ND	ND	1057.7
	油酸乙酯	65.3	3.8	6.3	13.5	385	ND	ND	473.9
	亚油酸乙酯	160	10.4	14.8	29.4	840.3	ND	ND	1059.7
缓火蒸馏	棕榈酸乙酯	120	5.2	4.1	5.4	13.7	22.3	346.3	524.1
	油酸乙酯	61.3	ND	ND	ND	4.1	6.7	127.6	199.7
	亚油酸乙酯	141	ND	ND	ND	10.6	16.2	350.3	518.3

注：ND：未检测到。

（四）量质接酒

分层蒸馏、量质接酒是提高白酒质量的重要工艺技术措施。量质接酒是指在甑桶蒸馏过程中，在断花前将酒头摘除，根据流酒时酒身酒质的变化，在人工接酒时采用边接酒边品尝的方法，将酒质分等级的过程；根据馏分的质量特点，分别接取，取其质量较好的馏分。在粗略分等级情况下，通常分为酒头、酒身和酒尾三部分，但通常情况下，酒身分为 3~5 等，如特级酒或特曲酒、一级酒或头曲酒、二级酒或二曲酒、合格酒等。

接酒操作的具体工艺参数：流酒速度小于 2.5kg/min，接酒温度 30℃以下。酱香型白酒采用大火高温接酒，使高沸点的物质如有机酸、酚类、高级醇及糠醛等最大限度地收集于酒中，更突出其酱香风格；浓香型白酒要求低温缓慢蒸酒，流酒温度一般 30℃左右，使低沸点的酯类物质尽量收集于酒中，浓香风味更加典型。清香型流酒温度一般控制在 25~30℃[32]。

1. 酒头

一般接取 0.5~1kg 作为酒头。酒头中含有大量的酯，特别是己酸乙酯，较高量的乙醛、乙缩醛等物质和较高的酒精度。有浓烈的酯香味，但味糙辣。接取酒头是因为酒头经过贮存后，酯香浓郁，香味纯正，可以作调味酒使用。清香型白酒一般摘除酒头 2kg[32]。酒头与酒尾通常在下一次蒸馏时进行重蒸馏。

2. 中馏段

中馏段也称酒身，通常采用量质接酒的方法。每隔 2~3min 品尝一次，做到分段接酒，后期适当加大火力，追尽余酒。分等接酒，分等入库，分等存放。

入库酒精度不同香型的酒要求不同。如酱香型一般要求在 55%~57%vol，浓香型一般要求在 61%~65%vol。

3. 酒尾

酒尾中含有大量的微量成分，如丰富的有机酸（乙酸、己酸及乳酸等），以及大量乳酸乙酯等香味成分。酒尾微甜、酸苦并有口味淡薄感。酒尾通常在下一次蒸馏时重新蒸馏，或使用酒尾回收器单独蒸馏。

甑桶蒸馏过程中，馏分的酒精度由高到低，到馏出酒精度浓度较低时，要开大汽门，加大蒸汽压力，一般在蒸汽表压 0.08MPa 以上，称为"大汽追尾"。大汽追尾可以使酒醅中的杂质进一步排出，加速高粱糊化，进一步完成蒸煮作用。

（五）机械化自动接酒

在一定压力下，酒精-水的沸点与酒精浓度具有函数关系，通过测定酒精蒸气的温度可以推导出原酒的酒精度。实际生产中，酒精度与酒气温度的变化如图 11-15 所示。

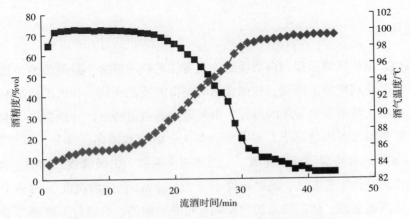

图 11-15　流酒过程酒精度与酒气温度的变化曲线

■—酒精度　◆—酒气温度

自动化分级接酒时，在甑桶的导汽管（横笼内）内设置一个温度传感器，实时监测甑桶内蒸出的酒气温度，信号通过通信方式反馈给上位机，上位机通过智能算法得出出酒口酒精度，断花酒精度设定为45%~50%vol，流酒断花前蒸酒气压为0.05MPa，流酒断花后蒸酒气压为0.15MPa，上位机实时控制接酒装置分级接酒，将导气管内酒气的温度区间与酒级分档一一对应。

酒气的温度区间与酒级分档初步对应关系为：酒气温度90℃以下，酒精度为65%vol以上，为一级酒；酒气温度90~91℃，酒精度60%~65%vol，为二级酒；酒气温度94~91.5℃，酒精度45%~60%vol，为三级酒；酒气温度94.5~98℃，酒精度10%~45%vol，为四级酒；酒气温度98.5℃以上，酒精度10%vol以下，为废酸水。

六、 串蒸与浸蒸简介

（一）串蒸工艺

串蒸即以酒串蒸酒醅，原是药香型白酒的生产工艺，即将固态法或液态法生产的小曲白酒倒入底锅形成蒸气，蒸馏"大曲"发酵香醅。后来该法被用于非药香型白酒生产。串蒸（香）法是将基酒（或酒精）倒入甑桶底锅，甑桶内装入固态发酵香醅，底锅内通入蒸汽，使基酒（或酒精）气化，酒蒸气上升，通过香醅，香味物质随酒精蒸气进入冷凝器冷却而成。

以酒串醅的"酒"要正，"醅"要香，才能得到好的串香酒。勿以劣酒串次醅，越串邪杂味越大，在增香增味的同时，也增加邪杂味。以酒串醅的白酒损失较高（表11-12）。10kg酒精（95%vol）折算成65%vol酒精的量为16.17kg，串蒸时总产量增加15.78kg，则串蒸的酒精损耗为0.69%。

表 11-12 串蒸效果[31]

工艺	产酒总量/kg	成品酒量/kg	酒尾量/kg	己酸乙酯/（g/L）	乳酸乙酯/（g/L）	乙酸/（g/L）	己酸/（g/L）
第一甑正常蒸馏	40.73	29.68	11.05	2.047	11.027	2.614	4.537
第二甑串蒸	56.51	41.63	14.88	2.080	18.180	6.487	8.567
第三甑洒酒后蒸馏	79.79	62.53	17.26	2.293	12.383	6.487	8.567

注：第一甑采用水蒸气蒸馏，第二甑在底锅中加入10kg酒精，加水10kg稀释，第三甑则在酒醅中加稀释后的10kg酒精，按65%vol酒精度计算。

（二）浸蒸工艺

浸蒸法是把酒醅浸于酒基内呈醪状，加热复蒸之。这方法多应用在南方小曲酒糟与黄酒糟中，后来演变成将酒精洒于酒醅中再进行蒸馏。此法较少用于白酒生产中。

七、 甑桶蒸馏馏出物变化规律

研究人员曾经对不少香型白酒甑桶蒸馏的馏出物规律进行了研究，如浓香型[33]、酱香型[34]、芝麻香型[35]、凤香型[36]、特香型[37]等。蒸馏过程中，不同香型白酒中同一化合物馏出的总体变化规律是类似的。

（一）馏分中醇类变化

馏分中醇的变化规律如下所示。

1. 乙醇

乙醇的浓度随流酒时间的延长而逐渐降低。

2. 高级醇类

高级醇中的正丙醇、仲丁醇、异丁醇、正丁醇、异戊醇等的浓度随着时间的逐渐延长而降低，即酒精度高时，浓度高；酒精度低时，浓度低。

甲醇在蒸馏中的变化比较特殊，流酒开始时很高，然后逐渐下降，然后再上升，达到一个新的最高值（高于开始时浓度）后，再下降。反映在酒中是酒头含量小于酒身，酒身含量大于酒尾［图11-16（1）］。这已经被不同香型白酒的研究所证实[35]。主要原因是蒸馏过程中果胶质的热分解，产生甲醇。

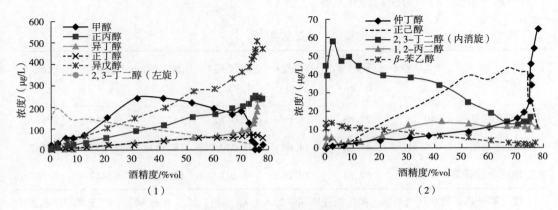

图 11-16 醇类蒸馏过程中的变化

（二）馏分中脂肪酸变化

随着流酒时间的延长，脂肪酸的量逐渐增加（图 11-17），即高酒精度时脂肪酸含量低，但低酒精度时，脂肪酸含量高。这与脂肪酸的沸点高以及其亲水性相关。

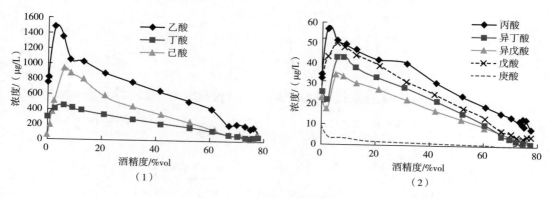

图 11-17　馏分中脂肪酸的变化

（三）馏分中醛、酮、缩醛变化

乙醛、乙缩醛随流酒时间的延长而逐渐减少；糠醛随流酒时间的延长逐渐增加 ［图 11-18（1）］，即高酒精度区乙醛和乙缩醛含量高。另外三个含量较低的醛中，异戊醛主要存在于酒头中，而低酒精度区糠醛和 3-羟基丁酮含量高。

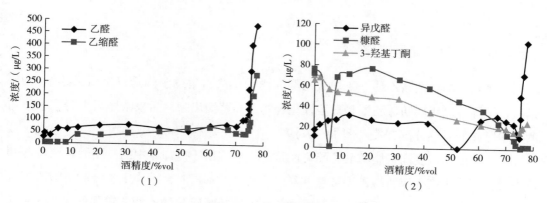

图 11-18　馏分中醛的变化

（四）馏分中酯类变化

除乳酸乙酯、丁二酸二乙酯等水溶性强的酯和高沸点的酯如高级脂肪酸乙酯外，其他酯如乙酸乙酯、己酸乙酯、丁酸乙酯、甲酸乙酯、乙酸异戊酯、戊酸乙酯等随流酒时间的延长而逐渐减少，即它们集中于酒头部分；水溶性强的酯如乳酸乙酯和丁二酸二乙酯随流酒时间的延长而逐渐增加，即它们聚集于酒尾部分（图11-19）。

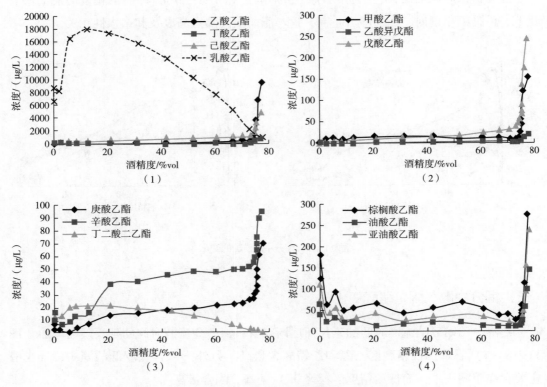

图11-19　馏分中酯的变化

（五）馏分中高沸点酯变化

棕榈酸乙酯、油酸乙酯、亚油酸乙酯在酒头中高，后逐渐降低，然后又逐渐上升，最后再下降。高级脂肪酸乙酯是醇溶性化合物，先蒸馏出来。后来浓度再上升，推测与酒醅中脂肪的受热分解有关（图11-19）。

酒头中的高浓度高级脂肪酸乙酯可能是上一甑残留于冷却器中的。用酒精清洗冷却器发现，酒头中高级脂肪酸乙酯含量下降。不清洗冷却器时，酒头中高级脂肪酸乙酯含量可达670mg/L（2kg），清洗冷却器后，酒头中的高级脂肪酸乙酯含量降低为275mg/L（2kg），降低59.0%[33, 35]。

（六）馏分中 α-联酮类变化

α-联酮类化合物是指双乙酰、3-羟基-2-丁酮和2,3-丁二醇。这些化合物水溶性好，蒸馏时在馏分的后半部分馏出（表11-13）。

（七）硫化物变化

3-甲硫基-1-丙醇的蒸馏效率比较低，约在 2%，主要集中在后馏分[38]，如表 11-14 所示。

表 11-13　　　　　　　　蒸馏液中 α-联酮的变化[14]

项目	第 1 馏分	第 2 馏分	第 3 馏分	第 4 馏分	第 5 馏分
质量/kg	2.0	15.5	15.25	15.0	14.25
酒精度/%vol	70.6	70.3	55.9	37.2	18.0
外观	透明	透明	透明	混浊有油滴	微浊有油滴
双乙酰含量/（mg/L）	70.03	36.48	21.89	18.24	15.32
3-羟丁酮含量/（mg/L）	0.0	1.50	4.55	46.34	126.0
2,3-丁二醇含量/（mg/L）	4.58	11.45	15.27	27.48	10.69

表 11-14　　　　芝麻香型白酒 3-甲硫基-1-丙醇馏出规律[38]

参数	第一馏分	第二馏分	第三馏分	第四馏分	第五馏分
酒精度/%vol	68.5	65	60	47	30
3-甲硫基-1-丙醇含量/（mg/L）	ND	ND	1.7	3.0	3.8

ND：未检测到。

（八）糟次酒与分段酒的微量成分

由于流酒过程是一个微量成分不断变化的过程，因此，造成不同糟次酒的微量成分（表 11-15）以及酒头、酒身和酒尾的微量成分（表 11-16）是不一样的。

表 11-15　　　　　　　　　　不同糟次酒微量成分　　　　　　　　单位：mg/L

糟次	头桶大糟	二桶大糟	小糟	回缸	糟次	头桶大糟	二桶大糟	小糟	回缸
乙醛	926	921	844	1167	正丁醇	139	100	87.5	196
乙缩醛	997	1036	930	829	异戊醇	220	227	202	224
甲醇	207	196	172	ND	乙酸乙酯	892	775	610	576
正丙醇	431	319	229	857	丁酸乙酯	221	185	162	224
仲丁醇	144	123	106	374	乳酸乙酯	1757	2040	1614	1850
异丁醇	64.4	61.2	51.7	196	己酸乙酯	2059	2635	2304	2171

注：ND：未检测到。

表 11-16				酒头、酒身、酒尾中微量成分				单位:mg/L		
化合物	泸州老窖酒			五粮液酒			化合物	泸州老窖酒			五粮液酒		

化合物	泸州老窖酒 酒头	酒身	酒尾	五粮液酒 酒头	酒身	酒尾	化合物	泸州老窖酒 酒头	酒身	酒尾	五粮液酒 酒头	酒身	酒尾
己酸乙酯	5670	3340	1900	5740	3250	760	壬酸	0.4	0.3	0.4	0.2	0.2	0.2
乳酸乙酯	1320	2530	3530	1340	2620	3970	棕榈酸	168	9.0	3.2	31	15.4	0.3
乙酸乙酯	6250	1950	450	6100	2850	300	亚油酸	185	8.1	2.7	33	14	0.5
丁酸乙酯	970	400	140	260	110	110	油酸	153	7.0	2.0	29	12	0.4
棕榈酸乙酯	376	54	34	245	145	43	甲醇	186	159	194	54	73	84
油酸乙酯	195	61	27	126	51	15	正丙醇	257	198	153	217	162	44
亚油酸乙酯	263	72	34	119	50	40	异戊醇	470	374	270	751	519	129
戊酸乙酯	240	120	50	160	90	20	2,3-丁二醇	38.9	20.1	28.2	42	26	6.1
乙酸	367	515	601	508	551	590	β-苯乙醇	2.3	1.5	3.8	1.8	4.1	15.2
丙酸	6	9	12	12	16	24	乙醛	1302	501	149	1668	425	96
正丁酸	99	168	242	86	166	158	乙缩醛	3184	1117	255	1499	1207	132
乳酸	179	174	30	215	446	222	双乙酰	199	75	40	259	58	24
己酸	186	314	495	318	691	289	3-羟基-2-丁酮	46	38	26	37	-	-
庚酸	3	4	5	2	4	5	糠醛	9.8	15.0	24.9	8.9	29.8	112

　　酒头中主要是高浓度的酯类以及高浓度的酒精;酒尾中除含有酒精外,尚残存有各种酸类物质。糠醛只在中流酒的后期才开始被蒸出,主要集中在酒尾中。凡在成品酒中所含有的各种香味成分在尾酒中都有一定含量。

第五节　夏朗德壶式蒸馏

　　威士忌、白兰地、朗姆酒、特基拉酒等淀粉、糖或植物汁液发酵的酒通常会使用两种方式蒸馏,一种是壶式蒸馏,通常是二次蒸馏,个别是三次蒸馏,用于生产比较香的烈性酒[1, 5, 39];一种是连续蒸馏,用于生产口味比较轻快的烈性酒,通常用作勾调用的基酒[1, 9, 39]。一般地,传统口味的蒸馏酒使用壶式蒸馏。

　　所有的麦芽威士忌均使用历史悠久的、传统设计的铜壶蒸馏器(图11-20)[5],俗称夏朗德蒸馏器(Charentais alembic),主要由以下几个部分组成:加热源、壶身(蒸馏锅)、壶肩、鹅颈管、壶头、林奈臂/过汽管或蒸汽管、蛇管式冷凝器或壳管式冷凝器、排泄管和分酒箱等。

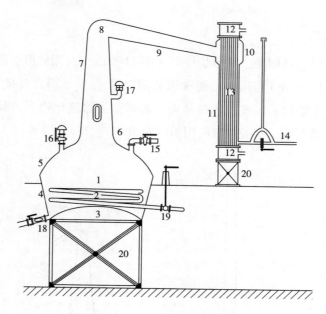

图 11-20　蒸馏壶设计[3]

1—壶身　2—蒸馏加热盘管　3—冠　4—烟道板　5—壶肩　6—弯曲部分　7—鹅颈管　8—壶头
9—林奈臂/过汽管　10—蒸汽室　11—壳管式冷凝器　12—水夹套　13—管束　14—带虹吸管的排汽尾管
15—充醪管路/阀　16—空气阀　17—抗塌阀　18—排泄管/阀/观察孔　19—蒸汽管/阀　20—支架

　　19 世纪和 20 世纪初，壶式蒸馏器的直径不一，蒸馏酒厂要添加或更新与旧壶一样的新壶很难，现在已经统一，但仍然存在多样化的壶，特别是在容量方面。一些厂用小容量的壶，另外一些厂使用大容量的壶。以下以威士忌为例介绍壶式蒸馏。

一、　壶式蒸馏设备

（一）热源

　　多种燃料可作为蒸馏器的热源，直火式如使用煤、液化天然气；间接加热时，可使用蒸汽盘管等[3, 40]。传统夏朗德蒸馏器通常采用直火式加热方式[10]。

　　直火式蒸馏器设计时，壶身（蒸馏锅）的设计必须耐受直火的考验。铜冠和烟道板要厚到足以承受强烈的局部加热[3]，如 500L 的蒸馏锅，锅底铜板厚度不小于 5mm；500~1000L 的蒸馏锅，体积每增加 100L，铜板厚度增加 1mm；1000~2000L 的蒸馏锅，锅底厚度最多达 12mm[10]。直火式的壶底是凸起的，类似于倒置的飞碟[3, 10]。

　　间接加热时主要是通过蒸汽盘管加热，蒸汽来自锅炉。

（二）壶身

壶身亦称蒸馏锅、蒸馏壶，其形状很多（图 11-21），有圆锥形、洋葱形、圆柱-圆锥形、倒圆锥形、球形和灯笼形[6]，通常用紫铜制成[10, 39]。铜具有良好的可锻性、延展性、热传导性、耐磨性，可改善风味品质，能辅助去除硫化物[6]，其缺点是易腐蚀，产生麻点，但通常情况下，铜壶可以使用 10~20 年[1, 39]。

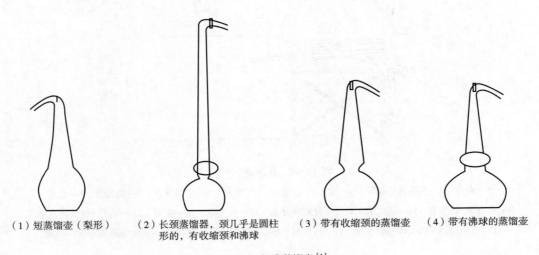

（1）短蒸馏壶（梨形）　（2）长颈蒸馏器，颈几乎是圆柱　（3）带有收缩颈的蒸馏壶　（4）带有沸球的蒸馏壶
形的，有收缩颈和沸球

图 11-21　标准蒸馏壶[1]

壶身装有通气阀、加料阀、卸料阀和安全阀。手动操作的还要装配连锁阀。现在已经使用了自动系统，通过程序逻辑控制器来实现自动遥控。

壶身通过弯曲部分与鹅颈管相连接。壶身上设有人孔。

威士忌通常需要经初馏器与烈酒蒸馏器二次蒸馏而成，故蒸馏器是成对排列的（图 11-26），初馏器通常比烈酒蒸馏器的体积要大，典型的分别为 16780L、5000L，更大的初馏器达 36000L[1]。

（三）鹅颈管与分馏器

鹅颈管的设计可以从短到长不等，它呈缓坡延伸进入壶头部。在鹅颈管的底部，设计一个类似灯笼状的或类似洋葱状的玻璃连接到壶身，称为锅帽或球形分馏器[10]。

简单壶式蒸馏的回流量较少，非常有限。鹅颈管和林奈臂的长度决定了回流情况。通常颈越长，回流越多[1]，酒比较纯，杂醇油和酯含量比较少。短壶，则风味比较浓烈[1]。球形分馏器是用空气进行冷却，冷却效率不高，低度酒回流量小，因此一次蒸馏不能获得高度酒。

有时，为了一次蒸馏获得高度酒，此时，将球形分馏器改为水冷式碟形分馏盘，通过控制冷却水流量来控制低度酒回流量，从而一次蒸馏后即可获得高度酒。水平安装时，回流最大；竖直安装时，回流最小[1]；此类蒸馏器亦称罗门蒸馏器（Lomond still）。两个碟形分馏盘可以串连使用（图11-22）[10]。

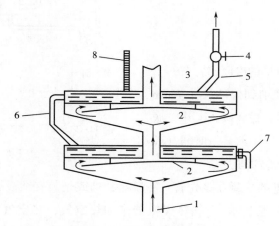

图11-22　碟形分馏盘[10]

1—进酒蒸气管　2—隔板　3—出酒蒸气管　4—阀门　5—连接管　6—水管　7—出水管　8—温度计

鹅颈管的两侧装有两个相对的观察孔，用于观察蒸馏器内上升的泡沫，特别是沸腾时形成的泡沫。观察孔后可装灯，以照亮蒸馏器内部。

指形冷凝器可以装在鹅颈管的顶部，提供冷却水，以阻止沸腾时形成的泡沫进入冷凝器中。鹅颈管上，蒸馏泡沫能到达的地方装有安全真空解除阀，为了避免固体物堵塞阀座。

（四）壶头部

壶头部是鹅颈管部弯曲的延伸，将其连接到林奈臂或碱液管上。头部可以安装温度计，以表明冷凝水的到来。头部的长度或高度决定蒸馏器内的回流程度。回流程度影响到蒸馏酒的风味。

（五）林奈臂

林奈臂，亦称过汽管或蒸汽管，是圆柱体结构，连接壶头部到蛇管式冷凝器或壳管式冷凝器。林奈臂摆放角度对蒸馏酒特征风味有着影响。从壶头到冷凝器，林奈臂可以是水平的、上升的或下降的；也可以是短的或长的。这些组合方式影响着新酒的风味。

林奈臂中间可以安装净化器，这是一个装有挡板的装置，带有外部水夹套或内部蛇管冷却，用来促进重油（高级脂肪酸酯）重新回到蒸馏器内[3]。净化器通过U形弯曲管将油送回壶的肩部。

在林奈臂下方，壶身头部和冷凝器之间有时会加装一个回流柱（图11-23），如此，用同一个蒸馏器一次蒸馏可以实现多重蒸馏[1]。

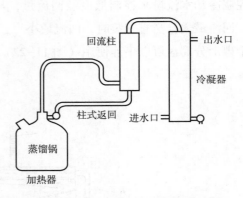

图11-23 带回流柱的蒸馏系统示意图[1]

（六）冷凝器

蛇管式冷凝器是最早的冷凝器，在一个容器内置长的、逐渐变细到公称尺寸76mm的蛇管。槽中装有冷水，蛇管浸入其中。底部进水，顶部出水。一年中的某一时间（如春末夏初）水不能充分冷却酒[3]。

另外一种比较先进的冷凝器是壳管式冷凝器，抑或是装有铜板的板式换热器。

冷凝器的热水可以通过水/空气热交换器来加热空气，热空气可以用于烘干麦芽；热的冷凝水，还可以用来生产蒸汽、加热蒸馏壶和制糖化醪用水，可降低燃料成本50%，3年收回投资[1]。

（七）分酒箱

在流出的冷凝液送到接酒器前，使用分酒箱（亦称验酒器[10]，图11-24）监测和控制酒的分级点、酒精度和温度。利用酒精计可以确定醪蒸馏器馏出的低度酒和烈酒蒸馏器的酒头、酒身和酒尾的酒精度。监测发酵醪蒸馏的酒精计在校准温度20℃量程0~75%vol或0~10%vol[3]。

烈酒蒸馏器用两个酒精计控制。尾管流出液被接到一个和其他两个收集碗中，一个收集酒头，一个收集酒尾，另外一个收集酒身，这些都依据酒精计读数并通过旋转管口实现。

一个小型冷水贮槽用于除雾试验[5]，该试验用来区分酒头与真正的酒身。将酒头用水稀释到46%vol，经过一段时间后牛奶状/浑浊混合物在这个酒精度会变澄清。该测试决定了最初的分级点。第二个分级点即断花点按照最终蒸馏酒的香气决定。除雾试验的酒精度装置在三通取样阀中。来源于酒精计夹套的馏出液流到低度粗馏液和酒尾中。

图11-24 分酒箱[1]

二、 双蒸式壶式蒸馏系统

白兰地和威士忌等液态发酵酒均需要经过初馏器与烈酒蒸馏器二次间隙蒸馏而成，故蒸馏器是成对排列的，蒸馏的流程图见图 11-25，实物图见图 11-26。

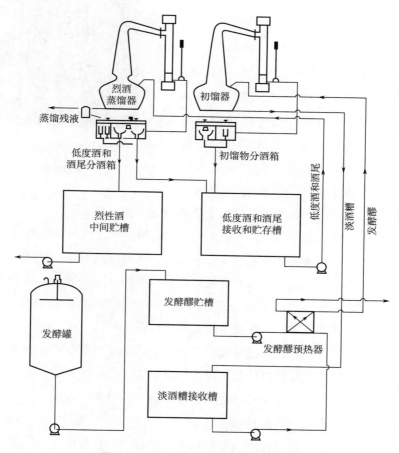

图 11-25　典型麦芽威士忌蒸馏流程图[5]

为了防止直火式加热时烧焦发酵醪，部分企业在初馏壶中装有搅拌器或翻拌机[5]。

发酵醪通常含有 8%vol 左右的酒精，通过第一次蒸馏即初馏后，酒精度可达 21%～30%vol，是为"低度酒"；第二次蒸馏即烈酒蒸馏原理与第一次蒸馏类似，但期望获得部分蒸馏液即酒身（中段酒），是为"新酒"。酒精度达到多少时开始接酒身，达到多少时开始"断花"对品质影响大。在酒身收集完成后，蒸馏继续进行，直至酒精被全部蒸馏出来，虽然可能不太经济[39]。酒身的酒精度在 65%～75%vol。

最初和最后的馏分即酒头和酒尾含有令人厌恶的极易挥发和不易挥发的成分，以及酒精，它们与低度酒混合后进行再次蒸馏。贮槽中酒液是混合物，混合了酒头、酒尾和低度酒，25%～30%vol[5-6]。整个的蒸馏系统构成了一个复杂的平衡系统，假如平衡被打破，则会影响产品质量。

三、 蒸馏操作

(一) 初馏器操作

图11-26　烈酒蒸馏器（后面）和初馏器（前面）[1]

装液体积为初馏器容积的2/3，通常到人孔底部。通过直接或间接方式加热。醪的预热是缓慢进行的，通过与接近沸点的热的淡酒糟进行热交换。虽然初始热量可以加大供应，但当喷口上的襟翼感知到空气的位移和蒸馏物即将到来时，热量应该减少供应，以防止蒸馏器内容物沸溢，这可能会导致污染蒸馏（类似于甑桶蒸馏时的潜甑）。

在蒸馏器装液之前，检查排空阀是否关闭，而进料阀和空气阀应该打开。检查防塌阀，确保其灵活使用。当蒸馏器装液到规定体积时，关闭空气阀和进料阀。假如人孔是开着的，也应该关闭，因为蒸馏器内容物会因加热而膨胀，溶解的CO_2也会被蒸发。随着程序逻辑控制器的出现，阀门的人工顺序开启和关闭已经实现自动化。在手动系统中，采用联锁阀钥匙管理来防止阀门意外的非顺序打开。

蒸馏器一侧的视镜可以观察起泡情况，在初始蒸馏阶段可能会产生泡沫，这与发酵醪的老嫩程度有关。使用视镜可以控制蒸馏器内容物的加热量，以防止产生污染。当泡沫消退时，可以增加热量，以保证低度酒稳定的、均匀的流动与收集。

蒸馏开始之后，分酒箱中酒精计读数达到1%vol时，它开始工作，直到蒸馏完成。在1%vol时到达蒸馏终点，以确保时间和燃料不会浪费，又能回收少量的酒精。整个蒸馏周期持续5～8h。

当蒸馏完成，收集低度酒后，打开空气阀，使内部静压与大气压力平衡。如果防塌阀不能自动响应，可能会导致蒸馏器塌陷。

从低度酒接收槽中最初的一滴到蒸馏结束均做记录，在蒸馏周期内每隔15min记录一次温度和低度酒酒精度并修正为20℃。蒸馏时间增加表明在蒸馏器内部加热表面上有醪被焦化。通过确保冷醪不被过度加热可以防止这种焦化——热表面之间的温差应保持在最低限度。醪预热可减少这种烧焦效应。

热交换能力下降表明需要烧碱清洗。用烧碱（10～20g/L）在蒸馏器内煮沸，使碳化层从加热表面剥离。假如碳化严重，烧碱清洗不起作用，就可能需要手动擦洗加热表面或使用替代的不常见的烧碱清洗剂。应遵循制造商的说明，并遵守所有安全警告。在任何情况下，珍珠颗粒状或粉状烧碱都不应直接添加到热水中，会造成溶液放热鼓泡，剧烈沸腾。还应该发放工作许可证，既用于用烧碱清洗，也用于进入蒸馏器封闭体内。

在一些酿酒厂，冷凝器的水被调节为在80℃左右流出。热冷凝器水可以通过机械蒸汽压缩机或蒸汽喷射器泵送，产生的闪发蒸汽被用来驱动蒸馏器。这样做时要求使用过冷器，以确保低度酒收集时不超过20℃。

未完全发酵的醪有可能引起污染蒸馏，这加剧了潜在的氨基甲酸乙酯问题，因此应避免蒸馏短期发酵醪。

收集到的低度酒的量约为最初进料量的1/3。

（二）烈酒蒸馏器操作

由于酒精损失的风险增加，低度酒和酒尾通常不预热，尽管废酒糟的排放可以与那些淡酒糟一样用来预热。

与初馏器类似，烈酒蒸馏器装液量也不超过其容积的2/3。装液的预防措施与初馏器一样。装液成分由酒头混合物、低度酒和酒尾混合而成，具有更高的消费价值，因此需要细心处置。装液量或烈酒的任何损失都会对酒厂造成沉重的压力。

低度酒和酒尾接收器安装在蒸馏器前、后。接收新酒的烈酒接收器在新酒流出开始和流出结束间工作，而酒尾则直接注入低度酒和酒尾接收器。

烈酒蒸馏被分成三个部分：酒头、酒身和酒尾。

酒头是烈酒蒸馏的初馏物，在大多数情况下不值得作为饮用酒收集，因其高挥发性和香气强的成分如乙酸乙酯含量高。酒头馏出时间通常持续15~30min，馏出物的酒精度从大约85%vol下降到75%vol。

通常需要做除雾试验[5]，这包括将酒头与水混合在分酒箱的酒精计槽中，将混合物的酒精度降到45.7%vol（赛克斯酒精度80°）。最初，这种混合物是浑浊的，乳白色的外观与安妮斯（anis，一种茴香调香烈性酒）和水之间的反应没有什么不同。这种浑浊是由不溶于水的残留的长链脂肪酸及其酯类引起的，这些化合物来源于前一次的蒸馏，一直残留在蒸馏器的内表面和烈酒冷凝器底部。它们溶于高酒精度的酒头，并被带入酒精计槽中。当酒头和水的混合物在规定的酒精度下清亮时，此时流出的酒被认为是可饮用的。通过旋转喷口，酒头从流向酒尾接收器转向烈酒接收器，此时成为可饮用的酒，即酒身。

一些勾调师和酒厂已经放弃了这种传统技术，宁愿定时收集酒头，而不凭借除雾试验，从而放弃烈酒的可饮用性。这样最终馏分富含高级脂肪酸酯类，使未来的防冻变得更加困难。不考虑烈酒的可饮用性，新酒收集持续2.5~3h，在此期间，酒精度从72%

vol 下降到 60%vol，这取决于新酒成为酒尾时的断花酒精度。

酒头蒸馏和酒身蒸馏时供应的热量会影响酒质量。蒸汽过大，流酒过快，将导致产生暴辣酒（fiery spirit）。鹅颈两侧的温和的、自然的回流虽有助于酒的绵柔，但此时不起作用。为了避免不利的风味，酒头和中馏段的收集都会受到热的影响。另一方面，在最初泡沫塌陷后，酒尾可以像醪蒸馏那样处理。酒尾可以强行规定，即达到 1%vol 为蒸馏终点。由此产生的残液（酒糟）可以排出，遵守初馏器的安全程序。

烈酒蒸馏器加热表面不一定需要化学清洁，如果使用，应该保护内部铜绿，这与蒸馏器内的风味反应有关。

酒蒸气中存在的含硫化合物是（与初馏器一样）高度挥发性和有气味的物质，对铜造成损害，形成硫化物；醪中的 CO_2 促进了碳酸铜的形成，也以铜绿形式存在。习惯上，在烈酒收集器上方悬挂一个平纹细布纱网，以过滤掉这些对酒质有影响的固体，否则它们会进入新酒中。

CO_2 和硫的侵蚀也会使铜变薄，因此受到侵蚀的区域（沸腾线上方、壶肩、鹅颈管、林恩臂、冷凝器管道和蛇管起点）会被腐蚀，需要修补或更换。受到侵蚀的蒸馏壶会发出类似狗呼吸的声响，应及时更换。

类似于醪蒸馏，烈酒蒸馏应该持续 5~8h。

氨基甲酸乙酯前体物质易溶于水溶液，通过酒糟排出[41]。

酒头、酒尾和低度酒的混合酒精度不应超过 30%vol，当超过该酒精度时将会导致设备空转，除雾试验也不能说明酒的可饮用性。在这种情况下，除雾试验将大量不可饮用的酒视作可饮用的酒，这些酒含有高浓度的高级脂肪酸酯和长链饱和羧酸，这些物质使酒产生酒尾气味。即使按时间设置收集酒头，也应始终进行除雾试验。

白兰地蒸馏时，也可以使用感觉器官进行品尝，以控制蒸馏，此法称为嗅尝蒸馏法[10]。

低度酒和酒尾接收器起到分离容器的作用。烈酒蒸馏的最后一个馏分含有不易溶于水的重油或酯类。这类油能溶于酒精水溶液，特别是在高酒精度的情况下。在酒精小于 30%vol 的情况下，这些化合物经历了相分离，酯类漂浮在水层之上，而一小部分溶解在水相中。如果酒精浓度超过 30%vol，这些漂浮的表面油将迁移到更高酒精度的水层，被完全溶解。这种效应最终不仅会影响到除雾试验，还会影响整个烈酒蒸馏——可饮用部分不能被收集，因为低度酒和酒尾含有不同比例的重油，因此不可能有除雾试验的结果。

低度酒和酒尾的酒精度低于 30%vol，仍有可能出现蒸馏问题。浮在表面层的重油或高级脂肪酸酯作为料液进入蒸馏器将导致出现这一情形，可饮用酒的收集（由除雾试验确定）是无法实现的。整个烈酒蒸馏系统将被这些酯类污染，在再次获得满意烈酒之前，可能要进行几次蒸馏。

为了避免这种情况，当低度酒和酒尾似乎接近更高酒精度时，可以用水稀释，其目标是使混合酒精度低于30%vol，从而刺激水分离。在进料时不能让相表面进入烈酒蒸馏器。

科涅克白兰地蒸馏在不同的公司稍有区别，如表11-17所示。

表 11-17　　　　　　　科涅克白兰地蒸馏方式与工艺对比[10]　　　　　　单位：L

工艺		轩尼诗	马爹利	雷米-马丁
原酒处理		去除重酒脚，次酒尾（30% vol）与低度酒混合，酒头、酒尾与葡萄酒原酒混合	去除重酒脚，次酒尾（25%）与原酒混合，轻取酒头，不取酒尾	与酒脚一起蒸馏，次酒尾循环进入低度酒，酒头、酒尾与原酒一起蒸馏
蒸馏操作	第一次蒸馏			
	酒头	10	1~2	10
	粗馏原白兰地	750	900	700
	酒尾	100	0	100
	残酒	1640	1600	1690
	第二次蒸馏			
	酒头	25	37~50	25
	原白兰地	680	720	700
	次酒尾	650	600	650
	酒尾	100	0	130

四、 蒸馏时化合物馏出规律

图11-27显示了A、B、C型化合物在间隙蒸馏过程中的变化。线A显示A型化合物主要在酒头中收集；线B显示B型化合物在蒸馏全过程的收集，且与酒精变化类似；线C1显示C型化合物蒸馏出的最大浓度大约在烈酒收集结束时。但另一类C型化合物C2其最大浓度出现在酒身接取后，在酒尾中含量不断增加（线C2）。

液态蒸馏使用塔板，故不同的化合物在精馏段会出现在不同的塔板上（图11-28），如戊醇、异丁醇、糠醛等分布于10~15的塔板上，如果在此塔板上装置流出口并冷却，可以有效地去除这些化合物[8]。

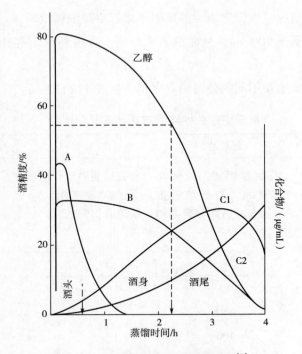

图 11-27　间隙蒸馏时化合物流出规律[9]

A—比酒精易挥发化合物　B—与酒精类似挥发性化合物　C—比酒精难挥发化合物（C1 和 C2）

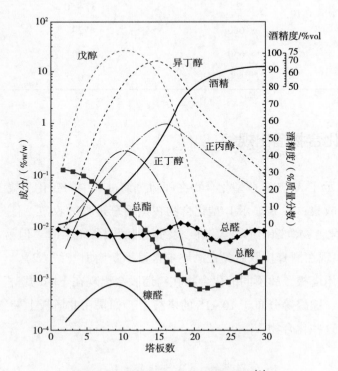

图 11-28　间隙蒸馏时化合物流出规律[8]

五、 影响产品质量的因素

一个称职的酒厂要确保酒厂员工充分掌握关键的控制参数，以生产高质量蒸馏酒。

为了确保一致性，车间和设备的设计必须平衡，传统技术必须严格遵守，同时注重传承与创新。

首先，发酵醪［无论是来源于传统法生产的初始麦汁比重（original gravity，OG）1050°，或最近使用的 1060°高比重酿造麦汁］应发酵完全，发酵至少 48h。研究表明，不到 40h 的短发酵对同系物谱产生负面影响，产的酒质量不高。长时间超过 48h 的发酵经历了苹果酸-乳酸发酵，在蒸馏后产生了优良的、醇美的蒸馏酒。即使正好是 48h，这种二次发酵也不可能发生，因为它依赖于酵母细胞的自溶，其内容物的溢出，为乳酸菌提供营养。发酵不应少于两天，以避免产生气泡醪。一个充满气泡的、活泼的醪是很难蒸馏的，会带来大量泡沫，增加潜甑风险，最终产品带有不可接受的氨基甲酸乙酯浓度。

麦汁最初相对密度影响酒的质量，已经确认 OG 在 1045~1050°有利于酯类形成，从而赋予终产品水果香和甜香。

第二，装液量适当。理想情况下，初馏器装液量不得超过工作体积的 2/3，从而降低了潜甑风险，保证质量。

第三，预热发酵醪。发酵醪不预热，初馏器内容物应该被缓慢加热，以防止加热表面上的炭化。如果加热过度（如蒸馏器内容物与加热源锅或盘管的温差过大），在蒸馏初期，加热表面更容易"燃烧"蛋白质和糊精。随着醪被预热，这种温差大大降低，"燃烧"发生得更少。

第四，保护好分酒箱。必须提供充足的冷却水，以避免热的、未冷凝的蒸气到达分酒箱，并对水表、温度计、槽和玻璃碗造成严重损害，从而损害收集到的低度酒和最终产品的质量。汞温度计不应与酒接触；建议只使用酒精型温度计以避免污染。

第五，烈酒最终的香气最初受到原材料的影响——麦芽品种和酵母。水也会影响酒的特性。工艺参数包括制醪温度、发酵设定温度和发酵时间也会影响风味特性。如果不遵守协定的分段点（量质接酒），就会产生批次间同系物的极大波动，当然，由于接酒容器可以容纳三天的产量，故可以通过收集几个批次的蒸馏酒来改善酒的品质。

用泥炭麦芽生产的酒挥发性酚浓度明显高，主要出现在中馏段的后期，随着水与酒精比例改变，酒精度下降时，有利于酚类物质的雾沫夹带。为了提高新酒酚类浓度，可以降低断花酒精度，但不能以牺牲质量产生酒尾气味为代价。不低于 60%vol 的断花点是可以接受的。

第六，缓火蒸馏。任何烈酒的蒸馏速度都是至关重要的。过于快速的蒸馏会产生一种令人不快的酒，这种酒在香气和味道上都是"火爆的"，缺乏适当的同系物平衡。酒头和酒身应仔细和温和地蒸馏，以确保充分的回流；应完全清除黏附在蒸馏器内表面的油性残留物。除雾试验正是基于这些残留物而设计的。缓慢地收集烈酒可确保生产一款干净的酒，没有不必要的、不好的香气和味道。

第七，低温流酒。在整个过程中，必须强调，必须保持向冷凝器或蛇管冷凝器中提供充足的冷水。冷却不充分，流酒温度会高于20℃，这将对同系物的平衡产生不利影响，从而使通常与酒尾相关的较高浓度的化合物被蒸馏到酒身中。强制或快火蒸馏也是如此。温暖的天气意味着要将流酒温度保持在低于20℃，此时，应减少加热量，保证在理想的温度下收集蒸馏物。这将导致蒸馏时间延长，影响酒厂产量。

在过高的温度下收集馏分也会增加蒸发损失。因此，在冬季因环境空气和水温低适合麦芽威士忌蒸馏。在过去的几个世纪里，蒸馏和冰壶一样，基本上是一项"冬季运动"，在这期间，大麦的地板发芽很容易控制，可提供完全改性的麦芽，并且不受夏季高温的影响。夏天是"寂静的季节"，酒厂员工忙于维护厂房和建筑物，收割大麦，并将泥炭带回家。

第八，减少有毒有害物。可能困扰麦芽蒸馏厂的污染物是亚硝胺、氨基甲酸乙酯、甲醇、农药残留、卤化物、多环芳烃和除草剂残留物，所有这些都按照规定的管制程序进行监测采样。其中一些化合物来自原材料，另一些化合物则来自麦芽的加工或蒸馏过程。

目前正在对转基因谷物和酵母进行严格审查，因为苏格兰威士忌的定义要求只使用纯净水、酵母和最好来自自然的谷物。

前面提到的铜是蒸馏酒质量的默默贡献者，因为它消除了难闻的气味——高挥发性的硫化合物。铜催化原料大麦中的氰基糖苷形成氨基甲酸乙酯。不建议在制造蒸馏设备时使用不锈钢，以避免影响质量；不锈钢可用于辅助管道和容器。

六、 影响生产效率的主要因素

设计和建造酒厂，要平衡好粉碎、糖化、发酵和蒸馏。确保糖化、发酵和蒸馏的周期是步调一致的，通常将一个星期分为几个固定时间段，以反映制醪周期。如果制醪需要6h才能完成（同时发酵装料也在这个时间段内），从蒸馏器装料到卸料的最长蒸馏时间不应超过6h，即每天执行四个制醪批次。更好点的酒厂可能会完全自动化，消除人为因素及其不可避免的不确定性。

1t大麦芽，经过充分修饰和有效的糖化，应能确保完全提取可发酵糖，从而使酒厂的总产率接近425L酒精。如果可发酵性糖没有完全提取，就不可能实现实验室分析确定的潜在出酒率。制醪效率对于实现最大可能的出酒率至关重要。

在蒸馏方面，必须确保蒸馏装置（管道、容器和蒸馏器）的完整性得到维护，不会发生泄漏。酒可能会因为不容易被发现的蒸汽泄漏而损失。在壳管式冷凝器中的蛇管或立管束受到蒸气中硫化合物的不断攻击，最终会侵蚀铜。冷凝器或蛇管泄漏时，显而易见的是冷却水进入产品侧，降低了馏出物的酒精度（如在分酒箱中用酒精计检测）。当蒸馏器停止工作时，水可能会流进分酒箱。在这种情况下，要求关闭蒸馏器，更换或堵住问题管道，然后重新开始蒸馏。如果其他管道也有类似情况，冷凝器应进行压力测试，以发现更多潜在的管道问题。在有几根管子泄漏的情况下，有必要更换冷凝器。

蒸馏锅的肩部、鹅颈管或林奈臂上的铜板变薄可能导致针孔泄漏，因为铜板会变得似海绵状。这种泄漏可通过焊接临时补救。焊接需要使用喷枪，必须将易燃蒸气从系统中清除，并清空收酒器，以防止爆炸和火灾。这种修理需要完全停止所有蒸馏操作。因此，泄漏必须尽快处理。

当未准确观察到蒸馏终点时，酒精会残留在稀酒糟或蒸馏残液和酒糟中，产生损失。同样地，当分酒箱中酒精计显示远低于1%vol时仍然蒸馏，则会浪费能源。在酒精度远超过1%vol时停止蒸馏，将导致在淡酒糟或蒸馏残液中检测到大量的残留乙醇。允许的酒精损失是：淡酒糟＜0.03%vol；蒸馏残液＜0.03%vol；冷凝液＜0.0001%vol；冷凝水＜0.0001%vol。

酒厂产量或产率是根据每周产量计算的，并考虑到使用的大麦芽质量，以及残留在低度酒和酒尾接收器、中间酒接收器和最终烈酒接收器仓库中的酒精量。将前一周流转的酒尾从生产酒的总量中扣除，以纯酒精的体积（L）表示。

七、　三重蒸馏

在苏格兰麦芽威士忌行业中，至少有两家酒厂实行三重蒸馏。这种技术生产的威士忌比二重蒸馏威士忌具有更高的酒精度、香气更轻，主要在低地酒厂进行，这与爱尔兰的蒸馏实践非常相似。

原则上，有三个蒸馏器。第一个叫醪蒸馏器，蒸馏出的两个组分——酒精度较高的低度酒和酒精度较低的低度酒——分别单独收集。第二个蒸馏器是低度酒蒸馏器，蒸馏酒精度较低的低度酒。从这种蒸馏器中蒸馏出两个组分并分别收集——酒精度较高的酒尾和酒精度较低的酒尾，后者是真正的酒尾。酒精度高的酒尾被送到第三个蒸馏器，即烈酒蒸馏器，而酒精度低的酒尾在低度酒蒸馏器中被重蒸馏。

烈酒蒸馏器中的馏出物仍然被划分成三个组分收集——酒头、新原酒和酒尾（酒尾与酒头混合在一起被收集，并且返回到烈酒蒸馏器中被再蒸馏）。这种从低度酒蒸馏器和烈酒蒸馏器中获得的各种组分的回收利用影响到原酒的最终香气和酒精度，酒精度通常超过正常的双重蒸馏产品。双重蒸馏时酒精度通常在68%~72%vol，三重蒸馏酒精度可接近 90%vol。

八、 科涅克地区白兰地壶式蒸馏

科涅克白兰地的蒸馏有两种方式：一种是夏朗德壶式蒸馏；另一种是阿拉贝壶式蒸馏。

现在，科涅克地区夏朗德蒸馏器（亦称夏朗德立式蒸馏器）开发了很多不同的形状，因此，浓缩的风味物质不一样，产品口味独特。另外，蒸馏时，基酒葡萄酒和低度酒剧烈加热，化合物之间反应强烈，会生成更多的独特香气化合物。

科涅克白兰地第一次蒸馏时，蒸馏物分为三部分，酒头（大约持续 15min）、酒身（低度酒，大约 6h）和酒尾（大约 1h），酒头和酒尾在下一次蒸馏时与葡萄酒基酒一起重蒸。第一次蒸馏后，低度酒冷却，形成乳白色液体（葡萄酒的灵魂），酒精度 27%～30%vol[1, 42]。该组分进行第二次蒸馏，分成四个组分：酒头（约 30min），第一酒身（科涅克），第二酒身（大约持续 4.5h），最后是酒尾（约 1h）。第一次蒸馏约需要 9h，第二次蒸馏约需要 14h，从葡萄酒基酒到白兰地新酒约需要 1 整天时间。

酒头含有最易挥发的化合物，通常决定了蒸馏酒的质量，酒头的体积占总蒸馏酒量的 1%～2%（体积分数）；第一酒身含有最重要的芳香成分，比例合理；第二酒身酒精度仍然较高，但含有较少的挥发性成分，需要再蒸馏，其目的是保持蒸馏酒的总体口感[42]。

根据法规，壶最大容积不得超过 3000L，直火式加热，通常用天然气作燃料，新酒酒精度不超过 72%vol[42]。蒸馏过程中新酒 pH 约 3.0，因此可能形成挥发性的酯，并蒸馏出；一些酯也可能在酸性馏分中轻微水解，产生游离脂肪酸。尽管脂肪酸不易挥发，但也可能通过形成共沸而被蒸馏出来[1]。

九、 阿尔马涅克白兰地壶式蒸馏

阿尔马涅克白兰地有两种蒸馏方式，一种是两步壶式蒸馏，另一种是柱式连续蒸馏，称为阿尔马涅克柱式蒸馏。两步壶式蒸馏的方式与科涅克白兰地类似，产量在总量的 10%左右。

在阿尔马涅克地区的蒸馏器称为阿尔马涅克立式蒸馏釜，但此蒸馏器不是壶式，而是柱式。葡萄酒基酒进入位于蒸馏器上方的给料罐。在加热锅的上方排列有 5～6 层的塔板。葡萄酒基酒流过预热器中的冷却盘管被预热，然后进入柱顶部，经塔板向下流动。被加热后，产生酒精和其他挥发性成分的蒸气。在柱底部的葡萄酒被加热，产生蒸气，蒸气气泡通过下降的葡萄酒上升至顶部，冷凝，收集。冷凝物即为新白兰地酒，其乙醇含量约 53%vol。

第六节　阿拉贝壶式蒸馏

传统的白兰地特别是科涅克白兰地通常采用阿拉贝蒸馏器（图11-29），也是一种壶式蒸馏器，与夏朗德蒸馏器相似。

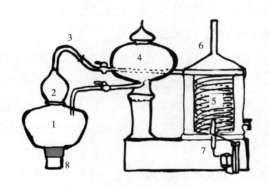

图 11-29　阿拉贝蒸馏器[43]

1—蒸馏壶　2—锅帽　3—鹅颈管
4—预热器　5—冷却蛇管　6—冷凝器
7—液体比重计端口　8—煤气灶

其蒸馏原理是一个容器（蒸馏壶）中装入葡萄酒，加热；壶上面是密闭的空间，收集蒸气，在冷却导管中挥发性成分冷却，然后，用接收器接收冷却液。不挥发性的物质如不挥发性酸和糖残留在加热容器中。最初的馏分是乙醇和易挥发性的成分。随着蒸馏时间延长，酒精度逐渐下降，甲醇也会蒸馏进入酒中。但欧洲葡萄通常含产甲醇的物质少，除非使用了果胶酶引起果胶酯的水解而产生甲醇。

一次蒸馏后，获得"低度酒（low spirit）"，酒精度约30%vol，低度酒需要进行二次蒸馏。蒸馏过程并不仅仅是加热收集酒精，还会发生化学反应，形成众多新的挥发性化合物。

传统的阿拉贝蒸馏器比较小，用铜制作成壶状；而大的壶用铜和黄铜制作，顶部为球状。现代阿拉贝蒸馏器使用不锈钢制作。标准的阿拉贝蒸馏器其铜壶（蒸馏壶）体积是2500L[43]，装满后上部空间约500L。现在的壶可以做到22000L。

壶底与夏朗德壶类似，向上凸起。加热可以采用直火式，使用天然气炉，用丙烷、丁烷或天然气作燃料，200kg液体丙烷大约可以生产370L纯白兰地。现代加热方式通常用蒸汽，但会形成局部热点，烧焦葡萄酒。内表面抛光，便于批次之间的清洗。

壶头（still head）在壶的上方，是蒸馏壶的一部分，对精馏起重要作用。其容积是壶身（蒸馏壶）的2%～10%。其体积和形状直接影响到酒精与香气化合物的浓缩、分离和选择[43]。

鹅颈管的高度、形状和朝向影响着产品质量。它斜向下，直接进入预热器，主要是节省能源。一部分蒸气冷凝，另一部分发酵液即原葡萄酒被加热。

冷凝器是圆柱形，用铜或不锈钢制成。内置铜盘管，充满冷水。冷凝能力通常在

4500~5000L。冷水从底部进入，热水从上面出来。冷凝时，铜可以与硫化物反应，沉淀它们。液体比重计端口也是铜的，用来监测馏出物的酒精度和温度。

第一次蒸馏时，酒精度在8%~12%vol的高酸葡萄酒基酒进入蒸馏锅中，实现酒精和香气成分浓缩，蒸馏出低度酒，最初的1%左右或前3~5min的馏分酒精度约83%vol，呈不愉快气味，含有高挥发性的化合物，如乙酸乙酯和乙醛，称为酒头，通常扔掉。后面的原酒含有葡萄酒中的几乎所有成分，第一次蒸馏过程葡萄酒约浓缩至原1/3（如从13000L葡萄酒获得约4500L低度酒），低度酒的酒精度26%~32%vol，耗时6~9h[43]。

第二次蒸馏时低度酒进入壶中，蒸馏出的酒不超过75%vol。此阶段，是分段接酒，监测酒精度和质量。法国限定二次蒸馏的体积不超过2500L。

典型壶式蒸馏时，收集酒头需要1~2h，酒身2~7h，然后是酒尾。2500L的低度酒（约30%vol），酒头约25L，酒精度约75%vol。酒身收集到酒精度约55%vol（在测试杯中用酒精比重计测量），此过程持续6~7h，平均酒精度约70%vol。此后，继续蒸馏，直到酒精度到0，称为酒尾，此过程约持续5h。酒尾将在下一次蒸馏时与低度酒混合进行蒸馏。

绝大部分的壶式白兰地均是双蒸的，酒浓缩两次。粗略估计，大约8.75L的葡萄酒可获得3L低度酒，最后获得330mL白兰地。第二次蒸馏时，酒精度在70%~72%vol。酒精度越高，酒越纯净，即风味化合物含量越少。降低酒精度可以获得更多的香气成分，但获得异嗅的机会也增加。

第七节　朗姆酒蒸馏方式

朗姆酒的蒸馏十分重要，决定了朗姆酒和卡莎萨酒的风格与特点。朗姆酒最初采用壶式双蒸馏，第一次蒸馏时的低度酒与上轮蒸馏的酒头和酒尾合并，进行第二次蒸馏。其中段为朗姆酒，酒精度65%vol左右。这种蒸馏的另一个形式，产生于牙买加，使用两个蒸馏罐，称为"罐坑"，连接到蒸馏壶和冷凝器之间（图11-30）。这个系统去掉了双蒸中的一个，但又大约相当于三次蒸馏。离开壶的蒸气约含有30%vol酒精，通过第一个低度酒坑，在此，蒸气冷凝。冷凝产生的热量加热低度酒，引起气化，此蒸气约含有60%vol酒精。这些蒸气再通过装有高度酒的第二个坑，以上过程不断重复。从第二个坑蒸发出来的蒸气含有90%左右的酒精。去掉酒头后，接下来的中馏段即是朗姆酒。收集约75%vol的高度酒和约30%vol的低度酒，直到蒸馏结束。将高度酒和低度酒分别回到相应的两个坑中，进行下一批次蒸馏。这种蒸馏方式通常生产芳香口味朗姆酒或重口味朗姆酒。

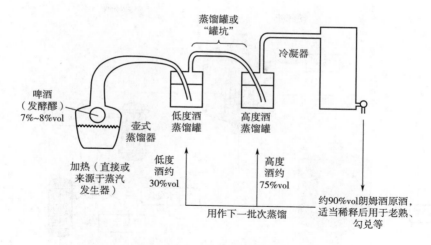

图 11-30　朗姆酒蒸馏系统[1]

第八节　蒸馏釜蒸馏

半固态糖化、液态发酵的白酒使用蒸馏釜蒸馏，以米香型、豉香型白酒为主。

一、蒸馏釜设备组成

将发酵成熟醪用气液输送方式压入待蒸的醪液池中，再用泵打入釜式蒸馏锅内，使用间接蒸汽加热，常压蒸馏（图 11-31 和图 11-32）。蒸馏釜的大小可根据生产规模设置，材质以不锈钢为好。

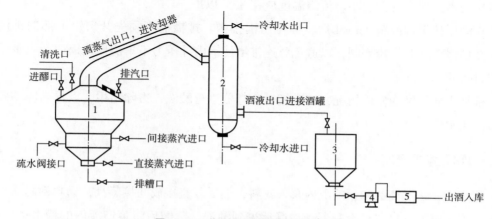

图 11-31　传统蒸馏釜蒸馏示意图[12, 44]

1—蒸酒锅，不锈钢，全容积 8m³，有效容积 5m³　2—冷却器，不锈钢，冷却面积 42m²

3—接酒罐，不锈钢　4—酒泵　5——计量仪

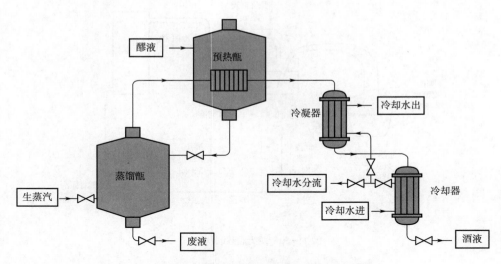

图 11-32　现代蒸馏釜蒸馏示意图（广东九江酒厂提供）

二、 蒸馏操作

（一） 传统釜式蒸馏

开蒸汽进行蒸馏。初蒸时汽压不得超过 0.4MPa，流酒时保持 0.10～0.15MPa。在流酒期间不能开直接蒸汽，只能开间接蒸汽加热蒸馏。

初馏酒酒精度较高，香气大，根据蒸馏量摘酒头 5～7kg，单独入库贮存用于勾调调香酒，之后一直蒸馏至所需酒精度。酒尾掺入下一锅发酵酒醅中再次蒸馏。蒸酒时汽压要保持均衡，切忌忽大忽小，流酒温度应在 35℃ 以下。

在酒尾接至含酒精 2％vol 后，即可出锅排糟。排糟前必须先开启锅上部的排汽阀门，然后缓慢地开启排糟阀，以避免急速排糟使锅内外压力不平衡导致锅内产生负压而吸扁过汽筒和冷却器。

根据水质硬度和使用情况，应定期对冷却器进行酸洗，去除结垢，以提高冷却效率和节约用水。

（二） 现代釜式蒸馏

蒸馏时，往蒸馏甑和预热甑内泵入物料，然后开直接或间接蒸汽，物料沸腾后产生酒气，依次经过预热器和冷凝器，冷凝后得到酒液。蒸馏后将蒸馏甑内的糟水排干净，然后将预热甑里面的物料放入蒸馏甑，再往预热甑内泵入新的物料，继续下一轮蒸馏。

预热器的作用是预热甑内的物料，在蒸馏过程中被酒气加热，使物料温度升高，从而可节省一部分蒸汽，同时可以缩短蒸馏时间。

第九节 柱式间隙蒸馏

一、 阿尔马涅克白兰地柱式蒸馏

与科涅克白兰地一样，阿尔马涅克白兰地也需要在指定产区蒸馏，蒸馏的时间在葡萄收获后至次年 3 月 31 日前（1988 年 3 月 15 日修改后的 BNIC 法规规定）。蒸馏最大酒精度 72%vol[45]。

阿尔马涅克白兰地的蒸馏有两种方式，一种是连续蒸馏，称为阿尔马涅克柱式蒸馏（图 11-33）；一种是壶式蒸馏，产量约为总量的 10%。

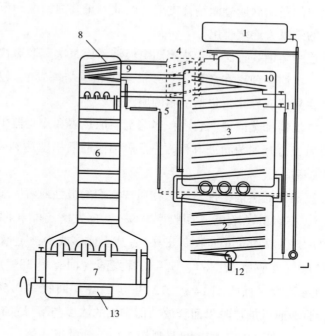

图 11-33 阿尔马涅克蒸馏器[45]

1—葡萄酒贮罐 2—冷凝器 3—葡萄酒加热器 4—酒头冷凝器 5—葡萄酒到达处 6—蒸馏柱
7—煮沸器 8—蒸馏器盘管头部 9—鹅颈管 10—蛇管 11—酒尾流出和循环 12—酒精计支架 13—加热炉

阿尔马涅克地区连续蒸馏器完全用退火的电工级铜制作，蒸馏器运转时，类似于蒸汽夹带式蒸馏。

煮沸器、蒸馏柱和葡萄酒的加热—冷凝构成了蒸馏器的主体。煮沸器体积 500~

3500L，被塔板分成 2~3 部分；其体积至少等于葡萄酒加热器和冷凝器的体积和。加热方式通常是直火式，使用丙烷气作燃料；有些也使用木材作燃料，加热较小的蒸馏器。

蒸馏柱有 5~15 个塔板，塔板上安装有各种形状的泡罩；泡帽呈球状或洞穴状或油槽状。葡萄酒从降液管到达的塔板称为"干板"，随着酒精度的上升，其酒尾中的酒精度下降。

葡萄酒加热器用来预热葡萄酒，其中的盘管温度最高可达 70~85℃，同时，将酒精蒸气冷凝。葡萄酒加热器的体积通常是 500~1500L。

冷凝器通常比葡萄酒加热器小，300~1000L，并置于其下方。酒精蒸馏经过葡萄酒加热器后，从盘管中进入冷凝器以达到完全冷凝。

有时，酒头冷凝系统会安装在葡萄酒加热器的上方。更频繁的是，酒尾冷凝器会放置在蒸馏柱和葡萄酒加热器之间，在酒精蒸气的管路内。酒尾也可以在冷却盘管流出液的第一段被收集。冷凝液再回到葡萄酒中，用于循环蒸馏。

从葡萄酒贮槽下来的葡萄酒在冷凝器的底部通过重力进入蒸馏柱。流量通过带流量计的闸阀控制。流出的蒸馏酒通过酒精计支架，在此测量其酒精度和温度。洗涤用酒通过连接到煮沸器上的虹吸管连续排出。

阿尔马涅克的连续蒸馏装置比两步法蒸馏更经济，比三次蒸馏更快。通常运行 2 周后停产，进行清理。沉淀会积累在塔板上，残渣会阻止铜与挥发酸以及硫化物的反应。清理不充分，会产生异嗅或异味，包括油脂的腐败臭。

蒸馏开始时，煮沸器和蒸馏柱内装水，当葡萄酒加热器和冷凝器中充满葡萄酒，开始点火，当水沸腾后，打开葡萄酒进入管。一旦蒸馏液的酒精度达到要求（如 60%vol，且恒定），开始收集蒸馏酒。

使用阿尔马涅克蒸馏器蒸馏，挥发性的物质按它们的极性或者完全被蒸馏，如高级醇（回收率 102%）、高级醇乙酸酯（回收率 90%）、挥发酸乙酯（回收率 177%）、乙酸乙酯（回收率 94%）、双乙酰（回收率 83%）；或者或多或少被蒸馏出，如 2-苯乙醇（回收率 10%）、乙酸（回收率 5.5%）、C_3~C_5 挥发酸（回收率 38%）、C_6~C_{12} 挥发酸（回收率 56%）、乳酸乙酯（回收率 14%）、2,3-丁二醇（回收率 0.5%）。高分子质量的脂肪酸乙酯和脂肪酸通过加热酵母而释放，即它们的浓度与酵母量有关，故阿尔马涅克白兰地中 C_8、C_{10}、C_{12} 脂肪酸乙酯含量是科涅克白兰地的近 4 倍。

为了修饰蒸馏酒的成分，蒸馏通常控制两个参数，葡萄酒流量和加热温度。降低加热温度或增加葡萄酒流量会降低蒸馏柱顶部温度，导致酒精浓度更高，此时，高级醇和酯浓度并不随酒精度上升而变化，即保持稳定（图 11-34）；相反地，称为"酒尾"的成分，即尾级杂质随着酒精度上升而下降[46-47]。如果蒸馏酒需要长期老熟，则需要大量的尾级杂质；假如要快速进入市场，则需要一个高酒精度蒸馏，以限制这些物质进入酒中。

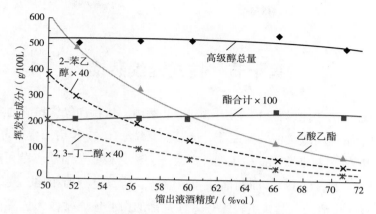

图 11-34 阿尔马涅克连续蒸馏时挥发性成分随酒精度的变化[47]

注：曲线为了相距较近，故放大倍数处理。

二、 葡萄蒸馏酒柱式蒸馏

葡萄蒸馏酒也有两种蒸馏方式，一种是间隙蒸馏；另一种是连续蒸馏。

间隙蒸馏过程仍然是传统的蒸馏方式（图 11-35），类似于夏朗德蒸馏器，只不过不使用壶，而使用柱式蒸馏。此间隙蒸馏主要由蒸汽发生装置、30 个塔板的蒸馏柱和冷凝系统组成。酒头和酒尾可以循环回收到沸腾锅 A 中。

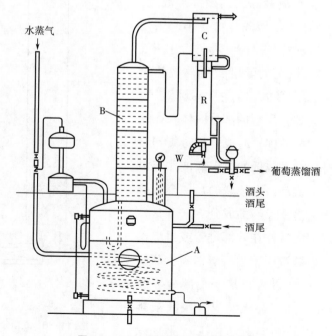

图 11-35 葡萄蒸馏酒间隙蒸馏器[45]

A—沸腾锅　B—蒸馏柱（30 个塔板）　C—冷凝器　R—冷却器　W—水

第十节　柱式连续蒸馏

谷物威士忌、白兰地、轻口味朗姆酒、卡莎萨酒、伏特加等饮料酒通常使用连续蒸馏装置，即科菲蒸馏器或类似的蒸馏器。该蒸馏系统于 1827 年用于生产苏格兰威士忌，1830 年由埃涅阿斯·科菲（Aeneas Coffey）改进，称为科菲蒸馏器或专利蒸馏器，通常由两个柱子组成（图 11-38），即初馏柱和精馏柱。与二重蒸馏相比，连续蒸馏生产的酒更"纯"，口味更清淡，酒体更轻[1, 39]。柱蒸馏的白兰地通常作为佐餐白兰地，而不是高档白兰地。

连续蒸馏器通常是圆柱状的，典型的约 9m 高，由多层塔板或水平的空心挡板内部连接而成；也可以是正方形的[6, 9]。蒸馏柱通常用铜或不锈钢制作，用不锈钢时，必须存在部分铜构件，如在精馏柱顶部以除雾器（网状的筛子）方式存在，用以去除硫化物的异嗅[13]。

一、 连续蒸馏器单柱蒸馏原理

图 11-36 显示了双组分混合物连续蒸馏器的基本设计。进料时，料液最好达到始沸点温度，此时将形成蒸气/液体的平衡混合物（不一定是图 11-36 的 14 个塔板中间进料）。沸腾后，蒸气上升至紧邻上方的孔板上的温度较低的液体层时，部分蒸气会凝结，释放出它的冷凝（或蒸发）潜热，然后气化那一层上的部分液体。在这种动态平衡状态下，更易挥发的成分被富集到蒸气相中，并向上升到温度较低的方向。液体流沿着柱较高的温度方向流动，在级联的每一个较低的塔板层上逐渐失去易挥发性的成分。

留在蒸馏器底部的液体在外部排管或再沸器中重新加热，以产生蒸汽用于运行蒸馏器，蒸发残留乙醇。从技术层面讲，它是一个部分再沸器，因为只有部分底部产品被蒸发，残液被排出，或者作为纯的产品（如石油化工行业）或作为废液（如苏格兰谷物威士忌工业）。对于酒

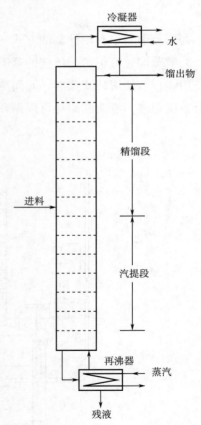

图 11-36　双组分混合物连续
蒸馏器的基本设计[9]

精和水这样的混合物，热源也可以被导入柱的底部，但再沸器的一个重要优点是主蒸汽供应是返回主锅炉的闭环。如果使用直接蒸汽喷射，蒸汽会损失在蒸馏器系统中，必须不断进行昂贵的锅炉水处理。另外，底部产品会被冷凝蒸汽稀释。

离开柱顶部的蒸汽被冷凝，产生的液体的一部分被返回到顶板，以保持那里的液位，并维持回流。所有的蒸汽在总冷凝器浓缩，但只有部分馏分作为顶级产品提取；其余的必须返回到顶板作为回流。

连续蒸馏器的蒸馏可以用级联方式排列，如图 11-37 左图所示。

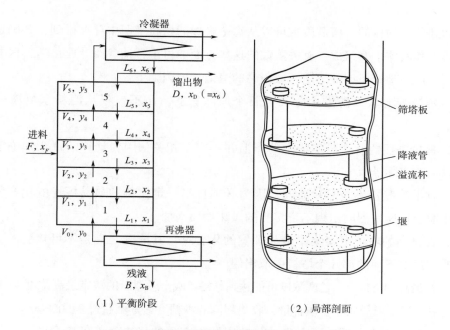

图 11-37　简单蒸馏塔的平衡阶段[9]和局部剖面[13]

B—蒸馏器底部产品的流速（再沸器残液）　D—馏出液流速　F—进料流速　L—液体流速　V—蒸汽流速

x—液体中易挥发性成分摩尔分数　y—蒸汽中易挥发性成分摩尔分数

图 11-37 右图是泡帽塔板剖面图，此塔板也可以是筛板。无论是筛板还是泡帽塔板都应该允许酒精蒸汽的上升和发酵醪的下降，故孔径要足够大，如谷物醪的孔径为 12mm[39]。

为了简单起见，图 11-37 只显示了蒸馏柱的五个平衡段——进料板本身和该板上下各两个塔板；再沸器和顶部冷凝器通常不作为蒸馏柱的一部分，但分别作为平衡段 0 和 6 两个阶段，因此显示了七个平衡段。

连续蒸馏是一种多阶段逆流过程，在此过程中，混合物的液体相和蒸气相在每个平衡段相互接触，并在上升（蒸气）或下降（液体）到相邻段之前分离。在级联的各个层次上，液体和蒸气的组成 x 和 y 均不同。由于系统在稳态条件下运行，在第 3 塔板（进料板）周围的成分没有突然变化。饱和液体连续进料到第 3 段，在该点调整温度

（和压力），形成蒸气-液体平衡混合物。蒸汽 V_3 成分 y_3 从第 3 段上升并开始沸腾，然后部分凝结在第 4 塔板上的液体层中，其中挥发性成分浓度较高，但温度低于第 3 塔板。液体从第 5 塔板（L_5，成分 x_5）下降到第 4 塔板，并和上升蒸气 V_3 在第 4 塔板混合，达到一个新的液体-蒸气平衡；接着蒸气 V_4 的成分 y_4 上升到第 5 塔板。在每一个较高的层级上重复这一过程，且温度越来越低，y_3、y_4 和 y_5 表示易挥发性成分的百分比增加。

液体组分沿着温度升高的方向在蒸馏柱中向下流动，不易挥发性的组分变得越来越丰富。因此，y_0 到 y_5 表示蒸气相中挥发性成分浓度不断增加，x_6 至 x_1 表示液体中易挥发性成分比例在下降。

要达到分离的目的，所需段数可以从每个塔板的物料平衡中计算得到，并确定每个塔板的蒸气和液体平衡组成。有关蒸馏的这些方面的讨论，请参阅专业化学工程书籍。

然而，这一理论模型并不适合威士忌的蒸馏，原因如下：

（1）蒸馏需要从发酵醪中分离几百个风味物质，而不仅仅从酒精水溶液中分离乙醇。

（2）理论塔板的概念与实践中的蒸馏并不完全相关，因为计算的每个理论塔板对应一个以上的实际塔板。

（3）顶部冷凝器不是总冷凝器，因为必须排出一定比例的最易挥发的化合物，以防止在蒸馏运行期间烈酒出现不可接受的风味物质增加。

（4）在最高的塔板上聚集了最易挥发的化合物，其浓度之高是不可接受的，烈酒是从蒸馏柱顶部下面的那几个塔板中取出的。

（5）在最高的塔板上，乙醇浓度可能达到苏格兰威士忌烈酒的法定最高浓度 94.7%vol，但在实践中，为了增加风味物质含量，收集烈酒的酒精度最好不超过 94.0%vol。

（6）不能使用再沸器，因为通过加热废醪而产生的风味是不可接受的，必须将蒸汽直接注入蒸馏柱中；此外，醪中谷物和酵母将回到再沸器中的加热盘管上，造成传热问题并且产生不良气味。

最后，醪的酒精含量不可能超过 0.03%（摩尔分数），按体积计算为 9.14%，需要较多的塔板，以至于使用一个蒸馏柱时的柱太高，汽提段和精馏段必须作为两个相邻的蒸馏柱建造。

二、　双柱连续蒸馏系统

科菲蒸馏器从 1830 年产生后，一起使用到现在，其间进行过一些改进，主要是发酵醪进入蒸馏器的自动控制和从精馏段塔板流出酒的酒精度精确控制，酒精度的精确控制直接影响到威士忌原酒的质量[8]。

基于单柱蒸馏原理，形成了图 11-38 的蒸馏模式，将图 11-36 中的初馏柱单独设置，加热的物料从顶板进料。精馏部分也是独立的结构，相当于图 11-37 中的 V_3 蒸汽从初馏柱顶部输送到精馏柱底部。虽然图 11-38 中只显示了一条热酒蒸汽管道，但通常有两个，其直径足以使蒸汽在蒸馏柱之间自由流动。进料醪在精馏柱的铜管（醪盘管）内流动时，被加热；当其到达进料板上刚好达到沸腾温度。当精馏柱内的蒸汽在预热醪盘管的外表面凝结时，相当于醪盘管本身提供了额外的回流。

发酵醪或啤酒在精馏柱预热（图 11-38），然后进入第一个柱子顶部，即初馏柱顶部。蒸汽从初馏柱底部进入，发酵醪从顶部落下。挥发性化合物被蒸馏出来，并从柱顶部被移走。热酒蒸汽（HSV）通过精馏柱，酒精与水分离。烈性酒从精馏柱顶部移走，杂醇油主要是异戊醇类（3-甲基丁醇和 2-甲基丁醇）从靠近精馏柱的底部移去。从柱顶部获得的酒头与从柱底部获得的酒尾循环进入精馏柱顶部，进行再次蒸馏[39]。

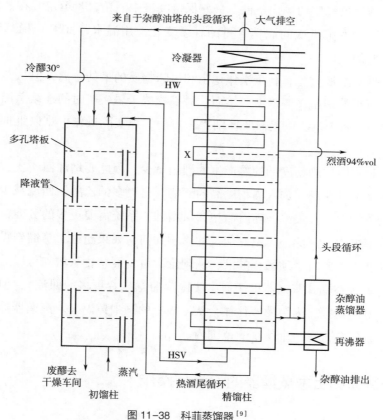

图 11-38 科菲蒸馏器[9]

HSV—热酒蒸汽 HW—热醪 X—烈酒蒸馏塔板上的醪弯曲盘管

三、 蒸馏进料

醪物理成分与谷物威士忌原料相关。某些情况下，地板麦芽和熟谷物完全混合，被冷却到发酵初始温度 20℃ 左右，接种后进行"所有物质"发酵。在另外一些情况下，在糖化和发酵之间进行某种形式的固体分离：在糖化罐后，进发酵罐前去除较粗的谷物颗粒，最大限度地减少对管道、发酵罐和蒸馏器的损害。无论使用玉米、小麦还是其他谷物，均会产生一些物质，可以引起发酵的化学和物理性质变化，例如玉米含油量较高，在发酵过程和初馏柱中具有消泡剂的作用。

在发酵过程中，温度上升到 30~34℃，从节能角度考虑，应在温度下降之前蒸馏发酵醪。通常的做法是将醪液排放到蒸馏贮槽中，其体积大约是两个发酵罐大，并配备搅拌机以确保均匀，还可以去除大部分 CO_2。醪液被连续泵送到蒸馏器中，当蒸馏贮槽中醪液下降到一半时，添加下一发酵罐的物料。在一段时间内连续使用蒸馏贮槽后，需要不定期清洗和消毒，否则存在潜在的微生物危害。

为了保持蒸馏器稳定的操作条件，最好保持醪液中酒精含量恒定。在蒸馏贮槽中混合醪液有助于平衡发酵批次间酒精含量的轻微变化。用温水（30℃）稀释到恒定比例的酒精度是必要的。

酒精度较低的醪液会更有利于操作稳定和风味物质的最佳分离，但从蒸馏的节能方面考虑，需要较高的初始乙醇浓度。然而，对谷物威士忌生产时的连续蒸馏而言，增加醪液中酒精含量（8.5%vol 以上需要仔细操作）后，在实际操作中难以维护必需的稳态条件。

蒸馏器在运行时，酒精度低的醪产生的烈酒量少，因此要增加回流比，此时易挥发性化合物比例增加。相反，加入酒精度高的醪能获得更多的乙醇，回流减少。因此，各种风味化合物分馏较少。最终，随着酒精含量增加，系统需要更多的分馏，但超过了固定塔板数的分馏能力，因此，无论对能量的影响如何，如果超过了蒸馏到需要质量标准的最大的蒸馏能力，此时必须稀释醪液。从理论上讲，酒精含量增加可以通过减少蒸汽供应来补偿（就像在锅式蒸馏器里一样，缓慢蒸馏意味着更多的回流），但实际上，这可能不是一种好的选择，因为醪液往往会从塔板上的洞中掉下去。蒸馏器通常设计为特定流量的蒸汽，但总是在一个狭窄的范围内。

四、 连续谷物威士忌蒸馏器的设计与操作

（一） 常见谷物威士忌蒸馏器

在苏格兰谷物威士忌工业中，采用了各种设计的连续蒸馏器。图 11-38 显示了一种科菲蒸馏器的简化图，目前它还是苏格兰最常见的类型。科菲最初的设计在几个方面不同于现代科菲蒸馏器，但仍然采用他的名字。在苏格兰谷物威士忌生产的其他类型设计中，基本原则是相同的，但有一个方面除外。在科菲蒸馏器中，醪液通过精馏部分的铜

盘管加热，被加热到至少90℃，然后在初馏塔进料。在其他蒸馏器设计中，醪液在单独的热交换器中预热至90~93℃，然后在初馏塔顶板进料。

在图11-38中，初馏段仅显示了7个塔板[9]（通常是15~27个塔板[7]），精馏段显示了9个塔板[9]（顶部冷凝器算在内是10个，通常是30~45个塔板[7]），远低于实际需要的数量。科菲蒸馏器每个蒸馏柱通常安装35~40个塔板，但在醪液盘管缺乏回流作用时，科菲蒸馏器的精馏段需要多达60个塔板。

图11-39是醪液盘管布局图解，醪液盘管通常放置在多孔板上方水平面上，但在一个非常大的蒸馏器内，可能在每个板上方叠加两个水平线圈。此外，在大多数酒厂，精馏器底部产品不会直接返回到初馏段顶部，而是收集在一个热的酒尾罐中，从那里它被抽到初馏段顶部。这对于平衡热酒尾流动很有用，热酒尾必须在恒温下回收。

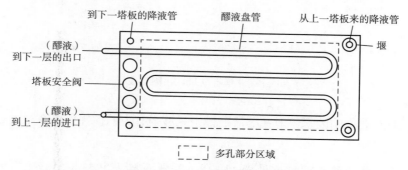

图11-39　科菲蒸馏器中精馏塔板和醪液盘管的俯视图[9]

蒸馏二段的塔板需要不同尺寸的孔径：初馏段需要较大的孔，以防止颗粒固体和酵母堵塞（图11-40）。显而易见，使用"谷物"发酵的酒厂，初馏段塔板上的孔必须大于使用部分澄清麦汁的酒厂。即使如此，除了安装在两个蒸馏柱顶部的压力和真空安全阀外，单个塔板上还安装了一排安全阀，以防止堵塞的影响。

虽然在科菲蒸馏器中一直使用多孔铜塔板，但最初的框架是用木头建造的，因此是长方形的。当完全用铜建造时，矩形形状被保留下来，但更现代的不锈钢蒸馏器设计通常是圆形的横截面。不锈钢蒸馏器的工作寿命更长，因为与铜相比，结构腐蚀可以忽略不计，通常用铜制作弯头，在敏感点插入铜与硫化物发生反应并去除含硫化合物。在精馏段烈酒塔板附近一定需要铜。

此外，将铜丝网安装到不锈钢初馏段顶部的蒸气管中是方便的，以移除来自于烈酒蒸气中的挥发性硫化合物，并去除夹带的醪液滴，以及作为阻燃剂。蒸馏塔板之间的距离通常为0.4~0.5m，应该足以避免初馏段上正常的醪泡沫造成的问题。初馏段顶部的进料塔板是最有可能发生起泡的地方，特别地，起泡的醪液可能会污染精馏段的较低酒精度部分，并使烈酒产生异味。这种转移可以通过在烈酒蒸气线路中的旋风分离器来阻止，主要是去除醪液液滴。虽然麦芽、谷物或酵母的表面活性成分也可能引起泡沫，被

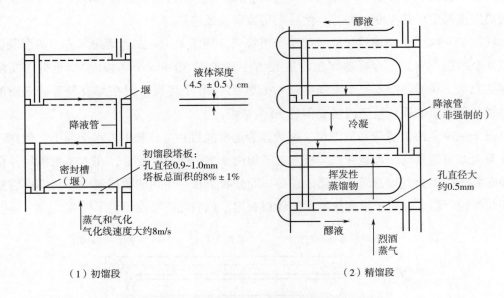

（1）初馏段　　　　　　　　　（2）精馏段

图 11-40　科菲蒸馏器的初馏段和精馏段塔板[9]

夹带的 CO_2 是重要影响因素，但在醪液贮槽中足够强有力的搅拌可以在很大程度上消除它的影响。

蒸馏器系统各段的乙醇含量见表 11-18。醪液通常 7.5%～8.5%vol 酒精度，温度 30～34℃，以设计速度用泵通过盘管，微调以保持烈酒塔板上水平醪液盘管的温度。在此位置的温度传感器（图 11-38 中的 X）自动控制醪液的泵入速率。在这个段的恒温比恒流更重要，但理想的情况是，随着进料温度的稳定，流动速度也是恒定的。当然，在没有醪液盘管的连续蒸馏情况下，初馏段顶板的进料保持在 90～92℃恒温，以控制系统运行。

表 11-18　　　　　　　　　连续谷物威士忌蒸馏的质量平衡[9]

初馏段

	进料			出料	
	质量	酒精度/%vol		质量	酒精度/%vol
醪液	100	7.5	废糟	103	0
蒸气	12	0	热烈酒蒸气	20	9.4
冷酒尾循环	1	0.9	总量	123	9.4
热酒尾循环	10	1.0			
总量	123	9.4			

续表

精馏段

	进料			出料	
	质量	酒精度/%vol		质量	酒精度/%vol
热烈酒蒸气	20	9.4	烈酒	8	7.5
			酒尾	2	0.9
			冷却器排空	<0.1	<0.1
			热酒尾循环	10	1.0
			总量	20	9.4

杂醇油蒸馏器

	进料			出料	
	质量	酒精度/%vol		质量	酒精度/%vol
来自于精馏段	2	0.9	冷酒尾	1	0.9
			杂醇油产品	1	0

当醪液通过精馏段的醪液线圈时，醪液被加热到 90~92℃，并从初馏段顶部进料——通常进入塔板或槽溢出淹没顶板。醪液通过降液管进入下一个较低的层，降液管高出板 5cm 以上，以保持液体在整个塔板表面的高度，在每个塔板上保证液体-蒸气充分接触（图 11-40）。每个塔板要绝对平坦和水平，以防止出现浅层，它会产生干涸，产生焦烟气味，并进一步造成板扭曲。降液管几乎到达下一个塔板，并由一个圆形 5cm 高的堰（密封槽）保护，保持足够的液体深度，以防止蒸气从降液管中逃逸。

对两柱设计的蒸馏器，当精馏段中下降的液相作为"热酒尾（10%~15%vol）"到塔板底部时，进入热酒尾罐，然后泵入初馏器进料板上。其流速必须与醪液流速同步，以保持进料板上酒精浓度恒定。初馏器顶部的这种组合进料并向下级联，提供了足够的液体来覆盖蒸馏柱的所有塔板，挥发性成分被上升的蒸气蒸发，水蒸气速率固定。水和不挥发液体以及醪液固体成分在初馏器底部作为废洗液被移除。

（二）北美谷物威士忌蒸馏器

北美主要生产波旁威士忌和香气浓郁的谷物威士忌，通常使用单柱蒸馏，有时也使用连续壶式蒸馏接上一个称为倍增蒸馏器的装置（图 11-41）。来源于啤酒蒸馏器的高度酒即蒸馏液进入倍增蒸馏器，进入时的酒精度 62.5%vol（125°，美国 proof 度），通过蒸汽盘管加热，馏出液酒精度 67.5%~70%vol（135~140°，美国 proof 度）。倍增蒸馏器的废液回到啤酒蒸馏器中重蒸[13, 48]。

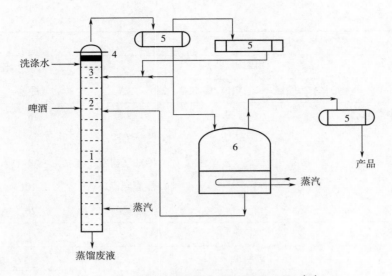

图 11-41　波旁啤酒蒸馏器和倍增蒸馏器流程图[48]

1—啤酒蒸馏初馏段　2—进入塔板　3—精馏段　4—铜除雾器　5—冷凝器　6—倍增蒸馏器

五、　馏出物变化

　　质量最好的蒸馏酒通常积累在精馏器上面的几个塔板上（图 11-42），在设计的稳态运行条件下，从"烈酒塔板"上引出。苏格兰威士忌的定义将馏分酒精度限制在

94.8%vol 以下。从理论上讲，谷物威士忌的最大允许酒精度为 94.17%vol（20℃）[8]。然而，目前还没有苏格兰谷物威士忌可生产超过 94.0%vol 的烈性酒。

　　图 11-42 显示了精馏柱内主要醇如乙醇、正丙醇、丁醇和异戊醇的分布情况。烈性酒塔板不一定是乙醇浓度最高的塔板，但塔板越高酒精浓度越高，在该塔板上含有不可接受的 A 型挥发性化合物——主要是乙醛和某些硫化物，它们会与系统中的铜发生反应。图 11-42 中酒精度单位是%vol，但其他化合物通常以 mg/L 表示，远远低于 1%但影响烈性酒质量。

　　然而，在连续蒸馏中，比酒精难挥发化合物的 C 型化合物根本不可能对精馏柱

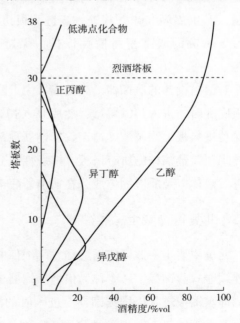

图 11-42　精馏柱蒸馏物剖面[6]

做出任何贡献。少量的会因在初馏柱顶部塔板气化而拖带入精馏段，但仅仅被冷却进入低酒精度段，再从热酒尾回到初馏段。类似的效应发生在整个初馏段中，较低挥发性的材料（C 型）将逐渐向蒸馏柱的下段聚集，最终离开而进入酒糟中。

因此，流入精馏柱底部的热酒蒸气含有丰富的 A 型（比酒精易挥发化合物，图 11-27）和 B 型（与酒精类似的挥发性化合物）化合物，但只含有少量 C 型化合物，且很快它们就会返回到初馏柱。A 型化合物在乙醇的所有浓度下都易挥发，它会迁移到蒸馏柱的顶部。根据顶部冷凝器的工作条件，该混合物的单个成分将被排放到大气中，在回流到精馏器顶板时回收，或在酒尾中经泵再循环到初馏段顶部进行回收。B 型化合物的情况比较复杂，因为乙醇浓度在柱的不同高度各不相同。这些化合物将稳定在其挥发性和乙醇挥发性相等的柱塔板上。

六、 多柱连续蒸馏系统

多柱系统常用于生产香气淡雅的烈性酒。科菲蒸馏器生产的谷物威士忌酒精度约 94.5%，但香气相对浓郁。更多的蒸馏柱添加后，生产的酒更纯净，香气与口感更淡[49]。这些酒更适合用于生产金酒、伏特加或其他调香产品，管理部门称之为农业酒精。图 11-43 显示的是一个五柱蒸馏器，用于生产中性酒精。更多的多柱蒸馏系统参见相关专著[13]。

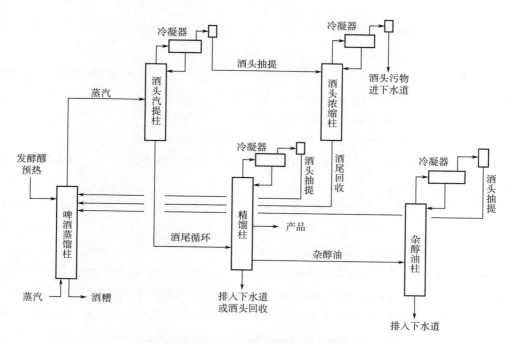

图 11-43 用于中性酒精生产的五柱蒸馏器[50]

参考文献

［1］Buglass A J. Handbook of Alcoholic Beverages：Technical，Analytical and Nutritional Aspects ［M］. West Sussex：John Wiley & Sons，2011.

［2］沈怡方. 传统白酒的蒸馏（五）［J］. 酿酒，1998，124（1）：62-63.

［3］Nicol D A. Batch distillation. In Whisky. Technology，Production and Marketing ［M］. London：Elsevier，2003.

［4］Pass B，Lambert I. Co-products. In Whisky. Technology，Production and Marketing ［M］. London：Elsevier，2003.

［5］Nicol D. Batch distillation. In The Science and Technology of Whiskies ［M］. Harlow：Longman，1989.

［6］Whitby B R. Traditional distillation in the whisky industry ［J］. Ferment，1992，5（4）：261-267.

［7］Gaiser M，Bell G M，Lim A W，et al. Computer simulation of a continuous whisky still ［J］. J Food Eng，2002，51（1）：27-31.

［8］Pyke M. The manufacture of scotch grain whisky ［J］. J Inst Brew，1965，71（3）：209-218.

［9］Campbell I. Grain whisky distillation. In Whisky. Technology，Production and Marketing ［M］. London：Elsevier，2003.

［10］王恭堂. 白兰地工艺学 ［M］. 北京：中国轻工业出版社，2019.

［11］章克昌. 酒精与蒸馏酒工艺学 ［M］. 北京：中国轻工业出版社，1995.

［12］沈怡方. 传统白酒的蒸馏（二）［J］. 酿酒，1997，121（4）：59-62.

［13］Panek R J，Boucher A R. Continuous distillation. In The Science and Technology of Whiskies ［M］. Harlow：Longman Scientific and Technical，1989.

［14］郎方. 白酒蒸馏 ［J］. 黑龙江发酵，1980（3）：1-10.

［15］沈怡方. 传统白酒的蒸馏（一）［J］. 酿酒，1997，120（3）：67-70.

［16］吴晨岑，范文来，徐岩. 不同二次蒸馏方式对浓香型白酒中氨基甲酸乙酯去除率的影响 ［J］. 食品与发酵工业，2015，41（6）：1-7.

［17］吴晨岑，范文来，徐岩. 不同二次蒸馏方式对浓香型白酒品质影响的研究 ［J］. 食品与发酵工业，2015，41（3）：14-19.

［18］张顺荣. 白酒中氨基甲酸乙酯形成的氰化物途径研究 ［D］. 无锡：江南大学，2016.

［19］Fan W，Qian M C. Characterization of aroma compounds of Chinese "Wuliangye" and "Jiannanchun" liquors by aroma extraction dilution analysis ［J］. J Agri Food Chem，2006，54（7）：2695-2704.

［20］MacKenzie W M，Clyne A H，MacDonald L S. Ethyl carbamate formation in grain based spirits. Part Ⅱ：The indentification and determination of cyanide related species involved in ethyl carbamate formation in Scotch grain whisky ［J］. J Inst Brew，1990，96：223-232.

［21］赵书圣，范文来，徐岩，等. 酱香型白酒生产酒醅中呋喃类物质研究［J］. 中国酿造，2008，21：10-13.

［22］Somoza V, Fogliano V. 100 years of the Maillard reaction: why our food turns brown［J］. J Agri Food Chem, 2013, 61（43）：10197-10197.

［23］金培松，周元懿. 做黄酒和烧酒［M］. 上海：中华书局，1950.

［24］彭明启. 古代天锅甑的启迪［J］. 酿酒，2005，32（4）：117-120.

［25］赖登燡，彭明启，丁志贤. 中国白酒的蒸馏技术（上篇）［J］. 酿酒科技，2004，125（5）：51-55.

［26］李大和. 建国五十年来白酒生产技术的伟大成就［J］. 酿酒，1999，130（1）：13-20.

［27］固态法白酒机械化座谈会概况［J］. 食品与发酵工业，1977（2）：79-82+88.

［28］江苏今世缘酒业股份有限公司，常州铭赛机器人科技股份有限公司，江南大学，江苏聚缘机械设备有限公司. 固态发酵浓香型白酒智能酿造关键技术的研发与应用［R］. 2018.

［29］蒲凌龙. 醅层高度对白酒蒸馏及酒质影响的研究［J］. 酿酒，2005，128（2）：42-45.

［30］赖登燡，彭明启，丁志贤. 中国白酒的蒸馏技术（下篇）［J］. 酿酒科技，2005，128（2）：33-38.

［31］沈怡方. 白酒生产技术全书［M］. 北京：中国轻工业出版社，1998.

［32］李增胜. 清香型白酒蒸馏技术操作要领［J］. 酿酒科技，1992，50（2）：20-21.

［33］沈怡方. 传统白酒的蒸馏（三）［J］. 酿酒，1997，122（5）：56-62.

［34］崔利，彭追远，杨大金. 酱香型酒的主体香气成分是什么？——对酱香型酒主香成分的几种主要说法的浅见（三）［J］. 酿酒，1990（3）：11-13.

［35］王海平，赵德玉，于振法，等. 白酒蒸馏过程的研究（上）［J］. 酿酒科技，1998，87（3）：38-43.

［36］高洁. 凤型酒蒸馏过程中各香味物质的馏出规律［J］. 酿酒科技，2000，98（2）：41-44.

［37］陈全庚，陈汉光，袁菊如，等. "四特型"白酒蒸馏过程提香规律的研究［J］. 酿酒科技，1997，79（1）：35-36.

［38］金佩璋. 豉香型白酒中的3-甲硫基丙醇［J］. 酿酒，2004，31（5）：110-111.

［39］Piggott J R, Conner J M. Whiskies. In Fermented Beverage Production［M］. New York：Kluwer Academic/Plenum Publishers, 2003.

［40］Watson J G. Energy management. In The Science and Technology of Whiskies［M］. Harlow：Longman Scientific and Technical, 1989.

［41］Riffkin H L, Wilson R, Bringhurst T A. The possible involvement of Cu^{2+} peptide/protein complexes in the formation of ethyl carbamate［J］. J Inst Brew, 1989, 95（2）：121-122.

［42］Cantagrel R, Lurton L, Vidal J P, et al. From vine to Cognac. In Fermented Beverage Production［M］. New York：Kluwer Academic/Plenum Publishers, 2003.

［43］Léauté R. Distillation in Alambic［J］. Am J Enol Vitic, 1990, 41（1）：90-103.

［44］沈怡方. 传统白酒的蒸馏（六）［J］. 酿酒，1998，125（2）：73-74.

［45］Bertrand A. Armagnac and Wine-Spirits. In Fermented Beverage Production［M］. New York：

Kluwer Academic/Plenum Publishers, 2003.

［46］ Jadeau P. Incidence du débourbage des moûts et de la fermentation malolactique des vins sur la composition des eaux-de-vie d'Armagnac ［D］. Bordeaux: DEA Université de Bordeaux II, 1987.

［47］ Bertrand A, Ségur M -C. L'alambic armagnacais ［C］. Paris: Lavoisier, 1990.

［48］ Watson D C. Spirits. In Ullman's Encyclopedia of Industrial Chemistry (5th) ［M］. Weinheim: Verlagsgesellschaft mbH, 1993.

［49］ Simpson A C. Advances in the spirits industry. In Alcoholic Beverages ［M］. London: Elsevier Applied Science, 1985.

［50］ Wilkin G D. Raw materials—milling, mashing and extract recovery. In Current Developments in Malting, Brewing and Distilling ［M］. London: Institute of Brewing, 1983.

第十二章

老熟工艺

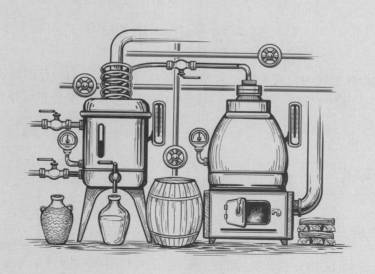

一般说来，刚刚蒸馏的新酒香气与口感上刺激性大、粗糙、爆辣，气味不正，往往带邪杂味、新酒味和不愉快的气味。经过一定时期的贮存，酒体变得绵柔，香味突出、丰满，比新酒芳醇、柔和、圆润、协调，这种现象称作蒸馏酒老熟（age，aging，mature），习惯称之为贮存老熟。蒸馏酒的质量和风味与老熟工艺有密切关系，老熟可以去杂增香使酒体柔和，具有绵甜爽净的老熟风味。

贮存老熟的时间并不是越长越好。早期的白酒并没有贮存期的概念，新蒸的酒经半个月贮存后，即可出售，少量的贮存于含釉之瓮或缸中，上封以厚泥，经年后，其香愈醇和而郁烈[1]。20世纪50年代第一届国家评酒会上规定名酒为3年贮存期，优质酒为1年贮存期。多年研究发现，贮存老熟一般以1~3年较合理[2]，最佳老熟时间15~20年。酒质较差的酒，虽经贮存也不会变好。不是所有的酒经过贮存就会变好的，更不是所有的酒都是越陈越好，如老熟过头，其质量和风味也不一定好。

苏格兰威士忌通常入橡木桶贮存（酒精度68%vol），1915年5月19日通过了《未成熟烧酒（限制）法》，规定烧酒老熟期为2年，1916年5月延长至3年[3]，现在大部分酒厂是5年。一般认为苏格兰威士忌最佳老熟时间是15~21年[3]。美国威士忌特殊情况下可以老熟2年[4]。

大部分白兰地老熟时间是2年左右，橡木桶里贮藏的白兰地6~7年已经是很陈酿的了。故市售XO级白兰地通常是6~7年酒。贮藏15~20年的白兰地，更浑然成熟、更丰腴、更醇和、更芬芳。40~50年是白兰地橡木桶贮存的最高年限[5]。

虽然已经对老熟机理进行了大量研究，但是仍然没有一个物理的或化学的可靠指标来表征老熟的程度[6-7]，最可靠的评价方式还是感官品尝。

第一节　老熟机理

蒸馏酒在老熟过程中，会发生一系列的变化，如颜色、pH、总固形物、总酸、总酯以及糖，并受到贮存容器的影响[8]。这些物质变化，大体分为物理变化和化学变化两个方面。

一、物理变化

（一）缔合作用

酒中自由度大的乙醇分子越多，刺激性越大。随着贮存时间的延长，水分子和乙醇分子的群集、聚集、缔合，使水和乙醇分子之间逐步构成大的分子群，如 $16C_2H_5OH \cdot 12H_2O$ [9]。

缔合度增加，乙醇分子受到束缚，自由度减少，刺激性减弱，人的味觉就会感到柔和。利用[1]H核磁共振技术测定酱香型、浓香型和清香型三种酒样的乙醇和水分子的缔合度，发现在贮存3~4个月时，它们的缔合过程都已达到平衡。贮存期再延长，其变化并不明显，这与白酒中多种有机酸对氢键的缔合作用影响有关。因此，氢键的缔合度，不能作为控制白酒老熟程度的主要指标[2]。

橡木中浸出的多酚类化合物在老熟时被氧化，这些氧化产物能更好地提高乙醇-水集群的稳定性[10]。

（二）挥发和浓缩作用

蒸馏酒贮存时的挥发主要有：一是一些低沸点气体如硫化氢、丙烯醛，及其他低沸点醛类（如乙醛）、醇类（如甲醇、乙醇等），能够自然挥发，经过贮存，可以减轻邪杂味和刺鼻味。如在模拟威士忌酒老熟时，乙醛挥发掉45%，异戊醇挥发掉5%，己酸乙酯和乙酸只挥发掉1%[11]；挥发也是二甲基硫醚[12]和二氢-2-甲基-3（2H）-噻吩[6]浓度下降的主要途径。挥发的速率与桶板的厚薄、桶周围空气的流速、温度和湿度等因素有关。二是酒精和水在贮存过程中会挥发损失，造成体积下降。酱香型白酒贮存过程中，由于酒精分子挥发等原因造成酒精度下降，平均每年下降0.1%vol[13]；科涅克白兰地橡木桶老熟时，每年酒精和水的挥发约在3%（图12-1）[14]。老熟期间，威士忌酒精度下降，损失的乙醇称为"天使之享（angel's share）"，挥发损失约2%[3]。三是过长时间的贮存，还会造成有益香气成分的挥发，使香味降低。四是在酒精和水挥发的同时，酒中香味成分获得浓缩，如脂肪酸酯类、高级醇类等[14]。

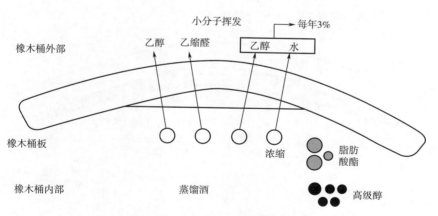

图12-1 科涅克白兰地橡木桶老熟时的挥发作用[14]

另外，一些化合物虽然在整个老熟过程中其含量没有显著变化，但由于橡木桶老熟过程中pH下降，会影响弱碱电离，从而降低它们的挥发性，如吡啶类化合物，因而造成其香气感觉下降[15]。

麦芽威士忌中，木材浸出物能改变许多两性化合物的溶解参数[16]；当样品稀释用于品尝时，能影响溶质聚集，并保持其稳定[17]。稳定的溶质聚集会抑制香气成分的挥发性，如二甲基二硫醚、二甲基三硫醚。

（三）溶出和萃取作用

在白酒贮存老熟过程中，陶坛和金属容器中的金属离子会溶出[18]。新酒中的金属元素含量较少。贮存期为 1 年的酒除了铁、镁、锰和镉含量增加较明显外，很大一部分金属离子不增加，甚至减少。贮存期为 1~3 年的酒中钾、铁、锰和铜离子增加的幅度较大，其余元素变化不明显。3~5 年贮存期的酒除了钙、锌和镉有所下降外，其余都有增加，较明显的是铁和铜离子。总体来说，贮存时间越长，酒中金属离子含量越多[18]。对茅台酒和汾酒的测定表明，随着贮存期的延长，白酒电导率*逐渐上升[19]。这一结果应该与贮存过程中酒中金属离子的浓度增加有关。

在威士忌、白兰地等酒的橡木桶贮存老熟过程中，会出现物质的溶出[3, 20]，这些溶出的不挥发性化合物决定了蒸馏酒的风格与品质[4]。木材由纤维素、半纤维素、木质素和单宁组成。老熟过程中，木质素水解产生酚醛类化合物，释放并进入威士忌酒中（图 12-2）[21-23]。同时，木质素和橡木单宁如鞣花酸和没食子酸在老熟时从橡木中萃取出，多酚类化合物随着老熟时间延长在酒中含量增加[10]。单宁和木质素是强烈的抗氧化剂，可能会抑制醇和醛（包括酚醛）的过度氧化[22]。但萃取的单宁如栗木鞣花素和栎木鞣花素越多，酒的涩味越强，口感越粗糙[24]。酚醛被氧化后，会产生香气活性成分丁香醛、松柏醛、芥子醛和香兰素，但仅仅香兰素在品尝时能感觉到[24]。非挥发性的多酚如单宁和木质素可能会降低挥发性化合物的溶解度。

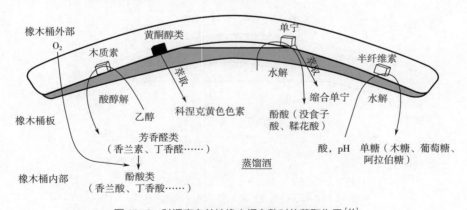

图 12-2　科涅克白兰地橡木桶老熟时的萃取作用[14]

注：* 电导率是物体传导电流的能力。电导率的基本单位是西门子（S，原来被称为欧姆 Ω）。因为电导池的几何形状影响电导率值，标准的测量中用单位电导率 S/cm 来表示。利用电导率仪或总固体溶解量计可以间接得到水的总硬度值，1μS/cm 电导率约相当于 0.5mg/L 硬度。

另外一个重要影响是水解单宁的浸出，它是木质素的水解产物和热裂解产物。如威士忌内酯（*cis*-和 *trans*-β-γ-辛内酯，它是橡木桶烘烤时的产物）和一些色素类化合物，会赋予威士忌老熟的特征。

橡木桶重复使用时，浸出的化合物量会下降[23]。因此，愈创木基和紫丁香基类化合物可以作为桶是否报废的标志物[25]。

橡木桶成分的萃取与酒精度相关，较佳的酒精度是 55%vol[24]。高度酒（60%～70%vol）通常会溶出更多的芳香醛如香兰素、固定酸、酚酸、莨菪碱、呋喃醛类、缩醛类；低度酒（40%～50%vol）萃取出更多的糖、多元醇；更低的酒精度（30%～40%vol）有利于 β-甲基-γ-辛内酯、矿物质、醛类等物质的萃取[14]。

橡木桶成分的浸出与桶的新旧有关。新桶浸出的成分是 12 年旧桶的 3 倍[24]。

对日本和苏格兰威士忌研究表明，活性氧清除能力即游离自由基清除能力随着橡木桶老熟时间的增加而增加[26]。这些能力的 20%由没食子酸和单宁酸以及来源于木质素的南烛木树脂酚产生。研究发现，威士忌老酒成分的活性氧清除能力能抑制口腔中味觉受体细胞和表皮黏液膜的过度刺激，包括次硫氰酸离子（hypothiocyanite，OSCN⁻，来源于唾液中硫氰酸的过氧化物酶产物）的活性氧（reactive oxygen species，ROS）被认为与新酒的粗糙感有关[26]。

（四）吸附作用

研究发现，陶坛对酒中风味成分有吸附作用[27]；橡木桶对威士忌、白兰地等成分也有吸附作用[3]。

橡木有微孔，再加上内部是烤焦的，因此会吸附香气成分，特别是新桶[4]。如许多有机硫化物有着令人讨厌的气味，如臭鸡蛋和烂洋葱的气味，且浓度高。但当它们的浓度与其香气阈值接近时，则产生令人愉快的香气；像一些噻吩衍生物有类似植物或坚果的香气；其他的释放出水果香、花香或溶剂气味[28]。另外一个化合物如甲基（2-甲基-3-糠基）二硫醚，在低浓度时，使酒体有丰满感[28]。这些化合物会残留在橡木上，给一批贮存的酒带来丰满感。新威士忌酒中的 Cu^{2+} 含量高，但在老熟时，会与木质素结合[29]。

二、 化学变化

（一）氧化还原反应

蒸馏酒中存在的氧，以及外部通过小孔（如橡木）进入酒中的氧，会缓慢氧化新酒，如乙醇氧化为乙醛，再氧化为乙酸[7]，老熟 20 年的白兰地酒，其乙酸量增加 3 倍；pH 从最初新酒的 5 下降至 3.5[24]；高级醇氧化成相应的醛、酸，但高级醇与甲醇的比例基本没有改变[24]；醛除了氧化为酸，也可以还原为酮[3]；二甲基硫醚会氧化为二甲亚砜[12]；甲硫醇会氧化为二甲基硫醚、二甲基二硫醚[30]。因此贮存期间，封好的容器口要避免经常开启，勿使蒸馏酒过多地接触空气，适当地控制氧化过程，可以控制氧化的速率。

随着老熟的进行，蒸馏酒中橡木桶浸出物的增加，会增强老熟过程的氧化反应，特别是存在邻羟基苯酚时，而来源于蒸馏器的铁和铜起催化作用[5, 31]。铁或铜先将分子态的氧活化，生成离子基团 O₂·，是一种过氧化物，称之为活性氧。然后，引起一系列的氧化还原反应[5]。

氧化还原反应是白兰地老熟主要的化学反应，影响白兰地的品质。白兰地老熟时，涩味和凌厉感下降；脂肪酸的氧化会产生酮（图 12-3），给白兰地带来"腐败"气味[32]。老熟时偶数碳长链脂肪酸（C_8、C_{10}、C_{12} 和 C_{14}）的 β-氧化和后续的脱羧基作用产生甲基酮，这些酮与白兰地的老酒风味相关[33]。

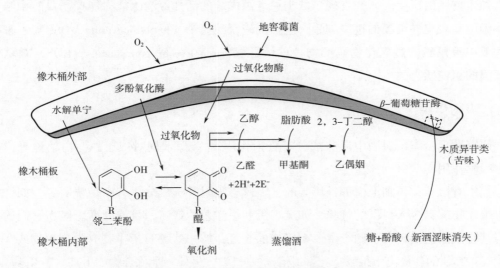

图 12-3　科涅克白兰地橡木桶老熟时的萃取作用[14]

（二）酯化反应与酯水解反应

贮存老熟过程中，醇与游离的酸缓慢发生酯化反应生成酯，使果香、酯香增加，但这些酯的含量在酒中并不高[24, 28]。白兰地老熟时，羧基酯显著增加[34]。

白酒研究发现，在贮存过程中，含量高的酯并不再上升，而是在水解[35-36]。如酱香型白酒在贮存时，总酯在贮存过程中略有降低，为每年下降 50mg/L；但总酸在贮存过程中升高，平均每年升幅为 100mg/L，尤其在贮存的前 12 个月升幅较大[13]。浓香型白酒贮存过程中，酒精度越低，总酯减少量越多，总酸增加量越多，变化速度越快；酒精度越高，总酯减少量越少，总酸增加量越少，变化速度越慢。瓶装白酒与非瓶装原酒有着类似的规律[36]。白兰地老熟时，脂肪酸酯的水解可能会产生"腐臭"气味[32]。

另外，蒸馏酒老熟可能会发生转酯化作用，老熟时从橡木桶中萃取出的丁香酸和香兰酸形成乙酯[37]。

（三）缩合反应

醇与醛产生缩合反应，生成缩醛类化合物。如酱香型白酒贮存时，乙缩醛含量逐渐上升，每年平均升幅为 1500mg/L[13]。白兰地在老熟时，乙缩醛含量在老酒中显著增加[34]。威士忌老熟时，游离的醛、半缩醛和缩醛之间存在一个平稳，受到 pH 和乙醇浓度影响[38]。蒸馏酒中的丙烯醛会与乙醇反应，生成 1,1,3-乙氧基丙烷，减轻或去除丙烯醛产生的催泪性的气味[39-40]。

第二节 贮存容器与贮酒环境

我国白酒的贮存容器最早期是陶坛（但始于何时无法考证），20 世纪 80 年代发展成水泥池容器和金属容器。贮存的环境主要是地下式、地上式、半地下式的楼房以及洞藏。陶坛一般采用地下式贮存或洞藏，目前也有部分是地上式。水泥池一般是半地下式，而金属容器贮酒采用地上式。西方蒸馏酒的贮存容器是橡木桶或不锈钢容器[3]。

贮存环境对蒸馏酒的贮存与老熟影响极大，包括贮存的温度、湿度、容器大小（如坛容积、橡木桶大小）、容器的材质（如美国橡木、法国橡木）、橡木桶堆放的位置、橡木桶原先使用情况（贮存波旁威士忌还是雪莉酒，首次使用还是多次使用）、贮存初期的酒精度等[3, 41]。

一、 陶坛

陶坛贮存是白酒最传统的贮酒方式（图 12-4）。陶坛贮存易于白酒老熟。其缺点是占地面积大，1t 酒平均占地 4m²；陶坛怕碰撞，易破裂，常出现渗漏。

陶坛贮酒量一般有 300kg 型或 500kg 型，现在常用的是 1t 型陶坛。使用前，应检查涂釉是否精良、完整。检查有无裂纹、砂眼。若有微毛细孔，可糊血料纸或用环氧树脂（外涂）等方法修补。装酒前先用清水清洗，并浸泡数日，以减少"皮吃"、渗酒等。坛口要密封好。

陶坛是由黏土烧制而成的容器，含有 SiO_2 和多种金属化合物，其内表面粗糙，存在许多的孔隙（图 12-5），这种结构使陶坛具有吸附作用和氧化作用。而酒罐由不锈钢制作，其表面没有这种网状结构。从效果上看，陶坛贮存的酒比酒罐老熟得快，酒体更细

（1）陶坛地下酒库　　　　　　　　　　　　　　（2）陶坛地上酒库

图 12-4　白酒陶坛与贮酒库[3]

（1）300×　　　　　　　　　　　　　　　　　（2）600×

（3）1200×　　　　　　　　　　　　　　　　（4）2400×

图 12-5　陶片多孔结构电镜照片[27]

腻，酱香风格更突出，但是陶坛的这种多孔网状结构在装酒时要吸收一部分酒液，500kg 新坛盛酒时一般要吸掉 3~5kg 酒液，而酒罐贮存的酒损就比较小[13]。

陶坛贮存酒损耗率高，与其破损率高有关。早期的研究表明，陶坛贮存时，酱香型白酒的损耗率在 5.6%，浓香型在 4%（高的达 9.39%），而清香型达 2%。20 世纪 80 年代开始研究大容器贮存。在浓香型酒厂使用 50t 水泥池贮酒，酒损耗率从 9.39% 下降至 1.15%。酱香型白酒厂采用 5.5t 不锈钢大罐，酒损耗率为 0.5%，比传统陶坛降低 3.3 个百分点。清香型白酒厂使用 1t 陶坛时酒损为 1%，2t 搪瓷罐为 0.95%，比传统陶坛分别降低 2.5 和 2.05 个百分点[2]。同时，占地面积降低 40%~50%。

泡盛酒通常在陶坛中贮存，老熟的泡盛酒通常称为酷苏，老熟时间一般在 3 年，也有贮存 10 年的，有的长达 25 年。更长的时间会使得酒更圆润，口感更加协调。标称 3 年的老酒，其 3 年的老酒比例不得小于 51%，其他的可以是更年轻的酒。但标称"酷苏"的酒，则 100% 必须是 10 年老酒。

泡盛酒传统老熟方式称为希舒高，类似于西班牙雪莉酒索雷拉系统。从贮存时间最长的坛中取出一部分，供饮用；依次从贮存时间较短的坛中取出一部分，将贮存时间长的坛补满。

水果白兰地或水果蒸馏酒通常在玻璃或陶坛中老熟，而不在橡木桶中老熟。但有两种酒例外，一个是法国的苹果白兰地卡尔瓦多斯（calvados），另一个是德国的苹果和梨白兰地奥斯托（obstler）[3]。

二、 酒海

古时中国酒运销时，装于篓或木箱中。篓以竹或荆条编制，内糊以桑皮纸（或称毛头纸，亦称棉纸），猪血涂里，约十四五层，再用黄蜡芝麻油（或称亚麻子油）涂之，干后备用。木箱的处理与篓类似[1]。

现在的血料容器俗称酒海，用荆条或竹篾编成篓 ［图 12-6（1）］、木箱 ［图 12-6（2）］ 或水泥池内糊以血料纸，作为贮酒容器。血料是用动物血（一般用猪血）和石灰制成的一种具可塑性的蛋白质胶质盐，该物质遇酒精即形成一种半渗透的薄膜。其特点类似于半渗透膜，水能通过而酒精不能透过。贮存时酒精度要大于 30% vol。缺点是"皮吃"较大，损耗较大。

酒海是西凤酒的传统贮存工具，它是用藤条编制而成的用于贮存白酒的大酒篓，用鸡蛋清等物质和成黏合剂，在其内表面先用白棉布裹糊，然后用麻纸裱糊，约糊麻纸近百层。最后用菜籽油、蜂蜡等涂抹表面，干燥后就可以用于贮酒。酒海贮存的优点主要有原酒老熟快；赋予白酒一种特殊的香味；除杂效果明显[42]。

（1）荆条编制

（2）竹篾编制

图 12-6   酒海贮存容器

三、 水泥池

水泥池是不能用来贮酒的，经过内部表面处理的水泥池可以用来贮酒。水泥池贮酒最早始于 20 世纪 60 年代，1962 年洋河酒厂率先使用水泥池贮酒技术[43]。水泥池贮酒的优点是贮存量大，贮酒 50~200t，甚至 500t。一般建于地下或半地下，温度低，池体密封好，投资少，坚固耐用，容量大，有利于勾调时保证批次质量的稳定、安全，便于管理。其缺点是一旦发生渗漏难以修理。

水泥池的内部处理方法有内表面用猪血桑皮纸贴面；内衬陶瓷板，用环氧树脂勾缝；瓷砖贴内面；玻璃贴内面；环氧树脂涂料涂在内表面；过氯乙烯涂料涂在内表面等。

四、 金属容器

使用金属容器贮酒时应注意：（1）不能用铁制容器贮酒，会产生铁腥味，且使酒变色；（2）不能使用镀锌铁皮贮酒，酒会溶解锌，使酒中锌含量超标；（3）不能用锡制容器贮酒，因锡中含有大量的铅，使酒中铅含量超标。

（一）铝罐

铝罐是用铝制成的圆柱形容器。其优点是投资成本低。缺点是易形成"白钙"，即在铝罐内会出现很多白色的突出的小斑点。

使用铝罐贮酒时应注意：（1）短时间贮酒对酒质影响不大；（2）宜装高度白酒，

不宜存放低度白酒。因低度白酒中水多，易与铝反应生成氢氧化铝白色胶凝状沉淀物；
（3）不宜装酸度高的酒，以免酒中酸与铝反应；（4）不能存放经过活性白土、白陶土、
明矾等处理过的酒。

（二）不锈钢罐

目前大部分白酒厂开始使用不锈钢罐贮酒，容积为 50~1000t，甚至更大。主要优
点是批量大，易于保证酒的品质一致。主要的缺点是成本高，一次性投资大。大罐贮存
时，一般使用气体搅拌技术[44]。

但不锈钢容器贮存时，易造成酒中铬、镍等离子含量增加[45-46]。

五、 橡木桶

在 1824 年前，高地麦芽威士忌生产是非法的，使用橡木桶（图 12-7）贮存威士忌
既昂贵又显眼，不现实。最初可能是使用贮存过葡萄酒的旧桶，如勃艮第桶、克拉雷
（claret）桶、雪莉桶和波特酒桶，因那时葡萄酒是用桶来运输的。20 世纪初发现，用旧
桶贮存威士忌质量得到提升，特别是在老熟过雪莉酒和欧洛罗索雪莉酒的桶中（ex-olo-
roso cask）。

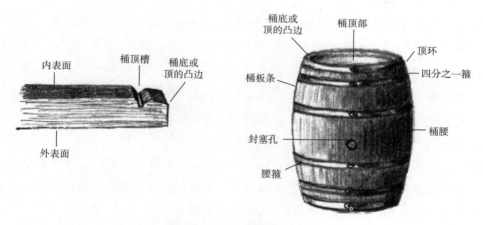

图 12-7　老熟酒用橡木桶[3]

（一）橡木桶

目前，用于老熟威士忌、白兰地的桶主要有美国橡木桶、欧洲橡木桶和再生橡木
桶[47]，且法规规定，必须是烘烤过的桶。

制桶工人会仔细选择木材。木材的原产地决定了木材的纹理细腻度，如法国阿列湖

（Allier）或特朗赛（Tronçais，又译特隆赛）森林的木材质地优良，纹理细腻；而利穆赞（Limousin，又译利穆森）地区的木材纹理粗糙。与纹理细腻的木材相比，在纹理粗糙的橡木桶中老熟的蒸馏酒浸出超过30%的酚类化合物和单宁[14, 24]。

　　生产橡木桶的橡木按产地分为欧洲橡木、美国橡木和其他国家橡木三类。欧洲橡木常见的有法国卢浮橡木（*Quercus robur* L.）等；美国橡木常见的是美洲白橡木（*Q. alba*）。不少大公司有自己的制桶厂。制桶用的橡木通常有80岁，此时树中含有更多的甲基纤维素，会堵塞心木中的微管通道，增加了防水性，减少了渗透性。酒的老熟比法国橡木慢，另外美国橡木还含有较少的单宁，更适合老熟威士忌[3]。

　　不同的公司用橡木制作橡木桶可能有些微区别，但总体上的流程如下：制桶的木材在通风的地方放4周，此时，水分从40%左右下降至30%左右。然后在预干燥房中放4周，用蒸汽30℃慢慢烘干。接着含水量20%左右的木材在窑炉内用约60℃热空气烘1周。此时，水分下降到10%~14%，适合制桶[3]。科涅克白兰地生产时，木材劈开成板后，使用空气风干，最好风干3年。此时，桶板的水分为13%~14%[48-50]。

　　制桶的每一步均很重要，桶的厚薄、桶的体积和烘烤强度都有要求。加热桶板促使板定型是一个微妙的操作。制作桶板、桶头，用临时钢环箍桶，整个用蒸汽烘约15min，使得桶板更柔软。接着用一个锥形装置将桶板弯曲到一定形状，用桶箍箍到顶部。然后，干蒸汽加热，保持木板的柔韧性。加上两个临时的1/4箍环，用机器箍紧。捆紧的木板将进行烘烤。

　　桶的烘烤程度影响到蒸馏酒的芳香。如果烘烤强烈，则酒会富含单宁和其他来源于木材的化合物[48-50]。用旋转的喷射火焰烘烤捆紧的木板，以使其内部炭化。根据在火焰中暴露时间进行不同程度的炭化，分为5级，不同酒厂要求不一样。但大部分是4级，需要暴露在火焰中1min。桶头用类似方法处理，通过传送带送到火焰上方。将烘烤好的桶头装到桶身上（图12-6）[3]，测试桶的泄漏情况。

　　烘烤橡木，主要有以下作用：一是木质素部分分解为香兰素和酚类化合物，如丁子香酚；二是脂肪氧化与分解产生内酯，如*cis*-和*trans*-威士忌内酯；三是木材中的糖焦糖化产生呋喃及其衍生物；四是通过焦糖化和美拉德反应形成褐色色素化合物；五是一些多酚类化合物分解产生较简单的分子，如没食子酸[3]。

　　欧洲橡木因密度比美国橡木小，故前者更易被威士忌"穿透"，浸出木质素水解产物和单宁比较快，且在老熟时会暴露在更多的氧气中。故威士忌在欧洲橡木桶中老熟会更快，颜色变深也快，特别是使用欧洛罗索雪莉酒陈酿过的桶（ex-oloroso Sherry cask）。

（二）新材质木桶

　　目前，已经在橡木外开发了一批用于蒸馏酒贮存老熟的木材，这些橡木桶能赋予蒸馏酒香气。西班牙开发了应用刺槐、欧洲白蜡树、美洲白蜡木、栗木、樱桃木等制作橡木桶[51]。巴西应用新的木材开发了一些橡木桶，这些木材有阿曼多音［amendoin，尼滕斯蝉翼豆（*Pterogyne nitens*）］、佩雷罗［pereiro，斯蒂戈波卡巴苏木（*Hymanaea stigobocarpa*）］、红檀香［balsámo，香脂木（*Myroxylon peruifum*）］和圆弧木［pay d'arco，紫花风铃木（*Tabebuia impetiginosa*）］[52]。

（三）橡木成分

橡木主要成分是纤维素 40%～45%，半纤维素 20%～25%，木质素 25%～30%，以及 8%～15%挥发油、挥发性与不挥发性有机酸、糖、甾醇、单宁、色素和无机化合物[24, 53-54]。

与美国橡木相比，法国和西班牙橡木通常情况下会产生更高浓度的单宁，较低浓度的橡木内酯、东莨菪碱和香兰素[55-56]。在欧洲，橡木通常是风干，且轻烤；在美国，通常是窑炉烘干，而重烤[57]。

烤桶时，桶内表面的物质热降解，产生一层"活性炭"；大大增加了橡木内酯、色素物质和酚类化合物的浸出量[7, 58]，法国橡木中 *trans*-橡木内酯含量是美国橡木的 3.5倍，但 *cis*-橡木内酯则是美国橡木含量高，而法国橡木含量低[59]；烘烤后产生麦芽酚和 2-羟基-3-甲基-2-环戊烯酮[37]，并破坏了树脂质的木头香气。烘烤后，木质素降解产生如香兰素、丁香醛和芥子醛类化合物[37, 60]。这些化合物在老熟时会被萃取而进入蒸馏酒中。

美国波旁威士忌的炭烤桶通常使用一次，但现在被再次使用，用来老熟苏格兰威士忌。再次使用时，可萃取物萃取量在下降[7-8]。

同一白兰地贮存在不同体积橡木桶中，与橡木桶接触面积越大，陈酿速度越快。如同一白兰地，贮存在 500mL 和 300mL 桶中，后者贮存 3 年，相当于前者贮存 5 年的效果[5]。

六、 贮存环境对白酒酒质的影响

对不同材质和不同容积的白酒贮酒容器进行过研究，但因将两个或多个影响因素交叉在一起研究，故其结论显得比较模糊。

（一）陶坛与金属容器贮存对白酒品质影响

不少企业对陶坛与不锈钢罐贮酒情况进行过研究[13, 61]。对浓香型酒不同贮存容器贮存研究结果表明，陶坛容器 8 个月基本可以达到老熟，而不锈钢容器贮存则需 10 个月（表 12-1）[62]。同一个酒贮存在陶坛与不锈钢罐中，在贮存时间相同时，酒质差异较大。陶坛贮存的酒好于不锈钢罐贮存的酒。

表 12-1 　　　　　　　　　不同贮存容器贮存浓香型白酒的感官变化[62]

贮存时间/月	感官评语				
	300kg 陶坛	500kg 陶坛	1000kg 陶坛	2.5t 不锈钢罐	4t 不锈钢罐
0	窖香稍冲，新酒气味浓，糙辣稍涩，后味短，欠净	窖香稍冲，新酒气味浓，糙辣稍涩，后味短，欠净	窖香稍冲，新酒气味浓，糙辣稍涩，后味短，欠净	窖香稍冲，新酒气味浓，糙辣稍涩，后味短，欠净	窖香稍冲，新酒气味浓，糙辣稍涩，后味短，欠净
2	闻香较小，味甜尾净，糙辣稍涩，后味短	闻香较小，味甜，尾稍欠净，糙辣稍涩，后味短	闻香较小，味甜，尾稍欠净，糙辣稍涩，后味短	闻香较小，味甜，尾略带新酒味，稍苦涩，后味短，欠净爽	闻香较小，味稍甜带新酒味，后味短，欠净爽
4	窖香较好，入口较细绵，微苦涩，后味短	窖香较好，入口稍糙，稍苦涩，后味短	窖香较好，入口稍糙，稍苦涩，后味短	窖香较好，入口糙，略带新酒味，稍苦涩，后味短，欠净爽	窖香较好，入口糙，略带新酒味，稍苦涩，后味短，欠净爽
6	窖香较浓郁，绵甜，微苦涩，后味短，欠爽	窖香较浓郁，绵甜，稍苦涩，后味短，欠爽	窖香较浓郁，绵甜，稍苦涩，后味短，欠爽	窖香较好，醇和味甜，稍苦涩，后味短，欠爽	窖香较好，醇和味甜，稍苦涩，后味短，欠爽
8	窖香较浓郁，绵甜，后味较长，稍涩	窖香较浓郁，绵甜，后味较长，稍涩	窖香较浓郁，绵甜，后味较长，稍涩	窖香较浓郁，较绵甜，后味较长，稍苦涩	窖香较浓郁，较绵甜，后味较长，稍苦涩
10	窖香浓郁，绵甜，较醇厚，回味较长，后味较净爽	窖香浓郁，绵甜，较醇厚，回味较长，后味较净爽	窖香浓郁，绵甜，较醇厚，回味较长，后味较净爽	窖香浓郁，绵甜，醇和，回味较长	窖香浓郁，绵甜，醇和，回味较长
12	窖香浓郁，绵甜醇厚，回味较长，略有老酒风味	窖香浓郁，绵甜醇厚，回味较长，略有老酒风味	窖香浓郁，绵甜醇厚，回味较长，略有老酒风味	窖香浓郁，绵甜爽口，回味较长	窖香浓郁，绵甜，爽口，回味较长

（二）水泥池贮酒对白酒品质影响

曾经对水泥池（100t）、不锈钢罐（5t）与陶坛（500kg）贮存四特酒进行研究[61]，发现：①总酸变化：大水泥池中白酒总酸变化不大；不锈钢罐中总酸虽有反复，但呈逐步升高趋势，增量为10%；陶缸中总酸逐步升高，增量为5%。②总酯变化：大水泥池中白酒总酯逐渐升高，增量为12%；不锈钢罐中总酯逐渐升高，增量为11%；陶缸中总酯逐渐升高，增量为13%。③低沸点物质变化：在大水泥池中贮存时，低沸点醇（如甲醇）、低沸点醛（如乙缩醛）、低沸点酸（如乙酸）呈下降趋势。在不锈钢罐中贮存酒时，低沸点醇、醛、酸均有下降。在陶缸中，低沸点醇、醛、酸均有不同程度的下降。④重要酯变化：在大水泥池中贮存时，四大酯均有不同程度的上升，如乙酸乙酯增量为22%，丁酸乙酯增量为8%，己酸乙酯增量为4%，乳酸乙酯增量为10%。在不锈钢罐中贮存酒时，四大酯均有不同程度上升，乙酸乙酯增量为11%，丁酸乙酯增量为18%，己酸乙酯增量为17%，乳酸乙酯增量为7%（到6个月），随后呈下降趋势。在陶缸中，四大酯也有不同程度的变化，乙酸乙酯、丁酸乙酯、乳酸乙酯到半年时处于增加状态，随后呈下降趋势；己酸乙酯呈逐渐上升趋势。

（三）环境温度与湿度对白酒品质影响

酒精分子质量比水大，故通过贮存容器（如橡木桶）微孔挥发比水慢。因此桶贮存酒的相对湿度通常要求在70%左右。

温度不仅仅影响化合物挥发性，还影响橡木桶中化合物的萃取以及化学反应速度，通常保持低温会降低挥发，还会减少微生物生长繁殖。

研究人员曾经对酱香型白酒露天与库内贮存进行过对比研究（表12-2）。赤水河流域四季温差变化较大，热季可达40℃左右，冷季在10℃左右，由于分子热运动，露天贮存的酒体老熟得要更快，同时香气也比库内贮存要大，风格也较明显，但缺点是因此而造成的酒精损失较大，酒体细腻和协调感较差一些[61]。

郎酒厂对自然贮存与洞藏的酱香型白酒进行研究。自然贮存环境地处赤水河中游川黔交界处，海拔400~500m，一年四季气候变化明显，其中4~9月属较热季节，平均气温25~30℃；10月至次年3月属较冷季节，平均气温16℃以下。恒温贮存环境即天宝洞，位于赤水河边五老峰山腰的两个天然溶洞，贮存面积14000m²，终年恒温20℃。共进行了36个月的研究，其间对其进行感官品评[13]，研究结果见表12-2。

表12-2　自然贮存与洞藏酒的比较[13]

贮存时间/月	自然贮存				天宝洞恒温贮存			
	感官评语	酒精度/%vol	总酸/(mg/100mL)	总酯/(mg/100mL)	感官评语	酒精度/%vol	总酸/(mg/100mL)	总酯/(mg/100mL)
4	微有酱香，醇和味甜，糙感和新酒味明显	56.1	235	485	微有酱香，微有糙感，有新酒味	56.1	235	485
8	酱香一般，醇和味甜，微涩略带新酒味	56.0	255	472	酱香明显，醇和较协调，微带新酒味	56.1	248	478
12	酱香较突出，酒体醇和，欠协调	56.0	266	471	酱香一般，酒体醇和较协调	56	260	480
16	酱香较突出，酒体醇和，欠协调	55.9	273	472	酱香一般，酒体醇和较协调	56	265	473
20	酱香较突出，酒体较醇厚	55.8	275	466	酱香较突出，酒体醇厚，味较为细腻丰满	56	271	477
24	酱香突出，酒体较醇厚，回味较长	55.8	278	465	酱香较突出，酒体醇厚，回味长	55.9	275	475
30	酱香突出，酒体较醇厚，较协调，回味较长	55.7	276	459	酱香较突出，酒体醇厚，幽雅细腻，味长	55.9	282	464
36	酱香浓突出，酒体较醇厚，协调，回味长，略带陈味	55.6	280	460	酱香突出，香而不艳，酒体醇厚，有较好的陈味	55.8	284	465

第三节　白酒贮存老熟过程中感官品质与物质变化

一、酱香型白酒感官品质变化

（一）入库酒与入库贮存

酱香半成品酒主要由 3 种单型酒即酱香、醇甜、窖底香构成，其按质量等级分类如下所示。

酱香型酒：它是以 3~7 次底糟或取酒后双轮底糟醅为原料，采用特殊工艺在窖的上部进行发酵、蒸馏而得。这种酒微黄透明，酱香非常突出，入口有浓厚的酱香味，醇厚细腻，余香较长，空杯留香持久，具有较好的酱香风格。留杯观察，液体逐渐浑浊，除有酱香气味，还有酒醅气味。待干涸后，杯底微黄，微见一层固形物，酱香更较突出，香气纯正。需指定专门的地点进行贮存[13, 63]。

醇甜型酒：一般为窖的中层糟醅发酵而得，这种酒无色透明，具有清香带浓香气味，略有酱香，入口醇甜协调，尾净爽口。留杯观察，液体逐渐浑浊，除醇甜特点外，酒醅气味明显。待干涸后，杯底有颗粒状固形物，色泽带黄，有酱香气味，香气纯正。1~7 次的大宗酒基多是这类酒，它是酱香型半成品酒的主要部分[13, 63]。

窖底香酒：由窖底部分糟醅发酵蒸馏而得，或采用特殊的双轮底工艺制成。这种酒微黄透明，窖底香比较突出，酒体醇厚回甜，稍有辣味，后味较长。留杯观察，液体逐渐浑浊，浓香纯正，略带醅香，快要干涸时，闻有浓香带酱香。干涸后，杯底有小颗粒状固形物，色泽稍黄，酱香明显，香气纯正。按窖底香的大小可分为一级、二级、三级，它是酱香型白酒较好的调味酒之一，需指定专门地点进行贮存[13, 63]。

酱香型白酒不同轮次酒品质是不一样的（表 12-3、表 12-4）。

表 12-3　　　　　　　　　　茅台酒不同轮次的感官特征[64]

轮次	名称	每甑产量/kg	酒精度/%vol	总酸/（g/L）	总酯/（g/L）	总醛/（g/L）	糠醛/（g/L）	高级醇/（g/L）	甲醇/（g/L）	风味特征
1	生沙酒	—	37.2	2.733	3.260	0.343	0.012	2.44	0.45	香气大，具有乙酸异戊酯香味
2	糙沙酒	3~5	53.8	2.899	5.353	0.334	0.016	2.35	0.12	清香带甜，后味带酸

续表

轮次	名称	每甑产量/kg	酒精度/%vol	总酸/(g/L)	总酯/(g/L)	总醛/(g/L)	糠醛/(g/L)	高级醇/(g/L)	甲醇/(g/L)	风味特征
3	二次酒	30~50	56.0	1.970	3.684	0.594	0.158	1.27	0.05	进口香,后味涩
4	三次酒	40~75	57.6	1.120	3.846	0.659	0.217	2.26	0.05	香味全面,具有酱香,后味甜香
5	四次酒	40~75	60.5	0.931	3.606	0.489	0.239	2.53	0.05	酱香浓厚,后味带涩,微苦
6	五次酒	30~50	58.7	0.935	3.079	0.435	0.172	2.35	0.05	煳香,焦煳味,稍带涩味
7	小回酒	~20	57.0	0.848	3.310	0.567	0.226	2.71	0.05	煳香,带有糟味
8	枯糟酒	~10	28.0	1.49	3.117	0.581	0.500	—	—	香一般,带霉、糟等杂味

表 12-4　　　　　　　　　　酱香型白酒在贮存过程中感官指标变化[13]

贮存时间/月	感官尝评结果
0	微有酱香,口味醇和,糙辣感明显,后味微苦涩,有明显新酒臭
2	微有酱香,醇和味甜,后味微涩,有明显新酒臭
4	闻有酱香,醇和味甜,有糙感,后味微苦涩,有新酒臭
6	闻有酱香,醇和味甜,有糙感,后味微苦涩,有新酒臭
8	闻香一般,醇和,稍有糙感,后味微涩,略有新酒臭
10	酱香明显,味甜较醇厚,后味微涩,微有新酒臭
12	酱香较突出,醇厚较协调,后味微涩,回味较长
14	酱香较突出,醇厚较协调,后味微涩,回味较长
16	酱香较突出,醇厚,较协调,较丰满,后味微涩
18	酱香较突出,酒体醇厚,回味较长
20	酱香突出,酒体醇厚,回味较长,后味微涩

续表

贮存时间/月	感官尝评结果
24	酱香突出，酒体醇厚，协调，细腻感较好
28	酱香突出，酒体醇厚，后味微涩，回味长
32	酱香突出，略带陈味，醇厚协调，细腻，回味长
36	酱香突出，陈味较好，醇厚协调，细腻，回味悠长

（二）贮存容器

采用陶坛和不锈钢酒罐贮存。半成品酒入库时，等级分类由工厂尝评委员会来进行尝评鉴定。符合相应等级的质量标准，酒库验收人员才能计量、分类、装入容器，并在每个容器的标牌标识上登记好品名、酒库、批次、数量、入库日期等参数，同时，做原始质量记录。装酒时不能装得过满，留 5kg 以上，防止酒液热膨胀溢出。陶坛容器的封口一般用 2 层薄膜封扎，用有弹性的橡胶带或麻绳扎好。

（三）贮存期间盘勾

酱香半成品酒在贮存期间进行盘勾，主要是将 3~7 次醇甜型的大宗酒基按次别进行合并，使同一轮次酒的感官质量和理化指标达到统一的标准[13]。

（四）感官品质变化

酱香型白酒贮存期间感官品质变化比较明显。一般贮存 20~24 个月时，其酱香风味更加典型（表 12-4）。

麸曲酱香型白酒的贮存期变化如表 12-5 所示。贮存 1.5 年时，效果明显。

表 12-5　　　　　　　　　麸曲酱香型白酒贮存期的变化[65]

贮存时间	感官评语	总酸含量/（g/L）	总酯含量/（g/L）
半年	酱香一般，味较粗，回味较好	1.67	3.02
一年	酱香较明显，较醇和，回味略酸	1.75	3.128
一年半	酱香明显，入口醇厚，回味较长	1.846	3.468

二、浓香型白酒感官品质的变化

浓香型白酒贮存半年后，品质开始转好，贮存一年时，品质比较典型（表 12-6）。

表 12-6　　　　　　　　浓香型白酒传统陶坛贮存感官变化[2]

贮存期/月	感官评价	贮存期/月	感官评价
0	浓香稍冲，有新酒气味，糙辣微涩，后味短	6	浓香，味绵甜，微苦涩，后味短，欠爽，有回味
1	闻香较小，味甜味净，糙辣微涩，后味短	7	浓香，味绵甜，微苦涩，后味欠爽，有回味
2	（未尝评）	8	浓香，味绵甜，回味较长，稍有刺舌感
3	浓香，进口醇和，糙辣味甜，后味带苦涩	9	芳香浓郁，绵甜较醇厚，回味较长，后味较净爽
4	浓香，入口甜，有辣味，稍苦涩，后味短	10	（未尝评）
5	浓香，味绵甜，稍有辣味，稍苦涩，后味短	11	芳香浓郁，绵甜醇厚，喷香净爽，酒体较丰满，有老酒风味

三、 清香型白酒感官品质的变化

清香型白酒贮存半年后，酒质已经有明显变化，至 11 个月时，品质比较典型（表 12-7）。

表 12-7　　　　　　　　清香型白酒传统陶坛贮存感官变化[2]

贮存期/月	感官评价	贮存期/月	感官评价
0	清香，糟香味突出，辛辣，苦涩，后味短	6	清香，绵甜较净爽，稍苦涩，有余香
1	清香，带糟气味，微冲鼻，糙辣苦涩，后味短	7	清香较纯正，绵甜净爽，后味稍辣，微带苦涩
2	清香，带糟气味，入口带甜，微糙辣，后味苦涩	8	清香较纯正，绵甜净爽，后味稍辣，有苦涩感
3	清香，微有糟气味，入口带甜，微糙辣，后味苦涩	9	清香纯正，绵甜净爽，后味长，有余香，具有老酒风味
4	清香，微有糟气味，味较绵甜，后味带苦涩	10	（未尝评）
5	清香，绵甜较净爽，微有苦涩	11	清香纯正，绵甜净爽，味长余香，具有老酒风味

第四节 威士忌老熟

波旁威士忌老熟通常是在恒温酒窖中进行的，在比较高的温度下，威士忌会扩散到木材中，而在冷的时候，会收缩，将香气与色素类化合物带入威士忌中。肯塔基威士忌老熟前，新酒要与活性炭接触。该活性炭来源于燃烧的糖枫木，表面积不大（约300m²/g），能吸附一些物质，如引起新酒粗糙感的物质，但并不能完全吸附。活性炭处理的目的是使酒长期驻留橡木桶前先柔和一下。因此，炭桶亦称为柔和桶。该工艺在伏特加、韩国烧酒索趣、韩国麦烧酎生产中也在使用[3]。不同的是处理伏特加的泥炭表面积约达1500m²/g，能吸附几乎所有的风味物质，只留下无气味和味道的酒。

生产活性炭的木头是从秋天阴干的糖枫木上剪下来的，在空气中干燥后，再切割成约10cm×10cm×1.5m方坯，堆放在开阔地面上，而不是像木炭堆在坑中；通常是6个一组，十字交叉堆成一个高2~2.5m的垛。垛是四方块形，向中心倾斜，使其在燃烧时向内坍塌。垛上泼上酒精，点火，通过喷水控制火势。这可以阻止太多的氧气进入燃烧的木材，以保持温度，防止木材烧成灰。但水太多，会留下未烧尽的木材而不能成炭。大约烧3h，冷却，然后打碎成豌豆大小即可[3]。

如某厂采用炭桶直径1.5m，深3m，装活性炭2.5m，白羊毛毯铺底，新酿威士忌从两个交叉穿孔管中洒到活性炭表面，保证桶底部流速30L/min。活性炭床6个月左右更换一次，此过程酒损耗约1%。另外一个厂，则采用冷冻炭桶，底部和顶部均覆盖羊毛毯。新酿的酒慢慢充满到桶顶部，浸透活性炭。充满后，桶底部的阀门打开，柔和后的威士忌转移到另外一个桶用于贮存老熟。使用冷冻法来源于早期冬天柔和的酒更好的经验。浸泡活性炭则是源于让酒与其充分接触。该床可以使用1年，通过流出酒的香气与口感决定是否更换活性炭[3]。

橡木类型影响。苏格兰威士忌制桶用橡木是美洲白橡（Q. alba），至少生长10年[66]，通常来源于西班牙雪莉酒厂或美国或用购自美国的橡木板在苏格兰生产。西班牙雪莉酒厂通常使用的橡木是无梗花栎（Q. petraea）和卢浮橡木（Q. robur）。美国橡木桶通常用于菲诺（fino）和阿蒙提那多（amontillado）雪莉酒的老熟[67]；西班牙橡木桶通常用于欧洛罗索（oloroso）雪莉酒的老熟。目前，苏格兰威士忌酒厂用的桶主要有四种类型[66]，第一类是所有的桶均直接或间接来源于西班牙雪莉酒业，主要是500L的巴特桶（butt），少量的猪头桶（hogshead）和庞趣桶（puncheon）；第二类是再生桶（dump hogshead，254L），这类桶以前老熟过波旁威士忌至少4年；第三类是美国标准橡木桶（191L），老熟过波旁威士忌至少4年；第四类是美国橡木生产的庞趣桶（558L），在英国生产与烘烤，首次使用时装满谷物威士忌，然后，再老熟谷物威士忌或麦芽威士忌。

桶容积大小与老熟速率有关。桶越小，老熟越快。波旁威士忌在180L桶中老熟，而苏格兰威士忌标准桶体积是250L（俗称猪头桶）和500L（巴特桶）[66]。用过的波旁威士忌桶，通常在美国拆开成板条，运到苏格兰后再重新箍桶[3]。

新桶与旧桶影响老熟。美国威士忌和黑麦威士忌通常在新桶中老熟，且橡木桶只使用一次；而苏格兰、爱尔兰和加拿大威士忌通常在旧桶中老熟，此旧桶最好是老熟过波旁威士忌的橡木桶或雪莉酒的发酵桶或船运桶[68]。

入桶酒精度高低会影响到老熟期间橡木成分的浸出。苏格兰麦芽威士忌进入橡木桶时的酒精度通常是68%vol，个别厂使用64%vol；苏格兰谷物威士忌入桶酒精度是68%vol[3]或58%~70%vol[4]。波旁威士忌和其他一些威士忌开始老熟的酒精度是55%vol左右[3]，美国威士忌老熟酒精度在62.5%vol以下[68]。

环境温度和湿度影响老熟。威士忌在橡木桶中老熟时，在较热的气候，老熟更快；特别是昼夜温差大，效果更好[3]。苏格兰威士忌必须在苏格兰老熟，因其具有温暖湿润的海洋性气候，如此，氧化作用、缩合作用、酯化作用和其他反应，还有木质成分的浸出与水解均是缓慢的，必要时，贮酒地窖在冬天是要加热的。因此，麦芽威士忌通常最少贮存10年，15~21年通常是最优的[3]。苏格兰和爱尔兰的成熟仓库一年四季都很凉爽，而美国的仓库夏天很热，冬天很冷。美国一些生产波本威士忌的公司在冬天加热仓库，以加速其成熟过程。

但到目前为止，并不存在老熟最优温度。曾经在实验室用迷你桶在不同温度研究苏格兰威士忌老熟，在5~45℃老熟8周后，威士忌中木质素浸出没有显著变化[28]。仅芥子醛浓度在45℃老熟时高于5℃和35℃老熟。

橡木桶堆积方式影响老熟。在传统铺地式酒窖*中，有土和焦渣地面，桶堆放在上面，用木板作隔层［图12-8（1）］。此类酒窖湿度通常是高的，特别是当酒窖靠近海边时。潮湿环境中，威士忌成分挥发性下降，到老熟结束时，几乎没有什么酒损。一些酒厂相信，与在干空气中老熟的酒相比，在潮湿环境中贮存老熟的酒，更加绵柔和圆润，虽然贮存老熟时间相对长一点[3, 66]。

目前，有些厂已经使用龙门架堆到6层或12层高［图12-8（2）］，但带来许多问题。在这类酒窖使用混凝土地面和更高的屋顶，龙门架上不同位置的桶经历了不同的空气循环、湿度和温度条件。与底部的桶相比，顶部的桶经历了最热和最干燥的环境。中间的桶空气循环不好。氧的穿透、化学反应速率和蒸发速率，即老熟速率不均匀。另外，现代酒窖通常隔热不好，不太湿，这不同于传统的石头墙壁和石板屋顶的铺地式酒

注：* 一种传统的仓库，注满酒液的酒桶一般堆放3层高，用厚重的木板支撑并分隔开，这样堆放的橡木桶，酒液可以更自由地呼吸，当然，蒸发量也更大。

窖。这些因素能促进快速老熟，但不少酿酒师和勾调师发现现代老熟方式与传统老熟方式相比，酒略显粗糙，不太圆润[3, 66]。

（1）传统贮存方式   （2）龙门架式贮存方式

图 12-8 麦芽威士忌老熟酒窖[3]

老熟后，威士忌风味品质有明显改善。老熟过程中，产生一些新的香气，如香兰素、辛香、花香、木香和圆润感；粗糙感、新酒味如酸味、青草、油脂和硫化物气味逐渐下降或消失[69]。变化的幅度以及速率与使用的橡木桶类型有关[70]。橡木桶的烘烤能增强老熟特征的强度，如圆润感、香兰素香和甜香，减少原酒的生青感，如刺激感、酸感和油脂感[71]。

第五节 白兰地老熟

刚刚蒸馏获得的白兰地不宜直接饮用，它是粗糙的，具有十分不愉快的气味，通常具有辣味、青香和生硬/刺喉等不愉快的口感，但老熟后这些特征会减弱，且变得比较圆润、绵柔和醇和。

老熟会提高产品质量，老熟时间越长，质量越好。大部分白兰地是老熟 2 年后装瓶，有些是 6 年后，有的甚至是几十年后装瓶。一些美味的法国科涅克白兰地据称是在拿破仑时期生产的，但随着大量白兰地生产商不断从旧桶中取出 90% 白兰地，然后用较年轻的白兰地重新填充，这不可能是拿破仑时期的酒。

按照南非法律，在海关和消费税官员的监督下，壶式蒸馏产品必须在桶中贮存 3 年，桶体积不超过 340L。大桶通常由法国利穆赞橡木（Limousin oak）制成，但可重复使用波旁或其他不确定寿命的桶[72]。最初，未成熟白兰地香气主要由葡萄和发酵过程中形成的挥发性化合物组成，因此果香浓烈。不成熟馏分也有草本植物香、圆润感和其他香气。新酒研究发现，"果香"香气被视为质量良好的酒，而"草本植物香"则被视为质量差[73]。

白兰地入桶老熟时酒精度是 55%~70%vol。酒精度 40%~60%vol 时，有利于内酯萃取；55%vol 阿尔马涅克有利于单宁和木质素萃取[53]。60%vol 以上时，色素、固形物、单宁和挥发性酸会下降[74]。老熟过程需要老酒味（rancio taste）。

有些国家，新酒可以直接饮用或进入市场销售，但在科涅克地区，老熟过程是托管的，在 350L 橡木桶中老熟。法国 AOC（appellation d'origine contrôlée，原产地命名控制）规定老熟需在橡木桶中进行，橡木桶只能来源于利穆赞、阿列湖（Allier）、特朗赛（Troncais）和讷韦尔（Nevers）四个地区，而科涅克只使用利穆赞和特朗赛地区的橡木桶。因制作橡木桶时的风干、构造和烘烤工艺特殊，这些橡木桶会赋予白兰地特别的香气。白兰地入桶时酒精度 65%~70%vol。桶并不装满，以保留一定空间，利于氧气与酒的接触，此过程发生化学反应。白兰地酒龄不同，香气也不同，从热带水果香、坚果和干花香，到波特葡萄酒香和膏香。老熟最少需要 2.5 年，但大部分科涅克白兰地老熟时间更长。因老熟时温度低，故老熟过程缓慢。

科涅克白兰地新酒放在新桶中老熟 8~12 个月，然后，转移到老桶中，称为"上色（tawny）"，其目的是避免涩味和明显的苦味[14]。

刚刚蒸馏的阿尔马涅克白兰地进入橡木桶老熟，橡木桶来自于加斯科尼（Gascony）的曼扎林（Monzelun）森林或利穆赞地区。在老熟产生足够橡木香气后，转入老橡木桶中老熟。桶容积通常 400~420L。不同年份酒分开贮存，但不单独生产年份酒。直到 1999 年，阿尔马涅克遵循与科涅克大致相同的法规，但最近采用了一个更简单、明智的分类："阿尔马涅克"是 2~6 年老酒；"老阿尔玛涅克（Vieil Armagnac）"是超过 6 年的老酒；"米勒西梅斯（Millesimes）"是老熟必须超过 10 年的酒[3]。

阿尔马涅克白兰地通常在橡木桶中老熟，常用粗纹理的桶，而不是细纹理的桶；有利于氧的渗透，产生更多的单宁。阿尔马涅克白兰地先在新桶（400L）中老熟 6~12 个月，然后转移到老桶中[24]。

使用老熟 3 年、10 年和 20 年的白兰地研究发现，乙缩醛、羧基酯在老熟时显著增加，而醇类（如丁醇类、烯丙醇、己醇和有毒的甲醇）显著下降。坚果香、甜香和辛香则与老酒相关，特别是老熟 15 年的老酒[34]。

贮藏环境的温度与湿度影响老熟效果。通常情况下，贮存在温度 10~20℃、湿度 60%~80% 的环境中较好[5]。

剧烈的温度变化影响酒的老熟。研究发现，温度剧烈变化时，一是白兰地的年蒸发量会加大，从 3% 增加至 6%；二是从橡木桶中萃取的化合物品种多，浓度高；三是挥发性较强的化合物损失大；四是感官品尝结果表明，温度变化范围大的白兰地，橡木味过于突出，更多的收敛性，在酒体柔和、细腻、平衡和圆润方面比较差[5]。

环境湿度也影响贮存老熟，但不如温度影响大。湿度增加，会使白兰地口味更加柔和[5]。

贮藏管理。首先装桶不能太满，通常留出 1%~1.5% 的空隙；其次，每年添桶 1~2 次，减少空隙；三是检查桶的完好与渗漏情况；四是检查酒的颜色、香气与口味变化，并进行调整；五是新老桶交替使用，通常新酒在新桶老熟一段时间，然后换到旧桶中贮存，以避免更多的单宁等物质溶出，影响酒的口感；六是定期对贮藏酒进行分类，保藏 5 年的酒，通常 2 年或 2.5 年分类一次，好的继续贮藏；七是好的白兰地或名白兰地，需要记录使用的葡萄品种、特定产地以及特殊的工艺、酒龄等信息[5]。

第六节　麦斯卡尔酒和特基拉酒老熟

根据法律规定，麦斯卡尔酒和特基拉酒均分为两类。麦斯卡尔酒分为 I 型（100% 龙舌兰）和 II 型（80% 龙舌兰）。特基拉也分为两个型，特基拉 100%（100% 龙舌兰）和特基拉 51%（51% 龙舌兰）。每一类型还可以根据在小的白橡木桶中老熟程度分类：麦斯卡尔新酒（mezcal joven），白或银特基拉（silver tequila joven）和金特基拉（golden tequila joven）是没有经过老熟的酒；淡色酒（reposado）表明在橡木桶中老熟了 2~6 个月；老酒（añejo）表明在橡木桶中老熟了至少 1 年；特别老的酒（extra añejo）是指在橡木桶中至少贮存了 3 年。特基拉 100% 只能在墨西哥特定地区生产装瓶。

第七节　朗姆酒和卡莎萨酒老熟

朗姆酒和卡莎萨酒通常并不在橡木桶中老熟，而是在不锈钢罐中老熟[3]。装瓶前进行勾调、稀释和冷冻过滤。部分国家的朗姆酒和卡莎萨酒也在橡木桶或小桶中贮存，如老熟过波旁威士忌的桶（ex-Bourbon）[75]。

朗姆酒贮存在温暖气候中，老熟 10 年通常认为是最有效的[3]。

第八节　人工催陈老熟技术简介

一、白酒人工催陈技术

蒸馏酒的贮存老熟，包括分子缔合、物质转化等一系列的理化过程，对消除暴辣，促进新酒绵软爽口，具有重要的作用。贮酒效果与贮酒容器、贮存条件密切相关。白酒一般采用陶瓷酒坛贮酒，效果较好。通常贮酒容器越大，自然老熟越慢。许多名优白酒，贮存期规定为2~3年，或者更长，因此，酒库不够用。要提前出库，如何保证酒的质量，就成了突出的问题。为解决酒龄不足的问题，近年来进行了人工老熟新方法的研究与应用。

目前白酒人工催陈应用的技术方法基本上属于物理学、化学、生物化学、微生物学这四大类，具体方法有高频电场法、磁处理法、超声波法、臭氧法、微波法、机械振荡法、冷冻法、温差处理法、激光照射法、红外线照射法、紫外线照射法、等离子处理法、钴-60辐射法、高压处理法、太阳能法、膜过滤法、树脂交换法、非生物催化法、酶添加剂法、微生物菌体处理法等[35, 76-82]。

二、 白兰地人工催陈技术

白兰地也进行过人工催陈的研究。一是使用催素（quercyl）；二是添加白兰地陈酿促进剂；三是加热促进白兰地老熟，虽然不能达到在橡木桶贮藏多年的效果，但能改善白兰地口味，使得酒体柔软，具有协调的口味与芳香；通常使用保温夹套，老熟温度控制在50~55℃，保温7d；四是冷冻或加热冷冻交替处理；五是加氧或臭氧的氢化法；六是氢化法；七是酶制剂法；八是机械搅拌或声波搅拌；九是电场或交流电处理；十是照射处理，包括红外线、紫外线、可见光、γ-射线等[5]。

参考文献

［1］魏岩涛，何正礼. 高粱酒［M］. 上海：商务印书馆，1935.

［2］熊子书. 中国白酒贮存老熟的研究［J］. 酿酒科技，2000，99（3）：27-29.

［3］Buglass A J. Handbook of Alcoholic Beverages：Technical, Analytical and Nutritional Aspects［M］. West Sussex：John Wiley & Sons，2011.

［4］Piggott J R, Conner J M. Whiskies. In Fermented Beverage Production［M］. New York：Kluwer Academic/Plenum Publishers，2003.

［5］王恭堂. 白兰地工艺学［M］. 北京：中国轻工业出版社，2019.

［6］Nishimura K, Matsuyama R. Maturation and maturation chemistry. In The science and technology of whiskies［M］. Essex：Longman Scientific & Technical，1989.

［7］Reazin G H. Chemical mechanisms of whiskey maturation［J］. Am J Enol Vitic，1981，32（4）：283-289.

［8］Sharp R. Analytical techniques used in the study of whisky maturation. In Current Developments in

Malting, Brewing and Distilling［M］. London：Institute of Brewing, 1983.

［9］Nose A, And M H, Ueda T. Effects of salts, acids, and phenols on the hydrogen-bonding structure of water-ethanol mixtures［J］. J Physical Chem B, 2004, 108（2）：798-804.

［10］Tanaka H, Kitaoka T, Wariishi H, et al. Determination of total charge content of whiskey by poly-electrolyte titration：Alteration of polyphenols［J］. J Food Sci, 2002, 67（8）：2881-2884.

［11］Hasuo T, Yoshizawa K. Substance change and substance evaporation through the barrel during whisky ageing（2nd）［C］. London：Institute of Brewing, 1986.

［12］Fujii T, Kurokawa M, Saita M. Studies of volatile compounds in whisky during ageing. In Élaboration et Connaissance des Spiritueux：Recherche de la Qualité, Tradition et Innovation［M］. Paris：Lavoisier, 1992.

［13］蒋英丽, 程伟. 酱香型白酒贮存期老熟问题探讨［J］. 酿酒, 2003, 30（1）：20-22.

［14］Cantagrel R, Lurton L, Vidal J P, et al. From vine to Cognac. In Fermented Beverage Production［M］. New York：Kluwer Academic/Plenum Publishers, 2003.

［15］Delahunty C M, Conner J M, Piggott J R, et al. Perception of heterocyclic nitrogen compounds in mature whisky［J］. J Inst Brew, 1993, 99（6）：479-482.

［16］Conner J M, Paterson A, Piggott J R. Interactions between ethyl esters and aroma compounds in model spirit solutions［J］. J Agri Food Chem, 1994, 42：2231-2234.

［17］Piggott J R, Conner J M, Clyne J, et al. The influence of non-volatile constituents on the extraction of ethyl esters from brandies［J］. J Sci Food Agric, 1992, 59：477-482.

［18］罗惠波, 赵金松, 吴士业, 等. 蒸馏酒的胶体特性及其在生产中的应用研究（Ⅱ）［J］. 酿酒科技, 2007, 152（2）：20-21.

［19］徐燮, 季克良, 潘丽华. 茅台酒的电导与老熟［J］. 酿酒科技, 1980（1）：17-19.

［20］Conner J M, Paterson A, Piggott J R. Release of distillate flavor compounds in Scotch malt whiskey［J］. J Sci Food Agric, 1999, 79：1015-1020.

［21］Conner J, Reid K, Jack F. Maturation and blending. In Whisky. Technology, Production and Marketing［M］. London：Elsevier, 2003.

［22］Conner J M, Murphy D, Reid K J G. Modelling the maturation of Scotch whisky in hot climates. In Distilled Spirits：Tradition and Innovation［M］. Nottingham：Nottingham University Press, 2004.

［23］Conner J M, Paterson A, Piggott J R. Analysis of lignin from oak casks used for the maturation of Scotch whisky［J］. J Sci Food Agric, 1992, 60（3）：349-353.

［24］Bertrand A. Armagnac and Wine-Spirits. In Fermented Beverage Production［M］. New York：Kluwer Academic/Plenum Publishers, 2003.

［25］Conner J M, Paterson A, Piggott J R. Changes in wood extractives from oak cask staves through maturation of scotch malt whisky［J］. J Sci Food Agric, 1993, 62（2）：169-174.

［26］Kog K, Taguchi A, Koshimizu S, et al. Reactive oxygen scavenging activity of matured whiskey and its active polyphenols［J］. J Food Sci, 2007, 72（3）：S212-S217.

［27］Li M, Fan W L, Xu Y. Volatile compounds sorption during the aging of Chinese Liquor（Baijiu） using Pottery Powder ［J］. Food Chem, 2020：128705.

［28］Steele G M, Fotheringham R N, Jack F R. Understanding flavour development in Scotch whisky. In Distilled Spirits：Tradition and Innovation ［M］. Nottingham：Nottingham University Press, 2004.

［29］Adam T, Duthie E, Feldmann J. Investigation into the use of copper and other metals as indicators for the authenticity of Scotch whiskies ［J］. J Inst Brew, 2002, 108 （4）：459-464.

［30］Zhu M, Fan W, Xu Y, et al. 1, 1-diethoxymethane and methanethiol as age markers in Chinese roasted-sesame-like aroma and flavour type liquor ［J］. Eur Food Res Technol, 2016, 242 （11）：1985-1992.

［31］Philp J M. Scotch whisky flavour development during maturation （2nd） ［C］. London：Institute of Brewing, 1986.

［32］Mosedale J R, Puech J L. Wood maturation of distilled beverages ［J］. Trends Food Sci Tech, 1998, 9 （3）：95-101.

［33］Watts V A, Butzke C E, Boulton R B. Study of aged Cognac using solid-phase microextraction and partial least-squares regression ［J］. J Agri Food Chem, 2003, 51：7738-7742.

［34］Panosyan A G, Mamikonyan G V, Torosyan M, et al. Determination of the composition of volatiles in Cognac （brandy） by headspace gas chromatography-mass spectrometry ［J］. J Anal Chem, 2001, 56 （10）：945-952.

［35］范文来, 陈翔, 张广松. 浓香型大曲酒货架期稳定性的研究 ［J］. 酿酒, 2001, 28 （3）：36-37.

［36］李家明. 浓香型白酒贮存过程中总酯、总酸的变化规律 ［J］. 酿酒科技, 2008, 163 （1）：59-61.

［37］Nishimura K, Ohnishi M, Masuda M, et al. Reaction of wood components during maturation. In Flavour of distilled beverages：Origin and development ［M］. Chichester：Ellis Horwood, 1983.

［38］Perry D R. Odour intensities of whisky compounds. In Distilled Beverage Flavour：Recent Developments ［M］. Chichester：Ellis Horwood, 1089.

［39］Kahn J H, Shipley P A, Laroe E G, et al. Whiskey composition：Identification of additional components by bas chromatography-mass spectrometry ［J］. J Food Sci, 1969, 34 （6）：587-591.

［40］朱梦旭. 白酒中易挥发的有毒有害小分子醛及其结合态化合物研究 ［D］. 无锡：江南大学, 2016.

［41］沈怡方. 白酒生产技术全书 ［M］. 北京：中国轻工业出版社, 1998.

［42］冯晓山, 闫宗科. 传统工艺和特殊的地域环境铸就西凤酒独特的品质 ［J］. 酿酒科技, 2006, 144 （6）：102-103.

［43］范文来, 滕抗. 洋河大曲酿造工艺的沿革 ［J］. 酿酒, 2001, 28 （5）：36-37.

［44］李之郁. 最新白酒勾兑调合技术 ［J］. 酿酒科技, 2009, 181 （7）：83-85.

［45］刘沛龙, 唐万裕, 练顺才, 等. 白酒中金属元素的测定及其与酒质的关系（上）［J］. 酿酒科技, 1997, 84 （6）：23-28.

［46］刘沛龙, 唐万裕, 练顺才, 等. 白酒中金属元素的测定及其与酒质的关系（下）［J］. 酿酒

科技，1998，85（1）：20-28.

［47］Halliday D J. Tradition and innovation in the Scotchwhisky industry. In Distilled Spirits：Tradition and Innovation［M］. Nottingham：Nottingham University Press，2004.

［48］Puech J -L. Extraction of phenolic compounds from oak wood in model solution and evolution of aromatic aldehydes in wines aged in oak barrels［J］. Am J Enol Vitic，1987，38（3）：236-238.

［49］Cantagrel R，Mazerolles G，Vidal J P，et al. Evolution analytique et organoleptique des eaux-de-vie de Cognac au cours du vieillissement；1ère partie：incidence des techniques de tonnelleries［C］. Paris：Lavoisier-Tec & DOC，1993.

［50］Puech J L，Lepoutre J P，Baumes R，et al. Influence du thermotraitement des barriques sur l'évolution de quelques composants issus du bois de chêne dans les eaux-de-vie［C］. Paris：Lavoisier-Tec & DOC，1993.

［51］de Simón B F，Esteruelas E，Muñoz Á M，et al. Volatile compounds in acacia，chestbut，cherry，ash，and oak wood，with a view to their use in cooperage［J］. J Agri Food Chem，2009，57：3217-3227.

［52］Faria J，Cardello H A B，Boscolo M，et al. Evaluation of Brazilian woods as an alternative to oak for cachaças aging［J］. Eur Food Res Technol，2003，218（1）：83-87.

［53］Puech J -L. Characteristics of oak wood and biochemical aspects of Armagnac aging［J］. Am J Enol Vitic，1984，35（2）：77-81.

［54］Nishimura A，Kondo K，Nakazawa E，et al. Identification and measurement of "Mureka" in sake［J］. J Ferment Bioeng，1989，68（2）：163.

［55］Guymon J F，Crowell E A. GC-separated brandy components derived from French and American oaks［J］. Am J Enol Vitic，1972，23：114-120.

［56］Puech J -L，Moutounet M. Liquid Chromatographic determination of scopoletin in hydroalcoholic extract of oakwood and in matured distilled alcoholic beverages［J］. JAOAC，1988，71（3）：512-514.

［57］Swan J S，Reid K J，Howie D，et al. A study of the effects of air and kiln drying of cooperage oakwood. In Élaboration et Connaissance des Spiritueux：Recherche de la Qualité，Tradition et Innovation［M］. Paris：Lavoisier，1992.

［58］Maga J A. Formation and extraction of cis-and trans-β-methyl-γ-octalactone from Quercus alba. In Distilled Beverage Flavour：Recent Developments［M］. Chichester：Eds. Ellis Horwood，1989.

［59］Fan W，Xu Y，Yu A. Influence of oak chips geographical origin，toast level，dosage and aging time on volatile compounds of apple cider［J］. J Inst Brew，2006，112（3）：255-263.

［60］Reazin G H. Chemical analysis of whisky maturation. In Flavour of Distilled Beverages：Origin and Development［M］. Chichester：Ellis Horwood，1983.

［61］曾伟，朱力红，谢小兰，等. 四特基酒在不同容器中香味成分的变化规律［J］. 酿酒科技，2006，144（6）：62-64.

［62］任成名，武金华. 不同容器贮酒老熟期的探讨［J］. 酿酒科技，2005，135（9）：40-42.

［63］熊子书. 贵州茅台酒中三种香型原酒的研究［J］. 酿酒，1982（3）：28-31.

［64］崔利. 形成酱香型酒风格质量的关键工艺是"四高两长，一大一多"［J］. 酿酒，2007，34

（3）：24-35.

［65］彭金枝，洪静菲 . 提高麸曲酱香型酒的几项措施［J］. 酿酒，2001（28）：3.

［66］Philp J M. Cask quality and warehouse conditions. In The Science and Technology of Whiskies
［M］. Harlow：Longman，1989.

［67］Rickards P. Scotch whisky cooperage. In Current Developments in Malting，Brewing and Distilling
［M］. London：Institute of Brewing，1983.

［68］Booth M，Shaw W，Morhalo L. Blending and bottling. In The Science and Technology of Whiskies
［M］. Harlow：Longman，1989.

［69］Canaway P R. Sensory aspects of whisky maturation. In Flavour of Distilled Beverages：Origin and
Development［M］. Chichester：Ellis Horwood，1983.

［70］Piggott J R，Conner J M，Paterson A，et al. Effects on Scotch whisky composition and flavour
of maturation in oak casks with varying histories［J］. Int J Food Sci Technol，1993，28（3）：303-318.

［71］Clyne J，Conner J M，Paterson A，et al. The effect of cask charring on Scotch whisky maturation
［J］. Int J Food Sci Technol，1993，28（1）：69-81.

［72］Singleton V L. Maturation of wines and spirits：comparisons，facts，and hypotheses［J］. Am J
Enol Vitic，1995，46（1）：98-115.

［73］Snyman C L C. The influence of base wine composition and wood maturation on the quality of South
African brandy［D］. Stellenbosch：Stellenbosch University，2004.

［74］Nykanen L. Formation and occurrence of flavor compounds in wine and distilled alcoholic beverages
［J］. Am J Enol Vitic，1986，37：84-96.

［75］Nascimento E S P，Cardoso D R，Franco D W. Quantitative ester analysis in cachaça and distilled
spirits by gas chromatography-mass spectrometry（GC-MS）［J］. J Agri Food Chem，2008，56（14）：
5488-5493.

［76］李宏涛，王冰，李次力 . 臭氧对蒸馏白酒的催陈、除浊效果的影响［J］. 酿酒，2004，31
（2）：75-77.

［77］向英，丘泰球 . 低频超声对豉香型白酒催陈效果研究［J］. 酿酒，2005，32（3）：30-32.

［78］沈怡方，李大和 . 低度白酒生产技术［M］. 北京：中国轻工业出版社，1996.

［79］胡红武，吴朗，胡远 . 酒类催醇新方法初探［J］. 安徽农业科学，2006，34（15）：
3795-3810.

［80］赵志昌 . 磁处理优质白酒加速老熟初探［J］. 酿酒，1984（2）：17-18.

［81］王杨，何红，马格丽 . 白酒陈味及超高压老熟技术研究［J］. 酿酒科技，2009，185（11）：
94-96.

［82］李大和，刘沛龙，陈功，等 . 低度白酒贮存过程中质量的变化研究（下）［J］. 酿酒科技，
1997，79（1）：29-32.

第十三章

勾调技术

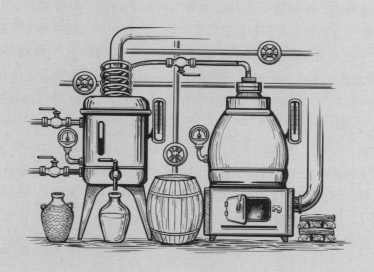

勾调技术是勾调和调味技术的全称。勾调（blend），俗称勾酒、基酒组合，是把不同批次、不同季节或不同香气和口味的酒，按一定比例掺兑调配，使之符合同一标准（包括感官和理化指标），形成并保持成品酒特定风格的专门技术。调味，亦称调配、调香（白兰地中加入橡木泡花浸剂），是指以适合的蒸馏酒为基础，采用香味和口感特征强的酒（也称为调味酒）调整成品酒的香气和口味，使成品酒的风味更加典型的技术。国人云"生香靠发酵，提香靠蒸馏，成型靠勾调"。

几乎所有蒸馏酒都需要勾调。我国白酒的勾调技术到底起源于何时，最早文字记载是在 20 世纪 50 年代，将酒与水按一定比例混合，凭经验确认酒精含量。后来酒类专卖局做出统一规定并提出酒精度的概念。直到 20 世纪 70 年代，才出现专职勾调人员[1-2]。

威士忌、白兰地等蒸馏酒，也需要进行勾调。苏格兰威士忌通常将几个小桶中的不同蒸馏批次的、不同季节的酒混合到大桶中，但商标标识上的年份必须按勾调酒中贮存时间最短的酒龄标识[3]，如某威士忌标识 10 年是指瓶中酒在勾调时已经在橡木桶中贮存了 10 年，且是主要的组成成分，其他勾调或调味酒的酒龄可能是 11 年或 12 年甚至更长。有些酒厂全部使用同一年份的酒勾调；还有的酒厂仅仅使用一个桶中的酒直接装瓶，称为单桶（single cask，未勾调的酒）威士忌或单桶单麦芽（single single malts）威士忌。来自几个蒸馏酒厂的麦芽威士忌勾调到一起称为"调和麦芽威士忌（vatted malt）"[3-4]。

另外一种是将轻口味或酒体淡的酒与多种酒体浓的酒即重口味威士忌按一定比例混合[5]，轻口味威士忌通常是高酒精度连续柱式蒸馏的产品，包括苏格兰谷物威士忌与美国轻口味威士忌混合、谷物威士忌和谷物中性酒精混合等。重口味威士忌或者是间隙蒸馏的产品，或者是柱式蒸馏的低酒精度的产品[6]。

如果是用谷物威士忌与麦芽威士忌勾调，则不得标识"单（麦芽）"或"麦芽"字样，这类酒通常也是各个不同酒龄酒的混合物，即使如此，还是得按酒龄最年轻的标识。廉价的威士忌一般酒龄比较短（如只有 5 年）且谷物威士忌比例大（如大约60%）；而比较贵的威士忌，通常称为高级的（de luxe）勾调或赋予一个特定的名称如"蓝标（Blue Label）"，则采用了更多的老酒（如 12~27 年的老酒）以及更多的麦芽威士忌（有时超过 70%）[3]。

勾调由尝评、勾调（基酒组合）、调味三个部分组成，是一个不可分割的有机整体。尝评是组合和调味的先决条件，是判断酒质的主要依据；基酒组合是调味的基础，调味是形成风格、调整酒质的关键。白酒如此，威士忌、白兰地酒也是这样的。威士忌酒厂勾调师的主要工作就是确保常规产品的高质量和同一性；决定哪些桶的酒可以并入大桶中；决定麦芽威士忌与谷物威士忌混合的比例；开发客户期望的产品。

第一节 高度酒加浆降度

白酒贮存时的酒精度通常较高（酱香型白酒除外，比出厂时 53%vol 高出 1% ~ 2% vol），要勾调成酒精度较低的成品酒，则需要进行加水降度。

勾调用水通常是纯净水或电渗析水，但大部分朗姆酒和卡莎萨酒通常用雨水、山涧水或蒸馏水[3]。

一、 酒精含量换算

酒精加水后，酒精水溶液体积小于酒精与水体积的和。如无水酒精 53.94mL 和水 49.83mL 混合时，由于分子间的缔合作用，其体积不是 103.77mL，而是 100mL。

设 $V/\%$ 表示体积分数（mL/100mL 酒）酒精度，ω 表示质量分数（g/100g 酒），d_4^{20} 表示相对密度，即 20℃/4℃时相对密度。则其换算公式见式（13-1）和式（13-2）。

$$V/\% = \frac{\omega/\% \times d_4^{20}}{0.78934} \tag{13-1}$$

$$\omega/\% = \frac{V/\% \times 0.78934}{d_4^{20}} \tag{13-2}$$

二、 酒精度调整

将一种原酒加入一定量水，就成为较低酒精度的酒。则这两种酒的酒精度与质量之间有如下关系：

设原酒精度为 $V_1/\%$，相应相对密度为 $(d_4^{20})_1$，相应的质量分数 $\omega_1/\%$，原酒质量 M_1；调整后酒精度 $V_2/\%$，相应相对密度 $(d_4^{20})_2$，相应质量分数 $\omega_2/\%$，调整后质量 M_2。

酒精度调整前后酒的质量之间关系见式（13-3）和式（13-4）。

$$M_1 = \frac{M_2 \times \omega_2/\%}{\omega_1/\%} = M_2 \times \frac{V_2/\% \times (d_4^{20})_1}{V_1/\% \times (d_4^{20})_2} \tag{13-3}$$

$$M_2 = \frac{M_1 \times \omega_1/\%}{\omega_2/\%} = M_1 \times \frac{V_1/\% \times (d_4^{20})_2}{V_2/\% \times (d_4^{20})_1} \tag{13-4}$$

酒精度调整前后酒精度体积分数之间关系见式（13-5）和式（13-6）：

$$V_2/\% = \frac{M_1}{M_2} \times V_1/\% \times \frac{(d_4^{20})_2}{(d_4^{20})_1} \tag{13-5}$$

$$V_1/\% = \frac{M_2}{M_1} \times V_2 \times \frac{(d_4^{20})_1}{(d_4^{20})_2} \tag{13-6}$$

若调整前酒为高度酒，调整后为低度酒，则调整时的加水量 M：

$$M = M_2 - M_1 \tag{13-7}$$

式（13-7）是高度酒勾调或生产低度酒时加浆水添加常用公式。

三、 两种原酒互相勾调后的体积与质量

设一种原酒酒精度为 $V_1\%$，相应相对密度 $(d_4^{20})_1$，相应质量分数 $\omega_1\%$，原酒质量 M_1；另一种原酒酒精度 $V_3\%$，相应相对密度 $(d_4^{20})_3$，相应质量分数 $\omega_3\%$，原酒质量 M_3；二者混合后酒精度 $V_m\%$，相应相对密度 $(d_4^{20})_m$，相应质量分数 $\omega_m\%$，质量 M_m；则有式（13-8）和式（13-9）：

$$M_m = M_1 + M_3 \tag{13-8}$$

或

$$M_m = \frac{M_1 \times \omega_1\% + M_3 \times \omega_3\%}{\omega_m\%} = \frac{M_1 \times V_1 \times \frac{0.78934}{(d_4^{20})_1} + M_3 \times V_3 \times \frac{0.78934}{(d_4^{20})_3}}{V_m\% \times \frac{0.78934}{(d_4^{20})_m}} \tag{13-9}$$

四、 白兰地勾调

白兰地勾调时，除了几种不同酒精度原酒混合，加水降度外，还涉及添加焦糖色素，而焦糖色素因含有糖分，又影响到成品酒中糖含量。其计算举例如下[7]。

假设要勾调 V_k（L），K_k（%vol）白兰地酒，要求糖度 C_k（g/L）是多少。

小试配方：1#原白兰地 K_1（%vol），用量 $C_1\%$；2#原白兰地 K_2（%vol），用量 C_2（%）；3#原白兰地 K_3（%vol），用量 C_3（%）；低度原白兰地 K_H（%vol），用量 C_H（%）。需要糖色 V_{kc}（L），糖色糖度 C_0（g/L），用来调整糖度的糖浆浓度 C_s（g/L）则：

1#原白兰地需要量见式（13-10）。

$$V_1(\text{L}) = \frac{V_k K_k C_1}{K_1} \tag{13-10}$$

2#原白兰地用量（V_2）、3#用量（V_3）和低度原酒的用量（V_H）用式（13-10）计算。

添加糖浆体积见式（13-11）：

$$V_C = \frac{V_k C_k - V_{kc} C_0}{C_s} \tag{13-11}$$

添加软水体积见式（13-12）：

$$V_B = V_k - V_1 - V_2 - V_3 - V_H - V_C - V_{kc} \tag{13-12}$$

第二节　高度酒勾调与基酒组合

一、白酒基酒勾调组合与酒体风味设计概念

基酒即贮存后的原酒。由于酿酒原料、工艺、气候、环境等因素的影响，不同窖池、不同班组、不同场地、不同季节所生产的白酒质量各异，因此必须对基酒进行科学合理的组合，以保证产品达到统一、固有的风格特点。

酒体生态设计包括酒体的风味设计和物态设计。酒体的风味设计是预先设计好将要生产产品的化学性质、感官风味特征，生产该产品独特风味特征的原料配方、糖化发酵剂制作模式、生产工艺、半成品及成品检验方法、技术标准以及相应的管理与组织标准[8]。酒体风味设计是在原有勾调、组合和调味基础上发展起来的。它打破了原有传统模式，即有什么样的酒，勾调什么样的酒；或市场需要什么样的酒，就勾调什么样的酒这一模式。它强调勾调的创新性，以及产品–勾调–生产的系统性。酒体风味设计的基础是酒类风味化学。酒体的物态设计是指酒体的物理形态，包括酒体的外观、挂杯、酒体存放后的物理变化以及酒体的存放容器（包括外包装物）、贮存环境等。它强调的是酒体与包装的统一，整个酒外观与环境的统一，酒的外观表达与环境的和谐一体，进而延伸至酒消费后的包装物对环境的影响等。

酒体组合期间，专业评酒人员需要对组合的酒进行评价。新酒、老酒、并坛或桶前的酒、装瓶前的酒均需要感官评价。

近年来，人们倾向于将感官分析与仪器分析的数据结合起来，并试图用仪器分析的数据来预测和控制香气/口味，以确保更准确的、更好的批次稳定性，即产品的一致性[3]。

二、白酒基酒勾调组合方法

（一）泸州试点时传统工艺

根据每坛酒的资料卡片，将酒的香味分为香、醇、甜、爽等类型。各选 5 坛进行勾调，并将选出的 25 坛酒分为带酒、大宗酒和搭酒[2]。带酒，选具有某种独特香味的酒，主要是双轮底酒和老酒，这种酒一般占 15%，使其起到风味方面的带头作用。大宗酒，酒质一般，无独特香味，称为"大宗酒"，它们有各自的优缺点，产量甚多，这种酒占

80%左右。搭酒，即有可取的特点，但其香差、味杂，约占 5%。

选好酒后，先进行小样勾调，验证选择的酒是否恰当，试选勾调的最好配比。将勾调好的小样。加浆到需要的酒精度（如 50%vol），再尝评验证，若无大的变化，小样勾调即算完成。若发现小样较原样有明显下降，则应找出原因，继续调整到合格为止。老窖基础酒中糟酒的勾调比例，大致是双轮底糟酒约 10%，粮糟酒约 65%，红糟酒约 20%，丢糟黄水酒在 5%左右等为宜。

（二）按色谱骨架成分确定各等级基酒组合

原酒在蒸馏接酒时一般是分等级接酒，因此各等级的基酒理化指标和感官指标都有明显的差别。在确定组合比例时，应参照标准酒样的色谱骨架成分与感官标准来确定。同时，基酒要考虑到香、甜、净、爽和酒体协调，主体香和其余成分的烘托，酸、酯含量符合标准。原则是组合酒相互弥补缺陷，并注意协调各种香味。

（三）不同甑次酒之间的组合

不同甑次蒸出的酒各具不同的特殊香和味，微量香味成分的量比也有明显的区别。只有将其合理地组合，才能使酒质全面，风格完美，否则酒体不协调。组合时，一般双轮底酒占 10%~15%，糟酒 60%~65%，回缸酒 15%~20%，丢糟黄水酒 5%左右，具体比例要通过小样勾调确定[2]。

（四）老酒和一般酒组合

贮存到期的酒往往香味较浓，但糙辣，老酒具有醇厚、绵软、陈味好的特点，但也存在香味较淡的缺陷。二者适当组合，彼此取长补短，口味协调。一般来说，新酒占 70%~80%，老酒占 20%~30%较合适。

（五）新窖酒和老窖酒组合

新窖酒寡淡而味短，老窖酒香气浓郁，口味较纯正。用老窖酒来带新窖酒可稳定产品质量。组合时一般新窖酒不超过 20%。

（六）不同季节所产酒组合

因不同季节的入窖温度和发酵温度不同，产出的酒的质量有很大差异，夏季产的酒香大，但味杂；冬季产的酒香小，但绵甜较好。勾调时注意组合比例。一般夏季酒用 1/4，冬季酒用 3/4。

（七）不同发酵期所产酒组合

发酵期长的酒，香味浓而醇厚，但前香不突出；发酵期短的酒，前香较好，挥发性香味物质多。适当组合，可提高酒的香气和头香，酒质更全面。一般来说，短期发酵的酒用量5%~10%较合适。

（八）酱香型基酒组合

茅台酒一般以2~6轮酒进行组合。用窖底香、酱香、醇甜三种香型酒调香，用第一、第七轮酒调味，根据基础酒的缺陷，按比例分别加入。一般地，勾调时以醇甜酒为基础（约占55%），酱香型酒为主体（约占35%），陈年老窖酒为辅（约占8%），其他特殊香型酒作调味酒（约占2%）[9]。窖底香型酒在勾调中主要调节酒进口放香，也能调节酒的后味，勾入量多少，要视基础酒和它的质量要求而定。酱香型酒在勾调中主要是使酒的风格突出，香浓味长。醇甜型酒作基础酒用，勾调后使酒有醇甜之感。各种酒在勾调中都起着特殊作用，它们取长补短，构成了茅台酒的特殊风格。

寒带地区酱香型酒组合时，考虑不同典型体酒、不同贮存期酒和不同季节酒进行组合。不同典型体酒的酱香、醇甜、窖底香三种酒组合，根据所需要调的酒的档次、度数、口感等特征进行组合，其主要成分是醇甜型的。不同贮存期酒的组合，一般来说，酱香型酒要经过3年时间的贮存才能进行勾调出厂。为了缩短贮存期，可适当地把一些贮存1年的、2年的酒进行勾调，来促进酒质的老熟。比如说贮存1年的酒，酱香较明显，酒体协调醇厚，余香较长，空杯有余香；贮存2年后，酱香突出，较细腻，酒体协调醇厚，回味较长，空杯留香持久，然后再贮存半年时间勾调出厂。不同季节所产酒的结合，寒带地区一般春、秋季生产的酒质量较好，其次是冬季。夏季气温较高，发酵难以控制，酒醅升温和生酸都较高，所产酒质量较糙辣、酸、涩，所以组合时，要注意多选用春、秋季生产的酒[10]。

第三节　白酒调味

调味是在组合好的基础酒上进行精细或艺术加工，用极少量的精华酒来弥补基础酒在香与味上的缺陷。使其幽雅丰满，突出酒的风格，使产品典型性更加突出，质量更加完美。基酒组合与调味的根本区别在于使用调味酒的量。用于组合的酒，其用量一般是百分数级的，而用于调味的酒用量仅有千分之几甚至是万分之几。

一、白酒中微量成分在白酒调味中的作用

（一）前香、中香和后香化合物

在白酒的酯类中，放香大小与酯类的阈值有关，阈值越小，放香越大。酯类按放香

大小可以排列为：己酸乙酯 > 丁酸乙酯 > 乙酸异戊酯 > 辛酸乙酯 > 癸酸乙酯 > 丙酸乙酯 > 乳酸乙酯 > 乙酸乙酯。

香气释放的先后顺序与香气化合物的沸点有关，香气化合物沸点越低，就先释放香气；反之，则后释放香气。因此，酯类香气由先到后释放顺序为：乙酸乙酯、丙酸乙酯、丁酸乙酯、乙酸异戊酯、戊酸乙酯、己酸乙酯、庚酸乙酯、辛酸乙酯、壬酸乙酯和癸酸乙酯。故白酒的前香以乙酸乙酯、丙酸乙酯为主；中香以丁酸乙酯、乙酸异戊酯、戊酸乙酯、己酸乙酯为主；后香以庚酸乙酯、辛酸乙酯、壬酸乙酯和癸酸乙酯为主。

（二）酸性呈味化合物

有机酸在白酒中呈现酸味。按照沸点规律，有机酸中乙酸沸点最低，故乙酸首先释放出来。因此，前味酸主要是乙酸和乳酸，中味酸是丁酸、戊酸和己酸；后味酸是庚酸、辛酸、壬酸、癸酸、丁二酸。尖酸味可能是不易挥发性的酸引起的，如苹果酸、草酸等。

（三）助味物质

常见助味物质是乙醛、乙缩醛、2,3-丁二醇、双乙酰（2,3-丁二酮）。乙醛、乙缩醛主要有爽净作用。2,3-丁二醇可增加糟香，双乙酰对除辣味有独特作用。

二、 白酒调味酒选择

不同香型白酒对调味酒的选择是不同的。如芝麻香型白酒将原酒又细分为芝麻香型偏清香的酒、芝麻香型典型的酒、芝麻香型偏浓香的酒、芝麻香型偏酱香的酒和特殊调味酒等，这些酒在原酒中的比例分别为10%、40%、20%、30%[11]。调味酒的用量一般不超过3‰，否则，基酒应重新组合。

三、 调味酒

（一）双轮底调味酒

酿酒生产中的双轮底酒醅单独地蒸馏、单独地贮存。此类调味酒的酸和酯含量高、香气正、糟香味大、绵甜丰满，能增进基础酒的浓香、糟香及提高其绵甜丰满度。

（二）老酒调味酒

选用优质的窖池所生产的双轮底酒，经过5年以上的陈贮，微量成分量比关系较协调，其酸、酯含量较高，有良好的香味和浓而长的后味，酒质变得特别醇和、浓厚，具有独特风格和特殊的陈香。用此种调味酒可提高基础酒的风味和陈醇味，去除部分"新酒味"。

（三）陈酿调味酒

选用正常发酵的窖池，将发酵期延长半年至1年，以增加酯化陈酿时间，产生特殊香味。蒸馏时据酒质情况，量质摘酒。此种调味酒有良好的糟香味，香浓郁，后味余长，尤其具有陈酿味。此种酸酯含量高，可提高基础酒后味、糟香味、陈味，增强基酒的典型风格。

（四）酒头调味酒

选取双轮底糟或延长发酵期的酒醅蒸馏的酒头，每甑取 0.25～0.5kg，收集后分装酒坛中，贮存1年以上。酒头中含有挥发性的酯以及低沸点的醇、醛、酚类物质，所以刚蒸出时既香又怪，酒头经贮存后，一部分甲醇及醛类挥发掉。酒头调味酒可提高酒的前香和喷头。

（五）酒尾调味酒

酒尾中含有较高沸点的香味物质，其中酸、酯、高级脂肪酸含量均较高，但由于这些成分之间不协调，酒尾的香味怪而独特。因此作为调味酒是可以的，其作用是增加酒的后味，使成品酒浓厚而且回味长，增加酒的自然感。

选用底层酒醅或双轮底酒醅蒸出来的酒尾作调味酒，其具体制法如下[2]：

（1）每甑取约 15%vol 酒尾 40kg，装入陶坛贮存1年左右。

（2）每甑取酒尾前半截约 25kg，酒精度在 20%vol 左右，加入质量较好的 68%vol以上丢糟黄水酒，按 1:1 的比例混合，其酒精度在 50%vol 左右，装坛贮存1年。

（3）将全部酒尾集中起来，放入底锅进行复蒸，掌握馏分约为 45%vol，贮存1年作调味酒用。

酒尾和质量好的丢糟黄水酒中含有较多的高沸点香味物质，如有机酸、酯类含量高，杂醇油和高级脂肪酸含量也高，可提高基础酒的后味，使酒回味长而且浓厚。

（六）酯香调味酒

1. 浓香型高酯调味酒

在生产中采用特殊工艺生产的浓香型高酯调味酒，酯含量高，可达 10～20g/L，香味大，用作调味酒可提高基础酒的前香、进口香，增进后味浓厚。浓香型高酯调味酒也可以用夹泥法[12-13]或二次发酵技术生产[14]。

2. 清香型高酯调味酒

清香型高酯调味酒有两种生产方式，一种是高温发酵法；另一种是低温长期发酵法[15]。

高温发酵制取高酯调味酒，一般以夏季生产为主，将发酵入池温度控制在 24～25℃，加曲量 12%，入缸水分稍大一些，发酵期 28d 左右。入缸后 24h，缸内温度就可达 34℃，36h 主发酵基本结束，温度可达 36℃，并大量生酸，由于缸内酯化期长，温度高，所产的酒醅含量特别高，口味麻，对提高酒的后香和余香效果显著。若采用量质接酒，则效果更佳。此酒总酸 2.44g/L，总酯 10.6g/L，乙酸己酯 4.1g/L，乳酸乙酯 5.6g/L，其他微量成分亦更丰富。

低温入缸长期发酵制高酯量调味酒。将入缸温度控制在 9～12℃，入缸水分正常，用曲 10%，一般采取在 4 月份入缸，经夏季外界高温，到 10 月份出缸取酒。采用低温入缸长期发酵，所产酒酯含量高，口味较净，对提高酒的柔和、协调和陈味都有好处。此种酒总酸含量为 2.83g/L，总酯含量为 9.27g/L，乙酸己酯含量为 6.34g/L，乳酸己酯含量为 2.23g/L，是一种提前香和后味的优质调味酒。

（七）多粮调味酒

俗语讲"高粱产酒香、玉米产酒甜、大米产酒净、糯米产酒绵、小麦产酒糙、大麦产酒冲、豌豆产酒鲜"。采用多粮工艺生产的调味酒，主要是增加白酒的口感丰满程度。

（八）酱香型调味酒

使用酱香型白酒工艺生产的酱香型白酒，制曲温度 65～70℃，二次翻曲，培养 57～60d。高温堆积时，堆积温度 48～52℃，高温发酵温度 42～45℃，发酵时间 30d。入库酒精度 55%～57%vol。贮存 5 年后，感官特点为微黄透明，酱香突出，陈味较好，酒体醇厚丰满，细腻协调，回味悠长[16]。

使用酱香型调味酒，可以增加被调酒体的"酱陈"味，增长酒体的后味和醇厚感，消除燥辣感，掩盖酒精气味、酯香和一些轻微的邪杂气味，提高产品的质量档次，使酒体风格更加优美、高雅。陈味是白酒一种独特的香气，浓香型白酒中适当的陈味出现，不仅使酒体更加协调丰满，而且能使酒体呈现一种高雅、优美感（表 13-1）。

表 13-1　　浓香型白酒中加入不同比例酱香型调味酒口感变化[16]

样品编号	酱香型专用调味酒用量/%	感官评语
1	0	窖香较好，醇甜，味较短，欠丰满
2	0.5	窖香较好，醇甜，较协调

续表

样品编号	酱香型专用调味酒用量/%	感官评语
3	1	窖香较好，醇甜，味较长
4	2	窖香较纯正，醇甜，较丰满，味较长
5	4	窖香纯正，醇甜，较丰满，尾净爽
6	6	窖香纯正，醇甜，较协调丰满，后味较长
7	8	窖香较浓，略带酱陈味，醇甜，协调，丰满，后味较长
8	10	窖香较浓，略带酱陈味，醇甜，协调，丰满，后味长
9	13	窖香较浓，略带酱味，醇甜，协调，丰满，后味长
10	15	窖香较浓，略带酱味，醇甜，协调，丰满，后味长，有兼香风格

（九）曲香调味酒

选择优质麦曲，按 2% 的比例加入双轮底酒中，密封贮存 1 年，每隔 3 个月搅拌 1 次，取上层澄清液作为调味酒。残渣（酒脚）可拌和在双轮底酒醅中回蒸，蒸出的酒可继续浸泡麦曲。依次循环，进一步提高曲香调味酒的质量，从而增进基础酒的曲香味[2]。麦曲中含有大量的氨基酸，还含有芳香族化合物，如酪醇、香草醛、阿魏酸等，经浸泡溶解在酒中，与酒中的醇、醛、酸、酯类等作用，从而形成芳香的曲香味，可提高基础酒的质量。曲香调味酒微带黄色，因用量较小，不影响成品酒的感官质量。

也有用 10% 高温曲或酱香型曲加入 50%~60%vol 白酒中，浸泡 2 个月。上清液过滤。用量为 0.01%~0.03%[17]。但此法是否会将曲中有毒有害物质带入酒中，值得深入研究。

（十）其他香型与本香型复合调味

如北方酱香型酒用董酒作调味酒，改善其酒的丰满度[10]。

四、　白酒勾调调味用具

白酒勾调与调味一般先进行小样试验，试验样取 500~1000mL。小样勾调完成后，再放大样勾调调味。一般地，大样完成后，还要进行微调，即纠正放大样过程中引入的误差。

小样试验时，原先使用医用注射器作为计量器具，但该计量器具误差太大。目前，已经使用色谱或质谱用微量进样口，可选规格有 10、50、100、500 和 1000μL。在 100mL 白酒中加入 10μL，即是通常所说的万分之一添加量。

勾调罐是勾调组合、调味的必备容器，规格为 1～50kL，目前，有的已经达到 1000kL 甚至 2000kL。在放大样过程中，应注意计量准确。

五、 白酒调味方法

白酒调味是在勾调组合的基础上进行的。调味时，一般先进行小样勾调，找出基酒与调味酒的恰当比例。小样勾调完成后，再放大样，批量勾调，即在勾调罐中进行。注意酒精度一般比实际所需的酒精度高 1%vol。

勾调好的大样贮存 50d 左右，进行一次感官和理化性能鉴定，根据酒质的特点，再进行微调，最终达到香味协调，突出典型性。这样勾调好的酒尽可能贮存 1 年左右再出厂，以增加酒的协调感。

调味时，首先要确定基酒的优缺点，明确质量改进方向，选用合适调味酒。对有轻微缺陷的基酒在调味前可做如下处理[18]：当待调酒前香不足，可适量添加富含乙酸乙酯、丙酸乙酯的调味酒；当中香不足可适当添加富含丁酸乙酯、乙酸异戊酯、己酸乙酯的调味酒；当后香不足，可适量添加富含庚酸乙酯的调味酒。当待调酒前味变淡时，可适量添加富含乙酸、乳酸的调味酒；当中味空时，可适量添加富含丁酸、己酸的调味酒；当后味短时，可适量添加富含庚酸的调味酒。当待调酒出现苦味，可适量添加甜味汁、甘油、2,3-丁二醇等法规允许添加的甜味物质，但酸、酯失衡产生的苦味，应判断是酸小还是酯缺，酸小则增酸，酯缺则加酯。当待调酒出现涩味时，主要是酸酯失衡，应判定是酯涩还是酸涩。当烧口时，是酯涩，可适量添加酸；当不烧口时，是酸涩，可适量添加相应酯。当待调味酒出现辣味时，可适量添加醇甜物质或双乙酰。当酒淡薄需增厚时，添加富含乳酸乙酯与己酸乙酯的调味酒。

在凤香型白酒调味时，当基础酒感官品评放香不足时，就用老熟的酒头作为调味酒。酒头中含有大量的香味物质，主要是低沸点酯类。酒的后味短淡时，则选用插窖酒、挑窖酒作为调味酒。插窖酒的酸含量较高，酒体净；挑窖酒的总酯最低，酸相对较高，可以弥补基础酒后味的不足，使酒体丰满、谐调，回味悠长。高度酒勾调过程中，西凤酒固有的感官特征表现突出，口味苦涩、冲，这时就要选用贮存期长的酒作为调味酒，突出基础酒的风格，使其香气柔和、口味绵顺；还可适当应用一些己酸乙酯较高的调味酒，增加己酸乙酯含量，使酒体变得绵甜、醇厚[19]。

在芝麻香型白酒调味中，当基础酒口味苦涩冲辣时，可使用一部分经陈年贮存窖底层调味酒，这部分酒己酸乙酯含量高，可使白酒的口味变得绵甜醇厚，香气也变得柔和；当芝麻香典型性稍差时，可使用陈年的类似爆米花焦煳香味酒和酱香突出的酒，其可提高芝麻香味的典型性；当酒的口味不够净爽时，可用部分乙酯含量高的清爽型调味酒，提高其净爽度；当酒的味觉丰富程度欠缺时，可用部分粮糟香突出的醇甜酒和陈香老酒来丰富香味，提高馥郁度；当酒的后味不足时，可用部分酸度高、偏酱香的酒来延长后味[11, 20]。

六、　低度白酒调味

低度白酒的调味一般多采用老酒、新酒、酒头、酒尾以及发酵周期较长的原酒调味等[21]。老酒调味是指贮存期在 3 年以上的酒，主要用来提高低度酒的风格，使新酒具有陈酒香。选用辛辣、味醇、香长、尾子干净的新酒调，可弥补低度酒酒精度低、口味淡的缺点，起到延长口感、增加后味的作用。

七、　计算机辅助勾调调味系统

计算机勾调是应用计算机、气相色谱和传统勾调参数，进行科学的结合，使计算机按照勾调师输入的思维推理程序，给出最佳的配方和调味酒组合及其用量的技术。计算机辅助勾调白酒在 20 世纪 70 年代末已经出现[22]，随着技术的发展，在一些企业已经得到应用，并不断改进系统设计[23-24]。

计算机勾调有如下特点：一是配方、计量准确，大大缩短了勾调时间，并同样具有专家勾调调味的性能，可全面地综合考虑各种香味的特点，在较短时间给出一个科学的、针对性强、效果较好的勾调配方。在调味酒的用量上比专家更加科学、合理、准确。二是更有利于产品质量的稳定、提高，因为所勾调出的酒能达到一个理化标准。三是减少劳动力，提高劳动生产率，使勾调调味工作更加系统化、科学化。四是提高了优质品率。五是对快速培养勾调师起到很大的帮助作用[25]。但至目前为止，该技术仍然在深入研究中。

第四节　固液结合法白酒

固液结合法白酒是在固态法白酒中加入一定量的液态法白酒[26]或食用酒精[27]勾调而成[28]。当固液结合法白酒中固态法白酒用量为 0 时，则称为酒精勾调白酒。

固液结合法或酒精勾调白酒与固态发酵白酒从本质上讲是不一样的。固态发酵白酒是全部由粮食糖化、发酵后产生的，多种微生物的作用使得其微量成分极其复杂。但在固态发酵白酒中添加酒精后，不少微量成分得到稀释，随着浓度的降低，有些成分会低于其感官阈值，因而呈香、呈味特征受到影响。这是固液结合法白酒在闻香与口感上与固态法白酒的不同之处，也是目前通过感官鉴定、气相色谱分析、光谱分析、化学分析的主要依据。

一、加碱变色反应

在 10mL 白酒样中滴加至少 6 滴 20% 氢氧化钠，加热或不加热时，固态发酵法白酒产生变色反应，而酒精勾调白酒不产生变色反应（表 13-2）。蒸馏酒在碱性条件下加热后，溶液变成不同程度的微黄至黄色，随着加碱量的增多颜色逐渐变深，并且冷却、加酸后颜色不褪。以食用酒精配制的酒在任何浓度碱液中加热均不发生颜色变化。兑入50%普通浓香型白酒的配制酒在碱性条件下加热后呈现浅黄或微黄色，而兑入 20%普通固态发酵白酒的配制酒在碱性条件下加热后观察不出颜色变化。

表 13-2　　　　　　　　　白酒碱性条件下变色反应[29]

编号	酒样	碱加热后颜色变化	冷却后加酸
1	酒精配制酒	任何浓度的碱液中不变色	不褪色
2	普通固态发酵白酒	浅黄	不褪色
3	普通浓香型白酒	黄色或亮黄色	不褪色
4	含 50%普通浓香型白酒的配制酒	浅黄色或浅亮黄色	不褪色
5	含 50%普通固态发酵白酒的配制酒	微黄	不褪色
6	含 20%普通固态发酵白酒的配制酒	无颜色变化	不褪色
7	清香型白酒	黄色	不褪色
8	典型浓香型白酒（五粮液）	暗黄色	不褪色
9	典型凤香型白酒（西凤）	浅黄色	不褪色
10	典型酱香型白酒（茅台）	深黄色	不褪色

不同品质的蒸馏酒在碱性条件加热后呈现的颜色不同，溶液颜色的深浅顺序为名酒 > 优质酒 > 普通固态发酵白酒。无论是蒸馏酒还是配制酒，在加碱变色后，再加酸，颜色不变化。

所有酒精配制酒在总酯测定中都有不同程度的返终点现象。在滴定过程中，当临近终点时，滴加 1 滴酸液使溶液由浅粉红色变成无色后，在很短时间内，5s、10s 或 20s内溶液又变成浅粉红色。此时继续滴加酸液在 30s 内不再返回粉红色，但 30s 后溶液又缓慢地变成浅粉红色，这种返终点现象是所有配制酒在总酯测定中共存的。而蒸馏酒在总酯测定中，临近终点时，当滴加 1 滴酸液使溶液由浅粉红色变为无色后，溶液就不再返回浅粉红色，即终点很明显，无返终点现象[29]。

二、 液态法白酒的简易鉴别方法

固态发酵法白酒在碱性条件下加热后变黄色。不同类型的白酒，显色的深浅有明显差异，比如凤香型白酒（西凤）呈浅黄色，清香型白酒呈黄色，浓香型白酒（五粮液）呈暗黄色，酱香型白酒（茅台）呈深黄色[30]。这种现象可以用来初步鉴定固态法白酒与液态法白酒，但并不能用来鉴定固液结合法白酒，或者用于鉴定固液结合法白酒中固态白酒的含量比例。

第五节　白兰地勾调

一、 常规白兰地勾调工艺

把两种或几种白兰地或原白兰地，按最佳比例混合在一起，称为白兰地的勾调，包括不同品种白兰地的勾调、不同桶藏原白兰地的勾调、不同酒龄原白兰地的勾调等[7]。

白兰地的勾调可以将不同葡萄品种原白兰地勾调、不同桶藏原白兰地勾调、不同酒龄原白兰地勾调。

老熟达 3 年的白兰地用泵从橡木桶中抽出，进入一个罐子，冷稳定（−12 ~ −10℃），沉淀不稳定的溶解性物质，如含有钙和铁的化合物。过滤后，有些酒仍然比较粗糙，此时感官品尝，按照丰满感、平稳感、绵柔度以及香气强度分类。

当白兰地的所有成分组合完成后，加纯水稀释到 43%vol 左右。假如颜色需要调整，可加入焦糖色素，但不是所有的白兰地都需要加。

白兰地的糖含量会干扰酒精度的直接测定，蚀度与还原糖之间是相关的。白兰地的糖度通常情况下不超过 15g/L。15g/L 还原糖相当于蚀度 3%（体积分数）[3]。

水果浸膏（fruit extract），特别是李子浸膏能提供圆润感，在 430mL 乙醇中可以添加到最多 3%（质量分数）[3]。

勾调技术的关键在于各种酒的选择以及比例。通常选择来源于不同葡萄品种、橡木桶不同新旧程度、橡木桶不同烘烤程度、不同老熟时间的酒，按一定比例混合后，会产生各种口味和风格或具有特别独特的风味，满足不同市场区域的消费者需求。品牌的成功与价值依赖于勾调质量的稳定和高品质，通常是一个技术秘密。

勾调好的白兰地装瓶时通常是 43%vol，即 1L 白兰地中含有 430mL 乙醇。不同的地区，因法规不同，有些微区别。如在南非，430mL乙醇中必须有30%的乙醇来源于壶式蒸馏物；70%左右的乙醇来源于葡萄酒中性酒精。

真正的科涅克白兰地应该是100%的壶式蒸馏的白兰地。通常用不同年份、不同桶的酒进行勾调，有时也用不同葡萄园和不同酒厂的酒进行勾调。然而由于长期老熟成本昂贵，以及快速的成交量，即使在法国也有一种倾向，即将复杂程度与质量相当的壶式白兰地与柱式蒸馏酒混合。酯和其他成分的缺陷通过添加木材浸出物、酵母泥精油和其他的水果浸膏来改善。

二、 科涅克勾调工艺

勾调是一门艺术。科涅克白兰地的勾调由酒窖主管负责，主要是选择哪些批次的酒进行勾调。勾调前，对将要进行的每一桶酒进行品尝、分析，并与标准样或目标产品比较。当待勾调酒选择完成后，进行勾调。一旦勾调结果不满意，则重新检查、品尝，并重新勾调。

勾调主管必须了解目标产品的质量、产区、酒龄和价格。在此过程中，感官品尝十分重要，它是勾调工作的主要工具，决定了勾调方向，并实施勾调。

需要列出原酒酒龄，如账户00（compte 00，指新酒，后依次类推1年，2年……），是指1992年收获，1992年11月份至1993年3月31日之间蒸馏的白兰地；账户0，指1991年收获，1991年11月份至1992年3月31日之间蒸馏的白兰地……账户6，指1985年或更早前收获的[31]。这些均需要符合BNIC（干邑国家联合产业办公室，Bureau National Interprofessionnel du Cognac）的规定。

商业名称。勾调要反映商业名称，即酒瓶标签规定。最年轻的酒决定了酒龄。BNIC官方规定，账户2是三星（3-star），账户4是VSOP（高级白兰地，very superior old pale），账户6是拿破仑（Napoleon）和XO（特别老的酒，extra old）[31]。这些规定仅仅适用于科涅克白兰地，而不适用于其他地区或其他品牌。

三、 阿尔马涅克勾调工艺

在进入市场前，几种葡萄蒸馏酒勾调在一起，并用蒸馏水将酒精度降到最少40% vol。天然的金黄色可以使用焦糖色素增强。有时会添加橡木板浸出液，以增强阿尔马涅克白兰地的涩味，使得酒体更加丰满。但这些橡木的年龄要与酒龄相同。有时不会添加糖液（约6g/L），以稀释乙醇的"灼烧感"[32]。

在装瓶前，酒液需要在-5℃冷冻一周，并用纤维过滤机过滤，以防止由过量脂肪酸钙引起的雾状浑浊[32]。

年份阿尔马涅克白兰地是来源于同一年，且是特别的年份，此酒在出售前不降度，以原酒精度出售。通常三星的平均酒龄约 2 年，不少于 2 年；VS 和 VSOP 的最少酒龄是 4 年，平均是 5 年；XO、特级（Extra）、拿破仑、维尔储备（Vielle Réserve）和 Hors d' Age 的最少酒龄是 5 年，通常是 6 年[32]。

四、白兰地调色

白兰地的调味既有香气的调整，也有味道的调整，还有颜色的调整，即在法规许可的范围内，使用焦糖色素调整颜色。通常，1000L 白兰地需要调入焦糖色 30~40L，通过小型试验确定[7]。

第六节　威士忌勾调

所有蒸馏酒的勾调过程是类似的。将欲勾调在一起的酒移到罐或不锈钢槽中。混合时，需要机械搅拌或压缩空气搅拌。确认无误后，加水降度。这一过程会有微小的风味变化。勾调完成后，苏格兰威士忌通常再老熟一段时间；在加拿大，先预混合要勾调的酒，再老熟，再加水降度[5]。

苏格兰威士忌通常会采用多个企业生产的威士忌进行勾调，如 60%~70% 的谷物威士忌与近 50 个麦芽威士忌厂的酒勾调，目的是增强威士忌口感的复杂性。在美国，通常采用不同谷物、不同发酵条件、不同蒸馏参数、不同老熟时间以及不同桶老熟的威士忌进行勾调[5]。重口味威士忌包括波旁威士忌、黑麦威士忌、小麦威士忌、麦芽威士忌、黑麦麦芽威士忌和玉米威士忌；轻口味威士忌是连续柱式蒸馏威士忌或谷物中性酒精。另外，在勾调时，还允许添加少量雪莉酒和勾调用的葡萄酒，通常不超过 2.5%[5]。爱尔兰、日本和加拿大与美国的做法类似。

威士忌的调味与白兰地类似，既要调整香气与口味，还要调整颜色。

第七节　白酒中固形物形成原因

固形物是白酒在 100~105℃烘干后的残留物。

一、水与固形物

不同硬度的水，其形成的固形物的量是不同的。当水的硬度为 20.5°d 时，固形物含量为 0.54g/L；当水的硬度降到 7.0°d 时，固形物含量降为 0.30g/L；当水的硬度再下降至 0.5°d 时，固形物含量为 0.18g/L。用含钙、镁、铁等离子高的水勾调时，易导致固形物超标[33]。

二、 白酒勾调添加剂与固形物

白酒勾调中使用的添加剂是形成白酒固形物的一个重要原因。正常情况下，白酒中单体添加剂形成的固形物含量略有不同。如乙酸、乳酸、丁酸、己酸形成的固形物含量分别为：0.46、0.97、0.53 和 0.54g/L；乙酸乙酯、乳酸乙酯、丁酸乙酯、己酸乙酯形成的固形物含量分别为：0.31、0.56、0.33 和 0.33g/L；丙三醇、2,3-丁二醇形成的固形物含量分别为：0.92 和 0.62g/L。白酒勾调过程中使用的酸味剂、甜味剂形成的固形物含量分别为：0.63 和 0.36g/L，而复合香精形成的固形物含量更高[34]。

三、 调味酒与固形物

不同调味酒产生的固形物含量是不一样的，如双轮底调味酒产生 0.38g/L 的固形物含量，酒头调味酒产生 0.16g/L 的固形物含量，曲香调味酒产生 0.49g/L 的固形物含量，酒尾调味酒产生 0.64g/L 的固形物含量。

四、 贮酒容器与固形物

贮酒容器中的金属溶于酒中后，易造成固形物含量超标。如铝制容器使用时间较长时，表面的氧化铝被破坏，酒中的有机酸与铝离子反应生成铝盐[33, 35]。铸铁的酒泵，使用时间长则易产生铁锈，不仅造成固形物含量超标，而且酒易发黄[33]。另外，贮酒容器清洗不干净，也会造成固形物含量上升[35]。

五、 植酸与固形物

植酸又名环己六醇六磷酸酯、肌醇六磷酸，分子式 $C_6H_8[OPO(OH_2)]_6$，相对分子质量为 660.04。淡黄色浆状液体，易溶于水、乙醇、丙酮，不溶于无水乙醚、苯、己烷、氯仿。主要以镁、钙、钾的复盐形式存在于植物的种子中，如米糠、玉米、麸皮、大豆等。当植酸以复盐形式存在时，又名菲汀。它是一种较稳定的复盐，其溶解度很低，只有在酸性溶液中菲汀的金属离子才呈解离状态。

植酸

植酸呈强酸性，在很宽的 pH 范围内带有负电荷，对金属离子极具螯合力。植酸通过六个磷酸基团牢固地粘合带正电荷的金属离子（Zn^{2+}、Ca^{2+}、Mg^{2+}、Fe^{2+}、Fe^{3+}等）[36]，特别是对人体有害的重金属离子，形成植酸复盐络合物沉淀。因此，在白酒中添加适量的植酸，既能螯合金属离子，阻止高级脂肪酸酯絮凝，又能使金属离子从高级脂肪酸酯上解离下来，维持高级脂肪酸酯的相对溶解度，达到除浊的目的。鉴于植酸对酒中金属离子的螯合机理，所以对白酒在贮存中出现的上锈变色，植酸有很好的除锈脱色效果[33, 36-37]。植酸还是一种抗氧化剂。

酒中加入植酸会除去酒中的部分金属离子。植酸在高度白酒中添加量为 0.02%～0.06%，此时固形物去除率最高达 47%。低度白酒添加量 0.015%～0.03%，固形物去除率最高达 24%[33, 35, 38]。植酸对白酒的香气、总酯、总酸、己酸乙酯、乙酸乙酯、乳酸乙酯、丁酸乙酯等无明显影响[33]。植酸的过量加入可能也会造成酒中固形物的增加（表 13-3）[34]。

表 13-3　　　　　　　　　白酒中不同植酸对固形物含量的影响[34]

植酸添加量/%	空白	0.005	0.01	0.015	0.020	0.025
固形物含量/（g/L）	0.54	0.48	0.41	0.36	0.40	0.45

六、　过滤介质形成固形物

如硅藻土等过滤介质如果不能除净，将使白酒的固形物含量上升。

七、　玻璃瓶内壁二氧化硅形成固形物

新瓶洗刷不净，会造成 SiO_2 残留，引起固形物含量上升。白酒用玻璃瓶的组成一

般为 ω（Na_2O+K_2O）13.5%~14.5%，ω（CaO）7.5%~9.5%，ω（MgO）1.5%~3%，ω（SiO_2）70%~73%，ω（Al_2O_3）2%~5%[39]。

白酒浑浊、沉淀的原因较多，主要是随着温度、酒精度的变化，溶解物质出现过饱和状态，而出现析出物。形状有针状、片状、粉状、絮状等；颜色有乳白色、灰白色、淡黄色、棕色、蓝黑色、绿色等；有光泽、无光泽等。

第八节　蒸馏酒各种异嗅和/或异味形成途径

蒸馏酒中的异味大体有臭、苦、酸、辣、涩及油味等。

一、臭味

白酒中产生臭味的物质有硫化氢、硫醇、乙硫醚、游离氨、丙烯醛、丁酸、戊酸、己酸及高级醇类等。形成臭味可能的途径主要有如下几点：

白酒酿造过程中蛋白质过剩，为产生大量杂醇油及含硫化合物提供了原料，同时又使窖内酸度上升。在酒醅酸度大，特别是含有大量乙醛的情况下，蒸馏过程中也能生成大量硫化氢，致使酒中臭味增加。

葡萄植株在晚期管理时，可能会涂布石灰-硫黄合剂，污染了葡萄浆果，而转入白兰地原料酒中。硫黄在发酵时被还原成硫化氢等硫化物，经过蒸馏进入葡萄酒中。去除的方法是在白兰地原酒中加入一定量铜刨花，使之与硫化氢反应，生成硫化铜沉淀[7]。

蒸馏时大火大汽，使酒醅中含硫氨基酸在有机酸影响下产生大量硫化氢。一些高沸点物质如番薯酮也被蒸出，使酒臭味增大。

工艺卫生不好，杂菌大量入侵，也是形成臭味的重要原因。工艺卫生不好，杂菌大量入侵，不仅使酒醅生酸，而且有些杂菌，如嫌气的硫化氢菌，生成硫化氢能力最强，能使酒醅又黏又臭，给酒中带来极重的邪臭味。

二、苦味

引起白酒苦味的主要物质为杂醇类、醛类、酚类化合物、含硫化合物、生物碱、多肽、氨基酸、无机盐[40]。最新研究发现，白酒中呈苦味物质主要有糠醛、2-甲基丙醇（异丁醇）、3-甲基丁醇（异戊醇）、正丁醇和正丙醇，且这几个化合物既呈现苦味又呈现涩味[41]。

其苦味物质可能来源主要是由原辅料不净产生的苦味、原辅料选择不当或配料不合理以及工艺条件控制不当、酒体设计不合理等。原辅料清蒸、适当用曲、搞好生产卫生、严格工艺操作可降低白酒中苦味[40]。

某些原料能给酒带来很苦的成分，如发芽马铃薯中的龙葵碱，橡子中的单宁及其衍生物，有黑斑病的薯类所含的番薯酮，腐败的原料、辅料产生的涩苦的脂肪酸等，均可给酒带来苦味。必须把原辅料清蒸，才能使苦味减轻。

曲用量、酵母用量大时，酒醅中蛋白质过剩，发酵中分解出大量酪氨酸，经酵母发酵生成酪醇；酪醇不仅苦，而且苦味很长。

蒸馏时大火大汽，把邪杂苦味带入酒内。大多数苦味成分是高沸点物质，蒸馏时，温度高，压力大，把一般情况下蒸不出来的苦味成分也蒸出来了。

管理不善，酒醅侵入大量杂菌，使酒苦味增强。比如曲料、酒醅中生长了大量青霉；发酵管理不善，透入大量空气；上层酒醅发干，生成大量霉菌；发酵温度高，细菌大量繁殖等，都能产生较大的苦味及异味。

三、　酸味

白酒中的酸虽然是一种呈味物质，但过酸则影响风味，降低质量。白酒酸味太大，主要原因是酒醅生酸过大。关于酒醅酸度大的原因主要有以下几点：一是工艺不卫生，杂菌大量入侵。二是酒醅中蛋白质过剩，曲用量大，酵母量大。三是温度高，水分大，发酵期长，淀粉浓度高。此外，蒸馏时，不能合理地除去酒尾，致使高沸点含酸较高的成分流入酒内，使酒中酸味成分增多。

四、　辣味

白酒中辣味成分可能有糠醛、乙醛、杂醇油、硫醇和乙硫醇等。造成白酒辣味大的原因如下所示：

糠用量大，糠不清蒸，其中的多缩戊糖受热后生成较多的糠醛，具有糠皮味和燥辣味。

发酵温度高，操作不卫生，酒醅污染大量杂菌。特别是异乳酸菌作用于甘油后，产生刺激性极大的丙烯醛，形成所谓的"异常发酵"，使酒醅生酸过多，白酒酸味必然增强。

前火猛，发酵期不适当地延长，酵母早衰，发酵不正常。酵母在困倦时能生成较多的乙醛，使酒的辣味增强。

流酒温度低，影响低沸点辣味物质的逸散，酒的辣味较大。

未经贮存的新酒，辣味大。在一定温度下，经过一段时间贮存，低沸点的异味物质排出，乙醇分子与水分子缔合成大分子，酒逐渐变得绵软，辣味就不那么突出了。

五、 涩味

白酒中呈涩味的成分可能有糠醛[41]、杂醇油、单宁、木质素及其分解产物——阿魏酸、香草酸、丁香酸、丁香醛等。最新的研究发现一些有机酸呈现涩味，如乳酸（水中涩味阈值 2539μmol/L）、2-糠酸（521.0μmol/L）、2-羟基-3-甲基丁酸（1495μmol/L）、马来酸（474.0μmol/L）、富马酸（1928μmol/L）、2,3-二羟基丙酸（412.0μmol/L）、DL-3-苯基乳酸（1360μmol/L）、柠檬酸（1198μmol/L）和丁二酸（84.58μmol/L）[42-43]，其他呈现涩味的化合物还有：呈玫瑰花香的2-苯乙醇、乳酸乙酯、2-甲基丙醇（异丁醇）、3-甲基丁醇（异戊醇）、正丁醇和正丙醇[41]。

形成涩味的主要原因如下所示：

单宁和木质素含量较高的原料，未经处理和清蒸，蒸酒时又用大火大汽，会给成品中带入较多的涩味成分。

用曲、用酵母量过大，工艺不卫生，污染较多的杂菌，酒醅乳酸含量过大时，使酒呈苦涩味。

发酵期长，发酵管理又不好，翻边透气，会使涩味较大。

酒与钙接触，如酒在用石灰血料涂的酒篓里存放时间过久，容易产生涩味。

六、 杂醇油味、油味、酯醛味

酒中油味产生的主要原因有：一是不恰当地采用含油脂高的原料及辅料；二是原料保管不当，特别是玉米、米糠等脂肪含量较高的原辅料，在温度高、湿度大的情况下腐败变质，脂肪分解，产生讨厌的油腥气；三是接高度酒时，没有恰当地截去酒尾，以致将酒尾中含量较多的水溶性高级脂肪酸酯带入成品中；四是使用了涂油或涂蜡的容器贮酒。

七、 青铜味

刚刚蒸馏的原白兰地可能有青铜味，主要原因：一是蒸馏锅的铜材质问题，要求用紫铜制作；二是冷却蛇管冲洗不干净；三是清洗蒸馏锅时，破坏了内壁铜表面；四是酒头接取太少，造成上一锅的残留物进入酒身中[7]。

八、 蒸煮味

造成此异味的原因是：一是蒸馏锅底板薄，变形，锅底下凹，糟水排放不干净；二是重新生产时，蒸馏锅清洗不彻底；三是炉灶内火道太高；四是预热器排空后，新酒未进入时，引入了蒸馏锅出来的蒸气；五是白兰地原料酒中含有过多的酒泥[7]。

九、 焦糊味/焦糖味

焦糊味，又称烟火味、焦火味、烟熏味，主要是由白兰地原料酒中酒泥太多，蒸馏锅内壁粗糙、清洗不彻底，造成小的结垢，烟火道太高等造成的[7]。糖色制备出了问题，会产生焦糖味道。

十、 橡木味

当用新桶贮存白兰地时，如果新桶处理不好，或原白兰地在新桶中贮存时间太长。配成后的白兰地会有橡木气味，口味苦涩，难以下咽[7]。

第九节　各种异色酒形成途径

当某种物质的化学结构包含有共轭双键等结构时，它对可见光会产生选择性的吸收，就会形成各种不同的颜色。

一、 黄色

夏季酒醅升温太高，醅受热而形成有色物质，或是接触了铁锈，也会产生黄色。酒中铁离子浓度超过 $1\mu g/L$ 时，容易与空气中的氧发生反应，产生浑浊。在蒸馏时，火力过大，酒醅中的有色成分随蒸气而拖带到酒中，使酒出现黄色。杂醇油含量太高，贮存过长，都会使酒出现黄色[44]。

二、 棕黄色/红棕色

由于贮酒容器、流酒管道、冷凝器中铁质被酒液酸性成分所腐蚀，使酒出现红棕色。有时从封篓血料中将铁质色素溶出，也会出现红棕色[44]。

棕黄色沉淀是由铁离子造成的。由于管道、酒容器长期腐蚀，出现铁锈而带入。即使酒中含铁离子很少，装瓶后在销售过程中仍会有黄色沉淀析出。酒中铁离子随其含量增加，酒依次呈现淡黄、黄色直至深棕色。含有铁离子的酒，刚装入瓶子时颜色很正常，可是在室内放几天后，就变成黄色。配酒时若加入乳酸，遇到酒中的铁离子就会变成乳酸亚铁沉淀下来，或因水质硬度较高或水质不好，配成的酒也会出现沉淀。含有铁离子的酒，在阳光照射下温度上升，出现沉淀加快[45]。

三、 黑色

冷凝器的锡不纯含有铅时，会产生硫化铅沉淀而形成黑色。病甘薯原料酿酒，由于含甘薯酮也会使酒出现黑色油滴[44]。

四、 黑褐色

单宁属于多酚的衍生物，被氧化缩合而形成黑色，这种物质是不挥发的。如当酒液中铁离子超过 1mg/L 时，若使用软木塞作内盖，则酒中铁离子与软木塞中的单宁反应，形成单宁铁（如五倍子酸铁）或者是单宁和铁的络化物（如五倍子单宁铁)[44]。当瓶盖改为塑料盖或铝盖后，此现象会消失[46]。

当白兰地中铁含量超过 2mg/L 时，白兰地会由金黄色变成暗蓝色[7]。消除白兰地中铁的污染常用黄血盐，与铁反应生成普鲁士蓝沉淀，但其添加量必须经过准确计算。

五、 蓝色

酒液接触了铜锈而产生，如铜在酒中以有机酸铜盐形成如盐基性醋酸铜存在于酒中，从而产生蓝色[44]。

六、 褐色

血胶被溶出，使酒带上褐色，酒精度低时，颜色更突出。

七、 灰白色悬浮物

成品酒若用纤维介质过滤，操作不当，纤维物质带入酒中，会吸附金属氧化物或其他悬浮物而出现灰白色悬浮物质。

第十节　白酒沉淀形成原因与处理办法

白酒酒精度在 47%vol 以上时，清澈透明，随着酒精度的下降，特别是当酒精度降低到 40%vol 以下时，白酒开始出现透明度降低，接着出现浑浊。一般认为浑浊是由高级脂肪酸及其乙酯产生的，即棕榈酸、油酸、亚油酸以及亚麻酸及其乙酯引起的[47]。但这种白色絮状沉淀一般是可逆的，当温度升高时酒体又变得澄清了。

引起白酒浑浊或沉淀的原因很多，主要有以下几个方面：

一是加水后，物质溶解度降低，有些溶于醇而不溶于水的化合物析出；二是化学物质之间产生一些反应，形成沉淀物，如金属离子与阴离子反应，产生沉淀；三是溶液相平衡被打破，白酒是多组分组成的液相化合物的水溶液，高度白酒中水和其他调味物质的加入，可能产生新的相态——固相；四是酒液电解质特性变化，产生浑浊或沉淀。

一、白酒沉淀形成原因

（一）金属离子引起沉淀

金属离子中，钙、镁离子是引起沉淀的主要离子。这些离子来源于水、硅藻土、贮存容器等。

1. 水中金属离子引起沉淀

水的硬度大小是由水中所含钙、镁等金属离子所决定的。水加入酒中后，水中部分金属盐类因溶解度降低而析出，形成白色沉淀，像碳酸钙或碳酸镁是白色沉淀。有些金属离子与酒中的有机酸发生反应而形成白色沉淀，或针状结晶析出，如乳酸盐类；还有一些氯化物、硫酸盐等粉状的白色物体。

在白酒加浆勾兑时，使用深井水和蒸馏水勾兑，都会产生浑浊，但使用深井水勾兑高度酒时出现明显浑浊。如用深井水降度至 60.5%vol 时，白酒在冷冻后会出现白色大团絮状悬浮物；而用蒸馏水勾兑同样的酒，降度至 55.5%vol 再冷冻后只出现细末状悬浮物。

白酒中钙、镁离子会引起白酒的沉淀。其主要原因是钙、镁离子与阴离子反应，形成沉淀，如硫酸根、乳酸根等。当白酒的硬度在 0.400mgN/L 以下时，酒样清澈透明，无沉淀物；0.400~0.800mgN/L 时，则失光、显沉淀；0.800~1.200mgN/L 时，出现轻度沉淀；1.200mgN/L 以上时，则出现严重沉淀（表 13-4）[48]。

表 13-4   白酒硬度与感官现象[48]

酒样号	硬度/（mgN/L）	感官现象	取样日期
1	0.075	清澈透明	1992-07
2	0.100	清澈透明	1992-07
3	0.150	清澈透明	1992-07
4	0.175	清澈透明	1992-07
5	0.200	清澈透明	1992-07
6	0.300	清澈透明	1992-07
7	0.400	失光	1992-07
8	0.800	失光微沉淀	1992-07
9	1.200	严重沉淀	1992-07
10	1.500	严重沉淀	1992-07
11	1.600	严重沉淀	1992-07
12	1.800	严重沉淀	1992-07

曾经有人对一起白酒的沉淀事件进行全面的分析[49]，经过沉淀元素分析、金属离子分析、红外分析，最终确认引起该白酒浑浊的主要是 $CaSO_4 \cdot 2H_2O$。

2. 贮存容器金属离子引起浑浊或沉淀

我国白酒厂的贮酒容器多种多样，有铁罐、铝罐、陶质容器、水泥池、酒海、不锈钢罐等。输送管道有食用乳胶管、不锈钢管及镀锌管、塑料管等。这些容器和管道清洗不净，将带入一些不洁性杂质。

（1）铝罐引起浑浊或沉淀   铝罐虽有一层氧化铝保护层，但它还是能被酸腐蚀。用铝罐贮酒，酒中的酸把铝表面的氧化铝溶于酒中，混入半成品酒后，在酒中形成白色细片状沉淀。很少量的酸都能与氧化铝起反应。用铝罐贮存酒精，酒精中含的酸与铝起反应，生成透明黏稠状物，溶入白酒后因它们的结构松散，又极易聚合，故很难滤清。唯有取上清液使用，剩余的白酒重新蒸馏后使用。所以不要用铝罐贮存白酒、酒精。若要旧物充分利用，也应在铝罐内壁涂上无毒的防腐材料。

（2）酒海引起浑浊或沉淀   以猪血、鸡蛋清和生石灰混合涂刷在容器内壁，形成不渗漏的胶膜。但在贮酒过程中会溶出钙离子与低分子的含氮化合物，钙与酒中的乳酸以及其他的酸生成钙盐，在条件合适时便发生钙盐沉淀，为白色片状物。这类容器贮存

30%vol 以上的酒有防渗漏作用，贮存 30%vol 以下的酒，因长时间的浸泡会把血料浸泡下来，使酒质变黄，并有血腥味。对这类贮酒容器应勤检查，查看糊容器纸是否有脱落处，避免酒与血料直接接触，造成血料污染。

（3）铁质容器引起的浑浊或沉淀　输送、过滤过程中使用铁质管道，会溶入部分亚铁离子在酒中。若长时间放置，亚铁离子形成三价铁离子，在酒溶液中形成络合物而使酒液变成棕色。若是同含单宁过多的物质接触就会生成蓝色的单宁酸铁沉淀。

（二）硅藻土引起沉淀

硅藻土主要成分是蛋白石，同时含有黏土、铁、碳酸盐等。其化学成分见表 13-5。硅藻土中含有大量的钙离子，当酸度较高的酒用硅藻土过滤时，其中的钙会进入酒中，形成沉淀。

表 13-5　　　　　　　　　　　蛋白石化学成分[49]

成分	SiO_2	$Fe_2O_3+Al_2O_3$	CaO	MgO	H_2O	合计
含量/%	86.54	1.93	0.55	0.74	9.40	99.16

（三）阴离子引起沉淀

有机酸根带负电荷，在酒中起稳定剂作用。在正常情况下，酒能保持稳定的胶体状态，酒液清澈透明、无悬浮物、无沉淀。若充当稳定剂的带负电荷的酸根与带正电荷的金属离子相遇，便出现电中和、解胶现象，微粒碰撞聚集，酒出现白色浑浊。这类物质结构松散、聚集能力强，发生时先有微小白片沉淀，然后会慢慢聚合成絮状沉淀。酒发生这种现象后只能在沉淀后用虹吸法抽取上清液使用。

酒中的阴离子 SO_4^{2-} 可能是引起白酒沉淀的主要原因。酒中 SO_4^{2-} 与钙离子反应，生成 $CaSO_4 \cdot 2H_2O$ 沉淀。SO_4^{2-} 的来源主要有：一是从水中进入。在水处理过程中，如果水处理效果不好，水中的 SO_4^{2-} 会通过勾兑的方式进入酒。二是来源于质量不好的活性炭。质量不好的活性炭会引入过多的 SO_4^{2-}，与钙离子反应，形成 $CaSO_4 \cdot 2H_2O$ 沉淀。三是质量不好的香料会带入大量的 SO_4^{2-} 到酒中，从而引起白酒的浑浊与沉淀[49]。

（四）酸、酯、醇、醛类物质引起浑浊

酸、酯、醇、醛类物质在降度后也易产生乳白色浑浊。这些物质均溶解于高浓度酒精。如果这些物质含量高，则加水降度后特别是低度白酒生产时，由于酒精度下降，这些化合物溶解度相应下降，从而引起失光、浑浊[50]。己酸乙酯在不同酒精溶液中冷冻后会出现浑浊（表 13-6）[51]。

表 13-6　　　　　　　　　　温度、酒精度与己酸乙酯浑浊[51]

冷冻温度/℃	酒精度/%vol	己酸乙酯添加量/（g/L）			
		0.7	0.9	1.1	1.3
-5	30	无色清亮透明	无色基本透明	略有失光	微浑失光
	34	无色清亮透明	无色透明	无色透明	无色基本透明
	39	无色清亮透明	无色清亮透明	无色清亮透明	无色清亮透明
-15	30	无色透明	略有失光，液面出现油珠，振荡不消失	乳白色浑浊，液面油珠变大	乳白色浑浊，液面有油珠
	34	无色清亮透明	微有失光，液面出现微小油滴	失光加重，微浑，液面有油滴	乳白色浑浊，液面有油珠
	39	无色清亮透明	无色透明	无色透明	略失光

有研究发现，白酒降度后，醇类损失率仅为 6%~9%，其中 2-苯乙醇、正丙醇等损失较大。酸类物质损失率为 30%，其中乙酸损失为 27%，丁酸为 35%，己酸为 34%，乳酸为 32%。羰基化合物中，乙缩醛损失最大为 7%。酯类物质平均损失率为 41.25%，其中四大酯（己酸乙酯、乙酸乙酯、丁酸乙酯和乳酸乙酯）平均损失率为 10.4%，己酸乙酯损失率为 21.2%[52]。

（五）由高级脂肪酸及其乙酯引起的低度白酒浑浊

1. 高级脂肪酸组成

白酒中脂肪酸分为游离态脂肪酸与结合态脂肪酸（主要以高级脂肪酸乙酯的形式存在）。原料中的全脂肪酸分为外部脂肪酸和内部脂肪酸。外部脂肪酸又分为外部游离型脂肪酸（E_{FFA}）和外部脂质构成型脂肪酸（E_{LFA}）。内部脂肪酸分为内部游离型脂肪酸（I_{FFA}）和内部脂质型脂肪酸（I_{LFA}）。

高级脂肪酸是指棕榈酸（十六碳烷酸）、硬脂酸（十八碳烷酸）、油酸（十八碳-顺-9-烯酸）、亚油酸（十八碳-顺，顺-9,12-二烯酸）和亚麻酸（十八碳-顺，顺，顺-9,12,15-三烯酸）。因这些酸中含有不饱和键，因此，其缩写为棕榈酸 $C_{16:0}$（"："号前数字指碳原子的个数，"："后数字指不饱和键个数）、硬脂酸 $C_{18:0}$、油酸 $C_{18:1}$、亚油酸 $C_{18:2}$、亚麻酸 $C_{18:3}$。

2. 高级脂肪酸物理特性

棕榈酸 $C_{16:0}$、油酸 $C_{18:1}$、亚油酸 $C_{18:2}$ 这 3 种高级脂肪酸的乙酯均为无色的油状物，沸点在 185.5℃（1.33kPa）以上。油酸乙酯及亚油酸乙酯为不饱和脂肪酸乙酯，性质

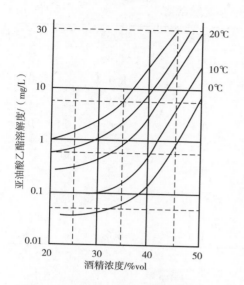

图 13-1　亚油酸乙酯在不同温度和不同
酒精浓度中的溶解度[53]

不稳定，它们都溶于醇，而不溶于水。如图 13-1 亚油酸乙酯在不同的温度和不同酒精浓度中溶解度并不相同。酒精度超过 30%vol 时，其溶解度急剧增大。当温度上升时，溶解度也提高，其对数值变大，而且明确了白酒中之所以含量这样大而澄清透明是由于高酒精度的条件。而当白酒中存在的亚油酸乙酯等高级脂肪酸乙酯在酒精度稀释到 40%vol 以下时，由于其溶解度降低而出现了白色絮状胶体沉淀物。

这一类沉淀易发生在冬季，外观为絮状沉淀。主要原因是油酸乙酯、棕榈酸乙酯、亚油酸乙酯这 3 种脂肪酸乙酯在酒精度高、温度高时溶解度良好，但在酒精度低或温度低时溶解度下降便析出，使酒失光或产生白色絮状物沉淀。运用这一物理现象，在生产时采用低于冬季的温度贮存一周，再进行过滤，或将酒贮于室外冷冻，然后再进行过滤，这类沉淀就会解决。

　　3. 白酒蒸馏过程中高级脂肪酸乙酯变化

　　高级脂肪酸乙酯在初馏液中（即酒头）最多，随后急剧下降，又逐步回升。在固体装甑蒸馏时，到蒸酒完毕（第 7 馏分）呈现出第一个马鞍形，酒精度由开始的 74.3%vol 下降到 57.6%vol；断花以后的酒尾又出现第二个马鞍形，即第 7～10 馏分，酒精度自 48.9%vol 下降至 15.5%vol；从第 10～12 馏分开始，酒精度从 15.55%vol 不断下降至 6.8%vol，又有第三个马鞍形出现（表 13-6）。因而和以往常规分析查定杂醇油的成分蒸馏曲线相似，高沸点的高级脂肪酸乙酯集中在酒头。

　　部分白酒中长链高级脂肪酸及其乙酯的含量见表 13-7 和表 13-8。

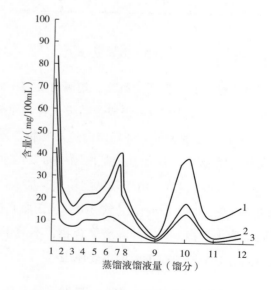

图 13-2　甑桶蒸馏过程中高级脂肪酸乙酯的变化[53]

1—棕榈酸乙酯　2—油酸乙酯　3—亚油酸乙酯

表 13-7　　　　　　　　　　　部分白酒中长链脂肪酸含量　　　　　　　　单位：mg/L

组分	茅台酒	五粮液	剑南春	四特酒	景芝白干
己酸	115.2	483.0	336.5	80.4	56.6
庚酸	4.7	8.9	4.5	8.0	0.9
辛酸	3.5	7.2	5.2	6.0	1.4
癸酸	0.5	0.6	0.1	0.8	0.5
月桂酸	0.25	0.4	0.4	—	0.5
肉豆蔻酸	0.7	1.2	0.2	2.5	0.2
硬脂酸	0.3	0.4	—	0.5	—
油酸	5.6	4.7	1.0	4.5	2.6
亚油酸	10.8	7.3	1.5	6.6	4.4

表 13-8　　　　　　　　　　部分白酒中长链脂肪酸乙酯含量　　　　　　　单位：mg/L

组分	茅台酒	剑南春	汾酒	三花酒
己酸乙酯	245.0	2164.0	22.0	17.0
辛酸乙酯	86.0	340.0	46.0	27.0
癸酸乙酯	46.0	16.0	28.0	24.0
月桂酸乙酯	7.0	7.0	11.0	17.0
棕榈酸乙酯	30.1	60.0	30.5	50.2
油酸乙酯	10.5	23.0	11.6	51.1
亚油酸乙酯	18.3	31.0	15.0	17.0

（六）劣质添加剂引起的浑浊或沉淀

为了提高或改善酒的风味，勾酒时要加一点香料或其他的添加剂。但加入的添加剂纯度一定要高，达到 AR 级或食品级。若添加剂纯度不高，加入酒中后 1~2d 看不出异常，3~4d 后出现少量、细碎的白色片状物，随着时间的延长逐渐呈絮状且量多，一周后现象更明显[54]。例如乳酸是白酒中重要的呈味物质，但若使用的乳酸质量不好（尤以棕红色乳酸最差），由于其黏度较大，加入酒中后生成微小白色絮状物。在生产时还不易被发现，过一段时间（约 21d）沉于瓶底造成酒货架期沉淀。这种沉淀物质被定性为丙交酯化合物，是一种乳酸聚合物，不溶于水，溶于乙醇、乙醚中[52]。推测丙交酯是白酒货架期浑浊或沉淀的主要原因。

（七）高温环境引起的浑浊、沉淀

将酒放置在夏季室外高温环境 15~30d，暴晒的酒中有一部分酒出现白色片状沉淀[55]，原因不详。

二、 白酒中白色针状结晶成分

酒中的白色针状沉淀物是 Ca^{2+}、Mg^{2+}、Ac^-、$C_3H_5O_3^-$、$C_2O_4^{2-}$、SO_4^{2-} 等几种离子化合物的共结晶体。

某企业曾经对沉淀物做了一系列分析。在酒液中，沉淀呈结晶状，形状有的呈针状，有的呈棒状、片状等多种形状，感官上呈亮晶晶的玻璃状。从白酒中抽滤得到的沉淀物经干燥后，颜色为白色颗粒状，有较好的可分离状态[49]。再经沉淀元素分析，最后确定沉淀物为 $CaSO_4 \cdot 2H_2O$ 结晶。

用成像显微镜和扫描电子显微镜进行观察，晶体形状如图 13-3、图 13-4 所示。沉淀物的红外图谱见图 13-5。

图 13-3 聚合晶体图[49]

图 13-4   100 μm 视野下的电镜照片[49]

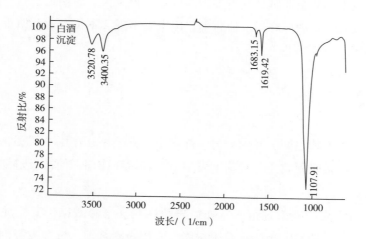

图 13-5   沉淀物的红外图谱[49]

第十一节　白酒降度浑浊与低度白酒生产技术

引起白酒浑浊沉淀的原因很多，但高度白酒加水后会出现浑浊是生产低度白酒的主要障碍。

我国大曲及麸曲白酒的酒精度历来以 65%vol 作为产品标准，由高度向降度及低度白酒转化起始于 1974 年[56]。1975 年，河南省张弓酒厂率先研制成功 38%vol 张弓酒，开创了我国低度白酒的先河[56-57]。国家为鼓励发展酒精度在 40%vol 以下的低度白酒，于 1979 年第三届全国白酒评酒会上，将首次参评的 4 个酒样中名列榜首的江苏 39%vol 双沟特液评为国家优质酒。此后几年该新产品发展迟缓，产量小且品种仅局限于浓香型的高档产品。直至 1987 年全国酿酒工业会议后，国家提出了以四个转变为中心的发展酿酒工业的方针，其中之一即是"由高度酒向低度酒转变"，才主要解决了高度酒加水降度这一生产工艺中出现的浑浊、过滤和通过酿酒发酵工艺生产调味酒再经过勾兑以保持本品固有的风格及改善口味平淡和味短的问题。

白酒沉淀的处理方法主要有冷冻法、吸附法、膜过滤法等。

一、冷冻法

主要是根据高级脂肪酸乙酯的溶解度随着温度降低而减小的原理，使其在酒精溶液中呈乳白色絮状析出，在低温（−16~−12℃保持 4~8h）条件下过滤除去[58]。1977 年，洋河酒厂开始使用冷冻法生产低度白酒[22]。北方企业可利用冬季低温的自然条件进行冷冻除浊，而在南方的企业则必须增加冷冻设备，投资大、周期长、生产成本高。一度因电费问题，该方法被酒厂弃用，但目前，因电费下降，不少企业开始重新使用冷冻法生产低度白酒[59]。

二、吸附法

吸附剂与被吸附物之间，在库仑力、静电力、偶极相互作用、氢键、配位键、范德华力等的作用下，被吸附物质与吸附剂发生凝结和沉降作用，使被吸附物质在白酒中的浓度大为降低。

用于降度酒除浊的吸附剂很多，如粉末活性炭、海藻酸钠、变性淀粉、无机矿物质、硅胶、硅藻土、明胶、琼脂、吸附树脂、专用吸附剂等。选择吸附剂的原则是：只除去浑浊物，酒中风味物质损失较少，并且不会给酒带入异杂味。选择吸附剂要考查吸附剂吸附能力的强弱。一般来说,吸附剂作用的强弱与其性质和结构关系密切,吸附能力与吸附剂的比表面积大小有关。比表面积越大,吸附能力越强,吸附剂表面的活性中心越多,孔状结构越多,平均微孔径与被吸附分子的大小尺寸匹配性越好,吸附能力越强。

(一) 离子交换树脂法

采用氢型阳离子交换树脂 (如 732 型) 处理沉淀酒,使酒中钙镁离子的含量小于0.400mgN/L,此时,酒样会清澈透明,长期放置也没有变化[48]。处理前后,酒中化验指标如总酸、总酯等基本没有变化,酒质感官分析也没有变化。

处理时,阳离子树脂先按要求如用 1mol/L 盐酸处理,再用水冲洗至中性,将酒液的 1/2 或 2/3 通过离子交换柱即可。树脂饱和后按要求再生。

树脂吸附时,可以同时降低白酒中的高级醇。研究发现大孔吸附树脂 HPD 600 型对杂醇油有较好的吸附效果[60]。该树脂在 30℃时对杂醇油具有较好的吸附效果,其最大吸附量约为 0.15mg/g 干树脂;采用丙酮溶液解吸,其解吸率可达 31.9%,同时经大孔吸附树脂处理后,新酒的部分苦涩味、糠杂味和辛辣味都得到了很大程度的降低,酒体更加柔绵。另一种树脂 D206 也有降低酒中高级醇的作用[61]。

树脂吸附法可以用来生产低度白酒。采用树脂吸附法生产低度白酒时,可保证低度白酒在 -13℃时不失光浑浊。其工艺是先用树脂吸附 60%vol 的高度白酒,再加水降度、勾兑、调味[62]。在使用树脂吸附生产低度白酒时,应注意树脂的预处理,即用酸、碱对其充分洗涤;其次,注意树脂的吸附饱和。树脂吸附饱和后,要将树脂再生。

(二) 淀粉吸附法

淀粉用量在 1‰~2‰,处理时间在 16h 以上时,一般 4~7d 酒液处理效果较好 (表13-9)。但淀粉容易在容器底部沉积结板,排除困难,严重影响生产效率。据研究,糊化淀粉比生淀粉好,其吸附速度快,易过滤,酒的口感好。也有使用改性淀粉处理低度白酒,用量只有普通淀粉的 1/10,处理时间仅用 2~4h。该淀粉对香味物质的吸附率低于 20%[58]。也有用阿拉伯胶、β-环糊精 (β-CD)、羟丙基-β-环糊精 (HP-β-CD) 应用于低度白酒的生产[63]。

表 13-9　　　　不同淀粉用量及不同处理时间对酒质的影响[64]

处理时间/h	淀粉用量/‰				
	0.5	1.0	1.5	2.0	3.0
4	乳白浑浊	乳白浑浊	乳白浑浊	乳白较浑浊	乳白微浑
6	乳白	微乳白	微乳白	微乳白	微乳白

续表

处理时间/h	淀粉用量/‰				
	0.5	1.0	1.5	2.0	3.0
8	微乳白	稍白	稍白	稍白	稍白
12	清亮稍白	清亮稍白	较稍白	较稍白	较清亮
16	失光	15℃微失光	7℃无色	3℃无色	1℃无色
24	失光	10℃微失光	4℃无色	−1℃清亮	−5℃清亮

（三）活性炭吸附法

1. 活性炭简介

活性炭是一种在不同生产过程中制成的含大小不同孔径的专用吸附剂，它在酒中吸附产生异味、异嗅的杂醇油、糠醛、二甲基硫等有机物及醛类物质；通过选择活性炭孔径、处理时间、用量，也能吸附酒中大分子脂肪酸乙酯，从而预防酒在低温下浑浊。将活性炭装填成吸附塔，根据流速和处理时间亦能达到除浊、催陈、去除异杂味、预防低温浑浊的目的。

活性炭孔径大小对酒质处理结果影响较大。据报道己酸乙酯分子直径是 1.4nm，若选用孔径为 1.4~2.0nm 的活性炭，己酸乙酯就会进入微孔而被吸附。若选用孔径小于 1.4nm 的活性炭，己酸乙酯不能进入微孔，大离子半径的高级脂肪酸乙酯等也不能被吸附，达不到除浊的目的。选用孔径大于 2.0nm 的活性炭，既能除浊又能保质[65-66]。

2. 活性炭处理效果

在常温下，酒中加入活性炭，处理效果见表 13-10 和表 13-11。随活性炭用量增加，酒液除浊效果越好（表 13-10，表 13-11），但其总酯含量下降较大，从而造成酒体香味淡薄。在相同的活性炭用量下，处理时间越长，除浊效果越好；在相同的处理时间内，活性炭用量大的除浊效果更好。但剂量太大，时间过长，香味损失也大，酒体淡薄且苦味重。这主要是由于活性炭自身物质溶解于酒液中，使酒味稍微带苦味。为了提高生产效率，确定其用量为酒液的 0.10%~0.20%，处理时间在 20~24h 较佳。

表 13-10　　　　　　　不同用量酒类专用活性炭对酒质影响[66]　　　　单位：mg/100mL

活性炭添加量/%	己酸乙酯	乳酸乙酯	乙酸乙酯	丁酸乙酯	棕榈酸乙酯	亚油酸乙酯	油酸乙酯	评语
0	169.8	117.3	99.6	18.2	4.8	4.2	3.9	浑浊，窖香浓郁，绵甜
0.1	156.2	106.4	92.2	16.7	3.7	3.4	3.2	稍失光，窖香浓郁，绵甜
0.12	152.4	103.1	89.3	16.1	3.4	3.1	2.9	无色透明，窖香浓郁绵甜，味长

续表

活性炭添加量/%	己酸乙酯	乳酸乙酯	乙酸乙酯	丁酸乙酯	棕榈酸乙酯	亚油酸乙酯	油酸乙酯	评语
0.15	145.3	98.4	84.6	15.4	2.9	2.7	2.5	无色透明，窖香浓郁，绵甜
0.18	139.9	95.1	78.4	14.8	2.3	2.2	2.0	无色透明，窖香一般，味短
0.20	135.7	89.4	74.5	14.2	1.9	1.8	1.6	无色透明，香味淡薄

表 13-11　　　　不同处理时间酒类专用活性炭对酒质影响[66]　　　　单位：mg/100mL

处理时间/h	己酸乙酯	乳酸乙酯	乙酸乙酯	丁酸乙酯	棕榈酸乙酯	亚油酸乙酯	油酸乙酯	评语
0	169.8	117.3	99.6	18.2	4.8	4.2	3.9	浑浊，窖香浓郁，绵甜
24	158.0	110.6	95.3	17.4	4.0	3.7	3.3	稍失光，窖香浓郁，绵甜
36	154.4	105.7	93.6	17.1	3.6	3.4	3.1	无色透明，窖香浓郁
48	151.6	102.7	90.3	16.8	3.3	3.0	2.8	无色透明，窖香浓郁，醇和爽口
60	139.8	96.4	81.2	16.2	2.7	2.4	2.2	无色透明，窖香较淡，味较短淡

注：活性炭添加量为定值。

3. 活性炭生产低度白酒工艺

工艺流程一：高度吸附-降度-勾调工艺

高度白酒→加入活性炭处理 24h →硅藻土过滤→勾兑→调味→低度白酒→贮存

经试验表明，先用活性炭处理高度白酒，再加水降度效果较好。如采用 60%vol 原酒添加 2‰活性炭除浊，经硅藻土过滤机过滤，除浊效果明显[62]。

工艺流程二：降度吸附-勾调工艺

高度基础酒→降度至规定酒精度→加活性炭→空气搅拌 1h 以上（每天 2 次，连续 2d）→静置 5~7d →上清液过滤→勾兑→调味→精滤→贮存→包装

活性添加量 0.12%效果较好[65-66]。

4. 树脂-活性炭法

树脂-活性炭法不仅可以用于白酒除浊，也可以用于低度白酒的生产。将原酒降度为低度如 38%vol，并进行勾兑，用树脂吸附法先进行吸附，后再用活性炭吸附，过滤、调味即可[62]。

（四）植酸法

1. 植酸添加量与澄清时间对除浊的影响

将 57%vol 发黄白酒，加蒸馏水降度至 38.5%vol，添加植酸试验[37]。结果表明（表

13-12)，添加 0.03%植酸，澄清 24h，即可达到除浊效果。

表 13-12　　　　　　植酸添加量与澄清时间对除浊的影响[37]

添加量/%	0h	12h	24h
0（对照）	乳白色浑浊液	乳白色浑浊液	乳白色浑浊液
0.01	乳白色浑浊液	乳白色浑浊液	乳白色浑浊液
0.03	乳白色浑浊液	底部有细微沉淀物，酒液仍为乳白色浑浊液	底部有大量沉淀物，酒液澄清，易过滤
0.05	乳白色浑浊液	底部有细微沉淀物，酒液仍为乳白色浑浊液	底部有大量沉淀物，酒液澄清，易过滤
0.07	乳白色浑浊液	底部有细微沉淀物，酒液仍为乳白色浑浊液	底部有大量沉淀物，酒液澄清，易过滤

2. 添加植酸对白酒风味的影响

大量的研究表明，添加植酸对白酒的闻香及口感没有影响，且添加植酸的除浊效果优于活性炭和淀粉[37]。在白酒中，当植酸分解为肌醇（环己六醇）和磷酸时，可赋予白酒绵甜的口味。肌醇是一种溶于水、乙醇的带有甜味的物质，以玉米为原料的白酒口感醇甜，即得益于玉米中植酸含量高于其他原料。

（五）食用褐藻酸钠法

褐藻酸钠是我国近年来开发的优良食品添加剂，产品为白色或淡黄色粉末，无臭、无味，几乎不溶于乙醇、乙醚等有机溶剂，而溶于水则成黏稠的糊状液体。褐藻酸钠溶液中的羧基呈负离子状态，对带正电荷疏水性悬浊液体有凝集作用[67]。

使用褐藻酸钠生产低度白酒时，每千克浓香型低度白酒加入 0.5~0.7g 褐藻酸钠。加入方法是，先将称好的褐藻酸钠加入少量纯净水调成糊状，投入待处理的酒中，充分搅拌，静置 48h，使其沉淀吸附。因褐藻酸钠本身带负电荷，在静电作用下，它能将低度白酒中的浑浊物质吸附凝集在一起，使酒中出现无数片状物质并有部分沉淀，上清液白色浑浊基本消失。然后采用膜过滤法，即得清澈透明的低度白酒。

用褐藻酸钠处理浓香型低度白酒，理化指标没有大的变化，香味成分损失小，效果可行。经加入冰块、矿泉水降至 5℃试验，处理后的酒也不会再发生浑浊。另外，食用褐藻酸钠本身对人体有保健效果，它有利于胆固醇的体外排出，有抑制病毒和降糖减肥等作用。

三、　膜过滤法

膜过滤法参见蒸馏酒过滤一节。

第十二节　蒸馏酒过滤

蒸馏酒最早是使用纸浆过滤机过滤，第二次世界大战后，开始使用硅藻土（diatomaceous earth）过滤[68]。硅藻土是过滤的助剂。目前，有的已经使用膜过滤。

过滤的目的是除去悬浮物，移去潜在的浑浊形成物。

过滤的原理是酒液通过过滤层获得澄清液体。过滤层是由过滤材料、分离的固体物质组成的，包括预涂层材料。

根据固体分离的位置不同，过滤可以分为表面过滤和深层过滤。在表面过滤中，要分离的颗粒被保留在活性介质即过滤材料的表面。相反地，在深层过滤中，分离过程发生在过滤材料内部，即深层。如果在表面过滤过程中分离出的固体物质形成滤饼，并且滤饼的外层具有分离作用，则该过程称为滤饼过滤。

如果助滤剂（例如硅藻土）有助于滤饼的堆积，则可以改善滤饼过滤性能。如果酒中固体物质不能形成坚硬且（对于液体）可渗透的固体基质，则应采用该过滤方法。此法也称为预涂层过滤，因为这种助滤剂专门在过滤器表面形成预涂层。酒中固体物质与助滤剂结合形成滤饼。固体物质通常是凝胶状和无定形的。预涂层的目的是建立一个可渗透但仍然有效的滤饼。

滤饼过滤和表面过滤是常用的过滤技术，滤饼过滤常用硅藻土作为过滤助剂。

一、　硅藻土过滤法

硅藻土过滤法是典型的滤饼过滤，去除的固体物质形成助滤剂。该法又分为三种，即硅藻土板框过滤机、水平叶片式过滤机和烛叶式过滤机。硅藻土过滤机还可以串联使用[62]。

硅藻土预涂层过滤时，预涂层使用珍珠岩、纤维素和硅藻土或三个过滤材料的混合物；真正过滤时，需要连续添加过滤材料；过滤结束后，移动滤饼，清洗、消毒[68]。

（一）硅藻土板框过滤机

硅藻土板框过滤机可以有任意数量的滤板，这些滤板以交替的方式固定在框架上。

滤板上有一层过滤层，主要由纤维素和硅藻土组成，形成实际的过滤材料。滤芯、滤层和滤框紧密压在一起[68]。板框过滤流程图见图13-6。

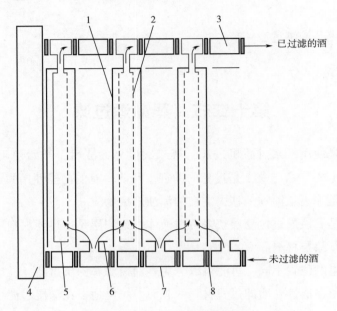

图13-6 板框过滤流程图[68]

1，5—待过滤的酒 2—滤板，周边可渗透 3—已过滤酒出口
4—板头 6—滤框 7—待过滤酒入口 8—密封

未经过滤的酒通过入口进入板框，并被分配到滤饼表面。整个过滤活性层的通过顺序为：第二层、最初层、过滤层和过滤材料。滤液通过滤板，然后从过滤器中排出。滤饼分别形成在滤料上和两块滤板之间的滤层中。滤饼的最大高度受框架宽度的限制。

（二）水平叶片式过滤机

水平叶片式过滤机由一个侧面覆盖有过滤材料的水平圆板组成，一个接一个地安装在压力容器中（图13-7）。在滤板的中心是一个旋转的多孔套筒，它与滤板相连，滤液流经滤板。过滤发生在板的上表面。板直径通常不超过1.50m，过滤面

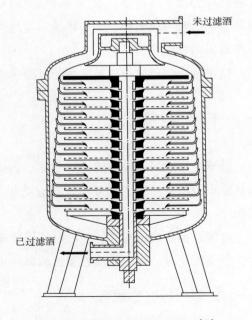

图13-7 水平叶片式过滤机示意图[68]

积 $150m^{2[68]}$。

添加了助滤剂的酒通过泵进入压力容器，依次通过第二层、最初层和叶片层，然后通过套筒从叶芯流出过滤器。

水平圆盘式硅藻土过滤机可作为白酒粗滤设备。采用高强度的进口双面织不锈钢丝网，水平旋转的过滤盘，完全改变了原始的安装方式，滤网朝上，确保硅藻土不会脱落，可以间歇过滤，压力波动或电力故障不受影响。

（三）金属烛叶式过滤机

似蜡烛状的多孔材料被排列在过滤容器内。这些多孔材料可以是悬挂状的，挂在一个水平板（头板）上（图13-8）。烛表面有可渗透的材料，酒液从外到内穿过。滤液从烛和水平板的内部排出而进入过滤空间。最初，先在烛表面涂上预涂层，然后再涂第二层。流经顺序为：过滤容器（非过滤区）、第二层、最初层、烛表面、烛内部、多孔板和过滤区。滤液从过滤器中流出。

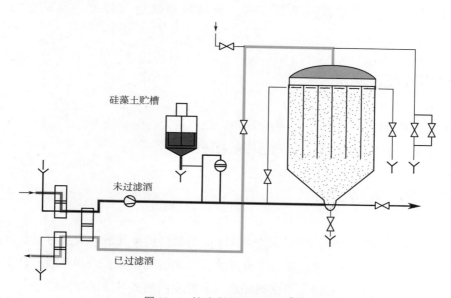

图13-8　烛叶式过滤机示意图[68]

滤棒（烛）直径为 $20\sim35mm$，长度不等，最长不超过 2.5m。通过平行排列烛，压力容器中的过滤表面积可达到 $180m^2$。烛是由一根梯形的金属丝绕着支架螺旋焊接而成。线圈间距 $50\sim80\mu m^{[68]}$。烛叶式过滤机的优点是无需维护活动部件。

二、　冷冻过滤法

苏格兰威士忌装瓶前的过滤只允许使用物理方法去除杂质和可能导致冷浑浊的成

分[69]。大部分威士忌是在并桶后装瓶前去除冷浑浊，即冷冻过滤法，然后，加水降度，调整颜色。某些威士忌厂不过滤直接装瓶，他们需要低温时的雾状浑浊。

冷冻过滤时，通常采用-10~10℃的温度，低温持续一段时间，然后，通过物理方法——过滤法分离和吸附问题成分[6]。

加水降度、调整颜色和冷冻除浊有的厂是人工操作，大的厂是自动化操作。为了保证最终产品的酒精度一致，在组合和加水降度后，要进行感官与理化检查。乙醇浓度的控制实行全程监测，使用在线的、离线的技术，包括气相色谱、超声波传感器、液体相对密度法和沸点测定法[3]。

三、 纤维介质过滤机

纤维介质可以做成板，用于板框过滤机中。这是目前国外蒸馏酒配合冷冻法常用的过滤机。全部使用纤维介质或用硅藻土预包埋纤维介质，颗粒5~7μm。操作参数与批次体积、产物属性以及过滤速率等相关。通常较高的过滤强度，需要更大的过滤面积[5]。

四、 棉饼介质过滤法

此方法为较原始的过滤方法，操作简单，处理量大，但能耗大，酒损高，且劳动强度大，卫生条件难以达到要求，故而已逐渐被淘汰。

五、 聚丙烯微孔过滤法

微孔过滤属于精密过滤。如果采用0.45μm的聚丙烯微孔滤芯直接过滤加入除浊介质的低度白酒，而不进行粗滤，压力上升过快，滤芯拆洗频繁，成本升高，且不能连续作业，若与硅藻土过滤法联用，可以圆满地完成低度白酒的过滤工作。

立式微孔过滤机，过滤介质为高分子聚乙烯为主的混合物经冷压烧结而成的滤芯。其特点是微孔丰富，间隙微小，能截留最小固体颗粒为0.4μm。过滤后的净酒外观清亮透明，香味正常，理化指标经色谱分析均无大的变化，从而保持了产品的固有风格。当温度降到-15℃时，酒质仍不失光，清澈透明。

六、 膜过滤法

分离膜是一种特殊的、具有选择性透过功能的薄层物质，它能使流体内的一种或几种物质透过，而其他物质不透过，从而起到浓缩和分离纯化的作用。

（一）过滤膜

膜就结构不同可分为对称膜、非对称膜及复合膜；依据其孔径的不同（或称为截留分子质量），可将膜分为微滤膜、超滤膜、纳滤膜和反渗透膜；根据材料的不同，可分为无机膜和有机膜。目前，已开发应用的膜分离技术主要有：微滤、超滤、纳滤、反渗透、电渗析、气体分离等（表 13-13）。工业上常用的膜组件有：管式组件、中空纤维式膜组件、板框式膜组件和卷式膜组件。

表 13-13 膜分类及其基本特征[70]

过程	膜类型	驱动力	截留组分	应用对象
微滤（MF）	多孔膜	压力差	$0.02 \sim 10 \mu m$ 粒子	除菌、澄清、细胞分离
超滤（UF）	非对称膜	压力差	$10 \sim 100 nm$ 大分子溶质	大分子物质分离
纳滤（NF）	非对称膜或复合膜	压力差	$1 nm$ 以上溶质	小分子物质分离
反渗透（RO）	非对称膜或复合膜	压力差	$1 \sim 10 nm$ 小分子溶质	小分子溶质浓缩
渗析（ED）	非对称膜或离子交换膜	浓度差	$>0.02 \mu m$ 截留，血液中渗析 $>0.005 \mu m$ 截留	小分子有机物和无机离子分离
电渗析（ED）	离子交换膜	电位差	离子、大离子和水	离子和蛋白质分离
气体分离（GS）	均值膜、多孔膜、非对称膜或复合膜	压力差、浓度差	较大组分	气体混合物分离、富集或特殊组分脱除
渗透汽化（PVAP）	均值膜、非对称膜或复合膜	分压差、浓度差	不易溶解组分或较大、较难挥发物	挥发性液体混合物分离
乳化液膜（ET）	液膜	浓度差	在液膜中难溶解组分	液体混合物或气体混合物分离、富集或特殊组分脱除

（二）过滤方式

膜过滤技术分为死端过滤和错流过滤。死端过滤通常被用作预涂层过滤机之后的安全过滤机。在预涂层过滤机中，膜组件使用大筛孔尺寸（最大 $8 \mu m$）。在错流过滤中，滤液流垂直于流动方向，被过滤的产品以高流速和特定设备工作压力连续切向流过膜。

过滤方向和流动方向不一样。只有一部分液体通过膜；积聚的非滤液（浓缩物或残余物）再次循环，以获得良好的过滤效果。因此，待分离物质的浓度缓慢增加。浑浊物质不断添加，并排出渗透物。膜表面的溢流会产生湍流，从而导致膜的自清洁。湍流具有保持固体物质、微生物和胶体悬浮的作用，并避免它们沉积在膜表面。由于动态过滤的自清洁作用，过滤能力大大提高，并保持恒定。膜的耐久性大大提高。

过滤过程中积累的浓缩液可以返回到原酒罐中，并且几乎持续不断地过滤。

（三）对低度酒质量影响

超滤膜能有效地除去低度酒液中的酯类，得到的酒液澄清度很高。比较酒液中各种酯类的损失和感官水平，选用孔径为 0.2～0.3μm 的超滤膜，得到的低度酒质量较好（表 13-14）。采用膜过滤虽然处理后的低度白酒抗冷冻能力增强，低温下不复浑[71]，但成本高，且由于白酒的香味成分损失过大，使酒体变淡，质量变差，一般不采用此法。

表 13-14　　　　　　　　不同孔径超滤膜过滤对酒质影响[64]　　　　　　　单位：g/L

检测项目	膜孔径/μm					
	0.10	0.18	0.22	0.45	0.65	对照样
乙醛	0.102	0.132	0.138	0.149	0.157	0.016
甲酸甲酯	—	0.124	0.129	0.132	0.133	—
乙酸乙酯	0.936	0.986	0.989	1.018	1.019	0.537
仲丁醇	—	0.026	0.031	0.031	0.033	—
丁酸乙酯	0.156	0.221	0.321	0.347	0.351	0.101
正丙醇	0.084	0.094	0.098	0.107	0.110	0.015
异丁醇	0.009	0.037	0.058	0.067	0.069	0.006
戊酸乙酯	—	0.031	0.045	0.052	0.053	—
己酸乙酯	1.832	1.867	1.877	2.077	2.108	1.799
乳酸乙酯	1.164	1.253	1.273	1.314	1.334	1.071
乙酸	0.472	0.487	0.497	0.507	0.512	0.456
丙醇	0.040	0.045	0.051	0.058	0.060	0.049
乙缩醛	0.014	0.018	0.026	0.035	0.050	0.024
异戊醇	0.070	0.075	0.085	0.094	0.102	0.080
酒精度/%vol	38.2	38.2	38.0	38.1	38.3	38.2
总酸	0.66	0.66	0.65	0.65	0.65	0.64
总酯	2.86	2.92	2.95	2.97	3.05	2.76
外观品评	清澈透明	清澈透明	清澈透明	有絮状悬浮物	轻微失光	絮状悬浮物

复合微滤膜由纤维、活性炭、硅藻土和成膜剂组成。在微滤膜生产工艺过程中，纤维交织形成粗细不同的三维网状结构组成微滤膜的骨架，活性炭硅藻土吸附在纤维上，沉淀在纤维间，整个滤膜充满纵横交错的多分枝小孔道，成膜将纤维与活性炭硅藻土形成的结构进行粘结固定，使其能承受过滤压力[72]。活性炭复合微滤膜能有效滤除白酒因降度而产生的白色浑浊物，有效去除或减少酒的苦味、辛辣味及杂味，处理后的酒酒质稳定，无水味，口感醇和，尾味回甜[73]。研究人员将全兴 64%vol 基酒降至 28%vol，用复合微滤膜过滤后，−18℃冷冻一周不浑浊，不失光，口感柔和，无水味，纯净香甜，各项理化指标符合产品质量标准[74]。

微滤膜长期使用后，会受到污染，应进行保养，并不定期进行清洗[75]。

蒸馏酒在装瓶前必须过滤，目的是降低冷浑浊形成的风险。大部分蒸馏酒老熟时的酒精度在 50%~70%vol，但装瓶前酒精度通常要加水调整成 40%~45%vol，可能会因高分子质量脂肪和乙醇可溶解的物质如木质素、高级脂肪酸酯等形成雾状浑浊[5]。因此，过滤是保证蒸馏酒装瓶后质量的关键工序。国外常采用冷冻过滤法，目前白酒也有不少采用此法。

参考文献

［1］李大和，李国红. 中国白酒勾调技术的发展［J］. 酿酒科技，2009，177（3）：69−71.

［2］熊子书. 泸州老窖酒勾兑技术的回顾［J］. 酿酒科技，2006，149（11）：106−110.

［3］Buglass A J. Handbook of Alcoholic Beverages：Technical，Analytical and Nutritional Aspects［M］. West Sussex：John Wiley & Sons，2011.

［4］Conner J，Reid K，Jack F. Maturation and blending. In Whisky. Technology，Production and Marketing［M］. London：Elsevier，2003.

［5］Piggott J R，Conner J M. Whiskies. In Fermented Beverage Production［M］. New York：Kluwer Academic/Plenum Publishers，2003.

［6］Booth M，Shaw W，Morhalo L. Blending and bottling. In The Science and Technology of Whiskies［M］. Harlow：Longman，1989.

［7］王恭堂. 白兰地工艺学［M］. 北京：中国轻工业出版社，2019.

［8］徐占成. 酒体风味设计学［M］. 北京：新华出版社，2003.

［9］李大和. 白酒勾兑调味的技术关键［J］. 酿酒科技，2003，117（3）：29−33.

［10］杨杰，郭玉环，孙丽红. 寒带地区酱香型白酒的勾兑［J］. 酿酒，2000，137（2）：61−62.

［11］张锋国. 复粮芝麻香型白酒的勾兑与调味［J］. 酿酒科技，2008，172（10）：62−64.

［12］付小庆，杜礼泉，唐聪，等. 夹泥发酵改进的研究［J］. 酿酒科技，2006，146（8）：63−64.

［13］范文来，陈翔. 应用夹泥发酵技术提高浓香型大曲酒名酒率的研究［J］. 酿酒，2001，28

（2）：71-73.

[14] 范文来. 应用二次发酵技术提高浓香型大曲酒质量 [J]. 酿酒科技，2001，108（6）：40-42.

[15] 李大和. 建国五十年来白酒生产技术的伟大成就（六）[J]. 酿酒，1999，135（6）：19-31.

[16] 杨大金，蒋英丽，程伟，等. 酱香专用调味酒的生产及其在浓香型白酒中的调味作用 [J]. 酿酒科技，2003，119（5）：43-45.

[17] 孙前聚，顾玉亭. 用食用酒精勾兑浓香型白酒的体会 [J]. 酿酒，2006，33（5）：59.

[18] 曾伟，朱力红，付毅华. 白酒溶液各主要溶质功能作用及调味启示 [J]. 酿酒，2005，32（5）：28-29.

[19] 李金宝，王玉芬. 西凤酒的勾兑与调味 [J]. 酿酒，2007，34（6）：28-29.

[20] 王凤丽. 扳倒井酒的勾兑与调味 [J]. 酿酒，2007，34（1）：35-36.

[21] 李建峰. 低度清香型白酒勾调中的几个问题探讨 [J]. 酿酒，2002，29（6）：29-30.

[22] 范文来，滕抗. 洋河大曲酿造工艺的沿革 [J]. 酿酒，2001，28（5）：36-37.

[23] 秦钟. 专家调味系统及其在白酒调味中的应用研究 [J]. 酿酒，2006，33（3）：72-75.

[24] 傅峙东. 基于 Siemens S7-300 PLC 的白酒勾兑自动控制系统设计与实现 [J]. 中国酿造，2008，189（12）：67-68.

[25] 刘志民，商静. 计算机勾兑调味白酒技术的应用 [J]. 酿酒，1997（2）：47-48.

[26] GB/T 20821—2007，液态法白酒 [S].

[27] GB 10343—2008，食用酒精 [S].

[28] GB/T 20822—2007，固液法白酒 [S].

[29] 李杰. 蒸馏酒与配制酒的简易鉴别法探讨 [J]. 食品工业科技 [北京食品学会成立二十周年论文集（增刊)]，1999：186-187.

[30] 李杰，李香芹. 蒸馏酒与配制酒的简易鉴别法的探讨 [J]. 食品科学，1998，19（11）：27-28.

[31] Cantagrel R, Lurton L, Vidal J P, et al. From vine to Cognac. In Fermented Beverage Production [M]. New York：Kluwer Academic/Plenum Publishers，2003.

[32] Bertrand A. Armagnac and Wine-Spirits. In Fermented Beverage Production [M]. New York：Kluwer Academic/Plenum Publishers，2003.

[33] 张洪生，杨晓蕾，陈嘉熹. 植酸在白酒除固形物中的应用研究 [J]. 酿酒，2001，28（4）：70-71.

[34] 张安宁，王传荣. 影响白酒固形物的因素及防止措施 [J]. 江苏食品与发酵，2004，116（1）：14-16.

[35] 胡森，罗德志. 用植酸降低白酒中的固形物 [J]. 酿酒科技，1992，51（3）：30-31.

[36] 武金华，任成民，张伟，等. 白酒脱色试验 [J]. 酿酒科技，2003，116（2）：42-43.

[37] 邹海晏，席御，高晓东. 对植酸在白酒中除浊脱锈和改善口感的研究 [J]. 酿酒，1999，133（4）：81-83.

[38] 张洪生. 应用植酸处理白酒中固形物的研究 [J]. 酿酒科技，2002，109（1）：41-42.

[39] 陈前林. 玻璃酒瓶对白酒质量的影响 [J]. 酿酒科技，2006，143（5）：105-106.

［40］王化斌．白酒的"苦味"［J］．酿酒科技，2007，158（8）：165-167.

［41］王尹叶，范文来，徐岩．白酒中挥发性苦涩味物质的提取和分离［J］．食品与发酵工业，2018，44（6）：240-244.

［42］杨会．白酒中不挥发呈味有机酸和多羟基化合物研究［D］．无锡：江南大学，2017.

［43］范文来．白酒及其发酵过程中内源产生的不挥发性有机化合物综述［J］．酿酒，2020，47（6）：4-14.

［44］陈季雅．试谈蒸馏白酒的卫生标准［J］．酿酒，1983（3）：7-13.

［45］杜连启．论新型白酒生产中产生异味和沉淀的原因及防止措施［J］．食品工业，2006（4）：29-31.

［46］熊子书．中国三大香型白酒的研究（三）清香·杏花村篇［J］．酿酒科技，2005，133（7）：17.

［47］沈怡方．白酒生产技术全书［M］．北京：中国轻工业出版社，1998.

［48］陈宗雄，庄名扬．中高度白酒货架期沉淀原因及处理方法［J］．酿酒科技，1995，68（4）：21.

［49］李志斌．白酒中晶状沉淀的研究［J］．酿酒，2008，35（5）：44-46.

［50］王勇，卢建春，郭文杰．低度酒在低温下出现混浊、油花的成因探讨［J］．酿酒科技，1997，79（1）：43-46.

［51］尚宜良，王延龙．己酸乙酯的溶解特性和低度浓香型白酒的工艺稳定性［J］．酿酒，2006，33（4）：29-31.

［52］贾智勇，高洁，李金保．低度西凤酒除浊技术探讨［J］．酿酒，1998，129（6）：20-23.

［53］沈怡方．低度优质白酒研究中的几个技术问题［J］．酿酒科技，2007，156（6）：77-81.

［54］赵鹏宙．中低度浓香型白酒浑浊沉淀的成因及防止措施［J］．酿酒科技，2007，154（4）：83-84.

［55］赖登燡，范威，丁志贤，等．瓶装白酒净含量在不同温度下变化规律［J］．酿酒科技，2005，132（6）：48-50.

［56］孙西玉，梁邦昌．中国低度白酒的历史沿革与白酒发展趋势［J］．酿酒科技，2007，156（6）：73-76.

［57］沈怡方，李大和．低度白酒生产技术［M］．北京：中国轻工业出版社，1996.

［58］杨幼慧，陈永泉．提高低度白酒质量的途径［J］．酿酒科技，1997，84（6）：45-46.

［59］赵国敢．洋河低度白酒酒体抗冷冻工艺研究［J］．酿酒科技，2007（8）：71-75.

［60］姜玲玲，马荣山，温营营．大孔吸附树脂对白酒中杂醇油吸附特性的研究［J］．酿酒，2006，33（1）：33-34.

［61］张建华，黄君君，陶绍木，等．树脂吸附法降低酒中高级醇的工艺研究［J］．酿酒科技，2006，145（7）：27-30.

［62］赵国敢，刁亚琴．浓香型白酒酒体抗冷冻及过滤工艺的研究［J］．酿酒，2006，33（6）：34-37.

［63］王东新，张生万，赵三虎．提高和稳定低度白酒品质方法的研究［J］．酿酒科技，2007，151（1）：41-45.

［64］邓静，吴华昌．低度白酒除浊工艺研究［J］．酿酒科技，2006，140（2）：37-43.

［65］曹翠平 . 低度白酒浑浊的原因及活性炭处理法［J］. 酿酒科技, 2006, 148（10）: 56-57.

［66］林东, 赖登燡 . 低度白酒的除浊技术与酒质的关系［J］. 酿酒, 2006, 33（5）: 25-27.

［67］张书田 . 褐藻酸钠在浓香型低度白酒中的应用［J］. 酿酒科技, 1981（1）: 12.

［68］Lindemann B. Filtration and Stabilization. In Handbook of Brewing. Processes, Technology, Markets［M］. Weinheim: Wiley-VCH Verlag GmbH & Co. KGaA, 2009.

［69］Halliday D J. Tradition and innovation in the Scotchwhisky industry. In Distilled Spirits: Tradition and Innovation［M］. Nottingham: Nottingham University Press, 2004.

［70］时均, 袁权, 高从楷 . 膜分离手册［M］. 北京: 化学工业出版社, 2001.

［71］罗惠波 . 膜过滤技术在白酒除浊中的应用研究［J］. 酿酒, 2004, 31（5）: 38-40.

［72］赖登燡, 夏先明, 蒙昌智, 等 . 复合微滤膜在全兴低度白酒中的应用研究［J］. 酿酒, 2001, 28（4）: 36-38.

［73］朱剑宏, 何俊, 周骑斌, 等 . 复合微滤膜在白酒降度除浊、改进品质中的应用研究［J］. 酿酒, 2001, 28（3）: 63-65.

［74］赖登燡, 夏先明, 蒙昌智, 等 . 复合微滤膜在全兴低度白酒中的应用研究［J］. 酿酒, 2001, 28（4）: 36-38.

［75］刘晓华 . 微滤膜的污染与清洗保养［J］. 酿酒科技, 2005, 128（2）: 113-114.

第十四章

烈性酒感官品评

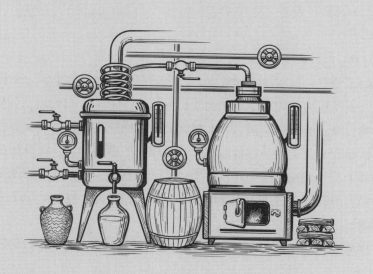

感官品评是指感官评价，亦称感官分析、感官检验和感官检查，是指用感觉器官检查产品的感官特性（可由感觉器官感知的产品特性）[1]。感官评定或品评是指品酒者通过眼、鼻、口等感觉器官，对蒸馏酒样品的色泽和澄清度（视觉的）、香气、口味及风格特征的分析评价，并使用能广泛理解的言语进行描述[2-3]。

由于感官评价受到的影响因素很多，故很多国家或组织形成了感官品尝的指南，如中国《感官分析方法学总论》（GB/T 10220）、《感官分析 术语》（GB/T 10221），国际标准化组织（International Standards Organization，ISO）、西班牙标准认证协会（Asociación Española de Normalización y Certificación，AENOR）、法国标准化协会（Association Française de Normalisation，AFNOR）、美国国家标准化协会（American National Standards Institute，ANSI）、美国试验材料学会（American Society for Testing Material，ASTM）等也制订了相关标准。

关于感官与仪器结合以及阈值测定等内容，请参照《酒类风味化学》专著。

第一节　感官品评生理学基础

人们的感知世界包括感觉和知觉两个部分："感觉"，生存环境中不停变化着的光、色、声、味、气、形状等外界反映，传输给大脑，并由此引起触动，刺激神经信号，大脑接收了这些信号，就出现感觉。"知觉"，感觉到的信息，能迅速产生知觉，知觉即是接受感觉信息后达到辨认、区分、处理，并做出相适应的反应，即应激性。应激性能迅速地对引起舒畅、欢愉的刺激表示接受，对厌恶的表示回避或反抗。

一、视觉

视觉是人的感觉之一，眼睛为视觉器官。眼睛能观察到颜色是因为物体对光波的反射作用的结果。人类视力所能感觉到的光波长为400~760nm。白光由7种颜色组成，分别为红、橙、黄、绿、蓝、靛、紫。而人们常说的三原色是指红、黄、蓝。

眼睛的结构是非常复杂的。通俗的比喻与照相机的原理相仿，眼睛的晶状体能将光波聚焦到视网膜上，并为视网膜中光色素所吸收，视网膜上接收光的细胞是大脑的一部分，连有视神经。瞳孔可以伸缩，强光时缩小，弱光时扩大，这种适应能力是由器官组织功能所决定的。

视觉观察是评酒的第一程序，酒的色泽正常与否，对以后的评酒产生重要心理影响。

二、　嗅觉

（一）嗅觉与嗅觉器官

嗅觉是气味刺激鼻腔内嗅觉细胞而产生的感觉。产生令人喜爱感觉的物质称为香气，产生令人厌恶感觉的物质称为臭气。目前，嗅觉又分为前鼻嗅觉与后鼻嗅觉。常讲的嗅觉是指前鼻嗅觉。后鼻嗅觉是指物质入口后，在人的体温及口腔中酶的作用下，挥发性化合物从口腔内进入鼻腔刺激鼻腔内嗅觉细胞而产生的感觉。

有气味的东西是挥发性的化学物质，它能被吸入的空气带到嗅觉上皮。嗅觉上皮位于人的鼻子内两个鼻洞的顶部，正好在两只眼睛之间的下面。

人的嗅觉区域约有 $2.5cm^2$，含有大约 5 亿个嗅觉感受器细胞。嗅觉区域由嗅觉上皮中向下伸出的纤毛组成，纤毛伸进约 $60\mu m$ 厚的黏液层[4]。黏液层富含脂质分泌物，充满了在上皮表面的嗅觉感受器表面。黏液层能协助运输气味物质的分子。溶解于黏液层中的挥发性气味分子与嗅觉感受器相互作用，产生信号，然而我们的大脑将它翻译成气味。每一个嗅觉感受器的神经元有 $8\sim20$ 根纤毛。嗅觉纤毛既是有气味物质分子感觉的场所，同时也是感觉转换（如传送）的开始。

在黏液层的上面是嗅觉上皮细胞。嗅觉上皮细胞中有一种基细胞，位于嗅觉上皮的最下层。当器官成熟时，它可以通过有丝分裂形成嗅觉感受器神经元。嗅觉感受器神经元大约每 40 天更新一次。嗅觉上皮中还含有色素细胞，在人鼻中发出黄色的光，而在狗鼻中发出暗黄色到棕色的光。其颜色的深浅似乎与嗅觉灵敏度有关。

当嗅觉感受器神经元伸出嗅觉上皮而接触到大气中的气味物质时，在嗅觉上皮的另一面，神经元细胞形成轴突，$10\sim100$ 个捆绑成一组穿过骨头的筛孔板，到达大脑中的嗅球。在那里，它们汇集于一点，终止于后突触细胞，并形成一个突触结构，称为丝球体。丝球体连接成组，并汇集形成僧帽细胞。例如在兔子身上，有 26000 个感受器神经元汇聚成 200 个丝球体，然后再以 $25:1$ 汇集成每一个僧帽细胞[4]。

从僧帽细胞开始，信息通过感觉神经束被直接送到更高级的中枢神经系统，它存在于大脑皮质的扁桃形部分。在这里，信号被解码，同时产生嗅觉的翻译和响应。

（二）嗅觉特性

1. 嗅觉具有灵敏性

人的嗅觉反应灵敏，有些嗅感浓度很低的物质，也能被人察觉出来，甚或高于仪器的灵敏度（图14-1）。如正己醛，人的嗅觉可达 $0.03mg/L$，而仪器在 $0.3mg/L$ 才能检出，人的嗅觉是仪器的 10 倍。从宏观角度看，人的感官感觉灵敏度大概比现有最先进的仪器要高出 1000 倍（图 14-1）。

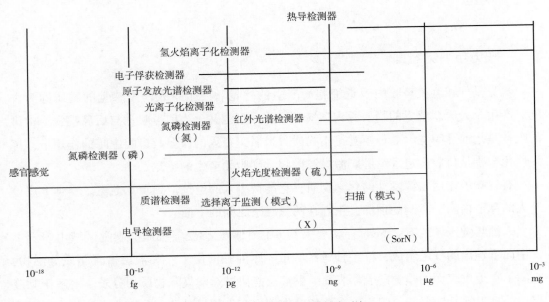

图 14-1　人的嗅觉与仪器灵敏度对比

嗅觉灵敏性因人而异，受年龄、嗜好、身体健康条件、精神状况等多方面的影响。如吸烟的人嗅感低；疲劳或营养不良，都会降低嗅觉功能；年龄大、更年期、妊娠期都会使嗅觉减退；感冒、鼻腔发炎更闻不出气味。故品酒时轮次间要掌握好休息，防止嗅觉疲劳、适应和精神不集中而影响了人对闻香的判断。

2. 嗅觉具有主观性

嗅觉的主观性不仅仅表现在对同一气味物质具有不同的描述，而且也表现在对其香气强度的描述上。

嗅觉对气味物质感觉的描述即气味，属于生理学与心理学范畴，因而，气味的描述通常是主观的。任意两个人不可能用一套相同的嗅觉受体去感受气味，且个体间后续的神经响应过程也不相同[5]。有研究人员测试 27 个感官评价员对一个环醚类化合物的嗅觉感觉，其中 14 个人描述为薄荷/樟脑气味，6 个人描述成水果香，3 个人描述成膏香，4 个人描述成麝香/木香。将这个化合物归入薄荷类香气的正确率仅仅50%[6]。因此，与视觉研究仅需 3~5 人不同，嗅觉试验通常需要 20 个评价人员，且评价人员需要训练[7]。

同样地，嗅觉的主观性还体现在气味强度上。通常情况下，（−)-土味素的平均气味阈值仅为（+)-土味素的 1/10。但某些个体对其中一个气味的灵敏度会超过另一个的40 倍；一些有经验的人认为两个异构体的阈值是类似的，还有一些人对（+)-土味素比较敏感[5]。因此，对所有的感官量值估计、气味强度测量必须考虑人们会无意识地调节心理量表以适应手头的工作。

嗅觉的主观性与品尝员的种族、民族、年龄、经历、性别、生理周期、个人嗜好、情绪、环境等相关。

3. 嗅觉具有适应性

所谓"久居兰室而不闻其香",就是嗅觉疲劳了,闻不出初始的香了。

当人们暴露在某一气味下时,嗅觉刺激的灵敏度下降(图 14-2),这一现象也称为嗅觉疲劳。这一过程十分快速,几秒钟之内会使某一气味物质变得不明显,而对其他气味的适应可能需要几分钟[7]。此外,一种气味不仅会影响嗅觉系统检测它自身的能力(自动适应),而且会影响嗅觉系统对其他气味物质的感觉(交叉适应)。当我们连续吃和喝时,这种效应的影响十分强烈。假如一杯酒存在一种异嗅,但它会被其他气味物质掩盖,令人们不能感觉到。当人们适应掩盖剂后,这种异嗅就会感觉到。这就是为什么第二杯酒喝起来与第一杯酒不同。

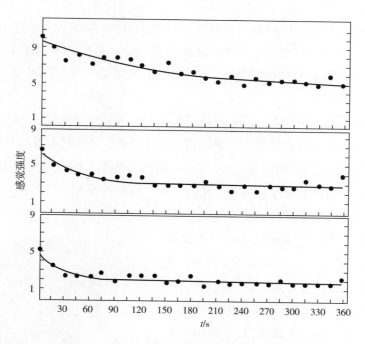

图 14-2　不同浓度乙酸丁酯感觉量级的适应[8]

酒的香气是决定酒品质的重要指标,因此评酒员必须具备灵敏的嗅觉,必须通过训练提高个人的辨别能力,只有大量的投入,才能具备熟练的品评技巧。

(三) 气味分子特征

有气味的东西一定具有一些分子特征,才能被感觉器官感知。它一定有一些水溶性、足够高的蒸气压、低的极性，有一点脂溶性和表面活性。到目前为止，还没有一种有气味的物质其相对分子质量超过 294[9]。

嗅感物质种类很多，引起的感觉千差万别，十分复杂，因此对气味进行分类十分困难。化合物的化学结构与气味之间的关系，目前仍未确定出基本规律，因此人们只能利用一般词汇来描述，如水果香、花香、未成熟香、腐败臭等；由于个人经验的不同，常会出现对同一种香的描述因人而异的现象。浓度的高低也能引起气味的改变，一般来说无机物中 NO_2、SO_2、H_2S、NH_3，都有强烈的气味，挥发性的有机物大多有气味，这与其所含的功能基团类型、数目有关。酒类产品中含有的醇、醛、酮、酸、酯类化合物，其中的羟基、醛基、酮基、羧基是嗅感基团，随着分子碳链的增长，其气味也由果实香向清香及脂肪臭转化，分子碳链增到 C_{10} 以上时，则基本无嗅感。

三、 味觉

味觉是化学刺激物对口腔中的"味觉受体细胞/味蕾"刺激而引起的感觉[10]。该术语不用于表示味感、嗅感和三叉神经感的复合感觉。如果该术语被非正式地用于这种含义，那它总是与某种修饰词连用，例如发霉的味道、草莓的味道、软木塞的味道等。

日常生活中讲的"味道"并不是味的本质特征，不是"味觉"，而仅仅是一种感觉，如辣、凉爽、针刺感和刺激性；或口感，如砂砾感、油腻感和涩感；或嗅觉，如水果香、花香、青香或汗臭味。因此，经常讲的风味是味觉、嗅觉和化学觉的总体感觉。风味严格的定义是口腔的化学感应（"味道"——分为味觉和化学刺激）和鼻腔的化学感应（嗅——分为嗅觉和化学刺激）[10]。

与嗅觉反应类似，味觉接收的信号通道也依赖于接受器耦合 G-蛋白。传统观点认为，味觉有四种（基本的味觉）即酸、甜、苦、咸（图 14-3）。目前，鲜味已经成为第五种基本的味觉。酸味是由某些酸性物质（例如柠檬酸、酒石酸等）的水溶液产生的一种基本味道。苦味是由某些物质（例如奎宁、咖啡因等）的水溶液产生的一种基本味道。咸味是由某些物质（例如氯化钠）的水溶液产生的一种基本味道。甜味是由某些物质（例如蔗糖）的水溶液产生的一种基本味道。鲜味是由某些物质（例如谷氨酸钠盐）的水溶液产生的一种基

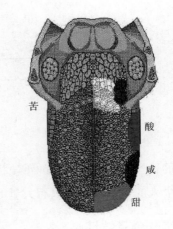

图 14-3 舌头对酸、甜、苦、咸的感觉部位示意图

本味道。

通常讲的涩味、辣味等，不属于味觉。涩味是反映某些物质（例如多酚类）产生的使皮肤或黏膜表面收敛的一种复合感觉。

人们能感觉到味道，是由于有味道的物质与舌头上不同的味觉乳突相互作用的结果。菌状的乳突（0.3~2mm 的直径）具有梨状的味蕾（40~70μm），味蕾通过狭窄的小管（2μm）与口腔相通。成年人总共有 2000 个味蕾，但幼儿约有 10000 个。在味蕾的顶部，微纤毛居于其核心。微纤毛直径 0.1~0.2μm，长 1~2μm。微纤毛是最可能与呈味化合物结合的第一个位点。目前已经发现有四种细胞类型：类型Ⅰ（暗细胞）、类型Ⅱ（亮细胞）、类型Ⅲ（主要的化学感受器）和基细胞[11]。

味道的刺激并不能穿透味觉感受器的细胞膜，而仅仅在它的表面相互作用。味觉细胞一直在不断的更新中，其更新的周期在 10~14d。

味觉分子是指甜味剂、苦味剂、酸味剂、咸味剂和鲜味剂[10]。通常情况下，蔗糖（50mmol/L）和 L-丙氨酸（15mmol/L）用于甜味训练；乳酸（20mmol/L）用于酸味训练；NaCl（12mmol/L）用于咸味训练；咖啡因（1mmol/L）和盐酸喹啉（0.05mmol/L）分别用于苦味训练；谷氨酸钠（8mmol/L，pH5.7）用于鲜味训练[12]。

四、 化学觉

在人的感觉系统中，有一类感觉不属于味觉，但这类感觉是由化学物质刺激口腔黏膜引起的，这类感觉称之为触觉，或三叉神经的响应，也称之为化学觉[13]、口感。

化学物质感觉的响应在"吃"时被带到大脑中，不仅被三叉神经（前口腔、舌头、鼻腔、脸、部分的头皮）感觉，而且被舌咽神经（后舌、咽）和迷走神经（鼻和咽）感觉。

对化学觉的响应最有"发言权"的是嘴唇、舌、上腭、软腭和喉上部（咽和咽喉）。在口腔中，这些神经并不在组织的表面，而是埋藏在表皮下面。因此，对刺激的响应在开始时比较慢，但持续时间长。当你吃很辣的东西时，你就会痛苦地感觉到"它"。最初，辣并没有表现出来，但首先是嘴唇变得红肿，接着是舌头。正如你感觉到辣比较慢一样，它的消失也慢。当然，能产生辣的物质是有限的，如辣椒、姜、萝卜和芥末。研究发现，唇对 32℃的感觉是冷，34℃以上感觉是温暖的，而 43℃以上有疼痛感[7]。

在舌头上，感受化学觉的神经存在于味觉乳突上，被包裹在味蕾的周围。菌状乳突拥有化学觉神经。那些神经利用味蕾的结构形成一个通道到舌头的表面。据报道，这些神经的数量比味觉感受器多 1~3 倍。化学觉神经与味觉感受器类似，存在化学物质特殊感受位点，不同的是，它们有一套另外的独特的感受器。这些感受器包括对触觉响应的机械性刺激感受器、检测温度变化的温度感受器、检测动感的本体感受器和缓解痛苦的伤害感受器[13]。

疼痛和温度感觉对人们的饮食非常重要。产生疼痛的刺激分为三种类型：机械的、热的和化学的。唇和嘴巴对疼痛的感觉受体是游离神经末梢，称为疼痛感受器。疼痛感受器上感觉传导属于阳离子通道的瞬时型感受器（transient receptor potential，TRP）家族[7]。

对温度独特响应的感受器称为温度型感受器（thermoTRPs），包括亚族的辣椒素TRPV（vanilloid TRPV，TRPV1,2,3和4）、melastatin TRPM（TRPM8）和锚跨膜蛋白TRPA（ankyrin trans membrane proteins，TRPA）。它们中间，TRPV1和TRPV2调控有害的热响应，TRPV3和TRPV4调控无害的、温和的热响应；TRPM8调控无害的冷响应，而TRPA1调控有害的冷响应。这些疼痛感受器存在于三叉神经节中，而TRPM8发现在味觉乳突状突起中[7]。

通俗地讲，用词汇描述的味并不是味的本质，而仅仅是一种感觉，如辣、凉爽、麻刺感和刺激性；或口感，如砂砾感、油腻感、涩感；或嗅觉，如水果香、花香、青香或汗臭味。因此，经常讲的风味是品尝过程中感受到的嗅觉、味觉和三叉神经觉特性的复杂结合，它可能受触觉的、温度觉的、痛觉的和（或）动觉效应的影响。

第二节　感官品评特点、作用与意义

酒是一种嗜好品，它的色、香、味是否为人们所接受，必须经过人们的感官评价。要为广大消费者提供合格、适口的饮料酒，必须坚持理化指标与感官评价并重的方法，因为一种酒独特风格的形成，不仅决定于各种成分含量的多少，还决定于各种成分间的协调、平衡、衬托、缓冲、掩盖的关系。感官评价的方法是人们对酒的内在质量综合的复杂的反映。迄今为止，酒类理化分析中得出的数据，仍不能说明酒的芳香及其微妙口味的差别，因此，酒类的感官评价在实际应用中的作用是与理化分析方法相辅相成的。

一、　感官品评的特点

感官品评有如下特点，一是快速、简便、灵敏。感官品评不需要仪器和试剂，只需要简单的工具，在适当的环境下，用很短的时间就能完成，这是仪器分析所不能及的。人的嗅觉是很灵敏的，对某些物质比气相色谱的灵敏度还高。例如在空气中，人能嗅出某一浓度的麝香气味，但目前还没有仪器能直接测出这样微量的成分。二是感官品评具有不可替代性。白酒的感官指标是衡量质量的重要指标，白酒的理化、卫生指标分析数据目前还不能完全作为质量优劣的依据，即使两个酒品在理化指标上完全相同，但在感官指标上亦会体现出较明显的差异。白酒的风格取决于所有酒中成分的数量、比例，以及相互之间的协调、平衡相抵、缓冲等效应的影响。人的感官品评可以区分这种错综复杂的相互作用的结果，这是分析仪器无法取代、实现的。

二、　感官品评的局限性

感官品评亦不是万能和十全十美的，它亦存在着局限性。由于感官品评是通过人的感觉器官来实现的，因此它反映出的结果与人的因素密切相关。

人在一段时间内连续接受刺激就会疲劳进而变迟钝，休息一段时间后方能恢复，此现象在生理学上称为"有时限的嗅觉缺损"。这亦是"久而不闻其臭，久食不知其味"的道理。

感官品评的结果一般是以文字表达的，难以用具体准确的数字来表达。

感官品评受人的种族、民族、经验、性别、年龄、地区性、习惯性、个人爱好、当时的情绪等影响，容易造成偏差。

三、　感官品评的意义

品评是检验白酒质量的重要手段，感官指标是白酒质量的重要指标，它是由感官品评的方法来检验的。例如产品评比活动、企业产品的质量检验等，都是以感官品评作为质量检验的重要内容。

感官品评是生产过程中进行有效质量控制的重要方法。如半成品酒的质量检验；入库酒贮存等级的鉴别；勾兑、调味的质量控制；成品酒的合格检验等，都离不开感官品评，并以此指导生产。

通过感官品评可为企业提高产品质量或开发新产品提供重要的信息。对同类产品的品评对比，可以看到差距，从而重新确定质量目标，并采用相应的技术措施来提高产品的市场竞争能力，对企业的发展具有积极的作用和意义。

四、　感官品评的作用

在生产过程中，通过感官检验，可以及时发现问题，总结经验，为改革工艺、提高产品质量提供科学根据。

通过感官品评，可快速检验产品质量，指示各工序有效地正常顺利进行。

通过感官检验，确定产品等级，便于分库贮存，同时可以掌握酒在贮存过程中的演变情况和成熟规律。

白酒讲究型格，"生香靠发酵，提香靠蒸馏，成型靠勾兑"。勾兑对成品酒保持其风格是极为重要的，要勾兑出独具风格的好酒，必须对不同级别的原酒进行感官检验，确定类型，通过合理调配，精心勾兑出固有风格的好酒；是控制最终出厂成品质量的关键性措施；是搜集市场反映，了解消费者爱好和与广大消费者直接对话的最简便手段。

第三节   感官品评方法学

感官评价包括四个阶段：①利用感官（包括眼、鼻、口）对食品进行观察，以获得相应感觉；②对所获得的感觉进行描述；③与已知的标准进行比较；④最后进行归类分级，并得出评价。

品评分明评明议和编号暗评两种。明评明议是向参加品评的人员公布鉴定产品的生产厂家、商品标记、样品来源等内容，可以边评边议，也可以评后议论。既有个人见解，也有集体意见，这样能发挥交流经验、集思广益的作用，是同类产品对比、找差距、研究有关技术问题的好方法。编号暗评是将不同生产厂家的同类型产品，在不公布生产厂家、产品名称时分别密码编号，评酒人员按号品评，记录分数与评语，发挥独立思考，以个人对产品的意见为主，再综合大家的意见得出最后的结果。这种方法的品评可以排除一些客观因素的干扰，适于同类产品的对比、选优。

一、 感官品尝方法

国内外对酒类产品品尝的计分方法不同，但多采用差异品尝，主要有以下几种方法[14-15]。

（一）单杯法

单杯法也称为 A 非 A（A-NON A）试验、单样比较法。即按顺序先品尝一号酒样，尝后取走。再对二号酒样进行品尝，鉴别一、二号酒样是相同抑或相异；相同、相异表现在哪些方面。

（二）成对比较试验法

成对比较试验法（Paired Comparison test），亦称双杯法、双样比较法、二杯品评法。同一轮次甲乙两种酒样，一种为标准酒样，一种为被检酒样，对比品尝两种酒样的差异内容。消费者或感官品尝员用成对比较试验法评价酒样中存在或不存在的风味。

（三）双样嗜好法

双样嗜好法，也称偏好图测试法（Preference Mapping test），在 A、B 两个试样中，选择比较喜好的一个。通过这个方法，品尝员通常能发现不同酒样之间的关系。

（四）三角测试法

三角测试法（Triangle test），俗称三杯品尝法、三杯法、三点检验法。同一轮次中三种酒样，其中的两杯为同一酒样，共有 6 种组合，即 AAB、ABA、ABB、BAA、BBA、BAB，随机排列 6 组样品，对此分辨组内相同酒样和不同酒样。

在三角测试法中，偶然回答正确的概率为 1/3。偶然选择错误答案的概率为 2/3。因此，需要进行统计学计算如卡方分布（chi-square distribution）等，请参阅相关书籍[16-17]。需要专家或受过训练的品尝员判断两个或更多样品是否一样。

（五）二·三检验

二·三检验（duo-trio test），是由佩里亚姆（Peryam）和斯瓦茨（Swartz）于 1950年开发的三角测试法的替代方案[16-17]。二·三检验是一种总体差异测试，用于确定两个样本之间是否存在感官差异。此方法特别用于：一是确定产品差异是否由原料、加工、包装或存储的变化引起；二是确定是否存在总体差异。该方法需要专家或受过训练的品尝员判断两个或更多样品是否一样。

（六）顺位法

顺位法（Ranking test），亦称强制排序法，是指同一轮次中有几种酒样，分别编号，品尝对比出各种酒样质量差异，区分优劣，排出名次。受过培训的品尝人员测量一批样品中一个或多个风味描述的强度。

（七）自由选择描述法

自由选择描述法（Free Choice Profiling method，FCP）是一种快速且廉价的方法，要求消费者同时识别样本中的属性，并对这些属性的喜好和/或强度用他们自己的语言描述、评价[18]，而不是回答"是—否—可能"的问题。然后分析所有描述，通过广义普氏分析（Generalized Procrustes Analysis，GPA）或多因素分析（Multiple Factor Analysis，MFA），以确定"共识配置"[19]。该测试需要专家品尝小组或受过训练的品尝员参与。其目的是用感官术语中的特征词汇描述一个或几个样品的风味。

（八）风味剖面法

风味剖面法（Flavor Profile Method，FPM）是对产品的风味和风味特性包括感知到的风味及风味的强度，感知到的顺序、风味的余味（吞咽后留在腭上的 1 或 2 种风味印象）等用词汇或印象进行描述的方法[20]。常用雷达图表达。该测试需要专家品尝小组或受过训练的品尝员参与。其目的也是用感官术语中的特定词汇描述一个或几个样品的风味。

（九）定量描述分析法

定量描述分析法（Quantitative Descriptive Analysis，QDA）是感官评价的主要描述性分析技术之一[17]。在 QDA 方法中，通常进行多种产品同时评估，以利用小组成员高精度相对判断的技能。人类善于判断相对感官差异，但评价绝对差异却很差。这一理念使得 QDA 方法与试图最终确定产品之间绝对差异的描述性方法明显不同。

与其他描述性方法类似，受试者根据他们在 QDA 方法中的歧视测试和语言化的表述进行筛选。QDA 推荐 10~12 个评价员[16]。在培训期间，测试产品是共识评价语言。小组领导担任沟通协调人，不参与和干扰小组讨论。参照样品可用于生成感官评价术语，特别是当小组成员在培训课程中对一些感官属性感到困惑和意见不同时。

（十）计分法

同类型产品，一轮中安排 4~5 个酒样，分别编号，按标准中感官要求内容品尝，单项计分，写出评语，计算总分，汇总参评人的计分及评语，得出各酒样总分，排出顺序。

白酒品评计分表见表 14-1 和表 14-2；白兰地品评计分表见表 14-3 和表 14-4。

表 14-1　　　　　　　　　　白酒品评计分表

杯号	色（10 分）	香（25 分）	味（50 分）	风格（15 分）	评语

评酒员：　　　　　　　　年　　月　　日

白酒品评计分表（LCX—白酒品评系统）

表14-2

酒样名称＿＿＿＿＿ 评酒员＿＿＿＿＿ 日期＿＿＿＿＿

项目	选择项目	序号	轮次 1	2	3	4	5
一、色泽	（1）无色（或微黄）	1					
	（2）有异色	2					
	（3）异色较重	3					
二、透明度	（1）清亮透明	4					
	（2）较清亮透明	5					
	（3）稍有浑浊或悬浮物	6					
三、主体香气	（1）主体香突出	7					
	（2）主体香明显	8					
	（3）有主体香	9					
	（4）主体香欠明显	10					
四、香气质量	（1）香气纯正	11					
	（2）香气较纯正	12					
	（3）香气欠纯正	13					
	（4）有异香	14					
五、香气大小	（1）香气大	15					
	（2）香气较大	16					
	（3）香气小	17					
	（4）香气弱	18					
六、香味谐调程度	（1）香味谐调	19					
	（2）香味较谐调	20					
	（3）香味尚谐调	21					
	（4）香味欠谐调	22					

项目	选择项目	序号	轮次 1	2	3	4	5
十一、甜味	（1）口味醇甜回甜	39					
	（2）口味甜	40					
	（3）口味较甜	41					
	（4）口味欠甜	42					
十二、前味	（1）入口绵顺	43					
	（2）入口较绵顺	44					
	（3）入口平淡	45					
	（4）入口糙辣	46					
十三、后味	（1）后味悠长	47					
	（2）后味长	48					
	（3）后味较长	49					
	（4）后味短	50					
十四、陈味	（1）陈味幽雅	51					
	（2）陈味明显	52					
	（3）有陈味	53					
	（4）陈味不明显	54					
十五、本香型风格	（1）本香型风格突出	55					
	（2）本香型风格明显	56					
	（3）本香型风格不明显	57					
十六、本品风格	（1）本品固有风格突出	58					
	（2）本品固有风格明显	59					
	（3）本品固有风格不明显	60					

续表

酒样名称								
项目	选择项目	轮次 1	2	3	4	5	序号	日期
七、口味醇厚程度	（1）口味醇厚						23	
	（2）口味较醇厚						24	
	（3）稍有醇厚感						25	
	（4）口味欠醇厚						26	
八、诸味谐调程度	（1）诸味谐调						27	
	（2）诸味较谐调						28	
	（3）诸味尚谐调						29	
	（4）诸味欠谐调						30	
九、口味净爽程度	（1）口味净爽						31	
	（2）口味较净爽						32	
	（3）口味欠净爽						33	
	（4）口味杂						34	
十、口味柔顺程度	（1）口味柔顺						35	
	（2）口味较柔顺						36	
	（3）口味欠柔顺						37	
	（4）口味冲烈						38	

评酒员							
项目	选择项目	轮次 1	2	3	4	5	序号
十七、酒体完美程度	（1）酒体完美						61
	（2）酒体较完美						62
	（3）酒体欠完美						63
十八、酒体丰满程度	（1）酒体丰满						64
	（2）酒体较丰满						65
	（3）酒体平淡						66
十九、个性突出	（1）本品个性突出						67
	（2）本品个性明显						68
	（3）本品个性不明显						69
二十、个性悦人	（1）本品个性悦人						70
	（2）本品个性可接受						71
	（3）本品个性难接受						72
二十一、外观其他缺陷							73
二十二、香气其他缺陷							74
二十三、口味其他缺陷							75
二十四、风格其他缺陷							76

表 14-3　　　　　　　　　　　　白兰地品评计分表 [21]

项目名称		品评结果	备注
外观	色泽（10分）		
	澄清度（10分）		
香气滋味	香气（10分）		
	滋味（40分）		
典型性（10分）			
综合评定结论			
评委签字			

表 14-4　　　　　　　　　　　　阿尔马涅克白兰地品尝表 [21]

品尝员：　　　　　　　　　　　　　　　　　表号：

白兰地：　　　　　　　　　　　　　　　　　日期：

外观

颜色
很浅　浅　一般　深　很深
□　　□　　□　　□　　□

主要色调
黄　棕　棕红　绿　铅灰
□　□　□　　□　□

外观评价
很差　差　一般　好　优
□　　□　　□　　□　□

香气

总体浓度
淡　弱　一般　浓　很浓
□　□　□　□　□

感觉到的香气
辛辣　□　□　□　□
发酸　□　□　□　□
花香　□　□　□　□
果香　□　□　□　□
李子干　□　□　□　□
香草　□　□　□　□
木香　□　□　□　□
哈喇　□　□　□　□

可能的缺陷
生青
蒸馏壶　□　□　□　□
焦味　□　□　□　□
恶臭　□　□　□　□
烂木　□　□　□　□
霉味　□　□　□　□
浓烈　□　□　□　□

香气评价
很差　差　一般　好　优
□　　□　　□　　□　□

口感

甜　　□　□　□　□　□
酸度　□　□　□　□　□
丰满　□　□　□　□　□
燥辣　□　□　□　□　□
干　　□　□　□　□　□
涩　　□　□　□　□　□
苦　　□　□　□　□　□
圆满　□　□　□　□　□

芳香持久性
淡　弱　一般　浓　很浓
□　□　□　□　□

口感评价
淡　弱　一般　浓　很浓
□　□　□　□　□

总体质量
很差　差　一般　好　优
□　　□　　□　　□　□

评语：

二、 感官品评前样品准备

（一）样品准备

1. 酒样品种

对每次参评的酒进行分类，白酒按同香型、同一工艺归为一类，如大曲酒与麸曲酒之分，谷物原料与非谷物原料之分，酒的香型之分。每组酒样不超过 6 个，每日最多评 4 组，每组评完后要休息半个小时左右。

2. 酒样数量

工作人员对酒样的酒杯编号，目前国际上通行的是 4 位随机码。白酒每杯酒样注杯的 3/5 量，每杯注入量相同；苏格兰威士忌是在 130mL 的郁金香酒杯中注入 30mL；品尝白兰地时，斟酒量不能超过杯容量的 1/4，即 100mL 的酒杯中只能倒入 25mL 白兰地，使酒的液面达到杯腹部最大截面处[21]。

3. 酒样酒精度

成品白酒品尝时，通常采用原来的酒精度；白酒原酒品尝时，通常稀释到 60%vol；苏格兰威士忌样品通常稀释到 20%vol[3]；白兰地品尝酒通常稀释到 40%vol。因酒精度下降，酒的刺激感会下降，口感的丰满度和圆润度最好，灼烧感最弱，同时会增强香气的释放[22]。

成品酒品尝则按照先低度、后高度的顺序品评。

4. 酒样温度

酒样注入酒杯后，应该进行温度平衡，保持酒样温度与环境温度一致，白酒的品评温度规定为 15~20℃为宜；白兰地品尝温度通常是 16℃。白兰地品尝时，可以使用手掌温度适度加热酒。

（二）评酒员注意事项

一是评酒员在评酒前要尽可能地休息好。评酒前和评酒时必须精力充沛，情绪饱满，如精神萎靡、心情烦乱等都会影响评酒的效果，不允许感冒。二是评酒员应饮食正常。过饥、过饱对评酒都有影响，不宜饮用有刺激性的饮料，不宜吃辛辣味的食物（如生蒜、生葱、生姜、辣椒等）和浓甜、重辣的菜肴。在评酒前应先刷牙漱口，保持口腔清洁，以便对气味做出最正确的辨别。三是评酒前最好不吸烟。评酒前 30min 和品评中不得吸烟，评酒前要刷牙漱口，防止嗅觉和味觉迟钝。四是情绪与精力好。评酒前不要过多地谈话和高谈阔论，这样会分散精力，影响味感。五是评酒人员在评酒时，不要用有气味的化妆品和携带有香气的物品。未经允许，评酒员不得进入准备室。

另外，品尝员在品尝酒样时，会出现三种效应，即顺序效应、后效应和顺效应，需要关注。

顺序效应有两种情况。如评 1 号、2 号、3 号三种酒，先评 1 号酒，再评 2 号和 3 号酒，发生偏爱 1 号酒的心理现象，这称为正的顺序效应。有时则相反，产生偏爱 3 号酒的现象，称为负的顺序效应[23]。

品评两款以上的酒时，品评了前一款酒，往往会影响到后一款酒的品评的正确性。例如品评了一款酸涩味很重的酒，再品评一款酸涩味较轻的酒，就会感到没有酸涩味或很轻，这称为后效应[23]。

在评酒过程中，经较长时间的刺激，嗅觉和味觉变得迟钝，甚至变成为无知觉的现象，称为顺效应[23]。因此，一般评酒时，每轮评 5 个酒样，每评完一轮后，休息 30min 以上。

三、 品尝顺序

(一) 外观

首先是观色，眼观其色。绝大多数白酒是无色、清亮、透明的，仅酱香型白酒可以是微黄。大部分威士忌、白兰地等经过橡木桶贮存的酒是有颜色的（真正色度的测量请参阅相关资料）。

举杯，使酒杯液面稍高于眼的平视线，平视酒液、侧视酒液，或用白纸衬在酒杯下或使用白色背景，自酒液上方向下直视或平视观察。

对于有色酒如经过橡木桶贮存的白兰地和威士忌，首先要判断色泽强度，通常使用非常淡、淡、中等、深褐色和非常深；其次要判断主体颜色的轮廓，如黄色、棕色、腰果色、绿色和灰色[24]。好的白兰地应该是澄清透亮，晶莹光灿，金黄色或赤金黄色。带有暗红色或瓦灰色的，是质量差的，或受到铁污染的[21]。

二是观察浑浊或澄清程度。分为两种方法，一是静态观察，举杯对光或利用折射光观察酒液，区分澄清透明、稍失光、失光、微浑、浑浊、有无沉淀或悬浮物，分辨是过滤不清的外来杂物、还是酒质变化而引起的浑浊沉淀；也可以用不充分的、差的、中等的、良好的和优秀的等程度词来形容[24]。二是动态观察，摇动酒杯，使酒液附着于杯内壁的四周，观察酒液流动情况，正常、挂杯、浓稠、黏滞，酒液的流动状况是反映酒质的一项重要内容。

色泽及澄清度是接触酒样的第一感觉印象，对以下各项鉴评有很重要的心理影响（真正澄清度的测量请参阅相关资料）。

（二）闻香

鼻闻其香。手持酒杯于鼻下 1~3cm 处，头略低，轻轻地吸气，用鼻子仔细辨别气味。注意鼻子与酒杯的距离要一致；吸气量不可忽大忽小；只能对酒吸气，不能对酒呼气。

闻香又分为三种，一种是静态闻香，保持酒液在静止状态下分辨香气类别及香气的强弱。另一种是动态闻香，摇动酒杯，使酒气散发，先对准酒杯轻轻吸气，核对静态闻香结果，再深吸气，加强分辨，特别注意分辨不易挥发的气味及细微的香气，辨别优劣气味。第三种是加强闻香。在静态、动态状况下闻香，对香气已有初步印象，可再将酒杯置鼻孔下，用力连续地急促吸气，或用手握杯增加酒液温度，促进香气挥发，加深对嗅觉的刺激，更便于取得准确的结论。

特殊闻香适用于白酒、白兰地、威士忌、朗姆酒类产品，有以下几种方法：一是滤纸条法。用长条滤纸，浸入酒液，达滤纸 2/3 长度，闻香，放置 10 余分钟，任其挥发后，再继续闻香，确定香气变化及持久性。二是手心法。将手洗净，自然晾干。在手心中滴入几滴酒，握手成拳，从大拇指和食指间的缝隙中闻其气味。此法可用以验证判断的香气是否正确，且效果明显。三是手背法。于洗净的手背上，滴一滴酒，摊开，闻挥发出的气味。四是空杯留香法。评完杯中酒后，倒去酒，将空杯放置一段时间或过夜，然后闻其香味。

（三）尝味

口尝其味。尝味是感官品评中的重要内容，要分辨各味的存在，验证闻香的结果，分辨余味香气的长短。

尝酒时吸入 2~3mL（低度酒吸入 3~5mL），酒在口中停留 2~3s。评完后，吐出口中的酒液，用清水漱口，然后再评第二杯酒样。必要时，将酒咽下（少量或全部），以辨别后味。后味，也称余味，是在产品消失后产生的嗅觉和（或）味觉。它有时不同于产品在嘴里时的感受。

酒样咽下后，要张口吸气，闭口呼气。同时要注意，品尝次数不可过多，一般不超过 3 次。

酒液入口要慢而稳，使酒液铺满舌面，充分利用舌尖、舌两侧、舌根的各种感受区，细心分辨酸、甜、苦、咸、涩、辣等各味的不同感受。

低度酒入口酒量大，可大口鼓漱，以充分触及舌面。高度酒必须使酒液在口腔内停留几秒钟，再入喉体会上颚及喉头感觉，酒气从鼻腔呼出，验证闻香结果，饮后几秒钟体会余香效果。

酒液铺满舌面，分辨舌面触觉反应，如纯正、醇和、醇厚、爽冽、腻口、尖刺、寡淡、异杂、收敛感（移动舌面，使舌面与上颚、牙床摩擦，感受涩味存在的感觉），并验证酒的回味对口腔刺激的余波。

酒液在口中不要停留时间过长，因为与唾液混合会发生缓冲作用，影响对味感的正常判断，同时还会造成味觉疲劳。

按轮次正式评比时，要按标号先顺次序品味，选出优劣的最初印象，再逆顺序品味核对，选出质量较全面的酒为本轮次的标样，各号杯可与之比较，作为计分的标准。特殊异香、异味的酒样，留至最后品评，以免影响口感。

尝味感觉可分为四个阶段，但界限不是很明显，是连续瞬间的反应现象。

第一为初感：接触酒样的最初感觉，分辨酒的类型。第二为触感：继续感觉出酒味纯正还是异杂，醇和还是暴烈，协调还是寡淡，丰满还是乏味，舒爽还是腻口等。第三为刺激感（实际为触感）：质量低劣的产品首先突出这一感觉，淡泊、粗糙、不谐调、苦涩等。第四为回味感：酒液入喉，品评余香、余味、留口苦涩酸甜等的味感状况，及各味强弱、浓淡的感受。

品初感进口量稍少，品触感进口酒量稍多，布满舌面，品回味感进口量大，每一感觉反复 2~3 次即可得出结论，不宜反复品尝，以免影响判断的准确性。切忌吞咽，一饮而过，要使酒液与舌面上颚、咽喉各部位充分接触。品味时要精神集中，专心思考，细心体会，不要左顾右看，受旁人干扰。品酒进行中，自行掌握间隙休息，进行一个循环后，用白水漱口，以恢复味觉的灵敏感。

（四）典型性

色、香、味综合表现的整体效果，按标准要求的规定，是衡量典型性的依据，至于是否属于具有明显、突出等水平的划分，则依据整体效果表现而定。首先区分档次，按档次要求来判断典型性。

（五）评语

对酒样进行了色泽、外观、香气、口味、典型的品尝，并逐项计分，对品评的各项内容就其优缺点，写出恰当的评语，说明特征。评酒用语没有统一形容的规范，但就产品特点所选用的语汇，能较确切地反映出不同的质量状况，忌使用难以理解的词汇，或长篇累赘的形容词。

（六）白酒品评打分

1. 色

无色透明 10 分；透明但微有异色 7~9 分；无色但微浑 6 分；略有异色、微浑 4~5 分；有明显沉淀或明显异色 2 分以下（表 14-1）。

2. 香

主体香突出、优雅细腻、香味协调 25 分；香气较佳、欠醇和 22~24 分；香气纯正、略欠协调 20~21 分；香不正、微有异香 17~19 分；有明显异杂味 14~16 分；有刺激性异味或有其他邪杂味 13 分以下至 8 分。

3. 味

甜、绵、软、净，回味悠长 50 分；回味醇厚、欠绵软 45~49 分；醇香不足、口味较正、余香较差 42~44 分；醇香不足、有辛辣味 39~41 分；稍有异味、味微苦涩 35~38 分；暴辣刺喉、苦涩明显 30~34 分；有焦煳味、泥臭、糠味等其他邪杂味 15~20 分或更低。

4. 风格

风格独特，典型性强 15 分；风格较明显 14 分；诸味协调、风格尚可 13 分；其他 10~12 分（表 14-1）。

第四节　白酒感官品评术语

一、 色泽评语

（一）常用评语

无色、透明、无色透明、清亮、清澈、清澈透明、晶亮、失光（酒的透明度差）、微浑、浑浊、沉淀、悬浮物、絮状物、白色、灰白色、带黄色、微黄、发黄、黄色、微青、黄青、黄黑、黑色、蓝黑色、棕色等。

（二）评语释义

正色即色正，符合该酒的正常色称为正色。如我国白酒一般呈无色或微黄色，则无色或微黄色即为正色。

色不正：不符合该酒的正常色调。

复色：有的酒呈两个颜色，称为复色。一般以后色为主色，如红曲黄酒，以黄色为主，即黄中带红。

光泽：在正常光线下有光泽。

色暗或失光：酒色发暗，失去光泽。

略失光：光泽不强或亮度不够。

透明：光线从酒液中通过，酒液明亮。

晶亮：如水晶体一样透明。

清亮：酒液中看不出纤细微粒。

不透明：酒液乌暗，光线不能通过。

浑浊：优良的酒都具有澄清透明的液相。由于浑浊的程度不同，应给以不同的评语，如有悬浮物、轻微浑浊、极浑等。

酒液中的荧光：在不同的光线下，有闪闪发光的浮游微粒，微粒较多时，即呈微乳状浑浊。

乳状浑浊：无色或淡色酒易于出现似牛乳状浑浊，浑浊比较均一。

雾状浑浊：酒液黯然无光，摇动时出现烟雾状的浑浊，在酒中扩散。

尘土状浑浊：光线通过酒液时，可见尘土状的微粒在浮动。

纤维状浮游物浑浊：酒液中有细微的纤维或浮状物，在酒液中浮游，使酒浑浊。

沉淀：酒液的沉淀，多是原来溶解的物质，由于某些影响，从酒液中离析出来，而形成较大颗粒，最后沉积于酒的底部。注入酒杯时，因受震动，先浮于酒液中，呈浑浊现象，不久，又沉淀于酒杯底部。这些沉淀有各种的形状，如粒状、块状、絮状、晶形等。

（三）不同香型白酒常用评语

1. 浓香型、清香型、米香型白酒（高度、低度）标准

无色、清亮透明、无悬浮物、无沉淀。

2. 酱香型、凤香型、其他香型白酒标准

凡符合标准的，一般书写为"无色清亮透明、无悬浮物、无沉淀"或"微黄、清亮透明、无悬浮物、无沉淀"。微黄只允许酱香型白酒和个别其他香型白酒（兼香）的色泽，其他的香型白酒微黄则要酌情扣分。凡色泽有缺陷的需写出来，例如黄色明显、色泽不正、先光、浑浊、有悬浮物或有沉淀等。

（四）评分方法

符合标准的满分10分。存在轻微缺陷，酌情扣1~4分，严重缺陷根据程度扣分。

二、香气评语

（一）常用术语

芳香、特殊芳香、芳香悦人、芳香浓郁、香气纯正、浓香、曲香、喷香、浓香馥

郁、醇香浓郁、清香、清香短、酱香、醇甜、幽雅、细腻、纯正、谐调、入口香、窖底香、酯香、糟香、微香、固有的香、特殊的香、应有的香、冲鼻、香气不足、不香、不纯正、不正、异香、暴香、香气不明显、刺激性的气味、不愉快的气味、醛臭、焦臭、腐败臭、丙酮臭、油蛤臭、杂醇油臭等。

（二）评语释义

无香气：香气不能嗅出。

似有香气：香气微弱，在似有似无之间。

微有香气：有轻微的香气。

香气不足：未达到该酒应有的正常香气或放香不足。

清雅：香气不浓不淡，令人愉快，舒适的香气。

幽雅：形容酱香型白酒香气，丰满、舒适、愉快的感觉。

细腻：指酒质细腻光滑，没有粗糙感。

纯正：纯洁，不含杂质（一般指香气）。

浓郁：香气浓厚而馥郁。

暴香：香气浓烈、粗糙。

放香：从酒中徐徐释放出香气，有时也表示酒的嗅香。

喷香：香气扑鼻。

入口香：酒液入口挥发后，感受到的香气。

回香：酒液咽下后，回返到口中的香气。

悠长、绵长、脉脉、绵绵：描述香味停留在口中的时间很长，持久不息，常用以形容酒的回香和余香。

谐调：酒中的多种香气成分，彼此和谐一致，融为一体，没有突出某种香气，无漂浮感。

完满：香气谐调，无欠缺之感。

浮香：香气虽较浓郁，但短促，使人感到香气不是自然产生的，有外加的感觉。

芳香：香气悦人，如鲜花、水果发出的香气。

陈香：也称老酒香，是酒成熟的香气。在长期的贮存过程中形成的，香气醇厚而柔和不烈。

固有的香气：酒长期以来保持的独特的香气。

异香：一种是指同类酒中所不具备的，为某一种酒独有并形成该酒的特殊风格的香气；一种是指在酒中不常出现的香气，视为不正常的香气。

焦香：似有轻微的令人愉快的焦烟气。

香韵：香气与同类酒大体相同，但细辨又使人感到有独特的风韵。

异气：有异常的又不使人愉快的气味。

刺激性气味：有刺鼻或冲辣的感觉。

臭气：如焦煳气、金属气，腐败气味如酸气、木香、霉气等。

醇香：一般白酒的正常香气。

曲香：由酿造白酒用的曲（固体曲）形成的特殊香气。

糟香：不是一般的"酒糟香"，而是带有清香气味的特殊"糟香"。

果香：是指某些白酒中，似有水果味的香气。

茅香（酱香）：有茅香型（酱香型）酒的香气。

清香：有清香型酒的香气。由于情况不同，还可分为"清香纯正""清香悠久""清香较短"等。

浓香：有浓香型白酒的香气。浓香也称为芳香，故品评白酒时也有"芳香悦人""芳香浓郁""芬芳优雅"等术语。

窖底香：此香的形成与酒窖有密切关系，故称为"窖底香"。

豉香：似豆豉的香气。

芝麻香：白酒的一种特殊香气，似芝麻香。

香不正：香不纯，刺激性气味强烈，不愉快的气味，焦臭、醛臭、油膻味、杂醇油味等。

（三）不同香型常用评语

一般按感觉要求的内容给出评语，以标准为依据，如果有差别，可用"较""尚""欠""不"等词表达，并写出存在的缺点。

1. 酱香型白酒

符合标准，评语写成"酱香突出，幽雅细腻"。较好的可写为酱香较突出、酱香明显（较明显）、酱香带焦香（煳香等）。较差的可写成酱香不明显、酱香不正、焦煳气味大。空杯留香在最后评价，较好的写空杯留香、幽雅，留香持久。较差的写空杯留香小、留香不明显、空杯香不正、有焦煳味（窖泥味）等。

2. 浓香型白酒

符合标准的，可评价"窖香浓郁"，一般不写具有己酸乙酯为主体复合香气。较好的评语可写成窖香较浓郁、窖香放香好、窖香正、香浓等。较差的要写出缺陷，如窖香小、带清香、窖香带泥臭、窖香不正、有（糟、糠、泥、黄水）味等。

3. 清香型白酒

符合标准的可评价为"清香纯正"，不写"具有乙酸乙酯为主体的复合香气"。较好的可写为清香较纯正、清香正、清香放香好。较差的要写出缺陷，如清香尚正、稍有异香、清香不正、异香大、有糟香、糠味等。

（四）评分方法

符合标准，完美无缺给满分 25 分；符合标准，主体香突出、纯正、谐调、舒适、典型性较强，有微小差距扣 1~2 分（留有余地）；基本符合标准，稍有不足之处，有较好水平扣 3~4 分；有明显缺陷，例如，有暴香、异香，主体香不突出，欠谐调或有邪杂气味等，根据影响程度扣 5 分以上。

三、 口感评语

（一）常用术语

醇和、香醇甜净、浓厚、回香、入口甘甜、回味悠长、口味醇厚、余香、味美醇厚、尾净余香、圆润、满口生香、柔和、余香不足、爽口、甘爽、甘润、清爽甘洌、酯香、入口爽净、味长、入口绵甜、有回味、落口甜、清香绵软、回甜、酸甜适口、绵软、诸味协调、绵甜甘洌、不绵软、清洌回甜、后味短、淡薄、入口冲、杂味、冲劲大、杏仁味、窖泥味、杂醇油味、不愉快味、霉味、刺激感、辛味、糙辣味、冲辣、甜味、暴糙刺喉、生粮味、苦酸、后苦、有酸味、极苦、稍子味、微苦、邪杂味、涩味、咸味、苦涩味、异味、辣味、麻嘴、糠味、糠腥味等。

（二）评语释义

浓淡：酒液入口后的感觉。一般有浓厚（浓而持久）、淡薄、清淡、平淡等评语。

醇和：入口和顺，感觉不到强烈的刺激。

醇厚：醇和而味长。

爽净：清爽舒适，无杂味，干净。

香醇甜净：白酒最好的口味表现。

绵软：口感柔和、口味柔软、圆润，无刺激性。

圆润：形容酒体圆滑、细腻，无强烈刺激感。

柔和：醇和柔软、无刺激性。

清洌：爽洌，口感纯净，爽适。

纯净：纯洁，无杂味，干净（一般指口味，与"纯正"不同）。

爽洌：清澈而且舒适。

甘爽：酒入口后，不甜腻，不酸，不涩，清爽可口。

绵甜：酒味柔软，无刺激性，又带甜味。

粗糙：口感糙烈，硬口。

　　燥辣：粗糙有灼热感。

　　粗暴：酒性热而凶烈（容易上头）。

　　上口：是进口腔时的感觉。品评时，以自己的感受给出评语。如入口醇正、入口绵甜、入口浓郁、入口美、入口圆润、入口冲劲强烈等。

　　落口：是咽下酒液时，舌根、软腭、喉头等部位的感受。如落口甜、落口淡泊、落口微苦、落口稍涩、尾净等。

　　后味：酒在口腔中持久的感受。如后味怡畅、后味短、后味苦、后味回甜等。

　　余味：饮酒后，口中余留的味感，如余味绵长、余味雅净等。

　　回味：饮完酒后，稍间歇后返回的味感，是香与味的复合感。术语有回味、回味悠长、回味醇厚等。

　　回味怡畅：酒咽下后，其回味感到愉快而舒畅。

（三）不同香型常用评语

　　名优酒典型风格的口味评语可使用标准的描述用语。

　　1. 酱香型

　　醇厚丰满、酱香显著、回味悠长。

　　2. 浓香型

　　高度酒常用：绵甜、爽净、香味谐调，余味悠长/较绵甜爽净、香味谐调、余味较长、入口纯正、后味较净。

　　低度酒常用：绵甜、爽净、香味谐调，余味较长/较绵甜、爽净、香味谐调、入口纯正、后味较净。

　　3. 清香型

　　高度酒常用：口感柔和绵甜、爽净、谐调，余味悠长/口感柔和、绵甜、爽净、余味较长/较绵甜、爽净有余味。

　　低度酒常用：口感柔和绵甜、谐调，余味爽净/口感柔和、绵甜谐调较爽净、较绵甜、爽净。

　　4. 米香型

　　高度酒常用：绵甜、爽净、回味怡畅/绵甜、爽净、回味较怡畅/纯正、尚爽冽。

　　低度酒常用：绵甜、爽冽、回味怡畅/绵甜、爽冽、回味较怡畅/纯正、尚爽冽。

　　5. 其他香型

　　较好的酒可在描述用语前加上"较"字。口味评语常用醇和、醇厚、谐调、爽净、甘冽、余味悠长等。较次的酒可在评语前根据缺陷情况加上尚、欠、不等词，同时要将较明显的缺陷描述出来，例如有××杂味、香大于味、刺激性大、有酸（苦）味、甜味过大等。

（四）评分方法

完全符合标准，完美无缺，给满分 50 分。符合标准，酒体醇和、谐调、舒适、丰满爽净、余味长、典型性较强，稍有不足，一般酌情扣 1~4 分。基本符合标准，有较好水平，但稍有不足，酌情扣 2~8 分。有较明显缺陷，根据其实际情况扣 10 分以上。

四、 风格评语

（一）常用评语

独特、优雅、美好（上等）、固有、清香型、浓香型、酱香型、芝麻香型、凤香型、特型、豉型、米香型、兼香型、董型、其他香型、一般、大路货风味等。

（二）评语书写技巧

优级：具有本品突出风格或具有本品特有风格。
一级：具有本品明显风格。
二级：具有本品固有风格。
较次级的酒：风格不明显，偏格、错格等。

（三）评分方法

风格典型、特征明显的，达到突出、特有、明显风格的，一般给满分 15 分。典型性稍差、风格一般，酌情扣 1~4 分。偏格、错格明显，扣 5 分以上。

五、 典型香型白酒评语与描述

（一）浓香型

浓香型白酒的传统评语是"窖香浓郁、绵甜爽净、香味协调、余味悠长"，现常用"无色透明（允许微黄）、窖香浓郁、绵甜醇厚、香味协调、尾净爽口"。

其品评要点：（1）色泽上：无色透明（允许微黄）；（2）香气浓郁大小、特点分出流派和质量差。凡香气大，体现窖香浓郁突出且浓中带陈的特点为川派，而以口味纯、甜、净、爽为显著特点的为江淮派；（3）品评酒的甘爽程度，是区别不同酒质量差异的重要依据；（4）绵甜是优质浓香型白酒的主要特点，体现为甜得自然舒畅、酒体醇厚，稍差的酒不是绵甜，只是醇甜或甜味不突出，这种酒酒体显单薄、味短、陈味不够；（5）品评后味长短、干净程度也是区分酒质的要点；（6）香味协调：是区分白酒质量差异，也是区分酿造、发酵酒和配制酒的主要依据。酿造酒中己酸乙酯等香味成分是生物途径合成的，是一种复合香气，自然感强，故香味谐调，且能持久。而外添加的己酸乙酯等香精、香料的酒，往往是香大于味，酒体显单薄，入口后香和味很快消失，香与味均短，自然感差。如香精纯度差、添加比例不当，更是严重影响酒质，其香气给人一种厌恶感，闷香，入口后刺激性强；（7）浓香型白酒中最易品出的口味是泥臭味，这主要是与新窖泥和工艺操作不当有关。这种泥味偏重，严重影响酒质。

（二）清香型

清香型白酒的传统评语是"清香纯正、香味谐调、醇厚爽冽、尾净香长"，现多用"无色透明、清香纯正、醇甜柔和、自然谐调、余味净爽"。

其品评要点：（1）色泽为无色透明（浓香允许微黄，酱香允许微黄透明）；（2）主体香气：以乙酸乙酯为主，乳酸乙酯为辅的清雅、纯正的复合香气。类似酒精香气，但细闻有优雅、舒适的香气，没有其他杂香；（3）由于酒精度较高，入口后有明显的辣感且较持久，但刺激性不大（这主要是与爽口有关）；（4）口味特别净，质量好的清香型白酒没有任何杂香；（5）尝第二口后，辣感明显减弱，甜味突出了，饮后有余香；（6）酒体突出清、爽、绵、甜、净的风格特征。

（三）酱香型

酱香型白酒传统评语是"酱香突出、幽雅细腻、柔绵醇厚、回味悠长"。现常用"微黄透明、酱香突出、幽雅细腻、酒体醇厚、回味悠长、空杯留香持久"。

其品评要点：（1）色泽上，微黄透明；（2）香气，酱香突出，酱香、焦香、煳香的复合香气，酱香>焦香>煳香；（3）酒的酸度高，形成酒体醇厚、丰满感，口味细腻幽雅；（4）空杯留香持久，且香气幽雅舒适；反之则香气持久性差、空杯酸味突出，酒质差。

（四）米香型

米香型白酒传统评语是"蜜香清雅、入口绵甜、落口爽净、回味怡畅"，现多用"无色透明、蜜香清雅、入口绵甜、落口爽净、回味怡畅"。

其品评要点：（1）闻香以乳酸乙酯和乙酸乙酯及适量的 β-苯乙醇为主体的复合香气，β-苯乙醇的香气明显；（2）口味特别甜，有发闷的感觉；（3）回味怡畅，后味爽净，但较短；（4）口味柔和、刺激性小。

（五）凤香型

凤香型白酒的传统评语是"醇香秀雅、甘润挺爽、诸味谐调、尾净悠长"，现常用

"无色透明，醇香秀雅、甘润挺爽，诸味谐调、尾净悠长"。

其品评要点：（1）闻香以醇香为主，即以乙酸乙酯为主，己酸乙酯为辅的复合香气；（2）入口后有挺拔感，即立即有香气往上蹿的感觉；（3）诸味谐调，指酸、甜、苦、辣、香五味俱全，且搭配谐调，饮后回甜，诸味浑然一体；（4）"西凤酒"既不是清香，也不是浓香。如在清香型白酒中品评，就要找它含有己酸乙酯的特点；反之，如在浓香型白酒中品评就要找它乙酸乙酯远远大于己酸乙酯的特点。不过近年来，"西凤酒"己酸乙酯有升高的情况。

（六）药香型

药香型白酒传统评语是"香气典雅、药香谐调、醇甜爽口、后味悠长"，现在常用"清澈透明、浓香带药香、香气典雅、酸味适中、香味谐调、尾净味长"。

其感官品评要点：（1）香气浓郁，酒香、药香谐调、舒适；（2）入口丰满，有根霉产生的特殊味；（3）后味长，稍带有丁酸及丁酸乙酯的复合香味，后味稍有苦味；（4）酒的酸度高，明显；（5）"董酒"是大、小曲并用的典型，而且加入十几种中药材。故既有大曲酒的浓郁芳香、醇厚味长，又有小曲酒的柔绵、醇和味甜的特点，且带有舒适的药香、窖香及爽口的酸味。

（七）豉香型

豉香型白酒评语是"玉洁冰清、豉香独特、醇厚甘润、余味爽净"。

品评要点：（1）闻香突出豉香，有特别明显的油哈味；（2）酒精度低，但酒的后味长。

（八）兼香型

兼香型白酒传统评语"无色透明、酱浓谐调、回味爽净、余味悠长"，现常用评语"清澈透明（微黄）、芳香、幽雅、舒适、细腻丰满、酱浓谐调、余味爽净、悠长"。

其感官品评要点：（1）闻香以酱香为主，略带浓香；（2）入口后，浓香也较突出；（3）口味较细腻、后味较长；（4）在浓香白酒中品评，其酱味突出；在酱香型白酒中品评，其浓香味突出。

"浓中带酱"型酱香型白酒感官评语"清亮透明（微黄）、浓香带酱香、诸味谐调、口味细腻、余味爽净"。

其品评要点：（1）闻香以浓香为主，带有明显的酱香；（2）入口绵甜、较甘爽；（3）浓香、酱香谐调，后味带有酱香；（4）口味柔顺、细腻。

（九）芝麻香型

芝麻香型传统评语是"清澈透明、芝麻香突出、丰满醇厚、余香悠长"，现在常用

"清澈透明、香气清冽、醇厚回甜、尾净余香，具有芝麻香风格"。

其感官品评要点：（1）闻香以清香加焦香的复合香气为主，类似普通白酒的陈味；（2）入口后焦煳香味突出，细品有类似芝麻香气（近似焙炒芝麻的香气），有轻微的酱香；（3）口味较醇厚；（4）后味稍有苦味。

（十）特（香）型

特香型白酒传统评语"无色透明、诸香谐调、柔绵醇和、香味悠长"，现常用"酒色清亮、酒香芬芳、酒味纯正、酒体柔和、诸味谐调、香味悠长"。

其品评要点：（1）清香带浓香是主体香，细闻有焦煳香；（2）入口类似庚酸乙酯，香味突出，有刺激感；（3）口味较柔和（与酒精度低、加糖有关），有黏稠感，糖的甜味很明显；（4）口味欠净，稍有糟味；（5）浓香型、清香型、酱香型白酒特征兼而有之，但又不靠近某一种香型。

（十一）老白干型

老白干香型传统评语"无色透明、醇香清雅、甘冽挺拔、余香悠长"，现常用感官评语"无色或微黄透明，醇香清雅，酒体谐调，醇厚挺拔，回味悠长"。

其品评要点：（1）香气是以乳酸乙酯和乙酸乙酯为主体的复合香气，谐调、清雅，微带粮香，香气宽；（2）入口醇厚，不尖、不暴，口感很丰富，又能融合在一起，这是突出的特点，回香微有乙酸乙酯香气，有回甜。

（十二）馥郁香型

该香型并没有获得国家权威部门认可，也没有相应的国家标准。

馥郁香型感官评语"芳香秀雅、绵柔甘冽、醇厚细腻、后味怡畅、香味馥郁、酒体净爽"。

其品评要点：（1）闻香浓中带酱，且有舒适的芳香，诸香谐调；（2）入口有绵甜感，柔和细腻；（3）余味长且净爽。

第五节　威士忌感官品评术语

一、威士忌品评主要术语

威士忌品尝特别是苏格兰威士忌品尝时，经常用的术语有：麦芽、刺激感、泥炭、苯酚、酒尾、谷物、醛、酯香、花香、甜香、辛香、木香、油脂、酸、肥皂、硫臭、陈腐、甜味和口感等，通常可以用雷达图表示[25-26]。

事实上，苏格兰威士忌可能有 250 种以上气味化合物，贡献了上面描述的一种或几种风味，如酯贡献了酯香，酚类化合物贡献了苯酚气味，醛类贡献了青草、青香和醛气味；而某些有机硫化物也可以贡献酯香，酚类化合物贡献辛香，一些典型的酯类并没有酯香（如棕榈酸乙酯呈肥皂或蜡气味）[27]。这些成分可以用来区分威士忌与黑朗姆酒。事实上，某些成分是苏格兰威士忌特有的或能联想到是苏格兰威士忌，包括酚类化合物、泥炭麦芽特征香、威士忌内酯（所有威士忌均有）、某些有机硫化物等[3]。

二、 威士忌风味轮

威士忌风味轮分为两个部分，一是关于嗅觉的，一是关于味觉的（图 14-4）。其主要描述词包括：泥炭（peaty）、粮香（grainy）、青草（grassy）、水果（fruity）、花香（floral）、酒尾（feints）、木香（woody）、甜香（sweet）、陈腐（stale）、硫黄（sulphury）、奶酪（cheesy）、油脂（oily）等。

（一）与嗅觉有关的部分

1. 泥炭（peaty）

（1）焦煳（burnt）　主要包括沥青（tar）、煤烟（soot）、烟灰（ash）。

（2）烟熏（smoky）　主要指木头烟熏（wood smoke）、腌鱼（kipper）、烟熏咸肉/奶酪（smoked bacon/cheese）。

（3）药（medicinal）　主要指 TCP 臭、杀菌剂臭（antiseptic germoline）、医院杀菌剂臭（hospital）。

2. 粮香（grainy）

（1）谷物香（cereal）　主要指粗面饼干（digestive biscuit）、糠味（husky）、麸皮（bran）、皮革（leathery）、烟草（tobacco）、老鼠臭（mousy）。

（2）麦芽香（malt）　主要指麦汁香（malt extract）、发芽大麦香（malted barley）。

（3）醪香（mash）　主要指麦片粥（porridge）、酒糟（draff）、煮玉米汁（wort cooked maize）。

3. 青草（grassy）

（1）新鲜（fresh）　主要指树叶（leafy）、湿或新切草香（wet/cut grass）、花茎（flower stem）、青苹果或香蕉香（green apple/banana）。

（2）干的（dried）　主要指干草（hay）、稻草（straw）、茶（tea）、薄荷（mint）、中药（herbal）。

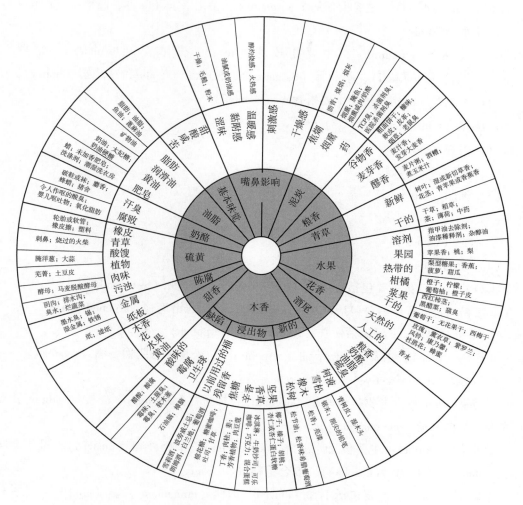

图 14-4　威士忌品尝风味轮 [28-29]

4. 水果（fruity）

（1）溶剂（solvent）　主要指指甲油去除剂（nail vanish remover）、油漆稀释剂（paint thinner）、杂醇油（fusel oil）。

（2）果园（orchard）　主要指苹果香（apple）、桃（peaches）、梨（pear）。

（3）热带的（tropical）　主要指梨型糖果（pear drop）、香蕉（banana）、菠萝（pineapple）、甜瓜（melon）。

（4）柑橘（citrus）　主要指橙子（orange）、柠檬（lemon）、葡萄柚（grapefruit）、橙子皮（zest）。

（5）浆果（berries）　主要指西红柿茎（tomato stem）、黑醋栗（blackcurrant）、猫臭（catty）。

（6）干的（dried）　主要指葡萄干（raisins）、无花果干（figs）、西梅干（prunes）。

5. 花香（floral）

（1）天然的（natural）　主要指玫瑰（rose）、薰衣草（lavender）、紫罗兰（violet）、风铃（blue bell）、康乃馨（carnation）、杜鹃花（heather）、蜂蜜（honey）。

（2）人工的（artificial）　主要指香水（scented）。

6. 酒尾（feints）

（1）粮香（grainy）。

（2）奶酪（cheesy）。

（3）油脂（oily）。

（4）硫臭（sulphury）。

7. 木香（woody）

（1）新的（new）

①树液（sap）：主要包括青树皮（green bark）、湿木头（wet wood）。

②雪松（cedar）：主要包括锯末（sawdust）、削尖的铅笔（sharpened pencil）。

③橡木（oak）：主要包括松香（resin）、亮漆（polish）。

④松树（pine）：主要包括松节油（turpentine）、松香味希腊葡萄酒（retsina）。

（2）浸出物（extractive）

①坚果（nutty）：主要包括椰子（coconut）、榛子（hazel nut）、胡桃（walnut）；杏仁或杏仁蛋白软糖（almond/marzipan）。

②香草（vanilla）：主要包括冰淇淋（ice cream）、牛奶沙司（custard）、可乐咖啡（cola coffee）、巧克力（chocolate）、混合蛋糕（cake mix）。

③辛香（spicy）：主要包括丁香（clove）、肉桂（cinnamon）、姜（ginger）、芳香植物（aromatic）、肉豆蔻（nutmeg）。

④焦糖（caramel）：主要包括棉花糖（candy floss）、糖蜜咖啡（treacle coffee）、吐司（toast）、甘草（liquorice）。

⑤以前用过的桶残留香（previous use）：主要包括雪莉酒（sherry）、波旁威士忌（Bourbon port）、朗姆酒（rum）、白兰地（brandy）、葡萄酒（wine）。

（3）缺陷（defective）

①卫生球（mothball）：主要包括石油脑（paraffin naphtha）、樟脑（camphor）。

②霉腐（musty）：主要包括霉味（mouldy）、土腥臭（earthy）、霉臭（fusty）、软木塞（corked）。

③酸味的（vinegary）：主要包括醋酸（acetic）、酸腐（sour）。

8. 甜香（sweet）

（1）黄油（buttery）。

（2）水果（fruity）。

（3）花（floral）。

（4）木香（woody）。

9. 陈腐（stale）

（1）纸板（cardboard） 主要包括纸（papery）、滤纸（filter sheet）。

（2）金属（metallic） 主要包括墨水臭（inky）、锡（tinny）、湿金属（wet iron）、铁锈（rusty）。

10. 硫黄（sulphury）

（1）污浊（stagnant） 主要包括阴沟（sewer）、排水沟（drains）、臭水（foul water）、烂蔬菜（rotten vegetable）。

（2）肉味（meaty） 主要包括酵母（yeast）、马麦脱酸酵母（Marmite）。

（3）植物（vegetable） 主要包括芜菁（turnip）、土豆皮（potato peel）。

（4）酸馊（sour） 主要包括腌洋葱（pickled onion）、大蒜（garlic）。

（5）青草（grassy） 主要包括刺鼻（acrid）、烧过的火柴（burnt match）。

（6）橡皮（rubbery） 主要包括轮胎或软管（tyre/tubes）、橡皮擦（pencil eraser）、塑料（plastic）。

11. 奶酪（cheesy）

（1）腐败（rancid） 主要包括令人作呕的酸臭（sickly sour）、婴儿呕吐物（baby vomit）、氧化脂肪（oxidized fat）。

（2）汗臭（sweaty） 主要包括破鞋或袜（old trainer/sock）、麝香（musky）、蜂蜡（beeswax）、猪舍（piggery）。

12. 油脂（oily）

（1）肥皂（soapy） 主要包括蜡（waxy）、未加香肥皂（unscented soap）、洗涤剂（detergent）、潮湿洗衣房（damp laundry）。

（2）黄油（buttery） 主要包括奶油（creamy）、太妃糖（toffee）、奶油硬糖（butter scotch）。

（3）润滑油（lubricant） 主要包括矿物油（mineral oil）。

（4）脂肪（fat） 主要包括脂肪（fatty）、油脂（greasy）、鱼油（fish oil）、蓖麻油（castor oil）。

（二）与味觉及口感有关的部分

1. 基本味觉（primary taste）

（1）苦（bitter）。

（2）咸（salt）。

（3）酸（sour）。

（4）甜（sweet）。

2. 嘴鼻影响（mouth nasal effect）

（1）涩味（astringent）   主要包括干燥（drying）、毛糙（furry）、粉末（powdery）。

（2）黏附感（coating）   主要包括油腻或奶油感（oily/creamy feeling）。

（3）温暖感（warming）   主要包括醇灼烧感（alcoholic burn）、火热感（fiery）。

（4）刺激感（pungent）。

（5）干燥感（drying）。

第六节　白兰地感官品评术语

一、 白兰地品评主要术语

白兰地品评时，通常会使用如下术语：草本的（包括青草、薄荷或桉树气味）、新鲜的、干果气味（包括鹅莓、苹果、柑橘、花）等，与橡木桶相关的术语有：香草醛、雪松木香、坚果香、焙烤香、丁香、雪茄盒、巧克力和穆哈（mocha）咖啡等。

通常情况下，酒龄越低即酒越新其青草味越大；而酒越老，则其甜香、丰满感越强；另外，经过橡木桶贮存的酒，口感会更加圆润、谐调。

阿尔马涅克白兰地对香气与口感的评语是分开的。在香气方面，一是评价总体香气强度，使用如无气味、微弱的、中等、强烈和非常强烈这些形容词评价；二是具体香气上，在强度上，用上述五个词，在描述上，通常使用刺激性、酸气、花香、水果香、李子、香兰素、木香、陈香，有时还使用青草、脂肪、焦糖、腐败臭、坏木头、霉腐、葡萄酒的；三是香气方面最后给出一个总体评价，即不充分的、差的、中等的、良好的和优秀的等形容词来描述。在口感评价方面，其强度也使用总体评价的五个词，描述词通常使用甜味、酸味、体积、燃烧感、干（与甜相对应）、涩味、苦味、平稳感、芳香持久；对味评价的总体感觉也使用不充分的、差的、中等的、良好的和优秀的等形容词来描述[24]。

二、 白兰地风味轮

白兰地风味轮（图14-5）是按照气味作用，分为正向风味与负向风味两部分。现分述如下：

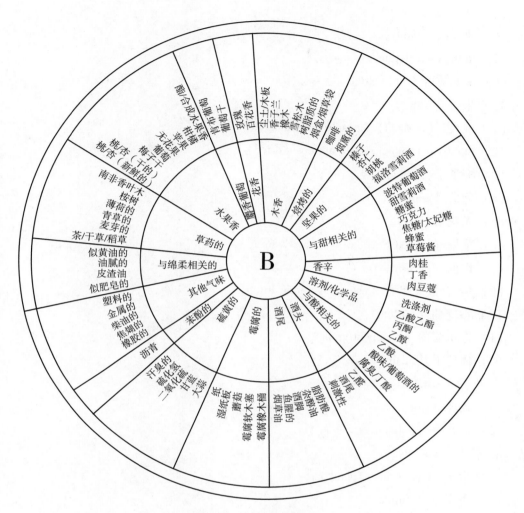

图 14-5 白兰地风味轮[30]

（一）正向风味部分

1. 与绵柔相关的（smooth associated）

（1）似肥皂的（soapy）。

（2）皮渣油（lees oil）。

（3）油腻的（oily）。

（4）似黄油的（buttery）。

2. 草药的（herbaceous）

（1）茶/干草/稻草（tea/hay/straw）。

（2）麦芽的（malt）。

（3）青草的（grassy）。

（4）薄荷的（minty）。

（5）桉树（eucalyptus）。

（6）南非香叶木（buchu）。

3. 水果香（fruity）

（1）桃/杏（新鲜的）[peach/apricot（fresh）]。

（2）桃/杏（干的）[peach/apricot（dried）]。

（3）梅子干（prune）。

（4）葡萄（grape）。

（5）无花果（fig）。

（6）苹果（apple）。

（7）柑橘（citrus）。

（8）酯/合成水果香（estery/synthetic fruit）。

4. 麝香葡萄（muscat）

（1）肯布葡萄（hanepoot grape）。

（2）葡萄干（raisin）。

5. 花香（floral）

（1）玫瑰（rose）。

（2）百花香（potpourri）。

6. 木香（woody）

（1）尘土/木板（dusty/plank）。

（2）香子兰（vanilla）。

（3）橡木（oak）。

（4）雪松木（cedar wood）。

（5）树脂质的（resinous）。

（6）烟盒/烟草袋（cigar box/tobacco pouch）。

7. 焙烤的（toasted）

（1）咖啡（coffee）。

（2）烟熏的（smoky）。

8. 坚果的（nutty）

（1）榛子（hazelnut）。

（2）杏仁（almond）。

（3）胡桃（walnut）。

（4）福洛雪莉酒（flor sherry）。

9. 与甜相关的（sweet associated）

（1）波特葡萄酒（port）。

（2）甜雪莉酒（sweet sherry）。

（3）糖蜜（molasses）。

（4）巧克力（chocolate）。

（5）焦糖/太妃糖（caramel/toffee）。

（6）蜂蜜（honey）。

（7）草莓酱（strawberry jam）。

10. 香辛（spices）

（1）肉桂（cinnamon）。

（2）丁香（cloves）。

（3）肉豆蔻（nutmeg）。

（二）负向风味部分如下

1. 溶剂/化学品（solvent/chemical）

（1）乙醇（ethanol）。

（2）丙酮（acetone）。

（3）乙酸乙酯（ethyl acetate）。

（4）洗涤剂（detergent）。

2. 与酸相关的（sour associated）

（1）腐臭/丁酸（rancid/butyric acid）。

（2）酸味/葡萄酒的（vinegary/vinous）。

（3）乙酸（acetic acid）。

3. 酒头（heads）

（1）刺激性（pungent）。

（2）酒尾（feints）。

（3）乙醛（acetaldehyde）。

4. 酒尾（tails）

（1）烟草油（tobacco oil）。

（2）鱼腥的（fishy）。

（3）酒脚（lees）。

（4）杂醇油（fusel oil）。

（5）脂肪酸（fatty acid）。

5. 霉腐的（musty）

（1）纸（paper）。

（2）湿纸板（wet cardboard）。

（3）蘑菇（mushroom）。

（4）霉腐软木塞（musty cork）。

（5）霉腐橡木桶（musty barrel）。

6. 硫黄的（sulphury）

（1）汗臭的（sweaty）。

（2）硫化氢（hydrogen sulphide）。

（3）SO_2（sulphur dioxide）。

（4）甘蓝（cabbage）。

（5）大蒜（garlic）。

7. 苯酚的（phenolic）

沥青（tar）。

8. 其他气味（other off-odours）

（1）塑料的（plastic）。

（2）金属的（metallic）。

（3）柴油的（diesel）。

（4）焦煳的（scorched）。

（5）橡胶的（rubbery）。

三、 金酒的风味描述词

金酒及其草本（药）类蒸馏酒的常用描述词：茴香、杜松子、刺激性、辛香、草本（药）、柑橘、花香、水果香、甜香、酸、黄油、老化味、油脂、溶剂、肥皂、硫化物等[31]。

第七节　品评人员选拔与培训

一、 企业评酒员主要工作

企业评酒员从事生产评酒、查库评酒、勾兑评酒、包装前后评酒、对比评酒、抽查评酒、事故评酒等工作。因此，企业对评酒员的选拔应十分重视，要求评酒员应具备以下基本条件。

二、 评酒员基本条件

（一）身体无职业要求缺陷

无色盲、味盲、嗅盲，不嗜烟酒。感觉器官有缺陷的不能做评酒员，如色盲分辨不清颜色；嗅盲者对气味无感觉或发生错觉；味盲者对呈味或复杂细微味觉辨别不清。

（二）身体健康

身体要健康，经常感冒、牙疼、失眠等会影响感觉器官的灵敏度。故身体健康状况欠佳者，亦不宜作为正式的评酒员。

（三）年龄与性别

年龄不限，男女不限。从评酒的灵敏度来分析，年龄大者不及中青年，但年老者富有经验，表达能力强，应适当兼顾。一般情况下，女性比男性灵敏度略高。

（四）专业技术知识及基本技能

评酒员应掌握各类香型白酒的生产工艺特点，典型香型酒的感官风格特征及其香味组成特点等方面的知识。具备较熟练的评酒技能，熟知各类香型酒的标准，正确运用品评用语。

（五）职业道德

评酒员要对评酒工作认真负责，客观公正，没有偏见，实事求是以酒论质，有良好的职业道德。不以个人爱好，不以本单位、本地区的观点出发，要依产品的标准为依据，对产品质量负责，对消费者负责。觉悟高，意志坚强，忍耐性较强。对评酒工作有兴趣者可在条件相同时优先考虑。

评酒员在具备以上基本条件的同时，还应具备检出力（对酒的色、香、味的辨别能力）、识别力（识别各种香型白酒和风格特点）、记忆力和表达力（将酒的风格特点等用精练的语言表达出来）。

优秀评酒员还应具有：敏感性、准确性、精确性、重复性和重现性。敏感性是指具有尽量低的味觉和嗅觉的感受阈值。准确性是指对同一产品的各次品尝的结果始终一致。精确性是指精确地表述所获得的感觉。重复性是指同一种酒出现在同一轮酒或同一天不同轮次评酒中的现象。再现性是指同一种酒出现在不同日评酒轮次中。

三、 品评人员的选拔

对品评人员的选拔，我国已经制定了标准（GB/T 14195）[32]。

（一）初选

对待参加培训的人员，一般先要进行初选，目的是淘汰那些明显不适宜作为感官分析评价员的候选者。初选合格的候选评价员将参加筛选检验。参选的人数一般应该是实际需要的评价员的2~3倍。

初选主要考查兴趣与动机、评价员的可用性、对评价对象的态度、知识和才能、健康状况、表达能力、个性特点和其他情况。

（二）筛选

筛选的目的是通过一系列筛选检验，进一步淘汰那些不适于感官分析工作的候选者。通过筛选检验的候选评价员将参加培训。

筛选的内容主要包括：一是对候选人感官功能的检验；二是对候选人感官灵敏度的检验；三是对候选人描述和表达感官反应能力的检验。

1. 对候选人感官灵敏度的检验

主要是配比检验和三点检验。在配比试验中，制备16g/L的蔗糖水溶液（甜）、1g/L的酒石酸或柠檬酸水溶液（酸）、0.5g/L的咖啡因水溶液（苦）、5g/L的氯化钠水溶液（咸）、1g/L的鞣酸水溶液（涩）。若候选评价员对上述溶液的认知正确率小于80%，则不能选为优选评价员。同时要求对样品产生的感觉做出正确的描述。

在三点检验中，采用表14-5中的材料。向每个候选评价员提供两份被检验材料样品和一份水。要求候选评价员区别所提供的样品。几次重复试验后，候选评价员还不能正确地觉察出差别则表明其不适于这种检验工作。

表 14-5　　　　　　　　　　　三点检验材料浓度[32]

材料	咖啡因	柠檬酸	氯化钠	蔗糖	顺-3-己烯醇
室温下的水溶液浓度	0.27g/L	0.60g/L	2g/L	12g/L	0.4mg/L

2. 对候选评价员描述能力的检验

主要使用风味描述检验。向候选评价员提供5~10种不同的嗅觉刺激样品。这些刺激样品最好与最终评价的产品相联系。样品系列应包括比较容易识别的某些样品和一些不常见的样品。刺激强度应在识别阈值之上但不要太多地高出在实际产品中可能遇到的水平。

制备样品主要有两种方法：一种是直接法，一种是鼻后法。鼻后法是从气体介质中评价风味。例如通过放置在口腔中的嗅条或含在嘴中的水溶液评价风味。直接法是使用包含风味的瓶子、嗅条或空心胶丸。直接法是最常用的方法，具体做法：将吸有样品风味的石蜡或棉绒置于深色无风味的 50~100mL 的有盖细口玻璃瓶中使之有足够的样品材料挥发在瓶子的上部。在将样品提供给评价员之前应检查一下风味的强度。

一次只提供给候选评价员一个样品，要求候选评价员描述或记录他们的感受。初次评价后，组织者可主持一次讨论以便引出更多的评论，以充分显露候选评价员描述刺激的能力。所用材料的例子见表 14-6。

表 14-6　　　　　　　　　　　　风味评价用材料[32]

材料	由风味引起的通常联想物的名称	材料	由风味引起的通常联想物的名称
苯甲醛	苦杏仁	茴香脑	茴香
1-辛烯-3-醇	蘑菇	香兰素	香草素
乙酸-2-苯乙酯	花卉	β-紫罗兰酮	紫罗兰、悬钩子
2-烯丙基硫醚	大蒜	丁酸	发哈的黄油
樟脑	樟脑丸	乙酸	醋
薄荷醇	薄荷	乙酸异戊酯	水果
丁子香酚	丁香	二甲基噻吩	烤洋葱

结果的评价：按以下的标准给候选评价员的操作打分：描述准确的 5 分；仅能在讨论后才能较好描述的 4 分；联想到产品的 2~3 分；描述不出的 1 分。应根据所使用的不同材料规定出合格操作水平。风味描述检验的候选评价员其得分应达到满分的 65%，否则不宜做这类检验工作。

四、培训

培训的目的是向候选评价员提供感官分析基本技术与基本方法及有关产品的基本知识，提高他们觉察、识别和描述感官刺激的能力，使最终产生的评价员小组能作为特殊的"分析仪器"产生可靠的评价结果。

参加培训的人数一般应是实际需要的评价员人数的 1.5~2 倍。

（一）对候选评价员的基本要求

候选评价员应提高对将要从事的感官分析工作及培训重要性的认识，以保持其参加培训的积极性。

除偏爱检验以外，应指示候选评价员在任何时候都要客观评价，不应掺杂个人喜好和厌恶情绪。

应避免可能影响评价结果的外来因素。例如在评价味道或风味时，在评价之前和评价过程中不能使用有风味的化妆品，手上不得有洗手肥皂的风味等。至少在评价前 1h 不要接触烟草和其他有强烈风味和味道的东西。

（二）感官分析技术培训

认识并熟悉各有关感官特性，例如颜色、质地、风味、味道、声响等。

1. 辨色培训

黄血盐配成 0.1%、0.15%、0.20%、0.25%、0.30% 浓度，进行辨色训练。熟练后，用陈酒、新酒、60%vol 酒精水溶液、成品白酒进行颜色训练。

2. 嗅觉训练

用香蕉、菠萝、葡萄、玫瑰、广柑、柠檬等香精，配成 1mg/L 浓度，训练对花香的认识。稍后，再辨别不同的酸、酯、醇、醛的香味；训练对异臭味的识别；不同香型酒及同一香型酒细微区别的识别等。

3. 嗅觉区分不同香气和化学名称

按表 14-7 的内容进行训练。

表 14-7 　　　　　　　　　　　不同物质香气特征

化学名称	浓度/（g/L）	香气特征	化学名称	浓度/（g/L）	香气特征
乙酸	0.5	醋味	己酸乙酯	0.05	似窖香，醇净爽的香感
丁酸	0.02	汗臭味	β-苯乙醇	0.05	似玫瑰香气
乙酸乙酯	0.1	乙醚状香气，有清香感	双乙酰	0.5	有清新爽快的香感
乙酸异戊酯	0.06	似香蕉的香气	3-羟基-2-丁酮	0.5	略有酸馊味，似糟香感
丁酸乙酯	0.075	似水果香气，有爽快感			

4. 味觉区分浓度差训练

蔗糖配成 0.5%、0.8%、1.0%、1.2%、1.4% 和 1.6% 不同浓度；食盐配成 0.20%、0.25%、0.30%、0.35% 和 0.40% 不同浓度；味精配成 0.01%、0.015%、0.02%、

0.025%和 0.030%不同浓度。训练味觉的浓度差。

5. 区分酒精度高低

用除浊后的固态法白酒或脱臭的食用酒精，配成 30%~45%vol 以 3%梯度增长的不同酒精溶液，进行训练。

（三）感官分析方法的培训

主要是差别检验方法的培训。学习并熟练掌握差别检验的各种方法（见 GB/T 10220）。这些方法包括：成对比较检验（见 GB/T 12310）、三点检验（见 GB/T 12311）、"A"－"非 A"检验（见 GB/T 39558）等。

五、 考核

在培训的基础上进行考核以确定候选评价员的资格。从事特定检验的评价员小组成员就从具有候选评价员资格的人员中产生。每种检验所需要的评价员小组的人数可见 GB 1022X 及各专项方法标准。

考核主要是检验候选评价员操作的正确性、稳定性和一致性。正确性，即考查每个候选评价员是否能正确地评价样品。例如是否能正确区别、正确分类、正确排序、正确评分等；稳定性即考查每个候选评价员对同一组样品先后评价的再现程度；一致性即考查各候选评价员之间是否掌握同一标准做出一致的评价。

被选择作为适合一种目的的评价员不必要求他能适合于其他目的，不适合于某种目的的评价员也不一定不适合于从事其他目的的评价。

本次介绍的考核主要用于差别检验的评价员的考核。其他检验的评价员的考核参见相关的标准。

（一）区别能力的考核

采用三点检验的方法。使用实际中将要评价的材料样品。提供三个一组共 10 组样品让候选评价员将每组样品区别开来。

根据正确区别的组数判断候选评价员的区别能力。

（二）稳定性考核

经过一定的时间间隔，再重复进行上文区别能力的考核的做法。比较两次正确区别的组数。根据两次正确区别的样品组数的变化情况判断该候选评价员的操作稳定性。

（三）一致性考核

用同一系列样品组对不同的候选评价员分别进行区别能力的考核。

根据各候选评价员的正确区别的样品组数判断该批候选评价员差别检验的一致性。

（四）白酒评酒员考核内容

1. 灵敏度考核

例1：有阈值很低的五种香气成分，闻香后写出5杯样品的香气名称。

解答：1#橘子，2#菠萝，3#玫瑰，4#香蕉，5#菠萝。

例2：五个杯中有五种阈值很低的味感物质，尝后写出味感。

解答：1#蒸馏水（无味），2#味精（鲜），3#柠檬酸（酸），4#食盐（咸），5#砂糖（甜）。

例3：不同酒精度的鉴别，尝后按酒精度从高到低排列。

解答：1#55%，2#50%，3#45%，4#65%，5#60%。

例4：浓度为100mg/L的乙酸乙酯、丁酸乙酯、己酸乙酯、乳酸乙酯，依其香气大小排列出顺序，并说明排列的依据（第五届评酒员考题）。

解答：己酸乙酯>丁酸乙酯>乙酸乙酯>乳酸乙酯。

2. 感官识别能力考核

例1：请按各杯酒样，分别填写出香型和评语，要求区分出香型，评语确切（第四届评委考题）。

解答：1#茅台酒（酱香型），2#泸州特曲（浓香型），3#董酒（其他香型），4#汾酒（清香型），5#西凤酒（凤香型）。评语从略。

例2：请写出各杯酒的香型及评语。

解答：1#西凤酒（凤香型），2#六曲香（清香），3#四特酒（其他香型），4#枝江小曲（米香型），5#白云边（其他香型）。评语从略。

例3：请写出各杯酒的香型及质量差。

1#汾酒，2#黄鹤，3#六曲香，4#凌塔酒，5#桃山大曲。

解答：1#清香型，2#清香型，3#清香型，4#清香型，5#清香型。

质量差：1# > 2# > 3# > 5# > 4#。

例4：请写出各杯酒的香型及质量差。

1#宁城老窖，2#全州曲酒（外加己酸乙酯），3#全州曲酒（外加糖），4#全州曲酒（外加窖泥蒸馏酒及丁酸），5#宁城老窖。

解答：（1）1#与5#重现、评分、评语一致（可得2分）；（2）2#写出香大于味或外加己酸乙酯（可得2分），只写出欠谐调者（得1分）；（3）3#评语写出甜度过大或外加甜味剂（得 2 分）；（4）4#评语写出有窖泥臭或丁酸臭（得 2 分），只写出酸过大（得 1 分）。

3. 感官记忆能力的考核

感官记忆能力是指对产品在不同轮次评酒中出现的记忆及判断，也就是同一酒样在同一轮次或不同轮次出现，评酒员对再现及重复性能力的判断。

例 1：品尝两轮酒，尝后给各杯酒样写出香型及评分、评语（评分最高与最低相差不得超过 10 分）。

解答：第一轮：1#宝丰酒，2#宝丰酒，3#汾酒，4#六曲香，5#三花酒。

第二轮：1#宝丰酒，2#宝丰酒，3#汾酒，4#三花酒，5#六曲香。

此题考核同一轮当中的重复性；第一轮的 1#＝2#，第二轮的 1#＝2#，以及两轮之间的再现性，即：第一轮的 1#＝2#再现第二轮的 1#＝2#（清香型），第一轮的 3#再现第二轮的 3#（清香型），第一轮的 4#再现第二轮的 5#（米香型）。

第八节　评酒环境与容器

国外曾有人试验评酒环境对啤酒品评的影响。在隔音、恒温、恒湿的条件下，品评正确率为 71.1%，另在一般性嘈杂声和振动条件下试验，其品评正确率仅为 55.9%。说明评酒环境对品评影响很大。

一、环境要求

我国已经制订了 GB/T 13868 标准[33]，具体来讲有以下要求：

（一）外部环境

品酒室建筑外围最好要有良好的自然环境，周围有绿地、树木，因为品酒时间较长时，人的视觉、味觉、嗅觉容易疲劳，这时到室外或站在窗前看看绿色，呼吸一下新鲜空气，疲劳就会很快消失。但是品酒室外围种植的树木和花草最好不要有太大的香味，这些香味会随空气飘入室内，必将严重影响品酒结果的正确性。

品酒室要建在离生产区有一定距离的地方，离生产区太近，酒糟、黄水、蒸馏气体等各种混杂味会大量涌入品酒室，使品酒室内充斥着大量的异味，就是开窗通风也不能解决问题。结果是使品酒的结果失真。另外，品酒室最好建在生产厂区的上风头。

品酒室必须要远离加油站、养殖场等场所，这些气味源不但持久，而且有强烈的异臭味，使品酒活动无法正常地进行。

室外附近如果有水塘，水源最好是活水或流动水，若是一潭死水，时间一长随着季节的变化，水就容易变质腐败，散发出腥臭味，也会干扰品酒活动。

品酒建筑最好是坐北朝南，通风良好，有利于室内空气环境的改善。

（二）内部环境

隔音：嘈杂的声音使人的听力下降，血压上升，唾液的分泌减少，注意力降低。因此评酒室的环境噪声在 40dB 以下为宜。

恒温、恒湿：中国标准 GB/T 10345—2007 要求温度在 20~25℃，湿度在 60% 左右为宜[2]。北方地区，四季环境温度变化较大，早晚温差大，冬季寒冷干燥，室内必须安装暖气，暖气的温度应该是可调节的，并且室内要有加湿的设备装置。

换气：为了保证评酒室的空气新鲜，应有换气设备。特殊情况下，要用活性炭来过滤空气。评酒时应为无风。室内不宜栽种太多的花草，散发异味和开花有香味的花草不能栽种在品酒室内，否则花草的异味充斥品酒室，使品评工作不能正常进行。品酒人员不能化妆进入品酒室品酒，不许带入化妆品之类的芳香物质进入品酒室，以免污染品酒的环境；要勤洗澡、勤换衣、勤锻炼，保持个人卫生和身体健康。

内墙：室内应有适度的光亮，墙壁常涂有单调的颜色，一般为中灰色（反射率为40%~50%）。涂料应无臭、耐水、耐磨、耐火，墙壁应清洁。

地面：地面要防滑、清洁、防水。另外，装修好的房间一定要有防潮的功能。

照明：最好用白色光，且为散射光，照度约 5000lx。

评酒桌：品酒室内应有专用的品酒桌，最好一人一桌，相互之间有隔挡，桌下有放专用品酒杯、记录本的位置，桌上有白色台布、配茶水杯，如果条件允许最好每张品酒桌旁应安装上、下自来水并配洗手盆。

二、评酒室内平面布置

GB/T 13868 标准要求的品尝室如图 14-6、图 14-7、图 14-8、图 14-9 所示。

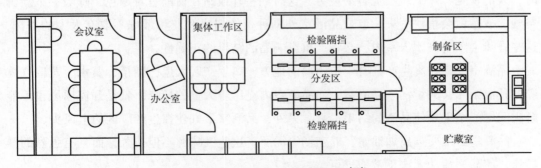

图 14-6　标准品尝室平面布置图—[33]

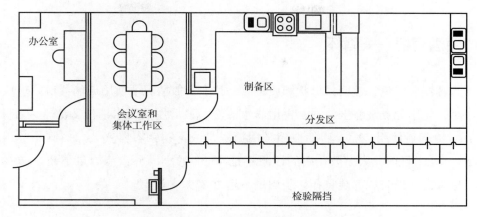

图 14-7　标准品尝室平面布置图二[33]

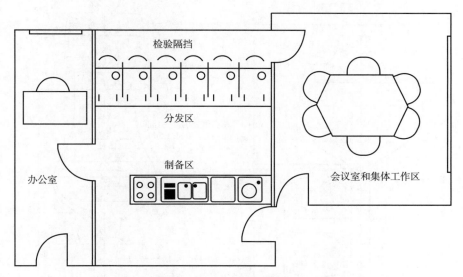

图 14-8　标准品尝室平面布置图三[33]

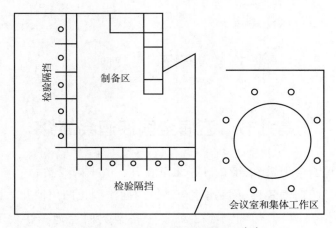

图 14-9　标准品尝室平面布置图四[33]

三、 评酒容器——酒杯

评酒容器应无色、透明，形状和质量应一致。一般情况下使用玻璃器皿。玻璃器皿在洗涤时，先用无臭洗涤剂清洗，再用热水清洗，最后用蒸馏水清洗，凉干或在170℃干燥1h，冷却后使用。晾干后的玻璃杯用搪瓷盘或不锈钢容器盛装。白酒品尝用玻璃杯容量60mL。目前，大多数在用的评酒杯是40mL的小酒杯，装酒量不超过70%。品尝威士忌和白兰地时用郁金香杯，装酒量不超过25%[3]。

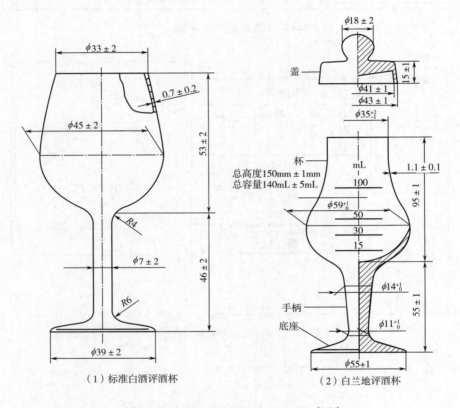

（1）标准白酒评酒杯   （2）白兰地评酒杯

图14-10 评酒杯图形及尺寸/（mm）[2, 34]

第九节　五届全国评酒会简介

第一次全国评酒会于1952年7月在北京召开，由中国专卖总公司主办，共评出8种国家级名酒，其中白酒4种（贵州茅台酒、山西汾酒、四川泸州大曲酒、西凤酒），黄酒1种（鉴湖绍兴酒），葡萄酒类3种（张裕金奖白兰地、红玫瑰葡萄酒和味美思）[23, 35]。

第二次全国评酒会于 1963 年 11 月在北京召开，由轻工业部主持，将白酒、黄酒、葡萄酒、啤酒和果露酒分别评比，并首次制定了评酒规则，共评出国家级名酒 18 种，全国优质酒 27 种。其中全国名酒白酒 8 种，黄酒 2 种，啤酒 1 种，葡萄酒类 6 种，露酒 1 种[23, 35]。

第三次全国评酒会于 1979 年 8 月在辽宁大连举行，由轻工业部主持，从这届开始，评委进行考核与聘任，白酒样品按香型分组，共评出 18 种国家名酒，其中白酒 8 种、黄酒 2 种、啤酒 1 种、葡萄酒 6 种、露酒 1 种。全国优质酒 47 种，其中白酒 18 种[23, 35]。

第四次全国评酒会不同类型酒不在同一时间召开。黄酒、葡萄酒评比于 1983 年 7 月在江苏连云港召开。果露酒、啤酒评比于 1985 年 5 月在山东青岛召开。白酒评比于 1984 年 5 月在山西太原举行，由中国食品协会主持，共评出国家名酒 25 种，其中白酒 13 种、黄酒 2 种、啤酒 3 种、葡萄酒 5 种、露酒 2 种。国家优质白酒 27 种[23, 35]。

第五次全国评酒会只组织了白酒评比，其他酒类未评。白酒评比于 1989 年 1 月在安徽合肥市举行，从白酒中评出 17 种国家名酒[23, 35]。

后来，再没有全国性的、官方组织的评酒活动，转而由行业协会及其他组织举办的评酒活动。

历次国家评酒会获奖白酒见表 14-8。

表 14-8　　　　　　　　　　　历次国家评酒会获奖白酒

企业名称	注册商标	产品名称	香型	届次
贵州茅台酒厂	飞天牌、贵州牌	茅台酒	酱香	1～5
杏花村汾酒总公司	古井亭、长城牌	汾酒	清香	1～5
泸州曲酒厂	泸州牌	泸州老窖	浓香	1～5
西凤酒厂	西凤牌	西凤酒	凤香	1、2、4、5
五粮液酒厂	五粮液牌	五粮液酒	浓香	2～5
亳州古井酒厂	古井牌	古井贡酒	浓香	2～5
成都全兴酒	全兴牌	全兴大曲酒	浓香	2、4、5
遵义董酒厂	董牌	董酒	药香	2～5
绵竹剑南春酒厂	剑南春牌	剑南春酒	浓香	3～5
洋河酒厂	羊禾牌、洋河牌	洋河大曲	浓香	3～5
武汉市酒厂	黄鹤楼牌	黄鹤楼酒	浓香	4、5
古蔺郎酒厂	郎泉牌	郎酒	酱香	4、5
常德武陵酒厂	武陵牌	武陵酒	酱香	5
宝丰酒厂	宝丰牌	宝丰酒	清香	5
鹿邑宋河酒厂	宋河牌	宋河粮液	浓香	5
射洪沱牌酒厂	沱牌	沱牌曲酒	浓香	5

参考文献

［1］ GB/T 10221—2021，感官分析　术语［S］.

［2］ GB/T 10345—2022，白酒分析方法［S］.

［3］ Buglass A J. Handbook of Alcoholic Beverages：Technical，Analytical and Nutritional Aspects［M］.West Sussex：John Wiley & Sons，2011.

［4］ Leffingwell J C. Olfaction［DB/OL］.http：//www.leffingwell.com.

［5］ Sell C S，Begley T P. Olfaction，chemical biology of. In Wiley Encyclopedia of Chemical Biology［M］.West Sussex：John Wiley & Sons，2007.

［6］ Ohloff G，Vial C，Wolf H R，et al. Stereochemistry-odor relationships in enantiomeric ambergris fragrances［J］.Helv Chim Acta，1980，63（7）：1932-1946.

［7］ Bredie W L P，Møller P. 1-overview of sensory perception. In Alcoholic Beverages［M］.Philadelphia：Woodhead Publishing，2012.

［8］ Jackson R S. Wine Science. Principles and Applications（3rd）［M］.Burlington：Academic Press，2008.

［9］ Demole E，Wuest H. Synthèses stéréosélectives de deux trioxydes C18H30O3 stéréoisomères，d'ambréinolide et sclaréol-lactone a partir de derives du（+）-manool［J］.Helv Chim Acta，1967，50：1314.

［10］ 范文来，徐岩. 酒类风味化学［M］.北京：中国轻工业出版社，2014.

［11］ Heijden A V D. Sweet and bitter tastes. In Flavor Science：Sensible principles and techniques［M］.Washington DC；American Chemical Society，1993.

［12］ Frank O，Jezussek M，Hofmann T. Characterisation of novel 1H，4H-quinolizinium-7-olate chromophores by application of colour dilution analysis and high-speed countercurrent chromatography on thermally browned pentose/L-alanine solutions［J］.Eur Food Res Technol，2001，213（1）：1-7.

［13］ Reineccius G. Flavor Chemistry and Technology（2nd）［M］.NW：Taylor & Francis Group，2006.

［14］ GB/T 17321—2012，感官分析方法二-三点检验［S］.

［15］ GB/T 12311—2012，感官分析方法　三点检验［S］.

［16］ Stone H，Sidel J L. Sensory Evaluation Practices（3rd）［M］.San Diego：Academic Press，2004.

［17］ Meilgaard M，Civille G V，Carr B T. Sensory Evaluation Techniques（4th）［M］.New Boca Raton：CRC Press，2007.

［18］ Viñas M A G，Garrido N，Penna E W D. Free choice profiling of Chilean goat cheese［J］.J Sens Stud，2001，16（3）：239-248.

［19］Fan W, Tsai I M, Qian M C. Analysis of 2 - aminoacetophenone by direct - immersion solid - phase microextraction and gas chromatography-mass spectrometry and its sensory impact in Chardonnay and Pinot gris wines ［J］. Food Chem, 2007, 105: 1144-1150.

［20］Lawless H T. Flavor profile method. In Laboratory Exercises for Sensory Evaluation ［M］. Boston: Springer US, 2013.

［21］王恭堂. 白兰地工艺学 ［M］. 北京: 中国轻工业出版社, 2019.

［22］Conner J M, Paterson A, Piggott J R. Agglomeration of ethyl esters in model spirit solutions and malt whiskies ［J］. J Sci Food Agric, 1994, 66 (1): 45-53.

［23］沈怡方. 白酒生产技术全书 ［M］. 北京: 中国轻工业出版社, 1998.

［24］Bertrand A. Armagnac and Wine - Spirits. In Fermented Beverage Production ［M］. New York: Kluwer Academic/Plenum Publishers, 2003.

［25］Simpson W J, Boughton R A, Hadman S I. Stabilised powdered flavour standards for use in training and validation of tasters of distilled spirits. In Distilled Spirits: Tradition and Innovation ［M］. Nottingham: Nottingham University Press, 2004.

［26］Jack F. Development of guidelines for the preparation and handling of sensory samples in the Scotch whisky industry ［J］. J Inst Brew, 2003, 109 (2): 114-119.

［27］Steele G M, Fotheringham R N, Jack F R. Understanding flavour development in Scotch whisky. In Distilled Spirits: Tradition and Innovation ［M］. Nottingham: Nottingham University Press, 2004.

［28］Aylott R. Whisky analysis. In Whisky: Technology, Production and Marketing ［M］. London: Elsevier, 2003.

［29］Lee K Y M, Paterson A, Piggott J R, et al. Origins of flavour in whiskies and a revised flavour wheel: a review ［J］. J Inst Brew, 2001, 107 (5): 287-313.

［30］Jolly N P, Hattingh S. A brandy aroma wheel for south African brandy ［J］. S Afr J Enol Vitic, 2001, 22 (1): 16-21.

［31］Phelan A D, Jack F R, Conner J M, et al. Sensory assessment of gin flavour. In Distilled Spirits: Tradition and Innovation ［M］. Nottingham: Nottingham University Press, 2004.

［32］GB/T 16291.1—2012, 感官分析 选拔、培训与管理评价员一般导则 第1部分: 优选评价员 ［S］.

［33］GB/T 13868—2009, 感官分析 建立感官分析实验室的一般导则 ［S］.

［34］GB/T 11856—2008, 白兰地 ［S］.

［35］周恒刚, 沈怡方, 曹述舜, 等. 历届全国评酒会简况. In 酿酒六十年回忆 ［M］. 哈尔滨: 黑龙江人民出版社, 2011.

第十五章

蒸馏酒风味化合物

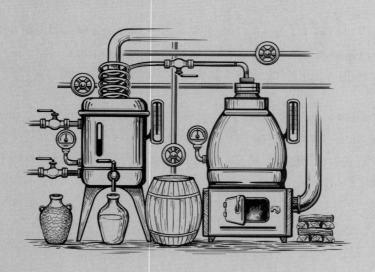

白酒中乙醇和水的含量占98%左右，而其余的2%左右是含量较多的微量成分，它们的含量与量比关系是形成各种香型风味特征的决定因素。

自1964年开始对白酒香味成分的剖析工作，历经纸色谱、柱色谱、气相色谱到与质谱联用；从定性到定量。据初步统计已检出的成分达300种以上，其中有酸、酯、醇、羰基化合物、酚类化合物、含氮化合物、呋喃化合物等，并明确了中国传统白酒的香气特征。2005年，开始使用GC-O技术（气相色谱-闻香技术）研究中国白酒的香气。

至2009年，应用GC-MS技术分析出我国清香型白酒的微量成分已达703种（峰），已经确认的化合物达366种[1]。

第一节　蒸馏酒常量成分

蒸馏酒的酒精度、干浸出物（通常是白兰地、威士忌等有色酒的指标）、总酸、总酯、总醛、挥发性酸、固定酸（不挥发性酸）、糠醛、高级醇和甲醇等，是蒸馏酒的常量成分，它们均可以单独测定（详见《酿酒分析与检测》[2]）。

常量成分在主要香型白酒和国外蒸馏酒中浓度见表15-1。

表 15-1　　常量成分在主要香型白酒和国外蒸馏酒中浓度[3-4]

成分	主要香型白酒和国外蒸馏酒									
	酱香型白酒[d]	浓香型白酒	清香型白酒	米香型白酒	阿尔马涅克白兰地	科涅克白兰地	白兰地	麦芽威士忌[f]	谷物威士忌[f]	特基拉[g]
酒精度/（%vol）	53	52			41.4	40.34	45.46			
干物质/（g/L）					4.5	6.7	8.43			
总酸[a]	1.76	1.31	1.24	0.85	1.54	1.04	0.31			
挥发酸[a]					106.5	59.3	19.06			
总醛[b]	830	700	140	110	233	193	253.3			
总酯[c]	2970	5300	5700	1260	1096	729	548			
乙酸乙酯	1058	1110	3059	421	763	453	385	450	180	210
糠醛	85	19	4	0.6	12	24.5	3.5			24
总高级醇	1790	1140	800	830	4414	4444	2584	3140	1750	3131
2-丁醇	128	58.7	33	0.7	5	7	33.9			

续表

成分	主要香型白酒和国外蒸馏酒									
	酱香型白酒[d]	浓香型白酒	清香型白酒	米香型白酒	阿尔马涅克白兰地	科涅克白兰地	白兰地	麦芽威士忌[f]	谷物威士忌[f]	特基拉[g]
正丙醇	711	168	95	157	494	430	250.6	410	720	230
2-甲基丙醇	172	103	116	374	1045	1217	554.3	800	680	670
正丁醇	148	126	11	24	2	1	13.4			
3-甲基丁醇	451	271	546	578	2866	3123	1727	1760	230	2170
甲醇	131	164	113		470	497	692	63	85	2560
乳酸乙酯	1107	1253	2612	462						330
己酸乙酯	233	2413	22	17.1						
丁酸乙酯	212	205	nd[e]	6						
乙缩醛										80
乙醛								170	120	100
2-苯乙醇										61
苯甲醛										9
α-萜品醇										7
里那醇										5

注：a：以乙酸计，g/L 100%纯酒精；b：以乙醛计，mg/L 100%纯酒精；c：以乙酸乙酯计，mg/L 100%纯酒精；d：其单位不是折算成100%vol酒精，而是原有酒精度下的实测值；e：未检测到；f：苏格兰威士忌；g：纯龙舌兰汁生产的特基拉；其他未注明的，单位是mg/L 100%纯酒精，但中国白酒没有折算。

第二节　白酒特征风味化合物

我国白酒清香、浓香、酱香、米香及其他香五大香型的分型起始于1979年全国第三届评酒会。它是在轻工业部组织的茅台试点、汾酒试点以及内蒙古轻工科学研究所采用气相色谱分析法检测了国内近百种不同类型白酒的香气成分的基础上提出的，由周恒刚先生倡导，经国家评委讨论确立，开创了按香型、糖化剂分类进行评酒。至1989年第五届全国评酒会已发展成五大香型十个类别。在原有的五大香型基础上，其他香型拓展为凤香、药香、兼香、芝麻香、豉香、特香六个类别[5]。后来，又增加了一个"老白干香型"，其他香型再分类，即所谓"四大香型、七小香型"[5-6]。在众多香型中清香、浓香、酱香是传统大曲酒的三大主流香型[7]，以乙酸乙酯、乳酸乙酯为主成分的属清香类型，如凤香型、老白干香型；以己酸乙酯为主成分的属浓香类型；以杂环化合物和芳香族化合物香气为主要成分的属酱香类型。米香型属于一个比较独特的香型。老白干香型目前公认的看法是归入清香类型中[8]。

随着消费习惯的改变，香型这一概念正在不断丰富，如有些企业开发出现有 11 个香型以外的更为复杂的香型，如酒鬼酒提出馥郁香型[9]，西凤酒已经开发出凤兼浓香型[10]、凤兼复合型白酒[11]等。

一、　酱香型白酒特征风味化合物

我国比较著名的酱香型白酒主要是贵州的茅台酒和郎酒。

（一）历史的回顾

1960 年开始对茅台酒进行色谱、光谱和质谱分析。1964—1966 年，总结了茅台酒的工艺，并对 8 种名优白酒的香气成分进行分析，首次揭开了不同风格酒的香气成分，明确了己酸乙酯是浓香型白酒的主体香，乙酸乙酯是清香型白酒的主体香。剖析茅台酒的三种典型原酒，明确了茅台酒是由酱香、醇甜和窖底三种不同香味的单体酒组成。酱香原酒含有多羰基的化合物，如乙醛、乙缩醛、3-羟基-2-丁酮、2,3-丁二酮、糠醛等，还含有酚类化合物，如 4-乙基愈创木酚、香草醛、阿魏酸、丁香酸等。醇甜型原酒以多元醇含量较多，如 2,3-丁二醇、丙三醇、环己六醇等。窖底香原酒则以己酸乙酯、乙酸乙酯、丁酸、己酸为主[12-13]。

至 2007 年，应用 GC×GC-TOF-MS 技术检测出茅台酒中可挥发和半挥发成分 983 种[14-16]，其中 468 种化合物被鉴定出来，包括酯类 126 种，脂肪酸类 27 种，醇类 40 种，酮类 28 种，醛类 19 种，缩醛类 10 种，萜烯类 56 种，芳香族化合物 61 种，挥发性酚类化合物 16 种，含硫化合物 12 种，呋喃类化合物 27 种，吡嗪类化合物 31 种，其他含氮化合物 4 种，内酯类化合物 6 种，烷烃和烯烃 2 种，其他化合物 3 种。

茅台酒微量成分有以下特点：

（1）茅酒酸含量高，品种也多，明显高于浓香型和清香型白酒。其中乙酸、乳酸含量在各种酒是最高的，丁酸、己酸含量也不低，甚至异丁酸、异戊酸以及庚酸、辛酸、壬酸也有一定含量，不饱和酸油酸和亚油酸含量也高。

（2）总酯比浓香型白酒低，但酯的种类居各种香型白酒之首。乳酸乙酯在所有酒中含量最高，己酸乙酯低于浓香型白酒，但它从低沸点的甲酸乙酯到中沸点的辛酸乙酯，直到高沸点的油酸乙酯、亚油酸乙酯都存在。

（3）醛酮含量大，乙醛、乙缩醛在酱香型白酒中含量一般都较高，异戊醛、丁二酮含量也不少。

（4）茅台酒的高级醇比浓香型白酒高 1 倍以上，尤其是正丙醇高。沸点较高的庚醇、辛醇，比其他香型高，2-苯乙醇比汾酒、泸州特曲高三倍。

（5）芳香族化合物高于清香型和浓香型白酒。芳香族化合物包括苯甲醛、4-乙基愈创木酚、酪醇等，其中苯甲醛含量达 5.6mg/L[17-18]。

（6）检出了四甲基吡嗪，其中以四甲基吡嗪为主，含量高达 3~5mg/L[18]，高于浓香型的清香型白酒。

（7）检测到大量的呋喃类化合物，特别是糠醛含量极为突出（高达 260mg/L）[17-18]。

（8）富含高沸点化合物，且为各香型酒之冠。这些高沸点化合物包括高沸点的有机酸、醇、酯、芳香族化合物、酚类化合物等。这些化合物可能对酱香型白酒的柔和、细腻、丰满甚至空杯留香起着重要作用。

（二）酱香型白酒特征香气 GC-O 分析

应用 GC-O 技术共检测到 186 种香气化合物，最重要的香气化合物有：己酸乙酯、2-苯乙酸乙酯、3-苯丙酸乙酯、4-甲基愈创木酚、己酸、3-甲基丁酸、3-甲基丁醇、2,3,5,6-四甲基吡嗪和 γ-壬内酯[19-20]。

二、　浓香型白酒特征风味化合物

浓香型白酒主体香味成分是己酸乙酯[4, 21-24]。己酸乙酯含量为各微量成分之首，也是 11 类香型白酒中含量最高的，高度酒中含量 1.2~2.8g/L，低度酒中含量 0.7~1.2g/L[25]。己酸乙酯和适量的丁酸乙酯，以及一定量的己酸、丁酸、戊酸等构成了浓香型白酒的香味特征性成分。风味化合物的研究结果也已经证明己酸乙酯确实是浓香型白酒的主体香[26]。

己酸乙酯最早发现于第二次茅台试点的窖底香中，并得到确认[27]。2005 年，应用 HS-SPME 技术结合 AEDA 技术再次确认己酸乙酯、庚酸乙酯、苯甲酸乙酯和己酸丁酯是浓香型白酒中重要的香气化合物[28]；同年，应用 LLE 和 GC-O 技术，发现浓香型白酒的重要香气化合物己酸乙酯和丁酸乙酯[29]。2006 年，应用 LLE 和 AEDA 技术，研究五粮液与剑南春香气成分，发现己酸乙酯、丁酸乙酯、戊酸乙酯、辛酸乙酯、己酸丁酯、3-甲基丁酸乙酯、己酸和 1,1-二乙氧基-3-甲基丁烷是重要的香气化合物[30]。

2010 年完成浓香型白酒的香气重组（表 15-2）[31]。从表中可以清楚地看出，己酸乙酯是浓香型白酒的关键香气成分。

表 15-2 浓香型白酒香气重组[31]

完全重组时缺失化合物	相似度（025）[a]	完全重组时缺失化合物	相似度（025）[a]
所有酯	0.89	所有酸	3.85
除己酸乙酯外的所有酯	1.73	己酸	3.21
己酸乙酯	1.06	丁酸	3.33
乙酸乙酯	3.97	所有醇	2.55
丁酸乙酯	3.80	1-丁醇	3.45
乳酸乙酯	3.29	所有芳香族化合物	4.64

注：a：0 = 与浓香型白酒香气不相似；5 = 与浓香型白酒香气非常相似。

三、 清香型白酒特征风味化合物

早期研究认为乙酸乙酯和乳酸乙酯是清香型白酒的主体香[32]。乙酸乙酯在汾酒原酒中平均含量 2.89g/L，在二锅头原酒中平均含量 3.42g/L，在宝丰酒原酒中平均含量 2.33[33]；乳酸乙酯在汾酒原酒中平均含量 1.79g/L，在二锅头原酒中平均含量 1.61g/L，在宝丰酒原酒中平均含量 0.54g/L[33]。在清香型成品白酒中乙酸乙酯占总酯的 50% 以上，明显高于其他类别香型的白酒；酯与酸的比例为 5.5：1[34]。清香型中乙酸乙酯和乳酸己酯两大酯类含量占总酯的 96.5%，它们的比例以 1：（0.5~1） 为宜[17]。然而，乙酸乙酯在 46%vol 酒精水溶液中嗅觉阈值达 32.6mg/L，乳酸乙酯更高达 128mg/L。它们的 OAV 并不是最高的[35]。

2006—2014 年，科学家应用 GC-O 结合 GC-MS 技术研究了清香型汾酒、宝丰酒、二锅头和青稞酒[32, 36-37]，发现 β-大马酮、1-丁醇、2-甲基丙醇、3-甲基丁醇、1-辛烯-3-醇、辛酸乙酯、乙酸乙酯、丁酸乙酯、乙酸-2-苯乙酯、2-苯乙酸乙酯、苯甲酸乙酯、3-苯丙酸乙酯、2-苯乙醇、苯乙醛、4-甲基苯酚、4-乙基苯酚、愈创木酚、4-乙基愈创木酚、香兰素、糠醛、乙酸、2-甲基丙酸、丁酸、3-甲基丁酸、2-乙酰基-5-甲基呋喃、乙缩醛和 γ-壬内酯[32, 37]。基于香气重组的研究结果表明（表 15-3），大曲清香型白酒的特征成分是 β-大马酮、乙酸乙酯等化合物[37]。

表 15-3 清香型白酒香气重组[37]

序号	完整重构时缺失化合物	n[a]	显著性差异[b]
1	所有酯	10	＊＊＊
1A	辛酸乙酯	4	

续表

序号	完整重构时缺失化合物	n^a	显著性差异[b]
1B	乙酸乙酯	8	＊＊
1C	乳酸乙酯	7	＊
1D	乙酸乙酯和乳酸乙酯	8	＊＊
1E	除乙酸乙酯和乳酸乙酯外的所有酯	6	
2	乙缩醛	5	
3	β-大马酮	9	＊＊＊
4	芳香族谷物	5	
5	乙酯和 2-甲基丙酸	8	＊＊
6	所有醇	6	
7	所有醛	3	
8	土味素	8	＊＊
9	二甲基三硫	9	＊＊＊
10	γ-壬内酯	3	
11	1-辛烯-3-醇	2	

注：a：10 个评价员在三角试验时正确判断的人数。

　　b：显著性差异：＊＊＊，非常高的显著性差异（$\alpha \leqslant 0.001$）；＊＊，高度显著性差异（$\alpha \leqslant 0.01$）；＊，显著性差异（$\alpha \leqslant 0.05$）。

　　川法小曲白酒是由种类多、含量高的高级醇类和乙酸乙酯的香气成分，配合相当的乙醛和乙缩醛，除乙酸、乳酸外的适量丙酸、异丁酸、戊酸、异戊酸等较多种类的有机酸及微量庚醇、2-苯乙醇、2-苯乙酸乙酯等物质所组成，有自身香味成分的组成关系。通常酸度在 0.5~0.8g/L，高的可达 1.0g/L，主要是乙酸含量高；高级醇总量 2g/L，其中异戊醇含量 1~1.3g/L，正丙醇和异丁醇含量在 0.28~0.5g/L；酯类含量 0.5~1.0g/L，乳酸乙酯和乙酸乙酯含量较高，含有少量的丁酸乙酯（10~20mg/L）；其酸、酯、醇、醛的比例为 1：1.07：3.07：0.37[38]。

　　从口感特征看，川法小曲清香与大曲清香和麸曲清香不同，有突出优雅的"糟香"气味，综合概述为：无色透明，醇香清雅，糟香突出，酒体柔和，回甜爽口，纯净怡然[39]。

四、 米香型白酒特征风味化合物

　　米香型白酒的代表是桂林三花酒。米香型白酒的主体香味成分至今未有定论。从已测定的数据推断：乳酸乙酯、乙酸乙酯和2-苯乙醇是其特征性成分。乳酸乙酯占总酯的73%左右，2-苯乙醇含量较高（37.3mg/L）[40]。总醇含量高于总酯含量，其中异戊醇、异丁醇含量超过了浓香型和清香型白酒。羰基化合物含量较低。在感官上已证实米香型白酒具有2-苯乙醇的蜜香、玫瑰香，以及落口有绵甜清爽之感[17,34]。

米香型白酒的 AEDA 研究结果发现，重要的香气化合物有乙酸乙酯、乙酸-3-甲基丁酯、辛酸乙酯、乙酸、丙酸、丁酸、2-苯乙醇、4-乙基愈创木酚和 γ-壬内酯[41]。

五、 凤香型白酒特征风味化合物

凤香型白酒的代表是西凤酒。凤香型白酒的风味介于浓香型与清香型之间。凤香型白酒具有如下特征[13,17]：

一是乙酸乙酯和己酸乙酯具有特殊的量比关系和绝对含量。它既不同于清香型白酒，也不同于浓香型白酒。其比值为 1∶（0.12~0.37），而清香型 1∶（0.002~0.003），浓香型 1∶（1.08~1.55）。乙酸乙酯 800~1800mg/L，己酸乙酯 100~500mg/L。二是酯醇比值大于清香型和浓香型白酒，其比值为 1∶0.55，而清香型 1∶0.18；浓香型 1∶0.13。三是检出了丙酸羟胺和乙酸羟胺的特征性成分。

应用 GC-O 结合 GC-MS 技术发现，乙酸乙酯、己酸乙酯、辛酸乙酯、3-苯丙醇乙酯、苯乙醛、2-苯乙醇、2-苯乙酸、4-乙基愈创木酚、香兰素、3-甲基丁醇、1-辛醇、乙酸、丙酸、2-甲基丙酸、丁酸、3-甲基丁酸、戊酸、己酸和辛酸是凤香型白酒重要香气化合物[32]。

六、 兼香型白酒特征风味化合物

我国著名的兼香型白酒是湖北白云边、安徽口子窖。兼香型白酒中的白云边酒的特征性成分有庚酸、庚酸乙酯、2-辛酮、乙酸异戊酯、乙酸-2-甲基丁酯、异丁酸和丁酸[17]。

2008 年，应用 LLE 结合 GC-O 技术在兼香型白酒中共检测到 90 种香气化合物，包括脂肪酸 13 种，醇类 11 种，酯类 29 种，酚类 6 种，芳香族化合物 10 种，酮类 4 种，缩醛类 3 种，含硫化合物 1 种，内酯 1 种，吡嗪类 7 种，呋喃类 5 种[42]，重要的香气化合物有己酸乙酯、3-甲基丁酸乙酯、4-乙基愈创木酚、4-乙烯基愈创木酚、己酸、3-甲基丁醇、香兰素、乙酯-2-苯乙酯和丁酸[42]。

七、 芝麻香型白酒特征风味化合物

芝麻香型白酒的风味特征：闻香以芝麻香的复合香气为主，入口后焦煳香味突出，细品有类似芝麻香气（近似焙炒芝麻的香气），后味有轻微的焦香，口味醇厚爽净。

2015 年后，陆续开展了芝麻香型白酒的 GC-O 研究工作，发现丁酸乙酯、己酸乙酯、辛酸乙酯、2-甲基丙酸乙酯、3-甲基丁酸乙酯、己酸丙酯、2-甲基丁酸乙酯、戊酸乙酯、4-甲基戊酸乙酯、乙酸-3-甲基丁酯、3-甲基丁醛、2-庚醇、苯甲醛、2-苯乙醇、2-苯乙酸乙酯、乙酸-2-苯乙酯、乙酸、2-甲基丙酸、丁酸、己酸、乙缩醛、2,6-二甲基吡嗪、2,3,5,6-四甲基吡嗪、萜品醇、β-大马酮、糠醛、2-糠硫醇、二甲基二硫醚、甲硫醇和二甲基三硫醚[43-45]。

八、 药香型（董型）白酒特征风味化合物

从 2010 年左右开始应用现代分离技术与现代风味技术研究药香型董酒。首次在董酒中一次性分离检测到 52 个挥发性的萜烯类化合物[46]，并应用 HS-SPME 技术定量了 41 种萜烯[47]。GC-O 技术研究发现，董酒中重要香气化合物是丁酸乙酯、己酸乙酯、戊酸乙酯、丁酸、3-甲基丁酸、己酸、二甲基三硫醚、2-苯乙醇、4-甲基苯酚、4-甲基愈创木酚、β-大马酮、(E, Z)-2,6-壬二烯醛、(-)-龙脑和莳醇[48]。

九、 豉香型白酒特征风味化合物

应用 AEDA 技术研究发现，(E)-2-辛烯醛、(E)-2-壬烯醛、(E)-2-癸烯醛、(E)-2-十一烷烯醛、己醛、庚醛、辛醛、壬醛、(E, E)-2,4-癸二烯醛、3-甲硫基-1-丙醇、3-甲基丁醇、2-苯乙醇、己酸乙酯、2-甲基丙酸乙酯、乙酸乙酯、3-甲基丁酸乙酯、乙酯-3-甲基丁酯、3-苯丙酸乙酯、γ-壬内酯、乙酸、丙酸、丁酸、戊酸是豉香型白酒重要香气成分[41, 49]。缺失试验的进一步研究发现，(E)-2-壬烯醛是关键香气成分，而 (E)-2-辛烯醛和2-苯乙醇是重要的香气成分（表 15-4）[41]。

表 15-4   豉香型白酒香气重组[41]

序号	完全重组时缺失化合物	n^a	显著性差异[b]
1	(E)-2-辛烯醛，(E)-2-壬烯醛(E)-2-癸烯醛，(E,E)-2,4-癸二烯醛，辛醛，壬醛	10	* * *
1-1	(E)-2-壬烯醛	9	* * *
1-2	(E)-2-辛烯醛	8	* *
1-3	(E)-2-癸烯醛	4	
1-4	(E,E)-2,4-癸二烯醛	4	

续表

序号	完全重组时缺失化合物	n^a	显著性差异[b]
1-5	辛醛	5	
1-6	壬醛	3	
2	2-苯乙醇，3-苯丙醇乙酯，苯甲酸乙酯	8	＊＊
2-1	2-苯乙醇	8	＊＊
2-2	3-苯丙醇乙酯	6	
2-3	苯甲酸乙酯	4	
3	己醛，庚醛	7	＊
3-1	己醛	7	＊
3-2	庚醛	4	
4	所有酯	5	
5	2-甲基丙醇，3-甲基丁醇，1-丙醇	6	
6	脂肪酸	5	
7	γ-壬内酯	3	
8	3-羟基-2-丁酮	5	
9	3-甲硫基-1-丙醇	3	

注：a：10 个评价员在三角试验时正确判断的人数。

　　b：显著性差异：＊＊＊，非常高的显著性差异（$\alpha \leqslant 0.001$）；＊＊，高度显著性差异（$\alpha \leqslant 0.01$）；＊，显著性差异（$\alpha \leqslant 0.05$）。

十、 特型白酒特征风味化合物

以四特酒为代表的特型白酒具有特殊的量比关系，其主要的特征性成分如下所示。

一是富含奇数碳脂肪酸乙酯，包括丙酸乙酯、戊酸乙酯、庚酸乙酯和壬酸乙酯，其量为各类白酒之冠。二是含有高浓度的正丙醇，高达 $1 \sim 2.5g/L$，明显高于其他各香型白酒。正丙醇的含量与丙酸乙酯及丙酸之间具有极好的相关性。三是高级脂肪酸乙酯的含量超过其他白酒近 1 倍，相应的脂肪酸含量也较高。四是乳酸乙酯的含量高达 $2g/L$，明显有别于其他各香型白酒。五是酯的含量关系有别于其他白酒，乳酸乙酯>乙酸乙酯>己酸乙酯，这种量比关系有别于任何一种香型的白酒。六是乳酸含量高，一般在 $1 \sim 1.7g/L^{[17-18,50-53]}$。

1994 年，应用 GC-MS、GC-FPD 和 GC-NPD 检测器，共检测到特型白酒 121 种挥发性成分，包括 15 种醇类、39 种酯、20 种脂肪酸、5 种醛类、6 种缩醛类、4 种酮类、6 种芳香族化合物、2 种呋喃类、18 种吡嗪、2 种吡啶、2 种噻唑和 2 种含硫化合物[54]。

第三节　威士忌特征风味化合物

新酿壶式和柱式蒸馏的波旁威士忌风味物是不同的。壶式蒸馏的威士忌含有更多的易挥发性成分，如乙缩醛、乙醛、乙酸乙酯和 1-己醇，以及沸点较高的乙酸乙酯、癸酸乙酯、乳酸乙酯、月桂酸乙酯（十二酸乙酯）、肉豆蔻酸乙酯（十四酸乙酯）和棕榈酸乙酯（十六酸乙酯）。而柱式蒸馏的威士忌则含有较多的杂醇油、乙酸异戊酯、2-苯乙醇和乙酸-2-苯乙酯。但这两种威士忌有超过 300 种相同的化合物，其中仅仅部分具有香气活性（OAV > 1）。

2001 年应用 GC-O 技术研究发现，*cis*-威士忌内酯和香兰素对威士忌风味具有重要贡献[55]。此前，已经发现丁醛、2,3-丁二酮、3-甲基丁醛、2-甲基丙醛和某些酯，如乙酸乙酯和己酸乙酯是威士忌的重要风味化合物[56]。

2008 年，应用 AEDA 技术研究波旁威士忌香气，发现（*E*）-*β*-大马酮、*γ*-壬内酯、4-乙烯基-3-甲氧基苯酚（丁子香酚）、*γ*-癸内酯、香兰素和 *cis*-威士忌内酯是重要的香气化合物，赋予威士忌水果香、烟熏、香兰素香气。另外，3-甲基丁醇（麦芽香）、*β*-紫罗兰酮（紫罗兰香气）、2-苯乙醇（花香）、*trans*-威士忌内酯（椰子香）和（*S*）-2-甲基丁酸乙酯有重要贡献。另外一些不饱和的醛如（*E*）-癸醛、（*E*）-庚醛和（*E*，*E*）-2,4-壬二烯醛贡献了青香和脂肪气味，首次在波旁威士忌中鉴定到。通过计算 OAV，选择 26 个香气化合物进行重构和缺失试验，发现所有的酯、乙醇、*cis*-威士忌内酯和香兰素能构成整体香气[57-58]。

第四节　伏特加特征风味化合物

伏特加的香气化合物浓度非常低，通常小于 1mg/L[59]。伏特加的主要香气化合物是乙酯类，但 5-羟甲基糠醛（5-HMF）和柠檬酸三乙酯（TEC），以及污染物二叔丁基对羟基甲苯（BHT）和 DEHP［邻苯二甲酸二（2-乙基己基）酯］也在一些样品中检测到[60]。多国来源伏特加检测结果显示，日本产自大麦和玉米的伏特加含有较多的癸酸乙酯；在德国，来源于土豆的伏特加含有棕榈油酸乙酯，以及较高比例的硬脂酸乙酯和油酸乙酯（比例为 1：2）；美国伏特加含有较多的十八碳一烯酸乙酯，以及较高比例的硬脂酸乙酯和棕榈酸乙酯（比例为1∶0.5），以及5-HMF和TEC，因为美国法规允许在蒸馏、精馏或活性炭过滤后装瓶前添加糖浆和柠檬酸[60]。HPLC检测结果表明，糖浓度40~2200mg/L，柠檬酸浓度为0.1~357mg/L。

第五节　日本烧酎特征风味化合物

酚类化合物在泡盛酒和烧酎风味中起着重要作用。研究表明，在模拟烧酎贮存过程中，阿魏酸会转化为令人厌恶的4-乙烯基愈创木酚和令人喜爱的香兰素和香兰酸，这些化合物不仅与老熟有关，还和发酵和蒸馏有关[61]。阿魏酸来源于大米细胞壁中阿魏酸酯与阿拉伯木聚糖上的阿拉伯糖残基键的水解。

第六节　白兰地特征风味化合物

白兰地的风味化合物含量影响其品质。提高酯的含量和适量的高级醇含量对白兰地质量有益，但过高的乙酸乙酯和乙酸异戊酯会产生异嗅。一些轻微缺陷物在葡萄酒中存在于检测限下，但经过蒸馏浓缩会在白兰地中检测到。高质量的白兰地，可能需要较高含量的2-苯乙醇，较少的挥发性酯如乙酯（乙酸乙酯和乳酸乙酯）。存在于葡萄酒基酒中的异嗅如腐臭、湿纸板和似甘蓝气味（还原味）和醛气味（氧化味）将对最终白兰地质量有着负面影响。异嗅物SO_2、H_2S、甲硫醇和醛因易挥发，通常存在于柱式蒸馏酒头中而被去除。在分批壶式蒸馏中，许多挥发性的硫化物如SO_2和H_2S，在冷却时会溶解于酒精水溶液中，部分与蒸馏器的铜反应，形成铜硫化物沉淀而被去除。乙醛的含量与SO_2浓度和葡萄酒的氧化有关，但乙醛会反应生成α-羟基-乙烷磺酸和乙缩醛，去除比较困难。如果醛含量浓度特别高，可能是用NaOH处理了蒸馏器。另外一个醛是丙烯醛，具有催泪性，能引起酚在10mg/L时产生苦味，且有辛辣气味。丙烯醛来源于葡萄酒贮存时的细菌破败。

特别老的科涅克白兰地会产生一种独特的复杂的风味特征，称为老酒香，通常用于识别15年和20年的老酒。此香气描述为"哈喇黄油（rancid butter）"和蘑菇香气，有时也有干果、葡萄干和坚果香[62]。类似的描述常出现于老熟的或氧化的强化葡萄酒中，如欧洛罗索雪莉酒（oloroso sherry）、马德拉葡萄酒（madeira）、茶色波特酒（tawny port）和天然陈酿香葡萄酒。虽然腐败气味是一个负面的感官语，但科涅克白兰地老酒需要这种气味，虽然很微弱。甲基酮含量能用于科涅克白兰地分类，老酒中2-庚酮和2-壬酮是含量最丰富的甲基酮，但2-十一烷酮和2-十三烷酮也在老酒味产生方面具有重要作用[62]。酮可能来源于老熟过程中，偶数碳长链脂肪酸（C_8、C_{10}、C_{12}和C_{14}）的 β-氧化和后续的脱羧基作用。橡木中的木质素、木酚素和内酯贡献老酒气味中的膏香。

第七节　水果蒸馏酒特征风味化合物

卡尔瓦多斯酒中检测到 130 个痕量化合物[63]，包括缩醛、醇类、醛类、羧酸类、酯类、醚类、酮类、降异戊二烯类、有机硫化物、酚类和萜烯类化合物。其中有些化合物是卡尔瓦多斯特有而科涅克白兰地中没有的，如丙-2-烯-1-醇、3-甲基-2-烯-1-醇，其他的如羟基酯等。更多的饱和与不饱和羰基化合物存在于卡尔瓦多斯酒中，贡献了青草和蘑菇香气；一些硫化物含量较高，如二甲基二硫醚和蛋氨醛。3-噻吩甲醛与 2-噻吩甲醛的比在卡尔瓦多斯中是 10，但在科涅克白兰地中仅仅为 0.5[64]。

第八节　朗姆酒与卡莎萨酒特征风味化合物

朗姆酒的挥发性化合物已经检测到 184 种，最主要的是乙酯类、3-甲基丁醇和 2-甲基丁醇[65]。新酒与老酒的乙酯类化合物剖面是类似的，说明它们主要受到发酵和蒸馏的影响，而不是橡木桶老熟的影响。但新酒与老酒在某些乙酯上的浓度是不一样的。老酒中含有更多的乙酸乙酯、丁酸乙酯、异丁酸乙酯以及其他酯、苯甲醛和某些萜烯。新酒中含有一些更高的酯、一些碳氢类化合物（如苯和萘的衍生物）、酚类和某些依多兰类。与橡木桶老熟相关的化合物如缩醛类、某些内酯、酚类和萜烯仅仅存在于老酒中。

卡莎萨酒含有丰富的乙酸乙酯和乳酸乙酯[66]。与威士忌相比，卡莎萨酒含有更高的乳酸乙酯，表明发酵过程中乳杆菌属（*Lactobacillus*）非常多，这与其自然发酵、高 pH 和最高达 45℃有关。与柱式蒸馏相比，壶式蒸馏的卡莎萨酒平均乙酸乙酯和乳酸乙酯含量高。与威士忌相比，卡莎萨酒中其他酯如丁酸乙酯、己酸乙酯、辛酸乙酯、癸酸乙酯和月桂酸乙酯含量较低，且在柱式蒸馏中相对较丰富。

第九节　特基拉与麦斯卡尔酒特征风味化合物

特基拉与麦斯卡尔酒的特征风味物包括乙酸乙酯、乳酸乙酯、乙酸、高级醇（主要的风味贡献物）和其他醇、羰基化合物、羧酸、乙酯类、呋喃类、萜烯类和碳氢类化合物[67-68]。用萨勒曼亚龙舌兰（*A. salmania*）生产的麦斯卡尔酒含有柠檬烯和丁酸戊酯，这些化合物可以用作原产地的标志物[67]。类似地，用狭叶龙舌兰（*Agave angustifolia*）生产的麦斯卡尔酒区别于特基拉和索托（sotol）烧酒的化合物分别是壬酸乙酯、2-乙酰基呋喃和2-甲基萘[69]。

专有的特基拉中含有0.1~9.7mg/L的草酸，来源于龙舌兰植物。

参考文献

［1］徐岩，范文来. 中国清香型汾酒风味物质剖析技术体系及其关键风味物质研究鉴定材料［R］. 无锡：江南大学，山西杏花村汾酒厂股份有限公司，2009.

［2］肖冬光，范文来，马立娟. 酿酒分析与检测［M］. 北京：中国轻工业出版社，2018.

［3］Bertrand A. Armagnac and Wine-Spirits. In Fermented Beverage Production［M］. New York：Kluwer Academic/Plenum Publishers，2003.

［4］沈怡方. 白酒生产技术全书［M］. 北京：中国轻工业出版社，1998.

［5］刘洪晃. 试论五大香型白酒的相互关系［J］. 酿酒，1992（4）：6-8.

［6］沈怡方. 中国白酒感官品质及品评技术历史与发展［J］. 酿酒，2006，33（4）：3-4.

［7］沈怡方，赵彤. 对于白酒香型的认识与学术探讨［J］. 酿酒，2007，34（1）：3-4.

［8］赖登燡. 中国十种香型白酒工艺特点、香味特征及品评要点的研究［J］. 酿酒，2005，32（6）：1-6.

［9］刘建新，周晓林，周瑛，等. 湘泉酒香型的初步研究［J］. 酿酒科技，1994，65（5）：70-74.

［10］王玉芬，冯怀礼，李周科. 两种不同凤兼浓酒风格特征的成因［J］. 酿酒，2005，32（4）：81-82.

［11］徐政仓. 凤兼复合型白酒酒体风格成因探究［J］. 酿酒，2005，127（1）：74-77.

［12］曹述舜. 酱香型酒风味成分的探讨［J］. 酿酒科技，1991（4）：47-48.

［13］李大和. 建国五十年来白酒生产技术的伟大成就（二）［J］. 酿酒，1999，131（2）：22-29.

［14］Ji K，Guo K，Zhu S，et al. Analysis of microconstituents in liquor by full two-dimensional gas chromatography/time of flight mass spectrum［J］. Liquor-making Sci Technol，2007，153（3）：100-102.

［15］Fan W，Xu Y. Identification of volatile compounds of fenjiu and langjiu by liquid-liquid extraction coupled with normal phase liquid chromatography（Part one）［J］. Liquor-making Sci Technol，2013，224（2）：17-26.

［16］Fan W，Xu Y. Identification of volatile compounds of fenjiu and langjiu by liquid-liquid extraction coupled with normal phase liquid chromatography（Part two）［J］. Liquor-making Sci Technol，2013，225（3）：17-27.

［17］吴三多. 五大香型白酒的相互关系与微量成分浅析［J］. 酿酒科技，2001（4）：82-85.

［18］曾祖训. 白酒香味成分的色谱分析［J］. 酿酒, 2006, 33（2）: 3-6.

［19］Fan W, Xu Y, Qian M C. Identification of aroma compounds in Chinese "Moutai" and "Langjiu" liquors by normal phase liquid chromatography fractionation followed by gas chromatography/olfactometry. In Flavor Chemistry of Wine and Other Alcoholic Beverages［M］. Washington DC: American Chemical Society, 2012.

［20］Qian M C, Burbank H, Wang Y. Pre-separation technique for flavor analysis. In Sensory Directed Flavor Analysis［M］. Los Angeles: CRC Press, 2006.

［21］Fan W, Xu Y, Qian M. Current practice and future trends of aroma and flavor research in Chinese baijiu. In Sex, Smoke, and Spirits: The Role of Chemistry［M］. Los Angeles: American Chemical Society, 2019.

［22］Fan W, Xu Y. Comparison of flavor characteristics between Chinese strong aromatic liquor（Daqu）［J］. Liquor-making Sci Technol, 2000, 101（5）: 92-94.

［23］范文来, 陈翔. 应用夹泥发酵技术提高浓香型大曲酒名酒率的研究［J］. 酿酒, 2001, 28（2）: 71-73.

［24］Fan W. Improvement the quality of Luzhou-flavor daqu liquor by the secondary fermentation［J］. Liquor-making Sci Technol, 2001, 108（6）: 40-42.

［25］GB/T 10781. 1—2021, 白酒质量要求　第 1 部分: 浓香型白酒［S］.

［26］范文来, 徐岩. 气相色谱-闻香法（GC-O）在中国白酒风味物质研究中的应用鉴定材料［R］. 无锡: 江南大学, 2006.

［27］熊子书. 中国三大香型白酒的研究（二）酱香·茅台篇［J］. 酿酒科技, 2005, 130（4）: 25-30.

［28］Fan W, Qian M C. Headspace solid phase microextraction（HS-SPME）and gas chromatography-olfactometry dilution analysis of young and aged Chinese "Yanghe Daqu" liquors［J］. J Agri Food Chem, 2005, 53（20）: 7931-7938.

［29］Fan W, Qian M C. Identification of aroma compounds in Chinese 'Yanghe Daqu' liquor by normal phase chromatography fractionation followed by gas chromatography/olfactometry［J］. Flav Fragr J, 2006, 21（2）: 333-342.

［30］Fan W, Qian M C. Characterization of aroma compounds of Chinese "Wuliangye" and "Jiannan-chun" liquors by aroma extraction dilution analysis［J］. J Agri Food Chem, 2006, 54（7）: 2695-2704.

［31］吴南柯. 浓香型白酒模型酒的建立和重要风味化合物相互作用的初步研究［D］. 无锡: 江南大学, 2010.

［32］丁云连. 汾酒特征香气物质的研究［D］. 无锡: 江南大学, 2008.

［33］Fan W, Xu Y. Volatile aroma compounds from light aroma type liquors［J］. Liquor Making, 2012, 39（2）: 14-22.

［34］李大和. 白酒勾兑调味的技术关键［J］. 酿酒科技, 2003, 117（3）: 29-33.

［35］范文来, 徐岩. 白酒 79 个风味化合物嗅觉阈值测定［J］. 酿酒, 2011, 38（4）: 80-84.

［36］Gao W, Fan W, Xu Y. Important volatile aroma compounds in the liquor made from highland barely in northwest China [J] . Sci Technol Food Ind, 2013, 34 (22): 49-53.

[37] Gao W, Fan W, Xu Y. Characterization of the key odorants in light aroma type Chinese liquor by gas chromatography – olfactometry, quantitative measurements, aroma recombination, and omission studies [J] . J Agri Food Chem, 2014, 62 (25): 5796-5804.

[38] 李大和, 李国红. 川法小曲白酒生产技术 (二) [J] . 酿酒科技, 2006, 140 (2): 105-108.

[39] 曾祖训. 川法小曲白酒的发展与创新 [J] . 酿酒, 2006, 33 (1): 3-4.

[40] 金佩璋. 豉香型白酒中的 3-甲硫基丙醇 [J] . 酿酒, 2004, 31 (5): 110-111.

[41] Fan H, Fan W, Xu Y. Characterization of key odorants in Chinese chixiang aroma-type liquor by gas chromatography – olfactometry, quantitative measurements, aroma recombination, and omission studies [J] . J Agri Food Chem, 2015, 63 (14): 3660-3668.

[42] Liu J, Fan W, Xu Y, et al. Comparison of aroma compounds of Chinese 'miscellaneous style' and 'strong aroma style' liquors by GC-olfactometry [J] . Liquor Making, 2008, 35 (3): 103-107.

[43] Zhou Q, Fan W, Xu Y. Important volatile aroma compounds in Chinese roasted-sesame-like aroma type Jingzhi liquors [J] . Sci Technol Food Ind, 2015, 36 (16): 62-67.

[44] 周庆云. 芝麻香型白酒风味物质研究 [D] . 无锡: 江南大学, 2015.

[45] Sha S, Chen S, Qian M, et al. Characterization of the typical potent odorants in Chinese roasted sesame-like flavor type liquor by headspace solid phase microextraction-aroma extract dilution analysis, with special emphasis on sulfur-containing odorants [J] . J Agri Food Chem, 2017, 65 (1): 123-131.

[46] Hu G, Fan W, Xu Y, et al. Research on terpenoids in Dongjiu [J] . Liquor-making Sci Technol, 2011, 205 (7): 29-33.

[47] Fan W, Hu G, Xu Y. Quantification of volatile terpenoids in Chinese medicinal liquor using headspace-solid phase microextraction coupled with gas chromatography-mass spectrometry [J] . Food Sci, 2012, 33 (14): 110-116.

[48] Fan W, Hu G, Xu Y, et al. Analysis of aroma components in Chinese herbaceous aroma type liquor [J] . J Food Sci Biotechnol, 2012, 31 (8): 810-819.

[49] Fan H, Fan W, Xu Y. Characetrization of volatile aroma compounds in Chinese chixiang aroma type liquor by GC-O and GC-MS [J] . Food Ferment Ind, 2015, 41 (4): 147-152.

[50] 李大和. 建国五十年来白酒生产技术的伟大成就 (三) [J] . 酿酒, 1999, 132 (3): 13-19.

[51] 胡国栋, 蔡心尧, 陆久瑞, 等. 四特酒特征香味组分的研究 [J] . 酿酒科技, 1994, 61 (1): 9-17.

[52] 曾伟. 浅谈特型白酒风格及成因 [J] . 酿酒科技, 1994, 66 (6): 71-72.

[53] 陈全庚, 袁菊如, 陈光汉. 四特酒香味成分特征初探 [J] . 江西科学, 1990, 8 (2): 29-34.

[54] Hu G, Cai X, Lu J, et al. Volatile compounds of Site *baijiu* [J] . Liquor-making Sci Technol, 1994, 61 (1): 9-17.

[55] Connor J, Reid K, Richardson G. SPME analysis of flavor components in the headspace of Scotch

whiskey and their subsequent correlation with sensory perception. In Gas Chromatography–Olfactometry: State of the Art ［M］. Washington DC: American Chemical Society, 2001.

［56］ Salo P, Nykänen L, Suomalainen H. Odor thresholds and relative intensities of volatile aroma components in an artificial beverage imitating whiskey ［J］. J Food Sci, 1972, 37 （3）: 394–398.

［57］ Poisson L, Schieberle P. Characterization of the most odor–active compounds in an American Bourbon whisky by application of the aroma extract dilution analysis ［J］. J Agri Food Chem, 2008, 56 （14）: 5813–5819.

［58］ Poisson L, Schieberle P. Characterization of the key aroma compounds in an American Bourbon whisky by quantitative measurements, aroma recombination, and omission studies ［J］. J Agri Food Chem, 2008, 56 （14）: 5820–5826.

［59］ Simpkins W A. Congener profiles in the detection of illicit spirits ［J］. J Sci Food Agric, 1985, 36 （5）: 367–376.

［60］ Ng L K, Hupé M, Harnois J, et al. Characterisation of commercial vodkas by solid–phase microextraction and gas chromatography/mass spectrometry analysis ［J］. J Sci Food Agric, 1996, 70 （3）: 380–388.

［61］ Koseki T, Ito Y, Furuse S, et al. Conversion of ferulic acid into 4–vinylguaiacol, vanillin and vanillic acid in model solutions of shochu ［J］. J Ferment Bioeng, 1996, 82 （1）: 46–50.

［62］ Watts V A, Butzke C E, Boulton R B. Study of aged Cognac using solid–phase microextraction and partial least–squares regression ［J］. J Agri Food Chem, 2003, 51: 7738–7742.

［63］ Ledauphin J, Saint–Clair J F, Lablanquie O, et al. Identification of trace volatile compounds in freshly distilled Calvados and Cognac using preparative separations coupled with gas chromatography–mass spectrometry ［J］. J Agri Food Chem, 2004, 52: 5124–5134.

［64］ Ledauphin J, Basset B, Cohen S, et al. Identification of trace volatile compounds in freshly distilled Calvados and Cognac: Carbonyl and sulphur compounds ［J］. J Food Compos Anal, 2006, 19 （1）: 28–40.

［65］ Pino J, Martí M P, Mestres M, et al. Headspace solid–phase microextraction of higher fatty acid ethyl esters in white rum aroma ［J］. J Chromatogr A, 2002, 954 （1–2）: 51–57.

［66］ Nascimento E S P, Cardoso D R, Franco D W. Quantitative ester analysis in cachaça and distilled spirits by gas chromatography–mass spectrometry （GC–MS） ［J］. J Agri Food Chem, 2008, 56 （14）: 5488–5493.

［67］ De León–Rodríguez A, González–Hernández L, Barba de la Rosa A P, et al. Characterization of volatile compounds of mezcal, an ethnic alcoholic beverage obtained from *Agave salmiana* ［J］. J Agri Food Chem, 2006, 54 （4）: 1337–1341.

［68］ Cardeal Z L, Marriott P J. Comprehensive two–dimensional gas chromatography–mass spectrometry analysis and comparison of volatile organic compounds in Brazilian cachaça and selected spirits ［J］. Food Chem, 2009, 112 （3）: 747–755.

［69］ López M G, Yáñez S C G. Authenticity of three Mexican alcoholic beverages by SPME–GC–MS ［C］. New Orleans: In Annual Meeting of Institute of Food Technologists, 2001.

第十六章

副产物综合利用

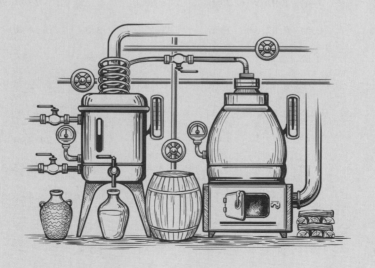

蒸馏酒生产的副产物主要是酒糟,酒尾也可以算作副产物,我国白酒生产的副产物还有黄水。酒糟中含有丰富的淀粉、蛋白质等物质,是良好的动物饲料,主要是牛和猪的饲料[1-3];黄水和酒尾中含有大量的乙醇以及微量成分,特别是有机酸,是白酒调香用香源。副产物如果不加以利用,将会严重污染环境。

第一节　黄水和酒尾综合利用

酒尾通常回底锅重新蒸馏。黄水曾经回底锅蒸馏,但后因酒有黄水味,黄水成副产物。

一、黄水主要成分

黄水(黄浆水)中含有一定量的酒精,这是发酵过程中黄水下沉时,从酒醅中带入的。一般来讲,酒精含量在3%~8%vol。黄水中含有淀粉、还原糖和蛋白质。不同酒厂的黄水,含量相当。不同酒厂的黄水的酸度、pH 相当。酸度为 4.2~5.5;pH 为3.0~4.2(表 16-1)。

表 16-1　黄水常规分析成分

参数	样品 1[4]	样品 2[5]	样品 3[6]	样品 4[7]	样品 5[8]	样品 6[9]
酒精/%vol	3.42~8.85	4.3	2.50	4.1	7.04~8.04	3.5~8.0
淀粉/%	1.47~2.92	2.56	2.56	2.55	1.28~1.90	1.2~2.0
还原糖/%	0.41~0.87	2.56	3.12	2.54	0.34~0.71	0.3~0.8
蛋白质/%	0.08~0.27	—	—	—	—	0.15~0.18
单宁及色素/%	0.108~0.221	0.16	0.16	0.14	0.12~0.19	0.1~0.21
总氮/%	0.238~0.365	0.3	—	0.3	—	—
黏度/(10⁻⁴Pa·s)	2.65~4.37	4.01	—	—	24.2~43.4	25~40
酸度	4.32~5.68	5.3	5.4	5.4	4.7~5.3	4.2~5.5
pH	3.01~3.86	3~3.5	4.2	3~3.6	3.4~3.5	3.2~3.5
总固形物/%	12.86~15.94	15.56	15.52	15.54	—	—
总酸/(g/L)	29.1~38.8	30.6	32.5	30.8	—	35~55
总酯/(g/L)	1.34~2.69	1.6	1.8	1.9	—	15~36

（一）黄水中糖类

黄水中的还原糖是可以利用的可发酵性糖，黄水中低聚糖的含量极低，而总糖中含有非还原性糖（表16-2）。如果进行黄水再发酵，这部分糖类是良好的微生物碳源。

表 16-2　黄水中糖类[5, 10]　单位：g/L

样品	总糖	还原糖	多元醇	低聚糖
1	53.2	25.6	20.1	微量
2	52.0	24.0	23.1	—

（二）黄水中含氮化合物

黄水中的含氮化合物以缩氨酸态氮和氨态氮为主，蛋白质态氮含量较低（表16-3），这些含氮化合物是微生物优良的氮源。

表 16-3　黄水中含氮化合物[5, 10]　单位：g/L

样品	总氮	蛋白质态氮	缩氨酸态氮	氨态氮	粗蛋白质
1	3010	32.1	2469	509.2	—
2	4208	19.0	3771	740.0	260

（三）黄水中的酚类化合物

曾经对黄水中的总酚、酸性酚和中性酚进行测定，其含量分别为 630g/L、460g/L、160g/L[10]。

（四）黄水中有机酸

黄水中含有丰富的有机酸。含量较大的酸主要是乙酸和乳酸（表16-4）。个别酒厂的乙酸含量很低；不同酒厂在乳酸的含量上差距太大，相差有近10倍。

表 16-4　黄水中有机酸含量　单位：mg/L

化合物	样品 1[4]	样品 2[5]	样品 3[10]	样品 4[11]	样品 5[6]	样品 6[7]
甲酸	75.2~105.6	101.4	32.1	—	101.2	98.1
乙酸	1223~1563	1201.0	153.5	1201	1201.	1192
丙酸	269.2~375.9	340.0	22.5	—	34.0	331.0
丁酸	69.7~134.6	90.8	19.35	—	90.45	89.2

续表

化合物	样品 1[4]	样品 2[5]	样品 3[10]	样品 4[11]	样品 5[6]	样品 6[7]
戊酸	23.4~59.6	44.1	—	—	44.06	43.1
己酸	69.6~126.8	89.9	11.4	—	89.92	92.3
乳酸	2014~3376	28632	2929	29851	2985	28693
丁二酸	77.2~106.7	117.9	—	—	—	—

（五）黄水中醛类

黄水中的醛类以乙缩醛含量最高，乙醛次之，糠醛的含量极微（表16-5）。

表 16-5	黄水中醛类含量		单位:mg/L	
化合物	样品 1[4]	样品 2[5]	样品 3[10]	样品 4[11]
乙醛	33.3~65.8	64.1	370.7	64.1
乙缩醛	82.9~147.7	119.8	469.9	119.5
糠醛	2.6~7.6	7.4	—	—

（六）黄水中酯类

黄水中的酯类主要是乳酸乙酯、癸酸乙酯和月桂酸乙酯（表16-6）。不同的酒厂，癸酸乙酯和月桂酸乙酯的含量相差较大。

表 16-6	黄水中酯类含量		单位:mg/L	
化合物	样品 1[4]	样品 2[5]	样品 3[10]	样品 4[11]
乙酸乙酯	—	—	166.0	—
乳酸乙酯	439.5~922.5	706.3	377.0	706.4
辛酸乙酯	8.9~23.6	16.8	14.20	—
癸酸乙酯	103.0~240.7	307.0	47.92	—
月桂酸乙酯	63.5~135.6	305.2	45.3	—

（七）黄水中醇类

黄水中的醇以正丁醇为主（表16-7），但有的厂正丙醇和异戊醇的含量较高。

表16-7		黄水中醇类含量		单位:mg/L
化合物	样品1[4]	样品2[5]	样品3[10]	样品4[11]
正丙醇	—	—	811.2	—
正丁醇	92.6~162.3	194.4	—	149.4
异丁醇	2.5~7.1	7.4	60.0	7.4
异戊醇	—	—	461.9	—
2,3-丁二醇	23.9~53.7	56.9	79.2	—
β-苯乙醇	39.2~58.1	48.3	15.2	—

(八) 黄水中主要微生物

黄水中含有丰富的微生物 (表16-8), 这是黄水放置后变质的主要原因。黄水中的微生物以乳酸菌为最多, 其次是丁酸菌和己酸菌, 酵母菌和霉菌数量较少。3号样品虽然比1、2号样品低一个数量级, 但微生物多少的次序未变。

表16-8		黄水中主要微生物		单位:个/mL	
化合物	乳酸菌	丁酸菌	己酸菌	酵母菌	霉菌
样品1[5]	1.5×10^5	1.8×10^4	1.8×10^4	2.0×10^2	1.0×10^2
样品2[5]	3.0×10^5	1.2×10^4	1.2×10^4	0.2×10^2	nd
样品3[6]	2.1×10^3	1.4×10^2	1.6×10^3	1.8×10^1	tr

注: nd: 未检测出; tr: 痕量。

二、 黄水预处理

(一) 过滤

黄水中含有一定量的酒醅, 在使用前应去除。实验室过滤黄水的方法可以采用棉花初滤或滤纸过滤, 过滤后的黄水清亮透明, 无浑浊, 无沉淀。工业化生产时, 可采用压滤机过滤, 再采用精密过滤等过滤设备对黄水进行预处理。由于黄水的黏度较大, 因此, 在黄水过滤时, 要加入一些过滤的助剂, 如硅藻土等。

(二) 简单蒸馏

在一些黄水的综合利用中, 要去除酒精。去除酒精最好的方法是蒸馏。在实验室中可以用蒸馏烧瓶蒸馏；大生产时，可以使用酒尾回收器蒸馏，然后收集蒸馏后的废液，再进行利用。

（三）胶体析出

黄水有一定的黏度，在综合利用时，会带来不便。黏度的产生主要是大分子的糊精，因此，使用前应降低黄水的黏度。方法有两种：一是利用微生物发酵。如果对黄水进行微生物发酵，则可以直接加入菌种和糖化酶，将这部分淀粉或糊精转化为葡萄糖。二是以1∶1的黄浆水与酒精混合，沉淀24h，将上清液抽出；再以1∶1的比例加入酒精，沉淀24h后过滤[10-12]。

（四）脱色

使用活性炭可以脱色，活性炭用量3%~7%[10-11]。若颜色较深，可加大活性炭用量。100mL黄浆水中加入活性炭4~6g。自然沉淀30h，抽出上清液，则是无色的溶液[12]。也有使用混合脱色剂（混合脱色剂的配方是活性炭与凹凸棒土比例1∶2），用量1.5%，脱色时间1h，脱色反应温度50℃，可将黄水脱至无色[13]。

三、 黄水制作酯化液与黄水制作窖泥

参见第五、第六章相关章节。

四、 黄水直接蒸馏

利用酒尾回收器，分段接取黄水酒，用作调味酒，效果较理想。从黄水蒸馏结果（表16-9）看，低度黄水酒中乳酸乙酯特别是己酸含量很高，可将低度黄水酒经处理后，替代化学香料勾兑新型白酒，可压"酒精气味"，不产生浮香。

表16-9　　　　　　　　　　黄水直接蒸馏后成分[14]

参数	样品1	样品2	样品3	样品4
酒精度/%vol	18	38	62	75
乙醛/（mg/100mL）	1.93	—	1.89	6.60
乙酸乙酯/（mg/100mL）	3.11	3.18	—	140.4
乙缩醛/（mg/100mL）	1.00	1.00	—	28.00
甲醇/（mg/100mL）	—	5.88	10.99	7.47

续表

参数	样品1	样品2	样品3	样品4
丁酸乙酯/（mg/100mL）	1.24	3.06	—	15.95
正丙醇/（mg/100mL）	12.73	31.29	21.07	49.78
异戊醇/（mg/100mL）	—	9.37	24.14	26.58
己酸乙酯/（mg/100mL）	4.97	5.34	2.19	68.38
乳酸乙酯/（mg/100mL）	563.2	361.4	271.6	68.38
乙酸/（mg/100mL）	—	11.25	13.54	15.32
丙酸/（mg/100mL）	76.17	3.34	10.29	97.01
丁酸/（mg/100mL）	—	66.46	40.57	31.46
己酸/（mg/100mL）	509.4	315.8	215.6	118.9

五、 黄水提取乳酸

从黄水中提取乳酸流程图见图 16-1。

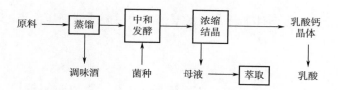

图 16-1　黄水中提取乳酸流程图[15]

五粮液酒厂投资 3300 余万元建成乳酸工程，日处理高浓度底锅水 180t，年产乳酸 1800t，乳酸钙 300t；利用底锅水生产乳酸后，酿酒底锅水 COD 排放量降低 75% 以上，每年降低 COD 排放量在 7000t 以上。年新增销售收入 800 万元，利税 50 万元[16]。

粗乳酸原料不需要进行其他脱水及脱色方法处理，只需通过两次分子蒸馏，即可得到高纯度的 L-乳酸[17]。

六、 黄水的超临界 CO_2 萃取

黄水的超临界 CO_2 萃取工艺是黄水综合利用的最佳途径（表 16-10）。

表 16-10   各种提取方法效果比较[15]

提取方法	效果比较	提取率
蒸馏	中、高沸点物质提取率非常低	$\leq 0.5\%$
酸醇酯化	只能利用少量有机酸，提取率低，产品质量较差，只能应用到低档白酒中，目前推广应用情况差	$\leq 1.0\%$
丢糟串蒸	只能利用丢糟中少量的酯类、有机酸等，提取率低	$\leq 0.5\%$
液液萃取	存在溶剂损失较大、产品中残留溶剂等缺点，不能应用到白酒行业	$\leq 1.0\%$
超临界 CO_2 萃取	应用到白酒行业生产成本低，产品质量优良，安全性高	$\geq 4.0\%$

萃取的压力、时间、流速、分离柱的温度与压力等均影响超临界 CO_2 的萃取效果。

（一）萃取温度影响

超临界 CO_2 的临界点 31.1℃，因此，所有试验的温度与压力均应低于此值。由于萃取的物质对温度一般比较敏感，所以，萃取温度一般设定 40~60℃。

（二）萃取压力影响

在压力为 15~20MPa 条件下，萃取得率最高。一般地选择压力为 15MPa 较适宜[15]。

（三）萃取时间影响

在压力 15MPa，分离温度 50℃，CO_2 流量 10L/h，萃取时间越长，产品得率越高。考虑到产品品质及工作效率，将萃取时间定在 4h 较合适[15]。

（四）萃取流速影响

研究结果表明，CO_2 流速在 10L/h 时，萃取效果最佳[15]。

（五）分离柱的温度与压力对萃取得率的影响

分离柱的温度一般设定 50℃，压力设定为 6.8MPa[15]。

（六）解析釜温度压力确定

考虑到 CO_2 的回用等，解析釜温度设定为 55℃，压力 4.5~6.0MPa[15]。

（七）产品精制

从解析釜出来的产物主要是有机酸。总酸含量在 10% 以上，得率为 1%~2%。将萃取物加热到 50℃，萃取物中的水溶性有机酸与非水溶性有机酸分层。油层主要为丁酸、戊酸、己酸等分子质量较大的有机酸。在白酒勾兑时，用量为 3‰。

七、 利用底锅废水、黄水等生产沼气

黄水、底锅废水中含有大量的有机物，如黄水的可溶性固形物（SS）在 100~250mg/L，COD 为 25000~45000mg/L，BOD_5 10000~20000mg/L。底锅废水的 SS 在 100~250mg/L，COD 为 10000~35000mg/L，BOD_5 9000~25000mg/L，氨态氮 10~50mg/L。黄水、底锅废水含有丰富的有机物，完全可以用于生产沼气。

剑南春酒厂在 2004 年建成处理酿酒废水生产沼气工程，年处理废水 240 万 t，年回收沼气 $4.4×10^6 m^3$。五粮液酒厂投入资金 12700 万元，建成了废水处理一站、废水处理二站、废水处理三站、废水处理四站等废水治理设施，均采用能耗低、效益好、效率高的污水处理新技术对废水进行利用和处理。形成了日处理高浓度有机废水 13000t 的能力，不仅使生产废水实现了达标排放，而且厌氧发酵可日产沼气约 10 万 m^3。将废水处理产生的每天约 10 万 m^3 沼气，全部输送至煤沼混烧锅炉燃烧生产蒸汽，可替代原煤约 100t/日，减少煤渣排放约 40t，减少二氧化硫排放量约 6t[16]。

八、 酒尾及其综合利用

酒尾超临界 CO_2 萃取工艺流程如图 16-2 所示[15]。其萃取条件为：15MPa，50℃，一级柱分离条件为 9MPa（50℃），二级柱（解析釜）分离条件为 6MPa（40℃）。萃取温度 50℃，萃取压力 15MPa。萃取时间 1h。酒尾提取物在 39%vol 和 52%vol 产品中的应用比例约为 0.8‰。

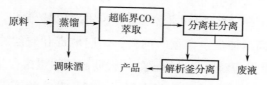

图 16-2　酒尾超临界 CO_2 萃取工艺流程图[15]

第二节　白酒酒糟及其综合利用

我国白酒产生丢糟量为 3~4t/t 白酒，丢糟量大而集中，如果不及时加以处理，不仅腐败变质，污染环境，而且浪费了宝贵的资源。据测算，1t 酿酒原料平均产生 0.8~0.9t 酒糟。白酒糟营养丰富，每 100g 白酒糟中就含有维生素 A 625mg、维生素 B 27.9mg、维生素 C 37.5mg、烟酸 419.92mg、烟酰胺 182.69mg 等。酒糟水分含量高（60%~70%），干物质少，粗蛋白含量低（12%~15%），粗纤维高（20%左右）。因此，对酒糟进行深度加工极为迫切。

一、酒糟主要成分

经分析，酒糟中除含有大量的水分外，还含有粗淀粉、粗蛋白等营养物质（表 16-11）。

表 16-11　　　　　　　　　　　酒糟成分　　　　　　　　　　单位:%

样品	粗蛋白	粗脂肪	粗纤维	灰分	粗淀粉
浓香型酒糟[18]	16.75	4.83	28.57	9.91	13.68
酱香型酒糟[19]	13.28	2.51	7.12	3.24	6.77
青稞酒糟[18]	23.57	7.33	15.58	6.07	16.74
玉米酒糟[20]	28.76	3.56	6.08	6.05	20.92

二、酒糟直接用作饲料或发酵生产饲料

白酒酒糟中包含蛋白质、氨基酸、维生素等成分，营养丰富，适合喂养家畜[21]。目前，酒厂大量的酒糟直接用作猪、牛、羊的饲料[22]，少量的进行处理后用作饲料。如通过使用多个菌种对浓香型酒糟进行发酵[23]，用面包酵母和嗜热链球菌混合接种于大曲酒酒糟[24]，获得高菌体蛋白含量的饲料；用白地霉和假丝酵母对小曲白酒糟进行发酵，并预先添加纤维素酶对原料进行预处理，使酒糟粗蛋白含量提高了 87.5%，粗纤维降低 20.1%[25]。以大曲酒丢糟为主要原料，以酵母菌为生产菌进行丢糟发酵。不同酵母菌株混合固体发酵，培养温度 30℃，采取同时接种方式，菌种混合比 1:1，培养基起始 pH5，培养时间 6d，发酵饲料粗蛋白含量 33.59%，比发酵前粗蛋白含量 23.76%提高了 41.37%；饲料营养丰富，可作为一种新型的鱼饲料蛋白源[26]。

三、 酒糟超临界 CO_2 萃取工艺

（一）处理工艺

酒糟超临界 CO_2 处理工艺如图 16-3 所示[15]。先将酒糟水洗，去除稻壳，然后干燥（温度 105℃）、粉碎。再用超临界 CO_2 萃取。萃取温度 50℃，萃取压力 15MPa，萃取流速 10L/h。

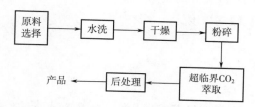

图 16-3　酒糟中提取香味物质工艺流程图[15]

萃取产品的后处理：将萃取物按 1:6 的比例溶解于无水乙醇中，加热至 70℃溶解。将酒精度调节至 40% vol，冷冻、过滤，得到含有大量油酸、亚油酸及其酯（衍生物）的产品。在白酒勾兑中用量为 0.10%~0.16%。

（二）酒糟超临界 CO_2 产品主要成分

处理后的产品经 GC-MS 检测，含有以下主要成分：

酸类：乙酸、丙酸、丁酸、己酸、庚酸、辛酸、癸酸、十五酸、十六酸、十七酸、十八酸、二十酸、油酸、亚油酸、7-烯十六碳酸。

醇类：异丙醇、苯甲醇、苯乙醇、3-甲基苯甲醇、9,12,15-三烯十八碳醇。

多元醇：1,2-丙二醇、2,3-丁二醇、1,3-丁二醇、丙三醇。

酯类：十三酸乙酯、苯丙酸乙酯、甲酸-2-丁酯、十四酸乙酯、十五酸乙酯、十六酸乙酯、棕榈酸乙酯、油酸乙酯、亚油酸乙酯、十七酸乙酯、亚麻酸乙酯、油酸癸酯、油酸单甘油酯、乳酸乙酯、苯甲酸乙酯、月桂酸乙酯、3-苯丙酸乙酯、丁二酸单乙酯、甲氧基乙酸乙酯、6,9-二烯十八酸甲酯、11-十六烯酸乙酯、2-氯油酸乙酯、4-羟基-3-甲氧基苯丙酸乙酯。

酚：对丁酸甲酯酚、对乙醇酚、对乙基酚。

胺：乙酰胺、3-甲基丁酰胺。

烷：辛烷、2-乙氧基苯烷、1,3,12-三烯十九烷、2,3-二苯基丁烷。

酮：6,10,14-三甲基-2-十四酮。

醛：2,4-二烯癸醛。

杂环类：苯乙酰吡唑、2-苯基-4,5-二甲基-1,3-二氧五环、2-苯基-1,3-二氧六环、2-苯基-4-甲基-1,3-二氧五环、糠醇、2-甲酰吡咯、2-羟基-3,4,5-二三氢呋喃、2-羟基吡咯、氮甲基-2,4-二烯-2-甲酰吡咯、1,4,7,10,13,16-六氧十八环。

四、 酒糟乳酸发酵

酒糟水用作发酵原料进行固定化乳酸发酵。乳酸菌于 2%~2.5%海藻酸钠溶液制作球形固定化细胞载体。用未经糖化过的酒糟水发酵产生乳酸为 2%，用经过糖化处理的酒糟水为原料发酵产生乳酸终浓度达 6.8%[27]。

五、 培养食用菌

白酒酒糟中除了含有多种有机营养成分外，还含有丰富的矿物质，非常适合木腐食用菌的生长[28]。张楷正等[28]对白酒酒糟培育金针菇的初步技术路线进行探索；王涛等[29]利用浓香型酒糟对秀珍菇进行栽培，生产周期缩短了近 10d，转化率提高了 10%；王冲等[30]研究了白酒酒糟代屑栽培平菇的可行性。

六、 酿造食醋

酒糟在发酵过程中会产生大量甘油、脂肪酸和乳酸等风味物质，并随着发酵进入醋中，给醋带来浓郁的风味[31]。罗乐等[32]采用固态发酵酒糟的方法进行醋的酿造，并与传统醋进行比较；高晓娟等[33]探索了酒糟在食醋酿造中的应用，确定了最佳酿造工艺，证明了酒糟酿醋的可行性。

七、 酒糟生产白炭黑

五粮液酒厂用丢弃酒糟生产复糟酒，废弃丢糟送至锅炉房产蒸汽，丢糟灰生产白炭黑，形成了年处理丢糟 50 万 t，每年增产原酒 15000 多 t，丢糟燃烧年产 90 万 t 蒸汽[16]，节省能源费用 1514 万元[22]，稻壳灰生产白炭黑 5000t 的资源链式开发[16]，基本实现了资源化利用、无害化处理、减量化排放，彻底解决了酿酒丢糟污染的问题。

八、 提取高附加值产品

白酒酒糟的谷物皮渣中含有大量的酚酸类物质、氨基酸、微量元素以及植酸、菲汀等，这些物质存在着较高的经济效益。张红艳等[34]研究了碱法提取酒糟中阿魏酸的工艺条件。刘高梅等[35]采用混合酸水解法提取白酒丢糟中的木糖，得率达到61.24%。植酸是一种重要的有机磷添加剂，具有独特的生理药理功能和化学性质，广泛应用于食品、水果保鲜、医药和日化等行业[36]，张云鹏等人[37]以白酒酒糟为原料，采用盐酸浸提白酒中的植酸，最终提取率达到16.92mg/g。

九、　生产沼气

酒糟厌氧发酵可以生产沼气。2011年，邢颖等[38]初步确定了利用酒糟进行干式厌氧发酵生产沼气是可行的，且产气效果较好。2014年，付善飞等[39]研究了不同类型酒糟厌氧发酵生产沼气的特性，并试验了酒糟液作为生物液态肥的可行性。

第三节　液态法酒糟综合利用

利用谷物作原料生产的如威士忌等酒属于液态法生产，也会产生高浓度的废液和酒糟。生产威士忌时，通常1t大麦原料产生0.8~0.9t酒糟（1t大麦约生产0.85t麦芽；1t麦芽约产生1t酒糟）[1]。

与中国白酒糟利用类似，威士忌酒糟最早也是直接用来饲养猪、牛等动物[1]，大约在20世纪初出现干燥的酒糟[40]和肥料[1, 41]；后出现炭化酒糟粉（charred residue），其主要成分是氮5.44%，P_2O_5占19.06%，K_2O占5.53%[1]。

一、　威士忌糟分类

（一）单一麦芽威士忌

威士忌通常用麦芽作单一原料或麦芽与未发芽谷物混合生产，在制作糖化醪后、添加酵母发酵前，需要进行过滤，过滤后的残渣称为麦糟（draff，spent grains，湿的称为wet grains，干的称为dried grains），此麦糟含水量较低，主要是谷物壳。过滤后的糖液经添加酵母发酵，蒸馏后在蒸馏壶（初馏器）中的残留物称为稀酒糟，稀酒糟水分蒸发、浓缩后的产物称作酒糟浆（pot ale syrup，PAS），其烘干后称作大麦暗酒糟（barley dark grains，BDG）；二次蒸馏后蒸馏壶中的残液称作蒸馏残液，精馏柱中残留的也称为蒸馏残液[1, 42]。

麦糟可以直接作饲料使用，也可以与稀酒糟或酒糟浆混合烘干作暗酒糟。单独烘干的称为干酒糟（distillers dried grains，DDG）；混合烘干的称为带可溶性物干酒糟（distillers dried grains with soluble，DDG-S）。DDG 和 DDG-S 均可作饲料用，淀粉含量低，但蛋白质和纤维素含量高[43]。而玉米酒糟有可能对肥胖和乳糜泻有益[44]，但由于威士忌主要以大麦和小麦为原料，因其含有过敏蛋白醇溶蛋白，故其酒糟并不适合乳糜泻患者[43]。

初馏器残留物即稀酒糟，传统上称为焦糟，总固形物含量 4.0%~4.5%，含有酵母、酵母残渣、可溶性蛋白和碳水化合物，以及 40~140mg/kg 干糟的铜[1]。仅少量被用作猪饲料或肥料，大量的被用长管道通到海洋中，排入大海，现在更多的被用来生产 PAS 或 BDG。稀酒糟首先蒸发，浓缩为酒糟浆，干物质含量 40%~50%，黏度类似于糖蜜，颜色从棕色到黑褐色。蒸发器如果带有一定的真空度，则颜色较淡。酒糟浆可以直接作牛或猪饲料，但运输困难。通常与麦糟混合，干燥，生产暗酒糟。

在生产暗酒糟时，麦糟先用旋转螺旋压力机脱水，然后与酒糟浆混合、干燥、颗粒成型、冷却。

烈性酒蒸馏器即二次蒸馏器中的残液，主要成分是不溶解的颗粒，包括谷物残渣和酵母，以及可溶性的但不挥发性的物质，如酵母不能利用的寡糖、糊精，发酵时酵母产生的甘油，原料中的脂肪以及发酵产生的脂肪[42]，BOD 达 1500mg/L，pH 低，富含有机酸和醇类，通常作为废水[1]；早先只做简单的沉淀处理，以分离固形物，称为沉渣；或进行简单的粗过滤，获得未烘干的固体，水溶性组分另外处理或扔掉。现代处理方法是离心或过筛，液体通过多效蒸发器浓缩为糖浆状，固体再与此糖浆合并，干燥成粉状；固体部分也可以单独干燥，作为淡酒糟出售[42]。

稀酒糟和蒸馏残液部分可以作为制作糖化醪/谷物醪和谷物威士忌发酵的水回用[43]。但蒸馏残液含有较高的铜离子（包括可溶性有机铜络合物），最高可达 20μg/L（稀酒糟仅仅含有 0.7μg/L）[45]。大约 3% 的铜来源于大麦，大部分铜来源于铜壶蒸馏器。

（二）谷物威士忌

谷物威士忌在添加麦芽前需要蒸煮，通常是高压或高温蒸煮。液化后的谷物冷却，加入麦芽，将淀粉转化为可发酵性糖。

有些酒厂在添加酵母发酵前，要将固形物去除，但另外一些酒厂是用所有的醪去发酵，即包括谷物和麦芽残渣。在发酵、蒸馏后，通过离心或过滤获得固体糟（图 16-4），稀溶液或滤液通常进行海洋处置，即直接排放到海洋中；现在将它们蒸发浓缩，并与固体糟混合，以生产暗酒糟。

通常情况下，100t 麦芽可以产生 330~350t 的稀酒糟（BOD₅ 25000mg/L），谷物威士忌产生的量更多[46]。

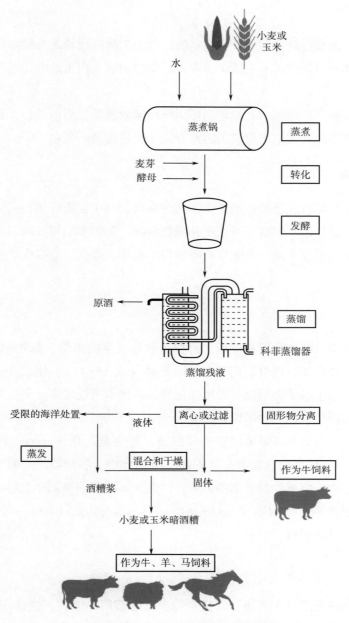

图 16-4　典型谷物威士忌副产物产生流程[1]

二、 酒糟处理方法

从市场需要以及经济学方面考虑，酒糟有以下几种处理方法：一是用作动物饲料；二是用作人类的食品；三是作为肥料；四是作为燃料；五是用作生物质的生产原料。

（一）动物饲料

因威士忌酒糟富含纤维素但缺少氨基酸，如小麦暗酒糟缺乏关键限制性氨基酸如赖氨酸、苏氨酸和苯丙氨酸，不太适用于家禽、猪的饲养，而更适合作反刍动物如牛和羊的饲料。

威士忌稀酒糟、酒糟浆和谷物暗酒糟因纤维素含量低，因而适合作猪饲料，而玉米暗酒糟中含有更高的叶黄素类色素，因而有利于改进蛋黄的颜色。

（二）人类食品

威士忌糟的营养特性已经在焙烤食品和罐装肉制品中获得应用性研究。虽然这些副产物没有明显的副作用，但缺乏高浓度功能性面筋，黑色和酒糟气味对产品质量有负面影响。如果不使用低温干燥，去除一些谷物纤维和铜，那么，它在人类食品领域的经济价值就不高。

（三）肥料

威士忌稀酒糟早已作为肥料使用，可促进牧场牧草的生长，每年 $1000m^3/hm^2$ 可将粗草转化为生产性草场，还可以用于森林的肥料（表16-12）。使用后，应加强土壤中铜元素的管理。威士忌干酒糟也可以用作肥料，但成本可能较高。研究发现，与商业性的肥料相比，酒糟肥料的肥力即营养较弱。

朗姆酒生产中常见废液是蒸馏残渣或残液，称为莫斯托（mosto）或朗姆酒蒸馏废液（rum slops）。该残留物含有重金属铜和有机化合物。朗姆酒蒸馏前，会移除酵母及烂泥状发酵沉积物，以减少对蒸馏的影响。烂泥状发酵沉积物可作肥料。蒸馏器残留物蒸发后可生产浓缩糖蜜可溶物（condensed molasses solubles，CMS），可用作动物饲料；也可以焚化，灰可作肥料。

（四）燃料

使用化石燃料先干燥副产物，以便它们自己能够用作燃料，这首先似乎有些反常。然而，甘蔗残留物即甘蔗渣多年来一直被用作燃料，后来更被用作燃料酒精生产的能源。暗酒糟可以直接代替煤作为燃料，而不需要任何修饰，但竞争力不强。综合比较，酒糟作为牛饲料是最佳的选择。

威士忌稀酒糟和蒸馏残液可以用来厌氧消化生产沼气。将它们与培养好的细菌混合，分解可溶性的有机物，产生甲烷和 CO_2。但在生产前，需要去除死亡的酵母细胞，因它们会阻碍有机物降解，长期下去，会在反应器中积累，甚至造成生产过程停工。去除死酵母的方法有高速离心和羧甲基纤维素共聚合两种，共聚物通过带式压榨和膜过滤

表16-12　威士忌酒糟化学成分[a]

物料	干物质	pH	N	脂肪	纤维素	灰分	P_2O_5	K_2O	核黄素 (mg/kg)	尼克酸 (mg/kg)	泛酸 (mg/kg)	Cu[b] (mg/kg)
浸渍大麦[1]	40	3~5	0.82				0.73	0.48				2
麦糟[1]	22	3~5	0.70				0.47	0.19				4
大麦暗酒糟[1]	90	ND	3.89				3.71	2.21				50
大麦残留物[1]	90	ND	3.31				2.76	3.75				15
稀酒糟[c][41]	35	3.3	13[d]	0.6		3.2	0.7	1.0				5
平均值[c]	22~48	3.2~3.7	1~21[d]	0.3~1.1		2.3~3.9	0.6~0.8	0.9~1.2				3~16
酒糟浆[1]	45	3~5	2.45				4.53	2.49				29
烘干淡酒糟[42]		5~7	16~20[d]	6~9	17	3			1.2	70	5	
干糖浆[42]		5~7	28~30	8~10	3	5			19.5	164	19	
干沉渣[e][42]		5~7	35~45	12~16	9	4~5			10.0	112	12	

注：a: 除 pH 和标注的单位外，其他单位为%。 b: 以干物质计。 c: 稀酒糟的所有物质是湿基的，除了灰分；单位为 g/kg；稀酒糟其他成分含量为：Ca, 0.04g/kg（0.02~0.10g/kg）；Mg, 0.20g/kg（0.12~0.25g/kg）；Na, 0.05g/kg（0.03~0.09g/kg）；Mn, 0.8mg/kg（0.5~1.5mg/kg）；Zn, 1.2mg/kg（0.9~1.6mg/kg）；Co, 0.005mg/kg（0.001~0.006mg/kg）[41]。 d: 蛋白质含量。 e: 干渣浆与糖浆状物质合并后的干燥物。 ND 表示未检测到。

两种分离。装备安装昂贵，但回收的酵母（约干物质的20%）可以与湿麦糟一起直接作饮料，或加工成暗酒糟。

1kg COD 约产生 $0.34m^3$ 甲烷；对于 $45kg/m^3$ 的 COD、厌氧消化降解 90% 的清亮稀酒糟，通过厌氧发酵 $1m^3$ 的稀酒糟可以产生 $14m^3$ 的甲烷。大约相当于 14L 重油。这一过程将会释放大部分有机结合态的 N 和 P，并产生无机铵盐和磷酸盐，分别为 1500mg/L 和 650mg/L[1]。沼气废液唯一的使用途径是作农田肥料，也适合作草地肥料。

（五）生产生物质

威士忌稀酒糟和蒸馏残液中含有大量的氨基酸和未发酵的糖，用其生产微生物生物质作为动物饲料具有广阔前景。

多年来，用威士忌蒸馏残液配制的产品已经在农贸市场销售，用作乳酸杆菌（商业名称"Kickstart"）的培养基。浓缩培养基在农场被稀释，然后加入一小瓶冻干乳酸杆菌生长。由此产生的细菌培养物被用作青草的接种剂，以提高青贮饲料质量。虽然使用成功，但项目因所在的坎布斯酿酒厂于 1993 年关闭而结束[1]。

其他值得注意的工作有两个：一是真菌和酵母顺序生长，以利用残液中氨基酸和糖。但从实验室试验放大到工厂级时出现难以解决的问题，最终放弃；另一个是，由长约翰酒厂（Long John Distillers）在 20 世纪 80 年代在托尔莫尔酒厂（Tormore Distillery）使用马利莫工艺（Malimo process），当时筛选到了黑曲霉，但后因遇到其他问题导致放弃这一研究[1]。

20 世纪 80 年代在威士忌稀酒糟中混合培养丝状真菌和酵母，效果较好[47]。然而，与其他生物质生产项目、工艺一样，欧盟审批困难，尚未允许商业化。

（六）安全性

由于西方蒸馏酒在蒸馏时普遍使用铜材，故酒糟中的铜含量值得关注[1]。
由于生产条件的限制，酒糟中的黄曲霉毒素和真菌毒素等是安全的[1]。

第四节　白兰地主要副产物综合利用

白兰地生产时主要的固态副产物是葡萄皮，可以用来生产皮渣白兰地（见第十章），其他副产物有芳香水、酒尾、酒石酸盐等。

一、芳香水

芳香水是指含有酒精 0~20%vol 的尾水（酒尾的后半段）。在蒸馏后期，分子质量相对较大、沸点相对较高的成分如酯类、高级醇、有机酸等蒸馏出，进入尾水中，有些成分因在低酒精度溶液中溶解度小，故芳香水通常轻微浑浊。但这些成分大多数具有愉快而持久的芳香[48]。

芳香水在橡木桶中贮存一段时间后，可用作香料，勾兑普通白兰地或芳香型白兰地。

二、 白兰地油

白兰地油又称糠酿克油、科涅克油，它是调配白兰地的重要香料。

白兰地油是酵母在葡萄发酵过程中的产物，主要成分是月桂酸乙酯，也包括癸酸乙酯、壬酸乙酯、辛酸乙酯、己酸乙酯等酯类[48]。

精制白兰地油时冷冻析出并过滤出来的蜡状物加入 75%vol 酒精水溶液中时，形成白色絮状沉淀；加入 95%vol 酒精水溶液中时，会产生雪片状沉淀。

葡萄酒生产时的酵母沉淀物可以用蒸馏方式提取白兰地油；也可以采用活性炭吸附，乙醚洗脱获得；另外一种是尾水上面漂浮的"油花"，可以采用液液萃取的方式获得[48]。

白色白兰地油和绿色白兰地油的主要区别在于铜离子含量不同。

三、 酒石酸盐

酒石酸盐是指白兰地原料酒即葡萄酒中所含有的两种盐，即酒石酸氢钾和酒石酸钙，在白兰地原酒即葡萄酒低温贮藏时，会沉淀在池底或桶底，结晶如石，俗称"酒石"。用酒石作原料，可以提取酒石酸氢钾和酒石酸钙[48]。

从粗酒石提取酒石酸钾钠的工艺流程如图 16-5 所示。

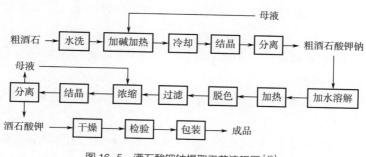

图 16-5　酒石酸钾钠提取工艺流程图[48]

如果在废液中加入石灰，会形成酒石酸钙，此时，可以提取酒石酸钙。

参考文献

［1］Pass B, Lambert I. Co-products. In Whisky. Technology, Production and Marketing ［M］. London：Elsevier, 2003.

［2］Yang S, Fan W, Xu Y. Melanoidins from Chinese distilled spent grain：Content, preliminary structure, antioxidant, and ACE-inhibitory activities in vitro ［J］. Foods, 2019, 8 (10)：516-530.

［3］Wei D, Fan W, Xu Y. In vitro production and identification of angiotensin converting enzyme (ACE) inhibitory peptides derived from distilled spent grain prolamin isolate ［J］. Foods, 2019, 8 (9)：390-404.

［4］刘琼，张跃廷. 酿酒副产物黄水的综合利用 ［J］. 酿酒, 2001, 28 (4)：39-42.

［5］沈怡方. 白酒生产技术全书 ［M］. 北京：中国轻工业出版社, 1998.

［6］徐铁忠，赵德英，李明，等. 以黄水道作酯化容器的研究 ［J］. 酿酒科技, 1994 (4)：56-67.

［7］杨新力. 黄浆水提取混合有机酸及其应用 ［J］. 酿酒科技, 1991 (3)：33-35.

［8］李大和. 大曲酒生产问答 ［M］. 北京：中国轻工业出版社, 1990.

［9］沈怡方，李大和. 低度白酒生产技术 ［M］. 北京：中国轻工业出版社, 1996.

［10］陈昌贵. 合理利用黄水和酒尾水提高商粮系列酒质量 ［J］. 酿酒科技, 1997 (4)：78-79.

［11］王宏卫. 黄浆水酯化技术在白酒勾兑中应用的探讨 ［J］. 酿酒科技, 1994 (4)：19-20.

［12］苏富贵. 黄浆水的酯化脱色与应用 ［J］. 酿酒科技, 1995 (1)：46-47.

［13］吴延东，卜春文. 黄水的酯化与脱色 ［J］. 酿酒科技, 1999 (1)：29-30+32.

［14］崔如生，范文来，周兴虎. 利用黄浆水酯化液提高洋河名酒率 ［J］. 酿酒, 2003, 29 (3)：29-31.

［15］王国春，陈林，赵东，等. 利用超临界 CO_2 萃取技术从酿酒副产物中提取酒用呈香呈味物质的研究 ［J］. 酿酒科技, 2008, 163 (1)：38-41.

［16］白酒产业循环经济现场经验交流会总结 ［J］. 酿酒, 2006 (4)：111.

［17］许松林，郑爽，徐世民. 精制 L-乳酸的分子蒸馏工艺研究 ［J］. 高校化学工程学报, 2004, 18 (2)：246-249.

［18］李倩，裴朝曦，王之盛，等. 不同类型酒糟营养成分组成差异的比较研究 ［J］. 动物营养学报, 2018, 30 (6)：356-363.

［19］李芳香，张稳，郁建平，等. 茅台酱香型酒糟基本成分的测定与分析 ［J］. 贵州农业科学, 2016, 44 (9)：114-116.

［20］任善茂，陶勇，徐椿慧，等. 国产与进口玉米酒糟物理性状及化学成分比较 ［J］. 江苏农业科学, 2010 (6)：361-362.

［21］王建华，岁丰军，陈志杰，等. 酒糟饲料营养价值分析 ［J］. 河南畜牧兽医：综合版, 2007, 28 (11)：34-35.

［22］邓骛远，罗通．宜宾酒糟综合利用［J］．四川师范大学学报（自然科学版），2004，27（3）：320-322.

［23］牛广杰，刘军，孙东伟．白酒丢糟生产菌体蛋白饲料的研究［J］．酿酒，2010，37（2）：28-30.

［24］乔家运，王文杰，冯占雨．利用白酒糟固态发酵生产猪用生物饲料的过程分析［J］．饲料工业，2013，34（11）：43-46.

［25］王炫，汪江波，薛栋升．混菌固态发酵小曲白酒糟生产蛋白饲料的研究［J］．湖北工业大学学报，2014，29（1）：111-115.

［26］王文宗，康福建，李恒，等．酿酒丢糟转化为高蛋白饮料的研究［J］．酿酒科技，2008，164（2）：103-105.

［27］王忠彦，邓小晨，杨忠，等．酒糟水为基质的固定化乳酸发酵［J］．酿酒科技，1995，70（4）：55-56.

［28］张楷正，张泽炎，斯学强，等．白酒丢糟栽培金针菇研究［J］．北方园艺，2011，19（19）：149-151.

［29］王涛，余仕海，游玲，等．浓香型白酒丢糟栽培秀珍菇研究［J］．江苏农业科学，2012，40（10）：235-237.

［30］王冲，连宾，潘牧，等．酱香型白酒丢糟代屑栽培平菇试验［J］．贵州农业科学，2013，41（9）：146-149.

［31］廖湘萍，易华蓉，王久增，等．利用大曲酒尾、酒糟发酵生产食醋的研究［J］．中国酿造，2007（6）：60-62.

［32］罗乐，姚福荣，刘微．固态发酵酒糟醋与传统醋的比较研究［J］．中国调味品，2009，34：82-84.

［33］高晓娟，王君高，王欣，等．酒糟在食醋酿造中的应用研究［J］．中国调味品，2010，35（7）：45-47.

［34］张红艳，金艳梅，孟庆忠．酒糟中阿魏酸的提取及工艺优化［J］．大人商务，2009，100（6）：288-298.

［35］刘高梅，任海伟．白酒丢糟酸水解制备木糖及其结构变化［J］．食品与发酵工业，2013，39（3）：106-110.

［36］李健秀，王建刚，王文涛．植酸的制备及应用进展［J］．化工进展，2007，25（1）：629~633.

［37］张云鹏，刘军，陈娟．白酒糟植酸提取条件的优化［J］．中国酿造，2010，216（3）：125-127.

［38］邢颖，李菽琳，石艳，等．酒糟和果渣厌氧发酵产沼气特性研究［J］．河南农业科学，2011，40（12）：88~90.

［39］付善飞，许晓晖，师晓爽，等．酒糟沼气化利用的基础研发［J］．化工学报，2014，65（5）：1913-1919.

［40］Craig H C. The Scotch Whisky Industry Record［M］．Aldershot：Publishing，1994.

［41］Bucknall S A, Mckelvie A D, Naylor R E L. Effects of application of distillery pot ale to hill vegetation and lowland crops ［J］. Ann Appl Biol, 1979, 93 (1): 67-75.

［42］Pyke M. The manufacture of scotch grain whisky ［J］. J Inst Brew, 1965, 71 (3): 209-218.

［43］Buglass A J. Handbook of Alcoholic Beverages: Technical, Analytical and Nutritional Aspects ［M］. West Sussex: John Wiley & Sons, 2011.

［44］Saunders J A, Rosentrater K A, Krishnan P G. Potential bleaching technique for corn distillers grains ［J］. Food Tech, 2008, 6 (6): 242-252.

［45］Adam T, Duthie E, Feldmann J. Investigation into the use of copper and other metals as indicators for the authenticity of Scotch whiskies ［J］. J Inst Brew, 2002, 108 (4): 459-464.

［46］Duncan R E B, Hume J R, Martin R K. Development of Scotch whisky plant and associated processes. In The Scotch Whisky Industry Record ［M］. Aldershot: Publishing, 1994.

［47］Barker T W, Patton A M, Marchant R. Composition and nutritional evaluation of microbial biomass grown on whiskey distillery spent wash ［J］. J Sci Food Agric, 1983, 34 (6): 638-646.

［48］王恭堂. 白兰地工艺学 ［M］. 北京: 中国轻工业出版社, 2019.

第十七章

烈性酒与健康

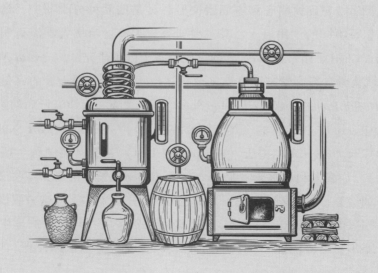

古代中国人和印度人一直将酒（米酒和葡萄酒）作为药使用[1]。《本草纲目》"谷部·烧酒"云"酒气味辛，甘，大热"，主治"消冷积寒气，燥湿痰，开郁结，止水泄……""过饮不节，杀人顷刻"。《饮膳正要》记载"酒味甘辛，大热有毒，主行药势，杀百邪，通血脉，厚胃肠，消忧愁，少饮为佳""多饮伤神损寿，易人本性，其毒甚是也，饮酒过度，丧生之源"。

在美索不达米亚文化中也把葡萄酒作为药，并记载于"苏美尔人药典"中，此药典以楔形文字刻在尼普尔（Nippur，古巴比伦地名）出土的黏土匾上。彼时，葡萄酒的药物功能有：创伤后和手术前的抗菌剂、镇静剂、催眠药、麻醉剂、止恶心药、食欲刺激剂、利尿剂、清凉剂以及应用于膏状药中[1]。著名微生物学家路易·巴斯德（Louis Pasteur）曾经这样评价葡萄酒："葡萄酒是所有饮料酒中最健康的和有益健康的*"[1]。

后来，又发现饮料酒除上述功能外还有：病后康复期滋补品、贫血症治疗剂、通便剂/抗腹泻剂；具有降低心脑血管疾病的发病率和死亡率（最多可降低50%）、减少感冒发生率、降低血压，减少骨质疏松、胆结石和老年痴呆的功效，增加手术后、康复期病人以及其他需要护理病人的精神和食欲，更进一步的，因其具有抗氧化功能，因此具有抗癌作用[1]。

最早发表饮酒与健康关系的是保险业，其研究论文发表于1891年《新英格兰杂志》[2]，当时研究结果表明，适度饮酒的人比不饮酒者和重度饮酒者活得更长，但这一信息受到了来自"医药集团"的压制[1]。

20世纪50年代，弗雷明汉心脏研究所（Framingham Study）发现适度饮酒者较少得心脏病。这一研究结果遭到"华盛顿"的反对，并禁止出版[3]。后来，不少医学工作者参与到此项研究中，其研究可分为两类：一类是按是否饮酒的人群分类，即滴酒不沾者、适度饮酒者、重度饮酒者和酗酒者；另一类是按酒种分类研究，即啤酒、葡萄酒、烈性酒，以及不同的饮用量[1]。其主要研究成果有：哈佛大学流行病学教授查尔斯·亨尼肯斯（Charles Hennekens）著的《哈佛护士健康研究》（Harvard Nurses' Health Study）[4]、哈佛大学流行病学家埃里克·瑞曼（Eric Rimm）博士著的《健康专业人员追踪研究》（Health Professionals Follow-up Study）[5]、奥克兰大学流行病学家罗德尼·杰克逊（Rodney Jackson）博士著的《奥克兰心脏研究》（Auckland Heart Study）[6]、牛津大学流行病学家理查德·多尔爵士（Sir Richard Doll）著的《英国医生研究》（British Doctor's Study）[7]、澳大利亚凯文·卡伦（Kevin Cullen）博士的与弗雷明汉心脏研究类似《巴瑟尔顿研究》（Busselton Study）[8]等。这些研究结果均支持这一假设，即乙醇消费与心血管疾病风险成反比关系。1992年，法国波尔多营养与血管病理生理学研究室流行病学主任塞尔吉·雷诺德（Serge Renaud）教授发现了"法国悖理"，当时认为与

注：* 英文原文"Wine is the most healthful and hygienic of beverages"。

葡萄酒相关[9]。1995 年，Grønbæk 进行的"哥本哈根研究"（Copenhagen Study）将饮料酒进行了分类，分为葡萄酒、啤酒和烈性酒[10]。

不少学者质疑这些研究成果，提出诸如社会经济的问题，比如高收入人群具有更好的营养与福利，以及生活习惯良好（如较少吸烟等），但这些问题均已经在相关研究文献中排除[9]。

第一节　酒精在体内的吸收与代谢

一、酒精在人体内吸收

人的口腔黏膜、胃肠壁都有吸收酒精的能力。酒精进入口腔后，首先被口腔黏膜吸收。大量的酒精是由胃壁、近侧小肠吸收，并进入门静脉循环。胃大约吸收 25%，肠吸收 75%。酒精不需要胃肠消化，在胃中约有 2%被胃中乙醇脱氢酶（alcohol dehydrogenase，ADH）分解[11-12]。

酒精被吸收后，通过门静脉进入肝脏，以后又通过血液均匀地渗入各内脏和组织。另外，在通过口腔时微量酒精受热气化由气管、肺进入血液进行全身循环。

酒精进入人体速度相当快。对 20~60 岁的人来讲，餐后 45~75min 时，血液中浓度达到最大[13-14]。当空腹饮酒时，第 1 个小时就可吸收 60%，1 个小时后，可高达 90%以上。因酒精易溶于水，故饮后酒精快速分布到所有含水组织中[12]。

二、酒精在人体内代谢

肝细胞是酒精代谢的主要场所，大约代谢了 95%酒精，其余的通过呼吸、尿液和其他体液释放或排放[15]。

人体内乙醇代谢途径见图 17-1。乙醇在乙醇脱氢酶作用下，氧化生成乙醛；乙醛在乙醛脱氢酶（acetaldehyde dehydrogenase，ALDH）作用下，氧化生成乙酸；乙酸释放进入血液中，或与体内辅酶 A（CoA）结合，产生乙酰辅酶 A[15]。而乙酰辅酶 A 则又会参与脂肪酸合成，进而参与脂肪或甘油三酯合成[16]。

肝脏细胞质 ADHs 是一种限速的、非可诱导的细胞质酶。该酶将乙醇氧化为乙醛，但需要辅酶再生系统。肝脏 ADHs 分解乙醇速率是 15g/h[15, 17]。后来，15g 这一数值已经成为大部分国家建议日饮酒的限量值。七个已知的 ADH 基因有三个存在于肝脏中[15]。

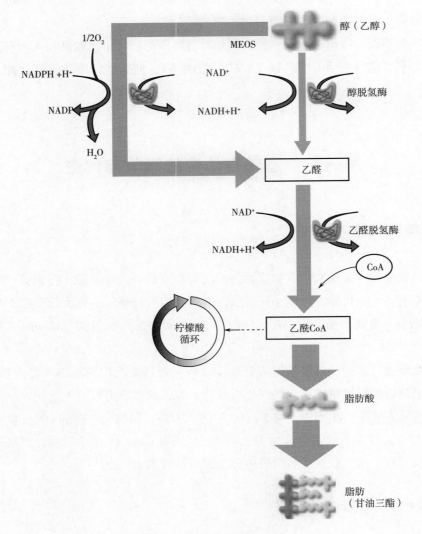

图 17-1 人体内乙醇的代谢[16]

MEOS—微粒体乙醇氧化系统　NADPH—还原型磷酸酰胺腺嘌呤二核苷酸

NAD+—氧化型烟酰胺腺嘌呤二核苷酸　NADP—磷酸酰胺腺嘌呤二核苷酸

NADH—还原型烟酰胺腺嘌呤二核苷酸

ADHs 发现于细胞质中，它利用 NAD 氧化醇成为醛。醛脱氢酶发现于线粒体中，E487K 突变位点使酶失活，存在于较多的亚洲人群中，见图 17-2。

ALDH 存在于线粒体和细胞质中，分别称之为 ALDH1 和 ALDH2。ALDH1 基本没有活性[15]。

酒精代谢酶（alcohol metabolizing enzyme）常以等位基因形式出现，即同工酶。相对发生率因民族而异。有些同工酶具有明显的生理特性。例如，*ADH1B* * 1 编码一种缓

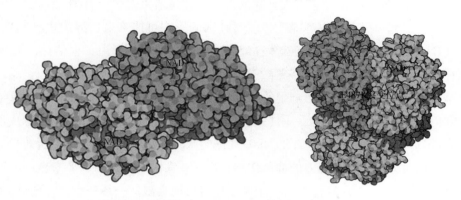

图 17-2 醇脱氢酶（左）与醛脱氢酶（右）[17]

慢氧化乙醇的同工酶，而 *ADH*1*B* * 3 编码的是一种高度活跃的酶（效率大约高出 30 倍）[18]。这些等位基因变体在非洲裔美国人中很常见。ADH1C 的快速和慢速同工酶在欧洲人中很常见。酒精快速氧化可通过将乙醇快速转化为乙醛，提供一定程度的酒精中毒防护[19]。

酒精代谢的另外一个途径只有在血液中酒精浓度较高时才会发生。它需要一条涉及微体细胞色素 P4502E1 的诱导途径。它利用分子氧而不是 NAD⁺将乙醇氧化为乙醛。

绝大部分细胞中平滑内质网内有一个非特异性的、可诱导的内质网乙醇氧化系统（microsomal ethanol-oxidizing system，MEOS），乙醇由单氧酶催化分解[16, 20]。

MEOS 可以通过诱导 ADH 氧化大量乙醇。药物与营养素可以在此过程共代谢，但会导致药物不良反应、维生素（如维生素 A）缺乏、活性氧（ROS）的形成[14, 21]。在停止饮酒后，自由基的活动可以保持很长时间。尽管大多数氧自由基被 GSH、超氧化物歧化酶和过氧化氢酶灭活，但长期暴露于微量氧自由基（ROS）可能会导致缓慢、渐进的细胞损伤累积。随后由微粒体途径产生的乙醛氧化为乙酸，与乙醇脱氢酶产生的乙醛氧化机理相同[15]。

三、 乙醇生理功能

乙醇取代水的能力以及其穿过细胞膜的能力，解释了酒精的细胞质毒性。此外，其氧化为乙醛的速度比随后氧化为醋酸盐的速度快。因此，乙醛可能积聚在血液和其他体液中。这是与过量饮酒中毒相关的重要因素。过量摄入乙醇的直接和间接毒性影响是很难区分的。

饮酒的第一个生理效应是抑制大脑的高级功能。这一点在增强社交能力方面最为显著。对某些人来说，它很快就会引起困倦[22]。这可能解释了为什么睡前饮用少量葡萄酒（90~180mL）通常有助于患有失眠症的人，尤其是老年人[23]。半杯葡萄酒有助于诱导睡眠，不会引起烦躁和睡眠呼吸暂停。对睡眠的影响可能来自乙醇促进抑制性 γ-氨基丁酸（GABA）的传递，同时抑制兴奋性谷氨酸受体的作用[24]。据估计，大约 80% 的大脑神经回路中都有 GABA 和谷氨酸参与。

酒精对大脑功能的另一个影响是使激素分泌减少，尤其是血管加压素，结果导致尿量增加。但酒精如何作为下丘脑-垂体-肾上腺轴的重要调节器，调节促肾上腺皮质激素（adren-ocorticotropic hormone，ACTH）和皮质酮等激素的释放，并不为人们所知[24]。

虽然酒精对大脑功能有普遍的抑制作用，但一些大脑调节器的水平却显示出短暂的增加。例如血清素（即 5-羟色胺）和组胺。后者可能会激活一系列反应，导致头痛。

酒精影响肝糖原转化为糖，会导致血糖含量短暂升高，反过来又会导致尿液中葡萄糖流失，以及胰腺分泌胰岛素的增加。两者都会导致血糖含量下降。严重时会导致低血糖，产生过量饮酒后的暂时性虚弱。

除了乙醇的直接影响外，乙醛的积累也可能带来一些不可忽视的后果。它可能参与了许多与酒精中毒相关的慢性损伤。在摄入低酒精浓度下，乙醛代谢非常迅速，限制了其在肝脏中的积累和释放。在较高酒精浓度下，乙醛会迅速消耗肝脏中的 GSH 储备。GSH 是一种重要的细胞抗氧化剂。这一现象，与微粒体乙醇氧化途径（MEOS）的激活相一致，会产生有毒游离氧自由基（ROS）。在缺乏足够 GSH 的情况下，氧自由基会积聚，破坏线粒体功能。在人体的其他组织中，乙醛可以与蛋白质和细胞成分结合，形成稳定复合物[25]。这些会导致产生免疫原决定簇，从而刺激抗乙醛加合物的抗体产生。可能会导致一些与酗酒相关的慢性组织损伤[26]。乙醛与红细胞质膜的结合会增加红细胞的硬度，限制了它们通过最窄毛细血管的能力，组织细胞的供氧可能受到限制，包括可能参与了大脑功能的抑制。神经细胞进行呼吸（氧依赖）代谢。估计大脑消耗血液中高达 20% 的氧气[15]。

虽然乙醇和乙醛会对各种器官产生严重的、渐进的和长期的损害，并引起酒精依赖，但当酒精消费适度并随餐饮用时，这些后果就不存在了。

第二节　法国悖理

1992 年，法国波尔多营养与血管病理生理学研究室（Nutrition and Vascular Physio-pathology Research Unit）流行病学主任塞尔吉·雷诺德（Serge Renaud）教授发现了一个耐人寻味的现象：在绝大多数国家，饱和脂肪酸的摄入与心血管疾病高死亡率成正相关。然而在法国表面上具有相同危险因素的人群如年龄、体重、胆固醇摄取、吸烟、脂肪摄入等，心血管疾病死亡率比欧洲北部许多国家要低，即法国人冠心病死亡率低到接近中国和日本，但饱和脂肪和胆固醇的摄入与英国和美国类似，并推测与葡萄酒的消费量高有关。这就是著名的"法国悖理"（France Paradox）[9]。这可能要归功于新鲜蔬菜、奶酪、有规律地适度饮用葡萄酒和橄榄油等所谓的"克利特岛食物"（Cretan diet）或"地中海饮食"（Mediterranean diet）[9]。"法国悖理"现象在法国西南部最为突出[27-28]，在地中海其他国家也会发现这种现象[9, 29]。

　　功能性食品是指具有营养价值的食品，尤其是具有一个或多个对人体功能的有益影响[30]。这些食品是通常膳食消费的一部分，含有生物活性物质，具有潜在的增进健康和减少疾病风险的作用[31]。按此说法，未经过任何修饰的全部食品包括水果和蔬菜均是功能性食品存在的最简单形式。另外一个定义是"功能性食品是传统膳食消费的一部分，除了它们含有的基本营养物质外，它们还含有生物活性物质，对生理有益，或减少慢性病风险"[32]。

　　当在膳食中摄入一定量的功能性食品后，它能够改善健康，或减少某些疾病产生的风险。在古代中国、韩国和日本，传统上均认为某些食品是一种药，如中国目前尚有药食同源食品清单，这也是中国中医理论的基础。西方的希波克拉底（Hippocrates）也曾经提出药食同源的理念，但已经为现代西方人所忽视[33]。

　　现代功能性食品的概念起源于 20 世纪 80 年代后期的日本。后来，欧洲食品安全管理局（European Food Safety Authority，EFSA）评价和批准了所有 EU 市场推荐的功能食品，主要是基于它们的安全性与推荐功能的科学研究结果[34]。欧洲功能性食品科学协调委员会（European Commission's Concerted Action on Functional Food Science in Europe，FUFOSE）也支持功能性食品的开发。理念是"健康是食品的未来，所有食品正快速变成有功能的 *"[30]。功能性食品市场成为增长最快的市场。

　　在此基础上，经过近 20 年研究，研究人员认为葡萄酒符合功能性食品的定义[30]。研究发现葡萄酒中健康有益成分是酚类化合物，如白藜芦醇、槲皮素和儿茶素[30]。

第三节　饮料酒生理功能

　　现代科学研究发现饮料酒具有如下生理功能。

　　一是具有保护心脏的功能。动脉硬化是低密度脂蛋白（low density lipoprotein，LDL）即著名的"坏胆固醇"积累引起的，而红葡萄酒能增加高密度脂蛋白（high density lipoprotein，HDL）即著名的"好胆固醇"量[35]。适度饮酒可以增加 HDL 量，每天饮用 65.2g 的男性与不饮酒的男性比，HDL 量从 0.47mg/100mL 增加到 0.59mg/

注：＊ 英文原文"Health is the future of food and all foods are fast becoming functional"。

100mL[36]；每天饮用 30g 酒精，HDL 浓度增加 3.99mg/100mL[37]。乙醇的消费与 HDL 胆固醇含量密切相关[30]。

2011 年，美国进行了一项研究，观察酒精对基因改造老鼠的影响。这种基因改造老鼠容易患上心脏病和中风，很像五六十岁男性情况。英国约翰·卡伦博士为了弄清楚酒精是如何影响老鼠心血管的，于是他将老鼠分为滴酒不沾、适量饮酒和过度饮酒三组（图 17-3）。结果发现，每天适度饮酒的老鼠血管状况是最好的，而滴酒不沾的老鼠血管有近 50%堵塞，动脉内侧沉积了大量脂肪、胆固醇和炎症细胞等物质，豪饮的老鼠情况更加严重[38]。

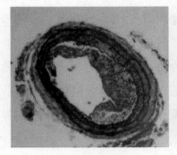　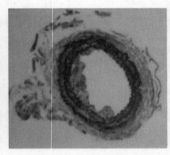　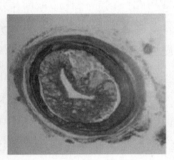

（1）滴酒不沾　　　　　　（2）适量饮酒　　　　　　（3）过度饮酒

图 17-3　饮酒对血管内壁影响[38]

多酚包括红葡萄酒多酚能降低脂肪过氧化的敏感性。白藜芦醇能减少脂肪和类花生酸的合成，这些化合物能激发炎症和动脉粥样硬化。另外，适量饮酒时，乙醇与冠心病低发生率相关，通常有利于健康[39-40]；有文献认为红葡萄酒比啤酒与烈性酒具有更低的心脑血管疾病死亡率功效[29]，但是否红葡萄酒比其他饮料酒具有更好的效果仍然在争论中[35]。

大量文献已经报道，适度饮酒可以降低冠心病发病率，降低心脑血管疾病如缺血性脑卒中、深层静脉血栓风险，特别是对 45 岁以上的人群[1, 5, 7, 12, 14, 41-44]。著名医学期刊《新英格兰医学杂志（New England Journal of Medicine）》报道，经过对 38077 名 40～70 周岁男性持续 12 年的统计分析，发现男性每天饮酒 50g，每周至少 3～4d，心肌梗死风险最低。不喝酒人群患心肌梗死风险设定为 1，则此类人群风险仅为 0.59，95%置信区间 0.43～0.81（P< 0.001，即可信度 99.9%）[41]。

美国研究人员在《新英格兰医学杂志》报道了一个 49 万人（30～104 岁，平均年龄 56 岁）的调查结果，该调查持续 9 年，其中死亡 46000 人。每天饮酒至少 1 个标准饮酒量的死亡率比不饮酒的低 30%～40%，而总体死亡率最低的是每天饮用 1 个标准饮酒量的男性与女性[45]。

牛津大学流行病学家理查德·多尔爵士（Sir Richard Doll）在《新英格兰医学杂

志》报道了出生于 1900—1930 年（平均 1916 年）12321 名英国男性医生持续 13 年的调查结果表明，适量饮酒能降低缺血性心脏病的死亡风险。中年到老年英国男性医生每天饮用 1~2 个标准饮酒量*（相当于每周 8~14 个标准饮酒量）在所有病例死亡率中显著低于不饮酒者，但每天 3 个标准饮酒量（相当于每周 21 个标准饮酒量）以上时，死亡率上升[7]。

澳大利亚一项 17588 人（35~69 岁，其中心血管疾病死亡 11511 人，正常人 6077 人）的流行病学研究也表明，与不饮酒的人相比，每天饮用 1~2 标准饮酒量、每周饮用 5~6 次的男性与女性其心血管疾病死亡率最低，男性胜率 0.31，女性 0.33；剔除不饮酒者，如果在 24h 内饮用 1~2 标准饮酒量且有规律地饮酒，则男性胜率是 0.74，女性是 0.43；男性每周饮用 5~6 次、每次饮用 1~4 个标准饮酒量时（15g 为一个标准饮酒量），女性每周 5~6 次，每次 1~2 个标准饮酒量时，能减少急性心肌梗死的风险。频繁地大量饮酒会造成心血管疾病风险上升[43]。

荷兰一项 16304 名男性与女性（年龄 50 岁及以上）的调查发现[42]，中年和老年女性与男性适量饮酒的死亡率比戒酒或重度饮酒的低。50~64 岁（平均年龄 56.6 岁）和 64 岁以上（平均年龄 69.9 岁）两个年龄组，适量饮酒对其死亡率没有影响；但细分后发现 U 形趋势，即戒酒妇女比少量饮酒妇女（每周 1~6 个标准饮酒量，相对死亡率风险为 1）死亡率相对风险上升为 1.29，而男性上升为 1.22；女性重度饮酒者（每周大于 28 个标准饮酒量）上升为 1.23，而男性重度饮酒者（每周大于 69 个标准饮酒量）上升为 2.11[42]。

一个 42 人参加的干预研究，酒精消费（最多 100g/d）1~9 周。分析结果表明，30g/d 酒精消费将降低冠心病风险 24.7%[37]。

2007 年一项 1514 人（25~74 岁）调查结果表明，每天饮酒不超过 30g，其饮酒量与心肌梗死风险成反比，胜率 0.14；每天饮酒量不超过 20g，其心肌梗死风险显著下降；但烈性酒会造成非致命性心肌梗死风险上升[46]。

2017 年，33 万美国人的最新流行病调查结果表明，与不饮酒的人群（危险比为 1）相比，轻微饮酒者所有病症死亡率危险比 0.79，适度饮酒者 0.78；轻微饮酒者冠心病（CVD）危险比 0.74，适度饮酒者 0.71；但重度饮酒者危险比均上升，即所有病症死亡率危险比 1.11，癌症危险比 1.27；每周豪饮超过 1 次时，所有病症死亡率风险上升至 1.13，癌症危险比 1.22[47]。

2008 年报告了一项 45~64 岁 7697 人参加的前瞻性研究。该研究开始时，这些人没有心血管疾病，也不饮酒。在后来的 6 年内有 6% 的人开始适量饮酒，男性每天饮酒 2

注：* 1 品脱（pint）相当于 2 个标准饮酒量或 2 杯饮酒量。1 瓶葡萄酒相当于 7 杯；1 瓶雪莉酒或波特酒相当于 14 杯；0.7L 一瓶烈性酒或利口酒相当于 28 杯。21 个英国标准饮酒量相当于 14 个美国标准饮酒量。

个标准饮酒量或更少，女性每天饮用 1 个标准饮酒量或更少，另外有 4%的重度饮酒者。再 4 年后，那些适度饮酒的人冠心病的发病率比坚持不饮酒的人低 38%，即其胜率为0.62。但所有死亡病例中，适度饮酒与不饮酒的并没有差异。结论认为"适量饮酒是健康生活方式的一部分 * "[48]。

二是适度饮酒可以降低 Ⅱ 型糖尿病风险[49-53]。每天饮用 30g 酒精（2 个标准饮酒量）能改善无糖尿病、绝经后妇女的甘油三酯浓度和胰岛素的敏感度[44]；降低载脂蛋白 A – I 8.82mg/100mL，甘油三酯 5.69mg/100mL，并温和地影响到与血栓溶解剖面（thrombolytic profile）相关止血因子（haemostatic factor）[37]。2007 年一项研究表明，正常饮食中饮用葡萄酒或啤酒或金酒时，餐后血糖浓度下降 16%~37%[54]，但研究人员同时认为其机理并不清楚。

三是具有抗菌功能[1]。糖尿病男子适度饮酒（少于 3 个标准饮酒量）可以降低炎症水平与改善内皮功能紊乱[55]；随机交叉试验研究表明，健康妇女适量饮用葡萄酒对多种与由内皮激活相关的炎症有有益的影响，包括降低白细胞介素-6 和血管细胞黏附分子-1（vascular CAM-1），单核白细胞与内皮细胞之间黏附力在饮用白葡萄酒后下降了 51%，饮用红葡萄酒后下降了 89%[56]。

四是适度饮酒能改善精神状态，增加食欲[1]。19 世纪时，耶鲁大学教授发现葡萄酒能刺激胃液分泌、增加胃蠕动和胰腺分泌功能[67]。后来的研究发现，葡萄酒能增加食欲[68]。

五是适度饮酒对风湿性关节炎[69]、上消化道出血[70]、血清尿酸水平[71]、肝炎[72]、骨质疏松症[1]等有益；适度饮酒可以增加老年人逻辑思维领悟力[1]，降低阿尔茨海默病（老年痴呆症）[73-74]和血管性痴呆风险[73]，降低帕金森综合征风险[1]；降低黄斑变性 * * 风险[1]；适度饮酒对肾功能没有影响[75]，甚至减少了肾功能衰竭风险[1]；适度饮酒能减少胃和十二指肠幽门感染，减少溃疡发病率[1]；适度饮酒能预防痛风，具有减肥效果，能预防感冒，减少患结石风险包括患肾结石的风险[1]。动物试验证明饮用赤霞珠葡萄酒能预防阿尔茨海默病[74, 76]。

六是葡萄酒还有抗诱变剂、抗雌性激素的作用[77]。动物试验结果表明，用赤霞珠葡萄酒喂养小白鼠，能增加血液流动，减少氧化胁迫，增加毛细管密度[78]。最新研究发现，葡萄酒具有抑制膳食中细胞毒素类化合物吸收的功能，这些细胞毒素类化合物通常与含脂肪的食物消化相关[79]。在人的干预研究中，让他们吃火鸡排，在血浆和尿中检测到细胞毒素丙二醛；但当同时服用红葡萄酒时，并没有检测到丙二醛。丙二醛是脂肪过氧化的产物，红葡萄酒能防止此类化合物在人体内的吸收，因此使人

注：* 英文原文：Moderate alcohol use is part of a healthy lifestyle。
　　* * 黄斑变性通常会引起失明。

免于伤害。

七是饮料酒中多酚是抗氧化剂，能清除氧化自由基[30]。一个化合物如果具有抗氧化性能，则它是有利于健康的，因为它会使细胞免于氧化胁迫。如某些与老龄化相关的疾病是因为自由基氧化了细胞中的某些成分。抗氧化剂能清除自由基，保护机体[80]。自由基具有高度反应活性，攻击附近分子获得一个电子，从而变得稳定，但此时又会产生另外一个自由基。当氧化胁迫存在时，这种链式反应被认为推动了脂肪氧化、DNA损伤和蛋白质降解[81]。已经确认此种氧化对许多疾病有影响，如阿尔茨海默病、风湿性关节炎、肌萎缩性侧索硬化症、白内障、各种心脏病和某些癌症[82-83]。连续饮用葡萄酒 2 个月，每天 250mL，能显著增加抗氧化能力，减少氧化胁迫[84]。

研究也发现：（1）长期饮酒会提高血压。在全球调查中发现，饮酒对高血压的贡献约 16%[85]。每消费 10g 酒精可使血压上升 1mmHg（133Pa），但在禁酒或大幅度减少酒精摄入后，2~4 周内血压会回复到原来的状态。不管是什么类型的酒均会引起血压上升，即使像红葡萄酒中含有使血管扩张的黄酮类化合物（能减缓或逆转酒精相关的高血压），在试验中也没有证实可以降低血压。在饮用红葡萄酒（375mL，相当于 39g 酒精）、啤酒（1125mL，相当于 41g 酒精）后 8~10h，会引起心率和血压上升[86-87]；但另外的研究认为饮料酒具有降压功能，即饮酒后，会造成血压下降[1]；（2）长期重度饮酒特别是狂饮，会提高脑血栓、脑溢血的发生率，冠心病的死亡率[85]，甚至可能引发某些癌症[88]，虽然途径尚不清楚。100 万妇女的流行病调查显示，酗酒会引起口腔癌、咽癌、食道癌、喉癌、直肠癌、肝癌和乳腺癌发病率上升，每 1000 个妇女（约 75 岁）增加 5 个；但甲状腺癌、非霍奇金淋巴瘤、肾细胞癌随着饮酒量上升反而下降[62]。有研究认为可能是饮料酒中乙醛致癌[89]，然而乙醛存在于大量食品中，包括新鲜水果与蔬菜，所有发酵食品中。

美国国家癌症研究所（NCI）引用美国国家酗酒和酒精中毒研究所的数据认为[90]，每天饮酒量不得超过 14.0g 纯酒精，通常相当于 340g 啤酒，227g 麦芽酒，142g 葡萄酒，43g 烈性酒（40%vol）。这个推荐饮用量与美国一项研究结果类似[91]，即标准饮用量是约 15g 乙醇（这一数值与 ADH 酶降解酒精速率一致），换算成酒是啤酒 355mL（12 美两），150mL 葡萄酒（5 美两），45mL 80proof（40%vol）蒸馏酒。但美国健康与人类服务部和农业部推荐的是女性不超过 1 个标准饮酒量（14g 酒精/d），男性不超过 2 个标准饮酒量（28g 酒精/d）[14]。加拿大成瘾与精神健康中心（Centre for Addiction and Mental Health）推荐的饮酒量是 2 个标准饮用量，即不超过 30g 酒精[14]。澳大利亚国家健康与医学研究委员会推荐男性最大饮酒量为 4 个标准饮酒量/d（1 个标准饮酒量 10g 酒精），女性为 2 个标准饮酒量[1]。其他研究也提倡，男性每天 1~2 个标准饮酒量（10~20g 酒精，欧洲标准饮酒量是 10g 酒精，而日本标准饮酒量是 20g 酒精），女性每天 1 个标准量，对心血管病的预防是有益的。高血压患者饮酒量不能超出此范围[85]。

患有胃病（如溃疡）、肝病（如肝硬化）、胰腺病（如胰腺炎）、神经系统病症（如神经病）、心脏病（如心肌炎）等非健康人群禁止饮酒[1]。

研究发现每天饮酒最少 15g 酒精，才能有效，不论是啤酒、葡萄酒或烈性酒[12]。饮用量增加时，必须增加 10g 酒精以上，才可能降低心肌梗死的风险，否则没有效果。健康人群平均饮酒量每天 12（1994 年）~13.1g 酒精（1986 年），饮酒量大幅度降低的人群中会流行糖尿病，饮酒量大幅度增加的人群中会流行高胆固醇症[41]。

研究表明，当每天饮酒超过 15g 酒精时，饮用烈性酒与啤酒的风险比红葡萄酒、白葡萄酒更低[41]。美国心脏学会的调查结果表明[92]，饮用葡萄酒在降低心血管疾病方面与饮用其他酒没有区别。但这一说法遇到了挑战[93]，一项意大利 21 万人参加的调查结果表明[14]，轻微到适度（指 1~3 个标准饮用量）饮用葡萄酒和啤酒有益于心血管健康。与不饮酒者相比，饮用葡萄酒的心血管疾病的风险仅有 0.68，啤酒的风险为 0.78，葡萄酒的效果比啤酒好。葡萄酒饮用量与心血管疾病风险之间的关系：最小风险出现在 750mL/d 时，风险下降的显著差异点出现在 150mL/d[14]。因此葡萄酒每天的饮用量应该是大于 150mL，小于 750mL。啤酒研究没有发现类似的线性关系。

第四节　白酒对人体功能指标影响

适量饮酒有益健康[12]。2012 年，浙江大学进行了饮用白酒的人体临床试验，选取年龄在 23~28 周岁的学生共 46 人，其中男生和女生各 23 人，分 2 组试验。一组饮用传统浓香型白酒，一组饮用使用浓香型白酒生产的茶酒。每人每天饮用 30mL、酒精度 45%vol 白酒，持续 28d。分别在饮用前和饮用 28d 后测定相关指标[94]。

一、空腹血脂与血压变化

饮用 28d 后，浓香型茶酒组的血清总胆固醇（total cholesterol，TC）、甘油三酯（triacylglycerol，TG）、总胆固醇/高密度脂蛋白胆固醇（TC/HDL-C）显著下降，载脂蛋白 A1 和高密度脂蛋白胆固醇/低密度脂蛋白胆固醇（HDL-C/LDL-C）显著增加。浓香型白酒组的血清总胆固醇、低密度脂蛋白胆固醇和高密度脂蛋白胆固醇下降，载脂蛋白 A1 和高密度脂蛋白胆固醇/低密度脂蛋白胆固醇（HDL-C/LDL-C）增加。饮用 28d 后，舒张压（diastolic blood pressure，DBP）显著增加，但收缩压（systolic blood pressure，SBP）显著下降[12, 94]。

二、 空腹血糖与胰岛素水平

饮用 28d 后，空腹血糖水平显著下降，胰岛素水平显著增加。茶酒可以同时降低男性与女性的尿酸，但传统浓香型白酒仅降解男性的尿酸[12, 94]。

三、 尿酸和内皮黏附分子

饮用 28d 后，血清尿素显著下降。细胞间黏附分子-1（intercellular adhesion molecule，ICAM）和血管细胞黏附分子-1（vascular cell adhesion molecule，VCAM）显著下降。男、女效果类似[12, 94]。

四、 肝、肾功能参数

肝、肾功能参数和总血液参数在正常水平，没有变化。ADP 诱导的血小板聚集显著下降，但女性更敏感。肾上腺素诱导的血小板聚集在茶酒和浓香型白酒中没有显著差异。在以上的现象中，仅尿酸下降是白酒所特有的，而其他特征与国外饮料酒类似。

试验表明[95]，如果饮酒量上升至 60mL 的 45%vol 白酒，同时伴有高脂肪食物时，餐后 4h，饮用茶酒的血清尿酸会显著增加，而饮用水（对照）的血清尿酸显著下降，饮用浓香型白酒的血清尿酸没有显著变化。其他生理、生化指标没有变化。

五、 宿醉

宿醉属于轻型急性酒精中毒，是指由于短时间摄入大量酒精或含酒精饮料后出现的中枢神经系统功能紊乱状态，多表现为行为和意识异常*。宿醉是在饮用葡萄酒、啤酒和蒸馏酒之后的各种不愉快的生理和心理上的经历。宿醉可持续数小时或超过 24h[96]。

宿醉的典型症状主要有：一是疲倦或疲乏，95.5%；二是口渴，89.1%；三是嗜睡，88.3%；四是瞌睡，87.7%；五是头痛，87.2%；六是口干（83.0%）；七是恶心，81.4%；；八是乏力，79.9%；九是反应迟钝，78.5%；十是注意力不集中，77.6%；十一是冷漠或缺乏兴趣，74.0%；十二是延长反应时间，74.0%；十三是降低了食欲或缺乏饥饿感，61.9%；十四是行动笨拙，51.4%；其他的症状还有焦虑不安、头晕目眩、

注：＊来源于 https：//baike.baidu.com/item/宿醉/15723。

记忆力下降、胃肠窘迫、头晕、胃痛、颤抖、失衡、烦躁不安、发抖、出汗、定向障碍、声敏感、光敏感、感情迟钝、肌肉酸痛、味觉丧失、后悔、局促不安、内疚、胃炎、易冲动、忽冷忽热、呕吐、心绞痛、抑郁、心悸、耳鸣、眼球震颤、发怒、呼吸困难、焦虑、过度兴奋等[97]。

宿醉的原因仍然不清楚[98]，已知的几个因素包括乙醛积累、免疫系统和葡萄糖代谢的变化、脱水、代谢性酸中毒、前列腺素合成扰乱、心脏输出增加、血管舒张（可导致血压下降）、睡眠剥夺和营养不良。在功能饮料酒中添加的添加剂或副产物如酒用香精也在宿醉中发挥了重要作用[99]。症状通常发生在酒精的醉人作用开始衰退时，即血液酒精浓度降到一个足够低的浓度甚至是 0 时，一般是醉酒那晚后的次日早晨[97, 100-101]。

虽然有许多可能的补救措施和民间治疗建议，但没有确凿的证据表明它们可以有效地预防或治疗酒精后遗症。不饮酒或适量饮酒是避免宿醉的最有效方法[102]。

六、 白酒与老年痴呆

由第三军医大学主持的一项流行病学调查显示[73]，少量与适度饮酒会降低患老年性痴呆的风险，与不饮酒的人群比较，饮酒人群患阿尔茨海默病（老年痴呆症）和血管性痴呆的风险仅为 0.63 和 0.31，其他痴呆症的风险为 0.45。饮用葡萄酒的风险明显降低，但饮用啤酒的风险上升（高于不饮酒者）。

第五节　白酒抗氧化性能

不同香型白酒 1,1-二苯基-2-三硝基苯肼（1,1-diphenyl-2-picrylhydrazyl radical，DPPH）自由基清除率、总抗氧化力、还原力、金属螯合力测定结果表明，白酒具有一定的抗氧化能力，但是相比于其他酒类，其抗氧化能力较低。白酒 DPPH 自由基清除率平均值 7.80%，氧化抑制率平均值 20.50%，金属螯合能力平均值 1.60%，还原能力 0.18[103]。

对竹叶青酒进行研究的报道发现竹叶青酒具有免疫功能与抗氧化作用[104]。小鼠喂食竹叶青酒后，其血清溶菌酶活性上升，增强了 SOD（超氧化物歧化酶）、CAT（过氧化氢酶）和 GSH-Px（谷胱甘肽过氧化物酶）的活性。证明竹叶青酒具有保肝功能[105]。

第六节 白酒重要功能因子

白酒中重要的功能因子是指含量较高（通常总含量在毫克每升以上）、体外功能明确的化合物。目前，白酒中主要的功能因子是吡嗪类和萜烯类化合物。

一、 吡嗪类物质

吡嗪是白酒中特有的风味成分。目前，我们已经在白酒中检测出吡嗪类化合物 26 种。在这 26 种吡嗪类化合物中，有 20 种是新发现的，即原先没有报道过的[106]。研究结果表明，酱香型和兼香型酒中吡嗪类化合物种类和含量最高，在 3000~6000μg/L。浓香型次之，其浓度范围 500~1500μg/L；个别浓香型白酒的吡嗪类化合物总量也能达到酱香型酒的水平。清香型白酒含吡嗪类化合物最少，含吡嗪类化合物的种类也最少。

四甲基吡嗪是从传统中药伞形科藁本属植物川芎（*Ligusticum wallichii* Franch）中分离出来的一种活性成分，已经被广泛地应用到心脏血管和脑血管疾病的治疗中。它能增加脑血管的血流量，减少脑缺血性疾病的发作。国际上的研究表明，四甲基吡嗪对中枢神经有影响，能改善学习的障碍[107]。四甲基吡嗪还可以防止由无水乙醇引起的胃黏膜损伤[108]、由无水乙醇引起的肾中毒[109]、由硫代乙酰胺引起的急性肝中毒[110]，并能降低脑萎缩的伤害[111]。

二、 萜烯类物质

萜烯是植物生长过程中产生的环境应激物，是次级代谢产物。国外的研究结果表明，萜烯类化合物具有如下特性：一是抗菌能力[112]。如香芹酚和麝香草酚具有广谱抗菌功能；肉桂醛可以高效抑制一些细菌和霉菌的生长；氧化单萜如薄荷醇和一些脂肪醇（如里那醇）对某些细菌具有温和的抑制能力，如 4-萜品醇能抑制绿脓假单胞菌（*Pseudomonas aeruginosa*）生长，而 α-萜品醇则没有此功能；碳氢类的单萜如香桧烯、萜品烯（terpinenes）和柠檬烯具有中等以上程度的抗菌活性，特别是对 G^+ 细菌和致病霉菌[113]。二是抗病毒能力[113-114]。三是抗氧化力[113]。四是止痛作用[113]。五是消化活力[113]。六是防癌抗癌能力[113, 115-116]，如茴香脑，为升高白细胞药，可促进骨髓中成熟白细胞至周围血液，由于机体自身的反馈作用而促进骨髓细胞加速成熟和释放，用于因肿瘤化疗而引起的白细胞减少以及其他原因所致的白细胞减少症，医学上还作为矫味剂及合成雌性激素己烯雌酚的主要原料[117]。七是具有化学信息力[113]。

第七节　蒸馏酒内源性有害物

蒸馏酒中除酒精、水和功能因子外，还含有对人体有害的物质，如高级醇、甲醇、氰化物、氨基甲酸乙酯、重金属等。

按照有毒有害物的来源不同，可分为两类：一类是内源性有毒有害物，它是在白酒发酵、蒸馏和贮存过程中自然产生的，在传统工艺状态下不可避免的一类物质。这类物质不是人为添加的，也不是污染产生的。另一类是外源性有毒有害物，它是污染或人为添加的一类物质，这类化合物目前发现得较多，如金属离子、塑化剂，且难以预测。

目前在蒸馏酒中已经检测到的这些化合物包括氨基甲酸乙酯（ethyl carbamate，EC）[118-119]、生物胺（biogenic amines，BA）[120-121]、乙醛[122]等，白酒中是否存在真菌毒素（如黄曲霉毒素等），尚未见相关报道。有些物质，并未被国际癌症研究署（International Agency for Research on Cancer，IARC）列于清单中[123-126]，但它们可能致癌[127]。

一、氨基甲酸乙酯

氨基甲酸乙酯（EC）是 2A 类致癌物（probably carcinogenic to humans，极可能对人类致癌；2B 类致癌物是指 possibly carcinogenic to humans，可能对人类致癌）[118, 128-130]，是由尿素或氰化物与白酒中酒精反应而产生的[118, 129]。白酒中的尿素来源于酒醅，而酒醅中的尿素则是原料中精氨酸或瓜氨酸分解产生的[131]。白酒中的氰化物来源于原料中结合态氰化物的 β-葡萄糖苷酶分解，这些结合态氰化物存在于原料的皮、壳中[129, 132-133]。

与国外蒸馏酒比，除世界公认的核果白兰地 EC 含量高外，白酒总体 EC 含量略偏高（表 17-1）；与发达国家相比，白酒的 EC 含量偏高（表 17-2）。

（一）按原酒精度统计分析

成品白酒检测全部呈现阳性，均高于检测限，但 EC 的含量分布不均（表 17-1）。

表 17-1　　　　九个香型成品酒中 EC 的浓度汇总表[134]

酒种	生产年份	酒精度/%vol	样本数/个	EC/（μg/L）			EC/（μg/L纯酒精）		
				平均值	最大值	最小值	平均值	最大值	最小值
清香型	2007、2013	45~53	15	44.48	119.8	14.02	105.1	270.3	30.97
浓香型	2007、2013	38~61	59	191.4	546.87	27.23	471.1	1412	59.52

续表

酒种	生产 年份	酒精度/ %vol	样本 数/个	EC/（μg/L）			EC/（μg/L纯酒精）		
				平均值	最大值	最小值	平均值	最大值	最小值
酱香型	2007、2013	39~53	8	71.71	91.18	51.64	176.4	228.7	114.1
老白干香型	2007、2013	43~67	7	58.31	107.9	34.16	125.3	182.6	57.67
凤香型	2007、2013	45~55	8	169.3	469.36	57.26	390.4	994.6	151.5
芝麻香型	2007、2013	42~53	9	214.3	449.12	92.40	531.3	1013	204.1
豉香型	2007、2013	30~53	7	120.1	188.9	56.94	355.0	452.8	128.5
药香型	2007	46~54	2	71.10	74.58	67.63	168.0	174.7	161.3
兼香型	2007	46~50	2	122.5	147.5	97.61	305.4	380.8	230.1
特型	2007、2013	42~63	4	77.58	103.7	26.22	168.5	274.3	69.34
核果白兰地[135]	1986~2004		631	1400	18000	10			
韩国烧酒（soju）[136]	2006		7	3.0	10.1	0.8			
威士忌	各国		235	29~32	239	ND			
白兰地	各国		31	64	131	ND			

表 17-2　　　　来源于 EU 酒精饮料在北美检测的 EC 浓度[129]　　　　单位：μg/kg

产品	样品数	中位数	平均数	P95[a]	范围
阿尔马涅克（Armagnac）	71（69）[b]	219	246	503	ND[c]~630
白兰地	137（135）	45	78	345	ND~642
科涅克（Cognac）	256（247）	24	30	67	ND~191
酷勒（Cooler）	93（14）	ND~5[d]	3~7	13	ND~68
水果白兰地	186（168）	27	100	284	ND~3133
金酒	53（30）	6	9~11	87	ND~60
格拉巴酒（Grappa）	270（242）	24	32	87	ND~192
利口酒	356（252）	9	21~22	74	ND~405
其他蒸馏酒	632（370）	7	17~19	58	ND~1060
朗姆酒	19（14）	12	16~17	45	ND~57
伏特加	101（33）	ND~5	4~8	17	ND~49
威士忌	1122（1076）	30	40	106	ND~509

注：a：P95 是指第 95 百分数时的值。

b：括号中的样品数为阳性样品数。

c：ND，检测限以下。

d：当中位数或平均值中是浓度范围时，浓度较小的值表示检测限按 0 计算，浓度较大的值表示浓度按检测限计算。

　　EC 平均含量最高的酒是芝麻香型白酒，9 个产品平均浓度 214.3μg/L，折算为 100%纯酒精时平均浓度为 531.3μg/L；其次是浓香型白酒，59 个样品的平均浓度 191.4μg/L，折算为 100%纯酒精时平均浓度为 471.1μg/L；排名第三的是凤香型白酒，8 个样品的平均浓度 169.3μg/L，折算为 100%纯酒精时平均浓度为 390.4μg/L。这几种香型白酒平均 EC 浓度均高于国际蒸馏酒 150μg/L 的标准。按平均 EC 含量排序是：芝麻香型、浓香型、凤香型、兼香型（122.5μg/L）、豉香型（120.1μg/L）、特型（77.58μg/L）、酱香型（71.71μg/L）、药香型（71.10μg/L）、老白干香型（58.31μg/L）、清香型（44.48μg/L）[134]。

　　从检测最大与最小值情况来看，浓香型、芝麻香型和凤香型波动最大，不同企业生产的产品 EC 变化大[134]。

　　从单个企业产品看，所有白酒中 EC 含量最高的是某款浓香型白酒，达 546.87μg/L；凤香型白酒最高的酒达 469.36μg/L；芝麻香型白酒最高的达 449.12μg/L（表 17-1）。这些检测结果与早期文献报道的情况类似（6.5~485.5μg/L）[137]。

（二）按折算成 100%纯酒精统计分析

　　按折算成 100%纯酒精计算不同香型酒的 EC 浓度，则芝麻香型为最高，平均达 531.3μg/L；其次是浓香型白酒，平均达 471.1μg/L；再次为凤香型白酒，平均达 390.4μg/L，其他依次为：豉香型（355.0μg/L）、兼香型（305.4μg/L）、酱香型（176.4μg/L）、特型（168.5μg/L）、药香型（168.0μg/L）、老白干香型（125.3μg/L）和清香型（105.1μg/L）。

　　折算成 100%酒精后，含量最高的酒在浓香型组，达 1412μg/L；芝麻香型组中最高的也达 1013μg/L。

二、醛类

　　醛类化合物是白酒中非常丰富的一大类化合物，也是白酒中重要的呈香化合物，但并非每个醛都是有毒的。已经发现的有害醛主要包括：甲醛（Ⅰ类致癌物）[123]，乙醛（2B 类致癌物）、缩水甘油醛（2B 类致癌物）[130]，巴豆醛（Ⅲ类致癌物）、糠醛（Ⅲ类致癌物）、丙烯醛（Ⅲ类致癌物）[126]。丙二醛虽然没有进入 IARC 的清单，但已经有实验证明其具有致癌作用[127]。缩水甘油醛和丙二醛尚未在蒸馏酒中检测到，但其他醛全部在蒸馏酒中检测到[138]。

（一）甲醛

　　2006 年，IARC 将甲醛列为 Ⅰ类致癌物[139]。甲醛除了在发酵酒中检测到外，近期也已经在蒸馏酒中检测到。在检测的 132 个国外蒸馏酒样品中，有 26% 的样品呈现阳性，其平均值是 0.27mg/L，范围 0~14.4mg/L。出现阳性频次最高的是墨西哥龙舌兰酒 83%，其次为亚洲蒸馏酒 59%，葡萄皮渣酒 54% 和白兰地 50%，仅有 9 个样品浓度超过 WHO IPCS 耐受浓度 2.6mg/L（表 17-3）[140]。

白酒成品酒甲醛平均含量是 0.89mg/L（表 17-4），高于国外蒸馏酒。

表 17-3　　　　　　　　　　蒸馏酒中甲醛含量　　　　　　　　　　单位：mg/L

饮料酒品种	平均含量	范围	参考文献
伏特加	ND		[140]
水果蒸馏酒	0.20±0.61		[140]
龙舌兰酒	0.70±1.22		[140]
亚洲蒸馏酒	2.26±4.60		[140]
葡萄皮渣酒	0.49±0.86		[140]
威士忌	0.20±0.46		[140]
白兰地	0.09±0.61		[140]
巴西蒸馏酒	0.10±0.26		[140]
其他蒸馏酒	0.22±0.71		[140]
巴西糖蜜酒[a]	1.86±2.08	0.02~12.0	[141]
蒸馏酒（威士忌、白兰地、金酒、伏特加等）[a]	3.07±2.97	0.14~11.2	[141]

a：单位为 mg/L 纯酒精。

表 17-4　　　　　　　　　不同香型成品白酒中甲醛浓度[142]

白酒香型	样本数/个	浓度/（mg/L）[a]	范围/（mg/L）	高于 2.6mg/L 的样本数/个[b]
浓香型	14	0.82±0.65	0.08~2.18	0
清香型	10	0.32±0.45	0.03~1.52	0
豉香型	2	0.80±0.15	0.69~0.91	0
凤香型	2	3.14±0.61	2.70~3.57	2
芝麻香型	2	2.65±1.51	1.58~3.71	1
老白干香型	2	0.07±0.03	0.05~0.09	0
特香型	2	1.21±0.15	1.10~1.32	0
合计/平均	34	0.89±0.98		3

注：a：表示平均浓度±标准偏差。

b：国际化学品安全规划（International Programme on Chemical Safety，IPCS）规定了产品中甲醛的可容许浓度（tolerable concentration，TC）为 2.6mg/L[143]。

（二）乙醛

乙醛是 2B 类致癌物[130]，动物试验表明，乙醛可致咽喉癌、鼻腔腺癌[127, 144]。

乙醛存在于几乎所有的饮料酒中，但乙醛在高温、酸性条件下易与乙醇反应生成乙缩醛（称为结合态的乙醛）[145]。

与国外蒸馏酒相比，白酒中乙醛含量偏高（表 17-5），平均含量较高的香型有浓香型-J、清香型和芝麻香型；乙缩醛的含量也远高于国外的蒸馏酒，平均含量较高的香型也是浓香型-J、清香型和芝麻香型。

表 17-5　　　　　　　　　　　蒸馏酒中乙醛与乙缩醛含量　　　　　　　　　　单位：mg/L

酒品种	乙醛		乙缩醛		参考文献
	平均含量	范围	平均含量	范围	
巴西糖蜜酒[a]			112±39.1	0.5~200	[141]
蒸馏酒（白兰地、伏特加等）[a]			120±63.3	3.91~232	[141]
威士忌	62.10±38.6	25.0~102.0			[146]
酱香型白酒	135.9±2.02	134.5~137.4	202.9±5.42	199.1~206.7	[147]
浓香型白酒-G	295.4±76.66	211.0~377.9	135.1±9.39	125.4~147.7	[147]
浓香型白酒-J	123.8±95.80	60.39~281.6	478.2±465.2	181.4~1288	[148]
清香型白酒	269.4±98.08	173.1~357.2	476.6±173.1	199.0~720.2	[149]
芝麻香型白酒	252.0±22.06	236.4~267.6	881.4±575.4	474.5~1288	[150]
药香型白酒	89.81±43.19	51.28~205.3	282.2±84.94	183.8~466.8	[151]

注：a：单位为 mg/L 纯酒精。

（三）丙烯醛

丙烯醛是一个极性较强的化合物，熔点 -87.7℃[152] 或 -86.95℃[153]，沸点 52.5℃[152] 或 52.1~53.5℃[153]，易溶于水、醇、丙酮等多数有机溶剂。20℃ 时水中溶解度 206~270g/L（但易聚合，不易检测[152]），$\lg K_{ow}$-1.1~1.02，$\lg K_{oc}$-0.210~2.43[154]。

丙烯醛是Ⅲ类致癌物[126]。蒸馏酒中丙烯醛含量见表 17-6。白酒中丙烯醛含量见表 17-7。总体而言，白酒中丙烯醛含量高于国外蒸馏酒。

表 17-6 蒸馏酒中丙烯醛含量 单位：mg/L

饮料酒品种	丙烯醛		1,1,3-三乙氧基丙烷		参考文献
	平均含量	范围	平均含量	范围	
巴西糖蜜酒[a]	1.37±1.47	<q.l.[b]~6.6			[141]
蒸馏酒（威士忌、白兰地、金酒、伏特加等）[a]	2.64±2.61	<q.l.~7.80			[141]
白兰地		0.00~0.21		0.08~3.69	[155]

注：a：单位为 mg/L 纯酒精。 b：q.l.，指检测限。

表 17-7 不同香型成品酒中 3-羰基苯丙醛和丙烯醛浓度[156] 单位：mg/L

白酒香型	n	丙烯醛	
		浓度[a]	浓度[b]
浓香型	14	88.0±87.7	210±198
清香型	10	39.5±19.5	89.2±43.2
酱香型	2	29.8±9.41	65.9±20.8
豉香型	2	206±55.6	610±95.8
凤香型	2	81.2±19.6	196±25.8
芝麻香型	2	96.5±31.5	230±53.8
老白干香型	2	46.4±37.3	118±119
特香型	2	28.4±1.20	75.1±3.18
合计/加权平均	36	72.3±71.2	178±179

注：a：平均浓度±标准偏差，单位 μg/L。
　　b：折算成纯酒精，平均浓度±标准偏差，单位 mg/L。

（四）糠醛及相关化合物

糠醛在早期被欧盟食品科学委员会（Scientific Committee on Food，SCF）列入 4 类添加剂管理清单，即由于有毒性证据不宜使用的一类[157]。后来的研究发现糠醛具有肝脏毒性，可致癌[157]，被 IARC 列入 Ⅲ 类致癌物清单[126]，ADI 为 0~0.5mg/kg 体重，TDI，这一数值不仅仅是指糠醛，还包括糠酯水解以及糠醇转换后的糠醛总量，即包括糠醛、糠醇、乙酸糠酯、丙酸糠酯、戊酸糠酯、辛酸糠酯、3-甲基丁酸糠酯、2-糠酸甲酯、2-糠酸丙酯、2-糠酸戊酯、2-糠酸己酯和 2-糠酸辛酯[157]。这些糠醛类的化合物，大部分在白酒中已经检测到[158-159]。

白酒的平均含量高于国外蒸馏酒。具体地说，酱香型白酒的糠醛含量最高，其次是芝麻香型白酒[160]，其他香型白酒的糠醛含量与国外蒸馏酒含量类似。

表 17-8　　　　　　　　　　蒸馏酒中糠醛含量　　　　　　单位：mg/L

饮料酒品种	平均含量	范围	参考文献
巴西糖蜜酒[a]	4.00±5.52	<q.l.[b]~26.0	[141]
蒸馏酒（威士忌、白兰地、金酒、伏特加等）[a]	9.19±6.80	<q.l.~25.9	[141]
酱香型白酒 A		94.1~239.4	[160]
酱香型白酒 B	52.87±7.30	47.70~58.03	[147]
清香型白酒 A		1.8~4.9	[160]
清香型白酒 B	24.18±7.07	17.80~38.00	[149]
浓香型白酒 A		10.3~41.7	[160]
浓香型白酒-G	13.60±11.14	2.36~28.43	[147]
浓香型白酒-J	24.88±21.17	6.72~53.19	[148]
凤香型白酒		7.2~8.0	[160]
药香型白酒 A		24.1~31.9	[160]
药香型白酒 B	21.44±15.57	5.84~53.88	[151]
芝麻香型白酒	47.00±22.19	31.31~62.69	[150]
散装白酒		11.4~45.4	[160]

注：a：单位为 mg/L 纯酒精。　b：q.l.，指定量限。

三、甲醇

甲醇是一种麻醉性较强的无色液体，相对密度 0.791，沸点 64℃，与水互溶，具酒精气味。甲醇虽然并没有被 IARC 列入清单，但甲醇主要表现为急性毒性[161]，对神经系统和血管的毒害作用十分严重，对视神经危害尤甚，人急性中毒的结果是失明、代谢性酸中毒和死亡[161]。

甲醇经代谢后产生甲酸，甲酸再经过多步反应形成 SO_2，从而解除毒性。这是一个四氢叶酸依赖途径。叶酸存在于新鲜蔬菜和水果中，与啮齿动物相比，人类的肝脏中叶酸含量较低[161]。

甲醇可经消化道、呼吸道以及黏膜侵入人体。若饮入甲醇 5~10mL 可引起严重中毒；10mL 以上即有失明危险；30mL 即能引起死亡[162]。中毒症状是头痛，恶心，甚至中枢麻痹，导致失明。甲醇进入人体后，缓慢积累，不易排出体外，在血液中长期循环不变。

早期中国国家标准规定以谷类为原料者，甲醇不得超过 0.04g/100mL；以薯干及代用品为原料者甲醇含量不得超过 0.12g/100mL[163]。2012 年国家标准规定谷类为原料者，甲醇不得超过 0.6g/L（以 100%vol 酒精计）；以其他为原料者甲醇含量不得超过 2g/L[164]。通常情况下，我国白酒中甲醇是低于标准的。1989 年中国白兰地国家标准规定，甲醇含量不得超过 0.8g/L，但至 1997 年修订标准时，放宽至 2.00g/L[165]。

2013 年澳大利亚-新西兰标准对甲醇的规定比较严，并进行了分类管理，要求红葡萄酒、白葡萄酒和强化葡萄酒中甲醇不得超过 3g/L 纯酒精，威士忌、朗姆酒、金酒和伏特加酒不得超过 0.4g/L 纯酒精，其他蒸馏酒、水果发酵酒、蔬菜发酵酒和蜂蜜酒中甲醇不得超过 8g/L[166]。

四、　生物胺

生物胺是一类具有生物活性的含氮低分子质量有机化合物的总称[167]，可以看作氨分子中 1~3 个氢原子被烷基或芳基取代后而生成的物质，是脂肪族、酯环族或杂环族的低分子质量有机碱，广泛存在于发酵食品和饮料酒中[168-170]。生物胺并没有列入 IARC 清单中，但生物胺易与亚硝酸盐反应，产生亚硝胺，而亚硝胺已经被列入 IARC 致癌物清单[130]。

首次研究饮料酒中生物胺是 1965 年，当时应用色谱对葡萄酒中的慢性有毒物质进行研究，检测到组胺。目前为止，葡萄酒、啤酒、黄酒中生物胺的研究较多[171-173]，检测到的生物胺种类达到几十种之多，常见的是组胺（来源于组氨酸）、酪胺（来源于酪氨酸）、苯乙胺（来源于苯丙氨酸）、色胺（来源于色氨酸）、腐胺（来源于鸟氨酸）、尸胺（来源于赖氨酸）、精胺和亚精胺（这两个胺来源于腐胺）、胍丁胺、乙醇胺、甲胺、乙胺、异丙胺、正丙胺、异丁胺、正丁胺、异戊胺、正戊胺等[174-175]。最新研究结果表明，中国啤酒中生物胺总量 4.79mg/L，葡萄酒 11.24mg/L，黄酒最高可达 78.30mg/L[176]。

2013 年，研究人员对白酒中可能含有的生物胺进行了系统鉴定，共鉴定出 9 种生物胺，包括甲胺、乙胺、异戊胺、吡咯烷、环己胺、环戊胺、环庚胺、腐胺和尸胺[120]。同年，开发了白酒中生物胺检测方法——丹磺酰氯衍生化结合紫外-反相高效液相色谱（RP-HPLC）法，并对不同香型白酒中生物胺进行了定量，发现吡咯烷在白酒中含量最高。浓香型白酒中生物胺含量最高，清香型白酒次之，酱香型白酒最低（表 17-9）。一般而言，白酒中生物胺总量不到 1mg/L[121]。

表 17-9　　　　　　　　　　成品白酒样品中 5 种生物胺含量[121]　　　　　　　　　单位：μg/L

化合物	酱香型		浓香型		清香型	
	浓度	范围	浓度	范围	浓度	范围
甲胺	44.81±25.43	14.96~75.12	31.46±14.62	<q.l.~44.13	31.80±22.44	<q.l.~47.66
乙胺	33.16±23.02	<q.l.~58.58		<q.l.~35.56	26.77±15.13	13.38~43.38
吡咯烷	91.73±24.48	66.69~130.5	642.9±518.4	351.7~1419	428.3±120.8	291.0~518.1
腐胺	19.27±7.82	9.16~25.91	51.22±34.42	22.66~91.83	47.30±21.31	23.73~65.20
尸胺	162.5±70.81	<q.l.~244.2	113.5±87.82	<q.l.~203.4		<q.l.
总量	302.6±83.51	220.1~95.20	811.7±501.4	526.5~15612	523.5±102.1	405.7~584.9

注：q.l. 表示定量限。

五、　氰化物

对哺乳动物而言，氰化物是一种剧毒物，使细胞色素氧化酶失活，抑制细胞的呼吸作用，随后，细胞缺氧。对人和动物的心血管、呼吸和中枢神经系统有重要影响[177]。

狗和大鼠的急性口服氰化钾（KCN）LD_{50} 值分别是 5.3mg/kg 体重和 10~15mg/kg 体重，相当于 2.1 和 4.0~6.0mg CN^-/kg 体重。报道人类的氰氢酸（hydrocyanic acid，HCN）急性口服致死剂量为 0.5~3.5mg CN^-/kg 体重，相当于 1.0~7.0mg KCN/kg 体重[129]。

氰氢酸的膳食暴露大约是 1.6μg/（kg 体重·d）（60kg 的人）。氰氢酸的饮食摄入主要来源于食品，饮料酒是次要的来源。如果以消费水果白兰地为主，峰值可达 24μg/（kg 体重·d）[129]。

EEC（欧洲经济共同体，欧盟的前身）法规委员会在 1989 年的 No.1575/89 令中规定了核果蒸馏酒中氰氢酸的限量值为 10g/hL，相当于纯酒精（100% vol）中的浓度 100mg/L，1990 年的 No.1014/90 令中规定核、果皮、渣蒸馏酒中氰氢酸的限量值也为 10g/100L[129]。但氰氢酸不得作为食品添加剂使用。1993 年，JECFA 认为"因为缺乏定量毒物学和流行病学数据，并不能建立氰苷的安全摄入水平"。然而，JECFA 还是认为氰氢酸的限量标准是 10mg HCN/kg。木薯粉与急性中毒没有关系。木薯粉是欧洲以外地区的主粮，200g/人的摄入估计相当于 30μg HCN/kg 体重（以 60kg 成年人计算）[129]。

白酒中氰化物以氢氰酸计，1981 年中国国家标准规定，以木薯为原料者不得超过 5mg/L（以 60% vol 酒精计）；以代用品为原料者不得超过 2mg/L（以 60% vol 酒精计）[163]。2012 年中国国家标准规定粮谷为原料的或其他原料生产的白酒不得超过 8mg/L（以 100% vol 酒精计）[178]。

六、　N-亚硝基二甲胺

N-亚硝基二甲胺是 2A 类致癌物[130]。1978 年首次在德国啤酒中检测到，啤酒中含量小于 $0.5\mu g/L$[130, 179]。蒸馏酒中已见威士忌检测到的报道[180-181]，44 个苏格兰威士忌含量 $0\sim2ng/L$，平均值 $1ng/L$，苏格兰威士忌生产用麦芽中含量 $0\sim86ng/L$[182]。未见其他蒸馏酒检测到该化合物的报道[130]。

七、　呋喃

呋喃是 2B 类致癌物，主要存在于麦芽加热过程，并在啤酒中检测到，蒸馏酒中未见报道[130]。

八、　氯丙醇类

氯丙醇类主要存在于麦芽加热过程，已经在啤酒中检测到，蒸馏酒中未见报道[130]。

用盐酸水解蛋白质原料，若原料（如豆粕等）中留存脂肪和油脂，则其中的甘油三酯就被水解成丙三醇，并且与盐酸反应，由氯离子对丙三醇的亲核性攻击而合成 3-氯-1,2-丙二醇（3-MCPD）和 1,3-二氯-2-丙醇（DC2P）。

九、　丙烯酰胺

丙烯酰胺是 2A 类致癌物，主要存在于麦芽加热过程，有时可以在啤酒中检测到，蒸馏酒中未见报道[130]。

十、　苯

苯属于 I 类致癌物（这类致癌物对人类致癌证据充分），是碳酸饮料碳酸化过程的产物，已经在啤酒中检测到，但蒸馏酒中到目前没有检测到[130]。

十一、　曲酸

曲酸，也译为曲子酸，IUPAC 名 5-羟基-2-羟甲基-4H-吡喃-4-酮 ［5-hydroxy-2-hydroxymethyl-（4H）-pyran-4-one］，熔点 153.5℃，水中溶解度 43.85g/L，能溶于

丙酮、氯仿、乙醚、乙醇、乙酸乙酯和吡啶中，轻微溶解于苯[183]。

曲酸是一个天然抗菌剂，存在于日本曲中[183]。早期研究认为曲酸具有清除人体内自由基，增强白细胞活力等作用，有利于人体健康。日本三省制药公司生产的曲酸已于1988年由日本厚生省批准作为增白剂添加到食品与化妆品中[184]。但后来研究发现，曲酸具有致癌作用[183, 185-186]，被IARC列入Ⅲ类致癌物清单[126, 183]。该化合物尚未发现在蒸馏酒中存在的报道[183]。

十二、真菌毒素

真菌毒素是一类广泛存在的毒素，是霉菌的次级代谢产物，是一类致植物病以及食品腐败的霉菌，包括曲霉属（*Aspergillus*）、青霉属（*Penicillium*）、镰刀菌属（*Fusarium*）和链格孢属（*Alternaria*），常见产生的毒素主要包括黄曲霉毒素类（Ⅰ类致癌物，已经在啤酒中检测到）、赭曲霉素A（2B类致癌物已经在葡萄酒和啤酒中检测到）、脱氧雪腐镰刀菌烯醇（Ⅲ类致癌物，已经在啤酒中检测到）、雪腐镰刀菌烯醇（Ⅲ类致癌物，已经在啤酒中检测到）、棒曲霉素（Ⅲ类致癌物，已经在苹果酒中检测到）[130]。

国外研究发现，这些化合物并不能被蒸馏出来[187]，因此研究主要关注发酵酒（如葡萄酒、啤酒、水果酒等），未见在蒸馏酒中检测的报道。

第八节　重金属离子

重金属离子属于烈性酒的无机污染物，其污染受到诸多因素的影响，包括土壤类型、原料品种、气候、栽培管理与田间污染[188-189]。常见重金属离子污染有砷、镉、铅等[190]。

不同国家对重金属离子限量标准并不一致。白酒原卫生指标对铅、锰等含量有要求[163]，现要求污染物符合GB 2762—2005，如该标准中规定砷（包括蒸馏酒、配制酒、发酵酒）<0.05mg/kg，铅<0.5mg/kg[164, 191]。巴西标准规定，巴西蒸馏酒中铅含量<0.2mg/L，砷<0.1mg/L，铜<5mg/L[192]。澳大利亚-新西兰2013年标准中，并没有对饮料酒中重金属离子总砷、无机砷、镉、铅、汞和锡等提出要求[166]。

一、铅

铅（Pb）在1987年被IARC列为2B类致癌物[193]，但到2006年被列为2A类致癌物[194]。铅在人体内最主要的副作用是影响胎儿与新生儿的中枢神经系统的发育。已经证明增加血液中铅浓度与智商（IQ）下降有关。JECFA 的临时 TWI 规定是 $25\mu g/$（kg 体重·周）[195]。

白酒中铅总体含量高于世界各国蒸馏酒（表 17-10）。一个有趣的现象是在 1997 年白酒中铅的含量低于 1999 年巴西蒸馏酒，但到了 2009 年，巴西蒸馏酒中铅含量大幅度下降，而白酒中铅含量大幅度上升，推测与大气污染、金属材质大量使用有关[196]。

表 17-10　　　　　　　　　铅在蒸馏酒中含量[190]　　　　　　　　单位：$\mu g/L$

酒品种	平均含量	范围	参考文献
巴西蒸馏酒-1999[a]	92±114	ND[c]~421	[197]
巴西蒸馏酒-2009[a]	2.85±0.64	2.4~3.3	[192]
蒸馏酒（威士忌、白兰地等）	25±12	ND~60	[197]
西班牙雪莉白兰地酒	58	18~313	[198]
苏格兰威士忌	3	0~25	[199]
白酒-1997[a]	74.68±86.57	9.80~256.0	[200]
白酒-2009[a]	305.9±247.5	70.79~712.4	[201]
浓香型等香型[b]	11.53	7.33~22.20	[202]
茅台酒-2008[a]	2.84		[203]

注：a：样品检测年份。　b：浓香型、清香型、老白干香型、凤香型等。　c：未检测到。

铅可能来源：（1）铅来源于环境污染，主要是加铅汽油的污染。20 世纪 90 年代国外禁止加铅汽油的使用，中国在 21 世纪初禁止加铅汽油的使用。在那一阶段，有机铅类化合物（Ⅲ类致癌物[194]）已经在葡萄酒中检测到[204]。用铅污染的原料酿造的酒，会含有更多的铅；用含有铅的土壤烧制的陶器可能含有更多的铅，而这些铅在白酒贮存时溶出到白酒中，从而增加了白酒中铅的含量[122]。（2）铅来源于蒸馏器。早期白酒使用锡或铝作为蒸馏器的材料，可能会含有大量的铅。（3）铅可能来源于瓶盖，但目前已经改用其他金属材料[130]。

二、镉

镉（Cd）被 IARC 列为 I 类致癌物[205]。重金属镉在人体内的积累，主要在肾脏和肝，其生物学的半衰期为数十年。其毒性主要是对肾脏的影响，最灵敏的反应是蛋白尿[195]。JECFA 建立了一个临时的 TWI 是 $7\mu g/$（kg 体重·周）[195]。

1997 年时，白酒中镉含量偏高（表 17-11），但至 2009 年检测时，镉含量已经下降到与国外蒸馏酒持平，茅台酒的镉含量依然偏低，原因同上。

表 17-11　　　　　　　　　　镉在蒸馏酒中含量[190]　　　　　　　　　　单位：μg/L

酒品种	平均含量	范围	参考文献
白兰地 A	5.31		[206]
白兰地 B	11.52		[207]
威士忌	3.20		[206]
烈性酒	0.13		[206]
茴香酒	0.04		[206]
西班牙雪莉白兰地	6	0~40	[198]
白酒-1997[a]	41.10±23.64	9.10~87.95	[200]
白酒-2009[a]	3.32±2.34	0.56~8.38	[201]
浓香型等香型白酒[b]	0.29	0.15~0.46	[202]
茅台酒-2008[a]	0.32		[203]

注：a：样品检测年份；b：浓香型、清香型、老白干香型、凤香型等。

三、砷

砷（As）被 IARC 列为 I 类致癌物[193]。

白酒砷无论是平均含量还是含量范围均高于国外蒸馏酒。砷在西班牙雪莉白兰地中的平均含量 13μg/L（20 个样品），为 0~27μg/L[198]；巴西卡莎萨蒸馏酒含量（0.37±0.06）μg/L，范围为 < q.l.（定量限）~0.41μg/L[192]；白酒（2009 年检测）中（43.17±41.36）μg/L，为 12.51~123.59μg/L[201]。按照此检测结果，对照 GB 2757（2012 版）50μg/L[164]，不少白酒是超标的。砷是否仅仅来源于玻璃瓶（因玻璃生产时需加入三氧化二砷），值得深入研究。

四、铬

铬（Cr）被 IARC 列入 I 类致癌物[123]。较多的研究集中于葡萄酒中，一般每升均在几十个微克[130]。铬在蒸馏酒中的含量见表 17-12。从表中可以清楚地看出，虽然 1997 年时，白酒中铬含量低，但到 2009 时白酒中铬含量普遍高于国外蒸馏酒。

表 17-12　　　　　　　　　　　　铬在蒸馏酒中含量[190]　　　　　　　　　　单位：μg/L

酒品种	平均含量	范围	参考文献
巴西蒸馏酒-1999ᵃ	60±94	NDᵇ~31	[197]
蒸馏酒（威士忌、白兰地、金酒、伏特加等）	19±50	ND~52	[197]
白酒-1997ᵃ	2.90±1.53	0.88~5.88	[200]
白酒-2009ᵃ	106.1±59.86	32.77~221.2	[201]
浓香型等香型白酒ᶜ	10.30	1.16~43.65	[202]

注：a：样品检测年份；b：未检测到；c：浓香型、清香型、老白干香型、凤香型等。

五、 镍

镍（Ni），2B 类致癌物[125]。镍在白酒中含量总体较低（表 17-13），低于国外蒸馏酒的含量。

表 17-13　　　　　　　　　　　　镍在蒸馏酒中含量[190]　　　　　　　　　　单位：μg/L

饮料酒品种	平均含量	范围	参考文献
巴西蒸馏酒-1999ᵃ	115±118	1~684	[197]
蒸馏酒（威士忌、白兰地、金酒、伏特加等）	81.2±120	81~156	[197]
威士忌	59±170	0~631	[199]
白酒-1997ᵃ	6.37±4.01	2.64~14.17	[200]
茅台酒-2008ᵃ	4.10		[203]

注：a：样品检测年份。

六、 铁

铁（Fe）没有被列入 IARC 致癌物清单[123-126]，但铁-糊精复合物、铁-山梨醇-柠檬酸复合物被列为 Ⅲ 类致癌物[126]。

铁在中国蒸馏酒中含量与国外蒸馏酒基本持平（表 17-14）。

表 17-14　　　　　　　铁在蒸馏酒中含量[190]　　　　　　　单位：μg/L

饮料酒品种	平均含量	范围	参考文献
巴西蒸馏酒-1999[b]	0.35±0.42	0.04~2.24	[197]
巴西甘蔗蒸馏酒		ND[a]~0.78	[208]
西班牙雪莉白兰地酒		ND~2.03	[209]
威士忌酒	2.05±6.29	0.20~27.68	[199]
蒸馏酒（威士忌、白兰地、金酒、伏特加等）	0.07±0.19	0.01~1.28	[197]
白兰地		0~20.3	[198]
白酒-1997[b]	0.38±0.23	0.05~0.65	[200]

注：a：未检测到。　b：样品检测年份。

七、钴

钴（Co），2B 类致癌物[125]。钴在蒸馏酒中含量见表 17-15。从茅台酒检测结果来看，钴含量远低于国外蒸馏酒，但其他酒厂情况不明。

表 17-15　　　　　　　钴在蒸馏酒中含量[190]　　　　　　　单位：μg/L

饮料酒品种	平均含量	范围	参考文献
巴西蒸馏酒-1999[a]	35±13	10~63	[197]
蒸馏酒（威士忌、白兰地、金酒、伏特加等）	24±35	6~33	[197]
茅台酒-2008[a]	2.47		[203]

注：a：样品检测年份。

八、铝

铝（Al）没有被 IARC 列入致癌物清单[123-126]，但铝产品被 IARC 列入 I 类致癌物[123]。

铝在雪莉白兰地中含量范围为 0.02~1.37mg/L[198, 209]，白兰地含量 15.7~739.6mg/L[207]，白酒含量（0.85±0.44）mg/L，范围 0.27~1.61mg/L[200]。

九、　铜

铜（Cu）没有被 IARC 列入致癌物清单[123-126]。铜普遍存在于蒸馏酒中，详见表 17-16。

表 17-16　　　　　　　　铜在蒸馏酒中含量[190]　　　　　　　单位：μg/L

饮料酒品种	平均含量	范围	参考文献
巴西蒸馏酒-1999[a]	5.01±4.10	0.34~14.3	[197]
巴西蒸馏酒-2009[a]	2.19±1.42	1.19~3.20	[192]
蒸馏酒（威士忌、白兰地、金酒、伏特加等）	1.64±0.95	ND[b]~4.59	[197]
巴西甘蔗蒸馏酒	2.56	0.04~9.2	[208]
西班牙雪莉白兰地	1.42	0.30~5.31	[198, 209]
苏格兰威士忌	477±276	119~1681	[199]
白酒-1997[a]	73.45±38.49	28.54~121.53	[200]
茅台酒-2008[a]	40.8		[203]

注：a：样品检测年份。　b：未检测到。

苏格兰威士忌铜的含量最高，这与其使用铜制蒸馏器有关；其次是白酒中铜含量，远高于其他蒸馏酒中的铜含量。但中国白兰地标准却从 1989 年规定的不超过 0.8mg/L 放宽至 1997 年标准的不超过 6mg/L[165]。

十、　锡与有机锡

有机锡化合物（organotin compound，OTC）被广泛应用于人们生活中。三丁基锡（tributyltin，BTB）和三苯基锡（triphenyltin，TPhT）用作木材防腐剂或杀虫剂。单丁基锡（monobutyltin，MBT）和双丁基锡（dibutyltin，DBT）、单辛基锡（monooctyltin，MOcT）和双辛基锡（dioctyltin，DOcT）是 PVC［聚氯乙烯，poly（vinyl chloride）］塑料的催化剂和稳定剂[210]。这些化合物在葡萄酒中的含量在 50~80000ng（Sn）/L[210]。

十一、　其他金属离子

硒（Se，Ⅲ 类致癌物[126]）、汞（Hg，Ⅲ 类致癌物[126]）、锑（Sb，2B 类致癌

物[125]）、铊（Tl）等金属在葡萄酒中研究较多，鲜见蒸馏酒中的报道[130,203]，如茅台酒中没有检测到铊、铋（Bi）、铀（U）[203]。

重金属汞会在人体中积累，毒性最大的是甲基汞，主要存在于鱼类中[195]。无机汞的副作用主要影响肾脏，甲基汞主要影响中枢神经系统的发育。JECFA 建立了临时 TWI 限量汞为 $5\mu g/$（kg 体重·周），甲基汞为 $1.6\mu g/$（kg 体重·周）[195]。

其他金属离子已经在蒸馏酒中检测到，其含量情况如表 17-17 所示。从表 17-17 中可以看出，钾、钠、钙、镁、锰、锂等重金属离子含量与国外的酒基本持平，但白酒中锌含量明显高于国外蒸馏酒。

表 17-17　　　　　　　　　　其他金属离子在蒸馏酒中含量[190]

金属	饮料酒品种	平均含量/（mg/L）	范围/（mg/L）	参考文献
钾（K）	巴西蒸馏酒-1999[a]	8.64±1.26	1.06~5.81	[197]
	蒸馏酒（威士忌、白兰地、金酒、伏特加等）	5.7±3.54	1.3~18.2	[197]
	雪莉白兰地		0.11~70.06	[198,209]
	白酒-1997[a]	2.03±2.23	0.03~7.19	[200]
钠（Na）	威士忌酒	11.94±4.70	3.15~22.63	[199]
	巴西蒸馏酒-1999[a]	10.2±8.64	1.74~30.60	[197]
	蒸馏酒（威士忌、白兰地、金酒、伏特加等）	3.60±3.58	1.78~94.3	[197]
	雪莉白兰地		17.8~635	[198,209]
	白酒-1997[a]	10.17±6.42	3.45~21.83	[200]
钙（Ca）	威士忌酒	1.15±0.77	0.43~4.26	[199]
	蒸馏酒（威士忌、白兰地、金酒、伏特加等）	14.2±9.56	9.6~27.2	[197]
	巴西蒸馏酒-1999[a]	12.6±10.1	1.36~44.6	[197]
	雪莉白兰地		ND[c]~14.8	[198,209]
	白酒-1997[a]	8.10±8.97	1.01~30.31	[200]

续表

金属	饮料酒品种	平均含量/ （mg/L）	范围/ （mg/L）	参考 文献
镁（Mg）	巴西蒸馏酒-1999[a]	11.2±16.7	1.00~63.0	[197]
	威士忌酒	0.6±0.79	0.017~3.92	[199]
	雪莉白兰地		ND[c]~11.2	[198，209]
	蒸馏酒（威士忌、白兰地、金酒、伏特加等）	5.95±2.87	0.5~19.2	[197]
	白酒-1997[a]	6.04±5.63	1.05~19.30	[200]
锌（Zn）	威士忌酒	2.75±6.14	0.02~20.63	[199]
	雪莉白兰地		0~0.83	[198]
	巴西蒸馏酒-1999[a]	0.15±0.12	0.01~0.49	[197]
	蒸馏酒（威士忌、白兰地、金酒、伏特加等）	0.13±0.25	0.03~0.37	[197]
	茅台酒-2008[a]	63.9		[203]
锰（Mn）	巴西蒸馏酒-1999[a]	53±61.2	6~657	[197]
	蒸馏酒（威士忌、白兰地、金酒、伏特加等）	22±15.2	2~46	[197]
	白酒-1997[a]	28.89±5.74	17.42~68.21	[200]
	浓香型等香型[b]	33.47	2.00~84.42	[202]
	茅台酒-2008[a]	18.75		[203]
锂（Li）	巴西蒸馏酒1999[a]	44±42	23~1269	[197]
	蒸馏酒（威士忌、白兰地、金酒、伏特加等）	65±85.4	14~214	[197]
	茅台酒-2008[a]	23.4		[203]
汞（Hg）	白酒-2009[a]	1.61±1.14	0.28~3.12	[201]

注：a：样品检测年份。 b：浓香型、清香型、老白干香型、凤香型等。 c：未检测到。

第九节　有机污染物

一、农药残留

农药品种广泛，如有机氯农药［常见的是六氯苯、林丹、氯丹、七氯、狄氏剂、滴滴梯（DDT）、硫丹等］，在实验动物中，它们对肝脏危害最大[195]。当剂量加大后，小老鼠和大老鼠均会得肝癌。这些农药未发现有遗传毒性，但均具有致癌毒性。体外试验发现，有机氯农药对内分泌系统有潜在影响，有神经毒性，但需要的剂量较大，高于对肝脏产生毒害的剂量。这些有机氯化合物的 TDI 和 ADI 见表 17-18。

表 17-18　　　　　　　　　　　　农药污染物[195]

化合物	摄入量/（μg/d）	ADI/TDI/TWI/［μg/（kg·d）］	安全系数	MOS[a]
氯丹（杀虫剂）总量	0.11	0.5	100	32000（320）[b]
DDT 总量	0.27	0.5	100	13000（130）[b]
狄氏剂（杀虫剂）	0.13	0.05	100	2700（27）[b]
硫丹 A（杀虫剂）	0.03	6	100	1400000（14000）[b]
HCB（杀虫剂）[c]	0.09	0.16	300	12500（125）[b]
七氯（杀虫剂）	0.05	0.1	100	14000（140）[b]
林丹（杀虫剂）	0.06	1	500	600000（6000）[b]

注：a：MOS，margin of safety，安全边界，该值介于估计的化学品人类摄入量与动物或人类试验的最敏感研究中无明显损害作用水平（NOAEL）之间。

　　b：括号中的数字是调整到以体负荷为基数，按因子为 100 推测，介于人类的半衰期和实验动物半衰期之间。

　　c：HCB，hexachlorobenzene，六氯苯。

国外对葡萄酒、啤酒等发酵酒中农药残留研究较多，而在蒸馏酒中几乎没有研究[130]。中国白酒农药残留研究兴于近十年，发表了一系列检测文章[211-216]，原料中有检测到农药残留的报道[196]，但鲜见白酒中含有哪些农药以及含量多少的报道，几乎所有的文章均报道未检测到白酒中含有农残[211-216]。

二、塑化剂

塑化剂主要是指邻苯二甲酸酯类化合物，主要包括邻苯二甲酸二甲酯（dimethyl

phthalate，DMP）、邻苯二甲酸二乙酯（diethyl phthalate，DEP）、邻苯二甲酸二丙烯酯（diallyl phthalate，DAP）、邻苯二甲酸二正戊酯（di-n-pentyl phthalate，DNPP）、邻苯二甲酸二异己酯（diisohexyl phthalate，DIHxP）、邻苯二甲酸二异庚酯（diisoheptyl phthalate，DIHpP）、邻苯二甲酸丁基癸酯（butyl decyl phthalate，BDP）、邻苯二甲酸二正辛酯［di（n-octyl）phthalate，DNOPD］、邻苯二甲酸二异辛酯（diisooctyl phthalate，DIOP）、邻苯二甲酸二（2-丙基庚基）酯［di（2-propylheptyl）phthalate，DPHP］、邻苯二甲酸双十一酯（diundecyl phthalate，DUP）、邻苯二甲酸二异十一酯（diisoundecyl phthalate，DIUP）、邻苯二甲酸双十三酯（ditridecyl phthalate，DTDP）、邻苯二甲酸二异十三酯（diisotridecyl phthalate，DITP）等[217]，一些邻苯二甲酸酯类化合物的性质见表 17-19。

在所有的邻苯二甲酸酯类中，目前仅仅是邻苯二甲酸二（2-乙基己基）酯（DEHP）和邻苯二甲酸丁基苄酯（BBP）两个化合物被 IARC 列入Ⅲ类致癌物，其他邻苯二甲酸酯类并不在 IARC 致癌物清单中[126]。但 EFSA（欧洲食品安全管理局，European Food Safety Authority）曾经发布了 DBP、BBP、DEHP、DINP、DIDP 的 TDI 值分别为 0.01、0.5、0.05、0.15、0.15mg/（kg 体重·d）[218]。国外在塑化剂研究方面更多地关注婴幼儿食品、母乳、奶和奶制品、鱼、家禽和肉类以及带有金属盖玻璃装食品、瓶装水、饮料等食品[218]。

邻苯二甲酸二（2-乙基己基）酯（DEHP）和邻苯二甲酸二丁酯（DBP）是中国目前塑料制品中常用的增塑剂。2014 年 6 月 7 日，国家卫生计生委发布白酒塑化剂的风险评估结果。结果显示，绝大多数白酒的塑化剂含量处于可接受水平。绝大多数白酒产品的 DEHP 和 DBP 量低于本次风险评估结果，排除了违法添加行为，则只要含量分别低于 5mg/kg 和 1.0mg/kg，对饮酒者的健康风险处于可接受水平[219]。

国外曾经有报道，啤酒中检测到 DBP（0.09μg/g）和 DEHP（0.03~0.04μg/g），葡萄酒中检测到 DEHP（0.01~0.03μg/g）、DEP（5.5ng/mL）、DBP（4.7ng/mL）[218]，但鲜见蒸馏酒中邻苯二甲酸酯研究的报道，国内开发了众多的塑化剂检测方法，且有白酒中检测到塑化剂的报道[220-225]，但作者认为没有必要对邻苯二甲酸酯类进行过多的关注。

白酒中可能的塑化剂来源包括 PVC 管、PVC 垫片（可能用于管道连接处）、塑料薄膜、印刷油墨（包装物表面）、包装纸及纸板、PVC 手套等[218]。

三、苯乙烯

苯乙烯是 2B 类致癌物[193]。1993 年，WHO 认定其 TDI 是 7.7μg/L，饮用水中指南值是 20μg/L。

表 17-19　　邻苯二甲酸酯类的性质[218]

邻苯二甲酸酯类	CAS 号	FW	密度/(g/mL)	b. p. /℃	m. p. /℃	25℃时蒸气压/Pa	25℃时溶解度/(mg/L)	lgK_ow (25℃)
邻苯二甲酸二甲酯（DMP）	131-11-3	194.2	1.191	282	2	0.263	5220	1.61
邻苯二甲酸二乙酯（DEP）	84-66-2	222.2	1.232	295	-40.5	6.48×10^{-2}	591	2.54
邻苯二甲酸二正丙酯（DPP）	131-16-8	250.3	1.078	317.5		1.75×10^{-2}	77	3.40
邻苯二甲酸二异丁酯（DIBP）	84-69-5	278.3	1.039	327	-37	4.73×10^{-3}	9.9	4.27
邻苯二甲酸二正丁酯（DBP）	84-74-2	278.3	1.043	340	-35	4.73×10^{-3}	9.9	4.27
邻苯二甲酸丁基苄基酯（BBP）	85-68-7	312.4	1.119	370	<-35	2.49×10^{-3}	3.8	4.70
邻苯二甲酸二环己酯（DCHP）	84-61-7	330.4	1.383	222~228 (0.5kPa)	66	13.3 (150℃)	4.0 (24℃)	3~4
邻苯二甲酸二正己酯（DNHP）	84-75-3	334.5	1.011	350	-27.4	3.45×10^{-4}	0.159	6.00
邻苯二甲酸二（2-乙基己基）酯（DEHP）	117-81-7	390.6	0.985	384	-47	2.52×10^{-5}	2.49×10^{-3}	7.73
邻苯二甲酸辛基癸酯（ODP）	117-84-0	390.6	0.985	390	-25	2.52×10^{-5}	2.49×10^{-3}	7.73
邻苯二甲酸二异壬酯（DINP）	68515-48-0; 28553-12-0	419	0.972	370	-50	6.81×10^{-6}	3.08×10^{-4}	8.60
邻苯二甲酸二异癸酯（DIDP）	68515-49-1; 26761-40-0	446.6	0.966	>400	-50	1.84×10^{-6}	3.81×10^{-5}	9.46

苯乙烯已经在葡萄酒中检测到，主要来源于聚酯罐的污染，但未见蒸馏酒中报道[130, 158]。

四、 多环芳烃

多环芳烃（polycyclic aromatic hydrocarbons, PAHs）主要包括苯并 [b] 荧蒽、苯并 [k] 荧蒽、苯并 [a] 芘、苯并 [ghi] 二萘嵌苯、茚并 [1,2,3-cd] 芘、荧蒽、苯并 [a] 蒽和二苯并 [a, h] 蒽等，其中苯并 [a] 芘是 I 类致癌物[130]。在 18 种威士忌酒中已经检测到苯并 [a] 芘以及 PAHs，苯并 [a] 芘含量在 0.3~2.9ng/L，目前未见白酒中检测到 PAHs 报道[138, 158]。

五、 丙烯腈

丙烯腈是一种非金属污染物，澳大利亚-新西兰最新标准中要求所有食品中该化合物含量不得超过 0.02mg/kg[166]。这个指标在蒸馏酒中未见研究报道。

六、 氯乙烯

澳大利亚-新西兰最新标准中要求除瓶装水以外的所有食品中该化合物含量不得超过 0.01mg/kg[166]。这个指标在蒸馏酒中未见研究报道。

第十节　非法添加物

中国《酿酒工业用加工助剂使用名单》（包括已列入 GB2760 附录 C 和未列入 GB2760 附录 C 的加工助剂名单）和《酿酒行业传统工艺一直沿用但未经批准的添加物质》（包括拟申请新的食品添加剂和扩大适用范围、使用量和拟申请新资源食品类）是酿酒工业中允许使用的食品添加剂名单。另外，至 2011 年 4 月，已公布 151 种食品和饲料中非法添加名单，其中工业酒精、甜蜜素、安赛蜜可能是易滥用的酒类添加剂。

对于非法添加的添加剂，一般情况下不需要开发特定的检测方法进行筛选，工作量既大，又繁琐，且成本极高。比较有效的管理途径是杜绝非法添加剂的使用，同时制定严格的惩罚措施。

第十一节　各国酒精政策和干预措施

一、酗酒或酒精滥用后果

据世界卫生组织报告[226]（以下简称"世卫组织"），酗酒或酒精滥用会造成非常严重的健康问题。2016 年，有害饮酒导致全世界约 300 万人死亡（占总死亡人数的5.3%）和 1.326 亿伤残调整生命年（DALY）——即当年所有 DALY 的 5.1%。饮酒导致的死亡率高于结核病、艾滋病毒/艾滋病和糖尿病等疾病造成的死亡率。2016 年，在男性中，估计有 230 万人死亡，1.065 亿 DALY 归因于饮酒。女性因饮酒死亡 70 万人，DALY 2610 万人。

世卫组织非洲地区的年龄标化死亡率中酒精所致的疾病和伤害负担最高，而欧洲地区的所有死亡和 DALY 比例（占所有死亡人数的 10.1%和所有 DALY 的 10.8%）最高，其次是美洲地区（占死亡人数的 5.5%和 DALY 的 6.7%）。

2016 年，在全世界因饮酒导致的所有死亡中，28.7%是由于受伤，21.3%是由于消化系统疾病，19%是由于心血管疾病，12.9%是由于传染病，12.6%是由于癌症。约49%的酒精所致的 DALY 是由非传染性疾病和精神健康状况引起的，约 40%是由受伤引起的。

2016 年，在全世界范围内，酒精导致的早产（孕妇年龄 69 岁及以下）死亡率为7.2%。与老年人相比，年轻人受酒精影响的比例更高，20~39 岁人群中 13.5%的死亡归因于酒精。

2016 年，全球 1100 万人死于传染病，以及由于孕产期、围产期和营养状况导致的死亡，其中约有 40 万人死于酒精，占死亡人数的 3.5%。

2016 年，有害饮酒导致约 170 万人死于非传染性疾病，包括约 120 万人死于消化道和心血管疾病（每种疾病 60 万人），40 万人死于癌症。全球估计有 90 万人因酒精而受伤死亡，其中约 37 万人死于道路伤害，15 万人死于自残，约 9 万人死于人际暴力。在道路交通伤害中，18.7 万人因酒精导致的死亡是发生在司机以外的人群中。

2016 年，男性因酒精导致的死亡和 DALY 负担的主要贡献者是伤害、消化系统疾病和酒精使用障碍，而女性的主要贡献者是心血管疾病、消化系统疾病和伤害。

在 2016 年 12 个月的酒精使用障碍患病率中存在显著的性别差异。全球估计有 2.37亿男性和 4600 万女性患有酒精使用障碍，其中欧洲地区（14.8%和 3.5%）和美洲地区（11.5%和 5.1%）的男性和女性酒精使用障碍患病率最高。酒精使用障碍在高收入国家更为普遍。

2016 年，与中上收入和高收入国家相比，低收入和中低收入国家的酒精性疾病负担最高。

2010 年（5.6%）至 2016 年（5.3%）期间，酒精所致死亡人数占总死亡人数的比例略有下降，但酒精所致 DALY 的比例保持相对稳定（2010 年和 2016 年占所有伤残调整生命年的 5.1%）。

二、 各国的酒精政策和干预措施

据世界卫生组织报告[226]，各国针对酗酒和酒精滥用问题，采取了多种措施。

2016 年，80 个国家的报告制定了国家酒精政策，另有 8 个国家制定了次国家政策，11 个国家全面禁止饮酒。自 2008 年以来，制定书面国家酒精政策的国家比例稳步上升，自《减少有害使用酒精的全球战略》发布以来，许多国家修订了政策，但非洲和美洲的大多数国家都没有制定国家酒精政策。国家酒精政策制定比例在报告的高收入国家中最高（67%），在低收入国家中最低（15%），这一政策的主要责任人是卫生部门，在有相应国家政策的 69% 的国家中，这一政策由国家卫生部门负责制订。

2016 年，酒精依赖治疗覆盖率（按接触治疗服务的酒精依赖者的比例计算）差异很大，从低收入或中低收入国家的接近零到高收入国家的相对较高（超过 40%）。调查结果表明，大多数国家的治疗覆盖率水平不得而知。大约一半的报告国表示，自 2010 年以来，其提高了初级卫生保健环境中危险和有害饮酒的筛查和短期干预水平，但大部分进展仅限于高收入和中上收入国家。

97 个做出回应的国家都有一个最高允许血液酒精浓度（BAC）限制，以防止酒后驾驶，即在 0.05% 或以下才可驾驶。然而，37 个响应国家的 BAC 限值为 0.08%，31 个响应国家完全没有 BAC 限值。70 个国家（41%）报告使用了清醒检查点和随机呼吸测试作为预防策略，但 37 个国家（22%）没有使用这两种策略。2008 年至 2016 年间，报告这些措施的国家数量大幅增加。

许可证制度是限制酒精供应的最常见手段，47 个国家有许可证制度，政府至少垄断了酒精市场。在实行酒精许可证制度的国家中，大多数报告说，分销和销售酒精的许可证数量有所增加，特别是在非洲和东南亚地区。每五个国家中就有两个国家报告了酒精生产许可证数量的增长。酒精生产和销售许可证数量的增加集中在低收入国家。

在店内和店外购买酒精饮料最常见的法定年龄限制是 18 岁，其次是 21 岁和 16 岁。没有法定最低标准的国家往往是低收入或中低收入国家。

大多数国家对啤酒广告有某种限制，全国电视台和全国广播电台最常见的是全面禁止。全球近一半的国家报告称其对互联网和社交媒体没有限制，这表明许多国家的监管落后于营销方面的技术创新，35 个国家对任何媒体类型都没有规定。报告称，所有媒体类型都没有限制的国家大多数位于非洲（17 个国家）或美洲地区（11 个国家）。

全球几乎所有（95%）国家都有酒精消费税，但其中不到一半的国家使用其他价格策略，如调整税收以跟上通货膨胀和收入水平，实施最低价格政策，或禁止低于成本销售或批量折扣。

在大多数国家，啤酒、葡萄酒和烈酒都需要在酒精饮料标签上披露酒精含量，但只有少数国家要求有基本的消费信息，如卡路里（我国一般使用焦耳）和添加剂。只有八个国家要求酒精饮料标签上必须标明容器中标准饮料的含量。不到三分之一的相应国家要求在瓶子或容器上贴上健康和安全警告标签，只有七个国家要求轮换警告标签文本。

共有 104 个国家报告了酒精饮料的国家法律定义，按体积计酒精含量至少为 0.5% 的饮料是最常见的定义。50 个国家提供了标准饮料的定义，以"g 纯酒精"为单位，10g 是标准饮料最常见的含量。

国家监测系统通常收集有关酒精消费和相关健康后果的数据，而较少社会后果和酒精政策反应的监测。

有效的酒精政策可保护人口健康。最具成本效益（best buys）的酒精政策且人口覆盖率最高的是定价政策，消费税则是最常见的政府措施。

参考文献

［1］Norrie P A. Wine and health through the ages with special reference to Australia［M］. Sydney： University of Western Sydney，2005.

［2］Ridge J J. Alcohol and Longevity［J］. BMJ，1891，1（1589）：1308.

［3］Atrens D M. The Power of Pleasure：Why Indulgence is good for you and other palatable truths［M］. Sydney：Duffy and Snellgrove，2000.

［4］Stampfer M J，Colditz G A，Willett W C，et al. A prospective study of moderate alcohol consumption and the risk of coronary disease and stroke in women［J］. N Engl J Med，1988，319（5）：267-273.

［5］Rimm E B，Giovannucci E L，Willett W C，et al. Prospective study of alcohol consumption and risk of coronary disease in men［J］. Lancet，1991，338（8765）：464-468.

［6］Jackson R，Scragg R，Beaglehole R. Alcohol consumption and risk of coronary heart disease［J］. BMJ，1991，303（6796）：211-216.

［7］Doll R，Peto R，Hall E，et al. Mortality in relation to consumption of alcohol：13 years' observations on male British doctors［J］. BMJ，1994，309（6959）：911-918.

［8］Cullen K，Stenhouse N S，Wearne K L. Alcohol and mortality in the Busselton study［J］. Int J Epidemiol, 1982, 11 (1): 67-70.

［9］Renaud S, de Lorgeril M. Wine, alcohol, platelets, and the French paradox for coronary heart disease［J］. Lancet, 1992, 339: 1523-1526.

［10］Grønbæk M, Deis A, Sørensen T I A, et al. Mortality associated with moderate intakes of wine, beer, or spirits［J］. BMJ, 1995, 310 (6988): 1165-1169.

［11］Levitt M D, Li R, DeMaster E G, et al. Use of measurements of ethanol absorption from stomach and intestine to assess human ethanol metabolism［J］. Am J Phy 1997, 273 (4 Pt 1): G951-7.

［12］范文来, 徐岩, 黄永光. 白酒对健康有益还是有害?［J］. 酿酒科技, 2014, 245 (11): 1-5.

［13］Levitt M D, Li R, DeMaster E G, et al. Use of measurements of ethanol absorption from stomach and intestine to assess human ethanol metabolism［J］. Am J Phy, 1997, 273 (4 Pt 1): G951-G957.

［14］Di Castelnuovo A, Rotondo S, Iacoviello L, et al. Meta-analysis of wine and beer consumption in relation to vascular risk［J］. Circulation, 2002, 105 (24): 2836-2844.

［15］Jackson R S. Wine Science. Principles and Applications (3rd)［M］. Burlington: Academic Press, 2008.

［16］Carr T. Nutrient Capture and Assimilation. In Discovering Nutrition［M］. Oxford: Blackwell Science, 2008.

［17］Goodsell D S. The molecular perspective: Alcohol［J］. Oncologist, 2006, 11 (9): 1045-1046.

［18］Thomasson H R, Beard J D, Li T A. ADH2 gene polymorphisms are determinants of alcohol pharmacokinetics［J］. Alcohol Clin Exp Res, 1995, 19 (6): 1494-1499.

［19］Wall T L, Shea S H, Luczak S E, et al. Genetic association of alcohol dehydrogenase with alcohol use disorders and endophenotypes in white college students［J］. J Abnorm Psychol, 2005, 114: 456-465.

［20］Lieber C S. Cytochrome P-4502E1: its physiological and pathological role［J］. Physiological Reviews, 1997, 77 (2): 517-544.

［21］Meagher E A, Barry O P, Burke A, et al. Alcohol-induced generation of lipid peroxidation products in humans［J］. J Clin Invest, 1999, 104 (6): 805-813.

［22］Stone B M. Sleep and low doses of alcohol［J］. Electroencephalogr Clin Neurophysiol, 1980, 48 (6): 706-709.

［23］Kastenbaum R. Wine and the elderly person［C］. Proceedings of the Wine, Health and Society. Oakland: GRT Books, 1982: 87-95.

［24］Haddad J J. Alcoholism and neuro-immune-endocrine interactions: physiochemical aspects［J］. Biochem Biophys Res Commun, 2004, 323 (2): 361-371.

［25］Niemelä O, Parkkila S. Alcoholic macrocytosis-is there a role for acetaldehyde and adducts?［J］. Addict Biol, 2004, 9 (1): 3-10.

［26］Niemelä O, Israel Y. Hemoglobin-acetaldehyde adducts in human alcohol abusers［J］. Lab Invest, 1992, 67 (2): 246-252.

［27］Evans A E, Ruidavets J B, McCrum E E, et al. Autres pays, autres coeurs? Dietary patterns, risk factors and ischaemic heart disease in Belfast and Toulouse ［J］. Qjm Mon J Assoc Phys, 1995, 88 （7）: 469-477.

［28］Tunstall-Pedoe H. Autres pays, autres moeurs ［J］. BMJ, 1988, 297 （6663）: 1559-1560.

［29］Criqui M H, Ringel B L. Does diet or alcohol explain the French paradox? ［J］. Lancet, 1994, 344 （8939）: 1719-1723.

［30］Yoo Y J, Saliba A J, Prenzler P D. Should red wine be considered a functional food? ［J］. Compr Rev Food Sci Safe, 2010, 9: 530-551.

［31］Subirade M. Report on functional foods ［R］. Rome: Food and Agriculture Organization of the United Nations （FAO）, 2007.

［32］Abergel E. What are Functional Foods and Nutraceuticals? ［DB/OL］. Alive Canadas Natural Health and Wellness Magazine, 2002. http: //moodle - arquivo. ciencias. ulisboa. pt/1213/pluginfile. php/46331/mod_ resource/content/1/What%20are%20Functional%20Foods%20and%20Nutraceuticals_ %20-%20Agriculture%20and%20Agri-Food%20Canada%20 （AAFC）. pdf.

［33］Smith R. Let food be thy medicine... ［J］. BMJ, 2004, 328: 7433.

［34］Barreiro-Hurlé J, Colombo S, Cantos-Villar E. Is there a market for functional wines? Consumer preferences and willingness to pay for resveratrol-enriched red wine ［J］. Food Qual Pref, 2008, 19 （4）: 360-371.

［35］Cordova A C, Jackson L S, Berkeschlessel D W, et al. The cardiovascular protective effect of red wine ［J］. J Am Coll Surgeons, 2005, 200 （3）: 428-439.

［36］Marques V P, Cambou J V, Luc G, et al. Cardiovascular risk factors and alcohol consumption in France and Northern Ireland ［J］. Atherosclerosis, 1995, 115 （2）: 225-232.

［37］Rimm E B, Williams P, Fosher K, et al. Moderate alcohol intake and lower risk of coronary heart disease: Meta - analysis of effects on lipids and haemostatic factors ［J］. BMJ, 1999, 319 （7224）: 1523-1528.

［38］北京西单传统文化联盟. 每天小酌一杯真的健康吗? ［EB/OL］. https: //www. toutiao. com/a6762019635198951939/.

［39］Lang I A, Melzer D. Moderate alcohol consumption in later life: time for a trial? ［J］. J Am Geriat Soc, 2009, 57 （6）: 1110-1112.

［40］Lee S J, Sudore R L, Williams B A, et al. Functional limitations, socioeconomic status and all-cause mortality in moderate drinkers ［J］. J Am Geriat Soc, 2009, 57 （6）: 955-962.

［41］Mukamal K J, Conigrave K M, Mittleman M A, et al. Roles of drinking pattern and type of alcohol consumed in coronary heart disease in men ［J］. N Engl J Med, 2003, 348 （2）: 109-118.

［42］Grønbæk M, Deis A, Becker U, et al. Alcohol and mortality: is there a U-shaped relation in elderly people? ［J］. Age Ageing, 1998, 27 （6）: 739-744.

［43］McElduff P, Dobson A J. How much alcohol and how often? Population based case-control study of alcohol consumption and risk of a major coronary event ［J］. BMJ, 1997, 314 （7088）: 1159-1164.

［44］Davies M J, Baer D J, Judd J T, et al. Effects of moderate alcohol intake on fasting insulin and glucose concentrations and insulin sensitivity in postmenopausal women: A randomized controlled trial [J] . JAMA, 2002, 287 (19): 2559-2562.

[45] Thun M J, Peto R, Lopez A D, et al. Alcohol consumption and mortality among middle-aged and elderly U. S. adults [J] . N Engl J Med, 1997, 337 (24): 1705-1714.

[46] Schröder H, Masabeu A, Marti M J, et al. Myocardial infarction and alcohol consumption: a population-based case-control study [J] . Nut Metab Cardiovasc Dis, 2007, 17 (8): 609-615.

[47] Xi B, Veeranki S P, Zhao M, et al. Relationship of alcohol consumption to all-cause, cardiovascular, and cancer-related mortality in U. S. adults [J] . J Am Coll Cardiol, 2017, 70 (8): 913-922.

[48] King D E, Iii A G M, Geesey M E. Adopting moderate alcohol consumption in middle-age: Subsequent cardiovascular events [J] . Am J Med, 2008, 121 (3): 201-206.

[49] Stampfer M J, Colditz G A, Willett W C, et al. A prospective study of moderate alcohol drinking and risk of diabetes in women [J] . Am J Epidemiology, 1988, 128 (3): 549-558.

[50] Flanagan M, Godsland C, Robinson P. Alcohol consumption and insulin resistance in young adults [J] . Eur J Clin Invest, 2000, 30 (4): 297-301.

[51] Lazarus R, Sparrow D, Weiss S T. Alcohol intake and insulin levels: The normative aging study [J] . Am J Epidemiology, 1997, 145 (10): 909-916.

[52] Konrat C, Mennen L I, Caces E, et al. Alcohol intake and fasting insulin in French men and women. The D. E. S. I. R. Study [J] . Diabetes Met, 2002, 28: 116-123.

[53] Lang I, Guralnik J, Wallace R B, et al. What level of alcohol consumption is hazardous for older people? Functioning and mortality in U. S. and English National Cohorts [J] . J Am Geriat Soc, 2007, 55 (1): 49-57.

[54] Bran-Miller J C, Fatima K, Middlemiss C, et al. Effect of alcoholic beverages on postprandial glycemia and insulinemia in lean, young, healthy adults [J] . Am J Clin Nut, 2007, 85 (6): 1545-1551.

[55] Shai I, Rimm E B, Schulze M B, et al. Moderate alcohol intake and markers of inflammation and endothelial dysfunction among diabetic men [J] . Diabetologia, 2004, 47: 1760-1767.

[56] Sacanella E, Vázquez-Agell M, Mena M P, et al. Down-regulation of adhesion molecules and other inflammatory biomarkers after moderate wine consumption in healthy women: a randomized trial [J] . Am J Clin Nut, 2007, 86 (5): 1463.

[57] McPherson K. Moderate alcohol consumption and cancer [J] . Ann Epidemiol, 2007, 17: S46-S48.

[58] Meinhold C L, Park Y, Stolzenberg-Solomon R Z, et al. Alcohol intake and risk of thyroid cancer in the NIH-AARP Diet and Health Study [J] . Br J Cancer, 2009, 101 (9): 1630.

[59] Pandeya N, Williams G, Green A C, et al. Alcohol consumption and the risks of adenocarcinoma and squamous cell carcinoma of the esophagus [J] . Gastroenterology, 2009, 136 (4): 1215-1224.

[60] Rohrmann S, Linseisen J, Vrieling A, et al. Ethanol intake and the risk of pancreatic cancer in the European prospective investigation into cancer and nutrition (EPIC) [J] . Cancer Causes Control, 2006, 164 (11): 1103.

［61］Genkinger J M, Spiegelman D, Anderson K E, et al. Alcohol intake and pancreatic cancer risk: Apooled analysis of fourteen cohort studies ［J］. Cancer Epidemiol Biomarkers Prev, 2009, 18 （3）: 765-776.

［62］Allen N E, Beral V, Casabonne D, et al. Moderate alcohol intake and cancer incidence in women ［J］. J Natl Cancer Inst, 2009, 101 （5）: 296-305.

［63］Hakimuddin F, Tiwari K, Paliyath G, et al. Grape and wine polyphenols down-regulate the expression of signal transduction genes and inhibit the growth of estrogen receptor-negative MDA-MB231 tumors in nu/nu mouse xenografts ［J］. Nut Res, 2008, 28 （10）: 702-713.

［64］Dolara P, Luceri C, Filippo C D, et al. Red wine polyphenols influence carcinogenesis, intestinal microflora, oxidative damage and gene expression profiles of colonic mucosa in F344 rats ［J］. Mutat Res, 2005, 591 （1-2）: 237-246.

［65］Ebeler S E, Dingley K H, Ubick E, et al. Animal models and analytical approaches for understanding the relationships between wine and cancer ［J］. Drugs Under Experimental & Clinical Res, 2005, 31 （1）: 19-27.

［66］Kweon S, Kim Y, Choi H. Grape extracts suppress the formation of preneoplastic foci and activity of fatty acid synthase in rat liver ［J］. Exp Mol Med, 2003, 35 （5）: 371-378.

［67］Chittenden R H, Mendel L B, Jackson H C. A further study of the influence of alcohol and alcoholic drinks upon digestion, with special reference to secretion ［J］. Am J Physiol, 1898, 1 （1）: 164-209.

［68］Margulies N, Irvin D, Goetzl F. The effect of alcohol upon olfactory acuity and the sensation complex of appetite and satiety ［J］. Perm Found Med Bull, 1950, 8 （4）: 106-108.

［69］Källberg H, Jacobsen S, Bengtsson C, et al. Alcohol consumption is associated with decreased risk of rheumatoid arthritis: results from two Scandinavian case-control studies ［J］. Ann Rheum Dis, 2009, 68 （2）: 222-227.

［70］Lanas A, Serrano P, Bajador E, et al. Effect of red wine and low dose aspirin on the risk of upper gastrointestinal bleeding. A case-control study ［J］. Gastroenterology, 2000, 118 （4）: A251.

［71］Ellison J, Clark P, Walker I D, et al. Effect of supplementation with folic acid throughout pregnancy on plasma homocysteine concentration ［J］. Thromb Res, 2004, 114 （1）: 25-27.

［72］Szabo G. Moderate drinking, inflammation, and liver disease ［J］. Ann Epidemiol, 2007, 17: S49-S54.

［73］Deng J, Zhou D H D, Li J, et al. A 2-year follow-up study of alcohol consumption and risk of dementia ［J］. Clin Neurol Neurosurg, 2006, 108 （4）: 378-383.

［74］Wang J, Ho L, Zhao Z, et al. Moderate consumption of Cabernet sauvignon attenuates A neuropathology in a mouse model of Alzheimer's disease ［J］. FASEB J, 2006, 20 （13）: 2313-2320.

［75］Knight E L, Stampfer M J, Rimm E B, et al. Moderate alcohol intake and renal function decline in women: a prospective study ［J］. Nephrol Dial Transpl, 2003, 18 （8）: 1549-1554.

［76］Wang Y J, Thomas P, Zhong J H, et al. Consumption of grape seed extract prevents amyloid-β deposition and attenuates inflammation in brain of an Alzheimer's disease mouse ［J］. Neurotoxicity Res, 2009,

15 (1): 3-14.

[77] Ferguson L R. Role of plant polyphenols in genomic stability [J]. Mutat Res, 2001, 475 (1): 89-111.

[78] Lefèvre J, Michaud S, Haddad P, et al. Moderate consumption of red wine (Cabernet sauvignon) improves ischemia-induced neovascularization in ApoE-deficient mice: effect on endothelial progenitor cells and nitric oxide [J]. FASEB J, 2007, 21 (14): 3845-3852.

[79] Gorelik S, Ligumsky M, Kohen R, et al. A novel function of red wine polyphenols in humans: prevention of absorption of cytotoxic lipid peroxidation products [J]. FASEB J, 2008, 22 (1): 41-46.

[80] Zhang J, Stanley R A, Adaim A, et al. Free radical scavenging and cytoprotective activities of phenolic antioxidants [J]. Mol Nut Food Res, 2006, 50 (11): 996-1005.

[81] Clarkson P M, Thompson H S. Antioxidants: what role do they play in physical activity and health? [J]. Am J Clin Nut, 2000, 72 (2 Suppl): 637S-646S.

[82] Stadtman E R. Role of oxidant species in aging [J]. Curr Med Chem, 2004, 11 (9): 1105-1112.

[83] Logan B A, Hammond M P, Stormo B M. The French paradox: Determining the superoxide-scavenging capacity of red wine and other beverages [J]. Biochem Mol Biol Edu, 2008, 36 (1): 39-42.

[84] Guarda E, Godoy I, Foncea R, et al. Red wine reduces oxidative stress in patients with acute coronary syndrome [J]. Int J Cardiol, 2005, 104 (1): 35-38.

[85] Puddey I B, Beilin L J. Alcohol is bad for blood pressure [J]. Clin Exper Pharm Physiology, 2006, 33 (9): 847-852.

[86] Zilkens R R, Burke V, Hodgson J M, et al. Red wine and beer elevate blood pressure in normotensive men [J]. Hypertension, 2005, 45 (5): 874-879.

[87] Mukamal K J, Rimm E B. Alcohol consumption: Risks and benefits [J]. Curr Atheroscler Rep, 2008, 10 (6): 536-543.

[88] Hamid A, Wani N A, Kaur J. New perspectives on folate transport in relation to alcoholism-induced folate malabsorption--association with epigenome stability and cancer development [J]. FEBS J, 2009, 276 (8): 2175-2191.

[89] Lachenmeier D W, Kanteres F, Rehm J. Carcinogenicity of acetaldehyde in alcoholic beverages: risk assessment outside ethanol metabolism [J]. Addiction, 2009, 104 (4): 533-550.

[90] NCI. Alcohol and cancer risk [EB/OL]. [2021-11-2]. http://www.cancer.gov/cancertopics/factsheet/Risk/alcohol.

[91] Ferreira M P, Weems M K S. Alcohol consumption by aging adults in the United States: Health benefits and detriments [J]. J Am Dietetic Association, 2008, 108 (10): 1668-1676.

[92] Goldberg I J, Mosca L, Piano M R, et al. Wine and your heart: A science advisory for healthcare professionals from the Nutrition Committee, Council on Epidemiology and Prevention, and Council on Cardiovascular Nursing of the American Heart Association [J]. Circulation, 2001, 103 (3): 472-475.

[93] Folts J D, Keevil J, Stein J H. Wine and your heart [J]. Circulation, 2001, 104 (22): e130.

［94］Zheng J S, Yang J, Huang T, et al. Effects of Chinese liquors on cardiovascular disease risk factors in healthy young humans ［J］. Sci World J, 2012.

［95］Zheng J S, Yu Y, Yang J, et al. Postprandial effects of two Chinese liquors on selected cardiovascular disease risk factors in young men ［J］. Acta Physiologica Hungarica, 2013, 100 （3）: 302-311.

［96］Verster J C. The alcohol hangover-a puzzling phenomenon ［J］. Alcohol Alcoholism, 2008, 43 （2）: 124-126.

［97］Penning R, McKinney A, Verster J C. Alcohol hangover symptoms and their contribution to the o-verall hangover severity ［J］. Alcohol Alcoholism, 2012, 47 （3）: 248-252.

［98］Prat G, Adan A, Sánchez-Turet M. Alcohol hangover: A critical review of explanatory factors ［J］. Hum Psychopharmacol Clin Exp, 2009, 24 （4）: 259-267.

［99］Stephens R, Ling J, Heffernan T M, et al. A review of the literature on the cognitive effects of alcohol hangover ［J］. Alcohol Alcoholism, 2008, 43 （2）: 163-170.

［100］Penning R, Nuland M V, Fliervoet L A L, et al. The pathology of alcohol hangover ［J］. Curr Drug Abuse Rev, 2010, 3 （2）: 68-75.

［101］Verster J C, Stephens R, Penning R, et al. The alcohol hangover research group consensus statement on best practice in alcohol hangover research ［J］. Curr Drug Abuse Rev, 2010, 3 （2）: 116-126.

［102］Pittler M H, Verster J C, Ernst E. Interventions for preventing or treating alcohol hangover: systematic review of randomised controlled trials ［J］. BMJ, 2005, 331 （7531）: 1515-1518.

［103］石亚林, 范文来, 徐岩. 白酒抗氧化性的初步研究 ［J］. 食品工业科技, 2015, 36 （2）: 95-97.

［104］Gao H Y, Li G Y, Huang J, et al. Protective effects of Zhuyeqing liquor on the immune function of normal and immunosuppressed mice in vivo ［J］. Bmc Complementary Alternative Medicine, 2013, 13: 252.

［105］Gao H Y, Huang J, Wang H Y, et al. Protective effect of Zhuyeqing liquor, a Chinese traditional health liquor, on acute alcohol-induced liver injury in mice ［J］. Inflammation-London, 2013, 10: 30.

［106］Fan W, Xu Y, Zhang Y. Characterization of pyrazines in some Chinese liquors and their approximate concentrations ［J］. J Agric Food Chem, 2007, 55 （24）: 9956-9962.

［107］Liang C C, Hong C Y, Chen C F, et al. Measurement and pharmacokinetic study of tetramethylpyrazine in rat blood and its regional brain tissue by high-performance liquid chromatography ［J］. J Chromatogr A, 1999, 729: 303-309.

［108］Liu C F, Lin C C, Lean-TeikNg Lin S C. Protection by tetramethylpyrazine in acute absolute ethanol-induced gastric lesions ［J］. J Bio Sci, 2002, 9: 395-400.

［109］Liu C F, Lin M H, Lin C C, et al. Protective effect of tetramethylpyrazine on absolute ethanol-induced renal toxicity in mice ［J］. J Bio Sci, 2002, 9: 299-302.

［110］So E C, Wong K L, Huang T C, et al. Tetramethylpyrazine protects mice against thioacetamide-induced acute hepatotoxicity ［J］. J Bio Sci, 2002, 9: 410-414.

［111］Liao S L, Kao T K, Chen W Y, et al. Tetramethylpyrazine reduces ischemic brain injury in rats ［J］. Neurosci Lett, 2004, 372: 40-45.

[112] Ly G, Knorre A, Schmidt T J, et al. The anti－inflammatory sesquiterpene lactone helenalin inhibits the transcription factor NF－κB by directly targeting p65 [J]. J Bio Chem, 1998, 273 (50): 33508.

[113] Koroch A R, Juliani H R, Zygadlo J A. Bioactivity of essential oil and their components. In Flavours and Fragrances: Chemistry, Bioprocessing and Sustainability [M]. Heidelberg: Springer, 2007.

[114] Xu Z, Chang F R, Wang H K, et al. Anti－HIV agents 45[1] and antitumor agents 205. [2] two new sesquiterpenes, leitneridanins A and B, and the cytotoxic and anti－HIV principles from *Leitneria f loridana* [J]. J Natural Products, 2000, 63 (12): 1712-1715.

[115] Tatman D, Mo H. Volatile isoprenoid constituents of fruits, vegetables and herbs cumulatively suppress the proliferation of murine B16melanoma and human HL-60 leukemia cells [J]. Cancer Letters, 2002, 175 (2): 129-139.

[116] Kubo I, Morimitsu Y. Cytotoxicity of green tea flavor compounds against two solid tumor cells [J]. J Agricultural Food Chem, 1995, 43 (6): 1626-1628.

[117] http://china. coovee. net/business1/detail/2977013. html.

[118] 史斌斌, 徐岩, 范文来. 顶空固相微萃取 (HS-SPME) 和气相色谱–质谱 (GC-MS) 联用定量蒸馏酒中氨基甲酸乙酯 [J]. 食品工业科技, 2012, 33 (14): 60-63.

[119] 范文来, 徐岩, 史斌斌. 酒醅发酵过程中氨基甲酸乙酯与尿素的变化 [J]. 食品工业科技, 2012, 33 (23): 171-174.

[120] 温永柱, 范文来, 徐岩. GC-MS 法定性白酒中的多种生物胺 [J]. 酿酒, 2013, 40 (1): 38-41.

[121] 温永柱, 范文来, 徐岩, 等. 白酒中 5 种生物胺的 HPLC 定量分析 [J]. 食品工业科技, 2013, 34 (7): 305-308.

[122] 沈怡方. 白酒生产技术全书 [M]. 北京: 中国轻工业出版社, 1998.

[123] http://en. wikipedia. org/wiki/List_ of_ IARC_ Group_ 1_ carcinogens.

[124] http://en. wikipedia. org/wiki/List_ of_ IARC_ Group_ 2A_ carcinogens.

[125] http://en. wikipedia. org/wiki/List_ of_ IARC_ Group_ 2B_ carcinogens.

[126] http://en. wikipedia. org/wiki/List_ of_ IARC_ Group_ 3_ carcinogens.

[127] Feron V J, Til H P, de Vrijer F, et al. Aldehydes: occurrence, carcinogenic potential, mechanism of action and risk assessment [J]. Mutat Res, 1991, 259 (3-4): 363-385.

[128] IARC. Consumption of alcoholic beverages and ethyl carbamate (Urethane) [M]. IARC Monography, 2007.

[129] EFSA. Ethyl carbamate and hydrocyanic acid in food and beverages. Scientific opinion of the panel on contaminants [J]. EFSA J, 2007, 551: 1-44.

[130] IARC. Alcohol consumption and ethyl carbamate. In IARC Monographs on the Evaluation of Carcinogenic Risks to Humans [M]. Lyon, 2007.

[131] Silla-Santos M H. Toxic nitrogen compounds produced during processing: Biogenic amines, ethyl carbamides, nitrosamines. In *Fermentation and Food Safety* [M]. Gaithersburg, Aspen Publishers, 2001.

[132] Lachenmeier D W. Rapid screening for ethyl carbamate in stone－fruit spirits using FTIR spectrosco-

py and chemometrics [J]. Anal Bioanal Chem, 2005, 382: 1407-1412.

[133] Schehl B, Senn T, Lachenmeier D W, et al. Contribution of the fermenting yeast strain to ethyl carbamate generation in stone fruit spirits [J]. Appl Microbiol Biotechnol, 2007, 74: 843-850.

[134] 范文来, 徐岩. 国内外蒸馏酒内源性有毒有害物研究进展 2014 第二届中国白酒学术研讨会论文集 [C]. 2014: 26-44.

[135] Lachenmeier D W, Frank W, Kuballa T. Application of tandem mass spectrometry combined with gas chromatography to the routine analysis of ethyl carbamate in stone-fruit spirits [J]. Rapid Commun Mass Spectrom, 2005, 19 (2): 108-112.

[136] Kim Y K L, Koh E, Chung H J, et al. Determination of ethyl carbamate in some fermented Korean foods and beverages [J]. Food Addit Contam (Part A), 2000, 17 (6): 469-475.

[137] 刘红丽, 张榕杰, 卢素格. 酒中氨基甲酸乙酯的测定分析 [J]. 中国卫生工程学, 2010, 9 (4): 299-300.

[138] 范文来, 徐岩. 应用液-液萃取结合正相色谱技术鉴定汾酒与郎酒挥发性成分 (上) [J]. 酿酒科技, 2013, 224 (2): 17-26.

[139] IARC. Formaldehyde, 2-butoxyethanol and 1-tert-butoxypropan-2-ol. In IARC Monographs on the Evaluation of Carcinogenic Risks to Humans [M]. France: WHO Monographs, 2006.

[140] Jendral J A, Monakhova Y B, Lachenmeier D W. Formaldehyde in alcoholic beverages: Large chemical survey using purpald screening followed by chromotropic acid spectrophotometry with multivariate curve resolution [J]. Int J Anal Chem, 2011, 2011: 1-11.

[141] Nascimento R F, Marques J C, Lima Neto B S, et al. Qualitative and quantitative high-performance liquid chromatographic analysis of aldehydes in Brazilian sugar cane spirits and other distilled alcoholic beverages [J]. J Chromatogr A, 1997, 782 (1): 13-23.

[142] 朱梦旭, 范文来, 徐岩. 我国白酒蒸馏过程以及不同年份产原酒和成品酒中甲醛的研究 [J]. 食品与发酵工业, 2015, 41 (9): 153-158.

[143] Til H, Woutersen R, Feron V, et al. Evaluation of the oral toxicity of acetaldehyde and formaldehyde in a 4-week drinking-water study in rats [J]. Food Chem Toxicology, 1988, 26 (5): 447-452.

[144] Millar J D. Current Intelligence Bulletin 55: Carcinogenicity of Acetaldehyde and Malonaldehyde and Mutagenicity of Related Low-Molecular Weight Aldehydes [M]. Cincinnati: National Institute for Occupational Safety and Health, 1991.

[145] Fan W, Qian M C. Characterization of aroma compounds of Chinese "Wuliangye" and "Jiannanchun" liquors by aroma extraction dilution analysis [J]. J Agri Food Chem, 2006, 54 (7): 2695-2704.

[146] Miyake T, Shibamoto T. Quantitative analysis of acetaldehyde in foods and beverages [J]. J Agri Food Chem, 1993, 41 (11): 1968-1970.

[147] 王晓欣. 酱香型和浓香型白酒中香气物质及其差异研究 [D]. 无锡: 江南大学, 2014.

[148] 聂庆庆. 洋河绵柔型白酒风味研究 [D]. 无锡: 江南大学, 2012.

[149] 高文俊. 青稞酒重要风味成分及其酒醅中香气物质研究 [D]. 无锡: 江南大学, 2014.

[150] 曹长江. 孔府家白酒风味物质研究 [D]. 无锡: 江南大学, 2014.

［151］胡光源．药香型董酒香气物质研究［D］．无锡：江南大学，2013.

［152］Abraham K, Andres S, Palavinskas R, et al. Toxicology and risk assessment of acrolein in food ［J］．Mol Nutr Food Res, 2011, 55: 1277-1290.

［153］Bauer R, Cowan D A, Crouch A. Acrolein in wine: Importance of 3-hydroxypropionaldehyde and derivatives in production and detection ［J］．J Agri Food Chem, 2010, 58（6）：3243-3250.

［154］范文来，徐岩．酒类风味化学［M］．北京：中国轻工业出版社，2014.

［155］Ledauphin J, Milbeau C L, Barillier D, et al. Differences in the volatile compositions of French labeled brandies（Armagnac, Calvados, Cognac, and Mirabelle）using GC-MS and PLS-DA ［J］．J Agri Food Chem, 2010, 58: 7782-7793.

［156］朱梦旭．白酒中易挥发的有毒有害小分子醛及其结合态化合物研究［D］．无锡：江南大学，2016.

［157］Opinion of the Scientific Committee on Food on furfural and furfural diethylacetal ［R］．Brussel: European Commission. Health & Consumer Protection Directorate-General, 2002: 16.

［158］范文来，徐岩．应用液液萃取结合正相色谱技术鉴定汾酒与郎酒挥发性成分（下）［J］．酿酒科技，2013, 225（3）：17-27.

［159］赵书圣，范文来，徐岩，等．酱香型白酒生产酒醅中呋喃类物质研究［J］．中国酿造，2008, 21: 10-13.

［160］许汉英．白酒中糠醛含量与香型之间关系的研究［J］．酿酒，2002, 29: 37-39.

［161］Medinsky M A, Dorman D C. Recent developments in methanol toxicity ［J］．Toxicology Letters, 1995, 82-83: 707-711.

［162］陈季雅．试谈蒸馏白酒的卫生标准［J］．酿酒，1983（3）：7-13.

［163］GB 2757—2012，食品安全国家标准　蒸馏酒及其配制酒［S］．

［164］王恭堂．白兰地工艺学［M］．北京：中国轻工业出版社，2019.

［165］ANZFA. Australia New Zealand Food Standards Code-Standard 1. 4. 1-Contaminants and Natural Toxicants ［Z］．Federal Register of Legislative Instruments, 2013: Vol. F2013C00140: 1-8.

［166］Beneduce L, Romano A, Capozzi V, et al. Biogenic amine in wines ［J］．Annals of Microbiology, 2010, 60（4）：573-578.

［167］Almeida C, Fernandes J O, Cunha S C. A novel dispersive liquid – liquid microextraction（DLLME）gas chromatography-mass spectrometry（GC-MS）method for the determination of eighteen biogenic amines in beer ［J］．Food Control, 2012, 25（1）：380-388.

［168］Cunha S C, Faria M A, Fernandes J O. Gas chromatography-mass spectrometry assessment of amines in port wine and grape juice after fast chloroformate extraction/derivatization ［J］．J Agri Food Chem, 2011, 59（16）：8742-8753.

［169］Schirone M, Rosanna T, Pierina V, et al. Biogenic amines in Italian Pecorino cheese ［J］．Front Microbiol, 2012, 3（3）：1-9.

［170］Lapa-Guimarães J, Pickova J. New solvent systems for thin-layer chromatographic determination of nine biogenic amines in fish and squid ［J］．J Chromatogr A, 2004, 1045（1-2）：223-232.

［171］Jurado – Sánchez B，Ballesteros E，Gallrgo M. Gas chromatographic determination of N – nitrosamines in beverages following automatic solid – phase extraction ［J］. J Agri Food Chem，2007，55 （24）：9758–9763.

［172］Ali Awan M，Fleet I，Paul Thomas C L. Determination of biogenic diamines with a vaporisation derivatisation approach using solid – phase microextraction gas chromatography – mass spectrometry ［J］. Food Chem，2008，111（2）：462–468.

［173］Önal A. A review：Current analytical methods for the determination of biogenic amines in foods ［J］. Food Chem，2007，103（4）：1475–1486.

［174］Santos M H S. Biogenic amines：their importance in foods ［J］. Int J Food Microbiol，1996，29 （2–3）：213–231.

［175］张敬，赵树欣，薛洁，等. 发酵型饮料酒中生物胺含量的调查与分析 ［J］. 食品与发酵工业，2012，38（6）：165–170.

［176］WHO. Concise international chemical assessment document 61. Hydrogen cyanide and cyanides：human health aspects ［R］. Geneva：WHO，2004.

［177］IARC. Some N–nitroso compounds. In IARC Monographs on the Evaluation of Carcinogenic Risks to Humans ［M］. Lyon：WHO Monographs，1987.

［178］Aylott R. Whisky analysis. In Whisky：Technology，Production and Marketing ［M］. London：Elsevier，2003.

［179］Havery D C，Hotchkiss J H，Fazio T. Nitrosamines in malt and malt beverages ［J］. J Food Sci，1980，46（2）：501–505.

［180］Leppänen O，Ronkainen P. A sensitive method for the determination of nitroamines in alcoholic beverages ［J］. Chromatographia，1982，16：219–223.

［181］IARC. Some Thyrotropic Agents. In IARC Monographs on the Evaluation of Carcinogenic Risks to Humans ［M］. Lyon：WHO Monographs，2000.

［182］曲酸. 百度百科 ［EB/OL］. http：//www. baidu. com/s？wd=%E6%9B%B2%E9%85%B8&rsv _ bp=0&tn=baidu&rsv _ spt=3&ie=utf–8&rsv _ sug3=5&rsv _ sug4=275&rsv _ sug1=7&rsv _ sug2= 0&inputT=4847.

［183］Chusiri Y，Wongpoomchai R，Kakehashi A，et al. Non–genotoxic mode of action and possible threshold for hepatocarcinogenicity of Kojic acid in F344 rats ［J］. Food Chem Toxicol，2011，49（2）：471–476.

［184］Takizawa T，Imai T，Onose J，et al. Enhancement of hepatocarcinogenesis by kojic acid in rat two–stage models after initiation with N – bis（2 – hydroxypropyl）nitrosamine or N – diethylnitrosamine ［J］. Toxicol Sci，2004，81：43–49.

［185］Bennett G A，Richard J L. Influence of processing on *Fusarium* mycotoxins in contaminated grains ［J］. Food Technol，1996，50（5）：235–238.

［186］Frías S，Conde J E，Rodríguez M A，et al. Metallic content of wines from the Canary Islands （Spain）. Application of artificial neural networks to the data analysis ［J］. Die Nahrung，2002，46（5）：

370-375.

［187］Frías S, Conde J E, Rodríguez-Bencomo J J, et al. Classification of commercial wines from the Canary Islands（Spain）by chemometric techniques using metallic contents［J］. Talanta, 2003, 59（2）: 335-344.

［188］范文来, 徐岩. 国内外蒸馏酒外源性有毒有害物研究进展. 2014 第二届中国白酒学术研讨会论文集［M］. 北京: 中国轻工业出版社, 2014.

［189］李大和. 学习《食品安全国家标准 蒸馏酒及其配制酒》的体会［J］. 酿酒, 2013, 40（1）: 3-5.

［190］Caldas N M, Raposo Jr J L, Gomes Neto J A, et al. Effect of modifiers for As, Cu and Pb determinations in sugar-cane spirits by GF AAS［J］. Food Chem, 2009, 113（4）: 1266-1271.

［191］IARC. Overall evaluations of carcinogenicity: an updating of IARC Monographs volumes 1to 42. In IARC Monographs on the Evaluation of Carcinogenic Risks to Humans Supplyment［M］. Lyon: WHO Monographs, 1987.

［192］IARC. Inorganic and organic lead compounds. In IARC Monographs on the Evaluation of Carcinogenic Risks to Humans［M］. Lyon: WHO Monographs, 2006.

［193］Larsen J C. Risk assessment of chemicals in European traditional foods［J］. Trends Food Sci Tech, 2006, 17（9）: 471-481.

［194］李大和, 王超凯, 李国红. 白酒生产相关的食品安全［J］. 酿酒科技, 2012, 222（12）: 123-125.

［195］Nascimento R F, Bezerra C W B, Furuya S M B, et al. Mineral profile of Brazilian cachaças and other international spirits［J］. J Food Compos Anal, 1999, 12（1）: 17-25.

［196］Cameán A M, Moreno I M, López-Artíguez M E A. Metallic profiles of sherry brandies［J］. Sci Aliments, 2000, 20: 433-440.

［197］Adam T, Duthie E, Feldmann J. Investigation into the use of copper and other metals as indicators for the authenticity of Scotch whiskies［J］. J Inst Brew, 2002, 108（4）: 459-464.

［198］刘沛龙, 唐万裕, 练顺才, 等. 白酒中金属元素的测定及其与酒质的关系（上）［J］. 酿酒科技, 1997, 84（6）: 23-28.

［199］程和勇, 徐子刚, 黄旭, 等. 电感耦合等离子体质谱测定不同酒类中铬、砷、镉、汞、铅含量［J］. 浙江大学学报（理学版）, 2009, 36（6）: 679-682.

［200］吴晨岑, 范文来, 徐岩, 等. 中国白酒中重金属离子锰、镉、铬、铅的研究. 2014 第二届白酒学术研讨会［M］. 北京: 中国轻工业出版社, 2014.

［201］汪地强, 赵振宇, 杨红霞, 等. ICP-MS 测定茅台酒中 32 种微量元素［J］. 酿酒科技, 2008, 174（12）: 104-105.

［202］Lobiński R, Witte C, Adams F C, et al. Organolead in wine［J］. Nature, 1994, 370: 24.

［203］IARC. Beryllium, cadmium, mercury, and exposures in the glass manufacturing industry. In IARC Monographs on the Evaluation of Carcinogenic Risks to Humans［M］Lyon: WHO Monographs, 1993.

［204］Mena C, Cabrera C, Lorenzo M L, et al. Cadmium levels in wine, beer and other alcoholic beverages: possible sources of contamination [J]. Sci Total Environ, 1996, 181 (3): 201-208.

[205] Tsakiris A, Kallithraka S, Kourkoutas Y. Grape brandy production, composition and sensory evaluation [J]. J Sci Food Agric, 2014, 94: 404-414.

[206] Bettin S, Isique W, Franco D, et al. Phenols and metals in sugar-cane spirits. Quantitative analysis and effect on radical formation and radical scavenging [J]. Eur Food Res Technol, 2002, 215 (2): 169-175.

[207] Cameán A M, Moreno I, López-Artíguez M, et al. Differentiation of Spanish brandies according to their metal content [J]. Talanta, 2001, 54 (1): 53-59.

[208] Heroult J, Bueno M, Potin-Gautier M, et al. Organotin speciation in French brandies and wines by solid-phase microextraction and gas chromatography—pulsed flame photometric detection [J]. J Chromatogr A, 2008, 1180 (1-2): 122-130.

[209] 李俊, 王震, 庞宏宇, 等. 白酒中多种拟除虫菊酯类农药残留检测方法 [J]. 酿酒科技, 2013, 233 (11): 98-100.

[210] 谭文渊, 袁东, 付大友, 等. HPLC-MS 测定白酒中氨基甲酸酯类农药残留 [J]. 食品科技, 2012, 37 (6): 308-311.

[211] 袁东, 李艳清, 付大友, 等. 高效液相色谱-质谱法测定白酒中的氨基甲酸甲酯 [J]. 酿酒科技, 2007, 154 (4): 121-123.

[212] 王蓉, 袁东, 付大友, 等. 气相色谱/质谱法测定白酒中的有机氯农药残留 [J]. 酿酒科技, 2007, 12 (162): 102-104.

[213] 李艳清, 付大友, 袁东. 白酒中氨基甲酸甲酯农药残留量的测定与调查 [J]. 酿酒科技, 2006, 147 (9): 21-24.

[214] 王蓉, 付大友, 李艳清, 等. 液相色谱-电喷雾质谱法测定白酒中 5 种有机磷农药残留 [J]. 酿酒科技, 2008, 168 (6): 103-105.

[215] http://en.wikipedia.org/wiki/Phthalate.

[216] Cao X L. Phthalate esters in foods: Sources, occurrence, and analytical methods [J]. Compr Rev Food Sci Safe, 2010, 9: 21-43.

[217] 卫计委. 绝大多数白酒塑化剂含量 "可接受" [EB/OL]. [2014-06-28]. http://news.qq.com/a/20140628/004240.htm.

[218] 崔淑敏. 分散液液萃取-气相色谱联用在有机物残留分析中的应用研究 [D]. 金华: 浙江师范大学, 2013.

[219] 李俊, 郭晓关, 杜楠. 白酒中邻苯二甲酸酯类物质三重四极杆气相色谱法测定 [J]. 酿酒科技, 2012, 222 (12): 93-102.

[220] 周宜斌, 周庆. 气相色谱法快速检测白酒中邻苯二甲酸酯残留量 [J]. 中国药师, 2013, 16 (9): 1362-1363.

[221] 荣维广, 阮华, 马永健, 等. 气相色谱-质谱法检测白酒和黄酒中 18 种邻苯二甲酸酯类塑化剂 [J]. 分析试验室, 2013, 32 (9): 40-45.

[222] 彭丽英, 王卫国, 王新, 等. 离子迁移谱快速筛查白酒中痕量邻苯二甲酸酯的研究 [J].

分析化学，2014，42（2）：278-282.

　　［223］彭俏容，于淑新，赵连海，等 . QuEChERS-HPLC 快速测定白酒中 13 种邻苯二甲酸酯［J］. 酿酒科技，2014，235（1）：89-92.

　　［224］IARC. Some traditional herbal medicines，some mycotoxins，naphthalene and styrene. In IARC Monographs on the Evaluation of Carcinogenic Risks to Humans［M］Lyon：WHO Monographs，2002.

　　［225］Hupf H，Jahr D. Styrene contents in foreign wines［J］. Deutsche Lebensmittel-Rundschau，1990，86：321-322.

　　［226］Kleinjans J C，Moonen E J，Dallinga J W，et al. Polycyclic aromatic hydrocarbons in whiskies［J］. Lancet，1996，348：1731.

　　［227］WHO. Global status report on alcohol and health 2018［M］. Geneva，World Health Organization，2018：Vol. Licence：CC BY-NC-SA 3. 0 IGO：472.

附录

附录一 酒精度与温度校正表（20℃）

酒精度与温度校正表（20℃）

单位：%vol

酒精表指示度数	温度表指示度数/℃																				
	0	1	2	3	4	5	6	7	8	9	10	11	12	13	14	15	16	17	18	19	20
0	0.8	0.8	0.8	0.9	0.9	0.9	0.9	0.9	0.9	0.9	0.8	0.8	0.7	0.7	0.6	0.5	0.4	0.3	0.2	0.1	0
0.5	1.3	1.3	1.4	1.4	1.4	1.4	1.4	1.4	1.4	1.4	1.3	1.3	1.2	1.2	1.1	1.0	0.9	0.8	0.7	0.6	0.5
1.0	1.8	1.8	1.9	1.9	1.9	2.0	2.0	1.9	1.9	1.9	1.8	1.8	1.7	1.7	1.6	1.5	1.4	1.3	1.2	1.2	1.0
1.5	2.3	2.4	2.4	2.4	2.4	2.5	2.5	2.4	2.4	2.4	2.4	2.3	2.2	2.2	2.1	2.0	1.9	1.8	1.7	1.6	1.5
2.0	2.8	2.9	2.9	3.0	3.0	3.0	3.0	3.0	2.9	2.9	2.9	2.8	2.8	2.7	2.6	2.5	2.4	2.3	2.2	2.1	2.0
2.5	3.3	3.4	3.4	3.5	3.5	3.5	3.5	3.5	3.4	3.4	3.4	3.3	3.3	3.2	3.1	3.0	2.9	2.8	2.7	2.6	2.5
3.0	3.9	3.9	4.0	4.0	4.0	4.0	4.0	4.0	4.0	4.0	3.9	3.9	3.8	3.7	3.6	3.6	3.4	3.4	3.2	3.1	3.0
3.5	4.4	4.4	4.5	4.5	4.5	4.6	4.6	4.5	4.5	4.5	4.4	4.4	4.3	4.2	4.2	4.1	4.0	3.9	3.7	3.6	3.5
4.0	4.9	5.0	5.0	5.1	5.1	5.1	5.1	5.0	5.0	5.0	4.9	4.9	4.8	4.8	4.7	4.6	4.5	4.4	4.2	4.1	4.0
4.5	5.5	5.5	5.6	5.6	5.6	5.6	5.6	5.6	5.6	5.5	5.5	5.4	5.4	5.3	5.2	5.1	5.0	4.9	4.8	4.6	4.5
5.0	6.0	6.1	6.1	6.1	6.2	6.2	6.2	6.1	6.1	6.0	6.0	6.0	5.9	5.8	5.7	5.6	5.5	5.4	5.3	5.1	5.0

	5.5	6.0	6.5	7.0	7.5	8.0	8.5	9.0	9.5	10.0	10.5	11.0	11.5	12.0	12.5	13.0	13.5	14.0	14.5	15.0	15.5	16.0	16.5
5.5	5.5	5.6	5.8	5.9	6.0	6.1	6.2	6.3	6.4	6.5	6.5	6.6	6.6	6.7	6.7	6.7	6.7	6.7	6.6	6.6	6.5		
6.0	6.0	6.1	6.3	6.4	6.5	6.6	6.7	6.8	6.9	7.0	7.1	7.2	7.2	7.3	7.3	7.3	7.3	7.2	7.2				
6.5	6.5	6.6	6.8	6.9	7.0	7.2	7.3	7.4	7.5	7.6	7.6	7.7	7.7	7.8	7.8	7.8	7.8						
7.0	7.0	7.2	7.3	7.4	7.6	7.7	7.8	7.9	8.0	8.1	8.2	8.2	8.3	8.4	8.4	8.4	8.4						
7.5	7.5	7.6	7.8	8.0	8.1	8.2	8.3	8.4	8.5	8.6	8.7	8.8	8.8	8.9	9.0	9.0	9.0						
8.0	8.0	8.1	8.3	8.5	8.6	8.7	8.8	8.9	9.0	9.1	9.2	9.3	9.4	9.5	9.6	9.6	9.6						
8.5	8.5	8.7	8.8	9.0	9.1	9.2	9.3	9.4	9.5	9.6	9.7	9.8	9.8	9.9	10.0	10.0							
9.0	9.0	9.1	9.3	9.5	9.6	9.7	9.8	9.9	10.0	10.1	10.2	10.3	10.4	10.5	10.5								
9.5	9.5	9.7	9.8	10.0	10.1	10.2	10.3	10.4	10.6	10.7	10.7	10.8	10.9	11.0	11.1								
10.0	10.0	10.2	10.4	10.5	10.7	10.8	10.9	11.0	11.1	11.2	11.2	11.3	11.4	11.5	11.6								
10.5	10.5	10.7	10.9	11.0	11.2	11.3	11.4	11.5	11.6	11.7	11.8	11.9	12.0	12.0	12.1								
11.0	11.0	11.2	11.4	11.5	11.7	11.8	11.9	12.0	12.1	12.2	12.3	12.4	12.4	12.5	12.6								
11.5	11.5	11.7	11.9	12.0	12.2	12.3	12.4	12.5	12.6	12.7	12.8	12.9	13.0	13.0	13.1								
12.0	12.0	12.2	12.4	12.5	12.7	12.8	12.9	13.0	13.1	13.2	13.3	13.4	13.5	13.6	13.7								
12.5	12.5	12.7	12.9	13.0	13.2	13.3	13.4	13.6	13.6	13.7	13.8	13.9	14.0	14.1									
13.0	13.0	13.2	13.3	13.5	13.6	13.8	13.8	14.0	14.1	14.2	14.3	14.4	14.4										
13.5	13.5	13.7	13.8	14.0	14.1	14.2	14.4	14.5	14.5	14.6	14.7	14.7											
14.0	14.0	14.2	14.4	14.5	14.7	14.7	14.9	14.9	15.1	15.1	15.3												
14.5	14.5	14.7	14.9	15.0	15.2	15.3	15.4	15.6	15.7	15.8													
15.0	15.0	15.2	15.4	15.5	15.7	15.8	15.9	16.0	16.1	16.2													
15.5	15.5	15.7	15.8	16.0	16.2	16.3	16.4	16.5	16.6	16.7	16.8												
16.0	16.0	16.3	16.5	16.5	16.8	16.9	17.0	17.2	17.2	17.4	17.5	17.6	17.7	17.8									
16.5	16.5	16.8	17.0	17.3	17.5	17.8	18.0	18.3	18.5	18.8	19.0	19.2	19.5	19.7	19.9	20.2	20.4	20.6	20.8	21.1	21.3	20.5	

续表

酒精表指示度数	温度表指示度数/℃																				
	0	1	2	3	4	5	6	7	8	9	10	11	12	13	14	15	16	17	18	19	20
17.0	22.0	21.8	21.6	21.4	21.1	20.9	20.6	20.4	20.1	19.9	19.6	19.4	19.1	18.8	18.6	18.3	18.1	17.8	17.6	17.3	17.0
17.5	22.8	22.6	22.3	22.0	21.8	21.5	21.2	21.0	20.7	20.5	20.2	20.0	19.7	19.4	19.1	18.9	18.6	18.3	18.1	17.8	17.5
18.0	23.6	23.3	23.0	22.7	22.5	22.2	21.9	21.6	21.3	21.1	20.8	20.5	20.2	20.0	19.7	19.4	19.2	18.9	18.6	18.3	18.0
18.5	24.3	24.0	23.7	23.4	23.1	22.8	22.5	22.2	21.9	21.7	21.4	21.1	20.8	20.5	20.2	20.0	19.7	19.4	19.1	18.8	18.5
19.0	25.1	24.7	24.4	24.1	23.8	23.4	23.2	22.8	22.6	22.3	22.0	21.7	21.4	21.1	20.8	20.5	20.2	19.9	19.6	19.3	19.0
19.5	25.8	25.4	25.1	24.8	24.4	24.1	23.8	23.4	23.2	22.8	22.5	22.2	21.9	21.6	21.3	21.0	20.7	20.4	20.1	19.8	19.5
20.0	26.5	26.1	25.8	25.5	25.1	24.7	24.4	24.1	23.8	23.4	23.1	22.8	22.5	22.2	21.9	21.6	21.2	20.9	20.6	20.3	20.0
20.5	27.2	26.8	26.4	26.1	25.7	25.4	25.0	24.7	24.3	24.0	23.7	23.4	23.0	22.7	22.4	22.1	21.8	21.4	21.1	20.8	20.5
21.0	27.9	27.5	27.1	26.8	26.4	26.0	25.6	25.3	24.9	24.6	24.3	23.9	23.6	23.3	23.0	22.6	22.3	22.0	21.6	21.3	21.0
21.5	28.6	28.2	27.8	27.4	27.0	26.6	26.2	25.9	25.5	25.2	24.8	24.5	24.2	23.8	23.5	23.1	22.8	22.5	22.1	21.8	21.5
22.0	29.2	28.8	28.4	28.0	27.6	27.2	26.9	26.5	26.1	25.8	25.4	25.0	24.7	24.4	24.0	23.7	23.3	23.0	22.6	22.3	22.0
22.5	29.9	29.5	29.0	28.6	28.2	27.8	27.5	27.1	26.7	26.3	26.0	25.6	25.3	24.9	24.6	24.2	23.8	23.5	23.2	22.8	22.5
23.0	30.6	30.1	29.7	29.3	28.9	28.5	28.1	27.7	27.3	26.9	26.6	26.2	25.8	25.4	25.1	24.7	24.4	24.0	23.7	23.3	23.0
23.5	31.2	30.7	30.3	29.9	29.5	29.1	28.7	28.3	27.9	27.5	27.1	26.7	26.4	26.0	25.6	25.3	24.9	24.5	24.2	23.8	23.5
24.0	31.8	31.4	30.9	30.5	30.1	29.7	29.3	28.9	28.5	28.1	27.7	27.3	26.9	26.5	26.2	25.8	25.4	25.1	24.7	24.4	24.0
25.0	33.0	32.6	32.2	31.7	31.3	30.8	30.4	30.0	29.6	29.2	28.8	28.4	28.0	27.6	27.2	26.8	26.5	26.1	25.7	25.4	25.0
26.0	34.2	33.7	33.3	32.9	32.4	32.0	31.6	31.1	30.7	30.3	29.9	29.5	29.1	28.7	28.3	27.9	27.5	27.1	26.7	26.4	26.0
27.0	35.3	34.9	34.4	34.0	33.5	33.1	32.7	32.2	31.8	31.4	31.0	30.6	30.2	29.7	29.3	28.9	28.5	28.1	27.8	27.4	27.0
28.0	36.3	35.9	35.4	35.0	34.6	34.2	33.7	33.3	32.9	32.5	32.0	31.6	31.2	30.8	30.4	30.0	29.6	29.2	28.8	28.4	28.0
29.0	37.3	36.9	36.5	36.0	35.6	35.2	34.8	34.4	33.9	33.5	33.1	32.7	32.3	31.8	31.4	31.0	30.6	30.2	29.8	29.4	29.0
30.0	38.3	37.9	37.5	37.1	36.6	36.2	35.8	35.4	35.0	34.5	34.1	33.7	33.3	32.8	32.4	32.0	31.6	31.2	30.8	30.4	30.0
31.0											35.1	34.7	34.3	33.9	33.5	33.0	32.6	32.2	31.8	31.4	31.0

32.0	32.0	32.4	32.8	33.2	33.6	34.0	34.4	34.9	35.3	35.7	36.1										
33.0	33.0	33.4	33.8	34.2	34.6	35.0	35.4	35.9	36.3	36.7	37.1										
34.0	34.0	34.4	34.8	35.2	35.6	36.0	36.4	36.8	37.3	37.7	38.1										
35	35.0	35.4	35.8	36.2	36.6	37.0	37.4	37.8	38.2	38.7	39.1										
36	36.0	36.4	36.8	37.2	37.6	38.0	38.4	38.8	39.2	39.6	40.1										
37	37.0	37.4	37.8	38.2	38.6	39.0	39.4	39.8	40.2	40.6	41.0										
38	38.0	38.4	38.8	39.2	39.6	40.0	40.4	40.8	41.2	41.6	42.0										
39	39.0	39.4	39.8	40.2	40.6	41.0	41.4	41.8	42.2	42.6	43.0										
40	40.0	40.4	40.8	41.2	41.6	42.0	42.4	42.8	43.2	43.6	44.0										
41	41.0	41.4	41.8	42.2	42.6	43.0	43.4	43.8	44.2	44.6	45.0										
42	42.0	42.4	42.8	43.2	43.6	44.0	44.4	44.8	45.2	45.6	46.0										
43	43.0	43.4	43.8	44.2	44.6	45.0	45.4	45.8	46.1	46.5	46.9										
44	44.0	44.4	44.8	45.2	45.6	46.0	46.4	46.7	47.1	47.5	47.9										
45	45.0	45.4	45.8	46.2	46.6	47.0	47.3	47.7	48.1	48.5	48.9										
46	46.0	46.4	46.8	47.2	47.6	47.9	48.3	48.7	49.1	49.5	49.8										
47	47.0	47.4	47.8	48.2	48.6	48.9	49.3	49.7	50.1	50.4	50.8										
48	48.0	48.4	48.8	49.2	49.5	49.9	50.3	50.7	51.0	51.4	51.8										
49	49.0	49.4	49.8	50.1	50.5	50.9	51.3	51.6	52.0	52.4	52.8										
50	50.0	50.4	50.7	51.1	51.5	51.9	52.2	52.6	53.0	53.4	53.7	54.1	54.5	54.8	55.2	55.5	55.9	56.2	56.6	57.0	57.3
51	51.0	51.4	51.7	52.1	52.5	52.9	53.2	53.6	54.0	54.3	54.7	55.1	55.4	55.8	56.1	56.5	56.8	57.2	57.5	57.9	58.2
52	52.0	52.4	52.7	53.1	53.5	53.9	54.2	54.6	55.0	55.3	55.7	56.0	56.4	56.8	57.1	57.4	57.8	58.2	58.5	58.8	59.2
53	53.0	53.4	53.7	54.1	54.5	54.8	55.2	55.6	56.0	56.3	56.6	57.0	57.4	57.7	58.1	58.4	58.8	59.1	59.4	59.8	60.1
54	54.0	54.4	54.7	55.1	55.5	55.8	56.2	56.5	56.9	57.2	57.6	58.0	58.3	58.7	59.0	59.4	59.7	60.1	60.4	60.7	61.1
55	55.0	55.4	55.7	56.1	56.4	56.8	57.2	57.5	57.9	58.2	58.6	58.9	59.3	59.6	60.0	60.3	60.7	61.0	61.4	61.7	62.0
56	56.0	56.4	56.7	57.1	57.4	57.8	58.2	58.5	58.9	59.2	59.6	59.9	60.3	60.6	61.0	61.3	61.6	62.0	62.3	62.6	63.0

续表

酒精表指示度数	温度表指示度数/℃																				
	0	1	2	3	4	5	6	7	8	9	10	11	12	13	14	15	16	17	18	19	20
57	63.9	63.6	63.3	62.9	62.6	62.3	61.9	61.6	61.2	60.9	60.5	60.2	59.8	59.5	59.1	58.8	58.4	58.1	57.7	57.4	57.0
58	64.9	64.6	64.2	63.9	63.6	63.2	62.9	62.5	62.2	61.9	61.5	61.2	60.8	60.5	60.1	59.8	59.4	59.1	58.7	58.4	58.0
59	65.8	65.5	65.2	64.8	64.5	64.2	63.8	63.5	63.2	62.8	62.5	62.1	61.8	61.4	61.1	60.8	60.4	60.0	59.7	59.4	59.0
60	66.8	66.4	66.1	65.8	65.5	65.1	64.8	64.5	64.1	63.8	63.5	63.1	62.8	62.4	62.1	61.7	61.4	61.0	60.7	60.4	60.0
61	67.7	67.4	67.1	66.8	66.4	66.1	65.8	65.4	65.1	64.8	64.4	64.1	63.8	63.4	63.1	62.7	62.4	62.0	61.7	61.3	61.0
62	68.7	68.4	68.0	67.7	67.4	67.1	66.7	66.4	66.1	65.7	65.4	65.1	64.7	64.4	64.0	63.7	63.4	63.0	62.7	62.3	62.0
63	69.6	69.3	69.0	68.7	68.4	68.0	67.7	67.4	67.0	66.7	66.4	66.0	65.7	65.4	65.0	64.7	64.4	64.0	63.7	63.3	63.0
64	70.6	70.3	70.0	69.6	69.3	69.0	68.7	68.4	68.0	67.7	67.4	67.0	66.7	66.4	66.0	65.7	65.4	65.0	64.7	64.3	64.0
65	71.5	71.2	70.9	70.6	70.3	70.0	69.6	69.3	69.0	68.7	68.3	68.0	67.7	67.4	67.0	66.7	66.3	66.0	65.7	65.3	65.0
66	72.5	72.2	71.9	71.6	71.2	70.9	70.6	70.3	70.0	69.6	69.3	69.0	68.7	68.3	68.0	67.7	67.3	67.0	66.7	66.3	66.0
67	73.4	73.1	72.8	72.5	72.2	71.9	71.6	71.3	70.9	70.6	70.3	70.0	69.6	69.3	69.0	68.6	68.3	68.0	67.7	67.3	67.0
68	74.4	74.1	73.8	73.5	73.2	72.9	72.5	72.2	71.9	71.6	71.3	71.0	70.6	70.3	70.0	69.6	69.3	69.0	68.7	68.3	68.0
69	75.4	75.0	74.7	74.4	74.1	73.8	73.5	73.2	72.9	72.6	72.2	71.9	71.6	71.3	71.0	70.6	70.3	70.0	69.6	69.3	69.0
70	76.3	76.0	75.7	75.4	75.1	74.8	74.5	74.2	73.8	73.5	73.2	72.9	72.6	72.3	72.0	71.6	71.3	71.0	70.6	70.3	70.0
71	77.3	77.0	76.6	76.4	76.0	75.8	75.4	75.1	74.8	74.5	74.2	73.9	73.6	73.2	72.9	72.6	72.3	72.0	71.6	71.3	71.0
72	78.2	77.9	77.6	77.3	77.0	76.7	76.4	76.1	75.7	75.5	75.2	74.9	74.5	74.2	73.9	73.6	73.3	73.0	72.6	72.3	72.0
73	79.1	78.8	78.6	78.3	78.0	77.7	77.4	77.2	76.8	76.5	76.2	75.8	75.5	75.2	74.9	74.6	74.3	74.0	73.6	73.3	73.0
74	80.1	79.8	79.5	79.2	78.9	78.6	78.3	78.0	77.7	77.4	77.1	76.8	76.5	76.2	75.9	75.6	75.3	74.9	74.6	74.3	74.0
75	81.0	80.7	80.4	80.2	79.9	79.6	79.3	79.0	78.7	78.4	78.1	77.8	77.5	77.2	76.9	76.6	76.2	75.9	75.6	75.3	75.0

续表

酒精度数

指示度数	温度表指示度数/℃																			
	21	22	23	24	25	26	27	28	29	30	31	32	33	34	35	36	37	38	39	40
0																				
0.5	0.4	0.2	0.1	0																
1	0.9	0.7	0.6	0.4	0.3	0.1	0													
1.5	1.4	1.2	1.1	0.9	0.8	0.6	0.4	0.3	0.2	0.1										
2	1.9	1.7	1.6	1.4	1.3	1.1	1.0	0.8	0.6	0.4	0.2	0.1								
2.5	2.4	2.2	2.1	1.9	1.8	1.6	1.4	1.3	1.1	0.9	0.7	0.6								
3	2.9	2.7	2.6	2.4	2.3	2.1	1.9	1.8	1.6	1.4	1.2	1.1	0.9	0.8	0.6	0.4	0.3	0.1		
3.5	3.4	3.2	3.1	2.9	2.8	2.6	2.4	2.2	2.1	1.9	1.7	1.6	1.4	1.3	1.1	0.9	0.8	0.6		
4	3.9	3.7	3.6	3.4	3.2	3.1	2.9	2.7	2.5	2.4	2.2	2.1	1.9	1.8	1.6	1.4	1.3	1.1	1.0	0.8
4.5	4.4	4.2	4.1	3.9	3.7	3.6	3.4	3.2	3.0	2.8	2.6	2.6	2.4	2.2	2.0	1.8	1.7	1.5	1.4	1.2
5	4.8	4.7	4.6	4.4	4.2	4.0	3.9	3.7	3.6	3.3	3.1	3.0	2.8	2.6	2.4	2.3	2.1	1.9	1.8	1.6
5.5	5.4	5.2	5.0	4.9	4.7	4.5	4.3	4.2	4.0	3.8	3.6	3.4	3.2	3.0	2.8	2.7	2.5	2.4	2.2	2.0
6	5.8	5.7	5.5	5.4	5.2	5.0	4.8	4.6	4.4	4.2	4.0	3.8	3.7	3.5	3.3	3.1	2.9	2.8	2.6	2.4
6.5	6.3	6.2	6.0	5.8	5.7	5.5	5.3	5.1	4.9	4.7	4.5	4.3	4.2	4.0	3.8	3.6	3.4	3.3	3.1	2.9
7	6.8	6.7	6.5	6.3	6.2	6.0	5.8	5.6	5.4	5.1	5.0	4.8	4.7	4.5	4.3	4.1	3.9	3.8	3.6	3.4
7.5	7.3	7.2	7.0	6.8	6.6	6.4	6.3	6.1	5.8	5.6	5.4	5.2	5.1	4.9	4.8	4.6	4.4	4.2	4.0	3.8
8	7.8	7.7	7.5	7.3	7.1	6.9	6.7	6.5	6.3	6.1	5.9	5.7	5.5	5.3	5.2	5.0	4.8	4.6	4.4	4.2
8.5	8.3	8.2	8.0	7.8	7.6	7.4	7.2	7.0	6.8	6.6	6.4	6.2	6.0	5.8	5.6	5.4	5.2	5.0	4.8	4.6
9	8.8	8.6	8.4	8.3	8.1	7.9	7.7	7.5	7.2	7.0	6.8	6.6	6.4	6.2	6.0	5.8	5.6	5.4	5.2	5.0

续表

酒精表指示度数	温度表指示度数/℃																			
	21	22	23	24	25	26	27	28	29	30	31	32	33	34	35	36	37	38	39	40
9.5	9.3	9.1	8.9	8.8	8.6	8.3	8.1	7.9	7.7	7.5	7.2	7.0	6.8	6.6	6.4	6.2	6.0	5.8	5.6	5.4
10	9.8	9.6	9.4	9.2	9.0	8.8	8.6	8.4	8.2	7.9	7.7	7.5	7.3	7.1	6.8	6.6	6.4	6.2	6.0	5.8
10.5	10.3	10.1	9.9	9.7	9.5	9.3	9.1	8.9	8.6	8.4	8.2	8.0	7.8	7.6	7.4	7.1	6.9	6.7	6.5	6.3
11	10.8	10.6	10.4	10.2	10.0	9.8	9.5	9.3	9.1	8.9	8.7	8.5	8.3	8.1	7.9	7.6	7.4	7.2	7.0	6.8
11.5	11.3	11.1	10.9	10.7	10.4	10.2	10.0	9.8	9.5	9.3	9.2	9.0	8.7	8.5	8.3	8.0	7.8	7.6	7.4	7.2
12	11.8	11.6	11.4	11.2	10.9	10.7	10.5	10.3	10.0	9.8	9.6	9.4	9.1	8.9	8.7	8.5	8.3	8.0	7.8	7.6
12.5	12.3	12.1	11.8	11.6	11.4	11.2	10.9	10.7	10.5	10.2	10.0	9.8	9.6	9.4	9.2	8.9	8.7	8.4	8.2	8.0
13	12.8	12.6	12.3	12.1	11.9	11.7	11.4	11.2	10.9	10.7	10.5	10.2	10	9.8	9.6	9.3	9.1	8.9	8.6	8.4
13.5	13.3	13.1	12.8	12.6	12.4	12.1	11.9	11.6	11.4	11.1	11.0	10.6	10.4	10.2	10.0	9.8	9.5	9.3	9.0	8.8
14	13.8	13.6	13.3	13.1	12.8	12.6	12.3	12.1	11.8	11.6	11.4	11.1	10.9	10.6	10.4	10.2	9.9	9.7	9.4	9.2
14.5	14.3	14.0	13.8	13.5	13.3	13.0	12.8	12.6	12.3	12	11.8	11.6	11.4	11.0	10.8	10.6	10.4	10.1	9.8	9.6
15	14.8	14.5	14.3	14.0	13.8	13.5	13.2	13.0	12.7	12.5	12.2	12.0	11.8	11.5	11.2	11.0	10.8	10.5	10.2	10.0
15.5	15.2	15.0	14.7	14.5	14.2	14.0	13.7	13.4	13.2	12.9	12.6	12.4	12.2	12.0	11.6	11.4	11.2	10.9	10.6	10.4
16	15.7	15.5	15.2	15	14.7	14.4	14.2	13.9	13.6	13.4	13.1	12.9	12.6	12.4	12.1	11.8	11.6	11.3	11.1	10.8
16.5	16.2	16.0	15.7	15.4	15.2	14.9	14.6	14.4	14.1	13.8	13.5	13.2	13.0	12.8	12.4	12.2	11.9	11.6	11.4	11.1
17	16.7	16.5	16.2	15.9	15.6	15.4	15.1	14.8	14.5	14.2	13.9	13.6	13.4	13.1	12.8	12.5	12.2	12.0	11.7	11.4
17.5	17.2	17.0	16.6	16.4	16.1	15.8	15.5	15.2	15.0	14.7	14.4	14.0	13.8	13.5	13.2	13.0	12.6	12.4	12.1	11.8
18	17.7	17.4	17.1	16.9	16.6	16.3	16.0	15.7	15.4	15.1	14.8	14.5	14.2	13.9	13.6	13.4	13.1	12.8	12.5	12.3
18.5	18.2	17.9	17.6	17.3	17.0	16.7	16.4	16.1	15.8	15.5	15.2	15.0	14.6	14.4	14.0	13.8	13.5	13.2	12.9	12.6

19	13.0	13.3	13.6	13.9	14.2	14.5	14.8	15.1	15.4	15.7	16.0	16.3	16.6	16.9	17.2	17.5	17.8	18.1	18.4	18.7
19.5	13.3	13.6	13.9	14.2	14.6	14.8	15.2	15.5	15.8	16.1	16.4	16.7	17.0	17.3	17.6	18.0	18.3	18.6	18.9	19.2
20	13.6	13.9	14.2	14.6	14.9	15.2	15.5	15.8	16.2	16.5	16.8	17.2	17.5	17.8	18.1	18.4	18.7	19.0	19.4	19.7
20.5	13.9	14.2	14.6	15.0	15.3	15.6	16.0	16.2	16.6	17.0	17.3	17.6	18.0	18.2	18.6	18.9	19.2	19.5	19.8	20.2
21	14.0	14.3	14.6	15.0	15.4	15.7	16.0	16.4	16.7	17.0	17.4	17.7	18.0	18.4	18.7	19.0	19.4	19.8	20.4	20.7
21.5	14.4	14.7	15.1	15.4	15.8	16.2	16.6	16.8	17.2	17.6	17.9	18.2	18.6	18.8	19.2	19.6	20.0	20.5	20.8	21.2
22	14.8	15.1	15.5	15.8	16.2	16.6	17.0	17.4	17.7	18.0	18.4	18.8	19.2	19.4	19.8	20.2	20.5	21.0	21.3	21.7
22.5	15.2	15.5	15.9	16.2	16.6	16.8	17.2	17.6	17.9	18.2	18.6	19.0	19.4	19.6	20.0	20.5	20.9	21.5	21.8	22.2
23	15.7	16.0	16.4	16.7	17.2	17.6	17.9	18.3	18.6	18.9	19.3	19.8	20.2	20.5	20.9	21.3	21.6	22.0	22.3	22.6
23.5	16.2	16.5	16.9	17.2	17.6	17.9	18.2	18.6	18.9	19.4	19.8	20.0	20.4	20.8	21.0	21.4	21.8	22.1	22.4	22.8
24	16.6	17.0	17.3	17.6	18.0	18.4	18.6	19.0	19.4	19.8	20.0	20.4	20.7	21.0	21.2	21.5	21.9	22.2	22.6	23.6
25	17.0	17.4	17.7	18.1	18.4	18.8	19.1	19.4	19.8	20.2	20.5	20.8	21.2	21.5	21.9	22.2	22.6	23.2	23.9	24.6
26	17.8	18.2	18.5	18.9	19.2	19.6	20.0	20.3	20.7	21.0	21.4	21.8	22.2	22.5	22.8	23.2	23.5	23.9	24.3	25.6
27	18.6	19.0	19.3	19.7	20.1	20.4	20.8	21.2	21.6	21.9	22.3	22.7	23.0	23.4	23.8	24.1	24.5	24.9	25.3	25.6
28	19.4	19.8	20.2	20.5	20.9	21.3	21.7	22.1	22.4	22.8	23.2	23.6	24.0	24.4	24.7	25.1	25.5	26.1	26.6	27.6
29	20.4	20.8	21.2	21.5	21.9	22.3	22.7	23.1	23.4	23.8	24.2	24.6	24.9	25.3	25.7	26.0	26.4	26.8	27.2	28.6
30	21.2	21.6	22.0	22.4	22.8	23.2	23.5	23.9	24.3	24.7	25.1	25.5	25.9	26.3	26.8	27.2	27.6	28.0	28.4	29.6
31											25.0	25.4	25.8	26.2	26.6	27.0	27.4	27.8	28.2	28.6
32											26.0	26.4	26.8	27.2	27.6	28.0	28.4	28.8	29.2	29.6
33											26.8	27.2	27.7	28.1	28.5	28.9	29.4	29.7	30.2	30.6
34											27.8	28.3	28.7	29.1	29.5	29.9	30.5	30.9	31.4	31.6
35											28.8	29.3	29.7	30.1	30.5	30.9	31.3	31.7	32.2	32.6

续表

酒精表指示度数	温度表指示度数/℃																			
	21	22	23	24	25	26	27	28	29	30	31	32	33	34	35	36	37	38	39	40
36	35.6	35.2	34.8	34.4	34.0	33.6	33.2	32.8	32.3	32.0	31.6	31.2	30.8	30.4	30.0					
37	36.6	36.2	35.8	35.4	35.0	34.6	34.2	33.8	33.4	33.0	32.6	32.2	31.8	31.4	31.0					
38	37.6	37.2	36.8	36.4	36.0	35.6	35.2	34.8	34.4	34.0	33.6	33.2	32.8	32.4	32.0					
39	38.6	38.2	37.8	37.4	37.0	36.6	36.2	35.8	35.4	35.0	34.6	34.2	33.8	33.4	33.0					
40	39.6	39.2	38.8	38.4	38.0	37.6	37.2	36.8	36.4	36.0	35.6	35.2	34.8	34.4	34.0					
41	40.6	40.2	39.8	39.4	39.0	38.6	38.2	37.8	37.4	37.0	36.6	36.2	35.8	35.4	35.0					
42	41.6	41.2	40.8	40.4	40.0	39.6	39.2	38.8	38.4	38.0	37.6	37.2	36.8	36.4	36.0					
43	42.6	42.2	41.8	41.4	41.0	40.6	40.2	39.8	39.4	39.0	38.6	38.2	37.8	37.4	37.0					
44	43.6	43.2	42.8	42.4	42.0	41.6	41.2	40.8	40.4	40.1	39.7	39.3	38.9	38.5	38.1					
45	44.6	44.2	43.8	43.4	43.0	42.7	42.3	41.9	41.5	41.0	40.7	40.3	39.9	39.5	39.0					
46	45.6	45.2	44.8	44.4	44.1	43.7	43.3	42.9	42.5	42.1	41.7	41.3	40.9	40.5	40.2					
47	46.6	46.2	45.8	45.4	45.1	44.7	44.3	43.9	43.5	43.1	42.7	42.3	41.9	41.5	41.2					
48	47.6	47.2	46.8	46.4	46.1	45.7	45.3	44.9	44.5	44.2	43.8	43.4	43.1	42.7	42.3					
49	48.6	48.2	47.8	47.5	47.1	46.7	46.3	45.9	45.6	45.2	44.8	44.4	44.1	43.7	43.3					
50	49.6	49.2	48.9	48.5	48.1	47.7	47.3	47.0	46.6	46.2	45.8	45.4	45.0	44.7	44.3	43.9	43.5	43.1	42.7	42.4
51	50.6	50.2	49.9	49.5	49.1	48.7	48.3	48.0	47.6	47.2	46.8	46.4	46.1	45.7	45.3	44.9	44.5	44.2	43.8	43.4
52	51.6	51.2	50.9	50.5	50.1	49.7	49.4	49.0	48.6	48.2	47.8	47.4	47.1	46.7	46.3	45.9	45.5	45.2	44.8	44.4
53	52.6	52.2	51.9	51.5	51.1	50.8	50.4	50.0	49.6	49.3	48.9	48.5	48.2	47.8	47.4	47.0	46.6	46.3	45.9	45.5
54	53.6	53.3	52.9	52.5	52.2	51.8	51.4	51.0	50.7	50.3	49.9	49.6	49.2	48.8	48.5	48.1	47.7	47.3	47.0	46.6

酒精表

指示度数

指示度数	55	56	57	58	59	60	61	62	63	64	65	66	67	68	69	70	71	72	73	74	75
	47.6	48.6	49.7	50.8	51.8	52.8	54.0	55.0	56.0	57.1	58.1	59.1	60.1	61.1	62.2	63.3	64.3	65.4	66.4	67.5	68.0
	48.0	49.0	50.1	51.2	52.2	53.2	54.4	55.3	56.4	57.5	58.5	59.5	60.5	61.5	62.6	63.6	64.6	65.7	66.7	67.8	68.9
	48.3	49.3	50.4	51.5	52.5	53.5	54.7	55.7	56.7	57.9	58.8	59.8	60.8	61.8	62.9	64.0	65.0	66.0	67.1	68.1	69.2
	48.7	49.7	50.8	51.9	52.9	53.9	55.1	56.0	57.1	58.2	59.2	60.2	61.2	62.2	63.2	64.3	65.3	66.4	67.4	68.5	69.6
	49.1	50.1	51.2	52.2	53.2	54.2	55.4	56.4	57.4	58.5	59.5	60.5	61.5	62.5	63.6	64.7	65.7	66.7	67.8	68.8	69.9
	49.5	50.5	51.6	52.6	53.6	54.6	55.8	56.7	57.8	58.9	59.9	60.9	61.9	62.9	64.0	65.0	66.0	67.0	68.1	69.1	70.2
	49.8	50.8	51.9	53.0	54.0	55.0	56.1	57.1	58.1	59.2	60.2	61.2	62.2	63.2	64.3	65.3	66.3	67.4	68.4	69.5	70.5
	50.2	51.2	52.3	53.3	54.3	55.3	56.5	57.4	58.5	59.6	60.6	61.6	62.6	63.6	64.6	65.7	66.7	67.7	68.8	69.8	70.8
	50.6	51.6	52.7	53.7	54.7	55.7	56.8	57.8	58.8	59.9	60.9	61.9	62.9	63.9	65.0	66.0	67.0	68.0	69.1	70.1	71.2
	50.9	51.9	53.0	54.0	55.0	56.0	57.2	58.1	59.2	60.3	61.3	62.3	63.3	64.3	65.4	66.4	67.4	68.4	69.5	70.5	71.5
	51.3	52.3	53.4	54.4	55.4	56.4	57.5	58.5	59.5	60.6	61.6	62.6	63.6	64.6	65.7	66.7	67.7	68.8	69.8	70.8	71.8
	51.7	52.7	53.7	54.8	55.8	56.8	57.8	58.8	59.9	61.0	61.9	62.9	63.9	64.9	66.0	67.0	68.0	69.1	70.1	71.1	72.1
	52.1	53.1	54.1	55.1	56.1	57.2	58.2	59.2	60.2	61.3	62.3	63.3	64.3	65.3	66.3	67.4	68.4	69.4	70.4	71.4	72.4
	52.4	53.4	54.5	55.5	56.5	57.5	58.5	59.6	60.6	61.6	62.6	63.6	64.6	65.7	66.7	67.7	68.7	69.7	70.7	71.8	72.8
	52.8	53.8	54.8	55.8	56.9	57.9	58.9	59.9	60.9	62.0	63.0	64.0	65.0	66.0	67.0	68.0	69.0	70.0	71.1	72.1	73.1
	53.2	54.2	55.2	56.2	57.2	58.2	59.2	60.3	61.3	62.3	63.3	64.3	65.3	66.3	67.3	68.4	69.4	70.4	71.4	72.4	73.4
	53.5	54.5	55.6	56.6	57.6	58.6	59.6	60.6	61.6	62.6	63.6	64.6	65.7	66.7	67.7	68.7	69.7	70.7	71.8	72.7	73.7
	53.9	54.9	55.9	56.9	57.9	58.9	60.0	61.0	62.0	63.0	64.0	65.0	66.0	67.0	68.0	69.0	70.0	71.0	72.0	73.0	74.1
	54.3	55.3	56.3	57.3	58.3	59.3	60.3	61.3	62.3	63.3	64.3	65.3	66.3	67.3	68.3	69.3	70.3	71.4	72.4	73.4	74.4
	54.6	55.6	56.6	57.6	58.6	59.6	60.6	61.6	62.6	63.6	64.6	65.7	66.7	67.7	68.7	69.7	70.7	71.7	72.7	73.7	74.7

附录二   各种酒精度折算成 65%vol 酒的折算因子

酒精度	0	0.1	0.2	0.3	0.4	0.5	0.6	0.7	0.8	0.9
30	0.4314	0.4329	0.4344	0.4359	0.4374	0.4388	0.4404	0.4419	0.4434	0.4448
31	0.4463	0.4478	0.4493	0.4509	0.4523	0.4538	0.4553	0.4569	0.4585	0.4599
32	0.4615	0.4628	0.4641	0.4657	0.4673	0.4688	0.4705	0.4718	0.4732	0.4749
33	0.4764	0.4779	0.4793	0.4808	0.4825	0.4839	0.4854	0.4868	0.4383	0.4900
34	0.4915	0.4928	0.4945	0.4959	0.4975	0.4990	0.5000	0.5021	0.5035	0.5050
35	0.5066	0.5080	0.5097	0.5112	0.5127	0.5142	0.5157	0.5065	0.5188	0.5204
36	0.5218	0.5234	0.5249	0.5264	0.5279	0.5294	0.5309	0.5325	0.5341	0.5356
37	0.5371	0.5388	0.5403	0.5418	0.5433	0.5448	0.5463	0.5479	0.5494	0.5507
38	0.5524	0.5541	0.5556	0.5571	0.5587	0.5601	0.5615	0.5632	0.5647	0.5662
39	0.5678	0.5695	0.5710	0.5725	0.5741	0.5756	0.5773	0.5787	0.5802	0.5819
40	0.5834	0.5850	0.5865	0.5880	0.5896	0.5911	0.5928	0.5942	0.5959	0.5973
41	0.5989	0.6005	0.6019	0.6038	0.6051	0.6067	0.6084	0.6098	0.6114	0.6131
42	0.6146	0.6161	0.6176	0.6193	0.6208	0.6224	0.6239	0.6255	0.6271	0.6287
43	0.6302	0.6318	0.6335	0.6351	0.6366	0.6382	0.6397	0.6413	0.6429	0.6446
44	0.6461	0.6476	0.6493	0.6509	0.6525	0.6540	0.6556	0.6572	0.6588	0.6604
45	0.6620	0.6636	0.6652	0.6668	0.6685	0.6701	0.6713	0.6732	0.6748	0.6764
46	0.6780	0.6795	0.6811	0.6828	0.6844	0.6860	0.6875	0.6891	0.6909	0.6925
47	0.6940	0.6956	0.6971	0.6988	0.7003	0.7019	0.7038	0.7054	0.7070	0.7086
48	0.7103	0.7119	0.7135	0.7151	0.7167	0.7182	0.7199	0.7215	0.7231	0.7248
49	0.7264	0.7281	0.7294	0.7313	0.7329	0.7346	0.7362	0.7379	0.7395	0.7411
50	0.7428	0.7444	0.7460	0.7477	0.7493	0.7510	0.7526	0.7542	0.7559	0.7575
51	0.7593	0.7609	0.7624	0.7641	0.7657	0.7675	0.7692	0.7708	0.7725	0.7741
52	0.7758	0.7774	0.7791	0.7308	0.7825	0.7841	0.7853	0.7874	0.7891	0.7907
53	0.7923	0.7940	0.7956	0.7973	0.7990	0.8007	0.8024	0.8040	0.8057	0.8075
54	0.8091	0.8107	0.8125	0.8141	0.8158	0.8176	0.8192	0.8208	0.8224	0.8243

续表

酒精度	0	0.1	0.2	0.3	0.4	0.5	0.6	0.7	0.8	0.9
55	0.8259	0.8276	0.8292	0.8319	0.8326	0.8344	0.8360	0.8377	0.8393	0.8412
56	0.8428	0.8445	0.8462	0.8479	0.8496	0.8514	0.8520	0.8547	0.8556	0.8581
57	0.8598	0.8615	0.8633	0.8650	0.8667	0.8684	0.8702	0.8718	0.8736	0.8742
58	0.8770	0.8788	0.8804	0.8822	0.8839	0.8856	0.8874	0.8891	0.8908	0.8925
59	0.8942	0.8960	0.8977	0.8995	0.9012	0.9030	0.9046	0.9064	0.9082	0.9099
60	0.9117	0.9134	0.9155	0.9168	0.9185	0.9203	0.9220	0.9233	0.9255	0.9273
61	0.9291	0.9308	0.9325	0.9343	0.9362	0.9378	0.9395	0.9414	0.9431	0.9448
62	0.9466	0.9483	0.9501	0.9518	0.9537	0.9554	0.9571	0.9590	0.9607	0.9625
63	0.9642	0.9661	0.9679	0.9697	0.9715	0.9733	0.9750	0.9768	0.9785	0.9803
64	0.9821	0.9839	0.9857	0.9873	0.9891	0.9909	0.9927	0.9946	0.9965	0.9982
65	1.0000	1.0018	1.0037	1.0055	1.0073	1.0092	1.0110	1.0128	1.0147	1.0164
66	1.0182	1.0200	1.0218	1.0236	1.0255	1.0273	1.0291	1.0310	1.0328	1.0346
67	1.0363	1.0381	1.0399	1.0418	1.0436	1.0454	1.0474	1.0493	1.0510	1.0528
68	1.0546	1.0564	1.0583	1.0601	1.0619	1.0638	1.0657	1.0676	1.0694	1.0711
69	1.0730	1.0749	1.0768	1.0788	1.0806	1.0823	1.0842	1.0861	1.0880	1.0898
70	1.0916	1.0935	1.0953	1.0971	1.0990	1.1009	1.1028	1.1046	1.1065	1.1084
71	1.1103	1.1122	1.1140	1.1160	1.1178	1.1197	1.1216	1.1235	1.1254	1.1272
72	1.1291	1.1310	1.1329	1.1349	1.1367	1.1386	1.1405	1.1425	1.1444	1.1463
73	1.1481	1.1499	1.1520	1.1541	1.1559	1.1577	1.1595	1.1615	1.1633	1.1652
74	1.1672	1.1691	1.1710	1.1729	1.1749	1.1768	1.1786	1.1805	1.1825	1.1845
75	1.1865	1.1881	1.1903	1.1923	1.1942	1.1961	1.1981	1.2000	1.2019	1.2039
76	1.2059	1.2079	1.2098	1.2117	1.2137	1.2156	1.2176	1.2195	1.2214	1.2234
77	1.2253	1.2274	1.2293	1.2313	1.2333	1.2353	1.2373	1.2394	1.2413	1.2432
78	1.2453	1.2473	1.2492	1.2512	1.2531	1.2550	1.2570	1.2591	1.2611	1.2631
79	1.2652	1.2672	1.2692	1.2712	1.2731	1.2752	1.2772	1.2793	1.2813	1.2833
80	1.2854	1.2874	1.2893	1.2913	1.2934	1.2954	1.2974	1.2995	1.3015	1.3036

附录三 酒精相对密度与百分含量对照表

相对密度（20/4℃）	酒精			相对密度（20/4℃）	酒精		
	体积分数（20℃）/%	质量分数/%	质量浓度/（g/100mL）		体积分数（20℃）/%	质量分数/%	质量浓度/（g/100mL）
0.99528	2	1.59	1.58	0.99243	4	3.18	3.16
0.98973	6	4.78	4.74	0.98718	8	6.40	6.32
0.98476	10	8.02	7.89	0.98238	12	9.64	9.47
0.98009	14	11.28	11.05	0.97786	16	12.92	12.63
0.97570	18	14.56	14.21	0.97359	20	16.21	15.77
0.97145	22	17.88	17.37	0.96925	24	19.55	18.94
0.96699	26	21.22	20.52	0.96465	28	22.91	22.1
0.96224	30	24.61	23.68	0.95972	32	26.32	25.26
0.95703	34	28.04	26.84	0.95419	36	29.76	28.42
0.95120	38	31.53	29.99	0.94805	40	33.30	31.57
0.94477	42	35.09	33.15	0.94135	44	36.89	34.73
0.93776	46	38.72	36.31	0.93404	48	40.56	37.89
0.93017	50	42.43	39.47	0.92617	52	44.31	41.05
0.92209	54	46.28	42.62	0.91789	56	48.16	44.20
0.91359	58	50.11	45.78	0.90915	60	52.09	47.36
0.90463	62	54.10	48.94	0.90001	64	56.13	50.52
0.89531	66	58.19	52.10	0.8905	68	60.28	53.68
0.88558	70	62.39	55.25	0.88056	72	64.65	56.83
0.87542	74	66.72	58.41	0.87019	76	68.94	59.99
0.86480	78	71.19	61.57	0.85928	80	73.49	63.15
0.85364	82	75.82	64.73	0.84786	84	78.20	66.30
0.84188	86	80.63	67.88	0.83569	88	83.12	69.46
0.82925	90	85.67	71.04	0.82246	92	88.29	72.62
0.81526	94	91.01	74.2	0.80749	96	93.84	75.78
0.79900	98	96.82	77.36	0.78934	100	100.00	78.93

附录四　麸曲水分与绝干曲换算表（10g）*

水分/%	称取量/g	水分/%	称取量/g
10	11. 10	11	11. 24
12	11. 36	13	11. 49
14	11. 62	15	11. 77
16	11. 91	17	12. 05
18	12. 20	19	12. 34
20	12. 50	21	12. 66
22	12. 82	23	12. 99
24	13. 16	25	13. 33
26	13. 52	27	13. 70
28	13. 89	29	14. 08
30	14. 29	31	14. 50
32	14. 71	33	14. 92
34	15. 16	35	15. 38
36	15. 63	37	15. 88
38	16. 13	39	16. 40
40	16. 66		

注：* 不同水分下，称取10g绝干麸曲的计算式：$\dfrac{10}{1-水分含量}$。

附录五　缩写字母表

A.	*Agave*
AATase	醇乙酰转移酶（alcohol acetyltransferase）
A/B	异戊醇与异丁醇的比值
abs. alc.	100%vol 纯酒精（absolute alcohol）
ABV 或%ABV	酒精浓度，体积分数，等同于%vol
ACE	甲醛（formaldehyde）
ADHs	乙醇脱氢酶（alcohol dehydrogenases）*
ADI	每日可接受摄取量（acceptable daily intake），按照 JECFA 的定义，ADI 是指食品添加剂的一个估计的值，即能终生摄入而没有可感知健康风险的值，通常用单位体重表示。
ADP	二磷酸腺苷（adenosine diphosphate）
AEDA	香气萃取稀释分析技术（aroma extract dilution analysis）
AENOR	（西班牙）标准认证协会（Asociación Española de Normalización y Certificación）
AFNOR	（法国）标准化协会（Association française de normalisation）
ALDH	乙醛脱氢酶（acetaldehyde dehydrogenase）
ANSI	美国国家标准化协会（American National Standards Institute）
AOC	（法国）原产地命名控制（appellation d'origine contrôée）
AR	分析纯（analytical purity）
Asp.	*Aspergillus*
ASTM	美国试验材料学会（American Society for Testing Material）
ATF/BATF	烟酒枪械管理局（Bureau of Alcohol, Tobacco and Firearms, BATF 或 ATF）
BA	生物胺（biogenic amines）
BDG	大麦暗酒糟（barley dark grains）
BDP	邻苯二甲酸丁基癸酯（butyl decyl phthalate）
BHT	二叔丁基对羟基甲苯（di-tert-butylhydroxytoluene）
BOD	生化需氧量（biochemical oxygen demand）
b. p.	沸点（boiling point）

注：* 写成斜体时，通常是指产该酶的基因。

BTB	三丁基锡（tributyltin）
C.	假丝酵母属（*Candida*）
℃	摄氏温度
CMS	浓缩糖蜜可溶物（condensed molasses solubles）
CoA	辅酶A（co-enzyme A）
COD	化学需氧量（chemical oxygen demand）
CR	化学纯（chemical purity）
D.	德克酵母属（*Dekkera*）
DAP	邻苯二甲酸二丙烯酯（diallyl phthalate）
DBP	舒张压（diastolic blood pressure）
DBT	双丁基锡（dibutyltin）
DCL	蒸馏商有限公司（Distillers Company Limited）
DC2P	1,3-二氯-2-丙醇（1,3-dichloro-2-propanol）
DDG	干酒糟（distillers dried grains）
DDG-S	带可溶性物干酒糟（distillers dried grains with soluble）
DDT	滴滴梯（dichlorodiphenyltrichloroehtane）
DEHP	邻苯二甲酸二（2-乙基己基）酯［di（2-ethylhexyl）phthalate］
DEP	邻苯二甲酸二乙酯（diethyl phthalate）
DIHpP	邻苯二甲酸二异庚酯（diisoheptyl phthalate）
DIHxP	邻苯二甲酸二异己酯（diisohexyl phthalate）
DIOP	邻苯二甲酸二异辛酯（diisooctyl phthalate）
DITP	邻苯二甲酸二异十三酯（diisotridecyl phthalate）
DIUP	邻苯二甲酸二异十一酯（diisoundecyl phthalate）
DMP	邻苯二甲酸酯二甲酯（dimethyl phthalate）
DNOP	邻苯二甲酸二正辛酯［di（n-octyl）phthalate］
DNPP	邻苯二甲酸二正戊酯（di-n-pentyl phthalate）
DOcT	双辛基锡（dioctyltin）
DP	糖化力（diastatic power）；聚合度（degree of polymerizatio）
DPHP	邻苯二甲酸二（2-丙基庚基）酯［di（2-propylheptyl）phthalate］
DTDP	邻苯二甲酸双十三酯（ditridecyl phthalate）
DUP	邻苯二甲酸双十一酯（diundecyl phthalate）
dw	干重（dry weight）
EA	乙酸乙酯（ethyl acetate）
EBC	欧洲啤酒酿造协会（European Brewery Convention）
EC	氨基甲酸乙酯（ethyl carbamate）

EFSA	欧洲食品安全管理局 (European Food Safety Authority)
4-EG	4-乙基愈创木酚 (4-ethylguaiacol)
EiB	异丁酸乙酯 (ethyl isobutanoate)
EiP	异戊酸乙酯 (ethyl isopentanoate)
EMP	糖酵解途径 (Embden-Meyerhof-Parnas Pathway)
EO	渗析；电渗析 (electroosmosis)
℉	华氏温度
FAO	联合国粮农组织 (Food and Agriculture Organization of the United Nations)
FCP	自由选择描述法 (free choice profiling method)
FG	最终麦芽汁相对密度 (final gravity, final specific gravity)
FPM	风味剖面法 (Flavor Profile Method)
G^-	革兰阴性菌
G^+	革兰阳性菌
GC	气相色谱 (gas chromatography)
GC-O	气相色谱-闻香技术 (GC-olfactometry)
GC×GC-TOF-MS	气相色谱-飞行时间-质谱 (GC×GC-time of flight MS)
GC-MS	气相色谱-质谱 (GC-mass spectrometry)
GKVs	发芽和烘干系统 (germinating and kilning vessels)
GPA	广义普氏分析 (Generalized Procrustes analysis)
H.	*Hanseniaspora*
H.	*Hordeum*
HCB	六氯苯 (hexachlorobenzene)
HDL	高密度脂蛋白 (high density lipoprotein)
HDMF/furaneol	呋喃扭尔 [2,5-二甲基-4-羟基-3 (2*H*) -呋喃酮，2,5-dimethyl-4-hudroxy-3 (2*H*) -furanone]
HEMF	酱油酮，2-乙基-4-羟基-5-甲基-3 (2*H*) -呋喃酮 [2-ethyl-4-hydroxy-5-methyl-3 (2*H*) -furanone]
HMMF	4-羟基-5-甲基-3 (2*H*) -呋喃酮 [4-hydroxy-5-methyl-3 (2*H*) -furanone]
HPLC	高效液相色谱 (high-performance liquid chromatography)
HS-SPME	顶空固相微萃取 (headspace solid phase microextraction)
IARC	国际癌症研究署 (International Agency for Research on Cancer)
ICAM	细胞间黏附分子 (intercellular adhesion molecule)
ICP-MS	电感耦合等离子体质谱 (inductively coupled plasma mass spectrometry)
IOB	(英国) 酿造协会 (Institute of Brewing)

iP	异戊醇（isopentanol）
iPA	乙酸异戊酯（isopentyl acetate）
IPCS	国际化学品安全规划（International Programme On Chemical Safety）
iPiP	异戊酸异戊酯（isopentyl isopentanoate）
IR	红外光谱（infra-red spectrum）
ISO	国际标准化组织（International Standards Organization）
J.	*Juniperus*
JECFA	FAO/WHO食品添加剂联合专家委员会（Joint FAO/WHO Expert Committee on Food Additives）
K.	*Kluyveromyces*
LAB	乳酸菌（lactic acid bacteria）
LC	液相色谱（liquid chromatography）
LDL	低密度脂蛋白（low density lipoprotein）
LLE	液-液萃取（liquid-liquid extraction）
M.	*Manihot*
MA	乙酸甲酯（methyl acetate）
MBT	单丁基锡（monobutyltine）
3-MCPD	3-氯-1,2-丙二醇（3-chloropropane-1,2-diol）
MEOS	微粒体乙醇氧化系统（microsomal ethanol-oxidizing system）
MF	甲酸甲酯（methyl formate）；微滤（micro filtration）
MFA	多因素分析（Multiple Factor analysis）
MLF	苹果酸-乳酸发酵（malolactic fermentation）
MOcT	单辛基锡（monooctyltin）
MOS	安全边界（margin of safety）
m. p.	熔点
MPa	兆帕斯卡，压力单位
ND	未检测到（not detected）
NF	纳滤（nanofiltration）
NMR	核磁共振（nuclear magnetic resonance）
NOAEL	无明显损害作用水平（no observed adverse effect level）
OAV	气味活力值，气味强度，香气强度（odor activity value）
OG	初始麦芽汁相对密度（original gravity）
OTC	有机锡化合物（organotin compound）
P.	*Pichia*
PAHs	多环芳烃（polycyclic aromatic hydrocarbons）

PAS	酒糟浆（pot ale syrup）	
PCR-DGGE	聚合酶链式反应（polymerase chain reaction）-变性梯度凝胶电泳（denaturing gradient gel electrophoresis）	
POF	酚酸脱羧酶（phenolic acid decarboxylase）（基因）	
PSY	预测出酒率（predicted spirit yield）	
Q.	*Quercus*	
QDA	定量描述分析法（quantitative descriptive analysis）	
RG	麦芽汁残留相对密度（residual gravity, residual specific gravity）	
RO	反渗透（reverse osmosis）	
ROS	活性氧，氧自由基，活性氧自由基（reactive oxygen species）	
RTD	随时饮用（ready to drink）	
S.	*Saccharomyces*	
SBP	收缩压（systolic blood pressure）	
SCF	欧盟食品科学委员会（Scientific Committee on Food）	
SG	相对密度（specific gravity）	
T.	*Torulaspora* 或 *Triticum*	
TC	总胆固醇（total cholesterol）；可容许浓度（tolerable concentration）	
TDI	每日耐受摄入量（tolerable daily intake）	
TEC	柠檬酸三乙酯（triethyl citrate）	
TG	甘油三酯（triacylglycerol）	
TLC	薄层色谱（thin layer chromatography）	
TN	总含氮量（total nitrogen）	
TPhT	三苯基锡（triphenyltin）	
TTB	酒烟税收与贸易局（Alcohol and Tobacco Tax and Trade Bureau）	
TWI	每周耐受摄入量（tolerable weekly intake）	
UF	超滤（ultrafiltration）	
VCAM	血管细胞黏附分子（vascular cell adhesion molecule）	
VO	非常老（very old，最低酒龄3年，一级）	
%vol	酒精浓度，体积百分比	
VSOP	高级白兰地（very superior old pale，最低酒龄4年，优级）	
WHO	世界卫生组织（World Health Organization）	
XO	特别老（extra old，最低酒龄6年，特级）	
Z.	*Zymomonas*	

附录六　酿酒原料及酒名中英（外）文对照表

advocaat	艾德沃卡特酒（advokat，一种含有优质蛋黄、蛋清和糖或蜂蜜的酒）
advokat	艾德沃卡特酒（advocaat，一种含有优质蛋黄、蛋清和糖或蜂蜜的酒）
aguardiente	甘蔗烧酒（委内瑞拉）
aila	艾拉米烧酒（尼泊尔米烧酒）
akvavit	阿瓜维特酒（斯堪的纳维亚地区，aquavit）
Alchemy	炼金术（小麦）
alcoholic beverage	饮料酒
alcoholic drink	饮料酒
Appaloose	阿巴鲁萨（碱）
apple brandy	苹果白兰地
applejack	苹果白兰地（美国）
apricot wine	杏子酒
aqua ardens	燃烧的水
aqua vitae	生命之水
aquavit	阿瓜维特酒（akvavit）
arak	亚力酒（叙利亚葡萄白兰地）
arak-ju	亚力烧酒（韩国）
arkhi	阿尔基（蒸馏奶酒）
Armagnac	阿尔马涅克白兰地（法国）
arrack	阿拉克酒
Atem	爱特莫（大麦）
avocat	艾德沃卡特酒（advocaat，advokat，一种含有优质蛋黄、蛋清和糖或蜂蜜的酒）
awamori	泡盛酒（日本米烧酒）
Baco blanc	白巴科（葡萄）
bagaço	巴拉科酒（葡萄牙）
baijiu	白酒
Bartlett pear	巴特莱特梨
basi	倍西（甘蔗糖蜜发酵酒）

bilibili	哔哩哔哩酒（喀麦隆一种发酵高粱酒）
Blanc ramé	白兰姆（葡萄）
bland	布兰得（牛奶酒）
blackcurrant wine	黑醋栗酒
blended shochu	混合烧酎（日本）
blended whiskey	调配威士忌
Blenheim	布兰尼姆（大麦）
Bloody Mary	血腥玛丽（鸡尾酒）
Bourbon whiskey	波旁威士忌（北美，玉米威士忌）
brown sugar shochu	黑糖烧酎（日本）
brandy	白兰地
branntwein	布兰特温白兰地（德国）
brem	博瑞酒（巴厘岛米酒）
burukutu	布鲁库图酒（尼日利亚一种发酵高粱酒）
cachaça	卡莎萨酒（巴西甘蔗朗姆酒）
calvados	卡尔瓦多斯（苹果白兰地）
caña	加纳酒（阿根廷）
caña blanca	加纳布兰卡酒（乌拉圭）
cauim	卡伊姆酒（南美香蕉酒或木薯酒）
Chalice	查力士（大麦）
Chariot	查里厄特（大麦）
chenin blanc	白诗南（葡萄）
cherry wine	樱桃酒
chicha	奇查酒（南美）
Chinese liquor	白酒
cider	苹果酒
cider spirit	苹果蒸馏酒
Cinsaut	神索（葡萄）
Claire	克莱尔（小麦）
Clairette de Gascogne	克莱雷特·德·加斯科（葡萄）
Claret	克拉雷（英国）
Cocktail	鸡尾酒（酒名，也是一种大麦品种名）
Cognac	科涅克白兰地（法国），干邑，可雅白兰地
Colombard	鸽笼白（葡萄）
commandaria	卡曼达蕾雅酒（强化葡萄酒）

Consort	康索尔特（小麦）
coyol wine	科约尔酒（棕榈汁酒）
cordial	药酒（tincture）
Decanter	迪卡特（大麦）
Derkado	迪卡多（大麦）
desi daru	代思达茹酒（印度）
distilled gin	蒸馏金酒
distilled mead	蜂蜜蒸馏酒（honey spirit）
egg liqueur	鸡蛋利口酒
Emperor	帝王（葡萄）
feni	芬尼酒（印度腰果蒸馏酒）
fermented alcoholic beverages	发酵酒
fig wine	无花果酒
Fighter	斗士（大麦）
flavoured spirits	调香酒
Folle blanche	白福尔（葡萄）
fortified wine	强化葡萄酒
fruit marc spirit	水果皮渣蒸馏酒
fruit spirit	水果烈性酒
fruit wine	果酒，水果酒
gin	金酒
Golden Promise	高登普密思（大麦）
gouqi jiu	枸杞酒
grape marc spirit	葡萄皮渣蒸馏酒
grain brandy	谷物白兰地
grain spirit	谷物蒸馏酒
grain whiskey	谷物威士忌
Graisse	格雷斯（葡萄）
grappa	格拉巴酒（意大利）
Halcyon	哈尔西恩（大麦）
hard cider	苹果酒（美国）
honey spirit	蜂蜜蒸馏酒（distilled mead）
honkaku shochu	本格烧酎
horilka	好瑞克（乌克兰小麦或土豆蒸馏酒）
huangjiu	黄酒

Igri	叶戈瑞（大麦）
integrated alcoholic beverages	露酒
Istabraq	伊斯塔巴（小麦）
juniper-flavoured spirit	杜松调香蒸馏酒
Jurançon blanc	白朱朗松（葡萄）
kasiri	卡谢利酒（非洲）
krushova rakia	梨白兰地（保加利亚）
kumis	科蜜思（牛奶酒）
kvass	格瓦斯（俄罗斯）
lambanog	楠榜酒（印度和菲律宾的椰子蒸馏酒）
light rum	轻朗姆，轻口味朗姆酒
liqueur	利口酒
London dry gin	伦敦干金
London gin	伦敦金酒
madeira	马德拉酒（强化葡萄酒）
makgeolli	马格利酒（韩国米酒）
makkoli	马科立（韩国麦酒）
malt whiskey	麦芽威士忌
marc	马克酒（法国）
Marinka	玛林卡（大麦）
marsala	马沙拉酒（强化葡萄酒）
Maresi	玛瑞思（碱）
Martini	马提尼（一种鸡尾酒）
mbege	姆贝格酒（坦桑尼亚由小米麦芽与香蕉发酵的酒）
mead	蜂蜜酒
merisa	梅丽莎酒（苏丹一种发酵高粱酒）
mezcal	麦思卡尔酒（龙舌兰酒）
mezcal joven	麦斯卡尔新酒
Millesimes	米勒西梅斯酒
mirabelle	布拉斯李子蒸馏酒
Mission	使命（葡萄）
Montils	蒙帝勒（葡萄）
moza	波扎（土耳其小米酒）
mulberry wine	桑椹酒
nihamanchi	立哈曼奇酒（南美）

nijimanche	利纪曼切酒（秘鲁）
oghi	欧吉酒（美国桑椹蒸馏酒）
Optic	奥普蒂克（大麦）
orujo	奥鲁约酒
ouzo	乌佐酒（希腊）
Oxbridge	牛津剑桥（大麦）
Panda	熊猫（大麦）
passion fruit wine	百香果酒
pastis	帕蒂斯皮渣酒（法国）
Pastoral	牧歌（大麦）
pear brandy	梨白兰地
pear cider	梨酒
Pearl	珀尔（大麦）
perry	派瑞酒（梨酒）
perry spirit	派瑞蒸馏酒
pineapple wine	菠萝酒
pisco	皮斯科白兰地（南美）
pito	皮托酒（加纳一种发酵高粱酒）
plum wine	李子酒
Poire Williams	威廉斯梨酒
pomace wine	皮渣发酵酒
pomegranate wine	石榴酒
port	波特酒（强化葡萄酒）
Prisma	普锐思马（大麦）
Publican	老板（大麦）
Puffin	海鹦（大麦）
pulque	普逵酒
quercyl	催素
raicilla	拉伊西亚（龙舌兰酒）
raisin brandy	葡萄干白兰地
raisin spirit	葡萄干蒸馏酒
raki	拉基酒（土耳其）
rakia	拉基亚白兰地（土耳其）
raspberry wine	覆盆子酒
redcurrant wine	红醋栗酒

Regina	女王（大麦）
rhum agricole	朗姆阿格里科利酒（海地）
Riband	缎带（小麦）
Robigus	罗比顾斯（小麦）
rosehip wine	蔷薇果酒
rowanberry wine	花楸果酒
rum	朗姆酒
ruou gao	欧高酒（越南米酒）
sake	清酒（日本）
sakurá	樱花酒（巴西）
sambuca	杉布卡酒（意大利，含有茴香、八角或其他芳香草蒸馏物）
Sauvignon blanc	长相思（葡萄）
Scotch whiskey	苏格兰威士忌
Screwdriver	螺丝刀（鸡尾酒）
Sémillon	赛来雄（葡萄）
shaojiu	中国烧酒
sherry	雪莉酒（强化葡萄酒）
shochu	烧酎
singani	辛加尼白兰地（玻利维亚）
slivovitz	斯力伏维茨酒（李子烧酒）
šljivovica	斯利沃维采酒（塞尔维亚李子烧酒）
sloe wine	黑刺李
sochu	索趣（韩国烧酒）
soju	麦烧酒（韩国）
sonti	松蒂酒（印度米酒）
spritglögg	米思特拉酒（väkevä glögi，一种含有丁香和肉桂的酒）
St. Emillion	圣埃美隆（葡萄）
strawberry wine	草莓酒
Sultana	苏丹娜（葡萄）
sweet potato shochu	芋烧酒（日本，imojochu）
tepache	特帕切酒（墨西哥菠萝酒）
tequila	特基拉酒
tequila blanco	白或银特基拉
tequila joven u oro	金特基拉

tescovină	泰斯科维拉酒（罗马尼亚）
Thompson seedless	汤姆逊无核（葡萄）
tincture	药酒（cordial）
tiquira	蒂基拉（巴西蒸馏酒）
toddy	托迪酒（印度棕榈酒）
Tokay	托卡衣（葡萄）
tongba	东巴酒（中国西藏地区的小米酒）
Trebbiano	特雷比奥罗（葡萄）
Triumph	特赖姆夫（大麦）
Troon	特仑（大麦）
tuak	米椰花酒（婆罗洲群岛）
Ugni blanc	白玉霓（葡萄）
urgwagwa	乌尔瓦格瓦酒（乌干达香蕉酒）
väkevä glögi	米思特拉酒（spritglögg，一种含有丁香和肉桂的酒）
vermouth	味美思
Vieil Armagnac	老阿尔玛涅克酒
viljamovka	韦利加莫夫卡酒
vodka	伏特加
whiskey 或 whisky	威士忌
Williams pear	威廉斯梨
wine spirit	葡萄蒸馏酒
zivania	日瓦娜酒（塞浦路斯）